算法艺术与信息学竞赛

0011110110000101011000001010111110000011101101011010101111010101011010110101011101011101111110100001010110011010100101011001010000000101010010

算法竞赛入门经典 训练指南

刘汝佳 陈 锋◎编著

清華大學出版社
北 京

内容简介

本书是《算法竞赛入门经典（第2版）》一书的重要补充，旨在补充原书中没有涉及或者讲解得不够详细的内容，从而构建一个更完整的知识体系。本书通过大量有针对性的题目，让抽象复杂的算法和数学具体化、实用化。

本书共包括6章，分别为算法设计基础、数学基础、实用数据结构、几何问题、图论算法与模型以及更多算法专题。全书通过206道例题深入浅出地介绍了上述领域的各个知识点、经典思维方式以及程序实现的常见方法和技巧，并在章末给出了丰富的分类习题，供读者查漏补缺和强化学习效果。

本书题目多选自近年来ACM/ICPC区域赛和总决赛真题，内容全面，信息量大，覆盖了常见算法竞赛中的大多数细分知识点。书中还给出了所有重要的经典算法的完整程序，以及重要例题的核心代码，既适合选手自学，也方便院校和培训机构组织学生学习和训练。

图书在版编目（CIP）数据

算法竞赛入门经典．训练指南 / 刘汝佳，陈锋编著．—北京：清华大学出版社，2021.5（2024.12重印）
（算法艺术与信息学竞赛）
ISBN 978-7-302-57174-2

I. ①算… II. ①刘… ②陈… III. ①计算机算法 IV. ①TP301.6-44

中国版本图书馆CIP数据核字（2020）第260228号

责任编辑：贾小红
封面设计：刘　超
版式设计：文森时代
责任校对：马军令
责任印制：杨　艳

出版发行：清华大学出版社
网　　址：https://www.tup.com.cn, https://www.wqxuetang.com
地　　址：北京清华大学学研大厦A座　　**邮　　编**：100084
社 总 机：010-83470000　　**邮　　购**：010-62786544
投稿与读者服务：010-62776969，c-service@tup.tsinghua.edu.cn
质量反馈：010-62772015，zhiliang@tup.tsinghua.edu.cn

印 装 者：三河市君旺印务有限公司
经　　销：全国新华书店
开　　本：185mm×260mm　　**印　　张**：37.5　　**字　　数**：888千字
版　　次：2021年5月第1版　　**印　　次**：2024年12月第5次印刷
定　　价：118.00元

产品编号：082569-02

序

翻了翻 UVa(Valladolid 大学)在线评测系统的数据库,关于汝佳的第一条记录是在 2000 年 11 月 15 日,UTC 时间是 13 点 58 分 00 秒——他在那时刚刚注册。这个时间在中国已经不算早了,但对于汝佳来说这完全不是问题,因为据我所知他随时都在工作。在那个即将结束的一天中,他提交了 10 道题目的 22 份 C++代码,其中第一份代码是在注册后的短短数分钟之内提交的,并且获得了 AC(正确),通过了题目 264(Count on Cantor)。

当然,他也会犯一些错,不过当天结束时他已经搞定了 3 道题目,并且第二天就解决了剩下的全部题目。在年底之前(其实只有 45 天),汝佳提交了 90 道题目的 307 份代码,其中通过了 59 道。那个时候他还很年轻(差不多就是个孩子,就像他现在的模样),但他的思路已经很清晰了——那就是勤加练习的结果。

尽管上面讲的这些已经是陈年旧事了,但从中我可以断定:你们手中的这本书是一个非比寻常的伴侣,将带领你们走进计算机编程世界,尤其是编程竞赛世界。遗憾的是,书是用中文写成的,因此唯有懂中文的人才能享受到汝佳创造的这个魔法。幸运的是,他用 UVa 在线评测系统作为书中题目的来源,这使得我们这些不懂中文的人也可以透过题目了解到本书的知识体系和教学计划。他的这一举措是我们的荣幸,因为这本书给 UVa 网站增加了一份特殊的价值。汝佳很爱学习,也很乐意把自身所学倾囊相授。有了这本书,我们的工作有了更大的意义。

对我们来说,这也是一项挑战,因为我们必须更加努力地完善评测系统和网站,以回馈那些因为本书而对 UVa 网站产生兴趣的读者。我们也乐于接受这个挑战,因为我们很高兴看到 UVa 网站除了可以用来备战竞赛之外,还可以用来帮助人们学习算法。事实上,我们已经开始着手开发一个新的评测系统,挖掘学生群体中新的需求。我们希望能有更多的人参与,比如你。

最后,我想向所有的中国读者表达一份特殊的欢迎——欢迎你们通过本书认识和了解 UVa 在线评测系统(如果能顺便了解一下 Valladolid 这座城市就更好了),同时感谢汝佳邀请我用这些平凡的文字为这本不平凡的书作序。

Miguel A. Revilla

UVa 在线评测系统创始人

ACM-ICPC 国际指导委员会成员、题目归档专家

Valladolid 大学/西班牙

前　　言

“请问新书《算法实践手册》什么时候出版？望眼欲穿啊……”

自《算法竞赛入门经典》出版以来，我收到的这样的来信已经不计其数。

不过，我心里有着自己的打算。《算法竞赛入门经典》的出版固然为广大算法爱好者提供了一些帮助，但其中的缺憾也是很明显的，如例题太少，习题没有中文翻译，而且限于篇幅，基础知识还没讲完……可惜的是，由于创业的繁忙，这个想法一直未能实现。

2010 年 8 月底，我收到了一封读者的 E-mail，和我探讨“入门经典”中的一些问题，从此和本书的第二位作者陈锋相识。我万万没有想到，这位来自银行业的软件工程师，他对算法的热爱、严谨求实的态度和认真刻苦的专业精神绝不亚于有着多年算法和软件工程经验的行家。在与陈锋的交流过程中，我重新开始对这本书进行构思。

事实上，在《算法竞赛入门经典》的写作过程中，完成的书稿远远不止印刷出来的这些，只是因为篇幅和内容限制没有写入该书中。如果好好地把这些书稿加以整理，再算上笔者多年来外出讲课时制作的课件、题目翻译，那么本书的轮廓已经呼之欲出。这样，我萌生出了一个有趣的念头：和陈锋一起合著一本书，我提供资料和总揽全局，而陈锋一边学习以前没有接触过的新知识，一边把这些东西按照适合初学者的方式重新进行组织和细化。

细水长流了一年多之后，这个构想终于成为现实。虽然大量的业余时间都奉献给了这本书，但我相信这是值得的。

参与本书编写和校对工作的还有中国人民大学的陈卓华和陈怡、北京大学的鲍由之（绘制了书中的几乎全部插图）等；一位不愿透露姓名的台湾朋友阅读了几乎全部书稿并给出了非常详细的修改意见。为了更好地配合本书，我在 UVa 上举办了 3 场专题比赛（数据结构、几何、实用程序），并将其中的典型题目收录在了正文例题或者习题当中。由于题目难度颇大，如果没有李益明、梁盾、沈业基、李耀、周而进、陈卓华、陈怡、唐迪、李晔晨、肖刘明镜、鲍由之等朋友的鼎力相助，这些比赛几乎不可能取得圆满成功。

另外，我还要感谢 CCF（中国计算机学会）的杜子德秘书长、吴文虎教授、王宏教授等，还有 NOI 科学委员会及竞赛委员会的专家们，以及 ACM/ICPC 亚洲区主席黄金雄教授和中国指导委员会秘书长周维民教授。他们都是我的良师益友，在我接触 NOI 和 ACM/ICPC 以来的十多年里让我学到了很多东西。

感谢清华大学出版社辛勤劳动的编辑们，尤其是与我合作多年的朱英彪和贾小红老师，在本丛书的编写、出版和推广方面都做了大量的工作，是真心实意为读者着想的好编辑。

最后，感谢我的爸爸妈妈。不管我做什么，不管别人怎么说怎么看，你们总是一如既往地支持我，让我可以全身心的投入自己喜爱的事业，没有半点后顾之忧。你们教给我的善良、感恩和奉献，正是我多年来坚持写书的原动力。

刘汝佳　2012 年 10 月

因缘际会，2010 年我接触到了《算法竞赛入门经典》一书及其作者刘汝佳，于是一发不可收，琢磨算法成为了我工作之余的修行与学习过程。

慢慢地，我发现算法对于各行各业的开发人员而言，有着比应付面试更大的价值。所谓的算法、组件、模式，就像是一些基础的原材料，对于优秀的“建筑师”来说，需要透彻地理解它们的关键性。哪怕是一个微小的算法错误，系统所要付出的代价都可能不可估量，远比一般的程序 bug 要大得多。拿到一份需求分析，绝对不能将其简单地翻译成代码——这是最低层次的实现。算法分析的意义，更多地也不在于性能，而在于发现纷繁复杂的问题背后的“不变式”，这正是算法的魅力之所在，也是我们想着力与大家分享的地方。

2012 年，《算法竞赛入门经典——训练指南》第一版出版面市。时光荏苒，转眼间已过去了 8 年时间。这 8 年里，我沉浸在算法的世界中，对算法的认知也在不断地发生着改变。这些年间，竞赛界出现了很多新的知识点和题目类型；另外，在人工智能大潮的感召下，更多的学子参与到了算法竞赛中。为了能够为这些新增的知识点提供一些例题讲解以及习题练习，大概从两年前开始，我和刘汝佳老师开始考虑对原书进行增补。

我们对近些年来 ACM/ICPC 等信息学竞赛中新增的知识和点题型进行了仔细的斟酌和比对，通过多次筛选，挑选出了一些极具代表性的习题，增补到了原书中。这些习题基本都是 ACM/ICPC 各个区域比赛以及世界总决赛的真题以及各国信息学竞赛中的真题，部分章节中几乎有一半习题被更新为最新题目。

新增及改版内容

具体来说，《算法竞赛入门经典——训练指南》升级版新增的内容主要有：

- ❑ 第 2 章，补充了数学部分线性筛、莫比乌斯反演以及积性函数。将 FFT 放到第 2 章并且进行了扩写，并且增加了 NTT 以及 FWT 相关例题。
- ❑ 第 3 章，补充了字符串部分，主要是后缀自动机、Manacher 字符串相关算法；倍增 LCA、点分治、树链剖分等树上经典问题与方法；LCT 的相关例题以及习题；离线算法，包括基于时间分治、整体二分、莫队；kd-Tree；可持久化数据结构，包括权值线段树、Trie、树状数组、Treap 的可持久化版本。
- ❑ 第 4 章，补充了一道平面切割立方体的 3D 几何例题（LA 5808）。
- ❑ 第 5 章，完善了一些例题题解的描述。
- ❑ 第 6 章，补充了树分块和树上莫队等内容。

以上新增部分的内容提纲及题解审阅由刘汝佳老师完成，具体的题解及代码编写由我完成。当然，读者也可以挑选自己薄弱的章节，有针对性地进行题目的练习。

系列书学习说明

至此，“算法艺术与信息学竞赛”系列已包含如下 4 本书。

《算法竞赛入门经典（第 2 版）》（以下简称《入门经典》），是系列中的核心算法理论书。如果你是个新手，刚刚步入信息学奥赛大阵营，欢迎你学习此书，它将系统地讲解 C/C++语言基础知识，数据结构知识，以及信息学奥赛和 ACM/ICPC 中的常考必考算法知识点、技巧和剖析。

《算法竞赛入门经典——训练指南》（以下简称《训练指南》），是《入门经典》的姊妹篇，主要针对更多的算法竞赛题型进行横向拓展，以及更广范围内的讲解和训练，“覆盖面广，点到为止，注重代码”是本书的最大特点。

《算法竞赛入门经典——习题与解答》，是《入门经典》的配套习题详解，将其中的多数练习题，尤其是限于篇幅无法展开的练习题，进行了细致的解析，使其更简单、易学，快速提升读者的算法思维能力。更适合初学者配合着《入门经典》一起学习。

《算法竞赛入门经典——算法实现》，是一本高效备考工具书，择选近些年来信息学奥赛中最新、最经典的比赛真题，给出优化过的各类代码实现模板，通过它可快速备考各类竞赛。

读者可以根据自己的学习情况和备战目标，分时分段选择不同的图书，以最大效果地发挥“1+1>2”的事半功倍的效果。

学习、交流与勘误

为了提升读者的做题体验，本书在牛客竞赛网上提供了绝大多数题目的题单，读者可以获得更好的提交速度以及体验。

技 术 支 持

本书的实例源代码、差错勘误等，读者可扫描右侧“文泉云盘”二维码获取，并可通过网站的 Issue 部分进行答疑交流。另外，读者可登录 B 站搜索“算法竞赛_陈锋”，观看系列图书定期推出的授课视频。

读者在学习过程中遇到难解的问题，对本书的改进想法以及宝贵意见，可在网站发帖留言，大家一起来研究、解决，共同进步。

本书笔者虽已再三审查，力求减少纰漏，但因为水平有限，书中难免存在错漏之处，恳请广大读者朋友们批评指正。

致谢

没有大家的支持和帮助，这本书几乎是不可能完成的。尤其要感谢我的家人和朋友，为了这本书的写作，他们放弃了许多，默默地支持我。没有妻子梁明珠和女儿婉之的支持，我几乎不可能集中精力参与本书的写作过程。

图书再版期间，有大量的读稿和校对工作，有许多热心的朋友参与其中，他们是（排名不分先后）：王翰、潘逸铭、张洋、陈章敏、魏子豪、何正浩、杨明天、卢品仁、吴语晨、刘知源、孙典圣、王璐同、曾祥瑞、曾梓云、鲁一丁和陈荣钰。在此向他们表示衷心的感谢。

另外，笔者一直在四川大学集训队进行辅导教学工作，计算机学院的段磊教授以及集训队的左劼老师在教学实践上给予了我巨大的支持，在此一并表示感谢。

感谢清华大学出版社辛勤劳动的编辑们，尤其是一直与我合作多年的贾小红老师，她严谨认真的工作态度给我留下了深刻的印象。

最后，感谢我的妻子和父母，你们的支持与鼓励是我一直在工作之余坚持算法竞赛相关教学工作的最大动力。感谢我可爱的女儿，每当我最疲惫的时候，总是你能让我满血复活，继续前行。

陈　锋　2021 年 5 月

声明

书中用到了大量的例题和习题，感谢这些命题者和竞赛组织方的辛勤劳动。笔者已经尽可能地找到他们并征求了题目的使用权，但如果你认为本书侵犯了你的权益，请与出版社和作者取得联系。在 UVa 网站上可以找到本书大多数例题/习题的作者。

阅 读 说 明

如何阅读本书

欢迎大家阅读本书！为了最大限度地发挥本书的作用，强烈建议您在正式学习之前仔细地读完《阅读说明》，还要时不时地在学习过程中重读这些文字，以确保自己不会因为纠缠于书中的一些细节而变得舍本逐末，甚至偏离了预定的学习航线。切记！

“覆盖面广，点到为止，注重代码”是本书的最大特点，而这 3 个特点都是为了向业界靠拢，注重广度而非深度。为了方便练习，书中所有题目来自 UVa 在线评测系统和 ACM/ICPC 真题库（Live Archive, LA）。虽然这两个题库的题目不能包罗万象，但对于“点到为止”来说绰绰有余。书中的代码更多是为了提供一个容易理解、适合比赛的参考实例，并不推荐读者直接使用甚至背诵它们（关于这一点，在稍后还会有详细叙述）。

关于知识点

本书不是一本算法竞赛入门类图书，因此并不从程序设计语言、算法的概念、基础数据结构、渐进时间复杂度分析这些内容讲起。如果你是一个新手，建议先阅读《算法竞赛入门经典（第 2 版）》（和本书搭配着阅读也可以）。

聪明的选手都是善于利用网络资源的，如在网上交流讨论、阅读牛人的博客，寻找解题报告和测试数据等。这些方法也是阅读本书的重要辅助手段。由于算法竞赛涉及的知识点非常广，并且读者所具备的知识水平参差不齐①，因此，不同读者在阅读本书时会遇到不同的困难。这些困难有时并不是读者的问题，而且也无法靠修改书稿来避免②，因此，最好的办法就是上网搜索！

本书是完全的题目导向，掌握了书中的所有例题，也就掌握了书中的主要知识点和方法、技巧。在习题中也有少量相对不那么重要、例题没有涉及的东西，在每章的小结部分会明确指出。换句话说，对于每个知识点，最好的方法是结合例题分析和代码去理解，上机实践，最终达到能独立解决同类问题的目的。

本书的学习顺序不是单一的，但最好先阅读第 1 章，因为其中不少思想和编码技巧适用于全书。接下来，数学（第 2 章）、数据结构（第 3 章）、几何（第 4 章）、图论（第 5 章）等内容可以根据读者需要按任意顺序进行学习。事实上，笔者建议大家先学习这些章节的重要内容，直到对全书有了一个整体认识之后再精读精练，千万不要过早地陷入难懂的细节中（每章都有一些相对难懂的内容）。第 6 章主要是一些零散的知识点和技巧、方

---

① 笔者认为，本书的读者至少会覆盖从小学高年级学生到从事 IT 工作多年的工程师。

② 比如，有些术语在学术界并没有统一的叫法，或者在不同文献中的叫法不同，如果本书采用的名称和你所熟知的不同，反而会产生误导。

法，可以与其他章节穿插阅读。

请重视每章后面的小结与习题部分。虽然每章前面的文字一视同仁地对所有内容进行了逐一讲解，但在算法竞赛中，这些内容并不是同等重要的，思维训练和编程训练的内容和比重也不尽相同。当你不知道接下来应该学些什么、练些什么时，这些内容会是你最好的帮手。比如，如果关于某个知识点的习题特别少，这通常意味着该知识点很少在竞赛中出现，或者只需要很少的练习就能掌握到其精髓[①]。

如何做题

书中的重要题目（包括例题和习题）均配有完整代码（限于篇幅，这些代码不一定会在书中出现）和测试数据，以方便读者学习，而其他题目也大都附有中文翻译，并且指明了题号、提交人数和通过比例等统计数据，以供读者训练参考。

书中的题目数量不少，因此做题时必然要有一个先后顺序，建议初学者优先解决那些通过人数较多的题目，而已经开始专项训练的读者则可以根据需要选择难一些的题目。

考虑到很多读者并不是“久经沙场”的老手，这里以“蚂蚁”例题为例，介绍做题的一般步骤。

蚂蚁(Piotr's Ants, UVa 10881)

一根长度为 L 厘米的木棍上有 n 只蚂蚁，每只蚂蚁要么朝左爬，要么朝右爬，速度为 1 厘米/秒。当两只蚂蚁相撞时，二者同时掉头（掉头时间忽略不计）。给出每只蚂蚁的初始位置和朝向，计算 T 秒之后每只蚂蚁的位置。

【输入格式】

输入第一行为数据组数。每组数据的第一行为 3 个正整数 L, T, n（$0 \leqslant n \leqslant 10\,000$），以下 n 行每行描述一只蚂蚁的初始位置。其中，整数 x 为它距离木棍左端的距离（单位：厘米），字母表示初始朝向（L 表示朝左，R 表示朝右）。

【输出格式】

对于每组数据，输出 n 行，按输入顺序给出每只蚂蚁的位置和朝向（Turning 表示正在碰撞）。在第 T 秒之前已经掉下木棍的蚂蚁（正好爬到木棍边缘的不算）输出 Fell off。

【样例输入】

```
2
10 1 4
1 R
5 R
3 L
10 R
10 2 3
4 R
```

① 这两个原因并不是孤立的。一般来说，竞赛会偏爱那些精巧、灵活的内容，而非那些很难变形、扩展的死板知识。

```
5 L
8 R
```

【样例输出】

```
Case #1:
2 Turning
6 R
2 Turning
Fell off

Case #2:
3 L
6 R
10 R
```

这是第 1 章中的例题 5，是一道很有意思的题目。题目正文只有 3 句话，并不难理解，但正文并不是题目的全部。可以看到，一道完整的题目至少包含 3 个部分：题目描述、输入输出格式和样例输入输出，缺一不可[①]。

题目描述可以让你了解到你需要解决一个什么样的问题，但有些细节可能不会涉及。在第一次阅读时可以忽略不明白的地方，直接看输入输出格式，以了解具体的输入输出方法。对照输入输出格式和题目描述，可以更清楚这道题目已知什么，要求什么。

输入输出格式往往有规律可循。例如，本书的题目全部采用 ACM/ICPC 比赛题目的格式，采用多数据输入输出。最常见的格式有以下两种。

格式一：输入的第一行包含数据组数 T，每组数据的第一行包含……主程序通常这样编写：

```
int main() {
  scanf("%d", &T);
  while(T--) {
    input();      //读取单组数据
    solve();      //求解问题
    output();     //输出
  }
  return 0;
}
```

格式二：输入包含多组数据。每组数据的第一行包含一个整数 n，输入结束标志为 n=0。主程序通常这样编写：

```
int main() {
  while(scanf("%d", &n) == 1) {
    if(n == 0) break;
```

① 有的题目还包含其他部分，比如背景介绍、样例解释，甚至解题提示，但这些都不是必需的。

```
    //读取其他数据，求解并且输出
    ...
  }
  return 0;
}
```

注意，上述代码用到了 scanf 的返回值，它返回的是成功读取的元素数目。换句话说，即使真实数据的最后并没有 $n=0$ 的“标志”，上述程序也会在文件结束后退出主循环。当然，正常情况下命题者不会忘记在数据末尾加上这个“标志”。但人非圣贤，孰能无过，即使在 ACM/ICPC 世界总决赛这样的重量级比赛中，也曾出现过数据不符合题目描述的情况。因此，作为选手来说，最好的方法是编写一个尽量鲁棒的程序，即使在数据有瑕疵的情况下仍然能够通过数据①。

输入输出格式的另一个作用是告知数据范围和约束。比如上述题目中，“$n \leqslant 10\,000$”这个约束实际上是在警告选手：$O(n^2)$时间复杂度的算法也许会超时②。另一些重要的约束包括“输出保证不超过 64 位无符号整数的范围”“输入文件大小不超过 8MB”。前者通常意味着我们不必使用高精度整数③，而后者通常意味着我们需要注意输入数据的时间，不要采用太慢的输入方法（这个问题会在第 1 章中详细讨论）。

在很多题目中，正确的输出并不是唯一的。在这种情况下，题目要么会明确指出多解时任意输出一个解即可（此时会有一个称为 special judge 的程序来判断你的解是否正确），要么会告诉你输出哪一组解，以确保输出的唯一性。多数情况都是输出字典序最小或者最大的解。

看完题目描述和输入输出格式之后，还有一件重要的事要做，那就是阅读样例。很多题目的样例都是“可读”的，即至少包含一个简单到能够手算出来的例子。在这种情况下，强烈建议读者手算一下这个样例，因为这不仅可以帮助你理解题意、消除潜在的歧义，还能启发你的思路，使你从手算的过程中概括整理出本题的通用解法。如果有疑问，还可以很方便地向主办方提出④。

接下来，就可以设计算法并编写程序了。如何设计算法？如何编写程序？这正是本书的主题，所以在这里不再赘述，假定你已经顺利地写完程序。

接下来应当测试，看看你的程序是不是正确。编程的一大特点是“失之毫厘，谬以千里”，因此，哪怕只是写错了一个运算符，程序的结果也可能完全不对。所以，在提交程序之前应当好好测试一下。测试什么数据呢？最现成的当然就是样例了，但即使这样也远远不够。很多时候，样例并不具有典型性，通过样例也许只是碰巧；如果题目很难，就算样例很典型，也未必能覆盖到所有情况。也许你的程序几乎是完美的，但在一些特殊情况下也会出错，而样例并不包含这些特殊情况。因此，进行全面的测试是很有必要的。

一旦测试出错，就需要调试（debug）你的程序。调试的方法有很多种，如跟踪调试，即利用 IDE 的单步、断点、watch 等功能，动态地检查程序的执行过程是否和预想中的一样。这样的技巧固然有用，但在算法竞赛中更常见的还是“断言+输出中间结果”的调试方法，

① 书中多次强调的“把数组开大一些”也是基于这个考虑。

② 多数情况如此，但如果常数特别小，$O(n^2)$时间算法也有可能通过 $n=10\,000$ 的数据。

③ 但如果算法糟糕或者实现不好的话，中间结果有可能溢出！

④ 如果你问：“这题是什么意思？”，通常不会有人回答你；如果你问“这个样例为什么输出 1”，常常都能得到满意的回答。

这在《算法竞赛入门经典（第 2 版）》中已有详细叙述。需要特别注意的是，修改程序后最好测试一下以前测过的数据，以免“拆东墙补西墙”，修改老 bug 的同时又引入了新 bug。

不管是参加什么样的比赛，都有一个“提交代码”的过程[①]。为了尽可能地避免一些“非正常因素”的干扰，进行一些提交前的检查还是很有必要的。主要包括检查输入输出渠道是否正确（比如，文件输入还是标准输入，有没有忘记关闭文件）、调试用的中间结果是否已被屏蔽、数组有没有开得足够大、输出中的常量字符串有没有打错（一般来说，Yes 打成 yes 将被判错）等。

本书的题目风格均为 ACM/ICPC 式的，因此每个程序只有“对”和“不对”两种结果（当然，还会告知“不对”的原因，详见《算法竞赛入门经典（第 2 版）》），而没有“半对半错”之说。好在本书的所有题目均选自 UVa 在线评测系统和 ACM/ICPC 真题库（Live Archive，简称 LA），这两个在线题库的操作几乎一样，都可以很方便地提交题目（只需要知道题号，通过网站左下方菜单中的 Quick Submit 命令即可提交）。

为了方便读者，书中给出了所有例题和习题的提交统计信息，比如 511/80%是指有 511 个用户提交，其中约 80%的用户通过。

请注意，题号越大，说明加入题库的时间越晚。新加入题库的题目，其提交量不会很大，因此统计数据并不一定能客观反映其真实难度。

很多选手都有过“一道题折腾了一个星期，交了 100 次才过”的经历。可见，在算法竞赛中，坚韧不拔的精神是多么重要。当然了，笔者并不建议读者每道题目都错上 100 次以后才罢手，因此提供了重要题目的数据和代码。毕竟，在初学阶段，学习他人的代码以及“对着评测数据调试”都是重要的学习方法。但在达到一定水平之后，最好是独立编写程序，并且不借助评测数据——要知道，在真实比赛时，你能拿到的所有数据仅仅是样例。

关于范例代码

本书中有很多代码，如果善加利用，这些代码可以帮你很大的忙；但如果滥用，非但不能发挥它们的最大好处，还可能会起到不好的作用。

关于书中的范例代码，笔者的建议只有一点：不要直接使用。理由有如下 3 点。

（1）不理解的代码不好用。所有代码都有它自身的适用范围，如果不理解其中的原理，不但有可能错误地使用这些代码，而且一旦需要对这些代码进行一定的修改才能符合题目要求时，你就会束手无策。解决方法很简单：想用的代码，事先重写一遍。这样不仅能加深你的理解，用的时候也更放心。

（2）代码习惯因人而异。书中的代码符合笔者的思维习惯和编码风格，却不一定适合你。比如，书中的代码把某个东西从 0 开始编号，而你习惯把任何东西从 1 开始编号，则当你混用自己的代码和书中的代码时，不仅编程时必须小心翼翼，而且很容易出现一些难以找到的 bug。

（3）代码风格与传统的工程代码有冲突。作为从事软件开发工作多年的工程师，笔者深知算法竞赛代码和工程代码的差异。在算法竞赛中，由于时间紧迫，很多东西都“从简”

① 有的比赛是上机结束后由机器自动收取，没有明显的“提交”过程，在此情况下，请把“提交”理解成“比赛结束”。

了，很多“规矩”也都被无视了。比如，算法竞赛中经常使用全局变量、内存往往是事先分配一大堆而不是按需分配、很少使用 OO 特性（顶多用几个带有成员函数的 struct，所有成员都是 public 的，并且很少用继承）、单个函数通常比工程代码长，但代码总长度通常更短，标识符通常也更短……如果本书采用传统的工程风格来编写代码，不仅会让书的厚度成倍增加，还会让读者在阅读了大量“无关紧要”的代码之后仍然不得要领，找不到最关键、最核心的地方。因此，笔者宁可让代码紧凑些，一方面让读者很容易抓住问题的核心，另一方面也锻炼了读者对程序整体逻辑（而非表达方式）的“感觉”——这恰恰是很多程序员所缺乏的[①]。一旦真正理解了这些“紧凑代码”，将其改成工程代码并不是难事。如前所述，这些代码会更好用，更符合你的需要。

不过，笔者有一点需要澄清：虽然和传统的工程代码有如此多的差异，但这并不是说本书的代码风格完全不适合工程项目。相反，本书的写作目的之一是希望读者能把两种风格有机地结合起来。比如，算法竞赛的选手写出来的代码通常比较简洁，这使程序具有更好的可读性和易维护性。笔者不主张把可读性肤浅地理解成“变量名取得长且有意义”、“注释足够多”、“每个函数都不超过 10 行”以及“拥有一个看上去很棒的类层次结构”，而应该更加看重程序的逻辑关系和执行流程。例如，对于下面这一段代码：

```
for(int i = 0; i < n; i++)
for(int j = i+1; j < n; j++) if(a[i]>a[j]) { int t = a[i]; a[i] = a[j];
a[j] = t; }
```

任何一个具备一定算法基础的程序员都能够毫不犹豫地说出它的作用，不需要任何注释，也不需要给任何变量改一个“更有意义”的名字；相反，很多工整、干净甚至看起来很优美的“工程型”的算法代码，却用了 1 000 行来完成 100 行就能实现的功能[②]。随着代码长度的增加，潜在的 bug 数量、配套的单元测试数量以及人力成本等都会随之增长，而且增速通常快于线性函数。在这样的情况下，采用竞赛式的风格编写工程项目中的算法代码不仅是可行的，也是值得提倡的[③]。如果认真体会本书中的代码，你会发现它们比传统工程代码短的主要原因并不是变量名短、函数分得不细，而是因为逻辑更简单、清楚、直接。

考虑到参赛语言限制（ACM/ICPC 只能使用 C、C++和 Java，NOI 支持 Pascal，但不支持 Java），本书的正文选择了两种竞赛都支持的 C++。但由于笔者在工作中还使用了大量的非 C++语言（包括 Java、C#、Python、JavaScript/CoffeeScript、ActionScript、Erlang、Scala 等），因此，我们特别编写了一个附录来简单介绍其他 3 种语言——Java、C#和 Python。强烈建议读者反复阅读这个特别的附录，它不仅能开阔你的眼界，还能帮你在竞赛和真实的软件开发之间架起一座桥梁。算法是软件开发的基石，但不是全部。

---

① 如果你是在进行逆向工程，面对的是大量二进制的机器码，不仅没有注释，连变量名都没了，所能把握的就只有逻辑了。

② 笔者一点儿都没有夸张。经验表明，10 倍的比例是很正常的。

③ 也许最大的问题是：如果仍然以 LOC（代码行数）来衡量工作量，习惯于编写紧凑代码的程序员往往很吃亏。

目　录

第 1 章　算法设计基础

在《算法竞赛入门经典（第 2 版）》一书中，已经讨论过算法分析、渐进时间复杂度等基本概念，以及分治、贪心、动态规划等常见的算法设计方法。本章是《算法竞赛入门经典（第 2 版）》的延伸，通过例题介绍更多的算法设计方法和技巧。

1.1　思维的体操

例题 1　勇者斗恶龙（The Dragon of Loowater, UVa 11292）

假设你是一位国王，你的王国里有一条 n 个头的恶龙，你希望雇一些骑士把它杀死（即砍掉恶龙的所有头）。王国里有 m 个骑士可以雇用，一个能力值为 x 的骑士可以砍掉恶龙一个直径不超过 x 的头，且需要支付 x 个金币。如何雇用骑士才能砍掉恶龙的所有头，且需要支付的金币最少？注意，一个骑士只能砍一个头（且不能被雇用两次）。

【输入格式】

输入包含多组数据。每组数据：第一行为正整数 n 和 m（$1 \leqslant n,m \leqslant 20\ 000$）；接下来 n 行每行为一个正整数，即恶龙每个头的直径；再接下来 m 行每行为一个正整数，即每个骑士的能力。输入结束标志为 $n=m=0$。

【输出格式】

对于每组数据，输出最少花费。如果无解，输出“Loowater is doomed!”。

【样例输入】

```
2 3
5
4
7
8
4
2 1
5
5
10
0 0
```

【样例输出】

```
11
Loowater is doomed!
```

【分析】

能力强的骑士开价高是合理的，但如果被你派去砍恶龙的一个很弱的头，就是浪费人才了。因此，可以把雇用来的骑士按照能力从小到大排序，把恶龙的所有头按照直径从小到大排序，一个一个砍就可以了。当然，不能砍掉“当前需要砍的头”的骑士就不要雇用了。代码如下。

```
#include<cstdio>
#include<algorithm>                          //因为用到了 sort
using namespace std;

const int maxn = 20000 + 5;
int A[maxn], B[maxn];
int main() {
  int n, m;
  while(scanf("%d%d", &n, &m) == 2 && n && m) {
    for(int i = 0; i < n; i++) scanf("%d", &A[i]);
    for(int i = 0; i < m; i++) scanf("%d", &B[i]);
    sort(A, A+n);
    sort(B, B+m);
    int cur = 0;                             //当前需要砍掉的头的编号
    int cost = 0;                            //当前总费用
    for(int i = 0; i < m; i++)
      if(B[i] >= A[cur]) {
        cost += B[i];                        //雇用该骑士
        if(++cur == n) break;                //如果头已经砍完，及时退出循环
      }
    if(cur < n) printf("Loowater is doomed!\n");
    else printf("%d\n", cost);
  }
  return 0;
}
```

例题 2　突击战（Commando War, UVa 11729）

假设你带领团队去执行一组突击任务，你有 n 个部下，每个部下需要完成一项任务。第 i 个部下需要你花 B_i 分钟交代任务，然后他会立刻独立地、无间断地执行 J_i 分钟后完成任务。你需要选择交代任务的顺序，使得所有任务尽早执行完毕（即最后一个执行完的任务应尽早结束）。注意，不能同时给两个部下交代任务，但部下们可以同时执行他们各自的任务。

【输入格式】

输入包含多组数据。每组数据：第一行为部下的个数 n（$1 \leqslant n \leqslant 1000$）；接下来 n 行每行为两个正整数 B 和 J（$1 \leqslant B \leqslant 10\,000$，$1 \leqslant J \leqslant 10\,000$），即交代任务的时间和执行任务的时间。输入结束标志为 n=0。

【输出格式】

对于每组数据，输出所有任务完成的最短时间。

【样例输入】

```
3
2 5
```

```
3 2
2 1
3
3 3
4 4
5 5
0
```

【样例输出】

```
Case 1: 8
Case 2: 15
```

【分析】

直觉告诉我们，执行时间较长的任务应该先交代。于是我们想到这样一个贪心算法：按照 J 从大到小的顺序给各个任务排序，然后依次交代。代码如下。

```
#include<cstdio>
#include<vector>
#include<algorithm>
using namespace std;

struct Job {
  int j, b;
  bool operator < (const Job& x) const {    //运算符重载，不要忘记 const 修饰符
    return j > x.j;
  }
};

int main() {
  int n, b, j, kase = 1;
  while(scanf("%d", &n) == 1 && n) {
    vector<Job> v;
    for(int i = 0; i < n; i++) {
      scanf("%d%d", &b, &j); v.push_back((Job){j,b});
    }
    sort(v.begin(), v.end());                    //使用 Job 类自己的 < 运算符排序
    int s = 0;
    int ans = 0;
    for(int i = 0; i < n; i++) {
      s += v[i].b;                               //当前任务的开始执行时间
      ans = max(ans, s+v[i].j);                  //更新任务执行完毕时的最晚时间
    }
    printf("Case %d: %d\n", kase++, ans);
  }
  return 0;
}
```

上述代码直接交上去就可以通过测试了。

可是为什么这样做是对的呢？假设我们交换两个相邻的任务 X 和 Y（交换前 X 在 Y 之

前，交换后 Y 在 X 之前），不难发现这对其他任务的完成时间没有影响，那么这两个任务呢？

- 情况一：交换之前，任务 Y 比 X 先结束，如图 1-1（a）所示。不难发现，交换之后 X 的结束时间延后，Y 的结束时间提前，最终结果不会变好。
- 情况二：交换之前，X 比 Y 先结束，则交换后结果变好的充要条件是：交换后 X 的结束时间比交换前 Y 的结束时间早（交换后 Y 的结束时间肯定变早了）。反之，如果出现如图 1-1（b）所示的情况，则交换后的结果不会变好，交换后结果变好的充要条件可以写成 $B[Y]+B[X]+J[X]<B[X]+B[Y]+J[Y]$，化简得 $J[X]<J[Y]$。这就是我们选择上述贪心算法的依据。

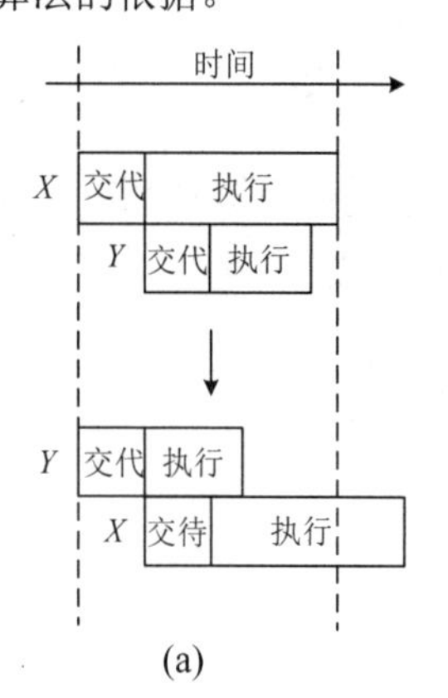

(a)

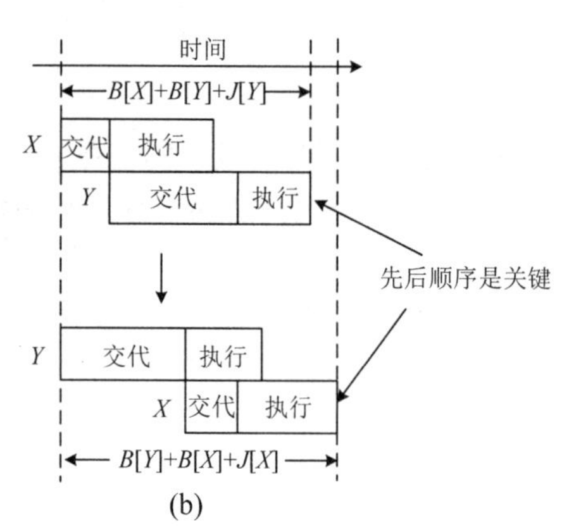

(b)

图 1-1

例题 3 分金币（Spreading the Wealth, UVa 11300）

圆桌旁坐着 n 个人，每人有一定数量的金币，金币总数能被 n 整除。每个人可以给他左右相邻的人一些金币，最终使得每个人的金币数目相等。你的任务是求出被转手的金币数量的最小值。比如，$n=4$，且 4 个人的金币数量分别为 1,2,5,4 时，只需转移 4 枚金币（第 3 个人给第 2 个人 2 枚金币，第 2 个人和第 4 个人分别给第 1 个人 1 枚金币）即可实现每人手中的金币数目相等。

【输入格式】

输入包含多组数据。每组数据：第一行为正整数 n（$n\leqslant 1\,000\,000$），以下 n 行每行为一个正整数，按逆时针顺序给出每个人拥有的金币数。输入结束标志为文件结束符（EOF）。

【输出格式】

对于每组数据，输出被转手金币数量的最小值。输入保证这个值在 64 位无符号整数范围内。

【样例输入】

```
3
100
100
100
4
1
```

```
2
5
4
```

【样例输出】

```
0
4
```

【分析】

这道题目看起来很复杂，让我们慢慢分析。首先，最终每个人的金币数量可以计算出来，它等于金币总数除以人数 n。接下来我们用 M 来表示每人最终拥有的金币数。

假设有 4 个人，按逆时针顺序编号为 1, 2, 3, 4。假设 1 号给 2 号 3 枚金币，然后 2 号又给 1 号 5 枚金币，这实际上等价于 2 号给 1 号 2 枚金币，而 1 号什么也没给 2 号。这样，可以设 x_2 表示 2 号给了 1 号多少个金币。如果 $x_2<0$，说明实际上是 1 号给了 2 号 $-x_2$ 枚金币。同理，可以设 x_1，x_3，x_4，其含义类似。注意，由于是环形，x_1 指的是 1 号给 4 号多少金币。

现在假设编号为 i 的人初始有 A_i 枚金币。对于 1 号来说，他给了 4 号 x_1 枚金币，还剩 A_i-x_1 枚；但因为 2 号给了他 x_2 枚金币，所以最后还剩 $A_1-x_1+x_2$ 枚金币。根据题设，该金币数等于 M。换句话说，我们得到了一个方程：$A_1-x_1+x_2=M$。

同理，对于第 2 个人，有 $A_2-x_2+x_3=M$。最终，我们可以得到 n 个方程，一共有 n 个变量，是不是可以直接解方程组了呢？很显然，还不行。因为从前 $n-1$ 个方程可以推导出最后一个方程（想一想，为什么）。所以，实际上只有 $n-1$ 个方程是有用的。

尽管无法直接解出答案，但我们还是可以尝试着用 x_1 表示出其他的 x_i，则本题就变成了单变量的极值问题。

对于第 1 个人，$A_1-x_1+x_2=M \Rightarrow x_2=M-A_1+x_1=x_1-C_1$（$C_1=A_1-M$）

对于第 2 个人，$A_2-x_2+x_3=M \Rightarrow x_3=M-A_2+x_2=2M-A_1-A_2+x_1=x_1-C_2$（$C_2=A_1+A_2-2M$）

对于第 3 个人，$A_3-x_3+x_4=M \Rightarrow x_4=M-A_3+x_3=3M-A_1-A_2-A_3+x_1=x_1-C_3$（$C_3=A_1+A_2+A_3-3M$）

…

对于第 n 个人，$A_n-x_n+x_1=M$。这是一个多余的等式，并不能给我们更多的信息（想一想，为什么）。

我们希望所有 x_i 的绝对值之和尽量小，即 $|x_1|+|x_1-C_1|+|x_1-C_2|+\cdots+|x_1-C_{n-1}|$ 要最小。注意到 $|x_1-C_i|$ 的几何意义是数轴上点 x_1 到点 C_i 的距离，所以问题变成了：给定数轴上的 n 个点，找出一个到它们的距离之和尽量小的点。

下一步可能有些跳跃。不难猜到，这个最优的 x_1 就是这些数的“中位数”（即排序以后位于中间的数），因此只需要排个序就可以了。性急的读者可能又想跳过证明了，但是笔者希望您这次能好好读一读，因为它实在是太优美、太巧妙了，而且在不少其他题目中也能用上（我们很快就会再见到一例）。

注意，我们要证明的是：给定数轴上的 n 个点，在数轴上的所有点中，中位数离所有顶点的距离之和最小。凡是能转化为这个模型的题目都可以用中位数求解，并不只适用于本题。

让我们把数轴和上面的点画出来，如图 1-2 所示。

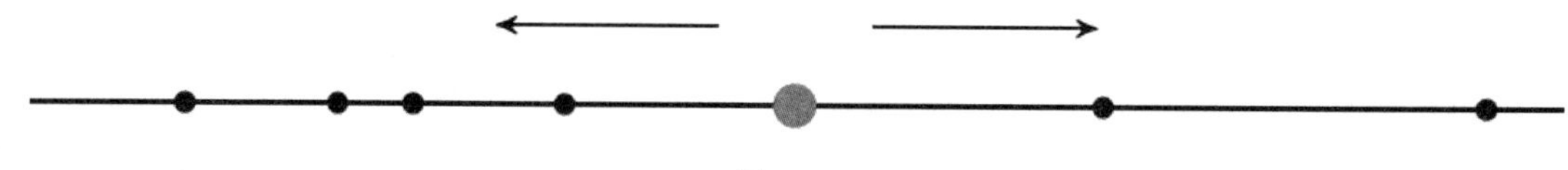

图 1-2

任意找一个点，比如图 1-2 中的灰点。它左边有 4 个输入点，右边有 2 个输入点。把它往左移动一点，不要移得太多，以免碰到输入点。假设移动了 d 单位距离，则灰点左边 4 个点到它的距离各减少了 d，右边的两个点到它的距离各增加了 d，但总的来说，距离之和减少了 $2d$。

如果灰点的左边有 2 个点，右边有 4 个点，道理类似，不过应该向右移动。换句话说，只要灰点左右的输入点不一样多，就不是最优解。什么情况下左右的输入点一样多呢？如果输入点一共有奇数个，则灰点必须和中间的那个点重合（中位数）；如果有偶数个，则灰点可以位于最中间的两个点之间的任意位置（还是中位数）。代码如下。

```
#include<cstdio>
#include<algorithm>
using namespace std;

const int maxn = 1000000 + 10;
long long A[maxn], C[maxn], tot, M;
int main() {
  int n;
  while(scanf("%d", &n) == 1) { //输入数据大，scanf 比 cin 快
    tot = 0;
    //用%lld 输入 long long
    for(int i = 1; i <= n; i++) { scanf("%lld", &A[i]); tot += A[i]; }
    M = tot / n;
    C[0] = 0;
    for(int i = 1; i < n; i++) C[i] = C[i-1] + A[i] - M;    //递推 C 数组
    sort(C, C+n);
    long long x1 = C[n/2], ans = 0;                           //计算 x1
    //把 x1 代入，计算转手的总金币数
    for(int i = 0; i < n; i++) ans += abs(x1 - C[i]);
    printf("%lld\n", ans);
  }
  return 0;
}
```

程序本身并没有太多技巧可言，但需要注意的是 long long 的输入输出。在《算法竞赛入门经典(第 2 版)》中我们已经解释过了，%lld 这个占位符并不是跨平台的。比如，Windows 下的 mingw 需要用%I64d 而不是%lld。虽然 cin/cout 没有这个问题，但是本题输入量比较大，cin/cout 会很慢。有两个解决方案：一是自己编写输入输出函数（前面已经给过范例），二是使用 ios::sync_ with_stdio(false)，通过关闭 ios 和 stdio 之间的同步来加速，有兴趣的读者可以自行搜索详细信息。

中位数可以在线性时间内求出，但不是本例题的重点（代数分析才是重点），有兴趣的读者可以自行搜索“快速选择”算法的资料。另外，本程序里的 A 数组实际上是不必要的，你能去掉它吗？

例题 4　墓地雕塑（Graveyard, NEERC 2006, CodeForces Gym 100287G）

在一个周长为 10 000 的圆周上等距分布着 n 个雕塑。现在又有 m 个新雕塑加入（位置可以随意放），若希望 $n+m$ 个雕塑在圆周上均匀分布，就需要移动其中一些原有的雕塑。你的任务是给出移动方案，要求 n 个雕塑移动的总距离尽量小。

【输入格式】

输入包含若干组数据。每组数据仅一行，包含两个整数 n 和 m（$2 \leqslant n \leqslant 1000$，$1 \leqslant m \leqslant 1000$），即原始的雕塑数量和新加的雕塑数量。输入结束标志为文件结束符（EOF）。

【输出格式】

对于每组数据，输出原有雕塑移动的最小总距离，精确到 10^{-4}，每组数据对应输出一行。

【样例输入】

```
2 1
2 3
3 1
10 10
```

【样例输出】

```
1666.6667
1000.0
1666.6667
0.0
```

【样例解释】

前 3 个样例如图 1-3 所示。白色空心点表示等距点，黑色线段表示已有雕塑。

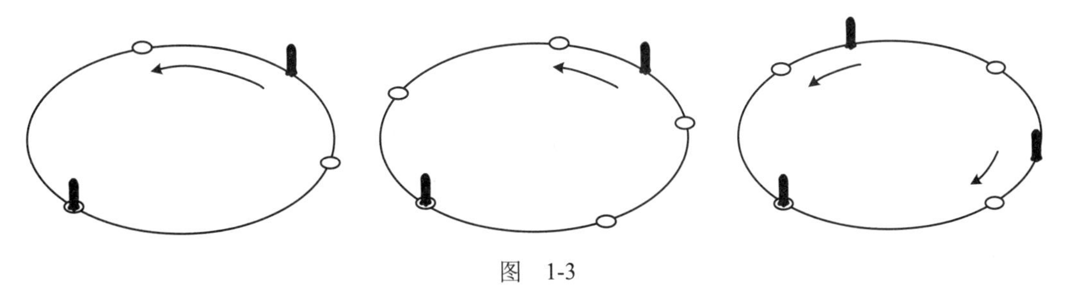

图　1-3

【分析】

请仔细看看样例。3 个样例具有一个共同的特点：有一个雕塑没有移动。如果该特点在所有情况下都成立，则所有雕塑的最终位置（称为“目标点”）实际上已经确定。为了简单起见，我们把没动的那个雕塑作为坐标原点，其他雕塑按照逆时针顺序标上到原点的距离标号。则第 3 个样例的标号结果如图 1-4 所示。

注意，这里的距离并不是真实距离，而是按比例缩小以后的距离。接下来，我们把每个雕塑移动到离它最近的位置。如果没有两个雕像移到相同的位置，那么这样的移动一定是最优的。代码如下。

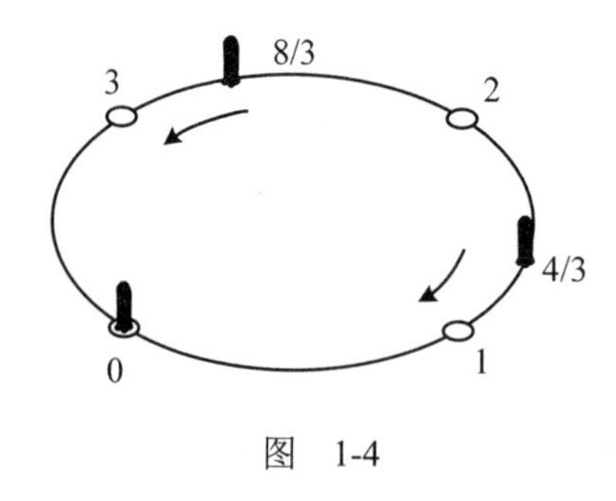

图 1-4

```
#include<cstdio>
#include<cmath>
using namespace std;

int main() {
  int n, m;
  while(scanf("%d%d", &n, &m) == 2) {
    double ans = 0.0;
    for(int i = 1; i < n; i++) {
      double pos = (double)i / n * (n+m);       //计算每个需要移动的雕塑的坐标
      ans += fabs(pos - floor(pos+0.5)) / (n+m); //累加移动距离
    }
    printf("%.4lf\n", ans*10000);              //等比例扩大坐标
  }
  return 0;
}
```

注意，在代码中，坐标为 pos 的雕塑移动到的目标位置是 floor(pos+0.5)，也就是 pos 四舍五入后的结果。这就是坐标缩小的好处。

这个代码很神奇地通过了测试，但其实这个算法有两个小小的“漏洞”：首先，我们不知道是不是一定有一个雕塑没有移动；其次，我们不知道会不会有两个雕塑会移动到相同的位置。如果你对证明不感兴趣，或者已经想到了证明，再或者迫不及待地想阅读更有趣的问题，请直接跳到下一个例题。否则，请继续阅读。

第一个“漏洞”的修补方法即证明最优方案中一定有一个雕塑没有移动。证明思路在例题 3 中我们已经展示过了，具体的细节留给读者思考。

第二个“漏洞”有两种修补方法。

第一种方法相对较容易实施：由于题目中规定了 $n, m \leqslant 1000$，我们只需要在程序里加入一个功能——记录每个雕塑移到的目标位置，就可以用程序判断是否会出现“人多坑少”的情况。这段程序的编写留给读者，这里可以明确地告诉大家：这样的情况确实不会出现。这样，即使无法从理论上证明，也可以确保在题目规定的范围内，我们的算法是严密的。

第二种方法就是直接证明。在我们的程序中，当坐标系缩放之后，坐标为 x 的雕塑被移到了 x 四舍五入后的位置。如果有两个坐标分别为 x 和 y 的雕塑被移到了同一个位置，说明 x 和 y 四舍五入后的结果相同。换句话说，即 x 和 y“很接近”。至于 x 和 y 有多接近呢？差距最大的情况不外乎类似于 x=0.5, y=1.499 999…。即便是这样的情况，$y-x$ 仍然小于 1（尽管很接近 1），但这是不可能的，因为新增雕塑之后，相邻雕塑的距离才等于 1，之前的雕塑数目更少，距离应当更大才对。

例题 5　蚂蚁（Piotr's Ants, UVa 10881）

一根长度为 L 厘米的木棍上有 n 只蚂蚁，每只蚂蚁要么朝左爬，要么朝右爬，速度为 1cm/s。当两只蚂蚁相遇时，二者同时掉头（掉头时间忽略不计），爬到木棍顶端的蚂蚁则掉下。给出每只蚂蚁的初始位置和朝向，计算 T 秒之后每只蚂蚁的位置。

【输入格式】

输入的第一行为数据组数。每组数据：第一行为 3 个正整数 L, T, n（$0 \leqslant n \leqslant 10\,000$）；以下 n 行每行输入一个正整数 x 和一个特定的字母（L 或 R），描述一只蚂蚁的初始状态，其中，整数 x 为蚂蚁距离木棍左端的距离（单位：厘米），字母表示初始朝向（L 表示朝左，R 表示朝右）。

【输出格式】

对于每组数据，输出 n 行，按输入顺序输出每只蚂蚁的位置和朝向（Turning 表示正好相遇）。在第 T 秒之前已经掉下木棍的蚂蚁（正好爬到木棍边缘的不算）输出 Fell off。

【样例输入】

```
2
10 1 4
1 R
5 R
3 L
10 R
10 2 3
4 R
5 L
8 R
```

【样例输出】

```
Case #1:
2 Turning
6 R
2 Turning
Fell off

Case #2:
3 L
6 R
10 R
```

【分析】

假设你在远处观察这些蚂蚁的运动，会看到什么？一群密密麻麻的小黑点在移动。由于黑点太小，所以当蚂蚁因相遇而掉头时，看上去和两个点“对穿而过”没有任何区别，换句话说，如果把蚂蚁看成是没有区别的小点，那么只需独立计算出每只蚂蚁在 T 秒时的位置即可。比如，有 3 只蚂蚁，蚂蚁 1=(1, R)，蚂蚁 2= (3, L)，蚂蚁 3=(4, L)，则 2 秒之后，3 只蚂蚁分别为(3,R)、(1,L)和(2,L)。

注意，虽然从整体上讲，“掉头”等价于“对穿而过”，但对于每只蚂蚁而言并不是这样。蚂蚁 1 的初始状态为(1,R)，因此一定有一只蚂蚁在 2 秒之后处于(3,R)的状态，但这只蚂蚁不一定是蚂蚁 1。换句话说，我们需要搞清楚目标状态中“谁是谁”。

也许读者已经发现了其中的奥妙：所有蚂蚁的相对顺序是保持不变的，因此把所有目标位置从小到大排序，则从左到右的每个位置对应于初始状态下从左到右的每只蚂蚁。由于题设中蚂蚁不一定按照从左到右的顺序输入，还需要预处理计算出输入中的第 i 只蚂蚁的序号 order[i]。代码如下。

```
#include<cstdio>
#include<algorithm>
using namespace std;

const int maxn = 10000 + 5;

struct Ant {
  int id;            //输入顺序
  int p;             //位置
  int d;             //朝向。 -1: 左; 0:转身中; 1:右
  bool operator < (const Ant& a) const {
    return p < a.p;
  }
} before[maxn], after[maxn];

const char dirName[][10] = {"L", "Turning", "R"};

int order[maxn];     //输入的第 i 只蚂蚁是终态中的左数第 order[i]只蚂蚁

int main() {
  int K;
  scanf("%d", &K);
  for(int kase = 1; kase <= K; kase++) {
    int L, T, n;
    printf("Case #%d:\n", kase);
    scanf("%d%d%d", &L, &T, &n);
    for(int i = 0; i < n; i++) {
      int p, d;
      char c;
      scanf("%d %c", &p, &c);
      d = (c == 'L' ? -1 : 1);
      before[i] = (Ant){i, p, d};
```

```
      after[i] = (Ant){0, p+T*d, d};     //这里的 id 是未知的
    }

    //计算 order 数组
    sort(before, before+n);
    for(int i = 0; i < n; i++)
      order[before[i].id] = i;

    //计算终态
    sort(after, after+n);
    for(int i = 0; i < n-1; i++)          //修改相遇的蚂蚁的方向
      if(after[i].p == after[i+1].p) after[i].d = after[i+1].d = 0;

    //输出结果
    for(int i = 0; i < n; i++) {
      int a = order[i];
      if(after[a].p < 0 || after[a].p > L) printf("Fell off\n");
      else printf("%d %s\n", after[a].p, dirName[after[a].d+1]);
    }
    printf("\n");
  }
  return 0;
}
```

例题 6　立方体成像（Image Is Everything, World Finals 2004, UVa 1030）

有一个 $n \times n \times n$ 立方体，其中一些单位立方体已经缺失（剩下部分不一定连通）。每个单位立方体质量为 1 克，且被涂上单一的颜色（即 6 个面的颜色相同）。给出前、左、后、右、顶、底 6 个视图，你的任务是判断这个立方体剩下的最大质量。

【输入格式】

输入包含多组数据。每组数据：第一行为一个整数 n（$1 \leqslant n \leqslant 10$）；以下 n 行，每行从左到右依次为前、左、后、右、顶、底 6 个视图，每个视图占 n 列，相邻视图中间以一个空格隔开。顶视图的下边界对应于前视图的上边界；底视图的上边界对应于前视图的下边界。在视图中，大写字母表示颜色（不同字母表示不同颜色），句点（.）表示该位置可以看穿（即没有任何立方体）。输入结束标志为 n=0。

【输出格式】

对于每组数据，输出一行，即物体的最大质量（单位：克）。

【样例输入】

```
3
.R. YYR .Y. RYY .Y. .R.
GRB YGR BYG RBY GYB GRB
.R. YRR .Y. RRY .R. .Y.
2
ZZ ZZ ZZ ZZ ZZ ZZ
ZZ ZZ ZZ ZZ ZZ ZZ
0
```

【样例输出】

```
Maximum weight: 11 gram(s)
Maximum weight: 8 gram(s)
```

【分析】

这个问题看上去有点棘手，不过仍然可以找到突破口。比如，能“看穿”的位置所对应的所有单位立方体一定都不存在。再比如，如果前视图的右上角颜色 A 和顶视图的右下角颜色 B 不同，那么对应的格子一定不存在，如图 1-5 所示。

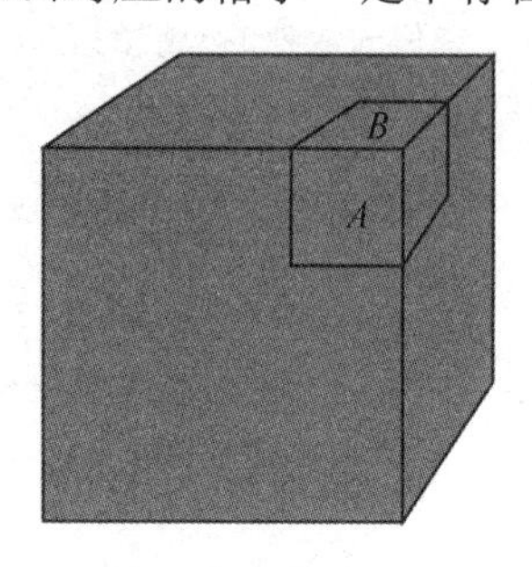

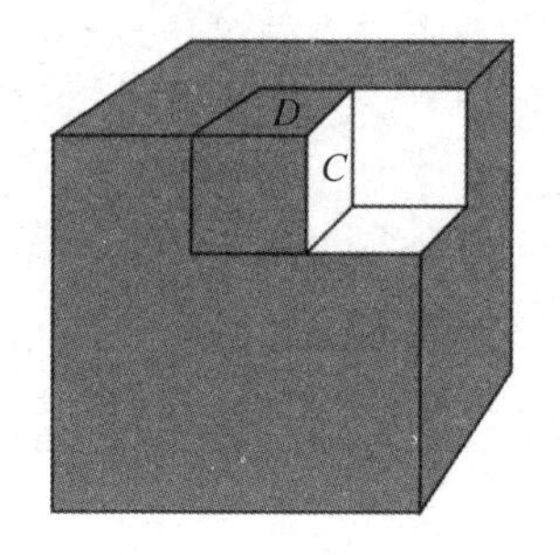

图 1-5

在删除这个立方体之后，我们可能会有新发现：C 和 D 的颜色不同。这样，我们又能删除一个新的立方体，并暴露出新的表面。当无法继续删除的时候，剩下的立方体就是质量最大的物体。

可能有读者会对上述算法心存疑惑。解释如下：首先，不难证明第一次删除是必要的（即被删除的那个立方体不可能存在于任意可行解中），因为只要不删除这个立方体，对应两个视图的“矛盾”将一直存在；接下来，我们用数学归纳法证明，假设算法的前 k 次删除都是必要的，那么第 k+1 次删除是否也是必要的呢？由刚才的推理，我们不能通过继续删除立方体来消除矛盾，而由归纳假设，已经删除的立方体也不能恢复，因此矛盾无法消除。

下面给出完整代码。

```
#include<cstdio>
#include<cstring>
#include<cmath>
#include<algorithm>
using namespace std;

#define REP(i,n) for(int i = 0; i < (n); i++)

const int maxn = 10;
int n;
char pos[maxn][maxn][maxn];
char view[6][maxn][maxn];

char read_char() {
  char ch;
```

```
  for(;;) {
    ch = getchar();
    if((ch >= 'A' && ch <= 'Z') || ch == '.') return ch;
  }
}

void get(int k, int i, int j, int len, int &x, int &y, int &z)
{
  if (k == 0) { x = len; y = j; z = i; }
  if (k == 1) { x = n - 1 - j; y = len; z = i; }
  if (k == 2) { x = n - 1 - len; y = n - 1 - j; z = i; }
  if (k == 3) { x = j; y = n - 1 - len; z = i; }
  if (k == 4) { x = n - 1 - i; y = j; z = len; }
  if (k == 5) { x = i; y = j; z = n - 1 - len; }
}

int main() {
  while(scanf("%d", &n) == 1 && n) {
    REP(i,n) REP(k,6) REP(j,n) view[k][i][j] = read_char();
    REP(i,n) REP(j,n) REP(k,n) pos[i][j][k] = '#';

    REP(k,6) REP(i,n) REP(j,n) if (view[k][i][j] == '.')
      REP(p,n) {
        int x, y, z;
        get(k, i, j, p, x, y, z);
        pos[x][y][z] = '.';
      }

    for(;;) {
      bool done = truc;
      REP(k,6) REP(i,n) REP(j,n) if (view[k][i][j] != '.') {
        REP(p,n) {
          int x, y, z;
          get(k, i, j, p, x, y, z);
          if (pos[x][y][z] == '.') continue;
          if (pos[x][y][z] == '#') {
            pos[x][y][z] = view[k][i][j];
            break;
          }
          if (pos[x][y][z] == view[k][i][j]) break;
          pos[x][y][z] = '.';
          done = false;
        }
      }
      if(done) break;
    }

    int ans = 0;
    REP(i,n) REP(j,n) REP(k,n)
```

```
        if (pos[i][j][k] != '.') ans ++;

      printf("Maximum weight: %d gram(s)\n", ans);
    }
    return 0;
  }
```

程序用了一个 get 函数来表示第 k 个视图中第 i 行 j 列、深度为 len 的单位立方体在原立方体中的坐标(x,y,z)，另外还使用了宏 REP 精简程序。尽管用宏缩短代码在很多时候会降低程序可读性，但本题不会（如果到处都是 for 循环，反而容易令人犯晕）。

1.2 问题求解常见策略

例题 7 偶数矩阵（Even Parity, UVa 11464）

给你一个 $n \times n$ 的 01 矩阵（每个元素非 0 即 1），你的任务是把尽量少的 0 变成 1，使得原矩阵变为偶数矩阵（矩阵中每个元素上、下、左、右的元素（如果存在的话）之和均为偶数）。比如，如图 1-6（a）所示的矩阵至少要把 3 个 0 变成 1，最终如图 1-6（b）所示，才能保证其为偶数矩阵。

$$\begin{matrix} 0 & 0 & 0 \\ 1 & 0 & 0 \\ 0 & 0 & 0 \end{matrix} \longrightarrow \begin{matrix} 0 & 1 & 0 \\ 1 & 0 & 1 \\ 0 & 1 & 0 \end{matrix}$$

（a）　　　　（b）

图 1-6

【输入格式】

输入的第一行为数据组数 T（$T \leqslant 30$）。每组数据：第一行为正整数 n（$1 \leqslant n \leqslant 15$）；接下来的 n 行每行包含 n 个非 0 即 1 的整数，相邻整数间用一个空格隔开。

【输出格式】

对于每组数据，输出被改变的元素的最小个数。如果无解，应输出-1。

【分析】

也许最容易想到的方法就是枚举每个数字“变”还是“不变”，最后判断整个矩阵是否满足条件。遗憾的是，这样做最多需要枚举 $2^{255} \approx 5 \times 10^{67}$ 种情况，实在难以承受。

注意到 n 只有 15，第一行只有不超过 2^{15}=32 768 种可能，所以第一行的情况是可以枚举的。接下来，根据第一行可以完全计算出第二行，根据第二行又能计算出第三行（想一想，如何计算），以此类推，总时间复杂度即可降为 $O(2^n \times n^2)$。代码如下。

```
#include<cstdio>
#include<cstring>
#include<algorithm>
using namespace std;
```

```
const int maxn = 20;
const int INF = 1000000000;
int n, A[maxn][maxn], B[maxn][maxn];

int check(int s) {
  memset(B, 0, sizeof(B));
  for(int c = 0; c < n; c++) {
    if(s & (1<<c)) B[0][c] = 1;
    else if(A[0][c] == 1) return INF;   //1 不能变成 0
  }
  for(int r = 1; r < n; r++)
    for(int c = 0; c < n; c++) {
      int sum = 0;                       //元素 B[r-1][c]的上、左、右 3 个元素之和
      if(r > 1) sum += B[r-2][c];
      if(c > 0) sum += B[r-1][c-1];
      if(c < n-1) sum += B[r-1][c+1];
      B[r][c] = sum % 2;
      if(A[r][c] == 1 && B[r][c] == 0) return INF; //1 不能变成 0
    }
  int cnt = 0;
  for(int r = 0; r < n; r++)
    for(int c = 0; c < n; c++) if(A[r][c] != B[r][c]) cnt++;
  return cnt;
}

int main() {
  int T;
  scanf("%d", &T);
  for(int kase = 1; kase <= T; kase++) {
    scanf("%d", &n);
    for(int r = 0; r < n; r++)
      for(int c = 0; c < n; c++) scanf("%d", &A[r][c]);

    int ans = INF;
    for(int s = 0; s < (1<<n); s++)
      ans = min(ans, check(s));
    if(ans == INF) ans = -1;
    printf("Case %d: %d\n", kase, ans);
  }
  return 0;
}
```

例题 8　彩色立方体（Colored Cubes, Tokyo 2005, UVa 1352）

有 n 个带颜色的立方体，每个面都涂有一种颜色。要求重新涂尽量少的面，使得所有立方体完全相同。两个立方体相同的含义是：存在一种旋转方式，使得两个立方体对应面的颜色相同。

【输入格式】

输入包含多组数据。每组数据：第一行为正整数 n（$1 \leqslant n \leqslant 4$）；以下 n 行每行 6 个字符串，分别为立方体编号为 1～6 的面的颜色（由小写字母和减号组成，不超过 24 个字符）。

输入结束标志为 n=0。立方体的 6 个面的编号如图 1-7 所示。

【输出格式】

对于每组数据，输出重新涂色的面数的最小值。

【分析】

立方体只有 4 个，暴力法应该可行。不过不管怎样“暴力”，首先得搞清楚一个立方体究竟有几种不同的旋转方式。

为了清晰起见，我们借用机器人学中的术语，用姿态（pose）来代替口语中的旋转方法。假设 6 个面的编号为 1～6，从中选一个面作为“顶面”，“顶面”的对面作为“底面”，然后在剩下的 4 个面中选一个作为“正面”，则其他面都可以唯一确定，因此有 6×4=24 种姿态。

在代码中，每种姿态对应一个全排列 P。其中，$P[i]$表示编号 i 所在的位置（1 表示正面，2 表示右面，3 表示顶面等，如图 1-8 所示）。如图 1-7 所示的姿态称为标准姿态，用排列{1,2,3,4,5,6}表示，因为 1 在正面，2 在后面，3 在顶面等。

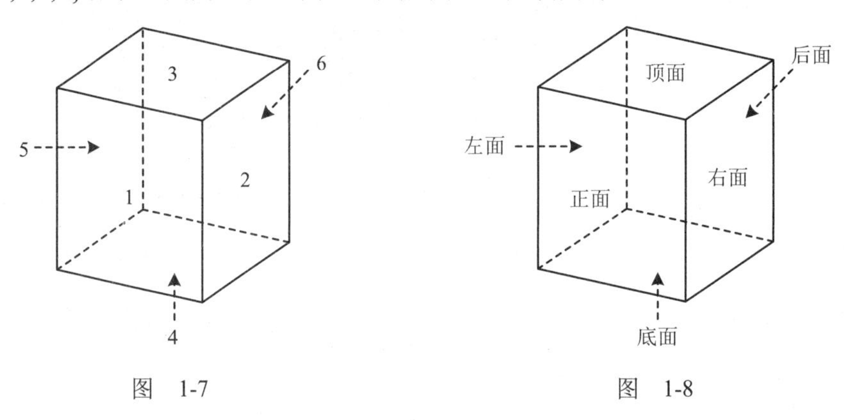

图 1-7　　图 1-8

如图 1-9 所示，是标准姿态向左旋转后得到的，对应的排列是{5,1,3,4,6,2}。

接下来，有两种方法。一种方法是手工找出 24 种姿态对应的排列，编写到代码中。显然，这种方法比较耗时，且容易出错，不推荐使用。这里我们采用另一种方法，可以用程序找出这 24 种排列，而且不容易出错。除了刚才写出的标准姿态向左翻之外，我们再写出标准姿态向上翻所对应的排列：{3,2,6,1,5,4}，如图 1-10 所示。

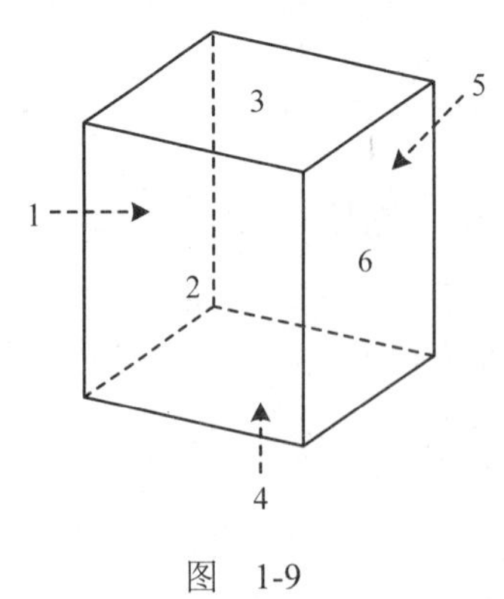

图 1-9

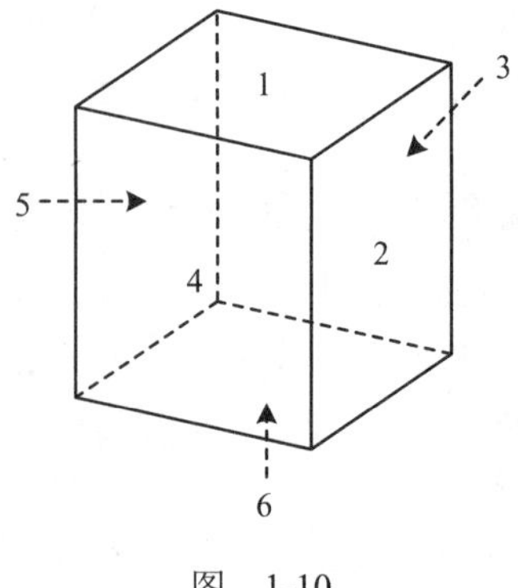

图 1-10

注意，旋转是可以组合的。比如，图 1-7 所示的标准姿态先向左转，再向上翻，就是 5→5, 1→3, 3→6, 4→1, 6→4, 2→2，即{5, 3, 6, 1, 4, 2}。因此，有了这两种旋转方式，我们就可以构造出所有 24 种姿态了（均为从标准姿态开始旋转）。

1 在顶面的姿态：向左转 2 次，向上翻 1 次（此时 1 在顶面），然后向左转 0～3 次。

2 在顶面的姿态：向左转 1 次，向上翻 1 次（此时 2 在顶面），然后向左转 0～3 次。

3 在顶面的姿态：（3 本来就在顶面）向左转 0～3 次。

4 在顶面的姿态：向上翻 2 次（此时 4 在顶面），然后向左转 0～3 次。

5 在顶面的姿态：向左转 3 次，向上翻 1 次（此时 5 在顶面），然后向左转 0～3 次。

6 在顶面的姿态：向上翻 1 次（此时 6 在顶面），然后向左转 0～3 次。

这段代码应该写在哪里呢？一种方法是直接手写在最终的程序中，但是一旦这部分代码出错，非常难调；另一种方法是写到一个独立程序中，用它生成 24 种姿态对应的排列表，而在最终程序中直接使用排列表。生成排列表的程序如下（在代码中编号为 0～5，而非 1～6）。

```
#include<cstdio>
#include<cstring>

int left[] = {4, 0, 2, 3, 5, 1};
int up[] = {2, 1, 5, 0, 4, 3};

//按照排列 T 旋转姿态 p
void rot(int* T, int* p) {
  int q[6];
  memcpy(q, p, sizeof(q));
  for(int i = 0; i < 6; i++) p[i] = T[q[i]];
}

void enumerate_permutations() {
  int p0[6] = {0, 1, 2, 3, 4, 5};
  printf("int dice24[24][6] = {\n");
  for(int i = 0; i < 6; i++) {
    int p[6];
    memcpy(p, p0, sizeof(p0));
    if(i == 0) rot(up, p);
    if(i == 1) { rot(left, p); rot(up, p); }
    if(i == 3) { rot(up, p); rot(up, p); }
    if(i == 4) { rot(left, p); rot(left, p); rot(up, p); }
    if(i == 5) { rot(left, p); rot(left, p); rot(left, p); rot(up, p); }
    for(int j = 0; j < 4; j++) {
      printf("{%d, %d, %d, %d, %d, %d},\n", p[0], p[1], p[2], p[3], p[4], p[5]);
      rot(left, p);
    }
  }
  printf("};\n");
}

int main() {
```

```
  enumerate_permutations();
  return 0;
}
```

下面让我们来看看如何“暴力”。一种方法是枚举最后那个“相同的立方体”的每个面是什么，然后对于每个立方体，看看哪种姿态需要重新涂色的面最少。但由于 4 个立方体最多可能会有 24 种不同的颜色，最多需要枚举 24^6 种“最后的立方体”，情况有些多。

另一种方法是先枚举每个立方体的姿态（第一个作为“参考系”，不用旋转），然后对于 6 个面，分别选一个出现次数最多的颜色作为“标准”，和它不同的颜色一律重涂。由于每个立方体的姿态有 24 种，3 个立方体（别忘了第一个不用旋转）的姿态组合一共有 24^3 种，比第一种方法要好。程序如下（程序头部是生成的排列表，为了节省篇幅，合并了一些行）。

```
int dice24[24][6] = {
{2, 1, 5, 0, 4, 3},{2, 0, 1, 4, 5, 3},{2, 4, 0, 5, 1, 3},{2, 5, 4, 1, 0, 3},{4,
2, 5, 0, 3, 1},
{5, 2, 1, 4, 3, 0},{1, 2, 0, 5, 3, 4},{0, 2, 4, 1, 3, 5},{0, 1, 2, 3, 4, 5},{4,
0, 2, 3, 5, 1},
{5, 4, 2, 3, 1, 0},{1, 5, 2, 3, 0, 4},{5, 1, 3, 2, 4, 0},{1, 0, 3, 2, 5, 4},{0,
4, 3, 2, 1, 5},
{4, 5, 3, 2, 0, 1},{3, 4, 5, 0, 1, 2},{3, 5, 1, 4, 0, 2},{3, 1, 0, 5, 4, 2},{3,
0, 4, 1, 5, 2},
{1, 3, 5, 0, 2, 4},{0, 3, 1, 4, 2, 5},{4, 3, 0, 5, 2, 1},{5, 3, 4, 1, 2, 0},
};

#include<cstdio>
#include<cstring>
#include<string>
#include<vector>
#include<algorithm>
using namespace std;

const int maxn = 4;
int n, dice[maxn][6], ans;

vector<string> names;
int ID(const char* name) {
  string s(name);
  int n = names.size();
  for(int i = 0; i < n; i++)
    if(names[i] == s) return i;
  names.push_back(s);
  return n;
}

int r[maxn], color[maxn][6];    //每个立方体的旋转方式和旋转后各个面的颜色

void check() {
```

```
  for(int i = 0; i < n; i++)
    for(int j = 0; j < 6; j++) color[i][dice24[r[i]][j]] = dice[i][j];

  int tot = 0;                         //需要重新涂色的面数
  for(int j = 0; j < 6; j++) {  //考虑每个面
    int cnt[maxn*6];                   //每种颜色出现的次数
    memset(cnt, 0, sizeof(cnt));
    int maxface = 0;
    for(int i = 0; i < n; i++)
      maxface = max(maxface, ++cnt[color[i][j]]);
    tot += n - maxface;
  }
  ans = min(ans, tot);
}

void dfs(int d) {
  if(d == n) check();
  else for(int i = 0; i < 24; i++) {
    r[d] = i;
    dfs(d+1);
  }
}

int main() {
  while(scanf("%d", &n) == 1 && n) {
    names.clear();
    for(int i = 0; i < n; i++)
      for(int j = 0; j < 6; j++) {
        char name[30];
        scanf("%s", name);
        dice[i][j] = ID(name);
      }
    ans = n*6;                         //上界：所有面都重新涂色
    r[0] = 0;                          //第一个立方体不旋转
    dfs(1);
    printf("%d\n", ans);
  }
  return 0;
}
```

例题 9　中国麻将（Chinese Mahjong, UVa 11210）

麻将是一个中国人原创的 4 人玩的游戏。这个游戏有很多变种，但本题只考虑一种有 136 张牌的玩法。这 136 张牌所包含的内容如下。

饼（筒）牌：每张牌包括一系列点，每个点代表一个铜钱，如图 1-11 所示。本题中用 1T、2T、3T、4T、5T、6T、7T、8T、9T 表示。

图 1-11

索（条）牌：每张牌由一系列竹棍组成，每根棍代表一挂铜钱，如图 1-12 所示。本题中用 1S、2S、3S、4S、5S、6S、7S、8S、9S 表示。

图 1-12

万牌：每张牌代表一万枚铜钱，如图 1-13 所示。本题中用 1W、2W、3W、4W、5W、6W、7W、8W、9W 表示。

图 1-13

风牌：东、南、西、北风，如图 1-14 所示。本题中用 DONG、NAN、XI、BEI 表示。

箭牌：中、发、白，如图 1-15 所示。本题中用 ZHONG、FA、BAI 表示。

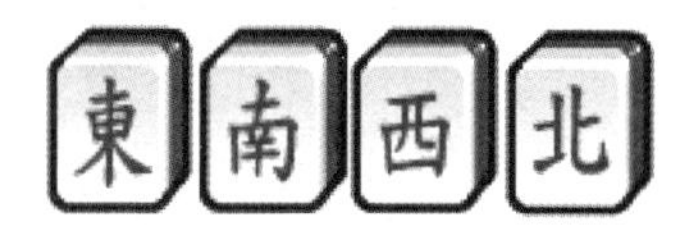

图 1-14

图 1-15

总共有 9×3+4+3=34 种牌，每种 4 张，一共有 136 张牌。

其实麻将中还有如图 1-16 所示的 8 张花牌，所以共有 136 + 8 = 144 张牌，但是本题中不予考虑。

图 1-16

中国麻将的规则十分复杂，本题中只需考虑部分规则。在本题中，手牌（即每个人手里的牌）总是有 13 张。如果多了某张牌以后，整副牌可以拆成一个将（两张相同的牌）、0 个或多个刻子（3 张相同的牌）和 0 个或多个顺子（3 张同花相连的牌，但风牌和箭牌不能形成顺子），我们就说这手牌“听”这张牌，即拿到那张牌以后就赢了，称为“和”（实际中还要考虑番数和特殊和法，在本题中可以忽略）。

比如，如图 1-17 所示的这手牌听牌、和，即 1S、FA 和 4S。听牌的原因是：“发”做将，另有 3 个顺子（1S2S3S, 1S2S3S, 2S3S4S）。

图 1-17

【输入格式】

输入数据最多 50 组。每组数据由一行 13 张牌给出，输入保证给出的牌是合法的。输入结束标记为一行单个 0。

【输出格式】

对于每组数据，输出所有“听”的牌，按照描述中的顺序列出（1T—9T，1S—9S，1W—9W，DONG，NAN，XI，BEI，ZHONG，FA，BAI）。每张牌最多被列出一次。如果没有“听”牌，输出 Not ready。

【分析】

如果您和笔者一样对麻将很熟悉，不妨回忆一下自己平时打麻将时，是如何知道自己有没有听牌的。虽然多数情况都容易判断，但对于一些复杂的情况，新手容易看不出自己“听”牌了，或者看不全所有“听”的牌，而麻将老手却可以。原因在于，麻将老手擅长把手里的牌按照不同的方式进行组合。在程序里，我们也需要用一点儿“暴力”来枚举所有可能的组合方式。

一共只有 34 种牌，因此可以依次判断是否“听”这些牌。比如，为了判断是否“听”一万，只需要判断自己拿到这张一万后是否可以和牌。这样，问题就转化成了：给定 14 张牌，判断是否可以和牌。为此，我们可以递归求解：首先选两张牌作为“将”，然后每次选 3 张作为刻子或者顺子。如图 1-18 所示，即为一次递归求解的过程。

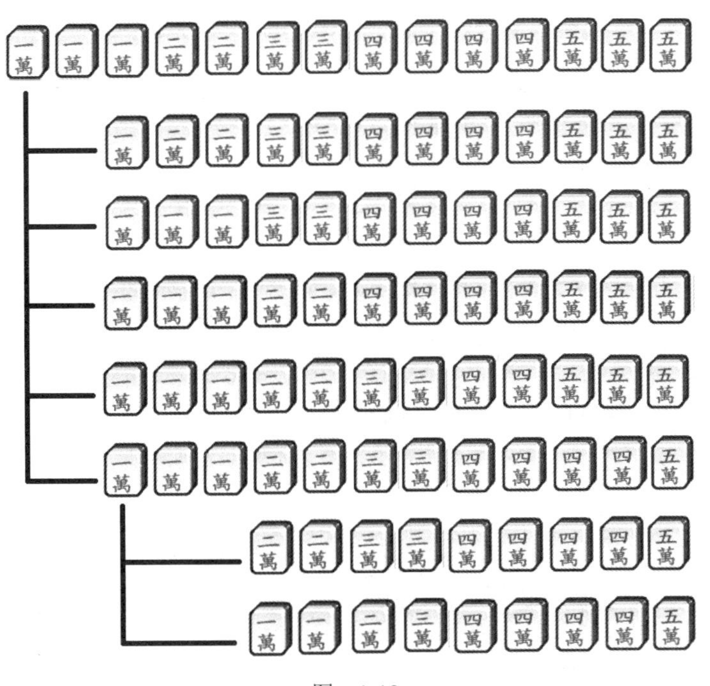

图 1-18

选将有 5 种方法（一万、二万、三万、四万、五万都可以做将）。如果选五万做将，一万要么属于一个刻子，要么属于一个顺子。注意，这时不必考虑其他牌是如何形成刻子或者顺子的，否则会出现重复枚举（想一想，为什么）。

为了快速选出将、刻子和顺子，我们用一个 34 维向量来表示状态，即每种牌所剩的张数。除了第一次直接枚举将牌之外，每次只需要考虑编号最小的牌，看它能否形成刻子或者顺子（一定是以它作为最小牌。想一想，为什么），并且递归判断。本题唯一的陷阱是：每一种牌都只有 4 张，所以 1S1S1S1S 是不"听"任何牌的。代码如下。

```
#include<stdio.h>
#include<string.h>

const char* mahjong[] = {
"1T","2T","3T","4T","5T","6T","7T","8T","9T",
"1S","2S","3S","4S","5S","6S","7S","8S","9S",
"1W","2W","3W","4W","5W","6W","7W","8W","9W",
"DONG","NAN","XI","BEI",
"ZHONG","FA","BAI"
};

int convert(char *s){                          //只在预处理时调用，因此速度无关紧要
  for(int i = 0; i < 34; i++)
    if(strcmp(mahjong[i], s) == 0) return i;
  return -1;
}

int c[34];
bool search(int dep){                          //回溯法递归过程
  int i;
  for(i = 0; i < 34; i++) if (c[i] >= 3){      //刻子
    if(dep == 3) return true;
    c[i] -= 3;
    if(search(dep+1)) return true;
    c[i] += 3;
  }
  for(i = 0; i <= 24; i++) if (i % 9 <= 6 && c[i] >= 1 && c[i+1] >= 1 && c[i+2] >=
1){                                            //顺子
    if(dep == 3) return true;
    c[i]--; c[i+1]--; c[i+2]--;
    if(search(dep+1)) return true;
    c[i]++; c[i+1]++; c[i+2]++;
  }
  return false;
}

bool check(){
  int i;
  for(i = 0; i < 34; i++)
    if(c[i] >= 2){                             //将牌
```

```
      c[i] -= 2;
      if(search(0)) return true;
      c[i] += 2;
    }
    return false;
  }

  int main(){
    int caseno = 0, i, j;
    bool ok;
    char s[100];
    int mj[15];

    while(scanf("%s", &s) == 1){
      if(s[0] == '0') break;
      printf("Case %d:", ++caseno);
      mj[0] = convert(s);
      for(i = 1; i < 13; i++){
        scanf("%s", &s);
        mj[i] = convert(s);
      }
      ok = false;
      for(i = 0; i < 34; i++){
        memset(c, 0, sizeof(c));
        for(j = 0; j < 13; j++) c[mj[j]]++;
        if(c[i] >= 4) continue;                  //每种牌最多只有 4 张
        c[i]++;                                  //假设拥有这张牌
        if(check()){                             //如果“和”了
          ok = true;                             //说明听这张牌
          printf(" %s", mahjong[i]);
        }
        c[i]--;
      }
      if(!ok) printf(" Not ready");
      printf("\n");
    }
    return 0;
  }
```

例题 10　正整数序列（Help is needed for Dexter, UVa 11384）

给定正整数 n，你的任务是用最少的操作次数把序列 1, 2, ⋯, n 中的所有数都变成 0。每次操作可从序列中选择一个或多个整数，同时减去一个相同的正整数。比如，1,2,3 可以把 2 和 3 同时减小 2，得到 1,0,1。

【输入格式】

输入包含多组数据。每组仅一行，为正整数 n（$n \leqslant 10^9$）。输入结束标志为文件结束符（EOF）。

【输出格式】

对于每组数据，输出最少操作次数。

【分析】

拿到这道题目之后，最好的方式是自己试一试。经过若干次尝试和总结后，不难发现第一步的最好方式如图 1-19 所示。

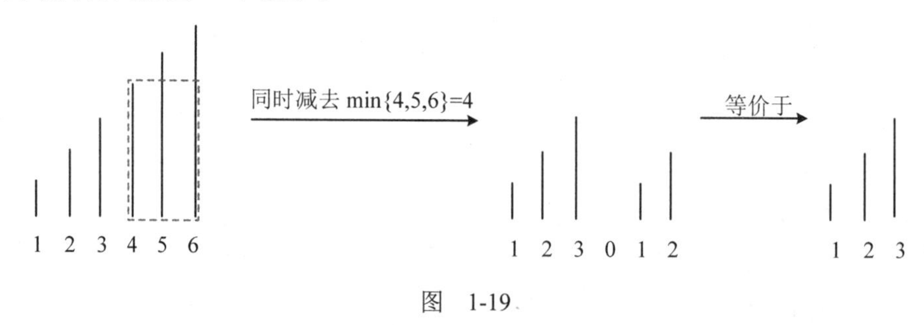

图 1-19

换句话说，当 n=6 的时候留下 1, 2, 3，而把 4,5,6 同时减去 min{4,5,6}=4 得到序列 1, 2, 3, 0, 1, 2，它等价于 1, 2, 3（想一想，为什么），即 $f(6)=f(3)+1$。

一般地，为了平衡，我们保留 1～n/2，把剩下的数同时减去 n/2+1，得到序列 1, 2, ⋯, n/2, 0,1,⋯,(n−1)/2，它等价于 1, 2, ⋯, n/2，因此 $f(n)=f(n/2)+1$，边界是 $f(1)=1$。代码如下。

```
#include<cstdio>

int f(int n) {
  return n == 1 ? 1 : f(n/2) + 1;
}

int main() {
  int n;
  while(scanf("%d", &n) == 1)
    printf("%d\n", f(n));
  return 0;
}
```

例题 11 新汉诺塔问题（A Different Task, UVa 10795）

标准的汉诺塔上有 n 个大小各异的盘子。给定一个初始局面（见图 1-20），求它到给定目标局面（见图 1-21）至少需要多少步。移动规则如下：一次只能移动一个盘子；在移动一个盘子之前，必须把压在上面的其他盘子先移走；编号大的盘子不得压在编号小的盘子上。

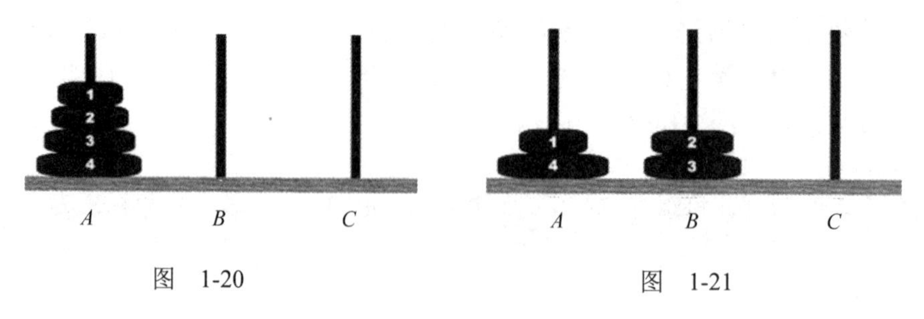

图 1-20 图 1-21

【输入格式】

输入包含不超过 100 组数据。每组数据的第一行为正整数 n（$1 \leqslant n \leqslant 60$）；第二行包含 n 个 1～3 的整数，即初始局面中每个盘子所在的柱子编号；第三行和第二行格式相同，为目标局面。输入结束标志为 n=0。

【输出格式】

对于每组数据，输出最少步数。

【分析】

考虑编号最大的盘子，如果这个盘子在初始局面和目标局面中位于同一根柱子上，那么根本不需要移动它，而如果移动了，反而不可能是最优解（想一想，为什么）。这样，我们可以在初始局面和目标局面中，找出所在柱子不同的盘子中编号最大的一个，设为 k，那么 k 必须移动。

让我们设想一下，移动 k 之前的一瞬间，柱子上的情况吧。假设盘子 k 需要从柱子 1 移动到柱子 2。由于编号比 k 大的盘子不需要移动，而且也不会碍事，所以我们直接把它们看成不存在；编号比 k 小的盘子既不能在柱子 1 上，也不能在柱子 2 上，因此只能在柱子 3 上。换句话说，这时柱子 1 只有盘子 k，柱子 2 为空，柱子 3 从上到下依次是盘子 1, 2, 3, …, k−1（再次提醒：我们已经忽略了编号大于 k 的盘子）。我们把这个局面称为参考局面。

由于盘子的移动是可逆的，根据对称性，我们只需要求出初始局面和目标局面移动成参考局面的步数之和，然后加 1（移动盘子 k）即可。换句话说，我们需要写一个函数 $f(P, i, \text{final})$，表示已知各盘子的初始柱子编号数组为 P（具体来说，$P[i]$代表盘子 i 的柱子编号），把盘子 1, 2, 3, …, i 全部移到柱子 final 所需的步数，则本题的答案就是 $f(\text{start}, k-1, 6-\text{start}[k]-\text{finish}[k]) + f(\text{finish}, k-1, 6-\text{start}[k]-\text{finish}[k]) + 1$。其中，start[$i$]和 finish[$i$]是本题输入中盘子 i 的初始柱子和目标柱子，k 是上面所说的“必须移动的编号最大的盘子”的编号。我们把柱子编号为 1, 2, 3，所以“除了柱子 x 和柱子 y 之外的那个柱子”编号为 $6-x-y$。

如何计算 $f(P, i, \text{final})$呢？推理和刚才类似。假设 $P[i]=\text{final}$，那么 $f(P,i,\text{final})=f(P,i-1,\text{final})$；否则需要先把前 i−1 个盘子移动到 $6-P[i]-\text{final}$ 这个柱子上做中转，然后把盘子 i 移动到柱子 final，最后把前 i−1 个盘子从中转的柱子移到目标柱子 final。注意，最后一个步骤是把 i−1 个盘子从一个柱子整体移到另一个柱子，根据汉诺塔问题的经典结论，这个步骤需要 $2^{i-1}-1$ 步，加上移动盘子 i 的那一步，一共需要 2^{i-1} 步。换句话说，当 $P[i]$不等于 final 的时候，$f(P,i,\text{final})=f(P,i-1,6-P[i]-\text{final})+2^{i-1}$。

最后，注意答案需要用 long long 保存（想一想，为什么）。代码如下。

```
#include<cstdio>

long long f(int* P, int i, int final) {
  if(i == 0) return 0;
  if(P[i] == final) return f(P, i-1, final);
  return f(P, i-1, 6-P[i]-final) + (1LL << (i-1));
}

const int maxn = 60 + 10;
int n, start[maxn], finish[maxn];
```

```
int main() {
  int kase = 0;
  while(scanf("%d", &n) == 1 && n) {
    for(int i = 1; i <= n; i++) scanf("%d", &start[i]);
    for(int i = 1; i <= n; i++) scanf("%d", &finish[i]);
    int k = n;
    while(k >= 1 && start[k] == finish[k]) k--;

    long long ans = 0;
    if(k >= 1) {
      int other = 6-start[k]-finish[k];
      ans = f(start, k-1, other) + f(finish, k-1, other) + 1;
    }
    printf("Case %d: %lld\n", ++kase, ans);
  }
  return 0;
}
```

例题 12　组装电脑（Assemble, NWERC 2007, LA 3971）

你有 b 元钱，想要组装一台计算机。给出 n 个配件各自的种类、品质因子和价格，要求每种类型的配件各买一个，总价格不超过 b，且“品质最差配件”的品质因子应尽量大。

【输入格式】

输入的第一行为测试数据组数 T（$T \leqslant 100$）。每组数据：第一行为两个正整数 n（$1 \leqslant n \leqslant 1\,000$）和 b（$1 \leqslant b \leqslant 10^9$），即配件的数目和预算；以下 n 行每行描述一个配件，依次为种类、名称、价格和品质因子，价格为不超过 10^6 的非负整数，品质因子是不超过 10^9 的非负整数（越大越好），种类和名称则由不超过 20 个字母、数字和下画线组成。输入保证总是有解。

【输出格式】

对于每组数据，输出“品质最差配件”品质因子的最大值。

【分析】

在《算法竞赛入门经典（第 2 版）》一书中，我们曾提到过，解决“最小值最大”的常用方法是二分答案法。假设答案为 x，如何判断这个 x 是太小还是太大呢？删除品质因子小于 x 的所有配件，如果可以组装出一台不超过 b 元的计算机，那么标准答案 $\text{ans} \geqslant x$，否则 $\text{ans} < x$。

如何判断是否可以组装出满足预算约束的计算机呢？很简单，每一类配件选择最便宜的一个即可。如果这样选都还超预算的话，就不可能有解了。代码如下。

```
#include<cstdio>
#include<string>
#include<vector>
#include<map>
using namespace std;
```

```
int cnt;          //组件的类型数
map<string,int> id;
int ID(string s) {
  if(!id.count(s)) id[s] = cnt++;
  return id[s];
}

const int maxn = 1000 + 5;

struct Component {
  int price;
  int quality;
};
int n, b;         //组件的数目，预算
vector<Component> comp[maxn];

//品质因子不小于 q 的组件能否组装成一个不超过 b 元的计算机
bool ok(int q) {
  int sum = 0;
  for(int i = 0; i < cnt; i++) {
    int cheapest = b+1, m = comp[i].size();
    for(int j = 0; j < m; j++)
      if(comp[i][j].quality >= q) cheapest = min(cheapest, comp[i][j].price);
    if(cheapest == b+1) return false;
    sum += cheapest;
    if(sum > b) return false;
  }
  return true;
}

int main() {
  int T;
  scanf("%d", &T);
  while(T--) {
    scanf("%d%d", &n, &b);

    cnt = 0;
    for(int i = 0; i < n; i++) comp[i].clear();
    id.clear();

    int maxq = 0;
    for(int i = 0; i < n; i++) {
      char type[30], name[30];
      int p, q;
      scanf("%s%s%d%d", type, name, &p, &q);
      maxq = max(maxq, q);
      comp[ID(type)].push_back((Component){p, q});
    }
```

```
    int L = 0, R = maxq;
    while(L < R) {
      int M = L + (R-L+1)/2;
      if(ok(M)) L = M; else R = M-1;
    }
    printf("%d\n", L);
  }
  return 0;
}
```

例题 13 派（Pie, NWERC 2006, Codeforces Gym 100722C）

有 F+1 个人来分 N 个圆形派，每个人得到的必须是一整块派，而不是几块拼在一起，且面积要相同。求每个人最多能得到多大面积的派（不必是圆形）。

【输入格式】

输入的第一行为数据组数 T。每组数据：第一行为两个整数 N 和 F（$1 \leqslant N, F \leqslant 10\,000$）；第二行为 N 个整数 r_i（$1 \leqslant r_i \leqslant 10\,000$），即各个派的半径。

【输出格式】

对于每组数据，输出每人得到的派的面积的最大值，精确到 10^{-3}。

【分析】

这个问题并不是“最小值最大”问题，但仍然可以采用二分答案法，把问题转化为“是否可以让每人得到一块面积为 x 的派”。这样的转化相当于多了一个条件，然后求解目标变成了“看看这些条件是否相互矛盾”。

会有怎样的矛盾呢？只有一种矛盾：x 太大，满足不了 F+1 个人。这样，我们只需要算算一共可以切多少份面积为 x 的派，然后看看这个数目够不够 F+1 即可。因为派是不可以拼起来的，所以一个半径为 r 的派只能切出$[\pi r^2/x]$个派（其他部分就浪费了），而把所有圆形派能切出的份数加起来即是“每人得到一块面积为 x 的派”的情况下能够分到派的总人数。代码如下。

```
#include<cstdio>
#include<cmath>
#include<algorithm>
using namespace std;

const double PI = acos(-1.0);
const int maxn = 10000 + 5;

int n, f;
double A[maxn];

bool ok(double area) {
  int sum = 0;
  for(int i = 0; i < n; i++) sum += floor(A[i] / area);
  return sum >= f+1;
}
```

```
int main() {
  int T;
  scanf("%d", &T);
  while(T--) {
    scanf("%d%d", &n, &f);
    double maxa = -1;
    for(int i = 0; i < n; i++) {
      int r;
      scanf("%d", &r);
      A[i] = PI*r*r; maxa = max(maxa, A[i]);
    }
    double L = 0, R = maxa;
    while(R-L > 1e-5) {
      double M = (L+R)/2;
      if(ok(M)) L = M; else R = M;
    }
    printf("%.5lf\n", L);
  }
  return 0;
}
```

例题 14　填充正方形（Fill the Square, UVa 11520）

在一个 $n \times n$ 网格中填了一些大写字母，你的任务是把剩下的格子中也填满大写字母，使得任意两个相邻格子（即有公共边的格子）中的字母不同。如果有多种填法，则要求按照从上到下、从左到右的顺序把所有格子连接起来，得到的字符串的字典序应该尽量小。

【输入格式】

输入的第一行为测试数据组数 T。每组数据：第一行为整数 n（$n \leqslant 10$），即网格的行数和列数；以下 n 行每行 n 个字符，表示整个网格。为了清晰起见，本题用小数点表示没有填字母的格子。

【输出格式】

对于每组数据，输出填满字母后的网格。

【样例输入】

```
2
3
...
...
...
3
...
A..
...
```

【样例输出】

```
Case 1:
ABA
```

```
BAB
ABA
Case 2:
BAB
ABA
BAB
```

【分析】

首先说点儿题外话。当一道题可能有多个解时，为了确保答案唯一（比如，命题者不想写“输出检查器”，或者为了加大难度），题目通常会加上一些限制条件，其中“字典序最小”就是一个很常见的限制条件。

所谓“字典序”，就是“在字典中的顺序”。字典中的单词是如何排列的呢？首先按照第一个字母排序，即所有以 a 开头的单词排在以 b 开头的单词前面，而以 b 开头的单词排在以 c 开头的单词前面，以此类推。把这种方法扩展一下：对于任意两个序列，我们先比较第一个元素，再比较第二个元素……直到有一个元素不同，那么第一个不同元素在字母排序中靠前的序列，其字典序也小，剩下的元素全部不比较。注意，如果比较过程中恰好有一个序列结束，那么该序列较小。如果两个序列同时结束，说明两个序列完全相等，字典序自然也相等。下面是比较两个整数序列字典序的代码。

```
bool lexicographicallySmaller(const vector<int> &a, const vector<int> &b) {
  int n = a.size();
  int m = b.size();
  int i;
  for(i = 0; i < n && i < m; i++)
    if(a[i] < b[i]) return true;
    else if(b[i] < a[i]) return false;
  return (i == n && i < m);
}
```

不难发现，对于定义了“小于”运算符的任意数据类型，由该类型元素组成的序列的字典序的比较方法是完全一样的。这样，我们可以把上述函数模板化。

```
template<class T>
bool lexicographicallySmaller(const vector<T> &a, const vector<T> &b) {
  int n = a.size();
  int m = b.size();
  int i;
  for(i = 0; i < n && i < m; i++)
    if(a[i] < b[i]) return true;
    else if(b[i] < a[i]) return false;
  return (i == n && i < m);
}
```

除了加粗代码之外，这段代码和前面的代码完全一样。有了模板函数，不管你定义的是 vector<int>a, b 还是 vector<string>a, b，甚至是 vector<vector<int> >x, y，全部都可以用 if(lexicographicallySmaller(a,b)) … 的方式直接使用上述函数，而不必针对各种类型各写一个函数。另外，序列的字典序比较也可以调用 std::lexicographical_compare。

既然只有序列才有字典序，题目中的这句“从上到下、从左到右”就不难理解了。它的意思是首先把每行看成一个字符串，然后从上到下顺次连接，要求得到的这个长长的字符串的字典序最小。

根据字典序的定义，我们可以从上到下、从左到右一位一位地求：先满足第一个元素最小，再满足第二个元素最小，以此类推。落实到本题中，我们只需从左到右、从上到下依次给所有的空格填上最小可能的字母即可。代码如下。

```
#include<cstdio>
#include<cstring>

const int maxn = 10 + 5;
char grid[maxn][maxn];
int n;
int main() {
  int T;
  scanf("%d", &T);
  for(int kase = 1; kase <= T; kase++) {
    scanf("%d", &n);
    for(int i = 0; i < n; i++) scanf("%s", grid[i]);
    for(int i = 0; i < n; i++)
      for(int j = 0; j < n; j++) if(grid[i][j] == '.') {  //没填过的字母才需要填
        for(char ch = 'A'; ch <= 'Z'; ch++) {            //按照字典序依次尝试
          bool ok = true;
          if(i>0 && grid[i-1][j] == ch) ok = false;      //和上面的字母冲突
          if(i<n-1 && grid[i+1][j] == ch) ok = false;
          if(j>0 && grid[i][j-1] == ch) ok = false;
          if(j<n-1 && grid[i][j+1] == ch) ok = false;
          if(ok) { grid[i][j] = ch; break; } //没有冲突，填进网格，停止继续尝试
        }
      }
    printf("Case %d:\n", kase);
    for(int i = 0; i < n; i++) printf("%s\n", grid[i]);
  }
  return 0;
}
```

严谨的读者可能又要发问了：如果上述代码顺利执行完毕，即每个格子都有字母填，得到的解自然是字典序最小的，但如果某个格子把 A～Z 的所有字母都尝试完，一个都填不了，该怎么办？这意味着必须推翻以前的决策，一下子让情况变得复杂起来。

事实上，这种情况不会发生，因为一个格子的上下左右只有 4 个格子，不可能包含 A～Z 这 26 个字母。因此，每个空格都能填上字母。

例题 15　网络（Network, Seoul 2007,UVa 1267）

n 台机器连成一个树状网络，其中，叶子结点是客户端，其他结点是服务器。目前有一台服务器正在提供 VOD（Video On Demand）服务，虽然视频质量本身很不错，但对于那些离它很远的客户端来说，网络延迟却难以忍受。你的任务是在其他一些服务器上也安装

同样的服务，使得每个客户端到最近服务器的距离不超过一个给定的整数 k。为了节约成本，安装服务的服务器台数应尽量少。如图 1-22 所示，当 k=2 时还要在结点 4 处的服务器上安装服务。

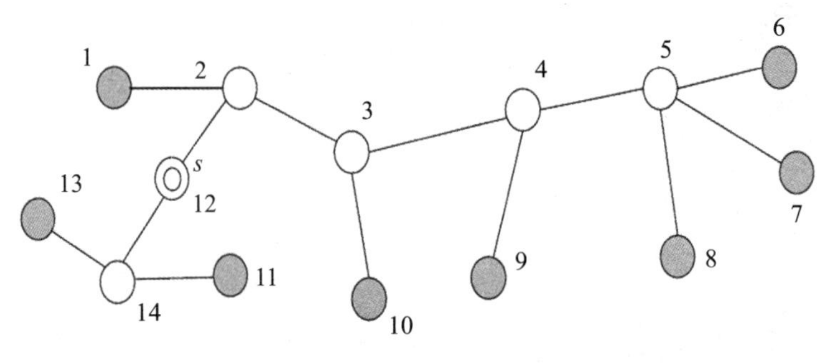

图 1-22

【输入格式】

输入的第一行为数据组数 T。每组数据：第一行为树中的结点数 n（$3 \leqslant n \leqslant 1000$）；下一行包含两个整数 s 和 k（$1 \leqslant s \leqslant n, 1 \leqslant k \leqslant n$），其中 s 是已经安装好 VOD 服务的结点编号，k 是叶子和提供 VOD 服务的服务器的距离上限；以下 n−1 行每行包含两个整数，即树中的一条边。

【输出格式】

对于每组数据，输出一个整数，即还需要安装 VOD 服务的服务器个数的最小值。

【分析】

通常来说，把无根树变成有根树会有助于解题。何况在本题中，已经有了一个天然的根结点：原始 VOD 服务器。对于那些已经满足条件（即到原始 VOD 服务器的距离不超过 k）的客户端，直接当它们不存在就可以了，如图 1-23 所示。

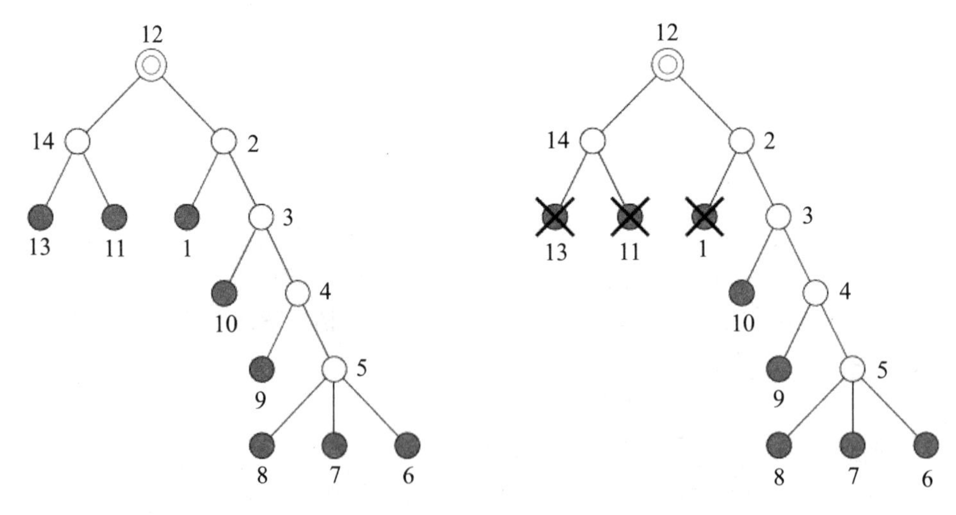

图 1-23

接下来，我们考虑深度最大的结点。比如结点 8，应该在哪里安装新的 VOD 服务来覆盖（“覆盖”一个叶子是指到该叶子的距离不超过 k）它呢？只有结点 5 和结点 4 满足条件。显然，结点 4 比结点 5 划算，因为结点 5 所覆盖的叶子（6, 7, 8）都能被结点 4 所覆盖。一般地，对于深度最大的结点 u，选择 u 的 k 级祖先是最划算的（父亲是 1 级祖先，父亲的父亲是 2 级祖先，以此类推）。证明过程留给读者自行思考。

下面给出上述算法的一种实现方法：每放一个新服务器，进行一次 DFS，覆盖与它距离不超过 k 的所有结点。注意，本题只需要覆盖叶子，而不需要覆盖中间结点，而且深度不超过 k 的叶子已经被原始服务器覆盖，所以我们只需要处理深度大于 k 的叶结点即可。为了让程序更简单，我们可用 nodes 表避开“按深度排序”的操作。代码如下。

```
#include<cstdio>
#include<cstring>
#include<vector>
#include<algorithm>
using namespace std;

const int maxn = 1000 + 10;
vector<int> gr[maxn], nodes[maxn];
int n, s, k, fa[maxn];
bool covered[maxn];

//无根树转有根树，计算 fa 数组，根据深度把叶子结点插入 nodes 表里
void dfs(int u, int f, int d) {
  fa[u] = f;
  int nc = gr[u].size();
  if(nc == 1 && d > k) nodes[d].push_back(u);
  for(int i = 0; i < nc; i++) {
    int v = gr[u][i];
    if(v != f) dfs(v, u, d+1);
  }
}

void dfs2(int u, int f, int d) {
  covered[u] = true;
  int nc = gr[u].size();
  for(int i = 0; i < nc; i++) {
    int v = gr[u][i];
    if(v != f && d < k) dfs2(v, u, d+1);     //只覆盖到新服务器距离不超过 k 的结点
  }
}

int solve() {
  int ans = 0;
  memset(covered, 0, sizeof(covered));
  for(int d = n-1; d > k; d--)
    for(int i = 0; i < nodes[d].size(); i++) {
      int u = nodes[d][i];
```

```
    if(covered[u]) continue;                  //不考虑已覆盖的结点

    int v = u;
    for(int j = 0; j < k; j++) v = fa[v]; //v是u的k级祖先
    dfs2(v, -1, 0);                           //在结点v放服务器
    ans++;
  }
  return ans;
}

int main() {
  int T;
  scanf("%d", &T);
  while(T--) {
    scanf("%d%d%d", &n, &s, &k);
    for(int i = 1; i <= n; i++) { gr[i].clear(); nodes[i].clear(); }
    for(int i = 0; i < n-1; i++) {
      int a, b;
      scanf("%d%d", &a, &b);
      gr[a].push_back(b);
      gr[b].push_back(a);
    }
    dfs(s, -1, 0);
    printf("%d\n", solve());
  }
  return 0;
}
```

例题 16　长城守卫（Beijing Guards, CERC 2004, UVa 1335）

有 n 个人围成一个圈，其中第 i 个人想要 r_i 个不同的礼物。相邻的两个人可以聊天，炫耀自己的礼物。如果两个相邻的人拥有同一种礼物，则双方都会很不高兴。问：一共需要多少种礼物才能满足所有人的需要？假设每种礼物有无穷多个，不相邻的两个人不会一起聊天，所以即使拿到相同的礼物也没关系。

比如，一共有 5 个人，每个人都要一个礼物，则至少要 3 种礼物。如果把这 3 种礼物编号为 1, 2, 3，则 5 个人拿到的礼物应分别是：1,2,1,2,3。如果每个人要两个礼物，则至少要 5 种礼物，且 5 个人拿到的礼物集合应该是：{1,2},{3,4},{1,5},{2,3},{4,5}。

【输入格式】

输入包含多组数据。每组数据：第一行为一个正整数 n（$1\leqslant n\leqslant 100\,000$）；以下 n 行按照圈上的顺序描述每个人的需求，其中每行为一个正整数 r_i（$1\leqslant r_i\leqslant 100\,000$），表示第 i 个人想要 r_i 个不同的礼物。输入结束标志为 n=0。

【输出格式】

对于每组数据，输出所需礼物的种类数。

【分析】

如果 n 为偶数，那么答案为相邻的两个人的 r 值之和的最大值，即 $p=\max\{r_i+r_{i+1}\}$（i=1,

2, …, n），规定 $r_{n+1}=r_1$。不难看出，这个数值是答案的下限，而且还可以构造出只用 p 种礼物的方案：对于一个编号为 i 的人，如果 i 为奇数，发编号为 1～r 的礼物 r_i；如果 i 为偶数，发礼物 $p-r_i+1$～p，请读者自己验证它是否符合要求。

n 为奇数的情况比较棘手，因为上述方法不再有效，这个时候需要采用二分答案法。假设已知共有 p 种礼物，该如何分配呢？设第 1 个人的礼物是 1～r_1，不难发现最优的分配策略一定是这样的：编号为偶数的人从小到大取，编号为奇数的人从大到小取。这样，编号为 n 的人在不冲突的前提下，尽可能地往后取了 r_n 样东西，最后判定编号为 1 的人和编号为 n 的人是否冲突即可。比如，$n=5$，$A=\{2, 2, 5, 2, 5\}$，$p=8$ 时，则第 1 个人取{1, 2}，第 2 个人取{3, 4}，第 3 个人取{8, 7, 6, 5, 2}，第 4 个人取{1, 3}，第 5 个人取{8, 7, 6, 5, 4}，由于第 1 个人与第 5 个人不冲突，所以 $p=8$ 是可行的。

程序实现上，由于题目并不要求输出方案，因此只需记录每个人在[1～r_1]的范围取了几个，在[r_1+1～p]的范围取了几个（在程序中分别用 left[i]和 right[i]表示），最后判断出第 n 个人在[1～r_1]的范围是否有取东西即可。代码如下。

```
#include<cstdio>
#include<algorithm>
using namespace std;

const int maxn = 100000 + 10;
int n, r[maxn], left[maxn], right[maxn];

//测试 p 个礼物是否足够
//left[i]是第 i 个人拿到的“左边的礼物”的总数，right 类似
bool test(int p) {
  int x = r[1], y = p - r[1];
  left[1] = x; right[1] = 0;
  for(int i = 2; i <= n; i++) {
    if(i % 2 == 0) {
      right[i] = min(y - right[i-1], r[i]);      //尽量拿右边的礼物
      left[i] = r[i] - right[i];
    }
    else {
      left[i] = min(x - left[i-1], r[i]);        //尽量拿左边的礼物
      right[i] = r[i] - left[i];
    }
  }
  return left[n] == 0;
}

int main() {
  int n;
  while(scanf("%d", &n) == 1 && n) {
    for(int i = 1; i <= n; i++) scanf("%d", &r[i]);
    r[n+1] = r[1];

    int L = 0, R = 0;
```

```
    for(int i = 1; i <= n; i++) L = max(L, r[i] + r[i+1]);
    if(n % 2 == 1) {
      for(int i = 1; i <= n; i++) R = max(R, r[i]*3);
      while(L < R) {
        int M = L + (R-L)/2;
        if(test(M)) R = M; else L = M+1;
      }
    }
    printf("%d\n", L);
  }
  return 0;
}
```

1.3 高效算法设计举例

例题 17 年龄排序（Age Sort, UVa 11462）

给定若干居民的年龄（1～100 的整数），按照从小到大的顺序输出。

【输入格式】

输入包含多组测试数据。每组数据：第一行为整数 n（$0<n\leqslant 2\ 000\ 000$），即居民总数；下一行包含 n 个不小于 1、不大于 100 的整数，即各居民的年龄。输入结束标志为 $n=0$。

输入文件大小约为 25MB，而内存大小限制在 2MB。

【输出格式】

对于每组数据，按照从小到大的顺序输出各居民的年龄，相邻年龄用单个空格隔开。

【分析】

由于数据太大，内存限制太紧（甚至都不能把它们全读进内存），因此无法使用快速排序方法。但整数范围很小，可以用计数排序方法。代码如下。

```
#include<cstdio>
#include<cstring>                    //为了使用 memset 函数

int main() {
  int n, x, c[101];
  while(scanf("%d", &n) == 1 && n) {
    memset(c, 0, sizeof(c));
    for(int i = 0; i < n; i++) {
      scanf("%d", &x);
      c[x]++;
    }
    int first = 1;                   //标志 first=1 表示还没有输出过整数
    for(int i = 1; i <= 100; i++){
      for(int j = 0; j < c[i]; j++) {
        if(!first) printf(" ");  //从第二个数开始，每输出一个数之前先输出一个空格
        first = 0;
        printf("%d", i);
```

```
      }
    printf("\n");
    }
  }
  return 0;
}
```

如果还要精益求精，可以优化输入输出，进一步降低运行时间。代码如下。

```
#include<cstdio>
#include<cstring>
#include<cctype>    //为了使用 isdigit 宏

inline int readint() {
  char c = getchar();
  while(!isdigit(c)) c = getchar();

  int x = 0;
  while(isdigit(c)) {
    x = x * 10 + c - '0';
    c = getchar();
  }
  return x;
}

int buf[10];         //声明成全局变量可以减小开销
inline void writeint(int i) {
  int p = 0;if(i < 0) putchar('-'), i = -i;
  if(i == 0) p++;    //特殊情况：i 等于 0 的时候需要输出 0，而不是什么也不输出
  else while(i) {
    buf[p++] = i % 10,i /= 10;
  }
  for(int j = p-1; j >=0; j--) putchar('0' + buf[j]); //逆序输出
}

int main() {
  int n, x, c[101];
  while(n = readint()) {
    memset(c, 0, sizeof(c));
    for(int i = 0; i < n; i++) c[readint()]++;
    int first = 1;
    for(int i = 1; i <= 100; i++)
      for(int j = 0; j < c[i]; j++) {
        if(!first) putchar(' ');
        first = 0;
        writeint(i);
      }
    putchar('\n');
  }
  return 0;
```

```
}
```

上述优化使得运行时间缩短了约 2/3。一般情况下，当输入输出数据量很大时，应尽量用 scanf 和 printf 函数；如果时间效率还不够高，应将字符逐个输入输出，就像上面的 readint 和 writeint 函数[①]。不管怎样，在确定 I/O 时间成为整个程序性能瓶颈之前，不要盲目优化。测试方法也很简单：输入之后不执行主算法，直接输出一个任意的结果，看看运行时间是否过长。

例题 18　开放式学分制（Open Credit System, UVa 11078）

给定一个长度为 n 的整数序列 $A_0, A_1,\cdots, A_{n-1}$，找出两个整数 A_i 和 A_j（$i<j$），使得 A_i-A_j 尽量大。

【输入格式】

输入第一行为数据组数 T（$T\leqslant 20$）。每组数据：第一行为整数的个数 n（$2\leqslant n\leqslant 100\,000$）；以下 n 行，每行为一个绝对值不超过 150 000 的整数。

【输出格式】

对于每组数据，输出 A_i-A_j 的最大值。

【分析】

最简单的一种方法是用二重循环，代码如下。

```
#include<cstdio>
#include<algorithm>
using namespace std;

int A[100000], n;
int main() {
  int T;
  scanf("%d", &T);
  while(T--) {
    scanf("%d", &n);
    for(int i = 0; i < n; i++) scanf("%d", &A[i]);
    int ans = A[0]-A[1]; //初始值，注意不要初始化为 0，因为最终答案可能小于 0
    for(int i = 0; i < n; i++)
      for(int j = i+1; j < n; j++)
        ans = max(ans, A[i]-A[j]);
    //ans >?= A[i]-A[j] 这种写法已经被新版 g++抛弃
    printf("%d\n", ans);
  }
  return 0;
}
```

由程序可知，上述算法的时间复杂度是 $O(n^2)$，在 n=100 000 的规模面前无能为力，怎么办呢？对于每个固定的 j，我们应该选择的是小于 j 且 A_i 最大的 i，而和 A_j 的具体数值无关。这样，我们从小到大枚举 j，顺便维护 A_i 的最大值即可。代码如下。

---

① 注意：上述 readint 和 writeint 只能处理非负整数，请读者自行编写适用于负整数的函数。

```
#include<cstdio>
#include<algorithm>
using namespace std;

int A[100000], n;
int main() {
  int T;
  scanf("%d", &T);
  while(T--) {
    scanf("%d", &n);
    for(int i = 0; i < n; i++) scanf("%d", &A[i]);
    int ans = A[0]-A[1];
    int MaxAi = A[0];              //MaxAi 动态维护 A[0], A[1], …, A[j-1]的最大值
    for(int j = 1; j < n; j++) {   //j 从 1 而不是 0 开始枚举，因为 j=0 时，不存在 i
      ans = max(ans, MaxAi-A[j]);
      MaxAi = max(A[j], MaxAi);    //MaxAi 晚于 ans 更新。想一想，为什么？
    }
    printf("%d\n", ans);
  }
  return 0;
}
```

不难发现，上述程序的时间复杂度为 $O(n)$。和刚才的平方算法相比，这个算法快是因为每次用 $O(1)$时间更新了 $\mathrm{Max}\{A_i\}$，而不是重新计算。

如果你已经理解了这个算法，不妨思考一下，如果题目要求输出对应的 i 和 j，应该怎么办？另外，你能不用 A 数组实现边读边计算吗？这样可以让附加空间从 $O(n)$降低到 $O(1)$。

例题 19　计算器谜题（Calculator Conundrum, UVa 11549）

有一个老式计算器，只能显示 n 位数字。有一天，你无聊了，于是输入一个整数 k，然后反复平方，直到溢出。每次溢出时，计算器会显示出结果的最高 n 位和一个错误标记。然后清除错误标记，继续平方。如果一直这样做下去，能得到的最大数是多少？比如，当 n=1, k=6 时，计算器将依次显示 6、3（36 的最高位），9、8（81 的最高位），6（64 的最高位），3……

【输入格式】

输入的第一行为一个整数 T（$1 \leqslant T \leqslant 200$），即测试数据的数量。以下 T 行，每行包含两个整数 n 和 k（$1 \leqslant n \leqslant 9$，$0 \leqslant k < 10^n$）。

【输出格式】

对于每组数据，输出你能得到的最大数。

【分析】

题目已经暗示了计算器显示出的数将出现循环（想一想，为什么），所以不妨一个一个地模拟，每次判断新得到的数是否以前出现过。如何判断呢？一种方法是把所有计算出来的数放到一个数组里，然后一一进行比较。不难发现，这样每次判断需要花费非常多的时间，相当慢。能否开一个数组 vis，直接读 $vis[k]$判断整数 k 是否出现过呢？很遗憾，k 的范围太大，开不下。在这种情况下，一个简便的方法是利用 STL 的集合。代码如下。

```
#include<set>
#include<iostream>
#include<sstream>
using namespace std;

int next(int n, int k) {
  stringstream ss;
  ss << (long long)k * k; //注意，k*k可能会溢出，必须先转化为long long再相乘
  string s = ss.str();
  if(s.length() > n) s = s.substr(0, n);    //结果太长，只取前n位
  int ans;
  stringstream ss2(s);
  ss2 >> ans;
  return ans;
}

int main() {
  int T;
  cin >> T;
  while(T--) {
    int n, k;
    cin >> n >> k;
    set<int> s;
    int ans = k;
    while(!s.count(k)) {                        //以前没有出现过
      s.insert(k);
      if(k > ans) ans = k;
      k = next(n, k);
    }
    cout << ans << endl;
  }
  return 0;
}
```

上述程序在 UVa OJ 上的运行时间为 4.5 秒。有经验的读者应该知道，STL 的 string 很慢，stringstream 更慢，所以需要考虑把它们换掉。代码如下。

```
int buf[10];
int next(int n, int k) {
  if(!k) return 0;
  long long k2 = (long long)k * k;
  int L = 0;
  while(k2 > 0) { buf[L++] = k2 % 10; k2 /= 10; }  //分离并保存k²的各个数字
  if(n > L) n = L;
  int ans = 0;
  for(int i = 0; i < n; i++)                       //把前min{n,L}位重新组合
    ans = ans * 10 + buf[--L];
  return ans;
}
```

上述程序的运行时间降为 1 秒。

当然，也可以用哈希表（详见《算法竞赛入门经典（第 2 版）》的相关部分），但和 set 一样，空间开销比较大。有没有空间开销比较小且速度也不错的方法呢？答案是肯定的。

想象一下，假设有两个小孩子在一个“可以无限向前跑”的跑道上赛跑，同时出发，但其中一个小孩的速度是另一个的两倍。如果跑道是直的（如图 1-24（a）所示），跑得快的小孩永远在前面；但如果跑道有环（如图 1-24（b）所示），则跑得快的小孩将“追上”跑得慢的小孩。

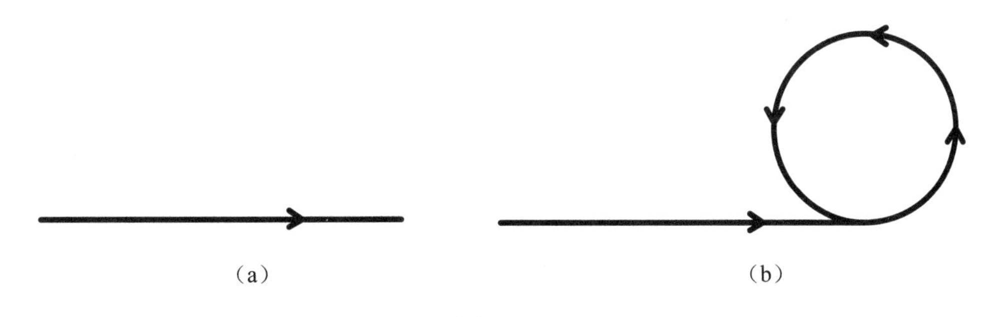

图　1-24

这个算法称为 Floyd 判圈算法，不仅空间复杂度将降为 $O(1)$，运行时间也将缩短到 0.5 秒。代码如下。

```
int main() {
  int T;
  cin >> T;
  while(T--) {
    int n, k;
    cin >> n >> k;
    int ans = k;
    int k1 = k, k2 = k;
    do {
      k1 = next(n, k1);                              //小孩 1
      k2 = next(n, k2); if(k2 > ans) ans = k2;       //小孩 2，第一步
      k2 = next(n, k2); if(k2 > ans) ans = k2;       //小孩 2，第二步
    } while(k1 != k2);                               //追上以后才停止
    cout << ans << endl;
  }
  return 0;
}
```

例题 20　流星（Meteor, Seoul 2007, UVa 1398）

给你一个矩形照相机，还有 n 个流星的初始位置和速度，求能照到流星最多的时刻。注意，在相机边界上的点不会被照到。如图 1-25 所示，流星 2、3、4、5 将不会被照到，因为它们从来没有经过图中矩形的内部。

相机的左下角为(0,0)，右上角为(w,h)。每个流星用两个向量 $\boldsymbol{p}$ 和 $\boldsymbol{v}$ 表示，其中，$\boldsymbol{p}$ 为初始（t=0 时）位置，$\boldsymbol{v}$ 为速度。在时刻 t（$t\geqslant 0$）的位置是 $\boldsymbol{p}+t\boldsymbol{v}$。比如，若 $\boldsymbol{p}=(1,3)$，$\boldsymbol{v}=(-2,5)$，

则 t=0.5 时该流星的位置为(1,3) + 0.5×(−2,5) = (0, 5.5)。

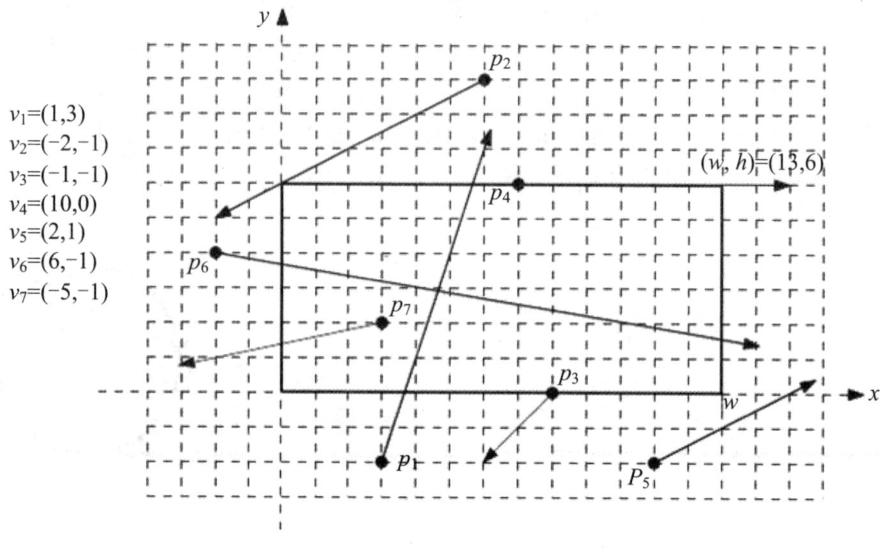

图 1-25

【输入格式】

输入的第一行为测试数据组数 T。每组数据：第一行为两个整数 w 和 h（1≤w，h≤100 000）；第二行为流星个数 n（1≤n≤100 000）；以下 n 行每行用 4 个整数 x_i, y_i, a_i, b_i（−200 000≤x_i,y_i≤200 000，−10≤a_i,b_i≤10）描述一个流星，其中(x_i,y_i)是初始位置，(a_i,b_i)是速度。a_i 和 b_i 不同时为 0。不同流星的初始位置不同。

【输出格式】

对于每组数据，输出能照到的流星个数的最大值。

【分析】

不难发现，流星的轨迹是没有直接意义的，有意义的只是每个流星在照相机视野内出现的时间段。换句话说，我们把本题抽象为这样一个问题：给出 n 个开区间(L_i, R_i)，你的任务是求出一个数 t，使得包含它的区间数最多（为什么是开区间呢？请读者思考）。开区间(L_i, R_i)是指所有满足 $L_i < x < R_i$ 的实数 x 的集合。

把所有区间画到平行于数轴的直线上（免得相互遮挡，看不清楚），然后想象有一条竖直线从左到右进行扫描，则问题可以转化为：求扫描线在哪个位置时与最多的开区间相交，如图 1-26 所示。

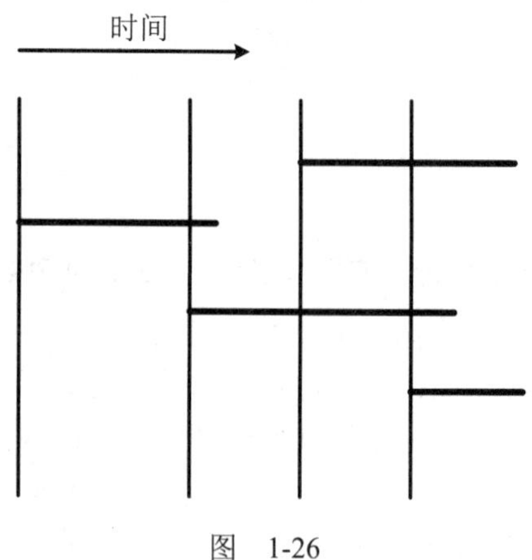

图 1-26

不难发现，当扫描线移动到某个区间左端点的“右边一点点”时最有可能和最多的开区间相交（想一想，为什么）。为了快速得知在这些位置时扫描线与多少条线段相交，我们再一次使用前面提到的技巧：维护信息，而不是重新计算。

我们把“扫描线碰到一个左端点”和“扫描线碰

到一个右端点”看成是事件（event），则扫描线移动的过程就是从左到右处理各个事件的过程。每遇到一个“左端点事件”，计数器加 1；每遇到一个“右端点事件”，计数器减 1。这里的计数器保存的正是我们要维护的信息：扫描线和多少个开区间相交，如图 1-27 所示。

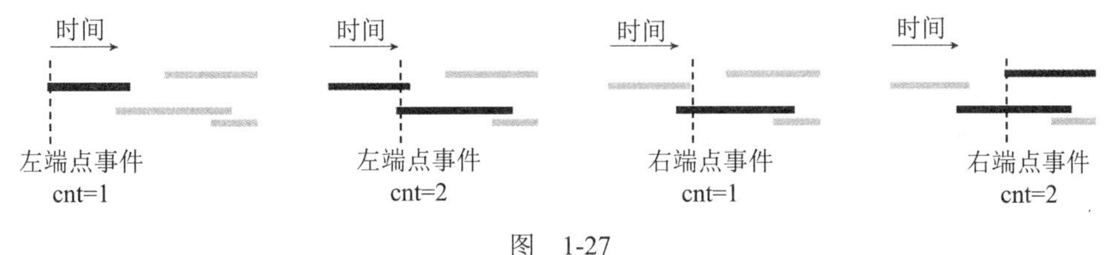

图　1-27

这样，我们可以写出这样一段伪代码。

```
将所有事件按照从左到右排序
while(还有未处理的事件) {
  选择最左边的事件 E
  if(E 是“左端点事件”) { cnt++; if(cnt > ans) ans = cnt; } //更新计数器和答案
  else cnt--; //一定是“右端点事件”
}
```

这段伪代码看上去挺有道理，但实际上暗藏危险：如果不同事件的端点相同，那么哪个排在前面呢？考虑这样一种情况——输入是两个没有公共元素的开区间，且左边那个区间的右端点和右边那个区间的左端点重合。在这种情况下，两种排法的结果截然不同：如果先处理左端点事件，执行结果是 2；如果先处理右端点事件，执行结果是 1。这才是正确答案。

这样，我们得到了一个完整的扫描算法：先按照从左到右的顺序给事件排序，对于位置相同的事件，把右端点事件排在前面，然后执行上述伪代码的循环部分。如果你对这个冲突解决方法心存疑虑，不妨把它理解成把所有区间的右端点往左移动了一个极小（但大于 0）的距离。代码如下。

```
#include<cstdio>
#include<algorithm>
using namespace std;

//0<x+at<w
void update(int x, int a, int w, double& L, double& R) {
  if(a == 0) {
    if(x <= 0 || x >= w) R = L-1;                    //无解
  } else if(a > 0) {
    L = max(L, -(double)x/a);
    R = min(R, (double)(w-x)/a);
  } else {
    L = max(L, (double)(w-x)/a);
    R = min(R, -(double)x/a);
  }
}

const int maxn = 100000 + 10;
```

```
struct Event {
  double x;
  int type;
  bool operator < (const Event& a) const {
    return x < a.x || (x == a.x && type > a.type); //先处理右端点
  }
} events[maxn*2];

int main() {
  int T;
  scanf("%d", &T);
  while(T--) {
    int w, h, n, e = 0;
    scanf("%d%d%d", &w, &h, &n);
    for(int i = 0; i < n; i++) {
      int x, y, a, b;
      scanf("%d%d%d%d", &x, &y, &a, &b);
      //0<x+at<w, 0<y+bt<h, t>=0
      double L = 0, R = 1e9;
      update(x, a, w, L, R);
      update(y, b, h, L, R);
      if(R > L) {
        events[e++] = (Event){L, 0};
        events[e++] = (Event){R, 1};
      }
    }
    sort(events, events+e);
    int cnt = 0, ans = 0;
    for(int i = 0; i < e; i++) {
      if(events[i].type == 0) ans = max(ans, ++cnt);
      else cnt--;
    }
    printf("%d\n", ans);
  }
  return 0;
}
```

另外，本题还可以完全避免实数运算，全部采用整数：只需要把代码中的 double 全部改成 int，然后在 update 函数中把所有返回值乘以 lcm(1,2,⋯,10)=2520 即可（想一想，为什么）。代码如下。

```
void update(int x, int a, int w, int& L, int& R) {
  if(a == 0) {
    if(x <= 0 || x >= w) R = L-1; //无解
  } else if(a > 0) {
    L = max(L, -x*2520/a);
    R = min(R, (w-x)*2520/a);
  } else {
```

```
      L = max(L, (w-x)*2520/a);
      R = min(R, -x*2520/a);
    }
  }
```

例题 21　子序列（Subsequence, SEERC 2006, POJ 3061）

有 n 个正整数组成一个序列。给定整数 S，求长度最短的连续序列，使它们的和大于或等于 S。

【输入格式】

输入包含多组数据。每组数据：第一行为整数 n 和 S（$10<n\leqslant 100\,000$，$S<10^9$）；第二行为 n 个正整数，均不超过 10 000。输入结束标志为文件结束符（EOF）。

【输出格式】

对于每组数据，输出满足条件的最短序列的长度。如果不存在，输出 0。

【分析】

和“例题 18　开放式学分制”一样，本题最直接的思路是二重循环，枚举子序列的起点和终点。代码如下（输入数据已存入数组 $A[1]\sim A[n]$）。

```
int ans = n+1;
for(int i = 1; i <= n; i++) {
  for(int j = i; j <= n; j++) {
    int sum = 0;
    for(int k = i; k <= j; k++) sum += A[k];
    if(sum >= S) ans = min(ans, j-i+1);
  }
printf("%d\n", ans == n+1 ? 0 : ans);
}
```

很可惜，上述程序的时间复杂度为 $O(n^3)$，因此当 n 达到 100 000 的规模后，程序将无能为力。有一个方法可以降低时间复杂度，即常见的前缀和技巧。令 $B_i=A_1+A_2+\cdots+A_i$，规定 $B_0=0$，则可以在 $O(1)$时间内求出子序列的值：$A_i+A_{i+1}+\cdots+A_j=B_j-B_{i-1}$。这样，时间复杂度降为 $O(n^2)$。代码如下。

```
B[0] = 0;
for(int i = 1; i <= n; i++) B[i] = B[i-1] + A[i];
int ans = n+1;
  for(int i = 1; i <= n; i++)
    for(int j = i; j <= n; j++)
      if(B[j] - B[i-1] >= S) ans = min(ans, j-i+1);
printf("%d\n", ans == n+1 ? 0 : ans);
```

遗憾的是，本题的数据规模太大，时间复杂度为 $O(n^2)$的算法也太慢。不难发现，只要同时枚举起点和终点，时间复杂度不可能比 $O(n^2)$更低，所以必须另谋他路。比如，是否可以不枚举终点，只枚举起点，或者不枚举起点，只枚举终点呢？

我们首先试试只枚举终点。对于终点 j，我们的目标是要找到一个让 $B_j-B_{i-1}\geqslant S$，且 i 尽量大（i 越大，序列长度 $j-i+1$ 就越小）的 i 值，也就是找一个让 $B_{i-1}\leqslant B_j-S$ 最大的 i。考虑

图 1-28 所示的序列。

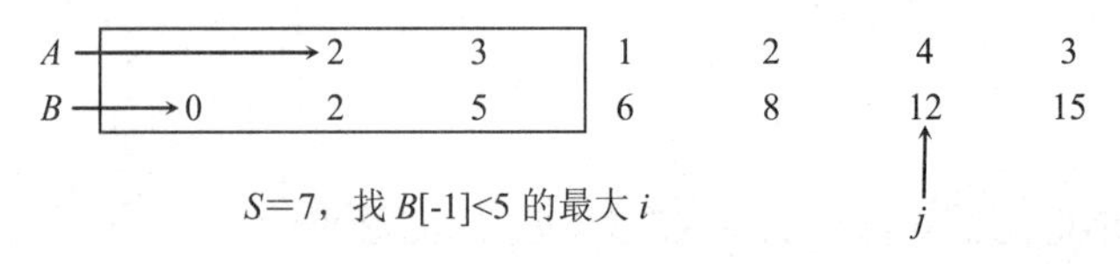

图 1-28

当 j=5 时，B_5=12，因此目标是找一个让 $B_{i-1}\leqslant 12-7=5$ 的最大 i。注意到 B 是递增的（别忘了，本题中所有 A_i 均为正整数），所以可以用二分查找。如果使用 STL 的话，这里的 i 就是 lower_bound(B, B+j, B[j]−S)。代码如下。

```
B[0] = 0;
for(int i = 1; i <= n; i++) B[i] = B[i-1] + A[i];
int ans = n+1;
for(int j = 1; j <= n; j++) {
  int i = lower_bound(B, B+j, B[j]-S) - B;
  if(i > 0) ans = min(ans, j-i+1);
}
printf("%d\n", ans == n+1 ? 0 : ans);
```

上面代码的时间复杂度是 $O(n\log n)$。可以将其继续优化到 $O(n)$。由于 j 是递增的，B_j 也是递增的，所以 $B_{i-1}\leqslant B_j-S$ 的右边也是递增的。换句话说，满足条件的 i 的位置也是递增的。因此我们可以写出这样的程序。

```
B[0] = 0;
for(int i = 1; i <= n; i++) B[i] = B[i-1] + A[i];
int ans = n+1;
int i = 1;
for(int j = 1; j <= n; j++) {
  if(B[i-1] > B[j]-S) continue;      //(1)没有满足条件的 i，换下一个 j
  while(B[i] <= B[j]-S) i++;         //(2)求满足 B[i-1]<=B[j]-S 的最大 i
  ans = min(ans, j-i+1);             //(3)更新答案
}
printf("%d\n", ans == n+1 ? 0 : ans);
```

这段程序的时间复杂度如何？似乎答案并不那么明显，因为它是一个二重循环：外层循环 j，内层循环 i。这时我们需要一点儿技巧，用不同方式统计不同语句的执行次数。语句（1）和（3）的执行次数为 n，因为每个不同的 j 都执行了一次；语句（2）的执行次数有些复杂，因为不同的 j 对应的执行次数不一样。但我们可以从另外一个角度考虑：i 从未减小，一直递增，所以递增次数一定不超过 n。换句话说，整个程序的时间复杂度为 $O(n)$。

例题 22　最大子矩阵（City Game, SEERC 2004, LA 3029）

给定一个 $m\times n$ 的矩阵，其中一些格子是空地（F），其他是障碍（R）。找出一个全部由 F 组成的面积最大的子矩阵，输出其面积乘以 3 后的结果。

【输入格式】

输入的第一行为数据组数 T。每组数据：第一行为整数 m 和 n（$1\leqslant m,n\leqslant 1000$）；以下

m 行每行 n 个字符（保证为 F 或者 R），即输入矩阵。

【输出格式】

对于每组数据，输出面积最大的、全由 F 组成的矩阵的面积乘以 3 后的结果。

【分析】

最容易想到的算法便是：枚举左上角坐标和长、宽，然后判断这个矩形是否全为空地。这样做需要枚举 $O(m^2n^2)$个矩形，判断需要 $O(mn)$时间，总时间复杂度为 $O(m^3n^3)$，实在是太高了。本题虽然是矩形，但仍然可以用扫描法——从上到下扫描。

我们把每个格子向上延伸的连续空格看成一条悬线，并且用 up(i,j)、left(i,j)、right(i,j)表示格子(i,j)的悬线长度以及该悬线向左、向右运动的“运动极限”，如图 1-29 所示。列 3 的悬线长度为 3，向左、向右各能运动一列，因此向左、向右的运动极限分别为列 2 和列 4。

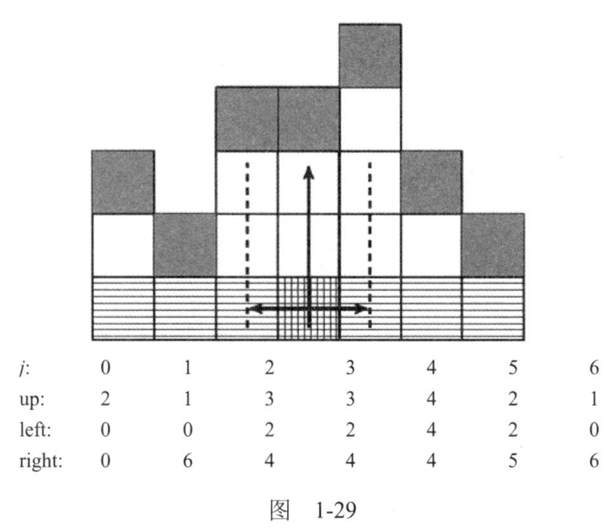

图　1-29

这样，每个格子(i,j)对应着一个以第 i 行为下边界、高度为 up(i,j)，左右边界分别为 left(i,j)和 right(i,j)的矩形。不难发现，所有这些矩形中面积最大的就是题目所求（想一想，为什么）。这样，我们只需思考如何快速计算出上述 3 种信息即可。

当第 i 行第 j 列不是空格时，3 个数组的值均为 0，否则 up(i,j)=up$(i-1,j)$+1。那么，left 和 right 呢？深入思考后，可以发现

$$\text{left}(i,j) = \max\{\text{left}(i-1,j), \text{lo}+1\}$$

其中，lo 是第 i 行中，第 j 列左边的最近障碍格的列编号。如果从左到右计算 left(i,j)，则很容易维护 lo。right 也可以同理计算，但需要从右往左计算，因为要维护第 j 列右边最近的障碍格的列编号 ro。为了节约空间，我们的程序用 up[j]，left[j]和 right[j]来保存当前扫描行上的信息。代码如下。

```
#include<cstdio>
#include<algorithm>
using namespace std;

const int maxn = 1000;
int mat[maxn][maxn], up[maxn][maxn], left[maxn][maxn], right[maxn][maxn];
```

```
int main() {
  int T;
  scanf("%d", &T);
  while(T--) {
   int m, n;
   //读入数据
    scanf("%d%d", &m, &n);
    for(int i = 0; i < m; i++)
      for(int j = 0; j < n; j++) {
        int ch = getchar();
        while(ch != 'F' && ch != 'R') ch = getchar();
        mat[i][j] = ch == 'F' ? 0 : 1;
      }

    int ans = 0;
    for(int i = 0; i < m; i++) {      //从上到下逐行处理
      int lo = -1, ro = n;
      for(int j = 0; j < n; j++)      //从左到右扫描，维护 up 和 left
        if(mat[i][j] == 1) { up[i][j] = left[i][j] = 0; lo = j; }
        else {
          up[i][j] = i == 0 ? 1 : up[i-1][j] + 1;
          left[i][j] = i == 0 ? lo+1 : max(left[i-1][j], lo+1);
        }
      for(int j = n-1; j >= 0; j--) //从右到左扫描，维护 right 并更新答案
        if(mat[i][j] == 1) { right[i][j] = n; ro = j; }
        else {
          right[i][j] = i == 0 ? ro-1 : min(right[i-1][j], ro-1);
          ans = max(ans, up[i][j]*(right[i][j]-left[i][j]+1));
        }
    }
    printf("%d\n", ans*3);            //题目要求输出最大面积乘以 3 后的结果
  }
  return 0;
}
```

程序的时空复杂度均为 $O(mn)$。另外，本题可以用一个栈来代替 left 和 right 数组，有兴趣的读者可以自行研究。但不管采用怎样的程序实现，上述的递推、扫描思想都是解决问题的关键。

例题 23 遥远的银河（Distant Galaxy, 上海 2006, LA 3695）

给出平面上的 n 个点，找一个矩形，使得边界上包含尽量多的点。

【输入格式】

输入的第一行为数据组数 T。每组数据：第一行为整数 n（$1 \leq n \leq 100$）；以下 n 行每行两个整数，即各个点的坐标（坐标均为绝对值不超过 10^9 的整数）。输入结束标志为 n=0。

【输出格式】

对于每组数据，输出边界点个数的最大值。

【分析】

不难发现，除非所有输入点都在同一行或者同一列上（此时答案为 n），最优矩形的 4 条边都至少有一个点（一个角上的点同时算在两条边上）。这样，我们可以枚举 4 条边界所穿过的点，然后统计点数。这样做的时间复杂度为 $O(n^5)$（统计点数还需要 $O(n)$时间），无法承受。

和“例题 21　子序列”类似，可以考虑部分枚举，即只枚举矩形的上下边界，用其他方法确定左右边界，过程如图 1-30 所示。

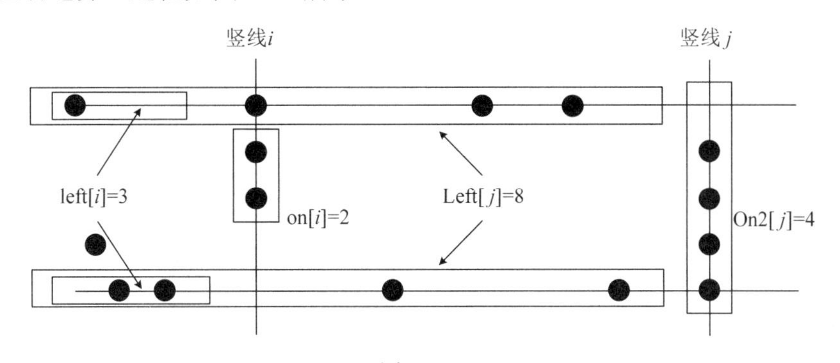

图　1-30

对于竖线 i，我们用 left[i]表示竖线左边位于上下边界上的点数（注意，不统计位于该竖线上的点），on[i]和 on2[i]表示竖线上位于上下边界之间的点数（区别在于 on[i]不统计位于上下边界上的点数，而 on2[i]要统计）。这样，给定左右边界 i 和 j 时，矩形边界上的点数为 left[j]−left[i]+on[i]+on2[j]。当右边界 j 确定时，on[i]−left[i]应最大。

枚举完上下边界后，我们先花 $O(n)$时间按照从左到右的顺序扫描一遍所有点，计算 left、on 和 on2 数组，然后枚举右边界 j，同时维护 on[i]−left[i]（$i<j$）的最大值。这一步本质上等价于“例题 18　开放式学分制”。代码如下。

```
#include<cstdio>
#include<algorithm>
using namespace std;

struct Point {
  int x, y;
  bool operator < (const Point& rhs) const {
    return x < rhs.x;
  }
};

const int maxn = 100 + 10;
Point P[maxn];
int n, m, y[maxn], on[maxn], on2[maxn], left[maxn];

int solve() {
  sort(P, P+n);
  sort(y, y+n);
```

```
  m = unique(y, y+n) - y;                      //所有不同的 y 坐标的个数
  if(m <= 2) return n;                         //最多两种不同的 y

  int ans = 0;
  for(int a = 0; a < m; a++)
    for(int b = a+1; b < m; b++) {
      int ymin = y[a], ymax = y[b];            //计算上下边界分别为 ymin 和 ymax 时的解

      //计算 left, on, on2
      int k = 0;
      for(int i = 0; i < n; i++) {
        if(i == 0 || P[i].x != P[i-1].x) {   //一条新的竖线
          k++;
          on[k] = on2[k] = 0;
          left[k] = k == 0 ? 0 : left[k-1] + on2[k-1] - on[k-1];
        }
        if(P[i].y > ymin && P[i].y < ymax) on[k]++;
        if(P[i].y >= ymin && P[i].y <= ymax) on2[k]++;
      }
      if(k <= 2) return n;                     //最多两种不同的 x

      int M = 0;
      for(int j = 1; j <= k; j++) {
        ans = max(ans, left[j]+on2[j]+M);
        M = max(M, on[j]-left[j]);
      }
    }
  return ans;
}

int main() {
  int kase = 0;
  while(scanf("%d", &n) == 1 && n) {
    for(int i = 0; i < n; i++) { scanf("%d%d", &P[i].x, &P[i].y); y[i] = P[i].y; }
    printf("Case %d: %d\n", ++kase, solve());
  }
  return 0;
}
```

例题 24　废料堆（Garbage Heap, UVa 10755）

有个长方体形状的废料堆，由 $A\times B\times C$ 个废料块组成，每个废料块都有一个价值，可正可负。现在要在这个长方体上选择一个子长方体，使组成这个子长方体的废料块的价值之和最大。

【输入格式】

输入的第一行为数据组数 T（$T\leqslant 15$）。每组数据：第一行为 3 个整数 A, B, C（$1\leqslant A,B,C\leqslant 20$）；接下来有 $A\times B\times C$ 个整数，即各个废料块的价值，每个废料块的价值的绝对值不超过 2^{31}。如果给每个废料块赋予一个空间坐标（一个角顶点的坐标为(1,1,1)，过该角的对

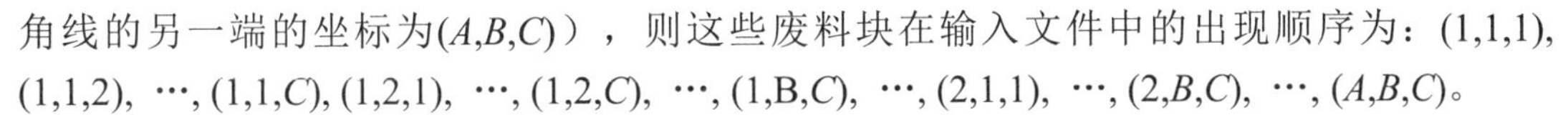

角线的另一端的坐标为(A,B,C)），则这些废料块在输入文件中的出现顺序为：(1,1,1), (1,1,2), …, $(1,1,C)$, (1,2,1), …, $(1,2,C)$, …, $(1,B,C)$, …, (2,1,1), …, $(2,B,C)$, …, (A,B,C)。

【输出格式】

对于每组数据，输出最大子长方体的价值和。

【分析】

还是老规矩，先想一个正确但低效的方法。枚举 x，y，z 的上下界 $x_1, x_2, y_1, y_2, z_1, z_2$，然后比较这 $O(n^6)$个长方体的价值和，而每个长方体还需要 $O(n^3)$时间累加出价值和，所以总时间复杂度为 $O(n^9)$，即使对于 $n \leqslant 20$ 这样的规模，也太大了。

解决高维问题的常见思路是降维。让我们先来看看本题的二维情况：给定一个数字矩阵，求一个和最大的连续子矩阵。借用“例题 23　遥远的银河”的思路，我们枚举上下边界 y_1 和 y_2（规定 x 从左到右递增，y 从上到下递增），则问题转化为了一维问题，如图 1-31 所示。

?	?	?	?	?
?	?	?	?	?
−1	−2	8	3	1
−5	1	2	−7	−1
1	3	2	−4	5
9	−4	−2	5	6
?	?	?	?	?

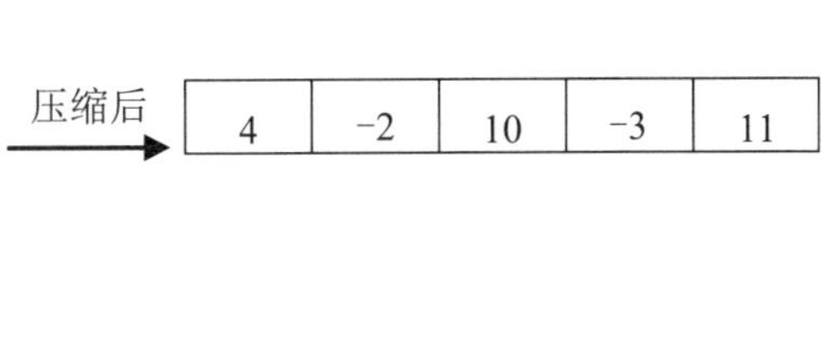

图　1-31

注意，图 1-31 中，右图这个一维问题中的一个元素对应左图 4 个灰色格子的数之和。比如，(−1)+(−5)+1+9=4，(−2)+1+3+(−4)=−2 等。

为了节省时间，这 4 个元素不能再用一重循环来累加得到，否则时间复杂度会变成 $O(n^4)$。我们得想办法让这些元素可以在 $O(1)$时间内得到。这样，二维问题才能在 $O(n^3)$时间内解决。

解决方法仍然是前面曾多次使用的递推法：设 $\mathrm{sum}(x,y_1,y_2)$表示满足 $y_1 \leqslant y \leqslant y_2$ 的所有格子(x,y)里的数之和，则当 $y_1<y_2$ 时，$\mathrm{sum}(x,y_1,y_2)=\mathrm{sum}(x,y_1,y_2-1)+A[x][y_2]$。这样，可以事先在 $O(n^3)$时间内算出整个 sum 数组，则所有一维问题中的元素都可以在 $O(1)$时间内得到，完整的二维问题在 $O(n^3)$时间内得到了解决。尽管这个方法在时间效率上不错，但却占据了较大空间。

有没有一种办法可在保持 $O(n^3)$时间复杂度的同时，降低空间开销呢？办法之一就是使用二维前缀和。设 $S(x,y)$为满足 $x' \leqslant x, y' \leqslant y$ 的所有 $A[x'][y']$之和，即以(x,y)为右下角的矩形中的所有元素之和，这样所有子矩形的元素之和由 4 个“前缀矩形”的元素之和经过加减之后得到。如图 1-32 所示，黑色部分的元素之和等于以 1 号、4 号为右下角的前缀矩形的元素和减去以 2 号、3 号为右下角的前缀矩形的

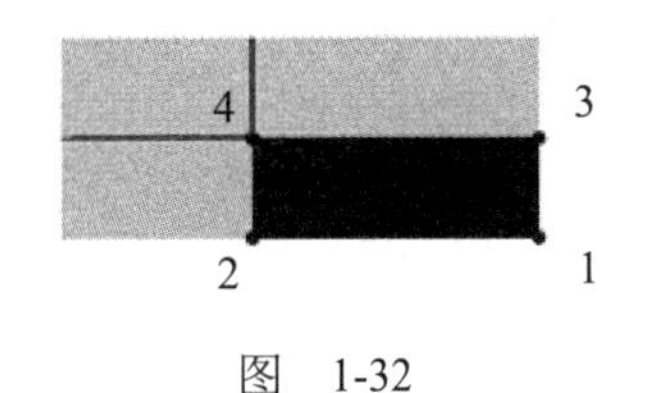

图　1-32

元素和。

这个关系也可以用来递推出整个 S 数组（注意，x,y 都从 1 开始编号），即

$$S(0,y)=S(x,0)=0$$
$$S(x,y)=S(x-1,y)+S(x,y-1)-S(x-1,y-1)+A[x][y]$$

第二个方法是边枚举边递推。此时，需要用到一个辅助数组 C。先按照升序枚举 y_1，对于每个 y_1，先清空 C，再按照升序枚举 y_2；每枚举一个新的 y_2，先把所有 $C[x]$都累加 $A[x][y_2]$，然后计算数组 C 的最大连续和。对于给定的(y_1,y_2)，这个 $C[x]$实际上就是 $\mathrm{sum}(x,y_1,y_2)$，但是因为及时用新数据覆盖了旧数据（那些数据再也用不到了），所以辅助空间占用仅为 $O(n)$。

上述两种方法都可以很方便地推广到三维情形，时间复杂度为 $O(n^5)$。因为三维情况下的 n 很小，因此前面所说的空间问题并不严重。这里我们给出第一种方法的完整程序，它用三维数组 S 保存以(x,y,z)为“右下角”的长方体的元素和。代码效率不算高，但读者很容易把它推广到四维或更高维的情形。

```
#include<cstdio>
#include<cstring>
#include<algorithm>
#define FOR(i,s,t)  for(int i = (s); i <= (t); ++i)
using namespace std;

void expand(int i, int& b0, int& b1, int& b2) {
  b0 = i&1; i >>= 1;
  b1 = i&1; i >>= 1;
  b2 = i&1;
}

int sign(int b0, int b1, int b2) {
  return (b0 + b1 + b2) % 2 == 1 ? 1 : -1;
}

const int maxn = 30;
const long long INF = 1LL << 60;

long long S[maxn][maxn][maxn];

long long sum(int x1, int x2, int y1, int y2, int z1, int z2) {
  int dx = x2-x1+1, dy = y2-y1+1, dz = z2-z1+1;
  long long s = 0;
  for(int i = 0; i < 8; i++) {
    int b0, b1, b2;
    expand(i, b0, b1, b2);
    s -= S[x2-b0*dx][y2-b1*dy][z2-b2*dz] * sign(b0, b1, b2);
  }
  return s;
}

int main() {
```

```
  int T;
  scanf("%d", &T);
  while(T--) {
    int a, b, c, b0, b1, b2;
    scanf("%d%d%d", &a, &b, &c);
    memset(S, 0, sizeof(S));
    FOR(x,1,a) FOR(y,1,b) FOR(z,1,c) scanf("%lld", &S[x][y][z]);
    FOR(x,1,a) FOR(y,1,b) FOR(z,1,c) FOR(i,1,7){
      expand(i, b0, b1, b2);
      S[x][y][z] += S[x-b0][y-b1][z-b2] * sign(b0, b1, b2);
    }
    long long ans = -INF;
    FOR(x1,1,a) FOR(x2,x1,a) FOR(y1,1,b) FOR(y2,y1,b) {
      long long M = 0;
      FOR(z,1,c) {
        long long s = sum(x1,x2,y1,y2,1,z);
        ans = max(ans, s - M);
        M = min(M, s);
      }
    }
    printf("%lld\n", ans);
    if(T) printf("\n");
  }
  return 0;
}
```

例题 25　侏罗纪（Jurassic Remains, NEERC 2003, Codeforces Gym 101388J）

给定 n 个大写字母组成的字符串。选择尽量多的串，使得每个大写字母都能出现偶数次。

【输入格式】

输入包含多组数据。每组数据：第一行为正整数 n（$1 \leqslant n \leqslant 24$）；　以下 n 行每行包含一个大写字母组成的字符串。

【输出格式】

对于每组数据：第一行输出整数 k，即字符串个数的最大值；第二行按照从小到大的顺序输出选中的 k 个字符串的编号（字符串按照输入顺序编号为 $1 \sim n$）。

【样例输入】

```
6
ABD
EG
GE
ABE
AC
BCD
```

【样例输出】

```
5
1 2 3 5 6
```

【分析】

在一个字符串中，每个字符出现的次数本身是无关紧要的，重要的只是这些次数的奇偶性，因此想到用一个二进制的位表示一个字母（1 表示出现奇数次，0 表示出现偶数次）。比如样例的 6 个数，写成二进制后如图 1-33 所示。

A	B	C	D	E	F	G	H	…			
1	1	0	1	0	0	0	0	…	A	B	D
0	0	0	0	1	0	1	0	…	E	G	
0	0	0	0	1	0	1	0	…	G	E	
1	1	0	0	1	0	0	0	…	A	B	E
1	0	1	0	0	0	0	0	…	A	C	
0	1	1	1	0	0	0	0	…	B	C	D

图 1-33

此时，问题转化为求尽量多的数，使得它们的 xor（异或）值为 0。

最容易想到的方法是直接穷举，时间复杂度为 $O(2^n)$，有些偏大。注意到 xor 值为 0 的两个整数必须完全相等，我们可以把字符串分成两个部分：首先计算前 $n/2$ 个字符串所能得到的所有 xor 值，并将其保存到一个映射 S（xor 值→前 $n/2$ 个字符串的一个子集）中；然后枚举后 $n/2$ 个字符串所能得到的所有 xor 值，并每次都在 S 中查找。

如果映射用 STL 的 map 实现，总时间复杂度为 $O(2^{n/2}\log n)$，即 $O(1.44^n\log n)$，比第一种方法好了很多。这样的策略称为中途相遇法（Meet-in-the-Middle）。密码学中著名的中途相遇攻击（Meet-in-the-Middle attack）就是基于这个原理。

```
#include<cstdio>
#include<map>
using namespace std;

const int maxn = 24;
map<int,int> table;

int bitcount(int x) { return x == 0 ? 0 : bitcount(x/2) + (x&1); }

int main() {
  int n, A[maxn];
  char s[1000];

  while(scanf("%d", &n) == 1 && n) {
    //输入并计算每个字符串对应的位向量
    for(int i = 0; i < n; i++) {
      scanf("%s", s);
      A[i] = 0;
      for(int j = 0; s[j] != '\0'; j++) A[i] ^= (1<<(s[j]-'A'));
```

```
      }
      //计算前 n1 个元素的所有子集的 xor 值
      //table[x]保存的是 xor 值为 x 的，bitcount 尽量大的子集
      table.clear();
      int n1 = n/2, n2 = n-n1;
      for(int i = 0; i < (1<<n1); i++) {
        int x = 0;
        for(int j = 0; j < n1; j++) if(i & (1<<j)) x ^= A[j];
        if(!table.count(x) || bitcount(table[x]) < bitcount(i)) table[x] = i;
      }
      //枚举后 n2 个元素的所有子集，并在 table 中查找
      int ans = 0;
      for(int i = 0; i < (1<<n2); i++) {
        int x = 0;
        for(int j = 0; j < n2; j++) if(i & (1<<j)) x ^= A[n1+j];
        if(table.count(x)&&bitcount(ans)<bitcount(table[x])+bitcount(i)) ans
= (i<<n1)^table[x];
      }
      //输出结果
      printf("%d\n", bitcount(ans));
      for(int i = 0; i < n; i++) if(ans & (1<<i)) printf("%d ", i+1);
      printf("\n");
    }
    return 0;
  }
```

1.4　动态规划专题

在《算法竞赛入门经典（第 2 版）》中，我们已经接触过了不少动态规划题目，下面简单回顾一下。如果还没有系统地学习过动态规划，建议先熟读《算法竞赛入门经典（第 2 版）》的第 9 章。本节是在该章基础之上的复习、拓宽与加深。

问题 1：数字三角形。如图 1-34（a）所示，有一个由非负整数组成的三角形，第一行只有一个数，除了最下一行之外，每个数的左下方和右下方各有一个数。从第一行的数开始，每次可以往左下或右下走一格，直到走到最下一行，把沿途经过的数全部加起来。如何走，可使得这个和最大？

分析：这是一个多段图上的最短路径问题，其中每行是一个阶段。设 $d(i,j)$为从格子(i,j)出发能得到的最大和，则 $d(i,j)=a(i,j)+\max\{d(i+1,j),d(i+1,j+1)\}$，边界是 $d(n+1,j)=0$，各个格子的编号如图 1-34（b）所示。

问题 2：嵌套矩形。有 n 个矩形，每个矩形可以用两个整数 a, b 描述，表示它的长和宽。矩形 $X(a,b)$可以嵌套在矩形 $Y(c,d)$中的条件为：当且仅当 $a<c$, $b<d$，或者 $b<c$, $a<d$（相当于把矩形 X 旋转 90°）。例如，矩形(1,5)可以嵌套在矩形(6,2)内，但不能嵌套在矩形(3,4)内。选出尽量多的矩形排成一行，使得除了最后一个之外，每一个矩形都可以嵌套在下一个矩形内。

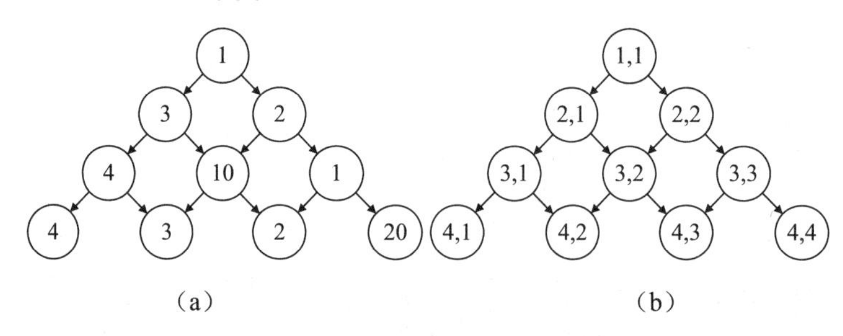

（a）　　　　（b）

图　1-34

分析：本题是 DAG 最长路线问题。设 $d(i)$为以矩形 i 结尾的最长链的长度，则 $d(i)=\max\{0,d(j)|$矩形 j 可以嵌套在矩形 i 中$\}+1$。

问题 3：硬币问题。有 n 种硬币，面值分别为 $V_1, V_2,\cdots, V_n$，每种都有无限多。给定非负整数 S，可以选用多少个硬币，使得面值之和恰好为 S？输出硬币数目的最小值和最大值。其中，$1\leqslant n\leqslant 100$，$0\leqslant S\leqslant 10\,000$，$1\leqslant V_i\leqslant S$。

分析：本题是 DAG 最长路线和最短路线问题。设 $f(i)$和 $g(i)$分别为面值之和恰好为 i 时，硬币数目的最小值和最大值，则 $f(i)=\min\{\infty, f(i-V_j)+1|V_j\leqslant i\}$, $g(i)=\max\{-\infty, g(i-V_j)+1|V_j\leqslant i\}$，边界条件是 $f(0)=g(0)=0$。

问题 4：01 背包问题。有 n 种物品，每种只有一个。第 i 种物品的体积为 V_i，重量为 W_i。选一些物品装到一个容量为 C 的背包中，使得背包内物品在总体积不超过 C 的前提下重量尽量大。其中，$1\leqslant n\leqslant 100$，$1\leqslant V_i\leqslant C\leqslant 10\,000$，$1\leqslant W_i\leqslant 10^6$。

分析：用 $f(i,j)$表示“把前 i 个物品装到容量为 j 的背包中的最大总重量”，则状态转移方程为 $f(i,j)=\max\{f(i-1,j), f(i-1,j-V_i)+W_i \mid V_i\leqslant j\}$，边界为 $f(0,j)=0$。可以使用滚动数组优化空间。代码如下。

```
memset(f, 0, sizeof(f));
for(int i = 1; i <= n; i++) {
  scanf("%d%d", &V, &W);
  for(int j = C; j >= 0; j--) if(j >= V) f[j] = max(f[j], f[j-V]+W);
}
```

它的道理蕴含在图 1-35 中。

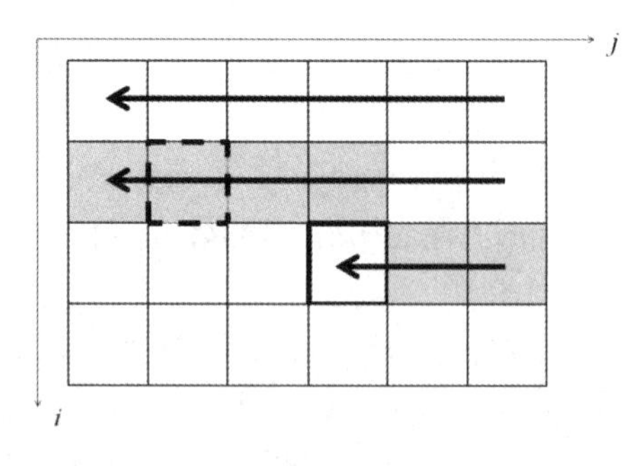

图　1-35

f 是从上到下、从右到左（而不是从左到右）计算的，所以不会覆盖到以后需要的值。

问题 5：点集配对问题。空间里有 n 个点 $P_0, P_1, \cdots, P_{n-1}$，把它们配成 $n/2$ 对（n 是偶数），使得每个点恰好在一个点对中。要求所有点对中，两点的距离之和应尽量小。其中，$n \leqslant 20$，$|x_i|,|y_i|,|z_i| \leqslant 10\ 000$。

分析：设 $d(S)$为集合 S 配对后的最小距离和，则

$$d(S) = \min\{d(S-\{i\}-\{j\})+|P_iP_j| \quad | j \in S, j > i, i = \min\{S\}\}$$

再次强调，由于 S 中的最小元素 i 无论如何都是要配对的，所以无须枚举（否则时间复杂度会多乘上一个 n）。为了进一步帮助读者理解，这里画出状态转移图的一部分，如图 1-36 所示。

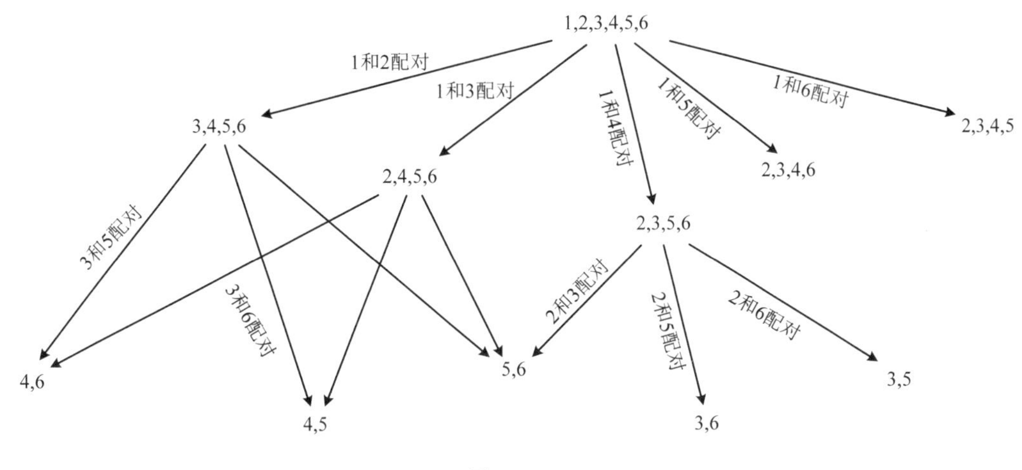

图　1-36

其中，$d(\{2,3,5,6\})=\min\{d(\{5,6\})+|P_2P_3|, d(\{3,6\})+|P_2P_5|, d(\{3,5\})+|P_2P_6|\}$，$d(\{1,2,3,4,5,6\})=\min\{d(\{3,4,5,6\})+|P_1P_2|, d(\{2,4,5,6\})+|P_1P_3|, \cdots, d(\{2,3,4,5\})|P_1P_6|\}$。因为 1 必须配对，因此{1,2,3,4,5,6}的这 5 种决策涵盖了所有情况。程序中，集合用二进制表示，在《算法竞赛入门经典（第 2 版）》中已有详细描述。

问题 6：最长上升子序列问题（LIS）。给定 n 个整数 $A_1, A_2,\cdots, A_n$，按从左到右的顺序选出尽量多的整数，组成一个上升子序列（子序列可以理解为：删除 0 个或多个数，其他数的顺序不变）。比如，从序列 1, 6, 2, 3, 7, 5 中，可以选出上升子序列 1, 2, 3, 5，也可以选出 1, 6, 7，但前者更长。选出的上升子序列中相邻元素不能相等。

分析：设 $d(i)$为以 i 结尾的最长上升子序列的长度，则 $d(i)=\max\{0,d(j)|j<i, A_j<A_i\}+1$，最终答案是 $\max\{d(i)\}$。如果 LIS 中的相邻元素可以相等，把小于号改成小于等于号即可。上述算法的时间复杂度为 $O(n^2)$，下面介绍一种可把时间复杂度优化到 $O(n\log n)$的方法。

假设已经计算出的两个状态 a 和 b 满足 $A_a<A_b$ 且 $d(a)=d(b)$，则对于后续所有状态 i（即 $i>a$ 且 $i>b$）来说，a 并不会比 b 差——如果 b 满足 $A_b<A_i$ 的条件，a 也满足，且二者的 d 值相同；但反过来就不一定了，a 满足 $A_a<A_i$ 的条件时，b 不一定满足。换句话说，如果我们只保留 a，一定不会丢失最优解。

这样，对于相同的 d 值，只需保留 A 最小的一个。我们用 $g(i)$表示 $d[j]=i$ 时最小的 $A[j]$（如果不存在，$g(i)$定义为正无穷）。根据上述推理可以证明：

$$g(1)\leqslant g(2)\leqslant g(3)\leqslant\cdots\leqslant g(n)$$

需要特别注意的是，上述 g 值是动态改变的。对于一个给定的状态 i，我们只考虑在 i 之前已经计算过的状态 j（即 $j<i$），上述 g 序列也是基于这些状态的。随着 i 的不断增大，我们要考虑的状态越来越多，g 也随之发生改变。在给定状态 i 时，可以用二分查找得到满足 $g(k)\geqslant A_i$ 的第一个下标 k，则 $d(i)=k$[①]，此时 $A_i<g(k)$，而 $d(i)=k$，所以更新 $g(k)=A_i$。代码如下。

```
for(int i = 1; i <= n; i++) g[i] = INF;
for(int i = 0; i < n; i++) {
  int k = lower_bound(g+1, g+n+1, A[i]) - g; // 在g[1]到g[n]中找
  d[i] = k;
  g[k] = A[i];
}
```

问题 7：最长公共子序列问题（LCS）。给出两个子序列 A 和 B，如图 1-37 所示，求长度最大的公共子序列。比如，1, 5, 2, 6, 8, 7 和 2, 3, 5, 6, 9, 8, 4 的最长公共子序列为 5, 6, 8（另一个解是 2, 6, 8）。

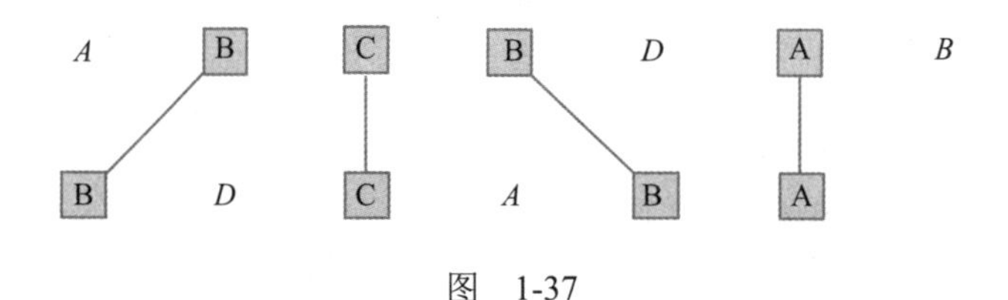

图 1-37

分析：设 $d(i,j)$为 $A_1,A_2,\cdots,A_i$ 和 $B_1,B_2,\cdots,B_j$ 的 LCS 长度，则当 $A[i]=B[j]$时，$d(i,j)=d(i-1,j-1)+1$；否则，$d(i,j)=\max\{d(i-1,j),d(i,j-1)\}$。时间复杂度为 $O(nm)$[②]，其中 n 和 m 分别是序列 A 和 B 的长度。LCS 问题也可以用滚动数组法进行优化。

问题 8：最大连续和。给出一个长度为 n 的序列 $A_1, A_2,\cdots, A_n$，求一个连续子序列 $A_i, A_{i+1},\cdots, A_j$，使得元素总和 $A_i+A_{i+1}+\cdots+A_j$ 最大。

分析：本题在《算法竞赛入门经典（第 2 版）》中已经给出了一个利用前缀和的线性时间算法。用动态规划可以得到另一个线性算法：设 $d(i)$为以 i 结尾的最大连续和，则 $d(i)=\max\{0, d(i-1)\}+A[i]$。

问题 9：货郎担问题（TSP）。有 n 个城市，两两之间均有道路直接相连。给出每两个城市 i 和 j 之间的道路长度 L_{ij}，求一条经过每个城市一次且仅一次，最后回到起点的路线，使得经过的道路总长度最短。其中，$n\leqslant 15$，城市编号为 0～$n-1$。

分析：TSP 是一道经典的 NPC 难题，不过因为本题规模小，可以用动态规划求解。首先注意到可以直接规定起点和终点为城市 0（想一想，为什么），然后设 $d(i,S)$表示当前在城市 i，访问集合 S 中的城市各一次后回到城市 0 的最短长度，则

$$d(i,S)=\min\{d(j,S-\{j\})+\mathrm{dist}(i,j)\mid j\in S\}$$

① 实际上是要找满足 $g[k']<A[i]$的最后一个下标 k'，则 $d(i)=k'+1$，令 $k=k'+1$ 即可得到。

② 事实上，LCS 问题存在渐进时间复杂度比 $O(nm)$更低的算法，但超出了本书的范围。

边界为 $d(i,\{\})=\text{dist}(0,i)$。最终答案是 $d(0,\{1,2,3,\cdots,n-1\})$，时间复杂度为 $O(n^2 2^n)$。

问题 10：矩阵链乘（MCM）。一个 $n\times m$ 矩阵由 $n\times m$ 个数排列而成，n 行 m 列。两个矩阵 $\boldsymbol{A}$ 和 $\boldsymbol{B}$ 可以相乘的条件为：当且仅当 $\boldsymbol{A}$ 的列数等于 $\boldsymbol{B}$ 的行数。一个 $n\times m$ 矩阵乘以一个 $m\times p$ 矩阵等于一个 $n\times p$ 矩阵，运算量为 mnp。

矩阵乘法不满足分配律，但满足结合律，因此 $\boldsymbol{A}\times\boldsymbol{B}\times\boldsymbol{C}$ 既可以按顺序 $(\boldsymbol{A}\times\boldsymbol{B})\times\boldsymbol{C}$ 进行，也可以按 $\boldsymbol{A}\times(\boldsymbol{B}\times\boldsymbol{C})$ 来进行。假设 $\boldsymbol{A}$、$\boldsymbol{B}$、$\boldsymbol{C}$ 分别是 2×3，3×4 和 4×5 矩阵，则 $(\boldsymbol{A}\times\boldsymbol{B})\times\boldsymbol{C}$ 的运算量为 $2\times3\times4+2\times4\times5=64$，$\boldsymbol{A}\times(\boldsymbol{B}\times\boldsymbol{C})$ 的运算量为 $3\times4\times5+2\times3\times5=90$。显然，第一种运算顺序更节省运算量。

给出 n 个矩阵组成的序列，设计一种方法把它们依次相乘，使得总运算量最小。假设第 i 个矩阵 $\boldsymbol{A}_i$ 是 $p_{i-1}\times p_i$ 的。

分析：设 $f(i,j)$ 表示把 $\boldsymbol{A}_i, \boldsymbol{A}_{i+1},\ldots, \boldsymbol{A}_j$ 乘起来所需要的乘法次数，枚举“最后一次乘法”是第 k 个乘号，则 $f(i,j)=\max\{f(i,k)+f(k+1,j)+p_{i-1}p_kp_j\}$，边界是 $f(i,i)=0$，时间复杂度为 $O(n^3)$①。

问题 11：最优排序二叉树问题（OBST）。给 n 个符号建立一棵排序二叉树②。虽然平衡树的高度最小，但如果各个符号的频率相差很大，平衡反而不好。比如，若有 7 个符号 A，B，C，D，E，F，G，频率分别为 729, 243, 81, 27, 9, 3, 1，如图 1-38 所示，则下面的平衡树的总检索次数（即所有关键字频率和深度的乘积之和）为 27×1+(243+2)×2+(729+81+9+1)×3=2977。

相比之下，如图 1-39 所示的链状树反而好得多。

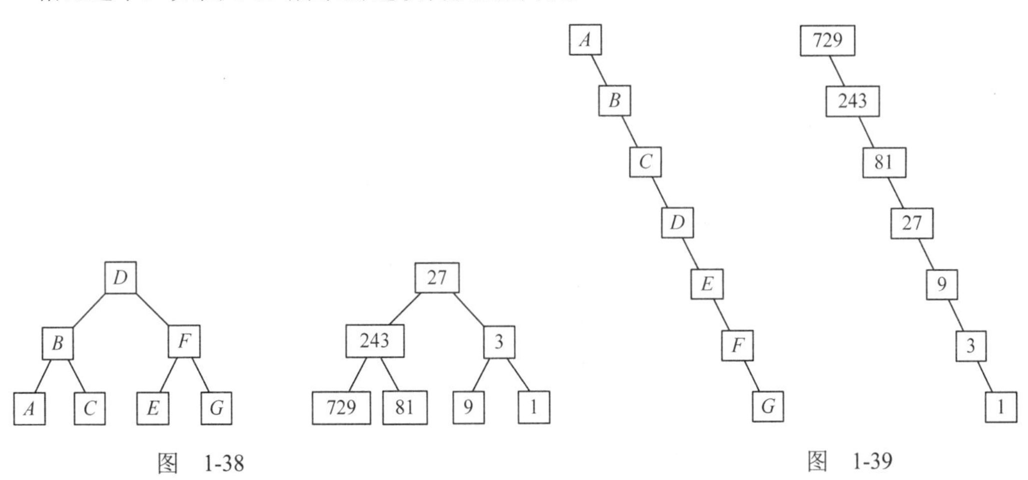

图 1-38　　图 1-39

它的总检索次数仅为 1 636 次。给定 n 个关键字的频率 $f_1, f_2, \cdots, f_n$，要求构造一棵最优的排序二叉树，使得每个关键字的频率和深度的乘积之和最小。

分析：根据排序二叉树的递归定义，可以先选根，然后递归建立左右子树。记 $d(i,j)$为符号 $i, i+1,\cdots, j$ 所建立的排序二叉树的最小检索次数。如果选根为 k，总检索次数应该如何计算？

树根 k 只需要检索一次，累加上 f_k。左子树在单独作为一棵树时，其总检索次数为

① 事实上，本问题存在 $O(n\log n)$时间的算法，但超出了本书的范围。
② 详见第 3 章。

$d(i,k-1)$；但在作为 k 的子树后，所有结点的深度都增加了 1，因此总检索次数需要加上 $f_i+f_{i+1}+\cdots+f_{k-1}$。右子树类似。这样，若记 $w(i,j)=f_i+f_{i+1}+\cdots+f_j$，状态转移方程为 $d(i,j)=\max\{d(i,k-1)+d(k+1,j)\}+w(i,j)$。状态有 $O(n^2)$个，每个状态的决策有 $O(n)$个，总时间复杂度为 $O(n^3)$。

有一个方法可以把时间复杂度降为 $O(n^2)$。记 $K(i,j)$为让 $d(i,j)$取到最小值的决策，则可以证明 $K(i,j)\leqslant K(i,j+1)\leqslant K(i+1,j+1)$（$i\leqslant j$），即 K 在同行和同列上都是递增的。证明需要用到四边形不等式，这里略去，有兴趣的读者可以自行查阅相关资料。

有了这个结论，我们在计算 $d(i,j)$时，只需把决策枚举从 i～j 改成从 $K(i,j-1)$～$K(i+1,j)$ 即可。注意到后面两个状态都在 $d(i,j)$之前已经算过，所以 $K(i,j-1)$和 $K(i+1,j)$已经得到。

下面分析时间复杂度。当 $L=j-i$ 固定时：

$d(1,L+1)$的决策是 $K(1,L)$～$K(2,L+1)$

$d(2,L+2)$的决策是 $K(2,L+1)$～$K(3,L+2)$

$d(3,L+3)$的决策是 $K(3,L+2)$～$K(4,L+3)$

…

全部合并起来，当 L 固定时的总决策为 $K(1,L)$～$K(n-L+1,n)$，共 $O(n)$个。由于 L 有 $O(n)$个，总时间复杂度降为 $O(n^2)$。

例题 26　约瑟夫问题的变形（And Then There Was One, Japan 2007, Codeforces Gym 101415A ）

n 个数排成一个圈。第一次删除 m，以后每数 k 个数删除一次，求最后一个被删除的数。当 n=8, k=5, m=3 时，删数过程如图 1-40 所示。

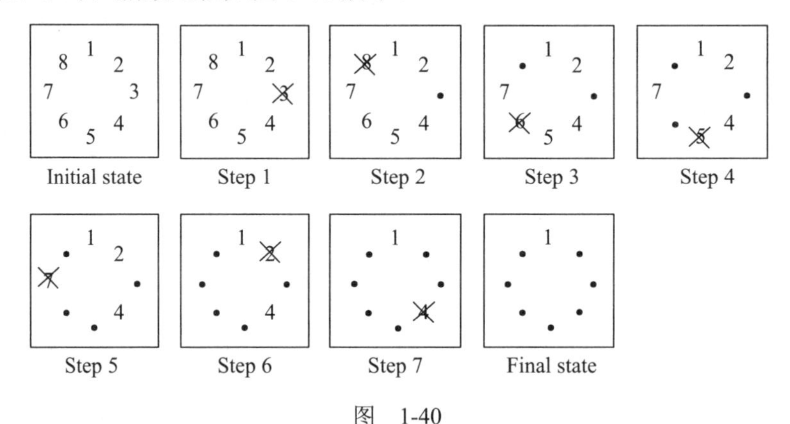

图　1-40

【输入格式】

输入包含多组数据。每组数据包含 3 个整数 n, k, m（$2\leqslant n\leqslant 10\,000$，$1\leqslant k\leqslant 10\,000$，$1\leqslant m\leqslant n$）。输入结束标志为 $n=k=m=0$。

【输出格式】

对于每组数据，输出最后一个被删除的数。

【分析】

本题是约瑟夫问题的变种，唯一的区别就是：原版问题中，从 1 开始数数，而在本题中，规定第一个删除的数是 m。约瑟夫问题作为链表的经典应用，出现在很多数据结构与程序设计语言的书籍中。可惜链表法的时间复杂度为 $O(nk)$，无法承受本题这样大的规模。

如果像本题这样只关心最后一个被删除的编号，而不需要完整的删除顺序，则可以用递推法求解。假设编号为 0～n−1 的 n 个数排成一圈，从 0 开始每 k 个数删除一个，最后留下的数字编号记为 $f(n)$，则 $f(1) = 0$，$f(n) = (f(n-1)+k)\ \%\ n$。为什么呢？因为删除一个元素之后，可以把所有元素重新编号，如图 1-41 所示。

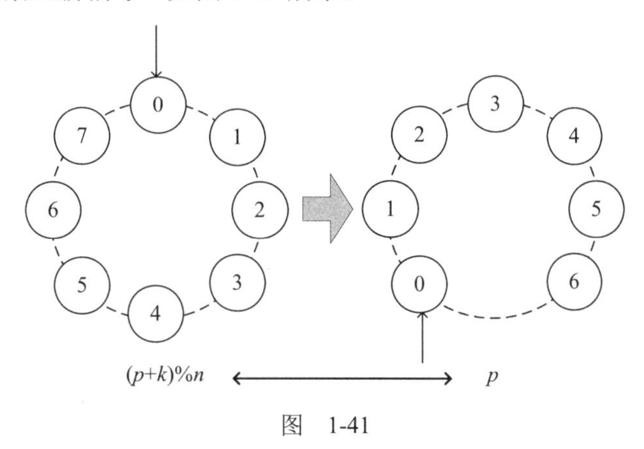

图　1-41

本题第一个删除的数为 m，因此答案为$(m - k + 1 + f[n])\ \%\ n$[①]。注意，本题虽然不是动态规划，但思路是相通的[②]，代码如下。

```
#include<cstdio>
const int maxn = 10000 + 2;
int f[maxn];

int main() {
  int n, k, m;
  while(scanf("%d%d%d", &n, &k, &m) == 3 && n) {
    f[1] = 0;
    for(int i = 2; i <= n; i++) f[i] = (f[i-1] + k) % i;
    int ans = (m - k + 1 + f[n]) % n;
    if (ans <= 0) ans += n;
    printf("%d\n", ans);
  }
  return 0;
}
```

例题 27　王子和公主（Prince and Princess, UVa 10635）

有两个长度分别为 p+1 和 q+1 的序列 A 和 B，每个序列中的各个元素互不相同，且范围都是 1～n^2 的整数。两个序列的第一个元素均为 1。求出 A 和 B 的最长公共子序列的长度。

【输入格式】

输入的第一行为数据组数 T（T≤10）。每组数据：第一行为 3 个整数 n, p, q（2≤n≤

① 需要把这个数改成 1~n 的。

② 事实上，很多人习惯把所有递推都叫作动态规划，不管它是否真的是在解决最优化问题。

250，$1 \leqslant p,q \leqslant n^2$）；第二行包含序列 A，其中第一个数为 1，其元素两两不同，且范围都是 $1 \sim n^2$ 的整数；第三行包含序列 B，格式同序列 A。

【输出格式】

对于每组数据，输出 A 和 B 的最长公共子序列的长度。

【分析】

本题是 LCS 问题，但因为 p 和 q 可以高达 250^2=62 500，$O(pq)$的算法显然太慢。注意到 A 序列中所有元素均不相同，因此可以把 A 中的元素重新编号为 $1 \sim p+1$。例如，A={1,7,5,4,8,3,9}，B={1,4,3,5,6,2,8,9}，若把 A 重新编号为{1,2,3,4,5,6,7}，则 B 就变为{1,4,6,3,0,0,5,7}，其中 0 表示 A 中没有出现过的元素（事实上，可以直接删除这些元素，因为它们肯定不在 LCS 中）。这样，新的 A 和 B 的 LCS 实际上就是新的 B 的 LIS。由于 LIS 可在 $O(n\log n)$时间内解决，因此本题也可在 $O(n\log n)$时间内得到解决。代码如下。

```
#include<cstdio>
#include<cstring>
#include<algorithm>
using namespace std;

const int maxn = 250 * 250;
const int INF = 1000000000;
int S[maxn], g[maxn], d[maxn]; //LIS所需
int num[maxn];  //num[x]为整数x的新编号,num[x]=0表示x没有在A中出现过

int main() {
  int T;
  scanf("%d", &T);
  for(int kase = 1; kase <= T; kase++) {
    int N, p, q, x;
    scanf("%d%d%d", &N, &p, &q);
    memset(num, 0, sizeof(num));
    for(int i = 1; i <= p+1; i++) { scanf("%d", &x); num[x] = i; }
    int n = 0;
    for(int i = 0; i < q+1; i++) { scanf("%d", &x); if(num[x]) S[n++] = num[x]; }

    //求解S[0]...S[n-1]的LIS
    for(int i = 1; i <= n; i++) g[i] = INF;
    int ans = 0;
    for(int i = 0; i < n; i++) {
      int k = lower_bound(g+1, g+n+1, S[i]) - g; //在g[1]~g[n]中查找
      d[i] = k;
      g[k] = S[i];
      ans = max(ans, d[i]);
    }
    printf("Case %d: %d\n", kase, ans);
  }
  return 0;
}
```

例题 28　Sum 游戏（Game of Sum, UVa 10891）

有一个长度为 n 的整数序列，两个游戏者 A 和 B 轮流取数，A 先取。每次玩家只能从左端或者右端取一个数，但不能两端都取。所有数都被取走后游戏结束，然后统计每个人取走的所有数之和，作为各自的得分。两个人采取的策略都是让自己的得分尽量高，并且两人都足够聪明，求 A 的得分减去 B 的得分后的结果。

【输入格式】

输入包含多组数据。每组数据：第一行为正整数 n（$1 \leqslant n \leqslant 100$）；第二行为给定的整数序列。输入结束标志为 $n=0$。

【输出格式】

对于每组数据，输出 A 和 B 都采取最优策略的情况下，A 的得分减去 B 的得分后的结果。

【分析】

整数的总和是一定的，所以一个人得分越高，另一个人的得分就越低。不管怎么取，任意时刻游戏的状态都是原始序列的一段连续子序列（即被两个玩家取剩下的序列）。因此，我们想到用 $d(i,j)$表示原序列的第 i～j 个元素组成的子序列（元素编号为 1～n），在双方都采取最优策略的情况下，先手得分的最大值（只考虑 i～j 这些元素）。

状态转移时，我们需要枚举从左边取还是从右边取以及取多少个。这等价于枚举给对方剩下怎样的子序列是(k,j)（$i<k \leqslant j$），还是(i,k)（$i \leqslant k<j$）。因此

$$d(i,j)= \text{sum}(i,j)-\min\{d(i+1,j), d(i+2,j),\cdots, d(j,j), d(i,j-1), d(i,j-2),\cdots, d(i,i), 0\}$$

其中，$\text{sum}(i,j)$是元素 i 到元素 j 的数之和。注意，这里的“0”是“取完所有数”的决策，有了它，方程就不需要显式的边界条件了。

两人得分之和为 $\text{sum}(1,n)$，因此答案是 $d(1,n)-(\text{sum}(1,n)-d(1,n))=2d(1,n)-\text{sum}(1,n)$。注意，$\text{sum}(i,j)$的计算不需要循环累加，可以预处理 $S[i]$为前 i 个数之和，则 $\text{sum}(i,j)=S[j]-S[i-1]$。为了显得更加自然，我们采用记忆化搜索的方式给出程序。代码如下。

```
#include<cstdio>
#include<cstring>
#include<algorithm>
using namespace std;

const int maxn = 100 + 10;
int S[maxn], A[maxn], d[maxn][maxn], vis[maxn][maxn], n;

int dp(int i, int j) {
  if(vis[i][j]) return d[i][j];
  vis[i][j] = 1;
  int m = 0;                          //全部取光
  for(int k = i+1; k <= j; k++) m = min(m, dp(k,j));
  for(int k = i; k < j; k++) m = min(m, dp(i,k));
  d[i][j] = S[j]-S[i-1] - m;          //如果 i 从 0 开始编号，这里得判断一下是否 i==0
  return d[i][j];
}

int main() {
```

```
    while(scanf("%d", &n) && n) {
      S[0] = 0;
      for(int i = 1; i <= n; i++) { scanf("%d", &A[i]); S[i]=S[i-1]+A[i]; }
      memset(vis, 0, sizeof(vis));         //千万不要漏掉
      printf("%d\n", 2*dp(1,n)-S[n]);
    }
    return 0;
  }
```

状态有$O(n^2)$个，每个状态有$O(n)$个转移，所以时间复杂度为$O(n^3)$，空间复杂度为$O(n^2)$。对于本题的规模，这样的时间复杂度已经不错了，但其实还可以进一步改进。让我们回顾一下状态转移方程

$$d(i,j)=\mathrm{sum}(i,j)-\min\{d(i+1,j), d(i+2,j),\cdots, d(j,j), d(i,j-1), d(i,j-2),\cdots, d(i,i), 0\}$$

如果令$f(i,j)=\min\{d(i,j),d(i+1,j),\cdots,d(j,j)\}$，$g(i,j)=\min\{d(i,j),d(i,j-1),\cdots,d(i,i)\}$，则状态转移方程可以写成

$$d(i,j)=\mathrm{sum}(i,j)-\min\{f(i+1,j), g(i,j-1), 0\}$$

f和g也可以快速递推出来：$f(i,j)=\min\{d(i,j), f(i+1,j)\}$，$g(i,j)=\min\{d(i,j), g(i,j-1)\}$，因此每个$d(i,j)$的计算时间都降为了$O(1)$。这里我们用递推（而非记忆化搜索）的方法编写程序。代码如下。

```
for(int i = 1; i <= n; i++) f[i][i] = g[i][i] = d[i][i] = A[i]; //边界
for(int L = 1; L < n; L++)                     //按照 L=j-i 递增的顺序计算
  for(int i = 1; i+L <= n; i++) {
    int j = i+L;
    int m = 0;                                 //m = min{f(i+1,j), g(i,j-1), 0}
    m = min(m, f[i+1][j]);
    m = min(m, g[i][j-1]);
    d[i][j] = S[j]-S[i-1] - m;
    f[i][j] = min(d[i][j], f[i+1][j]); //递推 f 和 g
    g[i][j] = min(d[i][j], g[i][j-1]);
  }
printf("%d\n", 2*d[1][n]-S[n]);
```

新算法的时间复杂度为$O(n^2)$。

例题 29　黑客的攻击（Hacker's Crackdown, UVa 11825）

假设你是一个黑客，侵入了一个有着n台计算机（编号为0, 1,⋯, $n-1$）的网络。一共有n种服务，每台计算机都运行着所有服务。对于每台计算机，你都可以选择一项服务，终止这台计算机和所有与它相邻的计算机的该项服务（如果其中一些服务已经停止，则这些服务继续处于停止状态）。你的目标是让尽量多的服务器完全瘫痪（即没有任何计算机运行该项服务）。

【输入格式】

输入包含多组数据。每组数据：第一行为整数n（$1\leqslant n\leqslant 16$）；以下n行每行描述一台计算机的相邻计算机，其中第一个整数m为相邻计算机的个数，接下来的m个整数为这些计算机的编号。输入结束标志为$n=0$。

【输出格式】

对于每组数据，输出完全瘫痪的服务器的最大数量。

【分析】

本题的数学模型是：把 n 个集合 $P_1, P_2,\cdots, P_n$ 分成尽量多组，使得每组中所有集合的并集等于全集。这里的集合 P_i 就是计算机 i 及其相邻计算机的集合，每组对应于题目中的一项服务。注意到 n 很小，可以用《算法竞赛入门经典（第 2 版）》中提到的二进制法表示这些集合，即在代码中，每个集合 P_i 实际上是一个非负整数。这里给出输入部分的程序。代码如下。

```
for(int i = 0; i < n; i++) {
  int m, x;
  scanf("%d", &m);
  P[i] = 1<<i;
  while(m--) { scanf("%d", &x); P[i] |= (1<<x); }
}
```

为了方便，我们用 cover(S)表示若干物品 i 的集合 S 中对应所有 P_i 的并集（二进制表示），即这些 P_i 在数值上的“按位或”。代码如下。

```
for(int S = 0; S < (1<<n); S++) {
  cover[S] = 0;
  for(int i = 0; i < n; i++)
    if(S & (1<<i)) cover[S] |= P[i];
}
```

不难想到这样的动态规划：用 $f(S)$表示子集 S 最多可以分成多少组，则

$$f(S)=\max\{f(S_0)|S_0\text{是}S\text{的子集，cover}[S_0]\text{等于全集}\}+1$$

这里有一个重要的技巧：枚举 S 的子集 S_0。代码如下。

```
f[0] = 0;
int ALL = (1<<n) - 1;
for(int S = 1; S < (1<<n); S++) {
  f[S] = 0;
  for(int S0 = S; S0; S0 = (S0-1)&S)
    if(cover[S0] == ALL) f[S] = max(f[S], f[S^S0]+1);
}
printf("Case %d: %d\n", ++kase, f[ALL]);
```

如何分析上述算法的时间复杂度呢？它等于全集$\{1, 2,\cdots, n\}$的所有子集的子集个数之和，也可以令 $c(S)$表示集合 S 的子集的个数（它等于 $2^{|S|}$），则本题的时间复杂度为 $\text{sum}\{c(S_0) \mid S_0$ 是$\{1,2,3,\cdots,n\}$的子集$\}$。

注意到元素个数相同的集合，其子集个数也相同，我们可以按照元素个数“合并同类项”。元素个数为 k 的集合有 C_n^k 个，其中每个集合有 2^k 个子集，因此本题的时间复杂度为 $\text{sum}\{C_n^k \cdot 2^k\}=(2+1)^n=3^n$，其中第一个等号用到了二项式定理（不过是反着用的）。

本题比较抽象，但对思维训练很有帮助，希望读者花点儿时间将它彻底搞懂。

例题 30　放置街灯（Placing Lampposts, UVa 10859）

给你一个 n 个点 m 条边的无向无环图，在尽量少的结点上放灯，使得所有边都被照亮。每盏灯将照亮以它为一个端点的所有边。在灯的总数最小的前提下，被两盏灯同时照亮的边数应尽量大。

【输入格式】

输入的第一行为测试数据组数 T（$T \leqslant 30$）。每组数据：第一行为两个整数 n 和 m（$m < n \leqslant 1000$），即点数（所有点编号为 0～n−1）和边数；以下 m 行每行为两个不同的整数 a 和 b，表示有一条边连接 a 和 b（$0 \leqslant a$，$b \leqslant n$）。

【输出格式】

对于每组数据，输出 3 个整数，即灯的总数、被两个灯照亮的边数和只被一个灯照亮的边数。

【分析】

无向无环图的另一个说法是“森林”，它由多棵树组成。动态规划是解决树上优化问题的常用工具，本题就是一个很好的例子。

首先，本题的优化目标有两个：放置的灯数 a 应尽量少，被两盏灯同时照亮的边数 b 应尽量大。为了统一起见，我们把后者替换为：恰好被一盏灯照亮的边数 c 应尽量小，然后改用 $x=Ma+c$ 作为最小化的目标，其中 M 是一个很大的正整数。当 x 取到最小值时，x/M 的整数部分就是放置的灯数的最小值；$x\%M$ 就是恰好被一盏灯照亮的边数的最小值。

一般来说，如果有两个需要优化的量 v_1 和 v_2，要求首先满足 v_1 最小，在 v_1 相同的情况下 v_2 最小，则可以把二者组合成一个量 Mv_1+v_2，其中 M 是一个比“v_2 的最大理论值和 v_2 的最小理论值之差”还要大的数。这样，只要两个解的 v_1 不同，则不管 v_2 相差多少，都是 v_1 起决定性作用；只有当 v_1 相同时，才取决于 v_2。在本题中，可以取 M=2000[①]。

每棵树的街灯互不相干，因此可以单独优化，最后再把答案加起来即可。下面我们只考虑一棵树的情况。首先对这棵树进行 DFS，把无根树转化为有根树，然后试着设状态 $d(i)$ 为以 i 为根的子树的最小 x 值，看看能不能写出状态转移方程。

决策只有两种：在 i 处放灯和不在 i 处放灯。后继状态是 i 的各个子结点。可是问题来了，即 i 处是否放灯将影响到其子结点的决策。因此，我们需要把“父结点处有没有放灯”加入状态表示中。新状态为：$d(i,j)$表示 i 的父结点“是否放灯”的值为 j（1 表示放灯，0 表示没放）时，以 i 为根的树的最小 x 值（算上 i 和其父结点这条边）。

注意到各子树可以独立决策，因此可做出如下决策。

- 决策一：结点 i 不放灯。必须 j=1 或者 i 是根结点时才允许做这个决策。此时 $d(i,j)$等于 sum$\{d(k,0)|k$ 取遍 i 的所有子结点$\}$。如果 i 不是根，还得加上 1，因为结点 i 和其父结点这条边上只有一盏灯照亮。
- 决策二：结点 i 放灯。此时 $d(i,j)$等于 sum$\{d(k,1)|k$ 取遍 i 的所有子结点$\}$ + M。如果 j=0 且 i 不是根，还得加上 1，因为结点 i 和其父结点这条边只有一盏灯照亮。

用数学式子很难表达上面的状态转移，但用程序表达却可以很清晰。代码如下。

---

① M 不要取得太大，以免算术运算溢出。

```
#include<cstdio>
#include<cstring>
#include<vector>
using namespace std;

vector<int> adj[1010];       //森林是稀疏的，这样保存省空间，枚举相邻结点也更快
int vis[1010][2], d[1010][2], n, m;

int dp(int i, int j, int f) {
  //在 DFS 的同时进行动态规划，f 是 i 的父结点，它不存入状态里
  if(vis[i][j]) return d[i][j];
  vis[i][j] = 1;
  int& ans = d[i][j];

  //放灯总是合法决策
  ans = 2000;                    //灯的数量加 1，x 加 2000
  for(int k = 0; k < adj[i].size(); k++)
    if(adj[i][k] != f)           //这个判断非常重要！除了父结点之外的相邻结点才是子结点
      ans += dp(adj[i][k], 1, i); //注意，这些结点的父结点是 i
  if(!j && f >= 0) ans++;        //如果 i 不是根，且父结点没放灯，则 x 加 1

  if(j || f < 0) {               //i 是根或者其父结点已放灯，i 才可以不放灯
    int sum = 0;
    for(int k = 0; k < adj[i].size(); k++)
      if(adj[i][k] != f)
        sum += dp(adj[i][k], 0, i);
    if(f >= 0) sum++;            //如果 i 不是根，则 x 加 1
    ans = min(ans, sum);
  }
  return ans;
}

int main() {
  int T, a, b;
  scanf("%d", &T);
  while(T--) {
    scanf("%d%d", &n, &m);
    for(int i = 0; i < n; i++) adj[i].clear();
    //adj 里保存着上一组数据的值，必须清空
    for(int i = 0; i < m; i++) {
      scanf("%d%d", &a, &b);
      adj[a].push_back(b);
      adj[b].push_back(a);    //因为是无向图
    }
    memset(vis, 0, sizeof(vis));
    int ans = 0;
    for(int i = 0; i < n; i++)
      if(!vis[i][0])             //新的一棵树
        ans += dp(i,0,-1);    //i 是树根，因此父结点不存在（-1）
```

```
    printf("%d %d %d\n", ans/2000, m-ans%2000, ans%2000); //从 x 计算 3 个整数
  }
  return 0;
}
```

例题 31　捡垃圾的机器人（Robotruck, SWERC 2007, UVa 1169）

有 n 个垃圾，第 i 个垃圾的坐标为(x_i,y_i)，重量为 w_i。有一个机器人，要按照编号从小到大的顺序捡起所有垃圾并扔进垃圾桶（垃圾桶在原点(0,0)）。机器人可以捡起几个垃圾以后一起扔掉，但任何时候其手中的垃圾总重量不能超过最大载重 C。两点间的行走距离为曼哈顿距离（即横坐标之差的绝对值加上纵坐标之差的绝对值）。求出机器人行走的最短总路程（一开始，机器人在原点(0,0)处）。

【输入格式】

输入的第一行为数据组数。每组数据：第一行为最大承重 C（$1 \leqslant C \leqslant 100$）；第二行为正整数 n（$1 \leqslant n \leqslant 100\ 000$），即垃圾的数量；以下 n 行每行为两个非负整数 x, y 和一个正整数 w，即坐标和重量（重量保证不超过 C）。

【输出格式】

对于每组数据，输出总路径的最短长度。

【分析】

如果把“当前垃圾序号”和“当前载重量”作为状态，则状态个数就已经高达 $O(nC)$，不管怎样优化状态转移，时间也无法承受。迫不得已，我们只得设 $d(i)$为从原点出发、将前 i 个垃圾清理完并放进垃圾筒的最小距离，则

$$d[i] = \min\{d[j] + \text{dist2origin}(j+1) + \text{dist}(j+1,i) + \text{dist2origin}(i) \mid j \leqslant i, w(j+1,i) \leqslant C\}$$

其中，dist(j+1,i)表示从第 j+1 个垃圾出发，依次经过垃圾 j+2，垃圾 j+3…，最终到达垃圾 i 的总距离，dist2origin(i)表示垃圾 i 到原点的距离（即$|x_i|+|y_i|$），$w(i,j)$表示第 i～j 个垃圾的总重量。

设 total_dist(i)为从第 1 个垃圾开始，依次经过垃圾 2, 3…，最终到达垃圾 i 的总距离，则 dist(j+1,i) = total_dist(i) – total_dist(j+1)。这样，上式可以改写为

$$d[i] = \min\{d[j] - \text{total\_dist}(j+1) + \text{dist2origin}(j+1) \mid w(j+1,i) \leqslant C\} + \text{total\_dist}(i) + \text{dist2origin}(i)$$

如果令 func(j)=$d[j]$−total_dist(j+1)+dist2origin(j+1)，上式还可以进一步简化为

$$d[i] = \min\{\text{func}(j) \mid w(j+1,i) \leqslant C\} + \text{total\_dist}(i) + \text{dist2origin}(i)$$

其中，阴影部分是问题的关键。注意到满足 $w(j+1,i) \leqslant C$ 的所有 j 形成一个区间，而且随着 i 的增大，这个区间会往右移动（因为所有 w_i 均为正数），我们常常把这个区间称为滑动窗口，则问题就转化为：维护一个滑动窗口中的最小值。

当滑动窗口的右边界增大时，相当于往滑动窗口里添加新元素；当滑动窗口的左边界增大时，相当于在滑动窗口里删除元素。这样，我们可以用一个数据结构维护滑动窗口，要求支持插入、删除、取最小值。在学习完本书的数据结构部分后，相信读者能够找到一个合适的数据结构，在 $O(\log n)$时间内完成上述 3 种操作。但其实这并不是最高效的方法。

假设滑动窗口中有两个元素 1 和 2，且 1 在 2 的右边，会怎样？这意味着 2 在离开窗口之前一直会被 1 给“压迫着”，永远不可能成为最小值。换句话说，这个 2 是无用的，应

当及时删除。当删除掉无用元素之后，滑动窗口中剩下的东西（有用元素）从左到右是递增的。我们把这些元素看成一个队列[①]，每次有新元素进来时，需要删除所有比新元素大的元素，如图 1-42 所示。

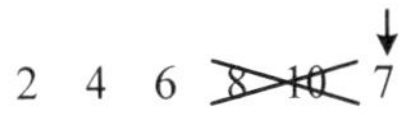

还需要及时把不在滑动窗口范围之内的元素移出队列。读者可能会问，如果老是要删除很多元素怎么办，时间复杂度会不会很差？不会的，因为每个元素最多被删除一次，所以总时间复杂度仍是 $O(n)$。

2　4　6　~~8　10~~　7

图　1-42

```
#include<cstdio>
#include<algorithm>
using namespace std;

const int maxn = 100000 + 10;

int x[maxn], y[maxn];
int total_dist[maxn], total_weight[maxn], dist2origin[maxn];
int q[maxn], d[maxn];

int func(int i) {
  return d[i] - total_dist[i+1] + dist2origin[i+1];
}

main() {
  int T, c, n, w, front, rear;
  scanf("%d", &T);
  while(T--) {
    scanf("%d%d", &c, &n);
    total_dist[0] = total_weight[0] = x[0] = y[0] = 0;
    for(int i = 1; i <= n; i++) {
      scanf("%d%d%d", &x[i], &y[i], &w);
      dist2origin[i] = abs(x[i]) + abs(y[i]);
      total_dist[i] = total_dist[i-1] + abs(x[i]-x[i-1]) + abs(y[i]-y[i-1]);
      total_weight[i] = total_weight[i-1] + w;
    }
    front = rear = 1;
    for (int i = 1; i <= n; i++) {
      while(front<=  rear  &&  total_weight[i]-total_weight[q[front]]  >  c)
front++;
      d[i] = func(q[front]) + total_dist[i] + dist2origin[i];
      while (front <= rear && func(i) <= func(q[rear])) rear--;
      q[++rear] = i;
    }
    printf("%d\n", d[n]);
    if(T > 0) printf("\n");
  }
  return 0;
}
```

① 队列中的元素递增，因此也称为单调队列。

例题 32　分享巧克力（Sharing Chocolate, World Finals 2010, UVa 1099）

给出一块长为x，宽为y的矩形巧克力，每次操作可以沿一条直线把一块巧克力切割成两块长宽均为整数的巧克力（一次不能同时切割多块巧克力）。

问：是否可以经过若干次操作得到n块面积分别为$a_1,a_2,\cdots,a_n$的巧克力。如图 1-43 所示，可以把 3×4 的巧克力切成面积分别为 6, 3, 2, 1 的 4 块。

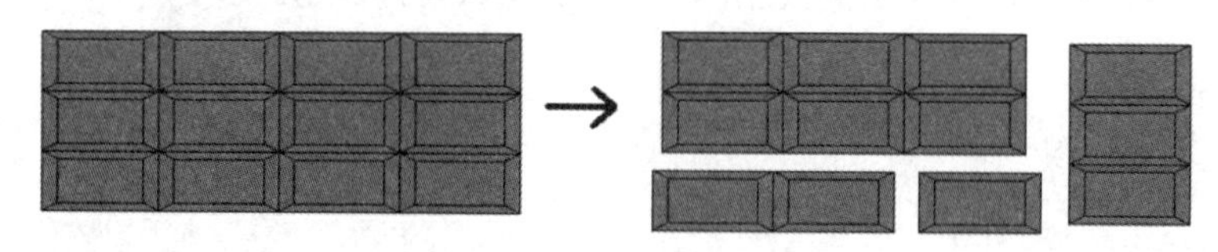

图　1-43

【输入格式】

输入包含若干组数据。每组数据：第一行为一个整数n（$1\leqslant n\leqslant 15$）；第二行为两个整数x和y（$1\leqslant x, y\leqslant 100$）；第三行为$n$个整数$a_1,a_2,\cdots,a_n$。输入结束标志为$n$=0。

【输出格式】

对于每组数据，如果可以切割成功，输出“Yes”，否则输出“No”。

【分析】

注意到n的规模很小，可以把与n有关的子集作为动态规划状态的一部分。设$f(r,c,S)$表示r行c列的巧克力是否可以切割成面积集合S。图 1-43 所示的操作的答案为 Yes，即$f(3,4,\{6,3,2,1\})=1$。第一刀把巧克力切成了 3×3 和 3×1 两块，即$f(3,3,\{6,2,1\})=f(3,1,\{3\})=1$。

不难得到状态转移规则为$f(r,c,S)=1$，当且仅当如下两种情况。

- 存在$1\leqslant r_0<r$和S的子集S_0，使得$f(r_0,c,S_0)=f(r-r_0, c, S-S_0)=1$。
- 存在$1\leqslant c_0<c$和S的子集S_0，使得$f(r,c_0,S_0)=f(r,c-c_0,S-S_0)=1$。

前者对应横着切，后者对应竖着切。状态有$O(xy2^n)$个，每个状态转移到$O(x+y)$个状态，总时间复杂度为$O((x+y)xy2^n)$，有些偏大。

其实，上述状态有些浪费。如果$r\times c$不等于S中所有元素之和（记为 sum(S)），显然$f(r,c,S)=0$。换句话说，我们可以只计算$r*c=\text{sum}(S)$的状态$f(r,c,S)$。另外，$f(r,c,S)=f(c,r,S)$，所以不妨设$r\leqslant c$，然后用$g(r,S)$代替$f(r,c,S)$。这样，状态降为了$O(x2^n)$个。在枚举决策时，一旦确定了S_0，实际上可以计算出r_0或者c_0（或者发现不存在这样的r_0或者c_0），因此总决策数为$O(x3^n)$，这也是本算法的时间复杂度。由于很多状态达不到，推荐用记忆化搜索实现，实际运算量往往远小于$O(x3^n)$。

最后有一点需要注意，输入之后需要比较所有a_i之和是否为$x\times y$（想一想，为什么）。代码如下。

```
#include<cstdio>
#include<cstring>
#include<algorithm>
using namespace std;

const int maxn = 16;
```

```
const int maxw = 100 + 10;
int n, A[maxn], sum[1<<maxn], f[1<<maxn][maxw], vis[1<<maxn][maxw];

int bitcount(int x) { return x == 0 ? 0 : bitcount(x/2) + (x&1); }

int dp(int S, int x) {
  if(vis[S][x]) return f[S][x];
  vis[S][x] = 1;
  int& ans = f[S][x];
  if(bitcount(S) == 1) return ans = 1;
  int y = sum[S] / x;
  for(int S0 = (S-1)&S; S0; S0 = (S0-1)&S) {
    int S1 = S-S0;
    if(sum[S0]%x==0&&dp(S0,min(x,sum[S0]/x))&&dp(S1,min(x,sum[S1]/x)))
     return ans = 1;
    if(sum[S0]%y==0&&dp(S0,min(y,sum[S0]/y))&&dp(S1,min(y,sum[S1]/y)))
     return ans = 1;
  }
  return ans = 0;
}

int main() {
  int kase = 0, n, x, y;
  while(scanf("%d", &n) == 1 && n) {
    scanf("%d%d", &x, &y);
    for(int i = 0; i < n; i++) scanf("%d", &A[i]);

    //每个子集中的元素之和
    memset(sum, 0, sizeof(sum));
    for(int S = 0; S < (1<<n); S++)
      for(int i = 0; i < n; i++) if(S & (1<<i)) sum[S] += A[i];

    memset(vis, 0, sizeof(vis));
    int ALL = (1<<n) - 1;
    int ans;
    if(sum[ALL] != x*y || sum[ALL] % x != 0) ans = 0;
    else ans = dp(ALL, min(x,y));
    printf("Case %d: %s\n", ++kase, ans ? "Yes" : "No");
  }
  return 0;
}
```

1.5　小结与习题

本章介绍了不少问题求解与算法设计的方法和技巧。这些内容有难有易，不必强求第一次就全部看懂，需要反复阅读、细心体会。

1.5.1 问题求解策略

本章介绍了贪心法、暴力法、二分法等常用算法，以及各种思维方式。表 1-1 中列出了本章中的例题。在线题单：https://dwz.cn/wcWrH6s9。

表 1-1

类　别	题　号	题目名称（英文）	备　注
例题 1	UVa 11292	The Dragon of Loowater	排序后用贪心法
例题 2	UVa 11729	Commando War	用贪心法求最优排列；用相邻交换法证明正确性
例题 3	UVa 11300	Spreading the Wealth	用代数法进行数学推导；中位数
例题 4	CodeForces Gym 100287G	Graveyard	推理；参考系
例题 5	UVa 10881	Piotr’s Ants	等效变换；排序
例题 6	UVa 1030	Image is Everything	三维坐标系；迭代更新
例题 7	UVa 11464	Even Parity	部分枚举；递推
例题 8	UVa 1352	Colored Cubes	部分枚举；贪心
例题 9	UVa 11210	Chinese Mahjong	回溯法；以中国麻将为背景
例题 10	UVa 11384	Help is needed for Dexter	问题转化；递归
例题 11	UVa 10795	A Different Task	汉诺塔问题；递归
例题 12	LA 3971	Assemble	二分法；贪心
例题 13	Codeforces Gym 100722C	Pie	二分法
例题 14	UVa 11520	Fill the Square	求字典序最小的解；贪心
例题 15	UVa 1267	Network	树上的最优化问题；贪心
例题 16	UVa 1335	Beijing Guards	二分法；贪心

仅完成书中的例题还远远不够，下面将给出一定数量的习题，以方便读者练习和提高。在线题单：https://dwz.cn/NJxEkMtd。

你好　世界！（Hello World!, UVa 11636）

你刚刚学会用“printf("Hello World!\n")”向世界问好了，因此非常兴奋，希望输出 n 条“Hello World”信息，但你还没有学习循环语句，因此只能通过复制/粘贴的方式用 n 条 printf 语句来解决。比如，经过一次复制/粘贴后，一条语句会变成两条语句，再经过一次复制/粘贴后，两条语句会变成 4 条语句……至少需要复制/粘贴几次，才能使语句的条数恰好为 n？输入 n（$0<n<10\,001$），输出最小复制/粘贴的次数。

提示：每次可以只复制/粘贴一部分语句。

设计建筑物（Building Designing, UVa 11039）

有 n 个绝对值各不相同的非 0 整数，选出尽量多的数，排成一个序列，使得正负号交替，且绝对值递增。输入整数 n（$1 \leqslant n \leqslant 500\,000$）和 n 个整数，输出最长序列长度。

DNA 序列（DNA Consensus String, Seoul 2006, UVa 1368）

给定 m 个长度均为 n 的 DNA 序列，求一个 DNA 序列，使其到所有序列的总 Hamming 距离尽量小。两个等长字符串的 Hamming 距离等于字符不同的位置个数。如有多解，求字典序最小的解。输入整数 m 和 n（$4 \leq m \leq 50$，$4 \leq n \leq 1000$），以及 m 个长度为 n 的 DNA 序列（只包含字母 A，C，G，T），输出让 Hamming 距离最小的 DNA 序列和其对应的距离。

大块巧克力（Big Chocolate, UVa 10970）

把一个 m 行 n 列的矩形巧克力切成 mn 个 1×1 的方块，需要切几刀？每刀只能沿着直线把一块巧克力切成两部分（不能用一刀同时去切两块巧克力）。输入 m 和 n，输出最少需要的刀数。

喷水装置（Watering Grass, UVa 10382）

有一块草坪，长为 l，宽为 w。在其中心线的不同位置处装有 n（$1 \leq n \leq 10\,000$）个点状的喷水装置。每个喷水装置 i 可将以它为中心，半径为 r_i 的圆形区域润湿（见图 1-44）。请选择尽量少的喷水装置，把整个草坪全部润湿。输出需要打开的喷水装置数目的最小值。如果无解，输出-1。

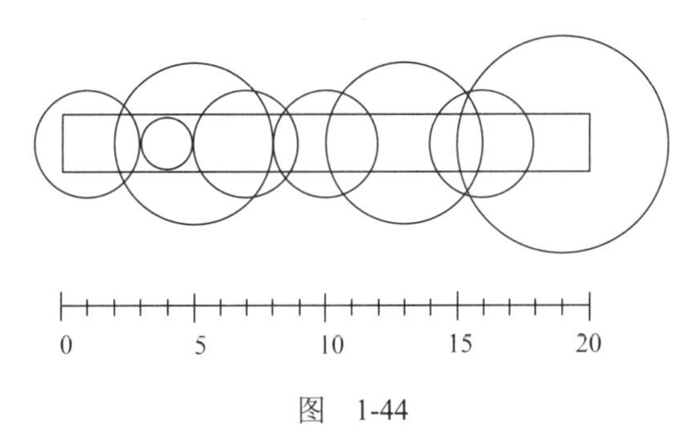

图　1-44

孩子们的游戏（Children's Game, UVa 10905）

给定 n（$1 \leq n \leq 50$）个正整数，你的任务是把它们连接成一个最大的整数。比如，123，124，56，90 有 24 种连接方法，最大的结果是 9 056 124 123。输出可以得到的最大整数。

处理器（Processor, Seoul 2008, UVa 1422）

有 n（$1 \leq n \leq 10\,000$）个任务，每个任务有 3 个参数 r_i，d_i 和 w_i（$1 \leq r_i < d_i \leq 20\,000$，$1 \leq w_i \leq 1000$），表示必须在时刻$[r_i,d_i]$之内执行，工作量为 w_i。处理器执行的速度可以变化，当执行速度为 s 时，一个工作量为 w_i 的任务需要执行 w_i/s 个单位时间。另外，任务不一定要连续执行，可以分成若干块。求出处理器在执行过程中最大速度的最小值。处理器速度可以是任意整数值。

假设有 5 个任务，r_i 和 d_i 分别是[1,4], [3,6], [4,5], [4,7], [5,8]，工作量分别为 2, 3, 2, 2, 1，则图 1-45 是一个最优执行方案，最大速度为 2。

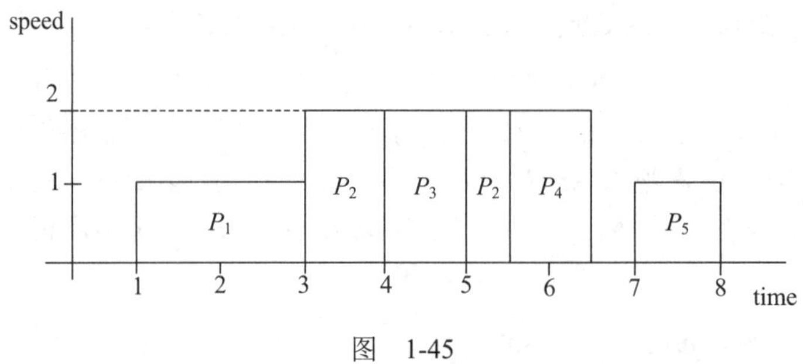

图 1-45

障碍滑雪比赛（Slalom, UVa 11627）

在一场滑雪比赛中，你需要通过 n（$1 \leqslant n \leqslant 10^5$）个旗门（均可看成水平线段）。第 i 个旗门左端的坐标为(x_i,y_i)（$1 \leqslant x_i,y_i \leqslant 10^8$），所有旗门的宽度均为 W（$1 \leqslant W \leqslant 10^8$）。旗门海拔高度严格递减，即对所有 $1 \leqslant i < n$ 满足 $y_i < y_{i+1}$。你有 S（$1 \leqslant S \leqslant 10^6$）双滑雪板，第 j 双的速度为 s_j（即向下滑行速度为 s_j 米/秒，$1 \leqslant s_j \leqslant 10^6$）。你的水平速度在任何时刻都不能超过 v_h 米/秒（$1 \leqslant v_h \leqslant 10^6$），但可以任意变速。如果起点和终点的水平坐标可以任意选择，用哪些滑雪板可以顺利通过所有旗门？输出可以通过所有旗门的滑雪板的最大速度。

旅行 2007（The Trip, 2007, UVa 11100）

给定 n（$1 \leqslant n \leqslant 10\,000$）个正整数（不超过 10^6），把它们划分成尽量少的严格递增序列（前一个数必须小于后一个数）。比如，6 个正整数 1, 1, 2, 2, 2, 3 至少要分成 3 个序列：{1,2}, {1,2}和{2, 3}。输出序列个数的最小值 k 和这 k 个序列。如果有多种划分方法，任何一组解均可。

机场（Airport, Seoul 2009, UVa 1450）

有一个客流量巨大的机场，却只有一条起飞跑道，如图 1-46 所示。

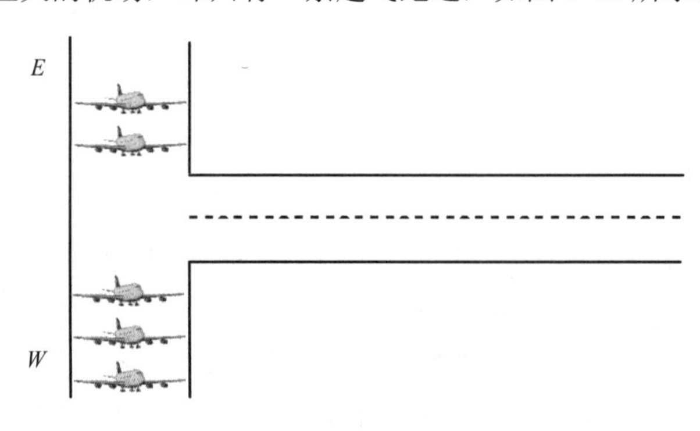

图 1-46

换句话说，每个时刻只能有一架飞机起飞（从 E 或者 W 通道进入起飞跑道），每个时刻也都有一些飞机到达 E 或者 W 通道中。在任意时刻，E 通道和 W 通道里的飞机分别从 0 开始编号（图 1-46 中，E 通道里的飞机编号为 0 和 1，W 通道里的飞机编号为 0,1,2）。你的任务是在每个时刻选择一架飞机起飞，使得任意时刻飞机的最大编号最小。

例如，若飞机到达方式如表 1-2 所示。

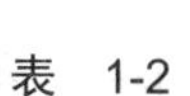

表 1-2

时 刻	W 通道新到达的飞机	E 通道新到达的飞机
1	A_1，A_2，A_3	B_1，B_2
2		B_3，B_4，B_5
3	A_4，A_5	

最优策略是这样的：时刻 1，飞机 A_1, A_2, A_3 编号为 0, 1, 2，飞机 B_1, B_2 编号为 0, 1，然后让 B_1 起飞；时刻 2，飞机 B_3, B_4, B_5 编号为 1, 2, 3，然后让 A_1 起飞；时刻 3，A_4 和 A_5 编号为 2, 3。这样，飞机的最大编号为 3，是所有可能的方案中最小的。

输入时刻总数 n（$1 \leqslant n \leqslant 5000$）；以下 n 行每行两个整数 a_i 和 b_i（$0 \leqslant a_i, b_i \leqslant 20$），分别是该时刻到达 W 通道和 E 通道的飞机数量。输出飞机最大编号的最小值。

安装服务（Installations, Daejon 2010, UVa 1467）

工程师要安装 n（$1 \leqslant n \leqslant 500$）个服务，其中第 i 个服务 J_i 需要 s_i 单位的安装时间，截止时间为 d_i（$1 \leqslant s_i \leqslant d_i \leqslant 10\,000$）。如果在截止时间之前完成任务，不会有任何惩罚；否则惩罚值为任务完成时间与截止时间之差。换句话说，如果实际完成时间为 C_i，则惩罚值为 $\max\{0, C_i - d_i\}$。从 $t=0$ 时刻开始执行任务，但同一时刻只能执行一个任务。你的任务是让惩罚值最大的两个任务的惩罚值之和最小。输出两个最大惩罚值之和的最小值。

假定有两个任务，安装时间 s_i 和截止时间 d_i 所组成的二元组(s_i, d_i)分别为(1,7), (4,7), (2,4), (2,15), (3,5), (6,8)。如图 1-47 所示，描述了一个最优解，其中惩罚值最小的两个任务分别为 J_2 和 J_6，二者的惩罚值之和为 6+1=7。

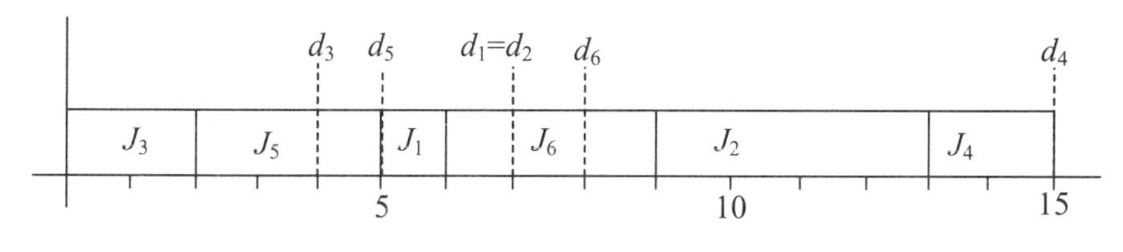

图 1-47

田忌赛马（Tian Ji - The Horse Racing, 上海 2004, LA 3266）

田忌与齐王赛马，两人各出 n（$n \leqslant 1000$）匹马。赢一场比赛得 200 两银子，输了赔 200 两银子，平局不赔不赚。已知两人每匹马的速度，问田忌至多能赢多少两银子。

巴士司机问题（The Bus Driver Problem, UVa 11389）

有 n 个司机、n 个下午路线和 n 个夜间路线（$1 \leqslant n \leqslant 100$）。给每个司机安排一个下午路线和一个夜间路线，使得每条路线恰好被分配到一个司机，且需要支付给司机的总加班费尽量少。如果一个司机的行驶总时间（下午路线的时间与夜间路线的时间之和）不超过 d（$1 \leqslant d \leqslant 10\,000$），则没有加班费，超出的部分每小时需要支付 r（$1 \leqslant r \leqslant 5$）元的加班费。

梦之队（WonderTeam, Tehran 2007, UVa 1418）

有 n（$1 \leqslant n \leqslant 50$）支队伍比赛，每两支队伍打两场（主客场各一次），胜者得 3 分，平者得 1 分，输者不得分。比赛结束之后会评选出一支梦之队（也可能空缺），它满足如下条件：进球总数最多（不能并列），胜利场数最多（不能并列），丢球总数最少（不能并列）。

求梦之队的最低可能排名。一支得分为 p 的球队的排名等于得分严格大于 p 的球队个数加 1。

积木艺术（Cubist Artwork, Tokyo 2009, Codeforces Gym 101414A）

用一些等大的立方体搭积木，每个立方体或者直接放在地面的网格上，或者放在另一个立方体的上面，给出正视图和侧视图，如图 1-48 所示。你的任务是判断最少要用多少个立方体。

如图 1-49 所示，是两种可能的方案，其中图 1-49（b）所示的是最优方案（立方体数目最少）。

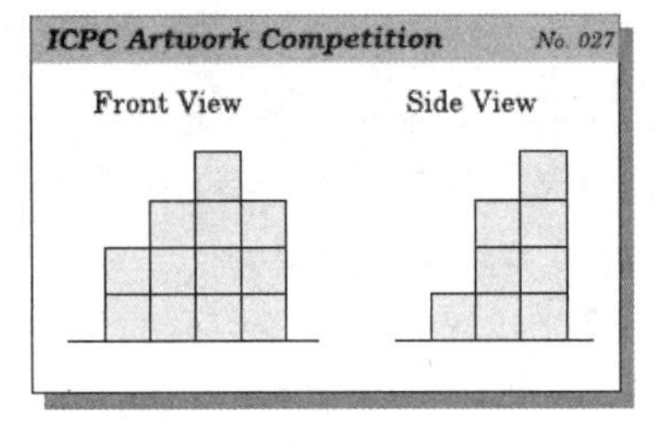

图 1-48

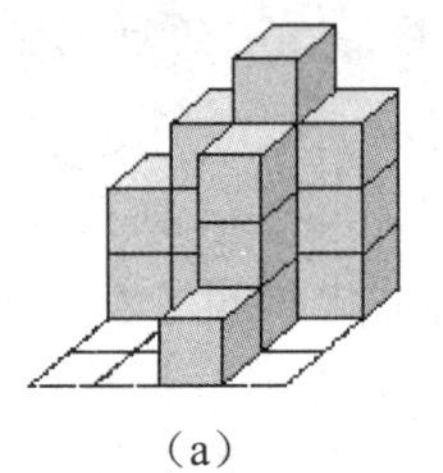

（a）　　（b）

图 1-49

最后是一些需要暴力求解的题目。其中有些题目难度较大，请读者根据实际情况选择适合自己的题目完成，不必勉强。

刻度尺（Ruler, Beijing 2006, UVa 1377）

给出 n（$1 \leqslant n \leqslant 50$）个距离 d_i（$1 \leqslant d_i \leqslant 10^6$），设计一个有 m 个刻度的尺子，使得每个 d_i 都可以直接量出来（即存在某两个刻度之间的距离恰好为 d_i）。要求在 m（$m \leqslant 7$）尽量小的前提下保证尺子的总长度尽量短。输出 m 和这 m 个刻度（从小到大排列，第一个数必须为 0），输入保证 $m \leqslant 7$。

美味的三角比萨（Yummy Triangular Pizza, 上海 2011, LA 5704）

用 n（$1 \leqslant n \leqslant 16$）个等大的等边三角形，可以组成多少个形状不同的比萨？

比萨必须是连通的，中间可以有洞。平移或旋转（不能翻转）之后能重合的只能算作一种。例如，n=4 时，有 4 种组合方案，如图 1-50 所示。n=10 时，有 866 种组合方案。

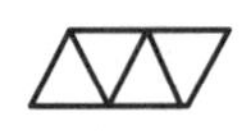   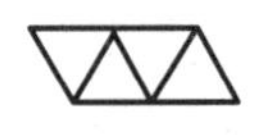

图 1-50

神奇的乘法（Anagram and Multiplication, UVa 10825）

有些 m 位的 n（$3 \leqslant m \leqslant 6$，$4 \leqslant n \leqslant 400$）进制整数非常神奇。它们乘以 $2, 3, \cdots, m$ 之后，所得到的数恰好是原数中各数字的一个新排列。比如，142 857 就是这样一个十进制的 6 位整数。

$$2\times142\ 857 = 285\ 714$$
$$3\times142\ 857 = 428\ 571$$
$$4\times142\ 857 = 571\ 428$$
$$5\times142\ 857 = 714\ 285$$
$$6\times142\ 857 = 857\ 142$$

输入 m，n，你的任务是找到这样一个整数。输入保证这样的整数最多只有一个。如果无解，输出“Not found”。

武器装备的组合（Equipment, ACM/ICPC Asia Daejeon 2011, LA 5842）

给出 $N(1\leqslant N\leqslant10^4)$个五元组，其中第 i 个五元组 $R_i=(r_{i,1}, r_{i,2}, r_{i,3}, r_{i,4}, r_{i,5})$，$0\leqslant r_{i,j}\leqslant10\ 000$。在其中选择 K（$1\leqslant K\leqslant N$）个来组合成一个新的五元组，新的元组中每个位置是组合中各个五元组对应位置的最大值，这个组合的得分就是新的五元组各个位置数值之和。计算得分最大的五元组组合的得分。

比如 4 个元组 R_1=(30,30,30,30,0), R_2 = (50,0,0,0,0), R_3=(0, 50,0,50,10), R_4=(0,0,50,0,20)。选择 2 个元组做组合，最大得分的组合就是 R_1 和 R_3，得分是 30 + 50 + 30 + 50 + 10 = 170。

网络语言（Leet, ACM/ICPC Asia – Daejeon 2011, LA 5844）

有一种网络用语，每个英文字母都可能被唯一替换成长度不超过 k（$1\leqslant k\leqslant3$）的串。给出一个小写英文串 A（长度不超过 15）以及另一个网络用语串 B，询问 B 是否由 A 按照上述规则替换而来。

播放歌曲（Songs, ACM/ICPC SEERC 2005, LA 3303）

给出 N（$N\leqslant2^{16}$）首歌曲，其中歌曲 i 包含一个整数 id，并且给出其频率浮点数 F_i 以及长度 $L_i\leqslant2^{16}$。对于 N 首歌的一个排列 $s(1), s(2), \cdots, s(N)$，预期的访问时间就是 $\sum_{i-1}^{n}F_{s(i)}\sum_{j-1}^{S(i)}L_{s(j)}$。计算能让访问时间最小化的排列。输出这个排列中第三首歌的 id。

供电（Power Supply, ACM/ICPC 大田 2016, LA 7607）

给定一个包含 N（$1\leqslant N\leqslant300\ 000$）个结点的树状电网 T，有些结点是供电的，有些结点是用电的。每条边都有容量。希望通过删边，将 T 分为一到多个子树，每个子树都满足下列条件：

- ❑ 只包含一个供电点，且其供电量可以满足整个子树的需求。
- ❑ 每条边的流量都不超过其容量。

如图 1-51 所示，图 1-51（a）是一个电网，矩形是供电点，圆形是用电点；图 1-51（b）是一种合法的划分方案。

广播站（Broadcast Stations, ACM/ICPC 大田 2017, Codeforces Gym 101667A）

给定一棵 n（$n\leqslant5\ 000$）个结点的树，现在让你选定一些结点 v_i 分别赋值为 $p(v_i)$，可以覆盖到距离 v_i 不超过 $p(v_i)$的所有结点。计算使所有结点都被覆盖的 $p(v_i)$之和的最小值

字符串转换（String Transformation, ACM/ICPC 大田 2014, LA 6901）

按照如下规则生成的字符串，可以认为是格式良好的。

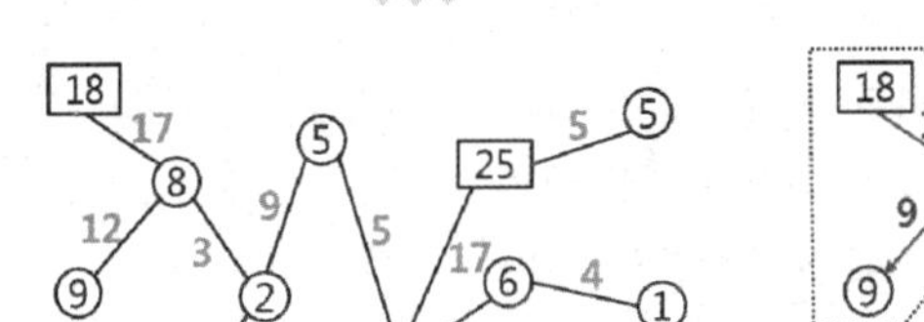

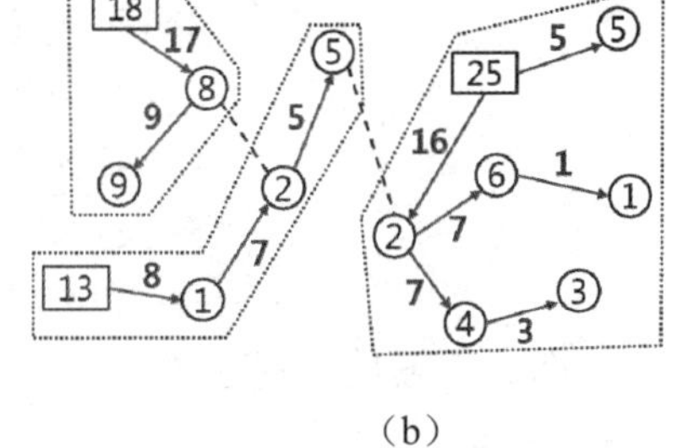

（a）　　　　　　　　　　（b）

图 1-51

- 'ab'格式良好。
- 如果 *S* 格式良好，那么'a*S*b'格式良好，*SS* 也是格式良好的。

比如，'aabbabab','abababab'和'aaaabbbb'都是格式良好的。给出两个格式良好的串 *A* 和 *B*，希望通过交换相邻字符的操作将 *A* 转换成 *B*，并且每次操作之后的串也必须是格式良好的。比如 *A* = aabbabab，*B* = aaaabbbb，*A* 可以通过 5 次转换变成 *B*：

aabbabab → aabbaabb → aabababb → aabaabbb → aaababbb → aaaabbbb.

对于给定的 *A* 和 *B*，计算 *A* 到 *B* 所需的最小转换次数。

移动的建筑（Moving Building, ACM/ICPC Greater NY 2018B）

考虑两个相同的模块化建筑（颜色不同），如图 1-52 所示。

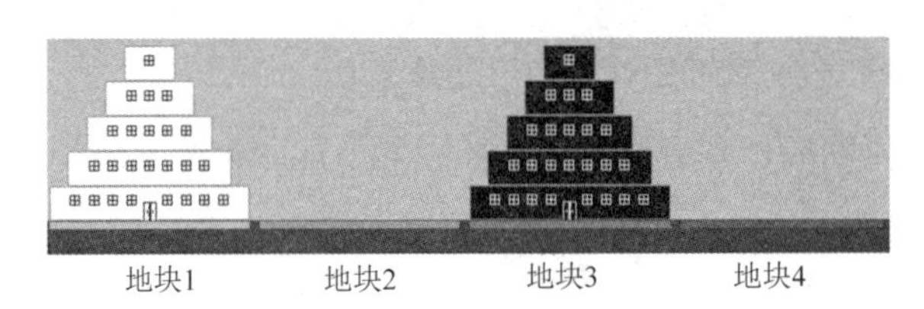

图 1-52

每栋建筑位于一个地块上（白色建筑位于地块 1 上，黑色建筑位于地块 3 上），而且每一层都是单独建造的，并堆放在前一层上。一个楼层只能放置在地面上或严格意义上更大的楼层上，最多有 25 层。

现在要把白色建筑完全移动到地块 3 上，把黑色建筑完全移动到地块 1 上，一次只能移动一个楼层。地块 2 和地块 4 可作为临时储存场所，但是白色建筑不能放在地块 4 上，黑色建筑不能放在地块 3 上。

计算完全交换 1 号、3 号地块上的建筑物所需的最小楼层移动次数。如图 1-53 所示是交换后的结果。

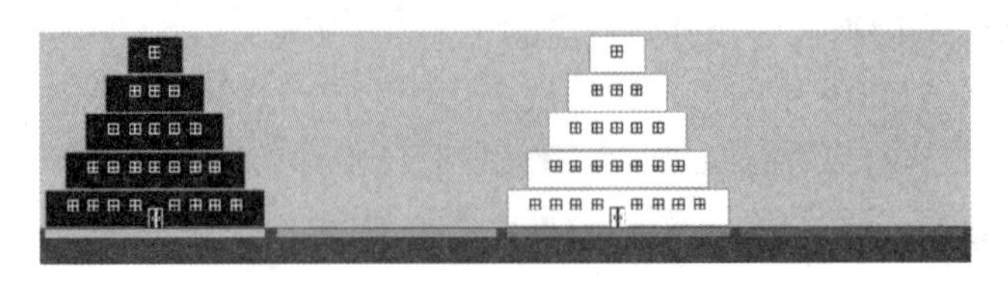

图 1-53

蛇形地毯（Snake Carpet, ACM/ICPC 北京 2015, LA 7269）

需要编制一个大小为 $H \times W$ 的网格形状的地毯，要求由宽度为 1 的 N 个蛇形构成，要求蛇不与自身和其他蛇相交，如图 1-54 所示。除长度 1 和 2 的蛇以外，奇数的蛇有奇数个折点，偶数的蛇有偶数个折点。输出矩形的形状以及每条蛇的各个点坐标。

```
3 1 2        3 4 4 1 2        5 5 5 2 2
3 3 2        3 3 4 4 2        5 4 4 3 3
                              5 4 4 1 3
```

图　1-54

矿场图（Minegraphed, ACM/ICPC NEERC 2018, CodeForces 1089M）

Marika 正在开发一款游戏，这其中涉及在 3D 网格结构中运动。每一个在平行六面体游戏场内的单元（cell），要么是空单元，要么是障碍单元。你永远站在一个空单元的最底部或者一个障碍单元的最顶部。每一步都可以沿东西南北任意一个方向移动，并且遵循以下规则。

- 无法移动出平行六面体之外。
- 如果前面是一个空单元，则向前移动一个单元格，接着落到最底层或者一个障碍单元上方。
- 如果你不是在顶层，并且前面的单元格是一个障碍物，并且你上方的和该障碍物上方的单元格都是空的，那么你可以向上爬到那个障碍物上方。
- 除此之外的其他状态都不能动。

给出一个有 n（$1 \leqslant n \leqslant 9$）个顶点的有向图。Marika 想布置游戏场地，然后用数字 $1 \sim n$ 标记 n 种有可能的站立位置。如果在图上从 i 到 j 有一条边，则从场地中可以按照上述规则从位置 i 移动到 j，如图 1-55 所示。请你帮助 Marika 设计符合上述描述的场地。

玩具设计（Designing the Toy, ACM/ICPC NEERC 2017, CodeForces Gym 101630D）

给你一个 3D 打印机，可以在空间中使用大小为 1×1×1 的单位正方体作为体素（3D 像素）来打印出一个三维形状，而且这些体素之间可以不连通。这个形状在三个坐标平面上都有投影，给出这些投影的面积 a,b,c（$1 \leqslant a,b,c \leqslant 100$，如图 1-56 所示），计算一种可能产生这个投影的三维形状，问题无解则输出-1。

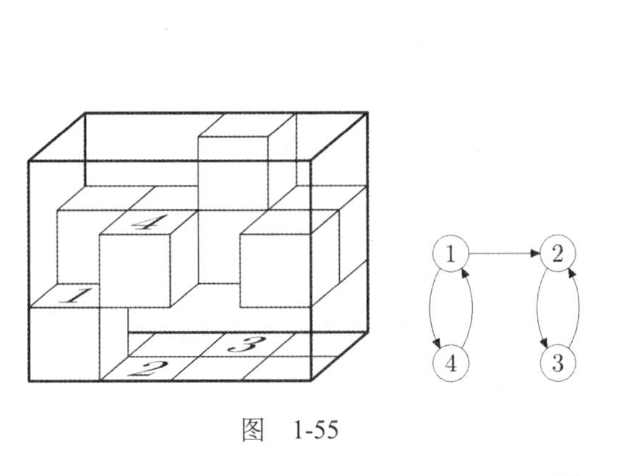

图　1-55

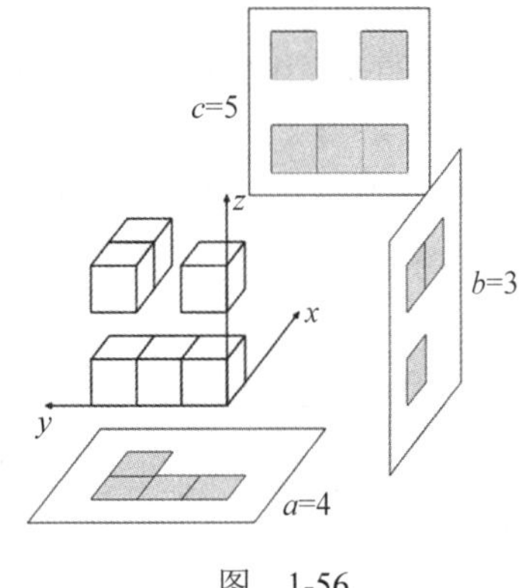

图　1-56

座位安排（Seat Arrangement, ACM/ICPC 上海 2014, LA 7140）

Google 的办公室和普通办公室不一样，是一个 $n\times n\times n$ 的立方体布局，每个格子都是 $1\times1\times1$ 的立方体，里面有 1 个座位。定义位置 (i,j,k) 的座位是在第 i 层 j 行 k 列的，都是从 1 开始计算。其中，某些座位可能有人，给出所有有人的座位的坐标。现在需要将所有员工移到一起，使其全部连通，两个座位只有共享一个面的时候才算连通，共享一条边或者一个顶点不算。也就是说，坐标为 (x_1,y_1,z_1) 和 (x_2,y_2,z_2) 的两个位置在满足 $|x_1-x_2|+|y_1-y_2|+|z_1-z_2|=1$ 的时候才算连通。每一次移动只能把 1 个人从一个座位移到相邻连通的座位。从座位 1 移到 2 时，2 不必为空，但是整个移动过程完成之后，每个座位上只能有 1 个人。

找到一种移动方案，使得移动完成之后有人的座位全部连通，并且移动次数不超过 200 000。如果存在这种方案，首先输出移动次数，然后输出每一步移动的起始点和目的点坐标。如果有多种方案，任选一种输出。

1.5.2 高效算法设计

有一些题目并不需要巧妙的思路和缜密的推理，就能找到一个解决方案，只是时间效率难以令人满意。降低时间复杂度的方法有很多，本章的例题就覆盖了其中最常见的一些类型，如表 1-3 所示。在线题单：https://dwz.cn/819AQ4Iy。

表 1-3

类　别	题　号	题目名称（英文）	备　注
例题 17	UVa 11462	Age Sort	排序后用贪心法
例题 18	UVa 11078	Open Credit System	扫描、维护最大值
例题 19	UVa 11549	Calculator Conundrum	Floyd 判圈算法
例题 20	UVa 1398	Meteor	线性扫描；事件点处理
例题 21	POJ 3061	Subsequence	线性扫描；前缀和；单调性
例题 22	LA 3029	City Game	递推；扫描法
例题 23	LA 3695	Distant Galaxy	枚举；线性扫描
例题 24	UVa 10755	Garbage Heap	前缀和、降维、递推
例题 25	Codeforces Gym 101388J	Jurassic Remains	中途相遇法

接下来仍然列举一些习题，以供读者练习和提高。在线题单：https://dwz.cn/B5gE81JD。

超级传输（Hypertransmission, NEERC 2003, Codeforces Gym 101388H）

需要在 n（$1\leqslant n\leqslant 1000$）个星球上各装一个广播装置，作用范围均为 R（即和它距离不超过 R 的星球能收听到它的广播）。每个星球广播 A 类节目或者 B 类节目。令 $N^+(i)$表示星球 i 收听到的和自己广播相同节目的星球数（包括星球 i 自己），$N^-(i)$表示星球 i 收听到的广播另一种节目的星球数。如果 $N^+(i)<N^-(i)$，我们说星球 i 是不稳定的。你是暗黑世界的间谍，因此希望选择 R，使得不稳定的星球尽量多些。在此前提下，R 应尽量小。给出每个星球的位置，输出不稳定的星球个数以及让不稳定星球数最大化的最小的 R 值，精确到 10^{-4}。

平衡游戏（Balancing the Scale, ACM/ICPC 上海 2006, LA 3693）

给出 16 个在[1,1024]内的整数，在如图 1-57 所示的秤上填入数字，每个数字只能用一次，要满足如下条件：

$$x_1*4 + x_2*3 + x_3*2 + x_4 = x_5 + x_6*2 + x_7*3 + x_8*4$$

$$y_1*4 + y_2*3 + y_3*2 + y_4 = y_5 + y_6*2 + y_7*3 + y_8*4$$

计算共有多少种填充方案。注意，一种方案在旋转或者反转之后仍然认为是同一种。

改版汉诺塔游戏（Hanoi Towers, ACM/ICPC NEERC 2007, Codeforces Gym 100273H）

有一个改版的汉诺塔游戏，只要把 A 中的盘子按照规则全部移到 B 或 C 上即可，但是每一步只能从（AB, AC, BA, BC, CA, CB）中选择首个可用的移动，可以证明这样依然可以完成游戏。给出 A 中盘子的数量 n（$1 \leqslant n \leqslant 30$），计算按照上述规则完成游戏所需的移动数。

环面上的最大和（Maximum sum on a torus, UVa 10827）

把一个 $n \times n$（$1 \leqslant n \leqslant 75$）大小的网格的第一行和最后一行粘起来，第一列和最后一列粘起来，可以得到一个环面。给定一个整数网格，求出所对应环面上的最大子矩形（该子矩形的所有元素之和最大）。如图 1-58 所示，是一个最大的子矩形。输出最大子矩形内元素的和。

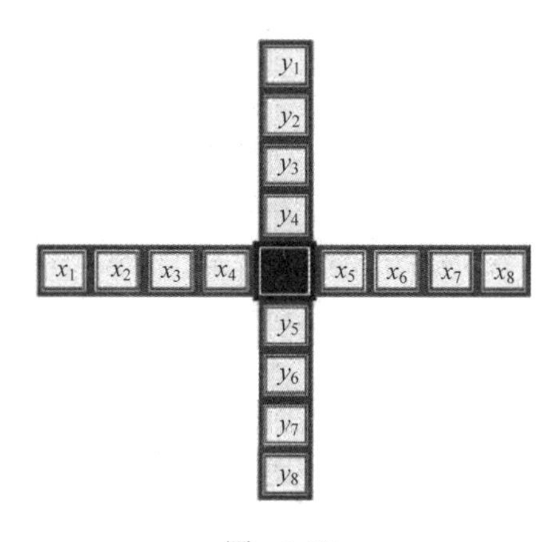

图　1-57

1	−1	0	0	-4
2	3	−2	−3	2
4	1	−1	5	0
3	−2	1	−3	2
−3	2	4	1	-4

图　1-58

和集（Sumsets, UVa 10125）

给定一个大小为 n（$1 \leqslant n \leqslant 1000$）的整数集合 S，找出一个最大的 d，使得 $a+b+c=d$，其中 a, b, c, d 是 S 中的不同元素。对于每组数据，输出最大的 d。如果无解，输出“no solution”

平均值（Average, Seoul 2009, UVa 1451）

给定一个长度为 n 的 01 序列，选一个长度至少为 L（$1 \leqslant n \leqslant 100\,000$，$1 \leqslant L \leqslant 1000$）的连续子序列，使得子序列中数字的平均值最大。如果有多解，子序列长度应尽量小；如果仍有多解，起点编号应尽量小。序列中的字符编号为 $1 \sim n$，因此$[1,n]$就是指完整的序列。

例如，对于长度为 17 的序列 00101011011011010，如果 L=7，子序列[7,14]的平均值最大，为 6/8（它的长度为 8）；如果 L=5，子序列[7,11]的平均值最大，为 4/5。

餐厅（Restaurant, Daejon 2010, UVa 1468）

有一个 $M \times M$（$2 \leqslant M \leqslant 60\,000$）的网格，左下角坐标为(0,0)，右上角坐标为$(M-1, M-1)$。

网格里有两个 y 坐标相同的宾馆 A 和 B，以及 n（$2\leqslant n\leqslant 50\,000$）个餐厅。宾馆 A 和宾馆 B 里各有一个餐厅，编号为 1 和 2，其他地方的餐厅编号为 3~n。现在你打算开一家新餐厅，需要考察一下可能的位置。

一个位置 p 是好位置的条件为：当且仅当对于已有的每个餐厅 q，要么 p 比 q 离 A 近，要么 p 比 q 离 B 近，即 dist(p,A)<dist(q,A)或者 dist(p,B)<dist(q,B)。如图 1-59 所示，A 和 B 的坐标分别为(0,5)和(10,5)，(7,4)是个好位置，但(4,6)不是好位置，因为位于(3,5)处的餐厅不管是到宾馆 A 还是到宾馆 B，都比(4,6)要近。

统计网格中好位置的个数。

火势控制系统（Fire-Control System，杭州 2008, LA 4356）

在平面上有 n 个目标点，你的任务是找出一个圆心在(0,0)点处的扇形，至少覆盖其中的 k（$1\leqslant n\leqslant 5000$，$k\leqslant n$）个点，使得该扇形的面积最小。输出覆盖至少 k 个点的最小扇形的面积，保留两位小数。

基因组进化（Genome Evolution, Tehran 2010, UVa 1481）

给出 1~n（$2\leqslant n\leqslant 3000$）的两个排列 A 和 B，统计有多少个二元组(A', B')满足以下条件：A'是 A 的连续子序列，B'是 B 的连续子序列，且 A'和 B'包含的整数集完全相同。A' 和 B' 均应至少包含两个元素。输出满足条件的二元组的个数。

例如，A={3,2,1,4}，B={1,2,4,3}时，有 3 组解：{2,1}, {1,2}；{2,1,4},{1,2,4}；{3,2,1,4}, {1,2,4,3}。

DNA 突变区域（DNA Regions, CERC 2006, UVa 1392）

给出两条长度均为 n 的 DNA 链（字符串）A 和 B，你的任务是找出一段最长的区域，使得该区域内的突变位置不超过 p%（$1\leqslant n\leqslant 150\,000$，$1\leqslant p\leqslant 99$）。换句话说，你需要找出一个尽量长的闭区间[$L$, R]，使得对于区间内的所有位置 x（$L\leqslant x\leqslant R$），有不超过 p%的 x 满足 $A_x\neq B_x$。输出满足条件的区域长度的最大值。如果不存在，则输出“No solution”（不包括引号）。

韩国烧酒（Soju, ACM/ICPC Asia Daejeon 2011, UVa 1511）

给出平面上的两个点集 I 和 P，其中 I 中的点始终位于 P 中的点的左边（x 坐标更小）。计算任意 I 中的点到 P 中的点的曼哈顿距离的最小值，如图 1-60 所示。I 和 P 的大小都不超过 10^5，点 (x_1,y_1)和 (x_2,y_2) 的曼哈顿距离定义为 $|x_1-x_2|+|y_1-y_2|$。

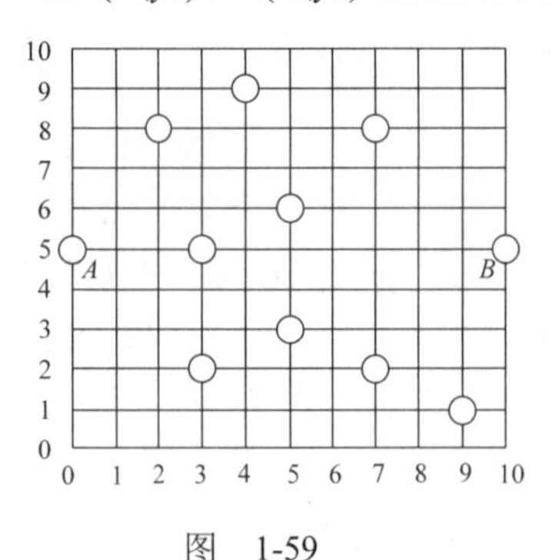

图 1-59

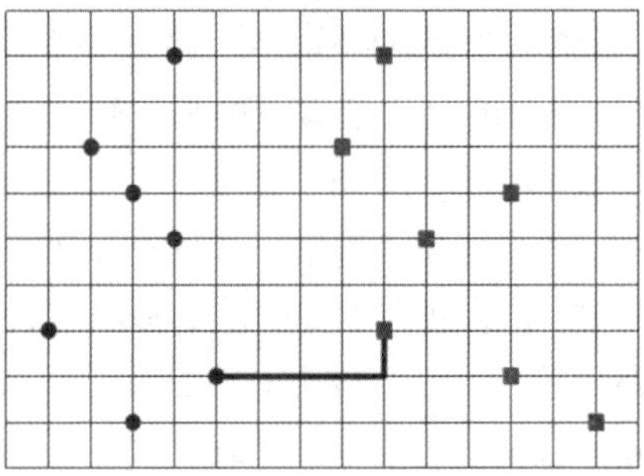

图 1-60

1.5.3　动态规划

动态规划几乎是所有算法竞赛的宠儿。理由很简单，动态规划对思维的要求比较高，常用来解决那些其他算法都不奏效的题目。本章前面的例题中动态规划例题并不多，但包含了不少重要的思想和方法，如表 1-4 所示。在线题单：https://dwz.cn/mjbwnzNu。

下面再列举一些动态规则习题。数量虽不少，但并不是前面例题的简单重复和改头换面。其中，有些题目可以直接转化为经典题目，或者顺着经典题目的思路即可解决，但也有一些题目需要认真分析才能解决。动态规划题目对思维训练非常有帮助，请读者予以重视。在线题单：https://dwz.cn/j1BZSCVq。

表 1-4

类　别	题　　号	题目名称（英文）	备　　注
例题 26	Codeforces Gym 101415A	And Then There Was One	递归、问题转化
例题 27	UVa 10635	Prince and Princess	LCS；可转化为 LIS
例题 28	UVa 10891	Game of Sum	避免重复计算
例题 29	UVa 11825	Hacker's Crackdown	集合动态规划；子集枚举
例题 30	UVa 10859	Placing Lampposts	树上的动态规划
例题 31	UVa 1169	Robotruck	动态规划；滑动窗口；单调队列
例题 32	UVa 1099	Sharing Chocolate	集合动态规划、状态精简

商人（Salesman, Seoul 2008, UVa 1424）

给定一个包含 n 个点（$n \leqslant 100$）的无向连通图和一个长度为 L 的序列 A（$L \leqslant 200$），你的任务是修改尽量少的数，使得序列中的任意两个相邻数相同或者对应图中两个相邻结点。

波浪子序列（Wavio Sequence, UVa 10534）

给定一个长度为 n 的整数序列，求一个最长子序列（不一定连续），使得该序列的长度为奇数 $2k+1$，前 $k+1$ 个数严格递增，后 $k+1$ 个数严格递减。注意，严格递增/递减意味着该序列中的两个相邻数不能相同。$n \leqslant 10\,000$。

最小的块数（Fewest Flops, UVa 11552）

输入一个正整数 k 和不超过 1000 个小写字母组成的字符串 S，字符串的长度保证为 k 的倍数。把 S 的字符按照从左到右的顺序每 k 个分成一组，每组之间可以任意重排，但组与组之间的先后顺序应保持不变。你的任务是让重排后的字符串包含尽量少的“块”，其中每个块为连续的相同字母。输出重排后的 S 所包含的最小“块”数。

比如，uuvuwwuv 可分成两组：uuvu 和 wwuv，第一组可重排为 uuuv，第二组可重排为 vuww，连起来是 uuuvvuww，包含 4 个“块”。

回文子序列（Palindromic Subsequence, UVa 11404）

给定一个长度不超过 1000 的由小写字母组成的非空字符串，删除其中的 0 个或多个字符，使得剩下的字母（顺序不变）组成一个尽量长的回文串。如果有多解，输出字典序最小的解。

蜂窝网络（Cellular Network, Seoul 2009, UVa 1456）

手机在蜂窝网络中的定位是一个基本问题。假设蜂窝网络已经得知手机处于 $c_1, c_2,\cdots,c_n$ 这些区域中的一个，最简单的方法是同时在这些区域中寻找手机。但这样做很浪费带宽。由于蜂窝网络中可以得知手机在这不同区域中的概率，因此一个折中的方法就是把这些区域分成 w（$1\leqslant w\leqslant n\leqslant 100$）组，然后依次访问。比如，已知手机可能位于 5 个区域中，概率分别为 0.3，0.05，0.1，0.3，0.25，w=2 则有两种方法：一种方法是先同时访问$\{c_1,c_2,c_3\}$，再同时访问$\{c_4,c_5\}$，访问区域数的数学期望为 $3\times(0.3+0.05+0.1)+(3+2)\times(0.3+0.25)=4.1$；另一种方法是先同时访问$\{c_1,c_4\}$，再访问$\{c_2,c_3,c_5\}$，访问区域数的数学期望为 $2\times(0.3+0.3)+(3+2)\times(0.05+0.1+0.25)=3.2$。

跳跃（Jump, Seoul 2009, UVa 1452）

把 1~n（$5\leqslant n\leqslant 500\,000$）按逆时针顺序排成一个圆圈，从 1 开始每 k（$2\leqslant k\leqslant 500\,000$）个数字删掉一个，直到所有数字都被删除。这些数的删除顺序记为 Jump(n,k)（$n,k\geqslant 1$）。

例如，Jump(10, 2) = [2,4,6,8,10,3,7,1,9,5]，Jump(13, 3) = [3,6,9,12,2,7,11,4,10,5,1,8,13]，Jump(13, 10) = [10,7,5,4,6,9,13,8,3,12,1,11,2]，Jump(10, 19) = [9,10,3,8,1,6,4,5,7,2]。

求出 Jump(n,k)的最后 3 个数。

火星采矿（Martian Mining, LA 3530）

给出 $n\times m$（$1\leqslant n,m\leqslant 500$）网格中每个格子的 A 矿和 B 矿的数量，A 矿必须由右向左运输，B 矿必须由下向上运输，如图 1-61 所示。管子不能拐弯或者间断。要求收集到的 A 矿和 B 矿总量尽量大。输出收集到的矿的总量的最大值。

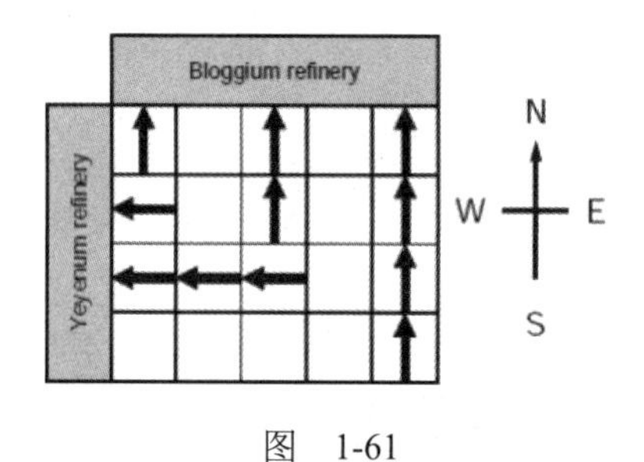

图 1-61

战略游戏（Strategic Game, SEERC 2000, LA 2038）

给定一棵结点数为 n（$n\leqslant 1500$）的树，选择尽量少的结点，使得每个没有选中的结点至少和一个已选结点相邻。输出最少需要选的结点数。

接下来的题目有一定难度。

洞穴（Caves, ACm/ICPC 成都 2007, LA 4015）

一棵 n（$0\leqslant n\leqslant 500$）个结点的有根树，树的边有正整数权 d（$1\leqslant d\leqslant 10\,000$），表示两个结点之间的距离。你的任务是回答这样的询问：从根结点出发，走不超过 x（$0\leqslant x\leqslant 5\,000\,000$）单位距离，最多能经过多少个结点？同一个结点经过多次只算一个。

帮助布布（Help Bubu，武汉 2009, LA 4490）

书架上有 n 本书。如果从左到右写下书架上每本书的高度，我们能够得到一个序列，比如 30,30,31,31,32。我们把相邻的高度相同的书看成一个片段，并且定义该书架的混乱程度为片段的个数。比如，30,30,31,31,32 的混乱程度为 3。同理，30,32,32,31 的混乱程度也是 3，但 31,32,31,32,31 的混乱程度高达 5（请想象一下这个书架，确实够乱的吧）。

为了整理书架，你最多可以拿出 k（$1 \leqslant k \leqslant n \leqslant 100$）本书，然后再把它们插回书架（其他书的相对顺序保持不变），使书架的混乱程度降至最低。输出在整理结束后书架混乱程度的最小值。

消灭妖怪（Masud Rana, UVa 11600）

某国有 n（$1 \leqslant n \leqslant 30$）个城市，编号为 1~$n$。这些城市两两之间都有一条双向道路（一共有 $n(n-1)/2$ 条），其中一些路上有妖怪，其他 m（$0 \leqslant m \leqslant n(n-1)/2$）条路是安全的。为了保证城市间两两可达，你第一天晚上住在城市 1，然后每天白天随机选择一个新的城市，顺着它与当前所在城市之间的道路走过去，途中消灭这条道路上所有的妖怪，晚上住在这座城市。在平均情况下，需要多少个白天才能让任意两个城市之间均可以不经过有妖怪的道路而相互可达？输出平均情况下需要的白天数目。

疏散计划（Evacuation Plan, NEERC 2010, LA 4987）

战争时期，有 n（$1 \leqslant n \leqslant 4000$）支施工队在修一条笔直的高速公路，其中第 i 支施工队离高速公路起点的距离为 a_i。另外，还有 m（$1 \leqslant m \leqslant n$）个避难所，其中第 i 个避难所离高速公路起点的距离为 b_i。给每只施工队分配一个避难所，以方便其在敌人轰炸时能够迅速逃往避难。假定施工队 i 分配到避难所 j，施工队的移动距离为$|a_i-b_j|$。由于避难所的门只能从里面反锁，要求每个避难所至少应分配一支施工队。你的任务是确定分配方案，使得所有施工队移动的总距离最小。输出最小总距离，以及每个施工队分配的避难所编号。避难所按照输入顺序编号为 1～m。

第 2 章　数 学 基 础

算法竞赛不是数学竞赛，但它是一门离不开数学的竞赛。它涉及组合数学、数论、概率论、抽象代数、线性代数、微积分、游戏论等领域，要求选手有较为全面的数学基础。本章力图介绍算法竞赛中常用的数学知识点与思考方法，并通过题目和代码加深读者的理解。

2.1　基本计数方法

计数方法中，3 个最基础的原理是加法原理、乘法原理和容斥原理。

加法原理：做一件事情有 n 个办法，第 i 个办法有 p_i 种方案，则一共有 $p_1+p_2+\cdots+p_n$ 种方案。

乘法原理：做一件事情有 n 个步骤，第 i 个步骤有 p_i 种方案，则一共有 $p_1p_2\cdots p_n$ 种方案。

乘法原理是加法原理的特殊情况（按照第一步骤进行分类），二者都可用于递推。注意应用加法原理的关键是分类，各类别之间必须没有重复、没有遗漏。如果有重复，可以使用容斥原理。

容斥原理：假设班里有 10 个学生喜欢数学，15 个学生喜欢语文，21 个学生喜欢编程，班里一共有多少个学生呢？是 10+15+21=46 个吗？不是的，因为有些学生可能同时喜欢数学和语文，或者语文和编程，甚至还有可能三者都喜欢。为了叙述方便，我们把喜欢语文、数学、编程的学生集合分别用 A, B, C 表示，则学生总数等于$|A\cup B\cup C|$。刚才已经讲过，如果把这三个集合的元素个数$|A|$，$|B|$，$|C|$直接加起来，会有一些元素重复统计了，因此需要扣掉$|A\cap B|$，$|B\cap C|$，$|C\cap A|$，但这样一来，又有一小部分多扣了，需要加回来，即$|A\cap B\cap C|$。这样，我们就得到了一个公式

$$|A\cup B\cup C|=|A|+|B|+|C|-|A\cap B|-|B\cap C|-|C\cap A|+|A\cap B\cap C|$$

一般地，对于任意多个集合，我们都可以列出这样一个等式，等式左边是所有集合的并的元素个数，右边是这些集合的“各种搭配”。每个“搭配”都是若干个集合的交集，且每一项前面的正负号取决于集合的个数——奇数个集合为正，偶数个集合为负。事实上，第 1 章“例题 24　废料堆”中的“加加减减”也符合这个规律。

容斥原理有一个变种：假设全集为 S，另有 3 个集合 A, B, C，不属于 A, B, C 任何一个集合，但属于全集 S 的元素一共有多少个呢？和前面的方法类似，我们首先扣除 A, B, C，然后把$|A\cap B|$，$|B\cap C|$，$|C\cap A|$加回来，最后再扣掉多加的$|A\cap B\cap C|$。

容斥原理还有其他变种，但思路万变不离其宗：都是加加减减，把重复的扣掉，再把多扣的加回来。如果很难一次性想清楚，可以先推导两个集合或者 3 个集合的例子，然后进行深入。

下面列举几个常见的计数问题。

问题 1：排列问题。有 n 个不同的数，选 k 个排成一排，每个数最多选一次，问有多少种排列方法。

分析：记答案为 A_n^k。由乘法原理，每个步骤选一个数，第 1 个步骤有 n 种选择，第 2 个步骤有 $n-1$ 种选择（不管第 1 步选了什么），…，第 k 个步骤有 $n-k+1$ 种选择，所以 $A_n^k=n(n-1)(n-2)\cdots(n-k+1)$。用阶乘表示就是 $A_n^k=n!/(n-k)!$。特别地，n 个数的全排列方法有 $A_n^n=n!$ 种。

问题 2：组合问题。有 n 个不同的数，选出 k 个（顺序无关），每个数最多选一次，问有多少种选法。

分析：记答案为 C_n^k。把从 n 个不同的数中选出 k 个排成一排的问题看成两个步骤：首先选出 k 个数的组合，然后把这 k 个数进行全排列。由乘法原理可知，$A_n^k=C_n^k\cdot A_k^k$，因此 $C_n^k=A_n^k/A_k^k=n!/((n-k)!k!)$。

C_n^k 在组合计数中占有极重要的地位。常用性质如下。

性质 1：$C_n^0=C_n^n=1$。

性质 2：$C_n^k=C_n^{n-k}$。

证明：选了 k 个数以后剩下的数恰好有 $n-k$ 个，因此选 k 个数和选 $n-k$ 个数的方案一一对应。

性质 3：$C_n^k+C_n^{k+1}=C_{n+1}^{k+1}$。

这是组合数的递推公式，经常用于预处理，证明如下：从 $n+1$ 个数里选 $k+1$ 个数有两类办法。要么选第 1 个数，要么不选第 1 个数。如果不选，则问题转化为从 n 个数里选 $k+1$ 个数；如果选，则问题转化为从 n 个数里选 k 个数。这两类办法是不重复不遗漏的，由加法原理得证。

问题 3：二项式展开。求 $(a+b)^n$ 展开式的各项系数。

分析：根据二项式定理 $(a+b)^n=\sum_{k=0}^{n}C_n^k a^{n-k}b^k$，只需求出所有的 C_n^k。不管是用定义（阶乘相除）还是性质 3，时间复杂度都是 $O(n^2)$。有没有办法算得更快呢？答案是肯定的。这需要用到下面的性质 4。

性质 4：$C_n^{k+1}=C_n^k\cdot(n-k)/(k+1)$。

证明：直接利用公式

$$C_n^{k+1}=n(n-1)(n-2)\cdots(n-k+1)(n-k)/(k+1)!$$

$$C_n^k=n(n-1)(n-2)\cdots(n-k+1)/k!$$

两式相除得 $C_n^{k+1}/C_n^k=(n-k)/(k+1)$。

有了这个性质，从 C_n^0 开始递推，只需要 $O(n)$时间就能求出所有的 C_n^0，C_n^1，C_n^2，…，C_n^n。注意不要让运算过程中出现乘法溢出。

问题 4：有重复元素的全排列。有 k 个元素，其中第 i 个元素有 n_i个，求全排列个数。

分析：令所有 n_i之和为 n，再设答案为 x。首先做全排列，然后把所有元素编号，其中

第 s 种元素编号为 $1\sim n_s$（比如，有三个 a，两个 b，先排列成 $aabba$，然后可以编号为 $a_1a_3b_2b_1a_2$）。这样做以后，由于编号后所有元素均不相同，方案总数为 n 的全排列数 $n!$。根据乘法原理，我们得到了一个方程：$n_1!n_2!n_3!\cdots n_k!x=n!$，移项即可。

问题 5：可重复选择的组合。有 n 个不同元素，每个元素可以选多次，一共选 k 个元素，有多少种方法？比如 n=3，k=2 时有 6 种：(1,1),(1,2),(1,3),(2,2),(2,3),(3,3)。

分析：设第 i 个元素选 x_i 个，问题转化为求方程 $x_1+x_2+\cdots+x_n=k$ 的非负整数解的个数。令 $y_i=x_i+1$，则答案为 $y_1+y_2+\cdots+y_n=k+n$ 的正整数解的个数。想象有 $k+n$ 个数字“1”排成一排，则问题等价于把这些“1”分成 n 个部分，有多少种方法？这相当于在 $k+n-1$ 个“候选分隔线”中选 $n-1$ 个，即 $C_{k+n-1}^{n-1}=C_{n+k-1}^{k}$。最后一步用到了组合数的性质 2。

问题 6：单色三角形。给定空间里的 n（$n\leqslant 1000$）个点，其中没有三点共线。每两个点之间都用红色或黑色线段连接。求 3 条边同色的三角形个数。

分析：直接统计需要 $O(n^3)$时间，需要优化。从反面考虑，只要求出了非单色三角形，就可以间接得到单色三角形的个数。在每个非单色三角形中，恰好有两个顶点连接两条异色边（不包含不在此三角形中的边），而且有一个公共点的两条异色边总是唯一对应一个非单色三角形，因此如果第 i 个点连接了 a_i 条红边和 $n-1-a_i$ 条黑边，则这些边属于 $a_i(n-1-a_i)$ 个非单色三角形。每个非单色三角形考虑了两次，因此最终答案应除以 2，即 $\frac{1}{2}\sum_{i=1}^{n}a_i(n-1-a_i)$。

例题 1　象棋中的皇后（Chess Queen, UVa 11538）

在 2×2 棋盘上放置两个相互攻击的皇后（一白一黑），一共有 12 种放法，如图 2-1 所示。

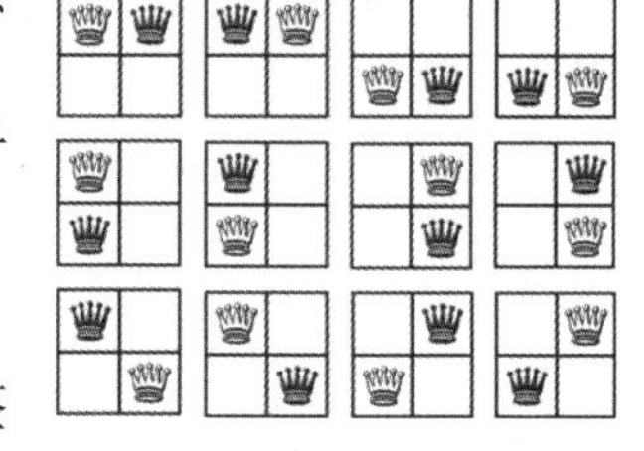

图　2-1

如果棋盘是 $n\times m$ 的，有多少种放置两个相互攻击皇后的方法？例如 n=100，m=223 时，答案为 10 907 100。

【输入格式】

输入由不超过 5000 行组成，每行均为一组数据，包含两个整数 n, m（$0\leqslant n,m\leqslant 10^6$）。输入结束标志为 $n=m=0$。

【输出格式】

对于每组数据，输出在 $n\times m$ 棋盘上放两个相互攻击的皇后的方案数。输出保证不超过 64 位带符号整数的范围。

【分析】

因为只有两个皇后，因此相互攻击的方式只有两个皇后在同一行、同一列或同一对角线 3 种情况。这 3 种情况没有交集，因此可以用加法原理。设在同一行放两个皇后的方案数为 $A(n,m)$，同一列放两个皇后的方案数为 $B(n,m)$，同一对角线放两个皇后的方案数为 $D(n,m)$，则答案为 $A(n,m)+B(n,m)+D(n,m)$。

$A(n,m)$的计算可以用乘法原理：放白后有 nm 种方法，放黑后有 $m-1$ 种方法，相乘就是 $nm(m-1)$。也可以理解为先选一行（有 n 种方法），然后在这一行中选两个位置做全排列，因此有 $m(m-1)$种方案。根据乘法原理得到 $nm(m-1)$。

$B(n,m)$其实就等于$A(m,n)$（想一想，为什么），也就是$mn(n-1)$。

求$D(n,m)$的思考过程会稍微麻烦一些。不妨设$n \leqslant m$，所有“/”方向的对角线，从左到右的长度依次为

$$1,2,3,\cdots,n-1,\underbrace{n,n,n,\cdots,n}_{m-n+1\text{个}n},n-1,n-2,\cdots,2,1$$

考虑到还有另一个方向的对角线，上面的整个结果还要乘以2，即

$$D(n,m)=2\left(2\sum_{i=1}^{n-1}i(i-1)+(m-n+1)n(n-1)\right)$$

其中，$\sum_{i=1}^{n-1}i(i-1)=\sum_{i=1}^{n-1}i^2-\sum_{i=1}^{n-1}i=\frac{n(n-1)(2n-1)}{6}-\frac{n(n-1)}{2}=\frac{n(n-1)(2n-4)}{3}$，因此

$$D(n,m)=2\left(\frac{n(n-1)(2n-4)}{3}+(m-n+1)n(n-1)\right)=\frac{2n(n-1)(3m-n-1)}{3}$$

代码如下。

```
#include<iostream>  //用 cin/cout,可以与平台无关的读写 64 位整数，比较方便
#include<algorithm> //使用 swap
using namespace std;

int main() {
  unsigned long long n, m;  //最大可以保存 2^64-1>1.8*10^19
  while(cin >> n >> m) {
    if(!n && !m) break;
    if(n > m) swap(n, m);    //这样就避免了对 n<=m 和 n>m 两种情况分类讨论
    cout << n*m*(m+n-2)+2*n*(n-1)*(3*m-n-1)/3 << endl;
  }
  return 0;
}
```

《算法竞赛入门经典（第2版）》中曾多次强调：计数问题一定要考虑算术运算溢出。我们用64位无符号整数保存n和m，最大可以保存$2^{64}-1>1.8\times10^{19}$，则$nm(m+n-2)\leqslant 10^6\times10^6\times2\times10^6=2\times10^{18}$，不会溢出；而$2n(n-1)(3m-n-1)\leqslant 2\times10^6\times10^6\times3\times10^6=6\times10^{18}$，也不会溢出。不难验证，最终答案也不会溢出①。虽然本题的输入保证答案不超过带符号64位整数范围内，但因为在运算结果中不会出现负数，使用无符号64位整数更加保险。

例题2 数三角形（Triangle Counting, UVa 11401）

从1, 2, 3, …, n中选出3个不同的整数，作为三条边的长度并组成三角形，有多少种选择方法？比如n=5时，有3种方法，即(2,3,4)，(2,3,5)，(3,4,5)。n=8时，有22种方法。

【输入格式】

输入包含多组测试数据。每组数据的第一行为整数n（$3\leqslant n\leqslant 1\,000\,000$）。输入用$n<3$的标志结束。

① 注意，“除以3”是在乘法之后，所以应当判断除以3之前的部分是不是会溢出。

【输出格式】

对于每组数据，输出其方案总数。

【分析】

三重循环的时间复杂度为 $O(n^3)$，采用这种方法肯定超时。这样的规模即使是 $O(n^2)$时间的算法都很难承受，那么只能进行一些数学分析了。

用加法原理，设最大边长为 x 的三角形有 $c(x)$个，另外两条边长分别为 y 和 z，根据三角形不等式①有 $y+z>x$。所以 z 的范围是 $x-y<z<x$。

根据这个不等式：$y=1$ 时 $x-1<z<x$，显然无解；$y=2$ 时只有一个解（$z=x-1$）；$y=3$ 时有两个解（$z=x-1$ 或者 $z=x-2$），…，直到 $y=x-1$ 时有 $x-2$ 个解。根据等差数列求和公式，一共有 $0+1+2+\cdots+(x-3)+(x-2)=(x-1)(x-2)/2$ 个解。

可惜，这并不是 $c(x)$的正确数值，因为上面的解包含了 $y=z$ 的情况，而且每个三角形算了两遍（想一想，为什么）。解决方案很简单，首先统计 $y=z$ 的情况。y 的取值从 $x/2+1$ 开始到 $x-1$ 为止，一共有 $x-1-x/2=(x-1)/2$ 个解，然后把这部分解扣除，再除以 2，即

$$c(x)=\frac{1}{2}\left(\frac{(x-1)(x-2)}{2}-\left[\frac{x-1}{2}\right]\right)$$

原题要求的实际上是“最大边长不超过 n 的三角形数目”$f(n)$。根据加法原理，$f(n)=c(1)+c(2)+\cdots+c(n)$。可以写成递推式 $f(n)=f(n-1)+c(n)$。代码如下。

```
#include<iostream>
using namespace std;

long long f[1000010];                                   //int 存不下
int main() {
  f[3] = 0;
  for(long long x = 4; x <= 1000000; x++)
    f[x] = f[x-1] + ((x-1)*(x-2)/2 - (x-1)/2)/2;    //递推

  int n;
  while(cin >> n) {
    if(n < 3) break;
    cout << f[n] << endl;
  }
  return 0;
}
```

例题 3　啦啦队（Cheerleaders, UVa 11806）

在一个 m 行 n 列的矩形网格里放 k 个相同的石子，有多少种放法？每个格子最多放一个石子，所有石子都要用完，并且第一行、最后一行、第一列、最后一列都得有石子。

【输入格式】

输入第一行为数据组数 T（$T\leqslant 50$）。每组数据包含 3 个整数 m, n, k（$2\leqslant m,n\leqslant 20$，$k\leqslant 500$）。

① 即两边之和大于第三边。

【输出格式】

对于每组数据，输出方案总数除以 1 000 007 的余数。

【分析】

如果题目求的是“第一行、最后一行、第一列、最后一列都没有石子”的方案数，该有多好啊！这相当于一共只有 $m-2$ 行、$n-2$ 列，答案自然是 $C_k^{(m-2)(n-2)}$ 了。利用容斥原理，我们可以把本题转化为上述问题。

设满足“第一行没有石子”的方案集为 A，最后一行没有石子的方案集为 B，第一列没有石子的方案集为 C，最后一列没有石子的方案集为 D，全集为 S，则所求答案就是“在 S 中但不在 A, B, C, D 任何一个集合中”的元素个数，可以用容斥原理求解。

在程序中，我们用二进制来表示 A, B, C, D 的所有“搭配”（S 对应于“空搭配”）。如果在集合 A 和 B 中，相当于少了一行；如果在集合 C 或 D 中，相当于少了一列。假定最后剩了 r 行 c 列，方法数就是 C_k^{rc} 。代码如下。

```
#include<cstdio>
#include<cstring>
using namespace std;

const int MOD = 1000007;
const int MAXK = 500;
int C[MAXK+10][MAXK+10];

int main() {
  memset(C, 0, sizeof(C));
  C[0][0] = 1;
  for(int i = 0; i <= MAXK; i++) {
    C[i][0] = C[i][i] = 1;           //千万不要忘记写边界条件
    for(int j = 1; j < i; j++)
      C[i][j] = (C[i-1][j] + C[i-1][j-1]) % MOD;
  }

  int T;
  scanf("%d", &T);
  for(int kase = 1; kase <= T; kase++) {
    int n, m, k, sum = 0;
    scanf("%d%d%d", &n, &m, &k);
    for(int S = 0; S < 16; S++) {//枚举所有 16 种“搭配方式”
      int b = 0, r = n, c = m;    //b 用来统计集合的个数，r 和 c 是可以放置的行列数
      if(S&1) { r--; b++; }       //第一行没有石头，可以放石头的行数 r 减 1
      if(S&2) { r--; b++; }
      if(S&4) { c--; b++; }
      if(S&8) { c--; b++; }
      if(b&1) sum = (sum + MOD - C[r*c][k]) % MOD;  //奇数个条件，做减法
      else sum = (sum + C[r*c][k]) % MOD;            //偶数个条件，做加法
    }
    printf("Case %d: %d\n", kase, sum);
  }
```

```
    return 0;
}
```

2.2 递推关系

与前文一样，我们先来回顾一些常见的递推问题。如果读者理解下面的内容有困难，请先阅读《算法竞赛入门经典（第 2 版）》的相关章节。

问题 1：兔子的繁殖。把雌雄各一的一对兔子放入养殖场中，每对兔子从第二个月开始每月产雌雄各一的一对新兔子。试问第 n 个月后养殖场中共有多少对兔子？

分析：第 n 个月的兔子由两部分组成，一部分是上个月就有的老兔子，一部分是刚出生的新兔子。设前一部分等于 $f(n-1)$，后一部分等于 $f(n-2)$（第 $n-1$ 个月时具有生育能力的兔子数等于第 $n-2$ 个月的兔子总数）。根据加法原理，$f(n)=f(n-1)+f(n-2)$，边界是 $f(1)=f(2)=1$。

数列为 1, 1, 2, 3, 5, 8, …, 称为斐波那契（Fibonacci）数列。

问题 2：凸多边形的三角剖分数。给出一个凸 n 边形，用 $n-3$ 条不相交的对角线把它分成 $n-2$ 个三角形，求不同的方法数目。例如 $n=5$ 时，有 5 种剖分方法，如图 2-2 所示。

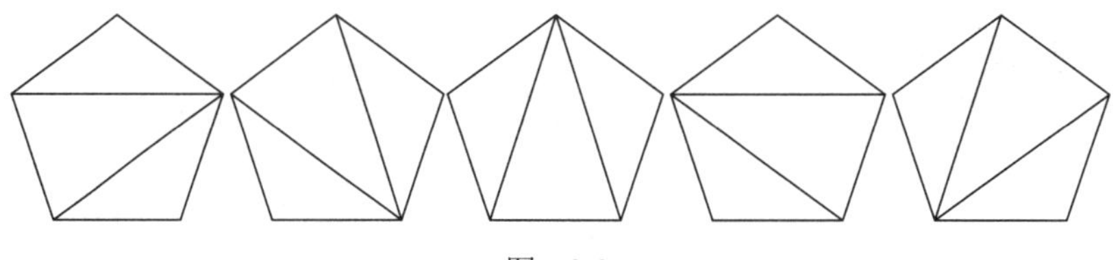

图 2-2

分析：设答案为 $f(n)$。按照某种顺序给凸多边形的各个顶点分别编号为 $V_1, V_2, \ldots, V_n$。既然分成的是三角形，边 V_1V_n 在最终的剖分中一定恰好属于某个三角形 $V_1V_nV_k$，所以可以根据 k 进行分类。不难看出，三角形 $V_1V_nV_k$ 的左边是一个 k 边形，右边是一个 $n-k+1$ 边形，根据乘法原理，包含三角形 $V_1V_nV_k$ 的方案数为 $f(k)f(n-k+1)$；根据加法原理有：$f(n)=f(2)f(n-1)+f(3)f(n-2)+\cdots+f(n-1)f(2)$，边界是 $f(2)=f(3)=1$。

从 $f(3)$ 开始的数列为：1, 2, 5, 14, 42, 132, 429, 1 430, 4 862, 16 796, …，称为卡特兰（Catalan）数。

问题 3：火柴[①]。用 n（$1\leqslant n\leqslant 2000$）根火柴棍能组成多少个非负整数？火柴不必用完，组成的整数不能有前导零（但整数 0 是允许的）。比如，若你有 3 根火柴，可以组成 1 或者 7；如果有 4 根，除了可以组成 1 和 7 之外，还可以组成 4 和 11。

分析：把“已经使用过的火柴数 i”看成状态，可以得到一个图。从前往后每添加一个数字 x，就从状态 i 转移到 $i+c[x]$，其中 $c[x]$代表数字 x 需要的火柴数。当 $i=0$ 的时候不允许使用数字 0（最后当 $n\geqslant 6$ 时，给答案单独加上 1，代表整数 0）。从结点 0 和 x（$x>0$）出发的边分别如图 2-3（a）和图 2-3（b）所示。

① UVa 11375

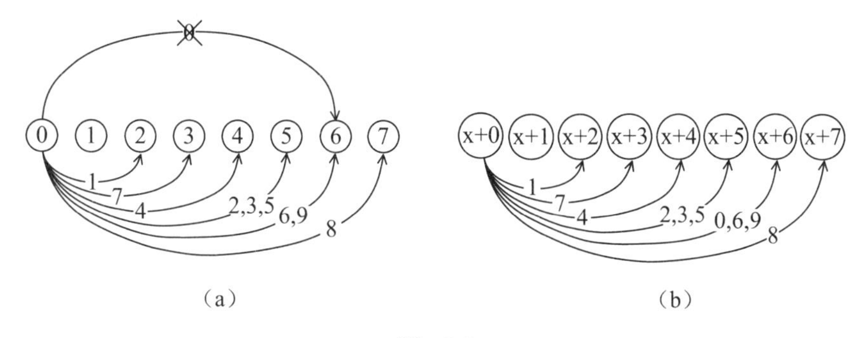

（a）　　　　（b）

图 2-3

令 $d(i)$为从结点 0 到结点 i 的路径条数，则答案 $f(n)=d(1)+d(2)+d(3)+\cdots+d(n)$（因为火柴不必用完，所以使用的火柴数目可能是 1, 2, 3, …, n）。

程序实现时，我们可以按照从小到大的顺序用 $d(i)$更新所有的 $d(i+c[j])$（j 取遍数字 0～9）。代码如下（请注意，下面的代码中略去了高精度运算）。

```
memset(d, 0, sizeof(d)); //d[i]为恰好用 i 根火柴可以组成的正整数（不含 0）
d[0] = 1;
for(int i = 0; i <= MAXN; i++)
  for(int j = 0; j < 10; j++)
    if(!(i==0&&j==0) && i+c[j] <= MAXN) d[i+c[j]] += d[i]; //i=j=0 时不允许
转移
```

问题 4：立方数之和[①]。输入正整数 n（n≤10 000），求将 n 写成若干个正整数的立方之和有多少种方法。

比如 21 有 3 种写法：$21=1^3+1^3+1^3+\cdots+1^3=2^3+1^3+1^3+1^3+\cdots+1^3=2^3+2^3+1^3+1^3+1^3+1^3+1^3$。77 有 22 种写法，9 999 有 440 022 018 293 种写法。

分析：建立多段图。结点(i,j)表示“使用不超过 i 的整数的立方，累加和为 j”这个状态，设 $d(i,j)$为从$(0,0)$到(i,j)的路径条数，则最终答案为 $d(21,n)$（因为对于题目范围，$22^3>n$）。

这个多段图的特点是每个结点一步只能走到下一个阶段的结点，因此我们可以一个阶段一个阶段的计算。代码如下。

```
memset(d, 0, sizeof(d));
d[0][0] = 1;
for(int i = 1; i <= MAXI; i++)
  for(int j = 0; j <= MAXN; j++)
    for(int a = 0; j+a*i*i*i<=MAXN; a++) //枚举后继结点(i,j+ai3)，保证下标不越界
      d[i][j+a*i*i*i] += d[i-1][j];
```

这个程序是正确的，但时间复杂度可以进一步降低，实现方法留给读者思考（提示：$d(i,j)=d(i-1,j)+d(i,j-i^3)$）。

问题 5：村民排队[②]。村子里现在有 n（1≤n≤40 000）个人，有多少种方式可以把他们排成一列，使得没有人排在他父亲的前面（有些人的父亲可能不在村子里）？输入 n 和每

① UVa 11137。
② UVa 11174。

个人的父亲编号（村里的人编号为1～n），输出方案总数除以10^9+7的余数。

分析：村民由父子关系组织成了一个森林。虽然森林中可能有多棵树，但只要设置一个虚拟的树根root，就可以成功地转化成树的情形。这个root的编号为0，其余结点编号为1～n。

下面考虑这棵拥有虚拟根的树。排第一的一定是“老祖宗”root；他的各棵子树相互独立，如图2-4所示。

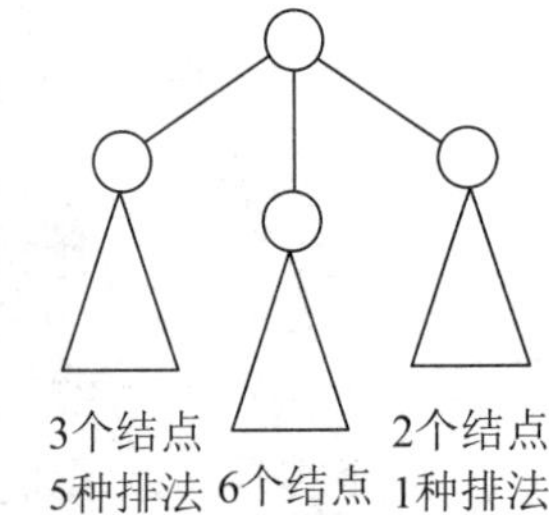

图 2-4

假设根有上述3棵子树，那么一共有多少种排法呢？首先，各个子树相互独立，因此第1棵子树的3个结点在所有11个非根结点里可以任选3个位置，而第2棵子树的位置是8选6。这样，一共有$C_{11}^3 \times C_8^6 \times 5 \times 4 \times 1=92\,400$种方法。还可以这么想，先给每棵子树中的结点确定顺序，有5×4×1种方法，然后把3棵子树的结点“穿插”起来。这相当于把每棵子树中的所有结点看成相同元素，根据有重复元素的全排列公式共有11!/(3!×6!×2!)种方法。再根据乘法原理，一共有5×4×1×11!/(3!×6!×2!)=92 400种方法。

一般地，设以结点i为根的子树有$f(i)$种排法，则

$$f(i)=f(c_1)f(c_2)\cdots(s(i)-1)!/(s(c_1)!s(c_2)!\cdots s(c_k)!)$$

其中，c_j是结点i的第j个儿子，结点i一共有k个儿子，$s(i)$表示以i为根的子树的结点总数。递归把所有非根结点的f代入上式，可以发现所有非根结点u以$(s(u)-1)!$的形式出现在分子一次，以$s(u)!$的形式出现在分母一次，约分后相当于分子为1，分母为$s(u)$。这样，我们得到一个简化的表达式

$$f(\text{root})=(s(\text{root})-1)!\ /\ (s(1)s(2)s(3)\cdots s(n))$$

注意到$s(\text{root})=n+1$（所有普通结点加上虚拟结点本身），所以最终答案等于n!除以所有的$s(i)$，其中i取遍1～n的所有整数。剩下的唯一问题是如何快速求出这个表达式的值除以MOD=10^9+7的余数。注意到MOD是个素数①，所以在模MOD下，除以x等价于乘以x的逆。这样，只需要预处理出所有阶乘和它们的逆即可。求逆的方法在《算法竞赛入门经典（第2版）》或下一小节中均有详述。

问题6：带标号连通图计数。统计有n（$n\leqslant 50$）个顶点的连通图有多少个。图的顶点有编号。例如，n=3时有4个不同的图，如图2-5所示；n=4有38个图；n=5，6时分别有728和26 704个图。

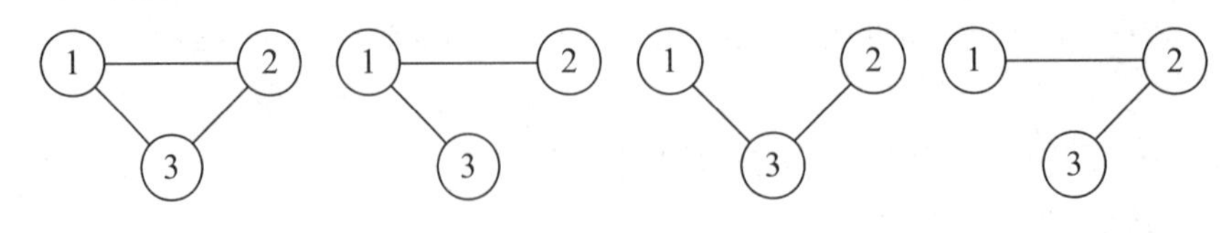

图 2-5

分析：设$f(n)$为所求答案，$g(n)$为有n个顶点的非连通图，则$f(n)+g(n)=h(n)=2^{n(n-1)/2}$。$g(n)$可以这样计算：先考虑1所在连通分量包含哪些顶点。假设该连通分量有k个点，就有

① 如果你无法注意到MOD是素数，至少应该注意编程判断题目中给出的模是否为素数。这是一个好习惯。

C_{k-1}^{n-1}种集合。确定点集后，1 所在连通分量有 $f(k)$种情况，其他连通分量有 $h(n-k)$种情况，因此有递推公式 $g(n)$=sum{ $C_{k-1}^{n-1}\times f(k)\times h(n-k)$ | k=1,…, n−1}。注意每次计算出 $g(n)$后应立刻算出 $f(n)$和 $h(n)$，时间复杂度为 $O(n^2)$（不考虑高精度）。

数列为：1, 1, 1, 4, 38, 728, 26 704, 1 866 256, 251 548 592, …。在 OEIS 中编号为 A001187[①]。

例题 4　多叉树遍历（Exploring Pyramids, NEERC 2005, Codeforces Gym 101334E）

给出一棵多叉树，每个结点的任意两个子结点都有左右之分。从根结点开始，每次尽量往左走，走不通了就回溯，把遇到的字母顺次记录下来，可以得到一个序列。如图 2-6 所示的 5 个图的序列均为 *ABABABA*。给定一个序列，问有多少棵树与之对应。

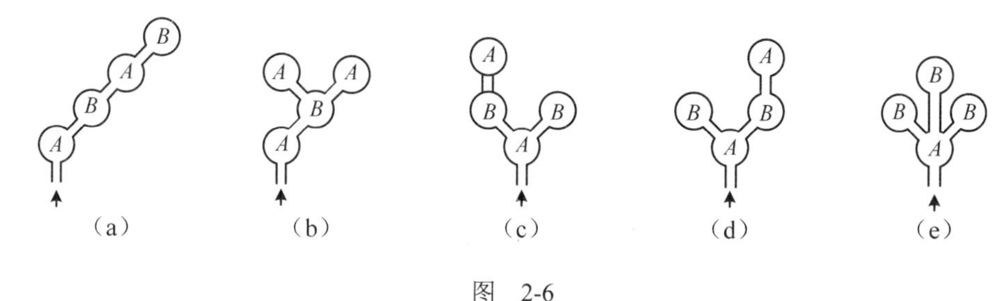

图　2-6

【输入格式】

输入包含多组数据。每组数据仅一行，即由大写字母组成的访问序列。序列非空，且长度不超过 300。输入结束标志为文件结束符（EOF）。

【输出格式】

对于每组数据，输出满足条件的多叉树的数目除以 10^9 的余数。

【分析】

设输入序列为 S，$d(i,j)$为子序列 $S_i, S_{i+1}, \cdots, S_j$ 对应的树的个数，则边界条件是 $d(i,i)$=1，且 S_i 不等于 S_j 时 $d(i,j)$=0（因为起点和终点应是同一点）。在其他情况下，设第一个分支在 S_k 时回到树根（必须有 S_i=S_k），则这个分支对应的序列是 $S_{i+1}, \cdots, S_{k-1}$，方案数为 $d(i+1,k-1)$；其他分支对应的访问序列为 $S_k, \cdots, S_j$，方案数为 $d(k,j)$。这样，在非边界情况，递推关系为 $d(i,j)$ = sum{$d(i+1,k-1)\times d(k,j)$ | $i+2\leqslant k\leqslant j$, S_i=S_k=S_j}，如图 2-7 所示。代码如下。

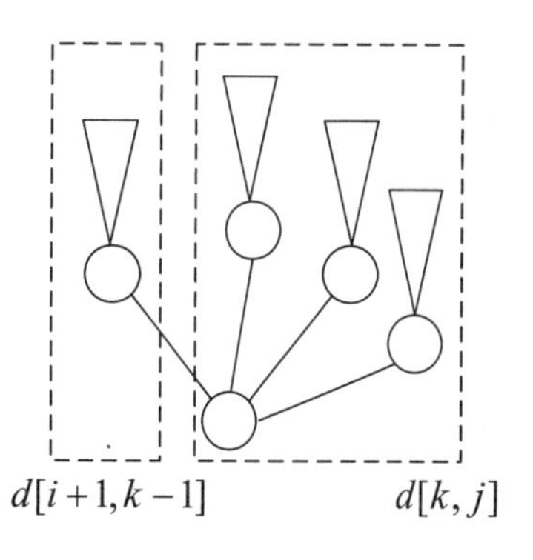

图　2-7

```
#include<cstdio>
#include<cstring>
using namespace std;

const int maxn = 300 + 10;
const int MOD = 1000000000;
typedef long long LL;
```

① 参考 http://oeis.org/A001187。

```
char S[maxn];
int d[maxn][maxn];

int dp(int i, int j) {
  if(i == j) return 1;
  if(S[i] != S[j]) return 0;
  int& ans = d[i][j];
  if(ans >= 0) return ans;
  ans = 0;
  for(int k = i+2; k <= j; k++) if(S[i] == S[k])
    ans = (ans + (LL)dp(i+1,k-1) * (LL)dp(k,j)) % MOD;
  return ans;
}

int main() {
  while(scanf("%s", S) == 1) {
    memset(d, -1, sizeof(d));
    printf("%d\n", dp(0, strlen(S)-1));
  }
  return 0;
}
```

例题 5　数字和与倍数（Investigating Div-Sum Property, UVa 11361）

给定正整数 a, b, k，你的任务是在所有满足 $a \leqslant n \leqslant b$ 的整数 n 中，统计有多少个满足 n 自身是 k 的倍数，且 n 的各个数字（十进制）之和也是 k 的倍数？比如 k=7 时，322 满足条件，因为 322 和 3+2+2 都是 7 的整数倍。当 a=1, b=1 000, k=4 时，有 64 个整数满足条件。

【输入格式】

输入第一行为测试数据组数 T（T<100）。以下 T 行每行 3 个整数 a, b, k（$1 \leqslant a \leqslant b \leqslant 2^{31}$, $1 \leqslant k < 10\,000$）。

【输出格式】

对于每组数据，输出满足条件的整数个数。

【分析】

这类题目的第一步大都相同，设 $f(x)$表示不超过 x 的非负整数中满足条件的个数，则本题的答案等于 $f(b)-f(a-1)$。这样，问题的关键就是计算 f 函数。假设我们要计算 $f(23\,456)$，就是要数一数 0～12 345 有哪些数满足条件。由于题目中给出的 a 和 b 的范围很大，不能一一判断，可以考虑用加法原理，分段求和，如图 2-8 所示。

每一段都可以用一个包含一个固定前缀和若干星号作为后缀的“模板”，其中星号表示任选一个数字。比如模板“***”就是 3 个数字都任选，因此对应 000～999；模板“31**”表示前两个数字必须为 31，后两个数字任选，因此对应 3100～3199。

设 $f(d,m_1,m_2)$表示“共 d 个数字，各数字之和除以 k 的余数为 m_1，这些数字组成的整数除以 k 的余数为 m_2”的整数的个数，则每个模板对应的解的个数都等于某个 $f(d,m_1,m_2)$。比如，模板“22***”对应的解个数等于 $f(3,3,1)$，因为：一共有 3 个星号；2+2=4，因此剩下

3 个数字之和除以 7 余 3，相加之后才能被 7 整除；22 000 除以 7 的余数是 6，因此后 3 个数字组成的整数除以 7 的余数应为 1。

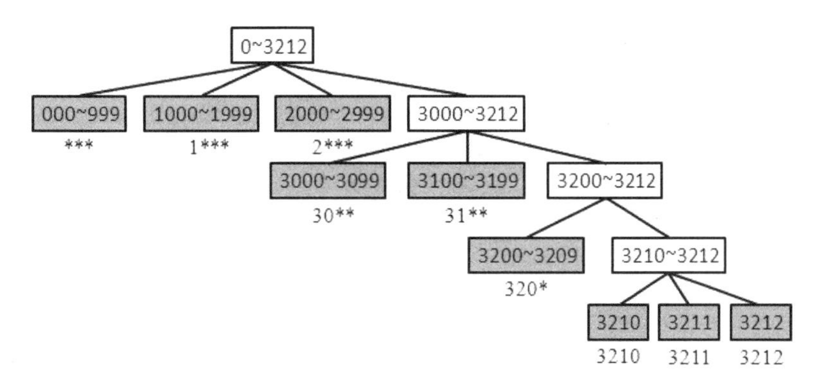

图 2-8

f 函数可以用递推求解，只需枚举最高位的数字（0～9）即可，递推式为

$$f(d,m_1,m_2) = \text{sum}\{f(d-1, (m_1-x) \bmod k, (m_2-10^{d-1}) \bmod k \mid x=0, 1, 2, \cdots, 9\}$$

注意，在上面的式子中，$a \bmod k$ 的结果必须保证 0～k−1，当 a 为负数时要当心。程序留给读者编写。

例题 6 葛伦堡博物馆（Glenbow Museum, World Finals 2008, UVa 1073）

对于一个边平行于坐标轴的多边形，我们可以用一个由 *R* 和 *O* 组成的序列来描述它：从某个顶点开始按照逆时针顺序走，当碰到一个 90° 的内角时（也就是左转）记 *R*；当碰到一个 270° 的内角时（右转）记 *O*。这样的序列称为角度序列。

给定正整数 *L*，有多少个长度为 *L* 的角度序列，至少可以对应一个星型多边形（即多边形中存在一个点可以看到多边形边界上的每一个点）？多边形每条边的长度任意。

注意，一个多边形有多条序列与之对应，比如图 2-9 中的多边形可以描述为 *RRORRORRORRO*，或者 *RORRORRORROR*，或者 *ORRORRORRORR*。

【输入格式】

输入包含多组数据。每组数据仅一行，即角度序列的长度 *L*（1≤*L*≤1000）。输入结束标志为 *L*=0。

【输出格式】

对于每组数据，输出满足条件的角度序列的个数。

【分析】

不难发现，多边形的顶点数 *n* 一定等于角度序列的长度。因此当 *n* 为奇数或 *n*<3 时，答案为 0，否则一定有(*n*+4)/2 个 *R* 和(*n*−4)/2 个 *O*（想一想，为什么）。

假设从星型多边形的核上的某个点（即可以“看到”整个多边形的某个点）往上下左右 4 个方向看，一定可以看到 4 条边，并且这 4 条边一定是 *RR*；而且相邻两条 *RR* 边之间有一个“阶梯”，序列为 *OROROR*⋯*RORO*，如图 2-10 所示。

不难发现，序列中会有 4 个子序列 *RR*，但不会出现 *OO*。另一方面，只要是 *R* 比 *O* 多 4 个，且没有两个 *O* 相邻，一定可以构造出上面这样的多边形（想一想，为什么）。这样，问题就转化为：把$(n+4)/2$个R和$(n-4)/2$个O排成一个环状序列，要求没有两个O相邻，有多少种方法？

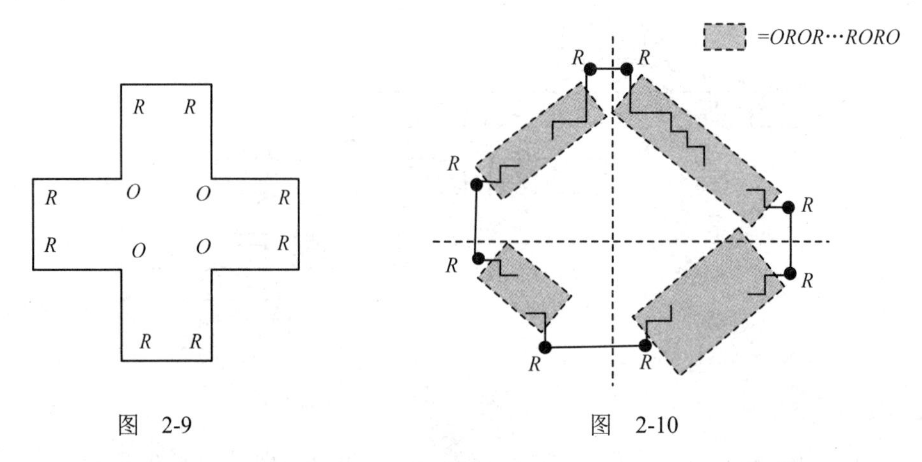

图 2-9　　　　图 2-10

可以通过递推进行计算。设$f(i,j,k,p)$表示i个R，j个O，第一个元素为R $(k=0)$还是O $(k=1)$，最后一个数为R $(p=0)$还是O $(p=1)$，且没有相邻O的方案总数，则边界为$f(1,0,0,0)=f(0,1,1,1)=1$，而在其他情况下，$f(i,j,k,0)=f(i-1,j,k,0)+f(i-1,j,k,1)$，$f(i,j,k,1)=f(i,j-1,k,0)$，最终答案为$f((n+4)/2,(n-4)/2,0,0)+f((n+4)/2,(n-4)/2,0,1)+f((n+4)/2,(n-4)/2,1,0)$。

如果用递推的方式实现上述算法，时间复杂度为$O(n^2)$，因为合法的$f(i,j,k,p)$有$O(n^2)$个，而每个f值需要$O(1)$时间计算。尽管这样的时间复杂度对于本题的范围来说已经足够，但其实这个算法离$O(n)$时间复杂度的算法只有一步之遥——满足$i-j>5$的f值不会对答案产生影响，根本不用计算。这样，需要计算的f值减少到了$O(n)$个，总时间复杂度也降为了$O(n)$。

也可以直接写出一个$O(n)$时间的递推式。设$d(i,j,k)$表示共有i个R，其中有j对相邻的R（如果有3个R相邻，看成两对），第一个元素是k，最后一个元素是R，且没有相邻O的序列个数，则答案为$d((n+4)/2,3,0)+d((n+4)/2,4,1)+d((n+4)/2,4,0)$，其中第一项对应于首末两个字母均为$R$，第二项对应于$O$开头$R$结尾，第三项对应于$R$开头$O$结尾（想一想，为什么）。类似于上面的推理，边界为$d(1,0,1)=1$（序列$OR$），$d(1,0,0)=1$（序列$R$），其他$d(1,j,k)=0$；在非边界情况下，$d(i,j,k)=d(i-1,j,k)+d(i-1,j-1,k)$，其中第一项表示在末尾添加两个字母$OR$，第二项表示在末尾添加单个字母$R$。

代码如下（注意$n<4$或者n为奇数时输出0，并且$L=1000$时答案高达5 208 312 500）。

```
#include<cstdio>
#include<cstring>
const int maxn = 1000;

long long d[maxn+1][5][2], ans[maxn+1];

int main() {
  memset(d, 0, sizeof(d));
  for(int k = 0; k < 2; k++) {
    d[1][0][k] = 1;
    for(int i = 2; i <= maxn; i++)
      for(int j = 0; j < 5; j++) {
```

```
        d[i][j][k] = d[i-1][j][k];
        if(j > 0) d[i][j][k] += d[i-1][j-1][k];
      }
    }

    memset(ans, 0, sizeof(ans));
    for(int i = 1; i <= maxn; i++) {
      if(i < 4 || i % 2 == 1) continue;
      int R = (i+4)/2;
      ans[i] = d[R][3][0] + d[R][4][1] + d[R][4][0];
    }

    int n, kase = 1;
    while(scanf("%d", &n) == 1 && n)
      printf("Case %d: %lld\n", kase++, ans[n]);
    return 0;
  }
```

例题 7　串并联网络（Series-Parallel Networks, UVa 10253）

串并联网络有两个端点，一个叫源，一个叫汇。递归定义如下：

（1）一条单独的边是串并联网络。

（2）若 G_1 和 G_2 是串并联网络，把它们的源和汇分别接在一起，也能得到串并联网络。

（3）若 G_1 和 G_2 是串并联网络，把 G_1 的汇和 G_2 的源并在一起，也能得到串并联网络。

其中规则 2 说的是并联，规则 3 说的是串联。

注意，在串并联网络中两点之间可以有多条边，且串联在一起的各个部分可以任意调换顺序，比如图 2-11 中（a）、（b）和（c）这 3 种网络被看作是相同的。

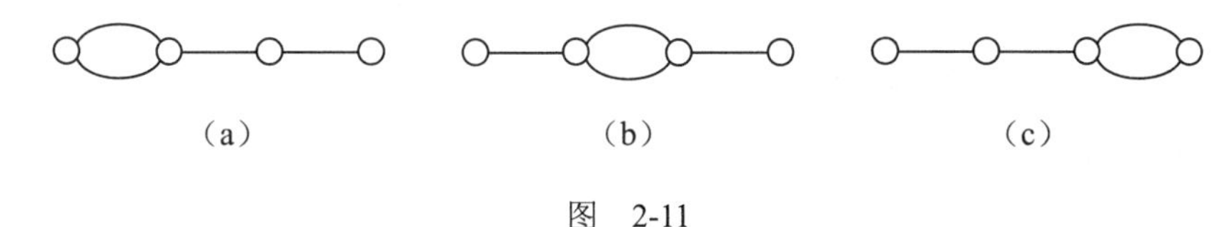

图　2-11

类似地，并联在一起的各个部分也可以任意调换顺序。比如图 2-12 中（a）、（b）和（c）这 3 种网络也被看作是相同的。

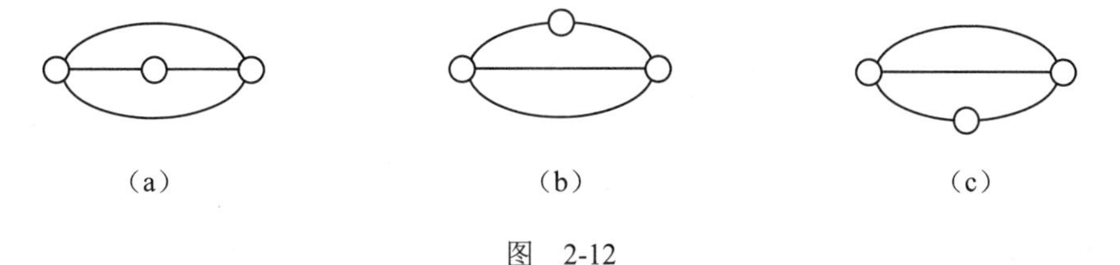

图　2-12

输入正整数 n，你的任务是统计有多少个 n 条边的串并联网络。例如，n=4 时有 10 个，n=15 时有 1 399 068 个。

【输入格式】

输入包含多组数据。每组数据仅包含一个整数，即边数 n（$1 \leqslant n \leqslant 30$）。输入结束标志

为 n=0。

【输出格式】

对于每组数据，输出一行，即包含 n 条边的串并联网络的数目。

【分析】

每个串并联网络都可以看成一棵树：为每次串联或并联创建一个结点，并且把所有串联/并联部分看成该结点的子树，如图 2-13 所示。

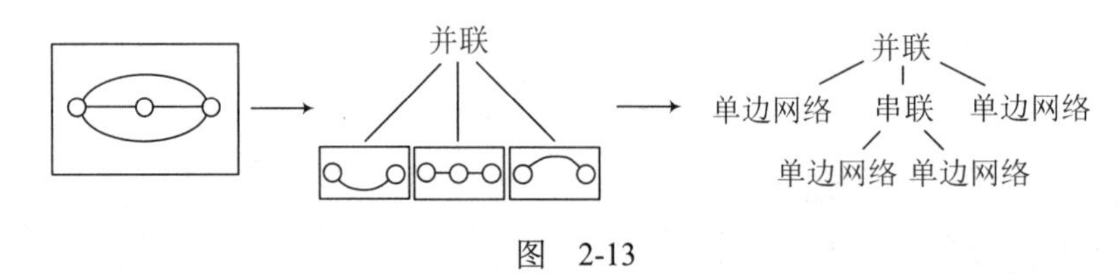

图　2-13

假定根结点是并联结点，则第 2 层的所有非叶结点都是串联结点，第 3 层的非叶结点都是并联结点……这样就可以知道所有非叶结点的类型。同理，如果根结点是串联结点，也可以推导出其他所有非叶结点的类型。换句话说，其实我们根本不需要理会什么并联结点、串联结点，只要算出“共 n 个叶子，且每个非叶结点至少有两个子结点”的树的数目 $f(n)$，再乘以 2 就是本题的答案。

如何求 $f(n)$呢？我们可以用分类统计的方法。如图 2-14 所示，根据根结点的子结点数目，可以把所有的“5 叶子树”分成 6 种（注意，根结点不能只有一个子结点）。

图　2-14

为什么只有这 6 种呢？各子树的叶子数可以为 1, 2, 1, 1 或者 3, 1, 1 吗？注意题目中规定“串、并联的各个部分可以任意调换顺序”，为了避免重复，规定各个子树按照包含叶子的数目从小到大排列。

如何计算每种情况的数目呢？可以用递推。考虑这种情况，根结点有 5 棵子树，分别包含 4, 4, 4, 6, 6 个叶子，如图 2-15 所示。

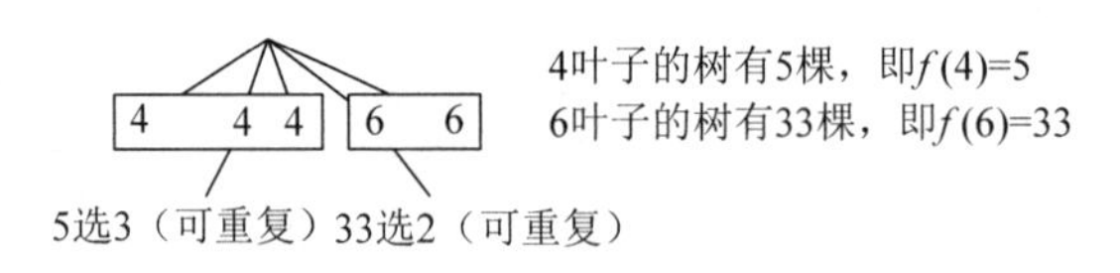

图　2-15

问题转化为可重复选择的组合问题。注意到“4 叶子”子树和“6 叶子”子树相互独立，根据乘法原理，上述情况的树的个数为 $C_{5+3-1}^{3} \times C_{33+2-1}^{2}$。

这样，我们得到了算法一：枚举 n 的所有整数划分（即把 n 写成若干正整数之和的形式，其中各个加数按从小到大排列），然后直接按照上述方法计算出结果。由于 n 不大，整数划分不是很多，这个方法可以奏效。

事实上，本题还有更加高效的算法。设 $d(i,j)$表示每棵子树最多包含 i 个叶子，一共有 j

个叶子的方案数，则所求的$f(n)=d(n-1,n)$。

$d(i,j)$的递推方式和算法一的思路一致。假设恰好包含 i 个叶子的子树有 p 棵，那么这些树的组合数等于从$f(i)$棵树中选 p 棵的方案数，即 $C_{f(i)+p-1}^{p}$，因此

$$d(i,j)=\text{sum}\{ C_{f(i)+p-1}^{p} \times d(i-1, j-p\times i) \mid p\geqslant 0, p\times i\leqslant j\}$$

边界比较复杂。首先，当 $i\geqslant 0$ 时，$d(i,0)=1$；其次，$i\geqslant 1$ 时，$d(i,1)=1$，但 $d(0,i)=0$。注意，计算组合数时不要溢出。$n=30$ 时的解为 90 479 177 302 242。代码如下。

```
#include<cstdio>
#include<cstring>

long long C(long long n, long long m) {
  double ans = 1;
  for(int i = 0; i < m; i++)
    ans *= n-i;
  for(int i = 0; i < m; i++)
    ans /= i+1;
  return (long long)(ans + 0.5);
}

const int maxn = 30 + 5;
long long f[maxn];
long long d[maxn][maxn];//d(i,j)表示每棵树最多包含 i 个叶子，一共有 j 个叶子的方案数

int main() {
  f[1] = 1;
  memset(d, 0, sizeof(d));

  int n = 30;
  for(int i = 0; i <= n; i++) d[i][0] = 1;
  for(int i = 1; i <= n; i++) { d[i][1] = 1; d[0][i] = 0; }

  for(int i = 1; i <= n; i++) {
    for(int j = 2; j <= n; j++) {
      d[i][j] = 0;
      for(int p = 0; p*i <= j; p++)
        d[i][j] += C(f[i]+p-1, p) * d[i-1][j-p*i];
    }
    f[i+1] = d[i][i+1];
  }

  while(scanf("%d", &n) == 1 && n)
    printf("%lld\n", n == 1 ? 1 : 2*f[n]);
  return 0;
}
```

2.3 数　　论

《算法竞赛入门经典（第 2 版）》中已经介绍了数论的一些基本概念和算法，包括唯

一分解定理、欧几里得算法、扩展的欧几里得算法、同余模算术、线性不定方程和模方程。书中的组合数学部分还介绍了欧拉函数。本节将回顾这些数论基础知识，并补充一些新的内容。

2.3.1 基本概念

为了便于理解，下面先回顾一些基本概念和常用代码。

素数：素数也称质数，即恰好包含两个不同因子的整数。注意，1 不是素数。所有素数从小到大排成一行为 2, 3, 5, 7, 11, 13, 17, 19, …。这里给出一个生成素数表的简单程序，代码如下。

```
const int maxn = 10000000 + 10;
const int maxp = 700000;

int vis[maxn];           //vis[i]=1，则 i 是合数；vis[i]=0，则 i 是 1 或者素数
int prime[maxp];

//筛素数
void sieve(int n) {
  int m = (int)sqrt(n+0.5); //避免浮点误差
  memset(vis, 0, sizeof(vis));
  for(int i = 2; i <= m; i++) if(!vis[i])
    for(int j = i*i; j <= n; j+=i) vis[j] = 1;
}

//生成素数表，放在 prime 数组中，返回素数个数
int gen_primes(int n) {
  sieve(n);
  int c = 0;
  for(int i = 2; i <= n; i++) if(!vis[i])
    prime[c++] = i;
  return c;
}
```

欧几里得算法：原始算法只能求出两个整数 a 和 b 的最大公约数 d，扩展算法还可以求出两个整数 x 和 y，使得 $ax+by=d$。在此前提下$|x|+|y|$取最小值。代码如下。

```
typedef long long LL;

//返回 gcd(a,b)
LL gcd(LL a, LL b) {
  return b == 0 ? a : gcd(b, a%b);
}

//求整数 x 和 y，使得 ax+by=d，且|x|+|y|最小。其中 d=gcd(a,b)
//即使 a, b 在 int 范围内，x 和 y 也有可能超出 int 范围
void gcd(LL a, LL b, LL& d, LL& x, LL& y) {
  if(!b){ d = a; x = 1; y = 0; }
```

```
  else{ gcd(b, a%b, d, y, x); y -= x*(a/b); }
}
```

注意我们创建的自定义类型 LL，它等价于 long long。如果在很多地方都出现了 long long 类型，使用 LL 会方便许多。这样做还有一个好处，那就是如果题目范围使得 int 已经足够，无须用 long long，只需把 LL 改成 int 的同义词，代码本身不需要修改。

模算术：最基本的加减法，无须赘述。这里给出乘积取模与幂取模的程序。代码如下（注意，在调用函数之前，应确保下面的 a 和 b 都满足 $0 \leqslant a,b < n$）。

```
//返回 ab mod n。要求 0<=a,b<n
LL mul_mod(LL a, LL b, int n) {
  return a * b % n;
}

//返回 a^p mod n，要求 0<=a<n
LL pow_mod(LL a, LL p, LL n) {
  if(p == 0) return 1;
  LL ans = pow_mod(a, p/2, n);
  ans = ans * ans % n;
  if(p%2 == 1) ans = ans * a % n;
  return ans;
}
```

欧拉 phi 函数：欧拉函数 phi(x)等于不超过 x 且和 x 互素的整数个数。《算法竞赛入门经典（第 2 版）》中已经推导出 phi 函数的公式为

$$\varphi(n) = n\left(1-\frac{1}{p_1}\right)\left(1-\frac{1}{p_2}\right)\cdots\left(1-\frac{1}{p_k}\right)$$

单个欧拉函数和函数表可以通过编写程序求出。代码如下。

```
//计算欧拉 phi 函数。phi(n)为不超过 n 且与 n 互素的正整数个数
int euler_phi(int n) {
  int m = (int)sqrt(n+0.5);
  int ans = n;
  for(int i = 2; i <= m; i++) if(n % i == 0) {
    ans = ans / i * (i-1);
    while(n % i == 0) n /= i;
  }
  if(n > 1) ans = ans / n * (n-1);
}

//用类似筛法的方法计算 phi(1), phi(2), …, phi(n)
int phi[maxn];
void phi_table(int n) {
  for(int i = 2; i <= n; i++) phi[i] = 0;
  phi[1] = 1;
  for(int i = 2; i <= n; i++) if(!phi[i])
    for(int j = i; j <= n; j += i) {
    if(!phi[j]) phi[j] = j;
```

```
    phi[j] = phi[j] / i * (i-1);
  }
}
```

剩余系：通俗地说，模 n 的完全剩余系就是$\{0, 1, 2, \cdots, n-1\}$，而简化剩余系（也称缩系）就是完全剩余系中与 n 互素的那些元素。比如 n=12 时，缩系中只有 4 个元素：1, 5, 7, 11。模 n 的完全剩余系最常见的写法是 Z/nZ，也可以写成 Z/n 或者 Z_n。为了简单，本书剩余系记为 Z_n，缩系记为 Z_n^*。

Z_n 中的每个元素都代表所有与它同余的整数。比如 n=5 时，Z_5 中的元素“3”实际上代表了 3, 3+5=8, 3+10=13, 3+15=18 等，所有这些整数除以 5 的余数都是 3。我们把满足同余关系的所有整数看成一个同余等价类，比如 3, 8, 13, 18 等都属于“模 5 等于 3”这个等价类。

既然 Z_n 中的每个元素代表着一个同余等价类，Z_n 中的加法自然不能是普通的加法，而应是“模加法”，乘法也不是普通的乘法，而是“模乘法”。因此，在 Z_5 中 3+4=2，在 Z_{12} 中 5*7=11。

模乘法的逆：在某些情况下，Z_n 中的两个元素 a 和 b 满足 $a*b=1$，比如在 Z_{15} 中，7*13=1。在这种情况下，我们说 a 和 b 互为乘法的逆，记为 $b=a^{-1}$, $a=b^{-1}$。这个逆很像“倒数”，因为在剩余系中，当 a^{-1} 存在时，“除以”一个数 a 等价于乘以它的逆 a^{-1}。比如在 Z_{15} 中 $7^{-1}=13$，因此 $3/7=3*7^{-1}=3*13=9$。

看到这里，读者可能会产生疑问：3/7 甚至不是整数，怎么可能等于 9？请注意，因为剩余系中的每个元素对应一个同余等价类。3/7=9 的实际含义是“假定有两个整数 a 和 b，其中 a/b 是整数，且 a 和 b 除以 15 的余数分别为 3 和 7，则 a/b 除以 15 的余数等于 9”。比如 a=528，b=22 就是一例。

由于“乘法逆”太重要了，这里给出计算它的完整程序，程序中用到了扩展欧几里得算法。代码如下。

```
//计算模 n 下 a 的逆。如果不存在逆，返回-1
LL inv(LL a, LL n) {
  LL d, x, y;
  gcd(a, n, d, x, y);
  return d == 1 ? (x+n)%n : -1;
}
```

在执行完 gcd 之后，x 可能为负数，但因为$|x|+|y|$最小，所以加上 n 以后一定非负。如果 d 不等于 1，a 的逆不存在。此时，上述函数会返回-1。

求逆的另一个方法是利用欧拉定理。给定整数 $n>1$，对于任意 $a\in Z_n^*$，$a^{\Phi(n)}\equiv 1 \pmod n$。因此，$a$ 的逆就是 $a^{\Phi(n)-1}$，只不过需要取个模，变成 $0\sim n-1$ 的整数（当然，实际上模不会等于 0）。如果 n 是素数的话，$\Phi(n)=n-1$，所以 a 的逆就是 pow_mod(a, n−2, n)。

例题 8　总是整数（Always an Integer, World Finals 2008, UVa 1069）

组合数学主要研究计数问题。比如，从 n 个人中选两个人有多少种方法？圆周上有 n 个点，两两相连之后最多能把圆面分成多少部分？如图 2-16 所示。有一个金字塔，从塔顶开始每一层分别有 1×1, 2×2, ⋯, $n\times n$ 个小立方体，问一共有多少个小立方体？

很多问题的答案都可以写成 n 的简单多项式。比如上述第一个问题的答案是 $n(n-1)/2$，也就是$(n^2-n)/2$；第二个问题的答案是$(n^4-6n^3+23n^2-18n+24)/24$；第三个问题的答案是 $n(n+1)(2n+1)/6$，即$(2n^3+2n^2+n)/6$。

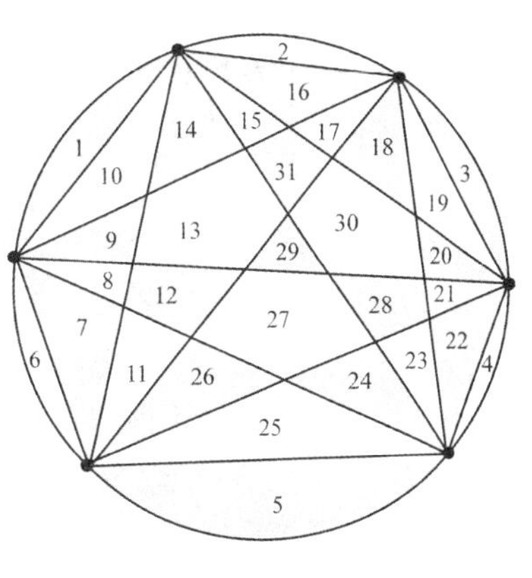

图 2-16

由于上述 3 个多项式是计数问题的答案，因此当 n 取任意正整数时，这些多项式的值都是整数。当然，对于其他多项式，这个性质并不一定成立。

给定一个形如 P/D（其中 P 是 n 的整系数多项式，D 是正整数）的多项式，判断它是否在所有正整数处取到整数值。

【输入格式】

输入包含多组数据。每组数据仅一行，即一个多项式$(P)/D$，其中 P 是若干个形如 Cn^E 的项之和，其中系数 C 和 E 满足以下条件。

- ❑ E 是一个满足 $0 \leqslant E \leqslant 100$ 的整数。如果 $E=0$，则 Cn^E 写成 C；如果 $E=1$，则 Cn^E 写成 Cn，除非 C 等于 1 或者−1（$C=1$ 时写成 n，$C=-1$ 时写成$-n$）。
- ❑ C 是一个整数。如果 C 等于 1 或者−1，且 E 不是 0 或者 1，则 Cn^E 写成 n^E 或者 $-n$^E。
- ❑ 只有不在第一项的非负 C 的前面才会有一个加号。
- ❑ E 的数值严格递减。
- ❑ C 和 D 都在 32 位带符号整数范围内。

输入结束标志为单个句号。

【输出格式】

对于每组数据，如果满足条件，输出“Always an integer”，否则输出“Not always an integer”。

【样例输入】

```
(n^2-n)/2
(2n^3+3n^2+n)/6
(-n^14-11n+1)/3
```

【样例输出】

```
Case 1: Always an integer
Case 2: Always an integer
Case 3: Not always an integer
```

【分析】

本题实际上是判断一个整系数多项式 P 的值是否总是正整数 D 的倍数。一个容易想到的方法是，随机代入很多整数计算 P/D，如果全都是整数，那么答案很有可能是“Always an integer”；如果有的不是整数，那么答案必然是“Not always an integer”。

这个方法看起来有些投机取巧，但效果非常不错。事实上，不需要随机代入，只需要把 $n=1, 2, 3, \cdots, k+1$ 全试一遍就可以了，其中 k 是多项式中最高项的次数。

为什么可以这样做呢？让我们从 k 较小的情况开始研究。

当 k=0 时，P 里根本就没有 n 个变量，所以只需代入 $P(1)$计算即可。

当 k=1 时，P 是 n 的一次多项式，设为 $an+b$，则 $P(n+1)-P(n)=a$。如果把 $P(n)$看成一个数列的第 n 项，则$\{P(n)\}$是一个首项为 $P(1)$，公差为整数 a 的等差数列，故而只要首项和公差均为 D 的倍数，整个数列的所有项都会是 D 的倍数。因此，只需验证 $P(1)$和 $P(2)$。

当 k=2 时，P 是 n 的二次多项式，设为 an^2+bn+c，则 $P(n+1)-P(n)=2an+a+b$。注意到这个 $2an+a+b$ 是 n 的一次多项式，根据刚才的结论，只要 n=1 和 n=2 时它都是 D 的倍数，对于所有正整数 n，它都将是 D 的倍数。这样，相邻两项的差为 D 的倍数，再加上首项也为 D 的倍数，则 $P(n)$将总是 D 的倍数。整理一下，只要 $P(1), P(2)-P(1), P(3)-P(2)$都是 D 的倍数即可。这等价于验证 $P(1), P(2)$和 $P(3)$。

看到这里，结论已经不难猜到了。对于 k 次多项式 $P(n)$，相邻两项之差 $P(n+1)-P(n)$是关于 n 的 k-1 次多项式，根据数学归纳法，命题得证。顺便说一句，数列 $\mathrm{d}P(n)=P(n+1)-P(n)$称为 $P(n)$的差分数列（difference series）。而差分数列的差分数列为二阶差分数列 $\mathrm{d}^2P(n)$，依此类推。这样，k=2 的证明可以用图 2-17 说明。

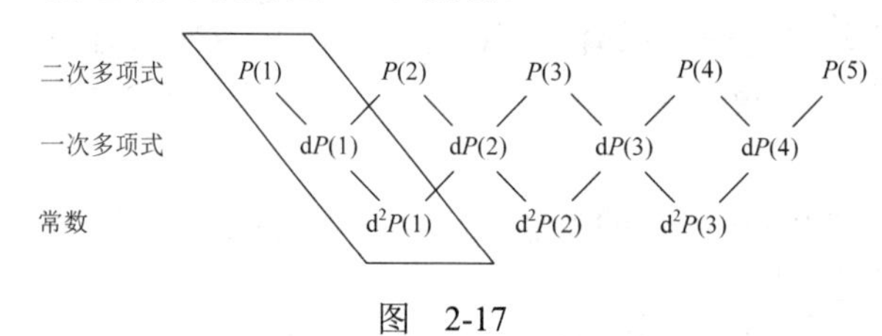

图 2-17

如果 $P(1), P(2), P(3)$都是 D 的倍数，意味着 $P(1)$, $\mathrm{d}P(1)$和 $\mathrm{d}^2P(1)$都是 D 的倍数。由于第三行（即所有的 $\mathrm{d}^2P(n)$）是常数，所以整个第三行都是 D 的倍数；根据差分的定义，可以推导出整个第二行都是 D 的倍数，再进一步得到第一行也都是 D 的倍数。

程序留给读者编写。

例题 9　最大公约数之和——极限版 II（GCD Extreme(II), UVa 11426）

输入正整数 n，求 $\gcd(1,2)+\gcd(1,3)+\gcd(2,3)+\cdots+\gcd(n-1,n)$，即所有满足 $1\leqslant i<j\leqslant n$ 的数对(i,j)所对应的 $\gcd(i,j)$之和。比如 n=10 时答案为 67，n=100 时答案为 13 015，n=200 000 时答案为 143 295 493 160。

【输入格式】

输入包含不超过 100 组数据。每组数据占一行，包含正整数 n（$2\leqslant n\leqslant 4\,000\,000$）。输入结束标志为 n=0。

【输出格式】

对于每组数据，输出一行，即所求和。答案保证在 64 位带符号整数范围内。

【分析】

设 $f(n)=\gcd(1,n)+\gcd(2,n)+\gcd(3,n)+\cdots+\gcd(n-1,n)$，则所求答案为 $S(n)=f(2)+f(3)+\cdots+f(n)$。只需求出 $f(n)$，就可以递推出所有答案：$S(n)=S(n-1)+f(n)$。因此，本题的重点在于如何计算 $f(n)$。

注意到所有 gcd(x,n)的值都是 n 的约数，可以按照这个约数进行分类，用 $g(n,i)$表示满足 gcd(x,n)=i 且 x<n 的正整数 x 的个数，则 $f(n)$=sum{i×$g(n,i)$ | i 是 n 的约数}。注意到 gcd(x,n)=i 的充要条件是 gcd(x/i,n/i)=1，因此满足条件的 x/i 有 phi(n/i)个，说明 $g(n,i)$=phi(n/i)。

问题到这里还没有结束。如果依次计算 $f(n)$，需要对每个 n 枚举它的约数 i，速度较慢，但如果把思路逆转过来，对于每个 i 枚举它的倍数 n（并且更新 $f(n)$的值），时间复杂度将降为与素数筛法同阶。至此，问题得到了完整的解决。代码如下。

```
#include<cstdio>
#include<cstring>
const int maxn = 4000000;
typedef long long LL;

//略去phi数组和phi_table函数的定义

LL S[maxn+1], f[maxn+1];

int main() {
  phi_table(maxn);

  //预处理f
  memset(f, 0, sizeof(f));
  for(int i = 1; i <= maxn; i++)
    for(int n = i*2; n <= maxn; n += i) f[n] += i * phi[n / i];

  //预处理S
  S[2] = f[2];
  for(int n = 3; n <= maxn; n++) S[n] = S[n-1] + f[n];

  int n;
  while(scanf("%d", &n) == 1 && n)
    printf("%lld\n", S[n]);
  return 0;
}
```

2.3.2 模方程

线性模方程：《算法竞赛入门经典（第 2 版）》中曾介绍过模线性方程的求解方法，即把它转化为线性不定方程后求解。下面让我们换一个角度看看这个问题。

首先还是把 $ax≡b \pmod n$转化为 $ax-ny=b$，当 d=gcd(a,n)不是 b 的约数时无解，否则两边同时除以 d，得到 $a'x-n'y=b'$，即 $a'x≡b' \pmod{n'}$（这里 $a'=a/d$, $b'=b/d$, $n'=n/d$）。此时 a'和 n'已经互素，因此只需左乘 a'在模 n'下的逆，则解为 $x≡(a')^{-1}b' \pmod{n'}$。这个解是模 n'剩余系中的一个元素，但一般我们还需要把解表示成模 n 剩余系中的元素。应当怎么做呢？

令$(a')^{-1}b'=p$，上述解相当于 $x=p, p+n', p+2n', p+3n'\cdots$。对于模 n 来说，这无穷多个整数有多少个等价类呢？假定 $p+in'$和 $p+jn'$同余，则$(p+in')-(p+jn')=(i-j)n'$是 n 的倍数，因此 $i-j$

必须是 d 的倍数。换句话说，在模 n 剩余系下，$ax≡b(\text{mod } n)$恰好有 d 个解，为 $p, p+n', p+2n', p+3n', \cdots, p+(d-1)n'$。

中国剩余定理：如果有多个方程，变量还是只有一个，该怎么做呢？可以考虑用中国剩余定理（Chinese Remainder Theorem）。假定有方程组 $x≡a_i(\text{mod } m_i)$，且所有模 m_i 两两互素。令 M 为所有 m_i 的乘积，$w_i=M/m_i$，则$(w_i,m_i)=1$。用扩展欧几里得算法可以找到 p_i 和 q_i 使得 $w_ip_i+m_iq_i=1$。然后令 $e_i=w_ip_i$，则方程组等价于单个方程 $x≡e_1a_1+e_2a_2+\cdots+e_na_n(\text{mod } M)$。换句话说，在模 M 剩余系下，原方程组有唯一解。

不难验证，$x_0=e_1a_1+e_2a_2+\cdots+e_na_n$ 是一个解，把等式 $w_ip_i+m_iq_i=1$ 两边模 m_i 后立即可得 $e_i \text{ mod } m_i=1$，而对于不等于 i 的 j，w_i 是 m_j 的倍数（想一想，为什么），因此 $e_i \text{ mod } m_j=0$。这样，x_0 对 m_i 取模时，除了 e_ia_i 这一项余数为 $1×a_i=a_i$ 之外，其余项的余数均为 0。代码如下。

```
//n个方程：x=a[i](mod m[i]) (0<=i<n)
LL china(int n, int* a, int *m) {
  LL M = 1, d, y, x = 0;
  for(int i = 0; i < n; i++) M *= m[i];
  for(int i = 0; i < n; i++) {
    LL w = M / m[i];
    gcd(m[i], w, d, d, y);
    x = (x + y*w*a[i]) % M;
  }
  return (x+M)%M;
}
```

离散对数：首先回忆一下初等代数里的对数。如果 $a^x=b$，也就是说 $x=\log_a b$，即 x 是以 a 为底的 b 的对数。在模算术里，也有类似的概念，但要比初等代数里复杂一些。为了简单起见，这里只考虑一种简单情况，即当 n 为素数时，解模方程 $a^x≡b(\text{mod } n)$。因为 n 是素数，只要 a 不为 0，一定存在逆 a^{-1}。

根据欧拉定理，只需检查 $x=0, 1, 2, \cdots, n-1$ 是不是解即可。因为 $a^{n-1}≡1(\text{mod } n)$，当 x 超过 $n-1$ 时 a^x 就开始循环了。我们先检查前 m 项（m 的取值稍后叙述），即 $a^0, a^1, \cdots, a^{m-1}$ 模 n 的值是否为 b，并把 $a^i \text{ mod } n$ 保存在 e_i 里，求出 a^m 的逆 a^{-m}。

下面考虑 $a^m, a^{m+1}, \cdots, a^{2m-1}$。这次不用一一检查，因为如果它们中有解，则相当于存在 i 使得 $e_i×a^m≡b(\text{mod } n)$。两边左乘 a^{-m} 得 $e_i≡b'(\text{mod } n)$，其中 $b'=a^{-m}b(\text{mod } n)$。这样，只需检查是否真的有 e_i 等于这个 b'即可。为了方便，可以把 e_i 保存在一个 STL 集合中，但考虑到还需要得到具体的下标 i，我们用一个 map<int,int> x，其中 $x[j]$表示满足 $e_i=j$ 的最小的 i（因为可能有多个 e_i 的值相同）。代码如下（其中，b'采用递推计算，覆盖了输入参数 b）。

```
//求解模方程a^x=b(mod n)。n为素数。无解返回-1
int log_mod(int a, int b, int n) {
  int m, v, e = 1, i;
  m = (int)sqrt(n+0.5);
  v = inv(pow_mod(a, m, n), n);
  map <int,int> x;
  x[1] = 0;
```

```
    for(i = 1; i < m; i++){ //计算e[i]
      e = mul_mod(e, a, n);
      if (!x.count(e)) x[e] = i;
    }
    for(i = 0; i < m; i++){ //考虑a^(im), a^(im+1), …, a^(im+m-1)
      if(x.count(b)) return i*m + x[b];
      b = mul_mod(b, v, n);
    }
    return -1;
  }
```

上面的代码中，$m=n^{1/2}$，这是为什么呢？因为计算 e 数组需要 $O(m\log m)$ 时间，以后每一轮需要 $O(\log m)$时间，一共 $O(n/m)$轮，因此总时间复杂度为 $O((m+n/m)\log m)$，当 m 和 n/m 接近时，即 $m=n^{1/2}$ 时总时间较短，为 $O(n^{1/2}\log n)$。这个算法称为 Shank 的大步小步算法（Shank's Baby-Step-Giant-Step Algorithm）。

当 n 不是素数时，可以把这个算法加以扩展，方法留给读者思考。

例题 10　数论难题（Code Feat, UVa 11754）

有一个正整数 N 满足 C 个条件，每个条件都形如"它除以 X 的余数在集合$\{Y_1, Y_2, \cdots, Y_k\}$中"，所有条件中的 X 两两互素，你的任务是找出最小的 S 个解。

【输入格式】

输入包含若干组数据。每组数据的第一行为两个整数 C 和 S（$1\leqslant C\leqslant 9$，$1\leqslant S\leqslant 10$）；以下 C 行，每行描述一个条件，首先是整数 X 和 k（$X\geqslant 2$，$1\leqslant k\leqslant 100$），然后是 $Y_1, Y_2, \cdots, Y_k$（$0\leqslant Y_1,Y_2,\cdots,Y_k<X$），所有 X 的乘积保证在 32 位带符号整数的范围内。输入结束标志为 $C=S=0$。

【输出格式】

对于每组数据，输出 S 个最小正整数解，并按照从小到大顺序排列。

【样例输入】

```
3 2
2 1 1
5 2 0 3
3 2 1 2
0 0
```

【样例输出】

```
5
13
```

【分析】

"除以 X 的余数在集合$\{Y_1, Y_2, \cdots, Y_k\}$中"这个条件很不好处理。如果我们知道这个余数具体是 $Y_1, Y_2, \cdots, Y_k$ 中的哪一个，问题就会简单很多。一种容易想到的方法是枚举每个集合中取哪个元素，它可以解决样例。样例有 3 个条件，列成方程即 $x \bmod 2=1, x \bmod 5=0$ 或

3, $x \bmod 3=1$ 或 2，一共有如下 4 种可能。

$$x \bmod 2 = 1, x \bmod 5 = 0, x \bmod 3 = 1 \Rightarrow x \bmod 30 = 25$$
$$x \bmod 2 = 1, x \bmod 5 = 0, x \bmod 3 = 2 \Rightarrow x \bmod 30 = 5$$
$$x \bmod 2 = 1, x \bmod 5 = 3, x \bmod 3 = 1 \Rightarrow x \bmod 30 = 13$$
$$x \bmod 2 = 1, x \bmod 5 = 3, x \bmod 3 = 2 \Rightarrow x \bmod 30 = 23$$

当所有 k 的乘积很大时这种方法会很慢，此时我们有另外一个方法，即直接枚举 x。找一个 k/X 最小的条件（比如样例中的第二个条件 k=2，X=5），按照 t=0, 1, 2, …的顺序枚举所有的 $tX+Y_i$（相同的 t 按照从小到大的顺序枚举 Y_i），看看是否满足条件。因为所有 k 的乘积很大，这个算法很快就能找到解。

有两个需要注意的地方：首先，如果用中国剩余定理求解，若得到的解不超过 S 个，需要把这些解加上 M, $2M$, $3M$, …，直到解足够多（M 为所有 X 的乘积）；其次，根据题意，0 不能算作解，因为它不是正整数，但不要因此把 M, $2M$, $3M$, … 这些解也忽略了。代码如下。

```
//略去 LL 类型、扩展 gcd 函数和 china 函数的定义
#include<cstdio>
#include<vector>
#include<set>
#include<algorithm>
using namespace std;

const int maxc = 9;
const int maxk = 100;
const int LIMIT = 10000;
set<int> values[maxc];
int C, X[maxc], k[maxc];
int Y[maxc][maxk];

void solve_enum(int S, int bc) {
  for(int c = 0; c < C; c++) if(c != bc) {
    values[c].clear();
    for(int i = 0; i < k[c]; i++) values[c].insert(Y[c][i]);
  }
  for(int t = 0; S != 0; t++) {
    for(int i = 0; i < k[bc]; i++) {
      LL n = (LL)X[bc]*t + Y[bc][i];
      if(n == 0) continue;  //只输出正数解
      bool ok = true;
      for(int c = 0; c < C; c++) if(c != bc)
        if(!values[c].count(n % X[c])) { ok = false; break; }
      if(ok) { printf("%lld\n", n); if(--S == 0) break; }
    }
  }
}

int a[maxc];                    //搜索对象，用于中国剩余定理
```

```
vector<LL> sol;

void dfs(int dep) {
  if(dep == C)
    sol.push_back(china(C, a, X));
  else for(int i = 0; i < k[dep]; i++) {
    a[dep] = Y[dep][i];
    dfs(dep + 1);
  }
}

void solve_china(int S) {
  sol.clear();
  dfs(0);
  sort(sol.begin(), sol.end());

  LL M = 1;
  for(int i = 0; i < C; i++) M *= X[i];

  vector<LL> ans;
  for(int i = 0; S != 0; i++) {
    for(int j = 0; j < sol.size(); j++) {
      LL n = M*i + sol[j];
      if(n > 0) { printf("%lld\n", n); if(--S == 0) break; }
    }
  }
}

int main() {
  int S;
  while(scanf("%d%d", &C, &S) == 2 && C) {
    LL tot = 1;
    int bestc = 0;
    for(int c = 0; c < C; c++) {
      scanf("%d%d", &X[c], &k[c]);
      tot *= k[c];
      for(int i = 0; i < k[c]; i++) scanf("%d", &Y[c][i]);
      sort(Y[c], Y[c]+k[c]);
      if(k[c]*X[bestc] < k[bestc]*X[c]) bestc = c;
    }
    if(tot > LIMIT) solve_enum(S, bestc);
    else solve_china(S);
    printf("\n");
  }
  return 0;
}
```

例题 11 网格涂色（Emoogle Grid, UVa 11916）

有这样一道题目，要给一个 M 行 N 列的网格涂上 K 种颜色，其中有 B 个格子不用涂色，其他每个格子涂一种颜色，同一列中的上下两个相邻格子不能涂相同颜色，如图 2-18 所示。给出 M, N, K 和 B 个格子的位置，求出涂色方案总数模 10^8+7 的结果 R。

本题的任务和这个相反：已知 N, K, R 和 B 个格子的位置，求最小可能的 M。

【输入格式】

输入第一行为数据组数 T（$T \leqslant 150$）。每组数据：第一行为 4 个整数 N, K, B, R（$0 \leqslant R < 10^8+7$）；以下 B 行每行为两个整数 x 和 y（$1 \leqslant x \leqslant M$, $1 \leqslant y \leqslant N$），即每个不需要涂色的格子的行列编号，这些格子的位置各不相同。

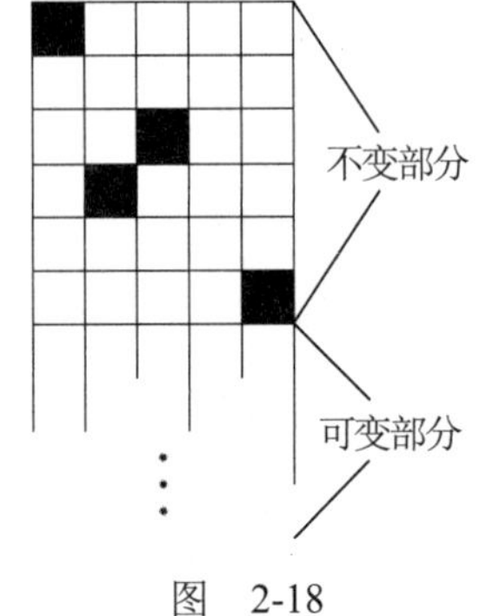

图 2-18

【输出格式】

对于每组数据，输出最小的 M。输入保证一定有解。

【分析】

一列一列地涂色，每列从上往下涂。如果一个格子位于第一行，或者它上面相邻格子不能涂色，则它有 K 种涂色方法；其他可涂色的格子有 $K-1$ 种方法。虽然 M 是未知的，但由于 M 至少应当等于不能涂色的格子的行编号的最大值，因此可以把整个网格分成不变部分和可变部分，如图 2-18 所示。

假定不变部分以及可变部分的第一行一共有 cnt 种涂色法，则每加一行之后，涂色方案数都会乘以 $P=(K-1)^N$。这样，我们得到了一个模方程 $\text{cnt}\times P^M=R$，移项得 $P^M=R\times \text{cnt}^{-1}$。用大步小步算法求解即可。注意要事先判断 $M=L$（不变部分的行数+1）是否满足条件，否则不仅“可变部分”为空，“不变部分”也是不完整的。代码如下。

```
#include<cstdio>
#include<algorithm>
#include<cmath>
#include<set>
#include<map>
using namespace std;

const int MOD = 100000007;
const int maxb = 500 + 10;
int n, m, k, b, r, x[maxb], y[maxb];
set<pair<int, int> > bset;

//略去 mul_mod, pow_mod, inv 和 log_mod 的定义。注意本题模总是 MOD

//计算可变部分的方案数
int count() {
  int c = 0;                                          //有 k 种涂法的格子数
  for(int i = 0; i < b; i++) {
    if(x[i] != m && !bset.count(make_pair(x[i]+1, y[i]))) c++;
    //不能涂色格下面的可涂色格
  }
  c += n;                                             //第一行所有空格都有 k 种涂法
  for(int i = 0; i < b; i++) if(x[i] == 1) c--;      //扣除那些不能涂色的格子
```

```
  //ans = k^c * (k-1)^(mn - b - c)
  return mul_mod(pow_mod(k, c), pow_mod(k-1, (long long)m*n - b - c));
}

int doit() {
  int cnt = count();
  if(cnt == r) return m;    //不变部分为空

  int c = 0;
  for(int i = 0; i < b; i++)
    if(x[i] == m) c++;        //可变部分第一行中有 k 种涂法的格子数
  m++;                        //多了一行（可变部分的第一行）
  cnt = mul_mod(cnt, pow_mod(k, c));
  cnt = mul_mod(cnt, pow_mod(k-1, n - c));
  if(cnt == r) return m;    //此时 cnt 为不变部分和可变部分第一行的方案总数

  return log_mod(pow_mod(k-1,n), mul_mod(r, inv(cnt))) + m;
}

int main() {
  int T;
  scanf("%d", &T);
  for(int t = 1; t <= T; t++) {
    scanf("%d%d%d%d", &n, &k, &b, &r);
    bset.clear();
    m = 1;
    for(int i = 0; i < b; i++) {
      scanf("%d%d", &x[i], &y[i]);
      if(x[i] > m) m = x[i]; //更新不变部分的行数
      bset.insert(make_pair(x[i], y[i]));
    }
    printf("Case %d: %d\n", t, doit());
  }
}
```

2.3.3　线性筛

在《算法竞赛入门经典（第 2 版）》中介绍了时间复杂度为 $O(n\log n)$的 Eratosthenes 素数筛法，这里我们再介绍一种更快速的时间复杂度为 $O(n)$的算法（一般称作线性筛）。其基本原理是：任何合数都能表示成一系列素数的积，且每个合数必有一个最小素因子，仅被它的最小素因子筛去正好一次。代码如下。

```
const int N = 8192;
// lp[i]:i 的最小素因子, primes: 记录所有素数
int lp[N], primes[N], pcnt;
void sieve() {
  pcnt = 0;
  fill_n(lp, N, 0);
```

```
  for (int i = 2; i < N; ++i) {
    int& l = lp[i];                              // i 的最小素因子是 l
    if (l == 0) l = i, primes[pcnt++] = i;  // i 是素数
    for (int j = 0; j < pcnt && primes[j] <= l; ++j) {
      int p = primes[j];                         // p <= l
      if (i * p >= N) break;
      lp[i * p] = p;                             // i * p 的最小素因子是 p
    }
  }
}
```

注意，每个整数 i 都有唯一的表示：i=lp[i]*x。其中，lp[i]是 i 的最小素因子，并且 x 的所有素因子都不小于 lp[i]，也就是说 lp[x]≥lp[i]。在上述代码中，对于每个 i 遍历了所有不大于 lp[i]的素因子 p，得到上述形式的表示：$p*i$。每个合数的 lp 都会被设置刚好一次。而且根据 lp 我们也很容易得到任意合数的唯一分解，具体做法请读者思考。

例题 12　可怕的诗篇（A Horrible Poem，POI 2012，牛客 NC 50316）

给出一个由小写英文字母组成的字符串 S，再给出 q 个询问，要求回答 S 某个子串 $S[a,b]$ 的最短循环节。如果字符串 B 是字符串 A 的循环节，那么 A 可以由 B 重复若干次得到（$1\leqslant a\leqslant b\leqslant n\leqslant 5\times 10^5$，$q\leqslant 2\times 10^6$）。

【分析】

对于 $S[a,b]$来说，如果 $S[a,a+L-1]$是其循环节，则首先要求 L 是$(b-a+1)$的约数，其次自然是所有子串 $S[a,a+L-1]$, $S[a+L, a+2L-1]$, …, $S[b-L+1,b]$都完全相同。第二个条件可以使用 Hash 预处理后用 $O((b-a+1)/L)$时间判断。但是关键在于第一个条件，如果直接暴力遍历所有$(b-a+1)$的约数，则总体时间复杂度就是 $O(qn(b-a+1)/L)$，肯定无法满足要求。

这里可以引入两个优化。

首先，不难证明字符串 $S[a,b]$存在长度为 L 的循环节，等价于 $S[a,b-L]$与 $S[a+L, b]$完全相同，这个判断仍然可以使用 Hash 在常数时间内完成。

其次，如果存在长度小于 L 的更短的循环节，则一定存在某个 L 的素因子 p，使得 $S[a, a+L/p-1]$依然是循环节。这样就可以从 $L=b-a+1$ 开始，依次判断所有 L 的满足上述条件的素因子 p，然后令 $L=L/p$。然后寻找下一个素因子 p，最终得到的 L 即为所求。而利用线性筛法可以预处理出所有可能的 L 的最小素因子，据此就可以很容易在 $O(\log(b-a+1))$的时间内枚举任意 L 的所有素因子，总体的时间复杂度为 $O(q\log n)$。

代码如下。

```
#include <bits/stdc++.h>
using namespace std;

const int NN = 5e5 + 4, x = 263;
typedef unsigned long long ULL;
typedef long long LL;

ULL XP[NN];
void initXP() {
```

```
  XP[0] = 1;
  for (size_t i = 1; i < NN; i++) XP[i] = x * XP[i - 1];
}
template <size_t SZ>
struct StrHash {
  size_t N;
  ULL H[SZ];

  void init(const char* pc, size_t n = 0) {
    if (XP[0] != 1) initXP();
    if (n == 0) n = strlen(pc);
    N = n;
    assert(N > 0);
    assert(N + 1 < SZ);
    H[N] = 0;
    for (int i = N - 1; i >= 0; --i)
      H[i] = pc[i] - 'a' + 1 + x * (H[i + 1]);
  }

  void init(const string& S) { init(S.c_str(), S.size()); }
  inline ULL hash(size_t i, size_t j) { // hash[i, j]
    // assert(i <= j);
    // assert(j < N);
    return H[i] - H[j + 1] * XP[j - i + 1];
  }
  inline ULL hash() { return H[0]; }
};

StrHash<NN> hs;
char S[NN];
int lastP[NN], primes[NN], pCnt;
void sieve(int N) {
  pCnt = 0;
  fill_n(lastP, N, 0);
  int *P = primes;
  for (int i = 2; i < N; ++i) {
    int& l = lastP[i];                          // i 的最小素因子
    if (l == 0) l = i, P[pCnt++] = i;           // i 是素数
    for (int j = 0; j < pCnt && P[j] <= l && P[j] * i < N; ++j)
      lastP[i * P[j]] = P[j];                   // i*p 的最小素因子是 p
  }
}

int find_rep(int a, int b) {
  int L = b - a + 1, xl = L;
  while (xl > 1) {
    int p = lastP[xl];                          // 尝试每一个素因子
    if (hs.hash(a, b - L / p) == hs.hash(a + L / p, b)) L /= p;
    xl /= p;
```

```
  }
  return L;
}

int main() {
  int n, q;
  S[0] = '|';
  scanf("%d%s%d", &n, S + 1, &q);
  hs.init(S, n + 1), sieve(n + 1);
  for (int i = 0, a, b; i < q; i++)
    scanf("%d%d", &a, &b), printf("%d\n", find_rep(a, b));
  return 0;
}
```

2.3.4 积性函数与莫比乌斯反演

不要被标题吓到，其实我们已经接触过了好几个积性函数，其中最重要的一个就是欧拉函数 $\varphi(x)$。之前我们已经推导过它的计算公式，用的是容斥原理。下面要介绍的莫比乌斯反演只是换了一个好听的名字，其本质是相通的。

下面我们换一个角度来推导这个公式。

$\varphi(n)$的定义是：小于 n 且与 n 互素的正整数个数。n 为素数时显然有 $\varphi(n)=n-1$；n 为合数时，假设 $n=ab$，且 a,b 互素，则 1～$ab=n$ 的所有整数可以排成表 2-1。

表 2-1

1	2	…	i	…	$a-1$	a
$a+1$	$a+2$	…	$a+i$	…	$2a-1$	$2a$
$2a+1$	$2a+2$	…	$2a+i$	…	$3a-1$	$3a$
…	…	…	…	…	…	…
$ja+1$	$ja+2$	…	$ja+i$	…	$(j+1)a-1$	$(j+1)a$
…	…	…	…	…	…	…
$(b-2)a+1$	$(b-2)a+2$	…	$(b-2)a+i$	…	$(b-1)a-1$	$(b-1)a$
$(b-1)a+1$	$(b-1)a+2$	…	$(b-1)a+i$	…	$(b-1)a+a-1$	ba

注意，如果第 i 列的 $ja+i$ 与 a 互素，则这一列都与 a 互素。第一行中刚好有 $\varphi(a)$个数与 a 互素，所以表 2-1 中总共有 $\varphi(a)$列数字与 a 互素。

对于 b 来说，因为 a,b 互素，所以$(k_1a+i)-(k_2a+i)$无法被 b 整除，因此每一列形成了一个模 b 的同余系，这一列中模 b 的余数都不同，其中共有 $\varphi(b)$个整数与 b 互素。所以，表 2-1 中与 ab 互素的个数就是与 a,b 都互素的个数，即 $\varphi(ab)=\varphi(a)\varphi(b)$。

有了这个式子，就可以根据唯一分解定理把 n 分解，则 $\varphi(n)$等于一堆 $\varphi(p^k)$的乘积，其中 p 是素数，$\varphi(p^k)$很好计算：所有“不与 p^k 互素”的数就是 p 的倍数，即 $p,2p,3p,\cdots,p^{k-1}p$，一共 p^{k-1} 个。而数字总数是 p^k，可得 $\varphi(p^k)=p^k-p^{k-1}=p^k\left(1-\frac{1}{p}\right)$。根据 $\varphi(n)=\varphi(a)\varphi(b)$，立

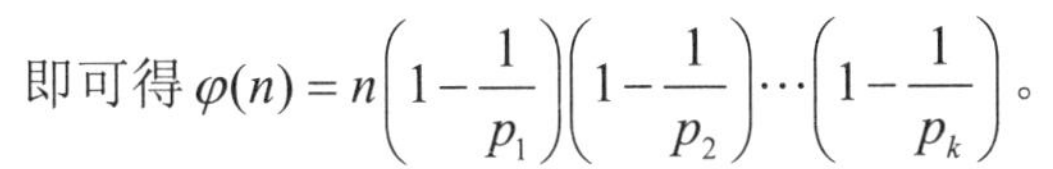

即可得 $\varphi(n)=n\left(1-\frac{1}{p_1}\right)\left(1-\frac{1}{p_2}\right)\cdots\left(1-\frac{1}{p_k}\right)$。

n 就是所有 p^k 的乘积。怎么样，是不是很巧妙？推导的关键就是 $\varphi(n)=\varphi(a)\,\varphi(a)$，前提是 a 和 b 互素且 $n=ab$。满足这个性质的函数就叫作积性函数。

对于一个定义域为 N^+的函数 f，如果对于任意两个 $a\perp b$，都有 $f(ab)=f(a)f(b)$，则 f 称为积性函数。对于任意积性函数有 $f(1)=1$。对于任意 $N>1$，考虑 N 的唯一分解 $N=\prod p_i^{ai}$ 对于任意积性函数 f 有 $f(N)\prod f\left(p_i^{ai}\right)$。如果对于任意的 a,b（不一定互素），都有 $f(ab)=f(a)f(b)$，则称 f 为完全积性函数。

积性函数有一个重要性质：令 $g(n)=\sum_{d|n}f(d)$，$n\geqslant1$，则"f 是积性函数"与"g 是积性函数"互为充要条件，这里 g 一般称作 f 的和函数（sum-function）。

那么，莫比乌斯函数（Möbius function）是什么呢？让我们再回顾一下使用容斥原理推导欧拉函数的过程

$$n-\sum_i\frac{n}{p_i}+\sum_{i<j}\frac{n}{p_ip_j}-\cdots+(-1)^k\frac{n}{p_1p_2\cdots p_k}$$

这里遍历了 n 的所有素因子 p_i，得到了一个加号和减号交替的式子。如果遍历 n 的所有因子 d（不一定是素因子），会怎样？设因子 d 的那一项的系数为 $\mu(d)$，即

$$\mu(d)=\begin{cases}1,\ d=1\\(-1)^k,d=p_1p_2\cdots p_k,d\text{是}k\text{个不同素数的乘积}\\0,\ d\text{是某个素数平方}p^2\text{倍数}\end{cases}$$

则有

$$\varphi(n)=\sum_{d|n}\mu(d)\frac{n}{d}$$

上面的 μ 就是莫比乌斯函数，而$\varphi(n)$的写法就是一个莫比乌斯反演。没错，可以把它理解为容斥原理在数论中的一种表现形式。

μ 还有一个性质：$\sum_{d|n}\mu(d)=[n=1]$。也就是说，当且仅当 n=1 时，左边的和式等于 1。

莫比乌斯反演的一般形式是这样的

$$g(n)=\sum_{d|n}f(d),n\geqslant1\Leftrightarrow f(n)=\sum_{d|n}\mu(d)g\left(\frac{n}{d}\right),n\geqslant1$$

接下来，我们尝试用莫比乌斯反演来推导欧拉函数。令 $f(n)=\varphi(n), g(n)=n$，如果能证明

$$\sum_{d|n}\varphi(d)=n \tag{1}$$

那么

$$\varphi(n)=\sum_{d|n}\mu(d)g\left(\frac{n}{d}\right)=\sum_{d|n}\mu(d)\cdot\frac{n}{d}=\sum_{d|n}(-1)^k\frac{n}{p_1p_2\cdots p_k}$$

根据定义，$\varphi(n)$就是分母为 n 的最简真分数的个数。比如 n=6 时，把分子、分母都不超过 6 的真分数列出来：0/6, 1/6, 2/6, 3/6, 4/6, 5/6, 约分一下，得到：0/1, 1/6, 1/3, 1/2, 2/3, 5/6。注意约分之后的分母肯定是 6 的约数（即 1, 2, 3, 6），且对于每个分母 d 来说，分子的个数就是小

于 d 且与 d 互素的正整数的个数，也就是 $\varphi(d)$，且以 n 的所有因子做分母的分子个数之和恰好等于 n，$\sum_{d|n}\varphi(d)=n$ 得证。由此可以得到基于莫比乌斯反演的 φ 函数的第三种推导。

φ 函数的推导过程还可以类比出一个有用的求和公式。假设 $f(n)$ 是一个积性函数，且 n 的唯一分解是

$$n=\prod_{i=1}^{t}p_i^{ki}$$

$$g(n)=\sum_{d|n}f(d)$$

$$g(n)=(f(1)+f(p_1)+f(p_1^2)+\cdots+f(p_1^{k_i}))\cdot(f(1)+f(p_2)+f(p_2^2)+\cdots+ f(p_2^{k_2}))\cdots(f(1)+f(p_t)+f(p_t^2)+\cdots+f(p_t^{k_t}))=\prod_{i=1}^{t}\sum_{j=0}^{ki}f(p_t^j) \tag{2}$$

每个和式里任取一个，乘起来就是 n 的一个因子 d 对应的 $f(d)$ 按照积性函数原则分解出来的式子（想一想，为什么？），则上述公式就很显然了。在唯一分解已经求出的情况下，计算上式的时间复杂度为所有素因子 p_i 的指数 k_i 之和。不难发现，k_i 肯定不超过 $\log_2 n$（如果 n 有更大的素因子，指数肯定更小），因此上式计算的时间复杂度为 $O(\log n)$。虽然“求唯一分解”仍然只能试除，但因为可以只枚举素数，比枚举所有因子要快。如果 $f(n)$ 并不那么好算，上述方法就更有希望解决问题，因为它只需考虑 n 是素数幂的情况的 $f(n)$ 值，也许比较容易推导。

除了前面介绍的约数形式，莫比乌斯反演还有一种倍数形式

$$g(n)=\sum_{n|d}f(d)\Rightarrow f(n)=\sum_{n|d}\mu\left(\frac{d}{n}\right)g(d)$$

这里给出简单的证明。令 $d=kn$，则有

$$\sum_{n|d}\mu\left(\frac{d}{n}\right)g(d)=\sum_{k=1}^{+\infty}\mu(k)g(nk)=\sum_{k=1}^{+\infty}\mu(k)\sum_{nk|t}f(t)=\sum_{n|t}f(t)\sum_{k|\frac{t}{n}}\mu(k)=\sum_{n|t}f(t)\left[\frac{t}{n}=1\right]=f(n)$$

2.3.5 筛法求解积性函数

如果要求解积性函数，关键是求 $f(p^k)$。线性筛中，筛掉 n 的同时还得到了 n 的最小素因子 p，所以希望得到对应 n 的唯一分解中 p 的次数 k。令 $n=p*m$，如果 $p^2|n$，则 $p|m$，且 p 也是 m 的最小素因子。可以在筛法过程中记录每个合数最小素因子的次数。这样，当筛到 n 时可以用 p 在 m 中的次数加 1 得到 p 在 n 中的次数。

对于特殊的积性函数 f，还要结合 f 的性质考虑进一步加速，比如前面说到欧拉函数 $\varphi(p^k)=(p-1)p^{k-1}$。线性筛中，如果 $p|m$，则令 $m=p^{k-1}q$。根据欧拉函数的积性性质，$\varphi(n)=\varphi(p^k)\varphi(q)=pp^{k-1}(1-1/p)\varphi(q)=p\varphi(p^{k-1})\cdot\varphi(q)=p\cdot\varphi(m)$。否则，$\varphi(n)=\varphi(p)\varphi(m)$。

对于 mobius 函数，只有当 $k=1$ 时，$\mu(p^k)=-1$，否则 $\mu(p^k)=0$。和 φ 一样，需要根据是否 $p\,|\,m$ 来计算。线性筛中，如果 $p\,|\,m$，则 $\mu(n)=0$，否则 $\mu(n)=-\mu(m)$。

再看另外一个积性函数问题。考虑大素数 P，定义 $f(n)=n^{-1}(\bmod P)$，求所有的 $f(1),f(2),\cdots,f(N)$。不难证明，对于任意 a,b 都有 $f(ab)=f(a)f(b)$，也就是完全积性函数。也就是说，对于任意素数 p，求出 $f(p)$ 之后，就可以求出任意的 $f(n)$。而用扩展欧几里得算法求出 $f(p)$ 的时间

复杂度为 $O(\log p)$，素数个数大概为 $O\left(\frac{N}{\log N}\right)$，所以总体时间复杂度为 $O(N)$。

其实，还有更快速的解法。对于任意 n，记 $P=mn+r$，则 $f(n)\equiv -mr^{-1}(\bmod P)$。证明过程为

$$mn\equiv -r \Rightarrow -mnr^{-1}\equiv 1 \Rightarrow n^{-1}\equiv -mr^{-1}(\bmod P)。$$

因为 $r<n$，所以直接对 $n=1\sim N$ 递推即可。对于某些组合计数问题，可能牵涉求 $\binom{n}{k}\bmod P$，而 $\binom{n}{k}=\frac{n!}{k!(n-k)!}$，显然需要计算 $(n!)^{-1}\bmod P$，根据逆元的积性，$(n!)^{-1}=\prod_{i=1}^{n}i^{-1}$。这样可以用 $O(N)$的时间递推出所有的$(n!)^{-1}$。

例题 13 可见格点（Visible Lattice Points, Indian ICPC training camp, SPOJ VLATTICE）

对于三维坐标系中的点$\{(x, y, z) \mid 0\leqslant x, y, z\leqslant N\}$，$1\leqslant N\leqslant 10^6$，问这些点中有哪些是原点可以看到的（原点除外）。

【分析】

可以看到的点要满足原点到该点的连线上不存在其他点，则题目可以转化为求 $\gcd(x,y,z)=1$ 的(x,y,z)数目。记 $f(d)$为满足 $\gcd(x,y,z)=d$ 的(x,y,z)个数，$g(n)$为满足 $n|\gcd(x,y,z)$ 的(x,y,z)个数。很显然，这里要求 x,y,z 都是 n 的非零倍数，个数都是$\lfloor N/n\rfloor$个，所以 $g(n)=\lfloor N/n\rfloor^3$，且有 $g(n)=\sum_{n|d}f(d)$。根据倍数形式的莫比乌斯反演，可得到

$$f(n)=\sum_{n|d}\mu(n/d)g(d)=\sum_{n|d}\mu(n/d)[N/d]^3$$

所求答案为

$$f(1)=\sum_{1\leqslant d\leqslant N}\mu(d)[N/d]^3$$

同时还要考虑到坐标轴上的 3 个点(1,0,0),(0,1,0),(0,0,1)，以及在 3 个坐标平面上的点。后者是上文推理的二维简化情况：$\sum_{1\leqslant d\leqslant N}\mu(d)[N/d]^2$。同时，也需要用 $O(N)$的时间预处理所有的 μ 值，代码如下。

```
#include <bits/stdc++.h>
using namespace std;
#define _for(i,a,b) for( int i=(a); i<(int)(b); ++i)
#define _rep(i,a,b) for( int i=(a); i<=(int)(b); ++i)
typedef long long LL;

const int MAXN = 1000000 + 4;
valarray<bool> isPrime(true, MAXN);
valarray<LL> Mu(0LL, MAXN), Lp(0LL, MAXN);
vector<LL> Ps;
void sieve(int N) {
  Ps.clear(), Mu[1] = 1;
  _for(i, 2, N) {
    LL& l = Lp[i];
    if (l == 0) Ps.push_back(i), Mu[i] = -1, l = i;
```

```
    for (size_t j = 0; j < Ps.size() && Ps[j] <= l && Ps[j] * i < N; ++j) {
      LL p = Ps[j];
      Lp[i * p] = p;
      if (i % p == 0) {
        Mu[i * p] = 0;
        break;
      }
      Mu[i * p] = -Mu[i];
    }
  }
}

int main() {
  sieve(MAXN);
  int T, N;
  scanf("%d", &T);
  while (T--) {
    scanf("%d", &N);
    LL ans = 3;                    // 3个坐标轴上的点
    _rep(d, 1, N) {
      LL k = N / d;
      ans += Mu[d]*k*k*(k+3);      // (x,y,z)个数以及三个平面上的(x,y)个数
    }
    printf("%lld\n", ans);
  }
  return 0;
}
```

例题 14　墨菲斯（Mophues, ACM/ICPC 杭州在线 2013, HDU 4746）

给出 Q ($1\leqslant Q\leqslant 5000$)个询问，每个询问，给出三个整数 N,M,P ($N,M,P\leqslant 5\times 10^5$)，求 $\sum_{i=1}^{N}\sum_{j=1}^{M}[h(\gcd(i,j))\leqslant P]$。其中 $h(x)$表示 x 的唯一分解中的素因子个数，比如 $12=2^2\times 3$，$h(12)=3$。注意这里 $h(1)=0$。

【分析】

首先注意到 $2^{19}=524\,288\geqslant 5\times 10^5$，所以当 $P\geqslant 18$ 时，所有的(i,j)都满足 $h(\gcd(i,j))\leqslant P$。直接返回 NM 即可。

和上题不同的是，gcd 不是固定的值，而是需要满足特定条件。但是依然尝试定义 g 和 f，定义 $f(n)$为满足 $\gcd(x,y)=n$ 并且满足 $1\leqslant x\leqslant N$，$1\leqslant y\leqslant M$ 的(x,y)个数。定义 $g(d)$为满足 $d|\gcd(x,y)$的(x,y)个数，则 $g(d)=[N/d][M/d]$。反演可得 $f(n)=\sum_{n|d}\mu(d/n)[N/d][M/d]$。

不妨设 $N\leqslant M$，所求答案就是

$$\text{ans}=\sum_{\substack{h(n)\leqslant P,\\ n\leqslant N}} f(n)=\sum_{\substack{h(n)\leqslant P,\\ n\leqslant N}}\sum_{n|d}\mu(d/n)[N/d][M/d]=\sum_{\substack{h(n)\leqslant P,\\ n\leqslant N}}\sum_{1\leqslant k\leqslant N/n}\mu(k)[N/kn][M/kn]$$

如果按照这个公式直接计算，肯定要超时，令 $T=kn$，则有

$$ans = \sum_{1 \leqslant T \leqslant N} [N/T][M/T] \sum_{n|T} \mu(T/n)[h(n) \leqslant P]$$

可以使用类似筛法的逻辑，首先针对所有的(n,P)计算所有的$\sum_{n/T} \mu(T/n)[h(n) \leqslant P]$，然后依次使用求前缀和的技巧求$\sum_{n/T} \mu(T/n)[h(n) \leqslant P]$以及$\sum_{1 \leqslant T \leqslant N} \sum_{n/T} \mu(T/n)[h(n) \leqslant P]$。详情请参考代码。预处理部分的时间复杂度为$O(N\log N)$。

对于每一组输入来说，还要考虑$[N/T][M/T]$。实际上可以分段求和，在某些段内部$[N/T][M/T]$是固定的，这一段的和可以使用$\sum_{1 \leqslant T \leqslant N} \sum_{n|T} \mu(T/n)[h(n) \leqslant P]$计算前缀和，从而将复杂度降低到$O\sqrt{N}$。具体请查看代码：

```
#include <bits/stdc++.h>
using namespace std;
typedef long long LL;

const int MAXN = 500000 + 4, MAXP = MAXN;
vector<bool> isPrime(MAXP, true);
vector<LL> Mu(MAXP), Primes, H(MAXP, 1);
LL G[MAXN][20];
void sieve() {
  Mu[1] = 1, H[1] = 0;
  for (int i = 2; i < MAXP; ++i) {
    if (isPrime[i]) Primes.push_back(i), Mu[i] = -1, H[i] = 1;
    for(size_t j = 0; j < Primes.size(); ++j) {
      LL p = Primes[j], t = p * i;
      if (t >= MAXP) break;
      isPrime[t] = false, H[t] = H[i] + 1;
      if (i % p == 0) {
        Mu[t] = 0;
        break;
      }
      Mu[t] = -Mu[i];
    }
  }
  memset(G, 0, sizeof(G));
  for (int n = 1; n < MAXN; n++) {
    for (int k = 1, T = n; T < MAXN; ++k, T += n)
      G[T][H[n]] += Mu[k];                              //Σμ(T/n)|h(n)=P
  }

  for (int n = 1; n < MAXN; n++)
    for(int p = 1; p < 20; p++)
      G[n][p] += G[n][p - 1];                           // Σμ(T/n)|h(n)≤P
  for (int n = 1; n < MAXN; n++)
    for(int p = 0; p < 20; p++)  G[n][p] += G[n - 1][p]; // ΣnΣμ(T/n)|h(n)≤P
}
```

```
LL N, M, P;
LL solve() {
  if (P >= 20) return N * M;
  if (N > M) swap(N, M);
  LL ans = 0;
  for (int T = 1, et = 0; T <= N; T = et + 1) {
    et = min(N / (N / T), M / (M / T));
    ans += (G[et][P] - G[T - 1][P]) * (N / T) * (M / T);
  }
  return ans;
}

int main() {
  sieve();
  int Q;
  scanf("%d", &Q);
  while (Q--) {
    scanf("%lld%lld%lld", &N, &M, &P);
    printf("%lld\n", solve());
  }
  return 0;
}
```

例题 15 数一数 $a\times b$（Count $a\times b$, ACM/ICPC 长春 2015, LA 7184）

令$f(m)$表示有多少个整数二元组(a,b)满足$0\leqslant a,b<m$，且$m\nmid ab$。输入n，求$g(n)=\sum_{m|n} f(m)$。比如，$g(6)=f(1)+f(2)+f(3)+f(6)=0+1+4+21=26$，$g(514)=328\ 194$。一共有$T$组数据，$1\leqslant T\leqslant 20\ 000$，$1\leqslant n\leqslant 10^9$，输出答案除以$2^{64}$的余数。

【分析】

本题看上去不难，但实际上现场 200 多支队伍中仅有 6 队做出此题，而且大都是 4 小时之后。n 的范围看上去并不是很大，如果直接枚举因子 m 会怎样？假设能在 $O(1)$时间内计算$f(m)$，则一共需要 $O(n^{0.5})$的时间回答每次询问。对于 n 的最大值，大约要枚举 sqrt(10^9)= 31 622 个可能的 m。可是数据组数 T 很大，这个方法有超时的危险。不管怎样，这提示我们要深入挖掘 $g(n)$的性质了。

大家是否感觉这个 $f(m)$定义的好奇怪，“不是 m 的倍数”看上去很不舒服，感觉“是 m 的倍数”比较好算。定义 $h(m)$为所有的满足 $m|ab$ 的(a,b)个数，其中 $0\leqslant a,b<m$，则$f(m)=m^2-h(m)$，所求的$g(n)=\sum_{m|n} m^2-\sum_{m|n} h(m)$。期待 h 会有更好的性质。不管怎样，$\sum_{m|n} m^2$ 和 $\sum_{m|n} h(m)$ 应该是要分开计算了，我们先看看 m^2 的求和结果。

$$\sum_{d|n} f(d)$$

根据刚才学到的，因为x^2是完全积性函数（对于任意的 $X=X_1X_2$，都有 $X^2=X_1^2X_2^2$），直接用刚才的公式(2)即可。因为 n^2 很简单，很容易推导出

$$\sum_{m|n} m^2 = (1+P_1^2+\cdots+(p_1^{k_1})^2)\cdot(1+p_2^2+\cdots+(p_2^{k_t}))\cdots((1+p_t^2+\cdots+(p_t^{k_t})^2)$$

我们直接推导出 $1+p^2+p^4+\cdots+p^{2k}$，注意不能用等比数列的求和公式，因为牵涉除法，而 k 不会很大，分解出所有的 n 的素因子之后直接计算即可。

那 $h(n)$呢？如果它也是积性函数就好啦，因为 31 622 以内的素数只有约 3 000 个，乘上 T 之后也勉强可以承受。

因为 $m|ab$，记 d=gcd(m,a)，则 $\left(\frac{a}{d},\frac{m}{d}\right)=1$，所以 $m\left|ab\rightarrow\frac{m}{d}\right\|\frac{a}{d}b\rightarrow\frac{m}{d}\Big|b$，对于每个 d 来说，b 是 m/d 的倍数且 $b\leqslant m$，所以 b 有 $m/(m/d)=d$ 个。而 $d|a,a\leqslant m$，所以 a 的个数是 $\varphi(m/d)$。$h(m)=\sum_{d|m}d\cdot\varphi(m/d)$。对 $h(m)$求和

$$\sum_{m|n}h(m)=\sum_{m|n}\sum_{d|m}d\cdot\varphi\left(\frac{m}{d}\right)=\sum_{d|n}d\cdot\sum_{\frac{m}{d}|\frac{n}{d}}\varphi\left(\frac{m}{d}\right)=\sum_{d|n}d\cdot\frac{n}{d}=n\cdot\tau(n)$$

这里用到了前文提到的 φ 的性质 $\sum_{d|n}\varphi(d)=n$。$\tau(n)$指的是 n 的因子的个数。在唯一分解 n 之后，很容易通过乘法原理得到 $n\cdot\tau(n)=n\cdot\prod_{i=1}^{r}(a_i+1)$——它正好就是在算法一中推导出的$(k+1)p^k$的乘积！问题解决。代码如下。

```
#include <bits/stdc++.h>

using namespace std;
#define _for(i, a, b) for (int i = (a); i < (b); ++i)
#define _rep(i, a, b) for (int i = (a); i <= (b); ++i)
const int MAXN = (int)(1e9) + 4, MAXP = 31622 + 4;
typedef unsigned long long ULL;

// lp:i 的最小素因子, primes: 记录所有素数
int lp[MAXP], primes[MAXP], pcnt;
void sieve(int N) {
  pcnt = 0;
  fill_n(lp, N, 0);
  for (int i = 2; i < N; ++i) {
    int& l = lp[i];                          // i 的最小素因子 l
    if (l == 0) l = i, primes[pcnt++] = i;   // i 是素数
    for (int j = 0; j < pcnt && primes[j] <= l; ++j) {
      int p = primes[j];                     // p <= l
      if (i * p >= N) break;
      lp[i * p] = p;                         // i * p 的最小素因子是 p
    }
  }
}

int main() {
  ios::sync_with_stdio(false), cin.tie(0);
  int T, N;
```

```
  cin >> T;
  sieve(MAXP);
  while (T--) {
    cin >> N;
    ULL g = 1, h = N, x = N;
    _for(i, 0, pcnt) {
      ULL p = primes[i];
      if (p > x) break;
      if (x % p != 0) continue;
      int k = 0;
      ULL sp = 1, pp = p * p;                    // Σp^(2i), p^2i
      for (k = 0; x % p == 0; k++) {
        x /= p;
        sp += pp, pp *= p * p;
      }
      g *= sp, h *= k + 1;
    }
    if (x > 1) g *= (1 + x * x), h *= 2;
    cout << g - h << endl;
  }
  return 0;
}
```

2.4 组合游戏

考虑这样一个游戏。有 3 堆火柴，分别有 a, b, c 根，记为状态(a, b, c)。每次一个游戏者可以从任意一堆中拿走至少一根火柴，也可以整堆拿走，但不能从多堆火柴中同时拿。无法拿火柴的游戏者输。这个游戏称为 Nim 游戏。

举个例子，假设 a=1, b=2, c=3，也就是 3 堆火柴分别有 1, 2, 3 根。若是你先拿，你会怎么拿呢？

方案 1：拿走第一堆唯一的一根火柴。这样的话只剩两堆火柴了，分别有 2 根和 3 根，即状态(0,2,3)。在这种情况下，对手只要在第三堆火柴中拿走一根，即变成(0,2,2)，你就输了。为什么？因为以后不管你怎么拿，对手总能在另一堆里采用相同的拿法，所以对手肯定不会出现无法拿火柴的情况，因此输的只能是你。当然了，如果对手比较笨，不把火柴拿成(0,2,2)的状态，你仍然有机会获胜，但这不在讨论范围之内。我们假定游戏双方都是绝顶聪明的，在有必胜策略时一定采取必胜策略。

方案 2：完全拿走第二堆或者第三堆，即变成(1,0,3)或者(1,2,0)。这样做其实和方案 1 是等价的（想一想，为什么），仍然是你输。

方案 3：拿成(1,1,3)，(1,2,2)或者(1,2,1)。不难发现，对手只需分别拿成(1,1,0), (0,2,2)和(1,0,1)，又是你输。

至此，我们已经讨论完了所有 6 种可能的拿法，都是你输。所以我们说(1,2,3)是一个先手必败的状态，简称必败状态[①]。

上述的思考方法不仅适用于 Nim 游戏，下面来考虑这样一类组合游戏。

（1）两个游戏者轮流操作。

（2）游戏的状态集有限，并且不管双方怎么走，都不会再现以前出现过的状态，这保证了游戏总是在有限步后结束。

（3）谁不能操作谁输，另一个游戏者获胜。不难发现，在这样的规则下是不会出现平局的。

状态图：为了方便分析，我们可以把游戏中的状态画成图。每个结点是一个状态，每条边代表从一个状态转移到另一个状态的操作。这里只讨论公平游戏（impartial game），也就是说，如果一个游戏者可以把状态 A 变为状态 B，另一个游戏者也可以。国际象棋不是公平游戏，因为白方可以移动白子，但黑方却不可以。

上面的例子可以画出如图 2-19 所示的状态图（不完整）。

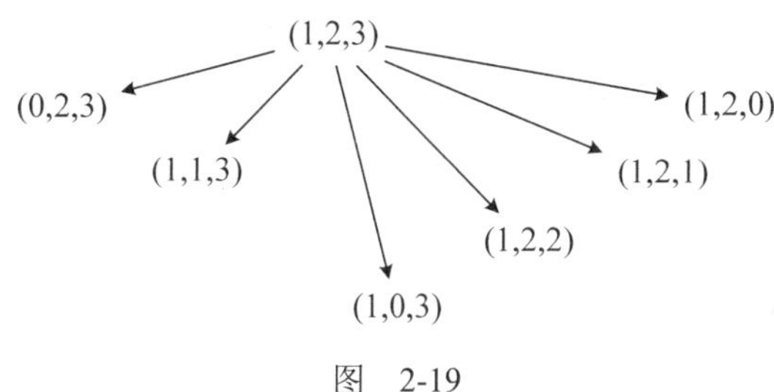

图 2-19

把刚才的分析搬到图上来叙述，就是(1,2,3)的后继状态都是先手必胜状态，因此(1,2,3)是先手必败状态。注意，先手必胜状态（简称必胜状态）是指先手存在必胜策略，而不是先手不管怎么走都能赢。别忘了我们的假设是双方都足够聪明。这样不难得到如下两个规则。

规则 1：一个状态是必败状态，当且仅当它的所有后继都是必胜状态。

规则 2：一个状态是必胜状态，当且仅当它至少有一个后继是必败状态。

作为特例，没有后继状态的状态是必败状态（我们的规则是不能操作的游戏者输）。有了这两个规则，就可以用递推的方法判断整个状态图的每一个结点是必胜状态还是必败状态。因为状态图是无环的，所以如果按照拓扑序的逆序进行判断，在判断每个结点的时候，它的所有后继都已经判断过了。

Ferguson 游戏：为了加深对状态图的理解，我们来考虑一个简单的游戏。有两个盒子，开始时分别有 m 颗糖和 n 颗糖，把这样的状态记为(m, n)。每次移动时将一个盒子清空而把另一个盒子的一些糖拿到被清空的盒子中，使得两个盒子至少各有一颗糖。显然，唯一的终态为$(1, 1)$。如果最后移动的游戏者获胜，那么状态为(m, n)的先手是胜还是败？

根据上述定义，按照 $k=m+n$ 从小到大的顺序判断即可。这里给出输出所有 $k<20$ 的必败状态程序。由于状态(n,m)和(m,n)是等价的，程序只输出了 $n\leq m$ 的必败状态。代码如下。

```
#include<cstdio>
using namespace std;
```

① 再如，在上面的讨论中我们实际上已经得出$(x,x,0)$总是必败状态。

```
const int maxn = 100;
int winning[maxn][maxn];
int main() {
  winning[1][1] = false;
  for(int k = 3; k < 20; k++)
    for(int n = 1; n < k; n++) {
      int m = k-n;
      winning[n][m] = false;
      for(int i = 1; i < n; i++)
        if(!winning[i][n-i]) winning[n][m] = true;
      for(int i = 1; i < m; i++)
        if(!winning[i][m-i]) winning[n][m] = true;
      if(n <= m && !winning[n][m]) printf("%d %d\n", n, m);
    }
  return 0;
}
```

Chomp!游戏：有一个 $m\times n$ 的棋盘，每次可以取走一个方格并拿掉它右边和上面的所有方格。拿到左下角的格子(1, 1)者输。例如在 8×3 棋盘中拿掉(6, 2)和(2, 3)后的状态，如图 2-20 所示。

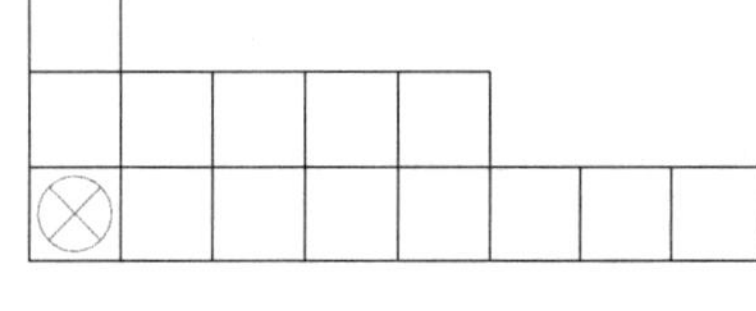

图　2-20

给出 m 和 n，问先手必胜还是必败。

分析：本题的结论有些出乎意料，除了(1,1)是先手必败之外，其他情况都是先手必胜。

如果后手能赢，也就是说后手有必胜策略，使得无论先手第一次取哪个石子，后手都能获得最后的胜利。那么现在假设先手取最右上角的石子(n,m)，接下来后手通过某种取法使得自己进入必胜的局面。但事实上，先手在第一次取的时候就可以和后手这次取的一样，抢先进入必胜局面，与假设矛盾。

约数游戏：有 1～n 个数字，两个人轮流选择一个数，并把它和它的所有约数擦去。擦去最后一个数的人赢，问谁会获胜。

分析：本题和"Chomp!游戏"有着异曲同工之妙，读者不妨试着证明一下（提示，假设先手选"1"）。

Nim 游戏的解法：回到 Nim 游戏，我们实际上已经得到了一个判断任意状态(a,b,c)是否为必败状态的算法，可惜时间复杂度比较高，因为当 a，b，c 很大时，状态图的结点数和边数会很大。有没有直接判断的方法呢？L.Bouton 在 1902 年给出了这样一个定理（Bouton 定理）：状态(x_1,x_2,x_3)为必败状态，当且仅当 x_1 xor x_2 xor x_3=0，这里的 xor 是二进制的逐位异或操作，也称为 Nim 和（Nim sum）。

举个例子，状态为(13, 12, 8)的情况是先手必胜还是先手必败，只需要计算

$$13 = 1101_2$$
$$12 = 1100_2$$
$$8 = 1000_2$$
$$\text{Nimsum} = 1001_2 = 9$$

因为不是 0，所以先手必胜。那么应当怎样操作才能必胜呢？不难发现，应该给对手留下一个先手必败的状态，即 Nim 和等于 0 的状态。比如，把 $13=1\,101_2$ 变成 $4=100_2$。

事实上，这个定理适合于任意堆的情况，即每堆火柴的数目全部放在一起求异或，当且仅当结果为 0 时，状态是先手必败的。下面用数学归纳法证明。

首先，如果每堆都没有火柴，显然先手必败；否则根据前面介绍的规则，需要证明两个结论。

（1）对于必胜状态，一定有一个后继状态是必败的。

证明：假设 Nim 和为 $X>0$，且 X 的二进制表示最左边的 1 在第 k 位，则一定存在一个该位为 1 的堆（想一想，为什么）。设这堆火柴的数量为 Y，则只需要把它拿成 $Z=Y$ xor X 根火柴，得到的状态就是必败状态。为什么呢？我们需要证明两个结论：$Z<Y$，以及新的 Nim 和等于 0（注意，Y 和 X 异或之后第 k 位变成了 0，且第 k 位左边那些位均不变，因此 Z 一定比 Y 小）；所有堆的 Nim 和原先等于 X，现在 Y 变成了 Z，新的 Nim 和等于 X xor Y xor $Z=X$ or Y xor (Y xor X)=0。

（2）对于必败状态，所有后继状态都是必胜的。

证明：由于只能改变一堆火柴，不管修改它的哪一位，Nim 和对应的那一位一定不为 0，因此不可能是必败状态。

这样，我们就证明了 Bouton 定理。注意过去的数学归纳法是在自然数列上做归纳，而上述证明实际上是在 DAG 上做归纳，请读者仔细体会。

组合游戏的和：假设有 k 个组合游戏 $G_1, G_2, \cdots, G_k$，可以定义一个新游戏，在每个回合中，当前游戏者可以任选一个子游戏 G_i 进行一次合法操作，而让其他游戏的局面保持不变，不能操作的游戏者输。这个新游戏称为 $G_1, G_2, \cdots, G_k$ 的和。

考虑下面 3 个游戏：

- 有一堆火柴，共有 3 根。每次一个游戏者可以拿走至少一根火柴，也可以整堆拿走。无法拿火柴的游戏者输。
- 有一堆火柴，共有 7 根。每次一个游戏者可以拿走至少一根火柴，也可以整堆拿走。无法拿火柴的游戏者输。
- 有一堆火柴，共有 8 根。每次一个游戏者可以拿走至少一根火柴，也可以整堆拿走。无法拿火柴的游戏者输。

上面这 3 个游戏的“和”就是如下 Nim 游戏：有 3 堆火柴，分别有 3, 7, 8 根；每次一个游戏者可以从任意一堆中拿走至少一根火柴，也可以整堆拿走，但不能从多堆火柴中同时拿；无法拿火柴的游戏者输。

为什么呢？因为每个回合里，当前游戏者可以选择一个子游戏（即选一堆火柴），然后进行一次合法操作（从该堆中拿火柴），但其他子游戏的局面保持不变（不能从多堆火柴中同时拿）。

组合游戏的和通常是很复杂的[①]，下面介绍一个很好的工具，可以解决组合游戏的和的问题，那就是 SG 函数和 SG 定理。

① 例如，单堆 Nim 游戏很简单（直接把所有火柴拿走就赢了），但 n 堆火柴就复杂得多了。

SG 函数和 SG 定理：对于任意状态 x，定义 SG(x)=mex(S)，其中 S 是 x 的后继状态的 SG 函数值集合，mex(S)表示不在 S 内的最小非负整数。比如，若 x 有 6 个后继状态，SG 函数值分别为 0, 1, 1, 2, 4, 7，则 SG(x)=3，因为 3 是第一个没有出现在后继状态 SG 函数值集合中的非负整数。这样，终态的 SG 值显然为 0（因为 S 是空集），而其他值可以递推算出。不难发现，SG(x)=0，当且仅当 x 为必败状态。

SG 函数的威力需要借助于 Sprague-Grundy 定理（SG 定理）才能发挥。游戏和的 SG 函数等于各子游戏 SG 函数的 Nim 和。这样，就可以把各个子游戏分而治之，大大简化了问题。顺便说一句，上述 Bouton 定理可以看作 Sprague-Grundy 定理在 Nim 游戏中的直接应用，因为单堆 Nim 游戏的 SG 函数满足 SG(x)=x（想一想，为什么）。

上述描述有些难懂，但即使你有些迷糊也没有关系，可以直接阅读下面的例题。在学习组合游戏时，例题往往能大大加深你对知识点的理解。

翻棋子游戏：一个棋盘上每个格子有一个棋子，每次操作可以随便选一个朝上的棋子（x,y）（代表第 x 行、第 y 列的棋子），选择一个形如（x,b）或者（a,y）（其中 $b<y, a<x$）的棋子，然后把它和（x,y）一起翻转，无法操作的人输。

分析：把坐标为（x,y）的棋子看作大小分别为 x 和 y 的两堆火柴，则本题转化为了经典的 Nim 游戏。如果难以把棋子“看作”火柴，可以先把 Nim 游戏中的一堆火柴看成一个正整数，则 Nim 游戏中的每次操作是把其中一个正整数减小或者删除。

除法游戏①：有一个 $n \times m$（$1 \leqslant n,m \leqslant 50$）矩阵，每个元素均为 2～10 000 的正整数。两个游戏者轮流操作。每次可以选一行中的 1 个或多个大于 1 的整数，把它们中的每个数都变成它的某个真因子，比如 12 可以变成 1，2，3，4 或者 6，不能操作的游戏者输（换句话说，如果在谁操作之前，矩阵中的所有数都是 1，则他输）。

分析：考虑每个数包含的素因子个数（比如 12=2×2×3 包含 3 个素因子），则让一个数“变成它的真因子”等价于拿掉它的一个或多个素因子。这样，每行对应一个火柴堆，每个数的每个素因子看成一根火柴，则本题就和 Nim 游戏完全等价了。

例题 16　石子游戏（Playing with Stones, Jakarta 2010, UVa 1482）

有 n 堆石子，分别有 $a_1, a_2, \cdots, a_n$ 个。两个游戏者轮流操作，每次可以选一堆，拿走至少一个石子，但不能拿走超过一半的石子。比如，若有 3 堆石子，每堆分别有 5, 1, 2 个，则在下一轮中，游戏者可以从第一堆中拿 1 个或 2 个，第二堆中不能拿，第三堆只能拿一个。谁不能拿石子，就算输。

【输入格式】

输入第一行为数据组数 T（$T \leqslant 100$）。每组数据：第一行为整数 n（$1 \leqslant n \leqslant 100$）；第二行包含 n 个整数 $a_1, a_2, \cdots, a_n$（$1 \leqslant a_i \leqslant 2\times10^{18}$）。

【输出格式】

对于每组数据，如果先手胜，输出 YES，否则输出 NO。

【分析】

本题和 Nim 游戏不同，但也可以看作 n 个单堆游戏之和。遗憾的是，即使是单堆游戏，

① UVa 11859。

由于 a_i 的范围太大，也不能按照定义递推出所有的 SG 函数。尽管如此，我们还是可以先写一个递推程序，看看 SG 函数有没有规律。代码如下。

```
#include<cstdio>
#include<cstring>
const int maxn = 100;
int SG[maxn];
int vis[maxn];

int main() {
  SG[1] = 0;
  for(int i = 2; i <= 30; i++) {
    memset(vis, 0, sizeof(vis));
    for(int j = 1; j*2 <= i; j++) vis[SG[i-j]] = 1;
    for(int j = 0; ; j++) if(!vis[j]) {
      SG[i] = j;
      break;
    }
    printf("%d ", SG[i]);
  }
  return 0;
}
```

打印出来的结果是 1 0 2 1 3 0 4 2 5 1 6 3 7 0 8 4 9 2 10 5 11 1 12 6 13 3 14 7 15。我们发现当 n 为偶数时，SG(n)=n/2，但 n 为奇数时似乎没什么规律。但当把 n 为偶数的值全部删除后得到的数列是 0 1 0 2 1 3 0 4 2 5 1 6 3 7…，和原数列是一样的。换句话说，当 n 为奇数时，SG(n)=SG(n/2)（这里的 n/2 是向下取整）。代码如下。

```
#include <iostream>
using namespace std;

long long SG(long long x){
  return x%2==0 ? x/2 : SG(x/2);
}

int main() {
  int T;
  cin >> T;
  while (T--){
    int n;
    long long a, v = 0;
    cin >> n;
    for(int i = 0; i < n; i++) {
      cin >> a;
      v ^= SG(a);
    }
    if(v) cout << "YES\n";
    else cout << "NO\n";
  }
  return 0;
}
```

例题 17　Treblecross 游戏（Treblecross, UVa 10561）

有 n 个格子排成一行，其中一些格子里面有字符 X。两个游戏者轮流操作，每次可以选一个空格，在里面放上字符 X。如果此时有 3 个连续的 X 出现，则该游戏者赢得比赛。初始情况下不会有 3 个 X 连续出现。你的任务是判断先手必胜还是必败，如果必胜，输出所有必胜策略。

【输入格式】

输入第一行为数据组数 T（$T \leqslant 100$）。每组数据为一行，有至少 3 个，最多 200 个字符，每个字符要么是“.”（表示空格），要么是 X。保证不会有 3 个 X 字符连续出现。

【输出格式】

对于每组数据，第一行输出 WINNING（先手胜）或者 LOSING（先手败）。如果先手胜，在第二行输出所有必胜策略（即下一步放 X 的格子编号。格子从左到右编号为 1,2,3,…）。如果先手败，第二行应为空。

【分析】

如果输入中已经有 XX 或者 $X.X$ 出现，则一定先手胜，且必须选择哪些和两个 X 相邻的格子。因此，在接下来的分析中，可以假定输入中不会出现 XX 或者 $X.X$。不仅如此，我们还得出了一个结论，即聪明的游戏者不会在 X 的旁边或者旁边的旁边放 X。这两种位置（最多 4 个格子）都属于不许放 X 的“禁区”。谁无法放 X 了，谁就输了。

这样，我们不难发现，整个游戏已经被 X 和它们旁边的“禁区”分成了若干个独立的棋盘片段，每次都可以选择一个片段进行游戏，谁无法继续游戏了，就算输。联想到了什么？没错，这就是若干个游戏的和。由于每个棋盘片段都是连续的，我们想到用一个正整数（即棋盘的长度）来表示状态，$g(x)$表示由连续的 x 个格子组成的棋盘所对应的游戏的 SG 函数值，则可以得到递推方程 $g(x) = \text{mex}\{g(x-3), g(x-4), g(x-5), g(1) \text{ xor } g(x-6), g(2) \text{ xor } g(x-7)\cdots\}$。

边界为 $g(0)=0$，$g(1)=g(2)=g(3)=1$。在上式中，$g(x-3)$对应“把 X 放在最左边的格子”这一决策，注意到最左边的 3 个格子都成为“禁区”，实际能放的格子只有 $x-3$ 个，而 $g(2) \text{ xor } g(x-7)$对应图 2-21 的局面，左边两个格子和右边 $x-7$ 个格子是两个独立的子游戏，根据 SG 定理可知，应该用异或。

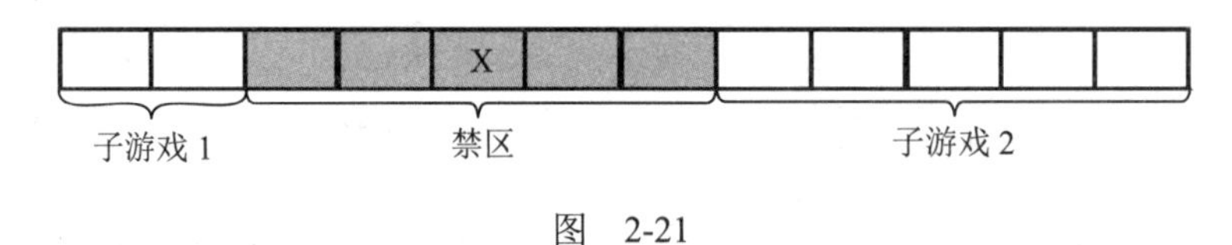

图　2-21

有了 g 函数，很容易算出初始局面的 SG 函数，但如何找到必胜策略呢？枚举所有策略，那些使得后继状态 SG 值为 0 的决策就是所求策略。

2.5　概率与数学期望

《算法竞赛入门经典（第 2 版）》中已经介绍过离散概率的基础知识，本节是这些知

识的延伸。

全概率公式：把样本空间 S 分成若干个不相交的部分 $B_1, B_2, \cdots, B_n$，则 $P(A)=P(A|B_1)\times P(B_1)+P(A|B_2)\times P(B_2)+\cdots+P(A|B_n)\times P(B_n)$。这里的 $P(A|B)$是指在 B 事件发生的条件下，事件 A 发生的概率。

公式看上去复杂，但其实思想很简单。比如，参加比赛，得一等奖、二等奖、三等奖和优胜奖的概率分别为 0.1, 0.2, 0.3 和 0.4，这 4 种情况下，你会被妈妈表扬的概率分别为 1.0, 0.8, 0.5, 0.1，则你被妈妈表扬的总概率为 0.1×1.0+0.2×0.8+0.3×0.5+0.4×0.1=0.45。使用全概率公式的关键是“划分样本空间”，只有把所有可能情况不重复、不遗漏地进行分类，并算出每个分类下事件发生的概率，才能得出该事件发生的总概率。

数学期望：简单地说，随机变量 X 的数学期望 $E(X)$就是所有可能值按照概率加权的和。比如一个随机变量有 1/2 的概率等于 1，1/3 的概率等于 2，1/6 的概率等于 3，则这个随机变量的数学期望为 1×1/2+2×1/3+3×1/6=5/3。在非正式场合中，可以说这个随机变量“在平均情况下”等于 5/3。在解决和数学期望相关的题目时，可以先考虑直接使用数学期望的定义求解。计算出所有可能的取值，以及对应的概率，最后求加权和。如果遇到困难，则可以考虑使用下面两个工具。

- 期望的线性性质。有限个随机变量之和的数学期望等于每个随机变量的数学期望之和。比如对于两个随机变量 X 和 Y，$E(X+Y)=E(X)+E(Y)$。
- 全期望公式。类似全概率公式，把所有情况不重复、不遗漏地分成若干类，每类计算数学期望，然后把这些数学期望按照每类的概率加权求和。

例题 18　麻球繁衍（Tribbles, UVa 11021）

有 k 只麻球，每只活一天就会死亡，临死之前可能会生出一些新的麻球。具体来说，生 i 个麻球的概率为 P_i。给定 m，求 m 天后所有麻球均死亡的概率。注意，不足 m 天时就已全部死亡的情况也算在内。

【输入格式】

输入第一行为测试数据组数 T。每组数据：第一行为 3 个整数 n, k, m（$1\leqslant n\leqslant 1000$，$0\leqslant k\leqslant 1000$，$0\leqslant m\leqslant 1000$）；以下 n 行每行为一个概率，即 $P_0, P_1, \cdots, P_{n-1}$。

【输出格式】

对于每组数据，输出所求概率，保留小数点后七位。

【分析】

由于每只麻球的后代独立存活，只需求出一开始只有 1 只麻球，m 天后全部死亡的概率 $f(m)$。由全概率公式有

$$f(i)=P_0+P_1f(i-1)+P_2f(i-1)^2+P_3f(i-1)^3+\cdots+P_{n-1}f(i-1)^{n-1},$$

其中，$P_jf(i-1)^j$ 的含义是这只麻球生了 j 只后代，它们在 i-1 天后全部死亡。注意这 j 只后代的死亡是独立的，而每只死亡的概率都是 $f(i-1)$，因此根据乘法公式，j 只后代全部死亡的概率为 $f(i-1)^j$。同理，由于一开始共有 k 只麻球，且各只麻球的死亡是独立的，由乘法公式，最终答案是 $f(m)^k$。代码如下（注意 m=0 的情况）。

```
#include<cstdio>
#include<cmath>
const int maxn = 1000 + 10;
const int maxm = 1000 + 10;

int n, k, m;
double P[maxn], f[maxm];
int main() {
  int T;
  scanf("%d", &T);
  for(int kase = 1; kase <= T; kase++) {
    scanf("%d%d%d", &n, &k, &m);
    for(int i = 0; i < n; i++) scanf("%lf", &P[i]);
    f[0] = 0; f[1] = P[0];
    for(int i = 2; i <= m; i++) {
      f[i] = 0;
      for(int j = 0; j < n; j++) f[i] += P[j] * pow(f[i-1], j);
    }
    printf("Case #%d: %.7lf\n", kase, pow(f[m], k));
  }
  return 0;
}
```

例题 19 和朋友会面（Joining with Friend, UVa 11722）

你和朋友都要乘坐火车，并且都会途径 A 城市。你们很想会面，但是你们到达这个城市的准确时刻都无法确定。你会在时间区间$[t_1, t_2]$中的任意时刻以相同的概率密度到达。你朋友则会在时间区间$[s_1, s_2]$内的任意时刻以相同的概率密度到达。你们的火车都会在 A 城市停留 w 分钟。只有在同一时刻，你们所在的火车都停在城市 A 的时候，才有可能会面。你的任务是计算出现这种情况的概率。

【输入格式】

输入第一行为测试数据组数 T（$T \leqslant 500$）。每组数据只有一行，包含 5 个整数，分别为 t_1, t_2, s_1, s_2 和 w（$360 \leqslant t_1 < t_2 < 1080$，$360 \leqslant s_1 < s_2 < 1080$，$1 \leqslant w \leqslant 90$）。这些数都以分钟为单位。$t_1, t_2, s_1, s_2$ 指的是从午夜 00:00 开始算起的时间。

【输出格式】

对于每组数据，输出会面成功的概率。

【分析】

假设 x 和 y 分别是两辆火车到城市 A 的时间，则整个概率空间是平面上的一个矩形，而两人相遇的条件是 $|x-y| \leqslant W$。因此，这个矩形被两条直线 $y = x-w$ 和 $y = x+w$ 切割后中间的那个“类似菱形的图形”的面积除以整个矩形的面积就是所求概率，如图 2-22 所示。

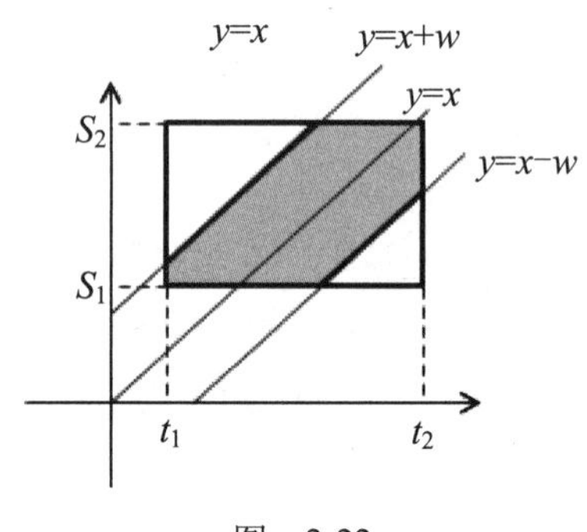

图 2-22

注意，图 2-22 只是众多情况中的一种，需要分类讨论。程序留给读者编写。

例题 20 玩纸牌（Expect the Expected, UVa 11427）

假设每天晚上你都玩纸牌游戏，如果第一次就赢了，就高高兴兴地去睡觉；如果输了，就继续玩。再假设每盘游戏你获胜的概率都是 p，且各盘游戏的输赢是独立的。你是一个固执的完美主义者，因此会一直玩到当晚获胜局数的比例严格大于 p 时才停止，然后高高兴兴地去睡觉。当然，晚上的时间有限，最多只能玩 n 盘游戏，如果获胜比例一直不超过 p 的话，你只能垂头丧气地去睡觉，以后再也不玩纸牌游戏了。你的任务是计算出平均情况下，你会玩多少个晚上的纸牌。

【输入格式】

输入第一行为数据组数 T（$T\leqslant3000$）。每组数据只有一行，包含每盘游戏的获胜概率 p 和每晚上最多可以玩的盘数 n。其中，p 表示成分数形式（p 的分母不超过 1000，$1\leqslant n\leqslant100$）。

【输出格式】

对于每组数据，输出平均情况下玩游戏的晚上的个数，用截尾法保留整数部分。答案保证为 1～1000 的整数。

【分析】

不难发现，每天晚上的情况相互独立，因此先研究一下单独一天的情况，计算出只玩一晚上纸牌游戏时，“垂头丧气地去睡觉”的概率 Q。

设 $d(i,j)$表示前 i 局中每局结束后的获胜比例均不超过 p，且前 i 局一共获胜 j 局的概率，则根据全概率公式，有：$j/i\leqslant p$ 时 $d(i,j) = d(i-1,j)\times(1-p) + d(i-1,j-1)\times p$，其他 $d(i,j)=0$，边界为 $d(0,0)=1, d(0,1)=0$。则 $d(n,0)+d(n,1)+d(n,2)+\cdots$就是所求的 Q。

下面我们用数学期望的定义来计算游戏总天数 X 的数学期望。

$X=1$ 概率为 Q。

$X=2$ 概率为 $Q(1-Q)$：第一天高高兴兴（概率为 $1-Q$），第二天垂头丧气。

$X=3$ 概率为 $Q(1-Q)^2$：前两天高高兴兴（概率为$(1-Q)^2$），第三天垂头丧气。

…

$X=k$ 概率为 $Q(1-Q)^{k-1}$：前 $k-1$ 天高高兴兴（概率为$(1-Q)^{k-1}$），第 k 天垂头丧气。

因此，X 的数学期望 $EX=Q+2Q(1-Q)+3Q(1-Q)^2+4Q(1-Q)^3\cdots$注意，这是个无穷级数，需要一点儿数学技巧来计算。

首先，令

$$s=EX/Q=1+2(1-Q)+3(1-Q)^2+4(1-Q)^3+\cdots \tag{1}$$

则

$$(1-Q)s=(1-Q)+2(1-Q)^2+3(1-Q)^3+\cdots \tag{2}$$

（1）-（2）得

$$EX = Qs = 1+(1-Q)+(1-Q)^2+(1-Q)^3+\cdots=1/Q$$

有个方法可以更简单地得到上述结论。设数学期望为 e 天，把情况分成两类：第一天晚上垂头丧气，概率为 Q，期望为 1；第一天晚上高高兴兴，概率为 $1-Q$，数学期望为 $e+1$（想一想，为什么）。根据全期望公式，我们得到一个方程 $e=Q\times1+(1-Q)\times(e+1)$，解得 $e=1/Q$。代码如下。

```
#include<cstdio>
#include<cmath>
#include<cstring>
const int maxn = 100 + 5;

int main() {
  int T;
  scanf("%d", &T);
  for(int kase = 1; kase <= T; kase++) {
    int n, a, b;
    double d[maxn][maxn], p;
    scanf("%d/%d%d", &a, &b, &n); //请注意 scanf 的技巧
    p = (double)a/b;
    memset(d, 0, sizeof(d));
    d[0][0] = 1.0; d[0][1] = 0.0;
    for(int i = 1; i <= n; i++)
      for(int j = 0; j*b <= a*i; j++) {
      //等价于枚举满足 j/i <= a/b 的 j，但避免了误差
        d[i][j] = d[i-1][j]*(1-p);
        if(j) d[i][j] += d[i-1][j-1]*p;
      }
    double Q = 0.0;
    for(int j = 0; j*b <= a*n; j++) Q += d[n][j];
    printf("Case #%d: %d\n", kase, (int)(1/Q));
  }
  return 0;
}
```

例题 21　得到 1（Race to 1, UVa 11762）

给出一个整数 N，每次可以在不超过 N 的素数中随机选择一个 P，如果 P 是 N 的约数，则把 N 变成 N/P，否则 N 不变。问平均情况下需要多少次随机选择，才能把 N 变成 1？比如 N=3 时答案为 2，N=13 时答案为 6。

【输入格式】

输入第一行为数据组数 T($T \leqslant 1000$)。每组数据只有一行，仅包含一个整数 N($1 \leqslant N \leqslant 1\,000\,000$)。

【输出格式】

对于每组数据，输出平均情况需要的操作次数。

【分析】

本题可以看作一个随机转移的状态机，如图 2-23 所示，转移弧旁的数字为转移概率，每个状态出发的所有转移概率之和等于 1。N 的每个约数（包括 N 和 1）对应一个状态。各状态转移都有一定的概率。从每个状态出发的

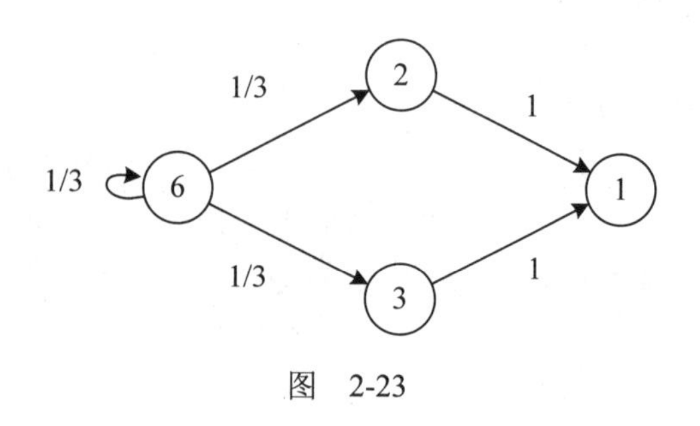

图　2-23

各转移的概率和总是 1①。

设 $f(i)$表示当前的数为 i 时接下来需要选择的次数，则根据数学期望的线性性质和全期望公式可以为每个状态列出一个方程，例如

$$f(6) = 1 + f(6)\times 1/3 + f(3)\times 1/3 + f(2)\times 1/3$$

等式右边最前面的“1”是指第一次转移，而后面的几项是后续的转移，用全期望公式展开。一般地，设不超过 x 的素数有 $p(x)$个，其中有 $g(x)$个是 x 的因子，则

$$f(x)=1+f(x)\times\left[1-\frac{g(x)}{p(x)}\right]+\sum_{y\text{是}x\text{的素因子}} f(x/y)\frac{1}{p(x)}$$

边界为 $f(1)=0$。移项后整理得

$$f(x)=\frac{\sum_{y\text{是}x\text{的素因子}} f(x/y)+p(x)}{g(x)}$$

因为 $x/y<x$，可以用记忆化搜索的方式计算 $f(x)$，这里只给出核心程序。代码如下。

```
double dp(int x) {
  if(x == 1) return 0.0;          //边界
  if(vis[x]) return f[x];         //记忆化
  vis[x] = 1;
  double& ans = f[x];
  int g = 0, p = 0;               //累加g(x)和p(x)
  ans = 0;
  for(int i = 0; i < prime_cnt && primes[i] <= x; i++) {
    p++;
    if(x % primes[i] == 0) { g++; ans += dp(x / primes[i]); }
  }
  ans = (ans + p) / g;
  return ans;
}
```

最后结果是 dp(n)。在调用之前，需要求出不超过 1 000 000 的所有素数，放到 primes 数组中，素数个数为primt_cnt。注意，数组 vis 只需在程序开始时清零，每次新处理一组数据时不必清零，这样可以加快处理速度（想一想，为什么）。

2.6 置换及其应用

简单来说，置换（permutation）就是把 n 个元素做一个全排列。比如 1, 2, 3, 4 分别变成 3, 1, 2, 4，或者分别变成 4, 3, 2, 1。一般地，1 变 a_1，2 变 a_2，…的置换记为

$$\begin{bmatrix} 1 & 2 & \cdots & n \\ a_1 & a_2 & \cdots & a_n \end{bmatrix}$$

置换实际上就是一一映射。在程序上，可以用一个数组 $f=\{a_1, a_2, \cdots, a_n\}$来表示 1～$n$

① 这样的随机过程称为马尔可夫过程（markov process）。尽管这个名称本身不会对解题带来什么帮助，但要知道它以后会对阅读某些文献有所帮助。

的一个置换，其中$f[i]$表示元素i所映射到的数（$f[0]$未使用）。这个f也可以看成是定义域和值域为$\{1, 2, 3, \cdots, n\}$的函数，其中$f(1)=a_1, f(2)=a_2, f(3)=a_3, \cdots, f(n)=a_n$。由于不同的元素映射到不同的数，这个函数是可逆的。

置换之间可以定义乘法，对应于函数复合（function composition）。比如，置换$f=\{1,3,2\}$和$g=\{2,1,3\}$，乘积$fg=\{2,3,1\}$，因为各个元素的变化为$1\to1\to2, 2\to3\to3, 3\to2\to1$。在数学上，函数复合总是满足结合律，所以置换乘法也满足结合律。注意，置换乘法不满足交换律，比如在上面的例子中，$gf=\{3,1,2\}$。如果你对上面的描述仍有疑问，请看下式。

$$\begin{bmatrix}1 & 2 & 3 & 4 & \boxed{5} & 6\\ 1 & 5 & 6 & 2 & \boxed{4} & 3\end{bmatrix}\begin{bmatrix}1 & 2 & 3 & \boxed{4} & 5 & 6\\ 6 & 2 & 4 & \boxed{3} & 5 & 1\end{bmatrix}=\begin{bmatrix}1 & 2 & 3 & 4 & \boxed{5} & 6\\ 6 & 5 & 1 & 2 & \boxed{3} & 4\end{bmatrix}$$

置换$f=\{1,5,6,2,4,3\}$，$g=\{6,2,4,3,5,1\}$，则$fg=\{6,5,1,2,3,4\}$。比如，5 先由f映射到 4，这个 4 再由g映射到 3，所以总的来说，5 映射到了 3。同理，1 先映射到 1，再映射到 6；2 先映射到 5，再映射到 5；3 先映射到 6，再映射到 1；等等。

为了处理方便，常常把置换分解成循环（permutation cycle）的乘积，其中每个循环代表一些元素“循环移位”。比如(1, 4, 3)这个循环表示 1→4，4→3，3→1。下面是一个把置换分解成循环乘积的例子

$$\begin{bmatrix}1 & 2 & 3 & 4 & 5\\ 3 & 5 & 1 & 4 & 2\end{bmatrix}=(1,3)(2,5)(4)$$

为什么任意置换都可以这样分解呢？因为我们把每个元素看成是一个结点，如果a变成b，连一条有向边$a\to b$，则每个元素恰好有一个后继结点和一个前驱结点（想一想，为什么），借用图论的术语就是每个点的出度和入度均为 1。不难发现，这样的图只能是若干个有向圈，其中每个圈对应一个循环。如上面的例子，一共有 5 条有向边：$1\to3, 2\to5, 3\to1, 4\to4, 5\to2$。

这个思维过程实际上对应着一个循环分解算法。任取一个元素，顺着有向边走，最终一定会走成一个环，然后换一个没被访问过的元素如法炮制，直到所有元素都被访问过。

虽然在一般情况下置换乘法不满足交换律，但对于不相交的循环来说，按照任意顺序相乘都是等价的。在忽略顺序的情况下，刚才已经证明，任意置换只有唯一的方法表示成不相交循环的乘积。我们称循环分解中循环的个数为该置换的循环节。比如(1，3)(2，5)(4)的循环节为 3。

有这样一个经典问题，给 2×2 方格中涂黑白两色，有几种方法？答案是 16 种，如图 2-24 所示。

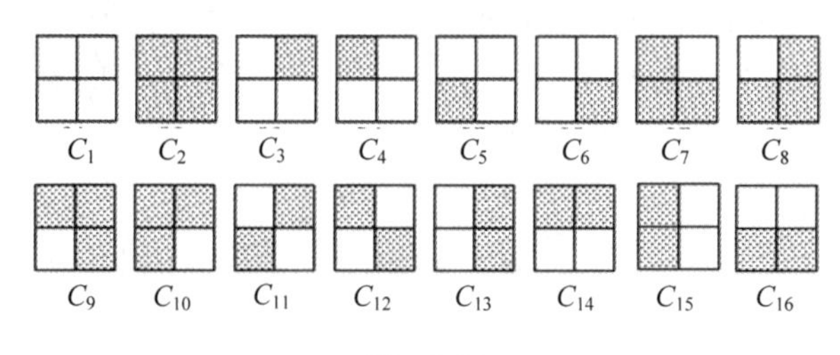

图 2-24

但如果定义一种“旋转操作”，规定逆时针旋转 90°，180°，270° 后相同的方案算作一种，那么答案就变成 6 种了，如图 2-25 所示。

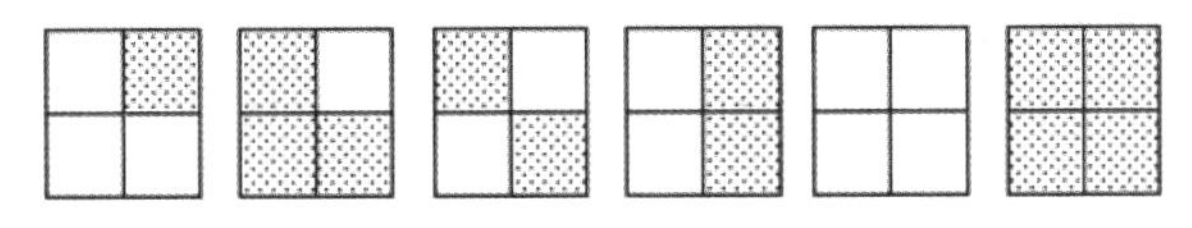

图 2-25

这样的问题称为等价类计数问题。也就是说，题目中会定义一种等价关系，满足等价关系的元素被看成同一类，只统计一次。等价关系需要满足自反性（每个元素和它自身等价）、对称性（如果 A 和 B 等价，则 B 和 A 等价）和传递性（如果 A 和 B 等价，B 和 C 等价，则 A 和 C 等价）。比如上面的“旋转后相同”就是一个等价关系。有了等价关系，所有元素会分成若干个等价类，每个等价类里的所有元素相互等价，不同等价类里的元素不等价。

为了统计等价类的个数，首先需要用一个置换集合 F 来描述等价关系。如果一个置换把其中一个方案映射到另一个方案，就说二者是等价的。比如“逆时针转 90°”这个置换把上面的 C_3 映射到 C_4。注意，F 中任意两个置换的乘积也应当在 F 中，否则 F 无法构成置换群（读者暂时不必追究细节，只需记住即可）。例如，不能定义 F={逆时针旋转 0°，逆时针旋转 90°，逆时针旋转 270°}，因为两个“逆时针旋转 90°”叠加的效果是旋转 180°，不在 F 内。

对于一个置换 f，若一个着色方案 s 经过置换后不变，称 s 为 f 的不动点。将 f 的不动点数目记为 $C(f)$，则可以证明等价类数目为所有 $C(f)$ 的平均值。此结论称为 Burnside 引理。

例如，在本题中“逆时针旋转 180 度”的不动点有 C_1, C_2, C_{11}, C_{12} 这 4 个，“逆时针旋转 90°”和“逆时针旋转 270°”都只有 C_1 和 C_2 两个不动点，“逆时针旋转 0°”有 16 个不动点（任意方案经过“不旋转”这样的置换后都不变），根据 Burnside 引理，等价的方案有(4+2+2+16)/4=6 个。

如何求 $C(f)$ 呢？我们先把格子编号为如图 2-26 所示的形式。

1	2
4	3

图 2-26

比如“逆时针旋转 180°”这个置换写成循环的乘积就是(1，3)(2，4)，即 1 和 3 互变，2 和 4 互变。不难发现，1 和 3 的颜色必须相同，2 和 4 的颜色也必须相同，而“1 与 3”和“2 与 4”的颜色互不相干。根据乘法原理，有 2×2=4 种方案，即 C（逆时针旋转 180°）=4。

一般地，如果置换 f 分解成 $m(f)$ 个循环的乘积，那么每个循环内所有格子的颜色必须相同（想一想，为什么），假设涂 k 种颜色，则有 $C(f)=k^{m(f)}$。代入 Burnside 引理的表达式之后可得到 Pólya 定理：等价类的个数等于所有置换 f 的 $k^{m(f)}$ 的平均数。

Pólya 定理很容易用 Burnside 引理证明，因此建议读者记住 Burnside 引理，一般的等价类计数问题均可以用它解决。

例题 22　项链和手镯（Arif in Dhaka(First Love Part 2), UVa 10294）

项链和手镯都是由若干珠子穿成的环形首饰，区别在于手镯可以翻转，但项链不可以。换句话说，图 2-27 中（a）、（b）两个图，如果是手镯则看作相同，如果是项链则看作不同。当然，不管是项链还是手镯，旋转之后一样的看作相同。

输入整数 n 和 t，输出用 t 种颜色的 n 颗珠子（每种颜色的珠子个数无限制，但珠子总数必须是 n）能制作成的项链和手镯的条数。比如 $n=5$，$t=3$ 时，项链有 51 条，手镯有 39 条。

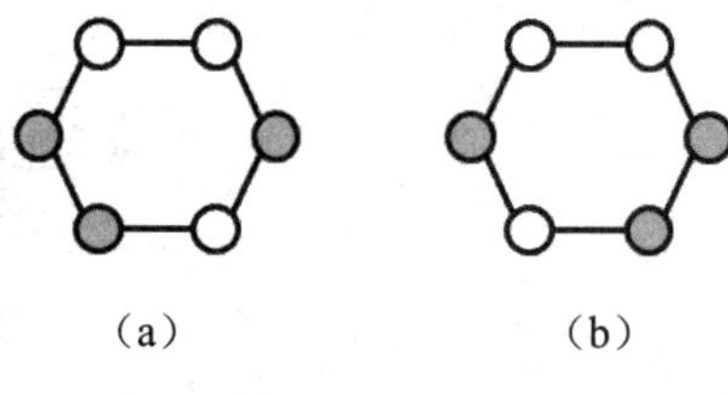

图 2-27

【输入格式】

输入包含多组数据。每组数据仅一行，包含两个整数 n 和 t（$1 \leqslant n \leqslant 50$，$1 \leqslant t \leqslant 10$）。输入结束标志为文件结束符（EOF）。

【输出格式】

对于每组数据，输出项链的条数和手镯的条数。

【分析】

本题是等价类计数问题，可以用 Pólya 定理或者 Burnside 引理解决。一共有两种置换，即旋转和翻转，其中项链只有旋转一种置换，而手镯则是两种都有。为了叙述方便，假定所有珠子按照逆时针顺序编号为 $0 \sim n-1$。

旋转：如果逆时针旋转 i 颗珠子的间距，则珠子 0，i，$2i$，…构成一个循环。这个循环有 $n/\gcd(i,n)$个元素（想一想，为什么）。根据对称性，所有循环的长度均相同，因此一共有 $\gcd(i,n)$个循环。这些置换的不动点总数为 $a=\sum_{i=0}^{n-1} t^{\gcd(i,n)}$。

翻转：需要分两种情况讨论。当 n 为奇数时，对称轴有 n 条，每条对称轴形成$(n-1)/2$ 个长度为 2 的循环和 1 个长度为 1 的循环，即$(n+1)/2$ 个循环。这些置换的不动点总数为 $b=nt^{(n+1)/2}$。当 n 为偶数时，有两种对称轴。穿过珠子的对称轴有 $n/2$ 条，各形成 $n/2-1$ 个长度为 2 的循环和两个长度为 1 的循环；不穿过珠子的对称轴有 $n/2$ 条，各形成 $n/2$ 个长度为 2 的循环。这些置换的不动点总数为 $b=\frac{n}{2}(t^{n/2+1}+t^{n/2})$。

根据 Pólya 定理，项链总数为 a/n，手镯总数为$(a+b)/2n$。这里只给出核心程序，代码如下。

```
int main() {
  int n, t;
  while(scanf("%d%d", &n, &t) == 2 && n) {
    LL pow[maxn];
    pow[0] = 1;
    for(int i = 1; i <= n; i++) pow[i] = pow[i-1] * t;
    LL a = 0;
    for(int i = 0; i < n; i++) a += pow[gcd(i, n)];
    LL b = 0;
    if(n % 2 == 1) b = n * pow[(n+1)/2];
    else b = n/2 * (pow[n/2+1] + pow[n/2]);
    printf("%lld %lld\n", a/n, (a+b)/2/n);
  }
  return 0;
}
```

本题的规模比较小，还有一种更简单的方法，那就是直接写出这些置换，用程序而非数学推导计算循环节，代码留给读者自行编写。

例题 23　Leonardo 的笔记本（Leonardo's Notebook，NWERC 2006, Codeforces Gym 100722I）

给出 26 个大写字母的置换 B，问是否存在一个置换 A，使得 $A^2=B$。

【输入格式】

输入第一行为数据组数 T（$T\leqslant 500$）。以下每行为一组数据，即一个长度为 26 的字符串，也就是大写字母的一个置换。

【输出格式】

对于每组数据，如果存在 A，输出 Yes，否则输出 No。

【分析】

在解决这个问题之前，先来看一下置换 A 与 A^2 究竟有着怎样的关系。先把置换做循环分解，比如 $A=(a_1, a_2, a_3)(b_1, b_2, b_3, b_4)$。那么

$$A^2=(a_1, a_2, a_3)(b_1, b_2, b_3, b_4)\ (a_1, a_2, a_3)(b_1, b_2, b_3, b_4)$$

注意：不相交的循环的乘法满足交换律，所以我们重新写成

$$A^2=(a_1, a_2, a_3)\ (a_1, a_2, a_3)\ (b_1, b_2, b_3, b_4)\ (b_1, b_2, b_3, b_4)$$

根据置换乘法的结合律，前面两个循环的乘积和后面两个循环的乘积可以分别算。计算得

$$(a_1, a_2, a_3)\ (a_1, a_2, a_3) = (a_1, a_3, a_2)$$

$$(b_1, b_2, b_3, b_4)\ (b_1, b_2, b_3, b_4) = (b_1, b_3)(b_2, b_4)$$

不难总结出如下规律：两个长度为 n 的相同循环相乘，当 n 为奇数时结果也是一个长度为 n 的循环；当 n 为偶数时分裂为两个长度为 $n/2$ 的循环。相反，对于任意一个长度 n 为奇数的循环 B，都能找到一个长度为 n 的循环 A 使得 $A^2=B$；对于任意两个长度为 n（n 不一定为偶数）的不相交循环 B 和 C，都能找到一个长度为 $2n$ 的循环 A 使得 $A^2=BC$。

现在，问题已经解决了大部分。把题目中给出的 B 分解成不相交循环的乘积。注意，长度 n 为奇数的循环既可能是两个长度为 n 的相同循环乘出来的，也可能是两个长度为 $2n$ 的循环分裂成的，但长度 n 为偶数的循环只能是两个长度为 $2n$ 的循环分裂成的。所以对于任意偶数长度，循环的个数必须是偶数才能配对。反过来，只要能成功配对，根据刚才的结论，一定有解。

例如，若 $B=(1, 3, 4)(2, 5)(6, 9)(7, 8)$，则无解，因为长度为 2 的循环有 3 个，无法两两配对。而 $B=(1, 3, 4)(2, 5)(6, 9)(7)$有解，因为$(2, 5)(6, 9)=(2, 6, 5, 9)(2, 6, 5, 9)$，而$(1, 3, 4)=(1, 4, 3)(1, 4, 3)$, $(7)=(7)(7)$。代码如下。

```
#include<cstdio>
#include<cstring>

int main() {
  char B[30];
  int vis[30], cnt[30], T;
  scanf("%d", &T);
```

```
  while(T--) {
    scanf("%s", B);
    memset(vis, 0, sizeof(vis));
    memset(cnt, 0, sizeof(cnt));
    for(int i = 0; i < 26; i++)
      if(!vis[i]) {      //找一个从 i 开始的循环
        int j = i, n = 0;
        do {
          vis[j] = 1;     //标记 j 为“已访问”
          j = B[j] - 'A';
          n++;
        } while(j != i);
        cnt[n]++;
      }
    int ok = 1;
    for(int i = 2; i <= 26; i+=2)
      if(cnt[i]%2 == 1) ok = 0;
    if(ok) printf("Yes\n"); else printf("No\n");
  }
  return 0;
}
```

例题 24　排列统计（Find the Permutations, UVa 11077）

给出 1～n 的一个排列，可以通过一系列的交换变成$\{1,2,3,\cdots, n\}$。比如，$\{2,1,4,3\}$需要两次交换（1 和 2，3 和 4），$\{4,2,3,1\}$只需要一次（1 和 4），$\{2,3,4,1\}$需要 3 次，而$\{1,2,3,4\}$本身一次都不需要。给定 n 和 k，统计有多少个排列至少需要交换 k 次才能变成$\{1,2,\cdots,n\}$。

【输入格式】

输入包含多组数据。每组数据仅一行，包含两个整数 n 和 k（$1\leqslant n\leqslant 21$，$0\leqslant k<n$）。输入结束标志为 $n=k=0$。

【输出格式】

对于每组数据，输出满足条件的排列数目。

【分析】

首先来考虑一个简单一些的问题。任意给出一个排列 P，至少需要交换几次才能变成$\{1, 2, \cdots, n\}$？这个次数也等于从$\{1, 2, \cdots, n\}$变换到该排列所需的次数（想一想，为什么）。因此，直接把排列 P 理解成一个置换，并且分解成循环，则各循环之间独立。

不难发现，单元素循环是不需要交换的，两个元素的循环需要交换一次，3 个元素的循环需要交换两次，…，c 个元素的循环需要交换 $c-1$ 次。这样，如果排列 P 的循环节为 x，则总的交换次数为 $n-x$ 次。

有了上述结论，就不难进行递推了。设 $f(i,j)$表示满足“至少需要交换 j 次才能变成$\{1, 2, 3, \cdots, i\}$”的排列的个数，则 $f(i,j)=f(i-1,j-1)+f(i-1,j)\times(i-1)$，因为元素 i 要么自己形成一个循环，要么加入前面任意一个循环的任意一个位置。边界为 $f(1,0)=1$，其他 $f(1,j)=0$。

代码如下（注意，$n=21, k=18$ 时，答案为 13 803 759 753 640 704 000）。

```
#include<cstdio>
#include<cstring>
```

```
const int maxn = 30;
unsigned long long f[maxn][maxn];

int main() {
  memset(f, 0, sizcof(f));
  f[1][0] = 1;
  for(int i = 2; i <= 21; i++)
    for(int j = 0; j < i; j++) {
      f[i][j] = f[i-1][j];
      if(j > 0) f[i][j] += f[i-1][j-1] * (i-1);
    }
  int n, k;
  while(scanf("%d%d", &n, &k) == 2 && n)
    printf("%llu\n", f[n][k]);
  return 0;
}
```

例题 25 像素混合（Pixel Shuffle,CERC 2005/SWERC 2005, SPOJ JPIX）

在一个 $n\times n$ 黑白位图上反复执行同一个像素混合序列（见图 2-28），问重复做几次后会得到原图像？每个混合序列是由若干个混合命令组成，这些命令如下。

- id：不变。
- rot：逆时针旋转 90°。
- sym：水平翻转。
- bhsym：下一半的图像水平翻转。
- bvsm：下一半图像垂直翻转。
- div：第 0, 2, 4, …, n-2 变成第 0, 1, 2, …, $n/2-1$ 行，第 1, 3, 5, …, $n-1$ 行变成第 $n/2$, $n/2+1$, …, $n-1$ 行。
- mix：行混合。新图像的第 $2k$ 行依次是原图像的$(2k,0)$，$(2k+1,0)$，$(2k,1)$，$(2k+1,1)$，…，$(2k,n/2-1)$，$(2k+1,n/2-1)$这些像素，第 $2k+1$ 行依次是原图像的 $(2k,n/2)$，$(2k+1,n/2)$，$(2k,n/2+1)$，$(2k+1, n/2+1)$，…，$(2k,n-1)$，$(2k+1,n-1)$ 这些像素。

对字母 A 使用这 8 种混合法后的效果如图 2-28 所示。

比如，当 n=256 时，“rot- div rot div”只需重复 8 次，但“bvsym div mix”却需要重复 63 457 次。

【输入格式】

输入第一行为数据组数。每组数据：第一行为位图边长 n（$2\leqslant n\leqslant 2^{10}$）；第二行为不超过 k（$k\leqslant 32$）个混合命令。如果一个命令后面有一个减号“-”，表示应该执行该命令的逆。命令从右往左执行。比如对字母 A 执行“bvsym rot-”后的结果如图 2-29 所示。

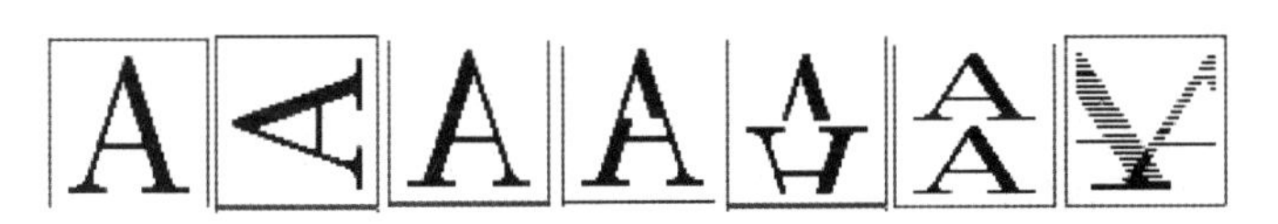

图 2-28

图 2-29

【输出格式】

对于每组数据，输出最小重复次数，使得任意位图执行完这些像素混合之后都会恢复原状。输入保证这个最小重复次数小于 2^{31}。相邻两组数据的输出之间应有一个空行。

【分析】

虽然有这么多复杂的混合命令，但每个命令其实是所有像素的一个置换，而一个混合序列就是这些置换的乘积。虽然过程比较复杂，需要一些耐心，但求出这个乘积的难度并不大，时间复杂度为 $O(n^2k)$，是可以承受的。接下来，问题就转化为给出一个置换 A，求最小的正整数 m，使得 A^m 为全等置换（即所有元素映射到自己）。

还是先把置换分解为不相交循环的乘积，不难发现：对于一个长度为 L 的循环 A，当且仅当 m 是 L 的整数倍时 A^m 才是全等置换，所以最终答案是每个循环的长度的最小公倍数。

2.7 矩阵和线性方程组

矩阵及其转置：矩阵（matrix）是一个由数排列成的矩形，例如

$$\boldsymbol{A}=\begin{bmatrix} a_{11} & a_{12} & a_{13} \\ a_{21} & a_{22} & a_{23} \end{bmatrix}=\begin{bmatrix} 1 & 2 & 3 \\ 4 & 5 & 6 \end{bmatrix}$$

是一个 2×3 矩阵 $\boldsymbol{A}=(a_{ij})_{2\times3}$，其中 i=1,2，j=1,2,3。第 i 行、第 j 列的元素用 a_{ij} 表示。一般用大写字母表示矩阵，小写字母表示它的元素。矩阵 $\boldsymbol{A}$ 的转置 $\boldsymbol{A}^{\mathrm{T}}$ 通过翻转 $\boldsymbol{A}$ 的行和列得到，例如，对于上面的矩阵 $\boldsymbol{A}$，有

$$A^{\mathrm{T}}=\begin{bmatrix} 1 & 4 \\ 2 & 5 \\ 3 & 6 \end{bmatrix}$$

矩阵的运算：矩阵的加法和减法简单地定义为逐个元素进行加减。注意，两个矩阵的行数、列数分别相等时，加减法才有定义。矩阵的乘法比较复杂，当 $\boldsymbol{A}$ 的列数等于 $\boldsymbol{B}$ 的行数时，则可以定义乘法 $\boldsymbol{C}=\boldsymbol{AB}$。如果 $\boldsymbol{A}$ 是 $m\times n$ 矩阵，$\boldsymbol{B}$ 是 $n\times p$ 矩阵，那么 $\boldsymbol{C}$ 是一个 $m\times p$ 矩阵，其中 c_{ik} 满足

$$c_{ik}=\sum_{j=1}^{n} a_{ij}b_{jk}$$

根据这个定义容易得到一个 $O(mnp)$时间的矩阵乘法。虽然有更快的，但是在算法竞赛中，立方时间的矩阵乘法已经足够。

如果你觉得矩阵乘法很奇怪，想一想下面这个线性方程组吧。

$$\begin{cases} a_{11}x_1+a_{12}x_2+\cdots+a_{1n}x_n=b_1 \\ a_{21}x_1+a_{22}x_2+\cdots+a_{2n}x_n=b_2 \\ \qquad\qquad\vdots \\ a_{n1}x_1+a_{n2}x_2+\cdots+a_{nn}x_n=b_n \end{cases}$$

可以用矩阵表示为

$$\begin{bmatrix} a_{11} & a_{12} & \cdots & a_{1k} \\ a_{21} & a_{22} & \cdots & a_{2k} \\ \vdots & \vdots & \ddots & \vdots \\ a_{k1} & a_{k2} & \cdots & a_{kk} \end{bmatrix} \begin{bmatrix} x_1 \\ x_2 \\ \vdots \\ x_k \end{bmatrix} = \begin{bmatrix} b_1 \\ b_2 \\ \vdots \\ b_k \end{bmatrix}$$

这 3 个矩阵分别为 $\boldsymbol{A}$, $\boldsymbol{x}$ 和 $\boldsymbol{b}$（注意 $\boldsymbol{x}$ 和 $\boldsymbol{b}$ 都是 $n\times1$ 的矩阵，也称列向量），则线性方程组可以简单地写成 $\boldsymbol{Ax=b}$。这样是不是很方便呢？建议读者仔细研究一下这个 $\boldsymbol{Ax=b}$。它意味着 $\boldsymbol{A}$ 把一个列向量 $\boldsymbol{x}$ 变成了另外一个列向量 $\boldsymbol{b}$。也就是说，矩阵 $\boldsymbol{A}$ 描述的是一个线性变换，它把向量 $\boldsymbol{x}$ 变换到了向量 $\boldsymbol{b}$。在算法竞赛中，只要遇到“把一个向量 $\boldsymbol{v}$ 变成另一个向量 $\boldsymbol{v}'$，并且 $\boldsymbol{v}'$的每一个分量都是 $\boldsymbol{v}$ 各个分量的线性组合”的情况[①]，就可以考虑用矩阵乘法来描述这个关系。这里的线性组合是指每个元素乘以一个常数后相加。比如 $2\boldsymbol{x}+3\boldsymbol{y}-\boldsymbol{z}$ 就是 $\boldsymbol{x}$、$\boldsymbol{y}$、$\boldsymbol{z}$ 的线性组合，但 $5\boldsymbol{xy}$ 和 $\boldsymbol{x}^2-3\boldsymbol{y}$ 都不是。矩阵乘法最重要的性质就是满足结合律，即 $(\boldsymbol{AB})\boldsymbol{C}=\boldsymbol{A}(\boldsymbol{BC})$，因此和幂取模一样，$\boldsymbol{A}^n$ 也可以用倍增法加速。

逆矩阵：在数论部分我们曾证明，在模 n 的缩系中，每个元素 a 都存在唯一的逆元 a^{-1} 使得 $a\times a^{-1}\equiv a^{-1}\times a\equiv 1$（我们还介绍了用扩展欧几里得算法计算这个 a^{-1} 的方法）。类似地，在 n 阶方阵（即 $n\times n$ 矩阵）的集合中，也存在一些特殊的矩阵 $\boldsymbol{A}$ 存在唯一逆元 $\boldsymbol{A}^{-1}$ 使得 $\boldsymbol{A}\times\boldsymbol{A}^{-1}=\boldsymbol{A}^{-1}\times\boldsymbol{A}=\boldsymbol{I}_n$，其中 $\boldsymbol{I}_n$ 是 n 阶单位矩阵（identity matrix），即

$$\boldsymbol{I}_n = \begin{bmatrix} 1 & 0 & \cdots & 0 \\ 0 & 1 & \cdots & 0 \\ \vdots & \vdots & \ddots & \vdots \\ 0 & 0 & \cdots & 1 \end{bmatrix}$$

我们暂且不管怎样的矩阵是可逆的。根据上述可逆矩阵的定义可以推知：如果已知矩阵 $\boldsymbol{A}$ 可逆，并且逆矩阵为 $\boldsymbol{A}^{-1}$，那么方程组 $\boldsymbol{Ax=b}$ 是很容易求解的。两边左乘 $\boldsymbol{A}^{-1}$ 后得到 $\boldsymbol{x}=\boldsymbol{A}^{-1}\boldsymbol{b}$。这说明方程组有唯一解。

“矩阵可逆”有一个常用的充分必要条件：所有行向量是线性无关的。什么叫线性无关呢？就是对于一个向量组而言，任意一个向量都不是其他向量的线性组合。比如，由 3 个向量(1, 2, 3), (1, 3, 5), (1, 1, 1)构成的向量组不是线性无关的，因为(1,1,1)=2×(1,2,3)−(1,3,5)。而由向量(1,0,0)，(0,1,0)和(0,0,1)构成的向量组就是线性无关的。

这个条件和“矩阵可逆”等价的严格证明超出了本书的范围，但其中的思想还是很直观的。比如

$$\begin{bmatrix} 1 & 2 & 3 \\ 1 & 3 & 5 \\ 1 & 1 & 1 \end{bmatrix} \begin{bmatrix} x \\ y \\ z \end{bmatrix} = \begin{bmatrix} 10 \\ 9 \\ 8 \end{bmatrix} \Leftrightarrow \begin{cases} x+2y+3z=10 \\ x+3y+5z=9 \\ x+y+z=8 \end{cases} \Leftrightarrow \begin{cases} x+y+z=11 \\ x+3y+5z=9 \\ x+y+z=8 \end{cases}$$

为什么上面的方程组无解？因为(1,1,1)是(1,2,3)和(1,3,5)的线性组合，所以得到了两个左边是 $x+y+z$ 的方程，并且右边不同（一个等于 11，一个等于 8），所以无解（我们称这两个方程为矛盾方程）。就算是等号右边恰好相同，也说明两个方程重复了（其中一个是多余方程），相当于两个方程 3 个未知数，于是有无穷多解。注意，我们用方程 $x+y+z=11$ 代

① 请反复阅读这句拗口的话。

替了原来的 $x+3y+5z=9$（而不是添加一个新的方程）。这是因为由 $x+2y+z=10$ 和 $x+y+z=11$ 可以推导出 $x+3y+5z=9$。这样的变换保持了方程组的解集不变，称为同解变换。

顺便说一句，虽然逆矩阵看上去很吸引人，但实际上在多数情况下我们都可以避开矩阵求逆。事实上，算法竞赛中极少会用到矩阵求逆的过程，因此本书不加以讨论（尽管求逆的过程几乎就是一个高斯消元）。

高斯消元计算举例：理论知识已经介绍得较充分了，还是来求解方程组吧！在中学时，我们学过高斯消元（gauss elimination）。在算法领域，这个方法仍然可以用来解方程组。简单起见，先假设系数矩阵 $\boldsymbol{A}$ 是一个 n 阶可逆矩阵。对于方程组

$$\begin{cases} 2x+y-z=8 & (L_1) \\ -3x-y+2z=-11 & (L_2) \\ -2x+y+2z=-3 & (L_3) \end{cases}$$

写成矩阵的形式为

$$\left[\begin{array}{ccc|c} 2 & 1 & -1 & 8 \\ -3 & -1 & 2 & -11 \\ -2 & 1 & 2 & -3 \end{array}\right]$$

这个矩阵称为增广矩阵（augmented matrix），其中最后一列并不是系数，而是等式右边的常数列。

从整体上来说，我们从上到下依次处理每一行，处理完第 i 行后，让 a_{ii} 非 0，而 a_{ji}（$j>i$）均为 0，过程如下。

$$\left[\begin{array}{ccc|c} 2 & 1 & -1 & 8 \\ -3 & -1 & 2 & -11 \\ -2 & 1 & 2 & -3 \end{array}\right] \Rightarrow \left[\begin{array}{ccc|c} -3 & -1 & 2 & -11 \\ & 1/3 & 1/3 & 2/3 \\ & 5/3 & 2/3 & 13/3 \end{array}\right] \Rightarrow \left[\begin{array}{ccc|c} -3 & -1 & 2 & -11 \\ & 5/3 & 2/3 & 13/3 \\ & & 1/5 & -1/5 \end{array}\right]$$

其中，最后一个增广矩阵的系数部分是上三角阵（0 用空白表示），而且主对角元 a_{ii} 均非 0。该矩阵对应的方程组为

$$\begin{cases} -3x-y+2z=-11 \\ 5y/3+2z/3=13/3 \\ z/5=-1/5 \end{cases}$$

由第三个方程直接可得 $z=-1$；把 z 的值代入第二个方程得 $y=3$；把 y 和 z 的值代入第一个方程得 $x=2$。

这是一个比较直观的例子，求解过程还需要细化。在消元部分中，假设正在处理第 i 行，则首先需要找一个 $r>i$ 且绝对值最大的 a_{ri}，然后交换第 r 行和第 i 行。因为每行对应一个方程，交换两个方程的位置不会对解产生任何影响，但可以提高数值稳定性[①]。当 $\boldsymbol{A}$ 可逆时，可以保证交换后 a_{ii} 一定不等于 0。这种方法称为列主元法。

接下来进行所谓的“加减消元”。比如在下面的例子中，要用第一个方程(-3, 1, 2 -11)消去第二个方程(2, 1, -1, 8)的第一列，方法是把第二个方程中的每个数都减去第一行对应元

① 算法不同，稳定性的精确定义也有所不同，但是都与算法的精确性与正确性相关。

素的−2/3 倍。

$$\left[\begin{array}{ccc|c} 2 & 1 & -1 & 8 \\ -3 & -1 & 2 & -11 \\ -2 & 1 & 2 & -3 \end{array}\right] \Rightarrow \left[\begin{array}{ccc|c} -3 & -1 & 2 & -11 \\ 2 & 1 & -1 & 8 \\ -2 & 1 & 2 & -3 \end{array}\right] \Rightarrow \left[\begin{array}{ccc|c} -3 & -1 & 2 & -11 \\ & 1/3 & 1/3 & 2/3 \\ & 5/3 & 2/3 & 13/3 \end{array}\right]$$

一般情况下，如果要用第 i 个方程来消去第 k 个方程的第 i 列，那么第 k 行的所有元素 $a_{kj}(j=1, 2, \cdots, n)$都应该对应地减去 $a_{ij}(j=1, 2, \cdots, n)$的 a_{ki}/a_{ii} 倍。

下一个过程是回代。现在 $\boldsymbol{A}$ 已经是一个上三角矩阵了，即第 1，2，3，…行的最左边非 0 元素分别在第 1，2，3…列。这样，最后一行实际上已经告诉我们 x_n 的值了。接下来像前面说的那样不停地回代计算，最终会得到每个变量的唯一解。代码如下。

```
typedef double Matrix[maxn][maxn];

//要求系数矩阵可逆
//这里的 A 是增广矩阵，即 A[i][n]是第 i 个方程右边的常数 bi。
//运行结束后 A[i][n]是第 i 个未知数的值
void gauss_elimination(Matrix A, int n) {
  int i, j, k, r;
  //消元过程
  for(i = 0; i < n; i++) {
    //选一行 r 并与第 i 行交换
    r = i;
    for(j = i+1; j < n; j++)
      if (fabs(A[j][i]) > fabs(A[r][i])) r = j;
    if(r != i) for(j = 0; j <= n; j++) swap(A[r][j], A[i][j]);

    //与第 i+1～n 行进行消元
    for(k = i+1; k < n; k++) {
      double f = A[k][i] / A[i][i]; // 为了让 A[k][i]=0，第 i 行所乘以的倍数
      for(j = i; j <= n; j++) A[k][j] -= f * A[i][j];
    }
  }
  //回代过程
  for(i = n-1; i >= 0; i--) {
    for(j = i+1; j < n; j++)
      A[i][n] -= A[j][n] * A[i][j];
    A[i][n] /= A[i][i];
  }
}
```

消元中的精度问题：需要注意的是，上述代码的消元部分中有一个中间变量 f，保存的是为了使 $a_{ki}=0$，第 i 行所乘以的倍数。注意，f 的类型是 double，有可能会损失精度。解决这个问题，有一种办法是不使用中间变量，但前提是 a_{ki} 不会过早地被破坏，所以应写成按照列编号从大到小的顺序消元。代码如下。

```
for(j = n; j >= i; j--) //必须逆序枚举
  for(k = i+1; k < n; ++k)
    A[k][j] -= A[k][i]/A[i][i] * A[i][j];
```

当然，对于大多数题目，前面的逐行消元法已经可以满足要求，但对于精度要求很高的题目，不妨采用上面的方法。

高斯-约当消元法：在消元过程中，还可以把系数矩阵变成对角阵而非上三角阵，从而省略回代过程（因为第 i 行只有 a_{ii} 和 a_{in} 两项非 0，所以直接可得 $x_i=a_{in}/a_{ii}$）。这个方法称为高斯-约当消元法（Gauss-Jordan elimination），运算量比高斯消元法略大，但代码更简单（因为少了回调过程）。

***A* 不可逆的情形：**上述讨论和代码都只针对 $\boldsymbol{A}$ 可逆的情况。当 $\boldsymbol{A}$ 不可逆时，会引入一些复杂性，下面我们继续讨论。

一般情况下，消元过程的目标是在解不变的情况下把线性方程组的系数矩阵 $\boldsymbol{A}$ 变成阶梯矩阵（Row Echelon Form, REF），也就是说，除了第一行外，每一行最左边的非 0 元素在上一行最左边非 0 元素的右边（即前者的列编号严格大于后者的列编号），比如

$$\left[\begin{array}{ccccc|c}1&2&-1&1&3&1\\2&4&-1&1&4&2\\1&2&0&0&2&3\\0&0&-2&2&4&0\end{array}\right]\Rightarrow\left[\begin{array}{ccccc|c}\boxed{1}&2&-1&1&3&1\\0&0&\boxed{1}&-1&-2&0\\0&0&0&0&\boxed{1}&2\\0&0&0&0&0&0\end{array}\right]$$

注意，矩阵 $\boldsymbol{A}$ 全为 0 的行所对应的方程要么是多余方程（它们总是成立），要么是矛盾方程（整个方程组无解），应放在所有非全 0 行的下方。

上面的矩阵应该怎么回代呢？把方程三的 $x_5=2$ 代入方程二的 $x_3-x_4-2x_5=0$ 只能得到 $x_3-x_4=4$，无法得到 x_3 和 x_4 的具体数值。但只要知道了 x_4 的值，就能算出 x_3 的值。继续回代，可以得到方程 $x_1+2x_2=a$，其中 a 取决于 x_4 的具体数值。如果知道了 x_2 的值，就可以算出 x_1。换句话说，这个方程组有两个自由变量（free variable）x_2 和 x_4，这两个变量本身可以取任意数值，而且只要这两个变量的取值确定了，所有其他变量（也就是每行最左边的非 0 元素所对应的那些变量）的取值也能确定。换句话说，设消元后矩阵有 r 个非 0 行，且不存在矛盾方程（对应于系数部分全为 0，但常数不为 0 的行），则一共有 r 个非自由变量，即有界变量（bound variable）。这个 r 称为系数矩阵的秩（rank）。另外，不难发现，自由变量集的选择并不是唯一的。比如，在刚才的例子中，也可以选 x_1 和 x_3 为自由变量。但不管怎么选，自由变量的数量不会改变。

例题 26 递推关系（Recurrences, UVa 10870）

考虑线性递推关系 $f(n)=a_1f(n-1)+a_2f(n-2)+a_3f(n-3)+\cdots+a_df(n-d)$，最著名的例子是 Fibonacci 数列 $f(1)=f(2)=1, f(n)=f(n-1)+f(n-2)$，因此 $d=2, a_1=a_2=1$。你的任务是计算 $f(n)$ 除以 m 的余数。

【输入格式】

输入包含若干组数据。每组数据：第一行为 3 个整数 d, n, m（$1\leqslant d\leqslant 15$，$1\leqslant n\leqslant 2^{31}-1$，$1\leqslant m\leqslant 46\,340$）；第二行为 d 个非负整数 $a_1, a_2, \cdots, a_d$；第三行为 d 个非负整数 $f(1), f(2), \cdots, f(d)$。这些非负整数均不超过 $2^{32}-1$。输入结束标志为 $d=n=m=0$。

【输出格式】

对于每组数据，输出 $f(n)$除以 m 的余数。

【分析】

线性递推关系是组合计数中很常见的一种递推关系。直接利用递推式，需要 $O(nd)$时间才能算出 $f(n)$，时间无法承受。

现在已经有了 $f(n)=a_1f(n-1)+a_2f(n-2)+a_3f(n-3)+\cdots+a_df(n-d)$，再加上 $f(n-1)=f(n-1), f(n-2)=f(n-2)$等显然成立的式子，可以得到如下关系式

$$\boldsymbol{F}_n=\begin{bmatrix} f(n-d) \\ \vdots \\ f(n-d) \\ f(n) \end{bmatrix}, \boldsymbol{F}_n=\boldsymbol{A}\boldsymbol{F}_{n-1}=\begin{bmatrix} 0 & 1 & 0 & \cdots & 0 \\ 0 & 0 & 1 & \cdots & \vdots \\ 0 & \vdots & \vdots & \ddots & 1 \\ 0 & a_d & a_{n-1} & \cdots & a_1 \end{bmatrix}\begin{bmatrix} f(n-1-d) \\ f(n-d) \\ \vdots \\ f(n-2) \\ f(n-1) \end{bmatrix}$$

其中，$\boldsymbol{A}$ 称为相伴矩阵，也称友矩阵[①]（companion matrix）或者 $\boldsymbol{Q}$ 矩阵。这正是“把一个向量变成另一个向量”。根据矩阵乘法的定义，$\boldsymbol{F}(n)=\boldsymbol{A}^{n-d}\boldsymbol{F}(d)$。利用快速矩阵幂，本题的总时间复杂度为 $O(d^3\log n)$。

程序留给读者编写。唯一需要说明的是矩阵幂的写法。在数论中，幂取模都是用递归写法，但这里推荐用迭代写法，因为矩阵的数据量较大，如果递归求幂，一不注意就会占用更多的空间，相比之下迭代写法更自然。

例题 27 细胞自动机（Cellular Automaton, NEERC 2006, LA 3704）

一个细胞自动机包含 n 个格子，每个格子的取值为 0～m−1。给定距离 d，则每次操作后每个格子的值将变为到它的距离不超过 d 的所有格子在操作之前的值之和除以 m 的余数，其中 i 和 j 的距离为 $\min\{|i-j|, n-|i-j|\}$。给出 n, m, d, k 和自动机各格子的初始值，你的任务是计算 k 次操作以后各格子的值。

如图 2-30 所示，n=5，m=3，d=1，一次操作将把图 2-30（a）变为 2-30（b）。比如，与格子 3 距离不超过 1 的格子（即格子 2,3,4）在操作前的值分别为 2, 2, 1，因此操作后格子 3 的值为(2+2+1) mod 3=2。

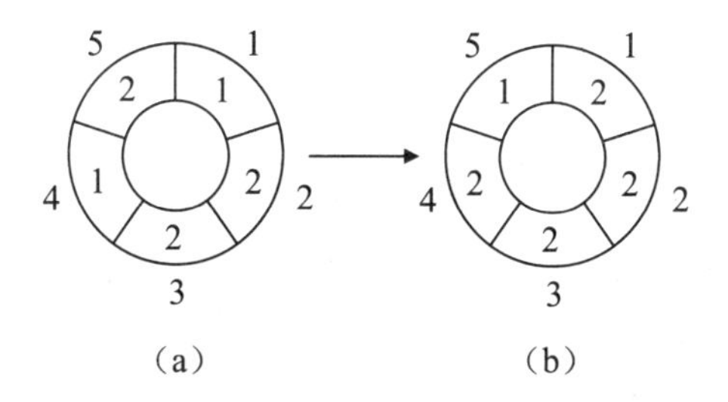

图 2-30

【输入格式】

输入包含多组数据。每组数据：第一行包含 4 个整数 n, m, d, k（$1\leqslant n\leqslant 500$，$1\leqslant m\leqslant 10^6$，$0\leqslant d<n/2$，$1\leqslant k\leqslant 10^7$）；第二行包含 n 个 0～m−1 的整数，即各格子的初始值。

---

① 请不要和伴随矩阵（adjugate matrix）混淆。

【输出格式】

对于每组数据，输出一行，包含 n 个 0～m-1 的整数，即 k 次操作以后各格子的值。

【分析】

如果我们把 t 次操作以后的各格子值写成列向量 $\boldsymbol{v}_t$，不难发现 $\boldsymbol{v}_{t+1}$ 的每一维都是 $\boldsymbol{v}_t$ 中各维的线性组合（注意，这里的加法是剩余系中的加法，即模加法），因此可以用矩阵乘法来刻画。比如，设 $\boldsymbol{v}_{t+1}=\boldsymbol{A}\boldsymbol{v}_t$，当 d=1 时有

$$\boldsymbol{A}=\begin{bmatrix} 1 & 1 & 0 & \cdots & 0 & 1 \\ 1 & 1 & 1 & 0 & \cdots & 0 \\ 0 & 1 & 1 & 1 & 0 & \cdots \\ \cdots & 0 & 1 & 1 & 1 & 0 \\ 1 & \cdots & 0 & 0 & 1 & 1 \\ 1 & 1 & \cdots & 0 & 0 & 1 \end{bmatrix}$$

其中，加法和乘法在模 m 的剩余系中完成。最终答案 $\boldsymbol{v}_k=\boldsymbol{A}^k\boldsymbol{v}_0$，$\boldsymbol{v}_0$ 是初始向量。如果直接用倍增法计算 $\boldsymbol{A}^k$，总时间复杂度为 $O(n^3\log k)$，有些高（注意 $n\leqslant 500$，而且有多组数据）。注意 $\boldsymbol{A}$ 比较特殊，从第二行开始每一行都是上一行循环右移（即移出右边界后从左边移进来）一列的结果。我们把这样的矩阵称为循环矩阵（circulant matrix）。

可以证明，两个循环矩阵的乘积仍然是循环矩阵，因此在存储时只需保存第一行，而计算矩阵乘法时也只需算出第一行即可。这样，矩阵乘法的时间复杂度降为 $O(n^2)$，总时间降为 $O(n^2\log k)$，可以承受。

例题 28　随机程序（Back to Kernighan-Ritchie, UVa 10828）

给出一个类似图 2-31 的程序控制流图，从每个结点出发到每个后继结点的概率均相等。当执行完一个没有后继的结点后，整个程序终止。程序总是从编号为 1 的结点开始执行。你的任务是对于若干个查询结点，求出每个结点的期望执行次数。

比如，在图 2-31 中，如果从结点 U 开始执行，那么结点 U, V 和 W 的期望执行次数分别为 2, 2, 1。

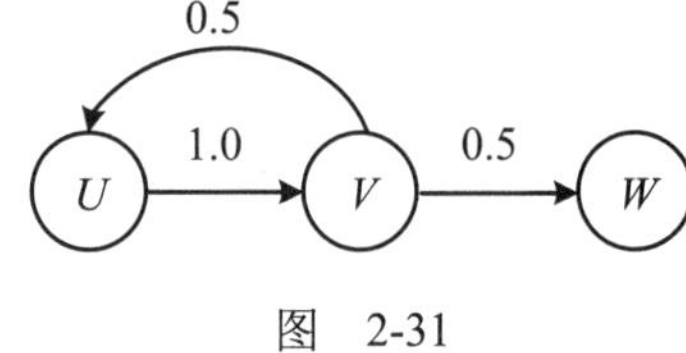

图　2-31

【输入格式】

输入包含不超过 100 组数据。每组数据：第一行为整数 n（$1\leqslant n\leqslant 100$），即控制流图的结点数，结点编号为 1～$n$；以下若干行每行包含两个整数 a, b，表明从结点 a 执行完后可以紧接着执行结点 b，这部分以两个 0 结束；下一行为整数 q（$q\leqslant 100$），即查询的个数；以下 q 行每行为一个结点编号。输入结束标志为 n=0。

【输出格式】

对于每组数据的每个查询，输出该结点执行次数的数学期望。

【分析】

在数学期望部分，我们曾经接触过一个类似的题目"例题 21　得到 1"。虽然所求的结果略有差别，但思路一致，且都是关于马尔可夫过程的。那道题目的做法是列方程，由于方程有特殊性，可以直接解出递推关系，采用记忆化搜索求解。本题也可以这样列方程，但是无法直接解出递推关系，只能列出方程组后用高斯消元法。

设结点 i 的出度为 d_i，期望执行次数为 x_i。对于一个拥有 3 个前驱结点 a, b, c 的结点 i，可以列出方程 $x_i=x_a/d_a+x_b/d_b+x_c/d_c$。

为什么这个方程成立呢？a 结点的期望执行次数为 x_a，而执行完结点 a 后，接下来执行结点 i 的概率是 $1/d_a$，所以弧 $a\to i$ 的期望经过次数为 x_a/d_a。由于要到达结点 i，必须先经过弧 $a\to i$，$b\to i$ 或者 $c\to i$，根据期望的线性性质，结点 i 的期望执行次数就是这 3 条弧的期望经过次数之和。

对于题目中的例子，设 x_1, x_2 和 x_3 分别为结点 U, V, W 的期望执行次数，则可以列出下面的方程组

$$\begin{cases} x_1=1+x_2/2 \\ x_2=x_1 \\ x_3=x_2/2 \end{cases}$$

注意，结点 1 比较特殊，可以将其理解为还有一个虚拟的结点 0，它才是真正的程序入口，并且结点 0 以概率 1 转移到结点 1。因为 $x_0=d_0=1$，所以在方程中就是一个数字 1。

方程组都列出来了，似乎本题已经基本解决了？很可惜，不是这样的。注意到输出可能是“无穷大”，我们在解方程组的时候就需要考虑这一点。可不可以先解方程，然后再判断解出来的值是不是无穷大呢？这很困难。比如一个 3 个结点的图，包含两条边 1→3 和 3→1，则消元后的增广矩阵为

$$\left[\begin{array}{ccc|c} 1 & 0 & -1 & 1 \\ & 1 & 0 & 0 \\ & & 0 & 1 \end{array}\right]$$

直接解出 x_3=INF，回代 x_2=0−0×INF。0 和无穷大的乘积是一个不定式，但计算机里储存的值是确定的。写一段小程序就能发现，假定 x=1.0/0.0，那么 x×0.0 的值是一个 NaN。在《算法竞赛入门经典（第 2 版）》中曾提到，NaN 指“不是数”（Not a Number），它的最大特点是不等于任何数，包括它自己（即，如果 x 是 NaN，那么 x==x 不成立）。

除了矛盾方程之外，本题还有可能出现多余方程。比如一个有 3 个结点的图，包含两条边 2→3 和 3→2，则消元后的增广矩阵为

$$\left[\begin{array}{ccc|c} 1 & 0 & 0 & 1 \\ & 1 & -1 & 0 \\ & & 0 & 0 \end{array}\right]$$

注意，从方程本身，我们无法确定 x_3 的值，只知道 $x_3=x_2$。换句话说，需要根据题目背景确定结果。哪些结点的期望执行次数是无穷大的呢？不难发现，就是那些无法到达“终态”（即没有后继的点）的结点。哪些点的期望执行次数是 0 呢？不难发现，就是那些起点到不了的点。这样，就可以先用 Floyd 算法求出传递闭包，先找到无穷点和零点，然后用高斯消元法求出其他变量的解。根据本题的物理意义，其他点的解一定唯一。

如何求解其他点呢？是不是需要把那些解唯一的点重新编号，然后再高斯消元？不需要。我们可以改用前面介绍过的高斯-约当消元法，省略回代过程，从而避免那些“无穷大值”的干扰。事实上，用这个方法还可以避开刚才所说的预处理（即先用 Floyd 算法求传递闭包），当 $a_{ii}=a_{in}=0$ 时 $x_i=0$，而 $a_{ii}=0$ 但 $a_{in}>0$ 时 x_i 为正无穷（这个结论并不显然，有兴趣

的读者可以自行思考）。

```
#include<algorithm>
#include<cmath>
#include<cstdio>
#include<cstring>
#include<vector>
using namespace std;

const double eps = 1e-8;
const int maxn = 100 + 10;
typedef double Matrix[maxn][maxn];

//由于本题的特殊性，消元后不一定是对角阵，甚至不一定是阶梯阵
//但若 x[i]解唯一且有限，第 i 行除了 A[i][i]和 A[i][n]之外的其他元素均为 0
void gauss_jordan(Matrix A, int n) {
  int i, j, k, r;
  for(i = 0; i < n; i++) {
    r = i;
    for(j = i+1; j < n; j++)
      if (fabs(A[j][i]) > fabs(A[r][i])) r = j;
    if(fabs(A[r][i]) < eps) continue; //放弃这一行，直接处理下一行 (*)
    if(r != i) for(j = 0; j <= n; j++) swap(A[r][j], A[i][j]);

    //与除了第 i 行之外的其他行进行消元
    for(k = 0; k < n; k++) if(k != i)
      for(j = n; j >= i; j--) A[k][j] -= A[k][i]/A[i][i] * A[i][j];
  }
}

Matrix A;
int n, d[maxn];
vector<int> prev[maxn];
int inf[maxn];

int main() {
  int kase = 0;
  while(scanf("%d", &n) == 1 && n) {
    memset(d, 0, sizeof(d));
    for(int i = 0; i < n; i++) prev[i].clear();

    int a, b;
    while(scanf("%d%d", &a, &b) == 2 && a) {
      a--; b--; //改成从 0 开始编号
      d[a]++;    //结点 a 的出度加 1
      prev[b].push_back(a);
    }

    //构造方程组
    memset(A, 0, sizeof(A));
```

```
    for(int i = 0; i < n; i++) {
      A[i][i] = 1;
      for(int j = 0; j < prev[i].size(); j++)
        A[i][prev[i][j]] -= 1.0 / d[prev[i][j]];
      if(i == 0) A[i][n] = 1;
    }

    //解方程组，标记无穷变量
    gauss_jordan(A, n);
    memset(inf, 0, sizeof(inf));
    for(int i = n-1; i >= 0; i--) {
      if(fabs(A[i][i])<eps && fabs(A[i][n])>eps) inf[i] = 1;
      //直接解出来的无穷变量
      for(int j = i+1; j < n; j++)
        if(fabs(A[i][j])>eps && inf[j]) inf[i] = 1;
      //和无穷变量有关系的变量也是无穷的
    }

    int q, u;
    scanf("%d", &q);
    printf("Case #%d:\n", ++kase);
    while(q--) {
      scanf("%d", &u); u--;
      if(inf[u]) printf("infinity\n");
      else printf("%.3lf\n", fabs(A[u][u])<eps ? 0.0 : A[u][n]/A[u][u]);
    }
  }
  return 0;
}
```

例题 29 乘积是平方数（Square, UVa 11542）

给出 n 个整数，从中选出 1 个或多个，使得选出的整数乘积是完全平方数。一共有多少种选法？比如{4,6,10,15}有 3 种选法：{4}，{6,10,15}和{4,6,10,15}。

【输入格式】

输入第一行为一个整数 T（$1 \leqslant T \leqslant 30$），即测试数据的数量。每组数据：第一行为整数 n（$1 \leqslant n \leqslant 100$）；第二行包含 n 个整数，所有整数均为不小于 1，不大于 10^{15}，并且不含大于 500 的素因子。

【输出格式】

对于每组数据，输出方案总数。输入保证总数不超过带符号 64 位整数的范围。

【分析】

"不含大于 500 的素因子"提示我们考虑每个数的唯一分解式，用 01 向量表示一个数，再用 n 个 01 变量 x_i 来表示我们的选择，其中 x_i=1 表示要选第 i 个数，x_i=0 表示不选它，则可对每个素数的幂列出一个模 2 的方程。

这话听起来比较抽象，让我们分析一下题目中的例子。4 个整数 4,6,10,15 的素因子只有 2, 3, 5 这 3 种，首先把这些整数写成 01 向量的形式，即 $4=2^2\times3^0\times5^0\to(2,0,0)$，$6=2^1\times3^1\times5^0\to(1,1,0)$，

$10=2^1\times3^0\times5^1\rightarrow(1,0,1)$，$15=2^0\times3^1\times5^1\rightarrow(0,1,1)$。

选出来的数乘积为 $2^{2x_1+x_2+x_3}\cdot3^{x_2+x_4}\cdot5^{x_3+x_4}$。如果要让这个数是完全平方数，每个幂都应该是偶数，即

$$\begin{cases}x_2+x_3\equiv0(\bmod 2)\\x_2+x_4\equiv0(\bmod 2)\\x_3+x_4\equiv0(\bmod 2)\end{cases}$$

注意，这也是一个线性方程组，只是代数系统变成了 Z_2（模 2 的剩余系）。可是第一个方程里的 $2x_1$ 不见了。这是因为 $2x_1$ 总是偶数，所以没必要写在方程里。同理，$3x_1$ 会变成 x_1，任意变量的系数非 0 即 1。还可以把这个方程组看成是 xor 方程组

$$\begin{cases}x_2 \text{ xor } x_3=0\\x_2 \text{ xor } x_4=0\\x_3 \text{ xor } x_4=0\end{cases}$$

xor 方程组是很好消元的，因为不需要做乘法和除法，只需要做 xor（xor 可以看作不进位的二进制加法），每次也不需要找绝对值最大的系数 a_{ri}（每个 a_{ri} 不是 0 就是 1），任意一个 $a_{ri}=1$ 即可实现消元。

最后，假设自由变量有 f 个，则线性方程组的解共有 2^f 个，因为每个自由变量可以取 0 和 1。比如，刚才的方程组对应的增广矩阵消元后为

$$\left[\begin{array}{cccc|c}\phi&1&1&\phi&0\\\phi&1&\phi&1&0\\\phi&\phi&1&1&0\end{array}\right]\Leftrightarrow\left[\begin{array}{cccc|c}\phi&1&1&\phi&0\\\phi&\phi&1&1&0\\\phi&\phi&1&1&0\end{array}\right]\Leftrightarrow\left[\begin{array}{cccc|c}\phi&1&1&\phi&0\\\phi&\phi&1&1&0\\\phi&\phi&\phi&\phi&0\end{array}\right]$$

有两个自由变量 x_1 和 x_4，有两个有界变量 x_2 和 x_3，因此一共有 $2^2=4$ 种选法。注意，本题不允许一个整数都不选，因此最终答案需要减 1。代码如下。

```
#include<algorithm>
#include<cmath>
#include<iostream>
#include<cstdio>
#include<cstring>
#include<vector>
using namespace std;

const int maxn = 500 + 10;
const int maxp = 100;

//gen_primes 的实现见前文

typedef int Matrix[maxn][maxn];

//m 个方程，n 个变量
int rank(Matrix A, int m, int n) {
  int i = 0, j = 0, k, r, u;
```

```
  while(i < m && j < n) {                //当前正在处理第 i 个方程，第 j 个变量
    r = i;
    for(k = i; k < m; k++)
      if(A[k][j]) { r = k; break; }
    if(A[r][j]) {
      if(r != i) for(k = 0; k <= n; k++) swap(A[r][k], A[i][k]);
      //消元后第 i 行的第一个非 0 列是第 j 列，且第 u>i 行的第 j 列均为 0
      for(u = i+1; u < m; u++) if(A[u][j])
        for(k = i; k <= n; k++) A[u][k] ^= A[i][k];
      i++;
    }
    j++;
  }
  return i;
}

Matrix A;

int main() {
  int m = gen_primes(500);

  int T;
  cin >> T;
  while(T--) {
    int n, maxp = 0;
    long long x;                         //注意 x 的范围
    cin >> n;
    memset(A, 0, sizeof(A));
    for(int i = 0; i < n; i++) {
      cin >> x;
      for(int j = 0; j < m; j++)         //求 x 中的 prime[j]的幂，并更新系数矩阵
        while(x % prime[j] == 0) {
         maxp = max(maxp, j); x /= prime[j]; A[j][i] ^= 1; }
    }
    int r = rank(A, maxp+1, n);          //只用到了前 maxp+1 个素数
    cout << (1LL << (n-r))-1 << endl;    //空集不是解，所以要减 1
  }
  return 0;
}
```

本题的规模很小，上述代码的速度已经非常快了。如果变量增多，xor 方程组还有一个常见的优化，即位压。首先把 32 列合并到一个无符号 32 位整数中，然后只需用一次逐位 xor 就可以处理 32 列了。另外，在上述代码中并没有判断是否存在矛盾方程，这是为什么？留给读者思考。

2.8 快速傅里叶变换（FFT）

快速傅里叶变换是一个很有工程价值的算法，广泛地应用在音频、图像等数字信号处理软件中。傅里叶变换本身的理论很深，这里仅以快速多项式乘法为例介绍它在算法竞赛中的应用。

快速傅里叶变换（FFT）：什么是 FFT？FFT（fast Fourier transform）是用来计算离散傅里叶变换（discrete Fourier transform, DFT）及其逆变换（IDFT）的快速算法。那什么是 DFT 呢？如果没有数学分析的基础，这里很难用严密的语言把它解释清楚。但如果你只需要一个直观感受的话，不妨记住这句话：DFT 把时域信号变换为频域信号。

注意，时域和频域只是两种信号分析方法，并不是指两种不同类别的信号。在谈论语言信号的时候，"音量小"指的是时域，而"声音尖"指的是频域。在录音的时候，音频通常按照时域形式保存，即各个时刻采样到的振幅。如果需要各个频率的数据，则需要 DFT。

DFT 有一个很有意思的性质：时域卷积，频域乘积；频域卷积，时域乘积。如果你不知道什么是卷积（convolution），也没关系，请再记住一句话：多项式乘法实际上是多项式系数向量的卷积。

多项式乘法：给定两个单变量多项式 $A(x)$和 $B(x)$，次数均不超过 n，如何快速计算二者的乘积呢？最简单的方法就是把系数两两相乘，再相加。这样计算的时间复杂度为 $O(n^2)$，当 n 很大时速度将会很慢。注意，高精度整数的乘法是多项式乘法的特殊情况（想一想，为什么），所以多项式乘法的快速乘法也可以用来做高精度乘法。

上述算法之所以慢，是因为表示方法不好。虽然"系数序列"是最自然的表示方法，但却不适合用来计算乘法。在多项式快速乘法中，需要用点值法来表示一个多项式。点值表示是一个"点-值"对的序列$\{(x_0,y_0),(x_1,y_1),\cdots,(x_{n-1},y_{n-1})\}$，它代表一个满足 $y_k=A(x_k)$的多项式 A。可以证明：恰好有一个次数小于 n 的多项式满足这个条件。

点值表示法非常适合做乘法：只要两个多项式的点集$\{x_i\}$相同，则只需把对应的值乘起来就可以了，只需 $O(n)$时间。但问题在于输入输出的时候仍需要采用传统的系数表示法，因此需要快速地在系数表示和点值表示之间转换。还记得刚才那句话吗？时域卷积，频域乘积。也就是说，多项式的系数表示法对应于时域，而点值表示法对应于频域，因此只需要用 FFT 计算出一个 DFT，就可以完成转换。

单位根：点值表示法对应的求值点是哪些呢？答案是 $2n$ 次单位根。所谓"n 次单位根"，是指满足 $x^n=1$ 的复数。$x^n=1$ 的话，x 岂不是就等于 1？很遗憾，那只是实数域中的情况。在复数域中，1 恰好有 n 个单位根 $e^{2k\pi i/n}$，其中 i 是虚数单位（$i^2=-1$），而 $e^{iu}=\cos u+i\sin u$。单位根非常特殊，因此 FFT 才有办法在更短的时间内求出多项式在这些点的取值。

利用 FFT 进行快速多项式乘法。基础知识已经讲完，下面直接给出具体步骤。

- 步骤一（补 0）：在两个多项式的最前面补 0，得到两个 $2n$ 次多项式，设系数向量分别为 v_1 和 v_2。

- 步骤二（求值）：用 FFT 计算 $\boldsymbol{f}_1$=DFT($\boldsymbol{v}_1$)和 $\boldsymbol{f}_2$=DFT($\boldsymbol{v}_2$)。这里得到的 $\boldsymbol{f}_1$ 和 $\boldsymbol{f}_2$ 分别是两个输入多项式在 $2n$ 次单位根处的各个取值（即点值表示）。
- 步骤三（乘法）：把两个向量 $\boldsymbol{f}_1$ 和 $\boldsymbol{f}_2$ 的每一维对应相乘，得到向量 $\boldsymbol{f}$。它对应输入多项式乘积的点值表示。
- 步骤四（插值）：用 FFT 计算 $\boldsymbol{v}$ = IDFT($\boldsymbol{f}$)，其中 $\boldsymbol{v}$ 就是乘积的系数向量。

FFT 算法（包括 DFT 和 IDFT）的详细过程和代码不难在网上找到，这里略去。也可以参考《算法导论》第 3 版第 30 章[①]。

例题 30　超级扑克 II（Super Joker II, UVa 12298）

有一副超级扑克，包含无数张牌。对于每个正合数 p，恰好有 4 张牌：黑桃 p，红桃 p，梅花 p 和方块 p（分别用 p_S、p_H、p_C 和 p_D 表示）。没有其他类型的牌。

给定一个整数 n，从 4 种花色中各选一张牌，问有多少种组合可以使得点数之和等于 n。例如，n=24 的时候，有一种组合方法是 $4_S+6_H+4_C+10_D$，如图 2-32 所示。

图 2-32

不巧的是，有些牌已经丢失（题目会提供已经丢失的牌的列表）。并且为了让题目更有趣，我们还会提供两个正整数 a 和 b，你的任务是按顺序输出 $n=a, n=a+1, n=a+2, \cdots, n=b$ 时的答案。

【输入格式】

输入包含不超过 25 组数据。每组数据：第一行为 3 个整数 a, b, c，其中 c 是已丢失的牌的张数；第二行包含 c 个不同的字符串，即已丢失的牌，这些牌形如 p_S, p_H, p_C 或者 p_D，其中 p 是一个正合数。输入结束标志为 $a=b=c=0$。最多有一组数据满足 a=1，b=50 000 且 $c \leqslant 10\,000$，其他数据满足 $1 \leqslant a \leqslant b \leqslant 100, 0 \leqslant c \leqslant 10$。

【输出格式】

对于每组数据，输出 p 行，每行一个整数。每组数据后输出一个空行。

【分析】

首先考虑这样一个组合问题。有 k 种元素，均有无穷多个，规定第 i 种元素选取的个数 c_i 必须属于一个特定的集合 S_i，当需要选取 r 个元素时，有多少种选取方法？比如，有苹果、香蕉和桃子 3 种水果，如果苹果只能选不超过 3 个，选香蕉的个数必须是 5 的倍数，而桃子的个数必须是素数，问选 r 个水果有几种方法。

解决方法是把每个集合写成一个多项式，使得每一项 x^i 的系数取决于 i 是否在集合中存在：如果存在，则系数等于 1；否则，系数等于 0。这样，苹果对应的多项式是 $1+x+x^2+x^3$。

① 科尔曼，雷瑟尔森，李维斯特，等.算法导论[M].3 版.殷建平，徐云，王刚，等，译.北京：机械工业出版社，2012。

同理，香蕉对应的多项式是 $x^5+x^{10}+x^{15}+\cdots$，桃子对应的多项式是 $x^2+x^3+x^5+x^7+\cdots$。

根据乘法原理和加法原理，不难得出这样的结论：把所有多项式乘起来，则结果的 x^r 项的系数就是选 r 个元素的方法数[①]。

对应到本题中，每个花色对应一个多项式，乘起来就可以得到所有答案。当然，因为多项式的次数可能很大，需要用 FFT 加速，时间复杂度为 $O(n\log n)$。

例题 31　高尔夫机器人（Golf Bot, SWERC 2014, LA 6886）

给出 N 个整数 $k_{1\sim N}$，以及另外 M 个数字 $d_{1\sim M}$，$1\leqslant N,M\leqslant 2\times10^5, 1\leqslant k_i,d_j\leqslant 2\times10^5$。计算有多少个 d_i 可以写成不超过两个整数 k_a,k_b 的和，a,b 可以相同。比如 $k_{1\sim3}=\{1,3,5\}$，$d_{1\sim6}=\{2,4,5,7,8,9\}$。则 $d_1=2$ 可以写成 1+1，$d_2=4$ 可以写成 1+3，$d_3=5$ 可以写成 5，$d_5=8$ 可以写成 3+5。而 d_4,d_6 无法用两个 k 来表达。

【分析】

记 $K=2\times10^5$，令 $A(x)=\sum_{i=0}^{K}a_ix^i$，如果存在某个 $k=i$ 则 $a_i=1$，否则 $a_i=0$。记 $B(x)=A(x)*A(x)$，则某个 d 可以写成两个 k_i 的和等价于 $B(x)$中 x^d 的系数非 0，因为 x^d 的系数是一堆形如 $a_i\cdot a_{d-i}$ 的乘积之和，这里 $B(x)$的系数很大，不难想到使用 FFT 来进行多项式乘法的加速。注意，$A(x)$的次数是不小于 $\max\{k_i\}$的最小的 2 的幂。

本题程序中使用了 C++11 中类似数组的结构 valarray[②]。它可以很方便地对内部所有元素同时进行四则以及赋值运算，方便赋值初始化等许多操作，另外，也很方便使用 slice 操作获取所有奇数下标或者偶数下标元素组成的子数组。建议读者学习相关材料。代码如下。

```
#include <bits/stdc++.h>
#define _for(i,a,b) for( int i=(a); i<(b); ++i)
#define _rep(i,a,b) for( int i=(a); i<=(b); ++i)
using namespace std;
const double EPS = 1e-8, PI = acos(-1);

template<typename T>
struct Point { // x + y*i, 复数
  T x, y;
  Point& init(T _x = 0, T _y = 0) { x = _x, y = _y; return *this; }
  Point(T x = 0, T y = 0): x(x), y(y) {}
  Point& operator+=(const Point& p) { x += p.x, y += p.y; return *this; }
  Point& operator*=(const Point& p) { return init(x*p.x - y*p.y, x*p.y + y*p.x); }
};

template<typename T>
Point<T> operator+(const Point<T>& a, const Point<T>& b)
{ return {a.x + b.x, a.y + b.y};}
template<typename T>
```

① 如果说得更学术一点儿，设 a_i 为选取 i 个元素的方法数，则序列 $a_0, a_1, a_2, \cdots$的生成函数就是上述多项式的乘积。生成函数（generating function，也称母函数）这一重要数学工具极为重要，有兴趣的读者可以自行查找更多资料。

② https://zh.cppreference.com/w/cpp/numeric/valarray

```
Point<T> operator-(const Point<T>& a, const Point<T>& b)
{ return {a.x - b.x, a.y - b.y};}
template<typename T>
Point<T> operator*(const Point<T>& a, const Point<T>& b)
{ return {a.x*b.x - a.y * b.y, a.x*b.y + a.y * b.x}; }
typedef Point<double> Cplx;                         // 复数，x + i*y

bool isPowOf2(int x) { return x && !(x & (x - 1)); }

const int MAXN = 1 << 18;                           // 262144;

// FFT 和插值运算 FFT 所用的(w_n)^k
valarray<Cplx> Epsilon(MAXN * 2), Arti_Epsilon(MAXN * 2);
void rec_fft_impl(valarray<Cplx>& A, int n, int level, const valarray<Cplx>&
EP) {
  int m = n / 2;
  if (n == 1) return;
  valarray<Cplx> A0(A[slice(0, m, 2)]), A1(A[slice(1, m, 2)]);
  rec_fft_impl(A0, m, level + 1, EP), rec_fft_impl(A1, m, level + 1, EP);
  _for(k, 0, m)
  A[k] = A0[k]+EP[k*(1<<level)] * A1[k], A[k+m] = A0[k]- EP[k*(1<<level)]*
A1[k];
}
// 提前计算所有的(w_n)^k，提升递归 FFT 的运行时间，免得每一层重复计算
void init_fft(int n) {
  double theta = 2.0 * PI / n;
  _for(i, 0, n) {
    Epsilon[i].init(cos(theta * i), sin(theta * i));   // (w_n)^i
    Arti_Epsilon[i].init(Epsilon[i].x, -Epsilon[i].y);
  }
}
void idft(valarray<Cplx>& A, int n) { // DFT^(-1)，从 y 求 a
  rec_fft_impl(A, n, 0, Arti_Epsilon);
  A *= 1.0 / n;
}
void fft(valarray<Cplx>& A, int n) { rec_fft_impl(A, n, 0, Epsilon); }
int main() {
  int n, M, x;
  valarray<int> A(MAXN);
  valarray<Cplx> F(MAXN * 2);
  while (scanf("%d", &n) == 1 && n) {
    int N = 1;
    _for(i, 0, n) {
      scanf("%d", &(A[i]));
      while (A[i] * 2 > N) N *= 2;
    }
    _for(i, 0, N) F[i].init();
    F[0].x = 1;
    _for(i, 0, n) F[A[i]] = 1;
```

```
    init_fft(N);
    fft(F, N), F *= F, idft(F, N);
    int ans = 0;
    scanf("%d", &M);
    _for(i, 0, M) {
      scanf("%d", &x);
      if (x < N && fabs(F[x].x) > EPS) ans++;
    }
    printf("%d\n", ans);
  }
  return 0;
}
// 2564103  6886  Golf Bot  Accepted  C++11 1.905 2019-07-19 07:10:48
```

例题 32　瓷砖切割（Tile Cutting, World Finals 2007 LA 7159）

有一台机器，可以从网格中按照以下规则切割出给定面积的平行四边形 P。

- 必须在网格中选择一个矩形在其中切割。
- P 的任意两个相邻顶点都必须在矩形的两条相邻边上。
- P 的 4 个顶点必须在原网格中某个矩形的四条边上。
- P 的 4 条边都不能和网格线重合。

对于任意的面积 S，都可以有很多种方案来切出面积为 S 的平行四边形 P。比如，S=4 时，有如图 2-33 所示的 8 种方案。

给出两个整数 a,b ($1\leqslant a\leqslant b\leqslant 5\times10^5$)。求出最小的 $S\in[a,b]$，使得 S 对应的切割方案数最大。多解时输出最小的 S。

【分析】

记 M=5×10^5，考虑如图 2-34 所示的平行四边形：其面积为 S=$(a+c)(b+d)-ad-bc$=$ab+cd$，其中 $1\leqslant a,b,c,d\leqslant M$ 都是正整数。则 S 对应的方案数就是满足 $ab+cd$=S 的(a,b,c,d)的个数。

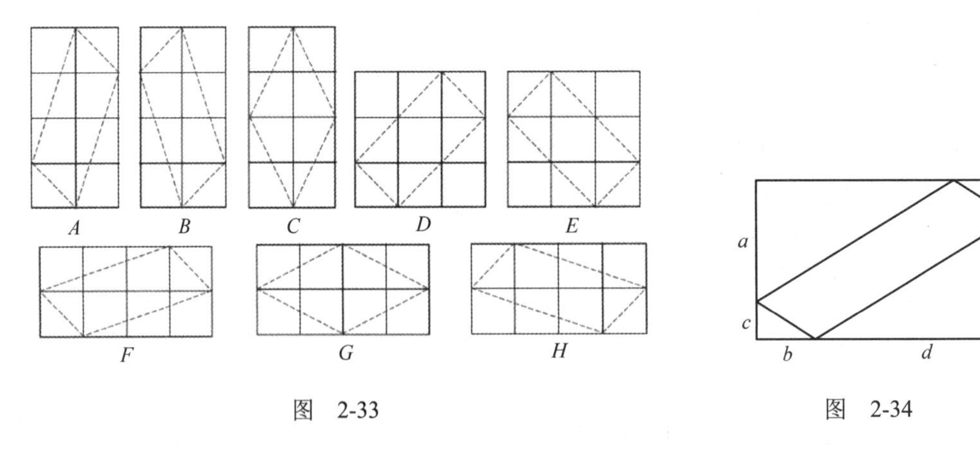

图　2-33　　　　　　　　图　2-34

对于任意的 $0<i<M$，可以预处理出 ab=i 的(a,b)的个数 C_i，对于每个 $1<a<M$，遍历所有满足 $1\leqslant b$ 且 $ab<M$ 的 b。代码如下。

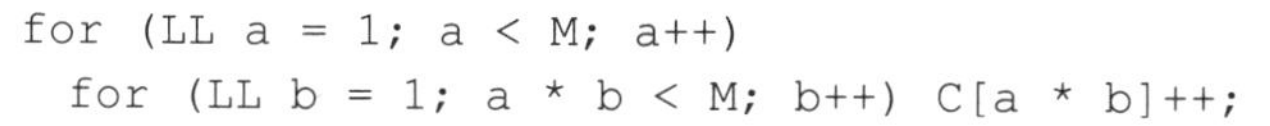

```
for (LL a = 1; a < M; a++)
  for (LL b = 1; a * b < M; b++) C[a * b]++;
```

上述代码的复杂度为$O\left(\sum_{a=1}^{M-1}\frac{M}{a}\right)=O(M\log M)$。

可以用$O(M\log M)$预处理出$ab=i$的(a,b)的个数C_i，定义多项式$A(x)=\sum_{i=0}^{M}C_i x^i$，则面积为$S$的方案个数为$A(x)\times A(x)$中$x^S$的系数。

使用FFT计算出$A(x)\times A(x)$，然后线性遍历其系数即可得到答案。

例题33　等差数列（Arithmetic Progressions, CodeChef COUNTARI）

给定一个长度为n（$1\leqslant n\leqslant 10^5$）的数组$A$（$0\leqslant A_i\leqslant 3\times 10^4$），问有多少对$(i,j,k)$满足$i<j<k$且$A_i-A_j=A_j-A_k$。

【分析】

题目给定的条件是$A_i-A_j=A_j-A_k\rightarrow 2A_j=A_i+A_k$，可以枚举中间的元素$A_j$，分别考虑所有的$A[1,\cdots,j-1]$和$A[j+1,N]$。用两个数组$X$和$Y$来维护数字$a$在$A[1,\cdots,j-1]$和$A[j+1,N]$中出现的次数。对于每个$A_j$，枚举所有的$0\leqslant a\leqslant 2A_j$，在最终结果中累加$X[a]*Y[2A_j-a]$即可。记$M=\max\{A_i\}$，这样做的时间复杂度是$O(nM)$，还是太慢。

考虑对数组进行分块，记每块大小为B，总共有$C=N/B$个块。遍历所有块时，用三个数组Prev[a], Next[a], Inside[a]分别表示之前所有块、之后所有块、当前块内的元素计数。记当前块为cb。对于每个块，只需统计满足j在cb中的(i,j,k)，可以分三种情况考虑。

（1）三个元素不相等，并且i,k至少有1个在cb内。

- i,k都在cb内，遍历每一对在cb内的j,k，其中$j<k$，且$A_j\neq A_k$，方案数为Inside $[2A_j-A_k]$，此时Inside表示cb内j之前的元素计数。统计完成之后更新Inside。
- i,k只有1个在cb内，遍历所有A中的不相等元素对，分别考虑另外一个元素是在块之前还是块之后，做对应统计，具体留给读者思考。

（2）$A_i=A_j=A_k$，并且i,k至少有1个在cb内。

- 另一个元素是在cb之前或之后：方案数为$\sum_{a=0}^{M}C(\text{Inside}[a],2)\cdot(Next[a]+Prev[a])$。
- 另一个元素也在cb内：方案数为$\sum_{a=0}^{M}C(\text{Inside}[a],3)$。

（3）i,k都不在cb内。

- 计算A_i,A_k分别在Prev, Next内且$A_i+A_k=2A_j$的方案数，这个使用FFT来加速计算，每一块所需时间为$O(M\log M)$。

动态维护Prev, Next, Inside。记$M=\max\{A_i\}$，则三种情况统计的时间复杂度分别为$O(B^2)$，$O(M)$，$O(M\log M)$。则总的时间复杂度为$O(C(B^2+M\log M))=O(NB+NM/B\log M))$，通过试验发现本题中$C$设置为30比较合适。代码如下。

```
valarray<LL> PREV(0ll, N2), NEXT(0ll, N2), INSIDE(N2);
const double invN2 = 1.0 / N2;
int main() {
  int N; scanf("%d", &N);
```

```
  _for(i, 0, N) scanf("%d", &(A[i])), A[i]--, NEXT[A[i]]++;
  init_fft(N2);                              // 初始化所有的单位根
  LL ans = 0;
  int BLK_SZ = (N + BLK_CNT - 1) / BLK_CNT;// 每个Block的大小
  _for(bi, 0, BLK_CNT) {
    int L = bi * BLK_SZ, R = min((bi + 1) * BLK_SZ, N);
    _for(i, L, R) NEXT[A[i]]--;
    INSIDE = 0;
    _for(j, L, R) {                          // 至少两个元素在这个Block内
      _for(i, j + 1, R) if (A[j] != A[i]) { // 三个元素都不相等的情况
        int AK = 2 * A[j] - A[i];
        if (0 <= AK && AK < MAXA) ans += PREV[AK] + INSIDE[AK];
                                    // 考虑后两个元素是Ai和Aj
        AK = 2 * A[i] - A[j];      // 考虑前两个元素是Ai和Aj,则后一个元素必然在NEXT,
                                    // 后一个元素在Inside的情况已经在上面考虑过了
        if (0 <= AK && AK < MAXA) ans += NEXT[AK];
      }
      INSIDE[A[j]]++;
    }

    _for(ak, 0, MAXA) {            // 三个元素相等且等于ak的情况
      LL ki = INSIDE[ak];
      // 两个元素在Block内 C(ki, 2) * (PREV + NEXT)
      ans += ki * (ki - 1) / 2 * (PREV[ak] + NEXT[ak]);
      // 三个元素都在Block内 C(ki, 3)
      ans += ki * (ki - 1) * (ki - 2) / 6;
    }

    if (bi && bi + 1 < BLK_CNT) { // 只有中间元素在当前Block内
      _for(i, 0, N2) A1[i].init(PREV[i]), A2[i].init(NEXT[i]);
      // 卷积计算，计算分别位于Prev和Next内的两个和为2*ak的情况
      rec_fft(A1), rec_fft(A2), A1 *= A2, rec_rev_fft(A1);
      _for(ak, 0, MAXA) ans += INSIDE[ak] * llrint(A1[2 * ak].x);
    }

    _for(i, L, R) PREV[A[i]]++;
  }

  printf("%lld\n", ans);
  return 0;
}
```

例题 34　多项式求值（Evaluate the polynomial, CodeChef POLYEVAL）

给出整数系数多项式 $A(x)=a_0+a_1x+a_2x^2+a_3x^3+\cdots+a_nx^N$，计算这些多项式对于给定的 Q 个不同整数的值，结果对 M=786 433 取模后输出，$0\leqslant a_i,x_j\leqslant M$。$N,Q\leqslant 2.5\times10^5$。

【分析】

对于任意正整数 x，计算 $A(x)$所需时间为 $O(N)$。但是本题最多可能有 Q 个不同的 x，且 Q 与 N 同阶，这样时间复杂度为 $O(N^2)$，肯定会超时。

这里我们先介绍快速数论变换（NTT）的概念，本题中多项式系数都是整数，并且要求多项式的值是模 M 的值，就不适合用 FFT 来做多项式乘法，因为会有浮点误差。回忆一下 FFT 所依赖的单位复根 w_n 的性质：所有的 $w_n^k\,(0\leqslant k<n)$互不相同，乘法操作封闭，折半，消去，求和等。在数论中，也有一个类似性质的概念叫作原根，对于素数 p，如果 $g^1,g^2,g^3,\cdots,g^{p-1}$ 模 p 的值取遍 $1,2,\cdots,p-1$ 的所有整数，则称 g 为素数 p 的原根。

记 $g_n=g^{(p-1)/n}$，其中 n 是 2 的幂，则 g_n 有如下性质：

- ❑ $g_n^n=g^{p-1}=g^{\phi(p)}=1$。
- ❑ $g_n^{n/2}={g_n}^{(p-1)/2}\equiv -1 \bmod p$。
- ❑ $g_{dn}^{dk}=g^{dk(p-1)/dn}=g^{k(p-1)/n}=g_n^k$。
- ❑ $\{(g_n^k)^2\}=\{g_{n/2}^k\}$。

这样 FFT 中 w_n 有的性质 g_n 也都有，可以直接将 FFT 中的 w_n 替换成 g_n，注意所有运算都是模运算，$1/n$ 要使用模 P 意义下 n 的逆元。这个过程就称为快速数论变换（NTT）。

可以暴力求出 M 的原根为 g=10。记且 $M=3*2^{18}+1$，$K=2^{18}$，则使用 NTT 的 DFT 过程就可以用 $O(K\log K)$的时间计算出所有的 $A(g^0)$，$A(g^1)$，$\cdots$，$A(g^{K-1})$。但是这里 $M=3K+1$，可以将所有的 $1\leqslant x<M$ 分成三组：$\{g^0, g^3, g^6, \cdots, g^{3K}\}$，$\{gg^0, gg^3, gg^6, \cdots, gg^{3K}\}$，$\{g^2g^0, g^2g^3, g^2g^6, \cdots, g^2g^{3K}\}$。对于 c=0,1,2：$A(g^cg^i)=\sum_{i=0}^{n}a_ig^{c*i}ig^{3*i}$，令 $b_i=a_ig^{c*i}$，则引入 3 个多项式 $B_c(x)=\sum_{i=0}^{n}b_ix^i$，则对于任意 $x=g^i$，$A(x)=B(x^3)$。记 $w=g^3$，对 3 个 $B_c(x)$应用 NTT 中的 DFT 部分来计算 $B_c(w^0)$，$B_c(w^1)$，$\cdots$，$B_c(w^K)$，这样即可预处理所有的 $A(g^i)$，$i\in[0,3K-1]$。之后对于任意输入 x，直接输出 $A(x \bmod M)$即可。代码如下（总的时间复杂度为 $O(3K\log K)$）。

```
#include <bits/stdc++.h>
#define  for(i,a,b) for( int i=(a); i<(b); ++i)
#define _rep(i,a,b) for( int i=(a); i<=(b); ++i)
using namespace std;
typedef long long LL;
const int MOD = 786433, K = 1 << 18, w = 1000;
typedef vector<int> IVec;

int add_mod(int a, int b) {
  LL ret = a + b;
  while (ret < 0) ret += MOD;
  return ret % MOD;
}
int mul_mod(int a, int b) { return (((LL)a) * b) % MOD; }
int pow_mod(int a, int b) {
  LL ans = 1;
  while (b > 0) {
    if (b & 1) ans = mul_mod(ans, a);
    a = mul_mod(a, a);
    b /= 2;
  }
  return ans;
```

```
}
int getGen(int P) {                    // 原根
  unordered_set<int> set;
  _for(g, 1, P) {
    set.clear();
    int pm = g;
    _for(ex, 1, P) {
      if (set.count(pm)) break;
      set.insert(pm);
      pm = (pm * g) % P;
    }
    if (set.size() == MOD - 1) {     // 找到原根了
      assert(pm == g);
      return g;
    }
  }
  return -1;
}
int eval(const IVec& A, int x) {    // 求A(x)
  int ans = 0, cur = 1;
  for (auto a : A)
    ans = add_mod(ans, mul_mod(a, cur)), cur = mul_mod(cur, x);
  return ans;
}
IVec slice_vec(const IVec& vec, int start, int step) {
  IVec ans;
  for (size_t i = start; i < vec.size(); i += step) ans.push_back(vec[i]);
  return ans;
}
// 对于多项式A(x), 使用{w^0, w^1, w^(K-1)}做DFT(数论模运算)
IVec NTT(const IVec& A, const IVec& W, int level = 1) {
  int n = W.size() / level, m = n / 2, An = A.size();
  IVec ans(n, 0);
  if (An < 1) return ans;
  if (n <= 2) {
    _for(i, 0, n) ans[i] = eval(A, W[level * i]);
    return ans;
  }
  const auto &A0 = NTT(slice_vec(A, 0, 2), W, level * 2),
             &A1 = NTT(slice_vec(A, 1, 2), W, level * 2);
  _for(i, 0, n) ans[i] = add_mod(A0[i % m], mul_mod(W[level * i], A1[i % m]));
  return ans;
}

int main() {
  const int g = getGen(MOD);
  int n; cin >> n; n++;
  IVec A(n), ans(MOD), W(K), B(n);
  _for(i, 0, n) cin >> A[i];
```

```
  _for(i, 0, K) W[i] = pow_mod(w, i);
  _rep(a, 0, 2) {
    _for(i, 0, n) B[i] = mul_mod(A[i], pow_mod(g, a * i));
    const auto& Y = NTT(B, W);
    _for(i, 0, K) ans[mul_mod(pow_mod(g, a), W[i])] = Y[i];
  }
  ans[0] = A[0];

  int Q, x; cin >> Q;
  while (Q--) cin >> x, cout << ans[x] << endl;
  return 0;
}
```

例题 35 异或路径（XOR Path, ACM/ICPC, Asia-Dhaka 2017, UVa 13277）

给一棵 n（$n \leqslant 10^6$）个结点的带边权无根树，结点从 1 开始编号，边权均为在区间$[0,2^{16})$内的整数。对于树上两点 u,v，定义 $d(u,v)$为 u 到 v 路径上边权的异或值。对于每个 $x \in [0,2^{16})$，求出使得 $d(u,v)=x$ 的路径有多少条。

【分析】

先将无根树转化为有根树，不妨设根结点为 1。则显然有 $d(u,v)=d(u,1)\ \text{xor}\ d(v,1)$。可以用 dfs 预处理集合 $S=\{d(u,1)\}$。则所求答案为 $\sum_{i\ xor\ j=x} C_i C_i$ 。其中 C_i 表示 S 中 i 出现的次数。上述式子很像多项式乘法结果中第 x 项的次数，不同的是 $i+j=x$ 换成了 $i\ \text{xor}\ j=x$。

这里我们引入 FWHT(Fast Walsh-Hadamard Transform)来计算这种基于异或的卷积，有时也简称 FWT，时间复杂度为 $O(n\log n)$，它可以针对两个长度为 2 的幂的整数序列 $A=\{a_0,a_1,a_2,\cdots,a_{n-1}\}$ 以及 $B=\{a_0,a_1,a_2,\cdots,a_n\}$ 计算所有的 $C_K=\sum_{i \otimes i=k} a_i b_j$ ，时间复杂度为 $O(n\log n)$。其中，$\otimes$可以是按位与、按位异或按位或。具体原理可以查阅相关资料，这里直接给出程序。

回到本题，用 FWT 计算出 S 和 S 自己的按位异或卷积序列 C，$C_x/2$ 即是所求，这里除以 2 是因为 $u \to v$ 和 $v \to u$ 在本题中是不同的路径。代码如下。

```
#include <bits/stdc++.h>

using namespace std;
typedef long long LL;
static const int maxn = 1e5 + 5, N = 1 << 16;
template <typename T = int>
struct FWT {
  void fwt(T A[], int n) {
    for (int d = 1; d < n; d <<= 1) {
      for (int i = 0, m = d << 1; i < n; i += m) {
        for (int j = 0; j < d; j++) {
          T x = A[i + j], y = A[i + j + d];
          A[i + j] = (x + y), A[i + j + d] = (x - y); // xor
          //A[i+j] = x+y;                                  // and
          //A[i+j+d] = x+y;                                // or
        }
```

```
      }
    }
  }
  void ufwt(T A[], int n)  {
    for (int d = 1; d < n; d <<= 1)    {
      for (int i = 0, m = d << 1; i < n; i += m) {
        for (int j = 0; j < d; j++) {
          T x = A[i + j], y = A[i + j + d];
          A[i + j] = (x + y) >> 1, A[i + j + d] = (x - y) >> 1; // xor
          //A[i+j] = x-y;                                        // and
          //A[i+j+d] = y-x;                                      // or
        }
      }
    }
  }

  void conv(T a[], T b[], int n)  {
    fwt(a, n), fwt(b, n);
    for (int i = 0; i < n; i++) a[i] = a[i] * b[i];
    ufwt(a, n);
  }

  void self_conv(T a[], int n) {
    fwt(a, n);
    for (int i = 0; i < n; i++) a[i] = a[i] * a[i];
    ufwt(a, n);
  }
};

struct Edge {
  int v, w;
  Edge(int _v = 0, int _w = 0) : v(_v), w(_w) {}
};

vector<Edge> G[maxn];
FWT<LL> fwt;
LL A[N + 5];
void dfs(int u, int p = -1, int x = 0) {
  A[x]++;
  for (auto &e : G[u]) if (e.v != p) dfs(e.v, u, x ^ e.w);
}

int main() {
  int T; scanf("%d", &T);
  for (int t = 1, n; t <= T; t++) {
    scanf("%d", &n);
    for (int i = 0; i <= n; i++) G[i].clear();
    fill(begin(A), end(A), 0);
    for (int e = 1, u, v, w; e < n; e++) {
      scanf("%d %d %d", &u, &v, &w);
      G[u].push_back(Edge(v, w)), G[v].push_back(Edge(u, w));
    }
    dfs(1);
    fwt.self_conv(A, N);
```

```
    printf("Case %d:\n", t);
    printf("%lld\n", (A[0] - n) / 2);
    for (int i = 1; i < (1 << 16); i++) printf("%lld\n", A[i] / 2);
  }
}
```

2.9 数 值 方 法

很多在数学上难以求出封闭形式解的问题，都可以用数值方法算出近似解。数值算法有很多，算法竞赛中最常用的是非线性方程求根、凸函数求极值和数值积分。下面直接介绍例题。

例题 36 解方程（Solve It!, UVa 10341）

解方程 $pe^{-x}+q\sin x+r\cos x+s\tan x+tx^2+u=0$，其中 0≤$x$≤1。

【输入格式】

输入包含不超过 2100 组数据。每行为一组数据，包含 6 个整数 p, q, r, s, t, u（0≤p, r≤20, −20≤q, s, t≤0）。

【输出格式】

对于每组数据，输出所有解，按照从小到大的顺序排列，每个解均保留小数点后 4 位。如果无解，输出 No solution。

【分析】

在 0≤x≤1 时，$f(x)=pe^{-x}+q\sin x+r\cos x+s\tan x+tx^2+u$ 的前 5 个加数都是减函数（注意各个系数的符号），而最后一项是常数，所以当 $f(0)$≥0 且 $f(1)$≤0 时 $f(x)$=0 有唯一解，否则无解，如图 2-35 所示。

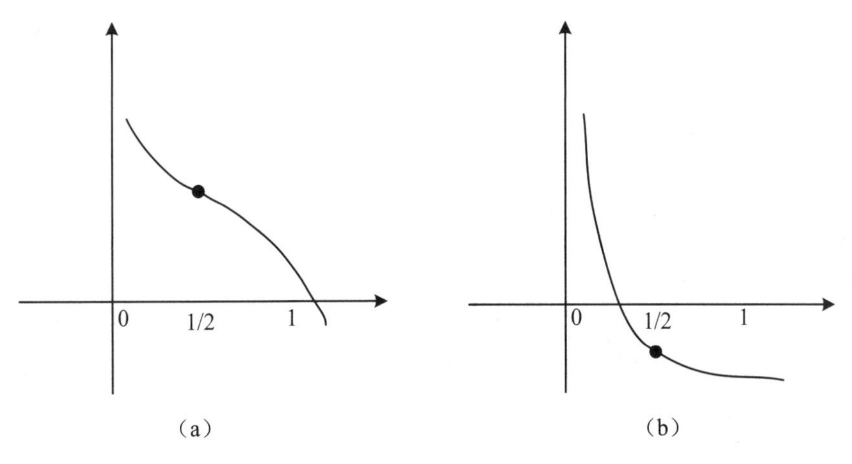

图 2-35

有解的时候可以用二分法求解。图 2-35（a）中的 $f(1/2)$≥0，所以根在[1/2,1]内；图 2-35（b）中的 $f(1/2)$≤0，所以根在[0,1/2]内。一般地，如果已知解在[x,y]内，只需判断 $f((x+y)/2)$的符号即可把解的范围缩小一半。由于实数区间可以无限二分，通常当区间长度小于特定值（比如 10^{-5}）时终止，也可以当迭代次数超过一定值（比如 100 次）时终止[①]。代码如下。

```
#include<stdio.h>
#include<math.h>
#define F(x)  (p*exp(-x)+q*sin(x)+r*cos(x)+s*tan(x)+t*(x)*(x)+u)
const double eps = 1e-14;

int main() {
  int p, r, q, s, t, u;
  while(scanf("%d%d%d%d%d%d", &p, &q, &r, &s, &t, &u) == 6) {
    double f0 = F(0), f1 = F(1);
    if(f1 > eps || f0 < -eps) printf("No solution\n");
    else {
      double x = 0, y = 1, m;
      for(int i = 0; i < 100; i++) {
        m = x + (y-x)/2;
        if(F(m) < 0) y = m; else x = m;
      }
      printf("%.4lf\n", m);
    }
  }
  return 0;
}
```

例题 37　误差曲线（Error Curves，成都 2010，LA 5009）

已知 n 条二次曲线 $S_i(x)=a_ix^2+b_ix+c(a_i\geqslant 0)$，定义 $F(x)=\max\{S_i(x)\}$，求出 $F(x)$在[0,1 000]上的最小值。

【输入格式】

输入第一行为测试数据组数 T（$T<100$）。每组数据：第一行为正整数 n（$n\leqslant 10\,000$）；以下 n 行每行包含 3 个整数 a, b, c（$0\leqslant a\leqslant 100$，$|b|,|c|\leqslant 5000$）。

【输出格式】

对于每组数据，输出 $F(x)$在[0,1000]中的最小值，保留 4 位小数。

【分析】

首先来分析一下简单的情况。$n=1$ 的时候，$F(x)$是一条抛物线，怎么求最小值？注意到 $a\geqslant 0$，所以它要么退化成了直线，要么是一条开口向上的抛物线。后者是标准的下凸函数，而直线也可以看成是下凸的，所以 $n=1$ 的时候就是一个下凸函数求极值的问题。

$n=2$ 时，是怎样的情况呢？似乎要复杂很多。比如它可能是由两段甚至三段组成，如图 2-36 所示。

尽管如此，图形仍然是下凸的。$n>2$ 的时候图形更复杂，但最后的图形总是下凸的（想一想，为什么）。下凸函数的最小值可以用三分法（ternary search）来求解，具体方法如下。取区间$[L,R]$的两个三分点 m_1 和 m_2，比较 $F(m_1)$和 $F(m_2)$的大小，如图 2-37 所示。

① 如果是在二分 int，最多 32 次就够了；同理，因为 float 和 double 存在精度极限，也可以计算出最大迭代次数。

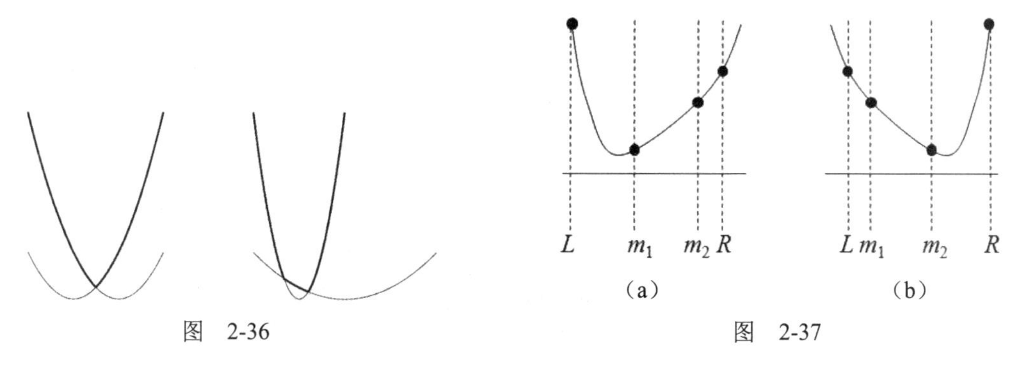

（a）　（b）

图 2-36　图 2-37

在图 2-37（a）中，如果 $F(m_1)<F(m_2)$，说明解在$[L,m_2]$中，否则如图 2-37（b）所示，说明解在$[m_1,R]$中。注意，三分法不仅适用于凸函数，还适用于所有单峰函数（unimodal function）。所谓单峰函数，就是先严格递增再严格递减（此时存在唯一的最大值），或者先严格递减再严格递增（此时存在唯一的最小值）的函数。代码如下。

```
#include<cstdio>
#include<algorithm>
using namespace std;

const int maxn = 10000 + 10;
int n, a[maxn], b[maxn], c[maxn];

double F(double x) {
  double ans = a[0]*x*x+b[0]*x+c[0];
  for(int i = 1; i < n; i++)
    ans = max(ans, a[i]*x*x+b[i]*x+c[i]);
  return ans;
}

int main() {
  int T;
  scanf("%d", &T);
  while(T--) {
    scanf("%d", &n);
    for(int i = 0; i < n; i++) scanf("%d%d%d", &a[i], &b[i], &c[i]);
    double L = 0.0, R = 1000.0;
    for(int i = 0; i < 100; i++) {
      double m1 = L+(R-L)/3;
      double m2 = R-(R-L)/3;
      if(F(m1)<F(m2)) R = m2; else L = m1;
    }
    printf("%.4lf\n", F(L));
  }
  return 0;
}
```

注意上面的 100 次迭代上限是实验得出的，比赛中可以多尝试几个值。如果答案不正确，则加大迭代次数；如果超时，则减小迭代次数。如果以上两种方法都不行，最好把终止条件改写成解区间的长度小于阈值①。

另外，本题的目标是“最大值最小”，是否可以用二分答案的办法做呢？答案是肯定的。有兴趣的读者不妨实验一下，并且和三分法的效果进行比较。

最后有一点要告诉读者，黄金分割法（gold section search，也称优选法）和 Fibonacci 搜索（Fibonacci search）也可以求单峰函数的极值（前者适合连续情形，后者适合离散情形），而且函数计算的次数小于三分法，不过在绝大多数算法竞赛题目中，三分法已经足够了。

例题 38　桥上的绳索（Bridge, Hangzhou 2005, UVa 1356）

你的任务是修建一座大桥。桥上等距地摆放着若干座塔，塔高为 H，宽度忽略不计。相邻两座塔之间的距离不能超过 D。塔之间的绳索形成全等的对称抛物线。桥长度为 B，绳索总长为 L，如图 2-38 所示，求建最少的塔时绳索的最下端离地面的高度 y。

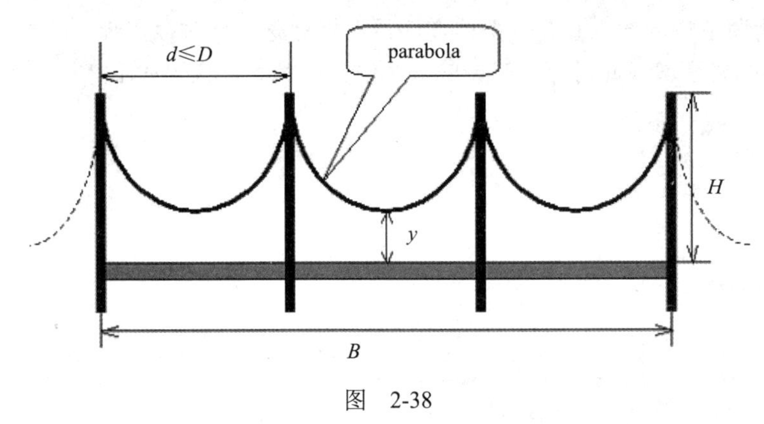

图　2-38

【输入格式】

输入第一行为测试数据组数 T。每组数据仅一行，包含 4 个整数 D, H, B, L（$B \leqslant L$）。

【输出格式】

对于每组数据，输出绳索底部离地面的高度，保留两位小数。

【分析】

本题需要用到一些微积分的基础知识，如求导法则和定积分的概念，但不要求有很强的解题能力。

为了叙述方便，我们把每两个相邻塔之间的部分称为“间隔”。不难发现，塔的数目最小时，间隔数为 n=ceil(B/D)，每个间隔宽度 $D_1=B/n$，每段绳索长度 $L_1=L/n$。接下来就需要根据 D_1 和 L_1 计算底部离地面的高度 y 了。

y 似乎很难直接计算，所以考虑解方程。设宽度为 w，高度为 h 的抛物线的长度为 $p(w,h)$，需要解一个关于 h 的方程 $p(D_1,h)=L_1$，然后计算 $y=H-h$。注意到 $p(w,h)$关于 h 单调递增，所以可以二分求解。因此，最关键的问题就是：$p(w,h)$怎么求？

根据微积分知识，可导函数 $f(x)$在区间$[a,b]$的弧长为

① 如果不愿意实验，直接计算出迭代次数也可以，但需要注意的是，本题输出的是函数值而不是 x 的值，因此计算迭代次数并不是想象中那么简单。

$$\int_a^b \sqrt{1+[f'(x)]^2}\,\mathrm{d}x$$

为了写出函数 $f(x)$和它的导函数 $f'(x)$，首先要加一个坐标轴，如图 2-39 所示。

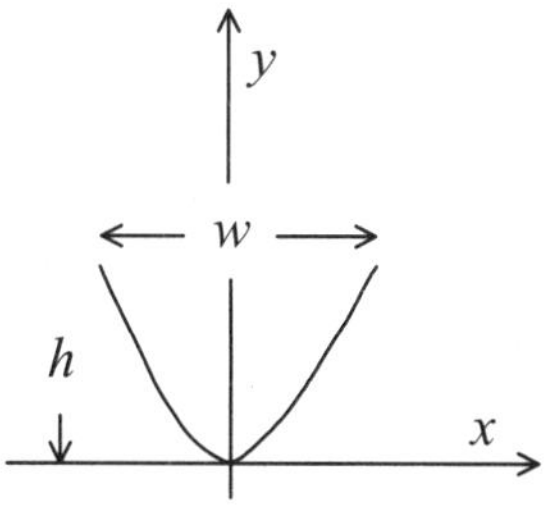

图　2-39

因为顶点在(0,0)，因此 $b=c=0$，抛物线为 $f(x)=ax^2$。又因为 $f(-w/2)=h$，解得 $a=4h/w^2$。根据对称性，弧长为

$$2\int_0^{w/2}\sqrt{1+\left(f'(x)\right)^2}\,\mathrm{d}x = 2\int_0^{w/2}\sqrt{1+4a^2x^2}\,\mathrm{d}x$$

这个定积分怎么算？不定积分表里有公式

$$\int\sqrt{a^2+x^2}\,\mathrm{d}x = \frac{1}{2}x\sqrt{a^2+x^2}+\frac{1}{2}a^2\ln\left|x+\sqrt{a^2+x^2}\right|+C$$

把上述公式变形为

$$2\int_0^{w/2}\sqrt{1+4a^2x^2}\,\mathrm{d}x = 4a\int_0^{w/2}\sqrt{\left(\frac{1}{2a}\right)^2+x^2}\,\mathrm{d}x$$

然后就可以套公式了。代码如下。

```
#include<cstdio>
#include<cmath>

//sqrt(a^2+x^2)的原函数
double F(double a, double x) {
  double a2 = a*a, x2 = x*x;
  return (x*sqrt(a2+x2)+a2*log(fabs(x+sqrt(a2+x2))))/2;
}

//宽度为 w，高度为 h 的抛物线长度，也就是前文中的 p(w,h)
double parabola_arc_length(double w, double h) {
  double a = 4.0*h/(w*w);
  double b = 1.0/(2*a);
  return (F(b, w/2) - F(b, 0))*4*a;
  //如果不用对称性，就是(F(b,w/2)-F(b, -w/2))*2*a
}

int main() {
  int T;
  scanf("%d", &T);
  for(int kase = 1; kase <= T; kase++) {
    int D, H, B, L;
    scanf("%d%d%d%d", &D, &H, &B, &L);
    int n = (B+D-1)/D; //间隔数
    double D1 = (double)B / n;
    double L1 = (double)L / n;
    double x = 0, y = H;
    while(y-x > 1e-5) { //二分法求解高度
      double m = x + (y-x)/2;
      if(parabola_arc_length(D1, m) < L1) x = m; else y = m;
```

```
    }
    if(kase > 1) printf("\n");
    printf("Case %d:\n%.2lf\n", kase, H-x);
  }
  return 0;
}
```

题目虽然解完了，但是我们心有余悸。上面的解法中关键问题要用数学方法求解，如果下次遇到一个积不出来的函数怎么办？事实上，很多函数的积分都是没有封闭形式的，无法像上面这样推出公式以后再套公式。这种情况下，数值积分（numerical integral）是一个很好的工具。

假定要求这样一个积分

$$\int_a^b f(x)\mathrm{d}x$$

如果把 $f(x)$画到平面直角坐标系下，则答案为曲线 $f(x)$下方的面积。有很多种办法可以近似求出曲线下方的面积，其中一种既容易理解又容易实现的方法是利用辛普森公式（见图 2-40）。

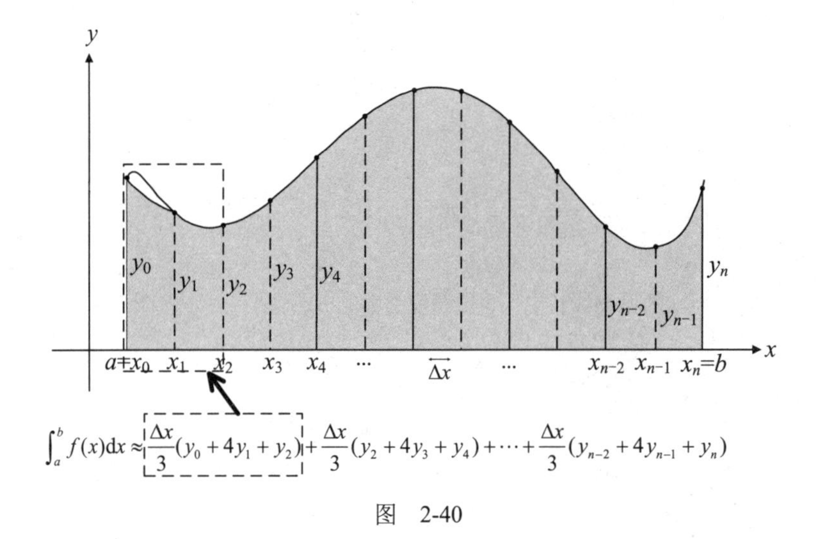

图 2-40

先在整个区间$[a,b]$中等距地取奇数个点 $a=x_0, x_1, x_2, \cdots, x_n=b$，相邻两个点的距离为$\Delta x$，再设 $y_i=f(x_i)$，然后套用上面的公式。点取得越多，近似程度就越高，但计算量也越大。取多少个点合适呢？这是一个棘手的问题。好在辛普森公式有一个重要的“变种”，称为自适应辛普森法（adaptive Simpson’s rule），只需要设一个精度阈值 eps，算法就可以根据情况递归地划分区间。容易近似的地方少划几份，不容易近似的地方多划几份。具体来讲，设区间$[a,b]$中点为 c，则当且仅当$|S(a,c)+S(c,b)-S(a,b)|<15\text{eps}$ 时直接返回结果，否则递归调用。这里的 $S(a,b)$是指区间$[a,b]$的“三点辛普森公式”值。代码如下。

```
//三点 Simpson 法。这里要求 F 是一个全局函数
double simpson(double a, double b) {
  double c = a + (b-a)/2;
  return (F(a)+4*F(c)+F(b))*(b-a)/6;
```

```
}

//自适应 Simpson 公式（递归过程）。已知整个区间[a,b]上的三点 Simpson 值 A
double asr(double a, double b, double eps, double A) {
  double c = a + (b-a)/2;
  double L = simpson(a, c), R = simpson(c, b);
  if(fabs(L+R-A) <= 15*eps) return L+R+(L+R-A)/15.0;
  return asr(a, c, eps/2, L) + asr(c, b, eps/2, R);
}

//自适应 Simpson 公式（主过程）
double asr(double a, double b, double eps) {
  return asr(a, b, eps, simpson(a, b));
}
```

有了自适应辛普森公式，本题的求解就很简单了。主程序不变，其他代码如下。

```
//这里为了方便，将 a 声明成全局变量
//这不是一个好的编程习惯，但在本题中却可以提高代码的可读性
double a;

//Simpson 公式用到的函数
double F(double x) {
  return sqrt(1 + 4*a*a*x*x);
}

//用自适应 Simpson 公式计算宽度为 w，高度为 h 的抛物线长
double parabola_arc_length(double w, double h) {
  a = 4.0*h/(w*w); //修改全局变量 a，从而改变全局函数 F 的行为
  return asr(0, w/2, 1e-5)*2;
}
```

虽然代码略长，但思维难度大大降低，而且代码依然非常快。最后需要说明的一点是，上述自适应辛普森公式的代码并不是最优的写法，因为有很多重复的函数计算（请读者找一找）。请读者试着修改这份代码，把每次递归调用中的函数计算从 6 次降为 2 次（提示：递归过程需要多 3 个参数，即端点和中点的函数值）。

2.10　小结与习题

本节介绍了很多数学专题，但这些知识并不能代替扎实的数学基础。请读者首先确认是否下面问题大部分都能较为轻松地解决。

最大公约数和最小公倍数（GCD LCM, UVa 11388）

输入两个整数 G, L（$1 \leqslant G,L < 2^{32}$），找出两个正整数 a 和 b，使得二者的最大公约数为 G，最小公倍数为 L。如果有多解，输出 $a \leqslant b$ 且 a 最小的解。无解输出-1。

最小公倍数（Benefit, UVa 11889）

输入两个整数 A 和 C（$1 \leqslant A, C \leqslant 10^7$），求最小的整数 B，使得 $\mathrm{lcm}(A,B)=C$。如果无解，输出“NO SOLUTION”（不含引号）。

全加和（How do you add?, UVa 10943）

把 K 个不超过 N 的非负整数加起来，使得它们的和为 N，有多少种方法？比如，N=5, K=2，有 6 种方法，即 0+5, 1+4, 2+3, 3+2, 4+1, 5+0。输入 N 和 K（$1 \leqslant N, K \leqslant 100$），输出方法总数除以 10^6 的余数。

幂和阶乘（Again Prime? No time., UVa 10780）

输入两个整数 n 和 m（$1<m<5\,000$，$0<n<10\,000$），求最大的整数 k，使得 m^k 是 n!的约数。

LCM 的个数（LCM Cardinality, UVa 10892）

输入正整数 n（$n \leqslant 2\,000\,000\,000$），统计有多少对正整数 $a \leqslant b$，满足 $\mathrm{lcm}(a,b)=n$。比如，有 8 对整数满足 $\mathrm{lcm}(a,b)=12$，即(1,12),(2,12),(3,12),(4,12),(6,12),(12,12),(3,4),(4,6)。输出 n 和满足条件的整数对数。

超级幂（Super Powers, UVa11752）

如果一个数至少是两个不同的正整数的幂，那么称它为超级幂。比如，64 就是一个超级幂，因为 $64=8^2=4^3$。你的任务是找出 $1 \sim 2^{64}-1$ 的所有超级幂，按照升序输出（本题无输入）。

排列之和（Add Again, UVa 11076）

输入 n 个数字（$1 \leqslant n \leqslant 12$），这些数字的任何一种排列都是一个整数。你的任务是求出所有这些整数之和。比如，3 个数字 2, 2, 4 能组成 3 个整数 224, 242, 422，它们的和是 888。

组队（Teams, UVa 11609）

有 n 个人，选一个或多个人参加比赛，其中一名当队长，有多少种方案？如果参赛者完全相同，但队长不同，算作不同方案。输入 n（$1 \leqslant n \leqslant 10^9$），输出方案总数除以 1 000 000 007 的余数。

回文数（Palindrome Numbers, Dhaka 2003, LA 2889）

回文数从小到大排列为：1, 2, 3, 4, 5, 6, 7, 8, 9, 11, 22, 33, …。输入 n（$1 \leqslant n \leqslant 2 \times 10^9$），求第 n 小的回文数，如第 24 小的回文数为 151。

整数游戏（Integer Game, UVa 11489）

给出一个数字串 N，两个人轮流从中取出一个数字，要求每次取完之后剩下的数是 3 的倍数，不能取数者输。如果两个游戏者都足够聪明，谁会获胜？输入非空数字串 N（N 由不超过 1000 个非 0 的数字组成），如果先手胜，输出 S，否则输出 T。

和最小的 LCM（Minimum Sum LCM, UVa 10791）

输入正整数 n（$n \leqslant 2^{31}-1$），找到至少两个正整数，使得它们的 LCM 为 n，并且和最小。

完全平方数（Square Numbers, UVa 11461）

如果一个整数可以写成一个整数的平方，则说它是一个完全平方数。比如，1，4，81都是完全平方数。输入正整数 a, b（$0<a\leqslant b\leqslant 100\,000$），有多少个完全平方数介于 a 和 b 之间（包括 a 和 b 本身）？

2.10.1　组合计数

本章介绍了加法原理、乘法原理、容斥原理和递推等组合计数的常见技巧。下面先给出相关例题，如表 2-2 所示。在线题单：https://dwz.cn/vGTiN30g。

表　2-2

类　别	题　号	题目名称（英文）	备　注
例题 1	UVa 11538	Chess Queen	基本计数原理
例题 2	UVa 11401	Triangle Counting	基本计数原理
例题 3	UVa 11806	Cheerleaders	容斥原理
例题 4	Codeforces Gym 101334E	Exploring Pyramids	递推
例题 5	UVa 11361	Investigating Div-Sum Property	整数区间分解；递推
例题 6	UVa 1073	Glenbow Museum	递推；状态精简
例题 7	UVa 10253	Series-Parallel Networks	综合应用

下面列举一些习题。和动态规划一样，很多组合数学问题对思维锻炼都很有帮助。在线题单：https://dwz.cn/HUE7oS5U。

有多少个 0（How many 0's? UVa 11038）

输入两个非负整数 m 和 n（$m\leqslant n<2^{31}$）。问：将 m～n 的所有整数写出来，一共要写多少个数字 0？

超级平均数（Supermean, UVa 10883）

给出 n（$n\leqslant 50\,000$）个数，每相邻两个数求平均数，将得到 n-1 个数。这 n-1 个数每相邻两个数求平均数，将得到 n-2 个数。以此类推，最后得到 1 个数，求这个数。

高速公路（Highway, CERC 2006, LA 3720）

有一个 n 行 m 列（$1\leqslant n,m\leqslant 300$）的点阵，问一共有多少条非水平、非竖直的直线至少穿过其中两个点？如图 2-41 所示，n=2, m=4 时答案为 12，n=m=3 时答案为 14。

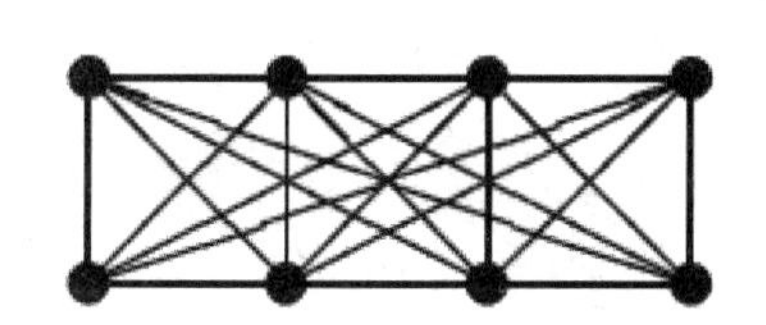
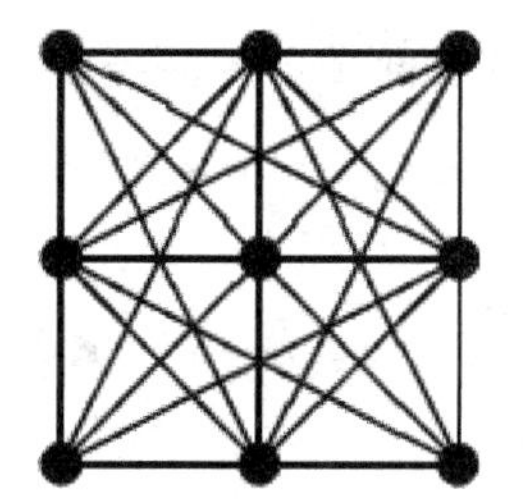

图　2-41

霓虹灯广告牌（Neon Sign, Daejon 2011, LA 5846）

圆周上有 n（$3\leqslant n\leqslant 1000$）个点，两两相连，只能涂红色或蓝色。求单色三角形（即 3 条边的颜色相同的三角形）的个数。

数三角形（Counting Triangles, Dhaka 2005, LA 3295）

输入正整数 m 和 n（$m, n\leqslant 1000$），数出 m 行 n 列的网格顶点能组成多少个三角形。比如，m=1，n=2，可以组成 18 个，如图 2-42 所示。

数四边形（Counting Quadrilaterals, UVa 11139）

如图 2-43 所示，在 10×10 网格中，你可以看到 5 个四边形（注意，四边形的 4 条边不能相交，而且没有三点共线）。

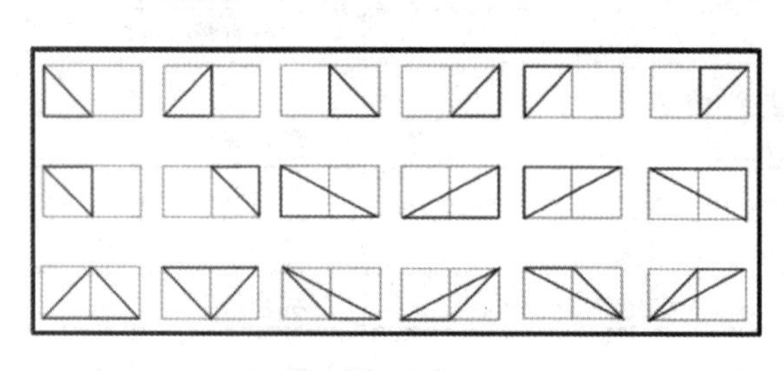

图 2-42

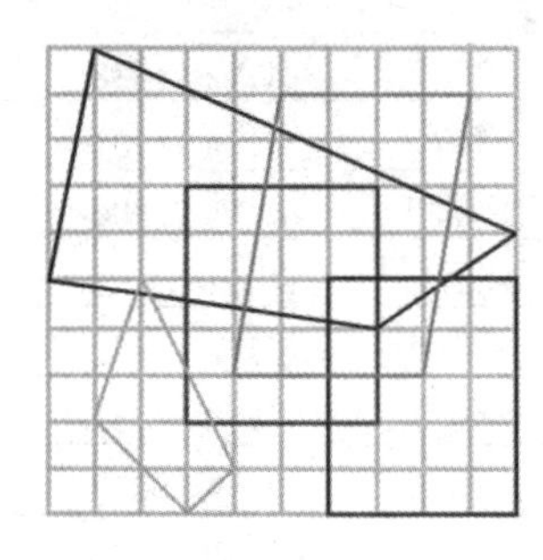

图 2-43

当然，还可以连出其他网格四边形。你的任务是统计出 $n\times n$（$n\leqslant 120$）网格里可以连出多少个网格四边形。比如，n=2 时有 94 个，n=10 时有 12 046 294 个。

奇怪的税（Strange Tax Calculation, UVa 11529）

一个城市里有 n（$n\leqslant 1\,200$）个建筑物，每个建筑物用平面上的一个点来表示。不存在 3 个建筑物在同一条直线上的情况，因此任意 3 个建筑物都可以组成一个三角形，称为 Bermuda 块。计算平均每个 Bermuda 块内部包含多少个建筑物。任意两个建筑物的坐标都不相同。

铁轨（Magnetic Train Tracks, Dhaka 2007, LA 4064）

给定平面上 n（$3\leqslant n\leqslant 1200$）个无三点共线的点，问这些点共组成了多少个锐角或直角三角形。

堆计数（Counting Heaps, CERC 2008, LA 4390）

给出一棵 n（$1\leqslant n\leqslant 500\,000$）个结点的有根树，要求给结点标号为 $1\sim n$，使得不同结点的标号不同，且每个非根结点的标号比父结点小。求方案总数除以 m 的余数（$2\leqslant m\leqslant 10^9$）。

Pinary 数（Pinary, Seoul 2005, LA 3357）

把所有不含前导 0 和连续 1 的二进制串从小到大排列，即 1, 10, 100, 101, 1000, 1001, …，求第 k 个串，$k\leqslant 90\,000\,000$。

连续的比特（Bits, UVa 11645）

定义 $A(n)$为 n 的二进制表示中“连续两个 1”出现的次数，比如 $A(12)=1$（12 的二进制为 1100），$A(15)=3$（15 的二进制为 1111），$A(27)=2$（27 的二进制为 11011）。输入整数 n（$0 \leqslant n \leqslant 2^{63}-2$），你的任务是计算 $S=A(0)+A(1)+\cdots+A(n)$的值。

重排问题（Arrange the Numbers, UVa 11481）

可以把序列 $1,2,3,\cdots,n$ 任意重排，但重排后的前 m（$m \leqslant n$）个位置中恰好要有 k（$k \leqslant m$）个不变。比如，若 $n=5, m=3, k=2$，可以把序列重排成 1, 4, 3, 2, 5，其中前 $m=3$ 个位置（1，4，3）中恰好有 $k=2$ 个（1，3）没有变。输入整数 n, m, k（$k \leqslant m \leqslant n \leqslant 1000$），输出重排方法数除以 1 000 000 007 的余数。

互不攻击的象（Bishops, UVa 10237）

两个象互不攻击，当且仅当它们不处于同一条斜线上。输入整数 n（$n \leqslant 30$），统计在一个 $n \times n$ 的棋盘上放 k 个互不攻击的象有多少种方法。比如，$n=8$，$k=6$ 时，有 5 599 888 种。

金属（Metal, Seoul 2008, LA 4258）

平面上有 n（$3 \leqslant n \leqslant 50$）个点，任意两个点的 x 坐标不同。你的任务是统计有多少种方法把它们连成一个单调多边形。注意，多边形的非相邻边不能有公共点，且任意两条边不能重叠。在本题中，单调多边形是指，如果把多边形看成实心物体，该物体与任意竖线的相交部分是单点或者一条线段。如图 2-44 所示，图 2-44（a）中的点集能连成 4 个不同的单调多边形，如图 2-44（b）所示。

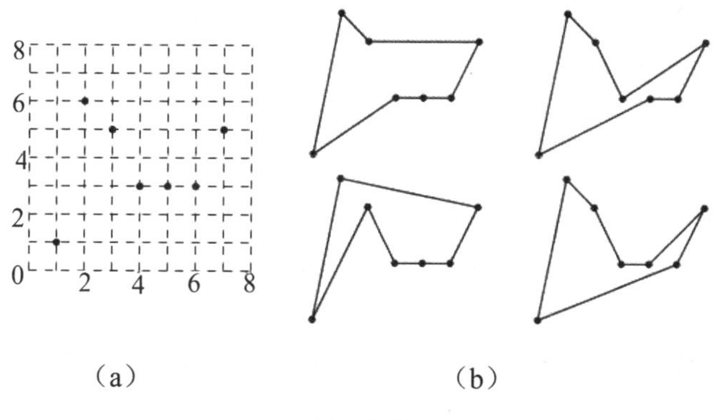

图　2-44

外接矩形（Persephone, UVa 10884）

用 n（$n \leqslant 100$）根长度为 1 的木条拼出一个周长为 n、各边与坐标轴平行的多边形，并要求其最小外接矩形周长也是 n，如图 2-45 所示。求满足条件的方案数。

排列统计（Permutation Counting, 哈尔滨 2010, LA 5092）

给定 1～n 的排列$\{a_1, a_2, \cdots, a_n\}$，满足 $a_i>i$ 的下标 i 的个数称为此排列的 E 值。例如，$\{1,3,2,4\}$的 E 值为 1，$\{4, 3, 2, 1\}$的 E 值为 2。给定整数 n 和 k（$1 \leqslant n \leqslant 1000$，$0 \leqslant k \leqslant n$），求 E 值恰好为 k 的排列个数。

Delta 脑电波（Delta Wave，天津 2010, LA 5028）

有一种特殊生物的脑电波是一条从(0,0)到(n,0)的折线。这条折线每向右延伸一个单位长度，高度要么不变，要么加 1，要么减 1。例如，n=4 时，有如图 2-46 所示的 9 种折线。

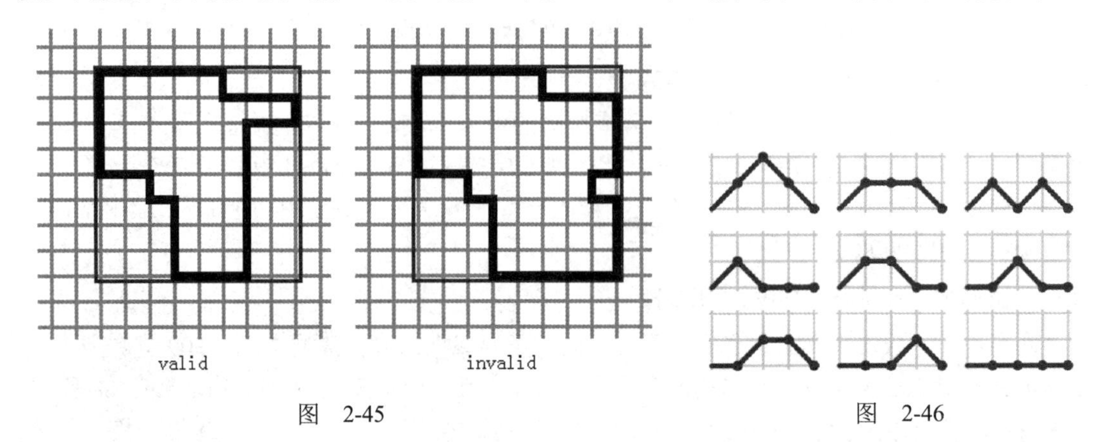

图 2-45　　　　图 2-46

已知 n（$3\leqslant n\leqslant 10\,000$），求折线种数除以 10^{100} 的余数。

二进制整数（Binary Integer，杭州 2008, LA 4352）

你的任务是把整数 S 变成 T，方法是选 K 个（不能多选也不能少选）不同的“恰有 3 个比特为 1”的 N（K=$N\leqslant 40$）位二进制整数 X_i，使得 S 与所有 X_i 的异或值为 T，$0\leqslant K\leqslant \min\{20, C_N^3\}$

例如，S=1101，T=1001，则只有一种方法，即选择 X={1110, 1101, 0111}。S xor X_1 xor X_2 xor X_3=1101 xor 1110 xor 1101 xor 0111=1001（上述数字均为二进制）。

输入 N，K，S 和 T，输出方案总数除以 10 007 的余数。

数学老师的作业（Math Teacher's Homework，福州 2010, LA 5101）

给出整数 k 和 n 个整数 $m_1, m_2, \cdots, m_n$，问有多少组整数 $x_1, x_2, \cdots, x_n$ 满足 $0\leqslant x_i\leqslant m_i$，且 x_1 xor x_2 xor x_3 xor $\cdots$ xor $x_n = k$。$1\leqslant n\leqslant 50$，$0\leqslant k,m_1,m_2,\cdots,m_n\leqslant 2^{31}-1$。

输出解的数目除以 10^9+3 的余数。

宝石岛（Gem Island, ACM/ICPC World Finals 2018, Codeforces Gym 102482D）

宝石岛上有 n 个居民，第一天晚上，每个居民手上有了一个宝石。从第二天开始，每个晚上都会有完全随机的一个居民手上再增加一个宝石。计算经过 d 天之后，手上宝石数目最多的 r 个居民手上的宝石总量的期望值是多少？数据范围：$1\leqslant n, d\leqslant 500, 1\leqslant r\leqslant n$。

玩具（Toys，ACM/ICPC Greater NY 2017，LA 8297）

一个玩具由两个圆盘（一个红色圆盘和一个蓝色圆盘）组成，通过它们的中心轴连接，两个圆盘可以绕着中心轴独立转动，在红、蓝圆盘的边缘，分别有 n 和 m 个等距夹。红、蓝圆盘上的任意夹子可以通过弹性线连接，每个夹子上可以连接多根线，但任何两个夹子之间最多只能有一根线。

如果一个玩具可以通过分别转动红、蓝圆盘的任意角度（不一定相同）得到另一个，则两个玩具被认为是相同的。此外，玩具只与线连接的两个夹子有关，而与它在空间中经过的路径无关。对于固定的 n（$2 \leqslant n \leqslant 10^7$）和 m（$2 \leqslant m \leqslant 10^7$）生产多少不同的玩具？

如图 2-47 所示，图 2-47（a）和图 2-47（b）是同一个玩具，可以顺时针将图 2-47（a）的红圆盘旋转一步，蓝圆盘旋转 4 步来得到图 2-47（b）。而图 2-47（c）不同于图 2-47（a）和图 2-47（b）。

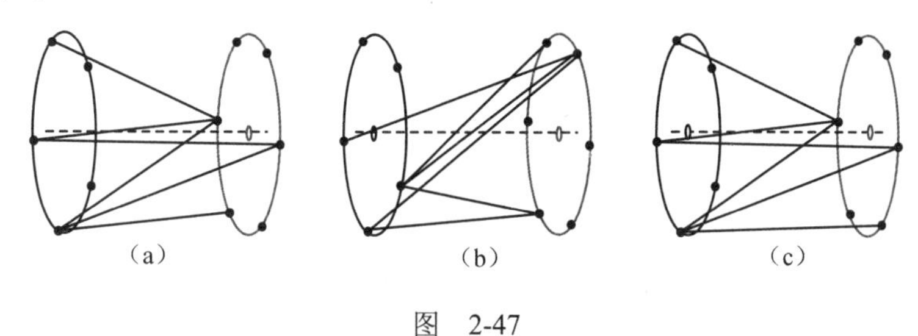

图 2-47

2.10.2 数论

数论有很多主题。本章只涉及一些最常用的，而把一些特殊的专题放在了第 6 章。虽然本章相关例题只有 8 道，如表 2-3 所示，但相当经典，请读者认真学习。在线题单：https://dwz.cn/3mOIWIF7。

表 2-3

类　别	题　号	题目名称（英文）	备　注
例题 8	UVa 1069	Always an Integer	多项式；差分；整除性
例题 9	UVa 11426	GCD Extreme（II）	gcd 函数；phi 函数
例题 10	UVa 11754	Code Feat	中国剩余定理
例题 11	UVa 11916	Emoogle Grid	离散对数
例题 12	牛客 NC 50316	A Horrible Poem	线性筛；素数
例题 13	SPOJ VLATTICE	Visible Lattice Points	莫比乌斯反演
例题 14	HDU 4746	Mophues	莫比乌斯反演；GCD
例题 15	LA 7184	Count $a \times b$	积性函数；莫比乌斯反演

下面列举一些习题。数论题目多而杂，有时还需要一些灵感。在线题单：https://dwz.cn/b73AZrI3。

玩转 Floor 和 Ceil（Play with Floor and Ceil, UVa 10673）

对于任意的整数 x 和 k，存在两个整数 p 和 q，满足

$$x = p\left\lfloor \frac{x}{k} \right\rfloor + q\left\lceil \frac{x}{k} \right\rceil$$

输入正整数 x 和 k（$x, k<10^8$），找出符合条件的 p 和 q。如果有多组答案，输出任意一组即可。

格点判定（Lattice Point or Not, UVa 11768）

给定两个点 $A(x_1,y_1)$和 $B(x_2,y_2)$，其中 x_1,y_1,x_2,y_2 均为 0.1 的整数倍，且绝对值均不超过 200 000。你的任务是统计线段 AB 穿过多少个整点。A 和 B 的坐标都是 0.1 的整数倍。

虚张声势（Just Another Problem, UVa 11490）

你有 S 个士兵，并打算把他们排成一个 r 行 c 列但有两个“洞”的矩形方队，以迷惑敌人（从远处看，敌人可能误以为一共有 $r×c$ 个士兵）。洞是两个大小相同的正方形，为了让隐蔽性更强，方队边界（即第一行、最后一行、第一列、最后一列）的所有士兵都得在场，且每个洞的 4 个方向的士兵“厚度”总是相同。如图 2-48 所示，洞的边长是 2，周围士兵的厚度为 3，缺失的士兵数为 8。

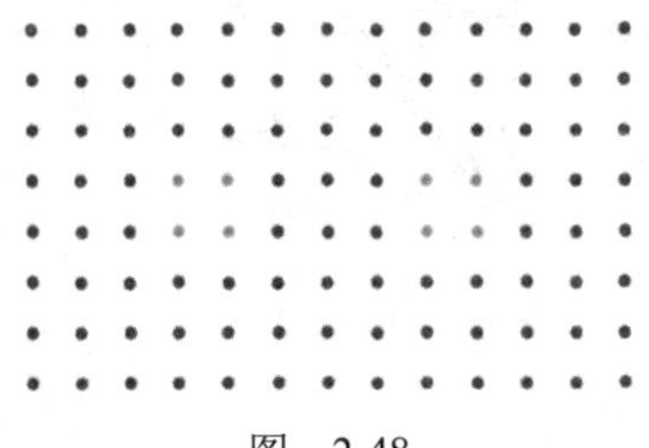

图 2-48

输入士兵的实际个数 S（$1 \leqslant S \leqslant 10^{12}$），计算出缺失士兵数的所有可能值。

已知因子之和（Alternate Task, UVa 11728）

输入一个正整数 S（$S \leqslant 1000$），求一个最大的正整数 N，使得 N 的所有正因子之和为 S。

超大数取模（Huge Mod, UVa 10692）

指数运算和四则运算不太一样，因为它的计算顺序是从上到下，而非从下到上。比如，2^3^2 指的是 $2^{(3^2)} = 2^9 = 512$，而非 $(2^3)^2 = 8^2 = 64$。

输入正整数 $a_1, a_2, \cdots, a_n$ 和模 m（$2 \leqslant m \leqslant 10\,000$，$1 \leqslant n \leqslant 10$，$1 \leqslant a_i \leqslant 1000$），求 a_1^a_2^…^a_n mod m 的值。

多项式的最大公约数（Polynomial GCD, UVa 10951）

给定两个 Z_n 上的多项式 $f(x)$ 和 $g(x)$，求出它们的 GCD，即求出 Z_n 上的一个多项式 $r(x)$，使得它同时整除 $f(x)$ 和 $g(x)$，并且次数尽量大。你找到的多项式的最高项系数应当为 1。例如，$2x^3+2x^2+x+1$ 和 x^4+2x^2+2x+2 的 GCD 为 x^2+2x+1。

注：Z_n 上多项式的所有系数都为 0～$n-1$ 的整数，并且加法和乘法均在模 n 意义下进行。

离散平方根（Discrete Square Roots, LA 4270）

在模 n 意义下，非负整数 x 的离散平方根是满足 $0 \leqslant r < n$ 且 $r^2 \equiv x \pmod{n}$ 的整数。和每个正实数恰好有两个平方根不同，一个整数可能有更多的离散平方根。比如，n=12 时，有 4 个离散平方根，即 1, 5, 7, 11。你的任务是在已知一个离散平方根的情况下求出其他所有的离散平方根。

输入 3 个整数 x, n, r（$1 \leqslant x < n$，$2 \leqslant n \leqslant 10^9$，$1 \leqslant r < n$），输出数据编号和所有离散平方根（包括输入的 r），按照从小到大排序。输入保证 r 是模 n 下的 x 的离散平方根。

高斯素数（Gauss Prime, 长春 2007, LA 4079）

输入正整数 a 和 b（$0 \leqslant a \leqslant 10\,000$，$0 < b \leqslant 10\,000$），判断高斯整数 $x = a + b\sqrt{-2}$ 是否为

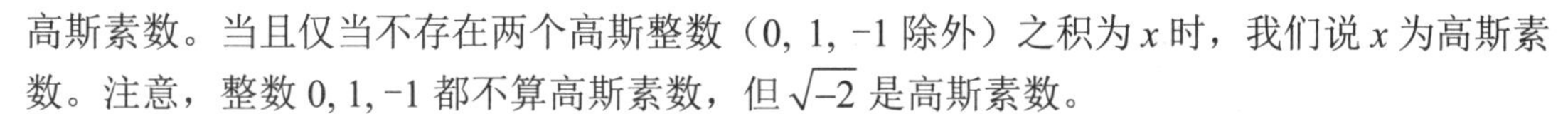

高斯素数。当且仅当不存在两个高斯整数（0, 1, −1 除外）之积为 x 时，我们说 x 为高斯素数。注意，整数 0, 1, −1 都不算高斯素数，但 $\sqrt{-2}$ 是高斯素数。

例如，$5+\sqrt{-2}$ 不是高斯素数，因为 $5+\sqrt{-2}=(1-\sqrt{-2})(1+2\sqrt{-2})$。

密码学问题（Cryptography Reloaded，杭州 2008, LA 4353）

一般 RSA 算法是这样的：选两个素数 p 和 q，计算 $n=pq$，然后选一个整数 e，满足 $\gcd(e,(p-1)(q-1))=1$，最后根据 $de=1(\bmod (p-1)(q-1))$ 中计算出 d。

需要加密时，用(n,e)做公钥，任意消息 x（$0\leqslant x<n$）可以加密成 $y=x^e \bmod n$；需要解密时，用 d 做私钥，因为 $x=y^d \bmod n$。

由于手持设备的计算能力比较弱，通常会选取一个相对较小的 e，但这也造成了安全隐患，即如果同时得知 n,d 和 e，很容易算出 p 和 q（即分解 n）。你的任务是通过 n, d, e 计算 p 和 q（应满足 $n=pq$ 且 $p<q$），且 $n\leqslant 10^{100}$，$3\leqslant e\leqslant 31$。输入保证符合题目限制。

最大公约数版猜字游戏（GCD Guessing Game, NEERC 2011, LA 5916）

输入正整数 n（$2\leqslant n\leqslant 10\,000$），要求猜出一个 1～$n$ 的正整数 p。每次可以猜一个正整数 x（$1\leqslant x\leqslant n$），然后告诉你 p 和 x 的最大公约数。要求在最坏情况下需要猜测的次数最小。

例如，$n=6$ 时的最优策略为：先猜 6，如果回答 1，则 $p=1$ 或 5；如果回答 2，则 $p=2$ 或 4；如果回答 3，则 $p=3$；如果回答 6，则 $p=6$。无论在哪种情况下，最多猜两次就能知道 p 是多少。

制作水晶（Make a Crystal, UVa 11014）

三维空间中有一个 $N\times N\times N$ 的立方体（N 为偶数），坐标范围是$-N/2\leqslant x,y,z\leqslant N/2$。你的任务是选择尽量多的网格点（除坐标原点 O），使得对于任意两个选出的点 P 和 Q，OPQ 不共线。输入 N（$N\leqslant 200\,000$），输出能选出的点数的最大值。

敲钟（The Bells are Ringing, Dhaka 2007, LA 4060）

输入整数 N，统计有多少组 t_1,t_2,t_3 满足：$0<t_1<t_2<t_3\leqslant 1\,000\,000$，$t_3-t_1\leqslant 25$，且 t_1,t_2,t_3 的最小公倍数是 N。N 在 64 位带符号整数范围内。

素数 *k* 元组（Prime k-tuple, Hanoi 2007, LA 3998）

如果 k 个相邻素数 $p_1, p_2, p_3, \cdots, p_k$（$p_i<p_{i+1}$）满足 $p_k-p_1=s$，称这些素数组成一个距离为 s 的素数 k 元组。例如，$k=4, s=8$ 时$\{11, 13, 17, 19\}$是一个距离为 8 的素数 4 元组。输入 4 个整数 a, b, k, s（$a,b<2\times 10^9, k<10, s<40$），输出区间$[a,b]$内距离为 s 的素数 k 元组的个数。

Vivian 的难题（Vivian's Problem，广州 2003, LA 2955）

输入 k（$1\leqslant k\leqslant 100$）个正整数 $p_1, p_2, \cdots, p_k$（$1<p_i<2^{31}$），找出 k 个非负整数 e_i，使得 $N=\prod_{i=1}^{k} p_i^{e_i}=2^x$（$x$ 为正整数）。注意，由于 $x>0$，e_i 不能全为 0。如果无解，输出 NO；否则，输出最大的 x。

不同的数字（Different Digits，上海 2004, LA 3262）

输入正整数 n（$n<65\,536$），求它的最小倍数 m，使得 m 包含的不同的数字种类尽量少

（例如，1334 有 3 种数字：1, 3, 4）。如果有多解，m 的值应尽量小。例如，n=101 时，答案为 1111。

简单加密法（Simple Encryption, Kuala Lumper 2010, LA 4998）

输入正整数 K_1（$K_1 \leqslant 50\,000$），找一个 12 位正整数 K_2（不能含有前导 0），使得 $K_1^{K_2} \equiv K_2 (\bmod 10^{12})$。例如，$K_1$=78 和 99 时，$K_2$ 分别为 308 646 916 096 和 817 245 479 899。

约瑟夫的数论问题（Joseph's Problem, NEERC 2005, LA 3521）

输入正整数 n 和 k（$1 \leqslant n, k \leqslant 10^9$），计算 $\sum_{i=1}^{n} k \bmod i$。

矩形计数（Rectangles Counting, SPOJ MRECTCNT）

R 是一个长、宽均为整数的矩形，把 R 拆分成单位矩形。定义 $f(R)$为矩形的一条对角线穿过的单位矩形数，如图 2-49 所示。例如，R 为 2×4 矩形时，$f(R)$=4。找出所有满足 $f(R)=N$（$0<N<10^6$）的矩形。注意：$A \times B$ 和 $B \times A$ 被认为是不同的矩形。

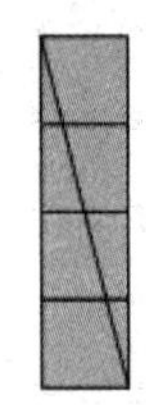 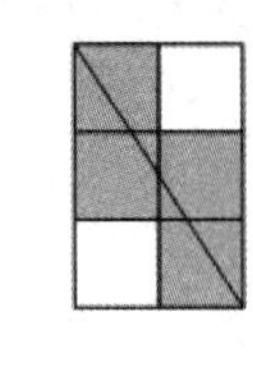 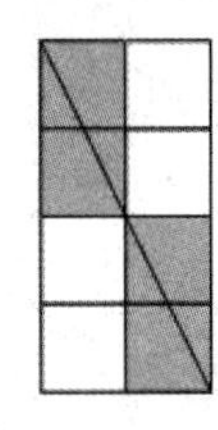 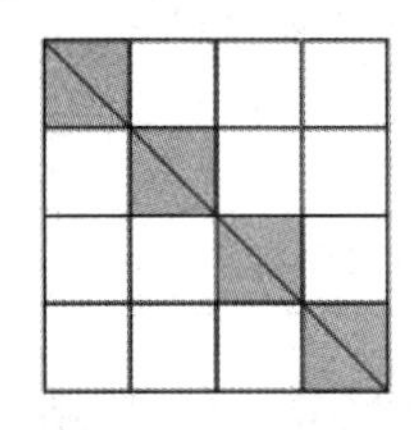

图 2-49

循环之美（NOI2016，牛客 NC 17897）

牛牛是一个热爱算法设计的高中生。在他设计的算法中，常常会使用带小数的数进行计算。牛牛认为，如果在 k 进制下，一个数的小数部分是纯循环的，那么它就是美的。

现在，牛牛想知道：对于已知的十进制数 n 和 m（$1 \leqslant n,m \leqslant 10^9$），在 k（$2 \leqslant k \leqslant 2000$）进制下，有多少个数值上互不相等的纯循环小数，可以用分数 x/y 表示，其中 $1 \leqslant x \leqslant n$，$1 \leqslant y \leqslant m$，且 x,y 是整数。

一个数是纯循环的，当且仅当其可以写成以下形式

$$a \cdot \dot{c}_1 c_2 c_3 \cdots c_{p-1} \dot{c}p$$

其中，a 是一个整数，$p \geqslant 1$；对于 $1 \leqslant i \leqslant p$，$c_i$ 是 k 进制下的一位数字。

例如，在十进制下，$0.45454545\cdots = 0.\dot{4}\dot{5}$ 是纯循环的，它可以用 5/11 和 10/12 等分数表示；在十进制下，$0.1666666\cdots = 0.1\dot{6}$ 则不是纯循环的，它可以用 1/6 等分数表示。

需要特别注意的是，我们认为一个整数是纯循环的，因为它的小数部分可以表示成 0 的循环或是 $k-1$ 的循环；而一个小数部分非 0 的有限小数不是纯循环的。

互素三元组（Coprime Triples CodeChef COPRIME3）

给定一个序列 $a_1, a_2, \cdots, a_N$（$1 \leqslant N \leqslant 10^5$, $1 \leqslant a_i \leqslant 10^6$）。问有多少三元组$(i, j, k)$满足 $1 \leqslant i<j<k \leqslant N$，且 $\mathrm{GCD}(a_i,a_j,a_k)=1$。

极限 GCD（SPOJ GCDEX2）

给定 n（$1 \leqslant n \leqslant 235\,711\,131\,719$），计算 $G(n)=\sum_{i=1}^{n}\sum_{j=i+1}^{n}\gcd(i,j)$。答案对 2^{64} 取模。有 T 组询问（$T \leqslant 10^4$）。

两张抹布（The Two Note Rag, North America - Greater NY 2008, LA 4239）

求最小的 K，使得 2^K 的最后 R（$1 \leqslant R \leqslant 20$）位的数字为 1 或者 2。如表 2-4 所示。

表 2-4

R	最小的 K	2^K
1	1	2
2	9	512
3	89	…112
4	89	… 2112
5	589	…22112
6	3089	…122112
…	…	…

2.10.3 组合游戏

本章介绍了经典的组合游戏理论，包括 Nim 游戏和 SG 定理。当然，还有一些组合游戏的题目既不能转化为 Nim 游戏，也用不上 SG 定理，但需要一些推理甚至灵感。如表 2-5 所示，是本章所列的相关例题，请读者注意。在线题单：https://dwz.cn/SWEa67n2。

表 2-5

类　别	题　号	题目名称（英文）	备　注
例题 16	UVa 1482	Playing With Stones	找规律；SG 定理
例题 17	UVa 10561	Treblecross	SG 定理；输出方案

下面列举一些习题。这些题目只涉及最基本的组合游戏理论和 SG 定理。在线题单：https://dwz.cn/seHLNLYV。

盒子游戏（Box Game, UVa 12293）

有两个相同的盒子，其中一个盒子里有 n 个球，另一个盒子里有 1 个球。Alice 和 Bob 两人轮流操作，每次清空球较少的那个盒子（如果球数相同，任意清空一个），然后从另一个盒子里拿些球到这个空盒子中，使得操作后两个盒子都至少有一个球。如果无法操作（当且仅当两个盒子都只有 1 个球时），则当前游戏者输。输入 n（$n \leqslant 10^9$），你的任务是判断先手（Alice）胜还是后手（Bob）胜。

类 Nim 游戏（ENimEN, UVa 11892）

有 N（$N \leqslant 20\,000$）堆石子，第 i 堆有 a_i 个（$1 \leqslant a_i \leqslant 10^9$）。两人轮流取，每次可以选择一堆石子，取一个或多个（可以把整堆都取走），但不能同时在两堆或更多堆石子中取。

第一个人可以任选一堆取，但后面每次取石子的时候须遵守以下规则：如果对手刚才没有把一堆石子全部取走，则他只能继续在这堆石子里取；只有当对手把一堆石子全部取走时，他才能换一堆石子取。谁取到最后一个石子，谁就赢。假定游戏双方都绝顶聪明，谁会赢呢？

有趣的石子游戏（A Funny Stone Game, LA 3668）

有 n（$n \leqslant 23$）堆石子，编号为 $0 \sim n-1$。第 i 堆初始有 s_i 个石子（$0 \leqslant s_i \leqslant 1000$）。两个游戏者轮流操作。每次可以选 3 堆 i, j, k，使得 $i<j \leqslant k$，且第 i 堆至少还剩一个石子，然后从第 i 堆拿走一个石子，再往第 j 堆和第 k 堆各放一个石子（若 $j=k$，则相当于往第 j 堆放了两颗石子）。谁不能操作，就算输。判断先手必胜还是必败。如果必胜，求出字典序最小的必胜操作(i, j, k)。

擦数游戏（Alice and Bob，成都 2011, LA 5760）

黑板上有 n（$n \leqslant 50$）个不超过 1 000 的正整数，Alice 和 Bob 两人轮流操作，Alice 先操作。每次操作可以把一个数减 1，或者擦掉两个数，然后写上它们的和。当一个数变成 0 时，会被自动擦掉，不能操作者输。问：如果双方均采用最优策略，谁会赢？

湿地游戏（River Game, ACM/ICPC SWERC 2019, Codeforces Gym 102501L）

在 $N \times N$（$1 \leqslant N \leqslant 10$）的网格内有 3 种格子——湿地、干地和保护区。两人轮流在湿区旁边的干地放置相机。谁不能放，谁就输。规则如下。

- 相连（有公共边）的湿地极大集称为河流。每条河流最多占 $2N$ 格，每条河流一定连接到场地的左右边界，且不同河流最近处的距离至少为 3（如图 2-50 所示）。
- 每个格子只能放置一台相机，且靠近同一条河流的两台相机不能相邻。

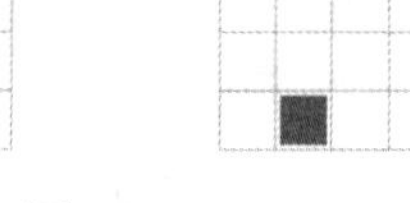

图　2-50

计算先手是否能赢。

黑白盒子游戏（Black and White Boxes, ACM/ICPC 筑波 2016, Aizu 1377）

Alice 和 Bob 玩一个游戏，规则如下。

- 有 n 堆黑色或白色的盒子。
- Alice 和 Bob 轮流操作，一开始随机抽签决定谁先。
- 轮到 Alice 时，其会在某堆中选择一个黑盒子，并且将它和它上面的所有盒子移除。如果不存在黑盒子，就输了。
- 轮到 Bob 时，其会在某堆中选择一个白盒子，并且将它和它上面的所有盒子移除。如果不存在白盒子，就输了。

给出 n（$n \leqslant 40$）堆盒子，每堆盒子个数都不超过 40。选其中的一些进行游戏，使得不能出现无论谁先手都存在必胜策略的情况，并且盒子的总数尽量多。[①]

---

① 本题牵涉解决一类游戏双方可选决策不相同的博弈问题，有兴趣的读者可以阅读由 John Horton Conway 编写的 *On Numbers and Games* 一书。

2.10.4　概率

概率是一个很有意思的数学分支，有时候很直观，有时候却相反。很多概率问题可以转化为组合计数问题，但也有一些问题需要用概率自身的工具和方法解决。如表 2-6 所示，列出了本章的相关例题。在线题单：https://dwz.cn/lHa0IY6a。

表　2-6

类　别	题　号	题目名称（英文）	备　注
例题 18	UVa 11021	Tribbles	离散概率；递推
例题 19	UVa 11722	Joining with Friend	连续概率；几何
例题 20	UVa 11427	Expect the Expected	数学期望
例题 21	UVa 11762	Race to 1	马尔可夫过程；数学期望

下面列举一些习题。题目并不多，建议读者认真思考其中的每个问题。在线题单：https://dwz.cn/wzp7Mtji。

背单词（Garbage Remembering Exam, UVa 11637）

你刚刚背熟了一个单词表，里面有 n 个单词。你担心自己的记忆依赖于各个单词在词表中的相对位置（这是很常见的），因此准备把这些单词随机排列后检验记忆效果。给定整数 k，如果某两个单词在单词表和随机排列中的距离均不超过 k，就说这两个单词是无效的（因为二者的位置关系可能帮助了你的记忆）。输入 n 和 k（$1 \leqslant k \leqslant n \leqslant 100\,000$），你的任务是计算平均情况下，无效单词的个数。

注意，因为你在背了最后一个单词后紧接着又会背第一个单词，单词表被看作是环状的，而随机排列是线状的。换句话说，单词表中的第 1 个单词和第 n 个单词的距离为 1，而随机排列中第 1 个单词和第 n 个单词的距离为 $n-1$。

三维网格中的灯（Lights inside a 3D Grid, UVa 11605）

给一个 $M \times N \times P$ 的三维网格，每个格子里有一盏灯。每次均匀随机选择一个格子 A 和格子 B（二者可以相同），然后把以 A 和 B 为对角顶点的长方体内所有灯的状态改变（开变关，关变开）。具体来说，如果 A 的坐标为(x_1,y_1,z_1)，B 的坐标为(x_2,y_2,z_2)，则所有改变状态的灯是那些满足 $\min\{x_1,x_2\} \leqslant x \leqslant \max\{x_1,x_2\}$，$\min\{y_1,y_2\} \leqslant y \leqslant \max\{y_1,y_2\}$和 $\min\{z_1,z_2\} \leqslant z \leqslant \max\{z_1,z_2\}$的格子$(x,y,z)$。一开始所有灯都是灭的，经过 K 次操作后，平均情况下有多少灯是亮着的？输入 M, N, P, K（$0<M,N,P \leqslant 100, 0 \leqslant K \leqslant 10\,000$），输出亮着的灯的平均数量。

传球游戏（Game, NEERC 2007, LA 4049）

有 n（$n \leqslant 50$）个人围成一圈。一开始第 k 个人手上有一个球。然后每个人随机往左或往右传球（往右传的概率为 p_i，往左传的概率为 $1-p_i$）。当每个人都拿过球时游戏结束，最后一个拿到球的人获胜。求第 n 个人的获胜概率。

最大随机游走（Maximum Random Walk，ACM/ICPC Greater NY 2012, LA 6175）

经典的随机游走：在每一步，有 1/2 的机会向左或向右迈出一步。在一段时间之后，你的预期位置是原点，即在多次随机漫步中，你的平均位置是你在开始的地方结束。假如共走 n（$1 \leqslant n \leqslant 1\,000$）步，每一步向左和向右的概率分别是 L 和 R（$0 \leqslant L \leqslant 1, 0 \leqslant R \leqslant 1, 0 \leqslant L+R \leqslant 1$），并且原地不动的概率是 $1-L-R$。计算你在游走过程中到达的最右边的位置的期望值。

2.10.5 置换

和置换、置换群相关的题目主要是两类：一是等价类计数；二是把置换分解成循环的乘积，然后分析。首先列出本章给出的相关例题，如表 2-7 所示。在线题单：https://dwz.cn/6jICC22F。

表 2-7

类别	题号	题目名称（英文）	备注
例题 22	UVa 10294	Arif in Dhaka (First Love Part 2)	等价类计数
例题 23	Codeforces Gym 100722I	Leonardo's Notebook	置换分解；递推
例题 24	UVa 11077	Find the Permutations	置换分解；置换乘法
例题 25	SPOJ JPIX	Pixel Shuffle	置换分解；置换乘法

下面列出一些习题。题目并不多，建议读者认真思考每道题目，但不必强求一定要解出来。在线题单：https://dwz.cn/N79UFQZK。

立方体（Cubes, UVa 10601）

有 12 根等长的小木棍，每根木棍都被涂上一种颜色。输入每根木棍的颜色编号（为 1～6 的整数），你的任务是统计出用它们能拼成多少种不同的立方体。旋转之后完全相同的立方体被认为是相同的。

世界末日（Doom's Day, UVa 11774）

有一个 $3^n \times 3^m$ 的矩阵，一开始按照行优先的顺序填好 $1 \sim 3^{n+m}$ 的整数。然后每次按照行优先的顺序把所有数取出，再按列优先的顺序放回，如图 2-51 所示。

1	2	3
4	5	6
7	8	9

⟹

1	4	7
2	5	8
3	6	9

图 2-51

输入整数 n 和 m（$1 \leqslant n,m \leqslant 10^9$），你的任务是计算出多少次操作后，矩阵会和初始状态相同。输出保证在 64 位带符号整数范围内。

安迪的鞋架（Andy's Shoes, UVa 11330）

小 Andy 有很多鞋，穿完了到处扔。后来，他把所有鞋都放回了鞋架排成一排，并且左右交替。遗憾的是，所有颜色混在一起。你的任务是用最少的交换（一次交换任意两只鞋）次数，将每双鞋的左右脚放在一起。

苏丹的吊灯（Sultan's Chandelier, UVa 11540）

苏丹的吊灯是一种树状结构，树上的每个结点处都有一个彩色的灯泡，且该结点的所有子结点等距地挂在以它为圆心的圆周上。这些子结点可以旋转，因此一组吊灯可能在旋转后看起来像另一组吊灯。我们把这两组吊灯看成是本质相同的。

例如，对于如图 2-52 所示的吊灯结构。如果灯泡只有红、绿两种颜色，则有如图 2-53 所示的 6 种本质不同的吊灯（○代表红灯，●代表绿灯）。

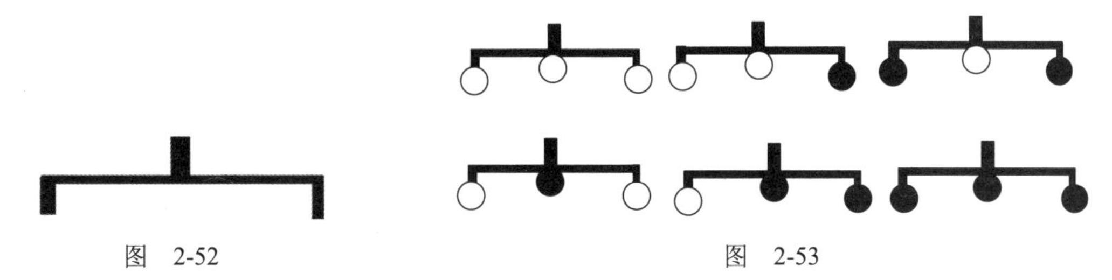

图 2-52　　　　图 2-53

吊灯结构用如下代码表达。

```
<subtree>          ::= '[' <tree list> ']' | '[ ]'
<tree list>        ::= <subtree> | <subtree> ',' <tree list>
```

换句话说，每组吊灯（subtree）要么只有一个灯泡，要么还有多个子吊灯（tree list）。

输入吊灯的结构（由“[”“,”和“]”组成的字符串）和灯泡颜色的数量 C（$C \leqslant 100$），输出方案总数除以 1 000 000 007 的余数。每个吊灯的结点数不超过 100。

字母浓汤（Alphabet Soup, ACM/ICPC SWERC 2011, LA 5819 ）

给出 S（$2 \leqslant S \leqslant 1000$）个不同形状的符号，以及一个圆上的 P 个位置（用极角给出），选择 P 个不同的符号放在这些 P 个位置上，计算总共有多少种放置方案。注意一种方案如果可以旋转成另外一种，则视为同一种方案。输出方案数模 10^9+7。

傻傻的排序（Silly Sort, ACM/ICPC WF 2002, LA 2481）

给出一个长度为 n 的不同的正整数组成的序列，需要通过交换数字将其拍成递增顺序。计算排序过程中至少需要执行多少次交换操作。

统计交换次数（Counting Swaps, IPSC 2016-C）

给定一个从 $1 \sim n$（$1 \leqslant n \leqslant 10^5$）的排列，用最少的交换让它变为升序。这样的方案有多少种。

玩具涂色（Colorful Toy，ACM/ICPC 鞍山 2014, LA 7056）

给出二维平面上的 N（$1 \leqslant N \leqslant 50$）个点以及 M（$0 \leqslant M \leqslant N(N-1)/2$）条边，需要对每个点进行涂色。总共有 C（$1 \leqslant C \leqslant 100$）种颜色。如果一种涂色方案可以通过旋转变成另外一种，这两种方案认为是同一种，计算涂色方案数，输出其模 10^9+7 的值。

比如，一个图包含编号为 1～5 的 5 个点（坐标分别是(0,0)，(1,0)，(0,1)，(−1,0)，(0,−1)）以及 6 条边((1,2), (1,3), (2,3), (3,4), (4,5), (5,2))，这个图没有对称性，C=2，只有 32 种涂色方案，如果删除前两条边，则只剩 12 种。

彩色地板（Colorful Floor, ACM/ICPC EC-Final 2015, LA 7504）

你将要在外星球上修一块由很多瓦片组成的大小为 R 行 C 列（$1 \leqslant R,C \leqslant 10^6$）的地板，你要为每一片瓦选择一种颜色，颜色有编号为 $0 \sim K-1$ 的 K（$2 \leqslant K \leqslant 10^4$）种选择。

计算不同设计模式的数量。如果两种模式可以通过水平旋转重合，就是相同的。

2.10.6 矩阵与线性方程组

和矩阵、线性方程组有关的题目大都有规律可循。如表 2-8 所示，列出了本章给出的相关例题，这些例题相当经典，请读者认真学习。在线题单：https://dwz.cn/aC5KWMS7。

表 2-8

类　别	题　号	题目名称（英文）	备　注
例题 26	UVa 10870	Recurrences	线性递推关系；$\boldsymbol{Q}$ 矩阵
例题 27	LA 3704	Cellular Automaton	循环矩阵的乘法
例题 28	UVa 10828	Back to Kernighan-Ritchie	马尔可夫过程；实数域的线性方程组（有特殊情况）
例题 29	UVa 11542	Square	XOR 方程组

下面列出一些习题，这些习题有一定难度，但能很好地锻炼思维和编程能力。在线题单：https://dwz.cn/brbhkDTP。

n 次方之和（Contemplation! Algebra, UVa 10655）

输入非负整数 p, q, n，求 a^n+b^n 的值，其中 a 和 b 满足 $a+b=p, ab=q$。注意，a 和 b 不一定是实数。

矩阵的幂（Power of Matrix, UVa11149）

输入一个 $n \times n$ 矩阵 $\boldsymbol{A}$，计算 $\boldsymbol{A}+\boldsymbol{A}^2+\boldsymbol{A}^3+\cdots+\boldsymbol{A}^k$ 的值。

有理数电阻（Rational Resistors, UVa 10808）

给你一个包含 n 个结点、m 条导线的电阻网络，求结点 a 和 b 之间的等效电阻（单位：欧姆）。a 和 b 的等效电阻等于有一安培电流从 a 流进、b 流出时，a 与 b 之间的电压值（单位：伏特）。注意两个结点之间可以有多条导线相连，一条导线的两端也可以是同一个结点。输出用最简分数表示（无穷大用 1/0 表示）。

怪盗基德（Kid's Problem, 北京 2004, LA 3139）

你的任务是帮助怪盗基德打开如图 2-54 所示的一个密码锁。

该锁一共有 k（$1 \leqslant k \leqslant 20$）个按钮和 k 个齿轮，每个齿轮上有 n（$2 \leqslant n \leqslant 10$）个齿，分别印有整数 $1 \sim n$，其中最上面的那个齿上的数字在外部可见。初始时所有齿轮的可见数（即最上面齿的整数）均为 1。每个按钮可以控制多个齿轮，用序列$\{a_1, b_1, a_2, b_2, \cdots, a_p, b_p\}$来描述，表示该按钮控制 p 个齿轮：$a_1, a_2, \cdots, a_p$，每按一下这个按钮，齿轮 a_i 将逆时针旋转 b_i 个齿。当每个齿轮的可见数组成的序列恰好等于密码，锁将会打开。密码保证不是全 1，因此初始情况下密码锁是锁上的。

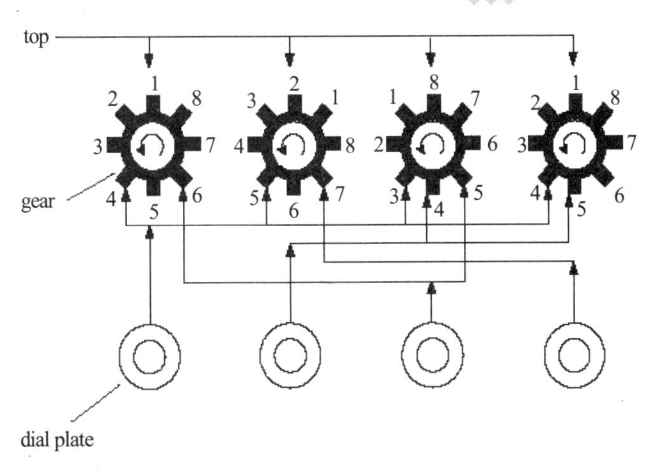

图　2-54

像素（Pixels, ACM/ICPC SWERC 2019, Codeforces Gym 102501E）

现要用一个黑白像素显示屏显示一个黑白像素画（见图 2-55）。屏幕原本是白的，每个像素有一个控制按钮，按下按钮后，像素本身和四个邻域（即上、下、左、右相邻的 4 个像素）会切换显示（黑变白或白变黑）。屏幕和图像大小都是 $K \times L$（$1 \leqslant K \times L \leqslant 10^5$），且像素总数不超过 10^5。输出一种能正常显示的图像的按按钮方案，无解则输出 IMPOSSIBLE。

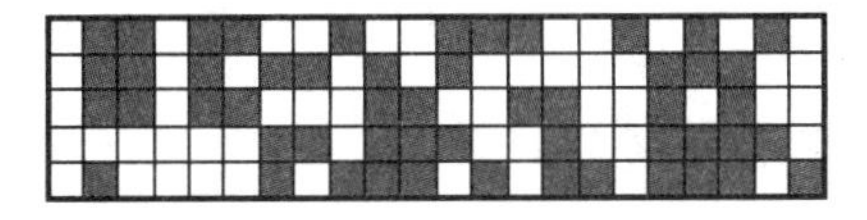

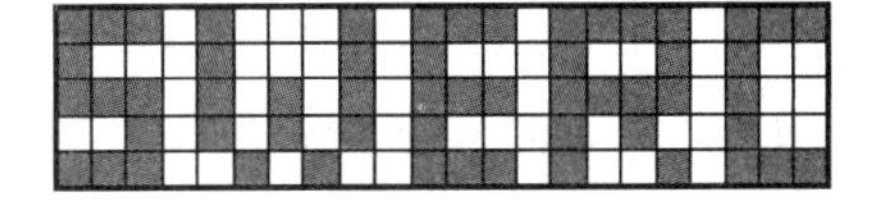

图　2-55

太阳系的形成（Being Solarly Systematic, ACM/ICPC ECNA 2015, Codeforces Gym 100825A）

科学家是这样模拟太阳系的形成：一开始所有的小行星都在 $n_x \times n_y \times n_z$ 的立方体内，共有 n（$n \leqslant 100$）个，每个小行星都给出初始的质量 m（$1 \leqslant m \leqslant 100$），位置$(x,y,z)$，速度向量$(v_x,v_y,v_z)$。如果两颗小行星发生碰撞，质量合二为一，速度变成两者速度均值的四舍五入值。比如，质量为 12、速度为$(5,3,-2)$的小行星与另一个质量为 10、速度为$(8,-6,1)$的小行星碰撞后会合并成质量 22、速度为$(6,-1,0)$的新的小行星。如果没有两个小行星会再发生碰撞，此时整个系统就稳定了。请计算稳定后的小行星的数目，所有的坐标值的绝对值都不超过 1000。

平衡状态（Equilibrium State, ACM/ICPC 大田 2015, LA 7227）

如果施加于某个物体 P 的外力互相抵消为 0，那么 P 就会静止，称其为平衡状态。考虑如图 2-56 所示的另外一种情况，F_1 和 F_2 是固定点，P 和弹性系数分别为 W_1 和 W_2 的两个弹簧连接。记 P 的坐标为 $x(P)$，则两个弹簧施加到 P 上的力分别为 $W_1(x(P)-x(F_1))$和 $W_2(x(P)-x(F_2))$。P 静止时，两者抵消，由此可以确定 $x(P)$。

考虑 k 个固定点 $F_1,\cdots,F_k$ 以及 n（$1 \leqslant n \leqslant 1000$）个物体 $P_1,\cdots,P_n$，之间通过 m（$3 \leqslant m \leqslant 3000$）个弹簧进行连接，如果每个物体都要连接到至少两个弹簧，则我们可以确定静止下来之后每个物体的位置。如图 2-57 所示，是 k=5，n=4，m=9 时的情况。

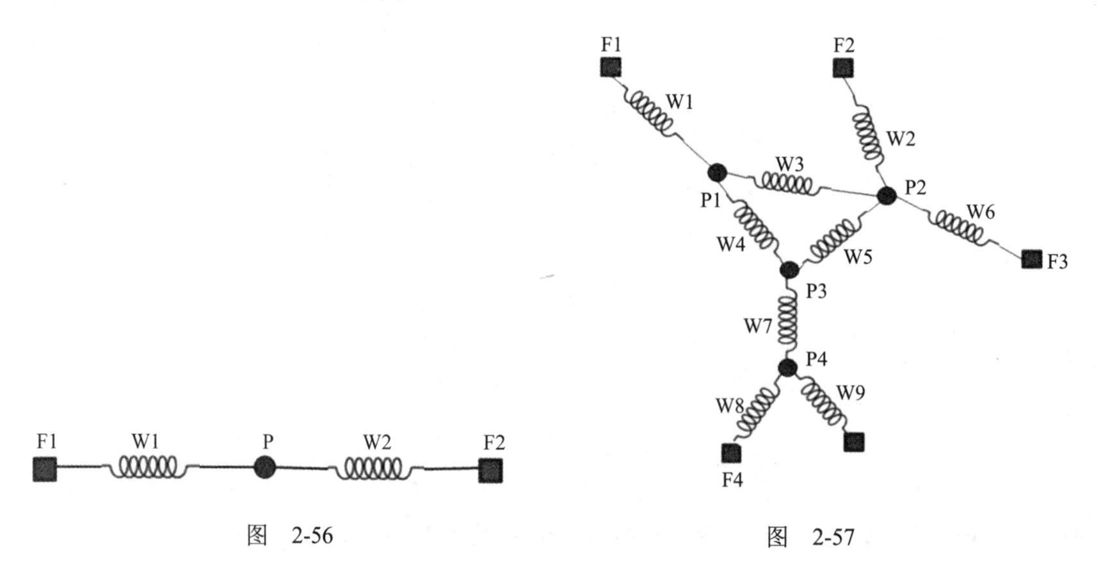

图 2-56　　　　图 2-57

可以假设如下。

- ❑ 每个物体至少被两个弹簧连接，并且任意点（固定点或者物体）都可以通过弹簧连通。
- ❑ 没有重边。
- ❑ 至少有 3 个固定点不共线。
- ❑ 平衡之后，不会有弹簧交叉，也不会有两个物体位置相同。
- ❑ 不会有固定点位置相同。

计算平衡之后每个物体的位置。

递归序列（Recursive sequence, ACM/ICPC 沈阳 2016, LA 7614）

给定一个数列，$F_1=a$，$F_2=b$，$F_i=2\times F_{i-2}+F_{i-1}+i^4$，其中 $a,b<2^{31}$，$i\geqslant 3$。计算 F_N 模 2 147 493 647 的余数，其中 $N<2^{31}$。

2.10.7　快速傅里叶变换（FFT）

如表 2-9 所示，列出了本章关于快速傅里叶变换（FFT）的例题，这些例题相当经典，请读者认真学习。在线题单：https://dwz.cn/PqrFxZD6。

表 2-9

类　别	题　号	题目名称（英文）	备　注
例题 30	UVa 12298	Super Joker II	生成函数；FFT
例题 31	LA 6886	Golf Bot	生成函数；FFT
例题 32	LA 7159	Tile Cutting	计数；FFT
例题 33	CodeChef COUNTARI	Arithmetic Progressions	计数；FFT
例题 34	CodeChef POLYEVAL	Evaluate the polynomial	NTT
例题 35	UVa 13277	XOR Path	FWT

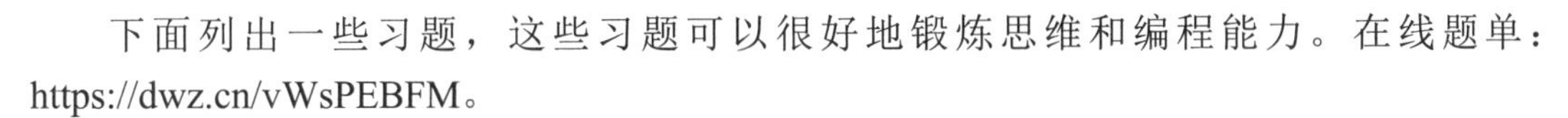

下面列出一些习题，这些习题可以很好地锻炼思维和编程能力。在线题单：https://dwz.cn/vWsPEBFM。

巧克力（Chocolate, ACM/ICPC 北京 2002, POJ 1322）

给出一个袋子，里面有 C（$C\leqslant 100$）种颜色、数量足够多的相同的巧克力，每次任取一个放到桌上，总共取 N 个，只要有两个颜色相同的就都吃掉。计算最后桌上剩下 M（$N, M\leqslant 10^6$）个的概率。

海报张贴（Mayor Election, UVa 11640）

有 n（$n\leqslant 50$）个人为了参加竞选，在一条长长的走廊上张贴海报。第 i 个人能张贴的海报总数应当在 l_i 和 u_i 之间（包含 l_i 和 u_i，$0\leqslant l_i\leqslant u_i\leqslant 2\,000$）。第 i 个人的海报有 P_i（$1\leqslant P_i\leqslant 10$）种，其中第 j 种海报最多只能连续张贴 m_j（$1\leqslant m_j\leqslant 10$）次。

最多询问 Q（$Q\leqslant 100\,000$）次，每次询问已知所有人的海报总数 L（$1\leqslant L\leqslant 100\,000$），求方案总数除以 786 433 的余数。

称糖果问题（Unequalled Consumption, NWERC 2005, LA 3408）

有 n（$n\leqslant 5$）种糖果，每种糖果有无限多个，其中第 i 种糖果重量为 w_i（$1\leqslant w_i\leqslant 10$）。有 q（$q\leqslant 10$）组询问，每次询问给出一个整数 P（$1\leqslant P\leqslant 10^{15}$），求最小的 W 使得至少有 P 种方案可以用这些糖果称出重量 W。输入保证有解，且不大于 100*P。

摘樱桃（Cherry Pick, ACM-ICPC China-Final 2016, Codeforces Gym 101194I）

有一个樱桃园，里面有 N（$1\leqslant N\leqslant 10^9$）棵樱桃树。Jane 到每棵树处都可能摘一颗樱桃，每棵树被摘的概率是 $P/100$（$0\leqslant P\leqslant 100$）。每颗樱桃 1 块钱，Jane 的钱包里面有 M（$1\leqslant M\leqslant 100$）种正整数面值的钞票，$C_1,C_2,\cdots,C_M$（$1\leqslant C_i\leqslant 10000$），每张钞票都有任意多张，但是结账时老板是不找钱的。

举例来说，Jane 有 10 和 20 两种面值的钞票，如果摘 9 个樱桃，就付 10 块，浪费 1 块。如果摘 11 个樱桃，就付 20，浪费 9 块。

计算 Jane 结账时浪费的钱的期望值。

性能优化（Optimize, CTSC 2010, 牛客 NC 208302）

给出两个长度为 n 的整数序列 $a[0,\cdots,n-1]$、$b[0,\cdots,n-1]$和非负整数 C。对于两个序列，定义"*"运算，结果为一个长度为 n 的整数序列，例如 $f*g=h$，则有 $hk=\sum_{i+j\equiv k \pmod n} f_i\cdot g_i$。

求 $a*b*b*\cdots*b$ 每一位模 $(n+1)$的值，其中有 C 个*运算，$(n+1)$是质数，n 的质因数大小均不超过 10，$n\leqslant 5\times 10^5$，$a[i],b[i], C\leqslant 10^9$。

2.10.8　数值方法

如表 2-10 所示，列出了本章有关数值方法的 3 道例题，这 3 道例题覆盖了算法竞赛中 3 个最常见的数值方法：二分法、三分法、数值积分。在线题单：https://dwz.cn/4VtkgI2N。

下面列出一些习题。请注意精度问题。有些式子在数学上是等价的，但写成程序时对误差的敏感程度却不同。在线题单：https://dwz.cn/HKi1MONJ。

表 2-10

类　别	题　号	题目名称（英文）	备　注
例题 36	UVa 10341	Solve It	非线性方程求根
例题 37	LA 5009	Error Curves	凸函数求极值
例题 38	UVa 1356	Bridge	数值积分

变长的木棍（Expanding Rods, UVa 10668）

把一个长度为 L 的细木棍加热 n 摄氏度，它的长度会变为 $L'=(1+nC)L$，其中 C 为伸缩系数。如果把木棍的两端固定好，木棍在变长的过程中会变成圆弧形。输入 L, n, C，你的任务是计算出木棍中心的位移。输入保证木棍长度增量不超过原长的一半。

铁人两项（Duathlon, UVa 10385）

有 n（$n\leqslant 20$）个选手参加一个“铁人两项”比赛，比赛项目是先跑步 r 千米，再骑车 k 千米。总赛程是 t（$t\leqslant 100$）千米，跑步和骑车的距离可以调整，但必须保证 $r+k=t$。已知每个人的跑步速度和骑车速度（假设速度不变且不随距离变化），并且指定其中一名选手。是否可以通过调整 r 和 k 的值，使得这个指定选手取胜？如果可以，还要让他和第二名的差距（时间）尽量大。

体积（Volume, 哈尔滨 2010, LA 5096）

有两个底面半径为 R、高为 H 的全等圆柱体在中心重合的位置正交，如图 2-58 所示。给出 R 和 H，求相交部分的体积。注意，R 可以小于 H 的一半。

高精度十进制小数计算器（Big Decimal Calculator, UVa 12413）

你的任务是实现一个高精度十进制小数的计算器，支持以下 15 种运算。

- 双目运算：add, sub, mul, div, pow, atan2。
- 单目运算：exp, ln, sqrt, asin, acos, atan, sin, cos, tan。

在所有三角函数和反三角函数中，角均用弧度表示。

提示：在使用泰勒展开时，需要配合一些数值技巧，以保证级数能快速收敛。

计时器（Timer, ACM/ICPC 北京 2008, LA 4330）

考古发现，古人祭祀时会将一个圆锥形的容器水平放置（见图 2-59），一开始装满水，然后从顶端的出水孔开始放水，当水位到达预定的水平神圣线时，就停止祭祀。给出圆锥的底面半径 D、高度 H 以及停止祭祀前要放水的体积 V，计算神圣线的高度。

水库的狗（Reservoir Dog, CERC 2018, 牛客 NC 208309）

你向空中扔一个飞盘，让狗去追，求什么时候狗能回来。

你从高度 H_f 毫米的位置以 V_f 毫米每毫秒的初速度水平丢出飞盘。由于重力，在竖直方向飞盘的加速度为 1mm/ms^2，方向竖直向下。

在 T_d（$T_f<T_d$）毫秒，你释放了狗，狗的水平速度最大为 V_d。狗跑在一个理想平面上，并且它足够聪明，知道如何在最短时间内接住飞盘并把它带回你这里。狗可以跳 H_d（$H_d<H_f$）毫米高，竖直起跳不影响水平速度。狗接到飞盘后，它就会立刻全速跑向你。当狗跑回你

的位置时，你停止计时（即使你的狗在空中）。你的狗非常厉害，它可以瞬间获得水平速度（无加速或减速过程），并且即使在空中，也可以改变水平速度大小或反转水平速度方向。由于重力，在竖直方向时狗的加速度为 3mm/ms^2。

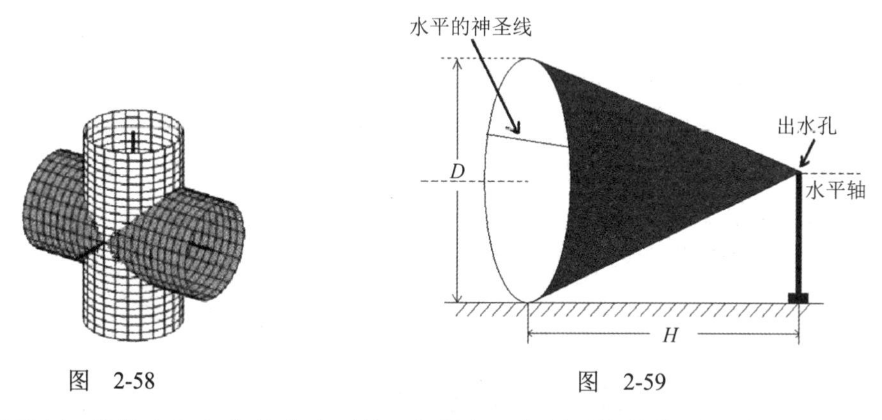

图　2-58　　　　图　2-59

为了简便，假设飞盘和狗的大小不计。本题中可能用到物体位移公式 $s(t)=s_0+v_0t+at^2/2$，当然，如何使用取决于你。

损害评估（Damage Assessment, ACM/ICPC NEERC 2015, LA 7469）

一辆油罐车呈圆柱状，侧面有两个球形盖，如图 2-60 所示。圆柱体的直径为 d，长度为 l（$d,l\geqslant100$）。球形盖的半径为 r（$2r\geqslant d$ 且 $d,l,r\leqslant10\,000$）。运输时发生事故，现在它躺在地上，一些储存的汽油已经流出。油罐在地面上的位置是通过测量其倾斜度来决定的。在这里，倾斜度被定义为左右两侧底点之间的高度差 t（$0\leqslant t\leqslant1$）。罐中的汽油高度是油罐底部与汽油顶部的高度差 h。汽油的最高液位总是与球型盖部分相交 $0\leqslant h\leqslant t+d\sqrt{1-(t/l)^2}$。计算还有多少剩余汽油。

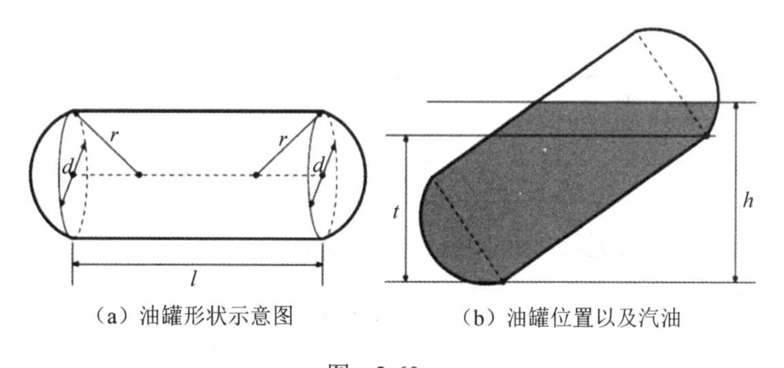

（a）油罐形状示意图　　（b）油罐位置以及汽油

图　2-60

别倒出来（Do not pour out, ACM/ICPC 沈阳 2016, LA 7618）

给出一个柱状水杯，底面直径以及高度都是 2，水杯中的液体高度为 d（$0\leqslant d\leqslant2$）。计算不让水倒出来的前提下，把水杯倾斜到最大角度时杯中液体的表面积。

第 3 章　实用数据结构

在《算法竞赛入门经典（第 2 版）》中，我们已经接触到了很多数据结构，如队列、栈、链表、二叉树、优先队列、并查集等，本章会给出更多关于它们的实例。而对于算法竞赛中涉及的一些更为复杂的数据结构，本章也会予以详细介绍。

与算法设计及数学问题相比，数据结构题目有更多规律可循，但编程难度通常也会更大。对于不能带资料的比赛（如 IOI）来说，现场编写复杂数据结构的相关程序是一种很大的挑战。

3.1　基础数据结构回顾

3.1.1　抽象数据类型（ADT）

《算法竞赛入门经典（第 2 版）》中已经介绍过不少常用的数据结构，但重点在于知识点的讲授，而不是应用。在算法竞赛中，往往是先思考需要一个怎样的数据结构，再考虑如何去实现（或者用已有的）。通俗地说，这个与实现无关的数据结构称为抽象数据类型（Abstract Data Type, ADT），它描述的是数据结构的外部特征，即使用方法。

例题 1　猜猜数据结构（I Can Guess the Data Structure!, UVa 11995）

你有一个类似“包包”的数据结构，支持两种操作，如表 3-1 所示。

表　3-1

操　　作	备　　注
1x	把元素 x 放进包包
2	从包包中拿出一个元素

给出一系列操作以及返回值，你的任务是猜猜这个“包包”到底是什么。它可能是一个栈（后进先出），队列（先进先出），优先队列（数值大的整数先出）或者其他什么奇怪的东西。

【输入格式】

输入包含多组数据。每组数据：第一行为一个整数 n（$1 \leqslant n \leqslant 1000$）；以下 n 行，每行要么是一条类型 1 的命令，要么是一条类型 2 的命令后面跟着一个整数 x（$1 \leqslant x \leqslant 100$）。这个整数 x 表示执行完这条类型 2 的命令后，包包无错地返回了 x。输入结束标志为文件结束符（EOF）。输入文件大小不超过 1MB。

【输出格式】

对于每组数据，输出一行。一共有 5 种可能的输出，如表 3-2 所示。

表 3-2

输　出	备　注
stack	一定是个栈
queue	一定是个队列
priority queue	一定是个优先队列
impossible	肯定不是栈、队列或者优先队列（甚至有可能不存在这样的包包）
not sure	栈、队列、优先队列中至少有两种是可能的

【分析】

本题考查了栈、队列和优先队列 3 种 ADT 的概念。只要熟悉这些概念，本题不难解决。事实上，STL 中已经封装好了这 3 种数据结构，分别是 stack、queue 和 priority_queue。这样，本题只需要依次判断输入是否有可能是栈、队列或优先队列，然后综合起来即可。注意到题目中明确“无错地返回”，因此在执行 pop 操作的时候要调用一下 empty()，否则可能会异常退出。

例题 2　一道简单题（Easy Problem from Rujia Liu?, UVa 11991）

给出一个包含 n 个整数的数组，你需要回答若干询问。每次询问两个整数 k 和 v，输出从左到右第 k 个 v 的下标（数组下标从左到右编号为 1～n）。

【输入格式】

输入包含多组数据。每组数据：第一行为两个整数 n 和 m（$1 \leqslant n,m \leqslant 100\,000$）；第二行包含 n 个不超过 10^6 的正整数，即待查询的数组；以下 m 行，每行包含两个整数 k 和 v（$1 \leqslant k \leqslant n$，$1 \leqslant v \leqslant 10^6$）。输入结束标志为文件结束符（EOF）。输入文件不超过 5MB。

【输出格式】

对于每个查询，输出查询结果。如果不存在，输出 0。

【分析】

本题有很多做法，下面描述一种编程复杂度小，时间效率也满足题目要求的方法。从查询的角度讲，如果能把输入组织成一个可以“直接读结果”的数据结构，是最好不过了。比如，如果 data[v][k]就是答案，那该有多好！

事实上，这样的数据结构是存在的。首先，因为 v 的范围很大，这里的 data 不应该是一个数组，而是一个 STL 的 map。也就是说，data[v]是指在 data 这个 map 中键 v 所对应的“值”。由于我们还要以 data[v][k]这样的方式访问，data[v]的“值”应当是一个数组，保存整数 v 从左到右依次出现的下标（因此第 k 次出现的下标就是 data[v][k]）。

由于不同整数出现的次数可以相差很大，data[v]不应是一个定长数组，否则会有大量的空间浪费。换句话说，data[v]应该是一个变长数组，如 vector<int>。

这样，我们就可以利用 vector 和 map 这两个现成的数据结构简洁地解决本题。代码如下。

```
#include<cstdio>
#include<vector>
#include<map>
using namespace std;
```

```
map<int, vector<int> > a;                    //最后两个>不要连写，否则会被误认为>>

int main() {
  int n, m, x, y;
  while(scanf("%d%d", &n, &m) == 2) {
    a.clear();
    for(int i = 0; i < n; i++) {
      scanf("%d", &x); if(!a.count(x)) a[x] = vector<int>();
      a[x].push_back(i+1);
    }
    while(m--) {
      scanf("%d%d", &x, &y);
      if(!a.count(y) || a[y].size() < x) printf("0\n");
      else printf("%d\n", a[y][x-1]);
    }
  }
  return 0;
}
```

预处理每个元素的时间复杂度为 $O(\log n)$（这是 map 查找的时间复杂度），总时间复杂度为 $O(n\log n)$。而查询的时间复杂度为 $O(\log n)$（这也是 map 查找的时间复杂度，因为 vector<int>的随机存取是 $O(1)$的）。如果把 map 改成 hash_map（一个非标准的 STL 容器，用 hash 实现），则运行时间还会缩短。

3.1.2 优先队列

例题 3 阿格斯（Argus, Beijing 2004, POJ 2051）

编写一个 Argus 系统。该系统支持一个 Register 命令：Register Q_num Period，该命令注册了一个触发器，它每 Period 秒钟就会产生一次编号为 Q_num 的事件。你的任务是模拟出前 k 个事件。如果多个事件同时发生，先处理 Q_num 小的事件。

【输入格式】

输入仅包含一组数据。数据中：前若干行是 Register 命令，以“#”结尾；最后一行是整数 k。对于每条命令，1≤Q_num，Period≤3000，k≤10 000。命令条数 n 不超过 1000。

【输出格式】

输出 k 行，即前 k 个事件的 Q_num。

【分析】

用优先队列来维护每个触发器的“下一个事件”，然后每次从中取出最早发生的一个事件，重复 k 次即可。任意时刻优先队列中都是 n 个元素，因此总时间复杂度为 $O(k\log n)$。代码如下。

```
#include<cstdio>
#include<queue>
using namespace std;
```

```
//优先队列中的元素
struct Item {
  int QNum, Period, Time;
  //重要！优先级比较函数，优先级高的先出队
  bool operator < (const Item& a) const { //这里的 const 必不可少，请读者注意
    return Time > a.Time || (Time == a.Time && QNum > a.QNum);
  }
};

int main() {
  priority_queue<Item> pq;
  char s[20];

  while(scanf("%s" , s) && s[0] != '#'){
    Item item;
    scanf("%d%d", &item.QNum, &item.Period);
    item.Time = item.Period;      //初始化"下一次事件的时间"为它的周期
    pq.push(item);
  }

  int K;
  scanf("%d" , &K);
  while(K--) {
    Item r = pq.top();            //取下一个事件
    pq.pop();
    printf("%d\n" , r.QNum);
    r.Time += r.Period;           //更新该触发器的"下一个事件"的时间
    pq.push(r);                   //重新插入优先队列
  }
  return 0;
}
```

推而广之，我们实际上已经学会解决多路归并问题，即把 k 个有序表合并成一个有序表（假定每个表都是升序排列）——用优先队列维护每个表的“当前元素”。如果一共有 n 个元素，则时间复杂度为 $O(n\log k)$。

例题 4　K 个最小和（K Smallest Sums, UVa 11997）

有 k 个整数数组，各包含 k 个元素。在每个数组中取一个元素加起来，可以得到 k^k 个和。求这些和中最小的 k 个值（重复的值算多次）。

【输入格式】

输入包含多组数据。每组数据：第一行为一个整数 k（$1\leqslant k\leqslant 750$）；以下 k 行，每行包含 k 个不超过 10^6 的正整数。输入结束标志为文件结束符（EOF）。输入文件不超过 5MB。

【输出格式】

对于每组数据，输出 k 个最小和的值，并按照从小到大的顺序排序。

【分析】

在解决这个问题之前，先看看它的简化版：给出两个长度为 n 的有序表 A 和 B，分别

在 A 和 B 中任取一个数并相加，可以得到 n^2 个和。求这些和中最小的 n 个和。

这个问题可以转化为前面介绍过的多路归并问题。这需要我们把求得的 n^2 个和组织成如下 n 个有序表。

表 1：$A_1+B_1 \leqslant A_1+B_2 \leqslant A_1+B_3 \leqslant \cdots$

表 2：$A_2+B_1 \leqslant A_2+B_2 \leqslant A_2+B_3 \leqslant \cdots$

表 3：$A_n+B_1 \leqslant A_n+B_2 \leqslant A_n+B_3 \leqslant \cdots$

…

其中第 a 张表里的元素形如 A_a+B_b。我们用二元组(s,b)来表示一个元素，其中 $s=A_a+B_b$。为什么不保存 A 的下标 a 呢？因为我们用不到 a 的值。如果我们需要得到一个元素(s,b)在表 a 中的下一个元素$(s',b+1)$，只需要计算 $s'=A_a+B_{b+1}=A_a+B_b-B_b+B_{b+1}=s-B_b+B_{b+1}$，并不需要知道 a 是多少。代码里可以用如下结构体来表示。

```
struct Item {
  int s, b; //s=A[a]+B[b]。这里的 a 并不重要，因此不保存
  Item(int s, int b):s(s), b(b) { }
  bool operator < (const Item& rhs) const {
    return s > rhs.s;
  }
};
```

因为在任意时刻，优先队列中恰好有 n 个元素，一共取了 n 次最小值，因此时间复杂度为 $O(n\log n)$。代码如下。

```
//假设 A 和 B 的元素已经从小到大排好序
void merge(int* A, int* B, int* C, int n) {
  priority_queue<Item> q;
  for(int i = 0; i < n; i++)
    q.push(Item(A[i]+B[0], 0));
  for(int i = 0; i < n; i++) {
    Item item = q.top(); q.pop();//取出 A[a]+B[b]
    C[i] = item.s;
    int b = item.b;
    if(b+1 < n) q.push(Item(item.s-B[b]+B[b+1], b+1));
    //加入 A[a]+B[b+1]= s-B[b]+B[b+1]
  }
}
```

本题不是两个表，而是 k 个表，怎么办呢？两两合并就可以了（想一想，为什么）。代码如下。

```
const int maxn = 768;
int A[maxn][maxn];

int main() {
  int n;
  while(scanf("%d", &n) == 1) {
    for(int i = 0; i < n; i++) {
```

```
      for(int j = 0; j < n; j++) scanf("%d", &A[i][j]);
      sort(A[i], A[i]+n);
    }
    for(int i = 1; i < n; i++)       //两两合并
      merge(A[0], A[i], A[0], n);    //(*)

    printf("%d", A[0][0]);           //输出结果
    for(int i = 1; i < n; i++)
      printf(" %d", A[0][i]);
    printf("\n");
  }
  return 0;
}
```

注意(*)处，combine 函数对 $A[0]$又读又写，会有问题吗？这个问题请读者思考。程序的时间复杂度为 $O(k^2\log k)$。另外，没有必要在一开始就把所有 k^2 个元素保存在二维数组 A 中，而可以每次只读 k 个元素，然后合并，从而大大降低空间复杂度。

3.1.3　并查集

例题 5　易爆物（X-Plosives, UVa 1160）

有一些简单化合物，每个化合物都是由两种元素组成的（每个元素用一个大写字母表示）。你是一个装箱工人，从实验员那里按照顺序依次把一些简单化合物装到车上。但这里存在一个安全隐患：如果车上存在 k 个简单化合物，正好包含 k 种元素，那么它们将组成一个易爆的混合物。为了安全起见，每当你拿到一个化合物时，如果它和已装车的化合物形成易爆混合物，你就应当拒绝装车；否则就应该装车。编程输出有多少个没有装车的化合物。

【输入格式】

输入包含多组数据。每组数据包含若干行，每行为两个不同的整数 a, b（$0 \leqslant a,b \leqslant 10^5$），代表一个由元素 a 和元素 b 组成的简单化合物，所有简单化合物按照交给你的先后顺序排列，每组数据用一行-1 结尾。输入结束标志为文件结束符（EOF）。

【输出格式】

对于每组数据，输出没有装车的化合物的个数。

【分析】

我们把每个元素看成顶点，则一个简单化合物就是一条边。当整个图存在环的时候，组成环的边对应的化合物是危险的，反之则是安全的。

这样，我们可以用一个并查集来维护图的连通分量集合，每次得到一个简单化合物(x,y)时检查 x 和 y 是否在同一个集合中。如果是，则拒绝，反之则接受。代码如下。

```
#include <cstdio>
const int maxn = 100000 + 10;
int pa[maxn];
```

```
//并查集的查找操作，带路径压缩
int findset(int x) { return pa[x] != x ? pa[x] = findset(pa[x]) : x; }

int main() {
  int x, y;
  while(scanf("%d", &x) == 1) {
    for(int i = 0; i <= maxn; i++) pa[i] = i;
    int refusals = 0;
    while(x != -1) {
      scanf("%d", &y);
      x = findset(x); y = findset(y);//执行后，x 和 y 分别是两个集合的代表元素
      if(x == y) ++refusals;          //如果 x 和 y 代表同一个集合，则拒绝
      else pa[x] = y;                 //否则合并。为了简化代码，这里没有使用启发式合并
      scanf("%d", &x);
    }
    printf("%d\n", refusals);
  }
  return 0;
}
```

例题 6　合作网络（Corporative Network, Codeforces Gym 101461B）

有 n 个结点，初始时每个结点的父结点都不存在。你的任务是执行一次 I 操作和 E 操作，格式如下。

- I u v：把结点 u 的父结点设为 v，距离为$|u-v|$除以 1000 的余数。输入保证执行指令前 u 没有父结点。
- E u：询问 u 到根结点的距离。

【输入格式】

输入的第一行为测试数据组数 T。每组数据：第一行为 n（$5\leqslant n\leqslant 20\,000$）；接下来有不超过 20 000 行，每行一条指令，以“O”结尾，I 指令的个数小于 n。

【输出格式】

对于每条 E 指令，输出查询结果。

【分析】

因为题目只查询结点到根结点的距离，所以每棵树除了根结点不能换之外，其他结点的位置可以任意改变，这恰好符合并查集的特点，但是需要记录附加信息。如果记录每个结点到根的距离，那么每次 I 操作都要更新很多结点的信息，时间复杂度难以保证，因此考虑记下每个结点到父结点的距离为 $d[i]$，然后在路径压缩时维护这个 d 数组，如图 3-1 所示。

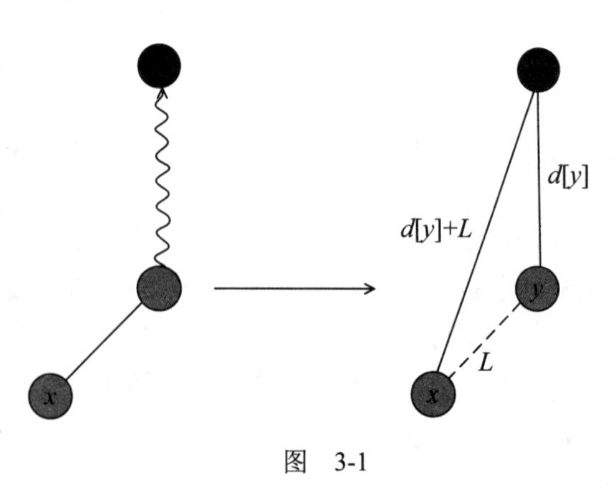

图　3-1

图 3-1 是修改后的查找过程。注意，由于本题的合并操作指定了父结点和子结点，所以

不能使用启发式合并。代码如下。

```
#include<cstdio>
#include<algorithm>      //只是为了使用 abs。也可以自己写一个 abs
using namespace std;

const int maxn = 20000 + 10;
int pa[maxn], d[maxn];

int findset( int x ) {  //路径压缩，同时维护 d[i]：结点 i 到树根的距离
  if (pa[x] != x) {
    int root = findset( pa[x] );
    d[x] += d[pa[x]];
    return pa[x] = root;
  } else return x;
}

int main() {
  int T;
  scanf("%d", &T);
  while(T--) {
    int n, u, v;
    char cmd[9];
    scanf("%d", &n);
    for(int i = 1; i <= n; i++) { pa[i] = i; d[i] = 0; }
    //初始化，每个结点单独是一棵树
    while(scanf("%s", cmd) && cmd[0] != 'O') {
      if(cmd[0] == 'E') { scanf("%d", &u); findset(u); printf("%d\n", d[u]); }
      if(cmd[0] == 'I') { scanf("%d%d", &u, &v); pa[u] = v; d[u] = abs(u-v) %
1000; }
    }
  }
  return 0;
}
```

3.2　区间信息的维护与查询

本节介绍连续和查询问题。给定一个 n 个元素的数组 $A_1, A_2, \cdots, A_n$，你的任务是设计一个数据结构，支持查询操作 Query(L,R)——计算 $A_L+A_{L+1}+\cdots+A_R$。

如何做呢？如果每次用循环来计算，单次查询需要 $O(n)$的时间，效率太低；如果借助前缀和思想，可以花 $O(n)$时间事先计算好 $S_i=A_1+A_2+\ldots+A_i$（定义 $S_0=0$），因为 Query(L,R)= S_R-S_{L-1}，每次查询都只需 $O(1)$时间。我们用 $O(n)-O(1)$来描述这样的时间复杂度：预处理时间为 $O(n)$，单次查询时间为 $O(1)$。

上面的问题本身虽然不难，但是只要稍作修改，就可以引申出一系列经典算法和数据结构。下面将一一介绍。

3.2.1　二叉索引树（树状数组）

动态连续和查询问题：给定一个 n 个元素的数组 A_1，A_2，…，A_n，你的任务是设计一个数据结构，支持以下两种操作。

- ❑ add(x,d)操作：让 A_x 增加 d。
- ❑ query(L,R)：计算 $A_L+A_{L+1}+\cdots+A_R$。

如何让 query 和 add 都能快速完成呢？如果依照刚才的思路，每次执行 add 操作都要修改一批 S_i，还是会很慢。有一种称为二叉索引树（Binary Indexed Tree, BIT）[①]的数据结构可以很好地解决这个问题。为此，我们需要先介绍 lowbit。

对于正整数 x，我们定义 lowbit(x)为 x 的二进制表达式中最右边的 1 所对应的值（而不是这个比特的序号）。比如，38 288 的二进制是 1001010110010000，所以 lowbit(38 288)=16（二进制是 10 000）。在程序实现中，lowbit(x)=x&−x。为什么呢？回忆一下，计算机里的整数采用补码表示，因此−x 实际上是 x 按位取反，末尾加 1 以后的结果，如图 3-2 所示。

```
 38288=10010101100|10000
−38288=01101010011|10000
```

图　3-2

二者按位取“与”之后，前面的部分全部变 0，之后 lowbit 保持不变。

如图 3-3 所示是一棵典型的 BIT，由 15 个结点组成，编号为 1～15。

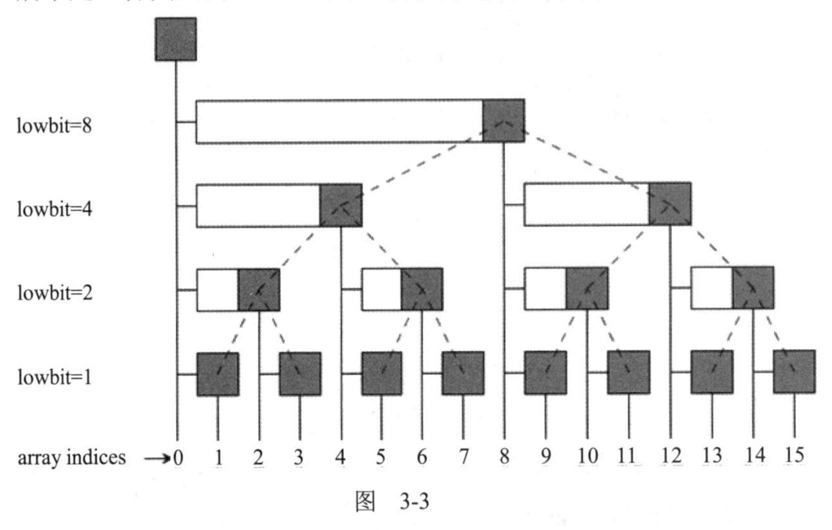

图　3-3

灰色结点是 BIT 中的结点（白色长条的含义稍后叙述），每一层结点的 lowbit 相同，而且 lowbit 越大，越靠近根。图中的虚线是 BIT 中的边[②]。注意编号为 0 的点是虚拟结点，它并不是树的一部分，但是它的存在可以让算法理解起来更容易一些。

对于结点 i，如果它是左子结点，那么父结点的编号就是 i+lowbit(i)；如果它是右子结点，那么父结点的编号是 i−lowbit(i)（请读者打草稿验证一下）。搞清楚树的结构之后，构

① 俗称树状数组，或者 Fenwick 树，因为作者是 Fenwick。

② 在代码中并不需要储存这些边。画出来仅仅是为了在概念上能更好地理解 BIT。

造一个辅助数组 C，其中

$$C_i=A_{i-\text{lowbit}(i)+1}+A_{i-\text{lowbit}(i)+2}+\cdots+A_i$$

换句话说，C 的每个元素都是 A 数组中的一段连续和。到底是哪一段呢？在 BIT 中，每个灰色结点 i 都属于一个以它自身结尾的水平长条（对于 lowbit=1 的那些点，“长条”就是那个结点自己），这个长条中的数之和就是 C_i。比如，结点 12 的长条就是从 9～12，即 $C_{12}=A_9+A_{10}+A_{11}+A_{12}$。同理，$C_6=A_5+A_6$。这个等式极为重要，请读者花一些时间来验证“$C_i$ 就是以 i 结尾的水平长条内的元素之和”这一事实。

有了 C 数组后，如何计算前缀和 S_i 呢？顺着结点 i 往左走，边走边“往上爬”（注意并不一定沿着树中的边爬），把沿途经过的 C_i 累加起来就可以了（请读者仔细验证，沿途经过的 C_i 所对应的长条不重复、不遗漏地包含了所有需要累加的元素），如图 3-4 所示。

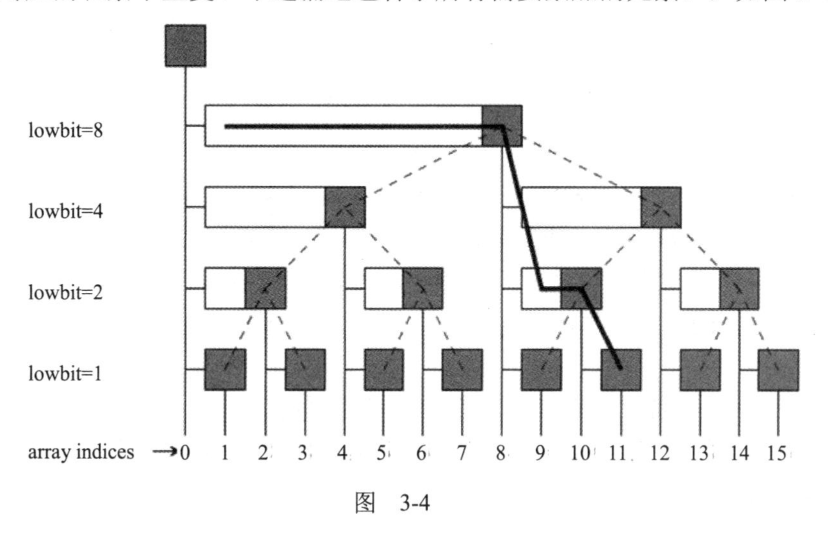

图　3-4

而如果修改了一个 A_i，需要更新 C 数组中的哪些元素呢？从 C_i 开始往右走，边走边“往上爬”（同样不一定沿着树中的边爬），沿途修改所有结点对应的 C_i 即可（请读者验证，有且仅有这些结点对应的长条包含被修改的元素），如图 3-5 所示。

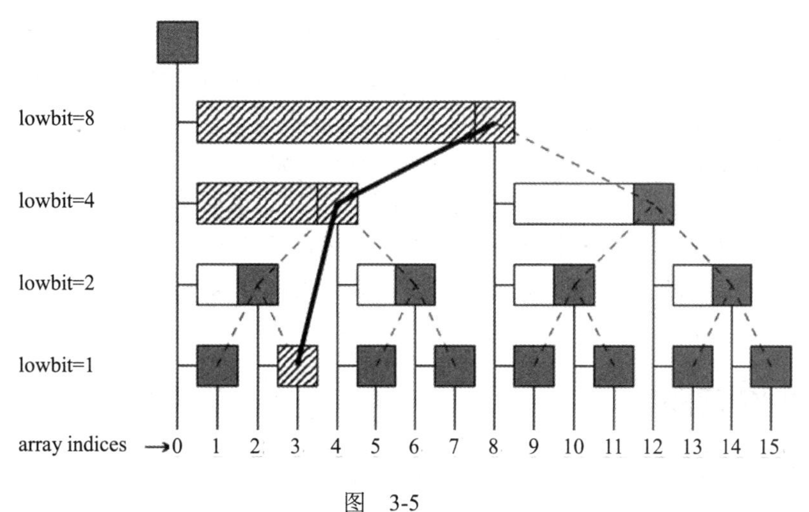

图　3-5

这里给出上述两个操作的程序。代码如下。

```
int sum(int x) {
  int ret = 0;
  while(x > 0) {
    ret += C[x]; x -= lowbit(x);
  }
  return ret;
}

void add(int x, int d) {
  while(x <= n) {
    C[x] += d; x += lowbit(x);
  }
}
```

不难证明，两个操作的时间复杂度均为$O(\log n)$。预处理的方法是先把A和C数组清空，然后执行n次add操作，总时间复杂度为$O(n\log n)$。

例题7　乒乓球比赛（Ping pong，北京 2008, LA 4329）

一条大街上住着n个乒乓球爱好者，经常组织比赛切磋技术。每个人都有一个不同的技能值a_i。每场比赛需要3个人：两名选手，一名裁判。他们有一个奇怪的规定，即裁判必须住在两名选手的中间，并且技能值也在两名选手之间。问一共能组织多少种比赛。

【输入格式】

输入的第一行为数据组数T（$1\leqslant T\leqslant 20$）。每组数据占一行，首先是整数n（$3\leqslant n\leqslant 20\,000$），然后是$n$个不同的整数，即$a_1, a_2, \cdots, a_n$（$1\leqslant a_i\leqslant 100\,000$），按照住所从左到右的顺序给出每个乒乓爱好者的技能值。

【输出格式】

对于每组数据，输出比赛总数的值。

【分析】

考虑第i个人当裁判的情形。假设a_1到a_{i-1}中有c_i个比a_i小，那么就有$(i-1)-c_i$个比a_i大；同理，假设a_{i+1}到a_n中有d_i个比a_i小，那么就有$(n-i)-d_i$个比a_i大。根据乘法原理和加法原理，i当裁判有$c_i(n-i-d_i)+(i-c_i-1)d_i$种比赛。这样，问题就转化为求$c_i$和$d_i$。

c_i可以这样计算：从左到右扫描所有的a_i，令$x[j]$表示目前为止已经考虑过的所有a_i中，是否存在一个$a_i=j$（$x[j]=0$表示不存在，$x[j]=1$表示存在），则c_i就是前缀和$x[1]+x[2]+\cdots+x[a_i-1]$。初始时所有$x[i]=0$，在计算$c_i$时，需要先设$x[a_i]=1$，然后求前缀和。换句话说，我们需要动态地修改单个元素值并求前缀和——这正是BIT的标准用法。这样，就可以在$O(n\log r)$（这里的r是a_i的上限）的时间内计算出所有c_i，类似地，可以计算出d_i，然后在$O(n)$时间里累加出最后的答案。

3.2.2　RMQ问题

范围最小值问题（Range Minimum Query, RMQ）：给出一个n个元素的数组$A_1, A_2, \cdots,$

A_n，设计一个数据结构，支持查询操作 Query(*L*,*R*)——计算 $\min\{A_L,A_{L+1},\cdots,A_R\}$。

每次用一个循环来计算最小值显然不够快，前缀和的思想也不能提高效率（想一想，为什么），怎么办呢？实践中最常用的是 Tarjan 的 Sparse-Table 算法，它预处理的时间是 $O(n\log n)$，但是查询只需要 $O(1)$，而且常数很小。最重要的是，这个算法非常好写，并且不易写错[①]。

令 $d(i,j)$表示从 i 开始的，长度为 2^j 的一段元素中的最小值，则可以用递推的方法计算 $d(i,j)$：$d(i,j)=\min\{d(i,j-1), d(i+2^{j-1},j-1)\}$，原理如图 3-6 所示。

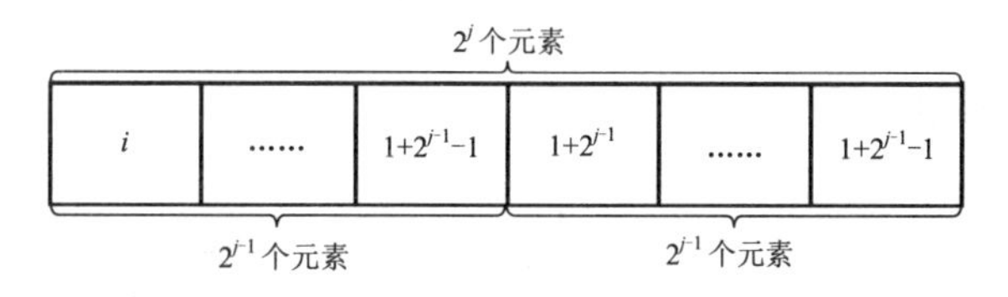

图　3-6

注意 $2^j\leqslant n$，因此 d 数组的元素个数不超过 $n\log n$，而每一项都可以在常数时间计算完成，故总时间为 $O(n\log n)$。代码如下。

```
void RMQ_init(const vector<int>& A) {
  int n = A.size();
  for(int i = 0; i < n; i++) d[i][0] = A[i];
  for(int j = 1; (1<<j) <= n; j++)
    for(int i = 0; i + (1<<j) - 1 < n; i++)
      d[i][j] = min(d[i][j-1], d[i + (1<<(j-1))][j-1]);
}
```

查询操作很简单，令 k 为满足 $2^k\leqslant R-L+1$ 的最大整数，则以 L 开头、以 R 结尾的两个长度为 2^k 的区间合起来即覆盖了查询区间$[L,R]$。由于是取最小值，有些元素重复考虑了几遍也没关系，如图 3-7 所示（注意，如果是累加，重复元素是不允许的）。

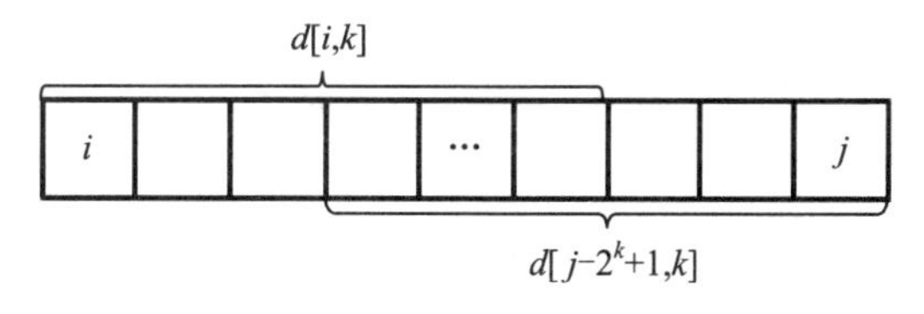

图　3-7

这里给出查询核心程序。代码如下。

```
int RMQ(int L, int R) {
  int k = 0;
  while((1<<(k+1)) <= R-L+1) k++; // 如果 2^(k+1)<=R-L+1，那么 k 还可以加 1
  return min(d[L][k], d[R-(1<<k)+1][k]);
}
```

这样就在 $O(n\log n)$预处理后，做到了 $O(1)$时间查询。

① RMQ 问题可以做到 $O(n)$预处理，$O(1)$查询，但有些麻烦，这里不进行介绍。

例题 8　频繁出现的数值（Frequent Values, UVa 11235）

给出一个非降序排列的整数数组 $a_1, a_2, \cdots, a_n$，你的任务是对于一系列询问（i,j），回答 $a_i,a_{i+1},\cdots, a_j$ 中出现次数最多的值的次数。

【输入格式】

输入包含多组数据。每组数据：第一行为两个整数 n 和 q（$1\leqslant n, q\leqslant 100\,000$）；第二行包含 n 个非降序排列的整数 $a_1, a_2, \cdots, a_n$（$-100\,000\leqslant a_i\leqslant 100\,000$）；以下 q 行，每行包含两个整数 i 和 j（$1\leqslant i\leqslant j\leqslant n$）。输入结束标志为 n=0。

【输出格式】

对于每个查询，输出查询结果。

【分析】

应注意到整个数组是非降序的，所有相等元素都会聚集到一起。这样就可以把整个数组进行游程编码（Run Length Encoding，RLE）。比如-1, 1, 1, 2, 2, 2, 4 就可以编码成(-1, 1), (1, 2), (2, 3), (4, 1)，其中（a, b）表示有 b 个连续的 a。用 value[i]和 count[i]分别表示第 i 段的数值和出现次数，num[p]，left[p]，right[p]分别表示位置 p 所在段的编号和左右端点位置，则对于图 3-8 所示的情况，每次查询（L, R）的结果为以下 3 个部分的最大值：从 L 到 L 所在段的结束处的元素个数（即 right[L]-L+1）；从 R 所在段的开始处到 R 处的元素个数（即 R-left[R]+1）；中间第 num[L]+1 段到第 num[R]-1 段的 count 的最大值。显然，在图 3-8 所示的情况中，除了最小值变成了最大值，这几乎就是一个 RMQ。

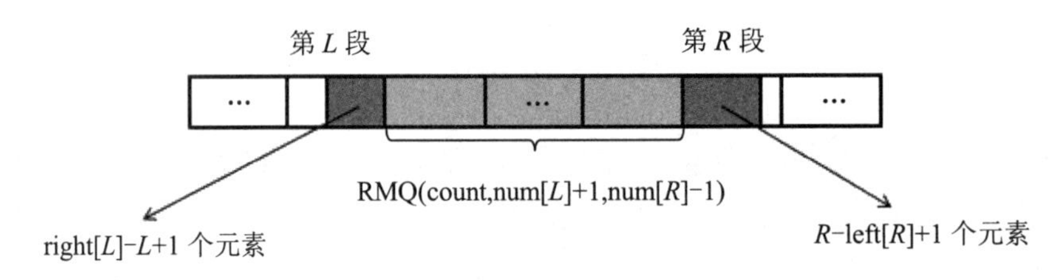

图　3-8

特殊情况：如果 L 和 R 在同一段中，则答案是 R-L+1。

3.2.3　线段树（1）：点修改

动态范围最小值问题： 给出一个有 n 个元素的数组 $A_1, A_2, \cdots, A_n$，你的任务是设计一个数据结构，支持以下两种操作。

- update(x,v)：把 A_x 修改为 v。
- query(L,R)：计算 $\min\{A_L,A_{L+1},\cdots,A_R\}$。

如果还是使用 Sparse-Table 算法，每次 update 操作都需要重新计算 d 数组，时间无法承受。为了解决这个问题，这里介绍一种灵活的数据结构：线段树（segment tree）①。

① 据笔者所知，这个数据结构在学术界并没有统一的术语，但线段树是最常见的叫法。其他叫法包括区间树（interval tree）、范围树（range tree）等，但这些叫法一般使用在特定的场合（如计算几何）中，有着特殊含义。本书中只采用“线段树”这一名称。

如图 3-9 所示，是线段[1,8]所对应的线段树。每个非叶子结点都有左右两棵子树，分别对应该线段的“左半”和“右半”。为了方便，我们按照从上到下、从左到右的顺序给所有结点编号为 1, 2, 3, …，则编号为 i 的结点，其左右子结点的编号分别为 $2i$ 和 $2i+1$。

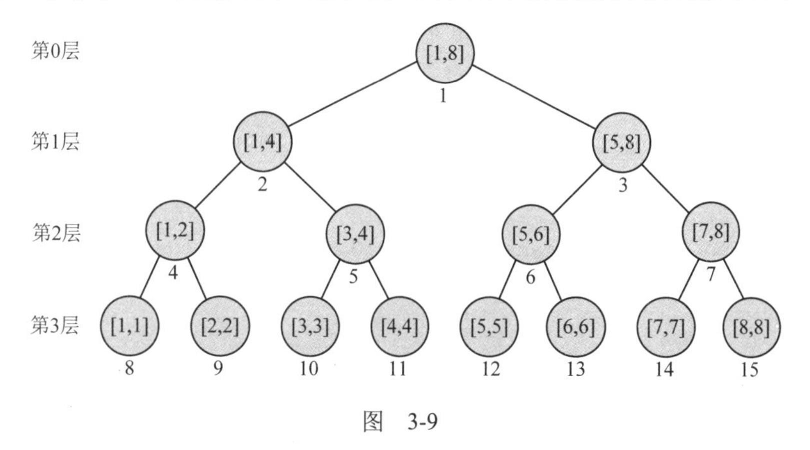

图 3-9

假定根结点是一个长度为 2^h 的区间，不难发现：第 i 层有 2^i 个结点，每个结点对应一个长度为 2^{h-i} 的区间。最大层编号为 h，结点总数为 $1+2+4+8+\cdots+2^h=2^{h+1}-1$，略小于区间长度的两倍。当整个区间长度不是 2 的整数幂时，虽然叶子不全在同一层，但树的最大层编号和结点总数仍然满足上述结论。

在不同的题目中，线段可以有不同的含义，如数轴上的一条真实的线段，或者一个序列中的连续子序列。在动态范围最小值问题中，用线段$[L, R]$代表子序列 $A_L, A_{L+1}, \cdots, A_R$，则整个序列对应线段$[1,n]$，它是线段树的根结点。

上图只展示了线段树中各结点所对应的线段，但对于用到线段树的大部分题目来说，这些线段所拥有的附加信息才是重头戏。本题需要维护“最小值”信息，因此可以在每个结点上记录该线段中所有元素的最小值。比如，在写有“[5,8]”的结点里保存元素 5, 6, 7, 8 的最小值，即 $\min\{A_5, A_6, A_7, A_8\}$。在程序中，可以用一个数组 min$v$ 保存这个附加信息，其中 min$v[o]$表示结点 o 所对应的区间中所有元素的最小值。比如，[5,8]的编号为 3，因此 min$v$[3]=$\min\{A_5,A_6,A_7,A_8\}$。

在查询时，我们从根结点开始自顶向下找到待查询线段的左边界和右边界，则“夹在中间”的所有叶子结点不重复、不遗漏地覆盖了整个待查询线段，如图 3-10 所示。

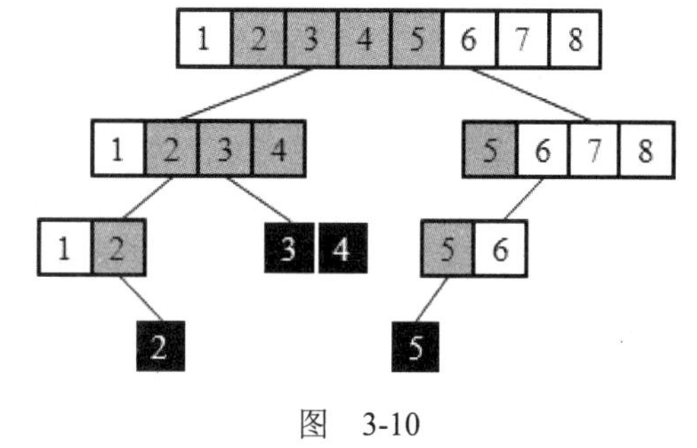

图 3-10

从图 3-10 中不难发现，树的左右各有一条“主线”，虽有分叉，但每层最多只有两个结点继续向下延伸（整棵树的左右子树各一个），因此“查询边界”结点不超过 $2h$ 个，其中 h 是线段树的最大层编号。这实际上把待查询线段分解成了不超过 $2h$ 个不相交线段的并。比如图 3-10 中，[2,5]=[2]+[3,4]+[5]。在后文中，凡是遇到这样的区间分解，就把分解得到的各个区间叫作边界区间，因为它们对应于分解过程的递归边界。

如何更新线段树呢？显然需要更新线段[i,i]对应的结点，然后还要更新它的所有祖先结点。不难发现，其他结点的值并没有改变。

这里给出核心程序。其中 o 是当前结点编号，L 和 R 是当前结点的左右端点（比如，当 o=3 时，L=5, R=8）。查询时，全局变量 ql 和 qr 分别代表查询区间的左右端点；修改时，全局变量 p 和 v 分别代表修改点位置和修改后的数值。代码如下。

```
int ql, qr;                                           //查询[ql, qr]中的最小值
int query(int o, int L, int R) {
  int M = L + (R-L)/2, ans = INF;
  if(ql <= L && R <= qr) return minv[o];              //当前结点完全包含在查询区间内
  if(ql <= M) ans = min(ans, query(o*2, L, M));       //往左走
  if(M < qr) ans = min(ans, query(o*2+1, M+1, R)); //往右走
  return ans;
}

int p, v;                                             //修改：A[p] = v;
void update(int o, int L, int R) {
  int M = L + (R-L)/2;
  if(L == R) minv[o] = v;                             //叶结点，直接更新minv
  else {                                              //L < R
    //先递归更新左子树或者右子树
    if(p <= M) update(o*2, L, M); else update(o*2+1, M+1, R);
    //然后计算本结点的minv
    minv[o] = min(minv[o*2], minv[o*2+1]);
  }
}
```

最后叙述一下建树过程。一种方法是每读入一个元素 x 后执行修改操作 $A[i]=x$，则时间复杂度为 $O(n\log n)$。其实只需要事先设置好每个叶结点的值，自底向上递推即可（也可以写成递归）。每个结点仅计算了一次，因此时间复杂度为 $O(n)$。

值得一提的是，除了上述方法之外，线段树还有一种自底向上的写法，速度比上述递归方法快。但由于理解难度有所增加，而且在实际比赛中极少出现递归写法不够快的情况，这里不予介绍，有兴趣的读者可以自行查阅相关资料。

例题 9　动态最大连续和（Ray, Pass me the Dishes, UVa 1400）

给出一个长度为 n 的整数序列 D，你的任务是对 m 个询问做出回答。对于询问（a,b），需要找到两个下标 x 和 y，使得 $a\leqslant x\leqslant y\leqslant b$，并且 $D_x+D_{x+1}+\cdots+D_y$ 尽量大。如果有多组满足条件的 x 和 y，x 应该尽量小。如果还有多解，y 应该尽量小。

【输入格式】

输入包含多组数据。每组数据：第一行为两个整数 n 和 m（$1\leqslant n,m\leqslant 500\ 000$），即整数序列的长度和查询的个数；第二行包含 n 个整数，依次为 $D_1, D_2, \cdots, D_n$ 的值，这些整数的绝对值均不超过 10^9；以下 m 行，每行为一个查询，包含两个整数 a 和 b。输入结束标志为文件结束符（EOF）。

【输出格式】

对于每组数据，输出数据编号，然后为每个查询输出一行，包含两个整数 x 和 y。

【分析】

本题看上去很像 RMQ 问题，但稍微琢磨一下就会发现本题和 RMQ 的重要区别：整个区间的解不能简单地通过各个子区间的解合并得到（想一想，为什么），所以 Sparse-Table 算法中的预处理和查询部分均不适用于本题。

《算法竞赛入门经典（第 2 版）》中讨论过本题的静态版本，即最大连续和子序列，并且介绍过它的分治算法：最优解要么完全在左半序列，要么完全在右半序列，要么跨越中点。由于线性算法的存在，这个算法可能并没有引起很多读者的重视，但这个思路却是解决本题的关键。

构造一棵线段树，其中每个结点维护 3 个值：最大连续和 max_sub、最大前缀和 max_prefix 与最大后缀和 max_suffix。具体来说，max_sub(a, b)是满足 $a \leqslant x \leqslant y \leqslant b$ 且 $D_x+D_{x+1}+\cdots+D_y$ 最大的二元组（x,y）；max_prefix(a,b)是满足 $a \leqslant x \leqslant b$ 且 $D_a+D_{a+1}+\cdots+D_x$ 最大的整数 x；max_suffix(a,b)是满足 $a \leqslant x \leqslant b$ 且 $D_x+D_{x+1}+\cdots+D_b$ 最大的整数 x。

比如，n=64，询问为（20,50），则线段[20, 50]在线段树的根结点处被分成了两条线段[20, 32]和[33, 50]。则 max_sub(20, 50)的起点和终点有 3 种情况。

- 情况一：起点和终点都在[20,32]中，则 max_sub(20,50)=max_sub(20,32)。
- 情况二：起点和终点都在[33,50]中，则 max_sub(20,50)=max_sub(33,50)。
- 情况三：起点在[20,32]中，终点在[33,50]中，则 max_sub(20,50)=(max_suffix(20,32), max_prefix(33,50))（想一想，为什么）。

类似地，max_prefix 和 max_suffix 也可以这样递推。建树的时间复杂度为 $O(n)$，单组查询的时间复杂度为 $O(\log n)$。

3.2.4　线段树（2）：区间修改

除了点修改外，事实上，线段树还可以做得更多。本节讨论区间修改问题，比 3.2.3 节的内容更难懂，但也更巧妙。

快速序列操作 I： 给出一个 n 个元素的数组 $A_1,A_2,\cdots,A_n$，你的任务是设计一个数据结构，支持以下两种操作。

- add(L, R, v)：把 $A_L, A_{L+1}, \cdots, A_R$ 的值全部增加 v。
- query(L,R)：计算子序列 $A_L,A_{L+1},\cdots,A_R$ 的元素和、最小值和最大值。

根据查询需要，不难设计出线段树中需要维护的 3 个信息 sum，min，max，分别对应 3 个查询值。但如何实现修改呢？注意，本题的 add 操作是区间修改，而不是前面介绍的点修改。点修改只会影响 $\log n$ 个结点，但区间修改在最坏情况下会影响到树中的所有结点。比如，如果对整个区间执行 add 操作，所有结点的 sum 都会改变。怎么办呢？

回忆前面讲区间查询时曾给出一个结论：任意区间都能分解成不超过 $2h$ 个的不相交区间的并（这里 h 依然是指线段树的最大层编号）。利用这个结论，我们可以“化整为零”，把一个 add 操作分解成不超过 $2h$ 个操作，记录在线段树的结点中。图 3-11 展示了执行完

add(1,7,5)和 add(3,6,2)之后的情形。注意结点[5,6]中执行了两个 add 操作，分别加了 2 和 5。这等价于一个 add(7)操作。

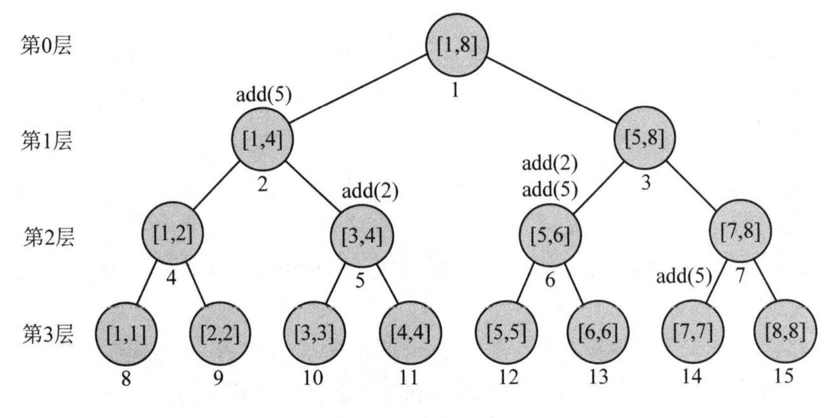

图 3-11

维护的信息也需要修改，理由前面已经讲过了。如果仍然用 sum[*o*]表示“结点 *o* 对应区间中所有数之和”，则 add 操作在最坏情况下会修改所有的 sum（不管 add 有没有分解）。解决方法是把 sum[*o*]的定义改成“如果只执行结点 *o* 及其子孙结点中的 add 操作，结点 *o* 对应区间中所有数之和”。这样的附加信息仍可以方便地维护，而且每个原始 add 所影响到的结点数目变为了 $O(h)$（想一想，为什么）。

这里给出信息维护的核心程序，代码如下。

```
//维护结点 o，它对应区间[L,R]
void maintain(int o, int L, int R) {
  int lc = o*2, rc = o*2+1;
  if(R > L) { //考虑左右子树
    sumv[o] = sumv[lc] + sumv[rc];
    minv[o] = min(minv[lc], minv[rc]);
    maxv[o] = max(maxv[lc], maxv[rc]);
  }
  minv[o] += addv[o]; maxv[o] += addv[o]; sumv[o] += addv[o] * (R-L+1);
  //考虑 add 操作
}
```

在执行 add 操作时，哪些结点需要调用上述 maintain 函数呢？很简单，递归访问到的结点全部需要调用，并且是在递归返回后调用。代码如下。

```
void update(int o, int L, int R) {
  int lc = o*2, rc = o*2+1;
  if(y1 <= L && y2 >= R) {  //递归边界
    addv[o] += v;           //累加边界的 add 值
  } else {
    int M = L + (R-L)/2;
    if(y1 <= M) update(lc, L, M);
    if(y2 > M) update(rc, M+1, R);
```

```
  }
  maintain(o, L, R);          //递归结束前重新计算本结点的附加信息
}
```

查询操作如何实现呢？仍然是把查询区间递归分解为若干不相交子区间，把各个子区间的查询结果加以合并，但需要注意的是每个边界区间的结果不能直接用，还得考虑祖先结点对它的影响。为了方便，我们在递归查询函数中增加一个参数，表示当前区间的所有祖先结点的 add 值之和。代码如下。

```
int _min, _max, _sum;         //全局变量，目前位置的最小值、最大值和累加和
void query(int o, int L, int R, int add) {
  if(y1 <= L && y2 >= R) {  //递归边界：用边界区间的附加信息更新答案
    _sum += sumv[o] + add * (R-L+1);
    _min = min(_min, minv[o] + add);
    _max = max(_max, maxv[o] + add);
  } else {                    //递归统计，累加参数 add
    int M = L + (R-L)/2;
    if(y1 <= M) query(o*2, L, M, add + addv[o]);
    if(y2 > M) query(o*2+1, M+1, R, add + addv[o]);
  }
}
```

怎么样，是不是比点修改复杂多了？还有更复杂的。

快速序列操作 II：给出一个有 n 个元素的数组 $A_1, A_2, \cdots, A_n$，你的任务是设计一个数据结构，支持以下两种操作。

- set(L, R, v)：把 $A_L, A_{L+1}, \cdots, A_R$ 的值全部修改为 v（$v \geqslant 0$）。
- query(L,R)：计算子序列 $A_L,A_{L+1},\cdots,A_R$ 的元素和、最小值和最大值。

不难想到把 set 操作也进行分解，记录在结点中，但很快就会发现一个新问题，即 add 操作的时间顺序不会影响结果，但 set 操作会。比如先执行 add(1,4,1)再执行 add(2,3,2)等价于先执行 add(2,3,2)再执行 add(1,4,1)，但先执行 set(1,4,1)再执行 set(2,3,2)却不等价于先执行 set(2,3,2)再执行 set(1,4,1)。怎么办呢？

完整的解决方案有些复杂，但大体思路是清晰的：除了对本操作进行分解之外，还要修改以前分解好的操作，使得任意两个 set 操作都不存在祖先后代关系[①]。因此，不管这些 set 操作以何种顺序进行，结果总是唯一的。

举例说明。在一棵根结点为[1,8]的线段树上先执行 set(1,8,1)操作，再执行 set(1,3,2)操作，会怎样呢？首先，set(1,8,1)就是简单设置根结点的 set 值为 1，但 set(1,3,2)就比较复杂了，分为 3 个步骤。

先把根结点的 set(1)操作往下传递给左右子结点，如图 3-12 所示。

接下来把[1,4]的 set(1)继续往下传（想一想，为什么[5,8]不用传），如图 3-13 所示。

① 这样说其实并不准确，但我们很快就会看到正确的说法。

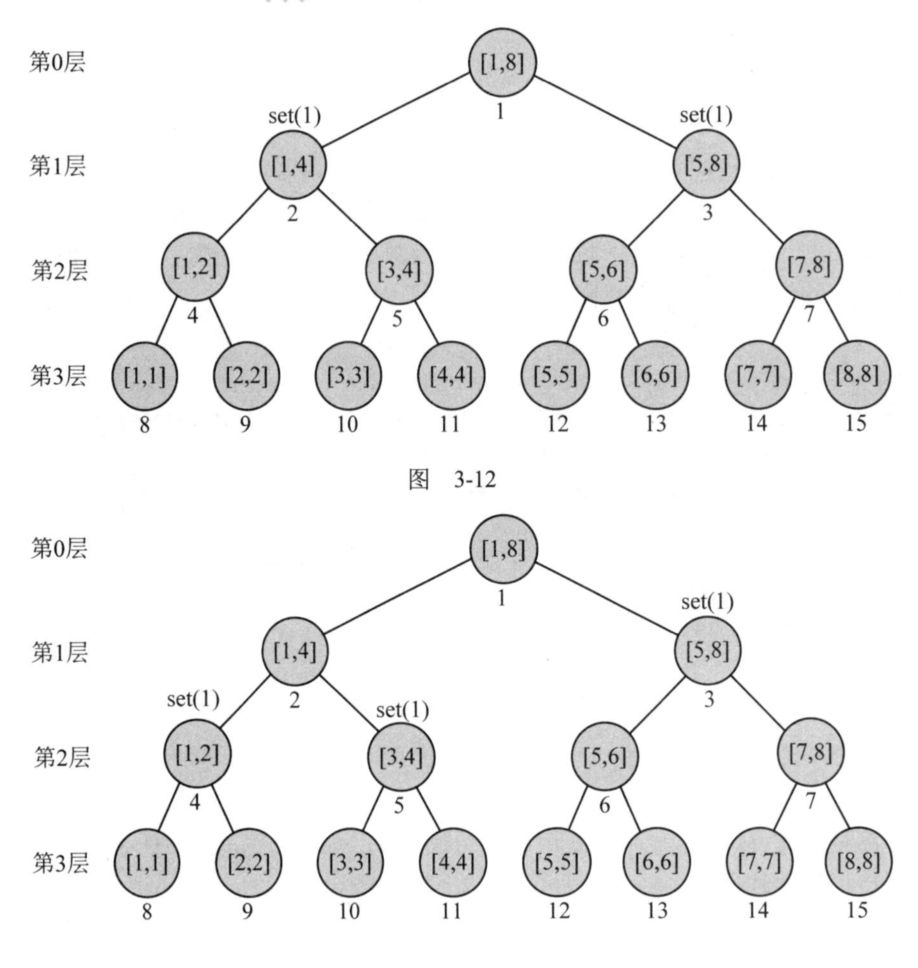

图 3-12

图 3-13

注意，现在[1,2]不需要往下传，因为set(1,3,2)完整地覆盖了区间[1,2]，因此只需要把它的 set 值直接设为 2 即可，然后把[3,4]的 set 值往下传，最后覆盖[3,3]的 set 值，如图 3-14 所示。

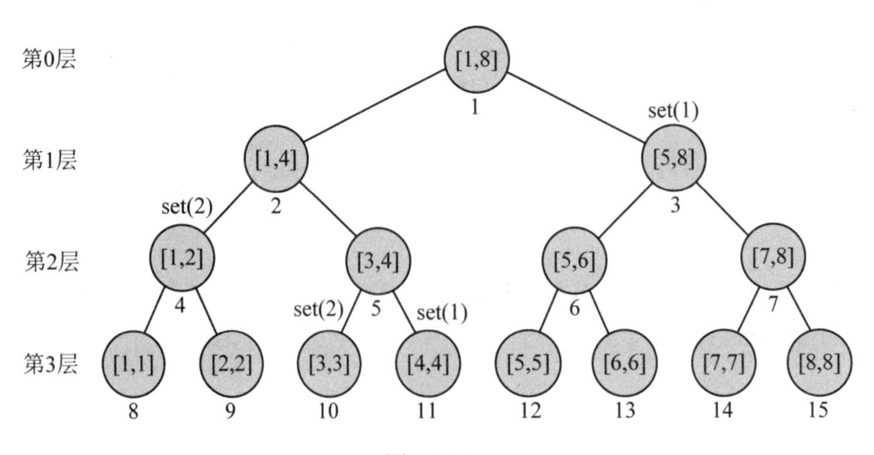

图 3-14

这里给出修改操作的核心程序，代码如下。

```
void update(int o, int L, int R) {
  int lc = o*2, rc = o*2+1;
  if(y1 <= L && y2 >= R) { //标记修改
    setv[o] = v;
  } else {
    pushdown(o);
    int M = L + (R-L)/2;
    if(y1 <= M) update(lc, L, M); else maintain(lc, L, M);
    if(y2 > M) update(rc, M+1, R); else maintain(rc, M+1, R);
  }
  maintain(o, L, R);
}
```

上述代码有两个需要注意的地方。首先是 pushdown 函数，它的作用是把 set 值往下传递，代码如下。

```
//标记传递
void pushdown(int o) {
  int lc = o*2, rc = o*2+1;
  if(setv[o] >= 0) { //本结点有标记才传递。注意本题中 set 值非负，所以-1 代表没有标记
    setv[lc] = setv[rc] = setv[o];
    setv[o] = -1;    //清除本结点标记
  }
}
```

另一个值得注意的地方是，与上一题相比，代码中多了两处 maintain 的调用。这是因为只要标记下传，该子树的附加信息就必须重新计算（想一想，为什么）。对于本来就要递归访问的子树，递归访问结束之后自然会调用 maintain，因此只需要针对不进行递归访问的子树调用 maintain，如图 3-15 所示。

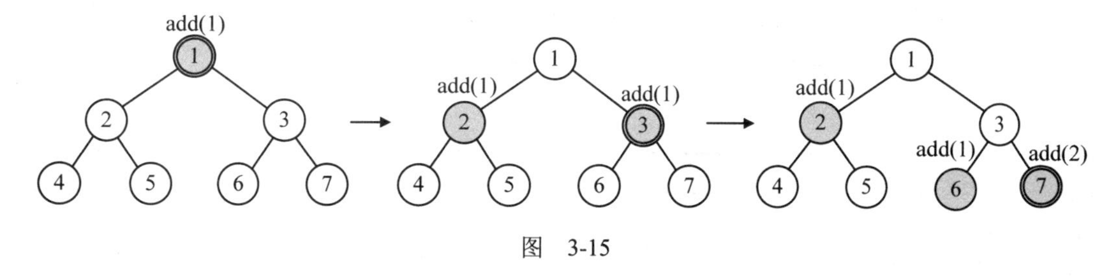

图　3-15

递归访问顺序是 1→3→7，但是除了这 3 个结点之外，结点 2 和结点 6 也需要重新计算统计信息。

介绍完了 set 操作，可能有读者会产生疑问，如果先执行 set(1,3,2)再执行 set(1,8,1)会怎样呢？最终的线段树如图 3-16 所示。

这违反了前面讲的“任意两个 set 操作不会存在祖先-后代关系”。的确如此。上面的方法并不一定满足上述要求，但这又如何？我们只需规定在这种情况下，以祖先结点上的操作为准即可，在递归查询时，一旦碰到一个 set 操作就立即停止。代码如下。

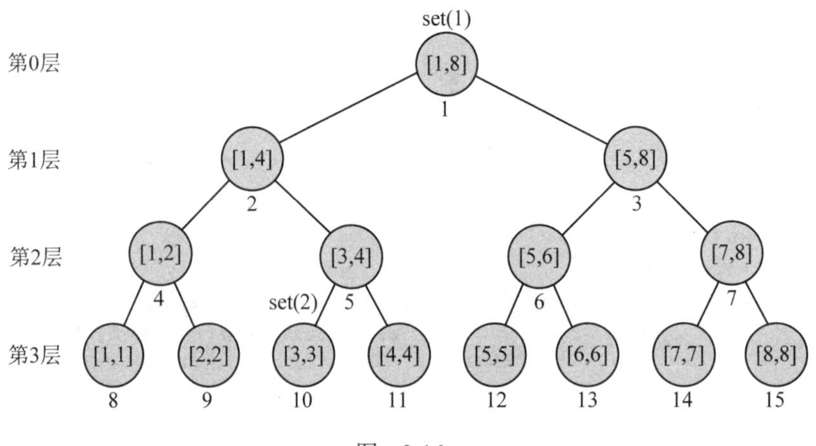

图 3-16

```
void query(int o, int L, int R) {
  if(setv[o] >= 0) {                    //递归边界 1：有 set 标记
    _sum += setv[o] * (min(R,y2)-max(L,y1)+1);
    _min = min(_min, setv[o]);
    _max = max(_max, setv[o]);
  } else if(y1 <= L && y2 >= R) {       //递归边界 2：边界区间
    _sum += sumv[o];                    //此边界区间没有被任何 set 操作影响
    _min = min(_min, minv[o]);
    _max = max(_max, maxv[o]);
  } else {                              //递归统计
    int M = L + (R-L)/2;
    if(y1 <= M) query(o*2, L, M);
    if(y2 > M) query(o*2+1, M+1, R);
  }
}
```

例题 10　快速矩阵操作（Fast Matrix Operations, UVa 11992）

有一个 r 行 c 列的全 0 矩阵，支持以下 3 种操作，如表 3-3 所示。

表　3-3

操　作	备　注
1 x_1 y_1 x_2 y_2 v	子矩阵(x_1,y_1,x_2,y_2)的所有元素增加 v（v>0）
2 x_1 y_1 x_2 y_2 v	子矩阵(x_1,y_1,x_2,y_2)的所有元素设为 v（v>0）
3 x_1 y_1 x_2 y_2	查询子矩阵(x_1,y_1,x_2,y_2)的元素和、最小值和最大值

子矩阵(x_1, y_1, x_2, y_2)是指满足 $x_1 \leqslant x \leqslant x_2$, $y_1 \leqslant y \leqslant y_2$ 的所有元素（x,y）。输入保证任意时刻矩阵所有元素之和不超过 10^9。

【输入格式】

输入包含多组数据。每组数据：第一行为 3 个整数 r, c, m（$1 \leqslant m \leqslant 20\,000$），其中 r 为行数，c 为列数，m 是查询个数；接下来是矩阵，矩阵不超过 20 行，元素总数不超过 10^6。输入结束标志为文件结束符（EOF）。输入文件大小不超过 500KB。

【输出格式】

对于每条类型 3 的操作，输出 3 个整数，即该子矩阵的元素和、最小值和最大值。

【分析】

矩阵不超过 20 行，矩阵元素却可能多达 10^6 个，可以想到每行建一棵线段树，则本题转化为一维问题。

本题有两个操作，即 add 和 set，因此需要两个标记 addv 和 setv，含义同前。规定同时有两个标记时，表示先执行 set 再执行 add。传递代码如下。

```
//标记传递
void pushdown(int o) {
  int lc = o*2, rc = o*2+1;
  if(setv[o] >= 0) {
    setv[lc] = setv[rc] = setv[o];
    addv[lc] = addv[rc] = 0;
    setv[o] = -1;              //清除本结点标记
  }
  if(addv[o] > 0) {
    addv[lc] += addv[o];       //注意 lc 和 rc 上可能有 set 标记
    addv[rc] += addv[o];
    addv[o] = 0;               //清除本结点标记
  }
}
```

其他代码留给读者编写。注意 update 函数的递归边界代码，对于 set 操作要清除结点上的 addv 标记；但对于 add 操作不清除 setv 标记；在 maintain 函数中先考虑 setv 再考虑 addv，而在 query 操作中要综合考虑 setv 和 addv。

例题 11 山脉（Mountains, IOI05, SPOJ NKMOU）

游乐园里面装了一个新的过山车。由 n（$1 \leqslant n \leqslant 10^9$）条首尾相连的轨道组成（如图 3-17 所示），轨道编号是 1 到 n，起点高度是 0。d_i 表示车辆经过轨道 i 之后高度变化值，$d_i<0$ 则表示高度下降，初始所有 $d_i=0$。图中的三个过山车的 d 值分别是{0,0,0,0}, {2,2,2,2},{2,-1,2,2}。管理员有时候会重新配置区间[a,b]内的所有轨道 i 来改变 d_i。

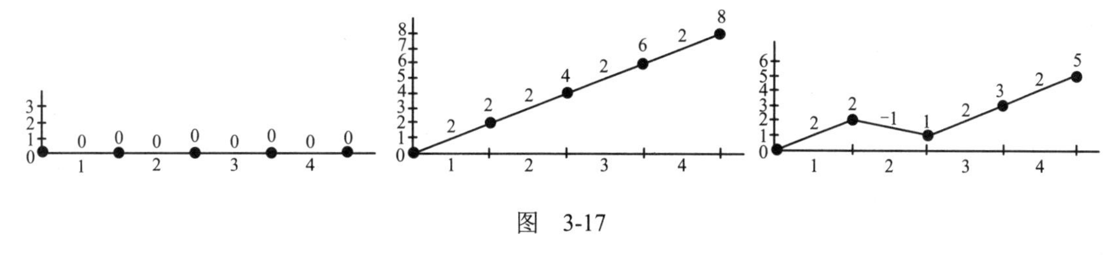

图 3-17

每一趟玩过山车时，车辆带着足够到达高度 h 的能量出发，也就是说只要没到终点或者高度不超过 h，车辆就会一直向前走。

【输入格式】

给出形式如下的一些输入。

- IabD：表示重新配置[a,b]中的所有轨道 i，设置 d_i=D（-10^9≤D≤10^9）。
- Qh：表示有一趟车带着足够到达高度 h（0≤h≤10^9）的能量出发，计算这趟车最多能走多远。
- E：表示输入结束。

【输出格式】

对于每一个形为 Qh 的输入，输出上文所求的结果。

【分析】

所有的 d_i 值可以看作长度为 n 的数组 A，$A[i]$表示第 i 段铁轨之后高度的变化。则题目中的 IabD 操作就是要设置 $A[a,b]$中的值为 D。Qh 操作要计算 A 中前缀和不超过 h 的最长前缀的右端点，这里的前缀和对应于行驶完相应区间所要消耗的能量，如果前缀和超过 h 则说明车的能量不足以走完此区间。

不难想到用线段树来维护 A 数组，线段树要支持查询任意子区间结点维护最大非负前缀和（负数则取 0）即可。为此，线段树中结点要包含以下三部分信息：区间元素和 sum、最大非负前缀和 maxp、区间元素都相等时的元素值 val。当区间长度大于 1 时：p.maxp = max{p.left.maxp, p.left.sum + p.right.maxp, 0}。则对于结点 p 来说，如果进入这个区间时的能量 e 大于 p.maxp，则最终能离开这个区间，并且能量变为 e-p.sum，否则会停在其中。

对于 IabD 操作，就是设置一个区间的所有 d 值，并且需要更新对应的 maxp 以及 sum。而对于输入 Qh，递归查询到子区间 p=[L,R]，左右子区间记为 pl，pr。如果 h≥p.maxp，则显然结果就是 R，接下来如果整个区间中的所有元素都相等，则直接返回 L+(h / p.val) –1。其他情况就需要递归到子区间中，h<pl.maxp 则说明在左子区间内部就要停下来，否则进入右子区间查询。

而本题还有另外一个挑战之处就是 n 可能高达 10^9，而且数据范围需要用 long long 来存储。如果使用普通的数组来存储线段树结点，则线段树 $O(4n)$的空间占用会远远超过空间限制。注意只有不到 10^5 个 IabD 操作，而每个 IabD 操作，最多只会影响到 2log n 个线段树子区间，而且如果子区间的所有值都相同，那么它就不需要左右子结点了。可以在区间元素值不同时再创建左右子区间结点，这样空间复杂度就被限制在 $O(2\times10^5\log n)$。而当整个区间值都相同时，还可以删除左右子结点来回收内存。这里可以利用 C++的构造函数与析构函数来实现内存申请以及释放。代码如下。

```
#include <bits/stdc++.h>
using namespace std;
typedef long long LL;

struct Node {
  LL sum, maxp;                    // 区间和，最大非负前缀和
  Node *left, *right;
  int val;
  inline bool isleaf() { return !left && !right; } // 区间元素值都一样
  inline void init() { memset(this, 0, sizeof(Node));}
  inline void delchildren() {
    if (left) delete left;
```

```
    if (right) delete right;
    left = right = nullptr;
  }
  ~Node() { delchildren(); } // C++析构函数，delete 的时候会调用
};
typedef Node* PN;
int N;
PN root;
void maintain(Node& p) {
  p.sum = p.left->sum + p.right->sum;
  p.maxp = max(p.left->maxp, p.left->sum + p.right->maxp);
}
void setval(Node& p, int v, int L, int R) {
  assert(L <= R);                                    // 整个区间设置值
  p.sum = (LL)(p.val = v) * (R - L + 1);
  p.maxp = max(0LL, p.sum);
  p.delchildren();                                   // 左右子结点都可以不要了
}
void pushdown(Node& p, int L, int R) {
  int M = (L + R) / 2;
  p.left = new Node(), p.right = new Node();
  setval(*(p.left), p.val, L, M), setval(*(p.right), p.val, M + 1, R);
}
void modify(int l, int r, int v, Node& p = *root, int nL = 1, int nR = N)
{
  int M = (nL + nR) / 2;
  if (l <= nL && nR <= r){
    setval(p, v, nL, nR);
    return;
  }
  if (p.isleaf()) pushdown(p, nL, nR);               // 左右区间创建子结点
  if (l <= M) modify(l, r, v, *(p.left), nL, M);
  if (r > M) modify(l, r, v, *(p.right), M + 1, nR);
  maintain(p);                                       // 维护 sum 以及 maxp
}
// 查询数组中前缀和<=h 的最长前缀的右端点位置
int query(LL h, Node& p = *root, int L = 1, int R = N) {
  if (h >= p.maxp) return R;                         // 整个区间都行
  if (p.isleaf()) return L + (h / p.val) - 1;        // 区间元素都相等，按比例返回
  int M = (L + R) / 2;
  Node& pl = *(p.left);
  return h >= pl.maxp ? query(h - pl.sum, *(p.right), M + 1, R) //能跑到右边
        : query(h, pl, L, M);                        // 只能在左子区间内部
}

void dbgprint(Node& p = *root, int L = 1, int R = N) { // 打印数组，调试用
  if (p.isleaf()) {
    for (int i = L; i <= R; i++) printf("%d ", p.val);
    return;
```

```
  }
  int M = (L + R) / 2;
  dbgprint(*(p.left), L, M), dbgprint(*(p.right), M + 1, R);
}

int main() {
  ios::sync_with_stdio(false), cin.tie(0);
  cin >> N;
  string s;
  root = new Node();
  for (int a, b, d, h; cin >> s && s[0] != 'E'; ) {
    if (s[0] == 'I') cin >> a >> b >> d, modify(a, b, d);
    else cin >> h, cout << query(h) << endl;
  }
  delete root;
  return 0;
}
```

例题 13　堆内存管理器（Heap Manager, UVa 12419）

实现一个堆内存管理器。需求如下：堆中共有 n（$10 \leqslant n \leqslant 10^9$）个内存单元，地址是 0～$n-1$。每个单元是空闲或者被占用状态。$k$ 个连续的内存单元 $a, a+1, a+2, \cdots, a+k-1$，称之为从地址 a 开始长度为 k 的内存切片。

会有很多进程通过调用管理器来分配内存。给出 q（$q \leqslant 2 \times 10^5$）个申请，每个申请用（$t,m,p$）来表示一个进程在 t 时刻请求长度为 m 的内存切片，并且需要占用 p 个时间单元。假如 t' 时这个进程分配到这段内存，$t'+p$ 时这段内存会释放。所有的进程会根据 t 升序排序，不会有两个进程同时申请内存。对于每个申请 (t,m,p)，操作如下。

- 如果 t 时刻有长度为 m 的空闲内存切片，就会被分配给这个进程。如果有多个切片，分配起始地址最小的内存。
- 如果不存在可用内存，将进程放到一个等待队列中。只要有合适的内存切片（比如有些内存被释放后），就从队列中移除进程并且为其分配内存。除了队首的进程，队列中的其他进程不会被考虑。并且只有队首进程的分配请求无法被满足或者队列为空时才处理新的请求。

【分析】

本题的关键是如何快速标记每个内存地址的状态，并且快速查询可用的内存切片地址。本质上就是给一个数组 A，其中的元素值为 0 或 1，需要快速反转某个子区间的值（分配或者释放内存），并且查询长度大于指定值且最靠左的连续 0 区间。而输入规模 n 非常大（10^9），直接用数组实现的话，每次操作的复杂度是 $O(n)$，而再乘以申请次数 q 的话，时间上无法承受。

而提到快速查询和修改数组内一个区间的状态，不难想到使用线段树。但是本题的 n 太大，依然需要使用动态开点的方法来分配结点内存。

可以参考“例题 9　动态最大连续和”的思路，每个结点 $d[l,r]$附加如下几个信息：lz, rz, mz 分别代表$[l,r]$内部以 l 为左端点、以 r 为右端点、整个区间内的最长的连续全 0 区间长度。

则对于 $d[l,r]$来说，如果要查询区间内最靠左的长度不小于 L 的连续 0 区间，记 ld,rd 为左右子区间，可以分几种情况依次考虑。

- 如果 $L \leqslant$ lz，表示从 l 开始的连续全 0 区间就能满足需要，直接返回 l 即可。
- $L \leqslant$ ld.mz，说明满足需要的连续全 0 区间包含在左子区间内，递归调用即可。
- $L \leqslant$ ld.rz+rd.lz，说明满足需要的连续全 0 区间横跨左右子区间，直接返回 $(l+r)/2$-ld.rz+1 即可。
- 最后只能递归到右子区间中查找。

对于更新操作，除了和常规线段树类似的标记以及递归操作外，关键是要维护区间的附加标记。

- 如果 ld.lz=m-l+1，则说明整个左子区间都是 0，d.lz 可以用 ld.lz 和 rd.lz 连接起来形成，d.lz =ld.lz + rd.lz。否则 d.lz =ld.lz。
- 如果 rd.rz=r-m，则说明整个右子区间都是 0，d.rz 可以用 ld.rz 和 rd.rz 连接起来形成，d.rz = ld.rz + rd.rz。否则 d.rz = rd.rz。
- 而 d.mz 就要分别考虑全部在左边，全部在右边以及横跨左右两边三种情况。

线段树结构写好之后，就可以使用优先级队列来维护所有的内存释放事件，使用队列来维护所有暂时无法分配内存的进程。代码如下。

```
#include <bits/stdc++.h>

using namespace std;
#define _for(i, a, b) for (int i = (a); i < (int)(b); ++i)
#define _rep(i, a, b) for (int i = (a); i <= (int)(b); ++i)
typedef long long LL;
const LL INF = 1ll << 60;
struct IntTreeNode {
  IntTreeNode *lc, *rc;
  int setv, lz, rz, mz;          // 懒标记，[0～0***]，[**0～0]，[**0～0**]
  IntTreeNode() : lc(nullptr), rc(nullptr) { }
  inline void delchildren() {
    if (lc) delete lc;
    if (rc) delete rc;
    lc = rc = nullptr;
  }
  ～IntTreeNode() { delchildren(); }     // C++析构函数，delete 的时候会调用
  void mark(int l, int r, int v) {
    lz = rz = mz = (v == 0 ? r - l + 1 : 0);
    setv = v, delchildren();
  }

  void mark(IntTreeNode* &p, int l, int r, int v) {
    if (!p) p = new IntTreeNode();
    p->mark(l, r, v);
  }

  void pushdown(int l, int r) {          // 标记 pushdown
```

```
    int m = l + (r - l) / 2;
    if (setv == -1) return;
    mark(lc, l, m, setv), mark(rc, m + 1, r, setv);
    setv = -1;
  }

  void set(int l, int r, int ql, int qr, int v) { // set [ql,qr] = v o->[l,r]
    if (ql <= l && r <= qr) {
      mark(l, r, v);
      return;
    }
    pushdown(l, r);
    int m = l + (r - l) / 2;
    IntTreeNode &ld = *(lc), &rd = *(rc);
    if (ql <= m) ld.set(l, m, ql, qr, v);
    if (qr > m) rd.set(m + 1, r, ql, qr, v);
    lz = (ld.lz == m - l + 1) ? m - l + 1 + rd.lz : ld.lz;
    rz = (rd.rz == r - m) ? r - m + ld.rz : rd.rz;
    mz = max(max(ld.mz, rd.mz), ld.rz + rd.lz);
  }
  int query(int l, int r, int len) {// 查询o→[l,r]区间内最左边>=len全0区间
    if (lz >= len) return l;  // [0~0***]
    pushdown(l, r);
    IntTreeNode &ld = *lc, &rd = *rc;
    int m = l + (r - l) / 2;
    if (ld.mz >= len) return ld.query(l, m, len);       // [**0~0**][**]
    if (ld.rz + rd.lz >= len) return m - ld.rz + 1;     // [**0~0][0~0**]
    return rd.query(m + 1, r, len);                     // [***][?]
  }
};
struct Event {  // release time, memory address [l,r]
  LL t;
  int l, r;
  bool operator<(const Event& a) const { return t > a.t; }
};
struct Process { int len, t, id; };  // slice len, use time, id
priority_queue<Event> EQ;
queue<Process> Q;
IntTreeNode A;
void allocate(int N, int b, LL cur, const Process& p) { //在cur时给p分配内存
  int l = A.query(0, N - 1, p.len);
  A.set(0, N - 1, l, l + p.len - 1, 1);
  EQ.push(Event{cur + p.t, l, l + p.len - 1});
  if (b) printf("%lld %d %d\n", cur, p.id, l);
}

int main() {
  ios::sync_with_stdio(false), cin.tie(0);
  int N, b, pcnt, m, p;
  for (LL t, ans = 0; cin >> N >> b;) {
    pcnt = 0, A.mark(0, N - 1, 0);
```

```
    for (int i = 1;; i++) {
      cin >> t >> m >> p; // time, mem slice len, time length
      if (t == 0 && m == 0 && p == 0) t = INF;
      while (!EQ.empty() && EQ.top().t <= t) {
        LL cur = EQ.top().t;  // 有释放内存的请求，需要在 t 之前处理
        while (!EQ.empty() && EQ.top().t == cur) {  // 释放最近需要释放的内存
          const auto& e = EQ.top();
          ans = e.t;
          A.set(0, N - 1, e.l, e.r, 0), EQ.pop();
        }
        while (!Q.empty() && Q.front().len <= A.mz)
          allocate(N, b, cur, Q.front()), Q.pop();
                                        // 需要分配内存的进程，分配内存
      }
      if (t == INF) break;
      if (A.mz >= m) allocate(N, b, t, Process{m, p, i});
                                        // 现在就可以分配内存
      else Q.push(Process{m, p, i}), pcnt++;// 排队
    }
    printf("%lld\n%d\n\n", ans, pcnt);     // 处理完所有进程，入过 Q 的进程个数
  }
  return 0;
}
```

3.3　字符串（1）

3.3.1　Trie

我们常常用 Trie（也叫作前缀树）来保存字符串集合。如图 3-18 所示就是一个 Trie。

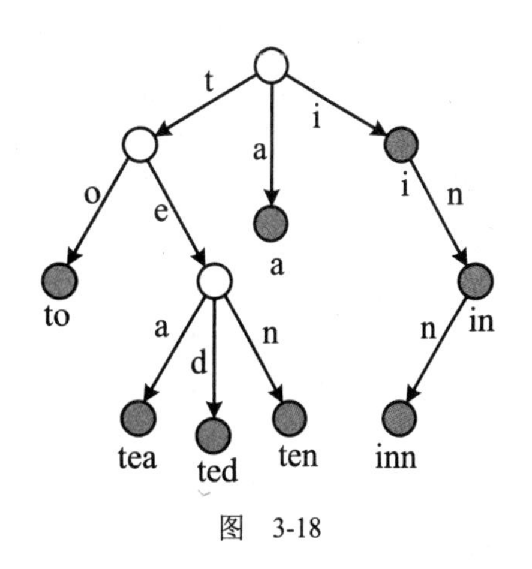

图　3-18

图 3-18 表示的字符串集合为{a, to, tea, ted, ten, i, in, inn}，每个单词的结束位置对应一个“单词结点”。反过来，从根结点到每个单词结点的路径上所有字母连接而成的字符串就是该结点对应的字符串。在程序上，将根结点编号为 0，然后把其余结点编号为从 1 开始的正整数，然后用一个数组来保存每个结点的所有子结点，用下标直接存取。

具体来说，可以用 ch[i][j]保存结点 i 的那个编号为 j 的子结点。什么叫“编号为 j”呢？比如，若是处理全部由小写字母组成的字符串，把所有小写字母按照字典序编号为 0, 1, 2, …，则 ch[i][0]表示结点 i 的子结点 a。如果这个子结点不存在，则 ch[i][0]=0[①]。用 sigma_size 表示字符集的大小，比如，当字符集为全体小写字母时，sigma_size=26。

① 这并不会引起误会，因为任何结点的子结点都不可能是根结点。

使用 Trie 的时候，往往需要在单词结点上附加信息，其中 val[i]表示结点 i 对应的附加信息。例如，如果每个字符串有一个权值，就可以把这个权值保存在 val[i]中。为了简单起见，下面的代码中假定权值大于 0，因此 val[i]>0 当且仅当结点 i 是单词结点。

这里给出 Trie 的定义和插入程序。代码如下。

```
struct Trie {
  int ch[maxnode][sigma_size];
  int val[maxnode];
  int sz;                                    //结点总数
  Trie() { sz = 1; memset(ch[0], 0, sizeof(ch[0])); } //初始时只有一个根结点
  int idx(char c) { return c - 'a'; }        //字符 c 的编号

  //插入字符串 s，附加信息为 v，注意 v 必须非 0，因为 0 代表“本结点不是单词结点”
  void insert(char *s, int v) {
    int u = 0, n = strlen(s);
    for(int i = 0; i < n; i++) {
      int c = idx(s[i]);
      if(!ch[u][c]) {                        //结点不存在
        memset(ch[sz], 0, sizeof(ch[sz]));
        val[sz] = 0;                         //中间结点的附加信息为 0
        ch[u][c] = sz++;                     //新建结点
      }
      u = ch[u][c];                          //往下走
    }
    val[u] = v;                              //字符串的最后一个字符的附加信息为 v
  }
};
```

查询和插入类似，代码留给读者编写。

例题 13　背单词（Remember the Word, UVa 1401）

给出一个由 S 个不同单词组成的字典和一个长字符串。把这个字符串分解成若干个单词的连接（单词可以重复使用），有多少种方法？比如，有 4 个单词 a，b，cd，ab，则 abcd 有两种分解方法：a+b+cd 和 ab+cd。

【输入格式】

输入包含多组数据。每组数据：第一行为小写字母组成的待分解字符串，长度 L 不超过 300 000；第二行为单词个数 S（$1 \leqslant S \leqslant 4000$）；以下 S 行，每行为一个单词，由不超过 100 个小写字母组成。输入结束标志为文件结束符（EOF）。

【输出格式】

对于每组数据，输出分解方案数除以 20 071 207 的余数。

【分析】

不难想到这样的递推法：令 $d(i)$表示从字符 i 开始的字符串（即后缀 $S[i, \cdots, L]$）的分解方案数，则 $d(i) = \text{sum}\{d(i+\text{len}(x)) \mid$ 单词 x 是 $S[i, \cdots, L]$的前缀 $\}$。

如果先枚举 x，再判断它是否为 $S[i..L]$的前缀，时间无法承受（最多可能有 4000 个单词，判断还需要一定的时间）。可以换一个思路，先把所有单词组织成 Trie，然后试着在 Trie 中“查找” $S[i, \cdots, L]$。查找过程中每经过一个单词结点，就找到一个上述状态转移方

程中的 x，最多只需要比较 100 次就能找到所有的 x。

例题 14　strcmp()函数（“strcmp()” Anyone?, UVa 11732）

strcmp()是 C/C++的一个库函数，它的作用是比较两个字符串的字典序的大小。在本题中，考虑使用 strcmp()实现。代码如下。

```
int strcmp(char *s, char *t)
{
    int i;
    for (i=0; s[i]==t[i]; i++)
        if (s[i]=='\0')
            return 0;
    return s[i] - t[i];
}
```

如上所述，比较操作一直进行到两个字符串的对应位置处的字符不相同为止（假定字符串总是以'\0'结尾）。比如，strcmp("than"，"that")和 strcmp("there"，"the")各需要 7 次比较（$s[i]$==$t[i]$和 $s[i]$=='\0'各有一次比较），如图 3-19 所示。

输入 n 个字符串，两两调用一次 strcmp()（即一共调用 $n(n-1)/2$ 次），问字符比较的总次数是多少。

【输入格式】

输入最多包含 10 组测试数据。每组数据：第一行为一个整数 N（$0<N<4001$），即字符串总数；以下 N 行，每行包含一个由不超过 1000 个数字和大小写字母组成的非空字符串。输入结束标志为 n=0。输入文件大小约为 23MB。

【输出格式】

对于每组数据，输出字符比较的总次数 T。输入保证 T 在 64 位带符号整数范围内。

【分析】

字符串很多，数据量大，按题意两两比较显然不现实。如果把所有单词插入一棵 Trie 里面会怎样呢？考虑 than 和 that 对应的结点，如图 3-20 所示。

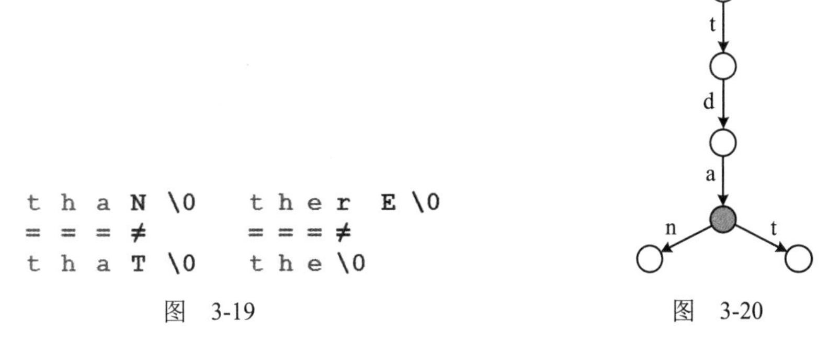

图 3-19　　图 3-20

than 和 that 的前 3 个字符相同，但第 4 个字符不同，因此比较次数为 7。不仅如此，任何两个在灰色结点处分叉的字符串都需要比较 7 次。看到这里，知道该怎么做了吗？代码留给读者编写。

3.3.2 KMP 算法

下面介绍字符串匹配问题。假设文本是一个长度为 n 的字符串 T，模板是一个长度为 m 的字符串 P，且 $m \leqslant n$。需要求出模板在文本中的所有匹配点 i，即满足 $T[i]=P[0]$, $T[i+1]=P[1]$, $\cdots$, $T[m-1]=P[m-1]$ 的非负整数 i（注意字符串下标从 0 开始）。如图 3-21 所示，P 在 T 中有且只有一个匹配点，即位置 3。

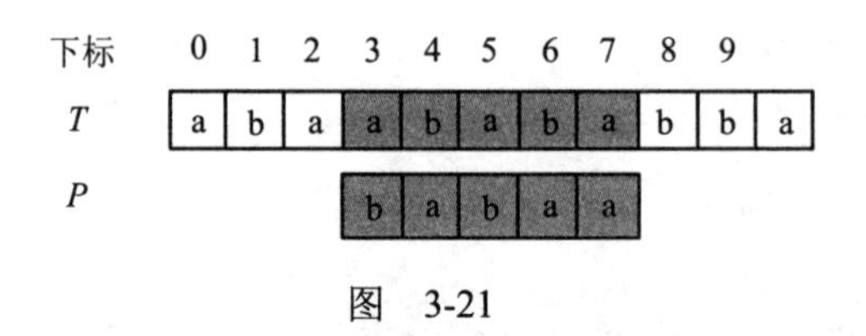

图 3-21

最朴素的方法是依次判断每个位置 s 是不是一个匹配点。检查匹配点需要 $O(m)$时间（每个字符逐一比较），而可能的匹配点有 $O(n-m)$个，所以最坏情况的时间复杂度为 $O(m(n-1))$。有一个简单的优化：在检查匹配点的合法性时只要有一个字符不同，立即停止比较，换下一个匹配点。但最坏情况下仍然需要 $O(m(n-1))$时间[①]。

和朴素算法相比，KMP 算法的时间效率就强多了。它首先用 $O(m)$的时间对模板进行预处理，然后用 $O(n)$时间完成匹配。从渐进意义上说，这样的时间复杂度已经是最好的了（至少需要 $O(m+n)$时间，因为需要检查文本串和模板的每个字符）。

虽然代码很短，但 KMP 算法的细节并不容易理解。考虑到网上已经有很多介绍 KMP 的资料，这里只对它进行简单介绍，作为学习 Aho-Corasick 自动机的铺垫。

KMP 算法的精髓蕴含在图 3-22 中。

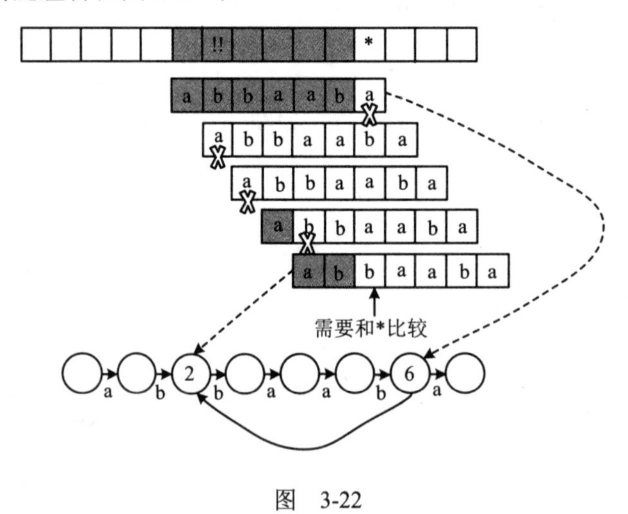

图 3-22

假定在匹配的过程中正在比较文本串*位置的字符和模板串 abbaaba 的最后一个字符，

① 注意，尽管最坏情况下朴素匹配算法表现不佳，但实际上对于随机数据，它的表现非常好，这一点希望读者注意。

发现二者不同（称为失配），这时朴素算法会把模板串右移一位，重新比较 abbaaba 的第一个字符和文本串!!位置的字符。

KMP 算法认为，既然!!位置已经比较过一次，就不应该再比一次了。事实上，我们已经知道灰色部分就是 abbaab，应该可以直接利用模板串本身的特性判断出右移一位一定不是匹配。同理，右移两位或者三位也不行，但是右移四位是有可能的。这个时候，需要比较*处的字符和 abbaaba 的第三个字符。

图 3-21 下方的那条链是一个状态机，其中编号为 i 的结点表示已经匹配了 i 个字符[①]。匹配开始时的当前状态是 0，成功匹配时状态加 1（表示多匹配了一个字符），失配时沿着“失配边”走。比如，在这个例子中，如果在状态 6 时失配，应转移到状态 2。为方便起见，这里用失配函数（failure function）$f[i]$表示状态 i 失配时应转移到的新状态。要特别注意的是，$f[0]=0$。

有了失配函数后，KMP 算法不难写出。代码如下。

```
int find(char* T, char* P, int* f) {
  int n = strlen(T), m = strlen(P);
  getFail(P, f);
  int j = 0;                             //当前结点编号，初始为 0 号结点
  for(int i = 0; i < n; i++) {           //文本串当前指针
    while(j && P[j]!=T[i]) j = f[j];     //顺着失配边走，直到可以匹配
    if(P[j] == T[i]) j++;
    if(j == m) printf("%d\n", i-m+1);    //找到了
  }
}
```

上述代码的时间复杂度如何？答案可能并不明显。失配的时候也许会反复向左走很多次，会不会太慢？不会。可以这样计算时间复杂度。每次 j 增加 1 的时候伴随着一次 i 增加 1，而每次 $j = f[j]$的时候 j 至少会减 1。最坏情况下，j 增加了 n 次，因此 $j = f[j]$的次数不会超过 n，因此总时间复杂度为 $O(n)$。

状态转移图的构造是 KMP 算法的关键，也是它最巧妙的地方。算法的思想是“用自己匹配自己”，根据$f[0], f[1], \cdots, f[i-1]$递推$f[i]$，程序和匹配部分非常相似。代码如下。

```
void getFail(char* P, int* f) {
  int m = strlen(P);
  f[0] = 0; f[1] = 0;                    //递推边界初值
  for(int i = 1; i < m; i++) {
    int j = f[i];
    while(j && P[i]!=P[j]) j = f[j];
    f[i+1] = P[i] == P[j] ? j+1 : 0;
  }
}
```

如表 3-4 所示，是 ABRACADABRA 的状态转移表，供读者理解和模拟刚才介绍的算法。

① 如果你像本书这样采用 C 字符数组的方式保存字符串，也可以表示“正在匹配第 i 号字符”。

表 3-4

i	0	1	2	3	4	5	6	7	8	9	10	11
$P[i]$	A	B	R	A	C	A	D	A	B	R	A	无
$f[i]$	0	0	0	0	1	0	1	0	1	2	3	4

上述算法其实并不是完整的 KMP 算法①，但因为现在的算法已经达到了时间复杂度的下限，并且足够使用，这里不再继续探讨，有兴趣的读者可自行查阅相关资料。

例题 15　周期（Period, SEERC 2004, LA 3026）

给定一个长度为 n 的字符串 S，求它每个前缀的最短循环节。换句话说，对于每个 i（$2\leqslant i\leqslant n$），求一个最大的整数 $K>1$（如果 K 存在），使得 S 的前 i 个字符组成的前缀是某个字符串重复 K 次得到的。输出所有存在 K 的 i 和对应的 K。

比如对于字符串 aabaabaabaab，只有当 i=2, 6, 9, 12 时 K 存在，且分别为 2, 2, 3, 4。

【输入格式】

输入包含多组数据。每组数据：第一行为正整数 n（$2\leqslant n\leqslant 10^6$）；第二行为一个字符串 S。输入结束标志为 n=0。

【输出格式】

对于每组数据，按照从小到大的顺序输出每个 i 和对应的 K，一对整数占一行。

【分析】

如图 3-23 所示，根据后缀函数的定义，“错位部分”长度为 i-$f[i]$。

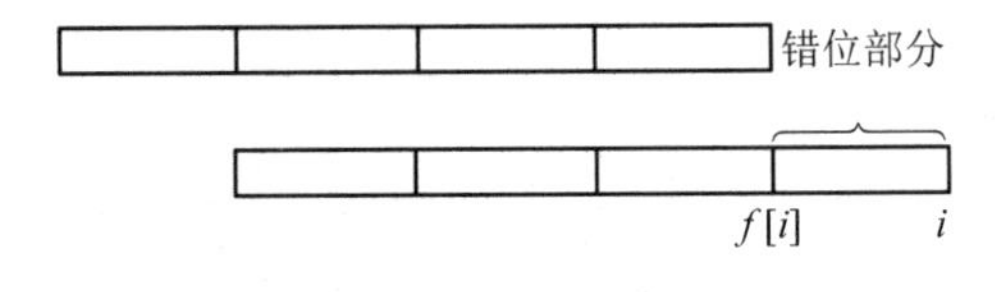

图 3-23

如果这 i 个字符组成一个周期串，那么“错位”部分恰好是一个循环节，因此 i–$f[i]$=k*i（注意 k>1，因此 i-$f[i]$不能等于 i，即必须有 $f[i]$>0）。不难证明反过来也成立。代码如下。

```
#include<cstdio>
const int maxn = 1000000 + 10;
char P[maxn];
int f[maxn];

int main() {
  int n, kase = 0;
  while(scanf("%d", &n) == 1 && n) {
    scanf("%s", P);
    f[0] = 0; f[1] = 0; //递推边界初值
    for(int i = 1; i < n; i++) {
      int j = f[i];
      while(j && P[i]!=P[j]) j = f[j];
```

① 这是 MP 算法。KMP 算法还需要对失配函数进行优化。

```
      f[i+1] = (P[i] == P[j] ? j+1 : 0);
    }

    printf("Test case #%d\n", ++kase);
    for(int i = 2; i <= n; i++)
      if(f[i] > 0 && i % (i - f[i]) == 0) printf("%d %d\n", i, i / (i - f[i]));
    printf("\n");
  }
  return 0;
}
```

3.3.3　Aho-Corasick 自动机

在模式匹配问题中，如果模板有很多个，KMP 算法就不太合适了。因为每次查找一个模板，都要遍历整个文本串。可不可以只遍历一次文本串呢？可以，方法是把所有模板建成一个大的状态转移图（Aho-Corasick 自动机，简称 AC 自动机），而不是每个模板各建一个状态转移图。注意到 KMP 的状态转移图是线性的字符串加上失配边组成的，不难想到 AC 自动机是 Trie 加上失配边组成的。

图 3-24 是{he, she, his, hers}的 Trie。图 3-25 是对应的 Aho-Corasick 自动机。

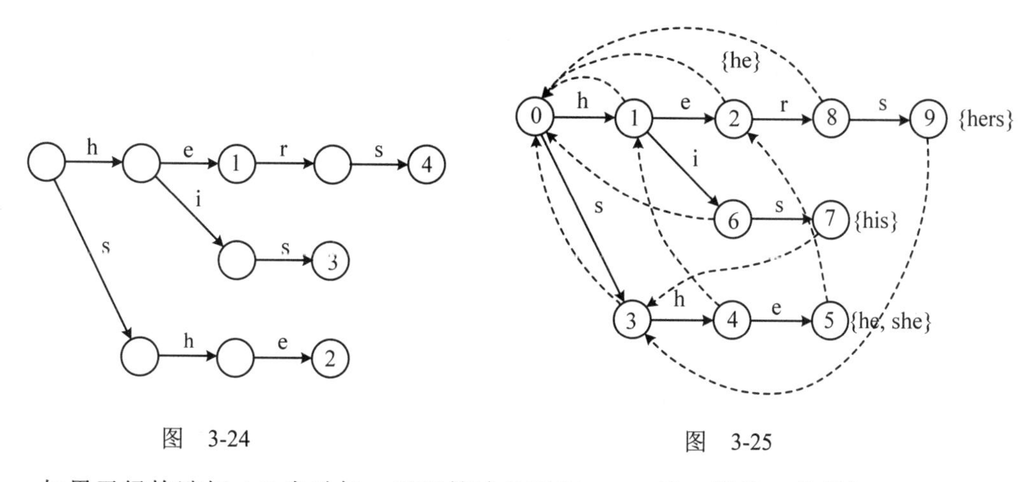

图　3-24　　　　　　　　　　图　3-25

如果已经构造好 AC 自动机，匹配算法几乎和 KMP 是一样的。代码如下。

```
//在文本串 T 中找模板
int find(char* T) {
  int n = strlen(T);
  int j = 0;                                  //当前结点编号，初始为根结点
  for(int i = 0; i < n; i++) {                //文本串当前指针
    int c = idx(T[i]);
    while(j && !ch[j][c]) j = f[j];           //顺着失配边走，直到可以匹配
    j = ch[j][c];
    if(val[j]) print(i, j);
    else if(last[j]) print(i, last[j]);       //找到了
  }
```

```
}
```

其中，print 函数如下。

```
//递归打印以结点 j 结尾的所有字符串
void print(int j) {
  if(j) {
    printf("%d: %d\n", j, val[j]);
    print(last[j]);
  }
}
```

代码中出现了一个陌生的数组 last，下面解释一下。和 Trie 一样，我们认为所有 val[j]>0 的结点 j 都是单词结点，反之亦然。但和 Trie 不同的是，同一个结点可能对应多个字符串的结尾，如图 3-26 所示。

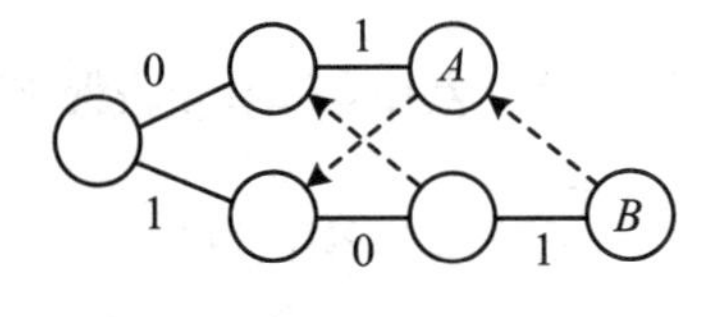

图 3-26

结点 B 不仅意味着找到串 101，还意味着找到串 01。换句话说，当找到一个模板后，应该顺着失配指针往回走，看看有没有其他串。当然，失配指针不一定指向一个单词结点（比如，两个串是 101 和 010，那么图 3-26 中的结点 A 不是单词结点），为了提高效率，这里增设一个指针 last[j]，表示结点 j 沿着失配指针往回走时，遇到的下一个单词结点编号。这个 last[j]在正规文献里叫作后缀链接（suffix link）。

计算失配函数的方式和 KMP 很接近，只是把线性递归改成了按照 BFS 顺序递推。代码如下。

```
int getFail() {
  queue<int> q;
  f[0] = 0;
  //初始化队列
  for(int c = 0; c < SIGMA_SIZE; c++) {
    int u = ch[0][c];
    if(u) { f[u] = 0; q.push(u); last[u] = 0; }
  }
  //按 BFS 顺序计算失配函数
  while(!q.empty()) {
    int r = q.front(); q.pop();
    for(int c = 0; c < SIGMA_SIZE; c++) {
      int u = ch[r][c];
      if(!u) continue;
      q.push(u);
      int v = f[r];
      while(v && !ch[v][c]) v = f[v];
      f[u] = ch[v][c];
      last[u] = val[f[u]] ? f[u] : last[f[u]];
    }
  }
}
```

由于失配过程比较复杂，要反复沿着失配边走，在实践中常常会把上述 AC 自动机改造

一下，把所有不存在的边补上，即把计算失配函数中的语句“if(!u) continue;”改成

if(!u) { ch[r][c] = ch[f[r]][c]; continue; }

这样，就完全不需要失配函数，而是对所有的转移一视同仁。也就是说，find 函数中的语句“while(j && !ch[j][c]) j = f[j];”可以直接完全删除。

例题 16　出现次数最多的子串（Dominating Patterns, UVa 1449）

有 n 个由小写字母组成的字符串和一个文本串 T，你的任务是找出哪些字符串在文本中出现的次数最多。例如，字符串 aba 在 ababa 中出现 2 次，但字符串 bab 只出现了 1 次。

【输入格式】

输入包含多组数据。每组数据：第一行为字符串个数 n（$1 \leqslant n \leqslant 150$）；以下 n 行，每行包含一个字符串，长度为 1～70 的整数；再下一行是文本串 T，长度为 $1 \sim 10^6$ 的整数。输入结束标志为 n=0。

【输出格式】

对于每组数据，第一行输出最多出现的次数，接下来每行包含一个出现次数最多的字符串，按照输入顺序排列。

【分析】

本题模板多但长度短，而文本串又很长，正适合用 AC 自动机，只需要对“递归打印”的 print 函数进行一定的修改即可①。代码如下。

```
void print(int j) {
  if(j) {
    cnt[val[j]]++; //字符串计数器加 1
    print(last[j]);
  }
}
```

另一个容易忽略的地方是重复出现的模板。如果模板有重复，后一个子串会覆盖前一个（想一想，为什么），因此需要用其他方法判重，其中一个简单的方法②是建一个字符串到编号的索引 map<string,int> ms，每次在初始化的时候清空。代码如下。

```
void init() {
  sz = 1;
  memset(ch[0], 0, sizeof(ch[0]));
  memset(cnt, 0, sizeof(cnt));
  ms.clear();
}
```

插入的时候更新（在“val[u] = v;”之后加一条“ms[string(s)] = v;”），最后在输出的时候使用。代码如下。

```
AhoCorasickAutomata ac;
char text[1000001], P[151][80];
```

① 修改以后的函数还叫 print 就不合适了。如果你在代码中对这个函数进行了改名，别忘了在调用这个函数的地方也进行修改。

② 这里当然也可以用一棵 Trie，但没有必要。另一个方法是用 repr[i]表示所有与第 i 个模板相同的模板中，编号的最小值。

```
int n, T;

int main() {
  while(scanf("%d", &n) == 1 && n) {
    ac.init();                                         //代码见上
    for(int i = 1; i <= n; i++) {
      scanf("%s", P[i]);
      ac.insert(P[i], i);                              //注意要更新 ms 映射
    }
    ac.getFail();
    scanf("%s", text);
    ac.find(text);                                     //计算每个模板的 cnt 值
    int best = -1;
    for(int i = 1; i <= n; i++)
      if(ac.cnt[i] > best) best = ac.cnt[i];           //更新最大值
    printf("%d\n", best);
    for(int i = 1; i <= n; i++)
      if(ac.cnt[ms[string(P[i])]] == best) printf("%s\n", P[i]);
      //用到了 ms 映射
  }
  return 0;
}
```

例题 17　子串（Substring, UVa 11468）

给出一些字符和各自对应的选择概率，随机选择 L 次后将得到一个长度为 L 的随机字符串 S（每次独立随机）。给出 K 个模板串，计算 S 不包含任何一个模板串的概率（即任何一个模板串都不是 S 的连续子串）。

【输入格式】

输入的第一行为数据组数 T（$T \leqslant 50$）。每组数据：第一行为模板串个数 K（$K \leqslant 20$）；以下 K 行，每行包含一个模板串（长度不超过 20）；再下一行为整数 N，即字符个数；以下 N 行，每行为一个不同的字符（保证为大小写字母或者数字）和选择它的概率 p_i，所有 p_i 之和保证为 1；最后一行为生成的字符串长度 L。模板串保证只由上述 N 个字符组成。

【输出格式】

对于每组数据，输出生成的串不包含任何一个模板串的概率。

【分析】

构造出 AC 自动机之后，每随机生成一个字母，相当于在 AC 自动机中随机走一步。所有单词结点标记为“禁止”，则本题就是求从结点 0 开始走 L 步，不进入任何禁止结点的概率。设 $d(i,j)$ 表示当前在结点 i，还需要走 j 步，不碰到任何禁止结点的概率，由全概率公式不难得到下面的记忆化搜索过程。代码如下。

```
double getProb(int u, int L) {
  if(!L) return 1.0;
  if(vis[u][L]) return d[u][L];
  vis[u][L] = 1;
  double &ans = d[u][L];
```

```
  ans = 0.0;
  for(int i = 0; i < n; i++)
    if(!match[ch[u][i]]) ans += prob[i] * getProb(ch[u][i], L-1);
  return ans;
}
```

这个过程利用的是改造之后的 AC 自动机，因此所有字符一视同仁。上面的 match[i]表示结点 i 是否为单词结点，有了它，就不需要维护 val 和 last 数组了。在 insert 函数中，新插入字符串结尾的 match 等于 1，其他结点的 match 设为 0，计算 last 的语句改成 match[u] |= match[f[u]]即可。

例题 18　矩阵匹配器（Matrix Matcher, UVa 11019）

给出一个 $n×m$ 的字符矩阵 ***T***，你的任务是找出给定的 $x×y$ 的字符矩阵 ***P*** 出现了多少次。即需要在二维文本串 ***T*** 中查找二维模式串 ***P***。

【输入格式】

输入第一行为测试数据组数。每组数据：第一行为整数 n 和 m（$1≤n,m≤1\ 000$）；以下 n 行，每行 m 个字符，即字符矩阵 ***T***；下一行是整数 x 和 y（$1≤x,y≤100$）；以下 x 行，每行 y 个字符，即字符矩阵 ***P***。

【输出格式】

对于每组数据，输出 ***P*** 在 ***T*** 中出现的次数。

【分析】

要想整个矩阵匹配，至少各行都得匹配。所以先把 ***P*** 的每行看作一个模式串构造出 AC 自动机，然后在 ***T*** 中的各行逐一匹配，找到 ***P*** 中每一行的所有匹配点。

只要在匹配时做一些附加的操作，就可以把匹配出来的单一的行拼成矩形。用一个 count[r][c]表示 ***T*** 中以(r,c)为左上角、与 ***P*** 等大的矩形中有多少个完整的行和 ***P*** 对应位置的行完全相同。当 ***P*** 的第 i 行出现在 ***T*** 的第 r 行，起始列编号为 c 时，意味着 count[$r-i$][c]应当加 1（行列均从 0 开始编号）。所有匹配结束后，count[r][c]=x（***P*** 的行数）的那些(r,c)就是一个二维匹配点。

这个算法的时间复杂度为 $O(nm+xy)$，达到了理论下限（最坏情况下，必须检查 ***T*** 和 ***P*** 的每个字符）。

3.4　字符串（2）

3.4.1　后缀数组

3.3 节讲到 Aho-Corasick 自动机可以解决多模板匹配问题，但前提是事先知道所有的模板。在实际应用中，很多时候是无法事先知道查询的（如搜索引擎）。这时需要预处理文本串 T，而不是模板。

假定文本串为 BANANA，可以在它的末尾加一个字符$（代表一个没在串中出现过的字符），然后把它的所有后缀（BANANA$，ANANA$，NANA$，ANA$，NA$，A$）插入一颗 Trie 中。由于尾字符$的存在，字符串的每个后缀和叶结点一一对应，如图 3-27 所示。

有了这个后缀 Trie，查找一个长度为 m 的模板时只需要进行一次普通的 Trie 查找，时间复杂度为 $O(m)$，比如查找字符串 ANAN，如图 3-28 所示。

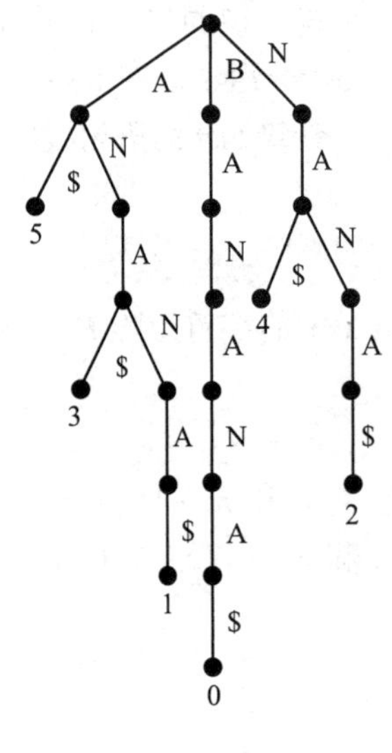

图 3-27

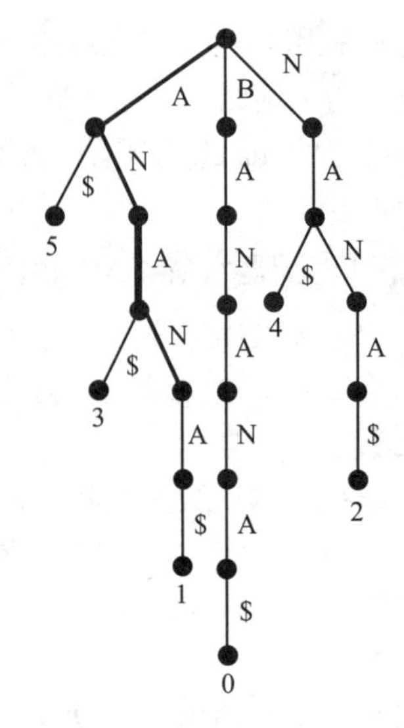

图 3-28

在实际应用中，会把后缀 Trie 中没有分支的链合并到一起，得到所谓的后缀树（suffix tree），但由于后缀树的构造算法比较复杂难懂，且容易写错（虽然最终代码并不长），在算法竞赛中很少使用。相比之下，后缀树的一个简单替代品——后缀数组却是选手必备的有力武器，它不仅时间效率高，而且代码简单，不易写错。

读者也许已经注意到了，在绘制上面的后缀 Trie 时，我们故意把每个结点的所有子结点排好序，字典序小的在左边，字典序大的在右边（规定$比所有其他字符都小），然后在叶结点里标上该后缀首字符的下标。比如，后缀 ANA 开始于 BANANA 的下标 3（注意下标从 0 开始），因此后缀 ANA 所对应的叶结点标有“3”。为叙述方便，直接把“以下标 k 开头的后缀”叫作“后缀 k”。换句话说，对于文本串 BANANA，后缀 3 就是 ANA。

现在只需自左向右把所有叶子的编号排列出来，就可以得到后缀数组（suffix array）。比如，BANANA 的后缀数组为 sa={5,3,1,0,4,2}，它就是所有后缀按照字典序从小到大排序后的结果[①]。

根据定义，后缀数组可以直接通过一次快速排序得到，但是在最坏情况下，直接排序需要的时间是 $O(n^2\log n)$（虽然比较次数是 $O(n\log n)$，但两个字符串的比较不是 $O(1)$的，而是 $O(n)$的）。下面介绍 Manber 和 Myers 发明的倍增算法，它的时间复杂度是 $O(n\log n)$。

首先把所有单个字符排序，计算出每个字母的“名次”，最小的字母是第 1 名，第二小的字母是第 2 名，以此类推，如图 3-29 所示。

① 这里用每个后缀的编号代表了后缀本身。

下面来给所有后缀的前两个字符排序（之前实际上是给所有后缀的第一个字符排序），如图 3-30 所示。

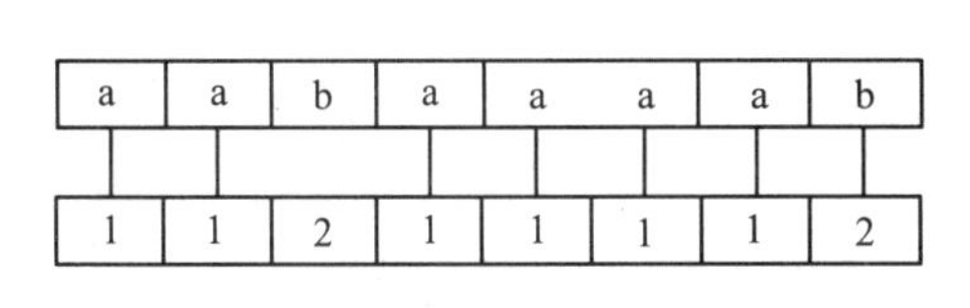

图　3-29

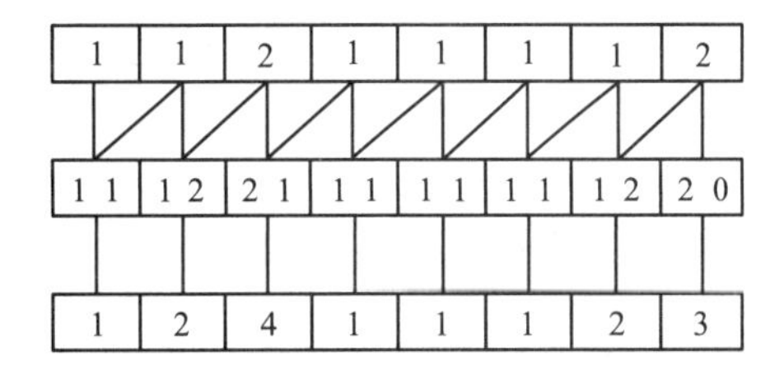

图　3-30

这一步等价于给一些二元组排序，其中每个二元组就是一个后缀的前两个字符的名次。

接下来给所有后缀的前 4 个字符排序（注意不是前 3 个），如图 3-31 所示。

注意，这次的排序对象仍然是二元组，而不是四元组。注意到每个后缀 k 的前 4 个字符是由“后缀 k 的前 2 个字符”和“后缀 k+2 的前 2 个字符”连接而成的，如果要把它和某个后缀 k'相比较，应该先比较“后缀 k 的前 2 个字符”和“后缀 k'的前 2 个字符”，如果相同再比较“后缀 k+2 的前 2 个字符”和“后缀 k'+2 的前 2 个字符”。这正是在比较一个二元组。请仔细阅读这段话，再对照图 3-31，直到完全弄懂为什么这样排序是对的。

还需要给所有后缀的前 8 个字符排序吗？不必了，因为所有名次已经两两不同（请读者思考，为什么名次两两不同以后就不用排序了）。不过为了加深理解，这里仍然给出第 4 次排序的图，如图 3-32 所示。

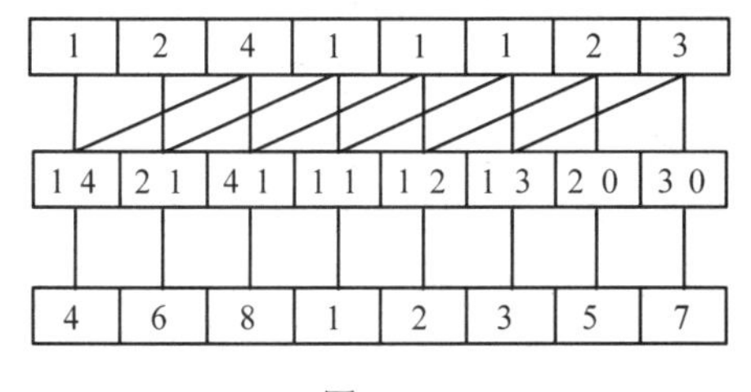

图　3-31

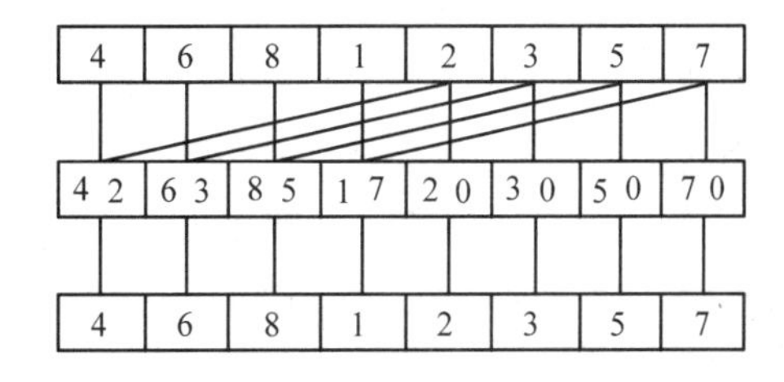

图　3-32

如果这个图和你想象的不同，说明你并未真正理解这个算法，请重新阅读前一段文字。

下面考虑程序实现。由于比较的字符数每次翻倍，不难发现最多需要 $O(\log n)$次排序。每次排序需要多长时间呢？第一次是给单个字符排序，第二次是给二元组排序，如果采用快速排序，各需要 $O(n\log n)$时间，总时间复杂度为 $O(n\log^2 n)$。注意到字符种类数最多只有 n，所以可以用基数排序[①]，算法每一轮的时间复杂度降为 $O(n)$，总时间复杂度为 $O(n\log n)$。

程序的具体实现有很多技巧，这里仅给出最终程序，细节留给读者推敲。代码如下。

```
char s[MAXN];
int sa[MAXN], t[MAXN], t2[MAXN], c[MAXN], n;
//构造字符串 s 的后缀数组，每个字符值必须为 0～m-1
void build_sa(int m) {
  int i, *x = t, *y = t2;
```

① 限于篇幅，这里不介绍基数排序，请读者自行参考相关资料。

```
  //基数排序
  for(i = 0; i < m; i++) c[i] = 0;
  for(i = 0; i < n; i++) c[x[i] = s[i]]++;
  for(i = 1; i < m; i++) c[i] += c[i-1];
  for(i = n-1; i >= 0; i--) sa[--c[x[i]]] = i;
  for(int k = 1; k <= n; k <<= 1) {
    int p = 0;
    //直接利用 sa 数组排序第二关键字
    for(i = n-k; i < n; i++) y[p++] = i;
    for(i = 0; i < n; i++) if(sa[i] >= k) y[p++] = sa[i]-k;
    //基数排序第一关键字
    for(i = 0; i < m; i++) c[i] = 0;
    for(i = 0; i < n; i++) c[x[y[i]]]++;
    for(i = 0; i < m; i++) c[i] += c[i-1];
    for(i = n-1; i >= 0; i--) sa[--c[x[y[i]]]] = y[i];
    //根据 sa 和 y 数组计算新的 x 数组
    swap(x, y);
    p = 1; x[sa[0]] = 0;
    for(i = 1; i < n; i++)
      x[sa[i]] = y[sa[i-1]]==y[sa[i]] && y[sa[i-1]+k]==y[sa[i]+k] ? p-1 : p++;
    if(p >= n) break;                    //以后即使继续倍增，sa 也不会改变，退出
    m = p;                               //下次基数排序的最大值
  }
}
```

上述代码除了输入的字符串 S 之外，还需要 $4n$ 个辅助空间，因此空间复杂度为 $O(n)$。后缀数组还有线性时间复杂度的算法，但不好理解，不仅运行效率没有显著改善，所占用的空间也大幅提高。在算法竞赛中，倍增算法是后缀数组构造的不错选择。

有了后缀数组，就能处理在线的多模板匹配问题了。直接在后缀数组里进行二分查找即可。这里给出一个示例程序，找到其中一个匹配位置，读者不难把它改写成找出所有位置的程序。代码如下。

```
int m;                                   //模板长度。简单起见，这里存在全局变量中
int cmp_suffix(char* pattern, int p) {   //判断模板 s 是否为后缀 p 的前缀
  return strncmp(pattern, s+sa[p], m);
}

int find(char* P) {
  m = strlen(P);
  if(cmp_suffix(P, 0) < 0) return -1;
  if(cmp_suffix(P, n-1) > 0) return -1;
  int L = 0, R = n-1;
  while(R >= L) {                        //二分查找
    int M = L + (R-L)/2;
    int res = cmp_suffix(P, M);
    if(!res) return M;
    if(res < 0) R = M-1; else L = M+1;
  }
  return -1;                             //找不到
```

```
}
```

每次查询的时间复杂度为 $O(m\log n)$，其中 n 是文本串的长度，m 是模板串的长度。

3.4.2　最长公共前缀（LCP）

只有上面的 sa 这一个数组，能做的事情并不多。我们通常还需要两个辅助数组：rank 和 height，其中 rank[i]代表后缀 i 在 sa 数组中的下标，height[i]定义为 sa[i−1]和 sa[i]的最长公共前缀（Longest Common Prefix，LCP）长度。两个字符串的 LCP 长度为 k，意味着这两个字符串的前 k 个字符都相同，但第 k+1 个字符不同（或者某字符串只有 k 个字符）。

对于两个后缀 j 和 k，设 rank[j]<rank[k]，则不难证明：后缀 j 和 k 的 LCP 长度等于 height[rank[j]+1], height[rank[j]+2], …, height[rank[k]]中的最小值，即 RMQ(height, rank[j]+1, rank[k])。

比如，在图 3-33 中，后缀 1（abaaaab）和后缀 4（aaab）的 LCP 长度等于 min{2,3,1,2}=1。

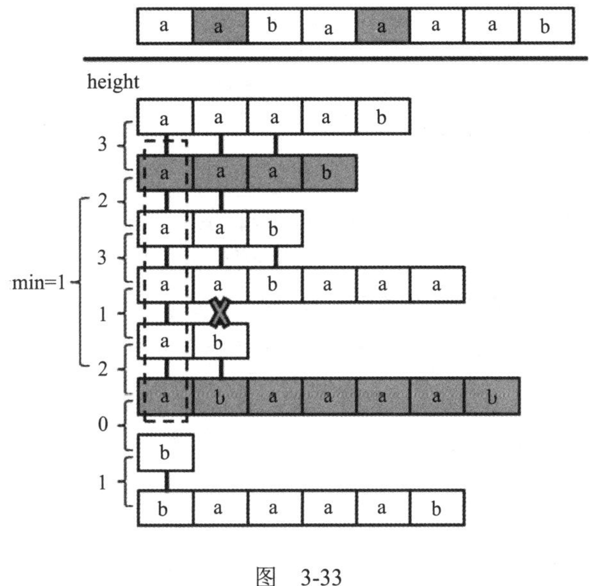

图　3-33

如果根据定义，计算 height[i]需要进行一次字符串比较，整个 height 数组需要 $O(n^2)$时间，比后缀数组的构造时间还要长。下面给出一个 $O(n)$时间计算 height 数组的代码，它用到了一个辅助数组 $h[i]$=height[rank[i]]，然后按照 $h[1]$, $h[2]$, …的顺序递推计算。递推的关键在于这样一个性质：$h[i] \geqslant h[i-1]-1$。这样做，就不必每次都从头比较了。代码如下。

```
int rank[MAXN], height[MAXN];
void getHeight() {
  int i, j, k = 0;
  for(i = 0; i < n; i++) rank[sa[i]] = i;
  for(i = 0; i < n; i++) {
    if(k) k--;
    int j = sa[rank[i]-1];
    while(s[i+k] == s[j+k]) k++;
```

```
    height[rank[i]] = k;
  }
}
```

为什么性质 $h[i] \geqslant h[i-1]-1$ 成立？下面将给出一个简单的证明，如图 3-34 所示。

在图 3-34 中，设排在后缀 $i-1$ 前一个的是后缀 k。后缀 k 和后缀 $i+1$ 分别删除首字符之后得到后缀 $k+1$ 和后缀 i，因此后缀 $k+1$ 一定排在后缀 i 的前面，并且最长公共前缀长度为 $h[i-1]-1$，如图 3-35 所示。

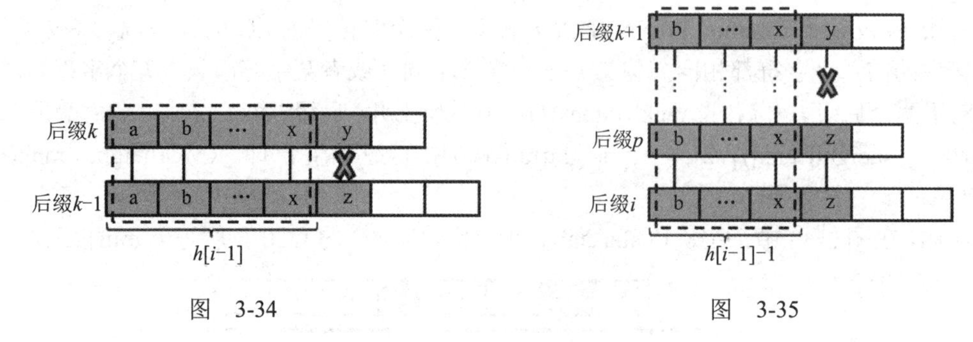

图 3-34　　图 3-35

这个 $h[i-1]-1$ 是一系列 h 值的最小值，这些 h 值中包括后缀 i 和排在它前一个的后缀 p 的 LCP 长度，即 $h[i]$。因此 $h[i] \geqslant h[i-1]-1$。

前面讲过，有了 height 数组之后，任意两个后缀的 LCP 相当于一次 RMQ，因此可以用前面介绍的 Sparse-Table 算法，在 $O(n\log n)$时间的预处理之后用 $O(1)$时间回答每次询问。利用这个方法可以加速多模式匹配，把时间复杂度由前面的 $O(m\log n)$降为 $O(m+\log n)$，当 n 很大的时候效果显著。具体应该怎么做，请读者思考。

例题 19　生命的形式（Life Forms, UVa 11107）

输入 n 个 DNA 序列，你的任务是求出一个长度最大的字符串，使得它在超过一半的 DNA 序列中连续出现。如果有多解，按照字典序从小到大输出所有解。

【输入格式】

输入包含多组数据。每组数据：第一行为 DNA 串的个数 n（$1 \leqslant n \leqslant 100$）；以下 n 行，每行为一个由不超过 1000 个小写字母组成的非空字符串。输入结束标志为 $n=0$。

【输出格式】

对于每组数据，输出所有解，按照字典序从小到大排列。如果无解，输出一行"?"（不含引号）。

【分析】

这是一道经典题目，解法有很多种，这里仅介绍一种易于理解的方法。首先，用不同的分隔字符把所有输入字符串（以下简称原串）拼起来，如 abcdefg，bcdefgh，cdefghi 可以拼成 abcdefgXbcdefghYcdefghZ（注意，最后也要加一个字符）。

求这个新串的后缀数组和 height 数组，然后二分答案，每次只需要判断是否有一个长度为 p 的串在超过一半的串中连续出现，判断方法是扫描一遍 height 数组，把它分成若干段。每当 height[i]小于 p 时开辟一个新段，则每一段的最初 p 个字符均相同。只要某一段中

包含了超过 $n/2$ 个原串的后缀，p 就是满足条件的，如图 3-36 所示。

如何进行上述判断呢？最简单的方法是用一个数组标记当前段中是否包含了各个原串的后缀（比如，可以用 flag[i]=1 表示当前段中包含原串 i 的后缀），然后在每次开启一个新段时检查 flag 为 1 的 i 的个数是否超过 $n/2$，然后清空 flag 数组①。这样，每次判断的时间复杂度为 $O(L)$（L 为拼接串的总长度），总时间复杂度为 $O(L\log L)$。

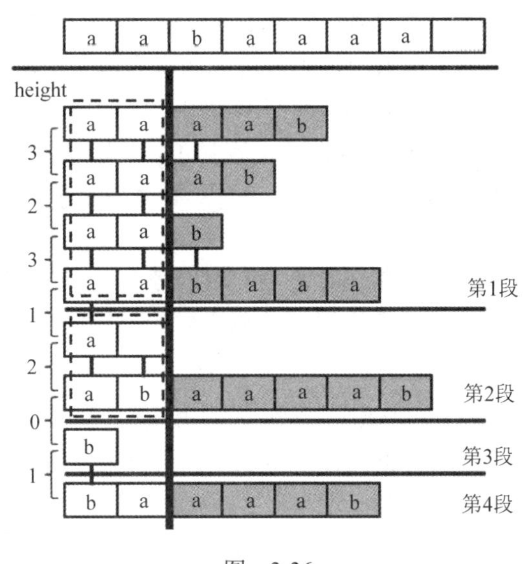

图　3-36

本题还可以做到 $O(n)$时间复杂度，有兴趣的读者可以自行思考。提示：扫描一次 height 数组即可，需要一个栈。

3.4.3　基于哈希值的 LCP 算法

接下来，我们看一个另类的 LCP 算法。除了能够实现 LCP 算法之外，其思路还可以用来解决其他很多问题。

还记得哈希函数吗？为每个后缀计算一个哈希值，满足递推式 $H(i) = H(i+1)x + s[i]$（其中，$0 \leqslant i < n, H(n)=0$），例如

$$\begin{cases} H(4) = s[4] \\ H(3) = s[4]x + s[3] \\ H(2) = s[4]x^2 + s[3]x + s[2] \\ H(1) = s[4]x^3 + s[3]x^2 + s[2]x + s[1] \\ H(0) = s[4]x^4 + s[3]x^3 + s[2]x^2 + s[1]x + s[0] \end{cases}$$

一般地，$H(i) = s[n-1]x^{n-1-i} + s[n-2]x^{n-2-i} + \cdots + s[i+1]x + s[i]$。

对于一段长度为 L 的字符串 $s[i]$～$s[i+L-1]$，定义它的哈希值 $\text{Hash}(i,L)= H(i)-H(i+L)x^L$，

① 其实还有一个不用清空 flag 数组，也不用每次重新统计 flag[x]=1 的个数的方法，留给读者思考。提示：别让 flag[x]只保存 01 值。

展开后表示为

$$\text{Hash}(i,L)=s[i+L-1]x^{L-1}+s[i+L-2]x^{L-2}+\cdots+s[i+1]x+s[i]$$

上述表达式只和 $s[i]$～$s[i+L-1]$以及 L 有关，适合作为这一段子串的哈希值。当预处理 H 和 x^L 之后，Hash(i,L)是可以在常数时间内算出的。注意，这里的 Hash 值可能很大，但一般只把它存在 unsigned long long 里，这样在算术运算时会自然溢出，相当于模 2^{64}。看到这里，读者可能会问，这样能保证字符串不同时，哈希函数值也不同吗？不一定。不同的字符串，哈希函数值有可能相同，但概率很小。可以随机多取几个不同的 x 来验证，如果两个字符串算出的哈希函数值全部相同，这两个字符串不同的概率就更小了。

有了哈希数组 Hash，回答 LCP(i,j)问题就很容易了。首先二分答案 L，然后判断 Hash(i,L)和 Hash(j,L)是否相等。如果相等，就认为从 i 和 j 出发，长度为 L 的字符串相同，即 LCP(i,j)≥L，否则 LCP(i,j)<L。

怎么样，简单吧。这个方法通常适合在没有时间编写复杂的字符串算法时使用，而且常常比“标准算法”效率更高。对概率算法的深入讨论已经超出了本书的范围，但可以告诉大家的是，基于哈希值的字符串算法真的很不错。

例题 20　口吃的外星人（Stammering Aliens, SWERC 2009, LA 4513）

有一个口吃的外星人，说的话里包含很多重复的字符串，比如 babab 包含两个 bab。给定这个外星人说的一句话，找出至少出现 m 次的最长字符串。

【输入格式】

输入包含多组数据。每组数据：第一行为整数 m；第二行为一个仅包含小写字母的字符串，长度在 m～40 000。输入结束标志为 m=0。

【输出格式】

对于每组数据，如果不存在，则输出“none”，否则输出两个整数，即最长字符串的长度及其起始位置的最大值。

【分析】

二分答案 L，然后判断是否有长度为 L 的字符串出现了至少 m 次。判断方法很简单，从左到右计算出所有起始位置的长度为 L 的字符串的哈希值，一旦该哈希值出现了至少 m 次，就说明有解。代码如下。

```
#include<cstdio>
#include<cstring>
#include<algorithm>
using namespace std;

const int maxn = 40000 + 10;
const int x = 123; //随便取一个 x
int n, m, pos;
unsigned long long H[maxn], xp[maxn];

unsigned long long hash[maxn];
int rank[maxn];
```

```
int cmp(const int& a, const int& b) {
  return hash[a] < hash[b] || (hash[a] == hash[b] && a < b);
  //hash 值相同时按照位置排序
}

//判断是否存在长度为 L 的字符串
int possible(int L) {
  int c = 0;
  pos = -1;
  for(int i = 0; i < n-L+1; i++) {
    rank[i] = i;
    hash[i] = H[i] - H[i+L]*xp[L];  //计算起始位置为 i，长度为 L 的子串的 hash 值
  }
  sort(rank, rank+n-L+1, cmp);      //给所有长度为 L 的子串的 hash 值排序
  for(int i = 0; i < n-L+1; i++) {  //扫描排序序列
    if(i == 0 || hash[rank[i]] != hash[rank[i-1]]) c = 0;
    if(++c >= m) pos = max(pos, rank[i]);
  }
  return pos >= 0;
}

int main() {
  char s[maxn];
  while(scanf("%d", &m) == 1 && m) {
    scanf("%s", s);
    n = strlen(s);

    H[n] = 0;
    for(int i = n-1; i >= 0; i--) H[i] = H[i+1]*x + (s[i] - 'a');//递推 H(n)
    xp[0] = 1;
    for(int i = 1; i <= n; i++) xp[i] = xp[i-1]*x; //递推 x^L

    if(!possible(1)) printf("none\n");
    else { //二分答案
      int L = 1, R = n+1;
      while(R - L > 1) {
        int M = L + (R-L)/2;
        if(possible(M)) L = M; else R = M;
      }
      possible(L);                                 //再调用一次，以便求出 pos
      printf("%d %d\n", L, pos);
    }
  }
  return 0;
}
```

这种方法虽然不如后缀数组快（其实也只差了两三倍），但代码简短，且易于编写，不失为一种实用的方法。作为练习，请读者再用后缀数组解一遍本题，感受一下二者的区别。

3.4.4 回文的 Manacher 算法

字符串问题中，有时会需要求出一个字符串的最大回文子串，朴素的搜索算法是遍历回文子串可能的中心，然后向两边遍历，但时间复杂度是 $O(n^2)$。

下面通过一个例题来介绍一种实现简单且时空复杂度均为 $O(n)$的动态规划算法。该算法由 Glenn K. Manacher 在 1975 年提出。

回文的长度可能是奇数也可能是偶数，为了统一处理，可以首先在所有字符之间插入一个特殊字符，同时在字符串前面也插入另外一个特殊字符串处理越界问题。比如字符串 S="12212321"就变成 T="$#1#2#2#1#2#3#2#1#"，$S$ 中的所有的回文就都会变为 T 中奇数长度的回文。比如"1221"变成"#1#2#2#1#"，而"12321"变成"#1#2#3#2#1#"，分别是以'#'和'3'为中心的回文子串。

定义 $P(i)$为以字符 T_i 为中心的最长回文子串的半径。例如，"#1#2#2#1#"的半径是 5，"#"的半径是 1。则 T 和 P 的对应关系如下。

T	#	1	#	2	#	2	#	1	#	2	#	3	#	2	#	1	#
P	1	2	1	2	5	2	1	4	1	2	1	6	1	2	1	2	1

可以明显看出，$P(i)-1$ 对应于原来 S 中一个以 i 为中心位置的回文子串的长度。Manacher 算法的关键就是计算并维护 $P(i)$。维护过程中引入两个变量 c 和 r，其中 c 为已知右边界最大的回文子串的中心，而 $r=c+P[c]$，也就是该回文子串的右边界+1。那么对于 i 来说，有以下结论。

（1）如果 $r-i > P(2*c-i)$，记 $j=2*c-i$，则 j 和 i 以 c 为中心对称，那么 $P(i)\geqslant\min\{P(j), r-i\}$，此时以 j 为中心的回文串包含在以 c 为中心的回文串中。由于 i 和 j 对称，故而以 i 为中心的回文子串也包含在以 c 为中心的回文串中，如图 3-37 所示。

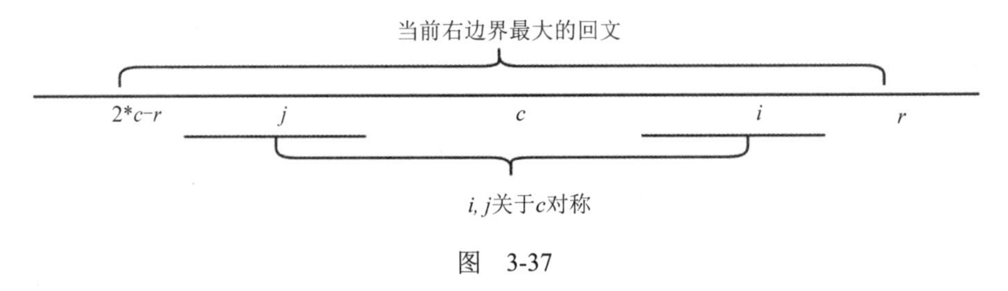

图 3-37

（2）如果 $P(j)\geqslant r-i$，以 j 为中心的回文子串未必完全包含在以 c 为中心的回文子串中。但是基于对称性可知，图 3-38 中标记的两部分是完全相同的，i 为中心的回文子串，向右至少会扩张到 r 右边，所以有 $P(i)\geqslant r-i$。至于 r 之后的部分是否对称，就只能重新去匹配了。

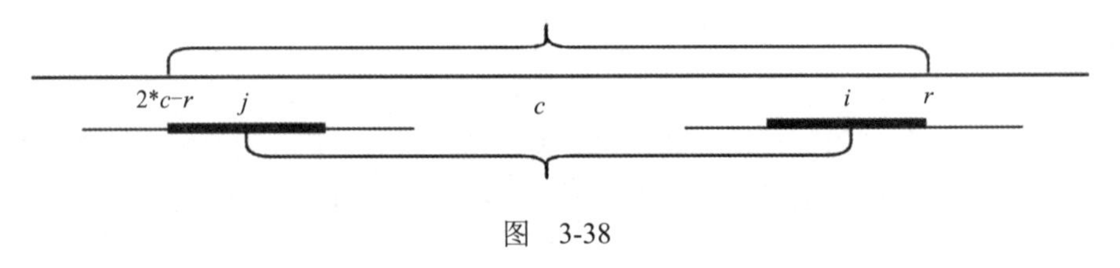

图 3-38

（3）如果 $r \leqslant i$，就只能从 $P(i)=1$ 开始重新循环匹配。

空间复杂度明显是 $O(n)$，并且可以证明期望的时间复杂度也是 $O(n)$。具体实现参考下面的例题。

例题 21　扩展成回文（Extend to Palindrome, UVa 11475）

给出仅由大小写英文字母组成的长度为 n（$n \leqslant 10^5$）的字符串 S，求在 S 后面增加最少的字符形成一个回文串。

【分析】

本题是要计算以 S 为前缀的最短回文串。显然，可以先求出 S 的最长回文后缀，假设其长度为 L，则只需要将子串 $S[0,L-1]$翻转过来附加在 S 后面得到的字符串即是所求。代码如下。

```
#include <bits/stdc++.h>
using namespace std;
const int MAXN = 1e5 + 4;
char S[MAXN], T[MAXN * 2];
int P[MAXN * 2];

void manacher(const char *s, int len) {
  int l = 0;
  T[l++] = '$', T[l++] = '#';
  for(int i = 0; i < len; i++) T[l++] = s[i], T[l++] = '#';
  T[l] = 0;
  int r = 0, c = 0;
  for(int i = 0; i < l; i++) {
    int &p = P[i];
    p = r > i ? min(P[2 * c - i], r - i) : 1;
    while(T[i + p] == T[i - p]) p++;
    if(i + p > r) r = i + p, c = i;
  }
}
int main() {
  while(scanf("%s", S) == 1) {
    int ans = 0, L = strlen(S);
    manacher(S, L);
    for(int i = 0; i < 2 * L + 2; i++)
      if(P[i] + i == 2 * L + 2) ans = max(ans, P[i] - 1); //此回文串是作为后
缀出现
    printf("%s", S);
    for(int i = L - ans - 1; i >= 0; i--) printf("%c", S[i]);
    puts("");
  }
  return 0;
}
```

3.5 字符串（3）

除了后缀数组外，解决字符串问题时，还有一种数据结构也非常强大，就是后缀自动机。实现更简单，并且可以和很多其他算法数据结构（如 DAG 上的 DP、树上倍增、线段树等）结合起来解决更加复杂的问题。

字符串 S 的后缀自动机（Suffix-Automaton，SAM），简单说来，就是一个有向无环图，其中结点表示状态，边是状态之间的转移，每条边上有一些字符。初始状态是 q_0，从 q_0 出发可以到达其他所有结点。还有一到多个结点标记成终结状态（terminal state），如果我们从 q_0 出发到达这些终结状态并且沿途记下边上的字符，那么就可以得到 S 的一个后缀。并且，S 的 SAM 中这样从 q_0 出发到终结状态的路径对应 S 的所有后缀，反过来 S 的所有后缀都能如此获得。

最简单的后缀自动机实际上是将字符串的所有后缀插入一个 Trie 中，如字符串"aabbabd"对应的后缀 Trie 如图 3-39 所示。初始状态就是根，状态转移函数就是这棵树的边，所有叶子都是终结状态。

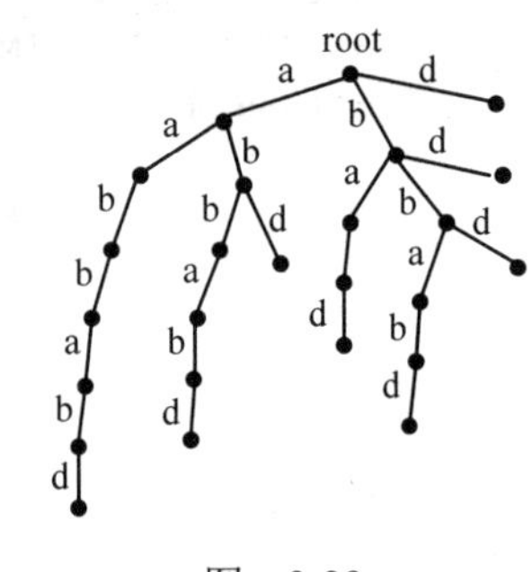

图 3-39

但对于长度为 n 的字符串，后缀 Trie 的时间以及空间复杂度都是 $O(n^2)$，想一想为什么？下面介绍一种状态数为 $O(n)$的最简状态后缀自动机，简称 SAM。SAM 是解决绝大多数字符串相关问题的最佳数据结构，只需要不到 30 行代码，构造的时间复杂度也是 $O(n)$，非常优秀。如图 3-40 所示，列出了一些字符串对应的 SAM 中的 DAG，其中终结状态用双环来表示。

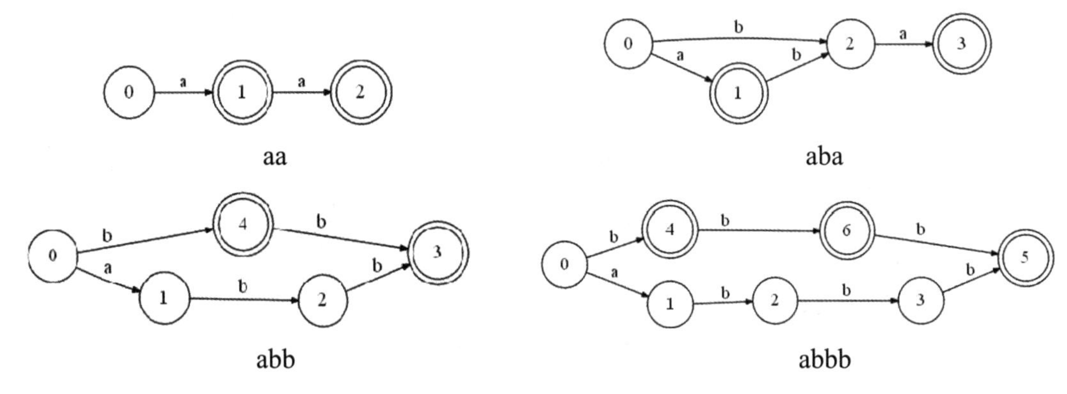

图 3-40

我们先讨论 SAM 的性质，随后简要介绍其构造算法，最后给出一些应用实例。

3.5.1　后缀自动机的性质

SAM 中也包含了所有子串的信息。从 q_0 出发到达任意一个状态点(不一定是终结状态)，并且记下路径上每条边标记的字符，就可以得到 S 的一个子串，如果考虑所有这样的路径，就可以得到 S 的所有子串。反过来说，S 的任意子串也对应于 SAM 中从 q_0 出发的一条路径。

下面介绍 endpos 及其等价类。考虑 S 的一个非空子串 T，那么 endpos(T)就是 T 在 S 中出现所有位置的右端点集合。如果两个子串 s_1，s_2 的 enspos 相同，则称 s_1,s_2 是 endpos 等价的。如表 3-5 所示，列出了 S="abca"中的所有子串的 endpos（下标从 1 开始）。

表　3-5

子串	"abca"	"abc"	"ab"	"a"	"bca"	"bc"	"b"	"ca"	"c"	""
endpos	1	3	2	1,4	4	3	2	4	3	1,2,3,4

子串"ca"和"bca"endpos 等价，属于同一个 endpos 等价类，"abc"、"bc"和"c"也是。那么"a"呢？因为"a"出现的位置更多，属于另外一个等价类。一个特殊情况是空串，定义其 endpos 为所有的位置：$\{1, 2, \cdots, n\}$。

一般来说，SAM 中的状态点个数等于 endpos 等价类的个数，上述例子中就是 4 个。注意，上述子串顺序是按照后缀的字典序排列的。

另外，还有一个显然的性质就是：如果 S 的子串 u 是另一个子串 w 的后缀，则 endpos(w) ⊆endpos(u)；否则 endpos(w)与 endpos(u)不相交。

比如，u="a", w= "ca"，则 endpos(u) = {1,4}，endpos(w)={4}。另外不难发现，如果将一个等价类中的所有子串按照长度递增排序，那么这些子串的长度都不相等，且依次递增 1，长度填满区间[minlen(v), len(v)]，这是因为同一个等价类（比如"abc"、"bc"和"c"）中的子串都是这个等价类中更长子串的后缀。其中，len(v)是等价类中最长子串的长度，minlen(v)是最短子串的长度。比如，对于等价类 v={"abca", "abc", "ab"}，len(v)=3, minlen(v)=2。

3.5.2　后缀链接树（Suffix Link Tree）

考虑 endpos 等价类 Q，w 是其中的最长串，Q 中的字符串长度形成一个连续区间[a,b]，其中 b 为 w 的长度，且长度为 a～b-1 的 w 的后缀就是 Q 中的其他串。但是，w 的长度为 a-1 的后缀呢？它实际上是在另一个不同的等价类中。Q 的后缀链接（Suffix Link）就指向这个等价类，一般记为 link(Q)。严格来说，link(Q)就是 w 的不属于 Q 的最长后缀所属的等价类。且所有状态通过后缀链接形成一棵树，根结点就是 q_0（SAM 的初始结点），q_0 中只有空串：endpos("")=$\{1, 2, \cdots, |S|\}$。

对于任意状态，沿着后缀链接往上走，对应等价类中的子串长度会越来越短，最后到达 q_0。并且没有环存在，因为每个状态只有一个后缀链接（树中的父结点）。图 3-41 和图 3-42 就是 S = "abcdbc"对应的后缀链接树以及自动机。

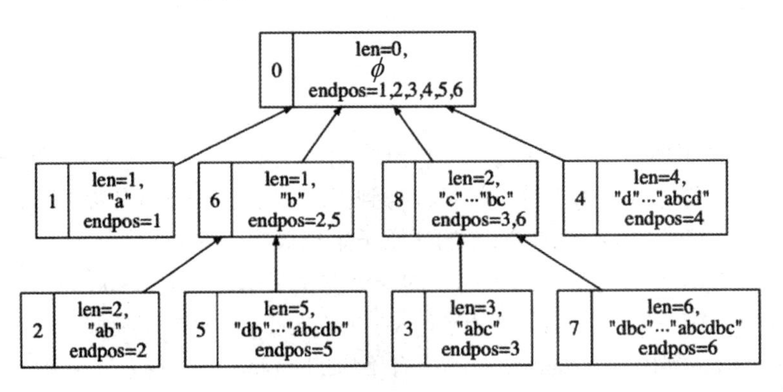

图 3-41

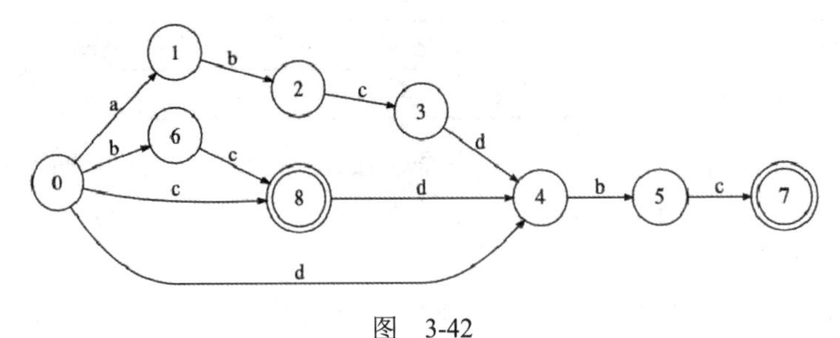

图 3-42

另外也不难证明，对于一个状态 Q 及其后缀链接树中的子结点 $Q_1,Q_2,\cdots,Q_k$，Q_i 的后缀链接指向 Q，有

$$\text{endpos}(Q_1)\cup\text{endpos}(Q_2)\ldots\cup\text{endpos}(Q_k)\subseteq\text{endpos}(Q)$$

$$\text{endpos}(Q_i)\cap\text{endpos}(Q_j)=\varnothing(i!=j)$$

如果按后缀链接树的 dfs 序，一个状态点中子串对应的 endpos 就是一段连续的区间中的叶子结点的 endpos 之并，那么我们也就可以快速求出一个子串的所有出现位置了。实现上结点里不会保存 endpos，因为集合不容易存储，所以只在需要的时候动态计算。比如，图 3-41 中，endpos("c")=endpos("bc")={3} ∪ {6}={3,6}。

3.5.3 后缀自动机的构造算法

下面介绍 SAM 的构造算法。这是一种在线的增量构造算法，每次往自动机中增加一个字符。首先回顾一下算法中的一些概念。

- ❑ 自动机中的每个状态都表示一个 endpos 等价类，这个状态可以匹配等价类中的所有子串。
- ❑ 记 v 为自动机中的某个状态，w 为 v 能够匹配的最长子串，也就是 v 对应等价类中的最长子串，记其长度为 len(v)。v 能够匹配的最短子串的长度为 minlen(v)。link(v) 对应于 v 的后缀链接指向的状态。那么，有 minlen(v) = len(link(v)) + 1。

另外，构造过程中还要考虑维护如下两个额外的信息。

- ❑ last：定义为匹配已经加入自动机的字符串前缀对应的状态点。
- ❑ 每个状态存储 3 部分数据：len, link, 以及状态转移数组 next。

初始只有一个 q_0 结点，对应于空串，$\text{len}(q_0)=0$, $\text{link}(q_0)=-1$, $\text{next}(q_0)=\{\}$, $\text{last} = q_0$。下面是往 SAM 中增加一个字符 c 的过程，假设字符串 S 已经构造好的部分为"ab"，对应的后缀链接树和自动机如图 3-43 和图 3-44 所示。

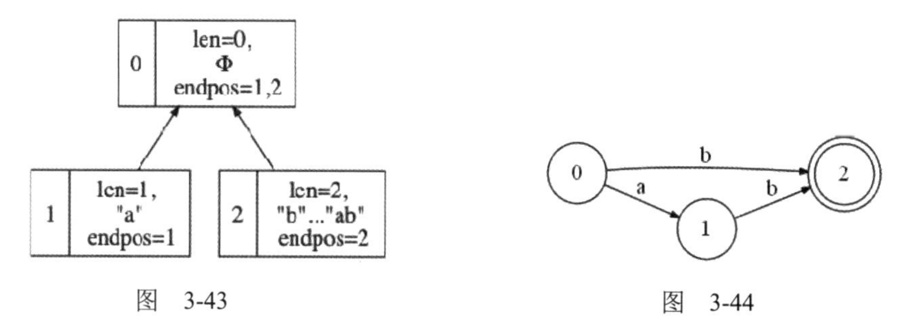

图 3-43　　图 3-44

创建一个新的状态 cur, len(cur) = len(last)+1。显然对于新的字符 c，cur 状态对应新的 endpos 等价类，这个等价类中所有子串的结束位置就是 c 在 S 中的位置。

定义 p=last，并且让 p 沿着 link 向上遍历：p=link(p)，直到 p=−1 或者 p.next(c)非空为止，并且在遍历时设置 p.next(c)=cur。注意，对 p 中的所有后缀及其对应的所有等价类，也就是 p 在树中的所有祖先结点对应的子串 x（都是 last 对应的最长子串 w 的后缀），都需要在其后增加字符 c 来对应 $x+c$。直到 p 已经包含标签为 c 的状态转移或者 p=−1，就停下来。

此时如果 p=−1，那么设置 link(cur)=q_0。这种情况下，意味着我们已经对 S 的所有后缀对应的状态增加了标记为 c 的转移。同时也意味着，S 中之前不包含 c，此时 link(cur)应该指向 q_0。比如，在 S 的基础上新增字符 c='c'，更新后的状态机如图 3-45 和图 3-46 所示。

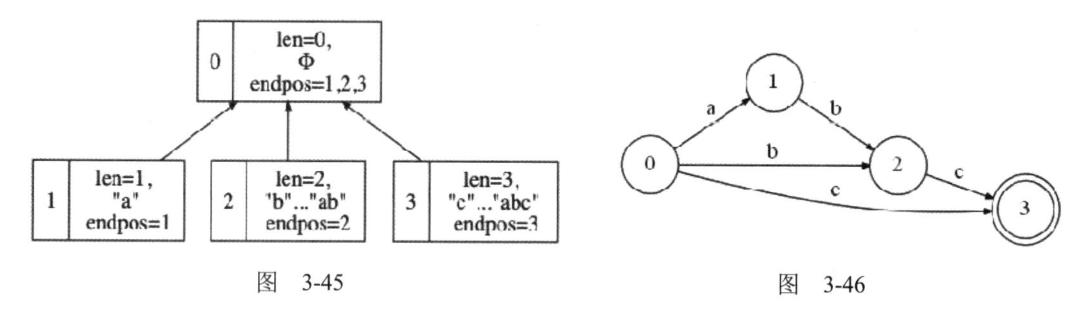

图 3-45　　图 3-46

否则，记 q = p.next(c)。这意味着找到了 S 的某个子串 x，希望在 p 处对应地增加一个子串 $x+c$，但是 $x+c$ 已经存在于 SAM 的某个状态中，不应该再增加了。问题在于 cur 的 link 应该指向谁？q 能匹配的最长子串应该就是 $x+c$，也就是说这个状态的 len 应该是 len(p)+1。如果 len(q)=len(p)+1，设置 link(cur)=q 即可。比如，对于上文提到的 S="ab"，要增加一个 c='a'，就会停在 p=0，因为从 0 出发已经有一条标记为'a'的边指向 1，q=1，设置 link(cur)=1 即可，如图 3-47 和图 3-48 所示。

但是，也有可能 len(q)>len(p)+1，记 last 可以匹配的最长子串为 s，这就意味着 q 不仅包含了 $s+c$ 的长度为 len(p)+1 的后缀，也对应于更长的后缀。此时，只能将状态 q 分裂成 2 个状态，其中一个对应于长度 len(p)+1，具体做法如下。

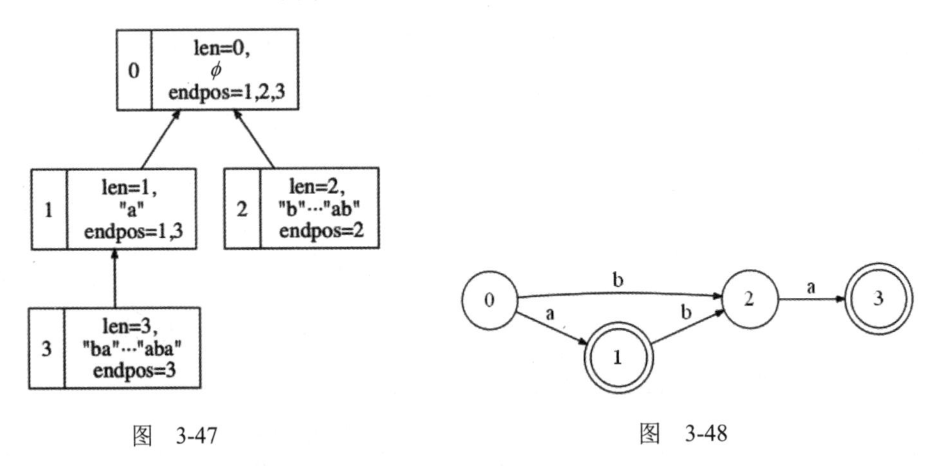

图 3-47　　图 3-48

- ❑ 构造一个状态 q 的克隆 clone。
- ❑ 将从 q 出发的所有边复制到 clone 中，因为我们不想改变所有经过 q 的路径。
- ❑ 设置 link(clone) = link(q), len(clone)=len(p)+1, link(cur) = clone, link(q) = clone。
- ❑ 从 p 开始沿着 link 遍历，遍历时只要路过的结点有通过 c 转移到 q，那么都修改为转移到 clone。这里其实只是修改了对应于所有形如 x+c 的后缀，其中 x 是 p 中的最长串。

举例来说，如果 c='b'，那么 p 就停在 0，且从 0 出发标记为'b'到 2 的边是不连续的(len(0)=0, len(2)=2)。如果设置 link(cur)=2，那么 cur 对应的 endpos 就会是{"bb", "abb"}，2 对应的是{"b", "ab"}，这样"ab"就不是"abb"的后缀，出现冲突。解决办法是对状态 2 进行分裂，后缀"b"对应于指向分裂后的新状态 4，得到如图 3-49 和图 3-50 所示的后缀链接树和自动机。

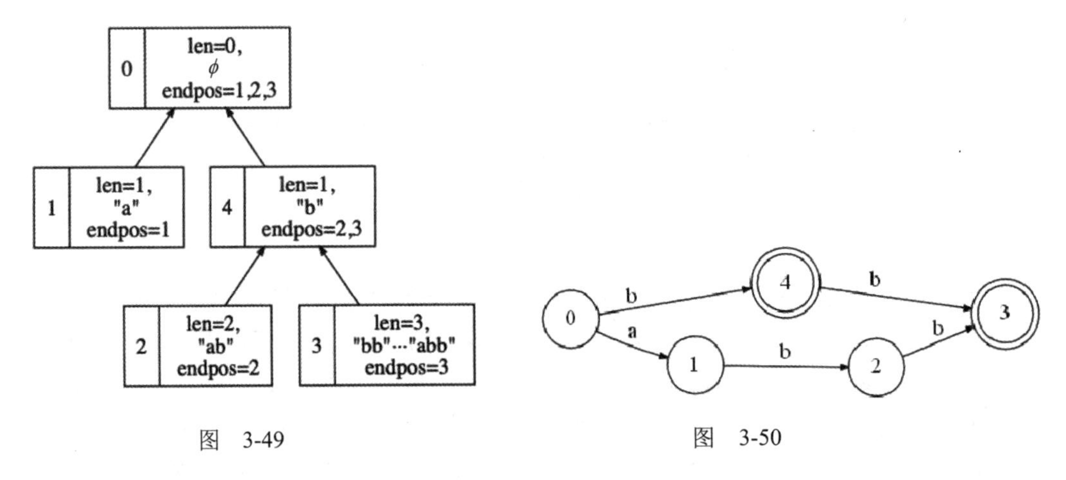

图 3-49　　图 3-50

最终设置 last = cur。

这里注意，每个字符最多创建两个结点，所以 SAM 的状态点个数一定不超过 $2n$。也可以证明上述构造算法的时间复杂度以及状态转移边数也是 $O(n)$。关于后缀自动机更多的信息以及时空复杂度的证明，请查阅相关参考资料①。代码如下。

① https://www.sciencedirect.com/science/article/pii/S0304397509002370

```
template<int SZ, int SIG = 32>
struct Suffix_Automaton {
  int link[SZ], len[SZ], last, sz;
  map<char, int> next[SZ];
  inline void init() { sz = 0, last = new_node(); }
  inline int new_node() {
    assert(sz + 1 < SZ);
    int nd = sz++;
    next[nd].clear(), link[nd] = -1, len[nd] = 0;
    return nd;
  }
  inline void insert(char x) {
    int p = last, cur = new_node();
    len[last = cur] = len[p] + 1;
    while (p != -1 && !next[p].count(x))
      next[p][x] = cur, p = link[p];
    if (p == -1) {
      link[cur] = 0;
      return;
    }
    int q = next[p][x];
    if (len[p] + 1 == len[q]) {
      link[cur] = q;
      return;
    }
    int nq = new_node();
    next[nq] = next[q];
    link[nq] = link[q], len[nq] = len[p] + 1, link[cur] = link[q] = nq;
    while (p >= 0 && next[p][x] == q) next[p][x] = nq, p = link[p];
    rcturn;
  }
  inline void build(char* s) { while (*s) insert(*s++); }
};
```

例题 22　最小循环串（Glass Beads, SPOJ BEADS）

给出一个字符串长度为 n（$n≤10\,000$）的小写字符串 S，每次都可以将它的第一个字符移到最后面，求这样能得到的字典序最小的字符串。输出开始下标。

【分析】

令 $T=S+S$，这里的加法指的是将两个 S 拼接起来。很显然，所有的循环子串都是 T 的子串。构造 T 对应的后缀自动机，自动机中会包含 S 的所有循环子串。此时，问题就转换为寻找从自动机 q_0 出发的长度为 n 的字典序最小的路径。可以从 q_0 开始，每一步选择字符最小的边走 n 步即可。假设最后走到 p，因为 SAM 中 p 对应的 endpos 包含的最长子串长度为 len(p)，那么所求字符串的开始下标（从 1 开始）就是 len(p)−n+1，时间复杂度为 $O(n)$。代码如下。

```
#include <bits/stdc++.h>
using namespace std;
```

```
#define _for(i,a,b) for( int i=(a); i<(int)(b); ++i)
#define _rep(i,a,b) for( int i=(a); i<=(int)(b); ++i)

typedef long long LL;
const int NN = 10000 + 4;
char S[NN];
Suffix_Automaton<NN * 4> sam;
int main() {
  int T;
  scanf("%d", &T);
  while (T--) {
    scanf("%s", S);
    sam.init(), sam.build(S), sam.build(S);
    int p = 0, N = strlen(S);
    for (int i = 0; i < N; i++)
      p = sam.next[p].begin()->second;
    printf("%d\n", sam.len[p] - N + 1);
  }
  return 0;
}
```

这个题还有其他的线性时间做法，但如果熟悉 SAM 的基本原理，这个做法的思维难度可能是最小的。

例题 23 不同的子串（New Distinct Substrings, SPOJ SUBST1）

给出 T 个长度不超过 50 000 的字符串 S，对于每个 S，给出 S 的不同的子串的个数。

【分析】

SAM 中，从 q_0 中出发的每一条边都可以走出不同的子串，需要做的就是统计从 q_0 出发的不同路径的个数。可以视为 DAG 上的 DP，定义 $F(u)$为从 u 出发的不同路径（包含长度为 0 的），那么 $F(u)=1+\sum_{u\to v}F(v)$。最终答案就是 $F(0)-1$，减去 1 是因为这样还包含了空串，时间复杂度为 $O(|S|)$。代码如下。

```
const int NN = 5e4 + 4;
Suffix_Automaton<NN * 2> sam;
char S[NN];
LL F[NN * 2];

LL dpF(int v) {
  LL &f = F[v];
  if (f != -1) return f;
  f = 1;
  const auto& E = sam.next[v];
  if (E.empty()) return f = 1;
  for (const auto& p : E) f += dpF(p.second);
  return f;
}
```

```
int main() {
  int T;
  scanf("%d", &T);
  while (T--) {
    scanf("%s", S);
    sam.init(), sam.build(S);
    fill_n(F, NN * 2, -1);
    printf("%lld\n", dpF(0) - 1);
  }
}
```

例题 24　最长公共子串（Longest Common Substring, SPOJ LCS）

给定两个小写字母组成的字符串 A 和 B，长度都不超过 250 000，计算它们的最长公共子串。

【分析】

LCS 问题的经典解法是基于动态规划的，但时间复杂度是 $O(|A||B|)$，对于本题肯定不够用。注意后缀自动机预处理一个字符串以及匹配子串的时间都是 $O(n)$。可以对 A 建立 SAM，就可以识别 A 的所有子串。对于 B 的每个前缀 $B_{1,i}$，判断 $B_{1,i}$ 的后缀有哪些出现在 A 中，记这些后缀长度的最大值为 L_i。那么所有 $\max\{L_i\}$就是所求答案。

具体来说，在 SAM 中沿着 B 中的字符标记的边行走，同时维护两个变量：在自动机中的状态点 v 以及当前已经匹配的长度 L。初始 p=0，L=0。下面考虑字符 b=$B[i]$，要维护上述的变量：如果 v 出发有一条标记为 b 的边，直接沿着边更新 v，并且 L += 1。否则，就需要缩短当前已经匹配的部分，v = link(v), L= len(v)，直到在后缀链接树中找到 s 的第一个祖先 a，它有标号为 b 的边，令 s= a.next[b],len=len(a)+1。找不到这样的祖先，则 s=0, len = 0。

为什么失配后要移向 link(v)呢？因为在状态 v 上失配说明 v 对应的所有 A 的子串加上 b 之后都不是 B 的子串，但是比它们短一些的 A 的子串加上 b 之后仍有可能是 B 的子串，反过来 B 的子串只可能包含在 v 以及 link(v)对应的等价类表示的子串中。笔者这里无法严格证明，根据程序运行结果来看总体的沿着 link 向上遍历的次数也是 $O(|B|)$，所以总体时间复杂度为 $O(|B|)$（如果读者能够严格证明这里的时间复杂度，欢迎联系笔者）。代码如下。

```
const int NN = 5e5 + 5;
Suffix_Automaton<NN> sam;
int lcs(char* s) {
  int p = 0, l = 0, ans = 0;
  map<char, int>* nxt = sam.next;
  while (*s) {
    char x = *s++;
    if (nxt[p].count(x)) p = nxt[p][x], l++;
    else {
      while (p != -1 && !nxt[p].count(x))
        p = sam.link[p];
      if (p != -1)
        l = sam.len[p] + 1, p = nxt[p][x];
```

```
      else
        p = 0, l = 0;
    }
    ans = max(ans, l);
  }
  return ans;
}
char S[NN];
int main() {
  scanf("%s", S);
  sam.build(S);
  scanf("%s", S);
  printf("%d", lcs(S));
  return 0;
}
```

例题 25　转世（Reincarnation HDU 4622）

给出一个长度为 $n\leqslant 2000$ 的小写英文字符串 S，以及 $Q\leqslant 10\,000$ 个询问，每个询问包含整数 L, R，记 $T=S[L,R]$，询问 T 有多少个不同的子串。

【分析】

回想后缀自动机的构造过程，插入字符 S_R 后，前缀 $S_{1,R}$ 比 $S_{1,R-1}$ 增加的不同子串是多少个？记 $S_{1,R}$ 在自动机中对应的状态点为 p，这个数量就是 p 对应的 endpos 等价类中包含的不同子串数量 len(p)−len(link(p))，记为 $F(1,R)$。这样就很容易递推计算不同前缀 $S_{1,R}$ 中的不同子串数量，也就是 $\sum_{i=1}^{R} F(1,t)$，预处理 F 及其前缀和，即可用 $O(1)$时间回答任意 $S_{1,i}$ 中不同子串的数量。

但是，题目要计算的是 $S[L,R]$中的不同子串数量，而且 $n\leqslant 2000$，可以对 S 的 n 个后缀分别构建 SAM，则 $S[L,R]$比 $S[L,R\text{-}1]$增加的子串数量就是 $F(L,R)$，记录所有的 $F[L,R]$及所有 $F[L,*]$的前缀和，则查询的结果就是 $\sum_{i=L}^{R} F(L,i)$。预处理时间复杂度为 $O(n^2)$，单个查询的时间为 $O(1)$。代码如下。

```
const int NN = 2000 + 4;
Suffix_Automaton<2 * NN> sam;
int F[NN][NN];

int main() {
  string s;
  ios::sync_with_stdio(false), cin.tie(0);
  int T; cin >> T;
  while (T--) {
    cin >> s;
    int N = s.size();
    memset(F, 0, sizeof(F));
    _for(i, 0, N) {
```

```
    sam.init();
    _for(j, i, N) {
      sam.insert(s[j]);
      int p = sam.last;
      F[i][j] = F[i][j - 1] + sam.len[p] - sam.len[sam.link[p]];
    }
  }
  int Q, l, r; cin >> Q;
  _for(i, 0, Q) {
    cin >> l >> r;
    cout << F[l - 1][r - 1] << endl;
  }
}
return 0;
}
```

例题 26　子串计数（Substrings, SPOJ NSUBSTR）

给出长度为 n 的一个小写字符串 S（$n \leqslant 250\ 000$）。定义 $F(x)$为所有长度为 x 的子串在 S 中出现次数的最大值。比如，S="ababa"，因为'aba'出现了 2 次，$F(3)=2$。对于所有的 $1 \leqslant i \leqslant n$，计算 $F(i)$。

【分析】

考虑所有的子串 $S[L,R]$，则可以用它在 S 中出现的次数来更新 $F(R-L+1)$。这个出现次数就是其所在的 endpos 的大小。

不难想到构造后缀自动机，记录每个状态 u 对应的 endpos 大小 C_u，如果 u 在自动机中是终结状态（对应一个 S 的前缀），则初始 $C_u=1$，否则 $C_u=0$。然后在后缀链接树上用 DFS 计算 endpos 的大小，更新 C_u 为后缀链接树中子树 u 中所有点 v 的 C_v 之和。

现在 C_u 就是 u 对应的所有子串出现的次数。而 u 对应的子串长度就是 $\text{len}(u)+\cdots+\text{len}(\text{link}(u))-1$。更新对应的字串长度出现的次数即可，总体的时间复杂度为 $O(n)$。代码如下。

```
#include <bits/stdc++.h>
using namespace std;
#define _for(i,a,b) for( int i=(a); i<(int)(b); ++i)
#define _rep(i,a,b) for( int i=(a); i<=(int)(b); ++i)
typedef long long LL;

template<int SZ, int SIG = 32>
struct Suffix_Automaton {
  int link[SZ], len[SZ], isterminal[SZ], next[SZ][SIG], last, sz;
  inline void init() { sz = 0, last = new_node(); }
  inline int new_node() {
    assert(sz + 1 < SZ);
    int nd = sz++;
    fill_n(next[nd], SIG, 0), link[nd] = -1, len[nd] = 0, isterminal[nd] = 0;
    return nd;
  }
```

```
  inline int idx(char c) { return c - 'a'; }
  inline void insert(char c) {
    int p = last, cur = new_node(), x = idx(c);
    len[last = cur] = len[p] + 1, isterminal[cur] = 1;
    while (p != -1 && !next[p][x]) next[p][x] = cur, p = link[p];
    if (p == -1) {
      link[cur] = 0;
      return;
    }
    int q = next[p][x];
    if (len[p] + 1 == len[q]) {
      link[cur] = q;
      return;
    }
    int nq = new_node();
    copy_n(next[q], SIG, next[nq]);
    link[nq] = link[q], len[nq] = len[p] + 1, link[cur] = link[q] = nq;
    while (p >= 0 && next[p][x] == q) next[p][x] = nq, p = link[p];
  }
  inline void build(const char* s) { while (*s) insert(*s++); }
};

const int NN = 250000 + 4;
vector<int> G[NN * 2];
Suffix_Automaton<NN * 2> sam;
int F[NN];
int dfs(int u) {
  int s = sam.isterminal[u];
  for (auto v : G[u]) s += dfs(v);
  F[sam.len[u]] = max(F[sam.len[u]], s);
  return s;
}

char S[NN];
int main() {
  scanf("%s", S);
  int N = strlen(S);
  sam.init(), sam.build(S);
  _for(u, 1, sam.sz) G[sam.link[u]].push_back(u);
  dfs(0);
  _rep(l, 1, N) printf("%d\n", F[l]);
  return 0;
}
```

例题 27　子串之和（str2int, 天津 2012, LA 6387）

给出 n 个完全由数字组成的字符串。计算将这 n 个字符串的所有子串转换为整数后先去重再求和的结果，输出其模 2 012 的余数。

比如，对于"101"和"123"，所有的子串对应的整数集合就是 1, 10, 101, 2, 3, 12, 23, 123,

结果是 275。

【分析】

对于多字符串处理问题，可以使用一个特殊的分隔符字符，将 n 个字符串合并成一个。具体到本题，这个分隔符可以选择 ':'，合并的结果就是 $T=S_1+':'+S_2+':'\cdots+S_n$。然后对 T 构建 SAM。那么题目所求的就是 T 中所有不含 ':' 的子串对应的数字之和。对于每个状态 v，定义 Cnt(v)为从 q_0 到 v 的所有不含 t 以及前导零的不同路径（对应不同的数字子串）个数，Sum(v)为 q_0 到 v 的所有合法路径形成的数字之和。则有

$$\mathrm{Cnt}(v)=\sum_{u \overset{c}{\to} v}\mathrm{Cnt}(u),\ \mathrm{Sum}(v)=\sum_{u \overset{c}{\to} v}\mathrm{Sum}(u)\cdot 10+\mathrm{Cnt}(u)\cdot c,\ c\neq t$$

考虑到对于 SAM 的任意状态转移 $u \overset{c}{\to} v$，u 对应的 endpos 中的任意子串附加一个字符都 c 会到达 v，所以我们有 len(u)<len(v)。可以将所有点 u 按照 len(u)递增排序（可以使用 $O(n)$ 的基数排序加快速度，不过本题中快速排序也足够了），然后对于每个 u 更新所有的 Cnt(v) 以及 Sum(v)。代码如下。

```
const int NS = 2e5 + 4, M = 2012;
Suffix_Automaton<NS> sam;
int V[NS], Cnt[NS], Sum[NS];
int main() {
  ios::sync_with_stdio(false), cin.tie(0);
  string s;
  int N;
  while (cin >> N && N) {
    sam.init();
    _for(i, 0, N) {
      cin >> s, sam.build(s.c_str());
      if (i != N - 1) sam.insert('9' + 1);
    }
    _for(i, 0, sam.sz) V[i] = i;
    sort(V, V + sam.sz, [](int a, int b) { return sam.len[a] < sam.len[b]; });
    fill_n(Cnt, sam.sz, 0), fill_n(Sum, sam.sz, 0);

    Cnt[0] = 1;
    int ans = 0;
    _for(i, 0, sam.sz) {
      int u = V[i];
      char st = u ? '0' : '1'; // 不能有前导 0
      for (char c = st; c <= '9'; ++c)
        if (sam.next[u].count(c)) {
          int v = sam.next[u][c];
          (Cnt[v] += Cnt[u]) %= M;
          (Sum[v] += Sum[u] * 10 + (c - '0') * Cnt[u]) %= M;
        }
      (ans += Sum[u]) %= M;
    }
    cout << ans << endl;
  }
```

```
  return 0;
}
```

例题 28　第 K 次出现（K-th occurrence, CCPC 2019 网络选拔赛，HDU 6704）

给出一个长度为 n（$1 \leqslant n \leqslant 10^5$）的字符串 S 以及 Q（$1 \leqslant Q \leqslant 10^5$）个询问，每个询问给出整数 L,R,K，询问子串 $S_{[L,R]}$在 S 中第 K 次出现的位置，不存在则输出-1。

【分析】

S 的任意子串 $S_{[L,R]}$在 S 中出现的第 K 个位置就是 SAM 中包含这个子串的 endpos 的第 K 个值，问题是如何找到它对应的 endpos。首先，要找到它对应的 SAM 中的结点。$S[1, R]$对应的 SAM 的结点 u 可以在构造过程中记录下来。那么 $S[L, R]$对应的结点，就是 u 在后缀链接树上的某个祖先 p，其中 p 要满足 $\text{len}[\text{link}[p]]<R-L+1\leqslant \text{len}[p]$。但是问题在于后缀链接树并不一定平衡，最坏情况下查找 p 的时间是 $O(n)$，无法承受。可以通过树上倍增来优化寻找 p 的过程，在构建完自动机之后就可以构造倍增结构供以后查询，这部分预处理的时间复杂度是 $O(n+n\log n)$。

倍增结构构造好之后，接着要计算每个状态点的 Endpos，并且还要支持查询其中第 K 个的操作。一种性能不错、编程复杂度也较低的方式是为每个 SAM 上的状态点开一个权值线段树，为了节省空间，线段树上的结点都是动态分配的。并且每个状态点对应的线段树都可以由其在后缀连接树上的子结点对应的线段树合并而成。这些构造完成后，首先倍增找到对应的 SAM 中的状态结点 p，再在 p 对应的权值线段树中查找第 K 小值，时间复杂度为 $O(\log n)$。代码如下。

```
#include<bits/stdc++.h>
using namespace std;
const int NN = 1e6 + 10;
template<int SZ>
struct WSegTree {                                // 动态权值线段树
  int sz, ls[SZ * 4], rs[SZ * 4], sum[SZ * 4];
  void init() { sz = 0; }
  int maintain(int u) { sum[u] = sum[ls[u]] + sum[rs[u]]; return u; }
  int new_node() {
    ++sz;
    sum[sz] = ls[sz] = rs[sz] = 0;
    return sz;
  }

  void insert(int& u, int l, int r, int k) {   // 插入 a k 到 u([l, r])
    if (u == 0) u = new_node();
    if (l == r) {
      assert(l <= k && k <= r);
      sum[u]++;
      return;
    }
    int m = (l + r) / 2;
    if (k <= m) insert(ls[u], l, m, k);
    else insert(rs[u], m + 1, r, k);
    maintain(u);
```

```
  }

  int merge(int x, int y) { // 权值线段树合并
    if (x == 0 || y == 0) return x + y;
    int p = new_node();
    ls[p] = merge(ls[x], ls[y]), rs[p] = merge(rs[x], rs[y]);
    return maintain(p);
  }

  int kth(int u, int l, int r, int k) {
    if (l == r) return l;    // 结点 u([l,r]), 查询第 k 小
    int m = (l + r) / 2, lc = ls[u], rc = rs[u];
    if (k <= sum[lc]) return kth(lc, l, m, k);
    if (k <= sum[u]) return kth(rc, m + 1, r, k - sum[lc]);
    return -1;
  }
};
struct Edge {
  int to, next;
};
template<int SZ>
struct SAM {
  WSegTree<SZ> st;
  int sz, last, len[SZ], link[SZ], ch[SZ][30], end_pos[SZ];
  int seg_root[SZ], fa[SZ][30], ecnt, EHead[SZ];
  Edge E[SZ * 2];

  void init() {
    last = 1, ecnt = 0, sz = 0;
    new_stat(), st.init();
  }

  int new_stat() {
    int q = ++sz;
    EHead[q] = 0, len[q] = 0, link[q] = 0, seg_root[q] = 0;
    fill_n(ch[q], 30, 0);
    return q;
  }

  void insert(int i, int c, int n) {
    int cur = new_stat(), p = last;
    end_pos[i] = cur, len[cur] = i;
    for (; p && !ch[p][c]; p = link[p]) ch[p][c] = cur;
    if (!p)
      link[cur] = 1;
    else {
      int q = ch[p][c];
      if (len[q] == len[p] + 1) link[cur] = q;
      else {
        int nq = new_stat();
        link[nq] = link[q], len[nq] = len[p] + 1;
```

```
      for (; p && ch[p][c] == q; p = link[p]) ch[p][c] = nq;
      memcpy(ch[nq], ch[q], sizeof ch[q]);
      link[q] = link[cur] = nq;
    }
  }
  last = cur;
  st.insert(seg_root[cur], 1, n, i);
}

// 后缀树结构维护->倍增逻辑
void add_edge(int x, int y) { E[++ecnt] = {y, EHead[x]}, EHead[x] = ecnt; }

void dfs(int u) {
  for (int i = 1; i <= 20; ++i) fa[u][i] = fa[fa[u][i - 1]][i - 1];
  for (int i = EHead[u]; i; i = E[i].next) {
    int v = E[i].to;
    fa[v][0] = u, dfs(v);
    seg_root[u] = st.merge(seg_root[u], seg_root[v]);
  }
}

void build() {
  for (int i = 2; i <= sz; ++i) add_edge(link[i], i);
  dfs(1);
}
// 后缀树结构维护->倍增逻辑

int kth(int l, int r, int k, int n) {
  int u = end_pos[r];
  for (int i = 20; i >= 0; --i) { // 倍增找S[l, r]对应的点
    int p = fa[u][i];
    if (l + len[p] - 1 >= r) u = p;
  }
  int ans = st.kth(seg_root[u], 1, n, k);
  return (ans == -1) ? ans : ans - (r - l);
}
};

SAM<NN> sam;
char a[NN];
int main() {
  int N, T, q, l, r, k;
  scanf("%d", &T);
  while (T--) {
    scanf("%d%d", &N, &q), scanf("%s", a + 1), sam.init();
    for (int i = 1; i <= N; ++i) sam.insert(i, a[i] - 'a' + 1, N);
    sam.build();
    while (q--) {
      scanf("%d%d%d", &l, &r, &k);
      printf("%d\n", sam.kth(l, r, k, N));
    }
  }
  return 0;
}
```

3.6　排序二叉树

3.6.1　基本概念

排序二叉树（Binary Search Tree，BST）又称为二叉搜索树、二分检索树，是一种数据结构，它的每个结点都保存着一个可以比较大小的东西（如整数、字符串），并且对于任意结点 u 来说，u 的左子树中的所有结点（如果存在的话）都比根结点小，u 的右子树中的所有结点（如果存在的话）都比根结点大。

注意，这个定义涉及元素的比较操作，因此要求任意两个结点都可以比较大小。

BST 最原始的用法是实现集合。这要求 BST 支持 3 种操作，即插入、删除和查找。根据定义，查找过程可以从根开始递归进行。假定要查找的元素为 x，如果 x 比根小，递归在左子树中查找 x；如果比根大，递归在右子树中查找 x；如果根和 x 相等，直接返回结果即可。不难发现，在最坏情况下，查找的时间复杂度为 $O(h)$，其中 h 是树的高度。

插入过程类似，假设要插入的元素为 x，如果 x 比根小，递归在左子树中插入 x；如果比根大，递归在右子树中插入 x；如果根和 x 相等，插入失败（集合中不能有相同元素）。这个过程和查找过程最大的区别是，如果在递归查找/插入前发现对应的子树并不存在，查找过程的做法是返回“元素不存在”，而插入过程的做法是在该子树的位置创建新结点。删除比较复杂，暂不讨论。

同样的结点集合，可以构造出很多种不同的 BST。注意到每次插入结点时，实际上只有一种正确的插入位置，所以 BST 不唯一的原因在于结点插入顺序不同。比如，按照不同顺序插入 $1, 2, 3, \cdots, n$，就会得到高度不同的 BST。在极端情况下，它甚至会成为一条链，那么查找元素就和线性查找没什么两样了。所以，实用的 BST 必须是平衡的。可问题来了，假如每次插入结点方式是唯一的，而插入结点的顺序又不是我们所能控制的（这取决于 BST 的使用者），如何让 BST 平衡呢？答案是通过旋转，让 BST 在保持合法的前提下改变形态。

图 3-51 为 BST 的两种旋转方式，分别为左旋和右旋。注意，这里的“左右”指的是旋转方向（如果觉得难以理解，可认为左是逆时针，右是顺时针）。不管是左旋还是右旋，旋转对象都是根结点，旋转结束以后，根结点发生变化。

不难发现，旋转前后各子树的左右位置保持不变（$a<o<x<k<b$），因此仍然是棵合法的排序二叉树。

遗憾的是，只学会旋转还不够，还需要知道在什么情况下如何旋转，才能让 BST 保持平衡，而这并不是一件容易的事。幸运的是，主流编程语言大多数都提供了直接可用的 BST，比如 STL 中的 set 和 map。本着“不要重新发明轮子”的作风，如果二者（或者 multiset/multimap）已经可以满足要求，建议不要实现自己的平衡 BST。下面的例题 29 就是一个直接使用“现成 BST”的例子。

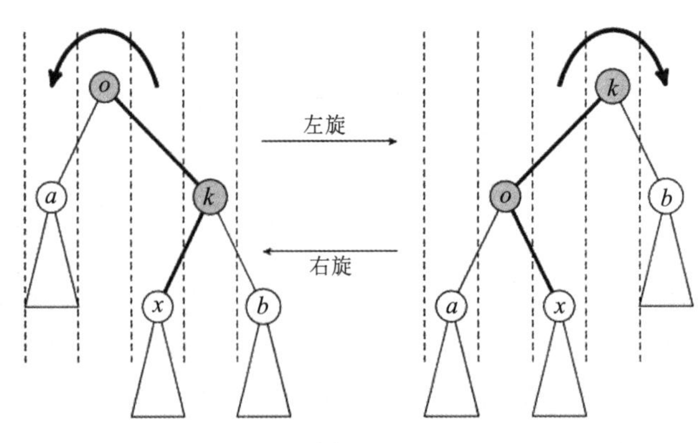

图 3-51

例题 29 优势人群（Efficient Solutions, UVa 11020）

有 n 个人，每个人有两个属性 x 和 y。如果对于一个人 $P(x,y)$，不存在另外一个人 $P'(x',y')$，使得 $x'<x$，$y'\leqslant y$，或者 $x'\leqslant x$，$y'<y$，我们就说 P 是有优势的。每次给出一个人的信息，要求输出在只考虑当前已获得的信息的前提下，多少人是有优势的。

【输入格式】

输入第一行为测试数据组数 T。每组数据：第一行为整数 n（$0\leqslant n\leqslant 15\,000$）；以下 n 行，每行两个整数 x, y，分别为每个人的两个属性（不超过 10^9 的非负整数）。

【输出格式】

对于每组数据，输出获得每条信息后，有优势的人数。

【分析】

注意到人是只增不减的，因此一个现在有优势的人，以后可能会失去优势，而且一旦失去优势，便再也不会重新获得优势。这样可以动态维护优势人群集合。如果用平面坐标上的点表示一个人，那么优势人群对应的集合会是什么样的呢？

首先，根据定义，不会有两个不同点的 x 坐标或者 y 坐标相同。其次，对于任意两个点 A 和 B，如果 A 在 B 的左边（即 A 的 x 坐标严格小于 B 的 x 坐标），那么 A 一定在 B 的上边（即 A 的 y 坐标严格大于 B 的 y 坐标）。这样，从左到右看，各个点的 y 坐标越来越小，如图 3-52 所示。

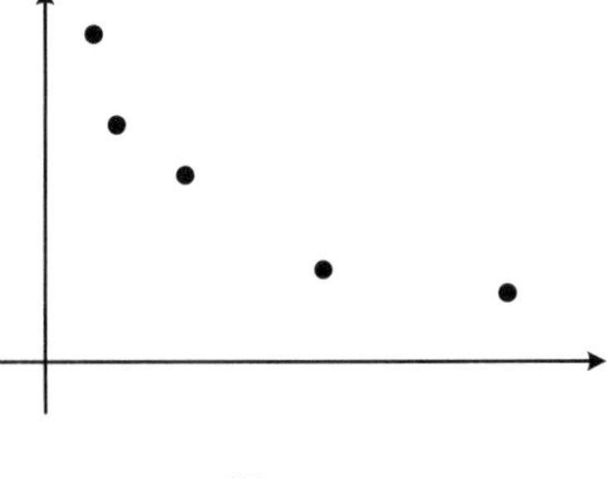

图 3-52

新增一个点 P 后，会是什么情况呢？

- 情况一：这个点可能本身没有优势，因此直接忽略此点即可。判断方法很简单，只需判断它左边相邻点的 y 坐标是否比它小即可，如图 3-53（a）所示。
- 情况二：这个点有优势，则把它加入集合中。注意这个点可能会让一些其他点失去优势，从而被删除，如图 3-53（b）所示。

这里采用 STL 中的 multiset（可重集）来表示这个点集（因为集合中可以有相同点，代表属性完全相同的人），则第一种情况只需要比较 lower_bound(P)和 P 的 y 坐标，而第二种情况只需要从 upper_bound(P)开始，删除所有没有优势的点。代码如下。

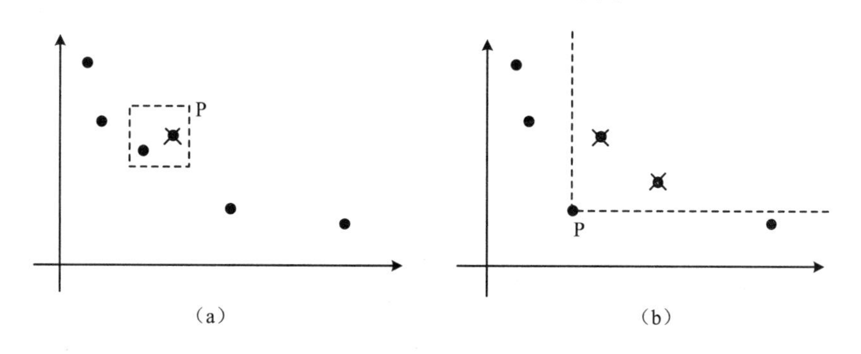

（a）　　（b）

图　3-53

```
#include<cstdio>
#include<set>
using namespace std;

struct Point {
  int a, b;
  bool operator < (const Point& rhs) const {
    return a < rhs.a || (a == rhs.a && b < rhs.b);
  }
};
multiset<Point> S;
multiset<Point>::iterator it;

int main() {
  int T;
  scanf("%d", &T);
  for(int kase = 1; kase <= T; kase++) {
    if(kase > 1) printf("\n");
    printf("Case #%d:\n", kase);

    int n, a, b;
    scanf("%d", &n);
    S.clear();
    while(n--) {
      scanf("%d%d", &a, &b);
      Point P = (Point){a, b};
      it = S.lower_bound(P);
      if(it == S.begin() || (--it)->b > b) {
        S.insert(P);
        it = S.upper_bound(P);
        while(it != S.end() && it->b >= b) S.erase(it++);
      }
      printf("%d\n", S.size());
    }
  }
  return 0;
}
```

由于每个点最多被删除一次，每次删除需要 $O(\log n)$时间复杂度，因此总时间复杂度为 $O(n\log n)$。

3.6.2 用 Treap 实现名次树

在主流 STL 版本中，set 都是用 BST 实现的，具体来说是用一种称为红黑树（Red-black tree）的动态平衡 BST，但红黑树在竞赛中并不常用。为什么呢？因为红黑树太复杂。它的插入有 5 种情况，删除有 6 种情况，不仅代码量大，编写的过程中也容易出错。相比之下，有一种称为 Treap 的动态平衡 BST，不仅插入和删除非常简单直观，速度也不错，很好地平衡了编码复杂度和时间效率，是算法竞赛中同类数据结构中的首选。

简单地说，Treap 是一棵拥有键值、优先级两种权值的树。对于键值而言，这棵树是排序二叉树；对于优先级而言，这棵树是堆，即在这棵树的任意子树中，根结点的优先级是最大的（这个性质称为堆性质）。图 3-54 就是一棵 Treap，其中结点内的数字表示键值，结点旁的数字表示优先级（该数值越大，优先级越高）。

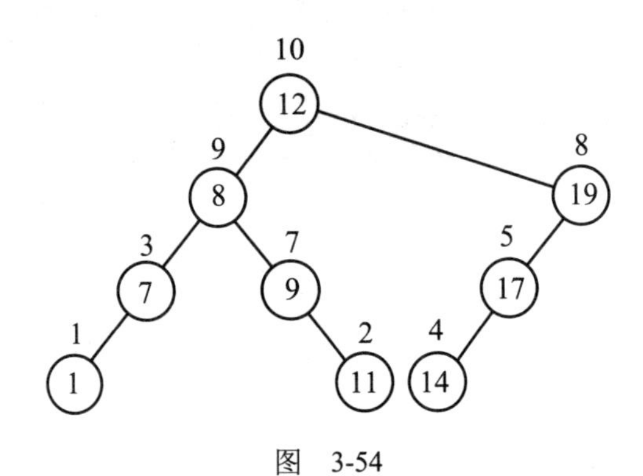

图 3-54

不难证明，如果每个结点的优先级事先给定且互不相等，整棵树的形态也唯一确定了，和元素的插入顺序无关。在 Treap 的插入算法中，每个结点的优先级是随机确定的，因此各操作的时间复杂度也是随机的。幸运的是，可以证明插入、删除和查找的期望时间复杂度均为 $O(\log n)$，实际表现也不错。

这里给出 Treap 结点的定义程序。代码如下。

```
struct Node {
  Node *ch[2];                               //左右子树
  int r;                                     //优先级。数值越大，优先级越高
  int v;                                     //值
  bool operator < (const Node& rhs) const { //根据优先级比较结点
    return r < rhs.r;
  }
  int cmp(int x) const {
    if (x == v) return -1;
    return x < v ? 0 : 1;
  }
};
```

接下来给出旋转程序。代码如下（为方便起见，请结合图 3-55 来分析）。

```
//d=0 代表左旋，d=1 代表右旋
void rotate(Node* &o, int d) {
  Node* k = o->ch[d^1]; o->ch[d^1] = k->ch[d]; k->ch[d] = o; o = k;
}
```

注意上述代码中的小技巧。因为 d 为 0 或 1，d^1 等价于 1-d，但计算速度更快。另一个关键之处在于 o 的类型。首先，o 是指向一个 Treap 结点的指针，因此为 Node*类型；其次，o 本身是可以修改的，因此 o 是引用。比如，可以对某个结点 u 的左子结点进行旋转，即 rotate(u->ch[0])，如果 o 不是引用，那么在旋转结束后，u 的左子结点并没有改变，就会引起错误。当然，可以让 rotate 返回旋转后的结点指针，但代码会变长，且直观性会降低。

插入结点时，首先随机给新结点一个优先级，然后执行普通的插入算法（根据键值大小判断插在哪棵子树中）。执行完毕后用左右旋让这个结点“往上走”，从而维持堆性质。比如，在图 3-55 中插入结点 18，随机优先级为 6，插入步骤如下。

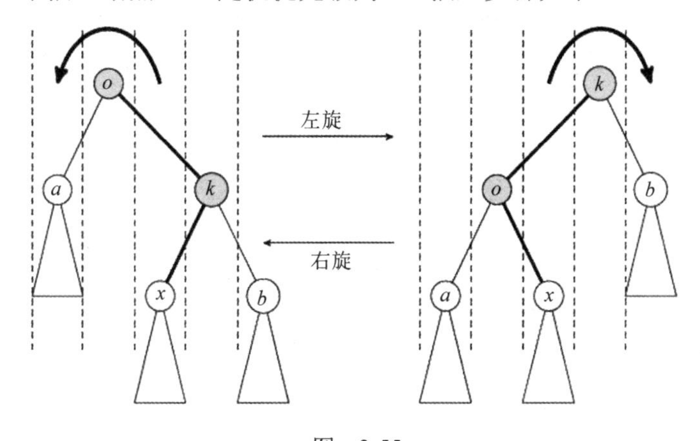

图　3-55

首先按照标准的 BST 插入算法，不考虑优先级，如图 3-56 所示。

新结点违反了堆性质，它的优先级比它的父结点大。解决方法是进行一次左旋，如图 3-57 所示。

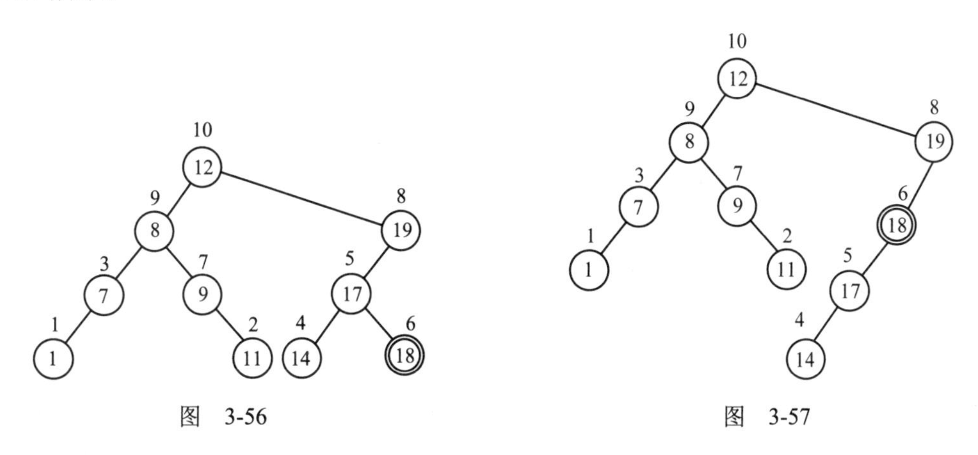

图　3-56　　　　图　3-57

现在堆性质得到了满足，插入过程结束。一般情况下，Treap 的插入操作分为 BST

插入和旋转两个部分。如果采用递归实现，则只需在递归插入之后判断是否需要旋转。代码如下。

```
//在以 o 为根的子树中插入键值 x，修改 o
void insert(Node* &o, int x) {
  if(o == NULL) {
o = new Node();
o->ch[0] = o->ch[1] = NULL;
o->v = x; o->r = rand();
}
  else {
    int d = o->cmp(x);
    insert(o->ch[d], x); if(o->ch[d] > o) rotate(o, d^1);
  }
}
```

基本逻辑是，如果 x 比 o 的值小，应当插入左子树中。插入完毕后，如果 o 的左子树的优先级比 o 高，就应该对 o 执行右旋操作，没有别的选择。x 比 o 的值大的情况进行类似处理，旋转方向和插入位置相反。

删除时，首先找到待删除结点。如果它只有一棵子树，情况就简单了。直接用这棵子树代替这个待删除结点成为根即可（注意，o 是叶子的情况也符合这个条件）。麻烦的是 o 有两棵子树的情况，我们先把这两棵子树中优先级高的一棵旋转到根，然后递归在另一棵子树中删除结点 o。比如，如果左子结点的优先级比较高，就必须右旋，否则会违反堆性质；如果右子结点优先级高，就必须左旋。代码如下。

```
void remove(Node* &o, int x) {
  int d = o->cmp(x);
  if(d == -1) {
    if(o->ch[0] == NULL) o = o->ch[1];
    else if(o->ch[1] == NULL) o = o->ch[0];
    else {
      int d2 = (o->ch[0] > o->ch[1] ? 1 : 0);
      rotate(o, d2); remove(o->ch[d2], x);
    }
  } else
    remove(o->ch[d], x);
}
```

有意思的是，删除和插入是对称的。事实上，前面那个例子从前往后看是插入，从后往前看是删除。二者的共同特点是“只有一种旋转方法”，所以即使不想记住上述代码，自己推导也不难。

Treap 的所有难点都已经被攻破（怎么样，简单吧），请读者把它改写成一个“山寨 set<int>”，并且和 STL 中的 set<int>比一下速度[①]。注意，上面的代码没有处理“待插入值已经存在”和“待删除值不存在”这两种情况，因此在调用相应函数之前请进行一次查找。代码如下。

① 如果你的代码比 STL 的 set<int>快，也千万不要得意，因为你的代码可能并不鲁棒，缺少错误处理，或者缺少一些细小的功能。这个比较只是让你对 Treap 的性能有一个直观的认识。

```
int find(Node* o, int x) {
  while(o != NULL) {
    int d = o->cmp(x);
    if(d == -1) return 1;    //存在
    else o = o->ch[d];
  }
  return 0;                  //不存在
}
```

如果 Treap 只能用来仿写 STL 中的 set 方法，本书就不必用这么多篇幅介绍它，直接使用 set 即可。事实上，STL 对 set 的过度封装使得一些用 Treap 可以实现的功能用 STL 的 set 却实现不了。这里仅举名次树（rank tree）一例。

在名次树中，每个结点均有一个附加域 size，表示以它为根的子树的总结点数，如图 3-58 所示。

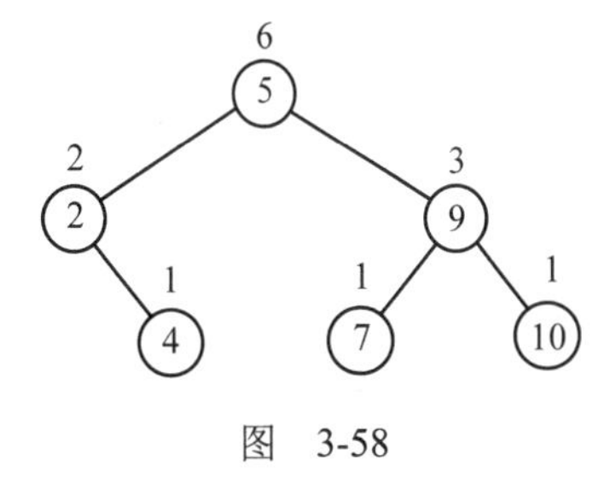

图 3-58

名次树可以支持两个新操作。

- kth(k)：找出第 k 小元素。
- rank(x)：值 x 的"名次"，即比 x 小的结点个数加 1。

用 Treap 实现名次树的方法是这样的：给结点新增一个成员变量 s（就是上述 size 域），然后编写一个 maintain 函数。代码如下。

```
void maintain() {
  s = ch[0]->s + ch[1]->s + 1;
}
```

注意，这里并没有判断 ch[0]和 ch[1]是否为 NULL，为什么呢？因为在实际编码中，为了减少出错的可能性，一般用一个真实的指针 null 代替空指针 NULL。代码如下。

```
Node *null = new Node();
```

这样即使读写了 null 的内容也没有影响，因为 null 指向一个实际存在的东西。但是有一点需要注意，null 的变量 s 必须始终为 0，并且 Treap 相关代码中所有用到 NULL 的地方，包括初始化和比较，全部要改成 null。当然，之前那种使用 NULL 的方法也完全可行，但 maintain 函数需要采用如下写法。

```
void maintain() {
  s = 1;
  if(ch[0] != NULL) s += ch[0]->s;
  if(ch[1] != NULL) s += ch[1]->s;
}
```

旋转操作也要修改。当 s 可能发生改变时，要调用 maintain 重新计算。代码如下。

```
void rotate(Node* &o, int d) {
  Node* k = o->ch[d^1]; o->ch[d^1] = k->ch[d]; k->ch[d] = o;
  o->maintain(); k->maintain(); o = k; //注意必须先维护 o，再维护 k
}
```

了解了上述知识，实现 kth 和 rank 操作并非难事。细节留给读者思考（也可参考例题 20 的代码）。

例题 30 图询问（Graph and Queries, 天津 2010, LA 5031）

有一张 n 个结点 m 条边的无向图，每个结点都有一个整数权值。你的任务是执行一系列操作。操作分为 3 种，如表 3-6 所示。

表 3-6

操作	备注
D X ($1 \leqslant X \leqslant m$)	删除 ID 为 X 的边。输入保证每条边至多被删除一次
Q X k ($1 \leqslant X \leqslant n$)	计算与结点 X 连接的结点中（包括 X 本身），第 k 大的权值。如果不存在，则输出 0
C X V ($1 \leqslant X \leqslant n$)	把结点 X 的权值改为 V

操作序列的结束标志为单个字母 E。结点编号为 1～n，边编号为 1～m。

【输入格式】

输入包含多组数据。每组数据：第一行为两个整数 n 和 m（$1 \leqslant n \leqslant 20\,000$, $0 \leqslant m \leqslant 60\,000$）；以下 n 行每行有一个绝对值不超过 10^6 的整数，即各结点的初始权值；以下 m 行每行有两个整数，即一条边的两个端点；接下来是各条指令，以单个字母 E 结尾。保证 Q 指令和 C 指令均不超过 200 000 条。输入结束标志为 $n=m=0$。

【输出格式】

对于每组数据，输出所有 Q 指令的计算结果的平均值，精确到小数点后 6 位。

【分析】

本题只需要设计离线算法，因此可以把操作顺序反过来处理，先读入所有操作，执行所有的 D 操作得到最终的图，然后按照逆序把这些边逐步插入，并在恰当的时机执行 Q 和 C 操作。用一棵名次树维护一个连通分量中的点权，则 C 操作对应于名次树中一次修改操作（可以用一次删除加一次插入来实现），Q 操作对应 kth 操作，而执行 D 操作时，如果两个端点已经是同一连通分量则无影响，否则将两个端点对应的两棵名次树合并。树合并的时间复杂度是多少呢？假设有两棵树 T_1 和 T_2，结点数分别为 n_1 和 n_2，若 $n_1<n_2$，显然把 T_1 合并到 T_2 里比较高效，即把 T_1 中的所有结点一一插入 T_2 中，时间复杂度为 $O(n_1 \log n_2)$。这样的策略叫启发式合并。如果使用启发式合并，对于任意结点来说，每当它被移动到新树中时，该结点所在树的大小至少加倍。由于树的结点数不超过 n，任意结点至多“被移动”$\log_2 n$ 次，而每次移动需要 $O(\log n)$时间，因此总时间复杂度为 $O(n\log^2 n)$。

由于本题非常经典，强烈建议读者实现自己的程序，这里给出参考程序。代码如下。

```
#include<cstdlib>

struct Node {
  Node *ch[2];  //左右子树
  int r;        //随机优先级
  int v;        //值
  int s;        //结点总数
  Node(int v):v(v) { ch[0] = ch[1] = NULL; r = rand(); s = 1; }
```

```
  bool operator < (const Node& rhs) const {
    return r < rhs.r;
  }
  int cmp(int x) const {
    if (x == v) return -1;
    return x < v ? 0 : 1;
  }
  void maintain() {
    s = 1;
    if(ch[0] != NULL) s += ch[0]->s;
    if(ch[1] != NULL) s += ch[1]->s;
  }
};

void rotate(Node* &o, int d) {
  Node* k = o->ch[d^1]; o->ch[d^1] = k->ch[d]; k->ch[d] = o;
  o->maintain(); k->maintain(); o = k;
}

void insert(Node* &o, int x) {
  if(o == NULL) o = new Node(x);
  else {
    int d = (x < o->v ? 0 : 1); //不要用 cmp 函数，因为可能会有相同结点
    insert(o->ch[d], x);
    if(o->ch[d] > o) rotate(o, d^1);
  }
  o->maintain();
}

void remove(Node* &o, int x) {
  int d = o->cmp(x);
  if(d == -1) {
    Node* u = o;
    if(o->ch[0] != NULL && o->ch[1] != NULL) {
      int d2 = (o->ch[0] > o->ch[1] ? 1 : 0);
      rotate(o, d2); remove(o->ch[d2], x);
    } else {
      if(o->ch[0] == NULL) o = o->ch[1]; else o = o->ch[0];
      delete u;
    }
  } else
    remove(o->ch[d], x);
  if(o != NULL) o->maintain();
}

#include<cstdio>
#include<cstring>
#include<vector>
using namespace std;

const int maxc = 500000 + 10;
```

```
struct Command {
  char type;
  int x, p;                    //根据 type, p 代表 k 或者 v
} commands[maxc];

const int maxn = 20000 + 10;
const int maxm = 60000 + 10;
int n, m, weight[maxn], from[maxm], to[maxm], removed[maxm];

//并查集相关
int pa[maxn];
int findset(int x) { return pa[x] != x ? pa[x] = findset(pa[x]) : x; }

//名次树相关
Node* root[maxn];              //Treap

int kth(Node* o, int k) {    //第 k 大的值
  if(o == NULL || k <= 0 || k > o->s) return 0;
  int s = (o->ch[1] == NULL ? 0 : o->ch[1]->s);
  if(k == s+1) return o->v;
  else if(k <= s) return kth(o->ch[1], k);
  else return kth(o->ch[0], k-s-1);
}

void mergeto(Node* &src, Node* &dest) {
  if(src->ch[0] != NULL) mergeto(src->ch[0], dest);
  if(src->ch[1] != NULL) mergeto(src->ch[1], dest);
  insert(dest, src->v);
  delete src;
  src = NULL;
}

void removetree(Node* &x) {
  if(x->ch[0] != NULL) removetree(x->ch[0]);
  if(x->ch[1] != NULL) removetree(x->ch[1]);
  delete x;
  x = NULL;
}

//主程序相关
void add_edge(int x) {
  int u = findset(from[x]), v = findset(to[x]);
  if(u != v) {
    if(root[u]->s < root[v]->s) { pa[u] = v; mergeto(root[u], root[v]); }
    else { pa[v] = u; mergeto(root[v], root[u]); }
  }
}

int query_cnt;
long long query_tot;
void query(int x, int k) {
```

```
  query_cnt++;
  query_tot += kth(root[findset(x)], k);
}

void change_weight(int x, int v) {
  int u = findset(x);
  remove(root[u], weight[x]);
  insert(root[u], v);
  weight[x] = v;
}

int main() {
  int kase = 0;
  while(scanf("%d%d", &n, &m) == 2 && n) {
    for(int i = 1; i <= n; i++) scanf("%d", &weight[i]);
    for(int i = 1; i <= m; i++) scanf("%d%d", &from[i], &to[i]);
    memset(removed, 0, sizeof(removed));

    //读命令
    int c = 0;
    for(;;) {
      char type;
      int x, p = 0, v = 0;
      scanf(" %c", &type);
      if(type == 'E') break;
      scanf("%d", &x);
      if(type == 'D') removed[x] = 1;
      if(type == 'Q') scanf("%d", &p);
      if(type == 'C') {
        scanf("%d", &v);
        p = weight[x];
        weight[x] - v;
      }
      commands[c++] = (Command){ type, x, p };
    }

    //最终的图
    for(int i = 1; i <= n; i++) {
      pa[i] = i; if(root[i] != NULL) removetree(root[i]);
      root[i] = new Node(weight[i]);
    }
    for(int i = 1; i <= m; i++) if(!removed[i]) add_edge(i);

    //反向操作
    query_tot = query_cnt = 0;
    for(int i = c-1; i >= 0; i--) {
      if(commands[i].type == 'D') add_edge(commands[i].x);
      if(commands[i].type == 'Q') query(commands[i].x, commands[i].p);
      if(commands[i].type == 'C') change_weight(commands[i].x, commands[i].p);
    }
    printf("Case %d: %.6lf\n", ++kase, query_tot / (double)query_cnt);
  }
```

```
  return 0;
}
```

3.6.3 用伸展树实现可分裂与合并的序列

另一种常用的 BST 是伸展树。前面已经介绍了 Treap 了，为什么还要讲伸展树呢？因为它除了具有 Treap 的所有功能之外，还能快速地分裂与合并①。

伸展树最重要的操作是伸展操作，它把一个指定结点 x 自底向上逐步旋转到根结点。具体来说，这个旋转过程要分 3 种情况考虑。

- 情况一：x 的父结点是根结点，这样进行一次单旋即可。如果它是父结点的左子结点，就右旋，否则左旋，如图 3-59 所示。

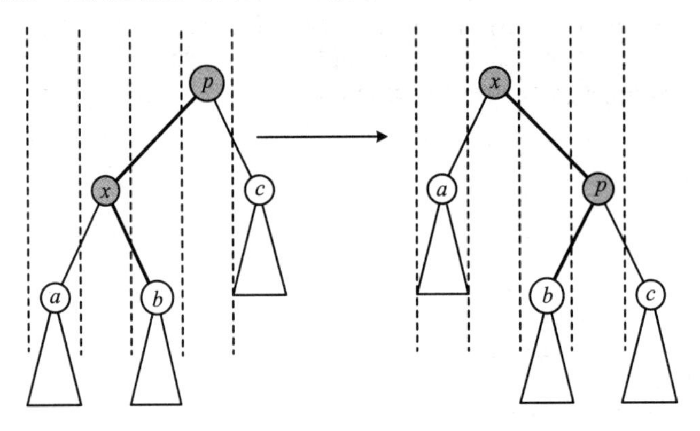

图 3-59

- 情况二：x 的父结点不是根结点，且 x、x 的父结点、x 父结点的父结点“三点共线”，这样需要两次相同方向的单旋（先旋转 x 的父结点，再旋转 x），如图 3-60 所示。

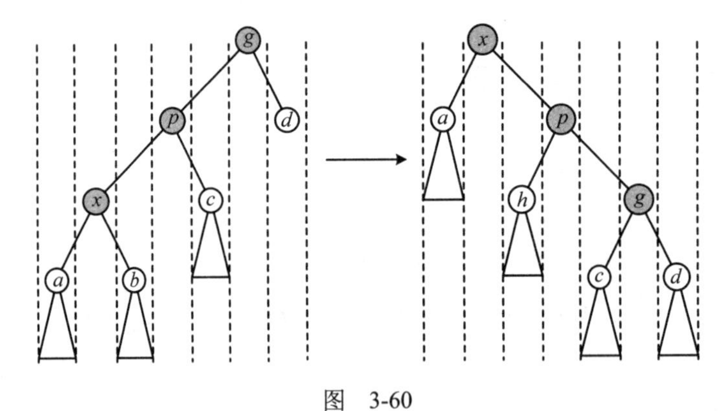

图 3-60

- 情况三：剩下的情况是把情况二的“共线”改成“不共线”，这样需要两次方向相反的旋转（x 旋转两次），如图 3-61 所示。

① 其实 Treap 也能很快地分裂与合并，但实践中伸展树用得更多。

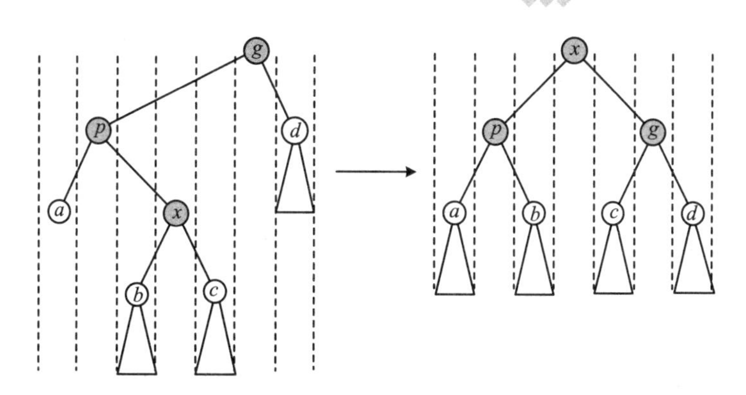

图　3-61

反复执行上述操作，直到 x 成为树根结点后，整个伸展过程结束。再次强调，伸展操作的作用就是把一个特定结点旋转到根结点。

前面提过，伸展树可以用来实现一种“可分裂与合并的序列”（以下简称“序列”），它支持以下 3 种操作。

- build(A)：把数组 A 转化为序列，返回这个序列
- merge(S_1, S_2)：把序列 S_1 和 S_2 连接在一起，S_1 在左边，S_2 在右边。返回新序列。
- split(S, k)：把序列 S 分裂成两个连续的子序列，左子序列包含左边 k 个元素，右子序列包含其余的元素。

为了支持这 3 种操作，我们需要像名次树那样增加一个附加信息 s，然后在旋转代码中增加对 maintain 函数的调用。由于在很多地方都会用到“找到序列的左数第 k 个元素并伸展到根”这个过程，下面把查找和伸展过程写到一起。代码如下。

```
// k = 1 means the smallest node
int cmp(int k) const {                    // k 从 1 开始计算，第 k 个在什么位置呢？
  int d = k - ch[0]->s;
  if(d == 1) return -1;                   // 就是 o
  return d <= 0 ? 0 : 1;                  // 在左子树还是右子树？
}

void splay(Node* &o, int k) {             // 找到序列的左数第 k 个元素并伸展到根结点
  int d = o->cmp(k);                      // 看看第 k 个元素在整个树中的位置
  if(d == 1) k -= o->ch[0]->s + 1; // 第 k 个元素在 o 的右子树中
  if(d != -1) { // 已经在根上了
    Node* p = o->ch[d];                   // 第 k 个元素所在的子树
    int d2 = p->cmp(k);                   // 第 k 个元素是在 p 的左子树？→d2
    int k2 = (d2 == 0 ? k : k - p->ch[0]->s - 1); // 在树中的排名
    if(d2 != -1) { // 不是子树的根，伸展到 p
      splay(p->ch[d2], k2);               // 伸展到 p 的子树根，下面旋转到 p
      if(d == d2) rotate(o, d^1);         // 一条直线
else rotate(o->ch[d], d);                 // 不是一条直线
    }
    rotate(o, d^1);                       // 从 p 旋转到 o
  }
}
```

上述代码和前面讲过的 3 种情况对应，建议读者仔细阅读，看看二者是如何对应起来的。有了伸展操作，就不难实现分裂与合并了，其中分裂如图 3-62（a）所示，合并如图 3-62（b）所示。

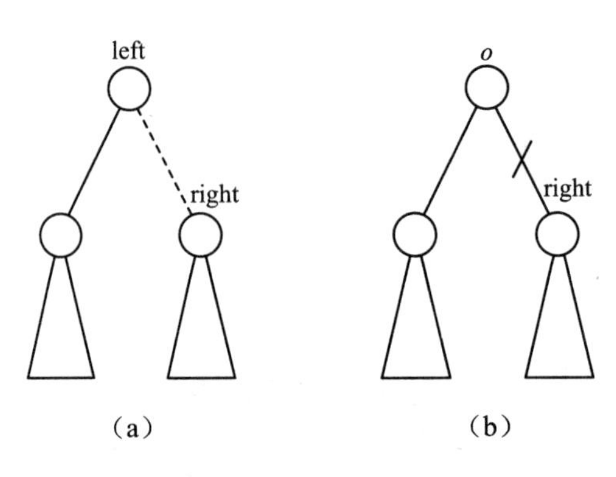

图 3-62

在合并过程中，先把 left 中的最大元素伸展到根结点，则伸展之后的根结点一定没有右子树（想一想，为什么）。这时，只需要把 right 作为 left 的右子树即可。注意要重新计算 left 的附加信息。

在分裂过程中，直接把待分裂序列 o 的第 k 小元素伸展到根，然后断开树根及其右子树的链接关系，就得到了两个子序列。代码如下。

```
//合并 left 和 right。假定 left 的所有元素比 right 小
//注意 right 可以是 null，但 left 不可以
Node* merge(Node* left, Node* right) {
  splay(left, left->s);
  left->ch[1] = right;
  left->maintain();
  return left;
}

//把o的前k小结点放在left里,其他的放在right里。1<=k<=o->s。当k=o->s时,right=null
void split(Node* o, int k, Node* &left, Node* &right) {
  splay(o, k);
  left = o;
  right = o->ch[1];
  o->ch[1] = null;
  left->maintain();
}
```

可分裂合并序列的一个典型的应用是文本编辑器。由于需要在文本的任意位置插入和删除字符，链表与数组都是不合适的，因为链表无法快速定位，而数组无法实现快速插入和删除（将引起大量元素移动）。虽然在实践中更常用的方法是把二者组合起来，形成链式数组（将在第 6 章中讨论），但存在一个理论时间复杂度更优的解决方案，即把整个文本用一个可分裂合并的序列来表示，则插入对应一次 split 和两次 merge，删除对应两次 split 和一次 merge，如图 3-63 所示。

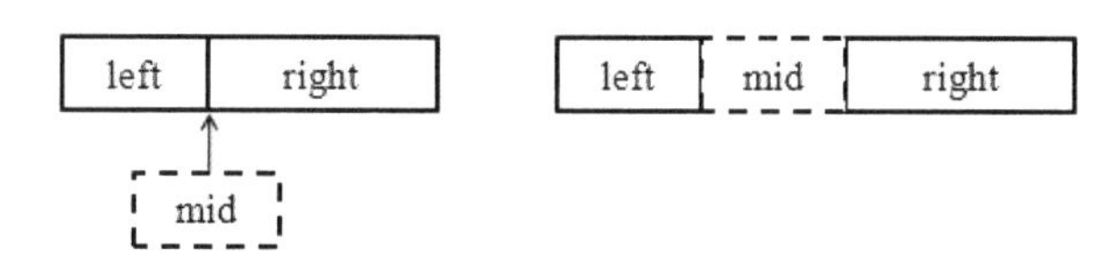

图　3-63

插入的时候先把待插入文本转化成序列 mid，并且把当前文本分裂成 left 和 right，然后合并 left，mid，再与 right 合并。

删除的时候直接分裂两次，把当前文本分裂成 left，mid 和 right，然后合并 left 和 right，最后丢掉 mid。

虽然单次伸展可能会比较慢，但可以证明，平均情况下伸展操作的时间复杂度是 $O(\log n)$，实际效果也很好。

例题 31　排列变换（Permutation Transformer, UVa 11922）

你的任务是根据 m 条指令改变排列{1, 2, 3, …, n}。每条指令（a,b）表示取出第 a～b 个元素，翻转后添加到排列的尾部。

【输入格式】

输入仅一组数据。第一行为整数 n 和 m（$1 \leqslant n,m \leqslant 100\,000$）；以下 m 行，每行为一条指令 a, b（$1 \leqslant a \leqslant b \leqslant n$）。

【输出格式】

输出 n 行，即最终排列。

【分析】

用一个可分裂合并的序列来表示整个序列，则“截取出序列并放到序列末尾”的操作是不难实现的。如何实现“翻转”呢？根据前面线段树部分的经验，可以用标记来完成。给结点增加一个 flip 标记（表示以本结点为根的子树有没有旋转过），也可以写出与前面类似的 pushdown 函数。代码如下。

```
void pushdown() {
  if(flip) {
    flip = 0;
    swap(ch[0], ch[1]);
    ch[0]->flip = !ch[0]->flip;
    ch[1]->flip = !ch[1]->flip;
  }
}
```

这里给出核心程序。代码如下。

```
scanf("%d%d", &n, &m);
ss.init(n+1);                         //最前面有一个虚拟结点

while (m--) {
  int a, b;
  scanf("%d%d", &a, &b);
```

```
    Node *left, *mid, *right, *o;
    split(ss.root, a, left, o);    //如果没有虚拟结点，a 将改成 a-1，违反 split 的限制
    split(o, b-a+1, mid, right);
    mid->flip ^= 1;
    ss.root = merge(merge(left, right), mid); //要修改根结点
}
```

例题 32 魔法珠宝（Jewel Magic, UVa 11996）

给定一个长度为 n 的 01 串，你的任务是依次执行如表 3-7 所示的 m 条指令。

表 3-7

指　令	说　明
$1\ p\ c\ (0\leqslant p<=L, 0\leqslant c\leqslant 1)$	在第 p 个字符后插入字符 c。p=0 表示在整个字符串之前插入
$2\ p\ (1\leqslant p\leqslant L)$	删除第 p 个字符，后面的字符往前移
$3\ p_1\ p_2\ (1\leqslant p_1<p_2\leqslant L)$	反转第 p_1 到第 p_2 个字符
$4\ p_1\ p_2\ (1\leqslant p_1<p_2\leqslant L)$	输出从 p_1 开始和从 p_2 开始的两个后缀的 LCP

在这里指令中，L 代表字符串的当前长度。

【输入格式】

输入包含多组数据。每组数据：第一行为两个整数 n 和 m（$1\leqslant n,m\leqslant 200\,000$）；第二行为一个长度为 n 的 01 串；以下 m 行每行为一条指令。输入结束标志为文件结束符。输入文件大小不超过 5MB。

【输出格式】

对于每个类型 4 操作，输出对应的结果。

【分析】

这是一个和 LCP 有关的问题。经过思考，我们发现后缀数组很难派上用场，因为修改操作太乱，很难维护后缀数组。前面讲过 LCP 可以用哈希法快速求出，本题是不是也可以用此方法呢？答案是肯定的。用一棵伸展树维护这个 01 序列，其中每个结点除了记录子树大小和 flip 标记之外还要记录该子树所对应连续序列的 Hash 值，及其反转序列的 Hash 值。根据 Hash 值的递推关系，仍然可以在 $O(1)$时间内完成附加域的维护，插入和删除也可以快速完成（细节请读者思考），那 LCP 应如何计算呢？同样用二分法，用 merge 和 split 提取子树，然后比较 Hash 值是否相等。总时间复杂度为 $O(m\log n)$。

需要注意的是，理论上 Hash 值相同的字符串不一定相同，因此即使程序完全正确地实现了本算法，答案也有可能出现错误。如果出现这种情况，可以修改 Hash 函数或者加长 Hash 值。当 Hash 函数足够好，Hash 值足够长时，错误概率将降到足够小。

3.7 树的经典问题与方法

例题 33 村庄有多远（How far away, HDU 2586）

一个村庄有 n（$2\leqslant n\leqslant 40\,000$）栋房子和 n-1 条双向路，每两栋房子之间都有一条唯一

路径，任意一条路径都给出一个长度。现在有 m 次询问，每次询问给出 u,v，求 u,v 之间的距离。

【分析】

本题是典型的计算任意两点的最近公共祖先（Lowest common ancestor）问题，简称 LCA。计算 LCA 最常用的是使用基于倍增思想的在线算法。

首先使用 DFS，计算出每个点 u 开始访问的时间戳 Tin(u)以及子树 u 结束遍历的时间 Tout(u)。同时，求出 u 到根的距离 Dist(u)和深度 D(u)，以及 2^i 级别祖先 UP(u,i)。UP(u,0) 就是 u 的父结点，如果 u 就是树根，我们规定 UP(u,i)=u。预处理时间为 $O(n\log n)$。关于时间戳的更多应用，在第 5 章图论算法与模型部分有更多描述。

竞赛中 LCA(u,v)一般是这么实现的：首先保证 D(u)>D(v)，然后让 u 倍增往上爬。对于 D(u)−D(v)的二进制表示中的所有 2^h，执行 u=UP[u][h]即可，这样完成之后 D(u)=D(v)。如果 u=v，则返回 u。否则就让 u,v 也按照上述过程同时往上爬，最后到达最近公共祖先。代码如下（其中，2^L 是不小于树的高度的最小 2 的幂，L=[$\log_2 n$]。

```
int LCA(int u, int v) {
  if (D[u] < D[v]) swap(u, v);
  for (int h = L; h >= 0; h--) if (D[UP[u][h]] >= D[v]) u = UP[u][h];
  if (u == v) return u;
  for (int h = L; h >= 0; h--) if (UP[u][h] != UP[v][h]) u = UP[u][h], v =
UP[v][h];
  return UP[u][0];
}
```

除了上述常规实现外，还可以利用时间戳来设计另外一种实现。首先保证 D(u)≤D(v)。如果 u 是 v 的祖先，直接返 u 即可。而 u 是 v 的祖先，当且仅当 Tin(u)≤Tin(v)以及 Tout(u)≥Tout(v)。意思就是说，v 在 u 之后被开始访问，且 v 在整个 u 子树访问结束之前访问结束，这个判断祖先的操作时间是 $O(1)$。否则只要 UP(u,i)不是 v 的祖先，就沿着 u 往上爬 2^i 级，直到爬到 LCA(u,v)的子结点为止。时间复杂度为 $O(\log n)$，只需要一个循环即可实现，而且理论上时间复杂度要低至少一倍，因为只需要对深度小的点执行倍增操作。对于 u,v，记 LCA(u,v)=d，则其距离为 D(u)+D(v)−2D(d)。

这里给出本题的核心程序，代码如下。

```
using namespace std;
const int MAXN = 40000 + 4;
int N, L, Tin[MAXN], Tout[MAXN], UP[MAXN][18], timer;
struct Edge {
  int v, k;
  Edge(int _v, int _k) : v(_v), k(_k) {}
};
vector<Edge> G[MAXN];
int Dist[MAXN], D[MAXN];                                // 到 root 的距离，深度

// LCA 预处理
void dfs(int u, int fa) {
```

```
  Tin[u] = ++timer, UP[u][0] = fa;
  if (u) D[u] = D[fa] + 1;
  for (int i = 1; i < L; i++)
    UP[u][i] = UP[UP[u][i - 1]][i - 1];      // 计算各级祖先
  for (size_t i = 0; i < G[u].size(); i++) {
    const auto & e = G[u][i];
    if (e.v != fa) Dist[e.v] = Dist[u] + e.k, dfs(e.v, u);
  }
  Tout[u] = ++timer;
}

bool isAncestor(int u, int v) { return Tin[u] <= Tin[v] && Tout[u] >= Tout[v]; }

int LCA(int u, int v) {
  if (D[u] > D[v]) return LCA(v, u);          // 保证u的深度<v的深度
  if (isAncestor(u, v)) return u;             // u是v的祖先
  for (int i = L; i >= 0; --i) if (!isAncestor(UP[u][i], v)) u = UP[u][i];
  return UP[u][0];
}

int main() {
  ios::sync_with_stdio(false), cin.tie(0);
  int T, M, u, v, k;
  L = ceil(log2(N));
  cin >> T;
  while (T--) {
    cin >> N >> M;
    for (int i = 0; i < N; i++) G[i].clear();
    for (int i = 0; i < N - 1; i++)  {
      cin >> u >> v >> k, u--, v--;
      G[u].push_back(Edge(v, k)), G[v].push_back(Edge(u, k));
    }
    memset(UP, 0, sizeof(UP));
    Dist[0] = 0, D[0] = 0;
    dfs(0, 0);

    for (int i = 0; i < M; i++) {
      cin >> u >> v, u--, v--;
      int w = LCA(u, v);
      cout << Dist[u] + Dist[v] - 2 * Dist[w] << endl;
    }
  }
  return 0;
}
```

本题除了使用上述的倍增算法之外，还可以使用 Tarjan 发明的离线算法[①]，具体请查询相关资料。

① https://en.wikipedia.org/wiki/Tarjan%27s_off-line_lowest_common_ancestors_algorithm

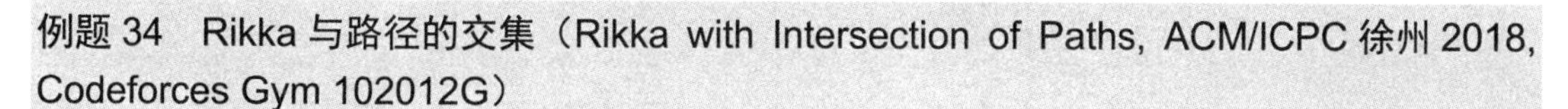

例题 34　Rikka 与路径的交集（Rikka with Intersection of Paths, ACM/ICPC 徐州 2018, Codeforces Gym 102012G）

Rikka 有一棵包含 n（$1 \leqslant n \leqslant 3\times10^5$）个结点的树 T，结点编号为 1 到 n。树上也标记了 m（$2 \leqslant m \leqslant 3\times10^5$）条简单路径，第 i 条路径连接 x_i 和 y_i（$1 \leqslant x_i,y_i \leqslant n$），这些路径可能会有重复。如果要在其中选择 k 条路径，要求这 k 条路径至少有一个公共点，计算有多少种选择方案，输出其模 10^9+7 的结果。

【分析】

不难想到枚举所有的点 u，然后统计选择 k 条路径都经过点 u 的方案数。但是，两条路径如果存在多个公共点，就会有重复统计。而且不难证明，两条路径如果相交的话，至少其中一个路径两端点的 LCA 一定也是公共点。所以，我们对 u 统计时，就可以要求选择 k 条路径中至少有一条的两端点的 LCA 是 u。记经过 u 的路径条数为 P_u，其中端点以 u 为 LCA 的为 A_u，则最终结果就是 $\sum_{u=1}^{n}(C_{P_u}^k - C_{P_u-A_u}^k)$。因为至少有一条两端点满足条件不好算，所以我们这里就通过反过来计算 k 条路径中两端点 LCA 都不是 u 的方案数来得到结果。

A_u 的计算比较直接，遍历每条简单路径(u,v)，计算 d=LCA(u,v)，A_d++即可。麻烦的是 P_u，遍历(u,v)时，可以先 P_u++, P_v++, P_d−−，$P_{\text{fa}(d)}$−−。此时，P_u 就是以 u 到根结点路径上的点为端点的简单路径的条数之和。完成之后，再进行一次树上差分，就可以得到所有的 P_u。这里给出程序的主要部分，代码如下（总的时间复杂度为 $O((n+m)\log n)$）。

```
inline void differ(int u, int fa) {          // 树上差分
  for (auto v : G[u])
    if (v != fa) differ(v, u), P[u] += P[v];
}

int main() {
  Fact[0] = 1;
  _for(i, 1, NN) Fact[i] = 1LL * Fact[i - 1] * i % MOD;
  ios::sync_with_stdio(false), cin.tie(0);
  int T; cin >> T;
  for (int t = 0, N, m, k, u, v; t < T; ++t) {
    cin >> N >> m >> k;
    fill_n(P, N + 1, 0), fill_n(A, N + 1, 0);
    _rep(i, 0, N) G[i].clear();
    _for(i, 1, N) cin >> u >> v, G[u].push_back(v), G[v].push_back(u);
    dfs(1, 0, 1);
    for (int i = 1, d; i <= m; ++i) {
      cin >> u >> v, d = lca(u, v);
      ++A[d], ++P[u], ++P[v], --P[d];    // d 多计算一次
      if (d != 1) --P[Fa[d][0]];         // Fa[d]-root 多计算两次
    } // P[u]: u→根结点路径上点为端点的简单路径条数之和; A[u]: u 是几条路径的 LCA
    differ(1, 0);     // 树上差分合并之后，P[u]: 有多少条路径经过 u
    LL ans = 0;       // 对于两条路径的交点，我们只统计是某直线端点 LCA 的那个
                      // 不是 LCA 的不算
    _rep(i, 1, N) (ans += C(P[i], k) - C(P[i] - A[i], k) + MOD) %= MOD;
```

```
    printf("%lld\n", ans);
  }
  return 0;
}
```

例题 35 路径统计（Tree, POJ 1741）

给定一棵 n 个结点的正权树，定义 dist(u,v)为 u,v 两点间唯一路径的长度（即所有边的权和），再给定一个正数 K，统计有多少对结点(a,b)满足 dist(a,b)≤K。

【分析】

如果直接计算出任意个结点之间的距离，则时间复杂度高达 $O(n^2)$。因为一条路径要么经过根结点，要么完全在一棵子树中，所以可以尝试使用分治算法：选取一个点将无根树转为有根树，再递归处理每一棵以根结点的儿子为根的子树，如图 3-64 所示。

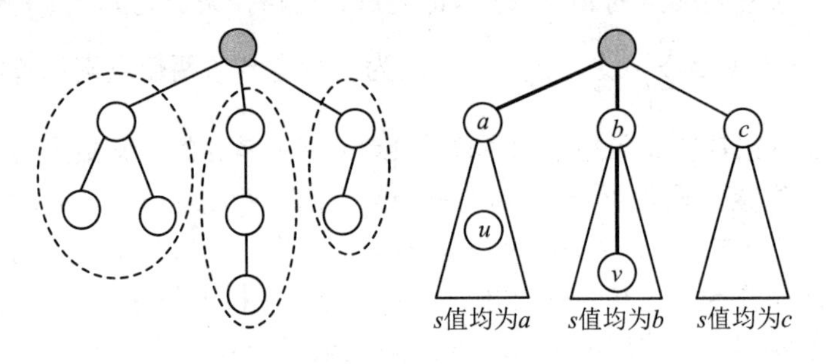

图 3-64

在确立了递归的算法框架之后，需要统计 3 类路径。

- 完全位于一棵子树内的路径。这一步是分治算法中的“递归”部分。
- 其中一个端点是根结点。这一步只需要统计满足 $d(i)$≤K 的非根结点 i 的个数，其中 $d(i)$表示点 i 到根结点的路径长度。
- 经过根结点的路径。这种情况比较复杂，需要继续讨论。

记 $s(i)$表示根结点的哪棵子树包含 i，那么要统计的就是：满足 $d(i)+d(j)$≤K 且 $s(i)$不等于 $s(j)$的(i,j)的个数，任意两个 s 值不同的点之间都是一条经过根的路径，可以使用补集转换。设 A 为满足 $d(i)+d(j)$≤K 的(i,j)的个数，B 为满足 $d(i)+d(j)$≤K 且 $s(i)=s(j)$的(i,j)的个数，则答案等于 $A-B$。如何计算 A 呢？首先把所有 d 值排序，然后进行一次线性扫描即可。B 的计算方法也一样，只不过是对于根的每个子结点分别处理，把 s 值等于该子结点的所有 d 值排序，然后线性扫描。根据主定理，算法的总时间复杂度为 $O(n(\log^2 n))$。上面介绍的是基于点的分治算法。实际上，还有基于边和链的分治算法，有兴趣的读者可以参考相关资料。

这里需要注意的是，题目中树的状态可能是极不平衡的。还记得《算法竞赛入门经典（第 2 版）》第 9 章中介绍的“重心”吗？可以证明：如果选重心为根结点，每棵子树的结点个数均不超过 $n/2$。在每次递归到一棵子树 u 之前，都要重新计算 u 的重心，再对重心使用分治算法。递归深度一定不超过 $O(\log n)$。

另外，本题也会用到一种可以在 $O(n)$时间内统计一个数组中有多少对元素之和不大于某个指定值的算法——双指针扫描法。接下来给出题目的实现程序，代码如下。

```
#include<cstdio>
#include<cassert>
#include<vector>
#include<algorithm>
#include<iterator>

using namespace std;
const int INF = 2147483647, MAXN = 10000 + 4;

struct Edge {
  int v, w;
  Edge(int _v, int _w): v(_v), w(_w) {}
};
int N, K;
vector<Edge> G[MAXN];
bool VIS[MAXN];

int get_size(int u, int fa) { // 子树 u 的体积
  assert(!VIS[u]);
  int ans = 1;
  for (size_t i = 0; i < G[u].size(); i++) {
    int v = G[u][i].v;
    if (v == fa || VIS[v]) continue;
    ans += get_size(v, u);
  }
  return ans;
}

// 给出子树 u 的大小，找出其重心
int find_centroid(int u, int fa, int usz, int &ch_sz, int &ct) {
  assert(!VIS[u]);
  int sz = 1, max_ch = -INF;
  for (size_t i = 0; i < G[u].size(); i++) {
    int v = G[u][i].v;
    if (v == fa || VIS[v]) continue;
    int chsz = find_centroid(v, u, usz, ch_sz, ct);
    sz += chsz, max_ch = max(max_ch, chsz);
  }
  max_ch = max(max_ch, usz - sz);
  if (max_ch < ch_sz) ch_sz = max_ch, ct = u;
  return sz;
}

int find_centroid(int u) { // 子树 u 的重心
  int ch_sz = INF, ct = -1, sz = get_size(u, -1);
  find_centroid(u, -1, sz, ch_sz, ct);
  assert(ct != -1 && ch_sz <= sz / 2);
  return ct;
}
```

```
// 收集子树u中所有到u的<=K的路径长度
void get_paths(int u, int fa, int plen, vector<int>& paths) {
  if (plen > K) return;
  paths.push_back(plen);
  for (size_t i = 0; i < G[u].size(); i++) {
    const Edge &e = G[u][i];
    if (e.v != fa && !VIS[e.v])
      get_paths(e.v, u, plen + e.w, paths);
  }
}

// 统计P中两个元素之和<=K的pair个数
inline int count_pairs(vector<int>& P) {
  sort(P.begin(), P.end());
  int ans = 0;
  for (int l = 0, r = P.size() - 1; ; l++) {
    while (r > l && P[r] + P[l] > K) r--;
    if (r <= l) break;                          // 双指针扫描法
    ans += r - l;                               // 减去同一棵子树v中的路径
  }
  return ans;
}

int solve(int u) {                              // 对子树u递归求解
  int ans = 0;
  vector<int> lens;                             // 所有合法的路径长度
  for (size_t i = 0; i < G[u].size(); i++) {
    const Edge &e = G[u][i];
    if (VIS[e.v]) continue;
    vector<int> ps;                             // u→子树v中点的所有路径
    get_paths(e.v, u, e.w, ps), ans -= count_pairs(ps);
    copy(ps.begin(), ps.end(), back_inserter(lens));
  }
  ans += count_pairs(lens) + lens.size();       // 从u出发的路径
  VIS[u] = true;
  for (size_t i = 0; i < G[u].size(); i++) {
    const Edge &e = G[u][i];
    if (!VIS[e.v]) ans += solve(find_centroid(e.v));
  }
  return ans;
}

int main() {
  while (scanf("%d%d", &N, &K) == 2 && (N || K)) {
    for (int i = 0; i <= N; i++) G[i].clear(), VIS[i] = false;
    for (int i = 0, u, v, w; i < N - 1; i++) {
      scanf("%d%d%d", &u, &v, &w), u--, v--;
      G[u].push_back(Edge(v, w)), G[v].push_back(Edge(u, w));
```

```
    }
    printf("%d\n", solve(find_centroid(0)));
  }
  return 0;
}
// sukhoeing 1741: Tree  Accepted  3816kB  197ms 2858 B  G++
```

例题 36　铁人比赛（Ironman Race in Treeland, ACM/ICPC Kuala Lumpur 2008, UVa 12161）

给定一棵 n（$1\leqslant n\leqslant 30\,000$）个结点的树，每条边包含长度 L 和费用 D（$1\leqslant D, L\leqslant 1\,000$）两个权值。要求选择一条总费用不超过 m（$1\leqslant m\leqslant 10^8$）的路径，使得路径总长度尽量大。输入保证有解。

【分析】

使用树的点分治，关键点是计算经过 root 的最优路径。DFS 求出子树内所有结点到根的路径长度和费用，然后按照 DFS 序从小到大枚举这些结点。

枚举到点 i 时，记 i 到 root 路径的费用为 $c(i)$，长度为 $d(i)$，则需要在 i 之前的结点（已经枚举过的）中找一个费用不超过 $m-c(i)$且到 root 距离最大的结点 u。

对于结点 u,v，如果 $c(u)>c(v)$，但 $d(u)\leqslant d(v)$，则 u 一定不是最优解的端点，可以删除。这样 i 之前的结点可以组织成单调集合：到根的路径长度和路径费用同时递增。如果把这个单调集合保存到 map 中，可以在 $O(\log n)$时间内找到“费用不超过给定值的前提下距离最大的结点”。这样，$O(n\log n)$时间求出了“经过 root 的最优路径”。根据主定理，总时间复杂度为 $O(n(\log^2 n))$。代码如下。

```
#include <bits/stdc++.h>
using namespace std;
typedef long long LL;

struct Edge { int v, d, l; };
const int INF = 0x3f3f3f3f, MAXN = 3e4 + 10;
int N, M, MaxSub[MAXN], SZ[MAXN], VIS[MAXN], Dep[MAXN], Cost[MAXN];
//MaxSub[i]: 去除结点 i 后得到的森林中结点数最多的树的结点
// SZ[u]: 子树 u 的体积; Dep:长度; Cost: 路径的费用
vector<Edge> G[MAXN];
void find_center(int u, int fa, const int tree_sz, int &center) { //找重心
  int &szu = SZ[u], &msu = MaxSub[u];
  szu = 1, msu = 0;
  for (const Edge& e : G[u]) {
    if (e.v == fa || VIS[e.v]) continue;
    find_center(e.v, u, tree_sz, center);
    szu += SZ[e.v], msu = max(msu, SZ[e.v]);
  }
  msu = max(msu, tree_sz - SZ[u]);
  if (MaxSub[center] > msu) center = u;
}

void insert_cd(map<int, int>& ps, int c, int d) {
```

```
  if (c > M) return;
  auto it = ps.upper_bound(c);
  if (it == ps.begin() || (--it)->second < d) { // 保证ps里面{费用:长度}同时递增
    ps[c] = d; // (it-1)->c≤c，要求d>(it-1)->d才插入c:d
    it = ps.upper_bound(c); // 对于所有的 it(it->c>c)，要求it->d>d，否则删除
    while (it != ps.end() && it->second <= d) ps.erase(it++);
  }
}

void collect_deps(int u, int fa, map<int, int>& ps) { // 子树u结点路径花费:
长度
  SZ[u] = 1;
  insert_cd(ps, Cost[u], Dep[u]);
  for (const Edge& e : G[u]) {
    if (e.v == fa || VIS[e.v]) continue;
    Dep[e.v] = Dep[u] + e.l, Cost[e.v] = Cost[u] + e.d;
    collect_deps(e.v, u, ps), SZ[u] += SZ[e.v];
  }
}

void count(int u, int &max_len) {   // 计算经过子树u根结点的路径数
  map<int, int> ps, vps;            // u子树，v子树中的费用:长度
  ps[0] = 0;
  for (const Edge& e : G[u]) {
    if (VIS[e.v]) continue;
    Dep[e.v] = e.l, Cost[e.v] = e.d;
    vps.clear(), collect_deps(e.v, u, vps);
    for (const auto& p : vps) {
      auto it = ps.upper_bound(M - p.first);
      if (it != ps.begin()) max_len = max(max_len, p.second + (--it)->second);
    }
    for (const auto& p : vps) insert_cd(ps, p.first, p.second);
  }
}

void solve(int u, int &max_len) {
  count(u, max_len), VIS[u] = true;
  for (const Edge& e : G[u]) {
    if (VIS[e.v]) continue;
    int center = 0;
    find_center(e.v, u, SZ[e.v], center), solve(center, max_len);
  }
}

int main() {
  int T;
  scanf("%d", &T);
  for (int kase = 1; kase <= T; kase++) {
    scanf("%d%d", &N, &M);
```

```
    fill_n(VIS, N + 1, 0), MaxSub[0] = N;
    for (int i = 1; i <= N; i++) G[i].clear();
    for (int i = 1, u, v, d, l; i < N; i++) {
      scanf("%d%d%d%d", &u, &v, &d, &l);
      G[u].push_back({v, d, l}), G[v].push_back({u, d, l});
    }
    int center = 0, max_len = 0;
    find_center(1, -1, N, center);  // 找到初始的重心
    solve(center, max_len);         // 递归求解
    printf("Case %d: %d\n", kase, max_len);
  }
  return 0;
}
```

还有一种方法，即求解子树时“顺便”把单调集合也构造出来。如果细节处理得当（需要避开 BST），还可以把计算“经过树根的最优路径”的时间复杂度降为 $O(n)$，细节留给读者思考。

例题 37　竞赛（Race, IOI 2011 牛客 NC 51143）

给一棵大小为 n（$1 \leqslant n \leqslant 2 \times 10^5$）的树，结点编号从 0 开始，每条边 u_i-v_i 给出边权 w_i（$0 \leqslant u_i, v_i < n$, $1 \leqslant K \leqslant 10^6$）。求一条简单路径，权值和等于给定的正整数 K（$1 \leqslant K \leqslant 10^6$），且边的数量最小，输出边数的最小值。

【分析】

先将无根树转化为有根树。对于每个点 u，需要统计以 u 为根的子树中所有经过 u 且权值和等于 K 的路径，计算这些路径边数的最小值来更新答案。

对于 u 的每棵子树 v，统计从 u 出发到达每一棵子树 v 且权值和不超过 K 的路径，记录这些路径的权值和以及边数。记 F_i 等于从 u 出发的长度为 i 的路径的最小边数。对于从 u 出发，到 v 之外的其他子树中权值和为 w 且边数为 ec 的路径，用 ec+$F[K-w]$更新答案，再更新 F，之后对 u 的所有子树 v 递归求解即可。代码如下。

```
// 收集子树 u 中每个点到根结点的路径的{权值和 sw,边数 ec}，只考虑权值和<=K 的
void collect_path(int u, int fa, int sw, int ec, vector<Path> &S) {
  if (sw > K) return;
  S.push_back({sw, ec});
  for (const Edge &e : G[u])
    if (e.v != fa && !Vis[e.v]) collect_path(e.v, u, sw + e.w, ec + 1, S);
}
// 子树 u 中所有经过 u 且权值和=K 的路径，这些路径长度(边数)的最小值→min_ec
void solve(int u, int& min_ec) {
  vector<int> q;
  for (const auto & e : G[u]) {
    if (Vis[e.v]) continue;
    vector<Path> S;
    collect_path(e.v, u, e.w, 1, S);
    // 当前路径与之前子树路径的组合
    for (auto & it : S) min_ec = min(min_ec, it.ec + F[K - it.w]);
    // 更新这条路径对应的 F 值，让后来的子树用
```

```
    for (auto & it : S) q.push_back(it.w), F[it.w] = min(F[it.w], it.ec);
  }
  for (int i : q) F[i] = INF;
}
void dfs(int u, int& min_ec) { // 递归求解子树 u
  Vis[u] = true, F[0] = 0;
  solve(u, min_ec);              // 处理所有经过 u 的路径
  for (const auto & e : G[u]) {
    if (Vis[e.v]) continue;
    int center = 0;              // 找子树 v 的中心，然后递归求解子树 v
    find_center(e.v, u, SZ[e.v], center), dfs(center, min_ec);
  }
}
```

同时，也要注意这棵树很有可能极不平衡，每次对一棵子树递归求解之前要首先求出其重心，再对重心调用 DFS，时间复杂度为 $O(n\log n)$。

轻重路径剖分：在树上进行路径查询时，经常会遇到这样的问题——树可能极不平衡，查询的时间复杂度无法接受。下面介绍一种方法来解决这个问题。

给定一棵有根树，对于每个非叶结点 u，设其子树中结点数最多的子树的树根为 v（若有多个，任选其一），则标记(u,v)为重边（Heavy Edge）。从 u 出发，往下的其他边均为轻边（Light Edge），如图 3-65 所示（结点中的数字代表结点的 size 值，即以该结点为根的子树的结点数）。根据上面的定义，只需一次 DFS 就能把一棵有根树分解成若干重路径（重边组成的路径）和若干轻边。有些资料也把重路径称为树链，因此轻重路径剖分（Heavy-Light Decomposition）也称树链剖分。

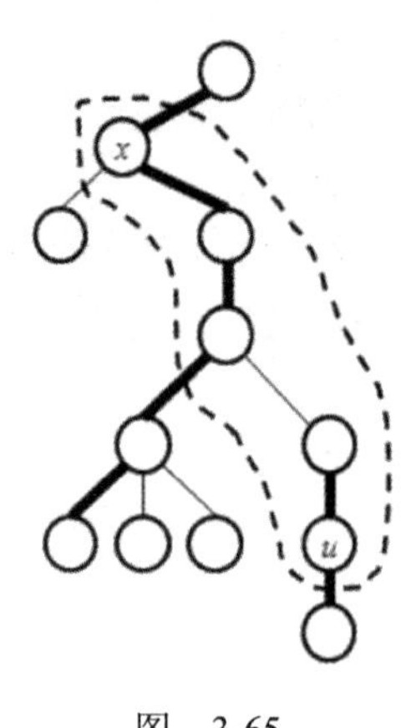

图 3-65

路径剖分中最重要的定理如下：若 v 是 u 的子结点，(u,v)是轻边，则 $\text{size}(v)<\text{size}(u)/2$，其中 $\text{size}(u)$表示以 u 为根的子树的结点总数。证明并不复杂。由定义，所有非叶结点往下都有一条重边，假设 $\text{size}(v)\geqslant\text{size}(u)/2$，那么对于 u 向下的重边(u,w)来说，$\text{size}(w)\geqslant\text{size}(v)\geqslant\text{size}(u)/2$，因此 $\text{size}(u)\geqslant 1+\text{size}(v)+\text{size}(w)\geqslant 1+\text{size}(u)$，与假设矛盾。由此可以得到如下的重要结论：对于任意非根结点 u，在根到 u 的路径上，轻边和重路径的条数均不超过 $\log_2 n$，因为每碰到一条轻边，size 值就会减半。

树的动态查询问题：给定一棵带边权的树T，要求支持两种操作。

- 修改某条边的权值。
- 询问树中某两点的唯一路径上最大边权（sum,min,max 类似）。

把无根树变成有根树并且求出路径剖分，如图 3-65 所示。任意 u 到其祖先 x 的简单路径中包含一些轻边和重路径，但这些重路径可能并不是原树中的完整重路径，而只是一些“片段”，因此可以在轻边中直接保存边权，而用线段树维护重路径（$A[i,\cdots,j]$对应 tid 的 $i,\cdots,j$,$A[u]$就是 u 到其父亲的边权）。这样，两个操作都不难实现。

- 修改：轻边直接修改，重边需要在重路径对应的线段树中修改。

- 查询：设 LCA(u,v)=p，则只需求出 u 和 p 之间的最大边权 MW(u,p)，再用求出 MW(v,p)，则答案为 max{MW(u,p), MW(v,p)}。

如何求 MW(u,p)？依次访问 u 和 p 之间的每条重路径和轻边即可。根据刚才的结论，轻边和重路径的条数均不超过 $\log_2 n$。修改的时间为 $O(\log n)$，查询为 $O(\log n)$。实际多个线段树可以合并成一个，时间复杂度更低，但上述方法已经很实用了。

例题 38　闪电的能量（Lightning Energy Report, ACM/ICPCJakarta 2010, UVa 1674）

有 n（$n \leqslant 50\,000$）座房子形成树状结构，还有 Q（$Q \leqslant 10\,000$）道闪电。每次闪电会打到两个房子 a,b，你需要把二者路径上的所有点（包括 a,b）的闪电值加上 c（$c \leqslant 100$）。最后输出每个房子的总闪电值。

【分析】

出题者的标准解法是利用树链剖分：每次最多更新 $2\log n$ 条重路径，而每条重路径上的区间更新需要 $O(\log n)$时间。这里仅给出核心程序。代码如下：

```
using namespace std;
typedef long long LL;

struct NodeInfo { int minv, maxv, sumv; };
NodeInfo operator+(const NodeInfo& n1, const NodeInfo& n2)
{ return {min(n1.minv, n2.minv), max(n1.maxv, n2.maxv), n1.sumv + n2.sumv}; }
template<size_t SZ, int INF = 0x7f7f7f7f>
struct IntervalTree {                                         // 线段树
  NodeInfo nodes[SZ * 2];
  int setv[SZ * 2], addv[SZ * 2], qL, qR, N;
  bitset < SZ * 2 > isSet;
  inline void setFlag(int o, int v) { setv[o] = v, isSet.set(o), addv[o] = 0; }
  void init(int n) {
    N = n;
    int sz = N * 2 + 2;
    fill_n(addv, sz, 0), isSet.reset(), isSet.set(1);
    memset(nodes, 0, sizeof(NodeInfo) * sz);
  }

  inline void maintain(int o, int L, int R) {                // 维护信息
    int lc = o * 2, rc = o * 2 + 1, a = addv[o], s = setv[o];
    auto &nd = nodes[o], &li = nodes[lc], &ri = nodes[rc];
    if (R > L) nd = li + ri;
    if (isSet[o]) nd = {s, s, s * (R - L + 1)};
    if (a) nd.minv += a, nd.maxv += a, nd.sumv += a * (R - L + 1);
  }

  inline void pushdown(int o) {                               // 标记传递
    int lc = o * 2, rc = o * 2 + 1;
    if (isSet[o])
      setFlag(lc, setv[o]),setFlag(rc, setv[o]),isSet.reset(o);
                                                              // 清除本结点标记
    if (addv[o])
```

```
    addv[lc] += addv[o], addv[rc] += addv[o],addv[o] = 0; // 清除本结点标记
  }

  void update(int o, int L, int R, int op, int v) { // op(1:add, 2:set)
    int lc = o * 2, rc = o * 2 + 1, M = L + (R - L) / 2;
    if (qL <= L && qR >= R) {                                    // 标记修改
      if (op == 1) addv[o] += v;                                 // add
      else setFlag(o, v);                                        // set
    } else {
      pushdown(o);
      if (qL <= M) update(lc, L, M, op, v); else maintain(lc, L, M);
      if (qR > M) update(rc, M + 1, R, op, v); else maintain(rc, M + 1, R);
    }
    maintain(o, L, R);
  }

  NodeInfo query(int o, int L, int R) {
    int lc = o * 2, rc = o * 2 + 1, M = L + (R - L) / 2;
    maintain(o, L, R);
    if (qL <= L && qR >= R) return nodes[o];

    pushdown(o);
    NodeInfo li = {INF, -INF, 0}, ri = {INF, -INF, 0};
    if (qL <= M) li = query(lc, L, M); else maintain(lc, L, M);
    if (qR > M) ri = query(rc, M + 1, R); else maintain(rc, M + 1, R);
    return li + ri;
  }

  NodeInfo query(int L, int R) {
    qL = L, qR = R;
    const auto& ni = query(1, 1, N);
    return ni;
  }

  void add(int L, int R, int val) {
    qL = L, qR = R;
    update(1, 1, N, 1, val);
  }
};

const int MAXN = 65536;
// HcHead[i]为i所在重链头，HSon[i]为i的重儿子
// SZ[i]为子树i体积，ID[i]为i在线段树中的序号
int Fa[MAXN], HcHead[MAXN], Depth[MAXN], HSon[MAXN], SZ[MAXN], ID[MAXN];
vector<int> G[MAXN];

//第一次DFS，得到每个结点的重儿子、深度、父结点
int dfs(int u, int fa) {
  int &h = HSon[u], &sz = SZ[u];
```

```
  sz = 1, Fa[u] = fa, h = 0, Depth[u] = Depth[fa] + 1;
  for (auto v : G[u]) {
    if (v == fa) continue;
    sz += dfs(v, u);
    if (SZ[v] > SZ[h]) h = v;                    //重儿子为体积最大的子树
  }
  return sz;
}

// 第二次 DFS，得到每个结点在线段树中的标号、重链的标号
void hld(int u, int fa, int x, int& intSz) {
  ID[u] = ++intSz, HcHead[u] = x;             // 重链标号为该重链最顶端的结点
  // 先处理重链，保证剖分完之后每条重链中的标号是连续的
  if (HSon[u]) hld(HSon[u], u, x, intSz);
  for (auto v : G[u])
    if (v != fa && v != HSon[u]) hld(v, u, v, intSz);
}

IntervalTree<MAXN> intTree;
void addPath(int u, int v, int w) {
  while (true) {
    int hu = HcHead[u], hv = HcHead[v];
    if (hu == hv) break;                      // 直到两点位于同一条重链才停止
    if (Depth[hu] < Depth[hv]) swap(u, v), swap(hu, hv);
    // 更新 h→head()
    intTree.add(ID[hu], ID[u], w), u = Fa[hu];
  }
  if (Depth[u] < Depth[v]) swap(u, v);
  intTree.add(ID[v], ID[u], w);               // 更新 u->v
}

int main() {
  int N, Q, T;
  scanf("%d", &T);
  for (int kase = 1; kase <= T; kase++) {
    scanf("%d", &N);
    assert(N < MAXN);
    intTree.init(N);
    for (int i = 1; i <= N; i++) G[i].clear();
    int u, v, w;
    SZ[0] = 0, Depth[1] = 0;
    for (int i = 1; i < N; i++) {
      scanf("%d%d", &u, &v), u++, v++;
      G[u].push_back(v), G[v].push_back(u);
    }
    dfs(1, 1);
    int intSz = 0;
    hld(1, 1, 1, intSz);
    scanf("%d", &Q);
```

```
    for (int i = 0; i < Q; i++) {
      scanf("%d%d%d", &u, &v, &w);
      u++, v++;
      addPath(u, v, w);
    }
    printf("Case #%d:\n", kase);
    for (int i = 1; i <= N; i++)
      printf("%d\n", intTree.query(ID[i], ID[i]).sumv);
  }
  return 0;
}
```

这样做也没有错，但是有点儿小题大做。其实，对于询问(a,b,c)，可以首先算出 d=LCA(a,b)，然后执行 mark$[a]$+=c,mark$[b]$+=c,mark$[d]$-=c。如果 d 不是树根，还要让 d 的父结点 p 的 mark 值减 c。原理是这样的：mark$[u]$=w 的意思是 u 到根的路径上每个点的权都要加上 w，即结点 i 的闪电值等于根为 i 的子树的总 mark 值。如图 3-66 所示，经过上述 mark 修改操作之后，只有 a 到 b 路径上所有点的“子树总 mark 值”增加了 c，其他结点保持不变。最后用一次 DFS，即可求出以每个结点为根的子树的总 mark 值。

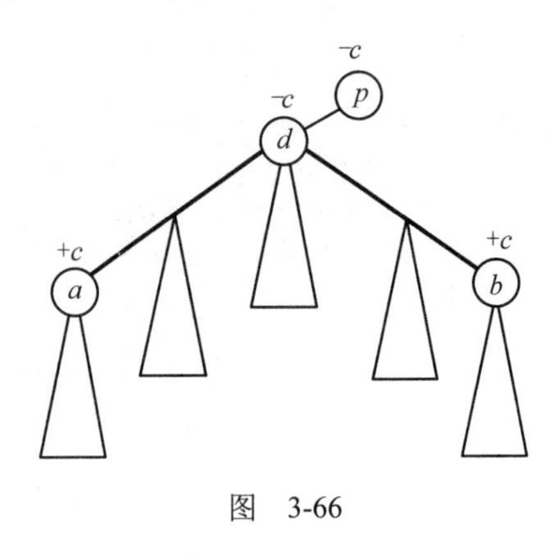

图 3-66

例题 39 软件包管理器（NOI 2015，牛客 NC 17882）

Linux 用户和 OSX 用户一定对软件包管理器不会陌生。通过软件包管理器，你可以使用一行命令安装某一个软件包，然后软件包管理器会帮助你从软件源下载软件包，同时自动解决所有的依赖（即下载安装这个软件包所依赖的其他软件包），完成所有的配置。Debian/Ubuntu 使用的 apt-get，Fedora/CentOS 使用的 yum，以及 OSX 下可用的 homebrew，都是优秀的软件包管理器。

你决定设计自己的软件包管理器。不可避免地，你要解决软件包之间的依赖问题。如果软件包 A 依赖软件包 B，那么安装软件包 A 以前，必须先安装软件包 B。同时，如果想要卸载软件包 B，则必须卸载软件包 A。现在你已经获得了所有的软件包之间的依赖关系。而且，由于你之前的工作，除 0 号软件包以外，在你的管理器当中的软件包都会依赖一个且仅一个软件包，而 0 号软件包不依赖任何一个软件包。不会存在循环依赖，当然也不会有一个软件包依赖自己。

现在你要为你的软件包管理器写一个依赖解决程序。根据反馈，用户希望在安装和卸载某个软件包时，快速地知道这个操作实际上会改变多少个软件包的安装状态（即安装操作会安装多少个未安装的软件包，或卸载操作会卸载多少个已安装的软件包），你的任务就是实现这个部分。注意，安装一个已安装的软件包，或卸载一个未安装的软件包，都不会改变任何软件包的安装状态，即在此情况下，改变安装状态的软件包数为 0。询问分为两种。

- install x：表示安装软件包 x。
- uninstall x：表示卸载软件包 x。

你需要维护每个软件包的安装状态。一开始，所有的软件包都处于未安装状态。

【输入格式】

第一行包含一个整数 n（$n \leqslant 10^5$），表示软件包的总数，软件包从 0 开始编号；随后一行包含 $n-1$ 个整数，相邻整数之间用单个空格隔开，分别表示 $1,2,3,\cdots,n-2,n-1$ 号软件包依赖的软件包的编号；接下来一行包含一个整数 q（$q \leqslant 10^5$），表示询问的总数；之后 q 行，每行一个询问。

【输出格式】

对于每个操作（与输入数据对应），需要输出这步操作会改变多少个软件包的安装状态，随后应用这个操作（即改变维护的安装状态）。

【分析】

显然，所有的软件根据依赖关系形成一棵树，我们可以用点权来表示软件的安装状态，0、1 分别表示未安装和已安装。则安装（install x）操作，设置 x 到 0 路径上所有点权为 1。操作过程中安装的未安装软件个数就是操作前后这条路径上点权和的差。使用以下两个操作就可以实现，这些操作都是从 x 沿着所在重链不停地往 0 方向遍历，并且查询或者设置经过的所有点的点权，代码中的“st”指的是存储所有点的线段树。这里仅给出核心程序。代码如下。

```
int queryRootPathSum(int u) {   // 查询 u 到树根上所有点权值之和
  int ans = 0;
  while (true) {
    int hu = H.HcHead[u];
    ans += St.querysum(H.ID[hu], H.ID[u]);
    if (hu == Root) break;
    u = H.Fa[hu];
  }
  return ans;
}
void setRootPath(int u) {        // 设置 u 到树根路径上所有点权为 1
  while (true) {
    int hu = H.HcHead[u];
    St.setV(H.ID[hu], H.ID[u], 1);
    if (hu == Root) break;
    u = H.Fa[hu];
  }
}
```

卸载操作呢？需要设置 x 为根的子树中所有点权为 0，而卸载的软件个数就是操作前整个子树的点权值之和。而在我们的树链剖分实现中，子树中所有的点的编号在线段树中会形成一个连续区间，这个区间首先是 x 所在的重链上的点，后面是其他所有点。这里给出相关的两个函数实现程序。代码如下：

```
int querySubTreeSum(int u) // 查询子树 u 的所有点权之和，子树上所有点在 DFS 序中是
                           // 连续的
{ return St.querysum(H.ID[u], H.ID[u] + H.Usz[u] - 1); }
void clearSubTree(int u)   // 设置子树 u 的所有点权为 0
```

```
{ St.setV(H.ID[u], H.ID[u] + H.Usz[u] - 1, 0); }
```

例题 40　要有彩虹（Let there be rainbows!, IPSC 2009 Problem L）

给出一棵 n（$n \leqslant 2\times10^6$）个结点的树，结点编号为 0～n-1，一开始所有的边都是灰色的。每次给出两个整数 x 和 y，以及 7 种颜色（red, orange, yellow, green, blue, indigo, violet）之一的颜色 c。要将点 x 到 y 路径上每条颜色不是 c 的边涂成 c，最终输出每种颜色各自用来涂了多少条边。①

【分析】

不难想到使用树链剖分，将整棵树剖分成多条重链，同时将每条重链都存储在线段树表示的数组中，数组中每个元素是对应树上点和父结点之间边的颜色。而线段树的每个结点中存储当前子区间的颜色（如果区间颜色都相同），以及每种颜色的个数。这样不难编写对应的查询以及涂色程序。

查询逻辑如下：对于即将要涂成 c 的路径 x-y，首先找到 x 所在的重链，并且通过时间戳二分查找法查看 LCA(x,y)是否在 x 所在重链上。如果在，那么对 x～LCA(x,y)的边进行统计，否则对 x 到重链父结点的边进行统计。记录下路径上所有点到父结点边的颜色有多少不是 c，累加到结果中。之后走到 x 所在重链顶点的父结点所在的重链，进行递归操作。

上述逻辑用树链剖分并不难实现，而且 IPSC 的题目都是只要求提交答案而不要求提交代码在线运行，这样对时间以及空间占用都不敏感，所以本题可以为每条重链构造一个线段树实例。但是真正麻烦的地方在于：n 的规模很大，如果还像普通的题目一样使用递归实现，就会直接导致栈溢出。所以本题使用基于栈的迭代版本的 DFS 来计算每棵子树的体积、时间戳等信息。基于栈的 DFS 最关键的点就是首先处理结点 u 的子结点，然后再处理结点本身，并且处理完成之后再根据 DFS 序来组装每个重链。代码如下。

```
#include <bits/stdc++.h>
using namespace std;
#define _for(i,a,b) for( int i=(a); i<(int)(b); ++i)
#define _rep(i,a,b) for( int i=(a); i<=(int)(b); ++i)
typedef long long LL;

struct IntTree { // 每个重链对应的线段树，IPSC 不卡内存，如果其他 OJ，可以考虑动态开点
  struct Node {
    int color, sum[8];       // color:区间颜色，0 代表无颜色；sum 代表颜色的个数
    void setc(int c, int len) {
      color = c;
      fill_n(sum, 8, 0), sum[c] = len;
    }
    Node() { setc(0, 0); }
  };
  int L;
  vector<Node> data;
  IntTree(int N) { L = 1 << (int)(ceil(log2(N + 2))), data.resize(2 * L); }
```

① 本题地址: https://ipsc.ksp.sk/2009/real/problems/l.html.

```
  void insert(int l, int r, int clr, int o, int L, int len) {
    if (r <= L || l >= L + len) return;     // [L, L+len] ∩ [l,r] = φ
    Node& d = data[o], &ld = data[2 * o], &rd = data[2 * o + 1];
    if (l <= L && L + len <= r) {           // [L, L+len) ∈ (l, r)
      d.setc(clr, len);
      return;
    }
    if (d.color != 0) ld.setc(d.color, len / 2), rd.setc(d.color, len / 2);
    d.setc(0, 0);
    insert(l, r, clr, 2 * o, L, len / 2);
    insert(l, r, clr, 2 * o + 1, L + len / 2, len / 2);
    _for(i, 0, 8) d.sum[i] += ld.sum[i] + rd.sum[i];
  }
  int count(int l, int r, int clr, int o, int L, int len) {
    if (r <= L || l >= L + len) return 0;   // [L, L+len] ∩ [l,r] = Φ
    Node& d = data[o], &ld = data[2 * o], &rd = data[2 * o + 1];
    if (l <= L && L + len <= r) return d.sum[clr]; // [L, L+len) ∈ (l, r)
    if (d.color != 0) ld.setc(d.color, len / 2), rd.setc(d.color, len / 2);
    return count(l, r, clr, 2 * o, L, len / 2)
          + count(l, r, clr, 2 * o + 1, L + len / 2, len / 2);
  }
  void insert(int l, int r, int clr) { insert(l, r, clr, 1, 0, L); }
  int count(int l, int r, int clr) { return count(l, r, clr, 1, 0, L); }
};
const int NN = 1e6 + 8;
typedef vector<int> IVec;
IVec G[NN], CH[NN];                            // 图的结构
int N, Fa[NN], Tin[NN], Tout[NN], Tsz[NN]; // 父结点，时间戳，子树大小
bool Vis[NN];
int PathId[NN], PathOffset[NN];                // 每个点所在的重链以及在其中的位置
vector<IVec> Paths;                            // 所有重链独立存放
vector<IntTree> ST;                            // 每个重链对应的线段树

void hld() {
  fill_n(Vis, N + 1, false), fill_n(Tsz, N + 1, 0);
  _rep(i, 0, N) CH[i].clear();
  Paths.clear();

  vector<int> walk;                            // 后续遍历的 DFS 序
  int time = 0;
  Vis[0] = true, Tin[0] = time, Fa[0] = 0;
  stack<int> sv, se;          // 当前处理的 u 以及下一个要处理的 u 的子结点 v 对应的边
  sv.push(0), se.push(0);
  while (!sv.empty()) {       // 迭代版的 DFS
    ++time;
    int u = sv.top(); sv.pop();
    int e = se.top(); se.pop();                // 当前要处理的子树 v 的编号
    if (e == (int)G[u].size()) {               // u 子树都已经处理完
      walk.push_back(u), Tout[u] = time, Tsz[u] = 1;
```

```
      for (auto v : CH[u]) Tsz[u] += Tsz[v];    // 子树u的体积
    } else {
      sv.push(u), se.push(e + 1);
      int v = G[u][e];                          // u的子结点v
      if (!Vis[v]) {
        Vis[v] = true, Tin[v] = time, Fa[v] = u, CH[u].push_back(v);
        sv.push(v), se.push(0);
      }
    }
  }

  fill_n(Vis, N + 1, false);
  Vis[0] = true;                                // u->pa[u]处理过了?
  for (auto w : walk) {
    if (Vis[w]) continue;
    IVec p{w};
    while (true) {
      bool heavy = (2 * Tsz[w] >= Tsz[Fa[w]]);
      Vis[w] = true, w = Fa[w], p.push_back(w);
      if (!heavy || Vis[w]) break;
    }
    Paths.push_back(p);
  }

  PathId[0] = -1;                               // root不在任何链上
  _for(i, 0, Paths.size()) _for(j, 0, Paths[i].size() - 1) {
    PathId[Paths[i][j]] = i;
    PathOffset[Paths[i][j]] = j;
  }
  ST.clear();
  for (const auto& p : Paths) ST.emplace_back(p.size() - 1);
}

inline bool is_ancestor(int x, int y) {         // x 是 y 的祖先?
  return (Tin[y] >= Tin[x] && Tout[y] <= Tout[x]);
}

// 统计[x-y]路径上过去不是颜色c的，这次被涂成c了
int query(int x, int y, int c) {
  if (x == y) return 0;
  if (is_ancestor(x, y)) return query(y, x, c);
  int pi = PathId[x], l = PathOffset[x], r = Paths[pi].size() - 1;
  const auto& pt = Paths[pi];
  if (is_ancestor(pt[r], y)) {
    while (r - l > 1) {                         // 确保r在LCA(x,y)下方
      int m = (r + l) / 2;
      if (is_ancestor(pt[m], y)) r = m; else l = m;
    }
    l = PathOffset[x];
```

```
    }
    int ans = r - l - ST[pi].count(l, r, c); // 以前有多少其他颜色被涂成 c
    ST[pi].insert(l, r, c);
    return ans + query(pt[r], y, c);        // 加上 LCA(x, y)-y 路径上的
  }

  int main() {
    ios::sync_with_stdio(false), cin.tie(0);
    string color[] = {"", "red", "orange", "yellow", "green", "blue", "indigo",
"violet"};
    map<string, int> CI;
    _rep(i, 1, 7) CI[color[i]] = i;
    int T, Q; cin >> T;
    while (T--) {
      cin >> N;
      _rep(i, 0, N) G[i].clear();
      for (int i = 0, x, y; i < N - 1; ++i)
        cin >> x >> y, G[x].push_back(y), G[y].push_back(x);
      hld();
      cin >> Q;
      vector<LL> ans(8, 0);
      string c;
      for (int i = 0, x, y; i < Q; i++) {
        cin >> x >> y >> c;
        ans[CI[c]] += query(x, y, CI[c]);
      }
      _rep(i, 1, 7) cout << color[i] << " " << ans[i] << endl;
    }
    return 0;
  }
```

3.8　动态树与 LCT

前面介绍的图论算法基本都是针对静态结构的，也就是图的结构一开始就给定了。竞赛及工业应用的一些场景中，网络结构是动态的，需要在频繁增删边的同时维护其结构、属性以及一些统计数据，比如说图的生成森林、距离信息、路径信息、连通性以及连通分量的密度等。

比如动态树问题，给出一个森林，需要支持插入以及删除边，还要支持上文中描述的统计数据查询，同时要求这些操作的期望时间复杂度尽量低。森林中的树可能是极端不平衡的，因此需要一些特殊的手段来实现这个目标，其中一种方法就是由 Sleator 和 Tarjan 发明的 Link-Cut Trees，简称 LCT。LCT 可以在 $O(\log n)$的期望时间内来解决连通性判断以及其他的统计信息查询问题，维护一个支持如下操作的有根树组成的森林。

- ❑ MakeTree(*u*)：构造一棵单结点的树。
- ❑ Link(*v*,*w*)：让 *v* 成为 *w* 的孩子，也就是插入一条边 *v*–*w*。这里假设 *v* 是其所在树的树根。
- ❑ Cut(*v*)：让 *v* 从其父亲断开。
- ❑ FindRoot(*v*)：返回 *v* 所在树的树根，这里 *v* 到树根的距离可能很长，这个操作可以用来判断两个结点 *u* 和 *v* 是否连通。
- ❑ PathAggregate(*v*)：查找 *v* 到所在树根的路径上的权值的统计信息，比如 min，max，sum 等。
- ❑ MakeRoot(*v*)：将 *v* 变成其所在树的根。

LCT 上的路径剖分：类似于基于轻重路径的树链剖分，LCT 也把当前维护森林中的树剖分成一系列的路径，称为首选路径。

对于任意结点 *v*，都有一个唯一的首选孩子（prefered child，PC）。其相关定义如下：如果子树 *v* 中最后一个访问的结点是 *v*，则 PC(*v*)= ϕ；否则，就是 *v* 的最后一个被访问的孩子 *w*。对于任意结点 *v*，还有首选边（preferred edge），是 *v* 和首选孩子之间的边。首选路径就是用首选边能够连接起来形成的最长路径（preferred path）。

类似于树链剖分，整棵树被切分成一系列的链，不同的是这些链可以动态地改变形态。

因为伸展树可以很方便地改变形态，所以 LCT 将每条首选路径存储在一个辅助的伸展树中。之前我们曾经用伸展树维护过序列，这里的道理是一样的：在伸展树中结点是按照在树中的深度从小到大排序的。对于辅助树中的每个结点 *v*，其左子树存储了在 *v* 所在的首选路径上比 *v* 更浅的结点，右子树存储了路径上比 *v* 更深的结点。特别地，*v* 所在 *T* 中首选路径的根结点会是 Splay 树的最左端点。

同时，每个伸展树的根结点都存储了一个对应首选路径的父级指针，指向首选路径顶端结点在 *T* 中的父亲。图 3-67 中左边是一棵树以及其上的首选路径（用黑体表示），右边是各个路径对应的伸展树以及首选路径父亲（path parent）。不难看出，右边的各棵伸展树通过 path parent 指针串成了一棵大树，称为辅助树。不过，这只是为了表述方便，代码里并不需要专用设计辅助树的数据结构，只需要存储辅助的 Splay 树和 path parent 指针即可。因为如果一个点是伸展树的根结点，那么它在伸展树中没有父亲。所以，我们只用一个数组 fa，就可以保存首选路径父亲和伸展树中的父亲。

如果一个点不是辅助树的根（如 *A* 和 *I*），那么它肯定在辅助树中有父亲，所以这时用 fa 数组保存该结点在伸展树中的父亲。

如果它是辅助树的根（如 *B*、*G*、*N*），那么它肯定在伸展树中没有父亲，所以这时用 fa 数组保存首选路径父亲。因为一棵辅助树对应一条首选路径，所以同一棵辅助树内首选路径父亲是相同的。图 3-67 中各个结点对应的 fa 以及在辅助树中的左右子结点(ch[*x*][0]，ch[*x*][1])见表 3-8，其中 0 表示 null。

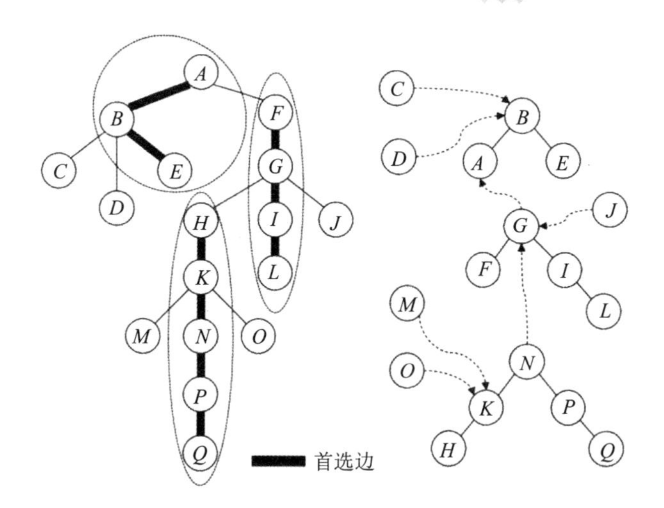

图　3-67

表　3-8

X	A	B	C	D	E	F	G	H	I	J	K	L	M	N	O	P	Q
fa[x]	B	0	B	B	B	G	A	K	G	G	N	I	K	G	K	N	P
ch[x][0]	0	A	0	0	0	0	F	0	0	0	H	0	0	K	0	0	0
ch[x][1]	0	E	0	0	0	0	I	0	L	0	0	0	0	P	0	Q	0

举例来说，fa[N]=G，但是 G 的左右儿子是 F 和 I，则可以判断出 G 是 N 的首选路径父亲，而且 G 是在辅助树中的根。

Access 操作：LCT 上的很多操作都要依赖 Access(v)。这个操作的含义是要重建整棵树来改变首选路径，使得 root 到 v 形成一条首选路径（这时 v 也是首选路径的端点）。这样 root 到 v 路径上的所有点在辅助树中都会在同一棵伸展树上，方便进行各种针对路径上的查询统计操作。很多文献中也称 Access 操作为 Expose 操作。

实现上，首先删除 v 的首选孩子（“删除”指的是在 v 对应的伸展树里删除，严格来说是分裂成两棵伸展树），也就是删除 v 所在首选路径上比 v 深的结点。实现上可以在辅助树上对 v 执行 splay 操作，使其变成辅助树的根。然后删除辅助树上 v 的右子树（包含了 v 所在首选路径上所有比 v 深的点）。最后设置 v 的右子树的首选路径父结点为 v。这时根据定义，v 就没有了首选孩子。

接下来就构建根结点和 v 之间的首选路径，要做的就是切断过去的首选边，并且将其指向新的结点。首先将 x 的路径父结点 f 的首选孩子截断，然后设置 f 的首选孩子为 x。然后令 x=f，重复以上操作，直到 x 没有父亲，也就是变为根结点为止。代码如下。

```
void access(int x) { // 将 root-x 变成首选边
  for (int f = 0; x; f = x, x = fa[x])
    splay(x), ch[x][1] = f;
}
```

调用 Access('N')之后，各条首选路径的变化如图 3-68 所示。

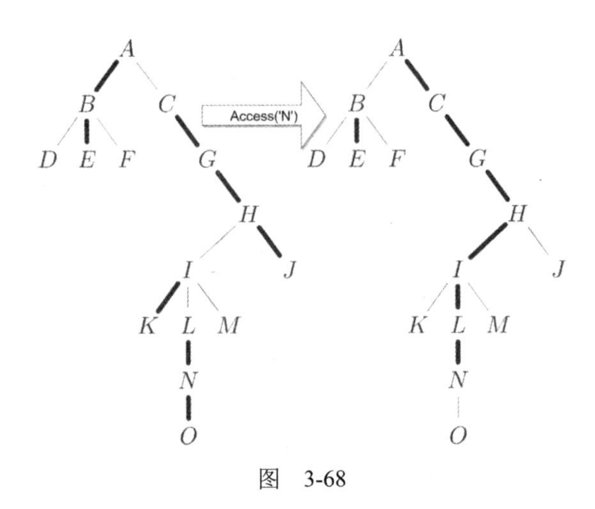

图 3-68

特别强调一下，Access 是所有操作的基础，用 Splay 实现的话，Access 的平摊复杂度是 $O(\log n)$。

MakeRoot 操作：MakeRoot(x)可把 x 换成所在树的根。这里树的形态会变，部分结点的深度改变，但是首选路径排序的关键字就是深度，该怎么解决这个问题呢？要把 x 换到根，那么只有 x 到根结点路径上结点的深度发生了改变（这里的深度不是指深度值，而是和别的结点的相对深度关系）。那我们只要先调用 Access(x)，就可以分离出这些点，然后把 x 所在的辅助树表示的序列翻转即可。注意，这里是用了一个 rev[x]懒标记将翻转操作延迟处理。

FindRoot 操作：首先调用 Access(x)，确保 x 和树根在同一条首选路径上。然后再调用 Splay(x)，使得 x 成为伸辅助树的根。最后找到这棵辅助树的最左端点，就是所求结果。

任意两点之间的路径：实践中，还经常用到的一个操作就是给定两点 u,v，对 u 到 v 的路径做某种操作。这就需要分离出 u 到 v 的路径。分离路径的操作一般命名为 Split(u, v)函数，首先调用 MakeRoot(u)让 u 变成根结点，然后是 Access(v)，这样 u 到 v 就会通过一条首选路径连接；最后调用 Splay(v)，使得 v 成为辅助树的根。显然，这棵辅助树上的所有点就是 u 到 v 的路径上的点。

例题 41　洞穴勘测（Cave, SDOI 2008，牛客 NC 20311）

给出 n（$n \leqslant 10^4$）个独立的点以及 m（$m \leqslant 2 \times 10^5$）次操作，操作分以下 3 种类型。

- Connect u v：在 u，v 两点之间连接一条边。
- Destroy u v：删除在 u，v 两点之间的边，保证之前存在这样的一条边。
- Query u v：询问 u，v 两点是否连通。

保证在任何时刻图的形态都是一个森林，输出每个 Query 操作的结果（Yes 或者 No）。

【分析】

这是一个比较直接的动态树应用，每个操作的实现如下。

- Connect：首先查看 u,v 是否在同一棵树中，是则直接返回。反之，如果 u，v 不联通，首先调用 make_root 将 u 变成所在树的树根，然后将 v 的父亲设为 u 即可。

- Destroy：调用 Split(u,v)分离出 $u \to v$ 的首选路径，再切断 v 与其左孩子的联系即可。这是因为 u 和 v 在树里相连，在辅助树中也是相连的。又因为分离路径时把 u 换成了根，所以 u 的深度比 v 小，在伸展树中一定是 v 的左子结点。
- 对于 Query 操作，看 u,v 是否在同一棵树中，也就是树根是否相同，使用 find_root 查找各自所在树的树根即可。

代码如下。

```
#include <bits/stdc++.h>
using namespace std;
const int NN = 1e5 + 4;
template<int SZ>
struct LCT {
  int ch[SZ][2], fa[SZ], rev[SZ];
  void clear(int x) { ch[x][0] = ch[x][1] = fa[x] = rev[x] = 0; }
  // x 是辅助树上父亲的右儿子?
  inline int is_right_ch(int x) { return ch[fa[x]][1] == x; }
  // x 是辅助树根?
  inline int is_root(int x) { return ch[fa[x]][0] != x && ch[fa[x]][1] != x; }
  void pushdown(int x) {
    if (rev[x] == 0) return;
    int lx = ch[x][0], rx = ch[x][1];
    if (lx) swap(ch[lx][0], ch[lx][1]), rev[lx] ^= 1;
    if (rx) swap(ch[rx][0], ch[rx][1]), rev[rx] ^= 1;
    rev[x] = 0;
  }
  void update(int x) {
    if (!is_root(x)) update(fa[x]);
    pushdown(x);
  }
  void rotate_up(int x) {         // 将 x 向上旋转一级
    int y = fa[x], z = fa[y], chx = is_right_ch(x), chy = is_right_ch(y),
        &t = ch[x][chx ^ 1];      // t 在 x,y 之间，但是 t-x, x-y 方向相反
    fa[x] = z;
    if (!is_root(y)) ch[z][chy] = x;                   // x,y 在 z 的同一侧
    ch[y][chx] = t, fa[t] = y, t = y, fa[y] = x;     // 保证 t 依然在 x,y 之间
  }
  void splay(int x) {
    update(x);                    // x 到树根路径上所有点的深度相对关系都要反转
    for (int f = fa[x]; f = fa[x], !is_root(x); rotate_up(x))
      if (!is_root(f)) rotate_up(is_right_ch(x) == is_right_ch(f) ? f : x);
  }
  void access(int x) {            // 将 root-x 变成首选边
    for (int f = 0; x; f = x, x = fa[x])
      splay(x), ch[x][1] = f;
  }
  void make_root(int x) {         // 将 x 变为树根
    access(x), splay(x), swap(ch[x][0], ch[x][1]), rev[x] ^= 1;
  }
```

```
  void split(int x, int y){ make_root(x), access(y), splay(y); }
  int find_root(int x) {    // x 所在树的树根
    access(x), splay(x);
    while (ch[x][0]) x = ch[x][0];
    splay(x);
    return x;
  }
  void cut(int x, int y) {
    split(x, y);             // x 是 y 在辅助树中的左孩子，且要求 x,y 相邻
    if (ch[y][0] == x && !ch[x][1]) ch[y][0] = fa[x] = 0;
  }

  void link(int x, int y) {
if (find_root(x) != find_root(y)) make_root(x), fa[x] = y;
}
};
LCT<NN> st;
int main() {
  int n, q, x, y;
  char op[16];
  scanf("%d%d", &n, &q);
  while (q--) {
    scanf("%s%d%d", op, &x, &y);
    switch (op[0]) {
    case 'Q':
      puts(st.find_root(x) == st.find_root(y) ? "Yes" : "No");
      break;
    case 'C':
      st.link(x, y);
      break;
    case 'D':
      st.cut(x, y);
      break;
    default:
      break;
    }
  }
  return 0;
}
```

值得一提的是伸展树的旋转操作。这里，rotate_up(x)实现了将 x 向上旋转一级，并且代码上将 zig-zag 操作统一化。主要逻辑如下：记 y 是 x 的父亲，z 是 x 的父亲，则 x,y 在 z 的同一侧，所以旋转前后要保证 x-z，y-z 两条边在一条线上。且如果伸展树中 x，y 之间还有一个 t 结点，则 x-t，t-y 在旋转前后都不在一条线上，具体请参考代码。这里 LCT 的 Splay 的写法和普通平衡树的 Splay 不完全一样，不建议照搬。

另外，还有一个 Pushdown 操作，和线段树的 Pushdown 操作类似，这里不再赘述。

例题 42　快乐涂色（Happy Painting, UVa 11994）

n 个结点组成了若干棵有根树，树中的每条边都有一个特定的颜色。你的任务是执行 m 条操作，输出结果。操作一共有如下 3 种。

- 1 xyc：把 x 的父结点改成 y。如果 $x=y$ 或者 x 是 y 的祖先，则忽略这条指令，否则删除 x 和它原先父结点之间的边，而新边的颜色为 c。
- 2 xyc：把 x 和 y 的简单路径上的所有边涂成颜色 c。如果 x 和 y 之间没有路径，则忽略此指令。
- 3 xy：统计 x 和 y 的简单路径上的边数，以及这些边一共有多少种颜色。

【输入格式】

输入包含多组数据。每组数据：第一行为 n 和 m（$1 \leqslant n \leqslant 50\ 000$，$1 \leqslant m \leqslant 200\ 000$）；以下 n 行，每行包含一个结点的父结点编号和该结点与父结点之间的边的颜色（对于根结点，父结点编号为 0，且“与父结点之间的边的颜色”无意义）；接下来 m 行，每行代表条指令，对于所有指令，$1 \leqslant x,y \leqslant n$，对于类型 2 指令，$1 \leqslant c \leqslant 30$。结点编号为 1～$n$，颜色编号为 1～30。

【输出格式】

对于每个类型 3 指令，输出对应的结果。

【分析】

这是一个标准的动态树问题，不过多了一个“统计颜色数”的操作。注意到颜色只有 30 种，可以用一个 32 位整数表示一个颜色集合。由于辅助树用伸展树保存，可以在伸展树的每个结点 u 中加一个信息 c，就是 u 到 fa[u]边上的颜色，同时还要维护伸展树中 u 为根的子树所对应的首选路径“片段”所拥有的颜色集，则操作 2 和 3 都对应于经典的伸展树的修改和查询操作。

需要注意的是，本题中是有根树，所以对于操作 2 和 3，都会牵涉调用 Split 操作使得 x,y 存在于同一个首选路径上。但是 Split 操作需要将 x 变成树根，一定要记得完成查询和修改操作之后将原来的树根还原回去。代码如下。

```
// 使 x 成为所在树的根，然后将 x-y 的路径上的所有点加入一个 Splay 中
void paint(int x, int y, int c) {
  int rx = find_root(x);
  if (rx != find_root(y)) return;              // x,y 不连通
  // 根 x-y 是当前的首选路径, v 是 splay 根, splay 中只有 x-y
  split(x, y), set[y] = 1 << c, mark[y] = c;
  make_root(rx);                               // 还原树根
}
void query(int x, int y, int& sz, int& cc) {
  int rx = find_root(x);
  sz = 0, cc = 0;
  if (rx != find_root(y)) return;              //如果 u 和 v 不在同一棵树,直接输出 0 0
  split(x, y);
  for (int k = set[y]; k; k >>= 1) cc += k & 1;     //统计有几种不同的颜色
  sz = size[y] - 1;
  make_root(rx);                                    // 还原树根
```

```
}
```

例题 43　大厨和图上查询（Chef and Graph Queries，Codechef GERALD 07）

大厨有一个无向图 G，顶点从 1 到 N 标号，边从 1 到 M 标号。给出 Q 对询问 L_i, R_i（$1\leqslant L_i\leqslant R_i\leqslant M$），对于每对询问，大厨想知道当仅保留编号 X 满足 $L_i\leqslant X\leqslant R_i$ 所在的边时，图 G 中有多少个连通块。请帮助大厨回答这些询问。其中，$1\leqslant N, M, Q\leqslant 2\times 10^5$。

注意，数据可能包含自环和重边。

【分析】

首先考虑单个查询的情况：对于任意一个边集，N 个点加上这个边集形成的子图，有多少个连通块？因为每个连通块都有一个生成树，考虑这个子图的生成森林。假设森林总共有 C 条边，则总共形成 $N-C$ 个连通块，因为森林上每加一条边会让连通块减少一个。如果直接这样计算生成树来统计，每次查询所需的时间都是 $O(M\log M)$，还是太慢。

我们首先来证明一个结论：边集$[L,R]$组成的子图 $G_{L,R}$ 生成森林上的边数，等于 $G_{1,R}$ 最大生成森林的边数 C_R 减去这个森林上编号小于 L 的边数。由于边权两两不同，所以 $G_{L,R}$ 与 $G_{1,R}$ 各自的最大生成森林均唯一。对于任意边 $e=\{u,v\}$，若它在 $G_{L,R}$ 的最大生成森林中，则它是 e 所在连通块最大边权，于是 e 一定存在于 $G_{1,R}$ 的最大生成森林中。

按照边的编号（本题中也就是其权值）从小到大依次放到一个森林中，对于 $e=u-v$，如果 u 和 v 已经连通，则查找并删除 v 所在生成树上中最小边，然后插入 e。这样就可以维护最大生成森林，以及每条边在森林中出现的次数，0 或者 1。插入边 R 之后，就可以处理形如$[L,R]$的查询，森林中的边数 C 就是编号为 $1\sim R$ 的出现次数（所有边数）减去编号为 $1\sim L-1$ 的出现次数。

这里牵涉边的出现次数维护，可以使用树状数组。另外牵涉森林的维护，也就是在其中插入以及删除边，正好是 LCT 所擅长的。但还有一个问题是，LCT 一般比较擅长维护点权而不是边权。本题中我们对于 G 中的点 $i\in[1,N]$，在 LCT 中建立点 $i+M$，而对于边 $e=\{u,v\}$，在 LCT 中建立点 e 连接 $u+M$ 以及 $v+M$，并且对 LCT 中的任一点 i，维护一个变量 minw[i]，表示 Splay 中以 i 为根的子树上的最小点权。这样查找森林中一棵树的最小边权就转化为查找 LCT 中一棵 Splay 树上的最小点权。之后维护最大生成森林所需的删除以及加入边的操作就可以实现。代码如下。

```
lct.cut(e, EU[e]), lct.cut(e, EV[e]), S.add(e, -1);    // 删除边 e
lct.link(r, u), lct.link(r, v), S.add(r, 1);           // 加入边 r 连接 u 和 v
```

代码中的 S 是维护所有边出现次数的树状数组。这两个操作牵涉 LCT 以及树状数组的时间复杂度都是 $O(\log N)$。

实现上，可以事先读入所有的查询，对于每条边 R 记录所有对应的查询，然后在维护最大生成森林的同时更新所有的答案，这样的离线算法就足以解决本问题。这里仅给出主要程序。代码如下。

```
int main() {
  ios::sync_with_stdio(false), cin.tie(0);
  int T; cin >> T;
```

```
  for (int t = 0, n, m, q; t < T; t++) {
    cin >> n >> m >> q;
    for (int i = 1; i <= m; i++) {
      int &u = EU[i], &v = EV[i];
      cin >> u >> v;
      u += m, v += m, EQ[i].clear();
    }
    S.init(m), lct.init(m + n);
    for (int i = 1, qr; i <= q; i++) cin >> QL[i] >> qr, EQ[qr].push_back(i);
    for (int r = 1; r <= m; r++) {
      int u = EU[r], v = EV[r];
      if (lct.findroot(u) == lct.findroot(v)) {      // u,v 已经联通
        lct.split(u, v);
        int e = lct.minw[v];                         // v 所在分量的最小边权
        if (e < r) { // 边 r 比 e 大，删除 e
          lct.cut(e, EU[e]), lct.cut(e, EV[e]), S.add(e, -1);   // 删除边 e
          lct.link(r, u), lct.link(r, v), S.add(r, 1);           // 加入边 r
        }
      }
      else
        lct.link(u, r), lct.link(v, r), S.add(r, 1);             // 加入边 r
      for (auto x : EQ[i])
        Ans[x] = n - (S.sum(i) - S.sum(QL[x] - 1));
    }
    for (int i = 1; i <= q; i++) cout << Ans[i] << endl;
  }
  return 0;
}
```

每次查询的时间复杂度为 $O(N+M)$。另外，本题还有不使用 LCT 的分块算法，而如果题目强制要求在线，可以依然用 LCT 维护生成森林，把树状数组换成可持久化线段树，记录每次插入一条边之后所有边在生成森林中的出现次数。

例题 44　大象（Elephants，Codechef ELPHANT, IOI 2011 Day 2）

Pattaya 的大象跳舞表演非常有名。表演中 N（$1 \leqslant N \leqslant 150\ 000$）只大象站成一排跳舞。表演由一系列的动作组成。每个动作中，只有一只大象可能会移动到一个新的位置上。

组织者想要拍摄一本包括全部动作的相册。在每个动作之后，他们要拍摄到所有的大象。在表演中的任何时刻，多只大象可能站在同一个位置上。在这种情况下，在同一个位置上的大象会从前到后站成一排。

一架相机的拍摄宽度为 L（包括两个端点，$1 \leqslant L \leqslant 10^9$），即一架相机可以拍摄到位于连续的 $L+1$ 个位置上的大象（有些位置可能没有大象）。因为舞台比较大，所以需要多架相机才能同时拍摄到所有的大象。

给出初始 N（$1 \leqslant N \leqslant 150\ 000$）个大象的位置，然后是 M（$1 \leqslant M \leqslant 150\ 000$）个动作，每个动作给出整数 i（$0 \leqslant i < L$），y（$1 \leqslant y \leqslant 10^9$），分别是当前动作中要移动的大象编号以及移动后的位置。计算出每个动作之后，至少需要多少架相机才能同时拍摄到全部的大象。注意，所需相机的最小数目会随着动作的进行而增加、减少或者保持不变。

比如 L=10，大象分别位于 10, 15, 17, 20，则一台相机就够用了，如图 3-69 所示。

图 3-70 中的大象（有只大象从 15 移到 32 了），则需要两台相机。图 3-71 中的大象则需要 3 台相机。

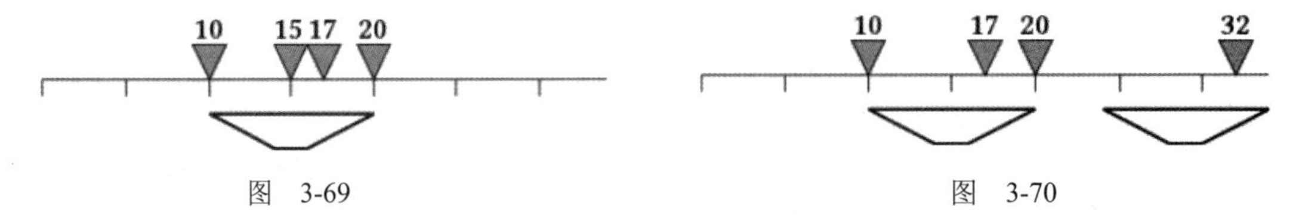

图 3-69　　　　图 3-70

【分析】

如果大象位置不变，不难想到一个很直观的贪心逻辑：从第一只大象开始，每次设置一个相机来覆盖向右 L 距离内的大象，然后继续向右找第一只没有被覆盖的大象，再设置相机，统计相机数目即可。不算排序的话，时间复杂度为 $O(N)$。

这个逻辑实际上是从最左边的大象开始，每次往右连接距离当前大象大于 L 的最近的那只大象，然后跳到这只大象处，则答案就是所有边数。如图 3-72 中，L=10，就需要 3 台相机。

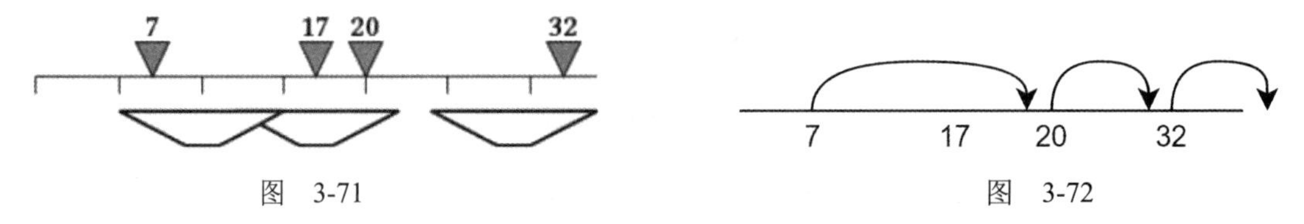

图 3-71　　　　图 3-72

但还要查找链上每个点的后继，比较麻烦。可以把每只大象看作一个结点（记为大象结点）。然后对于每只大象，记其位置为 x，如果 $x+L+1$ 没有大象，则在 $x+L+1$ 设置一个辅助结点，图 3-73 中 18，28，31 都为辅助结点。然后从 $x \to x+L+1$ 连一条边（图 3-73 中用实线表示）。之后每个辅助结点到紧跟在其后的结点（辅助或是大象结点）连一条边（图 3-73 中用虚线表示）。

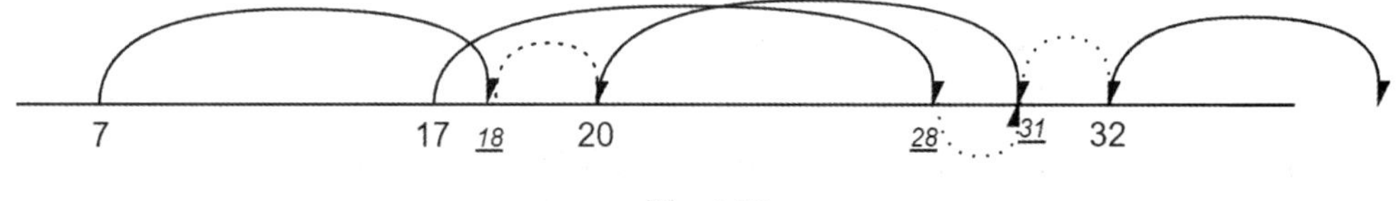

图 3-73

则所求答案就是从最左端点一直向右的链上（7→18→20→31→32）大象结点的个数。而所有的结点实际上会形成一个森林，因为不可能有环。

但大象数目可能有 10^9，还需要经常改变大象的位置，又不可能每一次全部扫一遍，自然需要一个快速统计答案的方法。首先将所有可能出现大象的位置离散化，对于相邻位置连边。每增加一只位置在 x 的大象，切断 x 与后面的点的边，并且连接 x 与 $X+L+1$，大象点权为 1，其他点权为 0。统计最左边点到最右边点的路径上的点权和即为所求结果，用 LCT 来维护森林，各个操作的期望时间复杂度都是 $O(\log n)$。

除了 LCT 之外，本题的官方题解是分块算法，有兴趣的读者可以自行查阅相关材料。

3.9 离线算法

例题 45　动态逆序对（CQOI2011，牛客 NC 19919）

对于序列 A，它的逆序对数定义为满足 $i<j$，且 $A_i>A_j$ 的数对(i,j)的个数。给出 1 到 N（$N\leqslant 10^5$）的一个排列，按照某种顺序依次删除其中 M 个元素，在每次删除一个元素之前统计整个序列的逆序对数。

【分析】

本题可以借助一些复杂数据结构（比如树套树）来实现，但是实现比较复杂。这里介绍一种基于分治思想的离线算法，是由陈丹琦在 2009 年国家集训队作业中提出的一种算法，称为基于时间分治的算法，也经常称为 CDQ 分治。

删除元素不太好处理，而且本题并没有强制在线，可以把所有的删除操作按照时间倒过来离线处理。则原问题就转换为：一个空的序列，依次插入 $N-M$ 个初始元素，然后再插入 M 个元素。对于最后 M 个插入操作，计算每个操作之后增加的逆序对个数，之后可以很容易计算答案，接下来描述如何对所有操作进行分治来计算所求结果。

用一个结构{id, p, v}表示每个操作，id 表示命令编号，也就是时间戳，表示在数组位置 p 插入 v。插入 v 之后会和更早的操作 a(a.id<id)一起构成一些新的逆序数对，分以下两种情况：

- a.p $<p$ 并且 $v>$ o.v，对应于位置比 p 更靠前且值更大的插入操作。
- a.p $>p$ 并且 $v<$ o.v，对应于位置比 p 更靠后且值更小的插入操作。

比如对于最新的插入操作{p=5, v=6}，它就和更早的{p=3, v=7}以及{p=6, v=3}两个插入的数字形成两个新的逆序对数。

回到本题，首先根据插入位置对所有的操作进行递减排序。类似于合并排序的分治逻辑，我们定义一个函数 solve(l,r)，用来更新区间[l,r]中的所有操作生成的逆序对数。

首先分别统计满足两种情况的 a.id∈[l,mid]以及 o.id∈[mid+1,r]的操作对 a，o，更新对应的 o 导致的新增逆序对数。在统计情况 1 时，需要对于每个 a.v 记录一个≤v 的插入操作，对于每个 o.v 需要查询所有＜o.v 的插入操作个数之和，可以使用树状数组来记录此操作。情况 2 的逻辑类似。

之后按照 id 所属的区间将所有的操作分成两部分：[l,mid]以及[mid+1,r]，之后就分别对两个区间递归调用 solve 即可。至此，问题就基本解决，总的时间复杂度为 $T(n)=n\log n+2T(n/2)$，也就是 $T(n)=n\log^2 n$。代码如下。

```
#define _for(i,a,b) for( int i=(a); i<(int)(b); ++i)
#include <bits/stdc++.h>
using namespace std;
typedef long long LL;
template<int SZ>

struct BIT {
```

```
  int C[SZ], N;
  inline int lowbit(int x) { return x & -x; }
  void add(int x, int v) { while (x <= N) C[x] += v, x += lowbit(x); }
  int sum(int x) {
    int r = 0;
    while (x) r += C[x], x -= lowbit(x);
    return r;
  }
};
const int NN = 1e5 + 8;
BIT<NN> S;
struct OP {
  int id, p, v;                          // 第id个命令，在位置p插入v
  bool operator<(const OP &b) { return p > b.p; }
} O[NN], T[NN];
int N, M, A[NN], Pos[NN], Vis[NN];
LL Ans[NN];                              // 第id个命令插入x之后增加多少个逆序对
void solve(int l, int r) {               // 按照插入位置从大到小排序的
  if (l == r) return;
  int m = (l + r) / 2, l1 = l, l2 = m + 1;

  for (int i = l; i <= r; i++) {    // 情况1
    const OP &o = O[i];
    if (o.id <= m) S.add(o.v, 1);   // id∈[l,m]
    else Ans[o.id] += S.sum(o.v);   // id∈[m+1,r]
  }
  for (int i = l; i <= r; i++) if (O[i].id <= m) S.add(O[i].v,-1); // 还原BIT
  for (int i = r; i >= l; --i) {    // 情况2
    const OP &o = O[i];
    if (o.id <= m) S.add(N-o.v+1, 1);//id∈[l,m],记录插入的N-v+1>=v的元素个数
    else Ans[o.id] += S.sum(N-o.v+1);//id ∈ [m+1,r],v 映射到 N-v+1, 比如
N->1,N-1->2
  }

  for (int i = l; i <= r; i++) { // 分治：把id∈[l,m], [m+1,r]的操作分别放两边
    const OP &o = O[i];
    if (o.id <= m) T[l1++] = o, S.add(N - o.v + 1, -1); // 还原BIT
    else T[l2++] = o;
  }
  copy(T + l, T + r + 1, O + l);
  solve(l, m), solve(m + 1, r);
}

int main() {
  cin >> N >> M;
  int id = N, qc = M;
  S.N = N;
  for (int i = 1; i <= N; ++i) cin >> A[i], Pos[A[i]] = i;
  for (int i = 1; i <= M; ++i) {
    OP &q = O[i];
    cin >> q.v;
```

```
    Vis[q.p = Pos[q.v]] = true;
    q.id = id--;
  }
  for (int i = 1; i <= N; ++i) {
    if (Vis[i]) continue;
    O[++qc] = { id--, i, A[i] };
  }
  sort(O + 1, O + 1 + N);                       // 根据插入位置递减排序
  solve(1, N);
  for (int i = 1; i <= N; ++i) Ans[i] += Ans[i - 1];
  _for(i, 0, M) cout << Ans[N - i] << endl;
  return 0;
}
```

例题 46　公交路线（Bus Routes, ACM/ICPC 合肥 2015, LA 7251）

给出 N（$1 \leqslant N \leqslant 10\,000$）个点，以及 M（$0<M<2^{31}$）种颜色。要构造一个无向连通图，每条边必须选择一种颜色，并且这个连通图至少包含一个环。计算共有多少种这样的构图方案，输出方案数模 152 076 289 的值。

【分析】

题目要求的是有环连通且每条边都可以任选 M 种颜色之一的图的数量。而环的数目不定，且非常不好处理，可以反过来想。定义所有连通图的数量为 $f(n)$。则答案就是 $f(n)$减去无环连通图（也就是森林）的数量，后者根据 Cayley 定理为 $n^{n-2}M^{n-1}$，具体可以查阅相关图论教材。

下面考虑 $f(n)$的计算，记所有图的数量为 $g(n)$，不连通的图数量为 $h(n)$，则 $f(n)=g(n)-h(n)$。$g(n)$的计算可以使用乘法原理：任意两点间的边都有 $M+1$ 种选择（不连通或者 M 种颜色之一），所以 $g_{(n)}=(M+1)^{n(n-1)/2}$。接下来考虑 $h(n)$，分情况讨论，考虑点 1 所在的连通分量大小 i 可能是 $1\sim n-1$，还要选择 $i-1$ 个点和 1 连通，剩下的 $n-i$ 个点组成另外的任意图，所以有

$$h(n)=\sum_{i=1}^{n-1}\binom{n-1}{i-1}\cdot f(i)\cdot g(n-i)$$

记 $A(x)=f(x)/(x-1)!$，$B(x)=G(x)/x!$，则 $f(n)=g(n)-(n-1)!\sum_{i=1}^{n-1}A(x)\cdot B(n-x)$。那么对于 $f(n)$的计算，我们就可以使用分治算法，具体操作如下。

- 递归求解$[l,m]$。
- 对于区间$[l,r]$，记 $m=(l+r)/2$，对于 $k\in[m+1,r]$，在 $f(k)$上累加 $A(l)B(k-l)+A(l)B(k-l)+\cdots+A(m)B(k-m)$。而其中的 $A(l)$到 $A(m)$都可以根据已经求解出来的$[l,m]$区间中的 F 值来计算。而累加的值实际上就是卷积，而且本题是要求计算结果对 152 076 289 取模，所以这个乘法可以使用 NTT 来加速，这个步骤的时间复杂度为 $O(n\log n)$，注意本题中的 NTT 的 DFT 部分使用了迭代版本实现，相关算法解释请参考《算法导论》第 3 版第 30 章的第 3 节①。

---

① 科尔曼，雷瑟尔森，李维斯特，等. 算法导论[M]. 3 版. 殷建平，徐云，王刚，等，译. 北京：机械工业出版社，2012。

- 递归求解$[m+1,r]$。
- 边界情况为当$l=r$时，更新$f(l)=g(l)-(l-1)!f(l)$。

总的时间复杂度为$O(n\log^2 n)$。代码如下。

```
#in clude<bits/stdc++.h>

#define _for(i, a, b) for (int i = (a); i < (int)(b); ++i)
#define _rep(i, a, b) for (int i = (a); i <= (int)(b); ++i)
using namespace std;
typedef long long LL;

const int MOD = 152076289, NN = 10000 + 8;
LL gcd(LL a, LL b) {return b ? gcd(b, a % b) : a;}
void exgcd(LL a, LL b, LL &x, LL &y) {
  if (!b) {x = 1, y = 0; return;}
  exgcd(b, a % b, y, x), y -= a / b * x;
}
inline LL mul_mod(LL a, LL b) { return a * b % MOD; }
inline LL pow_mod(LL a, LL p) {
  LL res = 1;
 for (; p > 0; p >>= 1, (a *= a) %= MOD)if (p & 1)(res *= a) %= MOD;
  return res;
}
inline LL inv(LL a) {
  LL x, y;
  exgcd(a, MOD, x, y);
  return (x % MOD + MOD) % MOD;
}

typedef vector<int> IVec;
template<int SZ>
struct NTT {
  const int g = 106; // 原根
  int w[SZ * 2], r[SZ * 2];
  void DFT(IVec& a, int op) {
    int n = a.size();
    _for(i, 0, n) if (i < r[i]) swap(a[i], a[r[i]]);
    for (int i = 2; i <= n; i *= 2)
      for (int j = 0; j < n; j += i)
        for (int k = 0; k < i / 2; k++) {
          int u = a[j + k],
            t = (LL)w[op == 1 ? n/i*k : (n-n/i* k)&(n-1)] * a[j+k+i/2] % MOD;
          a[j + k] = (u + t) % MOD, a[j + k + i / 2] = (u - t) % MOD;
        }
    if (op == -1) {
      int I = inv(n);
      _for(i, 0, n) a[i] = mul_mod(a[i], I);
    }
  }
```

```
  void multiply(IVec& a, IVec& b, IVec& c) {
    int n1 = a.size(), n2 = b.size(), n = 1 << (int)ceil(log2(n1 + n2 - 1));
    c.resize(n1 + n2 - 1), a.resize(n), b.resize(n);

    _for(i, 0, n) r[i] = (r[i / 2] / 2) | ((i % 2) * (n / 2));
    w[0] = 1, w[1] = pow_mod(g, (MOD - 1) / n);
    _for(i, 2, n) w[i] = mul_mod(w[i - 1], w[1]);

    DFT(a, 1), DFT(b, 1);
    _for(i, 0, n) a[i] = mul_mod(a[i], b[i]);
    DFT(a, -1);
    _for(i, 0, n1 + n2 - 1) c[i] = (a[i] + MOD) % MOD;
  }
};

NTT<NN> ntt;
LL Fact[NN], FactInv[NN], F[NN], G[NN];
void solve(int l, int r) {
  IVec A, B, C;
  if (l == r) {
    F[l] = (G[l] - mul_mod(Fact[l - 1], F[l])) % MOD;
    return;
  }
  int m = (l + r) / 2;
  solve(l, m); // solve F[l~m]
  for (int i = l, j = 0; i <= m; ++i, ++j)
    A.push_back(mul_mod(F[i], FactInv[i - 1])); // A = {F(i)/(i-1)!}, i∈[l,m]
  _for(i, 0, r - l) B.push_back(mul_mod(G[i + 1], FactInv[i + 1]));
                                          // B={G(i)/i!}, i∈[1,r-l]
  ntt.multiply(A, B, C);
  _rep(i, m + 1, r) (F[i] += C[i - l - 1]) %= MOD;
  solve(m + 1, r);
}

int main() {
  Fact[0] = Fact[1] = 1, FactInv[0] = FactInv[1] = 1; // i!, (i!)^-1 % MOD
  _for(i, 2, NN) Fact[i] = mul_mod(Fact[i - 1], i), FactInv[i] = inv(Fact[i]);
  LL m;
  int T; scanf("%d", &T);
  for (int t = 1, n; t <= T; t++) {
    scanf("%d%lld", &n, &m);
    fill_n(F, n + 1, 0);
    _rep(i, 1, n) G[i] = pow_mod(m + 1, (LL)i * (i - 1) / 2);
    solve(1, n);
    printf("Case #%d: %lld\n", t,
         ((F[n] - pow_mod(n, n - 2) * pow_mod(m, n - 1)) % MOD + MOD) % MOD);
  }
  return 0;
}
```

例题 47　流星（Meteors，POI 2011，SPOJ METEORS）

有 n 个国家和 m 个空间站（$1 \leqslant n,m \leqslant 3 \times 10^5$），每个空间站都属于一个国家，一个国家可以有多个空间站。所有空间站按照顺序形成一个环。也就是说，i 和 i+1 号空间站相邻，而 m 号空间站和 1 号空间站相邻。现在，将会有 k（$1 \leqslant k \leqslant 3 \times 10^5$）场流星雨降临，第 i 场流星雨会给区间$[l_i,r_i]$内的每个空间站带来 a_i（$1 \leqslant a_i \leqslant 10^9$）单位的陨石 r，如果 $l_i>r_i$ 指的是 $l_i,l_i+1,\cdots m,1,2,\cdots r_i-1,r_i$。每个国家都有一个收集陨石的目标 p_i（$1 \leqslant p_i \leqslant 10^9$），即第 i 个国家需要收集 p_i 单位的陨石。计算每个国家最早完成陨石收集目标是在第几场流星雨过后。

【分析】

本题看起来需要复杂的数据结构。但还有一个思路就是：我们把 k 场流星雨的数据预处理以后组织起来，然后想办法同时对所有国家快速查询。虽然一个国家没什么优势，但是国家多了，优势就体现出来了。

对于 n 个国家的集合 C，其中每个国家 c 的答案一定在区间 $[l,r]=[1,k+1]$中。记 $m = (l+r)/2$，如果编号在区间 $[l, m]$中的流星雨下到国家 c 所有空间站中的流星雨总量 $x \geqslant p_c$，则 c 的答案在$[l, m]$中。否则从 p_c 中减去 x，然后 c 的答案落在$[m+1, r]$中。可以按照答案区间将 C 分成两个集合，递归即可。边界条件是当 C 为空时直接返回，当 $l=r$ 时 C 中所有国家 c 的答案就是 l。

这里，统计 x 时牵涉区间的修改以及单点查询，可以使用树状数组或者线段树。因为牵涉树状数组以及递归查询，总的时间复杂度为 $O(n\log m \log k)$。这种思路称为整体二分法。另外，这里使用了树状数组实现区间修改以及单点查询。代码如下。

```
#include<bits/stdc++.h>
#define _for(i,a,b) for(int i=(a); i<(int)(b); ++i)
#define _rep(i,a,b) for(int i=(a);i<=(b);++i)
using namespace std;
typedef long long LL;
template<int SZ>

struct BIT {
  LL C[SZ];
  int N;
  void init(int _n) { N = _n; }
  inline int lowbit(int x) { return x & -x; }
  inline void add(int x, int d) { while (x <= N) C[x] += d, x += lowbit(x); }
  inline LL sum(int x) {
    LL ret = 0;
    while (x) ret += C[x], x -= lowbit(x);
    return ret;
  }
};
struct Rain { int l, r, a; };
const int NN = 3e5 + 8;
Rain Rs[NN];
vector<int> St[NN];                              // 每个国家的空间站
int N, M, Ans[NN], P[NN], C[NN], LC[NN], RC[NN];
```

```
BIT<NN> S;
inline void apply(const Rain& q, bool revert = false) {
  int x = q.a, l = q.l, r = q.r;
  if (revert) x = -x;
  if (l <= r) S.add(l, x), S.add(r + 1, -x); // 区间加单点询问用BIT差分实现
  else S.add(l, x), S.add(M + 1, -x), S.add(1, x), S.add(r + 1, -x);
                                        // 拆成两个区间
}
// C[l,r]中的每个国家的查询结果进行二分，目标答案区间是[al, ar]
void solve(int l, int r, int al, int ar) {
  if (l > r) return;
  if (al == ar) {                       // 答案的目标区间确定了
    _rep(i, l, r) Ans[C[i]] = al;
    return;
  }
  int am = (al + ar) / 2, lsz = 0, rsz = 0;
  _rep(ai, al, am) apply(Rs[ai]);       // 看看[al,am]中下的流星雨够不够
  _rep(i, l, r) {                       // 每个国家都看看
    int c = C[i], &p = P[c];
    LL x = 0;
    for (int s : St[c]) if ((x += S.sum(s)) >= p) break; // 收集够了?
    if (p <= x) LC[lsz++] = c;          // 答案在[al,am]中，国家分到左边
    else p -= x, RC[rsz++] = c;         // 答案在[am+1,ar]中，国家分到右边
  }
  _rep(ai, al, am) apply(Rs[ai], true);    // 还原BIT
  memcpy(C + l, LC, lsz * sizeof(int)), memcpy(C + l + lsz, RC, rsz *
sizeof(int));
  solve(l, l + lsz - 1, al, am), solve(l + lsz, r, am + 1, ar);
                                        //更改顺序，整体二分
}

int main() {
  ios::sync_with_stdio(false), cin.tie(0);
  cin >> N >> M, S.init(M + 2);
  int qc, x;
  _rep(i, 1, M) cin >> x, St[x].push_back(i);
  _rep(i, 1, N) cin >> P[i], C[i] = i;
  cin >> qc;
  _rep(i, 1, qc) cin >> Rs[i].l >> Rs[i].r >> Rs[i].a;
                                        // 流星雨下到[l, r]，雨量a
  solve(1, N, 1, qc + 1);
  _rep(i, 1, N) {
    if (Ans[i] <= qc) cout << Ans[i] << endl;
    else cout << "NIE" << endl;
  }
  return 0;
}
```

例题 48　金币（Coins, ACM/ICPC Asia – Amritapuri 2015，Codechef AMCOINS）

给出一棵 N（$1 \leqslant N \leqslant 5 \times 10^5$）个结点的树，每个结点可以收集金币。然后给出 Q（$1 \leqslant Q \leqslant 10^5$）个操作，操作分为以下两种类型。

- Give(X,Y,W)：给结点 X 到 Y 路径上的所有结点（包含 X 和 Y）一个面值为 W（$1 \leqslant W \leqslant 10^5$）的金币。
- Find(Z, I, J, K)：找到结点 Z 所有在第 I 次和第 J 次操作（包含 I 和 J）之间获得的金币中第 K 小的金币面值。如果 Z 只有不到 K 个金币，则输出-1。注意，一个结点可能收到多个同样面值的金币。如果 Z 收到的金币是{1, 2, 3, 3, 4}，则第 2 小是 2，第 3 小是 3，第 4 小是 3。

【分析】

我们发现本题与 Meteors 类似，允许使用离线算法，修改操作之间互相独立。可以考虑类似的二分算法。定义过程 solve(l, r, S)，其中 S 是操作集合，其中的操作要么是答案落在[l, r]中，要么修改影响的值在[l, r]中，记 $m=(l+r)/2$。则分治过程就是要将所有操作根据其对应的答案区间进行划分，看看哪些操作与答案区间[l,m]相关。对于 Give 操作，$W \leqslant m$ 即可。而对于 Find 操作，就需要考虑 Give 操作对其查询的点 Z 的影响了，如果编号在[I,J]内的 Give 操作在 Z 上放的硬币不超过 K 个，则它一定影响答案在[l,m]中的查询。

麻烦的是查询操作要求的[I,J]操作区间，我们可以将其拆分成两个查询操作，分别查询操作版本号不超过 I-1 和版本号不超过 J 的修改操作对 z 的影响，最后再合并。将所有的符合条件的 Give 操作以及拆分后的查询操作按照版本号从小到大以及写在前读在后的顺序排序，依次处理。

这里还有一个问题是，Give 操作影响的是树上路径，对于后续的查询点 z 的操作，如何知道有哪些 Give 操作影响到 z 呢？

首先用 DFS 遍历整棵树，并且记录每个点 u 在先序遍历序列中的位置 Tin[u]，以及子树 u 在先序遍历序列中最后一个元素的位置。代码如下。

```
void dfs(int u, int fa) {   // Tin[u]:先序遍历序列中的编号，
  Tin[u] = ++Dfn, Fa[u][0] = fa, Dep[u] = Dep[fa] + 1;
  for (int h = 1; h <= HH; h++) Fa[u][h] = Fa[Fa[u][h - 1]][h - 1];
  for (auto v : G[u]) if (fa != v) dfs(v, u);
  Tout[u] = Dfn;            // Tin[u]-Tout[u]: u子树先序遍历序列中的区间
}
```

对于树上路径 x–y，记 d=LCA(x,y)，用数组 S 来表示树的先序遍历序列。则 $S[x]$与 $S[y]$都加 1，表示 x→root 以及 y→root 路径上的点全部增加 1 个硬币。$S[d]$减 1，表示 d→root 路径上的点都减少一个硬币。如果 $d \neq$root，则 fa(d)→root 路径上的点再减少 1 个硬币。点 z 上增加的硬币数量就是 S[Tin[z], Tout[z]]中的元素和，不难想到用树状数组来维护 S。代码如下。

```
void apply(const Cmd& q, bool rev = false) {
  int d = lca(q.x, q.y), c = rev ? -1 : 1;      // x-y 路径上全部增加一个计数
  S.add(Tin[q.x], c), S.add(Tin[q.y], c), S.add(Tin[d], -c); // +(x-root),
+(y-root), -(d-root)
```

```
  if (d != 1) S.add(Tin[Fa[d][0]], -c);         // d != root, -(fa(d)-root)
}
void solve(int l, int r, const vector<Cmd>& qs) { // Qs的操作答案都在[l, r]中
  if (qs.empty()) return;
  int m = (l + r) / 2;
  vector<Cmd> B;
  for (const Cmd& q : qs) {
    if (q.op == 1) {                   // 修改操作
      if (q.w <= m) B.push_back(q); // 增加一个[l, m]中的Coin
    }
    else { // query[]，拆成对两个时间段的查询:[1,I-1],[1,J],结果考虑正负
      B.push_back(q), B.back().time = q.x - 1, B.back().w = -1;
      B.push_back(q), B.back().time = q.y, B.back().w = 1;
      Cnt[q.id] = 0;                   // [l,m]中的操作在q.z结点增加了几个硬币
    }
  }
  sort(begin(B), end(B));              // 时间排序，相同时间：写在读前
  for (const Cmd& q : B) {
    if (q.op == 1) apply(q);           // 修改操作，树上差分
    else // 版本[1,J]增加的[l,m]中的硬币数量-[1,I-1]增加的[l,m]中的
      Cnt[q.id] += q.w * (S.sum(Tout[q.z]) - S.sum(Tin[q.z] - 1));
  }
  for (const Cmd& q : B) if (q.op == 1)  apply(q, true);
                                       // 还原所有修改操作

  if (l == r) {                        // 所有查询操作的答案已经锁定
    for (auto& q : qs) if (q.op == 2 && Cnt[q.id] >= q.k) Ans[q.id] = l;
    return;
  }
  vector<Cmd> lqs, rqs;
  for (const Cmd& q : qs) {
    if (q.op == 1) {
      if (q.w <= m) lqs.push_back(q);              // 放入一个[l,m]中的硬币
      else rqs.push_back(q);                       // 放入一个[m+1,r]中的
    }
    else {
      if (Cnt[q.id] >= q.k) lqs.push_back(q);    // 答案在[l,m]中的查询
      else rqs.push_back(q), rqs.back().k -= Cnt[q.id];
                                                 // 答案在[m+1,r]中的查询
    }
  }
  solve(l, m, lqs), solve(m + 1, r, rqs);
}
```

计算出所有 Give 操作对 Find 操作的影响之后，[l, m]相关的操作就可以过滤出来，剩下的操作就是[m+1,r]相关的。分别递归即可。

边界条件是l等于r时，如果所有修改操作在某个查询操作q中放入的硬币数量超过q.k，则这个查询操作的答案就是l，否则查询操作无解。函数中牵涉排序以及树状数组操作，所

以总的时间复杂度为 $O(N\log N\log Q)$。

莫队算法：考虑如下的问题：给出一个长度为 N 的整数数组 A（下标从 0 开始），其中每个元素都≤N。需要回答 M 个询问，每个询问给定一个区间[L,R]，回答有多少个元素在 $A[L,R]$中至少出现 3 次。

比如，A= {1, 2, 3, 1, 1, 2, 1, 2, 3, 1}：对于 L=0,R=4，答案是 1，因为 $A[L,R]$ ={1, 2, 3, 1, 1}，且只有 1 出现了 3 次；对于 L=1,R=8，答案是 2，因为 $A[L,R]$= {2, 3, 1, 1, 2, 1, 2, 3}，其中 1,2 都出现了 3 次。不同的询问区间可能有公共区间，很容易想到一种时间复杂度为 $O(NM)$ 的暴力算法，对于每个询问从 L 遍历到 R，计算每个元素出现的次数并且统计答案。下面给出伪代码。

```
void add_pos(position):                          // 将 pos 位置增加到当前结果中
  if ++count[A[position]] == 3
    answer++
void remove_pos(position):                       // 将 pos 位置从当前结果中删除
  if --count[A[position]] == 2
    answer--
// [curL, curR] 是当前已经知道答案的区间, answer 和 count 是对应的答案
curL = 0, curR = 0, answer = 0, count = unordered_map<int, int>()
for q in query:
    // curL 要移动到 L, curR 要移动到 R，注意体会一下自增和自减运算符的不同用法
    while (curL < q.L) remove_pos(curL++)    // curL 本身也要从结果中删除
    while (curL > q.L) add_pos(--curL)       // curL 本身已经在结果中
    while (curR < q.R) add_pos(++curR)       // curR 已经在结果中
    while (curR > q.R) remove_pos(curR--)    // curR 本身也要从结果中删除
print answer
```

我们每次移动了上次查询之后的区间来适应当前的查询。比如，上次查询时[L,R]=[3,10]，那么此时 curL = 3, curR = 10。如果下个查询是 5,7，那么把 curL 移动到 5，curR 移动到 7，注意[3, 4]要从结果中删除，[8,10]也要从结果中删除。

但是如果两个相邻的询问区间离得很远，比如[1,3]和[30, 41]，就会浪费很多移动时间。在这个问题中，所有询问可以独立处理，互不影响，也就是说可以改变其顺序。所以，可以改变所有查询的顺序，尽量让相邻的询问区间重合得更多。莫队算法就是这样一种思路。

对于给定的 M 个询问，按照特定规则进行排序，显然这是个离线算法。首先将数组分成若干块。每一块的大小刚好也是 B。对于查询$\boldsymbol{q}$=[L,R]，如果 L 落在第 P 块中，那么称这个查询属于第 P 块。接下来，按照所在块的编号从小到大处理所有查询。

首先关注属于第 1 块的所有查询，它们的 L 都在第 1 块中，但是 R 可能在任意块中，对它们按照 R 进行递增排序。当然，对于属于其他块的所有查询也如此操作。比如，对于如下的在包含 3 个大小为 3 的块的长度为 9 的数组上的查询：{0, 3}，{1, 7}，{2, 8}，{7, 8}，{4, 8}，{4, 4}，{1, 2}，按照上述规则排序后的结果为{1, 2}，{0, 3}，{1, 7}，{2, 8}，{4, 4}，{4, 8}，{7, 8}。而前文提供的代码依然是正确的，因为我们只是改变了查询的顺序，但是下文将证明这样的时间复杂度就变为了 $O(MB+N^2/B)$。

查看上文中的代码，时间复杂度是由 4 个 while 循环所确定的，前面两个 while 的时间

是 curL 移动的次数，后两个就是 curR 移动的次数。加起来就是总的时间复杂度。

对于每一个块，查询按照 R 递增排序，所以 curR 按照递增序移动。一个块内的移动时间为 N，在下个块查询开始之前，最多也需要移动 N。而总共有 N/B 个块，curR 移动的总次数就是 $O(N^2/B)$。

对于 curL，每一块中所有查询的 L 都在这一块中，所以每个查询 curL 的移动次数是 $O(B)$。对于所有块中的共 M 个查询来说，总的时间是 $O(MB)$。这样就证明了总的时间复杂度是 $O(MB+N^2/B)$。显然，当 $B = N/\sqrt{M}$ 时，总的时间最优。前面提到过，莫队算法属于离线算法，所以对于强制在线类的题目无法使用。

但是，我们刚才只进行了最差情况的分析，每个块中所有查询的左端点移动 B 次属于极端情况。在多数题目中，平均下来 $O(MB)$的估算远远超过实际，用它来确定块大小可能反而未必是最优值。这时不如将 M 看作与 N 同数量级，即左端点移动的时间复杂度为 $O(NB)$。这样，大约在 $B=\sqrt{N}$ 时可以使整体时间复杂度最优。下面是一个直接套用莫队算法的例题。

例题 49　D-查询（D-Dquery，SPOJDQUERY）

给出一个数组 $a_1, a_2, \cdots, a_n$ 以及 M 个 d-查询(i, j) $(1 \leqslant i \leqslant j \leqslant n)$。对与每个 d-查询(i, j)返回数组子序列 $a_i, a_{i+1}, \cdots, a_j$ 中的不同元素个数。

```
#include <bits/stdc++.h>

using namespace std;
#define _for(i, a, b) for (int i = (a); i < (int)(b); ++i)
#define _rep(i, a, b) for (int i = (a); i <= (int)(b); ++i)

const int NN = 30000 + 4, MM = 200000 + 4, AA = 1000000 + 4;
int A[NN], ANS[MM], N, M, BLOCK;
struct query {
  int L, R, id;
  bool operator<(const query& q) const {
    int lb = L / BLOCK;
    if (lb != q.L / BLOCK) return lb < q.L / BLOCK;
    if (lb % 2) return R < q.R;
    return R > q.R;
  }
};

query Q[MM];
int ans, curL, curR, CNT[AA];
void add(int pos) { if (++CNT[A[pos]] == 1) ++ans; }
void remove(int pos) { if (--CNT[A[pos]] == 0) --ans; }

typedef long long LL;
int main() {
  scanf("%d", &N);
  _rep(i, 1, N) scanf("%d", &A[i]), CNT[A[i]] = 0;
  scanf("%d", &M);
  BLOCK = max((int)ceil((double)N/sqrt(M)), 16);
```

```
  _for(i, 0, M) scanf("%d%d", &Q[i].L, &Q[i].R), Q[i].id = i;
  sort(Q, Q + M);
  CNT[A[1]] = 1, ans = 1, curL = 1, curR = 1;
  _for(i, 0, M) {
    while (curL < Q[i].L) remove(curL++);
    while (curL > Q[i].L) add(--curL);
    while (curR < Q[i].R) add(++curR);
    while (curR > Q[i].R) remove(curR--);
    ANS[Q[i].id] = ans;
  }
  _for(i, 0, M) printf("%d\n", ANS[i]);
  return 0;
}
```

这里有一个技巧就是，奇数块的所有查询按照右端点 R 递增排序，偶数块递减排序，这样总体复杂度不变，但是这样 R 的移动就是先移动到最右边，然后下一块的所有查询从最右边再顺路移动到最左边。顺路就覆盖了所有查询，就无须先移动到最左端再移动到最右端，节省了一部分时间。

在 D-query 问题中，莫队算法能够应用的前提是数组元素没有修改，但如果题目中查询命令夹杂着单点修改指令就会非常棘手，如果修改操作可以 $O(1)$应用或撤销，可以把数组增加一个时间维度，每次查询前先将时间维度移动到当前时间，然后再像普通莫队算法一样做区间转移。详情参考下面的例题。

例题 50　数颜色（牛客 NC 202003）

墨墨购买了 N 支彩色画笔（其中有些颜色可能相同），摆成一排，你需要回答墨墨的提问。墨墨会向你发布如下指令。

- QLR：询问从第 L 到第 R 支画笔中共有多少种不同颜色的画笔。
- RPCol：把第 P 支画笔替换为颜色 Col。

为了满足墨墨的要求，你知道你需要干什么了吗？

【输入格式】

第一行两个整数 N, M（$N,M \leqslant 10\,000$），分别代表初始画笔的数量以及墨墨要求做的事情的个数；第二行 N 个整数，分别代表初始画笔排中第 i 支画笔的颜色；第三行到第 $2+M$ 行，每行分别代表墨墨要求做的一件事情。所有整数均不大于 10^6。

【输出格式】

对于每一个 Query 的询问，你需要在对应的行中给出一个数字，代表第 L 支画笔到第 R 支画笔中共有几种不同颜色的画笔。

【分析】

按照上文描述，本题的解法中增加了时间维度，处理每个查询之前，首先应用这个查询所在时间点之前的所有命令，并且回退之后的所有命令。代码如下。

```
#include <bits/stdc++.h>

using namespace std;
```

```
#define _for(i, a, b) for (int i = (a); i < (int)(b); ++i)
#define _rep(i, a, b) for (int i = (a); i <= (int)(b); ++i)

const int SZ = 10005, MAXC = 1e6 + 4;
int BLOCK, Color[SZ], CurColor[SZ], CNT[MAXC], Ans[SZ];
struct Query {
  int l, r, id, c;
  bool operator<(const Query& rhs) const {
    if (l / BLOCK == rhs.l / BLOCK) {
      if (r / BLOCK == rhs.r / BLOCK) return id < rhs.id; // 时间维度优化
      return r < rhs.r;
    }
    return l < rhs.l;
  }
};
struct Change {
  int pos, old_color, color;          // 位置，旧颜色，新颜色
  void apply();
  void revert();
};
Query Q[SZ];
Change Changes[SZ];
int curAns, curL, curR;
void add_pos(int a) { if (++CNT[a] == 1) curAns++; }
void del_pos(int a) { if (--CNT[a] == 0) curAns--; }
void Change::apply() {
  // 修改位置在当前区间内，应用修改到结果中
  if (curL <= pos && pos <= curR) del_pos(old_color), add_pos(color);
  Color[pos] = color;                 // 应用修改
}
void Change::revert() {
  // 修改位置在当前区间内，还原结果中的答案
  if (curL <= pos && pos <= curR) del_pos(color), add_pos(old_color);
  Color[pos] = old_color;             // 应用还原
}

int main() {
  int N, M, c1 = 0, c2 = 0;
  cin >> N >> M;
  BLOCK = pow(N, 2.0 / 3.0);
  _rep(i, 1, N)  cin >> Color[i], CurColor[i] = Color[i];
  char opt[4];
  _rep(i, 1, M) {
    cin >> opt;
    if (opt[0] == 'Q') {
      Query &q = Q[c1];
      cin >> q.l >> q.r, q.id = c1++, q.c = c2;
    }
    else {
```

```
      Change &ch = Changes[c2++];
      cin >> ch.pos >> ch.color;
      ch.old_color = CurColor[ch.pos], CurColor[ch.pos] = ch.color;
    }
  }
  sort(Q, Q + c1);
  curL = 1, curR = 1, curAns = 0;
  int last_c = 0;                          // 第一条还未执行的修改命令编号
  add_pos(Color[1]);

  _for(i, 0, c1) {
    while(last_c < Q[i].c) Changes[last_c++].apply();
                                           //应用在此查询时间之前的命令
    while(last_c > Q[i].c) Changes[--last_c].revert();
                                           //回退在此查询时间之后的命令
    while(curR < Q[i].r) add_pos(Color[++curR]);
    while(curR > Q[i].r) del_pos(Color[curR--]);
    while(curL > Q[i].l) add_pos(Color[--curL]);
    while(curL < Q[i].l) del_pos(Color[curL++]);
    Ans[Q[i].id] = curAns;
  }
  _for(i, 0, c1) cout << Ans[i] << endl;
  return 0;
}
```

可以证明当块大小为 $N^{2/3}$ 时，总的时间复杂度最低约为 $O(MN^{2/3})$，请读者自行查阅相关资料。

值得一提的是，线段树支持的(l,r)区间查询，需要满足能够将对区间 I_0 (l,r)的查询分割成对左右子区间 I_1 (l,m)与区间 I_2 $(m+1,r)$的查询，而 I_0 能够快速地通过 I_1 与 I_2 的查询结果得到，最典型的例子就是区间求和、最大值、最小值以及一些通过公式变形能转化的结果（如区间方差）。也可以将其理解为满足结合律，比如求最大值。

对于不能（用合理的时间复杂度）分割区间的区间查询问题，比如查询区间种类数、众数等，显然无法简单地由左右子区间的查询结果合并得到当前区间的结果，这个时候就有莫队算法的用武之地了。

3.10 kd-Tree

平衡二叉树可以理解为对一维数据进行索引，以便快速查找。对于二维的点甚至更高维空间中的查找，则需要用到其他的数据结构。kd-Tree，即 kdimensional Tree，是一种高维索引树形数据结构，常用于在大规模的高维数据空间进行最近邻查找，由 Jon Bently 于 20 世纪 70 年代发明。

在 kd-Tree 中，也是对每个点建立一个树结点。但不同于普通的搜索树，kd-Tree 的每一层仅使用某个维度的坐标值进行比较，称为划分维度（cutting dimension），一般每一层依次换用不同的维度。比如，对于点(7, 2), (5, 4), (9, 6), (2, 3), (4, 7), (8,1), (10, 19)，依次插入一个二维的 kd-Tree 会形成如图 3-74 所示的结构。

注意，图 3-74（a）中，（5,4）和（9,6）分别与（7,2）比较 x 坐标后，插入树的左右两边。(7,2)的左子树中结点的 x 坐标都小于 7，右子树中 x 坐标都不小于 7。(5,4)的左子树中 y 坐标都小于 4，右子树中 y 坐标都不小于 4。而且，树中每个点也根据对应深度的比较维度将平面切分成两份，如图 3-74（b）所示。

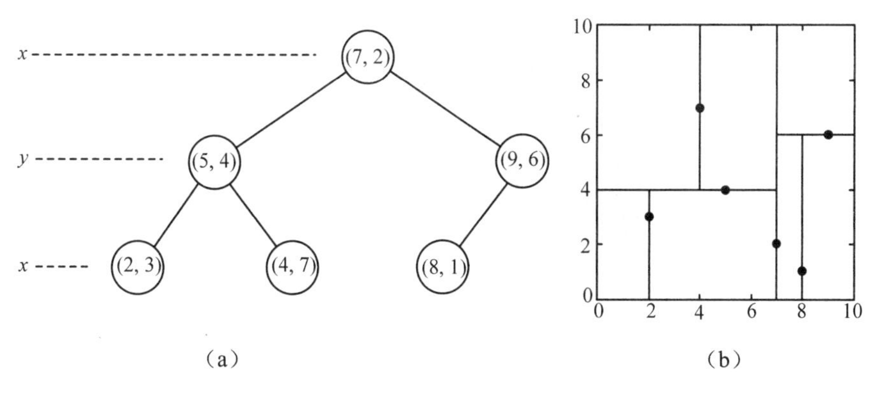

图　3-74

为了保证 kd-Tree 的平衡，针对一系列点递归构建 kd-Tree 时，都会选择这一系列点按照当前层划分维度对应的坐标值排序的中间点来作为当前树结点，比此结点坐标值小的作为左子树，其他的作为左子树。比如，(7, 2), (5, 4), (9, 6), (2, 3), (4, 7), (8,1)按照 x 坐标排序后就是(2, 3), (4, 7), (5, 4), (7, 2), (8,1), (9, 6)，这样根结点就是(7,2)，其中(2, 3), (4, 7), (5, 4)就递归构建左子树，右边的点就递归构建右子树，这样就可以保证构建出的树的平衡性。其中，选择中间点的操作使用 STL 中的 nth_element，也就是选择第 $n/2$ 大的元素操作（基于快速排序的逻辑）。可以优化到 $O(n)$，这样总的时间复杂度就是 $O(n\log n)$。下面简单描述一下 kd-Tree 的几个常见操作。更详细的论述还请读者自行查找相关资料。

坐标最小值查找操作：经常需要查找某个维度坐标值最小的点，这就是 FindMin(d)操作，其中 d 是目标维度。

- 递归遍历整棵树。
- 如果当前结点的划分维度为 d，那么最小值肯定在左子树中，递归即可。
- 如果没有左子树，就用当前结点的 d 维坐标值更新结果。
- 如果当前结点的划分维度不是 d，需要同时在左右子树中递归遍历。

时间复杂度为 $O(\log n)$。

范围查询操作：kd-Tree 中还有一个常用操作，就是查询坐标平面上的矩形，查找 kd-Tree 上所有位于矩形内的点，如图 3-75 所示。

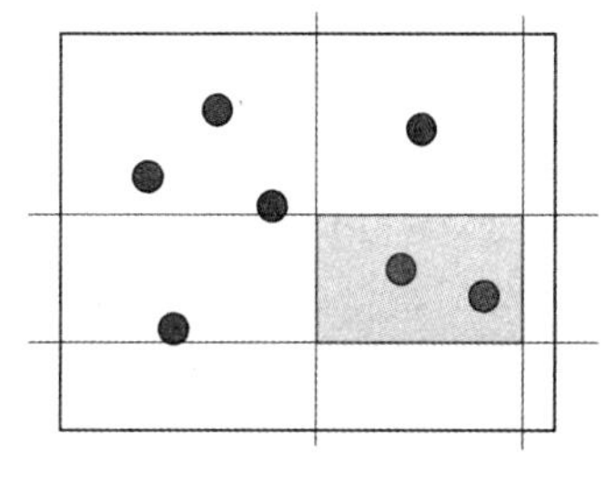

图　3-75

基本思路如下：遍历整棵树，如果当前子树对应的半平面区域与目标矩形没有交点，停止递归；如果前者都包含在目标矩形内，则直接返回当前子树中的所有点；如果两者相交，则分别往左右子树递归查找。

范围查询的时间复杂度是 $O(n^{1-1/d}+k)$，其中 d 是维度数，k 是结果区域中点的数量，如图 3-76 所示。

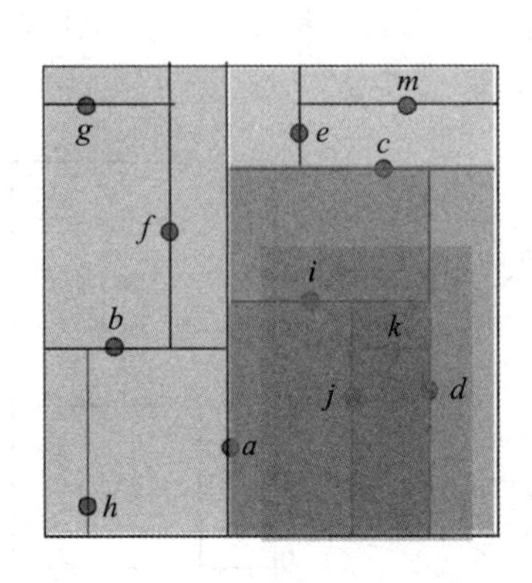

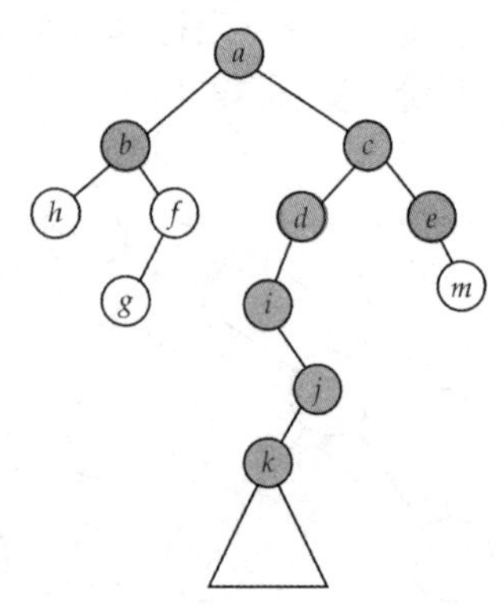

图　3-76

最近邻查询操作：最近邻查询（Nearest Neighbor Queries）操作是 kd-Tree 常见的用途。给出一个点 Q，在点集中找到距离 Q 最近的点 P。

从实现上来说，不能仅仅是找到包含 Q 的子树并且返回其中的点，因为离 kd-Tree 上点 P 最近的点，在树上可能离点 P 特别远。比如图 3-74 中，如果查找离 Q=(6,3)最近的点，就很难实现。

正确的做法是遍历整棵树，但是要保持已经发现的最优点 C，如果某棵子树对应的区域中包含的点都不可能比 C 更近，就不对其递归调用。而且，如果要对两棵子树都进行递归，优先考虑插入 Q 会进入的那棵子树。在最坏情况下，总时间复杂度是 $O(n)$，但是实践中更接近于 $O(\log n)$。

例题 51　寻找酒店（Finding Hotels, ACM/ICPC 青岛 2016, LA 7774）

给出 N（N≤200 000）个酒店，每个酒店用平面上一个整点表示，并且有不同的价格。给出 M（M≤20 000）次询问，每次询问(x,y,c)，其中 1≤x,y,c≤N，求出距离(x,y)最近的价格不超过 c 的酒店。

【分析】

使用 kd-Tree 查找距离指定点最近的点即可，但是查找时要求候选点 p 对应的价格满足所求的条件。实现上注意以下几个细节。

- 因为 kd-Tree 的 build 过程会改变点之间的顺序。要在普通的 Point 中增加一个 id，记录此点的原始序号。
- build 过程中，不是交替选择划分的维度，而是看点集中在哪个维度时最大值和最小值的差更大，并选择此维度。
- 因为是整数点，为了不引入浮点误差，查找过程中记录最短距离的平方。

代码如下。

```
#include <bits/stdc++.h>
typedef long long LL;
using namespace std;

const int NN = 2E5 + 8;
struct Point {
  LL x, y;
  int c, id;
} Ps[NN];
istream& operator>> (istream& is, Point& p) { return is >> p.x >> p.y >> p.c; }
bool cmpx(const Point &p1, const Point &p2) { return p1.x < p2.x; }
bool cmpy(const Point &p1, const Point &p2) { return p1.y < p2.y; }
LL dist( const Point & a, const Point & b) {
  return (a.x - b.x) * (a.x - b.x) + (a.y - b.y) * (a.y - b.y);
}
bool Div[NN];                              // 每一层的划分方式
void build (int l, int r) {
  if (l > r) return;
  int m = (l + r) / 2;
  Point *pl = Ps + l, *pr = Ps + r + 1;
  auto px = minmax_element(pl, pr, cmpx), py = minmax_element(pl, pr, cmpy);
  Div[m] = px.second->x - px.first->x >= py.second->y - py.first->y;
  nth_element(pl, Ps + m, pr, Div[m] ? cmpx : cmpy);
  build(l, m - 1), build(m + 1, r);
}
// Ps[L,r]中距离p最小的点->id，最小距离min_d，且要求Ps[id].c<p.c
void nearest( int l, int r, const Point& p, LL& min_d, int &id) {
  if (l > r) return;
  int m = (l + r) / 2;
  const Point& pm = Ps[m];
  LL d = dist(p, pm);
  if (pm.c <= p.c) {
    if (d < min_d) min_d = d, id = m;
    else if (d == min_d && pm.id < Ps[id].id) id = m;
  }
  d = Div[m] ? (p.x - pm.x) : (p.y - pm.y);
  if (d <= 0) {
    nearest(l, m - 1, p, min_d, id);
    if (d * d < min_d) nearest(m + 1, r, p, min_d, id);
  } else {
    nearest(m + 1, r, p, min_d, id);
    if (d * d < min_d) nearest(l, m - 1, p, min_d, id);
  }
}

int main() {
  ios::sync_with_stdio(false), cin.tie(0);
  int id, n, m, T; cin >> T;
```

```
  while (T--) {
    cin >> n >> m;
    for (int i = 1; i <= n; i++) cin >> Ps[i], Ps[i].id = i;
    build (1, n);
    Point p;
    while (m--) {
      cin >> p;
      LL min_d = 1LL << 60;
      nearest(1, n, p, min_d, id);
      printf("%lld %lld %d\n", Ps[id].x, Ps[id].y, Ps[id].c);
    }
  }
  return 0;
}
```

例题 52　保持健康（Keep Fit! UVa 12939）

给出编号为 1～N 的 N（$1\leqslant N\leqslant 200\,000$）个点，每个点的坐标 x,y 都满足（$|x|,|y|\leqslant 10^8$）。给出一个固定的参数 d（$1\leqslant d\leqslant 10^8$），以及 q（$1\leqslant q\leqslant 1000$）个询问，每个询问给出两个整数 i,j，要求计算编号 k 符合 $i\leqslant k\leqslant j$ 的所有点中，有多少对点满足两点之间的曼哈顿距离不大于 d。

注意，题目允许先读取所有的输入请求，计算完成后再输出。也就是说，允许使用离线算法。

【分析】

题目明确允许使用离线算法，但是曼哈顿距离不太好处理。我们可以通过坐标变换将其转换成切比雪夫距离：对于点 $P_1=(x_1,y_1)$，$P_2=(x_2,y_2)$，$|x_1-x_2|+|y_1-y_2|\leqslant d$ 可以等价转换为 $|x_1-x_2+y_1-y_2|\leqslant d$ 且$|x_1-x_2-(y_1-y_2)|\leqslant d$，即$|x_1+y_1-(x_2+y_2)|\leqslant d$ 且$|x_1-y_1-(x_2-y_2)|\leqslant d$。如图 3-77 所示，图 3-77（a）是距离原点的切比雪夫距离为 1 的点形成的正方形，而图 3-77（b）是距离原点的曼哈顿距离为 1 的点形成的正方形。

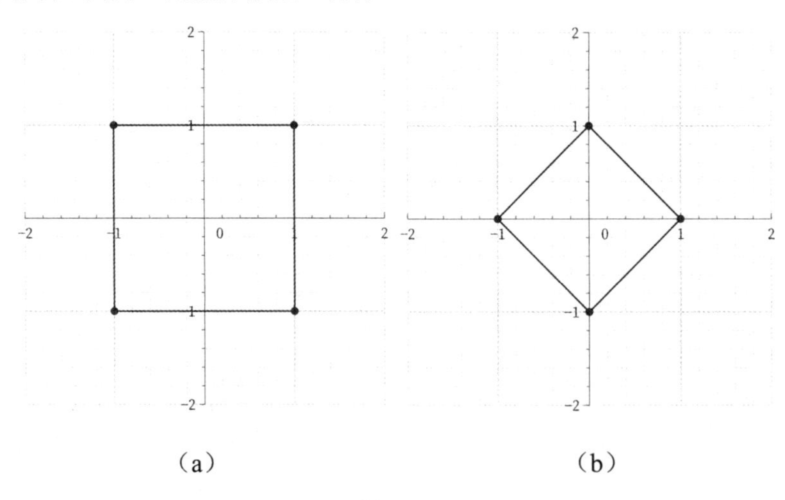

图　3-77

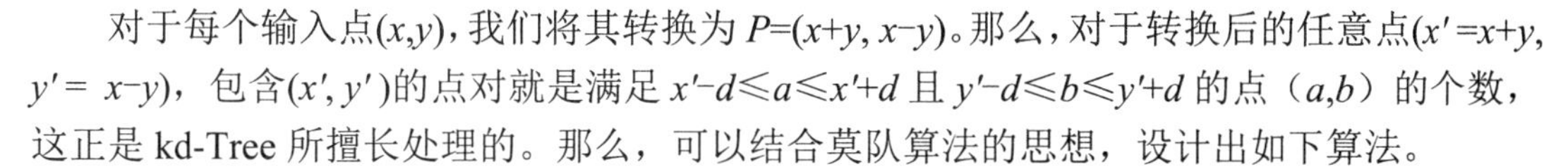

对于每个输入点(x,y)，我们将其转换为$P=(x+y, x-y)$。那么，对于转换后的任意点($x'=x+y$, $y'=x-y$)，包含(x', y')的点对就是满足$x'-d\leqslant a\leqslant x'+d$且$y'-d\leqslant b\leqslant y'+d$的点（$a,b$）的个数，这正是 kd-Tree 所擅长处理的。那么，可以结合莫队算法的思想，设计出如下算法。

- 维护一个当前的区间[cur(L), cur(R)]，表示已经计算出结果的区间。
- 执行 addPos(i)和 delPos(i)时，先查找对于点$P_i=(x_i,y_i)$来说，下标$j\in$[cur(L),cur(R)]且满足$x_i-d\leqslant x_j\leqslant x_i+d$，且$y_i-d\leqslant y_j\leqslant y_i+d$的点的个数，然后做相应的维护操作。
- kd-Tree 的每个结点中要维护以下几个信息：是否包含在莫队当前区间中，子树中包含在区间的点的个数，整个子树中的x,y坐标的最大值和最小值。
- 子树中的x,y坐标的最大值、最小值就可以用来服务上文中讲到的所有查询。

代码如下。

```
#include <bits/stdc++.h>

#define _for(i, a, b) for (int i = (a); i < (int)(b); ++i)
#define _rep(i, a, b) for (int i = (a); i <= (int)(b); ++i)
#define _zero(D) memset((D), 0, sizeof(D))
#define _init(D, v) memset((D), (v), sizeof(D))
inline int _ri(int &x) { return scanf("%d", &(x)); }
inline int _ri(int &x, int &y) { return scanf("%d%d", &x, &y); }
inline int _ri(int &x, int &y, int &z) { return scanf("%d%d%d", &x, &y, &z); }

using namespace std;
typedef long long LL;

const int NN = 200010, MM = 10010;
int N, M, D, NodeId[NN], root, cmp_dim, BLOCK;
struct Point { int x, y; } PS[NN];
struct Query {
  int l, r, id;
  bool operator<(const Query& q) const {
    if (l / BLOCK != q.l / BLOCK) return l / BLOCK < q.l / BLOCK;
    return r < q.r;
  }
} QS[MM];
LL Ans[MM];
// if l ⩽ x ⩽ r ?
inline bool inRange(int x, int l, int r) { return l <= x && x <= r; }

struct KDTree {
  int xy[2], xyMax[2], xyMin[2], CH[2], cnt, cntSum, fa;
  bool operator<(const KDTree& k) const { return xy[cmp_dim] < k.xy[cmp_dim]; }
  inline int query(int x1, int x2, int y1, int y2);
  inline void update();
  inline void init(int i);
} Tree[NN];

// 查询整棵树在[x1,x1], [y1,y2]中的结点个数
inline int KDTree::query(int x1, int x2, int y1, int y2) {
  int k = 0;
```

```
    if (xyMin[0] > x2 || xyMax[0] < x1 || xyMin[1] > y2 || xyMax[1] < y1 || 0
== cntSum)
      return 0;                              // 整棵树都不在[x1, x2], [y1, y2]中
    if (x1 <= xyMin[0] && xyMax[0] <= x2 && y1 <= xyMin[1] && xyMax[1] <= y2)
      return cntSum;                                          // 整棵树都在其中
    if (inRange(xy[0], x1, x2) && inRange(xy[1], y1, y2))
      k += cnt;                                               // 当前点在其中
    _for(i, 0, 2) if (CH[i])
      k += Tree[CH[i]].query(x1, x2, y1, y2);                 // 左右结点查询
    return k;
  }

  // 更新当前整棵树的 x,y 的 Min,Max 值
  inline void KDTree::update() {          // 更新整棵树的 x,y 坐标的 Max, Min
    _for(i, 0, 2) if (CH[i]) _for(j, 0, 2) {
      xyMax[j] = max(xyMax[j], Tree[CH[i]].xyMax[j]);
      xyMin[j] = min(xyMin[j], Tree[CH[i]].xyMin[j]);
    }
  }

  // 初始化 KDTree 结点
  inline void KDTree::init(int i) {        // 初始化结点信息
    NodeId[fa] = i;         // 一开始 fa 记录的是 TreeNodeId 对应的 PointId
    _for(j, 0, 2) xyMax[j] = xyMin[j] = xy[j];          // 两个维度坐标的最大值
    cnt = cntSum = 0; // 是否在莫队当前区间中，树中在莫队当前区间中的点个数，初始都是 0
    _zero(CH);                                           // 左右子树初始化
  }

  // 将 Ps[l, r]构建成一棵树
  int build(int l, int r, int dim, int fa) {
    int mid = (l + r) / 2;                               // 区间分成两半
    // 取出按照 cmp_dim 维度对 l,r 点进行比较，并且将点 mid 放在中间
    cmp_dim = dim, nth_element(Tree + l + 1, Tree + mid + 1, Tree + r + 1);
    KDTree& n = Tree[mid];                               // 本树根结点
    n.init(mid), NodeId[n.fa] = mid, n.fa = fa;
    if (l < mid) n.CH[0] = build(l, mid - 1, !dim, mid); // 递归构建左子树
    if (r > mid) n.CH[1] = build(mid + 1, r, !dim, mid); // 递归构建右子树
    n.update();
    return mid;
  }

  LL curAns;
  inline void addPos(int i) { // 查找所有与 Ps[i]距离≤D 的点的个数
    curAns += Tree[root].query(PS[i].x - D, PS[i].x + D, PS[i].y - D, PS[i].y
+ D);
    int ti = NodeId[i];          // 点 i 对应的 KDTree 结点
    Tree[ti].cnt = 1;            // 将点 i 记录下来，并且更新其所有祖先的计数
    while (ti) Tree[ti].cntSum++, ti = Tree[ti].fa;
  }
```

```
inline void delPos(int i) {
  int ti = NodeId[i];
  Tree[ti].cnt = 0;
  // 将点 i 从莫队区间中去除，更新所有父结点的计数
  while (ti) Tree[ti].cntSum--, ti = Tree[ti].fa;
  // 去掉跟点 i 距离不大于 D 的点的个数
  curAns -= Tree[root].query(PS[i].x - D, PS[i].x + D, PS[i].y - D, PS[i].y
+ D);
}

int main() {
  for (int t = 1, x, y; _ri(N, D, M) == 3; t++) {
    printf("Case %d:\n", t);
    BLOCK = (int)sqrt(N + 0.5);
    _rep(i, 1, N) {
      KDTree &nd = Tree[i];
      _ri(x, y);
      nd.xy[0] = PS[i].x = x + y, nd.xy[1] = PS[i].y = x - y, Tree[i].fa = i;
    }
    root = build(1, N, 0, 0);
    _rep(i, 1, M) _ri(QS[i].l, QS[i].r), QS[i].id = i;
    sort(QS + 1, QS + M + 1);
    int curL = 1, curR = 0;
    curAns = 0;
    _rep(i, 1, M) { // 维护莫队当前的区间
      while (curR < QS[i].r) addPos(++curR);
      while (curR > QS[i].r) delPos(curR--);
      while (curL < QS[i].l) delPos(curL++);
      while (curL > QS[i].l) addPos(--curL);
      Ans[QS[i].id] = curAns;
    }
    _rep(i, 1, M) printf("%lld\n", Ans[i]);
  }
  return 0;
}
```

3.11　可持久化数据结构

之前学过的很多数据结构都是可变的，所有修改操作都直接改变了数据结构本身。修改之后，就无法得到修改之前的版本了。有时，需要在修改数据结构之后得到一个新版本，同时保留修改前的老版本。该如何实现呢？基本思路是：不许修改结点内的值；必要时创建或者复制结点；尽量复用存储空间。“可持久化”就是指保存这个数据结构的所有历史版本，同时利用它们之间的共用数据减少时间和空间的消耗。

可持久化链表 Persistent Linked List：输入一个链表，需要支持两种操作。

- 更新前 x 个值。
- 打印第 k 次更新后的链表（$k\leqslant$到目前为止进行的操作 1 的数量）。

暴力做法是每次更新前都保存一个全量版本，但是空间浪费很大。如果只更新链接列表的前 x 个元素且 x 很小，新老版本几乎相同，可以利用这一点避免空间浪费。为前 x 个元素分配内存，在其中存储新值，然后将新链接列表的第 x 个结点的下一个指针指向前一个版本链表的第 $x+1$ 个结点，这样每次更新操作只分配 x 单位的空间，如图 3-78 所示。

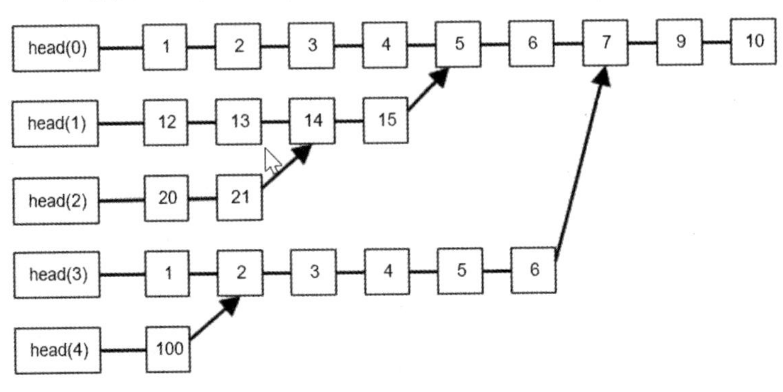

图 3-78

图 3-78 中，初始链表是 1，2，3，4，5，6，7，8，9，每次更新后的结构都尽量复用上一个版本，时间和空间复杂度都是 $O\left(\sum x\right)$。

可持久化线段树（Persistent Segment Tree）：竞赛中更常见的数据结构是线段树，比如说对线段树进行修改操作。完成后可以在 $O(\log N)$内查询到希望查询的版本的信息，比如“第 i 次修改后的 $\sum A[L,R]$ ”。线段树创建之后一般结构不变，写值时仅仅影响结点内的值，而树结构不变（结点对应的区间）。为了保存旧版本的信息，可以在每次修改时创建一系列新的结点。复制整棵树的时空复杂度都太高，而单次修改受到影响的结点是有限的（$O(\log N)$），原结点可以重复利用。访问操作与普通线段树一样，空间复杂度为 $O(N+T*\log N)$，其中 T 是版本数量。

如图 3-79 所示，给出了修改操作的示意图。

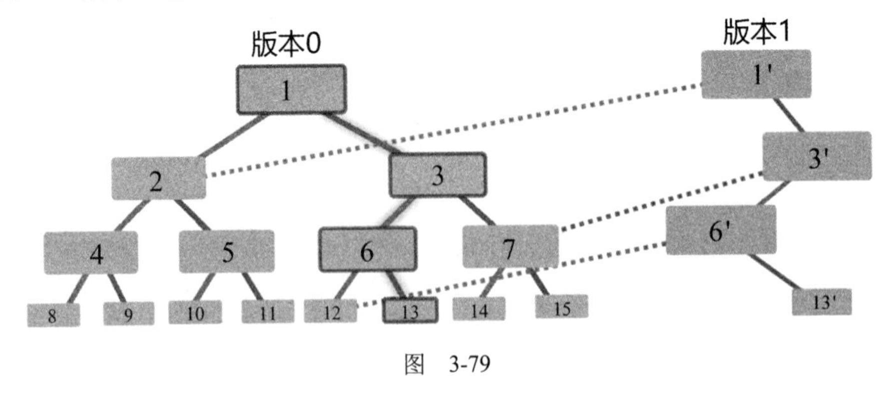

图 3-79

对于线段树的单点修改操作，可以每次修改前都新建结点，之后的版本有一个新的 root 与之对应。递归过程中路过的所有结点，都创建一个新的结点（shadow copy，影子复制），子结点修改完只影响到父结点（maintain 操作），不影响兄弟结点。比如，初始的线段树结构如图 3-80 所示。进行 4 次单点修改操作后的线段树以及最终实际的存储结构如图 3-81 所示。

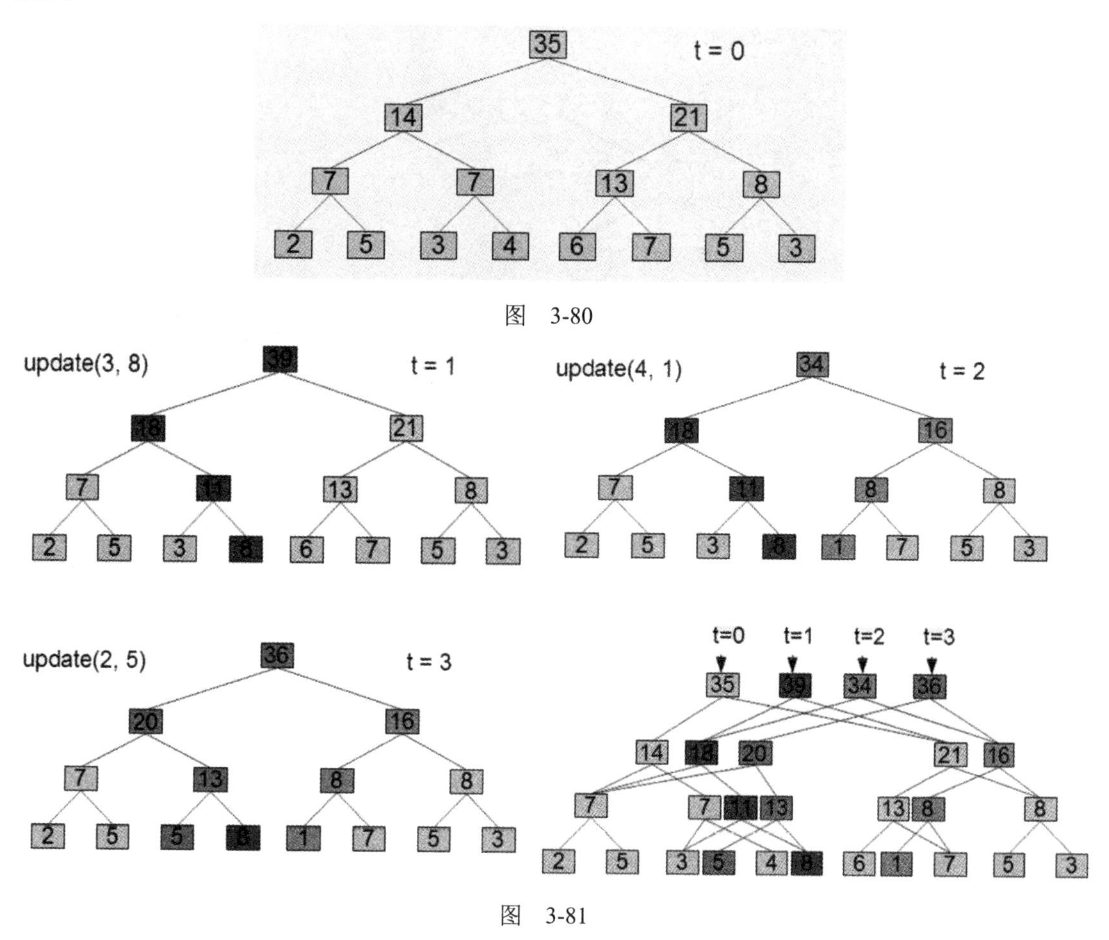

图　3-80

图　3-81

对于区间修改操作，按标记往下传递时，创建原结点的子结点的影子结点，维护一个结点的指向旧版本的 origin 指针即可。如图 3-82 所示，版本 3 标记了 lazy 的操作，结束后并没有立刻复制。往下传递时，新的影子结点的值从原结点修改而来。

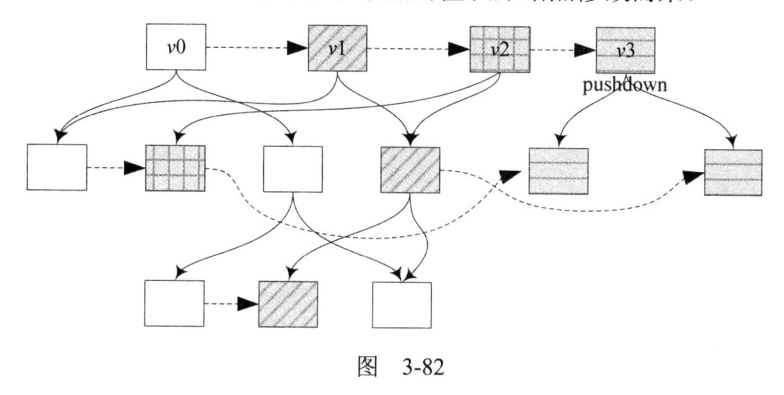

图　3-82

除了常用的线段树外，还有一种权值线段树。对于数组 $A=[a_1, a_2, a_3, \cdots, a_n]$，首先离散化 A，将 a 都转换为区间[1,n]的数。然后引入数组 $C=[c_1, c_2, \cdots, c_n]$，其中 C_k 表示离散化后的 A 中 k 出现的次数。比如，$A=[-2,6,3,12,1,-18]$，离散化之后 $A=[2,5,4,6,3,1]$，那么对应的 C 数组用线段树表示如图 3-83 所示。

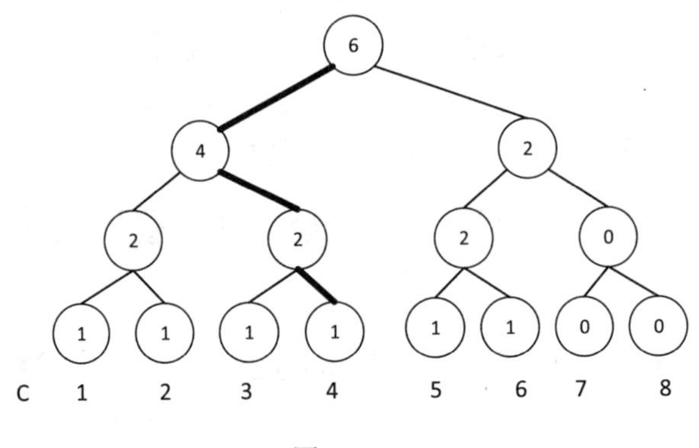

图 3-83

每个结点对应的是一个权值区间，根结点中的值表示 A 中权值包含在区间[1,8]内的元素个数，Root.left 表示 A 中包含在区间[1,4]内的值的个数。

如果要寻找 A 中第 K 小值，从根结点开始处理，若左子树元素个数 $\geqslant K$，递归处理左子树，寻找左子树中第 K 小的数；否则第 K 小的数在右子树中，寻找右儿子中第 K（左子树元素数）小的数。在权值线段树上查找第 4 大的数字，经过的路径如图 3-83 中粗线所示。

例题 53　区间第 K 小查询（K-th Number, SPOJ MKTHNUM）

给出长度为 n（$1\leqslant n\leqslant 100\,000$）的数组 $A=\{a_1, a_2, \cdots, a_n\}$，给出 m 次询问，每次要询问一个区间[L,R]中第 K 小的值是多少。

【分析】

首先离散化 A，建立空的权值线段树。按照 i=1→n 的顺序依次将 a_i 插入，得到编号为 0～n 的 n+1 个版本（含初始版本）。所有版本结构相同，且相同位置结点含义相同。

对于版本 i 的结点 P，记对应权值区间为[u,v]，其中储存的值表示离散化后的 $A[1,i]$中值包含在[u,v]中的元素个数，记这个数为 $f(i, u, v)$，则 $A[L,R]$中权值包含在权值区间[u,v]中的元素个数为 $f(R, u,v)- f(L-1, u,v)$。对于查询[L,R]，考虑 $L-1$ 和 R 两个版本的权值线段树。这两个版本在同一个结点[u,v]的差值就表示了 $A[L,R]$在区间[u,v]中的元素个数。二分查找时同时考虑两棵树，与在 $A[1, N]$中查找的逻辑类似。时间复杂度为 $O(n\log n)$。代码如下。

```
#include <bits/stdc++.h>
using namespace std;
#define _for(i, a, b) for (int i = (a); i < (int)(b); ++i)
const int MAXN = 100000 + 4;
struct Node;
typedef Node* PNode;
struct Node {  // 权值线段树
  int count;
  PNode left, right;
```

```
  Node(int count = 0, PNode left = nullptr, PNode right = nullptr)
    : count(count), left(left), right(right) {}
  PNode insert(int l, int r, int w);
};

const PNode Null = new Node();
PNode Node::insert(int l, int r, int w) {
  if (l <= w && w < r) {
    if (l + 1 == r) return new Node(count + 1, Null, Null);
    int m = (l + r) / 2;
    return new Node(count + 1, left->insert(l, m, w), right->insert(m, r, w));
  }
  return this;
}

int query(PNode a, PNode b, int l, int r, int k) { // 二分查找逻辑
  if (l + 1 == r) return l;
  int m = (l + r) / 2;
  int count = a->left->count - b->left->count;
  if (count >= k) return query(a->left, b->left, l, m, k);
  return query(a->right, b->right, m, r, k - count);
}

int A[MAXN], RM[MAXN];                                   // 离散化
PNode VER[MAXN];
int main() {
  ios::sync_with_stdio(false), cin.tie(0);
  Null->left = Null->right = Null;
  int n, m, maxa = 0;
  cin >> n >> m;
  map<int, int> M;
  _for(i, 0, n) cin >> A[i], M[A[i]] = 0;
  for (auto& p : M) {
    p.second = maxa, RM[maxa] = p.first;
    maxa++;
  }

  VER[0] = Null;
  _for(i, 0, n)                                          // 权值线段树
  VER[i + 1] = VER[i]->insert(0, maxa, M[A[i]]);

  while (m--) {
    int u, v, k;
    cin >> u >> v >> k;
    int ans = query(VER[v], VER[u - 1], 0, maxa, k);
    cout << RM[ans] << endl;
  }
}
```

例题 54　树上计数（Count on a tree, SPOJ COT）

给出一个 N 个结点的树，结点编号 1～N，每个结点有一个整数权值。执行 M 个如下操作。

- u v k：询问 u 到 v（包括 u,v）路径的第 k 小点权值。

其中，$N,M \leqslant 10^5$。

【分析】

首先要对权值进行离散化。对于任意 u,v 来说，令 $d = \mathrm{LCA}(u,v)$，pa(d)是 d 的父结点，记 $f(u, a, b)$为 root→u 路径上权值落在区间$[a,b]$的点个数，则 u→v 路径上权值落在区间$[a,b]$的点个数为 $g(u,v,a,b) = f(u,a,b)+\mathrm{f}(v,a,b)-\mathrm{f}(d,a,b)-f(\mathrm{pa}(d),a,b)$。针对权值区间$[1,n]$进行二分，如果 $g(u,v,1,n/2)\geqslant k$，则第 k 小点权值一定在区间$[1,n/2]$中，递归即可。

问题转化为求 $f(u,a,b)$。实际上，可以把 root→u 的路径上的点看作 MKTHNUM 问题中的数组 A。注意，这里的$[a,b]$一定完整对应于权值线段树中某个点。沿着路径每走一个点，权值线段树就增加一个版本，计算版本 u 和初始版本对应权值线段树结点$[a,b]$的差值即可。这里，线段树总共有 n 个版本，形成树形关系。

除了线段树，二叉搜索树（BST）也有可持久化的版本，如图 3-84 所示。

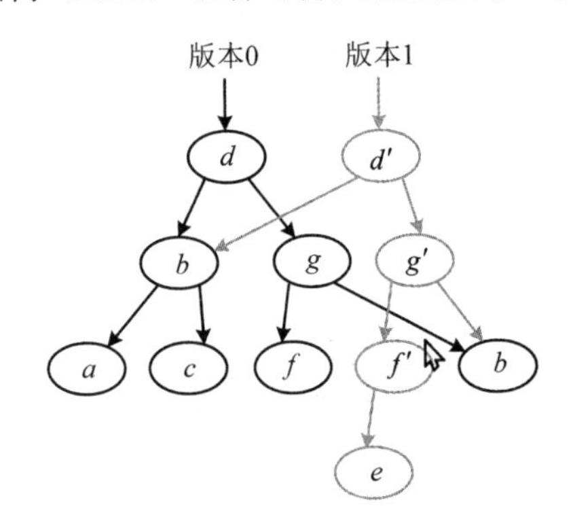

图　3-84

例题 55　树上异或（Tree, ACM/ICPC 2013 南京在线赛, HDU 4757）

给出一棵包含 N（$N\leqslant 10^5$）个点的树，结点编号为 1～N，每个点 i 都给出其点权 a_i（$0\leqslant a_i<2^{16}$），给出 m（$m\leqslant 10^5$）个询问，每个询问给出 3 个整数(x,y,v)，将 x 到 y 的路径上每个点与 v 进行异或计算，求所得到结果中的最大值。

【分析】

首先思考如下简化版的问题：给定整数集合 $A=\{a_1, a_2, \cdots, a_n\}$，求这些整数与另外一个整数 x 的异或值最大是多少。假设 A 中所有整数的最高位是 L，可以将 A 中所有数字的二进制看作长度为 L 的字符串，从高位到低位插入一个 Trie 中。然后，把 x 也看作长度为 L 的二进制串，沿着 Trie 的根结点向下遍历（对应于 A 中现有的元素），每次尽量选择与 x 当前位字符不同的边（尽量让 xor 结果为 1），走完的路径组成的 01 串对应的就是所求的最大值。

回到本题，对于任意两点 x，y，记 $d=\mathrm{LCA}(x,y)$，则将 x 到根路径上的所有点权按照上述方法插入一个 Trie，记为 t_1，y 到 d 路径上的点权插入一个 Trie，记为 t_2，则按照上述方

法将 v 与 $t1$ 以及 $t2$ 同时进行遍历，所得结果取最大值即可。但是这样做空间复杂度太高。

事实上，可以参考“例题 54　树上计数”的做法，对于树上的每个点 u 建立一个 Trie，名为 $T(u)$。但是对于每个 u 的子结点 v，$T(v)$是在 $T(u)$的基础上插入 a_u 形成的，并且尽量复用现有的空间，其结构类似于可持久化线段树。代码如下。

```
#include <bits/stdc++.h>
using namespace std;
#define _for(i,a,b) for( int i=(a); i<(int)(b); ++i)
#define _rep(i,a,b) for( int i=(a); i<=(int)(b); ++i)
const int MAXH = 16, NN = 1e5 + 8, MM = NN * 32;
int A[NN], TC, Ver[NN];
vector<int> G[NN];
struct Trie { int ch[2], cnt; };
Trie B[MM];                                          // Trie 内存分配
int newTrie() {
  int c = TC++;
  fill_n(B[c].ch, 2, 0), B[c].cnt = 0;
  return c;
}

int insert(int p, int v, int dep) {
  int np = newTrie();
  Trie &t = B[np], &t0 = B[p];
  t = t0, t.cnt = t0.cnt + 1;
  if (dep >= 0) {
    bool c = v & 1 << dep;
    t.ch[c] = insert(t0.ch[c], v, dep - 1);
  }
  return np;
}

int Fa[NN][MAXH + 1], D[NN];                         // LCA
void dfs(int u, int f) {
  Fa[u][0] = f, D[u] = D[f] + 1;
  _rep(i, 1, MAXH) Fa[u][i] = Fa[Fa[u][i - 1]][i - 1];
  Ver[u] = insert(Ver[f], A[u], 15);                 // A[u] < 2^16
  for (auto v : G[u]) if (v != f) dfs(v, u);
}

int lca(int u, int v) {
  if (D[u] < D[v]) swap(u, v);
  int diff = D[u] - D[v];
  _rep(h, 0, MAXH) if (diff & (1 << h)) u = Fa[u][h];
  if (u == v) return u;
  for (int h = MAXH; h >= 0; h--)
    if (Fa[u][h] != Fa[v][h]) u = Fa[u][h], v = Fa[v][h];
  return Fa[u][0];
}
int query(int u, int v, int x) {
```

```
  int ans = 0, d = lca(u, v), ru = Ver[u], rv = Ver[v], rd = Ver[d];
  for (int i = 15; i >= 0; i--) {   // x < 2^16, 从高位到低位遍历
    bool f = !(x & 1 << i);
    const Trie &tu = B[ru], &tv = B[rv], &td = B[rd];
    if (B[tu.ch[f]].cnt + B[tv.ch[f]].cnt > B[td.ch[f]].cnt * 2)
      ans |= 1 << i;                 // 在 u-v 路径中存在权值有对应的位
    else
      f = !f;
    ru = tu.ch[f], rv = tv.ch[f], rd = td.ch[f];
  }
  return max(ans, x ^ A[d]);
}

int main() {
  ios::sync_with_stdio(false), cin.tie(0);
  for (int n, m, u, v, x; cin >> n >> m; ) {
    for (int i = 1; i <= n; i++) cin >> A[i], G[i].clear();
    for (int i = 1; i < n; i++)
      cin >> u >> v, G[u].push_back(v), G[v].push_back(u);
    Ver[0] = TC = 0, newTrie(), dfs(1, 0);
    while (m--)
      cin >> u >> v >> x, printf("%d\n", query(u, v, x));
  }
}
```

因为所有整数都不超过 2^{16}，所以总共需要分配 $16\times N$ 个 Trie 结点。

注意，查询操作中，对于 u,v 以及 d=LCA(u,v)，每一步遍历找对应的边时，要求在 Ver(u) 以及 Ver(v)中出现的边的计数之和要大于 Ver(d)（想一想，为什么）。本题中初始化部分的时间复杂度为 $O(N)$，因为要计算两点的 LCA，于是每个查询的时间复杂度为 $O(\log N+16)$。

例题 56　网格监控（Grid surveillance, IPSC 2011）

给定一个 4096×4096 的网格 G，一开始每个格子都是 0。给出 q（$1\leqslant q\leqslant 20\,000$）个操作，其中修改操作将某个格子$(x,y)$增加一个特定的值 a（$0\leqslant a\leqslant 100$）。查询操作给出 x_1, x_2, y_1, y_2, t，要求计算第 t 次操作之前，以线段(x_1,y_1)-(x_2,y_2)为对角线的子矩形中每个点的值之和。

注意，原题为了强制在线化，实际操作描述比较复杂，具体请参考原题描述①。

【分析】

如果没有版本限制，常规的二维树状数组（下文简称 BIT）即可解决本题。所谓的二维 BIT，实际上也就是把常规 BIT 的元素变成另外一个树状数组即可。而本题比较麻烦的是又引入了版本的概念，如果每个修改操作之后存储一个副本的话，空间成本会无法忍受。这里介绍一种可持久化 BIT 的做法。首先定义一个结构体 Item，包含版本号以及对应版本的 c 值（还记得树状数组中的 C 数组吗？）。

然后，对于 BIT 中的 C 数组的元素，换成 vector<Item>。每当要对其进行修改时，直

① https://ipsc.ksp.sk/2011/real/problems/g.html

接在 vector 中增加一个新的 Item，记录新的值及其版本。这样，当需要查询指定的第 t 个版本前的前缀和时，对于，先二分查找版本小于 t 的 Item，然后返回其中的 c 值。

```
template<int SZ>
struct BIT2D {
  struct Item {
    int ver, c;
    bool operator<(const Item& i) const {
      if (ver != i.ver) return ver < i.ver;
      return c < i.c;
    }
  };
  vector<Item> C[SZ][SZ];
  int vals[SZ][SZ], version;             // 最新的值以及版本号
  BIT2D() { version = 0; }
  int lowbit(int x) { return x & (x ^ (x - 1)); }
  void add(int x, int y, int c) {
    int ver = ++version;
    vals[x][y] += c;
    for (int i = x; i < SZ; i += lowbit(i))
      for (int j = y; j < SZ; j += lowbit(j)) {
        auto& v = C[i][j];
        v.push_back({ver, v.empty() ? c : v.back().c + c});
      }
  }
  // 版本 ver 中，[0,0] → [x,y] 区域的元素和
  int sum(int x, int y, int ver) {
    int ret = 0;
    for (int i = x; i > 0; i -= lowbit(i))
      for (int j = y; j > 0; j -= lowbit(j)) {
        auto &v = C[i][j];
        auto it = lower_bound(v.begin(), v.end(), (Item) {ver + 1, 0});
        if (it != v.begin()) ret += (--it)->c;
      }
    return ret;
  }
};
```

这样，add 操作的复杂度不变，sum 操作的复杂度为 $O(\log_2 n\log q)$，其中 q 是被查询的 c 值的版本个数，空间复杂度等于所有修改的区域的面积之和。

例题 57　自带版本控制功能的 IDE（Version Controlled IDE, ACM/ICPC Hatyai 2012, UVa12538）

编写一个支持查询历史记录的编辑器，支持以下 3 种操作。

- ❑ 1 ps：在位置 p 前插入字符串 s。
- ❑ 2 pc：从位置 p 开始删除 c 个字符。

- 3 vpc：打印版本 v 中从位置 p 开始的 c 个字符。

缓冲区一开始是空串，对应版本号 0。每次执行操作 1 或操作 2 之后，版本号加 1。每个查询回答之后，才能读下一个查询。操作数 $n\leqslant 50\,000$，插入串总长不超过 1MB，输出总长保证不超过 200KB。

【分析】

本题要实现的是一个典型的可持久化数据结构。下面简单介绍一下可持久化 Treap 的基本操作。

- Merge(a,b)：给定两个 Treap a,b，a 中的所有元素<b 中的所有元素；返回一个 Treap，包含 a,b 中的所有元素。实现如下：
  - 如果 a,b 中一个为空，返回 a,b 中较大的那棵树即可。
  - 如果 a.w > b.w(TreapNode 的 Weight)，a.left 不变，a.right = merge(a.right, b)。否则 b.right 不变，b.left = merge(a, left(b))。

注意，修改是通过新建结点实现的，比如 a.w>b.w 的情况如图 3-85 所示（修改后的版本结点用粗体表示）。

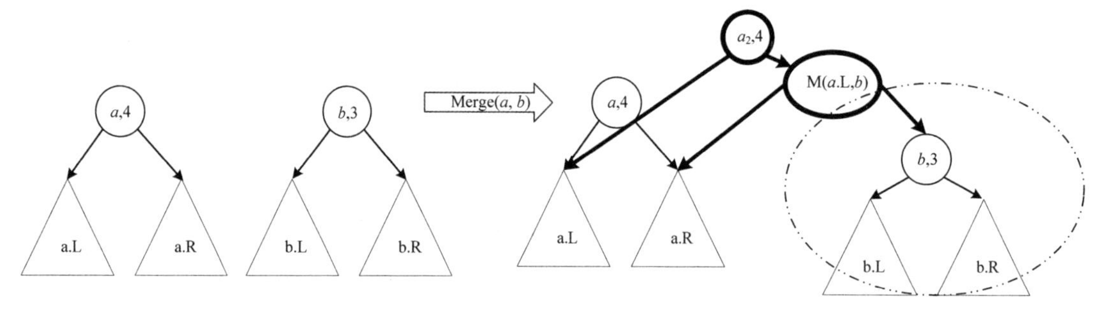

图 3-85

- Split(a,k)：考虑一个 Treap a，返回两个 Treap: left, right，分别包含 a 的前 k 个元素，以及其他所有元素，实现如下：
  - 若 a.L.size≤k，那么令{l,r}=split(a.left, k), a.left := r, 返回{l,a}。
  - 否则{l,r}=split(right(a), k-a.left.size-1), a.right := l，返回{a,r}。
  - 任何(a.**=*)修改通过新建结点(a')实现，返回也是新的 a'。

对上述方法的理论分析超出了本书的范围，但可以告诉大家的是，它的实际效果非常好，并且程序易于实现，是可持久化数据结构的经典例子。

回到本题，其各操作实现如下。

- 插入：1 次 split，1 次建 Treap，依次 merge 即可。
- 提取：2 次 split。
- 删除：2 次 split，1 次 merge。

```
#include <bits/stdc++.h>
using namespace std;
#define _for(i, a, b) for (decltype(b) i = (a); i < (b); ++i)
const int MAXN = (1 << 23), MAXQ = 50000 + 4;
struct Node;
```

```
typedef Node *PNode;
PNode Null, VER[MAXQ];
struct Node {
  PNode left, right;
  char label;
  int key, sz;
  Node(char c = 0, int s = 1) : label(c), sz(s) {
    left = right = Null, key = rand();
  }
  PNode update() {
    sz = 1 + left->sz + right->sz;
    return this;
  }
};
Node Nodes[MAXN];
struct Treap {
  int bufIdx = 0, d;
  PNode copyOf(PNode u) {
    if (u == Null) return u;
    auto ret = &Nodes[bufIdx++];
    *ret = *u;
    return ret;
  }
  PNode merge(PNode a, PNode b) {
    if (a == Null) return copyOf(b);
    if (b == Null) return copyOf(a);
    PNode ret;
    if (a->key < b->key)
      ret = copyOf(a), ret->right = merge(a->right, b);
    else
      ret = copyOf(b), ret->left = merge(a, b->left);
    return ret->update();
  }
  void split(PNode pn, PNode &l, PNode &r, const int k) {
    int psz = pn->sz, plsz = pn->left->sz;
    if (k == 0)
      l = Null, r = copyOf(pn);
    else if (psz <= k)
      l = copyOf(pn), r = Null;
    else if (plsz >= k)
      r = copyOf(pn), split(pn->left, l, r->left, k), r->update();
    else
      l = copyOf(pn), split(pn->right, l->right, r, k - plsz - 1), l->update();
  }

  PNode build(int l, int r, const char *s) {
    if (l > r) return Null;
    int m = (l + r) / 2;
    auto u = Node(s[m]);
    PNode a = copyOf(&u), p = build(l, m - 1, s), q = build(m + 1, r, s);
```

```
    p = merge(p, a), a = merge(p, q);
    return a->update();
  }
  PNode insert(const PNode ver, int pos, const char *s) {
    PNode p, q, r = build(0, strlen(s) - 1, s);
    split(ver, p, q, pos);
    return merge(merge(p, r), q);
  }
  PNode remove(PNode ver, int pos, int n) {
    PNode p, q, r;
    split(ver, p, q, pos - 1), split(q, q, r, n);
    return merge(p, r);
  }
  void print(PNode ver) {
    if (ver == Null) return;
    print(ver->left), d += (ver->label == 'c');
    putchar(ver->label);
    print(ver->right);
  }
  void debugPrint(PNode pn) {
    if (pn == Null) return;
    debugPrint(pn->left), putchar(pn->label), debugPrint(pn->right);
  }
  void traversal(PNode pn, int pos, int n) {
    PNode p, q, r;
    split(pn, p, q, pos - 1), split(q, q, r, n), print(q);
  }
  void init() {
    bufIdx = 0, d = 0, Null = &Nodes[bufIdx++], Null->sz = 0;
  }
};
Treap tree;
int main() {
  int n, opt, v, p, c, ver = 0;
  scanf("%d", &n), tree.init();
  char s[128];
  VER[0] = Null;
  _for(i, 0, n) {
    scanf("%d", &opt);
    switch (opt) {
    case 1:
      scanf("%d %s", &p, s), p -= tree.d;
      VER[ver + 1] = tree.insert(VER[ver], p, s), ver++;
      break;
    case 2:
      scanf("%d %d", &p, &c), p -= tree.d, c -= tree.d;
      VER[ver + 1] = tree.remove(VER[ver], p, c), ver++;
      break;
    case 3:
      scanf("%d%d%d", &v, &p, &c), v -= tree.d, p -= tree.d, c -= tree.d;
      tree.traversal(VER[v], p, c), puts("");
      break;
```

```
    default:
      break;
    }
  }
  return 0;
}
```

还有一种基于 STL 中 rope 的实现方法，rope 就是一个用块状链表实现的“重型”string（然而它也可以保存 int 或其他的类型），它属于 STL 扩展。代码如下（其中，crope 即 rope<char>）。

```
#include <bits/stdc++.h>
#include<ext/rope>

using namespace std;
using namespace __gnu_cxx;
crope ro, version[50100];

int main() {
  int n, d = 0, ver = 1;
  std::string buf;
  cin >> n;
  while (n--) {
    int opt, p, c, v;
    cin >> opt;
    switch (opt) {
    case 1:
      cin >> p >> buf, p -= d;
      ro.insert(p, buf.c_str()), version[ver++] = ro; // 保留历史版本
      break;
    case 2:
      cin >> p >> c, p -= d, c -= d;
      ro.erase(p - 1, c), version[ver++] = ro;
      break;
    default:
      cin >> v >> p >> c;
      v -= d, p -= d, c -= d;
      const auto& tmp = version[v].substr(p - 1, c);
      for (auto c : tmp) d += (c == 'c'), cout << c;
      cout << endl;
      break;
    }
  }
  return 0;
}
```

3.12　小结与习题

数据结构的实践性很强，下面直接给出本章的主要知识点和对应的例题、习题，供读者参考。

3.12.1 基础数据结构

如表 3-9 所示，是本章中只用到基础数据结构的例题。在线题单：https://dwz.cn/Z3smiHYq。

表 3-9

类　别	题　号	题目名称（英文）	备　注
例题 1	UVa 11995	I Can Guess the Data Structure	ADT
例题 2	UVa 11991	Easy Problem from Rujia Liu	排序或者善用 STL
例题 3	POJ 2051	Argus	优先队列；模拟
例题 4	UVa 11997	K Smallest Sums	优先队列；有序表合并
例题 5	UVa 1160	X-Plosives	并查集
例题 6	Codeforces Gym 101461B	Corporative Network	加权并查集

下面给出一些只用到基础数据结构的练习题目。它们并不简单，需要一些灵感和分析，但对思维和实践很有帮助。在线题单：https://dwz.cn/wa2ucNdu。

促销活动（Hoax or what, UVa 11136）

沃尔玛举行了一个促销活动，要求每个参加活动的顾客在小票上签字，然后放到一个特制的箱子里。活动第一天早上，这个箱子是空的。每天超市关门后，沃尔玛从箱子里取出购物金额最大和最小的两张小票，前者对应的顾客将得到沃尔玛提供的价值 max-min 的礼品，其中 max 和 min 分别为最大和最小的购物金额，然后把这两张小票扔掉（其他小票留在箱子里）。你的任务是计算在整个活动中沃尔玛提供的奖品总价值。

输入包含多组数据。每组数据：第一行为活动天数 n（$1 \leqslant n \leqslant 5000$）；接下来的 n 行，每行描述一天所收到的所有小票，其中第一个整数 k（$0 \leqslant k \leqslant 10^5$）是小票个数，接下来的 k 个整数是各小票的金额。输入保证每天结束后，箱子里至少有两张小票。每张小票金额均为不超过 10^6 的正整数，小票总个数不超过 10^6。输入结束标志为 $n=0$。

对于每组数据，输出活动期间沃尔玛提供的奖品总价值。

异或（Exclusive-OR, 武汉 2009, LA 4487）

有 n（$1 \leqslant n \leqslant 20\,000$）个小于 2^{20} 的非负整数 $X_0, X_1, \cdots, X_{n-1}$，但你并不知道它们的值。提供 Q（$2 \leqslant Q \leqslant 40\,000$）个信息或者问题，根据这些信息回答问题。

有两种信息和一种问题如表 3-10 所示。其中，参数 k 为不超过 15 的正整数，v 是小于 2^{20} 的非负整数。输出每个问题的答案。

表 3-10

指　令	说　明
I p v	我告诉你 $X_p=v$
I p q v	我告诉你 X_p xor $X_q = v$
Q k p1 p2 p3 … pk	你需要回答 X_{p1} xor x_{p2} xor … xor X_{pk} 的值

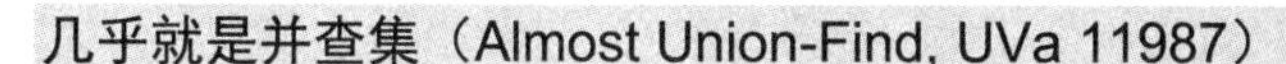

几乎就是并查集（Almost Union-Find, UVa 11987）

你的任务是实现一个并查集的变种。该“并查集”需要维护一些不相交集合，并且支持如表 3-11 所示的 3 种操作。

表　3-11

指　　令	说　　明
1 p q	合并元素 p 和 q 所在的集合。如果二者已经在同一个集合中，忽略此命令
2 p q	把元素 p 移动到 q 所在的集合。如果二者已经在同一个集合中，忽略此命令
3 p	输出 p 所在集合的元素个数。

初始时，一共有 n 个单元素集合{1}, {2}, {3}, …, {n}，有 m 条指令，$1 \leqslant n,m \leqslant 10^5$。对于每条类型 3 的指令，输出 p 所在集合的元素个数。

3.12.2　区间信息维护

区间信息维护包括 Fenwick 树、线段树和 RMQ 问题。如表 3-12 所示，列出了本章给出的相关例题。这些例题极为经典，建议读者能够熟练编写对应程序。在线题单：https://dwz.cn/UHb4TJjY。

表　3-12

类　　别	题　　号	题目名称（英文）	备　　注
例题 7	LA 4329	Ping pong	Fenwick 树；类似逆序对
例题 8	UVa 11235	Frequent Values	RMQ
例题 9	UVa 1400	Ray, Pass me the Dishes	线段树；区间查询
例题 10	UVa 11992	Fast Matrix Operations	线段树；区间修改；懒标记传递
例题 11	SPOJ NKMOU	Mountains	线段树；动态开点；
例题 12	UVa 12419	Heap Manager	线段树；动态开点；优先级队列

下面给出一些习题。这些题目多数都不难，建议读者一一完成。在线题单：https://dwz.cn/Km5GSTIk。

带循环移动的 RMQ（RMQ with shifts, UVa 12299）

在传统的 RMQ 问题中，有一个不变的数组 A，然后需要对每个询问(L, R)（$L \leqslant R$），输出 $A[L], A[L+1], \cdots, A[R]$中的最小值。

在本题中，A 是可变的。我们还需要支持一种询问移动操作，即 shift($i_1,i_2,\cdots,i_k$)，表示把元素 $A[i_1], A[i_2], \cdots, A[i_k]$循环移动（$1 \leqslant i_1 < i_2 < \cdots < i_k \leqslant n, k > 1$）。例如，若 A={6, 2, 4, 8, 5, 1, 4}，则执行 shift(2, 4, 5, 7)后得到{6, 8, 4, 5, 4, 1, 2}，再执行 shift(1, 2)后得到{8, 6, 4, 5, 4, 1, 2}。

输入仅包含一组数据。第一行为两个整数 n 和 q（$1 \leqslant n \leqslant 100\,000$，$1 \leqslant q \leqslant 250\,000$），即数组 A 中的元素个数和操作个数。第二行包含 n 个不超过 100 000 的正整数，即数组 A 各个元素的初始值 $A[1], A[2], \cdots, A[n]$。以下 q 行每行为一个字符串格式的操作，长度不超过 30，并且不含空白字符。所有操作保证合法。

对于每个 query 操作，输出范围最小值（而不是下标）。

轮廓线（Skyline, Singapore 2007, LA 4108）

我们要在地平线（看成数轴）上依次建造 n（$1 \leqslant n < 100\,000$）座建筑物。建筑物的修建按照从后往前的顺序，因此新建筑物可能会挡住一部分老建筑物。

修建完一座建筑物之后，统计它在多长的部分是最高的（可以和其他建筑物并列最高），并把这个长度称为该建筑物的“覆盖度”。如图 3-86 所示，假定最先修建的是灰色建筑物，然后是黑色，最后是白色，则三者的覆盖度依次为 6, 4, 4。例如，白色建筑物在 3～5，11～13 是最高的，因此覆盖度为(5−3)+(13−11)=4。

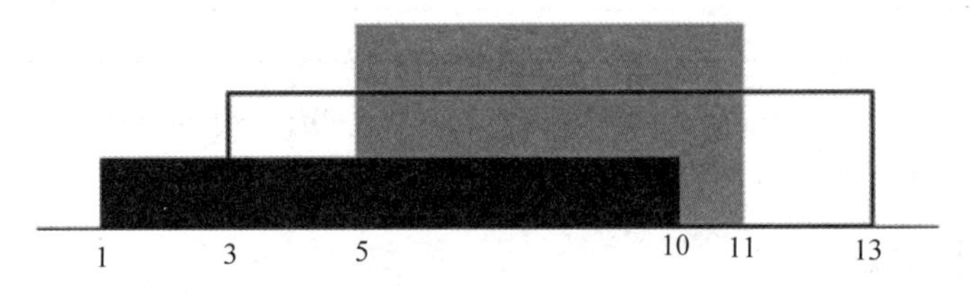

图 3-86

按照先后顺序给出 n 座建筑物的左边界 l_i，右边界 r_i 和高度 h_i（$0 < l_i < r_i \leqslant 100\,000$）。输出所有建筑物的总覆盖度（保证不超过 2 000 000）。

排列（Permutation, UVa 11525）

给定整数 n 和 k，输出 1～k （$1 \leqslant k \leqslant 50\,000$）的所有排列中，按照字典序从小到大排序后的第 n 个（编号从 0 开始）。由于 n 可能很大，本题用 k 个整数 $S_1, S_2, \cdots, S_k$ 来间接给出 n，方式如下

$$n = S_1(k-1)! + S_2(k-2)! + \cdots + S_{k-1}1! + S_k0!$$

输出满足条件的 1～k 的排列。

王国（Kingdom, Seoul 2009, LA 4730）

平面上有 n（$1 \leqslant n \leqslant 100\,000$）个城市，初始时城市之间没有任何双向道路相连。你的任务是依次执行以下指令。

- road A B：在城市 A 和城市 B 之间连接一条双向道路，保证这条道路不和其他道路在非端点处相交。
- line C：询问一条 $y=C$ 的水平线和多少个州相交，以及这些州一共包含多少座城市。在任意时刻，每一组连通的城市形成一个州。在本指令中，C（$0 < C < 10^6$）的小数部分保证为 0.5。

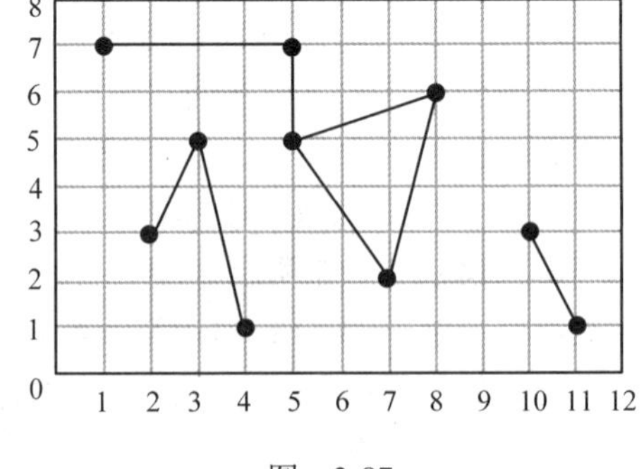

图 3-87

例如，在图 3-87 中，y=4.5 穿过两个州，共 8 个城市；y=6.5 穿过一个州，共 5 个城市。

对于每条 line 指令，输出 $y=C$ 穿过的州的数目和这些州包含的城市总数。

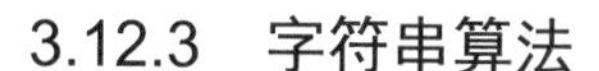

3.12.3　字符串算法

字符串算法很有使用价值，广泛地用在信息检索、文本处理、生物信息学等领域。本章涉及的 Trie、KMP、AC 自动机、后缀树/后缀数组、LCP、后缀自动机等问题和算法是其中最为经典和实用的。如表 3-13 所示，列出了本章给出的相关例题，这些例题道道经典，请读者认真学习。在线题单：https://dwz.cn/nz0OdZac。

表　3-13

类　别	题　号	题目名称（英文）	备　注
例题 13	UVa 1401	Remember the Word	用 Trie 加速动态规划
例题 14	UVa 11732	strcmp() Anyone	Trie 的性质
例题 15	LA 3026	Period	KMP 算法的失配函数
例题 16	UVa 1449	Dominating Patterns	AC 自动机
例题 17	UVa 11468	Substring	AC 自动机上的算法
例题 18	UVa 11019	Matrix Matcher	二维匹配；AC 自动机
例题 19	UVa 11107	Life Forms	后缀数组；height 数组
例题 20	LA 4513	Stammering Aliens	LCP；hash 函数
例题 21	UVa 11475	Extend to Palindrome	Manacher
例题 22	SPOJ BEADS	Glass Beads	循环串
例题 23	SPOJ SUBST1	New Distinct Substrings	子串计数
例题 24	SPOJ LCS	Longest Common Substring	加速 LCS
例题 25	HDU 4622	Reincarnation	区间子串
例题 26	SPOJ NSUBSTR	Substrings	子串去重计数
例题 27	LA 6387	str2int	后缀自动机上 DP
例题 28	HDU 6704	K-th occurrence	后缀自动机；线段树合并

下面的习题也很经典，但其中有一些难度较大。在线题单：https://dwz.cn/A5d3qjE5。

超级前缀集合（Hyper Prefix Sets, UVa 11488）

给定一个字符串集合 S，定义 $P(S)$为所有字符串的公共前缀长度与 S 中字符串个数的乘积。比如，$P(\{000,001,0011\})=6$。给出 n（$n\leqslant 50\,000$）个长度不超过 200 的 01 串，从中选出一个集合 S，使得 $P(S)$最大，并输出 $P(S)$的最大值。

字典大小（Dictionary Size, ACM/ICPC NEERC 2011, LA 5913）

给出一个大小为 n（$1\leqslant n\leqslant 10^4$）的小写字母单词组成的集合，单词长度不超过 40，可以按照如下的规则构造一个字符串。

- 从集合中选择一个单词。
- 由集合中单词的非空前缀和集合中单词的非空后缀组成。

计算按照上述规则最多能构造多少个不同的字符串。

破解密码（Password Suspects, World Finals 2008, LA 4126）

你想破解一个长度为 n、仅由小写字母组成的密码。通过各种途径，你知道了它的 m（$1\leqslant n\leqslant 25$，$0\leqslant m\leqslant 10$）个连续子串（但不知道出现的位置，且这些子串可相互重叠）。

比如，若密码长度为 10，包含两个连续子串 hello 和 world，则只有两种可能，即 helloworld 和 worldhello。

你的程序应首先输出可能的密码个数，如果最多只有 42 种可能，则按照字典序输出所有可能的密码。密码个数保证不超过 10^{15}。

L-空隙子串（L-Gap Substrings, UVa 10829）

如果一个字符串可以写成 UVU 的形式，其中 U 非空，V 恰好包含 L 个字符，我们说这个字符串是一个 L-Gap 串。比如，abcbabc 是个 1-Gap 串，xyxyxyxyxy 既是 2-Gap 串，又是 6-Gap 串，但不是 10-Gap 串（因为 U 必须非空）。

给定不超过 50 000 个小写字母组成的字符串 S 和正整数 g($1 \leqslant g \leqslant 10$)，统计 S 的 g-Gap 连续子串的个数。相同的串在不同的位置出现算作不同的子串。

生成器（Generator, 杭州 2005, LA 3490）

从空串开始，我们可以不断地从前 n（$1 \leqslant n \leqslant 26$）个大写字母中随机选出字母，然后加到串的末尾，直到这个串包含一个给定的连续子串时停止。假定每次随机都是均匀且独立的，求停止时字符串长度的数学期望。比如，若 n=2，出现连续子串 ABA 时停止，则字符串长度的数学期望为 5。输出字符串长度的数学期望。

Google 的模糊建议（Fuzzy Google Suggest, ACM/ICPC 哈尔滨 2009, UVa 1462）

给出一个由 n（$1 \leqslant n \leqslant 300\ 000$）个小写英文单词组成的集合 A，然后给出 m（$1 \leqslant m \leqslant 300$）个查询。每个查询包含 1 个单词 b，询问 A 中有多少单词 a 满足 a 的某个前缀和 b 的编辑距离不超过一个给定的值 e（$0 \leqslant e \leqslant 2$），所有单词的长度都不超过 10。

魔法阵（Casting Spells, CERC 2010, LA 4975）

强大的魔法阵一般都拥有一个十分拗口的名字，比如 abrahellehhelleh。研究发现，一个魔法阵的威力正比于名字中形如 ww^Rww^R 的连续子串的最大长度（w^R 是指将 w 反着写以后得到的串）。比如，abrahellehhelleh 的威力值为 12，因为 hellehhelleh 就是一个满足条件的连续子串（其中 w=hel）。

注意，根据定义，魔法阵的威力值总是 4 的倍数。输入长度不超过 3×10^5 的字符串，输出以该字符串命名的魔法阵的威力值。

GRE 单词（GRE Words, ACM/ICPC 成都 2011, LA 5766)

给出一个 N（$1 \leqslant N \leqslant 2 \times 10^4$）个单词组成的列表，每个位置上的单词都给出一个用 -1000～1000 的整数表示的重要性值，而且同一个单词可能出现在不同的位置并且重要性不同。要求从列表中删除一些单词，使得剩下的单词满足相邻位置上前一个单词是后一个的子串。并且剩下的单词的重要性之和尽量大。计算剩下单词的重要性之和。所有单词的长度之和不超过 3×10^5。

子串 2（Substrings II, SPOJ NSUBSTR2）

给出一个长度为 N（$N \leqslant 40\ 000$）的小写字符串 T，以及整数 A,B,Q。要求回答 Q 个查询，对于其中第 i 个查询，给出一个字符串 S_i，询问 S_i 在 T 中出现的次数 c。计算出 c 之后，将第$((A*c+B) \bmod 26) + 1$ 个小写字母附加到 T 之后。

最长公共子串 II（Longest Common Substring II, SPOJ LCS2）

给出 k（$k \leqslant 10$）个长度不超过 10^5 的字符串，求它们的最长公共连续子串。

字典序子串查找（Lexicographical Substring Search, SPOJ SUBLEX）

给出一个长度为 N（$N \leqslant 90\ 000$）的串 S，每次询问它的所有不同子串中字典序第 K 小的子串，询问不超过 500 个。

公共子串（Common Substrings, POJ3415）

给定两个字符串 A，B，求这两个字符串中长度大于等于 k 的公共子串的数量。

尽量匹配字符串（Match me if you can, SPOJ STRMATCH）

给出一个长度为 N（$N \leqslant 3000$）的字符串 S，并且给出 Q 个长度之和不超过 5×10^5 的非空字符串 q_i，对于每个 q_i 输出其在 S 中出现的次数。

打字机（Typewriter, HDU 6583）

给定一个字符串，主角需要用打字机将字符串打出来，每次可以进行如下操作。

- 花费 p：打出任意一个字符。
- 花费 q：将已经打出的某一段（子串）复制到后面去。

计算如果要打出长度为 N（$N \leqslant 2 \times 10^5$）的字符串 S，最低的费用是多少。

差异（AHOI 2013，牛客 NC 19894）

给定一个长度为 n（$n \leqslant 5 \times 10^5$）的字符串 S，令 T_i 表示 S 从第 i 个字符开始的后缀。求

$$\sum_{1 \leqslant i < j \leqslant n} \operatorname{len}(T_i) + \operatorname{len}(T_j) - 2 \cdot \operatorname{lcp}(T_i, T_j)$$

其中，$\operatorname{lcp}(a,b)$ 表示字符串 a 和 b 的最长公共前缀。

让 ZYB 开心（Make ZYB Happy, 20219 多校训练赛 Codeforces Gym 102192I）

给出 n（$n \leqslant 10\ 000$）个字符串 $S_1, \cdots, S_n$，每个 S_i 有权值 val_i，随机等概率构造一个由小写字母构成的字符串 T，定义 Sum 为所有含有子串 T 的 S_i 的 val_i 之积，求 Sum 的期望值。

你的名字（NO I2018，牛客 NC 20972）

给出一个字符串 S（长度不超过 5×10^5）以及 Q（$Q \leqslant 10^5$）个询问，每个询问给出一个字符串 T（长度不超过 10^6）和两个整数 l, r，要求计算 T 中有几个子串不是 S 的非空连续子串。

诸神眷顾的幻想乡（ZJOI2015，牛客 NC20519）

给定一棵 N（$1 \leqslant N \leqslant 10^5$）个结点的树，每个结点有颜色 C_i（$C_i \leqslant 10$），求这棵树上有多少种不同的子串。叶子结点的数量不超过 20。

Sevenk Love Oimaster（SPOJ JZPGYZ）

有 n（$n \leqslant 10\ 000$）个长度之和不大于 10^5 的字符串集合 A 和 q（$q \leqslant 60\ 000$）个询问，每次给出一个字符串 s，询问 s 在 A 的多少个元素中作为子串出现过，且询问字符串的长度之和不大于 3.6×10^5。

吉哥系列故事——完美队形 II（HDU 4513）

假设有 n（$1\leqslant n\leqslant 10^5$）个人按顺序排成一排，身高分别是 $h[1], h[2], \cdots, h[n]$，吉哥希望从中挑出一些人，让这些人形成一个新的队形，新的队形若满足以下 3 点要求，就是新的完美队形。

- 挑出的人保持原队形的相对顺序不变，且必须都是在原队形中连续的。
- 左右对称。假设有 m 个人形成新的队形，则第 1 个人和第 m 个人身高相同，第 2 个人和第 m-1 个人身高相同，依此类推。当然，如果 m 是奇数，中间那个人可以任意。
- 从左到中间那个人，身高需保证不下降。如果用 H 表示新队形的高度，则 $h[1]\leqslant h[2]\leqslant h[3]\leqslant\cdots\leqslant h[\text{mid}]$。

现在吉哥想知道：最多能选出多少人组成新的完美队形呢？

老虎机（Slot Machines, ACM/ICPC 大田 2017, Codeforces Gym 101667I）

给定 n（$n\leqslant 10^6$）个数字，求最小的 $k+p$，使从 $k+1$ 开始能够以长度 p 为循环节（$k+p$ 相同时考虑更小的 p）。

她名字的首字母（First of Her Name, ACM/ICPC WF2019, Codeforces Gym 102511G）

给出 N（$1\leqslant N\leqslant 10^6$）个人名的首字母（都是大写字母）以及其母亲的编号，除了编号为 0 的人名只有一个字母之外，其他人的名字是由首字母加上其母亲的名字组成。再给出 K（$1\leqslant K\leqslant 10^6$）个询问，每次询问给出一个大写字符串，求其是多少个人名的前缀。

蚂蚁上苹果树（Ants, ACM/ICPC 杭州 2013, LA 6460）

给出一棵 n（$1\leqslant n\leqslant 100\ 000$）个结点的树，每条边都给出一个值 z（$1\leqslant z\leqslant 10^{18}$）表示长度，对于树上的任意一条路径，其距离定义为其上所有边长度的异或和。给出 M（$1\leqslant M\leqslant 10^6$）个询问，每个询问给出 K（$K\leqslant 2\times 10^5$），求所有路径距离中的第 K 大值，不存在则输出-1。

3.12.4 排序二叉树

需要直接用到排序二叉树的题目并不多（有一些特定算法会用到，但超出了本章的范围，见第 6 章）。如表 3-14 所示是本章给出的 4 道例题，这些例题堪称经典。在线题单：https://dwz.cn/vvuo53vw。

表 3-14

类　别	题　号	题目名称（英文）	备　注
例题 29	UVa 11020	Efficient Solutions	维护点集；单调性
例题 30	LA 5031	Graph and Queries	名次树；并查集；时光倒流
例题 31	UVa 11922	Permutation Transformer	伸展树；可分裂合并的序列
例题 32	UVa 11996	Jewel Magic	字符串；Hash 函数；伸展树

下面给出一道习题。在线题单：https://dwz.cn/LrEZsXKg。

排序二叉树（Binary Search Tree，大田 2010, LA4847）

给定一个 1～n（$1\leqslant n\leqslant 20$）的排列 P，首先把它们依次插入一棵空的排序二叉树中。你的任务是统计有多少个排列（包括 P 本身）插入空排序二叉树中，将得到一棵完全相同的排序二叉树，如图 3-88 所示。输出排列总数除以 9 999 991 的余数。

在图 3-88（a）中插入结点 80，将得到图 3-88（b）中的排序二叉树。插入树后能得到图 3-88（c）的排列有 8 种，比如 2, 1, 4, 3, 5 或者 2, 4, 3, 1, 5。

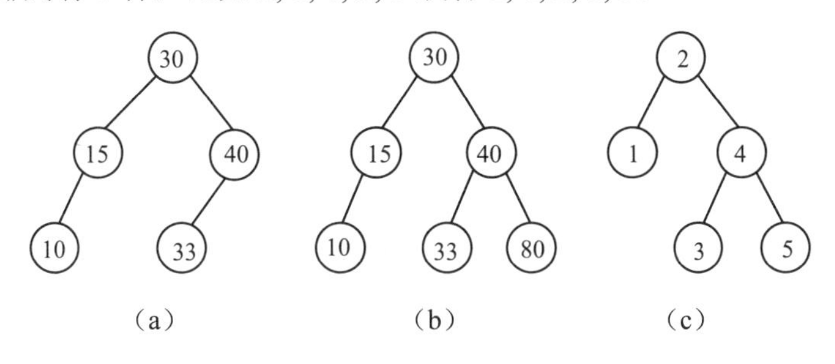

图　3-88

3.12.5　树的经典问题与方法

算法竞赛中，与树相关的问题（如 LCA，点分治，树链剖分等）非常常见，读者一定要掌握。如表 3-15 所示，是本章给出的相关例题。在线题单：https://dwz.cn/4ngXqXOS。

表　3-15

类　别	题　号	题 目 名 称	备　注
例题 33	HDU 2586	How far away	LCA;树上路径
例题 34	Codeforces Gym 102012G	Rikka with Intersection of Paths	LCA;路径统计
例题 35	POJ 1741	Tree	点分治
例题 36	UVa 12161	Ironman Race in Treeland	点分治
例题 37	牛客 NC 51143	Race	点分治
例题 38	UVa 1674	Lightning Energy Report	树链剖分；树上差分
例题 39	牛客 NC 17882	软件包管理器（NOI 2015）	树链剖分；线段树
例题 40	IPSC 2009 L	Let there be rainbows	基于迭代的树链剖分

下面给出一些习题。在线题单：https://dwz.cn/yC1mhMSQ。

聚会（AHOI 2008，牛客 NC 20533）

给出一棵树，包含 N 个结点以及 M 次询问（$N,M \leqslant 5\times10^5$），每次给出 3 个点 x,y,z，求出一个点，确保其与这 3 个点的距离之和最近。

网络（Network, POJ 3417）

给出一棵有 N 个结点的无根树，再另外给出 M 条新边，把这 M 条边连上。现在可以去掉一条树边和一条新边，问有多少种方案能使整个图不连通。其中，$N,M \leqslant 10^5$。

次小生成树（Confidential, URAL 1416）

给出一个 N 个点、M 条边的无向图（$N \leqslant 10^5$，$M \leqslant 3\times10^5$），求无向图的最小生成树以及严格次小生成树。设最小生成树的边权之和为 s，严格次小生成树就是指边权之和大于 s 的生成树中最小的一个。

寻宝游戏（SDOI 2015，牛客 NC 20581）

小明最近正在玩一个寻宝游戏，地图中有 N 个村庄和 $N-1$ 条道路，任意两个村庄间有且仅有一条路径可互达。游戏开始时，玩家可以任选一个村庄，并瞬间转移到这个村庄，然后可以在任意出村的道路上行走。若走到的某个村庄中有宝物，则视为找到该村庄内的宝物。找到所有宝物，并返回到最初转移到的村庄，游戏结束。

小明希望评测一下这个游戏的难度，因此他需要知道玩家找到所有宝物需要行走的最短路程。但是，这个游戏中宝物会经常变化，有时某个村庄中会突然出现宝物，有时某个村庄内的宝物会突然消失，因此小明需要不断地更新数据。小明太懒了，不愿意自己计算，因此向你求助。

为了简化问题，可以认为最开始时所有村庄内均没有宝物。给出 M 次宝物变动的详情，输出每次变动之后玩家找到所有宝物需要行走的最短路程。其中，$N,M \leqslant 10^5$。

LRIP（LRIP, ACM-ICPC 上海 2014，LA 7148）

给出一棵树，有 N（$1 \leqslant N \leqslant 10^5$）个结点，每个结点 i 都给出一个点权 a_i（$1 \leqslant a_i \leqslant 10^5$）。如果树上的一个有向路径，满足其上点权非递减，且最大点权和最小点权之差不大于指定的 D（$1 \leqslant D \leqslant 10^5$），就称为 RIP（受限递增路径）。计算树上的最长 RIP。

运输（Transport，COCI 2019 CONTEST #5，牛客 NC 208325）

一个国家有 n（$1 \leqslant n \leqslant 10^5$）个城市，每个城市中都有一个加油站，燃料储量为 a_i（$1 \leqslant a_i \leqslant 10^9$）。有 $n-1$ 条路径，将这些城市连接成一个树形结构。一个货车能从城市 u 到达城市 v，货车的燃料量必须不小于 u，v 之间的距离 w（$1 \leqslant w \leqslant 10^9$）。每当货车抵达一个城市，就可以补充不超过加油站储量的燃料。假设货车的油箱是无限大的，请你算出有多少个有序数对（u,v）满足：一个油箱燃料量初始为 0 的货车，可以从城市 u 出发抵达 v。货车只能走简单路径，不能走回头路①。

D 树（D Tree , ACM/ICPC 南京 2013, LA 6642）

给出一棵树，包含 N（$1 \leqslant N \leqslant 10^5$）个结点，每个结点 i 包含一个整数 v_i 作为权值，能否找到一条路径，路径上所有点权之积等于 K（$0 \leqslant K \leqslant 10^6+3$）。注意，这里的乘法运算结果要对 10^6+3 取模。输出路径的端点。如果有多条路径，按照端点标号输出字典序最小的。无解则输出“No solution”。

树上查询 7（Query on a tree VII, SPOJ QTREE7）

给定一个 N（$N \leqslant 10^5$）个结点的树，每个结点有标号（从 1 到 N）和颜色（黑和白）。根结点的标号是 1。初始时，所有的结点都是白色，给定 M（$M \leqslant 10^5$）个操作，每个操作可能如下。

- 0 u：询问和 u 连通的所有点的最大点权。u 和 v 连通的条件是 u,v 路径上所有点的颜色都相同。
- 1 u：反转 u 的颜色。

① 测试数据：https://hsin.hr/coci/archive/2018_2019。

- 2 u w：把 u 的点权改成 w。

对于每个 0 操作，输出对应的答案。

旅行（SDO I2014，牛客 NC 20579）

S 国有 N（$N \leqslant 10^5$）个城市，编号 1～N。城市间用 N-1 条双向道路连接，满足从一个城市出发可以到达其他所有城市。每个城市信仰不同的宗教，用不同的正整数表示。S 国的居民常常旅行，旅行时他们总会走最短路，并且为了避免麻烦，只在信仰相同的城市留宿。当然，旅程的终点也是信仰相同的城市。S 国政府为每个城市标定了不同的旅行评级，旅行者们常会记下途中（包括起点和终点）留宿过的城市的评级总和或最大值。

在 S 国历史上常会发生以下几种事件。

- CC x c：城市 x 的居民全体改信了 c 教。
- CW x w：城市 x 的评级调整为 w。
- QS x y：一位旅行者从城市 x 出发，到城市 y，并记录下途中留宿过的城市的评级总和。
- QM x y：一位旅行者从城市 x 出发，到城市 y，并记录下途中留宿过的城市的评级最大值。

由于年代久远，旅行者记下的数字已经遗失了，但记录开始之前每座城市的信仰、评级以及事件记录本身是完好的。请根据这些信息还原旅行者记下的数字。为了方便，我们认为事件之间的间隔足够长，以致在任意一次旅行中所有城市的评级和信仰保持不变。

给出 Q（$Q \leqslant 10^5$）个事件，输出所有 QS 和 QM 的查询结果。

树之大陆的帮会（Gangsters of Treeland Codechef MONOPLOY）

树之大陆是一个有 N（$1 \leqslant N \leqslant 2 \times 10^5$）座城市的王国（城市从 0 开始标号）。城市之间有 N-1 条道路连接，使得两点之间恰好有一条道路（即形成一棵树形结构）。城市 0 是首都。

初始时，每个城市都被一个帮会所控制。村民在相邻的城市间移动时，如果两个城市不属于同一帮会的势力范围，就需要支付一个单位的代价。

每一年都会有新的帮会涌入首都，他们会扩张自己的势力范围。具体说来，他们会占据从首都到 u 路径上的所有城市（包括首都和 u）。因此，来往于城市间的代价变得琢磨不定，这让村民们很苦恼。于是他们找你来帮忙。

给定一个城市 u，定义 $f(u)$为以 u 为根的子树中所有结点到根结点的代价的平均值。

输入的第一行是一个整数 T（$1 \leqslant T \leqslant 15$），表示数据组数；接下来有 T 组数据，每组数据的第一行有一个整数 N，表示城市的数目；接下来的 N-1 行，每行有两个用空格隔开的整数 A_i，B_i，表示一条连接这两点的边；接下来的一行是一个整数 Q（$1 \leqslant Q \leqslant 2 \times 10^5$），表示接下来有 Q 组询问，每个询问包含一个字符 t 和一个整数。

如果 t='O',表示一个新的帮会占据了从首都到 u 路径上的城市。如果 t='q',表示询问 $f(u)$。

黑白树（Black and White Tree, Codechef GERALD2）

给定一个 N（$1 \leqslant N \leqslant 2 \times 10^5$）个结点的有根树，每个结点有标号（1～$N$）和颜色（黑和白）。根结点标号是 1。

初始所有的结点都是白色，现在给定一个长度为 M（$1 \leqslant M \leqslant 2 \times 10^5$）的结点序列：

$V_1,V_2, \cdots, V_M$。依据这个序列，执行 M 个操作，每个操作包含以下 4 个步骤。

- 在第 i 个操作中，将选择标号为 V_i 的结点。
- 如果 V_i 是黑色，则将其染成白色。
- 输出距离 V_i 最远的白色结点的标号。有多解时，输出标号最大的解。
- 如果在第 2 步中没有染成白色（也就是操作前它已经是白色），那么在第 3 步结束后，将这个结点染成黑色。

输入 T（$1 \leqslant T \leqslant 10^3$）组数据。每组数据：第一行有两个整数 N,M；接下来的一行有 $N-1$ 个整数 $P_1, P_2, P_3, \cdots, P_N$，描述对应结点的父结点；之后有 M 行，每行一个整数，表示对应的 V_i。

下大雪（IPSC 2016，Heavy Snowfall）

一个镇子上的道路系统可以看成 n（$n \leqslant 10^7$）个结点的树，结点就是道路的交叉点，所有道路长度都是 1。入冬时路上都没有积雪，铲雪车跑了 q（$q \leqslant 2.5 \times 10^7$）趟，每一趟给出起点 p_i、终点 q_i 以及铲雪的过程中是否下雪（1 或 0）。如果过程中下雪，过程中就一直下雪。铲雪车不出动就不下雪。铲雪车运行时符合如下条件。

- 经过的路上的雪都被铲掉，每条边需要花费 1 个单位时间。
- 如果正在下雪，1 个单位时间内所有的道路（包括刚刚铲过的）都会增加 1cm 厚度的雪。

对于第 i 趟，计算出铲掉的雪量是 y_i，输出 $\sum_{i=1}^{q} i \cdot y_i$ 模 10^9+7 的值。比如，对于以下的输入：

```
1
5 3
1 2
2 3
3 4
3 5
1 4 1
3 2 1
4 5 0
```

第一趟从 1 到 4，铲掉的雪量是 0+1+2=3。之后道路(1-2),(2-3),(3-4),(3-5)分别获得 (3, 2, 1, 3) cm 的雪量。第二趟从道路(2-3)铲掉 2cm 雪，并且每条路都下了 1cm。最后每条道路雪量是 (4, 1, 2, 4) cm。第三趟，铲掉 2+4=6cm 的雪，并且没下雪，所以最终每条道路雪量是 (4, 1, 0, 0)。故而，输出是 3*1+2*2+6*3=25。

3.12.6 动态树与 LCT

如表 3-16 所示，是本章给出的动态树与 LCT 有关的例题。在线题单：https://dwz.cn/hdTIyzps。

表　3-16

类　别	题　号	题 目 名 称	备　注
例题 41	牛客 NC 20311	Cave	LCT;维护连通性
例题 42	UVa 11994	Happy Painting	LCT;维护路径信息
例题 43	Codechef GERALD 07	Chef and Graph Queries	LCT;维护 MST
例题 44	Codechef ELPHANT	Elephants	LCT;建模;维护边权

以下给出一些练习题。在线题单：https://dwz.cn/mGyzcN5Q。

航线规划（AHOI2005，牛客 NC 19871）

给出 n（$1<n<30\ 000$）个点，初始时有 m（$1<m<10^5$）条无向边，并且给出 q 次操作，每次操作为以下之一。

- 0 u v：删除 u，v 之间的连边，保证此时存在这样的一条边。
- 1 u v：查询此时 u，v 两点之间可能的所有路径必须经过的边的数量。

保证图在任意时刻都连通。输出所有查询操作的结果。

魔法森林（NOI2014，牛客 NC 17858）

魔法森林是一个 N（$2\leqslant N\leqslant 50\ 000$）个结点、$M$（$2\leqslant M\leqslant 10^5$）条边的无向图，结点标号为 1, …, N，边标号为 1, …, M。初始时小 E 同学在结点 1，隐士在结点 N。

无向图中的每一条边 E_i 包含两个权值 A_i 与 B_i（$1\leqslant A_i,\ B_i\leqslant 50\ 000$）。若小 E 身上携带的 A 型守护精灵个数≥$A_i$，且携带的 B 型守护精灵个数≥$B_i$，这条边上的妖怪就发起攻击。

请帮小 E 计算能够成功拜访到隐士，最少需要携带守护精灵的总个数。

树上查询 5（Query on a tree V，SPOJ QTREE5）

给出一棵 N（$N\leqslant 10^5$）个结点的树，结点编号为 1～N，定义 dist(a,b)为结点 a 到 b 路径上的边的个数。每个结点都有一个颜色，黑或白。初始都是黑色的。给出 Q（$Q\leqslant 10^5$）条如下指令。

- 0 i：将结点 i 的指令反转。
- 1 v：询问所有 dist(u,v)的最小值，其中 u 必须是白色。如果 u 本身就是白色，结果是 0。

输出所有查询操作的结果。

树上查询 7（Query on a tree VII，SPOJ QTREE7）

给出一棵 N（$N\leqslant 10^5$）个结点的树，结点编号为 1～N，定义 dist(a,b)为结点 a 到 b 路径上的边的个数。每个结点都有一个颜色以及权重 w。颜色是黑或白。初始都是黑色的。给出 Q（$Q\leqslant 10^5$）条如下指令。

- 0 u：询问所有满足到 u 路径上（包含 u,v)的结点颜色都相同的 v 的最大权值。
- 1 u：将结点 u 的颜色反转。
- 2 u w：将结点 u 的权值改为 w。

输出所有查询操作的结果。

树形挂坠（Tree Pendant，Asia – Yangon 2016，LA 7807）

给出一棵包含 N（$N \leqslant 10^5$）个结点的树，每条边都有染色（金、银两色之一，分别用 0 和 1 来表示）。然后，给出 Q（$Q \leqslant 10^5$）个操作，操作分为 4 种类型。

- ❑ 1 u v k：将 u 到 v 路径上的边都染成交替颜色，比如说 k=0 的话，那么这些边就被染成金、银、金、银，…。
- ❑ 2 u v w：删除边 u-v，并且将子树 v 的颜色都反转（金→银，银→金），然后再将子树 v 挂到 w 下面。命令执行之前，保证 u，v，w 都是不同的，边 u-v 存在，但是边 v-w 不存在。进一步，w 不在子树 v 中。这样操作之后不会出现环。

（3）3 u v：查询 u 到 v 路径上金色边和银色边的条数。

（4）4 u v：如果把 v 看作树根的话，查询 u 为根的子树中金色边和银色边的条数。

输出所有查询操作的结果。

3.12.7 离线算法

离线算法如果使用恰当，可以大幅度简化一些本来需要复杂数据结构解决的问题。如表 3-17 所示，列出了本章给出的相关例题。在线题单：https://dwz.cn/mGyzcN5Q。

表 3-17

类　别	题　号	题目名称	备　注
例题 45	牛客 NC 19919	动态逆序对	基于时间分治;三维偏序
例题 46	LA 7251	Bus Routes	基于时间分治;NTT
例题 47	SPOJ METEORS	Meteors	整体二分
例题 48	Codechef AMCOINS	Coins	整体二分;树上差分
例题 49	SPOJ DQUERY	D-query	莫队
例题 50	牛客 NC 202003	数颜色	带修改莫队

下面给出一些习题。在线题单：https://dwz.cn/VNp1hEOa。

树上统计 II（Count on a tree II, SPOJ COT2）

给定一个包含 N（$N \leqslant 40\,000$）个结点的树，每个结点有一个整数权值，给出 M（$M \leqslant 100\,000$）个查询，每个查询包含两个整数 u,v，询问 u 到 v 的路径上有多少个不同的整数。

大厨和图的查询（Chef and Graph Queries, CodeChef GERALD 07）

大厨有一个无向图 G，顶点从 1 到 N 标号，边从 1 到 M 标号，有 Q 对询问 L_i, R_i（$1 \leqslant L_i \leqslant R_i \leqslant M$）。对于每对询问，大厨想知道当仅保留编号 X（$L_i \leqslant X \leqslant R_i$）所在的边时，图 G 中有多少个连通块。请帮助大厨回答这些询问，其中 $1 \leqslant N,M,Q \leqslant 2 \times 10^5$。

夏洛克和逆序对数（Sherlock and Inversions CodeChef IITI 15）

在经历了一段失业的日子之后，夏洛克和华生因缺乏新案件而感到沮丧，决定将精力转向一些有趣的事情，比如解决一些逻辑问题。 他们现在必须解决的一个问题如下：

给出一个大小为 N（$N \leqslant 20\,000$）的数组 A，以及 Q（$Q \leqslant 20\,000$）个查询，每个查询包含两个整数 L,R，对于每个查询，给出数组的子区间 $A[L,R]$中逆序数对的个数。如果 A[i]>A[j]

且 $i<j$，则就算一个逆序数对。

货币兑换（Cash，NOI 2007，牛客 NC 17519）

金券交易所只发行、交易两种金券：A 券和 B 券。每个持有金券的顾客都有一个自己的账户。金券的数目可以是一个实数。

随着市场的起伏波动，两种金券每天都有不同的价值（即每一单位金券当天可以兑换的人民币数目）。第 K 天时，每张 A 券和 B 券的价值分别为 A_k 和 B_k 元，其中 $0<A_k,B_k\leqslant 10$。

为了方便顾客，金券交易所提供了一种非常方便的交易方式，就是比率交易法，顾客可以执行如下两种操作。

- 卖出金券：顾客提供一个[0，100]内的实数 OP 作为卖出比率，将 OP%的 A 券和 OP%的 B 券以当时的价值兑换为人民币。
- 买入金券：顾客支付 IP 元人民币，交易所将会兑换给用户总价值为 IP 的金券，其中 A 券和 B 券的比率在第 K 天恰好为 Ratek。

给出未来 $N\leqslant 10^5$ 天内的每天 A 券和 B 券的价值以及 Rate。计算如果开始时拥有 S 元，那么 N 天后最多能够获得多少钱。

阿努克斯的防线（Arnooks's Defensive Line，Asia - Kuala Lumpur 2011，LA 5871）

给出 N（$1\leqslant N\leqslant 5\times 10^5$）个如下操作。

- + a b：插入一个闭区间$[a,b]$，$1\leqslant a\leqslant b\leqslant 10^9$。
- ? a b：询问有多少个区间可以完全覆盖区间$[a, b]$。

计算每个询问的结果。

最长链（Longest Chain，Asia-Aizu 2013，LA 6667）

对于两个三元组 $a=(x_a, y_a, z_a)$和 $b=(x_b, y_b, z_b)$，给出一种偏序$\prec$，定义如下：$a\prec b \Longleftrightarrow x_a<x_b$ 且 $y_a<y_b$ 且 $z_a<z_b$。给出一个含有 $n+m$ 个三元组的集合，计算其中的最长严格递增偏序子序列 $a_1<a_2<\cdots<a_k$ 的长度。

输入整数 m, n, A, B，然后给出 m 个三元组 x_i，y_i，z_i，这些数字都是非负整数。剩下的 n 个三元组中，每个数字都通过调用以下的 $r()$函数来生成，其中 $1\leqslant m+n\leqslant 3\times 10^5$，$1\leqslant A, B\leqslant 2^{16}$，$0\leqslant x_k, y_k, z_k<10^6$。

```
int a = A, b = B, C =~(1<<31), M = (1<<16)-1;
int r(){
  a = 36969*(a&M) + (a>>16);
  b = 18000*(b&M) + (b>>16);
  return (C & ((a<<16) + b)) % 1000000;
}
```

摩基亚（Mokia，BOI 2007，牛客 NC 51145）

给出一个 $W\times W$（$1\leqslant W\leqslant 2\,000\,000$）的方阵，由 1×1 的方格组成。需要执行两类操作。

- add x y a：$A[x,y]$ += a。
- query x0 y0 x1 y1：询问矩阵 (x_0,y_0)–(x_1,y_1) 内所有格子的数字和。

其中，add 操作数≤160 000，query 操作数≤10 000，$1\leqslant a\leqslant 10\,000$，$1\leqslant x_i,y_i\leqslant W$。

两棵树中的祖先（Ancestors in Two Trees，Codechef ANCESTOR）

给定两棵有根树，各有 N（$2 \leqslant N \leqslant 500\ 000$）个结点。两棵树上的结点均从 1 到 N 标号，树根均为标号为 1 的结点。对于每个 i，找到一个 j（$j \neq i$），使得在两棵树中 j 都是 i 的祖先。

机器工厂（Machine Works，ACM/ICPC WF 2011，LA 5133）

你的公司获得了一个厂房 D（$D \leqslant 10^5$）天的使用权和一笔启动资金 C（$C \leqslant 10^9$），你打算在这 D 天里通过租借机器生产来获得收益。

可以租借的机器有 N（$N \leqslant 10^5$）台。对于机器 i，你只能在第 D_i 天花费 P_i（前提是你有至少 P 元）租借这台机器，从第 D_{i+1} 天起，运行这台机器将为你产生每天 G_i 的收益。当你不再需要机器时，可以将机器卖掉，一次性获得 R_i 的收益。其中，$1 \leqslant D_i \leqslant D, 1 \leqslant R_i < P_i \leqslant 10^9, 1 \leqslant G_i \leqslant 10^9$。

厂房里只能同时运行一台机器。不能在购买和卖出机器的那天运行机器，但是可以在同一天卖掉一台机器再买入一台。在第 N+1 天，你必须卖掉手上的机器。求第 N+1 天后能获得的最大资金。

购票（NOI 2014，牛客 NC 17861）

来自全国 n（$n \leqslant 2 \times 10^5$）个城市的 OIer 们从各地出发，要到 SZ 市参加 NOI。

全国的城市构成了一棵以 SZ 市为根的有根树，每个城市与它的父亲用道路连接。为了方便起见，将全国的 n 个城市用 1～n 的整数编号，其中树根为 1。对于除 SZ 市之外的任意一个城市 v，给出它的父亲 f_v 以及 v 到 f_v 道路的长度 s_v（$0 \leqslant s_v \leqslant 2 \times 10^{11}$）。

从 v 前往 SZ 市的方法为：选择 v 的一个祖先 a，支付购票的费用，乘坐交通工具到达 a。再选择 a 的一个祖先 b，支付费用并到达 b。以此类推，直至到达 SZ。

对于任意一个 v，给出一个交通工具的距离限制 l_v。对于 v 的祖先 a，只有当 v 和 a 之间所有道路的总长度不超过 l_v（$0 \leqslant l_v \leqslant 2 \times 10^{11}$）时，从 v 才可以通过一次购票到达 a。对于每个 v，还会给出两个非负整数 p_v（$0 \leqslant p_v \leqslant 10^6$），$q_v$（$0 \leqslant q_v \leqslant 10^{12}$）作为票价参数。若 v 到 a 所有道路的总长度为 d，那么从 v 到 a 购买的票价为 $d \cdot p_v + q_v$。

每个城市的 OIer 都希望自己到达 SZ 市时，用于购票的总资金最少。计算每个城市的 OIer 所花的最少资金是多少。

矩阵乘法（国家集训队，牛客 NC 201998）

给你一个 $N \times N$（$N \leqslant 500$）的矩阵，接下来是 Q（$Q \leqslant 60\ 000$）行，每行 5 个数，描述一个询问：x_1, y_1, x_2, y_2, k 表示找到以(x_1,y_1)为左上角、以(x_2,y_2)为右下角的子矩形中的第 k 小数。

接水果（HNOI2015，牛客 NC 20114）

一个简单的网络系统可以被描述成一棵 n（$2 \leqslant n \leqslant 10^5$）个结点的无根树，每个结点为一个服务器，连接结点的数据线则看作一条树边。两个结点进行交互时，数据会经过连接这两结点的路径上的所有结点（包括这两个结点自身）。

由于这条路径是唯一的，当路径上的某个结点出现故障时，数据便无法交互。此外，每个数据交互请求都有一个优先级。给出 m 个事件，事件分以下 3 种类型。

- type=0：给出 3 个正整数 a,b,v，表示 a,b 之间出现一条优先级为 v 的数据交互请求。
- type=1：给出一个正整数 t，表示第 t 个数据交互请求结束。
- type=2：之后有一个正整数 x，表示服务器 x 在这一时刻出现了故障。系统会在任何故障发生后立即修复，也就是在出现故障的时刻之后，这个服务器依然是正常的，但故障依然会对需要经过该服务器的数据交互请求造成影响。

在每次出现故障时，要查询未被影响的请求中最高优先级的优先级值。注意，如果一个数据交互请求已经结束，则不将其纳入未被影响的请求范围。

CRB 的查询（CRB and Queries，2015 多校，HDU 5412）

长度为 N 的数组 A。需要支持 Q（$1 \leqslant N, Q \leqslant 10^5$）个操作，操作是以下两种之一。

- query 1: 1 i v，修改 $A_i=v$。
- query 2: 2 l r k：查询闭区间 $A[l,r]$的第 k 小值。

输出每个查询操作的结果。

混合果汁（CTSC2018 Day2，牛客 NC 200498）

小 R 热衷于做黑暗料理，尤其是做混合果汁。

商店里有 n（$n \leqslant 10^5$）种果汁，编号为 $0,1,\cdots,n-1$。i 号果汁的美味度是 d_i，每升价格为 p_i。小 R 在制作混合果汁时，还有一些特殊的规定，即在一瓶混合果汁中，i 号果汁最多只能添加 l_i 升。

现在有 m（$m \leqslant 10^5$）个小朋友过来找小 R 要混合果汁喝，他们都希望小 R 用商店里的果汁制作成一瓶混合果汁。其中，第 j 个小朋友希望他得到的混合果汁总价格不大于 g_j，体积不小于 L_j。在上述这些限制条件下，小朋友们还希望混合果汁的美味度尽可能高（一瓶混合果汁的美味度等于所有参与混合的果汁的美味度的最小值）。

请计算每个小朋友能喝到的最美味的混合果汁的美味度。

点和矩形（Points and Rectangles，ACM/ICPC SEERC 2018，Codeforce Gym 101964K）

给出一个无穷大的二维平面以及 q（$q \leqslant 10^5$）个操作，操作包含以下两种类型。

- 1 x y：在(x,y)处增加一个点。
- 2 x1 y1 x2 y2：增加一个矩形，左下角是$(x_1 y_1)$，右上角是$(x_2 y_2)$。矩形的面积可能为 0，此时矩形退化成一个点。

这些矩形和点之间可能互相覆盖，而且点可能在某个矩形边上或者内部。每次操作后输出这样的点-矩形对的数量。

3.12.8 kd-Tree

如表 3-18 所示，是本章给出的有关 kd-Tree 的例题。在线题单：https://dwz.cn/5RPwzy15。

表 3-18

类　别	题　　号	题 目 名 称	备　　注
例题 51	LA7774	Finding Hotels	Kd-Tree 范围最小值查询
例题 52	UVa12939	Keep Fit!	Kd-Tree;莫队

下面给出一些习题。在线题单：https://dwz.cn/9jFEwukh。

最近的点（Closest Points, CodeChef CLOSEST)

给出三维空间中的 N 个点（X_i,Y_i,Z_i)，输入 Q 个点，对于 Q 个点中的每一个 q，在 N 个点中找到距离其最近的点的编号。其中，$1 \leqslant N,Q \leqslant 50\,000$，所有点的坐标值的绝对值都不超过 10^9。

产生协同效果①（Generating Synergy, Ipsc 2015G）

给定一棵以 1 为根、包含 n 个结点的有根树，初始所有结点颜色为 1，给出 q 个操作，每次操作是以下两者之一。

- 每次将距离结点 a 不超过 L 的子结点染成 c。
- 询问点 a 的颜色。

其中，$n, m, c \leqslant 10^5$。

葱（Shallot, CTSC2015，牛客 NC 200642）

平面上有 N 个点 $P_{1..N}$ 顺次相连，得到 $N-1$ 条线段。需要支持以下操作。

- 在某个历史版本 T 的基础上，新建一个历史版本 T'，将一个新点 P 插入 P_i 和 P_{i+1} 之间，然后按照顺序对所有的点重新标记下标。
- 对于一个历史版本 T，给出一条直线，询问这条直线会与多少条线段相交。

其中，$1 \leqslant N, M \leqslant 10^5$，所有的坐标范围 $\in [-10^8, 10^8]$，且每组数据中所有询问的答案总和不超过 10^6，插入操作的次数不会超过 5×10^4。注意这些线段可能会互相相交，且强制在线。

袋鼠拍摄（Kangaroos，PA2011，SPOJ STC 08）

给出 N（$N \leqslant 50\,000$）个区间序列 S，第 i 个区间形为$[A_i, B_i]$，其中 $1 \leqslant A_i \leqslant B_i \leqslant 10^9$。接下来给出 M（$1 \leqslant M \leqslant 2 \times 10^5$）个询问，每个询问给出两个整数 L, R（$1 \leqslant L \leqslant R \leqslant 10^9$），求 S 的最大连续子序列，要求子序列中的每个元素都和$[L,R]$有公共点。

基站（Base Stations, ACM/ICPC, Asia-Tehran 2016, LA 7825）

给出 n（$2 \leqslant n \leqslant 10^5$）个基站，对于每个基站给出三个整数 x,y,k（$0 \leqslant x,y \leqslant 10\,000$，$0 \leqslant k<100$），表示其坐标为$(x,y)$，频率为 k。至少存在一对基站的频率是不同的。计算任意两个不同频率的基站的距离的最大值。

3.12.9 可持久化数据结构

可持久化数据结构非常实用，使用得当也可以解决一些非常棘手的问题。如表 3-19 所示，列出了本章给出的相关例题。在线题单：https://dwz.cn/YvFpn0Nu。

类　别	题　号	题 目 名 称	备　注
例题 53	SPOJ MKTHNUM	K-th Number	可持久化权值线段树
例题 54	SPOJ COT	Count on a tree	树上路径；可持久化线段树
例题 55	HDU 4757	Tree	可持久化 Trie
例题 56	IPSC 2011	Grid surveillance	可持久化树状数组
例题 57	UVa1 2538	Version Controlled IDE	可持久化 Treap; STL rope

下面给出一些习题。在线题单：https://dwz.cn/Tj9HgP4p。

① https://ipsc.ksp.sk/2015/real/problems/g.html

可持久化并查集（牛客 NC51148）

给出 n 个集合和 m 个操作。

- a b：合并 a,b 所在集合。
- k：回到第 k 次操作之后的状态（查询算作操作）。
- a b：询问 a,b 是否属于同一集合，是则输出 1，否则输出 0。

请注意本题采用强制在线，所给的 a,b,k 均经过加密，加密方法为 $x = x$ xor lastans，lastans 的初始值为 0，$0<n,m\leqslant 2\times10^5$。

异或查询（Xor Queries, CodeChef XRQRS）

给定一个初始时为空的整数序列（元素由 1 开始标号）以及如下一些询问。

- 类型 1：在数组后面加入数字 x。
- 类型 2：在区间 $L,\cdots,R$ 中找到 y，最大化（x xor y）。
- 类型 3：删除数组的最后 K 个元素。
- 类型 4：在区间 $L,\cdots,R$ 中，统计小于等于 x 的元素个数。
- 类型 5：在区间 $L,\cdots,R$ 中，找到第 k 小的数。

数据范围以及详细的输入输出描述请参考原题。

观察树（Observing the Tree, CodeChef QUERY）

给出 N 个结点的树，结点编号为 $1\sim N$，每个结点的初始权值都为 0。需要执行 M 个指令，指令分为 3 类。

- 给出整数 X,Y,A,B，给结点 X 的权值增加 A，给 $X\rightarrow Y$ 路径上第 2 个结点增加 $A+2B$，第 3 个结点增加 $A+3B$，依此类推。
- 给出整数 X 和 Y，输出 $X\rightarrow Y$ 路径上所有结点的权值和。
- 给出整数 X。所有的结点返回第 X 修改指令后的状态。如果 X=0，则所有结点权值归零。

数据范围：$1\leqslant N, M\leqslant 10^5$，$0\leqslant A, B\leqslant 1\,000$。

排序（Sorting, CodeChef SORTING）

在对包含 N（$1\leqslant N\leqslant 5*10^5$）个正数的序列进行排序时，Alice 使用以下伪代码。

```
    procedure Sort(list A):
      list less, greater
      if length(A) <= 1 then return A
      pivot := A(length(A)+1) / 2
      for i := 1 to length(A) do:
        Increment(comparison_count)
        if Ai < pivot then append Ai to less else if Ai > pivot append Ai to
greater
        end if
      end for
      return concatenate(Sort(less), pivot, Sort(greater) )
```

给出 N 个数字的序列，计算并输出上述排序代码运行完成之后 comparison_count 的值。

鏖战表达式（WC 2016）

初始给你一个表达式，运算符编号越大，优先级越高。你可以调用 $F(a,b,x)$，表示把元素 a 与 b 做 x 运算符运算得到的值。现有 3 种操作：修改一个元素的值，修改一个运算符，翻转一个区间。每个操作后需要返回表达式的值。不能调用 F 超过 10^7 次。要求在线并可持久化[①]。

另一种弹珠球游戏（Just another pachinko-like machine, UVa 12827）

有一种弹珠球游戏机，游戏中每一步下落一个小球，机器中有 n（$1 \leqslant n \leqslant 10^5$）个互相不覆盖的非垂直的横挡，如图 3-89 所示。互相不覆盖指的是：对于每一对横挡，两条线段没有任何公共点，当然它们在 x 轴上的水平投影可能有公共点。

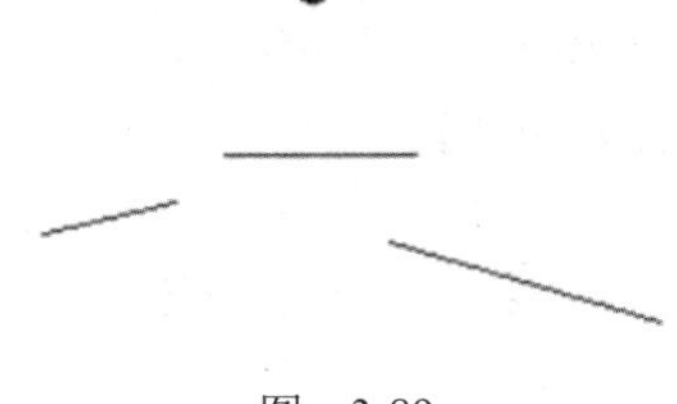

图 3-89

在第 i 步，小球被送到位置(x_i,y_i)，接着开始垂直下降，最好它能碰到一个横挡并且得到一些分数，碰到第 i 个横挡，得分 s_i。如果小球直接落到地上，没有得分。

这个机器有一个有趣的特性就是：如果在某一步第 i 个横挡被碰到，那么它就会立刻消失，并且在第 d_i 步后重新出现。比如说，如果 d_i=3，那么第 i 个横挡在第 5 步被碰到后，它会在第 6,7 步消失，在第 8 步之前重新出现。

① 题目的详细描述请参考 http://uoj.ac/problem/173.

第 4 章　几 何 问 题

几何问题是高水平算法竞赛中不可或缺的题型。由于背景知识多，内容杂乱，因此《算法竞赛入门经典（第 2 版）》中几乎没有涉及真正意义上的几何问题。本章通过介绍一些几何中的常见问题和算法，力图让读者具备一定的几何解题能力，并感受到几何的美。

4.1　二维几何基础

简单地说，向量（vector）就是有大小和方向的量，如速度、位移等物理量都是向量。向量最基本的运算是加法，满足平行四边形法则，如图 4-1 所示。

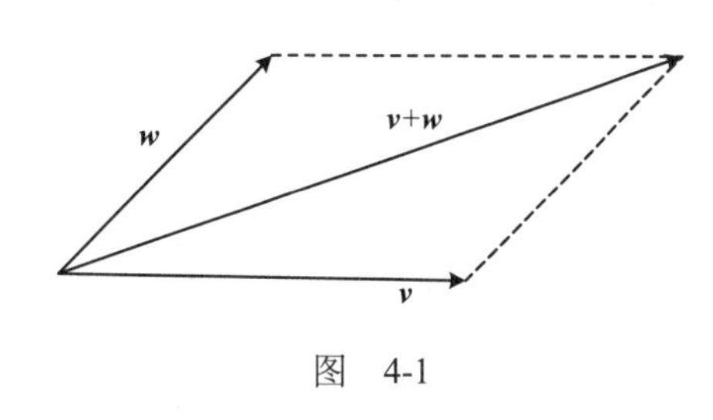

图　4-1

在平面坐标系下，向量和点一样，也用两个数 x，y 表示。它等于向量的起点到终点的位移，也相当于把起点平移到坐标原点后，终点的坐标。尽管如此，请读者不要在概念上把点和向量弄混。比如，点-点=向量，向量+向量=向量，点+向量=点，而点+点是没有意义的。在第 6 章中，我们会介绍齐次坐标的概念，从而在程序上区分开点和向量。但在本章中，点和向量都用两个数 x，y 表示。

这里给出它们的常用定义，代码如下。

```
struct Point {
  double x, y;
  Point(double x=0, double y=0):x(x),y(y) { } //构造函数，方便代码编写
};

typedef Point Vector; //从程序实现上，Vector 只是 Point 的别名

//向量+向量=向量，点+向量=点
Vector operator + (Vector A, Vector B) { return Vector(A.x+B.x, A.y+B.y); }
//点-点=向量
Vector operator - (Point A, Point B) { return Vector(A.x-B.x, A.y-B.y); }
//向量*数=向量
Vector operator * (Vector A, double p) { return Vector(A.x*p, A.y*p); }
//向量/数=向量
Vector operator / (Vector A, double p) { return Vector(A.x/p, A.y/p); }

bool operator < (const Point& a, const Point& b) {
  return a.x < b.x || (a.x == b.x && a.y < b.y);
}
```

```
const double eps = 1e-10;
int dcmp(double x) {
  if(fabs(x) < eps) return 0; else return x < 0 ? -1 : 1;
}

bool operator == (const Point& a, const Point &b) {
  return dcmp(a.x-b.x) == 0 && dcmp(a.y-b.y) == 0;
}
```

注意，上面的“相等”函数用到了“三态函数”dcmp，减少了精度问题。另外，向量有一个所谓的“极角”，即从 x 轴正半轴旋转到该向量方向所需要的角度。C 标准库里的 atan2 函数就是用来求极角的，如向量(x,y)的极角就是 atan2(y,x)（单位：弧度）。

4.1.1 基本运算

点积：两个向量 $\boldsymbol{v}$ 和 $\boldsymbol{w}$ 的点积等于二者长度的乘积再乘上它们夹角的余弦。如图 4-2 所示，其中的 θ 是指从 $\boldsymbol{v}$ 到 $\boldsymbol{w}$ 逆时针旋转的角，因此当夹角大于 90° 时点积为负。

余弦是偶函数，因此点积满足交换率。如果两向量垂直，点积等于 0。不难推导出：在平面坐标系下，两个向量 $\overrightarrow{OA}$ 和 $\overrightarrow{OB}$ 的点积等于 $x_Ax_B+y_Ay_B$。这里给出点积计算方法，以及利用点积计算向量长度和夹角的函数。代码如下。

```
double Dot(Vector A, Vector B) { return A.x*B.x + A.y*B.y; }
double Length(Vector A) { return sqrt(Dot(A, A)); }
double Angle(Vector A, Vector B) { return acos(Dot(A, B) / Length(A) / Length(B)); }
```

叉积：简单地说，两个向量 $\boldsymbol{v}$ 和 $\boldsymbol{w}$ 的叉积等于 $\boldsymbol{v}$ 和 $\boldsymbol{w}$ 组成的三角形的有向面积的两倍。什么叫有向面积呢？如图 4-3 所示。顺着第一个向量 $\boldsymbol{v}$ 看，如果 $\boldsymbol{w}$ 在左边，那么 $\boldsymbol{v}$ 和 $\boldsymbol{w}$ 的叉积大于 0，否则小于 0。如果两个向量共线（方向相同或者相反），那么叉积等于 0（三角形退化成线段）。

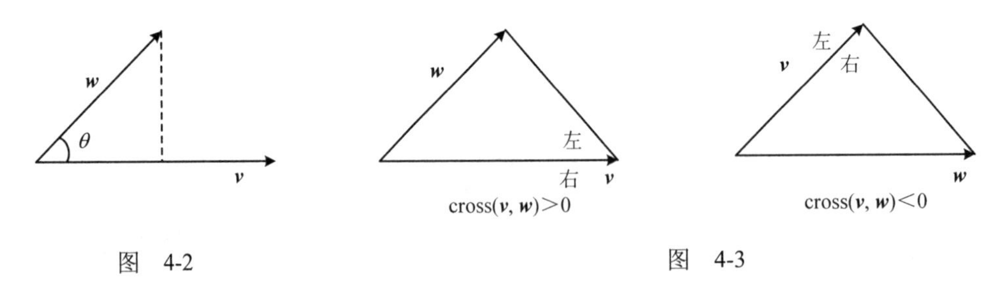

图 4-2　　　　图 4-3

不难发现，叉积不满足交换率。事实上，cross$(\boldsymbol{v},\boldsymbol{w})$=−cross$(\boldsymbol{w},\boldsymbol{v})$。在坐标系下，两个向量 $\overrightarrow{OA}$ 和 $\overrightarrow{OB}$ 的叉积等于 $x_Ay_B-x_By_A$。代码如下。

```
double Cross(Vector A, Vector B) { return A.x*B.y - A.y*B.x; }
double Area2(Point A, Point B, Point C) { return Cross(B-A, C-A); }
```

两个向量的位置关系： 把叉积和点积组合到一起，我们可以更细致地判断两个向量的位置关系。如图 4-4 所示，括号里的第一个数是点积的符号，第二个数是叉积的符号，第一个向量 $\boldsymbol{v}$ 总是水平向右，另一个向量 $\boldsymbol{w}$ 的各种情况都包含在了图 4-4 中。比如，当 $\boldsymbol{w}$ 的终点在图 4-4 左上方的第二象限时，点积为负但叉积均为正，用(-,+)表示。

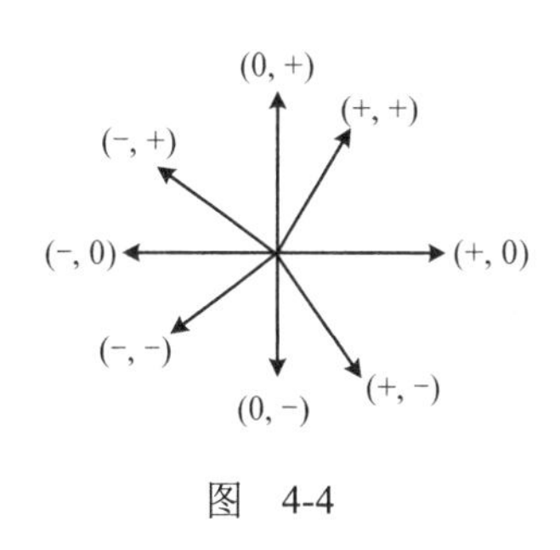

图 4-4

向量旋转： 向量可以绕起点旋转，公式为 $x'=x\cos a-y\sin a$, $y'=x\sin a+y\cos a$，其中 a 为逆时针旋转的角。代码如下。

```
//rad 是弧度
Vector Rotate(Vector A, double rad) {
  return Vector(A.x*cos(rad)-A.y*sin(rad), A.x*sin(rad)+A.y*cos(rad));
}
```

作为特殊情况，下面的函数用来计算向量的单位法线，即左转 90° 以后把长度归一化。

```
//调用前请确保 A 不是零向量
Vector Normal(Vector A) {
  double L = Length(A);
  return Vector(-A.y/L, A.x/L);
}
```

基于复数的几何计算： 在本节结束前，笔者还想介绍另外一种实现点和向量的方法，即使用 C++里的复数，定义代码如下。

```
#include<complex>
using namespace std;
typedef complex<double> Point;
typedef Point Vector;
```

这样定义之后，我们自动拥有了构造函数、加减法和数量积。用 real(p)和 imag(p)访问实部和虚部，conj(p)返回共轭复数，即 conj(a+bi)=a−bi。相关函数代码如下。

```
double Dot(Vector A, Vector B) { return real(conj(A)*B); }
double Cross(Vector A, Vector B) { return imag(conj(A)*B); }
Vector Rotate(Vector A, double rad) { return A*exp(Point(0, rad)); }
```

上述函数的效率不是很高，但是相当方便、好记。

4.1.2 点和直线

直线的参数表示： 直线可以用直线上一点 P_0 和方向向量 $\boldsymbol{v}$ 表示（虽然这个向量的大小没什么用处）。直线上所有点 P 满足 $P=P_0+t\boldsymbol{v}$，其中 t 为参数。如果已知直线上的两个不同点 A 和 B，则方向向量为 $B-A$，所以参数方程为 $A+(B-A)t$。

参数方程最方便的地方在于直线、射线和线段的方程形式是一样的，区别仅仅在于参数。直线的 t 没有范围限制，射线的 $t>0$，线段的 t 在 0～1。这样，很多对于直线适用的公式可以很方便地用在射线和线段上。

直线交点：下面介绍参数方程下的直线交点公式。设直线分别为 $P+t\boldsymbol{v}$ 和 $Q+t\boldsymbol{w}$，设向量 $\boldsymbol{u}=\overrightarrow{QP}$，设交点在第一条直线上的参数为 t_1，第二条直线上的参数为 t_2，则 x 和 y 坐标可以各列出一个方程，解得（过程略）：

$$t_1=\frac{\text{cross}(\boldsymbol{w},\boldsymbol{u})}{cross(\boldsymbol{v},\boldsymbol{w})},\quad t_2=\frac{\text{cross}(\boldsymbol{v},\boldsymbol{u})}{\text{cross}(\boldsymbol{v},\boldsymbol{w})}$$

代码如下。

```
//调用前请确保两条直线 P+tv 和 Q+tw 有唯一交点，当且仅当 Cross(v,w)非 0
Point GetLineIntersection(Point P, Vector v, Point Q, Vector w) {
  Vector u = P-Q;
  double t = Cross(w, u) / Cross(v, w);
  return P+v*t;
}
```

需要提醒读者注意的是，从上述公式可以看到，如果 $P, \boldsymbol{v}, Q, \boldsymbol{w}$ 的各个分量均为有理数，则交点坐标也是有理数。在精度要求极高的情况下，可以考虑自定义分数类。

点到直线的距离：点到直线的距离是一个常用的函数，可以用叉积算出，即用平行四边形的面积除以底。代码如下。

```
double DistanceToLine(Point P, Point A, Point B) {
  Vector v1 = B - A, v2 = P - A;
  return fabs(Cross(v1, v2)) / Length(v1); //如果不取绝对值，得到的是有向距离
}
```

点到线段的距离：点到线段的距离有两种可能，如图 4-5 所示。

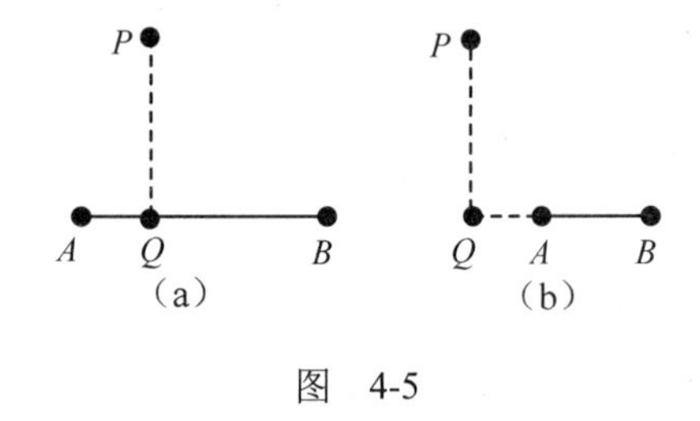

图 4-5

简单地说，设投影点为 Q，如果 Q 在线段 AB 上，则所求距离就是 P 点到直线 AB 的距离，如图 4-5（a）所示。若 Q 不在线段 AB 上，则分两种情况（见图 4-5（b））：如果 Q 在射线 BA 上，则所求距离为 QA 距离；否则为 QB 距离。判断 Q 的位置可以用点积进行（还记得那张四个象限的图吗）。代码如下。

```
double DistanceToSegment(Point P, Point A, Point B) {
  if(A == B) return Length(P-A);
  Vector v1 = B - A, v2 = P - A, v3 = P - B;
  if(dcmp(Dot(v1, v2)) < 0) return Length(v2);
  else if(dcmp(Dot(v1, v3)) > 0) return Length(v3);
  else return fabs(Cross(v1, v2)) / Length(v1);
}
```

还有其他方法可以求出上述距离，但不仅速度慢，而且也更容易产生精度误差。

点在直线上的投影：虽然上面的运算避免了求出 P 在直线 AB 上的投影点 Q，但有时候还是需要把它求出来的。为此，我们把直线 AB 写成参数式 $A+t\boldsymbol{v}$（$\boldsymbol{v}$ 为向量 $\overrightarrow{AB}$），并且设 Q 的参数为 t_0，那么 $Q=A+t_0\boldsymbol{v}$。根据 PQ 垂直于 AB，两个向量的点积应该为 0，因此 $\text{Dot}(\boldsymbol{v},P-(A+t_0\boldsymbol{v}))=0$。根据分配率有 $\text{Dot}(\boldsymbol{v},P-A)-t_0\times\text{Dot}(\boldsymbol{v},\boldsymbol{v})=0$，这样就可以解出 t_0，从而得到 Q 点。代

码如下。

```
Point GetLineProjection(Point P, Point A, Point B) {
  Vector v = B-A;
  return A+v*(Dot(v, P-A) / Dot(v, v));
}
```

线段相交判定：最后介绍线段相交判定，即给定两条线段，判断是否相交。我们定义“规范相交”为两线段恰好有一个公共点，且公共点不是任何一条线段的端点[①]。线段规范相交的充要条件是：每条线段的两个端点都在另一条线段的两侧（这里的“两侧”是指叉积的符号不同）。代码如下。

```
bool SegmentProperIntersection(Point a1, Point a2, Point b1, Point b2) {
  double c1 = Cross(a2-a1,b1-a1), c2 = Cross(a2-a1,b2-a1),
         c3 = Cross(b2-b1,a1-b1), c4=Cross(b2-b1,a2-b1);
  return dcmp(c1)*dcmp(c2)<0 && dcmp(c3)*dcmp(c4)<0;
}
```

如果允许在端点处相交，情况就比较复杂了：如果 c_1 和 c_2 都是 0，表示两线段共线，这时可能会有部分重叠的情况；如果 c_1 和 c_2 不都是 0，则只有一种相交方法，即某个端点在另外一条线段上。为了判断上述情况是否发生，还需要判断一个点是否在一条线段上（不包含端点）。代码[②]如下。

```
bool OnSegment(Point p, Point a1, Point a2) {
  return dcmp(Cross(a1-p, a2-p)) == 0 && dcmp(Dot(a1-p, a2-p)) < 0;
}
```

4.1.3 多边形

如何计算多边形的有向面积？如果多边形是凸的，可以从第一个顶点出发把凸多边形分成 n-2 个三角形，然后把面积加起来。代码如下。

```
double ConvexPolygonArea(Point* p, int n) {
  double area = 0;
  for(int i = 1; i < n-1; i++)
    area += Cross(p[i]-p[0], p[i+1]-p[0]);
  return area/2;
}
```

其实这个方法对非凸多边形也适用。由于三角形面积是有向的，在外面的部分可以正负抵消掉。实际上，可以从任意点出发进行划分，如图 4-6 所示。

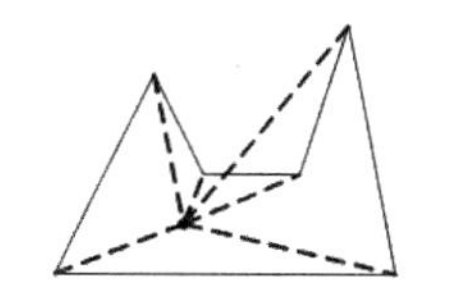

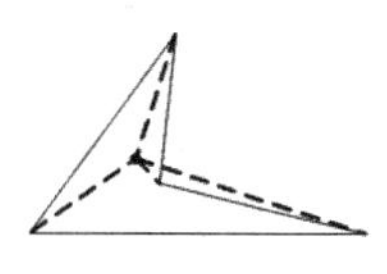

图 4-6

可以取 $p[0]$点为划分顶点，一方面可以少算两个叉积（0 和任意向量的叉积都等于 0），另一方面也减少了乘法溢出的可能性，还不用特殊处理（i=n-1

① 也可以理解成两条线段均不含端点。

② 这段代码的点积部分可以改成坐标比较，比较跨度较大的那一位坐标。

的时候，下一个顶点是$p[0]$而不是$p[n]$，因为$p[n]$不存在）。代码如下。

```
//多边形的有向面积
double PolygonArea(Point* p, int n) {
  double area = 0;
  for(int i = 1; i < n-1; i++)
    area += Cross(p[i]-p[0], p[i+1]-p[0]);
  return area/2;
}
```

也可以取坐标原点为划分点，乘法次数减少，代码留给读者编写。

4.1.4 例题选讲

例题 1 Morley 定理（Morley's Theorem, UVa 11178）

Morley 定理是这样的：作三角形 ABC 每个内角的三等分线，相交成三角形 DEF，则 DEF 是等边三角形，如图 4-7 所示。

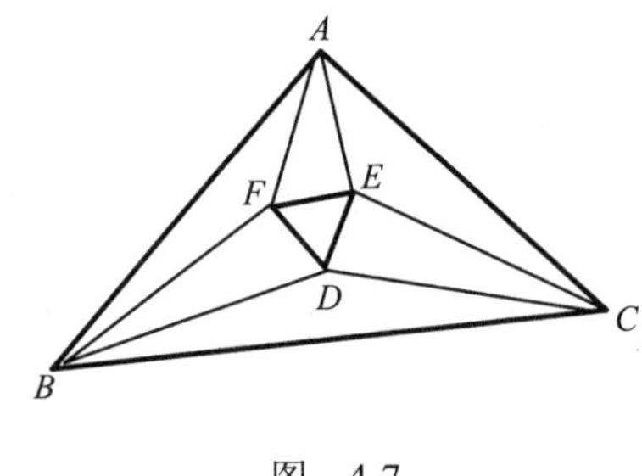

图 4-7

你的任务是根据 A，B，C 三个点的位置确定 D，E，F 三个点的位置。

【输入格式】

输入的第一行为测试数据组数 T（$T \leqslant 5000$）。每组数据包含一行，有 6 个整数 $x_A, y_A, x_B, y_B, x_C, y_C$，即 A，B，C 三个点的坐标。输入保证三角形 ABC 的面积非 0。所有坐标均为不超过 1000 的非负整数。A，B，C 按照逆时针顺序排列。

【输出格式】

对于每组数据，输出 6 个整数 $x_D, y_D, x_E, y_E, x_F, y_F$。

【分析】

本题没有什么算法可言，主要是根据题意计算，作为练习。考虑到对称性，只需要知道如何求 D 点即可。首先需要计算$\angle ABC$ 的值 a，然后把射线 BC 逆时针旋转 $a/3$，得到直线 BD。同理可以得到直线 CD，求交点即可。代码如下：

```
Point getD(Point A, Point B, Point C) {
  Vector v1 = C-B;
  double a1 = Angle(A-B, v1);
  v1 = Rotate(v1, a1/3);

  Vector v2 = B-C;
  double a2 = Angle(A-C, v2);
  v2 = Rotate(v2, -a2/3); //负数表示顺时针旋转

  return GetLineIntersection(B, v1, C, v2);
}
```

主程序很简单。代码如下。

```
int main() {
  int T;
  Point A, B, C, D, E, F;
  scanf("%d", &T);
  while(T--) {
    A = read_point();
    B = read_point();
    C = read_point();
    D = getD(A, B, C);
    E = getD(B, C, A);
    F = getD(C, A, B);
    printf("%.6lf %.6lf %.6lf %.6lf %.6lf %.6lf\n", D.x, D.y, E.x, E.y, F.x,
F.y);
  }
  return 0;
}
```

例题 2　好看的一笔画（That Nice Euler Circuit, 上海 2004, LA 3263）

平面上有一个包含 n 个端点的一笔画，第 n 个端点总是和第一个端点重合，因此图案是一条闭合曲线。组成一笔画的线段可以相交，但是不会部分重叠，如图 4-8 所示。求这些线段将平面分成多少部分（包括封闭区域和无限大区域）。

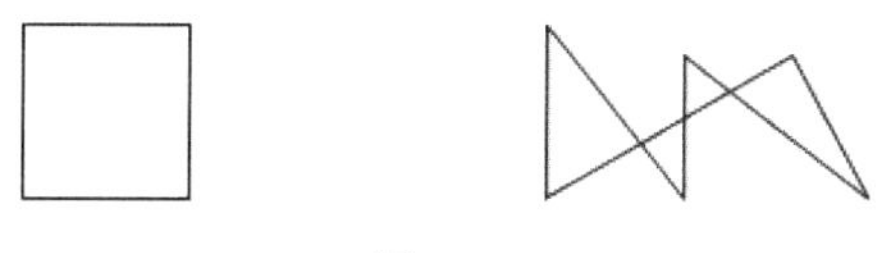

图　4-8

【输入格式】

输入包含多组数据。每组数据：第一行为整数 n（$4\leqslant n\leqslant 300$）；第二行为 n 对整数，依次为一笔画上各顶点的坐标（均为绝对值不超过 300 的整数）。输入结束标志为 n=0。

【输出格式】

对于每组数据，输出平面被分成的区域数。

【分析】

若是要直接找出所有区域，会非常麻烦，而且容易出错。但用欧拉定理可以将问题进行转化，使解法更容易。

欧拉定理：设平面图的顶点数、边数和面数分别为 V，E 和 F，则 $V+F-E=2$。

这样，只需求出顶点数 V 和边数 E，就可以求出 $F=E+2-V$。

该平面图的结点由两部分组成，即原来的结点和新增的结点。由于可能出现三线共点，需要删除重复的点。代码如下。

```
const int maxn = 300 + 10;
Point P[maxn], V[maxn*maxn];

int main() {
  int n, kase = 0;
```

```
    while(scanf("%d", &n) == 1 && n) {
      for(int i = 0; i < n; i++) { scanf("%lf%lf", &P[i].x, &P[i].y); V[i] =
P[i]; }
      n--;
      int c = n, e = n;
      for(int i = 0; i < n; i++)
        for(int j = i+1; j < n; j++)
    if(SegmentProperIntersection(P[i], P[i+1], P[j], P[j+1]))
          V[c++] = GetLineIntersection (P[i], P[i+1]-P[i], P[j], P[j+1]-
P[j]);
      sort(V, V+c);
      c = unique(V, V+c) - V;
      for(int i = 0; i < c; i++)
        for(int j = 0; j < n; j++)
          if(OnSegment(V[i], P[j], P[j+1])) e++;
      printf("Case %d: There are %d pieces.\n", ++kase, e+2-c);
    }
    return 0;
  }
```

例题 3　狗的距离（Dog Distance, UVa 11796）

甲和乙两条狗分别沿着一条折线奔跑。两条狗的速度未知，但已知它们同时出发，同时到达，并且都是匀速奔跑。你的任务是求出甲狗和乙狗在奔跑过程中的最远距离与最近距离之差。

【输入格式】

输入的第一行为数据组数 I（$I \leqslant 1000$）。每组数据：第一行为整数 A 和 B，分别为甲狗和乙狗所走线路上的顶点数；第二行用 $2\times A$ 个整数描述甲狗走的路线，即 $X_1, Y_1, X_2, Y_2, \cdots, X_A, Y_A$。其中，$(X_1,Y_1)$和$(X_A,Y_A)$分别是路线的起点和终点；第三行用 $2\times B$ 个整数描述乙狗走的路线，格式同上。

【输出格式】

对于每组数据，输出所求值，四舍五入到最近的整数。

【分析】

先来看一种简单的情况：甲狗和乙狗的路线都是一条线段。因为运动是相对的，因此也可以认为甲狗静止不动，乙狗自己沿着直线走，因此问题转化为求点到线段的最小或最大距离。

有了简化版的分析，只需模拟整个过程。设现在甲狗的位置在 P_a，刚经过编号为 S_a 的拐点；乙的位置是 P_b，刚经过编号为 S_b 的拐点，则我们只需要计算两狗谁先到拐点，那么在这个时间点之前的问题就是我们刚才讨论过的"简化版"。求解完毕之后，需要更新甲狗和乙狗的位置，如果正好到达下一个拐点，还要更新 S_a 和/或 S_b，然后继续模拟。因为每次至少有一条狗到达拐点，所以子问题的求解次数不超过 $A+B$。代码如下。

```
const int maxn = 60;
int T, A, B;
Point P[maxn], Q[maxn];
```

```
double Min, Max;

void update(Point P, Point A, Point B) {
  Min = min(Min, DistanceToSegment(P, A, B));
  Max = max(Max, Length(P-A));
  Max = max(Max, Length(P-B));
}

int main() {
  scanf("%d", &T);
  for(int kase = 1; kase <= T; kase++) {
    scanf("%d%d", &A, &B);
    for(int i = 0; i < A; i++) P[i] = read_point();
    for(int i = 0; i < B; i++) Q[i] = read_point();

    double LenA = 0, LenB = 0;
    for(int i = 0; i < A-1; i++) LenA += Length(P[i+1]-P[i]);
    for(int i = 0; i < B-1; i++) LenB += Length(Q[i+1]-Q[i]);

    int Sa = 0, Sb = 0;
    Point Pa = P[0], Pb = Q[0];
    Min = 1e9, Max = -1e9;
    while(Sa < A-1 && Sb < B-1) {
      double La = Length(P[Sa+1] - Pa);      //甲到下一拐点的距离
      double Lb = Length(Q[Sb+1] - Pb);      //乙到下一拐点的距离
      double T = min(La/LenA, Lb/LenB);
      //取合适的单位，可以让甲和乙的速度分别是 LenA 和 LenB
      Vector Va = (P[Sa+1] - Pa)/La*T*LenA; //甲的位移向量
      Vector Vb = (Q[Sb+1] - Pb)/Lb*T*LenB; //乙的位移向量
      update(Pa, Pb, Pb+Vb-Va);              //求解“简化版”，更新最小最大距离
      Pa = Pa + Va;
      Pb = Pb + Vb;
      if(Pa == P[Sa+1]) Sa++;
      if(Pb == Q[Sb+1]) Sb++;
    }
    printf("Case %d: %.0lf\n", kase, Max-Min);
  }
  return 0;
}
```

4.1.5 二维几何小结

至此，二维几何基础已经告一段落了。内容很散乱，因此有必要小结为表 4-1。

表 4-1

类　别	功　能	代　码	备　注
基本定义	点的定义	struct Point {...};	包含<和==运算符。其中“相等”要考虑误差

续表

类　别	功　能	代　码	备　注
基本定义	向量的定义	typedef Point Vector	应在概念上区分点和向量
	向量的极角	atan2(y,x)	
向量运算	向量加法	+	
	向量减法	-	
	向量乘以标量	*	
	向量除以标量	/	
	两向量的点积	Dot	
	向量的长度	Length	使用点积
	两向量的转角	Angle	使用点积
	两向量的叉积	Cross	
	向量绕起点旋转	Rotate	
	向量的单位法向量	Normal	旋转的特殊情况
点和直线	二直线交点（参数式）	GetLineIntersection	可以求出交点的参数
	二直线交点（两点式）	GetLineIntersectionB	
	线段规范相交判定（两点式）	SegmentProperIntersection	
	点到直线的距离（两点式）	DistanceToLine	
	点到线段的距离	DistanceToSegment	
	点在直线上的投影（两点式）	GetLineProjection	
	点在线段上的判定（两点式）	OnSegment	
多边形	三角形有向面积的两倍	Area2	使用叉积
	多边形面积	PolygonArea	

4.2 与圆和球有关的计算问题

4.2.1 圆的相关计算

圆上任意一点拥有唯一的圆心角，所以在定义圆的时候，可以加一个通过圆心角求坐标的函数。代码如下。

```
struct Circle {
  Point c;
  double r;
  Circle(Point c, double r):c(c),r(r) {}
  Point point(double a) {
    return Point(c.x + cos(a)*r, c.y + sin(a)*r);
  }
};
```

直线和圆的交点：假定直线为 AB，圆的圆心为 C，半径为 r。第一种方法是解方程组。设交点为 $P=A+t(B-A)$，代入圆方程后整理得到 $(at+b)^2+(ct+d)^2=r^2$，进一步整理后得到一元二

次方程 $et^2+ft+g=0$。根据判别式的值可以分为 3 种情况，即无交点（相离）、一个交点（相切）和两个交点（相交）。代码如下（变量 a, b, c, d, e, f, g 对应于上述方程中的字母）。

```
int getLineCircleIntersection(Line L, Circle C, double& t1, double& t2, vector<Point>& sol){
    double a = L.v.x, b = L.p.x - C.c.x, c = L.v.y, d = L.p.y - C.c.y;
    double e = a*a + c*c, f = 2*(a*b + c*d), g = b*b + d*d - C.r*C.r;
    double delta = f*f - 4*e*g;          //判别式
    if(dcmp(delta) < 0) return 0;        //相离
    if(dcmp(delta) == 0) {               //相切
      t1 = t2 = -f / (2 * e); sol.push_back(L.point(t1));
      return 1;
    }
    //相交
    t1 = (-f - sqrt(delta)) / (2 * e); sol.push_back(L.point(t1));
    t2 = (-f + sqrt(delta)) / (2 * e); sol.push_back(L.point(t2));
    return 2;
  }
```

函数返回的是交点的个数，参数 sol 存放的是交点本身。注意，上述代码并没有清空 sol，这给很多题目带来方便：可以反复调用这个函数，把所有交点放在一个 sol 里。

另一种方法是几何法，即先求圆心 C 在 AB 上的投影 P，再求向量 $\overrightarrow{AB}$ 对应的单位向量 $\boldsymbol{v}$，则两个交点分别为 $P-L\boldsymbol{v}$ 和 $P+L\boldsymbol{v}$，其中 L 为 P 到交点的距离（P 与两个交点等距），可以由勾股定理算出，如图 4-9 所示。代码略。

两圆相交：假定圆心分别为 C_1 和 C_2，半径分别为 r_1 和 r_2，圆心距为 d，根据余弦定理可以算出 $\overrightarrow{C_1C_2}$ 到 $\overrightarrow{C_1P_1}$ 的角 da，由向量 C_1C_2 的极角 a，加减 da 就可以得到 $\overrightarrow{C_1P_1}$ 和 $\overrightarrow{C_1P_2}$ 的极角。有了极角，就可以很方便地计算出 P_1 和 P_2 的坐标了，如图 4-10 所示。

计算向量极角的方法如下。

```
double angle(Vector v) { return atan2(v.y, v.x); }
```

这里给出两圆相交的程序，代码如下。

```
int getCircleCircleIntersection(Circle C1, Circle C2, vector<Point>& sol) {
  double d = Length(C1.c - C2.c);
  if(dcmp(d) == 0) {
    if(dcmp(C1.r - C2.r) == 0) return -1;   //两圆重合
    return 0;
  }
  if(dcmp(C1.r + C2.r - d) < 0) return 0;
  if(dcmp(fabs(C1.r-C2.r) - d) > 0) return 0;

  double a = angle(C2.c - C1.c);              //向量C1C2的极角
  double da = acos((C1.r*C1.r + d*d - C2.r*C2.r) / (2*C1.r*d));
  //C1C2到C1P1的角
  Point p1 = C1.point(a-da), p2 = C1.point(a+da);

  sol.push_back(p1);
```

```
  if(p1 == p2) return 1;
  sol.push_back(p2);
  return 2;
}
```

过定点作圆的切线：先求出向量 $\overrightarrow{PQ}$ 的距离和向量 $\overrightarrow{PC}$ 的夹角 ang，则向量 $\overrightarrow{PC}$ 的极角加减 ang 就是两条切线的极角，注意切线不存在和只有一条的情况，如图 4-11 所示。代码如下。

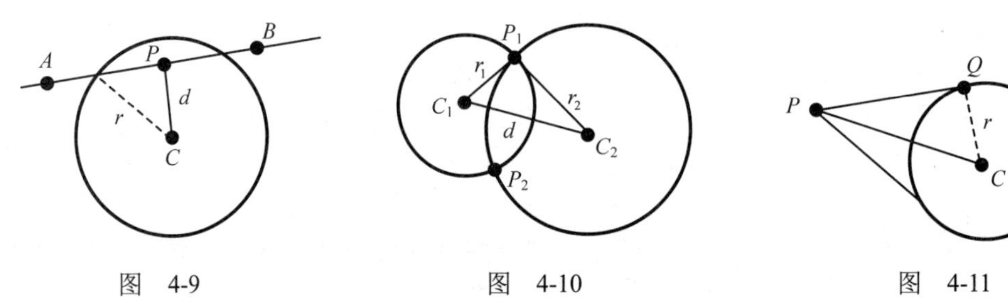

图 4-9　　图 4-10　　图 4-11

```
//过点 p 到圆 C 的切线，v[i]是第 i 条切线的向量，返回切线条数
int getTangents(Point p, Circle C, Vector* v) {
  Vector u = C.c - p;
  double dist = Length(u);
  if(dist < C.r) return 0;
  else if(dcmp(dist - C.r) == 0) { //p 在圆上，只有一条切线
    v[0] = Rotate(u, PI/2);
    return 1;
  } else {
    double ang = asin(C.r / dist);
    v[0] = Rotate(u, -ang);
    v[1] = Rotate(u, +ang);
    return 2;
  }
}
```

两圆的公切线：根据两圆的圆心距，从小到大排列一共有 6 种情况。

- 情况一：两圆完全重合，有无数条公切线。
- 情况二：两圆内含，没有公共点，没有公切线。
- 情况三：两圆内切，有 1 条外公切线。
- 情况四：两圆相交，有 2 条外公切线。
- 情况五：两圆外切，有 3 条公切线，1 条内公切线，2 条外公切线。
- 情况六：两圆相离，有 4 条公切线，2 条内公切线，2 条外公切线。

可以根据圆心距和半径的关系辨别出这 6 种情况，然后逐一求解。情况一和情况二没什么需要求解的；情况三和情况五中的内公切线都对应于“过圆上一点求圆的切线”，只需连接圆心和切点，旋转 90° 后即可知道切线的方向向量。这样，问题的关键是求出情况四、五中的外公切线和情况六中的内外公切线。

先考虑情况六中的内公切线，它对应于两圆相离的情况，如图 4-12 所示。

根据三角函数定义不难求出角度 α，然后和前面一样通过极角进行计算即可。

外公切线类似。假定 $r_1 \geqslant r_2$，不管两圆是相离、相切还是相交，$\cos\alpha$ 都是 $(r_1-r_2)/d$。剩下的过程又和前面一样了，如图 4-13 所示。代码如下[①]。

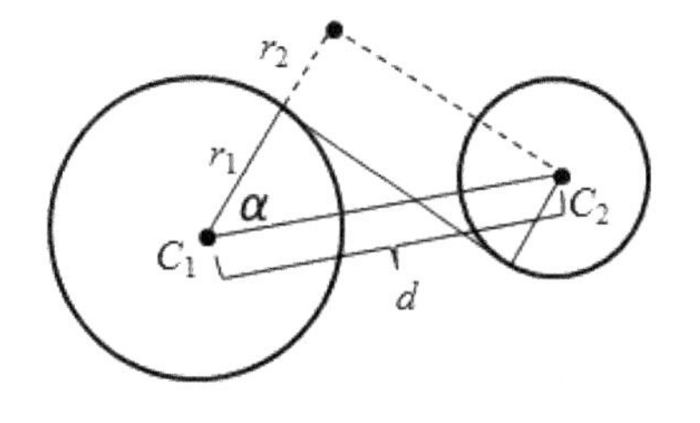

图　4-12

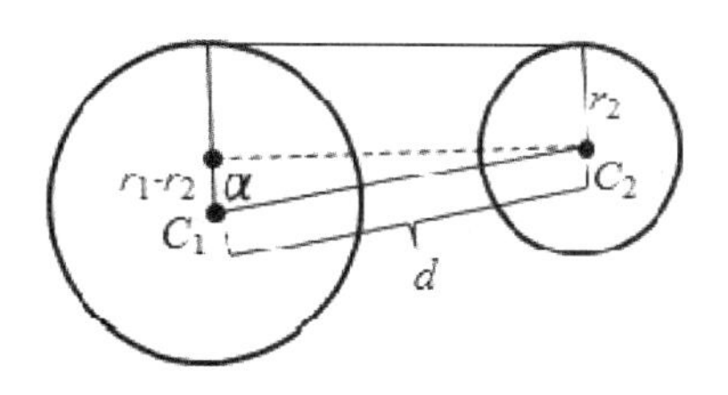

图　4-13

```
//返回切线的条数，-1 表示有无穷多条切线
//a[i]和 b[i]分别是第 i 条切线在圆 A 和圆 B 上的切点
int getTangents(Circle A, Circle B, Point* a, Point* b) {
  int cnt = 0;
  if(A.r < B.r) { swap(A, B); swap(a, b); }
  int d2 = (A.x-B.x)*(A.x-B.x) + (A.y-B.y)*(A.y-B.y);
  int rdiff = A.r-B.r;
  int rsum = A.r+B.r;
  if(d2 < rdiff*rdiff) return 0;           //内含

  double base = atan2(B.y-A.y, B.x-A.x);
  if(d2 == 0 && A.r == B.r) return -1;     //无限多条切线
  if(d2 == rdiff*rdiff) {                  //内切，1 条切线
    a[cnt] = A.getPoint(base); b[cnt] = B.getPoint(base); cnt++;
    return 1;
  }
  //有外共切线
  double ang = acos((A.r-B.r) / sqrt(d2));
  a[cnt] = A.getPoint(base+ang); b[cnt] = B.getPoint(base+ang); cnt++;
  a[cnt] = A.getPoint(base-ang); b[cnt] = B.getPoint(base-ang); cnt++;
  if(d2 == rsum*rsum) {                    //一条内公切线
    a[cnt] = A.getPoint(base); b[cnt] = B.getPoint(PI+base); cnt++;
  }
  else if(d2 > rsum*rsum) {                //两条内公切线
    double ang = acos((A.r+B.r) / sqrt(d2));
    a[cnt] = A.getPoint(base+ang); b[cnt] = B.getPoint(PI+base+ang); cnt++;
    a[cnt] = A.getPoint(base-ang); b[cnt] = B.getPoint(PI+base-ang); cnt++;
  }
  return cnt;
}
```

例题 4　二维几何 110 合一！（2D Geometry 110 in 1!, UVa 12304）

这是一个拥有 110_2 个子问题的 2D 几何问题集。

① 可以直接用来解决 UVa 10674《切线》。

- CircumscribedCircle x_1 y_1 x_2 y_2 x_3 y_3：求三角形(x_1,y_1)-(x_2,y_2)-(x_3,y_3)的外接圆，这 3 点保证不共线。答案应格式化成(x,y,r)，表示圆心为(x,y)，半径为 r。
- InscribedCircle x_1 y_1 x_2 y_2 x_3 y_3：求三角形(x_1,y_1)-(x_2,y_2)-(x_3,y_3)的内切圆，这 3 点保证不共线。答案应格式化成(x,y,r)，表示圆心为(x,y)，半径为 r。
- TangentLineThroughPoint x_c y_c r x_p y_p：给定一个圆心在(x_c,y_c)，半径为 r 的圆，求过点(x_p,y_p)并且和这个圆相切的所有切线。每条切线应格式化为 angle，表示直线的极角（角度，0≤angle＜180）。整个答案应格式化为列表。如果无解，应打印空列表。
- CircleThroughAPointAndTangentToALineWithRadius x_p y_p x_1 y_1 x_2 y_2 r：求出所有经过点(x_p,y_p)并且和直线(x_1,y_1)-(x_2,y_2)相切的半径为 r 的圆。每个圆应格式化为(x,y)，因为半径已经给定。整个答案应格式化为列表。
- CircleTangentToTwoLinesWithRadius x_1 y_1 x_2 y_2 x_3 y_3 x_4 y_4 r：给出两条不平行直线(x_1,y_1)-(x_2,y_2)和(x_3,y_3)-(x_4,y_4)，求所有半径为 r 并且同时和这两条直线相切的圆。每个圆格式化为(x,y)，因为半径已经给定。整个答案应格式化为列表。
- CircleTangentToTwoDisjointCirclesWithRadius x_1 y_1 r_1 x_2 y_2 r_2 r：给定两个相离的圆(x_1,y_1,r_1)和(x_2,y_2,r_2)，求出所有和这两个圆外切，半径为 r 的圆。注意，因为是外切，求出的圆不能把这两个给定圆包含在内部。每个圆格式化为(x,y)，因为半径已经给定。整个答案应格式化为列表。

对于上述所有直线，输入的两个点保证不重合。当格式化实数列表时，所有数应从小到大排列；当格式化二元数组(x,y)时，先按 x 从小到大排序，当 x 相同时按 y 从小到大排序。

【输入格式】

输入包含不超过 1000 个子问题，每个占一行，格式同题目描述。所有坐标均为绝对值不超过 1000 的整数。输入结束标志为文件结束符（EOF）。

【输出格式】

对于输入的每行，按题目要求格式化输出。每个实数保留小数点后 6 位。列表用方括号，元组用圆括号。每行的输出中不应有空白符。

【分析】

本题的 6 个子问题相互独立，可以逐一求解。前两个问题可以用前面介绍的基本二维几何工具计算，也可以直接使用下面的程序。代码如下。

```
Circle CircumscribedCircle(Point p1, Point p2, Point p3) {
  double Bx = p2.x-p1.x, By = p2.y-p1.y;
  double Cx = p3.x-p1.x, Cy = p3.y-p1.y;
  double D = 2*(Bx*Cy-By*Cx);
  double cx = (Cy*(Bx*Bx+By*By) - By*(Cx*Cx+Cy*Cy))/D + p1.x;
  double cy = (Bx*(Cx*Cx+Cy*Cy) - Cx*(Bx*Bx+By*By))/D + p1.y;
  Point p = Point(cx, cy);
  return Circle(p, Length(p1-p));
}

Circle InscribedCircle(Point p1, Point p2, Point p3) {
  double a = Length(p2-p3);
```

```
    double b = Length(p3-p1);
    double c = Length(p1-p2);
    Point p = (p1*a+p2*b+p3*c)/(a+b+c);
    return Circle(p, DistanceToLine(p, p1, p2));
}
```

第三个问题在前面已经叙述过，注意在得到向量以后要计算极角。

第四个问题解法如下：因为已知半径为 r，所以要想和直线 L 相切，圆心到直线的距离一定为 r，满足这个条件的点的轨迹是两条直线。而要想过定点，圆心到该点的距离一定为 r，满足这个条件的点的轨迹是一个圆。求出圆和这两条直线的交点即可。

第五个问题解法类似，根据每条直线得到两条新直线，再两两求交点即可。

第六个问题解法也类似，根据两个圆得到两个新的圆，求交点即可。

需要特别注意的是精度问题，普通的误差不会影响到输出（只需要精确到小数点后 6 位），但第四个子问题比较特殊：圆和直线相切的判定很容易受到误差影响，因为这里的直线是计算出来的，而不是题目中输入的。解决方法是特殊判断圆心到输入直线的距离，当然也可以通过调整 eps 的数值来允许一定的误差[①]。

例题 5 圆盘问题（Viva Confetti, Kanazawa 2002, UVa 1308）

把 n 个圆盘依次放到桌面上，现按照放置顺序依次给出各个圆盘的圆心位置和半径，问最后有多少个圆盘可见（如图 4-14 所示）。

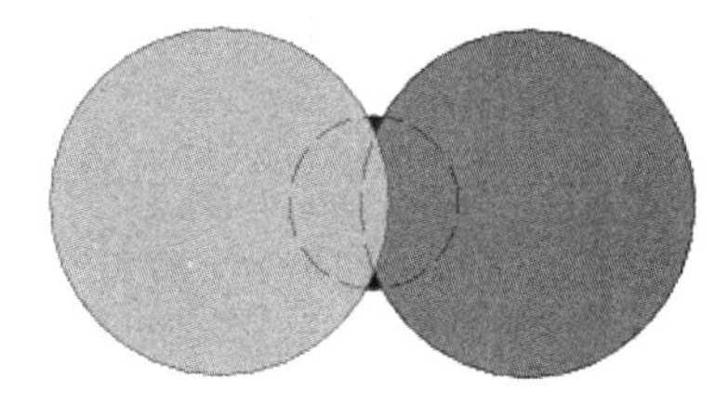

图 4-14

【输入格式】

输入包含多组数据。每组数据：第一行为圆盘数 n（$1 \leqslant n \leqslant 100$）；以下 n 行，每行 3 个实数 x, y 和 r，按照放置顺序（即第一个圆盘是最底部的，最后一个圆盘是最顶部的）给出各个圆盘的圆心坐标和半径。保证对输入数据进行微小扰动后，答案不变。

【输出格式】

对于每组数据，输出可见圆盘的个数。

【分析】

题目说“保证对输入数据进行微小扰动后，答案不变”，意味着圆盘的可见部分不会太小。不难发现，每个可见部分都是由一些“小圆弧”围成的，因此可以先求出所有小圆弧，然后判断每段小圆弧是否可见[②]。小圆弧可见，意味着它所在的圆是可见的。接下来，对于所有可见的小圆弧，看看这段圆弧中点的正上方都有哪些圆盘，则其中最顶部的圆盘也是可见的（想一想，为什么）。

如何求出所有小圆弧？所有圆两两求交点，则每个圆上任两个相邻交点之间的圆弧就是所求。需要注意的是，如果一个圆不和其他所有圆相交，则整个圆是一条所求圆弧。

① 但并不推荐这样做。调节 eps 只是掩盖了问题，并没有消除问题。

② 在程序实现中，可以用圆弧中点代替整条圆弧进行判断。

4.2.2 球面相关问题

经纬度转换为空间坐标：经线圈（范围：-180°～180°）和纬线圈（范围：0°～360°）的概念，相信大家并不陌生。但如何把经纬度转化为对于球心的空间坐标呢？可以先算出 z 坐标，方法是用半径乘以 sin(纬度)；然后再用半径乘以 cos(纬度)，投影到 xOy 平面，再按照平面上的方法乘以经度的正余弦，得到 x 和 y 坐标。即

$$\begin{cases} x = r\cos\theta\cos\phi \\ y = r\cos\theta\sin\phi, \quad 0 \leqslant \theta \leqslant 2\pi, -\pi/2 \leqslant \phi \leqslant \pi/2 \\ z = r\sin\theta \end{cases}$$

代码如下。

```
//角度转换成弧度
double torad(double deg) {
  return deg/180 *acos(-1); //acos(-1)就是 PI
}

//经纬度（角度）转化为空间坐标
void get_coord(double R, double lat, double lng, double& x, double& y, double& z) {
   lat = torad(lat);
   lng = torad(lng);
   x = R*cos(lat)*cos(lng);
   y = R*cos(lat)*sin(lng);
   z = R*sin(lat);
}
```

球面距离：已知球面两点，如何求出它们的最短路？注意，只能沿着球面走，不能穿过球的内部。从表面走的话，最近的路径是走圆弧，具体来说是走大圆（Great Circle）圆弧。用一个穿过球心的平面截这个球，截面就是一个大圆。怎么求大圆弧长呢？你无须想象那个大圆的空间位置，而可以把它们想象成一个平面问题：求半径为 r，弦长为 d 的圆弧长度。如图 4-15 所示，圆心角为 $2\arcsin(d/2r)$，因此弧长为 $2\arcsin(d/2r)r$。

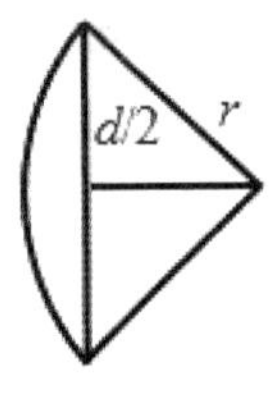

图 4-15

4.3 二维几何常用算法

与直线、多边形相关的问题有很多。本节介绍点与多边形的位置关系、凸包、半平面交、平面区域等基本问题。

4.3.1 点在多边形内的判定

直观地讲，一个多边形就是二维平面上被一系列首尾相接的闭合折线段围成的区域，

在程序中一般用顶点数组表示，其中各个顶点按照逆时针顺序排列。

给定一个多边形和一个点，如何判断该点是否在多边形内？主要有两种方法。

第一种方法是射线法，即判断穿越数（Crossing Number）。具体来说，就是从某个判定点出发，任意引一条射线。如果和边界相交奇数次，说明点在多边形内；如果相交偶数次，说明点在多边形外。注意射线如果在端点处和多边形相交，或者穿过一条完整的边，则需要重新引一条射线[1]。

第二种方法是转角法，基本思想就是看多边形相对于这个点转了多少度，如图 4-16 所示。具体来说，我们把多边形每条边的转角加起来，如果是 360°，说明在多边形内；如果是 0°，说明在多边形外；如果是 180°，说明在多边形的边界上（想一想，为什么）。

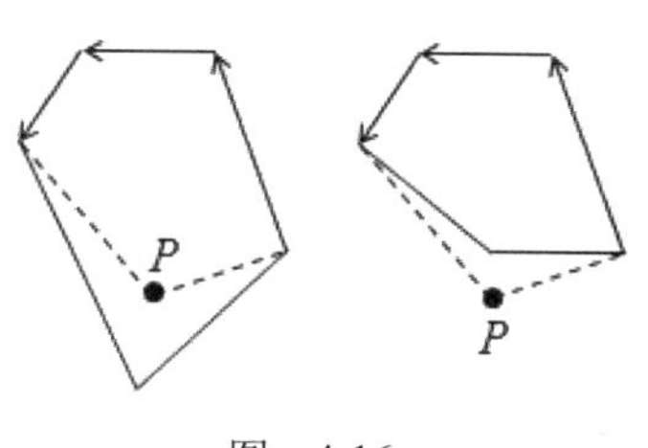

图 4-16

这个方法比射线法更方便，因为如果多边形的一些边是弧形的，转角法丝毫不受影响，只需要把每一段的终点到起点的转角累加起来即可。另外，这个多边形甚至可以不是简单多边形（即可以自交）。

如果直接按照定义实现，需要计算大量的反三角函数，不仅速度慢，而且容易产生精度误差。算法竞赛中我们通常不这样做，而是假想有一条向右的射线，统计多边形穿过这条射线正反多少次，把这个数记为绕数 *wn*（Winding Number），逆时针穿过时，*wn* 加 1，顺时针穿过时，*wn* 减 1。

注意在程序实现的时候，判断是否穿过以及穿过方向时，需要用叉积判断输入点在边的左边还是右边。代码如下。

```
int isPointInPolygon(Point p, Polygon poly){
  int w - 0;
  int n = v.size();
  for(int i = 0; i < n; i++){
    if(isPointOnSegment(p, poly[i], poly[(i+1)%n])) return -1; //在边界上
    int k = dcmp(Cross(poly[(i+1)%n]-poly[i], p-poly[i]));
    int d1 = dcmp(poly[i].y - p.y);
    int d2 = dcmp(poly[(i+1)%n].y - p.y);
    if(k > 0 && d1 <= 0 && d2 > 0) wn++;
    if(k < 0 && d2 <= 0 && d1 > 0) wn--;
  }
  if (wn != 0) return 1;    //内部
  return 0;                 //外部
}
```

点在凸多边形内的判定更简单，只需要判断是否在所有边的左边（假设各顶点按照逆时针顺序排列）即可。

① 事实上，也可以不重新引射线，而是通过一些条件进一步判断。不过由于转角法实在太好用了，这里不再叙述射线法的细节。

4.3.2 凸包

顾名思义，凸包就是把给定点包围在内部且面积最小的凸多边形，它在计算几何中有着极其重要的作用。如图 4-17 所示，就是点集的凸包。

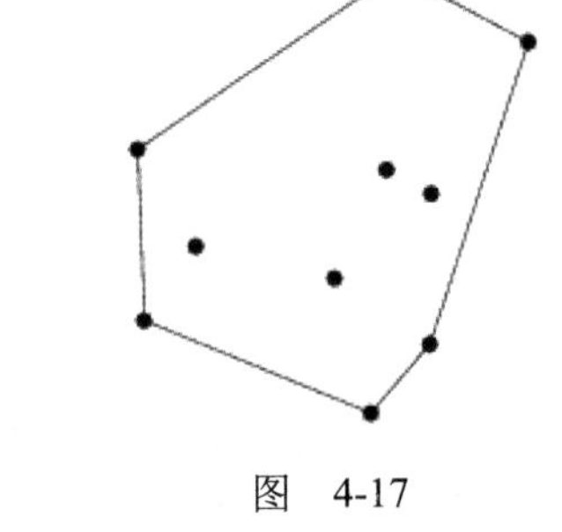

图 4-17

在网上很容易找到很多关于凸包算法的资料，这里仅简单叙述一下基于水平序的 Andrew 算法[①]。首先把所有点按照 x 从小到大排序（如果 x 相同，按照 y 从小到大排序），删除重复点后得到序列 $P_1, P_2, \cdots$，然后把 P_1 和 P_2 放到凸包中。从 P_3 开始，当新点在凸包“前进”方向的左边时继续，否则依次删除最近加入凸包的点，直到新点在左边。

如图 4-18 所示，新点 P_{18} 在向量 $\overrightarrow{P_{10}P_{15}}$（即当前“前进方向”）的右边，因此需要从凸包上删除 P_{15} 和 P_{10}，让 P_8 的下一个点为 P_{18}。重复这个过程，直到碰到最右边的 P_n，就求出了“下凸包”。然后反过来从 P_n 开始再做一次，求出“上凸包”，合并起来就是完整的凸包。

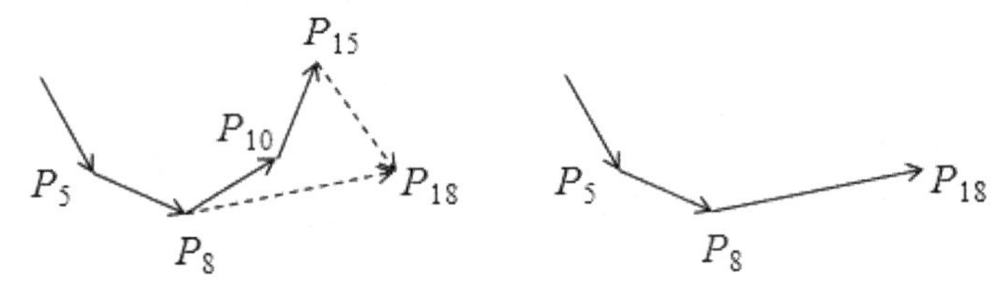

图 4-18

这个算法在排序后仅仅是从左到右和从右到左各扫描了一次，时间复杂度为 $O(n)$。加上排序后时间复杂度也仅为 $O(n\log n)$。代码如下。

```
//计算凸包，输入点数组 p，个数为 p，输出点数组 ch。函数返回凸包顶点数
//输入不能有重复点。函数执行完之后输入点的顺序被破坏
//如果不希望在凸包的边上有输入点，把两个 <= 改成 <
//在精度要求高时建议用 dcmp 比较
int ConvexHull(Point* p, int n, Point* ch) {
  sort(p, p+n); //先比较 x 坐标，再比较 y 坐标
  int m = 0;
  for(int i = 0; i < n; i++) {
    while(m > 1 && Cross(ch[m-1]-ch[m-2], p[i]-ch[m-2]) <= 0) m--;
    ch[m++] = p[i];
  }
  int k = m;
  for(int i = n-2; i >= 0; i--) {
    while(m > k && Cross(ch[m-1]-ch[m-2], p[i]-ch[m-2]) <= 0) m--;
    ch[m++] = p[i];
  }
  if(n > 1) m--;
```

① 它是 Graham 扫描算法的变种。和原始的 Graham 算法相比，Andrew 更快，且数值稳定性更好。

```
  return m;
}
```

例题6 包装木板（Board Wrapping, UVa 10652）

有 n 块矩形木板，你的任务是用一个面积尽量小的凸多边形把它们包起来，并计算出木板占整个包装面积的百分比，如图4-19所示。

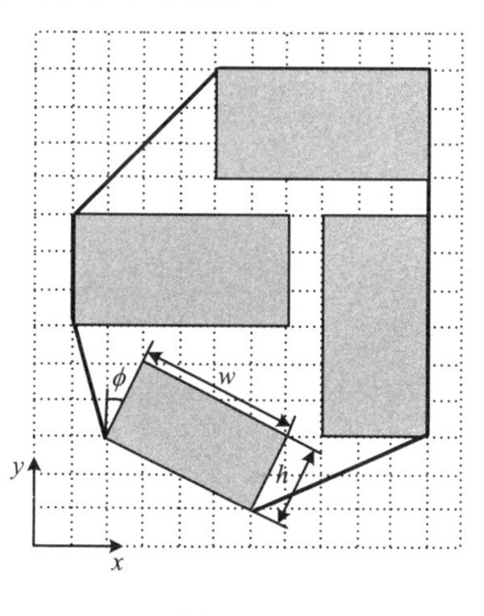

图 4-19

【输入格式】

输入的第一行为数据组数 T（$T \leqslant 50$）。每组数据：第一行为木板个数 n（$2 \leqslant n \leqslant 600$）；以下 n 行，每行5个实数 x, y, w, h, j（$0 \leqslant x,y,w,h \leqslant 10\,000$，$-90 \leqslant j \leqslant 90$），其中$(x,y)$是木板中心的坐标，$w$ 是宽，h 是高，j 是顺时针旋转的角度（j=0 表示不旋转，此时长度为 w 的那条边应该是水平方向）。木板保证互不相交。

【输出格式】

对于每组数据，输出木板总面积占包装面积的百分比，保留小数点后1位。

【分析】

学过凸包之后，本题应当是不难解决的。每块木板的4个点都作为输入，求出的凸包就是包装。代码如下。

```
int main() {
  int T;
  Point P[2500], ch[2500];
  scanf("%d", &T);
  while(T--) {
    int n, pc = 0;
    double area1 = 0;
    scanf("%d", &n);
    for(int i = 0; i < n; i++) {
      double x, y, w, h, j, ang;
      scanf("%lf%lf%lf%lf%lf", &x, &y, &w, &h, &j);
      Point o(x,y);
      ang = -torad(j);                                    //顺时针旋转
```

```
      P[pc++] = o + Rotate(Vector(-w/2,-h/2), ang); //先旋转从中心出发的向量
      P[pc++] = o + Rotate(Vector(w/2,-h/2), ang);
      P[pc++] = o + Rotate(Vector(-w/2,h/2), ang);
      P[pc++] = o + Rotate(Vector(w/2,h/2), ang);
      area1 += w*h;                                 //累加木板总面积
    }
    int m = ConvexHull(P, pc, ch);
    double area2 = PolygonArea(ch, m);
    printf("%.1lf %%\n", area1*100/area2);
  }
  return 0;
}
```

例题 7　飞机场（Airport, UVa 11168）

给出平面上 n 个点，找一条直线，使得所有点在直线的同侧（也可以在直线上），且到直线的距离之和尽量小。

【输入格式】

输入第一行为测试数据组数 T（$T \leqslant 65$）。每组数据：第一行为正整数 n（$n \leqslant 10\,000$）；以下 n 行分别包含一个点的坐标，所有坐标均为绝对值不超过 80 000 的整数。

【输出格式】

对于每组数据，输出距离之和的最小值。

【分析】

要求所有点在直线同侧，因此直线不能穿过凸包。不难发现，选择凸包的边所在的直线，比选择和凸包相离的直线更划算。由于凸包上的边不超过 n 条，如果可以在 $O(1)$时间内求出每条边对应的总距离，就能在 $O(n)$时间内解决本题。

如何在 $O(1)$时间内求出总距离呢？似乎用向量的方式思考有些困难。我们改用解析几何的思路，设直线的一般式方程为 $Ax+By+C=0$，则点(x_0,y_0)到该直线的距离为

$$|Ax_0 + By_0 + C| \big/ \sqrt{A^2 + B^2}$$

注意，由于所有点在 $Ax+By+C=0$ 的同侧，所有 Ax_0+By_0+C 的正负号相同。这样，我们预处理算出所有点的 x 坐标和 y 坐标之和，就可以在 $O(1)$时间内算出总距离了。

现在只剩下一个问题：如何把直线的两点式转化为一般式？这个问题留给读者思考。

例题 8　点集划分（The Great Divide, UVa 10256）

平面上有 n 个红点和 m 个蓝点，是否存在一条直线，使得任取一个红点和一个蓝点都在直线的异侧？这条直线不能穿过红点或者蓝点。

【输入格式】

输入包含多组数据。每组数据：第一行为两个整数 n 和 m（$1 \leqslant n,m \leqslant 500$）；以下 n 行，每行两个整数 x 和 y（$-1000 \leqslant x,y \leqslant 1000$），即各红点坐标；以下 m 行，为各蓝点坐标，格式同红点。输入结束标志为 $n=m=0$。

【输出格式】

对于每组数据，如果直线存在，输出 Yes，否则输出 No。

【分析】

先求红点的凸包和蓝点的凸包，则分离两个点集的充要条件是分离两个凸包。进一步可以发现，两个凸包可分离的充要条件是两个凸包的边界和内部没有公共部分（哪怕是一个点也不行）。这只需判断两件事。

- 任取红凸包上的一条线段和蓝凸包上的一条线段，判断二者是否相交。如果相交（不一定是规范相交，有公共点就算相交），则无解。
- 任取一个红点，判断是否在蓝凸包的内部。如果是，则无解。类似地，任取一个蓝点，判断是否在红凸包的内部。如果是，则无解。

注意，如果其中一个凸包退化成点或者线段，还需要进行特殊判断，留给读者思考。

例题 9 正方形（Squares, Seoul 2009, UVa 1453）

给定平面上 n 个边平行于坐标轴的正方形，在它们的顶点中找出两个欧几里得距离最大的点。如图 4-20 所示，距离最大的是 S_1 的左下角和 S_8 的右上角。正方形可以重合或者交叉。

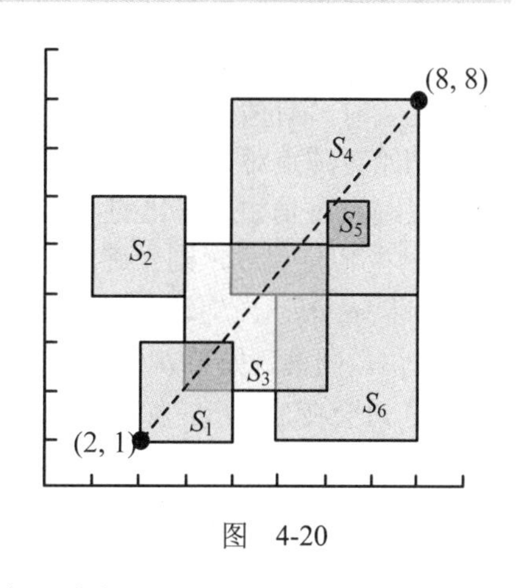

图 4-20

你的任务是输出这个最大距离的平方。

【输入格式】

输入的第一行为数据组数 T。每组数据：第一行为一个整数 n（$1 \leqslant n \leqslant 100\,000$）；以下 n 行，每行 3 个整数 x, y, w（$0 \leqslant x,y \leqslant 10\,000, 1 \leqslant w \leqslant 10\,000$），其中$(x,y)$为正方形的左下角顶点，$w$ 是边长。

【输出格式】

对于每组数据，输出所有正方形的顶点中，两点最大距离的平方。

【分析】

首先把正方形的所有顶点求出，得到一个点集，则本题的目标就是要求出这个点集的直径（diameter），即点之间的最大距离（因此本题也叫最远点对）。两两枚举的方法需要$O(n^2)$时间，对于本题的规模来说无能为力。

有一个办法可以更快地求出点集的直径。首先求点集的凸包，则最大距离一定来自凸包上的两个顶点（想一想，为什么）。由于凸包上点的个数往往比原始点少很多，就算还是两两枚举，速度也比直接枚举快很多。当然，在最坏情况下的时间复杂度仍是 $O(n^2)$，所以需要继续改进。

假设我们已经找到了直径，端点为 P_i 和 P_j。现在我们分别从 P_i 和 P_j 出发各作一条垂直于 P_iP_j 的直线，如图 4-21 所示。

可以证明：整个凸包都被夹在了这两条直线中间。如若不然，不妨设 P_i 的下方有一个凸包上的点 P'，则连接 $P'P_j$，假设和下面那条直线交于 Q，则 $P'P_j > P_jQ > P_iP_j$（想一想，为什么），与 P_iP_j 是直径矛盾。为了方便，我们把两条直线看成有向直线，使得凸包位于两条直线的左侧。

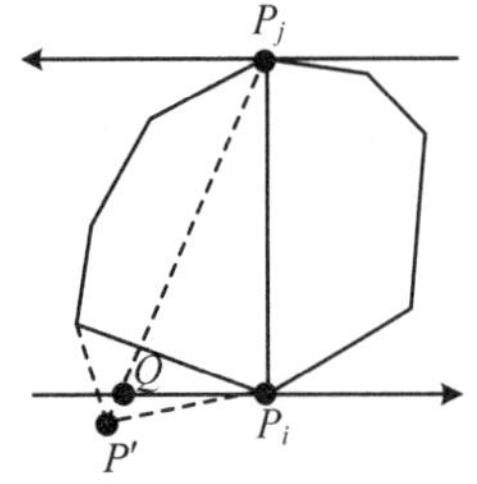

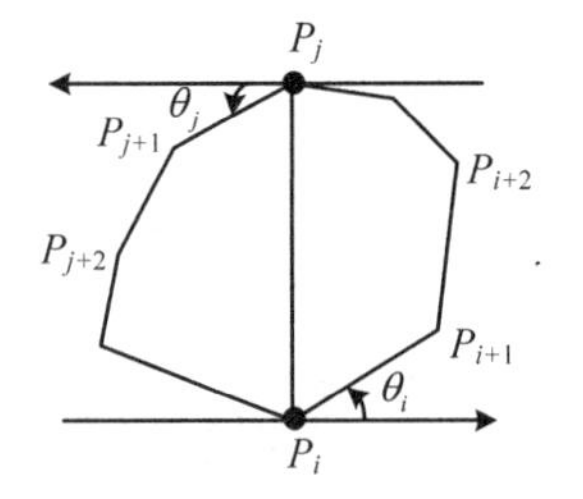

图　4-21

像 P_i 与 P_j 这样，存在两条分别穿过这两个点的平行直线把凸包夹在中间的点，被称为对踵点对（antipodal pair）。给定一个角，有无数条以它为倾角的平行直线，但其中只有两条能把凸包紧紧地夹在中间，因此对踵点对最多只有 4 对（想一想，为什么）。这样，我们可以用一种称为旋转卡壳（rotating calipers）的方式找出所有对踵点对，具体方法如下。

初始时，有两条有向直线把凸包夹在中间，一条水平向右，一条水平向左。这时可以求出初始对踵点对为 P_i 和 P_j（就是 y 坐标最小和最大点）。接下来，逆时针旋转两条直线，看看对踵点对是如何变化的。假设穿过 P_i 的有向直线还需要逆时针旋转 θ_i 角度才能贴住边 P_iP_{i+1}，类似定义 θ_j，则当旋转的角度同时小于 θ_i 和 θ_j 时，对踵点对始终不变。

如果 $\theta_i<\theta_j$，当旋转角度等于 θ_i 时，穿过 p_i 的直线会贴住边 P_iP_{i+1}，对踵点对中的 P_i 会变成 P_{i+1}。同理，如果 $\theta_i>\theta_j$，当旋转角度等于 θ_j 时，穿过 p_j 的直线会贴住边 P_jP_{j+1}，对踵点对中的 P_j 会变成 P_{j+1}。如果 $\theta_i=\theta_j$，则两条直线同时贴住新的边，因此 P_i 和 P_j 分别变为 P_{i+1} 和 P_{j+1}。注意，P_i 和 P_{j+1}、P_{i+1} 和 P_j 也分别是对踵点对，不要漏掉它们。重复这一过程，直到穿过 P_i 的直线倾角大于 180°（想一想，为什么）时终止。由于每次旋转至少会有一条直线贴出一条新的边，旋转过程的时间复杂度为 $O(n)$。

既然最远点对只会在对踵点对中取到，只需在上述过程中每找到一对新的对踵点对时更新答案，就可以求出最远点对，代码留给读者编写。

4.3.3　半平面交

简单地说，半平面交问题就是给出若干个半平面，求它们的公共部分。如图 4-22 所示，就是一些半平面的交（用灰色表示），其中每个半平面用一条有向直线表示，它的左侧就是它所代表的半平面。

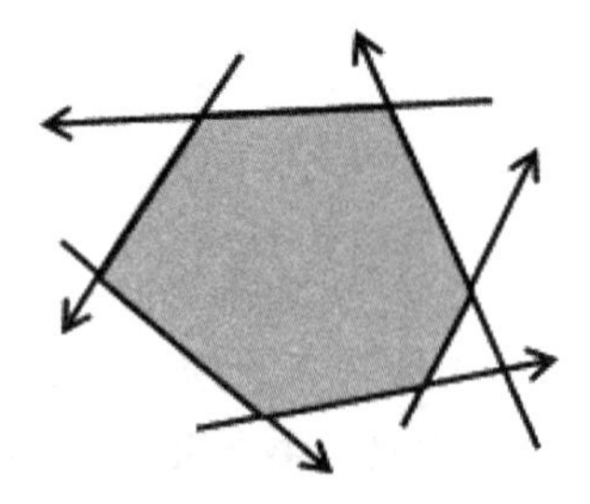

图　4-22

这里给出有向直线的定义程序，代码如下。

```
//有向直线。它的左边就是对应的半平面
struct Line {
  Point P;        //直线上任意一点
  Vector v;       //方向向量，它的左边就是对应的半平面
  double ang;     //极角，即从 x 正半轴旋转到向量 v 所需要的角（弧度）
  Line() {}
  Line(Point P, Vector v):P(P),v(v){ ang = atan2(v.y, v.x); }
  bool operator < (const Line& L) const { //排序用的比较运算符
    return ang < L.ang;
  }
};
```

在很多情况下，半平面交都是一个凸多边形，但有时候也会得到一个无界多边形，甚至是一条直线、线段或者点。不管怎样，结果一定是凸的①。当然，半平面交也可以为空。

计算半平面交的一个方法是增量法，即初始答案为整个平面，然后逐一加入各个半平面，维护当前的半平面交。为了编程方便，我们一般用一个很大的矩形（4 个半平面的交）代替“整个平面”，计算出结果以后删除这 4 个人工半平面。这样，每加入一个平面都相当于用一条有向直线去切割多边形。

切割的方法很简单：按照逆时针顺序考虑多边形的所有顶点，保留在直线左侧和直线上的点，而删除直线右边的点。如果有向直线和多边形相交时产生了新的点，这些点应加在新多边形中。具体来说，每考虑完一个顶点 P_i，在考虑 P_{i+1} 之前要先判断 P_iP_{i+1} 是否和有向直线在 P_iP_{i+1} 的内部（端点不算）相交。如果是，则还要把交点加入新多边形中。这里给出切割程序。代码如下。

```
//用有向直线 A->B 切割多边形 poly，返回“左侧”。如果退化，可能会返回单点或者线段
Polygon CutPolygon(Polygon poly, Point A, Point B) {
  Polygon newpoly;
  int n = poly.size();
  for(int i = 0; i < n; i++) {
    Point C = poly[i];
    Point D = poly[(i+1)%n];
    if(dcmp(Cross(B-A, C-A)) >= 0) newpoly.push_back(C);
    if(dcmp(Cross(B-A, C-D)) != 0) {
      Point ip = GetLineIntersection(A, B-A, C, D-C);
      if(OnSegment(ip, C, D)) newpoly.push_back(ip);
    }
  }
  return newpoly;
}
```

可惜，每次切割需要 $O(n)$时间，因此上述算法的时间复杂度为 $O(n^2)$，不是很优秀。有没有更快的算法呢？答案是肯定的。从学术上说，和凸包类似②，半平面交也可以通过排序、

① 因为凸集的交是凸的。

② 从学术上讲，凸包的对偶问题很接近半平面交，所以二者算法很接近。

扫描的方法在 $O(n\log n)$时间内解决，不同的是凸包用的是栈，而半平面交用的是双端队列。注意，按照极角排序后，每次新加入的半平面可能会让队尾的半平面变得“无用”，从而需要删除。

如图 4-23 所示，图 4-23（a）图中新加一个半平面后，从队尾删除了两个半平面，得到图 4-23（b）。

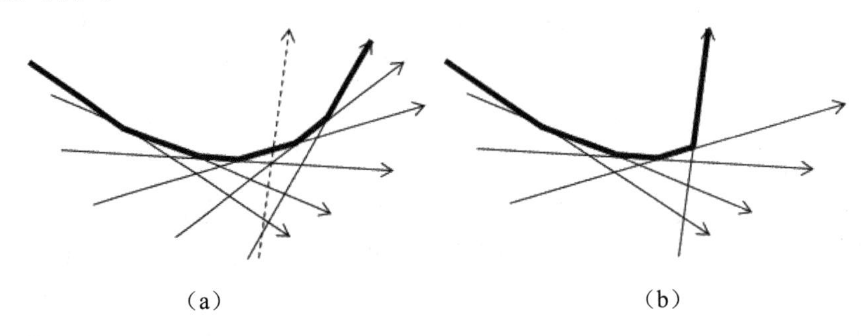

（a）　　（b）

图　4-23

注意，由于极角序是环形的，新加的半平面也可能“绕了一圈”以后让队首的半平面变得无用。

代码如下。

```
//点 p 在有向直线 L 的左边（线上不算）
bool OnLeft(Line L, Point p) {
  return Cross(L.v, p-L.P) > 0;
}

//二直线交点。假定交点唯一存在
Point GetIntersection(Line a, Line b) {
  Vector u = a.P-b.P;
  double t = Cross(b.v, u) / Cross(a.v, b.v);
  return a.P+a.v*t;
}

//半平面交的主过程
int HalfplaneIntersection(Line* L, int n, Point* poly) {
  sort(L, L+n);                //按极角排序

  int first, last;             //双端队列的第一个元素和最后一个元素的下标
  Point *p = new Point[n];     //p[i]为q[i]和q[i+1]的交点
  Line *q = new Line[n];       //双端队列
  q[first=last=0] = L[0];      //双端队列初始化为只有一个半平面 L[0]
  for(int i = 1; i < n; i++) {
    while(first < last && !OnLeft(L[i], p[last-1])) last--;
    while(first < last && !OnLeft(L[i], p[first])) first++;
    q[++last] = L[i];
    if(fabs(Cross(q[last].v, q[last-1].v)) < eps) {
    //两向量平行且同向，取内侧的一个
      last--;
```

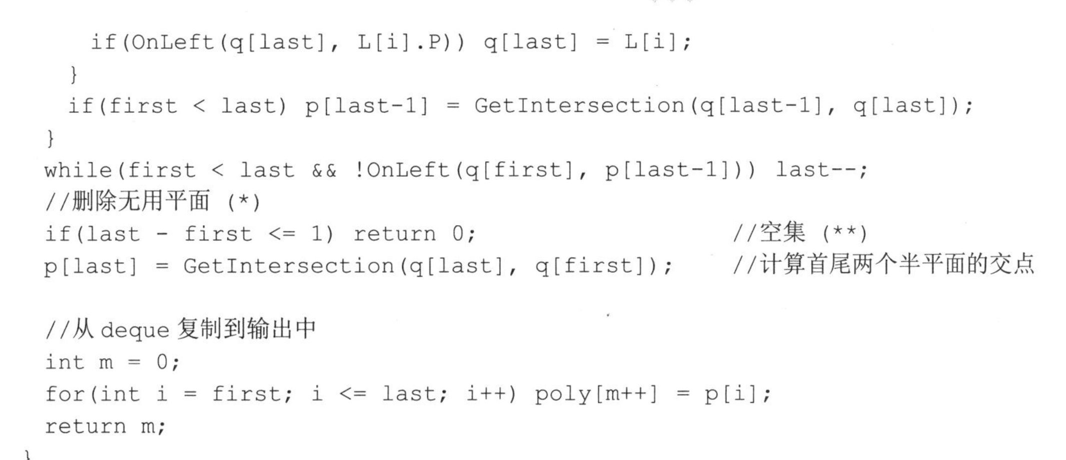

```
      if(OnLeft(q[last], L[i].P)) q[last] = L[i];
    }
    if(first < last) p[last-1] = GetIntersection(q[last-1], q[last]);
  }
  while(first < last && !OnLeft(q[first], p[last-1])) last--;
  //删除无用平面 (*)
  if(last - first <= 1) return 0;                     //空集 (**)
  p[last] = GetIntersection(q[last], q[first]);       //计算首尾两个半平面的交点

  //从 deque 复制到输出中
  int m = 0;
  for(int i = first; i <= last; i++) poly[m++] = p[i];
  return m;
}
```

代码比凸包长，且细节更多。在多数情况下，若干半平面的交是一个凸多边形，但也有例外，比如可能得到的是一个无界的区域。解决方法和前面一样，在外面加一个坐标很大（注意不要让运算溢出）的“包围框”（由 4 个半平面组成），最后再把框去掉。但是，对于保证不会产生无界区域的情况下，就不需要加这 4 个特殊半平面了。

例题 10　离海最远的点（Most Distant Point from the Sea, Tokyo 2007, UVa 1396）

在大海的中央，有一个凸 n 边形的小岛。你的任务是求出岛上离海最远的点，输出它到海的距离。

【输入格式】

输入包含多组数据。每组数据：第一行为整数 n（$3 \leqslant n \leqslant 100$），即小岛的顶点数；以下 n 行，按照逆时针顺序给出各个顶点的坐标，坐标均为不超过 10 000 的非负整数。输入结束标志为 n=0。

【输出格式】

对于每组数据，输出离海最远的点与海的距离。你的输出和标准答案的差不应超过 10^{-5}。

【分析】

本题有很多做法，概念上最简单的一种是二分答案，然后解决一个判定问题：是否有离海距离不小于 d 的点？对于每条边来说，这些点形成一个半平面，如图 4-24 所示。

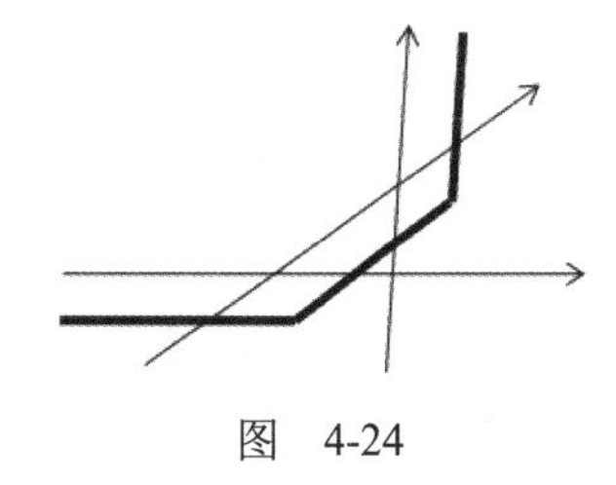

图 4-24

如果半平面交非空，就有满足题意的点存在。这里给出主程序。代码如下。

```
Point p[200], poly[200];
Line L[200];
Vector v[200], v2[200];
int main() {
  int n;
  while(scanf("%d", &n) == 1 && n) {
    int m, x, y;
    for(int i = 0; i < n; i++) { scanf("%d%d", &x, &y); p[i] = Point(x,y); }
    for(int i = 0; i < n; i++) {
```

```
    v[i] = p[(i+1)%n]-p[i];
    v2[i] = Normal(v[i]);      //单位法向量
  }
  double left = 0, right = 20000;
  while(right-left > 1e-6) {  //二分答案
    double mid = left+(right-left)/2;
    for(int i = 0; i < n; i++) L[i] = Line(p[i]+v2[i]*mid, v[i]);
    //"收缩"多边形
    m = HalfplaneIntersection(L, n, poly);
    if(!m) right = mid; else left = mid;
  }
  printf("%.6lf\n", left);
 }
 return 0;
}
```

例题 11 铁人三项（Triathlon, NEERC 2000, POJ 1755）

铁人三项比赛分成连续的 3 段：游泳、自行车和赛跑。现在每个单项比赛的长度还没定，但已知各选手在每项比赛中的平均速度（假定该平均速度和赛程长度无关），所以你可以设计每项比赛的长度，让其中某个特定的选手获胜。你的任务是判断哪些选手有可能获得冠军（并列冠军不算）。

注意，3 个单项比赛的长度均不能为 0。

【输入格式】

输入包含多组数据。每组数据，第一行为选手个数 n（$1 \leqslant n \leqslant 100$），以下 n 行，每行包含 3 个整数 v_i, u_i 和 w_i（$1 \leqslant v_i,u_i,w_i \leqslant 10\,000$），即第 i 个选手在游泳、自行车和赛跑比赛中的平均速度。输入结束标志为文件结束符（EOF）。

【输出格式】

对于每组数据，按照输入顺序给出对每个选手是否能夺冠（且不是并列）的判断，Yes 表示有可能，No 表示不可能。每个选手的判断单独占一行。

【分析】

设比赛总长度为 1，其中游泳长度为 x，自行车长度为 y，赛跑长度为 $1-x-y$，则选手 i 打败选手 j（不能并列）的条件是

$$\frac{x}{v_i}+\frac{y}{u_i}+\frac{1-x-y}{w_i}<\frac{x}{v_j}+\frac{y}{u_j}+\frac{1-x-y}{w_j}$$

可以把它整理成 $Ax+By+C>0$ 的形式，其中

$$\begin{cases} A=\left(\dfrac{1}{v_j}-\dfrac{1}{w_j}\right)-\left(\dfrac{1}{v_i}-\dfrac{1}{w_i}\right) \\ B=\left(\dfrac{1}{u_j}-\dfrac{1}{w_j}\right)-\left(\dfrac{1}{u_i}-\dfrac{1}{w_i}\right) \\ C=\dfrac{1}{w_j}-\dfrac{1}{w_i} \end{cases}$$

这对应于一个半平面。这样，对于每个选手 i，可以得到 n-1 个半平面（每个半平面代表一个选手被 i 打败），加上 x>0，y>0 和 1-x-y>0 这 3 个固定约束，一共是 n+2 个半平面。如果所有半平面的交非空，则有解（半平面交之中的任何一个点对应的方案都可以使选手 i 打败其他 n-1 个人，从而夺冠），否则无解。算法的总时间复杂度为 $O(n^2\log n)$，对于 $n\leqslant100$ 的规模绰绰有余。

注意，上面的数值都很小，容易产生精度误差。因此在下面的程序中，我们让 A, B, C 同时乘以 10 000（根据题目的数据范围）。谨慎起见，下面的程序还特判了 3 个速度均小于/大于另一个选手的情况。代码如下。

```
const int maxn = 100 + 10;
Point poly[maxn];
Line L[maxn];
int V[maxn], U[maxn], W[maxn];
int main() {
  int n;
  while(scanf("%d", &n) == 1 && n) {
    for(int i = 0; i < n; i++) scanf("%d%d%d", &V[i], &U[i], &W[i]);
    for(int i = 0; i < n; i++) {
      int lc = 0, ok = 1;
      double k = 10000;
      for(int j = 0; j < n; j++) if(i != j) {
        if(V[i] <= V[j] && U[i] <= U[j] && W[i] <= W[j]) { ok = 0; break; }
        if(V[i] >= V[j] && U[i] >= U[j] && W[i] >= W[j]) continue;
        //x/V[i]+y/U[i]+(1-x-y)/W[i] < x/V[j]+y/U[j]+(1-x-y)/W[j]
        //ax+by+c>0
        double a = (k/V[j]-k/W[j]) - (k/V[i]-k/W[i]);
        double b = (k/U[j]-k/W[j]) - (k/U[i]-k/W[i]);
        double c = k/W[j] - k/W[i];
        Point P;
        Vector v(b, -a);
        if(fabs(a) > fabs(b)) P = Point(-c/a, 0);
        else P = Point(0, -c/b);
        L[lc++] = Line(P, v);
      }
      if(ok) {
        //x>0, y>0, x+y<1 ==> -x-y+1>0
        L[lc++] = Line(Point(0, 0), Vector(0, -1));
        L[lc++] = Line(Point(0, 0), Vector(1, 0));
        L[lc++] = Line(Point(0, 1), Vector(-1, 1));
        if(!HalfplaneIntersection(L, lc, poly)) ok = 0;
      }
      if(ok) printf("Yes\n"); else printf("No\n");
    }
  }
  return 0;
}
```

例题 12　丛林警戒队（Jungle Outpost, NEERC 2010, LA 4992）

在丛林中有 n 个瞭望台，形成一个凸 n 边形。这些瞭望台的保护范围就是这个凸多边形内的任意点。敌人进攻时，会炸毁一些瞭望台，使得总部暴露在那些剩下的瞭望台的凸包之外，如图 4-25 所示。你的任务是选择一个点作为总部，使得敌人需要炸毁的瞭望台数量尽量多。

【输入格式】

输入包含多组数据。每组数据：第一行为整数 n（$3 \leqslant n \leqslant 50\,000$）。以下 n 行：每行两个整数，即每个瞭望塔的坐标，按照顺时针顺序给出，没有 3 个瞭望台共线的情况，坐标均为绝对值不超过 10^6 的整数。输入结束标志为文件结束符（EOF）。

【输出格式】

对于每组数据，输出当总部位置最优时，敌人需要炸毁的瞭望台数目。

【分析】

如果敌人只有一颗炸弹，你会把总部建在哪里呢？对于每个点，炸掉它以后不会暴露在外面的区域是一条有向直线的“左边”。这让我们想到了什么？没错，半平面交！综合考虑所有点，可以建总部的范围就是所有这些半平面的交。

如果敌人有两颗炸弹，总部应该建在哪里呢？分析后发现，敌人最聪明的做法是炸掉两个连续的顶点，而不是分散火力（想一想，为什么）。这样，每两个连续顶点对应一个新的半平面，可以建总部的范围仍然是所有半平面的交，如图 4-26 所示。

有了上面的分析，整个问题迎刃而解：二分答案，用上述方法判断答案是否可行（也就是半平面交是否为非空）。二分需要 $O(\log n)$时间，半平面交需要 $O(n\log n)$时间，总时间复杂度为 $O(n\log^2 n)$。

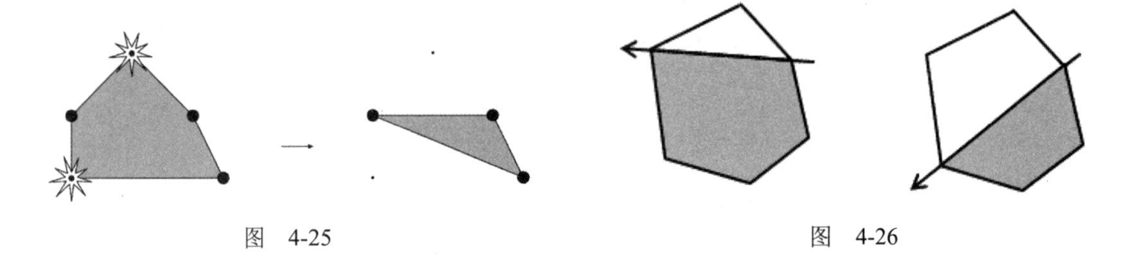

图　4-25　　　　　　　　　　图　4-26

4.3.4　平面区域

当平面上有很多线段时，组成的图形往往不止一个多边形，而是一个平面直线图（Planar Straight-Line Graph, PSLG），它代表一个平面区域划分，其中每个区域是一个多边形，如图 4-27 所示。

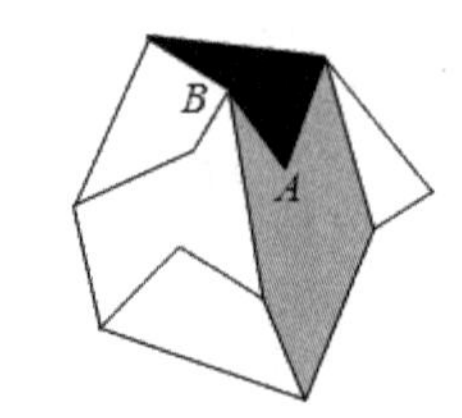

图　4-27

如果只有点和边的信息，如何找出所有的区域呢？为方便起见，我们把每条边 u-v 拆成两条“半边”：$u \to v$ 和 $v \to u$，并且每条半边只与它左边的面相邻。比如，在图 4-27 中，$A \to B$ 的左边是灰色区域，而 $B \to A$ 的左边是黑色区域。接下来，我们从一条“半边”出发遍历，每次像卷包裹算法那样找一个“逆时针转得尽量多”

的边作为下一条边，直到回到出发的那条半边。

程序实现上可以把边表扩大一倍，让编号为 i 的半边的反向边的编号为 i^1。

例题 13 怪物陷阱（Monster Trap, Aizu 2003, LA 2797）

给出一些线段障碍，你的任务是判断怪物能否逃到无穷远处。如图 4-28 所示，其中图 4-28（a）表示无法逃出，图 4-28（b）表示可以逃出。

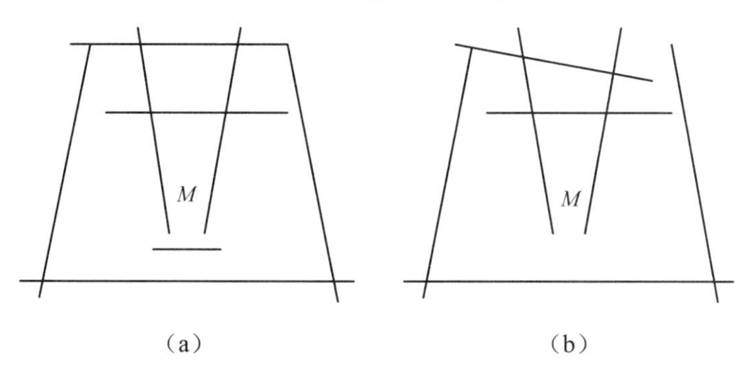

图 4-28

【输入格式】

输入包含多组数据。每组数据：第一行为整数 n（$1 \leqslant n \leqslant 100$），即线段条数；以下 n 行，每行 4 个整数，即一条线段两端的坐标。假定线段的长度均为正，坐标绝对值不超过 50。假设任意两条线段最多只有一个公共点，无三线共点。任意两个交点的距离大于 10^{-5}。输入结束标志为 n=0。

【输出格式】

对于每组数据，如果怪物成功被困住，输出 yes；否则（即可以逃到无穷远处）输出 no。

【分析】

本题的输入是一个 PSLG，目标是判断起点和终点是否在同一个区域内，因此一个可行的方法是先找出所有区域，然后判断起点和终点分别属于哪个区域。但笔者并不推荐这样做，因为这种做法不仅麻烦，而且很容易出错。这道题看上去像个迷宫，可不可以用图论求解呢？比如，每条线段的端点看成一个点，再加上起点和无穷远点（随便取一个坐标很大的点）构图。如果两个点 u 和 v 的连线没有与其他线段规范相交，则连接一条边（表示可以从点 u 沿着直线直接走到点 v），最后做一次 BFS，看看起点和无穷远点是否连通即可。注意，线段交点并没有参与构图（想一想，为什么）。

看上去似乎合理，但其实这样做不仅是错的，而且错得很离谱。

如图 4-29 所示，S 和 A、A 和 T 都有边直接相连，因此 S 和 T 连通。问题出在哪里？实际上，“S 可以直接到达 A”和“A 可以直接到达 T”中的 A 并不是同一个点。我们把迷宫墙的厚度画出来，就容易理解了，如图 4-30 所示。

S 可以直接到达的是墙内点 A，可以直接到达 T 的是墙外点 A'，而墙内点 A 和墙外点 A'却被墙挡住了，过不去。

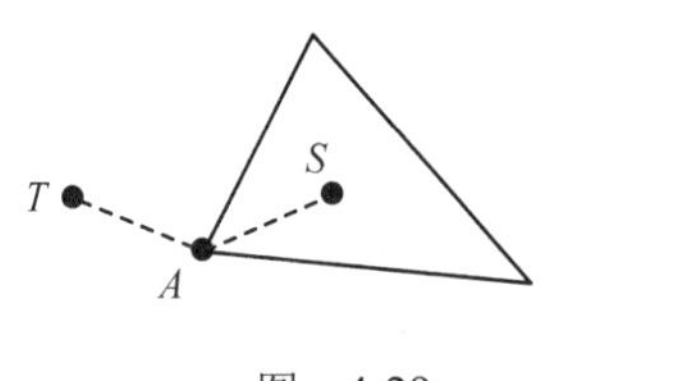

图 4-29

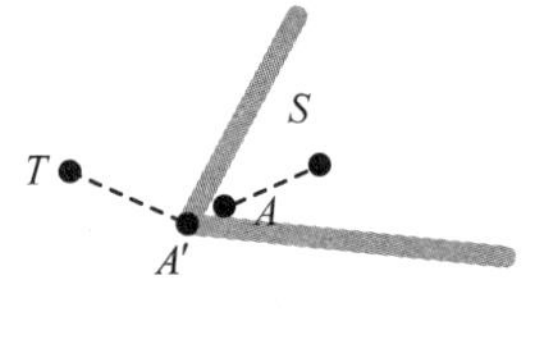

图 4-30

解决方法很多，其中有一个容易理解、程序也很好写的方法，那就是把每条线段延长一点点，则原先仅有公共端点的两条线段变成了相交线段，如图 4-31 所示。

这样一来，就无法从 S 出去了。需要注意的是，还有一个小小的细节不能忽略：如果要输入的两条有公共端点的线段共线，则上述算法会出问题（想一想，为什么）。解决方案是在线段加宽后判断一下，如果加宽后的某个端点位于另一条线段的内部，则该端点不参与构图。

例题 14　找边界（Find the Border, NEERC 2004, LA 3218）

一条可自交的封闭折线将平面分成了若干个区域，其中无限大的那个区域称为折线的外部区域，所有有界区域和折线本身合称为内部区域（在图 4-32 中用阴影表示）。你的任务是求出内部区域的轮廓。

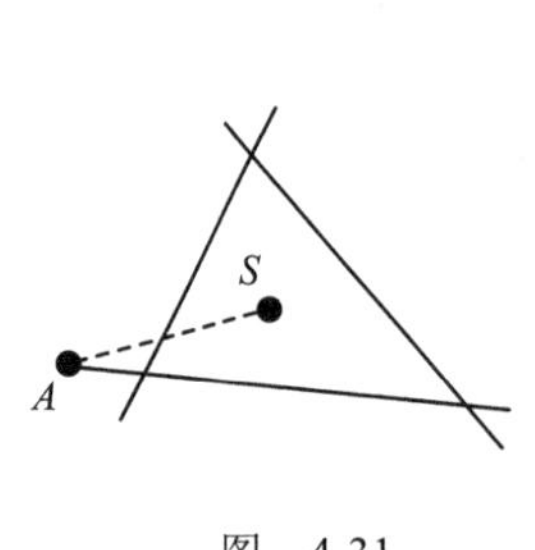

图 4-31

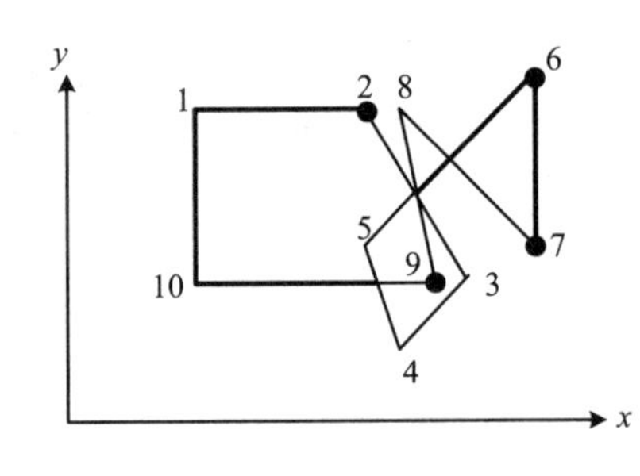

图 4-32

为了确保答案唯一，你求出的轮廓应当满足以下几个条件：不自交（但可以自己和自己接触）；相邻两点不重合；相邻两条线段不共线；当按照轮廓线顺序访问它的各个顶点时，内部区域总是在边的左侧。

【输入格式】

输入包含多组数据。每组数据：第一行为折线顶点数 n（$3 \leq n \leq 100$）；接下来 n 行，每行一对 0～100 的整数，即折线上各顶点的坐标。所有顶点坐标均不同，且不会有顶点在另外两个顶点之间的线段上。相邻两条线段不共线。输入结束标志为文件结束符（EOF）。

【输出格式】

对于每组数据，首先输出一行，包含一个整数 m，即轮廓线上的顶点个数，接下来是各顶点的坐标。

【分析】

本题是求 PSLG 的外轮廓，需要借助于前面所说的“类似卷包裹”的算法。具体来说，首先找到 x 坐标最小的点（如果有多个，找 y 坐标最小的点），然后开始“卷包裹”，具体操作如下。

- ❑ 找到初始边（如图 4-33 所示的粗边）。
- ❑ 每次都执行如下操作：首先看看当前线段是否和其他线段相交（根据题意，一定是规范相交），如果不相交，说明可以直接走到当前线段的终点，否则走到最近的交点时就得停下来。接下来转弯并继续前进。转弯时如果有多条路可以走，选择那条右转角度最大的线段（见图 4-34）。转回原点以后，整个过程结束。

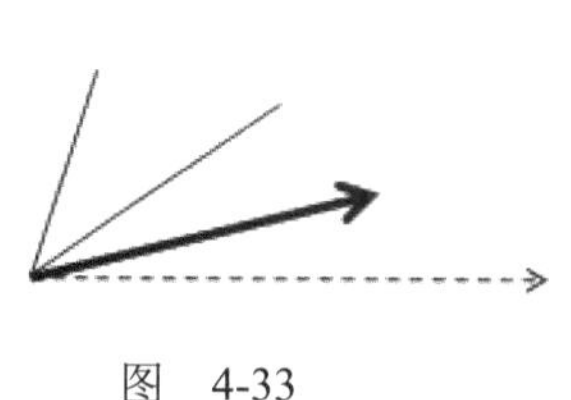

图 4-33

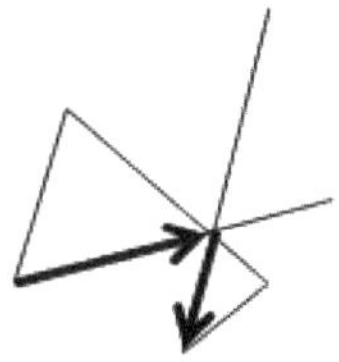

图 4-34

例题 15 块和圆盘（Pieces and Discs, UVa 12296）

平面上有一个矩形，左下角在(0,0)，右上角在(L,W)。接下来，画一些线段把这个矩形分成若干个块，其中每条线段的两个端点分别位于矩形两条不同的边上，如图 4-35 所示。

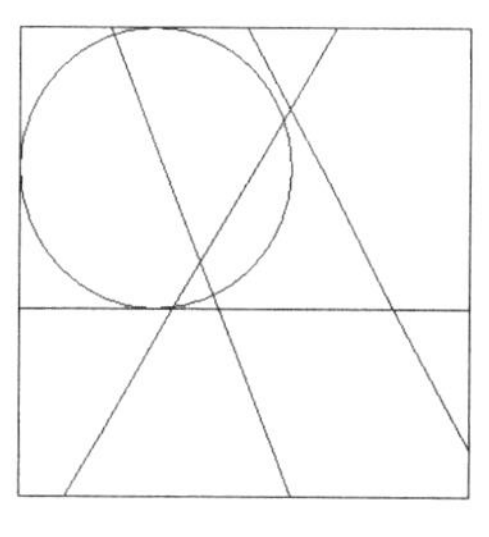

图 4-35

最后再画一些圆盘（即圆及其内部区域），你的任务是判断每个圆盘和哪些块相交（相交部分的面积必须为非 0），并按照从小到大的顺序输出这些块的面积。注意，每个圆盘互不相干。

如图 4-35 所示，圆盘和 4 个块相交，这些块的面积（不是相交部分的面积）分别为 0.50，10.03，10.77 和 18.70（已四舍五入到两位小数）。

【输入格式】

输入包含最多 100 组数据。每组数据，第一行为 4 个整数 n, m, L, W（$1\leqslant n,m\leqslant 20$，$1\leqslant L, W\leqslant 100$），其中 n 是线段条数，m 是圆盘个数；以下 n 行，每行 4 个整数 x_1, y_1, x_2, y_2，表示一条连接(x_1,y_1)和(x_2,y_2)的线段，这两个端点保证分别在矩形的两条不同边上；以下 m 行，每行 3 个整数 x, y, R，表示一个圆心在(x,y)，半径为 R 的圆盘。输入的任意两条线段不会重合。输入结束标志为 $n=m=L=W=0$。

【输出格式】

对于每组数据，按照输入顺序输出与每个圆盘相交的块的面积。这些面积保留两位小数（四舍五入），且按照从小到大的顺序排好序。

【分析】

除了圆盘之外，本题的输入也是一个 PSLG，因此可以按照前面叙述的算法求出各个区域。但由于本题的特殊性，不难发现把线段改成直线后答案不变，因此每个块都是凸多边形，可以用切割凸多边形的方法求解：每读入一条线段，都把它当作直线，切割所有块。这样，我们最终得到了若干凸多边形，需要分别判断是否与圆盘相交。

如何判断多边形是否和圆盘相交？显然，如果多边形的边和圆周规范相交，圆盘和多边形一定相交，但反过来却不成立——圆盘和多边形相交，多边形的边和圆周不一定规范相交。这里需要注意以下两点。

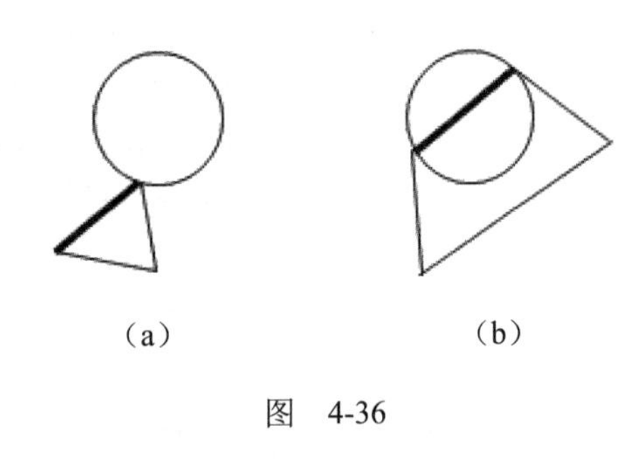

图 4-36

- ❑ 即使完全没有公共点的时候，圆盘和多边形也可以相交，原因是二者可以相互内含。因此，需要判断多边形是否有顶点在圆内，还需要判断圆心是否在多边形内。
- ❑ 如果是非规范相交，需要分情况讨论。在图 4-36（a）中，待判断的线段（用粗线表示）完全在圆外；在图 4-36（b）中，待判断的线段则是完全在圆内部。判断方法很简单，只需判断线段中点是否在圆内即可。

4.4 三维几何基础

我们在前面介绍过向量运算，其中很多内容也适用于三维几何，比如点+向量=点，向量+向量=向量，点+点没有定义等。代码如下。

```
struct Point3 {
  double x, y, z;
  Point3(double x=0, double y=0, double z=0):x(x),y(y),z(z) { }
};

typedef Point3 Vector3;

Vector3 operator + (Vector3 A, Vector3 B) {
  return Vector3(A.x+B.x, A.y+B.y, A.z+B.z);
}

Vector3 operator - (Point3 A, Point3 B) {
  return Vector3(A.x-B.x, A.y-B.y, A.z-B.z);
}

Vector3 operator * (Vector3 A, double p) {
  return Vector3(A.x*p, A.y*p, A.z*p);
}

Vector3 operator / (Vector3 A, double p) {
  return Vector3(A.x/p, A.y/p, A.z/p);
}
```

直线的表示：直线仍然可以用参数方程（点和向量）来表示，射线和线段仍然可以看成“参数有取值范围限制”的直线，而且点到直线的投影也和二维情形一样。

平面的表示：通常用点法式$(p_0,\boldsymbol{n})$来描述一个平面。其中，点 p_0 是平面上的一个点，向量 $\boldsymbol{n}$ 是平面的法向量。每个平面把空间分成了两个部分，我们用点法式表示其中一个半空间。具体是哪一个呢？是这个法向量所背离的那一个（即法向量指向远离半空间的方向）。

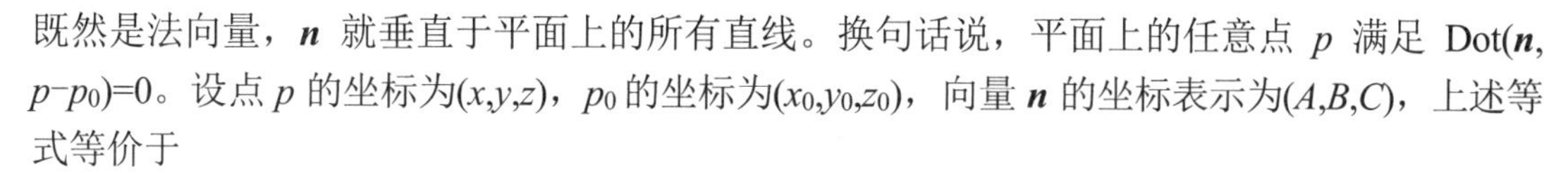

既然是法向量，$\boldsymbol{n}$ 就垂直于平面上的所有直线。换句话说，平面上的任意点 p 满足 Dot($\boldsymbol{n}$, $p-p_0$)=0。设点 p 的坐标为(x,y,z)，p_0 的坐标为(x_0,y_0,z_0)，向量 $\boldsymbol{n}$ 的坐标表示为(A,B,C)，上述等式等价于

$$A(x-x_0)+B(y-y_0)+C(z-z_0)=0$$

整理得 $Ax+By+Cz-(Ax_0+By_0+Cz_0)=0$。如果令 $D=-(Ax_0+By_0+Cz_0)$，我们就得到了平面的一般式：$Ax+By+Cz+D=0$。注意，当 $Ax+By+Cz+D>0$ 时，上述点积大于 0，即点(x,y,z)在半空间$(p_0,\boldsymbol{n})$外。换句话说，$Ax+By+Cz+D>0$ 表示的是一个半空间（half space）。

4.4.1　三维点积

三维点积的定义和二维非常类似，而且也能用点积计算向量的长度和夹角。代码如下。

```
double Dot(Vector3 A, Vector3 B) { return A.x*B.x + A.y*B.y + A.z*B.z; }
double Length(Vector3 A) { return sqrt(Dot(A, A)); }
double Angle(Vector3 A, Vector3 B) { return acos(Dot(A, B) / Length(A) / Length(B)); }
```

用三维点积可以解决很多基本问题。

过定点垂直于定直线的平面：平面的法向量就是这条直线，所以可以直接写出所求平面的点法式。

直线和平面的夹角、两平面的夹角、两直线的夹角：注意到，平面与平面的夹角可以转化为两者法向量之间的夹角，这些问题都不难解决[①]。

点到平面的距离：如图 4-37 所示，把向量 $\overrightarrow{P_0P}$ 投影到向量 $\boldsymbol{n}$ 上，可得 p 到平面的有向距离为 Dot($p-p_0$,$\boldsymbol{n}$)/Length($\boldsymbol{n}$)。这是一个相当简洁的结论，如果 $\boldsymbol{n}$ 是单位向量，甚至会更简单。

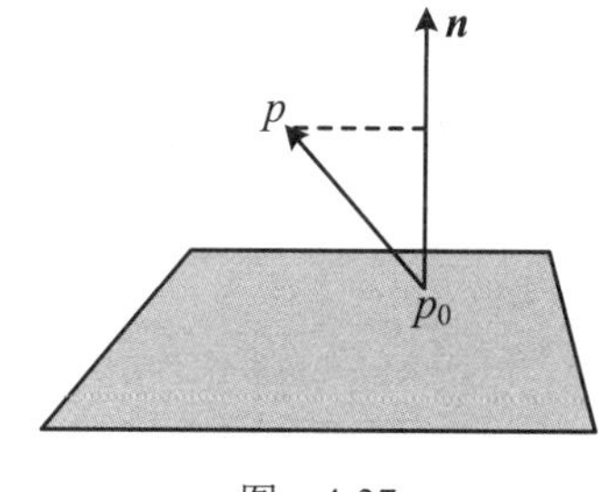

图　4-37

```
// 点 p 到平面 p0-n 的距离。n 必须为单位向量
double DistanceToPlane(const Point3& p, const Point3& p0, const Vector3& n) {
  return fabs(Dot(p-p0, n)); // 如果不取绝对值，得到的是有向距离
}
```

点在平面上的投影：有了距离，投影点本身就不难求了。设点 p 在平面$(p_0,\boldsymbol{n})$上的投影为 p'，则 $p'-p$ 平行于 $\boldsymbol{n}$，且 $p'-p=d\boldsymbol{n}$，其中 d 就是 p 到平面的有向距离。

```
// 点 p 在平面 p0-n 上的投影。n 必须为单位向量
Point3 GetPlaneProjection(const Point3& p, const Point3& p0, const Vector3& n) {
  return p-n*Dot(p-p0, n);
}
```

直线和平面的交点：可以简单地通过解方程得到。设平面方程为 Dot($\boldsymbol{n}$, $p-p_0$)=0，过点 p_1 和 p_2 的直线的参数方程为 $p=p_1+t(p_2-p_1)$，则与平面方程联立解得

---

① 比如，两平面的夹角等于这两个平面的法线的夹角。

$$t=\text{Dot}(\boldsymbol{n},p_0-p_1)/\text{Dot}(\boldsymbol{n},p_2-p_1)$$

其中，分母为 0 的情况对应于直线和平面平行，或者直线在平面上（想一想，如何区分）。代码如下。

```
//直线 p1-p2 到平面 p0-n 的交点。假定交点唯一存在
Point3 LinePlaneIntersection(Point3 p1, Point3 p2, Point3 p0, Vector3 n) {
  Vector3 v = p2-p1;
  double t = (Dot(n, p0-p1) / Dot(n,p2-p1)); //判断分母是否为 0
  return p1+v*t; //如果是线段，判断 t 是不是在 0 和 1 之间
}
```

顺便说一句，如果平面用一般式 $Ax+By+Cz+D=0$，则联立解出的表达式为

$$t=\frac{Ax_1+By_1+Cz_1+D}{A(x_1-x_2)+B(y_1-y_2)+C(z_1-z_2)}$$

4.4.2 三维叉积

三维空间里也有叉积的概念，但形式和二维叉积不大一样。它是一个向量，而不再是一个带符号的数。

$$\boldsymbol{v}_1\times\boldsymbol{v}_2=\begin{bmatrix}y_1z_2-y_2z_1\\z_1x_2-z_2x_1\\x_1y_2-x_2y_1\end{bmatrix}$$

虽然在学术上并不严谨，但在算法竞赛中读者可以认为叉积同时垂直于 $\boldsymbol{v}_1$ 和 $\boldsymbol{v}_2$，方向遵循右手定则①。当且仅当 $\boldsymbol{v}_1$ 和 $\boldsymbol{v}_2$ 平行时，叉积为 $\mathbf{0}$。这里给出计算两空间向量叉积的程序。代码如下。

```
Vector3 Cross(Vector3 A, Vector3 B) {
   return Vector3(A.y*B.z - A.z*B.y, A.z*B.x - A.x*B.z, A.x*B.y - A.y*B.x);
}
double Area2(Point3 A, Point3 B, Point3 C) { return Length(Cross(B-A, C-A)); }
```

有了叉积这个工具，可以解决更多的基础问题。

过不共线三点的平面：法向量为 $\text{Cross}(p_2-p_0, p_1-p_0)$，任取一个点即可得到平面的点法式。

三角形的有向面积：和二维情形一样，注意求出叉积之后要取长度。

判断点是否在三角形内：先判断点是否在三角形所在平面上，然后利用简单的面积关系即可判定，代码如下（假定点 P 在 P_0, P_1, P_2 确定的平面上）。

```
//点 P 在△P0P1P2 中
bool PointInTri(Point3 P, Point3 P0, Point3 P1, Point3 P2) {
  double area1 = Area2(P, P0, P1);
  double area2 = Area2(P, P1, P2);
  double area3 = Area2(P, P2, P0);
  return dcmp(area1 + area2 + area3 - Area2(P0, P1, P2)) == 0;
}
```

① 事实上，叉积的方向和左右手坐标系有关。如果还要更严密的话，叉积其实不是一个真正的向量，而是一个伪向量（pseudovector）。

判断线段和三角形是否相交：利用上面的函数不难判断，代码如下（为简单起见，这里没有考虑线段在平面上的情况）。

```
//△P0P1P2 是否和线段 AB 相交
bool TriSegIntersection(Point3 P0, Point3 P1, Point3 P2, Point3 A, Point3 B, Point3& P) {
  Vector3 n = Cross(P1-P0, P2-P0);
  if(dcmp(Dot(n, B-A)) == 0) return false; //线段 AB 和平面 P0P1P2 平行或共面
  else {                                    //平面 A 和直线 P1-P2 有唯一交点
    double t = Dot(n, P0-A) / Dot(n, B-A);
    if(dcmp(t) < 0 || dcmp(t-1) > 0) return false; //交点不在线段 AB 上
    P = A + (B-A)*t;                        //计算交点
    return PointInTri(P, P0, P1, P2);       //判断交点是否在△P0P1P2 内
  }
}
```

点到直线/线段的距离：仍然可以用面积法（注意三维叉积是向量，要用 Length 函数而不是 fabs），代码如下。

```
//点 P 到直线 AB 的距离
double DistanceToLine(Point3 P, Point3 A, Point3 B) {
 Vector3 v1 = B - A, v2 = P - A;
 return Length(Cross(v1, v2)) / Length(v1);
}

//点 P 到线段 AB 的距离
double DistanceToSegment(Point3 P, Point3 A, Point3 B) {
 if(A == B) return Length(P-A);
 Vector3 v1 = B - A, v2 = P - A, v3 = P - B;
 if(dcmp(Dot(v1, v2)) < 0) return Length(v2);
 else if(dcmp(Dot(v1, v3)) > 0) return Length(v3);
 else return Length(Cross(v1, v2)) / Length(v1);
}
```

四面体的体积：已知四边形的 4 个顶点 A, B, C, D。根据叉积和点积的定义不难得出四面体的带符号体积为

$$V=\frac{1}{3}S\cdot h=\frac{1}{6}\left(\overrightarrow{AB}\times\overrightarrow{AC}\right)\cdot h=\frac{1}{6}\left(\left(\overrightarrow{AB}\times\overrightarrow{AC}\right)\cdot\overrightarrow{AD}\right)$$

其中，$\overrightarrow{AB}$，$\overrightarrow{AC}$，$\overrightarrow{AD}$ 呈右手系时为正。括号内的部分也称为混合积。代码如下。

```
//返回 AB, AC, AD 的混合积，等于四面体 ABCD 的有向体积的 6 倍
double Volume6(Point3 A, Point3 B, Point3 C, Point3 D) {
 return Dot(D-A, Cross(B-A, C-A));
}
```

多面体的体积：平面多边形的面积等于三角形的有向面积之和，空间多面体也类似。不过首先需要规定好多面体的存储方式。一种简单的表示法是：点-面，即一个顶点数组 V 和面数组 F。其中，V 数组保存着各个顶点的空间坐标，而 F 数组保存着各个面的 3 个顶点在 V 数组中的索引。为简单起见，假设各个面都是三角形，且 3 个点由右手定则确定的方向指

向多边形的外部（即从外部看，3 个顶点呈逆时针排列），所以这些面上 3 个点的排列顺序并不是任意的。

4.4.3 三维凸包

和二维情形类似，给定三维空间中的一些点，包含它们的最小凸多面体称为这些点的凸包。三维凸包的求法有很多，常用的有暴力法、卷包裹法和增量法[①]。

暴力法：枚举每 3 个点组成的有向三角形（实际上对应一个半空间），判断是否所有点都在这个三角形的同侧（即半空间的内部）。如果是，则这个三角形是凸包中的一个面，否则就不是。判断一个点在三角形的哪一侧需要一次叉积和一次点积（也可以理解为一次混合积），因此一共需要 $O(n^4)$次叉积和点积。

卷包裹法：该算法的思想是先找到一条肯定在凸包上的边 P_iP_j（比如，投影在平面上的凸包的边），然后想象一张纸紧贴这条边向左（这里是指向量 $\overrightarrow{P_iP_j}$ 的左边）旋转，直到碰到一个点 P_k，然后以边 P_kP_j 和边 P_iP_k 为轴继续旋转。

尽管看上去简单，卷包裹法在实现上仍有一些需要注意的地方。首先是初始边的选择。一般先把点投影到 z=0 平面，求出二维凸包，然后把二维凸包上的一条边作为三维凸包卷包裹的初始边。根据二维凸包的性质，不必真的做投影和找凸包，而只需要找一个 y 坐标最小的点作为起点，到它极角最小的点作为第二点。看上去是不是很简单？请注意，当“y 最小”和“极角最小”的选择不止一个时很容易出问题，读者不妨仔细思考。另外，在卷包裹的过程中，多点共面也是比较麻烦的问题（想一想，为什么）。总之，卷包裹的实现需要非常小心。

增量法：该算法的基本思想是把点依次加到凸包中。初始时随机选两个点 P_1 和 P_2，然后找一个不和这两个点共线的点 P_3，再找一个不和它们共面的点 P_4，组成初始凸包，然后依次考虑其他点 P_r：如果这个点在当前凸包内，直接忽略；否则找到这个点能“看到”的所有面（如图 4-38（a）），删除它们，然后把阴影边界上的所有点和 P_r 连接起来，其中每条边和 P_r 一起构成一个三角形，如图 4-38（b）所示。

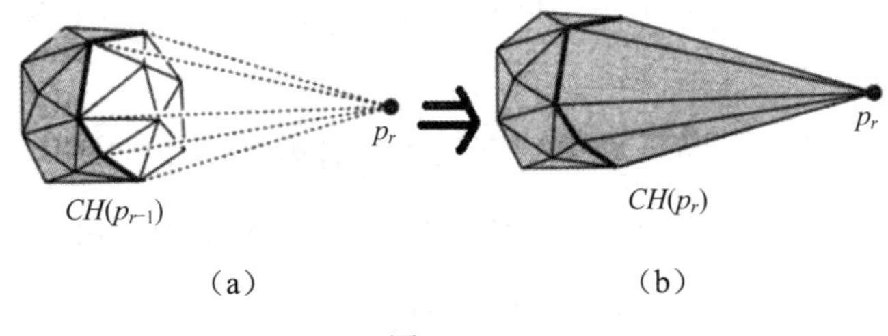

（a）　　（b）

图 4-38

这个算法的简单实现方法是遍历所有面，判断是否可见；然后遍历所有边，判断是否在阴影边界上（即该边的两侧恰好有一个面可见）[②]。代码如下。

① 增量法有一种实践上非常有效的实现方法，即快速凸包，但在多数算法竞赛中，普通增量法已经足够快了。

② 一个较好的方法是先找到一个可见面，然后用 DFS 的方法找到其他可见面和阴影边界，不过一般来说不必如此。

```
struct Face{
  int v[3];
  Vector3 normal(Point3 *P) const {
    return Cross(P[v[1]]-P[v[0]], P[v[2]]-P[v[0]]);
  }
  int cansee(Point3* P, int i) const {
    return Dot(P[i]-P[v[0]], normal(P)) > 0 ? 1 : 0;
  }
};

//增量法求三维凸包
//没有考虑各种特殊情况（如 4 点共面），实践中请在调用前对输入点进行微小扰动
vector<Face> CH3D(Point3* P, int n) {
  vector<Face> cur;
  //由于已经进行扰动，前 3 个点不共线
  cur.push_back((Face){{0, 1, 2}});
  cur.push_back((Face){{2, 1, 0}});
  for(int i = 3; i < n; i++) {
    vector<Face> next;
    //计算每条边“左面”的可见性
    for(int j = 0; j < cur.size(); j++) {
      Face& f = cur[j];
      int res = f.cansee(P, i);
      if(!res) next.push_back(f);
      for(int k = 0; k < 3; k++) vis[f.v[k]][f.v[(k+1)%3]] = res;
    }
    for(int j = 0; j < cur.size(); j++)
      for(int k = 0; k < 3; k++) {
        int a = cur[j].v[k], b = cur[j].v[(k+1)%3];
        if(vis[a][b] != vis[b][a] && vis[a][b])//(a,b)是分界线，左边对 P[i]可见
          next.push_back((Face){{a, b, i}});
      }
    cur = next;
  }
  return cur;
}
```

注意到上述代码中的注释了吗？上述代码简单而清晰，但没有考虑特殊情况（比如凸包上多点共面）。为简单起见，实践中常常把输入点进行微小扰动后再调用上述过程。比如可以使用以下代码。

```
double rand01() { return rand() / (double)RAND_MAX; } //0-1 的随机数
double randeps() { return (rand01() - 0.5) * eps; }//-eps/2 到 eps/2 的随机数

Point3 add_noise(Point3 p) {
  return Point3(p.x + randeps(), p.y + randeps(), p.z + randeps());
}
```

注意，扰动之前的点要备份。上述代码中的 Face 结构体是顶点下标，所以可以用扰动后的点求三维凸包，然后用这些下标引用原来（未扰动）的点。此外，还有一个很容易忽

略的问题，即输入点应先判重，否则在扰动后很容易出现极小的面，这样的面很容易造成麻烦。

4.4.4 例题选讲

例题 16 三维三角形（3D Triangles, UVa 11275）

给出三维空间的两个三角形，判断两者是否有公共点。若两个点距离小于 0.000 001，则认为它们是同一个点。三角形的内部、边和顶点都算成三角形的一部分。

【输入格式】

输入的第一行为测试数据组数 T（$T \leqslant 1000$）。每组数据包含 6 行，共 18 个实数（最多包含 7 位小数），前 3 行为第一个三角形的 3 个顶点坐标，后 3 行为第二个三角形的 3 个顶点坐标。输入三角形不会退化。

【输出格式】

对于每组数据，如果两个三角形有公共点，则输出 1，否则输出 0。

【分析】

如果相交，那么必然有一个三角形的一条边经过另一个三角形的内部、边上或者顶点，这里给出判断程序。代码如下。

```
bool TriTriIntersection(Point3* T1, Point3* T2) {
  Point3 P;
  for(int i = 0; i < 3; i++) {
    if(TriSegIntersection(T1[0], T1[1], T1[2], T2[i], T2[(i+1)%3], P)) return true;
    if(TriSegIntersection(T2[0], T2[1], T2[2], T1[i], T1[(i+1)%3], P)) return true;
  }
  return false;
}
```

主程序也是相当短的。代码如下。

```
int main() {
  int T;
  scanf("%d", &T);
  while(T--) {
    Point3 T1[3], T2[3];
    for(int i = 0; i < 3; i++) T1[i] = read_point3();
    for(int i = 0; i < 3; i++) T2[i] = read_point3();
    printf("%d\n", TriTriIntersection(T1, T2) ? 1 : 0);
  }
  return 0;
}
```

例题 17 Ardenia 王国（Ardenia, CERC 2010, UVa 1469）

给出空间中两条线段，求它们的最近距离。

【输入格式】

输入第一行为数据组数 T（$T\leqslant 10^5$）。每组数据两行，包含 6 个绝对值不超过 20 的整数 $x_1, y_1, z_1, x_2, y_2, z_2$。

【输出格式】

对于每组数据，输出两个互素的整数 l 和 m，使得 $m>0$ 且 l/m 为所求距离的平方。

【分析】

首先判断两直线是否平行（或重合），如果是的话直接求。考虑 4 个端点到另一条线段的距离，取最小值即可。

如果不平行或重合，说明两条直线是异面直线，这时最短距离既可能是某端点到另一条线段的距离，也可能是异面直线的最短距离。

如何求异面直线的最短距离？假设两条直线分别为 $l_1=(p_1,\boldsymbol{v}_1)$和 $l_2=(p_2,\boldsymbol{v}_2)$，那么最短距离会在某个 $q_1=p_1+s\boldsymbol{v}_1$ 和 $q_2=p_2+t\boldsymbol{v}_2$ 上取到，其中 q_1 和 q_2 分别在 l_1 和 l_2 上，且 q_1q_2 是这两条异面直线的公垂线。

向量 $\overrightarrow{q_1q_2}=q_2-q_1=p_2-p_1+t\boldsymbol{v}_2-s\boldsymbol{v}_1$ 垂直于 $\boldsymbol{v}_1$，因此 $\text{Dot}(p_2-p_1+t\boldsymbol{v}_2-s\boldsymbol{v}_1), \boldsymbol{v}_1)=0$。根据分配率，有 $\text{Dot}(p_2-p_1,\boldsymbol{v}_1)+t\times\text{Dot}(\boldsymbol{v}_2,\boldsymbol{v}_1)-s\times\text{Dot}(\boldsymbol{v}_1,\boldsymbol{v}_1)=0$。注意，这里的 3 个点积都是可以直接算出来的，因此实际上得到的是一个关于 t 和 s 的一次方程。根据 $\overrightarrow{q_1q_2}$ 垂直于 $\boldsymbol{v}_2$ 还可以得到一个一次方程，联立求解即可。下面的代码直接使用了经过复杂化简以后的结果，读者可以参考。

```
//求异面直线 p1+su 和 p2+tv 的公垂线对应的 s。如果平行/重合，则返回 false
bool LineDistance3D(Point3 p1, Vector3 u, Point3 p2, Vector3 v, double& s) {
  double b = Dot(u,u)*Dot(v,v) - Dot(u,v)*Dot(u,v);
  if(dcmp(b) == 0) return false;
  double a = Dot(u,v)*Dot(v,p1-p2) - Dot(v,v)*Dot(u,p1-p2);
  s = a/b;
  return true;
}
```

两条直线相交的情况下算出的距离为 0，并且返回 true。

注意，本题比较特殊，要求以分数形式输出。所以可以考虑定义一个 Rat 类（代表 Rational）来保存和计算有理数，并且重载加法、减法和乘法，然后把本题用到的两个关键函数：点到线段距离 Distance2ToSegment 和异面直线的最小距离 LineDistance3D 改写成返回有理数的版本。代码留给读者编写。

例题 18 行星（Asteroids, NEERC 2009, UVa 1710）

给定两颗凸多面体行星，你的任务是求出二者重心的最近距离。两颗行星的密度都是均匀分布的，且可以任意旋转和平移。每颗行星顶点数不超过 60。

【输入格式】

输入包含多组数据。每组数据分成两部分，依次描述两颗行星。每颗行星：第一行为顶点数 n（$4\leqslant n\leqslant 60$）；以下 n 行，每行给出一个顶点坐标，这 n 个点保证是一个非退化凸多面体的各个顶点。

【输出格式】

对于每组数据，输出两颗行星重心的最近距离。

【分析】

不难发现，最优放置方法是贴住两颗行星的某两个面，而最近距离为各自重心到这两个面的距离之和。换句话说，我们可以独立求出两颗行星的“重心到各面的最短距离”，再相加即可。

由于只给出了顶点，需要先求一次三维凸包，找到所有面，然后求出重心，最后依次计算重心到各个面的距离。如何求重心呢？因为行星是均匀的，可以先随便找一个位于行星内部的点（比如所有顶点的坐标平均数），连接该点和各个面，得到若干个三棱锥。把每个三棱锥等价成一个质点，再求这些质点的重心。质点的重心是质点坐标按照质量加权的平均数，而质量均匀的三棱锥的重心的坐标为 4 个顶点坐标的平均数。

例题 19　压纸器（Paperweight, World Finals 2010, UVa 1100）

假设你的公司从事压纸器的生产，压纸器由两个有公共面的四面体组成，四面体由透明玻璃构成，内部镶嵌数个彩色微粒，其中有一个微粒是一个 RFID 芯片。

使用时，需要把压纸器稳定地放置在一台计算机的顶部，其中紧贴计算机的那个面称为压纸器的底面。所谓“稳定”是指压纸器的重心向任意方向移动不超过 0.2 米时，压纸器都能回到原位。你可以认为压纸器密度均匀，并且芯片体积足够小（可以被认为是一个点）。你的任务是计算当压纸器处于稳定位置时 RFID 芯片离底面的最近距离和最远距离，如图 4-39 所示。

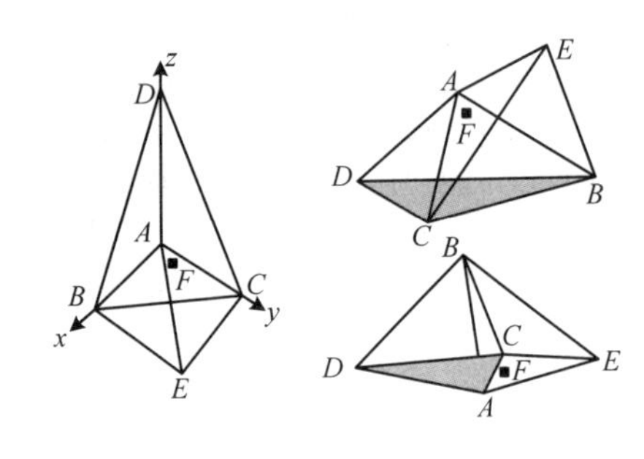

图　4-39

【输入格式】

输入包含多组数据。每组数据仅一行，包含 18 个绝对值不超过 1 000 的整数，即 6 个点 A, B, C, D, E, F 的坐标，其中 ABC 是公共面，D 和 E 分别在面 ABC 的两侧。点 F 是 RFID 芯片的位置，F 点保证严格包含在压纸器内部。输入保证四面体 $ABCD$ 和 $ABCE$ 体积均为正，且每个压纸器都至少有一个稳定位置。输入结束标志为单个 0。

【输出格式】

对于每组数据，输出压纸器稳定时 RFID 芯片到底面距离的最小值和最大值，保留 5 位小数。

【分析】

压纸器一共有 5 个顶点，底面至少有 3 个顶点，所以可以枚举底面上的 3 个顶点 $P_1P_2P_3$，判断是否能够以该面为底面进行稳定放置。具体来说，需要判断是否所有顶点都在该面的同侧，然后整个压纸器的重心是否在底面三角形的内部，且离各边的距离不超过 0.2。

有一种特殊情况很容易漏掉：如果还有一个点 P_4 也在底面上（即四点共面），那么重心落在 $P_1P_2P_3P_4$ 的凸包内[①]即可，不一定在三角形 $P_1P_2P_3$ 内。

① 程序上并不需要先求凸包。具体做法留给读者思考。

例题 20　黄金屋顶（The Golden Ceiling，ACM/ICPC, Greater N Y 2011, LA 5808）

给出一个长宽高为 L,W,H 的立方体，立方体的一个顶点位于原点，并且其中所有点的坐标值都是正数。给出一个平面 $Ax + By + Cz = D$，平面不是垂直的（$C\geqslant 1$），并且平面一定会穿过立方体内部，也就是说一定会有个点 (x,y,z) 在立方体内部且在平面上方（$Ax+By+Cz>D$），并且还有其他点在平面下方。这个平面穿过立方体可能有很多种情况，计算切割出来的朝上的表面积，包含顶部切剩下的面积，以及切割出来的斜面面积，即从 z 轴无限远处能看到的立方体面积。如图 4-40 所示，是几种可能的切割情况。

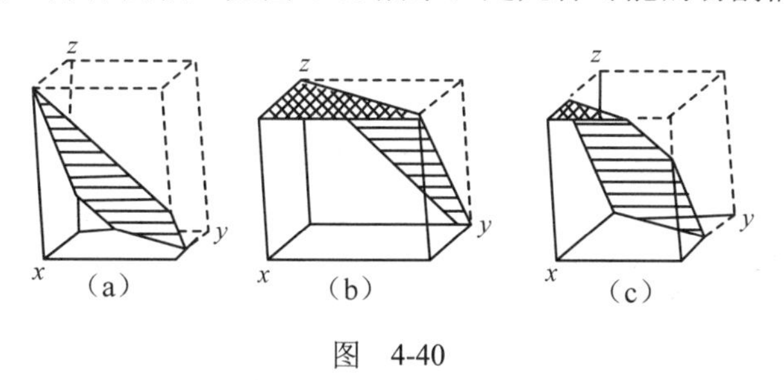

图　4-40

【分析】

第一步要根据 L,W,H，计算立方体的各个顶点坐标。

观察不难发现，所求的表面积等于顶面在斜面下方部分的面积 S_1（如果有的话，如图 4-40（b）和图 4-40（c）中的网格部分）加上斜面在立方体内的斜面面积 S_2（图 4-40 中横线表示的部分）。

记斜面和水平面的夹角为 φ，则 S_2=斜面在长方体内部的部分在底面上的投影面积/ $\cos\varphi$，而斜面在底面上的投影面积等于底面在斜面下方部分的面积（记为 S_3）$-S_1$。所求的面积就是 $S_1+(S_3-S_1)/\cos\varphi$。$S_1$ 和 S_3 的计算都牵涉计算一个空间矩形在斜平面下方部分的多边形面积，可以首先通过计算每条边和平面的交点来计算这个多边形的顶点，接下来就可以求出多边形面积。代码如下。

```
// 这些顶点组成的多边形位于平面 PV-D 下方的多边形面积
double area_under(const vector<Point3>& ps, const Vector3& PV, double D) {
  vector<Point3> poly;
  for (size_t i = 0; i < ps.size(); i++) {
    const Point3 &p = ps[i], &np = ps[(i + 1) % ps.size()];
    double v = dot(PV, p) - D, nv = dot(PV, np) - D;
    if (v <= EPS) poly.push_back(p);     // v 在平面下方或者经过平面
    if (v * nv < EPS && fabs(v) > EPS && fabs(nv) > EPS) // vi 和 nxt_vi 形
成的边和平面相交
      poly.push_back(LinePlaneIntersection(np, p, PV, D)); // 边和平面的交点
  }
  double s = 0;                              // 多边形都是和 xy 平面平行的
  for (size_t j = 1; j + 1 < poly.size() ; j++) {
    Point3 v1 = poly[j] - poly[0], v2 = poly[j + 1] - poly[0];
    s += v1.x * v2.y - v2.x * v1.y;
  }
  return fabs(s) / 2.0;
}
```

S_1的计算首先要考虑的特殊情况就是顶面完全在斜面上方，此时 $S_1=0$，可通过把顶面 4 个点代入 $Ax+By+Cy$，查看结果是否均为非负来判断。而 S_3 的计算也要考虑特殊情况，就是底面 4 个点都在下方的情况，判断方法类似，留给读者思考。

另外，φ 的计算牵涉两个平面的法向量夹角。具体来说，就是向量(A,B,C)和 z 轴$(0,0,1)$的夹角，根据几何原理有 $\cos\varphi=\dfrac{|C|}{\sqrt{A^2+B^2+C^2}}$。

4.4.5 三维几何小结

同样，总结一下三维几何的相关内容，小结如表 4-2 所示。

表 4-2

类　别	功　能	代　码	备　注
基本定义	点的定义	struct Point3 {...};	包含<和==运算符。其中“相等”要考虑误差
	向量的定义	typedef Point3 Vector3	
向量运算	向量加法	+	
	向量减法	-	
	向量乘以标量	*	
	向量除以标量	/	
	两向量的点积	Dot	
	向量的长度	Length	使用点积
	两向量的转角	Angle	使用点积
	两向量的叉积	Cross	返回向量
点和直线	点到直线的距离（两点式）	DistanceToLine	
	点到线段的距离	DistanceToSegment	
	点在直线上的投影（两点式）	GetLineProjection	
点和平面	点到平面的距离	DistanceToPlane	
点和平面	点在平面上的投影	GetPlaneProjection	
直线和直线	异面直线公垂线	LineDistance3D	
直线和平面	直线和平面的交点	LinePlaneIntersection	
三角形相关	点在三角形中	PointInTri	
	三角形和线段是否相交	TriSegIntersection	
	两个三角形是否相交	TriTriIntersection	
多面体	四面体有向体积的六倍	Volume6	

4.5 小结与习题

4.5.1 基础题目

要想较好地解决算法竞赛中的几何题目，必要的平面几何和解析几何知识是不可缺少的。下面是一些偏数学，和算法关系不大的题目，供读者练习基本功。

三角形趣题（Triangle Fun, UVa 11437）

给定△ABC，在边 BC, CA, AB 上分别取点 D, E, F，使得 CD=2BD, AE=2CE, BF=2AF。求△PQR 的面积，如图 4-41 所示。

形状（Determine the Shape, UVa 11800）

给定平面上 4 个点，没有 3 点共线。你的任务是判断这 4 个点能组成怎样的四边形。如果能组成正方形，输出 Square；如果能组成矩形，输出 Rectangle。其他形状按照顺序依次为菱形（Rhombus）、平行四边形（Parallelogram）、梯形（Trapezium）、普通四边形（Ordinary Quadrilateral）。

运动场的跑道（Athletics Track, UVa 11646）

如图 4-42 所示，体育场的跑道一圈是 400 米，其中弯道是两段半径相同的圆弧。已知矩形的长宽比例为 a:b，求长和宽的具体数值。

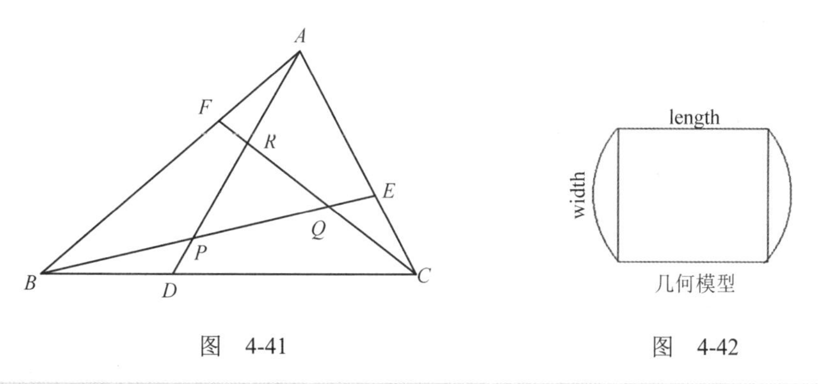

图 4-41　　图 4-42

地球隧道（Tunnelling the Earth, UVa 11817）

从地球上的一个点到另一个点，可以沿着球面最短路走，也可以钻隧道，走直线。这两种方法的路程之差是多少？在本题中，假定地球是正球体，半径为 6 371 009 米。起点和终点的位置均按经纬度给出，北纬和东经用正数表示，南纬和西经用负数表示。

马戏团的屋顶（Dome of Circus, NEERC 2010, LA 4986）

给定 n（n≤10 000）个空间中的点，你的任务是找一个底面在 z=0 平面上，底面中心在(0,0,0)点的体积最小的圆锥，包含所有点（点在圆锥表面上也可以）。所有点的 z 坐标均为正数，且至少有一个点不在 z 轴上，如图 4-43 所示。

内切圆（In-Circle, UVa 11524）

如图 4-44 所示，△ABC 的内切圆把它的三边分别划分成 m_1:n_1, m_2:n_2 和 m_3:n_3 的比例。另外已知内切圆的半径 r，求△ABC 的面积。

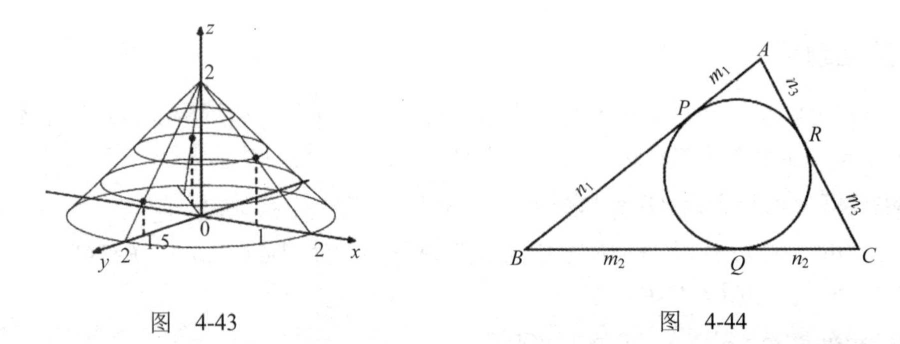

图 4-43　　　　图 4-44

外切圆（Ex-Circles, UVa 11731）

如图 4-45 所示，已知△ABC 的 3 条边长，求△DEF 的面积以及阴影部分的总面积。

最小正多边形（Smallest Regular Polygon, UVa 12300）

给定两个点 A 和 B，求穿过这两个点的面积最小的正 n 边形。

交叉的梯子（Crossed Ladders, UVa10566）

如图 4-46 所示，已知 x, y, c，求标记为“?”部分的长度。

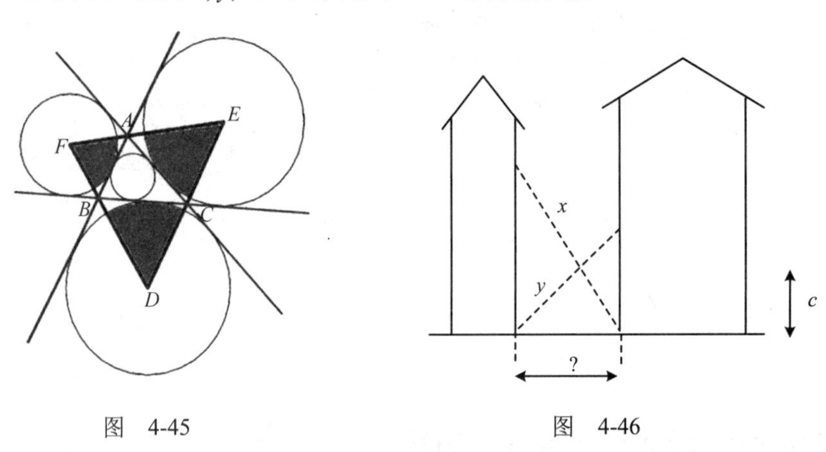

图 4-45　　　　图 4-46

圆周上的三角形（Circum Triangle, UVa 11186）

在一个圆周上有 n（$n \leqslant 500$）个点。不难证明，其中任意 3 个点都不共线，因此都可以组成一个三角形。求这些三角形的面积之和。

三角形难题（Triangle Hazard, Kuala Lumpur 2008, LA4413）

如图 4-47 所示，已知 BC, CA, AB 分别被点 D，E，F 分成了 m_1:m_2, m_3:m_4 和 m_5:m_6。已知△ABC 的顶点坐标很容易计算出△PRQ。但反过来呢？你的任务是根据 P，Q，R 三点的坐标，以及 m_1～m_6 的数值，计算出△ABC 的 3 个顶点 A，B，C 的坐标。

Malfatti 圆（Malfatti Circles, Tokyo 2009, LA 4642）

给出一个三角形的 3 顶点的坐标，求 3 个圆，使得每个圆和三角形的两条边以及另两个圆均相切，如图 4-48 所示。输出这 3 个圆的半径。

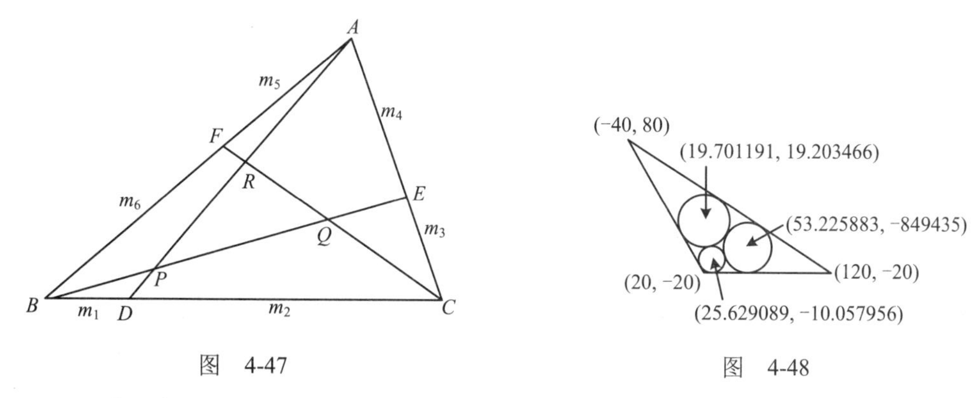

图 4-47　　图 4-48

4.5.2　二维几何计算

二维几何计算题目没有太多算法可言，但有很多细节需要注意。比如，线段的规范相交和非规范相交的区别，圆和圆的众多位置关系，圆的公切线的各种情况等。如表 4-3 所示，列出了本章给出的相关例题，这些例题堪称经典，希望读者认真学习。在线题单：https://dwz.cn/A42LeLov。

表 4-3

类　别	题　号	题目名称（英文）	备　注
例题 1	UVa 11178	Morley's Theorem	线段相交；角度计算
例题 2	LA 3263	That Nice Euler Circuit	线段相交；欧拉定理
例题 3	UVa 11796	Dog Distance	点到线段的距离
例题 4	UVa 12304	2D Geometry 110 in 1	圆和直线的各种问题
例题 5	UVa 1308	Viva Confetti	圆的综合问题

下面是几道巩固练习题。在线题单：https://dwz.cn/txBuRISu。

渔网（Fishnet, Hakodate 2001, LA 2402）

有一个左下角在(0,0)、右上角在(1,1)的正方形，4 条边上各有 n 个点。对于 $1 \leqslant i \leqslant n$，连接两条线段 $(a_i,0)-(b_i,1)$ 和 $(0,c_i)-(1,d_i)$，可以把正方形划分成若干部分。输入 a_i, b_i, c_i, d_n 的值（$0<a_i,b_i,c_i,d_i<1$，序列 a, b, c, d 均严格递增），求划分成的最大块的面积。如图 4-49 所示，最大块用阴影部分标出。

美梦（Sweet Dream, UVa 10969）

在平面上依次放置 n（$n \leqslant 100$）个圆（后放的覆盖先放的），如图 4-50 所示。按照放置顺序依次输入各个圆的圆心坐标和半径，求圆周上的可见弧长之和。

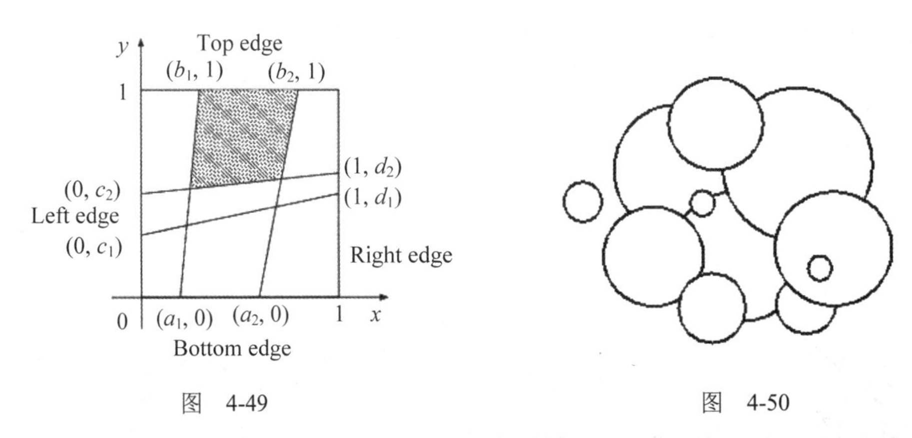

图 4-49　　　　图 4-50

多边形怪兽（Fighting against a Polygonal Monster, UVa 11177）

有一个棱柱形怪物，从正面看是一个凸 n（$n\leqslant 50$）边形。保证(0,0)在该凸多边形内部（不会在边界上）。

你的任务是用一根光柱打败这个怪物。从正面看，光柱是圆心在(0,0)的圆。要想打败怪物，这个圆和凸多边形的公共面积应该不小于 R。为了节约能源，这个圆的半径应尽量小。

福岛核冲击波（Fukushima Nuclear Blast, UVa 11978）

给出一个凸 N（$3\leqslant N\leqslant 5000$）边形，求一个半径 d，使得多边形有 P%（$0<P\leqslant 100$）的面积覆盖在以给定点 R 为圆心、以 d 为半径的圆中内。

数小山（Hills, 杭州 2005, LA 3491）

平面上有 n（$n\leqslant 500$）条线段，其中每条线段的端点都不会在其他线段上。你的任务是数一数有多少个“没有被其他线段切到”的三角形（即小山）。如图 4-51 所示，虽然有两个三角形，但其中一个被切到了，所以答案是 1。

线段上的最大圆（Largest Empty Circle on a Segment, ACM/ICPC SEERC 2010, LA 4818）

给出二维平面上的 N（$1\leqslant N\leqslant 2000$）条线段，求一个圆心在 x 轴上(0,0)与$(L,0)$（$0\leqslant L\leqslant 10\,000$）之间半径最大的圆（见图 4-52），而且不会和任何一个给定的线段相交（相交是指线段上存在一个点严格在圆内）。

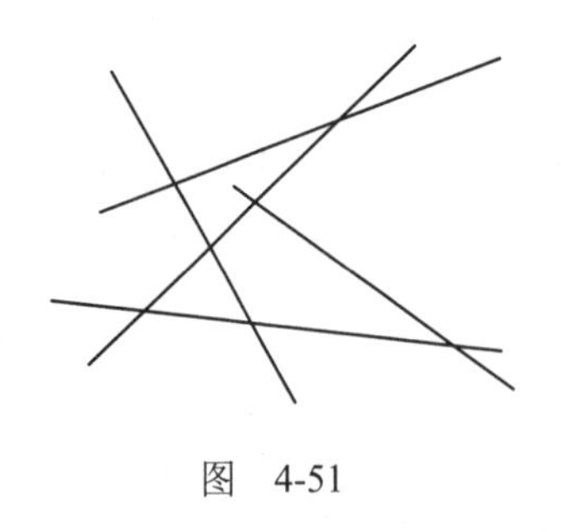

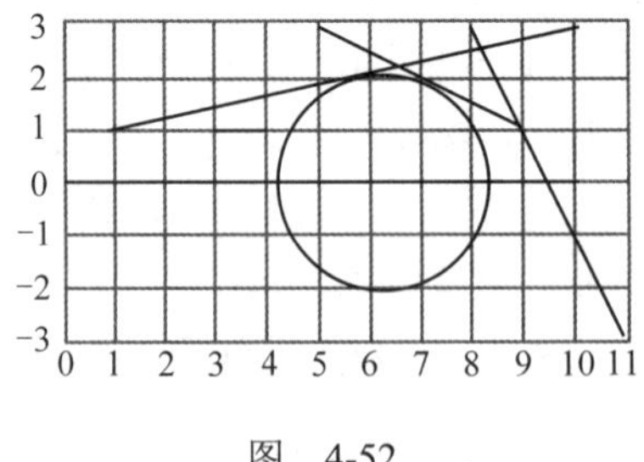

图 4-51　　　　图 4-52

巧妙的台球发射（Trick Shot, ACM/ICPC ECNA 2015, Codeforces Gym 100825H）

有一个模拟台球游戏，移动中的球 B 碰到一个静止的球 A，A 就开始按照碰撞时刻沿从 B 中心点出发指向 A 中心点的方向向量运动，如图 4-53 所示。碰撞后，B 的运动方向和碰

撞前 B 的运动方向的反方向以 A 的运动方向所在直线轴对称。本题中不考虑运动的速度。

给出大小为 $L\times W$（$W,L\leqslant 120$）的台球桌上标记为 1～3 的 3 个球的位置，以及所有球的半径，如图 4-54 所示。玩家必须把母球放在距离底边 h 处。需要计算其距离左边的距离 d 以及发射角度 θ，以达到如下的目标。

- 母球首先碰到球 1，然后是球 2，并把球 2 弹到左上角的球洞中。
- 球 1 继续运动，碰到球 3，把球 3 弹到右上角的球洞中。

本题中，只有当一个球的中心刚好经过洞的中心时，才能入洞。另外，可以假设球桌没有边，一个球如果打出界就直接掉下去，不用担心反弹回来。

输出上述的 d 以及 θ 的值，无解则输出"impossible"。

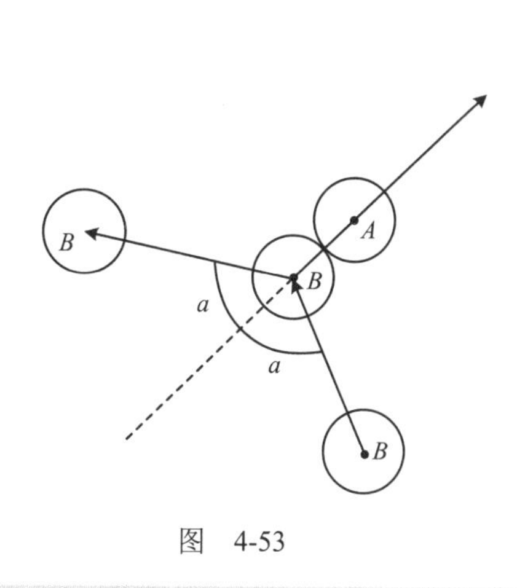

图 4-53

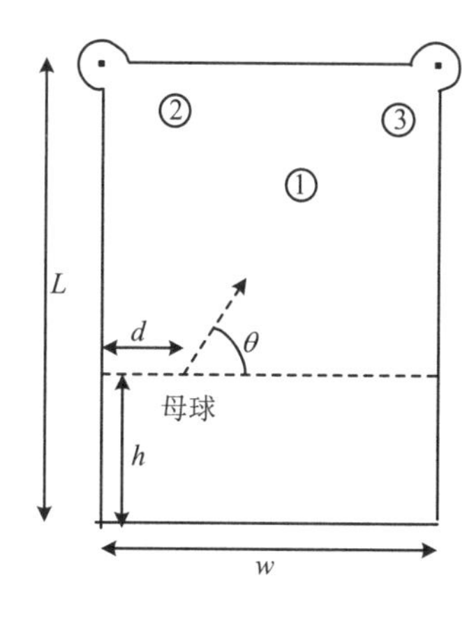

图 4-54

女王的圆形露台（The Queen's Super-circular Patio,ACM/ICPC Greater NY 2014, LA 7099）

有一个半径为 1m 的圆，叫作中央圆。在中央圆外面有 M（$1\leqslant M\leqslant 15$）个圈。每个圈内包含恰好 N（$3\leqslant N\leqslant 20$）个圆，这些圆彼此相邻，且每个圆都紧挨着两个（对最里面的圈是一个）更靠里的圆，如图 4-55 所示。计算最外一层的圆的半径。如果有一根绳子紧紧缠绕着所有圆，计算这根绳子的长度。

Joe 的三角花园（Joe's Triangular Gardens，ACM/ICPC GreaterNY 2008, LA 4240）

给出二维平面上一个三角形的三个顶点坐标。寻找三角形的内椭圆，使得所有边都和椭圆相切于边的中点，如图 4-56 所示。计算椭圆的焦点坐标以及椭圆上任意一点到两个焦点的距离之和。

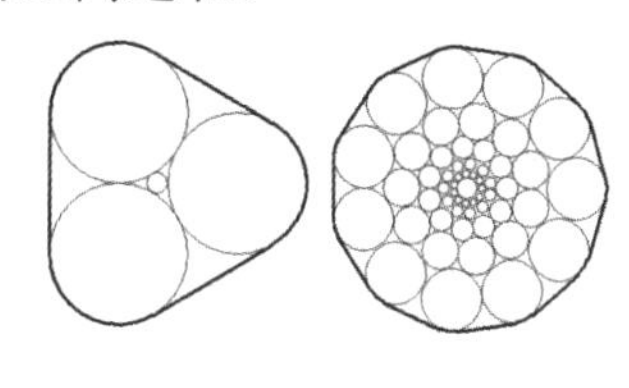

图 4-55

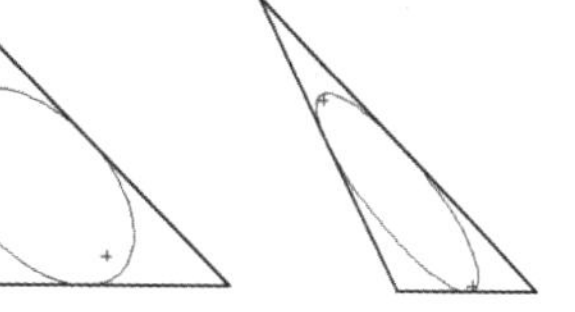
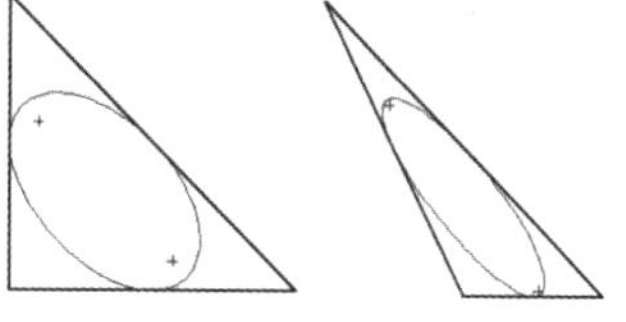
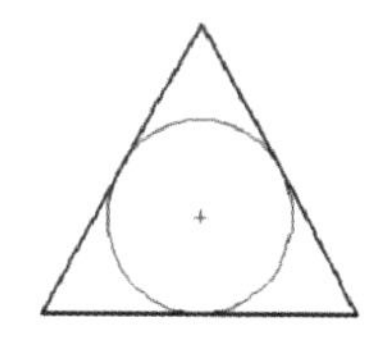

图 4-56

三角形的 Brocard 点（Brocard Point of a Triangle, ACM/ICPC GreaterNY 2015, Kattisbrocard）

二维平面上有一个$\triangle ABC$。寻找一个点 P，满足$\angle PAB=\angle PBC=\angle PCA$，如图 4-57 所示。

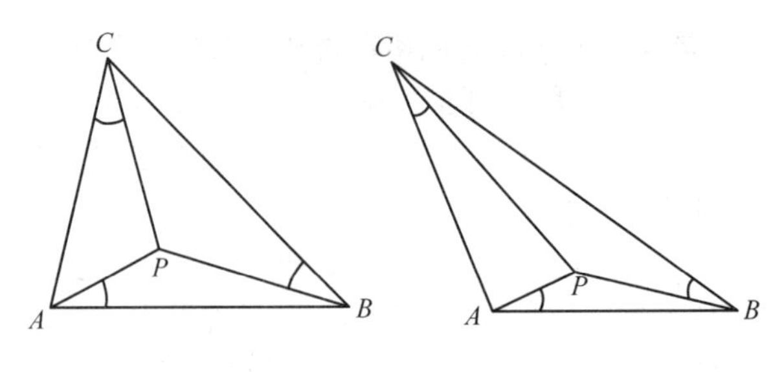

图 4-57

折纸（Orgami Fold, ACM/ICPC Greater NY 2019, 牛客 NC 206968）

给出纸上的 P 点、Q 点，不平行的直线 M 和 N，并且 P 不在 M 上，Q 不在 N 上。找到一个将 P 带到 M 线上同时将 Q 带到 N 线上的折纸方案。如图 4-58 所示，沿 K 线折叠是一种可能的解决方案。

愤怒的小鸟（Angry Birds, ACM/ICPC Phuket 2015, LA 7310）

给“愤怒的小鸟”游戏增加一种新的鸟。这种鸟从原点发射，运动轨迹一开始是条抛物线，到达某个点后发生分裂，裂成 3 部分，分别按照直线方式行进，如图 4-59 所示。中间部分沿着分裂时的方向行进，其他两个行进方向和中间方向的夹角均为 25°，最后分别击中 A，B，C 三个点。给出最后击中的三点的坐标，计算发射时的角度 θ 是多少度。

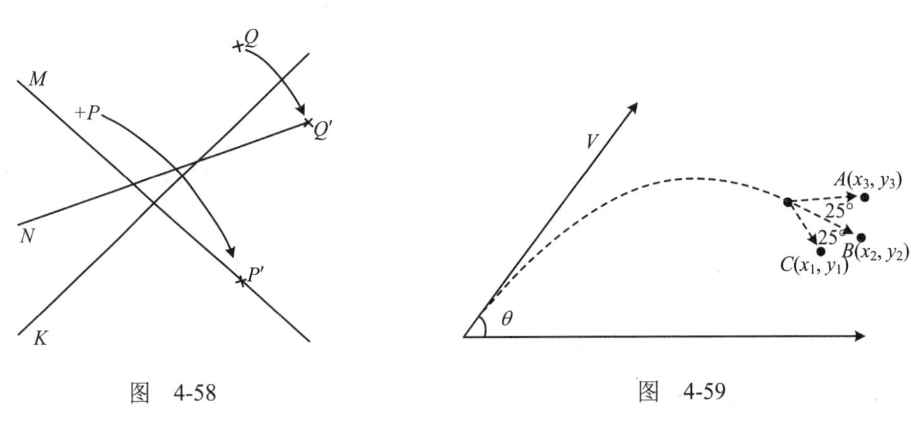

图 4-58　　　　图 4-59

4.5.3 几何算法

几何算法有很多，且大都复杂，容易写错。本章只介绍最常用的几种，分别为凸包、半平面交和平面区域的相关算法。有的例题并不直接和凸包、半平面交等问题相关，甚至并不是几何问题，但可以通过问题转化和建模与这些算法巧妙地联系起来。相关例题如表 4-4 所示。在线题单：https://dwz.cn/J6OG99cY。

表 4-4

类　别	题　号	题目名称（英文）	备　注
例题 6	UVa 10652	Board Wrapping	凸包
例题 7	UVa 11168	Airport	凸包；直线的一般式

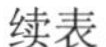

续表

类别	题号	题目名称（英文）	备注
例题 8	UVa 10256	The Great Divide	凸包；点在多边形内
例题 9	UVa 1453	Square	凸包；旋转卡壳
例题 10	UVa 1396	Most Distant Point from the Sea	二分法；半平面交
例题 11	POJ 1755	Triathlon	半平面交
例题 12	LA 4992	Jungle Outpost	几何分析；半平面交
例题 13	LA 2797	Monster Trap	平面区域；图论模型
例题 14	LA 3218	Find the Border	平面区域；卷包裹法
例题 15	UVa 12296	Pieces and Discs	平面区域；切割多边形；多边形和圆的位置关系

下面是习题。这些题目大都比较传统，主要用来巩固对算法的理解以及代码实现。在线题单：https://dwz.cn/V2rokVLp。

围墙（Wall, NEERC 2001, LA 2453）

给出一个 n（$n \leqslant 1000$）边形城堡，在它的外部造一个总长度尽量小的围墙，使得围墙的任何一部分离城堡的距离都不小于 L，如图 4-60 所示。

艺术画廊（Art Gallery, SEERC 2002, LA 2512）

有一个 n 边形的艺术画廊，管理者想在里面放一个监视摄像机，能够看到整个画廊，如图 4-61 所示。你的任务是计算有多大面积的区域可以放这个摄像机。

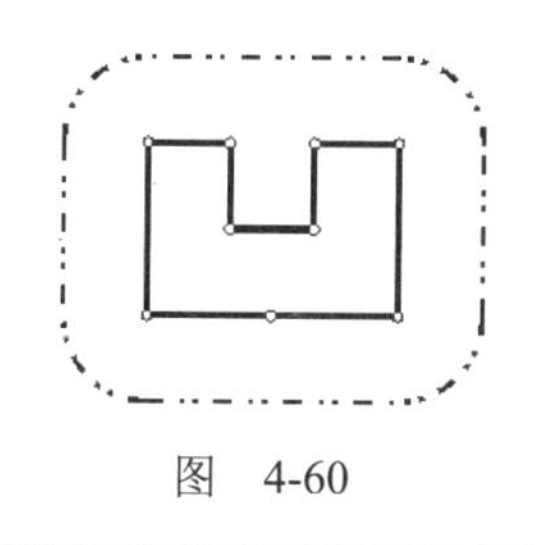

图 4-60

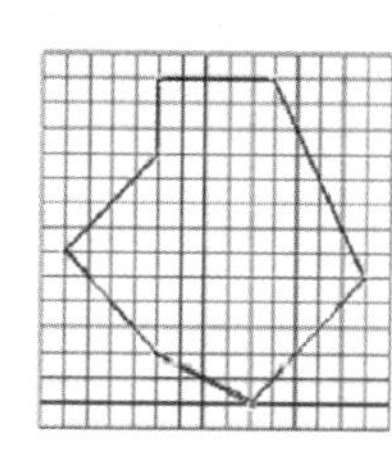

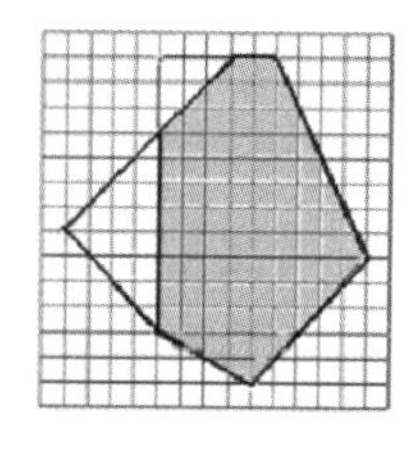

图 4-61

更冷更热（Hotter Colder, UVa 10084）

“更冷更热”是一个小孩子玩的游戏，游戏玩法是这样的：甲闭上眼睛，让乙在房间里藏一个东西。睁开眼睛后，甲可以猜这个东西在哪里。第一次必须猜(0,0)，以后每猜一个位置，乙根据这个位置和上一次猜的位置哪里离正确位置近做出回答。如果新猜的点比较近，回答“Hotter（更热）”；如果上次猜的点比较近，回答“Colder（更冷）”。如果二者一样近，回答“Same（相同）”。按顺序给出甲每次猜的位置和乙的回答，依次输出乙每次回答之后，所有可能位置占的总面积。

犯罪现场（Crime Scene, UVa 11726）

给定 n（$n \leqslant 100$）个物体，每个物体都是一个圆或者 k（$k \leqslant 10$）边形，用长度尽量小的绳子把它们包围起来。

最小包围盒（Smallest Enclosing Rectangle, UVa 12307）

平面上有 n（$3 \leqslant n \leqslant 100\,000$）个点，你的任务是求出包含所有点的面积最小的矩形（设

面积为 A），以及包含所有点的周长最小的矩形（设周长为 P）。输出 A 和 P 的值。

过街——极限版（Street Crossing EXTREME, UVa 11595）

平面上有 n（$n\leqslant35$）条直线，各代表一条街道。街道相互交叉，形成一些路段（对应于几何上的线段）。你的任务是设计一条从 A 到 B 的路线，使得穿过路段的拥挤值之和尽量小。为了安全，你的路线不能直接穿过街道的交叉点，也不能沿着街道走，而只能从路段的中间过街。

平面上还有 c（$c\leqslant1000$）座大楼。正常情况下，每条路段的拥挤值为 1，但如果和一座大楼相邻（即可以从这座大楼出发，不经过其他路段或者交叉点到达这条路段），拥挤值需要加上该大楼的拥挤度。

战争的艺术（Art of War, CERC 2004, LA 3176）

地图上有 m 条线段，围成了 n 个封闭区域（$1\leqslant n\leqslant600$，$1\leqslant m\leqslant4000$），每个封闭区域由一条连续的边界围成，代表一个国家。在这些封闭区域外面是一个无限大的荒地。每个国家内部都有一个首都。每条线段的两侧要么是两个不同的国家，要么一侧是国家，另一侧是荒地。边界上有公共线段的两个国家被称为相邻的。

输入每个国家的首都坐标，以及每条线段的两个端点坐标，你的任务是计算出每个国家的相邻国家。输入线段不会相交，但可以有公共端点。

高尔夫球场（Golf Field, ACM/ICPC 大田 2014, LA 6503）

给出 n（$4\leqslant n\leqslant30,000$）个点的点集 P，在 P 中选择 4 个点，使得这 4 个点的凸包的面积最大，如图 4-62 所示。输出这个最大面积。

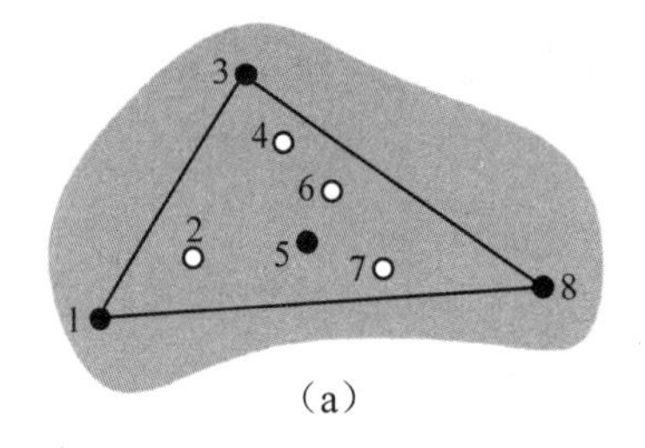

（a）

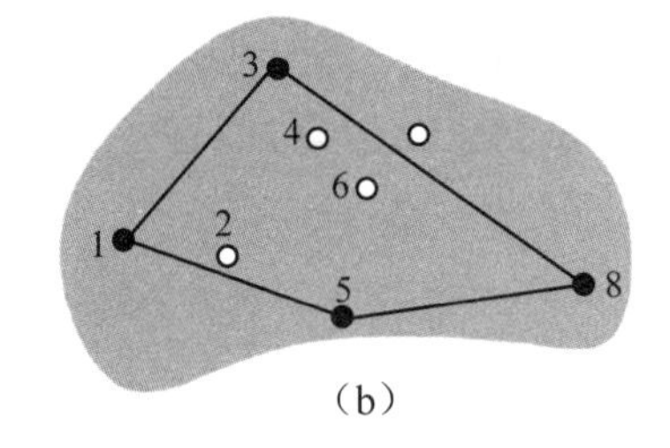

（b）

图 4-62

弹坑（Craters, ACM/ICPC East-Central NA 2017, Codeforces Gym 101673B）

给出 n（$n\leqslant200$）个圆形弹坑的坐标(x,y)（$|x,y|\leqslant10\ 000$)和半径 r（$0<r\leqslant5000$），围绕这个弹坑修一个围墙，使得弹坑的边缘离围墙距离不小于 10，计算围墙至少要修多长。

切蛋糕（Cutting The Cake，ACM/ICPC Greater NY 2013, LA 4881）

给出二维平面上一个三角形的 3 个顶点坐标。寻找一条直线，把三角形面积与周长都等分。把这条线表示成 $Ax+By=C$，其中 $A^2+B^2=1$，并且 $A\geqslant0$。如果有多组解，输出任意一组。

最小化凸包周长（Making Perimeter of the Convex Hull Shortest, ACM/ICPC 筑波 2017, Aizu1381）

输入 n（$n\leqslant10^5$），保证不存在 $n-2$ 个点共线。删除其中 2 个，使得凸包周长最小。输

出原来 n 个点的凸包周长减去删点之后凸包周长的最小值的结果。

圆锥体（Cones, CCPC-Final 2018, Codeforces Gym102055F）

有 N（$N\leqslant 1000$）个形状相同的圆锥体，顶点朝上放置在平面 z=0 上。如图 4-63 所示，锥体之间可以相交。底面圆心在$(x_0,y_0,0)$ 的锥体方程是$\{x, y, z \mid 0\leqslant z\leqslant 1-\sqrt{(x-x_0)^2+(y-y_0)^2}\}$。给出每个锥体的底面圆心位置，求所有锥体的并的体积。

公平巧克力切割（Fair Chocolate-Cutting, ACM/ICPC 横滨 2018, Aizu 1394）

输入一个简单凸 n（$n\leqslant 5000$）边形，要用一条直线把它切成面积相等的两部分，求切痕长度的最小值和最大值。如图 4-64 所示，为一个正方形和三角形的最大、最小切痕。

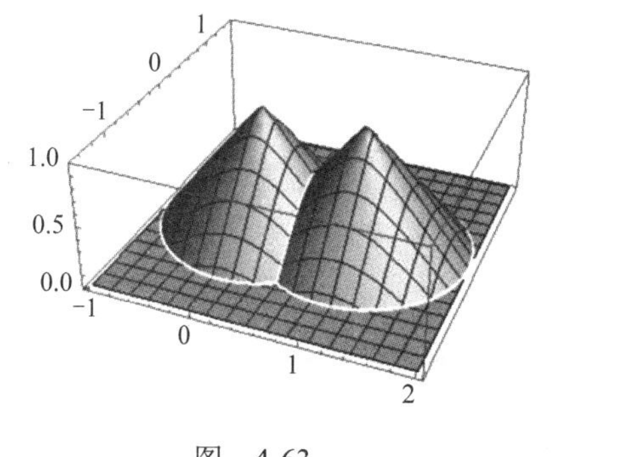

图 4-63

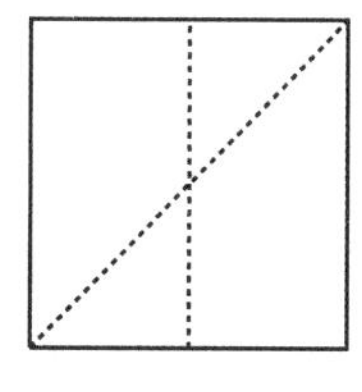
图 4-64

有趣区域（Fun Region, ACM/ICPC 横滨 2019, Aizu 1409）

螺旋路径指的是每次转弯都是顺时针方向，并且无自交的轨迹。图 4-65 中，只有最左边的是螺旋路径。

给出一个 n（$n\leqslant 1000$）边形，如果一个点可以按顺时针螺旋路径行进并到达每个顶点，说明这个点是有趣的。如图 4-66 所示，标记“⋆”的点是有趣的，而标记“×”不是。可以证明，所有的有趣点可以组成一个连通区域，称为有趣区域。计算有趣区域的面积。

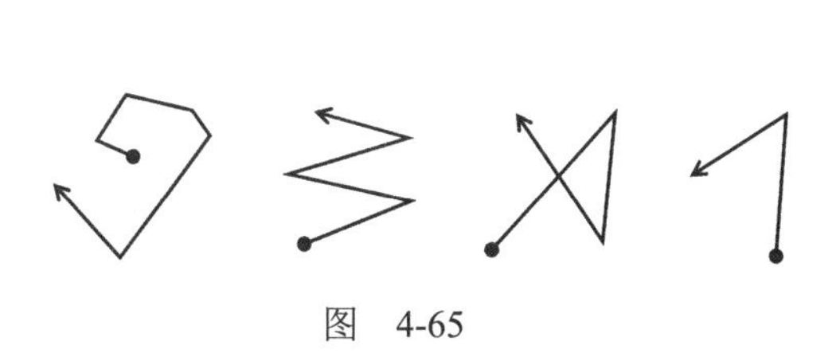
图 4-65

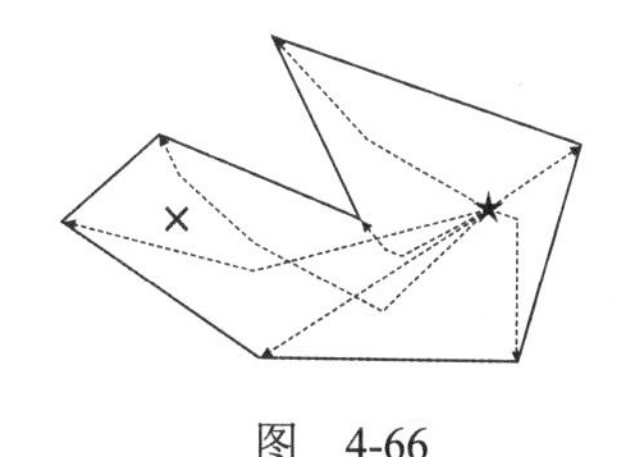
图 4-66

机场建设（Airport Construction, ACM/ICPC World Finals 2017, Codeforces Gym 101471A）

给出一个 n（$3\leqslant n\leqslant 200$）个顶点的多边形小岛，需要你找出这个小岛上能够修建的最长的机场跑道，如图 4-67 所示。

大熊猫保护区（Panda Preserve, ACM/ICPC WF2018, Codeforces Gym 102482G）

四川省拨款建了一个大熊猫保护区。熊猫位于一个包含 n（$3\leqslant n\leqslant 2\ 000$）个顶点的多边形区域内，且身上安装了跟踪器。在多边形的每个顶点都安装一个接收器，接收区域是一个以顶点为中心的圆，如图 4-68 所示。所有的接收器覆盖半径相同，越贵的接收器半径越大。如果接收器半径太小，将无法覆盖整个熊猫区域；如果接收器半径太大，又浪费钱。计算要覆盖整个区域需要的接收器的最小半径。

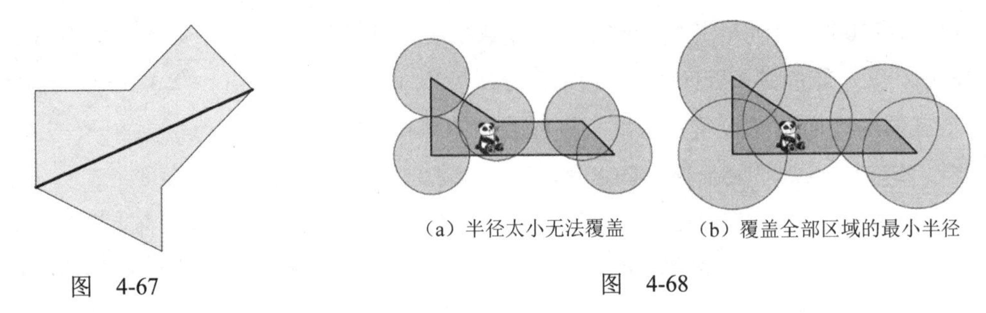

图 4-67

（a）半径太小无法覆盖　（b）覆盖全部区域的最小半径

图 4-68

*机器人累坏了（Exhausted Robot，ACM/ICPC 成都 2014，LA 6539）

给出一个矩形的房间，矩形的边与坐标轴平行。房间里有 n（$0\leqslant n\leqslant 20$）个凸多边形的家具，以及同样是凸多边形的机器人。机器人可以任意平移，甚至穿过家具，但不能旋转。只有机器人与所有家具都没有共同点时才可以做清洁，只有机器人的第一个顶点经过的区域才算做清洁面积。给出所有多边形的顶点坐标（坐标值的绝对值都不超过 1 000），计算清洁面积。

起重机的平衡（Crane Balancing, ACM/ICPC WF 2014, Codeforces Gym 101221C）

给出一个 n（$3\leqslant n\leqslant 100$）边形，其中一条边在 x 轴上，这个多边形内部 1×1 的正方形的重量为 1，现在需要在其中一个顶点承重（见图 4-69），计算不让多边形倾倒的前提下，这个顶点的承重范围。如果承重范围没有上界（上界为∞），完全无法承重，则输出 unstable。

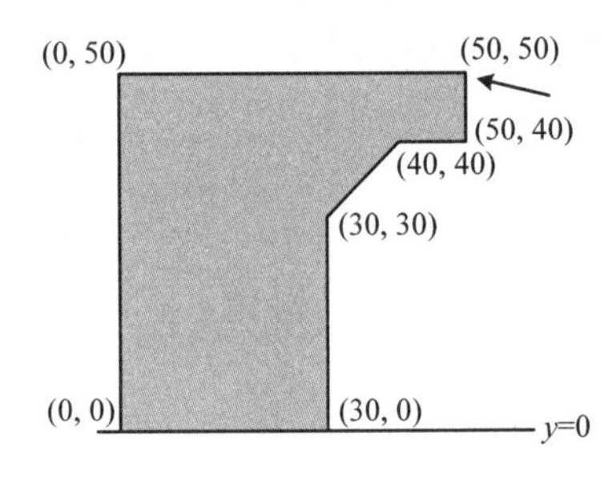

图 4-69

机械臂（Within Arm's Reach, ACM/ICPC SWERC2016, Codeforces Gym 101174K）

有一个二维机械臂，由 N（$1\leqslant N\leqslant 20$）段组成，其中第 i 段的长度为 L_i（$1\leqslant L_i\leqslant 1\,000$）。给定一个点 $P(x, y)$，要求机械臂的末端尽可能靠近 P。允许机械臂自交，如图 4-70 所示。

输出所有关节和末端的二维空间坐标。如果有多个解，任意输出一个。

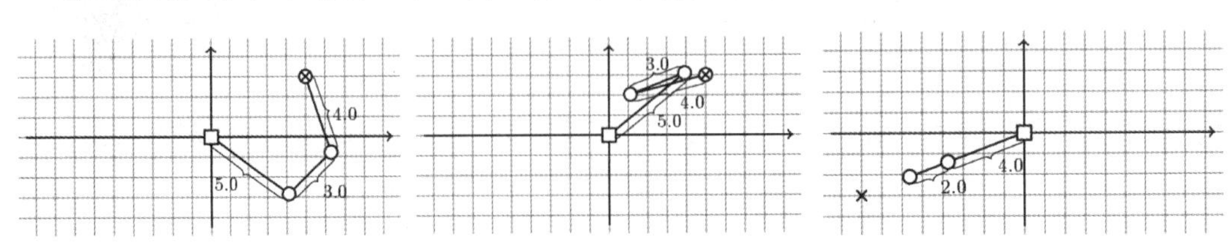

图 4-70

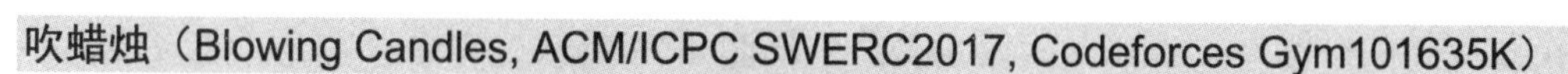

吹蜡烛（Blowing Candles, ACM/ICPC SWERC2017, Codeforces Gym101635K）

圆心在原点、半径为 R（$10 \leqslant R \leqslant 2\times10^8$）的圆形平面区域有 N 个点（$3 \leqslant N \leqslant 2\times10^5$），希望用一个宽度为 W 的矩形（长度位置以及方向都任意）覆盖所有点，W 最小值是多少？

多边形核心（Kernel, ACM/ICPC 大田 2015, LA 7229）

给出一个所有角都是直角的简单 n（$4 \leqslant n \leqslant 10\,000$）边形形状的房间 P，所有边都和坐标轴平行。多边形内（边上也算）有一个信标 b 和机器人 p，一个机器人 p 会朝着 b 移动，移动的规则是前进的方向必须是下一个到 b 直线距离最近的方向，这个过程中可以贴边移动，但不能走出房间外。如果 p 能这样移动到 b 点，则称 p 可被 b 吸引。如图 4-71 所示，图 4-71（a）中的 p 就可以按照粗线标识的路径移动到 b，所以能被 b 吸引，图 4-71（b）的 p 就不行。

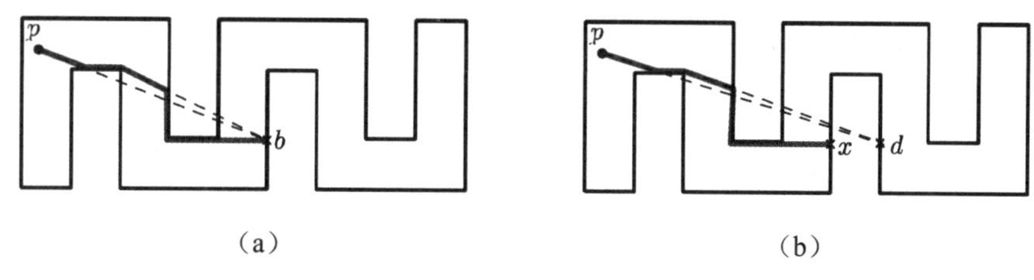

图 4-71

P 中所有可以吸引其他所有点的点集合称为其核心。如果信标放在核心区域，则房间内的任意位置上放置机器人都能被其吸引。但是，某些多边形可能不存在核心区域。计算给定的多边形是否存在核心区域。

4.5.4　三维几何

本章仅介绍了三维几何中比较简单的内容，比如点积、叉积的基本应用和三维凸包。如表 4-5 所示，是本章给出的相关例题，这些例题都十分经典。在线题单：https://dwz.cn/9kRUdohq。

表 4-8

类　别	题　号	题目名称（英文）	备　注
例题 16	UVa 11275	3D Triangles	线段和三角形相交（3D）
例题 17	UVa 1469	Ardenia	线段之间的距离（3D）
例题 18	UVa 1710	Asteroids	三维凸包；点到平面的距离
例题 19	UVa 1100	Paperweight	三维几何综合题；注意细节
例题 20	LA 5808	The Golden Ceiling	三维几何；平面切割

相比之下，下面的习题内容更加丰富，不仅包含了一些比较基础的计算题，还有具有一定难度的算法题，有些题目虽然算法不难，但对空间思维有较高的要求。在线题单：https://dwz.cn/FZqF9N7K。

何处觅你踪迹（How I Wonder What You Are!, ACM/ICPC 横滨 2006, LA 3616）

给出 n（$n \leqslant 500$）颗星星的坐标，然后给出 m（$m \leqslant 50$）个位于原点的望远镜，每个望远镜给出其方向向量以及视角 φ（$0\leqslant\varphi\leqslant\pi/2$），如图 4-72 所示。问你这些望远镜总共能看到几颗星星。

导弹的距离（The Deadly Olympic Returns, UVa 10794）

三维空间中有两枚沿直线匀速飞行的导弹（看作点），已知某时刻它们的位置、飞行方向和速度，求它们的最短距离（假设两枚导弹将按照原来的速度和方向一直飞行）。

星球大战（Star War, UVa 11836）

空间里有两个四面体行星，要求在二者的表面上各取一个点，使得选出的两个点距离最近。输入每个行星的 4 个顶点坐标（保证两个四面体不相交，且体积均不等于 0），输出最短距离。

球的横切面（Inherit the Spheres, Ehime 2004, LA 3192）

空间里有 n（$n\leqslant 100$）个球。用一个水平面从下到上扫描，可以发现截面的连通块个数会发生变化，如图 4-73 所示。

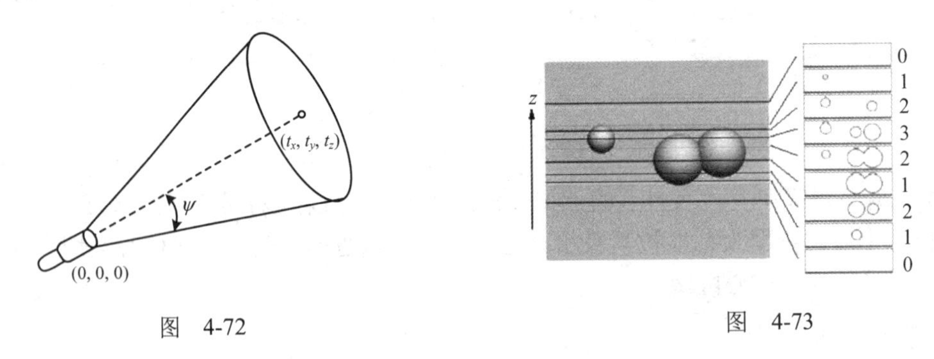

图 4-72　　　　图 4-73

你的任务是输出每次变化的方式，1 表示变大，0 表示变小。比如，图 4-73 的变化方式为 11011000。

弑鬼枪（Ghost Busters, ACM/ICPC NEERC 2002, LA 2693）

给出 N（$0\leqslant N\leqslant 100$）个空间中的球，这些球体可能相交甚至互相嵌套。求一条从原点出发的射线，使其和尽量多的球体有公共点，输出这些球体的最大个数以及编号。

棱柱之交（Intersection of Two Prisms, ACM/ICPC 东京 2010, LA 5075）

假设 P_1 是一个对称轴和 z 轴平行的棱柱体，它和 xy 平面相交的横截面是简单 m 边形 C_1（边不会自交）；P_2 是一个对称轴和 y 轴平行的棱柱体，它和 xz 平面相交的横截面是简单 n 边形 C_2。如图 4-74 和图 4-75 所示。求 P_1 和 P_2 公共部分的体积。

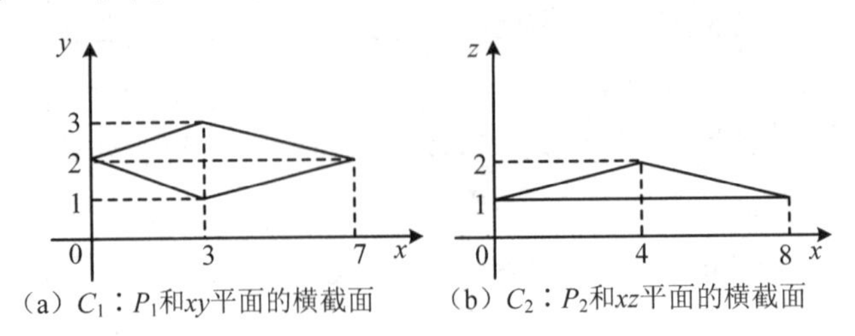

（a）C_1：P_1和xy平面的横截面　（b）C_2：P_2和xz平面的横截面

图 4-74

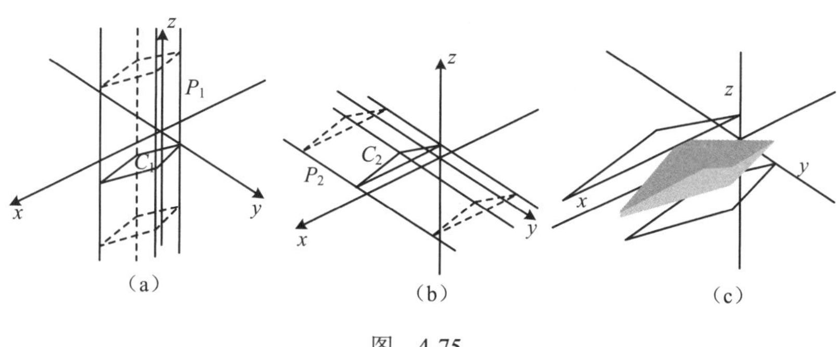

图 4-75

空气动力学（Aerodynamics, NEERC 2008, LA 4371）

给出空间中的 n（$4 \leqslant n \leqslant 100$）个点和两个整数 z_{min} 和 z_{max}（$0 \leqslant z_{min} \leqslant z_{max} \leqslant 100$），对于 $[z_{min}, z_{max}]$ 内的每个整数 z_0，分别输出给定点的凸包被 $z=z_0$ 所截得的面积，如图 4-76 所示。

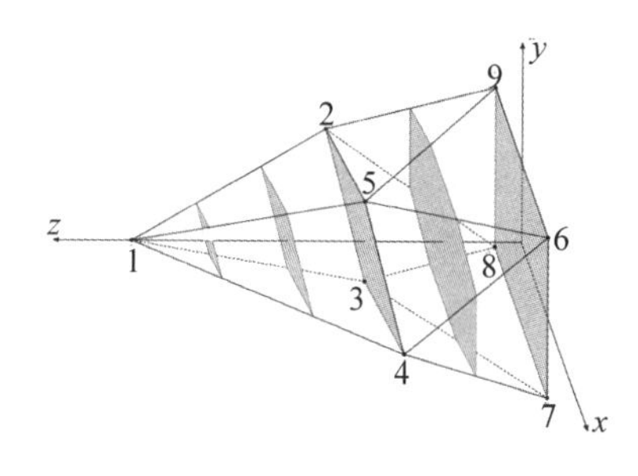

图 4-76

提示：可以避开三维凸包吗？

阴影（Shade of Hallelujah Mountain，福州 2010, LA 5100）

天空中有一块大石头挡住了部分阳光。输入太阳坐标(x,y,z)和地平线的方程 $ax+by+cz=d$，你的任务是计算出无限大的平面上的阴影面积。石头保证是一个有 n（$4 \leqslant n \leqslant 100$）个顶点的凸多面体，太阳和石头位于地平面的同侧，且严格位于石头的外面。

交叉棱柱（Crossing Prisms, ACM/ICPC Japan 2004, LA 3193）

给出两个截面形状完全相同的棱柱，一个是对称轴和 x 轴平行，一个是和 y 轴平行，并且刚好截面最下方在 xy 平面上，如图 4-77 所示。给出截面的 n（$3 \leqslant n \leqslant 4$）多边形，求两个棱柱公共部分的体积。

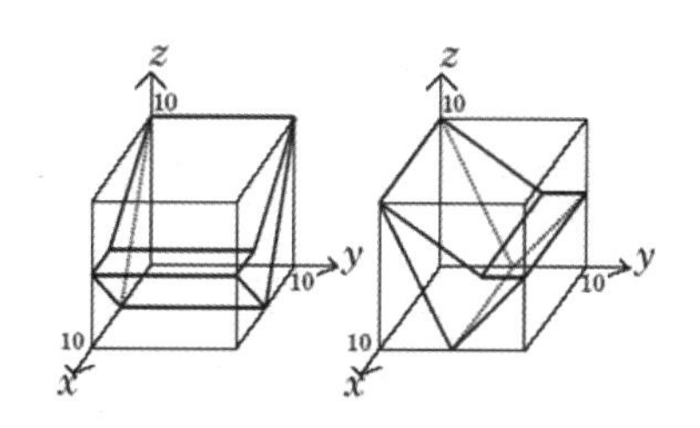

（a）两个形状相同位置不同棱柱

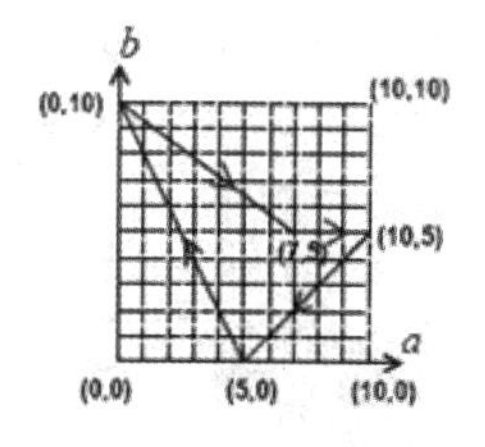

（b）截面形状

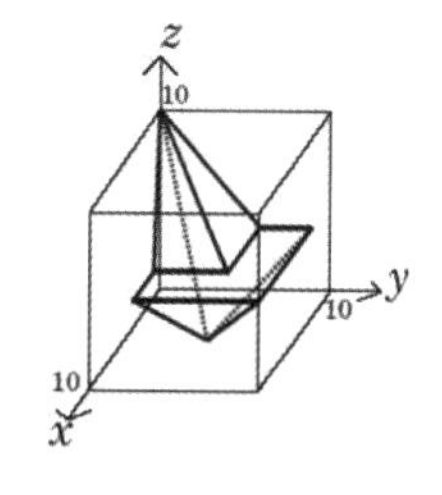

（c）结果

图 4-77

测量火箭高度（Model Rocket Height, ACM/ICPC GreaterNY 2005, LA3500）

三维空间里面有两个探测器，分别位于点 $A\ (50,H_A,0)$和 $B\ (-50,H_B,0)$处。在点 $R\ (0,0,50)$处有一个火箭垂直向上飞。在这个火箭到达最高点的时刻，两个探测器会计算本探测器到最高点的仰角以及方位角。给定 4 个角度，计算最高点的高度。

测量火箭高度（Model Rocket Height, ACM/ICPC Greater NY 2007, LA 3916）

三维空间里面有两个探测器，分别在点 $A\ (D/2,H_A,0)$和 $B\ (-D/2,H_B,0)$，其中 $D,H_A,H_B>0$。在点 $R\ (0,0,L)$有一个火箭垂直向上飞。在这个火箭到达最高点时，两个探测器会计算自己到最高点的仰角 α, β 以及方位角 γ, θ。如果一个仰角不在开区间 (0,90) 以内，或者一个方位角不在开区间 (90,180) 以内，输出“DISQUALIFIED”。否则，每一个探测器的视线可以唯一确定一个纵面。这两个纵面会相交在一个纵线上。两个视线会和这个纵线在两个位置相交。如果这两个点间距超过 ERRDIST，那么这一次的探测被认为失败，输出“ERROR”。否则，输出那两个点的中间点的高度。

不要把气球捅破（Don't Burst the Balloon, ACM/ICPC 会津 2013, LA 6668）

将一个底部为正方形的开放式盒子放在地板上，并将多根针垂直放置在其底部。放一个尽可能大的气球，接触盒子底部，但不会干扰侧壁或针头，如图 4-78 所示。输出这个气球的半径。

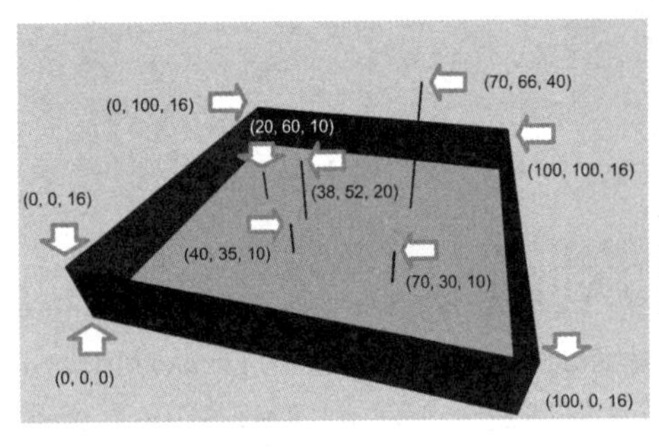

（a）

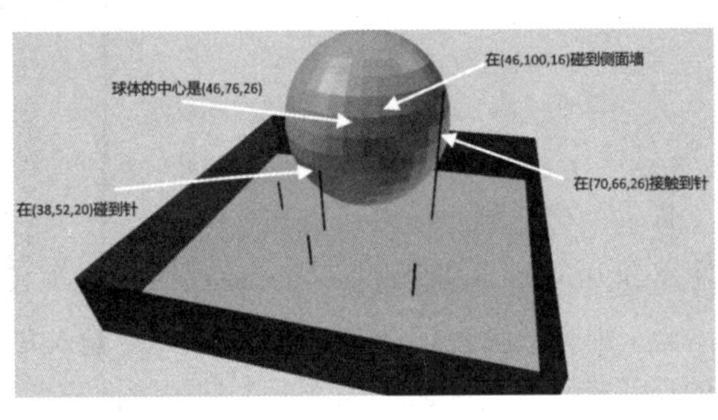

（b）

图 4-78

风暴中的尖叫者（Screamers in the Storm, ACM/ICPC CERC 2019 K，牛客 NC 208323）

输入一个边平行于坐标轴的 n（$n \leqslant 400$）边形，代表一个屋顶，坡度为 45°。输入起点 s 和终点 t，求俯视图上 s 到 t 的路径在三维空间中的路径长度，如图 4-79 所示。注意，真实路径可能需要 45° 往上爬、往下爬或者水平飞。

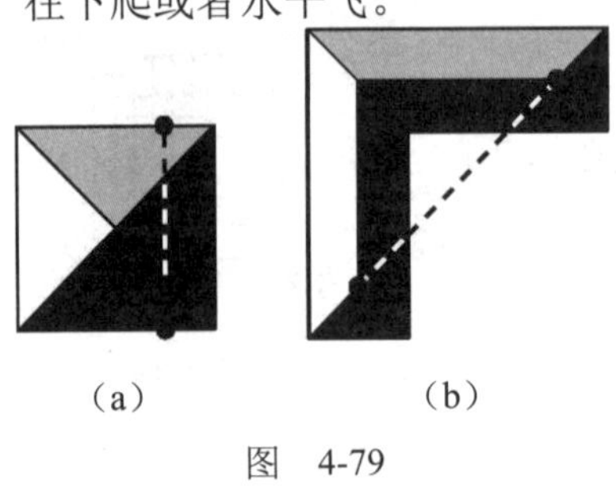

（a）　　（b）

图 4-79

激光炮射击（Shoot, ACM/ICPC 南京 2013, LA 6635）

列维要摧毁 N（$1 \leqslant N \leqslant 10^5$）个目标。在三维笛卡尔坐标系中，每个目标可以表示为三维空间中的一个三角形（不会有退化的情况）。列维唯一的武器是一门激光炮，可以双向射击。只能把激光炮放在线段 ST 上的某个地方，且射击方向固定。由于列维没有时间找到发射激光的最佳地点，他决定随机选择一个点放置大炮。如果激光接触到目标（甚至边界），目标将被摧毁。给出 S，T 的坐标、射击的方向向量、N 个三角形的顶点坐标，所有坐标值的绝对值不超过 1000，计算在一次射击中被摧毁的目标的预期数量。

正义从天而降（Justice Rains From Above, ACM-ICPC China-Final 2016, Codeforces Gym 101194K）

游戏中你拿着枪站在点 $P(x,y,z)$处，其中 $0<z \leqslant 1000$。假如枪口指向的方向向量为 $\boldsymbol{V}$，xy 平面上有 N（$1 \leqslant N \leqslant 1000$）个敌人。如果某个敌人所在的坐标 A 满足 PA 和 $\boldsymbol{V}$ 夹角不超过一个给定的值 α（$0<\alpha<90°$），则敌人会被消灭。显然可以通过调整 $\boldsymbol{V}$ 来消灭不同数量的敌人，计算最多能消灭多少敌人。所有坐标中的 x,y 满足$|x|, |y| \leqslant 1000$。

第 5 章　图论算法与模型

在《算法竞赛入门经典（第 2 版）》中我们已经学习过基本的图论问题和算法，如无根树转有根树、表达式求值、最小生成树、最短路、最大流、最小割、最小费用流等。本章除了介绍更多图论问题和算法外，还会对这些常见问题进行更深入的讨论，并通过更多例题展示建模和分析技巧。

5.1　基础题目选讲

本节介绍一些只用到基础图论知识的题目，比如图的宽度优先遍历、欧拉回路、拓扑排序等。

例题 1　大火蔓延的迷宫（Fire!, UVa 11624）

你的任务是帮助 Joe 走出一个大火蔓延的迷宫。Joe 每分钟可以走到上下左右 4 个方向的相邻格之一，而所有着火的格子都会往四周蔓延（即如果某个空格与着火格有公共边，则下一分钟这个空格将着火）。迷宫中有一些障碍格，Joe 和火都无法进入。当 Joe 走到一个迷宫的边界格子时，我们认为他已经出了迷宫。

【输入格式】

输入的第一行为数据组数 T。每组数据：第一行为两个整数 R 和 C（$1 \leqslant R,C \leqslant 1000$）；以下 R 行，每行有 C 个字符，即迷宫，其中“#”表示墙和障碍物，“.”表示空地，“J”是 Joe 的初始位置（也是一个空地），“F”是着火格。每组数据的迷宫中，恰好有一个格子是“J”。

【输出格式】

对于每组数据，输出走出迷宫的最短时间（单位：分钟）。如果无法走出迷宫，则输出 IMPOSSIBLE。

【分析】

如果没有火，那么本题就是一个标准的迷宫问题，可以用 BFS 算法解决。加了火，难度会增加多少呢？其实没多少。注意，火是不会自动熄灭的，因此某格子在某时刻起火了，以后将一直如此。所以，只需要预处理每个格子起火的时间，在 BFS 扩展结点的时候加一个判断，当到达新结点时该格子没着火，才真的把这个新结点加到队列中。

最后需要考虑一下如何求出每个格子的起火时间，其实这也是一个最短路问题，只不过起点不是一个，而是多个（所有的初始着火点）。只需要在初始化队列时把所有着火点都放进去即可[①]。

---

① 这是一个通用的思路——当有多个源点的时候，增加一个“超级源”。这个技巧在网络流中也很常见。

两个步骤的时间复杂度均为 $O(RC)$。

例题 2　独轮车（The Monocycle, UVa 10047）

独轮车是一种仅有一个轮子的特殊自行车。它的轮子被等分成 5 个扇形，分别涂上一种不同的颜色。现在有一个人骑车行驶在 $M\times N$ 的网格平面上。每个格子的大小刚好使得当车从一个格子骑到下一个格子时，轮子恰好转过一个扇形。

如图 5-1 所示，当轮子在 1 号格子的中心时，蓝色扇形的外弧线中点刚好与地面接触。当它移动到下一个格子（2 号格子）的时候，白色扇形的外弧线中点与地面接触。

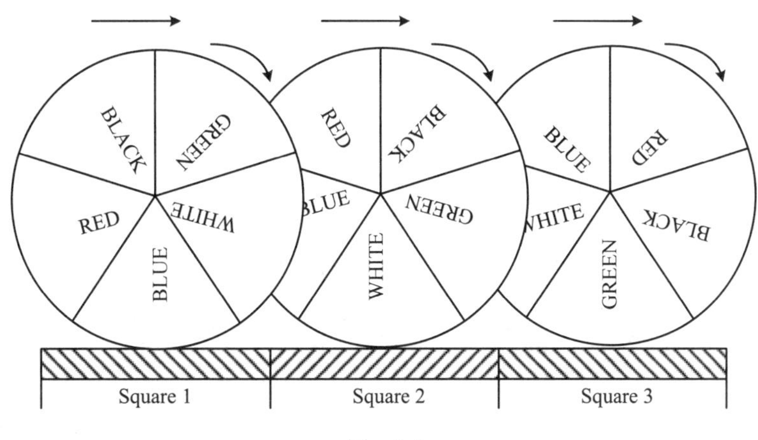

图　5-1

有些格子中有障碍，所以车子不能通过这些格子。骑车人从某个格子出发，希望用最短的时间移动到目标格。在任何一个格子上，他要么骑到下一个格子，要么左转或者右转 90°。其中，每项动作都恰好需要 1 秒来完成。初始时，他面朝北并且轮子的绿色扇形贴着地面。到达目标格时，也必须是绿色扇形贴着地面，但是朝向无限制，如图 5-2 所示。

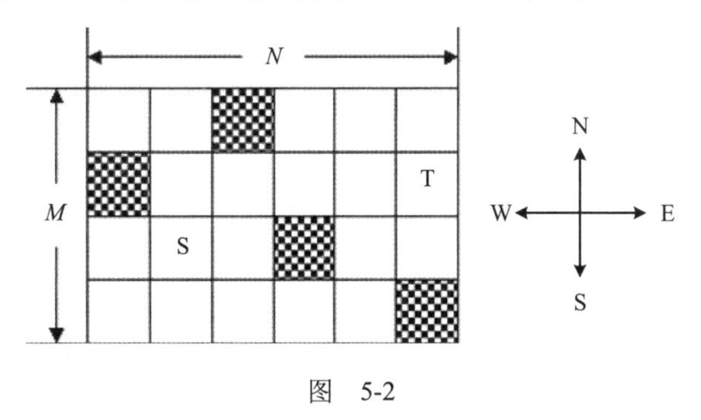

图　5-2

【输入格式】

输入包含多组数据。每组数据：第一行包含两个整数 M 和 N（$1\leqslant M,N\leqslant 25$），表示网格的行数和列数，接下来是网格的描述，用 M 行长度为 N 的字符串来表示。字符“#”表示一个障碍方格，其他方格均可通行。骑车路线的起点用“S”表示，终点用“T”表示。输入结束标志为 $M=N=0$。

【输出格式】

对于每组数据，输出测试数据编号和到达目标格的最短时间（单位：秒）。如果无法到达，输出“destination not reachable”。相邻两组数据的输出之间应有一个空行。

【分析】

本题看上去也是一个最短路问题，但似乎有一些特殊：到达同一个格子时，自行车可能处于不同的“状态”，因为朝向可能不同，接触地面的扇形颜色也可能会不同。我们把这两个附加因素纳入考虑范围内，把每个(x,y,d,c)作为一个结点，表示自行车当前位置为格子(x,y)，朝向为d，底面颜色为c，一共有$20MN$个结点。从每个结点出发最多有3条边（分别对应前进、左转和右转），因此有不超过$60MN$条边的情况，完全可以承受。

例题3　项链（The Necklace, UVa 10054）

有一种由彩色珠子连接成的项链，珠子的左右两半由不同颜色组成。如图5-3所示，相邻两个珠子在接触的地方颜色相同。现在有一些零碎的珠子，需要确认它们是否可以复原成完整的项链。

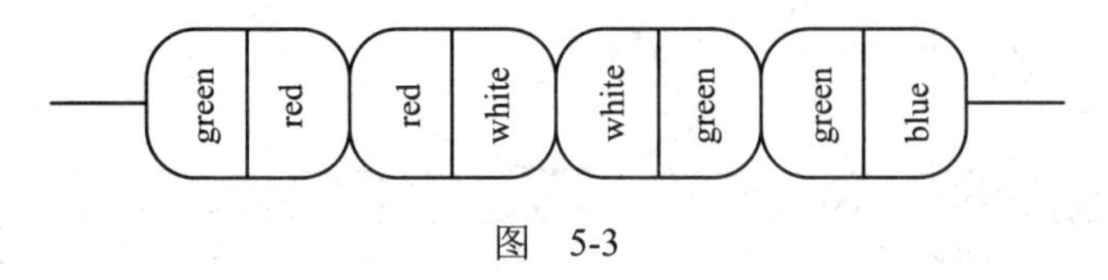

图　5-3

【输入格式】

输入的第一行为测试数据组数T。每组数据：第一行是一个整数N（$5 \leqslant N \leqslant 1000$），表示珠子的个数；接下来的$N$行，每行包含两个整数，即珠子两半的颜色，用1～50的整数来表示颜色。

【输出格式】

对于每组数据，输出测试数据编号和方案。如果无解，输出“some beads may be lost”。方案的格式和输入相同，也是一共N行，每行用两个整数描述一个珠子（从左到右顺序），其中第一个整数表示左半的颜色，第二个整数表示右半的颜色。根据题目规定，对于$1 \leqslant i \leqslant N-1$，第$i$行的第二个数必须等于第$i+1$行的第一个数，且第$N$行的第二个数必须等于第一行的第一个数（因为项链是环形的）。如果有多解，输出任意一组即可。在相邻两组输出之间应有一个空行。

【分析】

如果把珠子看成点，似乎无法把题目转化成一个经典的、可以有效解决的问题。但如果把每种颜色看成一个结点，每个珠子的两半都连接一条有向边，则题目转化成了欧拉回路问题，可以在线性时间内解决。通过此题，数学建模的重要性可见一斑。

例题4　猜序列（Guess, Seoul 2008, LA 4255）

对于一个序列$a_1, a_2, \cdots, a_n$，我们可以计算出一个符号矩阵S，其中S_{ij}为$a_i+\cdots+a_j$的正负号（连加和大于0则S_{ij}='+'，小于0则S_{ij}='−'，等于0则S_{ij}='0'）。例如，序列−1, 5, −4, 2的矩阵如下。

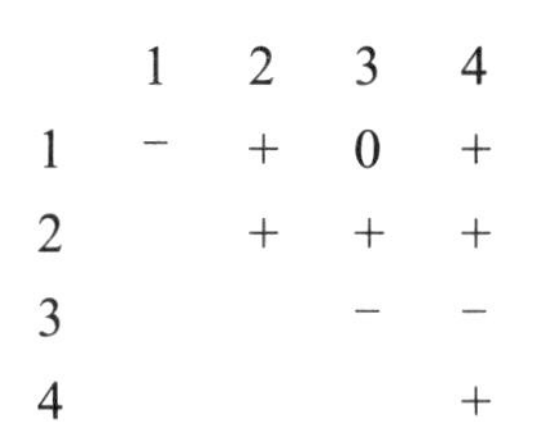

	1	2	3	4
1	-	+	0	+
2		+	+	+
3			-	-
4				+

根据序列 A，不难算出上述符号矩阵。你的任务是求解它的“逆问题”，即给出一个符号矩阵，找出一个对应的序列。输入保证存在一个满足条件的序列中，其中每个整数的绝对值均不超过 10。

【输入格式】

输入的第一行为数据组数 T。每组数据：第一行为整数 n（$1 \leqslant n \leqslant 10$），即序列的长度；第二行有 $n(n+1)/2$ 个字符，由符号矩阵的每一行按照从上到下的顺序连接而成。

【输出格式】

对于每组数据，在一行中输出 n 个绝对值不超过 10 的整数，即序列 A。

【分析】

在前面的章节中，我们已经多次用到了“连续和转化为前缀和之差”的技巧，该技巧对本题仍然适用。设 $B_i=a_1+a_2+\cdots+a_i$，规定 $B_0=0$，则矩阵中的任意一项都等价于两个 B_i 相减之后的正负号。例如，第 x 行 y 列的符号为正，表示 $a_x+\cdots+a_y>0$，即 $B_y-B_{x-1}>0$，即 $B_y>B_{x-1}$。这样，本题就转化为已知 $B_0=0, B_1, \cdots, B_n$ 的一些大小关系，求它们的值（只要一组解即可）。这个问题可以通过拓扑排序完成，细节留给读者思考。

5.2　深度优先遍历

在《算法竞赛入门经典（第 2 版）》中，我们已经学过图遍历算法，包括深度优先算法（DFS）和宽度优先算法（BFS）。通过本节我们将看到，DFS 可以做到的远不止这些。

这里先强调一点，本节的例题极为重要，请读者仔细阅读。

DFS 算法：深度优先遍历（depth-first search，DFS）算法会依次递归访问当前结点的所有相邻结点（adjacent vertices）。代码如下。

```
vector<int> G[maxn];                //图
int vis[maxn];                      //结点访问标志

void dfs(int u) {
  vis[u] = 1;
  PREVISIT(u);                      //访问结点 u 之前的操作
  int d = G[u].size();
  for(int i = 0; i < d; i++) {  //枚举每条边(u,v)
    int v = G[u][i];
    if(!vis[v]) dfs(v);
  }
  POSTVISIT(u);                     //访问结点 u 之后的操作
}
```

上面的代码使用了标志数组 vis，其初始值全为 0，表示所有结点都没有被访问过。函数 PREVISIT(*u*)和 POSTVISIT(*u*)允许访问结点之前和之后进行其他操作，后面会完善其细节。同时，使用了 vector 式的邻接表，其中 *G*[*u*][*i*]表示结点 *u* 的第 *i* 个子结点[①]。

上述代码最值得注意的是：由于用到了递归，当结点特别多而且深度很大时，可能会栈溢出。一种解决方案是增加程序可用栈的大小，但在竞赛中通常不可行（选手无法修改评测时的运行环境或者编译开关），更可靠的解决方案是把递归改成非递归，使用自己编写的栈[②]。

连通分量：在无向图中，如果从结点 *u* 可到达结点 *v*，那么从结点 *v* 必然也能到达结点 *u*（只需把路径“反过来”走）；如果从结点 *u* 可到达结点 *v*，从结点 *v* 又可到达结点 *w*，则从结点 *u* 必然能到达结点 *w*（只需把两段路径拼起来）。再加上每个结点可到达自身这一明显的事实，因此在无向图中可达关系满足自反性、对称性和传递性，是一个等价关系。

从等价关系可以定义等价类。我们把相互可达的结点称为一个连通分量（connected component），则很容易用 DFS 在线性时间内求出任意无向图的连通分量。这里给出为每个结点计算出其所属的连通分量编号的程序。代码如下。

```
void find_cc() {
  current_cc = 0;
  memset(vis, 0, sizeof(vis));
  for(int u = 0; u < n; i+) if(!vis[u]) { //依次检查图中的每个结点
    current_cc++;     //如果结点 u 没有被访问过，意味着它属于一个新的连通分量
    dfs(u);           //从结点 u 开始 DFS 可以访问到它所在的整个连通分量
  }
}
```

注意，这里有一个全局变量 current_cc，表示当前连通分量的编号。如果要记录每个结点的连通分量编号，就需要在 PREVISIT(u)中赋值 cc[*u*] = current_cc。

对于棋盘，我们常常听到“四连块”和“八连块”这样的说法。前者是指把“上下左右”作为相邻关系时，棋盘的连通分量；而后者是指把“仅有一个公共点”的格子也看作相邻时，棋盘的连通分量。

如果只需求连通分量，还可以使用第 3 章中介绍的并查集，不仅不会出现 DFS 栈溢出的问题，而且连图都不需要保存，只需按照某种顺序处理所有的边即可。

二分图判定：对于无向图 $G = (V, E)$，如果可以把结点集分成不相交的两部分，即 X 和 $Y=V-X$，使得每条边的其中一个端点在 X 中，另一个端点在 Y 中，则称图 G 是二分图（bipartite graph）。二分图的另一种等价说法是，可以把每个结点着以黑色和白色之一，使得每条边的两个端点颜色不同。不难发现，非连通的图是二分图，当且仅当每个连通分量都是二分图，因此我们只考虑无向连通图。

下面，我们用 DFS 来给任意无向图 *G* 进行黑白二着色[③]（bicoloring）。首先，总是假

---

① 我们很容易把数据结构改成邻接矩阵，细节留给读者思考。

② 多数情况并不存在此问题。建议先编写递归版，实测后发现确实会栈溢出时再改成非递归代码。

③ 很多选手更喜欢用 BFS 进行二着色。和 DFS 相比，BFS 的好处是不会发生栈溢出。

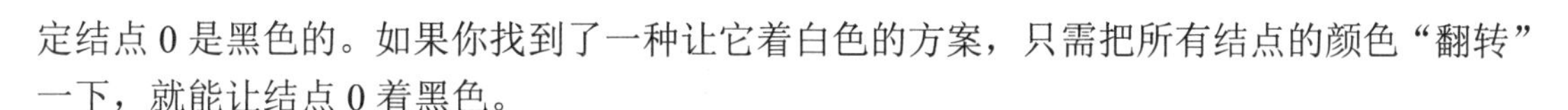

定结点 0 是黑色的。如果你找到了一种让它着白色的方案，只需把所有结点的颜色“翻转”一下，就能让结点 0 着黑色。

接下来，对 DFS 进行小小的修改，代码如下。

```
int color[maxn];
//判断结点 u 所在的连通分量是否为二分图
bool bipartite(int u) {
  for(int i = 0; i < G[u].size(); i++) {
    int v = G[u][i];                              //枚举每条边(u,v)
    if(color[v] == color[u]) return false;  //结点 v 已着色,且和结点 u 的颜色冲突
    if(!color[v]) {
      color[v] = 3 - color[u];                    //给结点 v 着与结点 u 相反的颜色
      if(!bipartite(v)) return false;
    }
  }
  return true;
}
```

我们用颜色 1 和 2 分别表示黑色和白色，0 表示没着色，则 vis 数组就没有存在的必要了。记得在调用之前把 color 数组初始化为 0。

5.2.1　无向图的割顶和桥

对于无向图 G，如果删除某个点 u 后，连通分量数目增加，称 u 为图的关结点（articulation vertex）或割顶（cut vertex）。对于连通图，割顶就是删除之后使图不再连通的点。

如何求出图的所有割顶呢？我们有两个选择。

- 选择一：尝试删除每个结点，然后用 DFS 判断连通分量是否增加。时间复杂度为 $O(n(n+m))$，其中 n 和 m 分别是图中的点数和边数。
- 选择二：深入挖掘 DFS 的性质，在线性时间（即 $O(n+m)$时间）内求出所有割顶。

毫无疑问，第二个选择比“删除-测试”的方法高效许多，并且达到了理论下界，是理想的方案。下面我们就来学习这个方法。

时间戳：本节的算法依赖于“时间戳”这个概念。反映到代码中，只需在 PREVISIT(u) 和 POSTVISIT(u)中加如下代码，就可以为每个结点记录两个时间戳。

```
void PREVISIT(int u) {  pre[u] = ++dfs_clock; }
void POSTVISIT(int u) { post[u] = ++dfs_clock; }
```

其中，全局的“当前时间”dfs_clock 初始化为 0。不难发现，当所有结点都访问过以后，dfs_clock 的值将等于 $2m$。

如图 5-4 所示，是一个无向图和对应的 DFS 森林，每个结点 u 均标记以 pre[u]和 post[u]。强烈建议读者根据自己的理解模拟 DFS 过程，看看是否能得到相同的 DFS 森林。执行 dfs(u)时，应当按照字母从小到大的顺序考虑 u 的各个子结点。

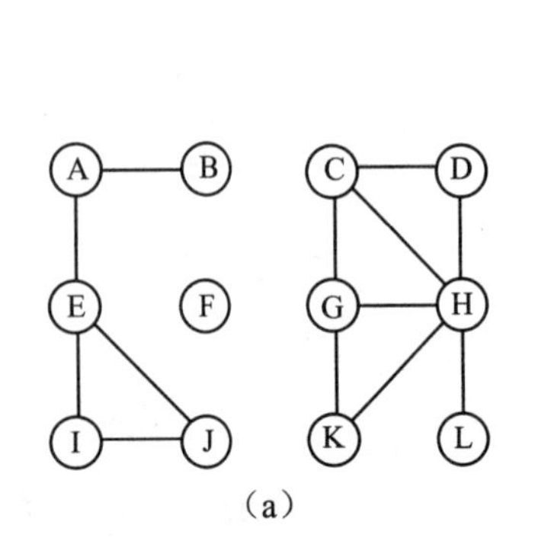

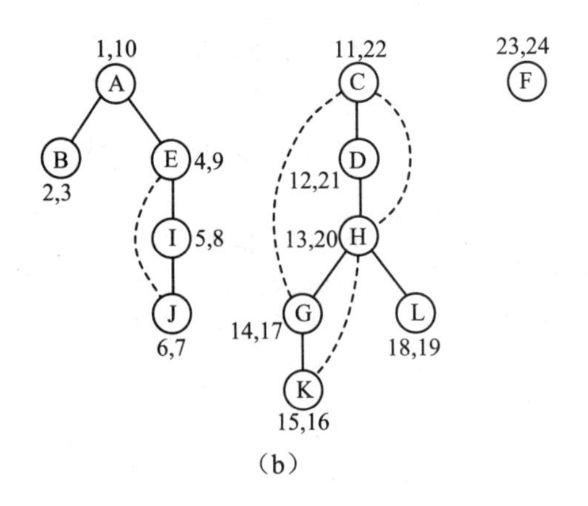

图 5-4

边分类：注意，无向图的每条边(*u*,*v*)会处理两次，访问 *u* 的时候一次，访问 *v* 的时候一次。DFS 森林中的边称为树边（tree edge），比如图 5-4(b)中的 A→B 以及 C→D 等。第一次处理时从后代（descendant）指向祖先（ancestor）的边称为反向边（back edge），比如图 5-4(b)中的 J→E 以及 K→H 等。在无向图中，除了树边之外，其他边都是反向边。有向图除了树边和反向边外还有前向边（forward edge）和交叉边（cross edge），这里不再赘述。

割顶和桥的条件：为简单起见，我们只考虑连通图。在这样的情况下，DFS 森林一定只有一棵树。树根是不是割顶呢？不难发现，当且仅当它有两个或更多的子结点时，它才是割顶——无向图只有树边和反向边，不存在跨越两棵子树的边。对于其他点，情况就要复杂一些。我们有下面的定理。

定理：在无向连通图 *G* 的 DFS 树中，非根结点 *u* 是 *G* 的割顶，当且仅当 *u* 存在一个子结点 *v*，使得 *v* 及其所有后代都没有反向边连回 *u* 的祖先（连回 *u* 不算）。

证明：如图 5-5 所示，考虑 *u* 的任意子结点 *v*。如果 *v* 及其后代不能连回 *f*，则删除 *u* 之后，*f* 和 *v* 不再连通；反过来，如果 *v* 或它的某一个后代存在一条反向边连回 *f*，则删除 *u* 后，以 *v* 为根的整棵子树中的所有结点都可以利用这条反向边与 *f* 连通。如果所有子树中的结点都和 *f* 连通，根据“连通”关系的传递性，整个图就是连通的。

为方便起见，设 low(*u*)为 *u* 及其后代所能连回的最早的祖先的 pre 值，则定理中的条件就可以简写成：结点 *u* 存在一个子结点 *v*，使得 low(*v*) ≥pre(*u*)。

作为一种特殊情况，如果 *v* 的后代只能连回 *v* 自己（即 low(*v*)>pre(*u*)），只需删除(*u*,*v*)一条边就可以让图 *G* 非连通了，满足这个条件的边称为桥（bridge）。换句话说，我们不仅知道结点 *u* 是割顶，还知道了(*u*,*v*)是桥。

注意，对于每个割顶或者桥来说，上述条件可能不止成立一次，所以一般不要边判定边输出，而是用数组来记录每个结点是不是割顶，以及每条边是不是桥，最后一次性输出。

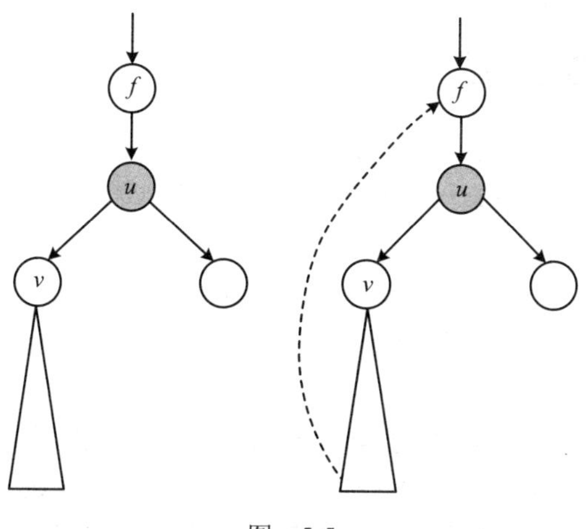

图　5-5

low 函数的计算：现在唯一的问题是 ***low*** 函数本身的计算，它可以用下面的代码来递推计算。注意，代码中已经加入了割顶的判断，桥的判断留给读者思考。

```
int dfs(int u, int fa) {                    //u 在 DFS 树中的父结点是 fa
  int lowu = pre[u] = ++dfs_clock;
  int child = 0;                            //子结点数目
  for(int i = 0; i < G[u].size(); i++) {
    int v = G[u][i];
    if(!pre[v]) {                           //没有访问过 v
      child++;
      int lowv = dfs(v, u);
      lowu = min(lowu, lowv);               //用后代的 low 函数更新 u 的 low 函数
      if(lowv >= pre[u]) {
        iscut[u] = true;
      }
    }
    else if(pre[v] < pre[u] && v != fa) {
      lowu = min(lowu, pre[v]);             //用反向边更新 u 的 low 函数
    }
  }
  if(fa < 0 && child == 1) iscut[u] = 0;
  low[u] = lowu;
  return lowu;
}
```

每次递归访问结束时，该结点的 low 函数就被正确计算出来了。在上面的代码中，最容易写错的是，漏掉 v 不等于 fa 的判断。边(u, fa)不是反向边，而是树边(fa, u)的第二次访问。在调用这个代码之前不要忘记把所有结点的 pre 初始化为 0，且第一次调用时，fa 的值应该等于负数。

5.2.2 无向图的双连通分量

对于一个连通图，如果任意两点至少存在两条“点不重复”的路径，则称这个图是点-双连通的（biconnected，一般简称为双连通）。这个要求等价于任意两条边都在同一个简单环中，即内部无割顶。

类似地，如果任意两点至少存在两条“边不重复”的路径，我们称这个图是边-双连通的（edge-biconnected）。这个要求要低一点，只需要每条边都至少在一个简单环中，即所有边都不是桥。

对于一个无向图，点-双连通的极大子图[①]称为双连通分量（Biconnected Component, BCC）或块（block）。不难发现，每条边恰好属于一个双连通分量，但不同双连通分量可能会有公共点。可以证明，不同双连通分量最多只有一个公共点，且它一定是割顶。另一方面，任意割顶都是至少两个不同双连通分量的公共点。

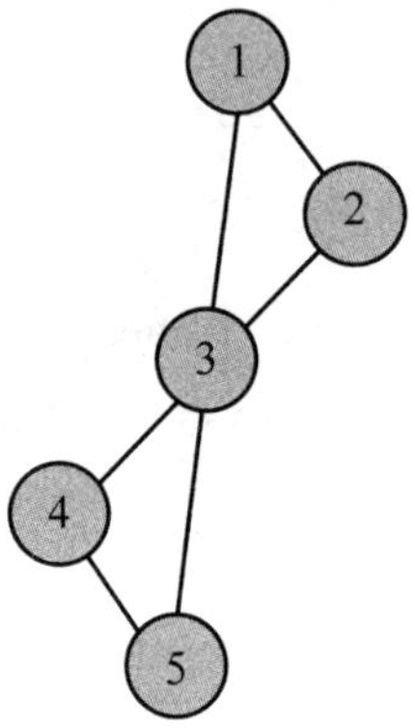

同理，边-双连通的极大子图称为边-双连通分量（edge-biconnected component）。除了桥不属于任何边-双连通分量之外，其他每条边恰好属于一个边-双连通分量，而且把所有桥删除之后，每个连通分量对应原图中的一个边-双连通分量。

图 5-6

如图 5-6 所示，有两个点-双连通分量{1,2,3}和{3,4,5}，但只有一个边-双连通分量{1,2,3,4,5}。

计算点-双连通分量一般用如下算法：用一个栈 *S* 来保留在当前 BCC 中的边[②]（注意不是点，而是边）。代码如下。

```
//割顶的 bccno 无意义
int pre[maxn], iscut[maxn], bccno[maxn], dfs_clock, bcc_cnt;
vector<int> G[maxn], bcc[maxn];

stack<Edge> S;

int dfs(int u, int fa) {
  int lowu = pre[u] = ++dfs_clock;
  int child = 0;
  for(int i = 0; i < G[u].size(); i++) {
    int v = G[u][i];
    Edge e = (Edge){u, v};
    if(!pre[v]) { //没有访问过 v
      S.push(e);
      child++;
      int lowv = dfs(v, u);
      lowu = min(lowu, lowv);                //用后代的 low 函数更新自己
```

① 请注意“极大”二字。

② 这个算法是 Tarjan 提出的。由于他提出的算法有很多，读者一定不要把它和其他 Tarjan 算法混淆。

```
      if(lowv >= pre[u]) {
        iscut[u] = true;
        bcc_cnt++; bcc[bcc_cnt].clear();      //注意！bcc 从 1 开始编号
        for(;;) {
          Edge x = S.top(); S.pop();
          if(bccno[x.u] != bcc_cnt){
bcc[bcc_cnt].push_back(x.u); bccno[x.u] = bcc_cnt;
}
          if(bccno[x.v] != bcc_cnt){
bcc[bcc_cnt].push_back(x.v); bccno[x.v] = bcc_cnt;
}
          if(x.u == u && x.v == v) break;
        }
      }
    }
    else if(pre[v] < pre[u] && v != fa) {
      S.push(e);
      lowu = min(lowu, pre[v]);                //用反向边更新自己
    }
  }
  if(fa < 0 && child == 1) iscut[u] = 0;
  return lowu;
}

void find_bcc(int n) {
  //调用结束后 S 保证为空，所以不用清空
  memset(pre, 0, sizeof(pre));
  memset(iscut, 0, sizeof(iscut));
  memset(bccno, 0, sizeof(bccno));
  dfs_clock = bcc_cnt = 0;
  for(int i = 0; i < n; i++)
    if(!pre[i]) dfs(i, -1);
}
```

边-双连通分量可以用更简单的方法求出，分两个步骤，先做一次 DFS 标记出所有的桥，然后再做一次 DFS，找出边-双连通分量。因为边-双连通分量是没有公共结点的，所以只要在第二次 DFS 的时候保证不经过桥即可。

例题 5　圆桌骑士（Knights of the Round Table, LA 3523）

有 n 个骑士，他们经常举行圆桌会议，商讨大事。每次圆桌会议至少应有 3 个骑士参加，且相互憎恨的骑士不能坐在圆桌旁的相邻位置。如果发生意见分歧，则需要举手表决，因此参加会议的骑士数目必须是奇数，以防止赞同和反对票一样多。知道哪些骑士相互憎恨之后，你的任务是统计有多少个骑士不可能参加任何一个会议。

【输入格式】

输入包含多组数据。每组数据：第一行为两个整数 n 和 m（$1\leqslant n\leqslant 1000$，$1\leqslant m\leqslant 10^6$）；以下 m 行，每行包含两个整数 k_1 和 k_2（$1\leqslant k_1,k_2\leqslant n$），表示骑士 k_1 和骑士 k_2 相互憎恨。输入结束标志为 $n=m=0$。

【输出格式】

对于每组数据，输出一行，即无法参加任何会议的骑士个数。

【分析】

以骑士为结点建立无向图 G。如果两个骑士可以相邻（即他们并不相互憎恨），在他们之间连一条无向边，则题目转化为求不在任何一个简单奇圈①上的结点个数。如果图 G 不连通，应对每个连通分量分别求解。下面假设图 G 连通。

简单圈上的所有结点必然属于同一个双连通分量，因此需要先找出所有双连通分量。二分图是没有奇圈的，因此我们只需要关注那些不是二分图的双连通分量。虽然这些双连通分量一定含有奇圈，但是不是其中的每个结点都在奇圈上呢？换句话说，如果结点 v 所属的某一个双连通分量 B（因为 v 可能属于多个双连通分量）不是二分图，v 是否一定属于一个奇圈呢？

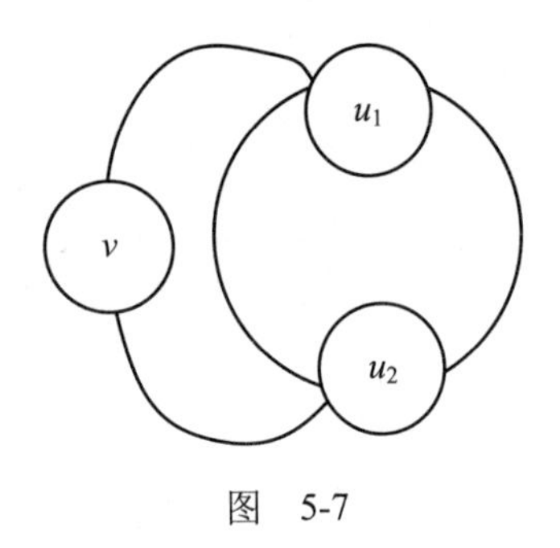

图 5-7

问题在于，B 不是二分图意味着它一定包含一个奇圈 C，但这个 C 可能并不包含 v。我们得想办法让 v 参与进来。

如图 5-7 所示，根据连通性，从 v 一定可以到达 C 中的某个结点 u_1；根据双连通性，C 中还应存在另一个结点 u_2，使得从 v 出发有两条不相交路径（除起点外无公共结点），分别到 u_1 和 u_2。由于在 C 中，从 u_1 到 u_2 的两条路的长度一奇一偶，总能构造出一条经过 v 的奇圈。

这样，主算法就很清楚了：对于每个连通分量的每个双连通分量 B，若它不是二分图，给 B 中所有结点标记为“在奇圈上”。注意，由于每个割顶属于多个双连通分量，它可能会被标记多次。算法的时空复杂度都是线性的。这里仅给出核心程序。代码如下。

```
int odd[maxn], color[maxn];
bool bipartite(int u, int b) {
  for(int i = 0; i < G[u].size(); i++) {
    int v = G[u][i]; if(bccno[v] != b) continue;
    if(color[v] == color[u]) return false;
    if(!color[v]) {
      color[v] = 3 - color[u];
      if(!bipartite(v, b)) return false;
    }
  }
  return true;
}

int A[maxn][maxn];

int main() {
  int kase = 0, n, m;
  while(scanf("%d%d", &n, &m) == 2 && n) {
    for(int i = 0; i < n; i++) G[i].clear();
```

① 奇圈是指包含奇数个结点的圈（回路）。这里强调“简单”二字，是因为同一个骑士不能在圆桌上出现两次。

```
    memset(A, 0, sizeof(A));
    for(int i = 0; i < m; i++) {
      int u, v;
      scanf("%d%d", &u, &v); u--; v--; A[u][v] = A[v][u] = 1;
    }
    for(int u = 0; u < n; u++)
      for(int v = u+1; v < n; v++)
        if(!A[u][v]) { G[u].push_back(v); G[v].push_back(u); }

    find_bcc(n);

    memset(odd, 0, sizeof(odd));
    for(int i = 1; i <= bcc_cnt; i++) {
      memset(color, 0, sizeof(color));
      for(int j = 0; j < bcc[i].size(); j++) bccno[bcc[i][j]] = i;
      //主要是处理割顶
      int u = bcc[i][0];
      color[u] = 1;
      if(!bipartite(u, i))
        for(int j = 0; j < bcc[i].size(); j++) odd[bcc[i][j]] = 1;
    }
    int ans = n;
    for(int i = 0; i < n; i++) if(odd[i]) ans--;
    printf("%d\n", ans);
  }
  return 0;
}
```

例题 6　井下矿工（Mining Your Own Business, World Finals 2011, LA 5135）

有一座地下的稀有金属矿由 n 条隧道和一些连接点组成，其中每条隧道连接两个连接点。任意两个连接点之间最多只有一条隧道。为了降低矿工的危险，你的任务是在一些连接点处安装太平井和相应的逃生装置，使得不管哪个连接点倒塌，不在此连接点的所有矿工都能到达太平井逃生（假定除了倒塌的连接点不能通行外，其他隧道和连接点完好无损）。为了节约成本，你应当在尽量少的连接点安装太平井。还需要计算出当太平井的数目最小时的安装方案总数。

【输入格式】

输入包含多组数据。每组数据：第一行为隧道的条数 n（$n \leqslant 50\,000$）；以下 n 行，每行两个整数，即一条隧道两端的连接点编号（所有连接点从 1 开始编号）。每组数据的所有连接点保证连通。

【输出格式】

对于每组数据，输出两个整数，即最少需要安装的太平井数目以及对应的方案总数。方案总数保证在 64 位带符号整数的范围内。

【分析】

本题的模型是：在一个无向图上选择尽量少的点涂黑（对应太平井），使得任意删除一个点后，每个连通分量至少有一个黑点。

无向图按照点-双连通分量缩点之后可以看作一棵无根树，如图 5-8 所示，就是本题中输入所对应的两个结点无根树。树的每个叶子结点对应的双连通分量（度数==1）上必须要涂黑一个，且任选一个非割顶涂黑即可，其他点-双连通分量可以不涂（想一想，为什么）。对于每个大小为 V 的点-双联通分量，在其中涂黑的方案数就是 V-1。

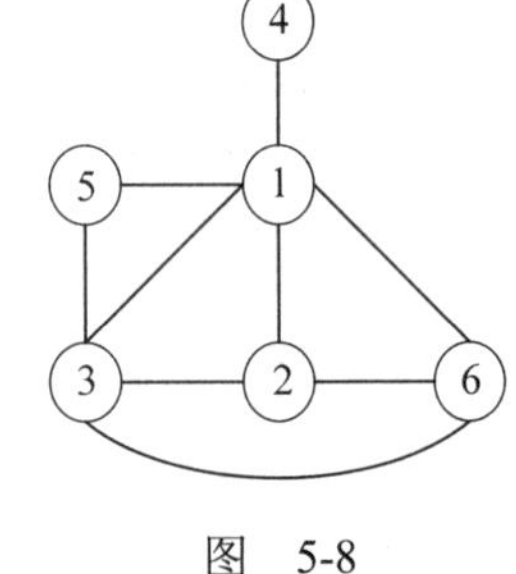

图 5-8

一个特殊情况是整个图没有割顶。此时需要涂两个点，方案总数是 $V(V-1)/2$，其中 V 是连接点个数。这里仅给出求出 BCC 之后的核心程序。代码如下。

```
long long ans1 = 0, ans2 = 1;
for(int i = 1; i <= bcc_cnt; i++) {      //检查所有 BCC
  int cut_cnt = 0;
  for(int j = 0; j < bcc[i].size(); j++)
    if(iscut[bcc[i][j]]) cut_cnt++;      //统计 BCC 中的割顶数目
  if(cut_cnt == 1) {
    ans1++; ans2 *= (long long)(bcc[i].size() - cut_cnt);
  }
}
if(bcc_cnt == 1) {                       //整个图是一个 BCC，没有割顶
  ans1 = 2; ans2 = bcc[1].size() * (bcc[1].size() - 1) / 2;
}
printf("Case %d: %lld %lld\n", ++kase, ans1, ans2);
```

本题还有一种不用求 BCC 的简单做法，即先找出割顶，然后从非割顶的结点开始 DFS，在 DFS 过程中不许经过割顶。细节留给读者思考。

5.2.3　有向图的强连通分量

和无向图的连通分量类似，有向图中有“强连通分量”的说法。“相互可达”的关系在有向图中也是等价关系。每一个集合称为有向图的一个强连通分量（Strongly Connected Componenet, SCC）[①]。如果把一个集合看成一个点，那么所有 SCC 构成了一个 SCC 图。这个 SCC 图不会存在有向环，因此是一个 DAG。

如何求出有向图的各个强连通分量呢？我们再次借助 DFS。以图 5-9（a）为例，如果从 I 开始 DFS，将得到只包含{G,H,I,J,K,L}的一棵 DFS 树，然后从 C 出发，得到{C,F}，再从 D 出发得到{D}，以此类推，每次得到一个 SCC，如图 5-9（b）所示。

遗憾的是，并不是每个顺序都是“好用”的。如果一开始就不幸选择从 A 开始进行遍历，这棵 DFS 树将包含整个图。也就是说，这次不明智的 DFS 把所有 SCC 混在了一起，什么也没得到。很明显，我们希望按 SCC 图拓扑顺序的逆序进行遍历，这样才能每次 DFS 只得到一个 SCC，而不会把两个或多个 SCC 混在一起。

① 每个强连通分量都是原图的一个极大强连通子图。

Kosaraju 算法便是基于这个思想的[①]。代码如下（假设 G 的转置事先计算好并保存在 G_2 中）。

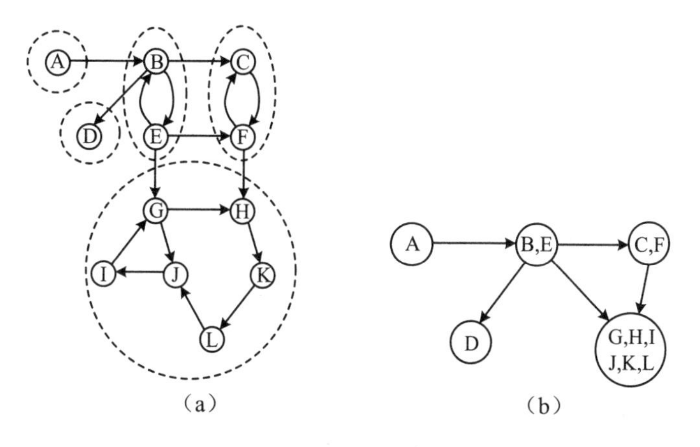

图　5-9

```
vector<int> G[maxn], G2[maxn];
vector<int> S;
int vis[maxn], sccno[maxn], scc_cnt;

void dfs1(int u) { //第一次 DFS
  if(vis[u]) return;
  vis[u] = 1;
  for(int i = 0; i < G[u].size(); i++) dfs1(G[u][i]);
  S.push_back(u);
}

void dfs2(int u) { //第二次 DFS
  if(sccno[u]) return;
  sccno[u] = scc_cnt;
  for(int i = 0; i < G2[u].size(); i++) dfs2(G2[u][i]);
}

void find_scc(int n) {
  scc_cnt = 0;
  S.clear();
  memset(sccno, 0, sizeof(sccno));
  memset(vis, 0, sizeof(vis));
  for(int i = 0; i < n; i++) dfs1(i);
  for(int i = n-1; i >= 0; i--)
    if(!sccno[S[i]]) { scc_cnt++; dfs2(S[i]); }
}
```

算法的正确性证明略，有兴趣的读者可以参考相关书籍。

最后，我们来学习 SCC 的 Tarjan 算法。它的时间复杂度也是线性的，不需要计算图的

① 思想如此，但细节并不相同。在学习 Kosaraju 算法时，请读者以代码为准。

转置，并且比 Kosaraju 算法常数更小。该算法由 Tarjan 于 1972 年提出，是 SCC 的第一个线性算法。Tarjan 算法仍然借助 DFS，但它并不是靠遍历顺序来把不同 SCC 分离到不同的 DFS 树中，而是允许多个 SCC 并存于同一棵 DFS 树中，然后用某种手段把它们分开。

考虑强连通分量 C，设其中第一个被发现的点为 x，则 C 中其他点都是 x 的后代。我们希望在 x 访问完成时立刻输出 C。这样，就可以在同一棵 DFS 树中区分开所有 SCC 了。因此问题的关键是判断一个点是否为一个 SCC 中最先被发现的点。

如图 5-10 所示。假设我们正在判断 u 是否为某 SCC 的第一个被发现结点。如果我们发现从 u 的子结点出发可以到达 u 的祖先 w，显然 u，v，w 在同一个 SCC 中，因此 u 不是该 SCC 中第一个被发现的结点（见图 5-10（a））；另一方面，如果从 v 开始最多只能到 u，那么 u 是该 SCC 中第一个被发现的结点（见图 5-10（b））。这样，问题转化为求一个点 u 最远能到达的祖先的 pre 值。注意，这里的"到达"意思是只能通过当前 SCC 中的点，而不能通过已经确定 SCC 编号的其他点。图 5-10 中虚线表示一条或多条边。

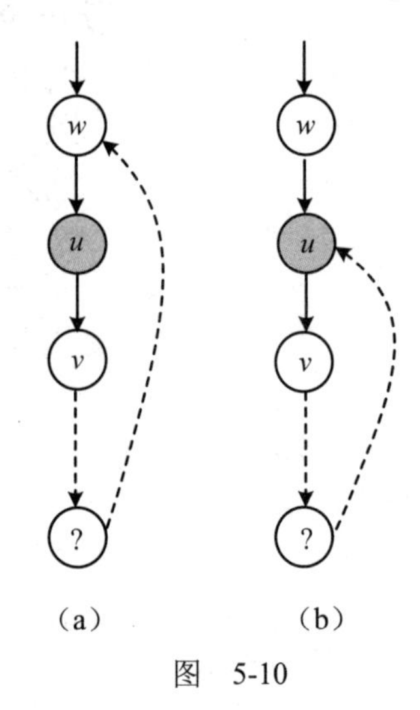

图 5-10

是不是很像无向图 DFS 中的 low 函数？没错，我们可以类似地定义 lowlink(u)为 u 及其后代能追溯到的最早（最先被发现）祖先点 v 的 pre(v)值，如此便可以在计算 lowlink 函数的同时完成 SCC 计算。代码如下。

```
vector<int> G[maxn];
int pre[maxn], lowlink[maxn], sccno[maxn], dfs_clock, scc_cnt;
stack<int> S;

void dfs(int u) {
  pre[u] = lowlink[u] = ++dfs_clock;
  S.push(u);
  for(int i = 0; i < G[u].size(); i++) {
    int v = G[u][i];
    if(!pre[v]) {
      dfs(v);
      lowlink[u] = min(lowlink[u], lowlink[v]);
    } else if(!sccno[v]) {
      lowlink[u] = min(lowlink[u], pre[v]);
    }
  }
  if(lowlink[u] == pre[u]) {
    scc_cnt++;
    for(;;) {
      int x = S.top(); S.pop();
      sccno[x] = scc_cnt;
      if(x == u) break;
    }
  }
```

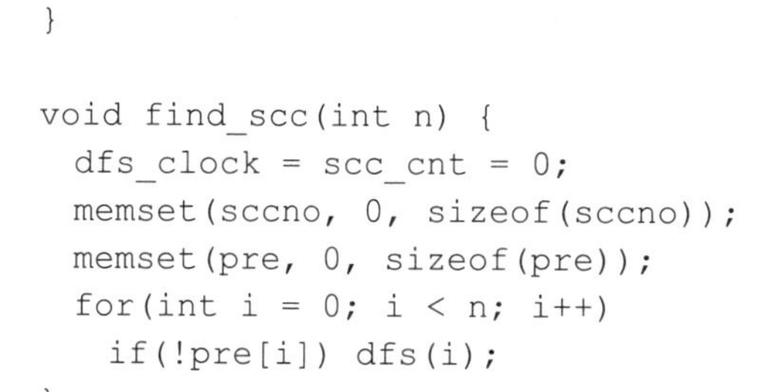

```
}

void find_scc(int n) {
  dfs_clock = scc_cnt = 0;
  memset(sccno, 0, sizeof(sccno));
  memset(pre, 0, sizeof(pre));
  for(int i = 0; i < n; i++)
    if(!pre[i]) dfs(i);
}
```

程序用一个附加栈 S 保存当前 SCC 中的结点（注意，这些结点形成一棵子树，而不一定是一个链），scc_cnt 为 SCC 计数器，sccno[i]为 i 所在的 SCC 编号。

例题 7 等价性证明（Proving Equivalences, NWERC 2008, LA 4287）

在数学中，我们常常需要完成若干个命题的等价性证明。比如，有 4 个命题 a, b, c, d，我们证明 $a \Leftrightarrow b$，然后 $b \Leftrightarrow c$，最后 $c \Leftrightarrow d$。注意每次证明都是双向的，因此一共完成了 6 次推导。另一种方法是证明 $a \Rightarrow b$，然后 $b \Rightarrow c$，接着 $c \Rightarrow d$，最后 $d \Rightarrow a$，只需 4 次。现在你的任务是证明 n 个命题全部等价，且你的朋友已经为你做出了 m 次推导（已知每次推导的内容），你至少还需要做几次推导才能完成整个证明？

【输入格式】

输入的第一行为数据组数 $T(T \leqslant 100)$。每组数据：第一行为两个整数 n 和 $m(1 \leqslant n \leqslant 20\,000$，$0 \leqslant m \leqslant 50\,000)$，即命题的个数和已完成的推导个数；以下 m 行，每行包含两个整数 s_1 和 s_2（$1 \leqslant s_1, s_2 \leqslant n$，$s_1 \neq s_2$），表示已证明 $s_1 \Rightarrow s_2$。

【输出格式】

对于每组数据，输出还需要完成的推导数目的最小值。

【分析】

如果把命题看作结点，推导看作有向边，则本题就是给出 n 个结点、m 条边的有向图，要求填加尽量少的边，使得新图强连通。算法如下。

首先找出强连通分量，然后把每个强连通分量缩成一个点，得到一个 DAG。接下来，设有 a 个结点（别忘了，这里的每个结点对应于原图的一个强连通分量）的入度为 0，b 个结点的出度为 0，则 $\max\{a,b\}$ 就是答案。注意特殊情况：当原图已经强连通时，答案是 0 而不是 1。证明部分留给读者完成。代码如下。

```
int in0[maxn], out0[maxn];

int main() {
  int T, n, m;
  scanf("%d", &T);
  while(T--) {
    scanf("%d%d", &n, &m);
    for(int i = 0; i < n; i++) G[i].clear();
    for(int i = 0; i < m; i++) {
      int u, v;
      scanf("%d%d", &u, &v); u--; v--;
```

```
      G[u].push_back(v);
    }

    find_scc(n);

    for(int i = 1; i <= scc_cnt; i++) in0[i] = out0[i] = 1;
    for(int u = 0; u < n; u++)
      for(int i = 0; i < G[u].size(); i++) {
        int v = G[u][i];
        if(sccno[u] != sccno[v]) in0[sccno[v]] = out0[sccno[u]] = 0;
      }
    int a = 0, b = 0;
    for(int i = 1; i <= scc_cnt; i++) {
      if(in0[i]) a++;
      if(out0[i]) b++;
    }
    int ans = max(a, b);
    if(scc_cnt == 1) ans = 0;
    printf("%d\n", ans);
  }
  return 0;
}
```

例题 8　最大团（The Largest Clique, UVa 11324）

给出一个有向图 G，求一个结点数最大的结点集，使得该结点集中任意两个结点 u 和 v 满足：要么 u 可以到达 v，要么 v 可以达到 u（u 和 v 相互可达也可以）。

【输入格式】

输入的第一行为测试数据组数 T。每组数据：第一行为结点数 n 和边数 m（$0 \leqslant n \leqslant 1000$，$0 \leqslant m \leqslant 50\,000$）；以下 m 行，每行两个整数 u 和 v，表示一条有向边 $u \rightarrow v$。结点编号为 $1 \sim n$。

【输出格式】

对于每组数据，输出最大结点集的结点个数。

【分析】

不难发现，在最优方案中，同一个强连通分量中的点要么都选，要么都不选。把强连通分量收缩点后得到 SCC 图，让每个 SCC 结点的权等于它的结点数，则题目转化为求 SCC 图上的权最大的路径。由于 SCC 图是一个 DAG，可以用动态规划求解。

5.2.4　2-SAT 问题

2-SAT 问题是这样的：有 n 个布尔变量 x_i，另有 m 个需要满足的条件，每个条件的形式都是“x_i 为真/假或者 x_j 为真/假”。比如，“x_1 为真或者 x_3 为假”“x_7 为假或者 x_2 为假”都是合法的条件。注意，这里的“或”是指两个条件至少有一个是正确的，比如 x_1 和 x_3 一共有 3 种组合满足“x_1 为真或者 x_3 为假”，即，x_1 真 x_3 真，x_1 真 x_3 假，x_1 假 x_3 假。2-SAT 问题的目标是给每个变量赋值，使得所有条件得到满足。

2-SAT 的解法有多种不同的叙述方式，这里采用一种比较容易理解，且效率也不错的方式。构造一个有向图 G，其中每个变量 x_i 拆成两个结点 $2i$ 和 $2i+1$，分别表示 x_i 为真和 x_i 为假。最后要为每个变量选其中的一个结点标记。比如，若标记了结点 $2i$，表示 x_i 为真；若标记了 $2i+1$，表示 x_i 为假。

对于“x_i 为真或者 x_j 为真”这样的条件，我们连一条有向边 $2i+1\rightarrow 2j$，表示如果标记结点 $2i+1$ 那么也必须标记结点 j（因为如果 x_i 为假，则 x_j 必须为真才能使条件成立）。这条有向边相当于“推导出”的意思。同理，还需要连一条有向边 $2j+1\rightarrow 2i$。对于其他情况，也可以类似连边。换句话说，每个条件对应两条“对称”的边①。

接下来逐一考虑每个没有赋值的变量，设为 x_i。我们先假定它为真，然后标记结点 $2i$，并且沿着有向边标记所有能标记的结点。如果标记过程中发现某个变量对应的两个结点都被标记，则“x_i 为真”这个假定不成立，需要改成“x_i 为假”，然后重新标记。注意，这个算法没有回溯过程。如果当前考虑的变量不管赋值为真还是假都会引起矛盾，可以证明整个 2-SAT 问题无解（即使调整以前赋值的其他变量也没用）。代码如下：

```
struct TwoSAT {
  int n;
  vector<int> G[maxn*2];
  bool mark[maxn*2];
  int S[maxn*2], c;

  bool dfs(int x) {
    if (mark[x^1]) return false;
    if (mark[x]) return true;
    mark[x] = true;
    S[c++] = x;
    for (int i = 0; i < G[x].size(); i++)
      if (!dfs(G[x][i])) return false;
    return true;
  }

  void init(int n) {
    this->n = n;
    for (int i = 0; i < n*2; i++) G[i].clear();
    memset(mark, 0, sizeof(mark));
  }

  //x = xval or y = yval
  void add_clause(int x, int xval, int y, int yval) {
    x = x * 2 + xval;
    y = y * 2 + yval;
    G[x^1].push_back(y);
    G[y^1].push_back(x);
  }

  bool solve() {
```

① 但有时会出现已知某个变量为某个取值的情况，导致整个图不对称。

```
      for(int i = 0; i < n*2; i += 2)
        if(!mark[i] && !mark[i+1]) {
          c = 0;
          if(!dfs(i)) {
            while(c > 0) mark[S[--c]] = false;
            if(!dfs(i+1)) return false;
          }
        }
      return true;
    }
  };
```

例题 9　飞机调度（Now or Later, LA 3211）

有 n 架飞机需要着陆。每架飞机都可以选择“早着陆”和“晚着陆”两种方式之一，且必须选择一种。第 i 架飞机的早着陆时间为 E_i，晚着陆时间为 L_i，不得在其他时间着陆。你的任务是为这些飞机安排着陆方式，使得整个着陆计划尽量安全。换句话说，如果把所有飞机的实际着陆时间按照从早到晚的顺序排列，相邻两个着陆时间间隔的最小值（称为安全间隔）应尽量大。

【输入格式】

输入包含若干组数据。每组数据：第一行为飞机的数目 n（$2 \leqslant n \leqslant 2000$）；以下 n 行，每行两个整数，即早着陆时间和晚着陆时间，所有时间 t 都满足 $0 \leqslant t \leqslant 10^7$。输入结束标志为文件结束符（EOF）。

【输出格式】

对于每组数据，输出安全间隔的最大值。

【分析】

“最小值尽量大”的典型处理方法是二分查找最终答案 P。这样，原来的问题转化成了判定问题：是否存在一个调度方案，使得相邻两个着陆时间差总是不小于 P。这个问题可以进一步转化为：任意两个着陆时间差总是不小于 P。令布尔变量 x_i 表示第 i 架飞机是否早着陆，则唯一的限制就是时间差小于 P 的两个着陆时间不能同时满足。例如，若 E_i 和 L_j 的时间差小于 P，则不能同时满足 x_i=true 和 x_j=false。可以用一个子句 $\overline{x}_i \vee x_j$ 来表达这样的限制。每一组不能同时满足的着陆时间对应于一个子句，则整个约束条件对应于一个 2-SAT 问题的实例，包含 n 个变量和不超过 $n(n-1)/2$ 个子句。

考虑到还要在所有 $O(n^2)$种可能的答案中二分查找，总时间复杂度为 $O(n^2\log n)$。考虑到时间范围比较大，也可以直接二分时间的数值，时间复杂度为 $O(n^2\log T)$，其中 T 为所有时间的最大值。代码如下。

```
#include<algorithm>
TwoSAT solver;
int n, T[maxn][2];

bool test(int diff) {
  solver.init(n);
    for(int i = 0; i < n; i++) for(int a = 0; a < 2; a++)
```

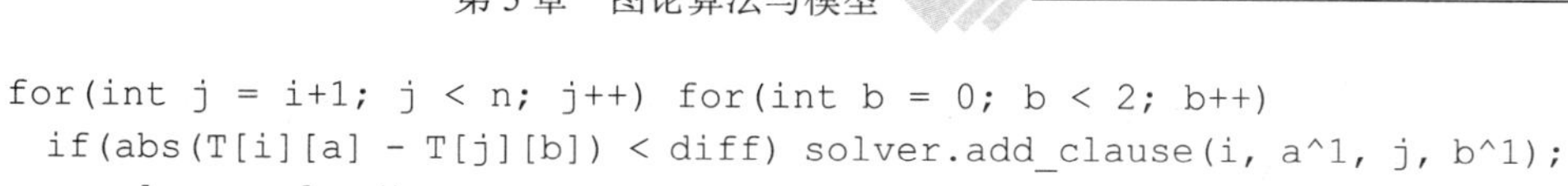

```
    for(int j = i+1; j < n; j++) for(int b = 0; b < 2; b++)
      if(abs(T[i][a] - T[j][b]) < diff) solver.add_clause(i, a^1, j, b^1);
  return solver.solve();
}

int main() {
  while(scanf("%d", &n) == 1 && n) {
    int L = 0, R = 0;
    for(int i = 0; i < n; i++) for(int a = 0; a < 2; a++) {
      scanf("%d", &T[i][a]);
      R = max(R, T[i][a]);
    }
    while(L < R) {
      int M = L + (R-L+1)/2;
      if(test(M)) L = M; else R = M-1;
    }
    printf("%d\n", L);
  }
  return 0;
}
```

例题 10　宇航员分组（Astronauts, LA 3713）

有 A，B，C 三个任务要分配给 n 个宇航员，其中每个宇航员恰好要分配一个任务。设所有 n 个宇航员的平均年龄为 x，只有年龄大于或等于 x 的宇航员才能分配任务 A；只有年龄严格小于 x 的宇航员才能分配任务 B，而任务 C 没有限制。有 m 对宇航员相互讨厌，因此不能分配到同一任务。编程找出一个满足上述所有要求的任务分配方案。

【输入格式】

输入包含若干组数据。每组数据：第一行为两个整数 n 和 m（$1\leqslant n\leqslant 100\,000$，$1\leqslant m\leqslant 100\,000$）；以下 n 行为各飞行员的年龄（年龄为 0～200 的整数）；再以下 m 行每行包含两个整数 i 和 j（$1\leqslant i,j\leqslant n$），表示宇航员 i 和宇航员 j 相互讨厌。输入结束标志为 $n=m=0$。

【输出格式】

对于每组数据，输出 n 行，即每个宇航员分配到的任务（用大写字母 A, B, C 表示）。如果无解，输出“No solution.”。

【分析】

不难发现，每个宇航员只有两种选择，因此可以用布尔变量 x_i 表示第 i 个宇航员的分配方案。年龄大于或等于 x 的宇航员要么做任务 A（x_i=true），要么做任务 C（x_i=false），而年龄严格小于 x 的宇航员要么做任务 B（x_i=true），要么做任务 C（x_i=false）。

下面考虑一对相互讨厌的宇航员 i 和 j。如果他们属于同一种类型，那么 x_i 和 x_j 必须不相同。这个条件看起来简单，但无法用一个子句表达，需要用两个，即 $x_i \vee x_j$，$\overline{x}_i \vee \overline{x}_j$。前者表示二者至少有一个 true，后者表示二者至少有一个 false，因此不可能同时为 true 或同时为 false。如果属于不同类型，那么唯一的冲突可能就是 $x_i=x_j$=false，用子句 $x_i \vee x_j$ 可以排除这种情况。

每对冲突的宇航员对应不超过两个子句，因此我们得到了一个包含 n 个变量、不超过 $2m$ 个子句的 2-SAT 问题实例。

5.3 最短路问题

在《算法竞赛入门经典（第 2 版）》中我们曾经学过最短路问题及其经典算法 Dijkstra、Bellman-Ford 和 Floyd。请读者在继续阅读之前确保自己已熟练掌握了这 3 种算法。遗憾的是，限于篇幅，《算法竞赛入门经典（第 2 版）》里没有相关例题，而形形色色的题目恰恰是图论中最优美、最吸引人的东西。本节在一定程度上弥补了这一遗憾，请读者细细品味。

5.3.1 再谈 Dijkstra 算法

单源最短路：Dijkstra 算法可用来求解单源最短路。

在很多情况下，使用 Dijkstra 算法只是为了计算两点之间的最短路[①]，但 Dijkstra 的作用并不止这些，它可以计算从起点出发到每个点的最短路，即单源最短路（Single-Source Shortest Paths, SSSP）。这一特点使得 Dijkstra 常常用来进行其他算法的预处理。为了更好地和图论其他算法统一，从本节开始使用结构体来保存加权图中的有向边[②]（也称弧）。代码如下。

```
struct Edge {
  int from, to, dist;
};
```

这里，dist 是距离（distance）的缩写。这里的“距离”是一个抽象概念，如果要求的是“最短总时间”，那么这个“距离”就是指时间。在后面的小节中，我们还会在这个结构体里添加更多的内容，比如网络流中的容量、费用等。但不管怎样，图的存储结构都是类似的。这里给出 Dijkstra 算法的完整程序。代码如下。

```
struct HeapNode {                   //Dijkstra 算法用到的优先队列的结点
  int d, u;
  bool operator < (const HeapNode& rhs) const {
    return d > rhs.d;
  }
};

struct Dijkstra {
  int n, m;                         //点数和边数
  vector<Edge> edges;               //边列表
  vector<int> G[maxn];              //每个结点出发的边编号（从 0 开始编号）
```

① 如果不熟悉 Dijkstra 算法，请参阅《算法竞赛入门经典（第 2 版）》的相关章节。

② 无向边往往需要拆成两条有向边，但也不一定（比如最小生成树的 Kruskal 算法）。

```
  bool done[maxn];                                //是否已永久标号
  int d[maxn];                                    //s 到各个点的距离
  int p[maxn];                                    //最短路中的上一条边

  void init(int n) {
    this->n = n;
    for(int i = 0; i < n; i++) G[i].clear();      //清空邻接表
    edges.clear();                                //清空边表
  }

  void AddEdge(int from, int to, int dist) {
  //如果是无向图，每条无向边需调用两次 AddEdge
    edges.push_back((Edge){from, to, dist});
    m = edges.size();
    G[from].push_back(m-1);
  }

  void dijkstra(int s) { //求 s 到所有点的距离
    priority_queue<HeapNode> Q;
    for(int i = 0; i < n; i++) d[i] = INF;
    d[s] = 0;
    memset(done, 0, sizeof(done));
    Q.push((HeapNode){0, s});
    while(!Q.empty()) {
      HeapNode x = Q.top(); Q.pop();
      int u = x.u;
      if(done[u]) continue;
      done[u] = true;
      for(int i = 0; i < G[u].size(); i++) {
        Edge& e = edges[G[u][i]];
        if(d[e.to] > d[u] + e.dist) {
          d[e.to] = d[u] + e.dist;
          p[e.to] = G[u][i];
          Q.push((HeapNode){d[e.to], e.to});
        }
      }
    }
  }
};
```

例题 11　机场快线（Airport Express, UVa 11374）

在 Iokh 市中，机场快线是市民从市内去机场的首选交通工具。机场快线分为经济线和商业线两种，线路、速度和价钱都不同。你有一张商业线车票，可以坐一站商业线，而其他时候只能乘坐经济线。假设换乘时间忽略不计，你的任务是找出一条去机场最快的线路。

【输入格式】

输入包含多组数据。每组数据：第一行为 3 个整数 N、S 和 E（$2 \leqslant N \leqslant 500$，$1 \leqslant S,E \leqslant 100$），即机场快线中的车站总数、起点编号和终点（即机场所在站）编号；下一行包含一个整数

M（1≤M≤1000），即经济线的路段条数；以下 M 行，每行 3 个整数 X、Y 和 Z（1≤X, Y≤N，1≤Z≤100），表示可以乘坐经济线在车站 X 和车站 Y 之间往返，其中单程需要 Z 分钟；下一行为商业线的路段条数 K（1≤K≤1000）；以下 K 行是这些路段的描述，格式同经济线。所有路段都是双向的，但有可能必须使用商业车票才能到达机场。保证最优解唯一。

【输出格式】

对于每组数据，输出 3 行。第一行按访问顺序给出经过的各个车站（包括起点和终点），第二行是换乘商业线的车站编号（如果没用商业线车票，输出 Ticket Not Used），第三行是总时间。

【分析】

因为商业线只能坐一站，所以可以枚举坐的是哪一站，比较所有可能性下的最优解。如果可以在 $O(1)$时间内计算出每种方案对应的最优方案，整个问题就可以在 $O(K)$时间内得到解决。

假设用商业线车票从车站 a 坐到车站 b，则从起点到 a、从 a 到终点这两部分路线对于“经济线网络”来说都应该是最短路。换句话说，我们只需要从起点开始到终点结束做两次单源最短路，记录下从起点到每个点 x 的最短时间 $f(x)$和从每个点 x 到终点的最短时间 $g(x)$，则总时间为 $f(a)+T(a,b)+g(b)$，其中 $T(a,b)$为从 a 坐一站商业线到达 b 的时间。

算上预处理时间 $O(m\log n)$，本算法的总时间复杂度为 $O(m\log n+k)$。

路径统计：用 Dijkstra 可以枚举两点之间的所有最短路，并统计最短路的条数。枚举最短路的方法是这样的：先求出所有点到目标点的最短路长度 $d[i]$，然后从起点开始出发行走，但只沿着 $d[i]=d[j]+w(i,j)$的边走。不难证明，如果一直顺着这样的边走，走到目标点时，走出的一定是最短路；反过来，只要有一次走的不是这样的边，走到目标点时，走出的一定不是最短路。有了这样的结论，计数也不是难事，令 $f[i]$表示从 i 到目标点的最短路的条数，则 $f[i]=\text{sum}\{f[j] \mid f[i]=d[j]+w(i,j)\}$，边界条件为终点的 f 值等于 1。

例题 12　林中漫步（A Walk Through the Forest, UVa 10917）

Jimmy 下班需要穿过一个森林。劳累一天后在森林中漫步是件非常惬意的事，所以他打算每天沿着一条不同的路径回家，欣赏不同的风景。但他也不想太晚回家，因此他不打算走“回头路”。换句话说，他只沿着满足如下条件的道路(A,B)走：存在一条从 B 出发回家的路径，比所有从 A 出发回家的路径都短。你的任务是计算一共有多少条不同的回家路径。

【输入格式】

输入包含多组数据。每组数据：第一行为 n, m（1≤n≤1000），即交叉点的数目和道路的数目。交叉点编号为 1～n，公司的编号为 1，家的编号为 2；以下 m 行，每行 3 个整数 a, b, d，表示有一条连接 a 和 b 的双向道路，长度为 d（1≤d≤10^6）。输入结束标志为 n=0。

【输出格式】

对于每组数据，输出路径的条数。输入保证答案不超过 $2^{31}-1$。

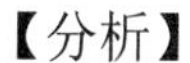

【分析】

首先求出从每个点 u 回家的最短路长度 $d[u]$，则题目中的条件“存在一条从 B 出发回家的路径，比所有从 A 出发回家的路径都短”实际上是指 $d[B]<d[A]$。这样，我们创建一个新的图，当且仅当 $d[B]<d[A]$时加入有向边 $A \to B$，则题目的目标就是求出起点到终点的路径条数。因为这个图是 DAG，可以用动态规划求解。

最短路树：用 Dijkstra 算法可以求出单源最短路树，方法是在发现 $d[i]+w(i,j)<d[j]$时除了更新 $d[j]$之外，还要设置 $p[i]=j$。这样，把 p 看成是父指针，则所有点形成了一棵树①。这样，要从起点出发沿最短路走到任意其他点，只需要顺着树上的边走即可。前面的 Dijkstra 算法的代码已经求出了 p 数组。

例题 13　战争和物流（Warfare and Logistics, LA 4080）

给出一个包含 n 个结点、m 条边的无向图，每条边上有一个正权。令 c 等于每对结点的最短路长度之和。例如，$n=3$ 时，$c=d(1,1)+d(1,2)+d(1,3)+d(2,1)+d(2,2)+d(2,3)+d(3,1)+d(3,2)+d(3,3)$。要求删除一条边后，使得新的 c 值 c'最大。不连通的两点的最短路长度视为 L。

【输入格式】

输入包含多组数据，每组数据：第一行为 3 个整数 n, m, L（$1<n\leq100$，$1\leq m\leq1\,000$，$1\leq L\leq10^8$）；以下 m 行，每行包含 3 个整数 a, b, s，表示结点 a 和结点 b 有一条长度为 s 的双向道路相连。

【输出格式】

对于每组数据，输出 c 的原始值和删除一条边后的最大值 c'。

【分析】

如果用 Floyd 算法计算 c，每尝试着删除一条边都要重新计算一次，时间复杂度为 $O(n^3m)$，很难承受。如果用 n 次 Dijkstra 计算单源最短路，时间复杂度为 $O(nm^2\log n)$。虽然看上去比 $O(n^3m)$略好，但由于 Floyd 算法的常数很小，实际运行时间差不多。这时候，最短路树派上用场了。因为在源点确定的情况下，只要最短路树不被破坏，起点到所有点的距离都不会发生改变。换句话说，只有删除最短路树上的 $n-1$ 条边，最短路树才需要重新计算。这样，对于每个源点，最多只需要求 n 次而不是 m 次单源最短路，时间复杂度降为 $O(n^2m\log n)$，可以承受。另外，本题有一个不容易发现的“陷阱”：如果有重边，删除一条边时，应该用第二短的边代替。

例题 14　过路费（加强版）（The Toll! Revisited, UVa 10537）

运送货物需要缴纳过路费。进入一个村庄需要缴纳 1 个单位的货物，而进入一个城镇时，每 20 个单位的货物中就要上缴 1 个单位（比如，携带 70 个单位货物进入城镇，需要缴纳 4 个单位）。如图 5-11 所示，由于你必须途径一个城镇和两个村庄才能到达目的地，为了运送 66 把勺子，你必须携带 76 把勺子出发。这里，大写字母表示城镇，小写字母表示村庄。

当起点与终点固定时，到达目的地的路线往往不唯一。如图 5-12 所示，运送 39 把勺子

① 因为连通且有 $n-1$ 条边（注意起点的 p 值等于它自己，其他每个点 u 对应一条边 $p[u]\to u$。

的最佳路线是 $A\to b\to c\to X$，而运送 10 把勺子的最佳路线是 $A\to D\to X$。同样，大写字母表示城镇，小写字母表示村庄。

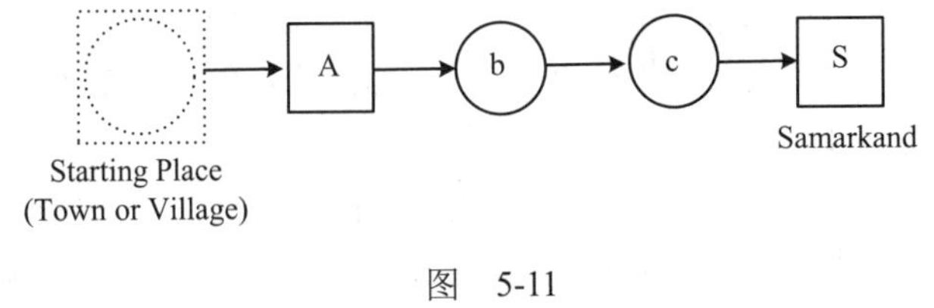

图 5-11

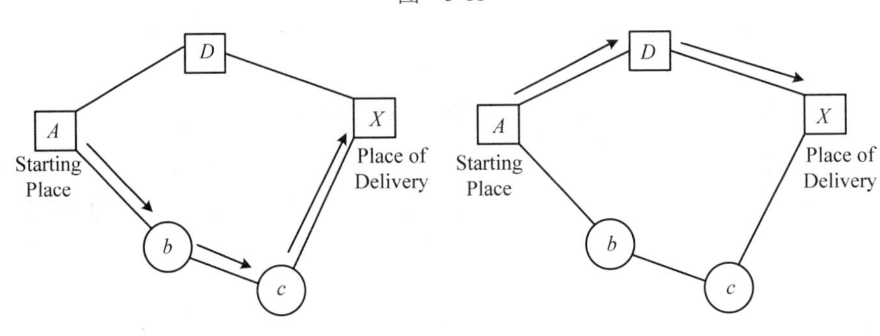

图 5-12

你的任务是找出一条缴纳过路费最少的路线。

【输入格式】

输入包含多组数据。每组数据：第一行为整数 n（$n\leqslant 0$），即地图上道路的条数；以下 n 行，每行包含两个字母，即每条道路两端的村庄或城镇编号，大写字母表示城镇，小写字母表示村庄，道路都是双向的；接下来的一行包含一个整数 p（$0<p\leqslant 10^9$）和两个字母，即运送的货物数量、起点和终点。输入应保证货物可以从起点运送到终点。输入结束标志为 n=-1。

【输出格式】

对于每组数据，输出 3 行，分别为测试数据编号、需要的货物数量的最小值以及对应的路线。如果有多条路线，输出字典序最小的。

【分析】

尽管和普通的最短路不尽相同，本题仍然可以用 Dijkstra 算法的思路解决，所不同的是需进行逆推而非顺推。令 $d[i]$表示进入结点 i 之后，至少要有 $d[i]$单位的货物，到达目的地时货物数量才足够，则每次选择一个 $d[i]$最小的未标号结点，更新它的所有前驱结点的 d 值即可算出所有的 d 值，然后在输出路径时根据 d 值可以直接构造字典序最小解。需要注意的是，$d[i]$可能会超过无符号 32 位整数的范围，需要用 long long。

5.3.2 再谈 Bellman-Ford 算法

Bellman-Ford 算法的一个重要应用是判负圈。在迭代 n-1 次后如果还可以进行松弛操作，说明一定存在负圈。如果采用队列实现，那么当某个结点入队了 n 次，可以判断出存在负圈。代码如下。

```
struct BellmanFord {
  int n, m;
  vector<Edge> edges;
  vector<int> G[maxn];
  bool inq[maxn];                  //是否在队列中
  int d[maxn];                     //s 到各个点的距离
  int p[maxn];                     //最短路中的上一条弧
  int cnt[maxn];                   //进队次数

  void init(int n) {
    this->n = n;
    for(int i = 0; i < n; i++) G[i].clear();
    edges.clear();
  }

  void AddEdge(int from, int to, int dist) {
    edges.push_back((Edge){from, to, dist});
    m = edges.size();
    G[from].push_back(m-1);
  }

  bool negativeCycle() {
    queue<int> Q;
    fill_n(cnt, maxn, 0), fill_n(inq, n + 1, true);
    for (int i = 0; i < n; i++) Q.push(i);
    d[0] = 0;

    while(!Q.empty()) {
      int u = Q.front(); Q.pop();
      inq[u] = false;
      for(int i = 0; i < G[u].size(); i++) {
        Edge& e = edges[G[u][i]];
        if(d[e.to] > d[u] + e.dist) {
          d[e.to] = d[u] + e.dist;
          p[e.to] = G[u][i];
          if(!inq[e.to]) { Q.push(e.to); inq[e.to] = true; if(++cnt[e.to] >
n) return true; }
        }
      }
    }
    return false;
  }
};
```

例题 15　在环中（Going in Cycle!!, UVa 11090）

给定一个 n 个点、m 条边的加权有向图，求平均权值最小的回路。

【输入格式】

输入第一行为数据组数 T。每组数据：第一行为图的点数 n 和边数 m（$n \leqslant 50$）。以下

m 行，每行 3 个整数 u, v, w，表示有一条从 u 到 v 的有向边，权值为 w。输入没有自环。

【输出格式】

对于每组数据，输出最小平均值。如果无解，输出“No cycle found.”。

【分析】

使用二分法求解。对于一个猜测值 mid，只需要判断是否存在平均值小于 mid 的回路。如何判断呢？假设存在一个包含 k 条边的回路，回路上各条边的权值为 $w_1, w_2, \cdots, w_k$，那么平均值小于 mid 意味着 $w_1+w_2+\cdots+w_k<k*\text{mid}$，即

$$(w_1-\text{mid})+(w_2-\text{mid})+(w_3-\text{mid})+\cdots+(w_k-\text{mid})<0$$

换句话说，只要把每条边(a,b)的权 $w(a,b)$变成 $w(a,b)-\text{mid}$，再判断新图中是否有负权回路即可。代码如下[①]。

```
BellmanFord solver;

bool test(double x) {
  for(int i = 0; i < solver.m; i++)
    solver.edges[i].dist -= x;                    //修改权值
  bool ret = solver.negativeCycle();
  for(int i = 0; i < solver.m; i++)
    solver.edges[i].dist += x;                    //恢复权值
  return ret;
}
int main() {
  int T;
  scanf("%d", &T);
  for(int kase = 1; kase <= T; kase++) {
    int n, m;
    scanf("%d%d", &n, &m);
    solver.init(n);
    int ub = 0;                                   //最大权值
    while(m--) {
      int u, v, w;
      scanf("%d%d%d", &u, &v, &w); u--; v--; ub = max(ub, w);
      solver.AddEdge(u, v, w);
    }
    printf("Case #%d: ", kase);
    if(!test(ub+1)) printf("No cycle found.\n");
    //如果有圈，平均权值一定小于 ub+1
    else {
      double L = 0, R = ub;
      while(R - L > 1e-3) {
        double M = L + (R-L)/2;
        if(test(M)) R = M; else L = M;
      }
      printf("%.2lf\n", L);
```

① 别忘了把 Bellman-Ford 代码中的 dist 和 *d* 数组改成 double 类型的。

```
    }
  }
  return 0;
}
```

本题还可以采用一个称为 Karp 算法的专门算法，时间复杂度仅为 $O(mn)$。Karp 算法只适用于强连通图，在应用到本题时需要先找出强连通分量，有兴趣的读者可以一试。

例题 16　Halum 操作（Halum, UVa 11478）

给定一个有向图，每条边都有一个权值。每次你可以选择一个结点 v 和一个整数 d，把所有以 v 为终点的边的权值减小 d，把所有以 v 为起点的边的权值增加 d，最后要让所有边权值的最小值非负且尽量大。

【输入格式】

输入包含若干组数据。每组数据：第一行为两个整数 n 和 m（$n\leqslant500$，$m\leqslant2700$），即点和边的个数；以下 m 行，每行包含 3 个整数 u, v, d，即有一条以 u 为起点、v 为终点的边，权值为 d（$1\leqslant u,v\leqslant n$，$-10\,000\leqslant d\leqslant10\,000$）。输入结束标志为文件结束符（EOF）。

【输出格式】

对于每组数据，输出边权最小值的最大值。如果无法让所有边权值都非负，输出“No Solution”；如果边权最小值可以任意大，输出“Infinite”。

【分析】

注意，不同的操作互不影响，因此可以按任意顺序实施这些操作。另外，对于同一个结点的多次操作也可以合并，因此可以令 sum(u)为作用于结点 u 之上的所有 d 之和。这样，本题的目标就是确定所有的 sum(u)，使得操作之后所有边权值的最小值尽量大。

“最小值最大”又让我们想到了二分答案。二分答案 x 之后，问题转化为是否可以让操作完毕后每条边的权值均不小于 x。对于边 $a\rightarrow b$，不难发现操作完毕后它的权值为 $w(a,b)$+sum(a)−sum(b)，因此每条边 $a\rightarrow b$ 都可以列出一个不等式 $w(a,b)$+sum(a)−sum(b)$\geqslant x$，移项得 sum(b)−sum(a)$\leqslant w(a,b)-x$。这样，我们实际上得到一个差分约束系统（system of difference constraints）。

所谓差分约束系统，是指一个不等式组，每个不等式形如 $x_j-x_i\leqslant b_k$，这里的 b_k 是一些事先已知的常数。注意到这个不等式类似于最短路中的不等式 $d[v]\leqslant d[u]+w(u,v)$，我们可以用最短路算法求解：对于约束条件 $x_j-x_i\leqslant b_k$，新建一条边 $i\rightarrow j$，权值为 b_k，再加一个源点 s，从 s 出发与所有其他点相连，权值为 0。在这个图上运行 Bellman-Ford 算法，则源点 s 到每个点 i 的距离就是 x_i 的值。如果 Bellman-Ford 算法失败，即图中有负权环，则差分约束系统无解（想一想，为什么）。

考虑下面的不等式组（注意存在冗余不等式）：

$$x_0-x_5\leqslant1, x_1-x_0\leqslant5, x_3-x_0\leqslant3, x_4-x_1\leqslant-3, x_4-x_2\leqslant-1, x_4-x_5\leqslant0, x_5-x_0\leqslant2, x_5-x_7\leqslant1$$

$$x_5-x_8\leqslant2, x_6-x_3\leqslant5, x_6-x_3\leqslant6, x_7-x_6\leqslant3, x_7-x_8\leqslant4, x_8-x_4\leqslant5, x_8-x_2\leqslant2$$

对应的图如图 5-13 所示。

注意，在用 Bellman-ford 算法判断负圈时，每条边的权值都减少了 x，是不是和“例题 15　在环中”很像？本题和“平均值最大回路”问题是否有联系呢？这个问题留给读者思考。

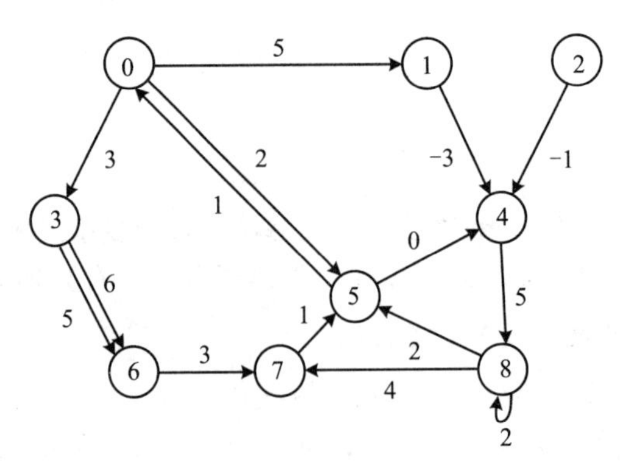

图 5-13

5.3.3 例题选讲

例题 17 蒸汽式压路机（Steam Roller, LA 4128）

有一个由 r 条横线和 c 条竖线组成的网格，你的任务是开着一辆蒸汽式压路机，用最短时间从起始点(r_1, c_1)出发，最后停到目的地(r_2, c_2)。其中，一些线段上有权值，代表全速通过需要的时间，权值为 0 的边不能通过。

由于蒸汽式压路机的惯性较大，对于任意一条边，如果在进入这条边之前刚转弯，或者离开这条边以后立即需要转弯，则实际时间为理想值的两倍。同样的道理，整条路线的起点和终点所在的边也需要两倍时间。注意，“时间加倍”规则不可叠加。比如，若离开整条路线的第一条边之后立即转弯，第一条边所花的时间仍是理想值的两倍而不是 4 倍。如图 5-14 所示，沿着理想值为 9 的边走，总时间为 18+18+18+18+18+18=108，而沿着理想值为 10 的边走，总时间为 20+10+20+20+10+20=100。

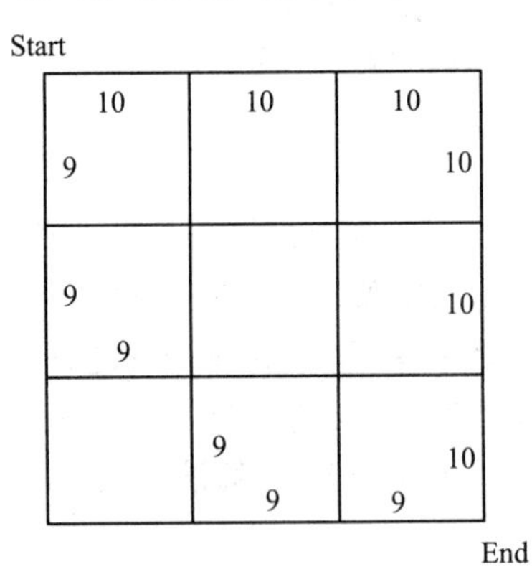

图 5-14

【输入格式】

输入包含多组数据。每组数据：第一行包含 6 个整数 R, C, r_1, c_1, r_2, c_2（$1 \leqslant r1,r2 \leqslant R \leqslant 100$，$1 \leqslant c_1$，$c_2 \leqslant C \leqslant 100$）；接下来的一行有 $2RC-R-C$ 个整数，从上到下、从左到右给出各条边的权值，0 表示此路不通，在其他情况下，权值为不超过 10 000 的正整数，代表全速通过

的时间。输入结束标志为 $R=C=r_1=c_1=r_2=c_2=0$。

【输出格式】

对于每组数据，输出最短时间。如果无法到达，则输出“Impossible”。

【分析】

把每个点(r,c)拆成 8 个点$(r,c,\text{dir},\text{doubled})$，分别表示上一步从上、下、左、右的哪个方向（dir）移动到这个点，以及移动到这个点的这条边的权值是否已加倍（double）。注意，我们规定总是在“已确定某个权值会加倍”的时刻立即给权值加倍，因此在如图 5-15（a）所示的情况下，边(u,v)未加倍，但在图 5-15（b）中会加倍。灰色的结点 v 表示当前点，u 是上一个经过的点，下同。

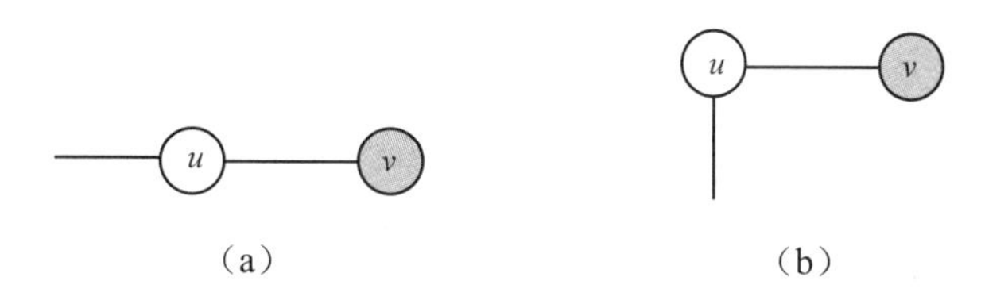

图　5-15

在构图时，每个点最多有 4 个后继点（分别对应上、下、左、右 4 个方向）。需要小心考虑当前的方向与上一步方向是否一致，以及当前点的权值是否已经加倍来计算后继结点。如图 5-16 所示，是 3 种典型的情况。

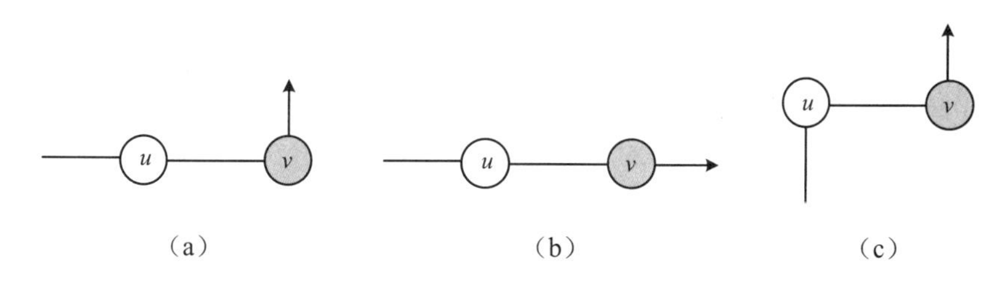

图　5-16

在图 5-16（a）中，需要再累加一次(u,v)的权值；图 5-16（b）不需要累加权值，因为(u,v)是全速通过；而在图 5-16（c）的情况下也不需要累加权值，因为已经加过一次了。

接下来只需对这 $8rc$ 个点求最短路。需要注意的是，本题有两个不易想到的细节。

- 可能先往左移动若干步后又往右移动。因为权值加倍的限制，这样可能比直接往右移动的权值之和要小，上下方向也是类似的。这意味着我们要老老实实地构图，不要想当然地删除一些看上去没用的边。
- 即使走到了终点(r_2,c_2)，路线也不一定结束，因为有可能在走到(r_2,c_2)时再往前移动一格然后回退一格，使得走到(r_2, c_2)的那条边不用加倍而权值之和更小。这意味着我们必须等 (r_2, c_2)的 8 个分裂点全部标号完毕之后才能终止程序。

代码如下。

```
const int UP = 0, LEFT = 1, DOWN = 2, RIGHT = 3; //各方向的名字
const int inv[] = {2, 3, 0, 1};      //每个方向的相反方向
```

```
const int dr[] = {-1, 0, 1, 0};     //每个方向对“行编号”的增量
const int dc[] = {0, -1, 0, 1};     //每个方向对“列编号”的增量
const int maxr = 100;
const int maxc = 100;

int grid[maxr][maxc][4];//grid[r][c][dir]代表从交叉点(r,c)出发，dir方向的边权

int n, id[maxr][maxc][4][2];        //结点总数，状态(r,c,dir,doubled)的编号

//给状态(r,c,dir,doubled)编号
int ID(int r, int c, int dir, int doubled) {
  int& x = id[r][c][dir][doubled];
  if(x == 0) x = ++n;               //从1开始编号
  return x;
}

int R, C;                           //交叉点的总行数和列数
//是否可以从交叉点(r,c)沿着方向dir走
bool cango(int r, int c, int dir) {
  if(r < 0 || r >= R || c < 0 || c >= C) return false; //走出网格
  return grid[r][c][dir] > 0;                          //0代表此路不通
}

Dijkstra solver;

int readint() { int x; scanf("%d", &x); return x; }    //方便读入过程编写

int main() {
  int r1, c1, r2, c2, kase = 0;
  while(scanf("%d%d%d%d%d%d", &R, &C, &r1, &c1, &r2, &c2) == 6 && R) {
    r1--; c1--; r2--; c2--;
    for(int r = 0; r < R; r++) {
      for(int c = 0; c < C-1; c++)
        grid[r][c][RIGHT] = grid[r][c+1][LEFT] = readint();
      if(r != R-1) for(int c = 0; c < C; c++)
        grid[r][c][DOWN] = grid[r+1][c][UP] = readint();
    }
    solver.init(R*C*8+1);

    n = 0;
    memset(id, 0, sizeof(id));

    //源点出发的边
    for(int dir = 0; dir < 4; dir++) if(cango(r1, c1, dir))
      solver.AddEdge(0, ID(r1+dr[dir], c1+dc[dir], dir, 1), grid[r1][c1]
[dir]*2);

    //计算每个状态(r,c,dir,doubled)的后继状态
    for(int r = 0; r < R; r++)
```

```
      for(int c = 0; c < C; c++)
        for(int dir = 0; dir < 4; dir++) if(cango(r, c, inv[dir]))
          for(int newdir = 0; newdir < 4; newdir++) if(cango(r, c, newdir))
            for(int doubled = 0; doubled < 2; doubled++) {
              int newr = r + dr[newdir];
              int newc = c + dc[newdir];
              int v = grid[r][c][newdir], newdoubled = 0;
              if(dir != newdir) {
                if(!doubled) v += grid[r][c][inv[dir]];   //老边加倍
                newdoubled = 1; v += grid[r][c][newdir]; //新边加倍
              }
              solver.AddEdge(ID(r, c, dir, doubled), ID(newr, newc, newdir,
newdoubled), v);
            }

    solver.dijkstra(0);

    //找最优解
    int ans = INF;
    for(int dir = 0; dir < 4; dir++) if(cango(r2, c2, inv[dir]))
      for(int doubled = 0; doubled < 2; doubled++) {
        int v = solver.d[ID(r2, c2, dir, doubled)];
        if(!doubled) v += grid[r2][c2][inv[dir]];
        ans = min(ans, v);
      }

    printf("Case %d: ", ++kase);
    if(ans == INF) printf("Impossible\n"); else printf("%d\n", ans);
  }
  return 0;
}
```

还有另外一种构图方法。将一个点拆成 5 个点(r,c,dir)，代表到达(r,c)，并且正在沿着方向 dir 走。增加一个新的方向——静止，然后规定不能直接改变方向，只能先改成静止，再改成新的方向。这样一来，“动点”有“停下来”和“继续走”两种决策，而“静点”只有一种决策，即“开始走”。上述 3 种决策中，当且仅当“继续走”时权值不需要加倍，而开始和停止时权值需要加倍。

这样就可以了吗？不可以，漏掉了一种情况，那就是“开始走了一条边以后停下来”。如果用刚才的模型，这条边会加倍两次，不符合题意。解决方法是为“静点”增加一种决策，即“走一条边后立即停止”。代码如下。

```
int main() {
  int r1, c1, r2, c2, kase = 0;
  while(scanf("%d%d%d%d%d%d", &R, &C, &r1, &c1, &r2, &c2) == 6 && R) {
    r1--; c1--; r2--; c2--;
    for(int r = 0; r < R; r++) {
      for(int c = 0; c < C-1; c++)
        grid[r][c][RIGHT] = grid[r][c+1][LEFT] = readint();
```

```
    if(r != R-1) for(int c = 0; c < C; c++)
      grid[r][c][DOWN] = grid[r+1][c][UP] = readint();
  }
  solver.init(R*C*5+1);

  n = 0;
  memset(id, 0, sizeof(id));

  //源点出发的边
  for(int dir = 0; dir < 4; dir++) if(cango(r1, c1, dir)) {
     solver.AddEdge(0, ID(r1+dr[dir], c1+dc[dir], dir), grid[r1][c1] [dir]*2);
                                                         //决策 3
    solver.AddEdge(0, ID(r1+dr[dir], c1+dc[dir], 4), grid[r1][c1][dir]*2);
                                                         //决策 4
  }

  //计算每个状态(r,c,dir)的后继状态
  for(int r = 0; r < R; r++)
    for(int c = 0; c < C; c++) {
      for(int dir = 0; dir < 4; dir++) if(cango(r, c, inv[dir])) {
      //静点决策
        solver.AddEdge(ID(r,c,dir), ID(r, c, 4), grid[r][c][inv[dir]]);
        //决策 1
        if(cango(r,c,dir))
          solver.AddEdge(ID(r,c,dir),  ID(r+dr[dir],  c+dc[dir],  dir),
grid[r][c][dir]);                                        //决策 2
      }
      for(int dir = 0; dir < 4; dir++) if(cango(r, c, dir)) { //动点决策
        solver.AddEdge(ID(r,c,4), ID(r+dr[dir], c+dc[dir], dir), grid[r][c]
[dir]*2);                                                //决策 3
        solver.AddEdge(ID(r,c,4), ID(r+dr[dir], c+dc[dir], 4), grid[r][c]
[dir]*2);                                                //决策 4
      }
    }

    solver.dijkstra(0);
    int ans = solver.d[ID(r2, c2, 4)];
    printf("Case %d: ", ++kase);
    if(ans == INF) printf("Impossible\n"); else printf("%d\n", ans);
  }
  return 0;
}
```

例题 18　低价空中旅行（Low Cost Air Travel, World Finals 2006, LA 3561）

很多航空公司都会出售一种联票，要求从头坐，上飞机时上缴机票，可以在中途任何一站下飞机。比如，假设你有一张“城市 1→城市 2→城市 3”的联票，你不能用来只从城市 2 飞到城市 3（因为必须从头坐），也不能先从城市 1 飞到城市 2，再用其他票飞到其他城市玩，回到城市 2 后再用原来的机票飞到城市 3（因为机票已经上缴）。

这里有一个例子。假设有 3 种票，每种票的情况如下所示。

- 票 1：城市 1→城市 3→城市 4，票价 225 美元。
- 票 2：城市 1→城市 2，票价 200 美元。
- 票 3：城市 2→城市 3，票价 50 美元。

你想从城市 1 飞到城市 3，有两种方法可以选择：买票 1，只飞第一段；或者买票 2 和 3，通过城市 2 中转。显然，第一种方法比较省钱，虽然浪费了一段。

给出票的信息，以及一个或多个行程单，你的任务是买尽量少的票（同一种票可以买多张），使得总花费最少。输入保证行程总是可行的。行程单上的城市必须按顺序到达，但中间可以经过一些辅助城市。

【输入格式】

输入包含多组数据。每组数据：第一行为一个整数 *NT*，即联票的种类数；以下 *NT* 行，每行为一个联票描述，其中第一个整数为票的价格，然后是联票上城市的数目以及这些城市的整数编号（按顺序给出）；接下来为一个整数 *NI*，即需要计算最少花费的行程单数目；以下 *NI* 行，每行为一个行程单，其中第一个整数为行程单上的城市数目（包括起始城市），以及这些城市的编号（按顺序给出）。输入保证每组数据最多包含 20 种联票和 20 个行程单，每张票或者行程单上有至少 2 个，最多 10 个城市。票价不超过$10 000。联票或者行程单上的相邻城市保证不同。票和行程单都从 1 开始编号。输入结束标志为 *NT*=0。

【输出格式】

对于每组数据的每张行程单，输出最少花费和对应的方案。输出保证唯一。

【分析】

要依次经过行程单上的各个城市，那么是不是可以先求出每两个相邻城市的最少花费，再加起来呢？不可以，因为不一定每两个相邻城市都是用一张或多张完整的票。比如行程单上是城市 1→城市 2→城市 3，只有一张票：城市 1→城市 2→城市 3。在这样的情况下，单独从城市 2 到城市 3 是无解的。

正确的方法是把“目前已经经过了行程单上的几个城市” i（不超过 10）作为状态的一部分，再加上当前城市编号 j（注意，最多可能有 400 个城市），以合起来的(i,j)为结点构图。构图方法是考虑每张机票的每种用法（飞前面几段），计算出新的状态。比如，有一张票 *FABCAD*，行程单为 *BA*，则以$(0,F)$为起点有 5 条边，分别指向$(0,A)$，$(1,B)$，$(1,C)$，$(2,A)$和$(2,D)$。

还有几点需要注意：本题最坏情况下可能会用 200 张票，金额超过 100 万美元。另外，虽然题目说答案唯一，但这并不代表图上的最短路是唯一的，因为就算是以相同的顺序使用相同的票，每张票使用的部分也可以不同。

例题 19　动物园大逃亡（Animal Run，北京 2006，UVa1376 LA 3661）

由于控制程序出了 bug，动物园的笼子无缘无故被打开，所有动物展开了一次大逃亡。整个城市是一个网格，另外每个单位方格都有一条从左上到右下的对角线，其中动物园在左上角，动物们的目的地是右下角。所有道路（即网格的边和对角线）都是双向的。

每条道路上都有一个正整数权值，代表拦截这条边所需要的工作人员数，如图 5-17 所示。你的任务是派尽量少的工作人员，使动物无法从动物园走到目的地（动物只能经过没有被拦截的边）。

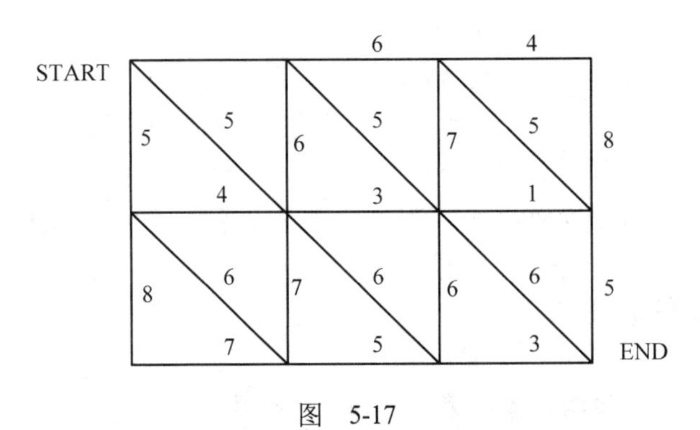

图 5-17

【输入格式】

输入包含多组数据。每组数据：第一行为两个整数 n 和 m（$3\leqslant n,m\leqslant 1000$），即网格的行数和列数；以下 n 行，每行 $m-1$ 个整数，即拦截每条横边所需的人数；以下 $n-1$ 行，每行有 m 个整数，即拦截每条竖边所需的人数；以下 $n-1$ 行，每行 $m-1$ 个整数，表示拦截每条对角线边所需的人数。上述边的排列顺序为从上到下，从左到右。所有权值均为不超过 10^6 的正整数。输入结束标志为 $n=m=0$。输入文件大小约为 16MB。

【输出格式】

对于每组数据，输出需要派遣的工作人员总数。

【分析】

如果把网格的交叉点看作结点，横竖线和斜线看成边，则本题转化为经典的最小割问题。由于数据规模太大，常用的最大流算法对于本题而言实在是太慢了。怎么办呢？注意到本题的图是一张平面图，“左上角无法走到右下角”实际上等价于“障碍物从左/下连到右/上”，如图 5-18 所示（为了使图清晰，斜线已略去）。

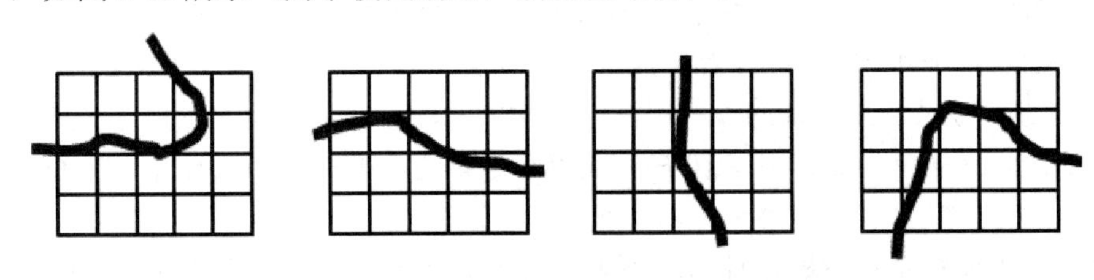

图 5-18

无论是上述哪种情况，中间的线都是不能断的，否则无法成功拦截。另一方面，任何多余的边都是不需要拦截的（因为“需要拦截的人数”是非负的），因此问题转化为从左/下边界到右/上边界的最短路问题。

把每条道路看作一个结点，每个三角形的 3 条道路两两直接相连，于是得到了一个结点和边均有 $O(nm)$个的点带权图。初始化时，令左边界与下边界的所有道路的 d 值为 0，求一次 Dijkstra 之后，找出右边界与上边界上所有道路的 d 值的最小值即可。

5.4　生成树相关问题

《算法竞赛入门经典（第 2 版）》中给出了最小生成树的 Kruskal 算法。为了更好地理解最小生成树问题，下面给出两个性质。

- 切割性质：假定所有边权值均不相同，设 S 为既非空集也非全集的 V 的子集，边 e 是满足一个端点在 S 内、另一个端点不在 S 内的所有边中权值最小的一个，则图 G 的所有生成树均包含 e。
- 回路性质：假定所有边权值均不相同，设 C 是图 G 中的任意回路，边 e 是 C 上权值最大的边，则图 G 的所有生成树均不包含 e。

下面将介绍生成树的相关问题。

增量最小生成树：从包含 n 个点的空图开始，依次加入 m 条带权边。每加入一条边，输出当前图中的最小生成树权值（如果当前图不连通，输出无解）。

分析：如果每次重新求解完整的最小生成树问题，总时间复杂度高达 $O(m^2\log n)$。有没有高效的方法呢？答案是肯定的。根据回路性质，可以得到如下的改进算法：每次求出新的最小生成树后，把其他所有边删除。由于每次只需计算一个 n 条边（原生成树有 n−1 条，新加入一条）的图的最小生成树，Kruskal 算法的时间复杂度降为 $O(n\log n)$，总时间为 $O(nm\log n)$。

这个算法还可以进一步改进为：加入一条边 $e=(u,v)$后，图中恰好包含一个环。根据回路性质，删除该回路上权值最大的边即可，因此只需在加边之前的 MST 上找到 u 到 v 的唯一路径上权值最大的边，再和 e 比较，删除权值较大的一条。由于路径唯一，可以用 DFS 或者 BFS 找到这条 u 到 v 的路径，总时间复杂度为 $O(nm)$。

最小瓶颈生成树：给出加权无向图，求一棵生成树，使得最大边权值尽量小。

分析：由于只关心最大边权值，我们可以从一个空图开始，按照权值从小到大的顺序依次加入各条边，则图第一次连通时，该图的最小生成树就是原图的最小瓶颈生成树。细心的读者可能看出了，这个过程不就是 Kruskal 算法么？没错，原图的最小生成树就是一棵最小瓶颈生成树[①]。

最小瓶颈路：给定加权无向图的两个结点 u 和 v，求出从 u 到 v 的一条路径，使得路径上的最长边尽量短。

分析：这个问题可以用二分法与 BFS 法解决，但我们有更好的算法。先求出这个图的最小生成树，则起点和终点在树上的唯一路径就是我们所要找的路径，这条路径上的最长边就是问题的答案。证明方法和上面几乎相同，读者不妨一试。

每对结点间的最小瓶颈路：给出加权无向图，求每两个结点 u 和 v 之间的最小瓶颈路的最大边长 $f(u,v)$。

分析：有了前面的经验，不难想到先求出最小生成树。接下来，用 DFS 把最小生成树

① 但并不是每棵最小瓶颈生成树都是最小生成树。这一点请读者注意。

变成有根树，同时计算 $f(u,v)$，当新访问一个结点 u 时，考虑所有已经访问过的老结点 x，更新 $f(x,u) = \max\{f(x,v), w(u,v)\}$，其中 v 是 u 的父结点。每个 $f(u,v)$只需常数时间计算，因此时间复杂度为 $O(n^2)$。

次小生成树：把所有生成树按照权值之和从大到小的顺序排列，求排在第二位的生成树。注意，如果最小生成树不唯一，次小生成树的权值和最小生成树相同。

分析：次小生成树不会和最小生成树完全相同，因此可以枚举最小生成树中不在次小生成树中出现的边。注意最小生成树只有 $n-1$ 条边，所以只需枚举 $n-1$ 次。每次在剩下的边里求一次最小生成树，则这 $n-1$ 棵“缺一条边的图”的最小生成树中权值最小的就是原图的最小生成树，时间复杂度为 $O(nm\log n)$（注意边只需排序一次）。

还有一种更好的方法：枚举要加入哪条新边。在最小生成树上加一条边 u-v 之后，图上会出现一条回路，因此删除的边必须在最小生成树上 u 到 v 的路径上，而且是这条路径上的最长边。可以证明，次小生成树一定可以由最小生成树加一条边再删一条边[①]得到，因此只需按照“每对结点之间的最小瓶颈路”的方法求出每对结点 u 和 v 在最小生成树中唯一路径的最大边权 maxcost[u][v]，则剩下部分只需要 $O(m)$时间（枚举所有 $m-n+1$ 条边进行交换，每次花 $O(1)$时间求出新生成树的权值）。总时间复杂度为 $O(n^2)$。

最小有向生成树：给定一个有向带权图 G 和其中一个结点 u，找出一个以 u 为根结点，权值和最小的有向生成树。有向生成树（directed spanning tree）也叫树形图（arborescence），是指一个类似树的有向图，满足以下条件。

- 恰好有一个入度为 0 的点，称为根结点。
- 其他结点的入度均为 1。
- 可以从根结点到达所有其他结点。

不难发现，如果树型图的结点数为 n，它的边数一定为 $n-1$，且树型图中不存在有向环。

分析：固定根的最小树形图可以用朱-刘算法解决。首先是预处理，删除自环[②]并判断根结点是否可以到达其他结点。如果不是，输出无解并终止程序。

接下来是算法的主过程。首先，给所有非根结点选择一条权值最小的入边。如果选出来的 $n-1$ 条边不构成圈，则可以证明这些边就形成了一个最小树形图，否则把每个圈各收缩成一个点，继续上述过程。

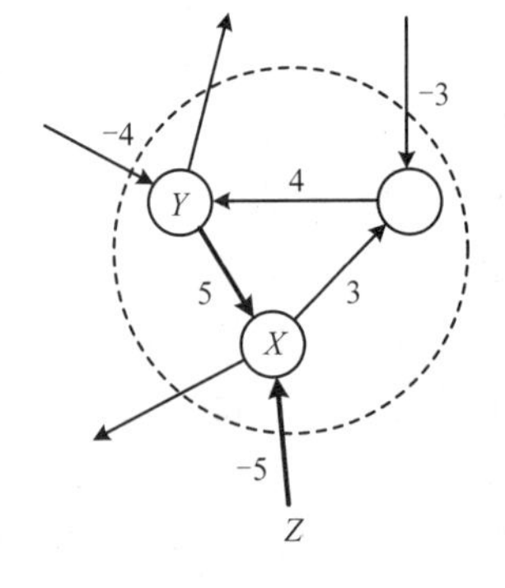

图 5-19

缩圈之后，圈上所有边都消失了，因此在最终答案里需要累加上这些边的权值之和。但这样做有个问题：假设在算法的某次迭代中，把圈 C 收缩为了人工结点 v，则在下一次迭代中，给 v 选择的入弧将与 v 在圈 C 中的入弧发生冲突。如图 5-19 所示，X 在圈中已经有了入弧 $Y\to X$，如果收缩之后又选了一个入弧 $Z\to X$，必须把弧 $Y\to X$ 从最小树形图中删掉，这等价于把弧 $Z\to X$ 的权值减小了 $Y\to X$ 的权值。

① 称为“边交换”。

② 即起点和终点相同的有向边。它们显然不在最小树形图中。

例题 20　秦始皇修路（Qin Shi Huang's National Road System, 北京 2011, LA 5713）

假设，秦朝有 n 个城市，需要修建一些道路，使得任意两个城市之间都可以连通。道士徐福声称他可以用法术修路，不花钱，也不用劳动力，但只能修一条路，因此需要慎重选择用法术修哪一条路。秦始皇不仅希望其他道路的总长度 B 尽量短（这样可以节省劳动力），还希望法术连接的两个城市的人口之和 A 尽量大，因此下令寻找一个使 A/B 最大的方案。你的任务是找出这个方案。

任意两个城市之间都可以修路，长度为两个城市之间的欧几里得距离。

【输入格式】

输入的第一行为数据组数 t（$t\leqslant 10$）。每组数据：第一行为城市数目 n（$3\leqslant n\leqslant 1000$），以下 n 行，每行 3 个整数 X, Y, P，即一个城市坐标(X,Y)与人口数 P（$0\leqslant X, Y\leqslant 1000, 1\leqslant P\leqslant 100\,000$）。输入保证所有城市位置均不同。

【输出格式】

对于每组数据，输出 A/B 的最大值，四舍五入保留两位小数。

【分析】

本题和“例题 11　机场快线”有些类似。法术只能修一条路，不妨枚举它两端的城市 u 和 v。如果可以在 $O(1)$时间内算出“在原图中删除边 $u\rightarrow v$ 后的最小生成树权值”，就可以在 $O(n^2)$时间内解决本题了。

这个问题看上去和次小生成树有些相像？是的，本题也可以采取相同的方法，先求出最小生成树，在枚举边 $u\rightarrow v$ 后删除最小生成树中 u 和 v 之间唯一路径上的最大权值 maxcost[u][v]。只需在预处理时用 $O(n^2)$时间算出 maxcost 数组，问题就得到了解决。

例题 21　邦德（Bond, UVa 11354）

有 n 座城市通过 m 条双向道路相连，每条道路都有一个危险系数。你的任务是回答若干个询问，每个询问包含一个起点 s 和一个终点 t，要求找到一条从 s 到 t 的路，使得途径所有边的最大危险系数最小。

【输入格式】

输入包含最多 5 组数据。每组数据：第一行为两个整数 n 和 m（$2\leqslant n\leqslant 50\,000, 1\leqslant m\leqslant 100\,000$）；以下 m 行，每行包含 3 个整数 x, y, d（$1\leqslant x, y\leqslant n, 0\leqslant d\leqslant 10^9$），即城市 x 和城市 y 之间有一条危险系数为 d 的道路（城市编号为 1～n）；下一行包含一个整数 Q（$1\leqslant Q\leqslant 50\,000$），以下 Q 行每行包含两个整数 s, t（$1\leqslant s, t\leqslant n, s\neq t$），即询问的起点和终点。

【输出格式】

对于每个询问，输出最优路线上所有边的危险系数的最大值。不同数据之间输出一个空行。

【分析】

本题也是要求瓶颈路，但需要快速回答很多查询。这很像前面数据结构部分的题目，因此也可以考虑先做预处理，把信息组织成某种易于查询的结构。

首先求出最小生成树，并把它改写成有根树，让 fa[i]和 cost[i]分别表示结点 i 的父亲编号和它与父亲之间的边权，$L[i]$表示结点 i 的深度（根结点深度为 0，根结点的子结点深度为 1，依此类推）。前面已经介绍过将无根树转化为有根树的方法，这里略去。

接下来，通过预处理计算出数组 anc 和 maxcost 数组，其中 anc[i][j]表示结点 i 的第 2^j 级祖先编号（anc[i][0]就是父亲 fa[i]，anc[i][j]=−1 表示该祖先不存在），maxcost[i][j]表示结点 i 和它的 2^j 级祖先之间的路径上的最大权值。这里给出预处理程序。代码如下。

```
void preprocess() {
  for(int i = 0; i < n; i++) {
    anc[i][0] = fa[i]; maxcost[i][0] = cost[i];
    for(int j = 1; (1 << j) < n; j++) anc[i][j] = -1;
  }
  for(int j = 1; (1 << j) < n; j++)
    for(int i = 0; i < n; i++)
      if(anc[i][j-1] != -1) {
        int a = anc[i][j-1];
        anc[i][j] = anc[a][j-1];
        maxcost[i][j] = max(maxcost[i][j-1], maxcost[a][j-1]);
      }
}
```

有了这些预处理，我们就可以编写查询处理过程了。假定查询的两个结点为 p 和 q，并且 p 比 q 深（如果不是的话，交换），则可以先把 p 提升到和 q 处于同一级的位置，然后利用类似二进制展开的方法不断把 p 和 q 同时往上“提”（要保证二者深度始终相等），同时更新最大边权。代码如下。

```
int query(int p, int q) {
  int tmp, log, i;
  if(L[p] < L[q]) swap(p, q);
  for(log = 1; (1 << log) <= L[p]; log++); log--;

  int ans = -INF;
  for(int i = log; i >= 0; i--)
    if (L[p] - (1 << i) >= L[q]) { ans = max(ans, maxcost[p][i]); p = anc[p][i];}

  if (p == q) return ans; //LCA 为 p

  for(int i = log; i >= 0; i--)
    if(anc[p][i] != -1 && anc[p][i] != anc[q][i]) {
      ans = max(ans, maxcost[p][i]); p = anc[p][i];
      ans = max(ans, maxcost[q][i]); q = anc[q][i];
    }

  ans = max(ans, cost[p]);
  ans = max(ans, cost[q]);
  return ans; //LCA 为 fa[p]（它也等于 fa[q]）
}
```

上述代码也能求出 p 和 q 的最近公共祖先。这样，就在预处理 $O(n\log n)$、查询 $O(\log n)$ 的时间内解决了本题。

例题 22　比赛网络（Stream My Contest, UVa 11865）

你需要花费不超过 cost 元来搭建一个比赛网络。网络中有 n 台机器，编号为 0～n−1，其中机器 0 为服务器，其他机器为客户机。一共有 m 条可以使用的网线，其中第 i 条网线的发送端是机器 u_i，接收端是机器 v_i（数据只能从机器 u_i 单向传输到机器 v_i），带宽是 b_i Kb/s，费用是 c_i 元。每台客户机应当恰好从一台机器接收数据（即恰好有一条网线的接收端是该机器），而服务器不应从任何机器接收数据。你的任务是最大化网络中的最小带宽。

【输入格式】

输入第一行为数据组数 T（$T\leqslant 50$）。每组数据：第一行为 3 个整数 n, m, cost（$1\leqslant n\leqslant 60$，$1\leqslant m\leqslant 10\,000$，$1\leqslant \text{cost}\leqslant 10^9$）；以下 m 行，每行用 4 个整数 u, v, b, c（$0\leqslant u,v<n$，$1\leqslant b,c\leqslant 10^6$，$u\neq v$）描述一条网线。

【输出格式】

对于每组数据，输出最小带宽的最大值。如果无法搭建网络，输出“streaming not possible.”。

【分析】

如果已知最小带宽，则问题转化为：如果禁用小于此带宽的网线，是否可以成功搭建网络？利用最小树形图不难做出判断。只需求出从 0 出发的最小树形图，判断权值和是否超过 cost 即可。由于最小带宽越小，越容易有解，所以只需二分这个最小带宽。注意在求最小树形图之前不要忘记前面提到的两个预处理。

5.5　二分图匹配

本节介绍二分图匹配。虽然很多问题都可以借助最大流或者最小费用流算法解决，但这里介绍的方法更简单，速度也更快。和前面的内容一样，这些算法思想本身也是很有启发性的，请不要简单地把它们看作黑盒算法，只知其然而不知其所以然。

5.5.1　二分图最大匹配

在图论中，匹配是指两两没有公共点的边集。二分图最大匹配问题是这样的：给出一个二分图，找一个边数最大的匹配，即选尽量多的边，使得任意两条选中的边均没有公共点。如图 5-20 所示，就是一个最大匹配。注意，如果所有点都是匹配点（匹配中的某一条边的端点），则称这个匹配是完美匹配（perfect matching）。

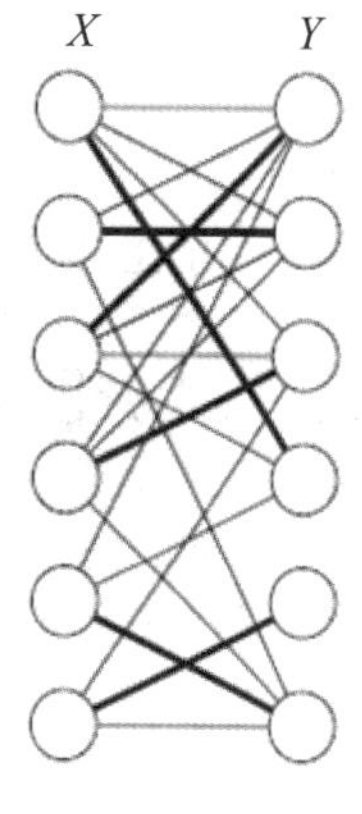

图　5-20

为方便叙述，在本书中我们总是把二分图的两个结点集称为 X 和 Y，有时也称左边和右边，其中左边是 X 集，右边是 Y 集，如图 5-20 所示。

这个问题可以用后面即将介绍的网络流解决，但用增广路算法更加简洁。

增广路定理：为了叙述增广路算法，我们首先学习增广路定理。为方便叙述，我们用未盖点来表示不与任何匹配边邻接的点，其他点为匹配点，即恰好和一条匹配边邻接的点。从未盖点出发，依次经过非匹配边、匹配边、非匹配边、匹配边……所得到的路径称为交替路。注意，如果交替路的终点是一个未盖点，则称这条交替路为一条增广路。在增广路中，非匹配边比匹配边多一条。

增广路的作用是改进匹配。假设我们已经找到一个匹配，如何判断它是不是最大匹配呢？看增广路。如果有一条增广路，那么把此路上的匹配边和非匹配边互换，得到的匹配比刚才多一条边。反过来，如果找不到增广路，则当前匹配就是最大匹配（证明略）。这就是增广路定理，即一个匹配是最大匹配的充分必要条件是不存在增广路。注意，这个充要条件适合于任意图，不仅仅是二分图。

有个很有意思的游戏可以加深对增广路定理的理解。这是一个无向图上的游戏，Alice 和 Bob 轮流操作，Alice 先走。第一次可以任选一个点放一枚棋子，以后每次把棋子移动到一个相邻点上，并把棋子原先所在的点删除，谁不能移动就算输。若双方都采取最优策略，谁将取胜？

分析：如果有完美匹配，则 Alice 输，因为 Bob 只需沿着匹配边走即可。否则 Alice 赢，因为任意求一个最大匹配，Alice 把棋子放在任一个未盖点上，Bob 都只能把它移动到已盖点上（否则得到增广路）。Alice 沿着匹配边移动，下一步 Bob 又只能把它移到另一个已盖点上，只要 Bob 能移动，Alice 就能移动。

增广路算法：根据增广路定理，最大匹配可以通过反复找增广路来求解。如何找增广路呢？根据定义，首先需要选一个未盖点 u 作为起点。不失一般性，设这个 u 是 X 结点。接下来，需要选一个从 u 出发的非匹配边(u,v)，到达 Y 结点 v。如果 v 是未盖点，说明我们成功地找到了一条增广路，否则说明 v 是匹配点，下一步得走匹配边。因为一个匹配点恰好和一条匹配边邻接，这一步没得选择。设匹配点 v 邻接的匹配边的另一个端为 left[v]，则可以理解为从 u 直接走到了 left[v]，而这个 left[v]也是一个 X 结点。如果始终没有找到未盖点，最后会扩展出一棵所谓的匈牙利树。

这样，我们得到了一个算法，即每次选一个未盖点 u 进行 DFS[①]。注意，如果找不到以 u 开头的增广路，则换一个未盖点进行 DFS，且以后再也不从 u 出发找增广路。换句话说，如果以后存在一个从 u 出发的增广路，那么现在就找得到。证明并不复杂，留给读者思考。

5.5.2 二分图最佳完美匹配

假定有一个完全二分图 G，每条边有一个权值（可以是负数）。如何求出权值和最大的完美匹配？Kuhn-Munkres 算法（KM 算法，也称为匈牙利算法）可以解决这个问题。为了学习这个算法，我们先来看两个概念。

可行顶标是一个结点函数 l，使得对于任意弧(x,y)，有 $l(x)+l(y)\geqslant w(x,y)$。相等子图是 G 的生成子图，包含所有点，但只包含满足 $l(x)+l(y)=w(x,y)$的所有边(x,y)。关于这两个概念，

---

① 从上述分析可知，BFS 也是可以的，但 DFS 更容易编写。另外，为了加快速度，实践中一般会先执行某种贪心算法预先求出一个匹配，然后在此基础上增广，而不是从空匹配开始增广。

有一个极为重要的定理，即如果相等子图有完美匹配，则该匹配是原图的最大权匹配。

这个定理看上去很高深，其实很容易证明。设 M^*是相等子图的完美匹配，根据定义有 M^*的权和等于所有点的顶标之和。另一方面，任取 G 的一个完美匹配 M，由于 M 中的边只满足不等式 $w(x,y)\leqslant l(x)+l(y)$，$M$ 的权和不超过所有顶标之和，也就是 M^*的权和。

这样看来，问题的关键就是寻找好的可行顶标，使相等子图有完美匹配。

算法思路是这样的：任意构造一个可行顶标（比如，Y 结点顶标为 0，X 结点的顶标为以它为出发点的所有边的最大权值），然后求相等子图的最大匹配。如果存在完美匹配，算法终止；否则修改顶标，使得相等子图的边变多，有更大机会存在完美匹配。

如何修改顶标呢？我们仍然从匈牙利树入手。设匈牙利树中的 X 结点集为 S，Y 结点集为 T，则 S 到 T'没有边（否则匈牙利树可以继续生长）；S'到 T 的边都是非匹配边（想一想，为什么）；如果把 S 中所有点的顶标同时减少一个相同整数 a，则 S 到 T'中可能会有新边进入相等子图。为了保证 S-T 的匹配边不离开相等子图，还要把 T 中所有点的顶标同时增加 a。如图 5-21 所示。

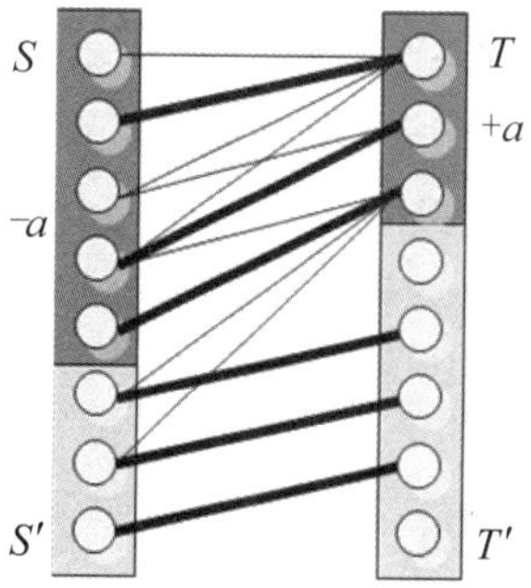

图　5-21

不难发现，应取 $a=\min\{l(x)+l(y)-w(x,y) \mid x \text{ in } S, y \text{ in } T'\}$，因为如果 S 中每个顶标的实际减小值比这个值小，则不会有新边进入；如果比这个值大，则顶标将变得不可行。

设边(x,y)进入相同子图，有以下两种情况。

- 情况一：y 是未盖点，则找到增广路。
- 情况二：y 和 S 中的点 z 匹配，则把 z 和 y 分别加入 S 和 T 中。

不难发现，每次修改顶标要么找到增广路，要么使匈牙利树增加两个结点，因此一共需要 $O(n^2)$次修改顶标操作。这样，问题的关键就在于快速修改顶标。

最朴素的做法，是枚举 S 和 T 中的每个元素，根据定义计算最小值，每次修改的时间为 $O(n^2)$，总时间 $O(n^4)$。第二种方法是给 T 中的每个结点 y 定义松弛量

$$\text{slack}(y)=\min\{l(x)+l(y)-w(x,y)\}$$

则 a 的计算公式变为 $a=\min\{\text{slack}(y) \mid y \text{ in } T'\}$。

每次增广后，需要用 $O(n^2)$时间计算所有点的初始 slack。由于每次扩展匈牙利树时所有 S-T 弧的增量相同，因此修改每个 slack 值只需要常数时间，而计算所有 slack 值需要 $O(n)$ 时间。这样，每次增广后最多修改 n 次顶标，因此每次增广后修改顶标总时间降为 $O(n^2)$，总时间为 $O(n^3)$[①]。

下面给出 $O(n^4)$时间复杂度的实现，它清晰易懂，且实际效果没有理论上那么糟糕。改写成 $O(n^3)$的代码留给读者练习。代码如下。

```
int W[maxn][maxn], n;
int Lx[maxn], Ly[maxn];       //顶标
int left[maxn];               //left[i]为右边第 i 个点的编号
bool S[maxn], T[maxn];        //S[i]和 T[i]为左/右第 i 个点是否已标记
```

① 这个改进方法由 Edmonds 和 Karp 提出。

```
bool match(int i){
  S[i] = true;
  for(int j = 1; j <= n; j++) if (Lx[i]+Ly[j] == W[i][j] && !T[j]){
    T[j] = true;
    if (!left[j] || match(left[j])){
      left[j] = i;
      return true;
    }
  }
  return false;
}

void update(){
  int a = 1<<30;
  for(int i = 1; i <= n; i++) if(S[i])
    for(int j = 1; j <= n; j++) if(!T[j])
      a = min(a, Lx[i]+Ly[j] - W[i][j]);
  for(int i = 1; i <= n; i++) {
    if(S[i]) Lx[i] -= a;
    if(T[i]) Ly[i] += a;
  }
}

void KM() {
  for(int i = 1; i <= n; i++) {
    left[i] = Lx[i] = Ly[i] = 0;
    for(int j = 1; j <= n; j++)
      Lx[i] = max(Lx[i], W[i][j]);
  }
  for(int i = 1; i <= n; i++) {
    for(;;) {
      for(int j = 1; j <= n; j++) S[j] = T[j] = 0;
      if(match(i)) break; else update();
    }
  }
}
```

例题 23　蚂蚁（Ants, NEERC 2008, LA 4043）

给出 n 个白点和 n 个黑点的坐标，要求用 n 条不相交的线段把它们连接起来，其中每条线段恰好连接一个白点和一个黑点，每个点恰好连接到一条线段，如图 5-22 所示。

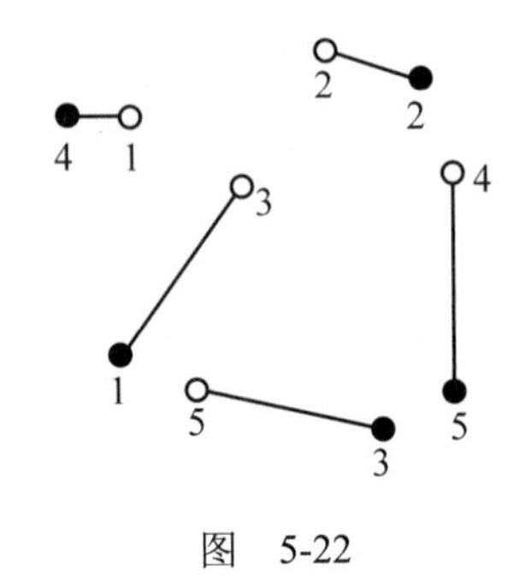

图　5-22

【输入格式】

输入包含多组数据。每组数据：第一行为整数 n（$1 \leqslant n \leqslant 100$）；以下 n 行，每行包含两个整数，即各白点坐标；再以下 n 行，每行包含两个整数，即各黑点坐标。坐标均为绝对值不超过 10 000 的整数。输入保证没有两个坐标相同的点，

且任意 3 点不共线。所有白点和黑点均按照输入顺序编号为 1～n。

【输出格式】

对于每组数据，输出 n 行，其中第 i 行为第 i 个白点所连接的黑点编号。

【分析】

因为结点有黑、白两色，我们不难想到构造一个二分图，其中每个白点对应一个 X 结点，每个黑点对应一个 Y 结点，一个黑点和一个白点相连，权值等于两者的欧几里得距离。建模之后，最佳完美匹配就是问题的解。为什么呢？假设在最佳完美匹配中有两条线段 $a_1 \rightarrow b_1$ 与 $a_2 \rightarrow b_2$ 相交，那么 $\text{dist}(a_1,b_1)+\text{dist}(a_2,b_2)$ 一定大于 $\text{dist}(a_1,b_2)+\text{dist}(a_2,b_1)$，因此如果把这两条线段改成 $a_1 \rightarrow b_2$ 和 $a_2 \rightarrow b_1$ 后总长度会变少，与“最佳”二字矛盾。换句话说，最佳匹配中不会出现线段相交的情况。这样，我们只需直接套用 KM 算法即可解决本题，非常方便[①]。

例题 24　少林决胜（Golden Tiger Claw, UVa 11383）

给定一个 $N \times N$ 矩阵，每个格子里都有一个正整数 $w(i,j)$。你的任务是给每行确定一个整数 $\text{row}(i)$，每列也确定一个整数 $\text{col}(i)$，使得对于任意格子 (i,j)，$w(i,j) \leqslant \text{row}(i)+\text{col}(j)$。所有 $\text{row}(i)$ 和 $\text{col}(i)$ 之和应尽量小。

【输入格式】

输入包含最多 15 组数据。每组数据：第一行为正整数 N（$N \leqslant 500$）；以下 N 行，每行 N 个整数，即各个格子的整数值（均为不超过 100 的正整数）。输入结束标志为文件结束符。

【输出格式】

对于每组数据，输出 3 行，第一行为从上到下各行的 $\text{row}(i)$，第二行为从左到右各列的 $\text{col}(i)$，第三行为所有 $\text{row}(i)$ 和 $\text{col}(i)$ 的总和的最小值。如果有多种方案，任意输出一种即可。

【分析】

本题看上去和最佳匹配没有任何关系，事实上也确实没有关系。那为什么本题还会出现在这个小节中呢？因为虽然它和最佳匹配这个模型无关，却是 KM 算法的一个副产品。还记得等式 $l(x)+l(y) \geqslant w(x,y)$ 吗？算法结束后，所有顶标之和是最小的。

例题 25　固定分区内存管理（Fixed Partition Memory Management, World Finals 2001, LA 2238）

早期的多程序操作系统常把所有的可用内存划分成一些大小固定的区域，不同的区域一般大小不同，而所有区域的大小之和为可用内存的大小。给定一些程序，操作系统需要给每个程序分配一个区域，使得它们可以同时执行。可是每个程序的运行时间可能和它所占有的内存区域大小有关，因此调度并不容易。

编程计算最优的内存分配策略，即给定 m 个区域的大小和 n 个程序在各种内存环境下的运行时间，找出一个调度方案，使得平均回转时间（即平均结束时刻）尽量小。具体来说，你需要给每个程序分配一个区域，使得没有两个程序在同一时间运行在同一个内存区域中，而所有程序分配的区域大小都不小于该程序的最低内存需求。程序对内存的需求不

① 另外，本题还有一个分治算法，在《算法竞赛入门经典（第 2 版）》中已经简要地介绍过，有兴趣的读者可以实现一下。

会超过最大内存块的大小。

【输入格式】

输入包含多组数据。每组数据：第一行为正整数 m 和 n，即区域的个数和程序的个数（$1 \leqslant m \leqslant 10$, $1 \leqslant n \leqslant 50$）；下一行包含 m 个正整数，即各内存区域的大小；以下 n 行，每行描述一个程序在各种内存大小中的执行时间，其中第一个整数为情况总数 k（$k \leqslant 10$），然后是 k 对整数 $s_1, t_1, s_2, t_2, \cdots, s_k, t_k$，满足 $s_i < s_{i+1}$。当内存不足 s_1 时，程序无法运行；当内存大小 s 满足 $s_i \leqslant s < s_{i+1}$ 时，运行时间为 t_i；如果内存至少为 s_k，运行时间为 t_k。输入结束标志为 $m=n=0$。

【输出格式】

对于每组数据，输出最小平均回转时间和调度方案。如果有多组解，任意输出一组即可。

【分析】

先来看一个内存区域的情况。假设在这个内存区域按顺序执行的 k 个程序的运行时间分别为 $t_1, t_2, t_3, \cdots, t_k$，那么第 i 个程序的回转时间为 $r_i=t_1+t_2+\cdots+t_i$，所有程序的回转时间之和等于 $r=kt_1+(k-1)t_2+(k-2)t_3+\cdots+2t_{k-1}+t_k$。换句话说，如果程序 i 是内存区域 j 的倒数第 p 个执行的程序，则它对于总回转时间的“贡献值”为 $pT_{i,j}$，其中 $T_{i,j}$ 为程序 i 在内存区域 j 中的运行时间。

这样一来，算法就比较明显了。构造二分图 G，X 结点为 n 个程序，Y 结点为 $n \times m$ 个“位置”，其中位置(j,p)表示第 j 个内存区域的倒数第 p 个执行的程序。每个 X 结点 i 和 Y 结点(j,p)连有一条权为 $pT_{i,j}$ 的边，然后求最小权匹配即可。注意，并不是每个匹配都对应一个合法方案（比如，一个区域不能只有倒数第一个程序而没有倒数第二个程序），但最佳匹配一定对应一个合法方案（想一想，为什么）。

5.5.3 稳定婚姻问题

例题 26 女士的选择（Ladies' Choice, SWERC 2007, LA 3989）

在一个盛大的校园舞会上有 n 位男生和 n 位女生，每人都对所有异性做一个排序，代表对他们的喜欢程度。你的任务是将男生和女生一一配对（每人恰好有一个舞伴），使得男生 u 和女生 v 不存在以下情况：

- 男生 u 和女生 v 不是舞伴；
- 他们喜欢对方的程度都大于喜欢各自当前舞伴的程度。如果出现了上述情况，他们可能会擅自抛下自己的舞伴，另外组成一对。

你的任务是对于每个女生，在所有可能和她跳舞的男生中，找出她最喜欢的那个[①]。

【输入格式】

输入的第一行为数据组数 T。每组数据：第一行为整数 n（$1 \leqslant n \leqslant 1000$）；以下 n 行，每行包含 n 个 $1 \sim n$ 的整数，表示每个女生对男生的排序（例如，第一个整数就是该女生最喜欢的男生的编号）；再以下 n 行为男生对女生的排序，格式同上。

① 原题不严密。这里在不影响结果的前提下对题目做了修改。

【输出格式】

对于每组数据，输出 n 行，即每个女生在最好情况下的舞伴编号，相邻数据之间应输出一个空行。

【分析】

本题就是著名的稳定婚姻问题（stable marriage problem），只是把“结婚”和“配偶”换成了“跳舞”和“舞伴”。下面用原题中的术语来介绍这个问题的 Gale-Shapley 算法（Gale-Shapley Algorithm）。这个算法也称求婚-拒绝算法（Propose-and-reject algorithm），因为算法过程就是男士不停地求婚，女士不停地拒绝。

算法的详细过程是：在每一轮中，每个尚未订婚的男士在他还没有求过婚的女士中选一个自己最喜欢的求婚（不管她有没有订婚）；然后每个女士在向她求婚的男士之中选择她最喜欢的一个订婚，并且拒绝其他人。注意，这些向她求婚的男士中包含她的未婚夫，因此她可以选择另一个自己更喜欢的男士订婚，而抛弃自己的现任未婚夫。

当所有人都订婚时，算法结束。接下来他们就可以挑个良辰吉日，举行集体婚礼。不过，结局一定是这样吗？有没有可能出现某个人孤独终老的情况？幸运的是，这种情况不会发生，因为每个女士一旦订婚，将一直处于订婚状态，因此如果有女士始终没有订婚，只有一种可能，就是从来没有人向她求过婚。但这是不可能的，因为如果存在一个找不到伴侣的男士，在放弃之前一定会向所有女士求婚。

接下来让我们证明算法得到的方案是稳定的。考虑任意男士 A 和女士 B，假设算法结束后 A 和 C 订婚，B 和 D 订婚，是否有可能 B（和喜欢 D 相比）更喜欢 A，而 A（和喜欢 C 相比）更喜欢 B？如果 A 更喜欢 B，那么在算法结束之前 A 一定已经向 B 求过婚了，并且 B 拒绝了他。注意到女士每次换未婚夫时，一定是更喜欢新的那个，所以 B 不可能认为她曾拒绝过的 A 比她的最终伴侣 D 更好。

这个算法看上去对男士们有些残酷，但结果却出人意料。所有男士都能娶到自己有可能娶到的最好的妻子，而女士却相反——只能嫁给自己有可能嫁到的最差的丈夫。这其实不难理解：男士按照自己喜欢的顺序来求婚，因此他在找到最终伴侣之前，已经确认了他更喜欢的女士不那么喜欢自己，可以死心了；但另一方面，女士是被动的，就算她已经拒绝了很多人，自己真正喜欢的那些人却有可能从来没有向她求过婚（因为她很喜欢的人，未必很喜欢她）。限于篇幅，这里不给出严密的证明，有兴趣的读者可以查阅相关资料。

代码如下。

```
#include<cstdio>
#include<queue>
using namespace std;

const int maxn = 1000 + 10;
int pref[maxn][maxn], order[maxn][maxn], next[maxn];
int future_husband[maxn], future_wife[maxn];
queue<int> q;                                   //未订婚的男士队列

//订婚
void engage(int man, int woman) {
```

```
  int m = future_husband[woman];
  if(m) {                                    //女士有现任未婚夫m
    future_wife[m] = 0;                      //抛弃m
    q.push(m);                               //m加入未订婚男士队列
  }
  future_wife[man] = woman;
  future_husband[woman] = man;
}

int main() {
  int T;
  scanf("%d", &T);
  while(T--) {
    int n;
    scanf("%d", &n);

    for(int i = 1; i <= n; i++) {
      for(int j = 1; j <= n; j++)
        scanf("%d", &pref[i][j]);            //编号为i的男士第j喜欢的人
      next[i] = 1;                           //接下来应向排名为1的女士求婚
      future_wife[i] = 0;                    //没有未婚妻
      q.push(i);
    }

    for(int i = 1; i <= n; i++) {
      for(int j = 1; j <= n; j++) {
        int x;
        scanf("%d", &x);
        order[i][x] = j;          //在编号为i的女士心目中，编号为x的男士的排名
      }
      future_husband[i] = 0;                 //没有未婚夫
    }

    while(!q.empty()) {
      int man = q.front(); q.pop();
      int woman = pref[man][next[man]++];    //下一个求婚对象
      if(!future_husband[woman])
engage(man, woman);                          //女士没有未婚夫，直接订婚
      else if(order[woman][man] < order[woman][future_husband[woman]])
engage(man, woman);                          //代替女士的现任未婚夫
      else q.push(man);                      //直接被拒，下次再来
    }
    while(!q.empty()) q.pop();

    for(int i = 1; i <= n; i++) printf("%d\n", future_wife[i]);
    if(T) printf("\n");
  }
  return 0;
}
```

注意，上面的代码并没有像上面叙述的那样一轮一轮地进行（因为算法的证明中没有用到这一点），而是每次直接选一个光棍进行求婚，并且根据情况让求婚对象接受或者拒绝他即可。因为每个男士最多考虑每个女士各一次，而每次考虑的时间复杂度均为 $O(1)$，因此算法的总时间复杂度为 $O(n^2)$，这已经是输入下限了。

5.5.4　常见模型

二分图匹配有一些直接应用，现列举几例。

例题 27　我是 SAM（SAM I AM, UVa 11419）

给出一个 $R\times C$ 大小的网格，网格上面放了一些目标。可以在网格外发射子弹，子弹会沿着垂直或者水平方向飞行，并且打掉飞行路径上的所有目标，如图 5-23 所示。你的任务是计算出最少需要多少子弹，各从哪些位置发射，才能把所有目标全部打掉。

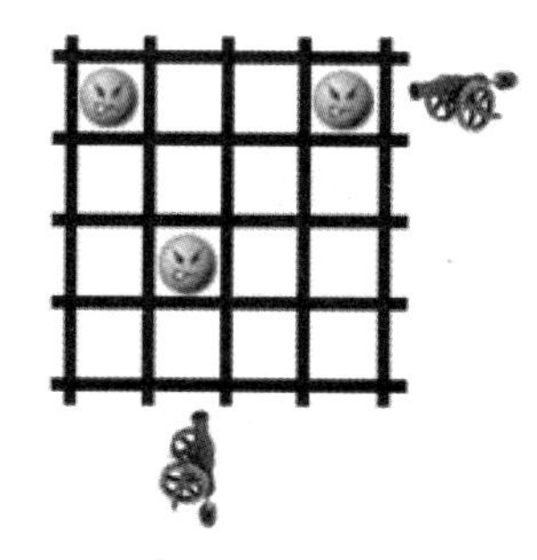

图　5-23

【输入格式】

输入包含多组数据。每组数据：第一行为 3 个整数 R, C, N（$1\leqslant R$，$C\leqslant 1000$，$1\leqslant N\leqslant 10^6$），即网格的行数、列数和目标个数；以下 N 行，每行包含两个整数 r_i 和 c_i（$1\leqslant r_i\leqslant R$，$1\leqslant c_i\leqslant C$），即每个目标所在的行列编号。各行从上到下编号为 1～R，各列从左到右编号为 1～C。输入结束标志为 $R=C=N=0$。

【输出格式】

对于每组数据，输出一行。其中第一个整数表示最少需要的子弹数目，接下来是这些子弹的发射位置。用 *ron*(*x*)表示第 *x* 行，*col*(*x*)表示第 *x* 列。

【分析】

本题的模型是二分图最小覆盖，即选择尽量少的点，使得每条边至少有一个端点被选中。可以证明，最小覆盖数等于最大匹配数。

建模方法为，将每一行看作一个 X 结点，每一列看作一个 Y 结点，每个目标对应一条边。这样，子弹打掉所有目标意味着每条边至少有一个结点被选中。

如何构造解呢？我们需要借助于匈牙利树。从 X 中的所有未盖点出发扩展匈牙利树，标记树中的所有点，则 X 中的未标记点和 Y 中的已标记点组成了所求的最小覆盖。证明留给读者思考①。

例题 28　保守的老师（Guardian of Decency, NWERC 2005, LA 3415）

Frank 是一个思想有些保守的高中老师。有一次，他需要带一些学生出去旅行，但又怕其中一些学生在旅途中萌生爱意。为了降低这种事情发生的概率，他决定确保带出去的任意两个学生至少要满足下面 4 条中的一条。

- 身高至少相差 40 厘米。

① 提示：如果用匈牙利树思考起来比较困难，可以用最小切割最大流定理。

- ❑ 性别相同。
- ❑ 最喜欢的音乐属于不同类型。
- ❑ 最喜欢的体育比赛相同（他们很有可能是不同队伍的球迷，这样他们就可能聊得不愉快）。

你的任务是帮 Frank 挑选尽量多的学生，使得任意两个学生至少满足上述条件中的一条。

【输入格式】

输入的第一行为测试数据组数 T（$T \leqslant 100$）。每组数据：第一行为学生总数 n（$n \leqslant 500$）；以下 n 行，每行描述一个学生，先是一个整数，表示身高（单位：厘米），然后是一个字符，表示性别（M 为男性，F 为女性），再然后是一个字符串，即喜欢的音乐风格，最后是一个字符串，即最喜欢的体育比赛名称。上述字符串不超过 100 个字符，且不含空白符。

【输出格式】

对于每组数据，输出可以参加旅行的学生数目的最大值。

【分析】

本题的模型是二分图的最大独立集，即选择尽量多的结点，使得任意两个结点不相邻（即任意一条边的两个端点不会同时被选中）。最大独立集与最小覆盖是互补的，因此答案就是结点总数减去最大匹配数。

什么叫“互补”呢？就是说，把最小覆盖中的“已选点”和“未选点”互换，就可以得到最大独立集。为什么二者互补呢？让我们来看看二者的条件。

- ❑ 覆盖集：对于每条边，至少有一个点要被选中。
- ❑ 独立集：对于每条边，至少有一个点不被选中。

这样，每个覆盖集都和一个唯一的独立集互补，而每个独立集也都和一个唯一的覆盖集互补，因此最小覆盖集与最大独立集互补。

本题的建模方法为：将每个人看作一个结点，如果两个人 4 个条件都不满足，就意味着他们不能同时被选择，连一条无向边。这样，问题就转化为求这个图的最大独立集。因为每个人不是男生就是女生，所以这个图是二分图。

例题 29 出租车（Taxi Cab Scheme, NWERC 2004, LA 3126）

你在一座城市里负责一个大型活动的接待工作。某一天将有 m 位客人从城市的不同位置出发，到达他们各自的目的地。已知每人的出发时间、出发地点和目的地，你的任务是用尽量少的出租车接送他们，使得每次出租车接客人时，至少能提前一分钟到达他所在的位置。注意，为了满足这一条件，要么这位客人是这辆出租车接送的第一个人，要么在接送完上一个客人后，有足够的时间从上一个目的地开到这里。

为简单起见，假定城区是网格型的，地址用坐标(x,y)表示。出租车从(x_1,y_1)处到(x_2,y_2)处需要行驶$|x_1-x_2|+|y_1-y_2|$分钟。

【输入格式】

输入第一行为测试数据组数 T。每组数据：第一行为客人数目 m（$0 \leqslant m < 500$）；以下 m 行，每行描述一个客人的行程，先是出发时间（格式为 hh:mm，范围从 00:00～23:59），然后是起点坐标和终点坐标，坐标均为小于 200 的非负整数。

【输出格式】

对于每组数据，输出一行，即最少需要的出租车数目。

【分析】

本题的模型是 DAG 的最小路径覆盖。所谓最小路径覆盖，就是在图中找尽量少的路径，使得每个结点恰好在一条路径上（换句话说，不同的路径不能有公共点）。注意，单独的结点也可以作为一条路径。

在本题中，“时间”是一个天然的序，因此可以构图如下：每个客人是一个结点，如果同一个出租车在接送完客人 u 后来得及接送客人 v，连边 $u \to v$。不难发现，这个图是一个 DAG，并且它的最小路径覆盖就是本题的答案。

DAG 最小路径覆盖的解法如下：把所有结点 i 拆为 X 结点 i 和 Y 结点 i'，如果图 G 中存在有向边 $i \to j$，则在二分图中引入边 $i \to j'$。设二分图的最大匹配数为 m，则结果就是 $n-m$。为什么呢？因为匹配和路径覆盖是一一对应的。对于路径覆盖中的每条简单路径，除了最后一个“结尾结点”之外都有唯一的后继和它对应（即匹配结点），因此匹配数就是非结尾结点的个数。当匹配数达到最大时，非结尾结点的个数也将达到最大。此时，结尾结点的个数最少，即路径条数最少。

需要注意的是，本算法也适用于带权的 DAG，但不适用于非 DAG 的有向图（即有环的有向图）。具体原因留给读者思考。

5.6　网络流问题

在《算法竞赛入门经典（第 2 版）》中，我们已经学习过网络流的基本算法。这些算法很经典，但效率不够高，无法满足算法竞赛的需求。本节将补充一些相对较快的网络流算法，并通过大量的实例锻炼读者的建模和算法设计能力。请读者把主要精力放在思维锻炼和题目的分析上，不要过于执着于那些经典算法的细节优化①。本节中给出的代码在大多数比赛中已经完全够用了。

5.6.1　最短增广路算法

《算法竞赛入门经典（第 2 版）》中介绍过一些基本算法，其中最快的当属最短增广路算法，即每次沿着最短增广路（即边数最少的增广路）进行增广。可以证明，这样最多需要 $O(nm)$次增广，因此算法的时间复杂度取决于找最短增广路的效率。直接用 BFS 查找，每次需要 $O(m)$时间，总时间复杂度高达 $O(nm^2)$，还有很大的提升空间。

数据结构：和前面的 Dijkstra、Bellman-Ford 算法类似，下面要介绍的算法均使用如下数据结构来表示一条弧。

```
struct Edge {
```

① 这个建议同样适用于其他知识点。

```
  int from, to, cap, flow;
};
```

这代表一条从 from 到 to 的容量为 cap，流量为 flow 的弧。当且仅当 flow < cap 的时候，该弧存在于残量网络中。注意，也可以只用一个变量 residual 表示残量[①]，当 cap=0 的时候，意味着此边是反向弧，此时 flow≤0。

下面是插入弧的过程。注意，原图中的一条弧对应于两个 Edge 结构体，一个是这条弧本身，另一个是它的反向弧。根据插入顺序不难看出，edges[0]和 edges[1]互为反向弧，edges[2]和 edges[3]互为反向弧，依次类推，一般地，edges[*e*]和 edges[e^1]互为反向弧。代码如下。

```
void AddEdge(int from, int to, int cap) {
  edges.push_back((Edge){from, to, cap, 0});
  edges.push_back((Edge){to, from, 0, 0});
  m = edges.size();
  G[from].push_back(m-2);
  G[to].push_back(m-1);
}
```

这个数据结构兼顾了效率、代码清晰度和调试难度，虽然效率不及一些其他写法，但对于正常比赛题目来说已经足够快了。它的最大好处是同时适用于稠密图和稀疏图，而且支持重边[②]。

Dinic 算法：从宏观上讲，Dinic 算法就是不停地用 BFS 构造层次图，然后用阻塞流来增广。层次图和阻塞流是 Dinic 算法的关键字。

什么叫层次图呢？假设在残量网络中起点到结点 u 的距离为 dist(u)，我们把 dist(u)看作结点 u 的“层次”。只保留每个点出发到下一个层次的弧[③]，得到的图就叫作层次图。层次图上的任意路径都是“起点→层次 1→层次 2→层次 3→…”这样的顺序。不难发现，每条这样的路径都是 $s \to t$ 最短路。

阻塞流听起来比较玄乎，但实际上就是指不考虑反向弧时的“极大流”。看不懂这句话也没关系，对应到程序里就是从起点开始在层次图中 DFS，每找到一条路就增广。

这里有一个层次图的例子，如图 5-24 所示。

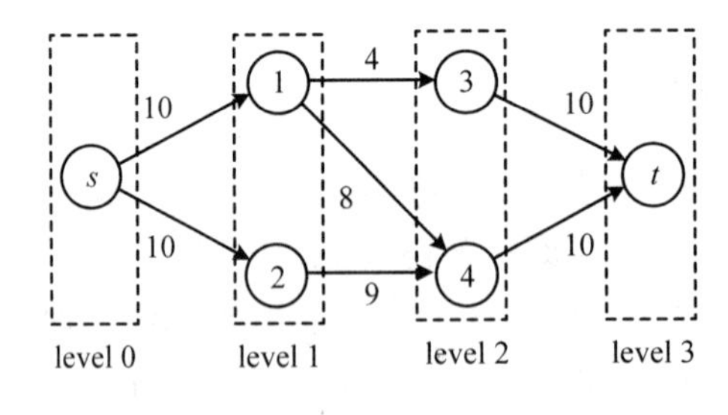

图 5-24

3 次增广过程及最终结果如图 5-25 所示。

① 很多人直接用变量 cap 表示残量。

② 我们很快就会看到，重边在最小费用流里是不能避免的。

③ 也就是说，只保留满足 dist(u)+1=dist(v)的边(u,v)。

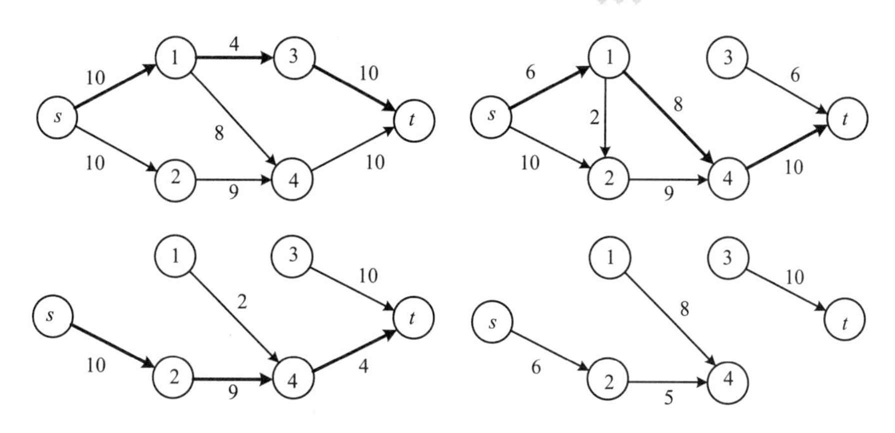

图　5-25

这 3 次增广后层次图中不存在 $s \to t$ 路径，合称阻塞流。

最多计算 n-1 次阻塞流（因为每次沿阻塞流增广后，最大距离至少会增加 1），而每次阻塞流的计算时间均不超过 $O(mn)$，因此总时间复杂度为 $O(n^2m)$。实际上 Dinic 算法比这个理论界限要好得多。如果所有容量均为 1，可以证明 Dinic 算法的时间复杂度为 $O(\min\{n^{2/3}, m^{1/2}\}m)$。对于二分图最大匹配这样的特殊图，可以证明 Dinic 算法的时间复杂度为 $O(n^{1/2}m)$①。

下面给出一个参考实现。为了使思路更清晰，代码采用递归 DFS 找增广路，如果效率要求很高，可以改成迭代实现②。

BFS 并没有什么特别之处，唯一需要注意的是只能考虑残量网络中的弧。代码如下。

```
struct Dinic {
  int n, m, s, t;          //结点数，边数（包括反向弧），源点编号和汇点编号
  vector<Edge> edges;      //边表，edges[e]和 edges[e^1]互为反向弧
  vector<int> G[maxn];     //邻接表，G[i][j]表示结点 i 的第 j 条边在 e 数组中的序号
  bool vis[maxn];          //BFS 使用
  int d[maxn];             //从起点到 i 的距离
  int cur[maxn];           //当前弧下标

  bool BFS() {
    memset(vis, 0, sizeof(vis));
    queue<int> Q;
    Q.push(s);
    d[s] = 0;
    vis[s] = 1;
    while(!Q.empty()) {
      int x = Q.front(); Q.pop();
      for(int i = 0; i < G[x].size(); i++) {
        Edge& e = edges[G[x][i]];
        if(!vis[e.to] && e.cap > e.flow) { //只考虑残量网络中的弧
```

① 事实上，这个界限满足所有“单位网络”，即除了源点和汇点之外，每个点要么只有一条入弧，且容量为 1，要么只有一条出弧，且容量为 1，其他弧的容量为任意整数。

② 一般来说不必如此。如果效率要求很高，推荐使用后面介绍的 ISAP 或者预流推进算法。Dinic 算法最大的优点就是概念简单，且速度也不错。

```
          vis[e.to] = 1;
          d[e.to] = d[x] + 1;
          Q.push(e.to);
        }
      }
    }
    return vis[t];
  }
};
```

DFS 过程除了当前结点 x 外，还需要传入一个表示“目前为止所有弧的最小残量”的 a，当 x 为汇点或者 a=0 时终止 DFS 过程[①]，否则多路增广。这里还有一个重要的优化：保存每个结点 x 正在考虑的弧 cur[x]，以避免重复计算（想一想，为什么）。代码如下。

```
int DFS(int x, int a) {
  if(x == t || a == 0) return a;
  int flow = 0, f;
  for(int& i = cur[x]; i < G[x].size(); i++) { //从上次考虑的弧
    Edge& e = edges[G[x][i]];
    if(d[x] + 1 == d[e.to] && (f = DFS(e.to, min(a, e.cap-e.flow))) > 0) {
      e.flow += f;
      edges[G[x][i]^1].flow -= f;
      flow += f;
      a -= f;
      if(a == 0) break;
    }
  }
  return flow;
}
```

最后是主过程。不停地用 BFS 构造分层网络，然后用 DFS 沿阻塞流增广。代码如下。

```
int Maxflow(int s, int t) {
  this->s = s; this->t = t;
  int flow = 0;
  while(BFS()) {
    memset(cur, 0, sizeof(cur));
    flow += DFS(s, INF);
  }
  return flow;
}
```

ISAP 算法：第二种算法没有正式的名称，首次出现于 Ahuja 和 Orlin 的经典教材 *Network Flows: Theory, Algorithms and Applications*[②]中，作者称它是一种“改进版的 SAP（Improved SAP, ISAP）”。

算法基于这样一个事实：每次增广之后，任意结点到汇点（在残量网络中）的最短距

① 实践中，如果不在 a==0 时及时终止，整个程序的效率往往会大打折扣，原因请读者思考。

② AHUJA R K, MAGNANTI T L, ORLIN J B. Network Flows: Theory, Algorithms, and Applications[M]. NJ: Prentice Hall, 1993.

离都不会减小。这样，我们可以用一个函数 $d(i)$表示残量网络中结点 i 到汇点的距离的下界，然后在增广过程中不断修正这个下界（而不是像 Dinic 算法那样多次增广以后才重建层次图），则增广的时候和 Dinic 类似，只允许沿着 $d(i)=d(j)+1$ 的弧(i,j)走。

严格地说，算法中的 d 函数是满足如下两个条件的非负函数：$d(t)=0$；对于残量网络中的任意弧(i,j)，$d(i)\leqslant d(j)+1$。不难证明，只要满足这两个条件，$d(i)$就是 $i\sim t$ 距离的下界。而且当 $d(s)\geqslant n$ 时，残量网络中不存在 $s\rightarrow t$ 路。

和 Dinic 算法类似，找增广的过程就是从 s 开始沿着“允许弧”（即在残量网络中，满足 $d[i]=d[j]+1$ 的弧 $i\rightarrow j$）往前走（ISAP 算法中叫 Advance）。如果走不动了怎么办？在 Dinic 算法中，直接“往回走一步”即可，因为如果找不到增广路，会重新构造层次图。但在 ISAP 中，并没有一个“一次性修改所有距离标号”的过程，只能边增广边修改。具体来说，在从结点 i 往回走的时候，把 $d(i)$修改为 $\min\{d(j) \mid (i,j)$是残量网络中的弧$\}+1$（ISAP 算法叫 Retreat）即可。注意，如果残量网络中从 i 出发没有弧，则设 $d(i)=n$。

ISAP 算法看上去不难理解，但是实现起来却有诸多细节。首先，我们需要使用一种“当前弧”的数据结构加速允许弧的查找。其次，还需要一个 num 数组维护每个距离标号下的结点编号，当把一个结点的距离标号从 x 改成 y 的时候，把 num[x]减 1，num[y]加 1，然后检查 num[x]是否为 0。如果是 0 的话，说明 $s\rightarrow t$ 不连通，算法终止（想一想，为什么）。这就是所谓的 gap 优化。最后，初始距离标号可以统一设为 0，也可以用逆向 BFS 找，单次运行时效率相差不大，但如果是多次求解小规模网络流，加上 BFS 以后速度往往会有明显提升。

数据结构方面，只多了如下两个数组。

```
int p[maxn];          //可增广路上的上一条弧
int num[maxn];        //距离标号计数
```

BFS 过程改成了逆向，留给读者编写。增广过程分为两步，先从汇点开始逆推，计算出可改进量 a，然后再逆推一次，进行增广。代码如下。

```
int Augment() {
  int x = t, a = INF;
  while(x != s) {
    Edge& e = edges[p[x]];
    a = min(a, e.cap-e.flow);
    x = edges[p[x]].from;
  }
  x = t;
  while(x != s) {
    edges[p[x]].flow += a;
    edges[p[x]^1].flow -= a;
    x = edges[p[x]].from;
  }
  return a;
}
```

最后是主过程。根据情况前进或者后退，走到汇点时增广。代码如下。

```
  int Maxflow(int s, int t) {
    this->s = s; this->t = t;
    int flow = 0;
    BFS();
    memset(num, 0, sizeof(num));
    for(int i = 0; i < n; i++) num[d[i]]++;
    int x = s;
    memset(cur, 0, sizeof(cur));
    while(d[s] < n) {
      if(x == t) {
        flow += Augment();
        x = s;
      }
      int ok = 0;
      for(int i = cur[x]; i < G[x].size(); i++) {
        Edge& e = edges[G[x][i]];
        if(e.cap > e.flow && d[x] == d[e.to] + 1) { // Advance
          ok = 1;
          p[e.to] = G[x][i];
          cur[x] = i;
          x = e.to;
          break;
        }
      }
      if(!ok) {                         //Retreat
        int m = n-1;
        for(int i = 0; i < G[x].size(); i++) {
          Edge& e = edges[G[x][i]];
          if(e.cap > e.flow) m = min(m, d[e.to]);
        }
        if(--num[d[x]] == 0) break; //gap优化
        num[d[x] = m+1]++;
        cur[x] = 0;
        if(x != s) x = edges[p[x]].from;
      }
    }
    return flow;
  }
};
```

5.6.2　最小费用最大流算法

在《算法竞赛入门经典（第 2 版）》中我们已经学习过最小增广路算法，但实现时使用了邻接矩阵，无法支持多重边。下面我们仍然实现这个算法，但采用的是前述数据结构。代码如下。

```
struct Edge {
  int from, to, cap, flow, cost;
};
```

```
struct MCMF {
  int n, m, s, t;
  vector<Edge> edges;
  vector<int> G[maxn];
  int inq[maxn];          //是否在队列中
  int d[maxn];            //Bellman-Ford
  int p[maxn];            //上一条弧
  int a[maxn];            //可改进量

  void init(int n) {
    this->n = n;
    for(int i = 0; i < n; i++) G[i].clear();
    edges.clear();
  }

  void AddEdge(int from, int to, int cap, int cost) {
    edges.push_back((Edge){from, to, cap, 0, cost});
    edges.push_back((Edge){to, from, 0, 0, -cost});
    m = edges.size();
    G[from].push_back(m-2);
    G[to].push_back(m-1);
  }
  //其他成员函数
};
```

下面是沿最短路增广的过程，代码如下。

```
bool BellmanFord(int s, int t, int &flow, int& cost) {
  for(int i = 0; i < n; i++) d[i] = INF;
  memset(inq, 0, sizeof(inq));
  d[s] = 0; inq[s] = 1; p[s] = 0; a[s] = INF;

  queue<int> Q;
  Q.push(s);
  while(!Q.empty()) {
    int u = Q.front(); Q.pop();
    inq[u] = 0;
    for(int i = 0; i < G[u].size(); i++) {
      Edge& e = edges[G[u][i]];
      if(e.cap > e.flow && d[e.to] > d[u] + e.cost) {
        d[e.to] = d[u] + e.cost;
        p[e.to] = G[u][i];
        a[e.to] = min(a[u], e.cap - e.flow);
        if(!inq[e.to]) { Q.push(e.to); inq[e.to] = 1; }
      }
    }
  }
  if(d[t] == INF) return false; //s-t 不连通，失败退出
  flow += a[t];
```

```
    cost += d[t] * a[t];
    int u = t;
    while(u != s) {
      edges[p[u]].flow += a[t];
      edges[p[u]^1].flow -= a[t];
      u = edges[p[u]].from;
    }
    return true;
  }
```

主过程很好编写。代码如下。

```
int Mincost(int s, int t) {
  int flow = 0, cost = 0;
  while(BellmanFord(s, t, flow, cost));
  return cost;
}
```

上述过程求出的是最小费用最大流。如果是要固定流量 k，可以在增广的时候检查一下，在 flow+$a \geqslant k$ 的时候只增广 k-flow 单位的流量，然后终止程序。

需要注意的是，网络中可以有负权边，但不能有负权圈，否则连续最短路算法的“数学归纳法基础[①]”将失效，算法会计算出错误的结果。

5.6.3 建模与模型变换

在算法竞赛中，解决与网络流相关的问题往往重在建模。下面给出一些经典问题及其建模方法，以帮助读者理解和应用。

多源多汇问题：源有多个，汇也有多个，流可以从任意一个源流出，最终可以流向任意一个汇，总流量等于所有源流出的总流量，也等于流进所有汇的总流量。

分析：添加一个超级源 s'和超级汇 t'，然后从 s'向每个源引一条有向弧，容量为无穷大，每个汇向 t'引一条弧，容量也为无穷大，如图 5-26 所示。

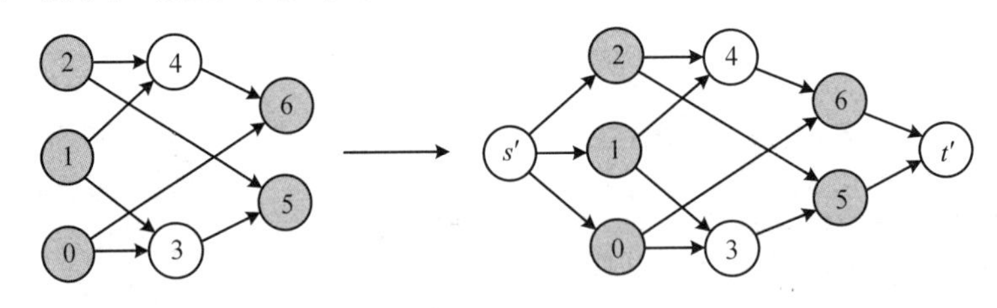

图 5-26

结点容量：每个结点都有一个允许通过的最大流量，称为结点容量。

分析：把每个原始结点 u 分裂成 u_1 和 u_2 两个结点[②]，中间连一条有向弧，容量等于 u 的结点容量。原先到达 u 的弧改成到达 u_1，而原先从 u 出发的弧改成从 u_2 出发，如图 5-27 所示。

① 连续最短路算法的正确性依赖于消圈定理。根据数学归纳法，这需要确保两件事：初始时没有负圈；增广过程中也不引入负圈。

② 图 5-27 中，$u_1=u, u_2=u+n$，但实际上编号是无关紧要的。

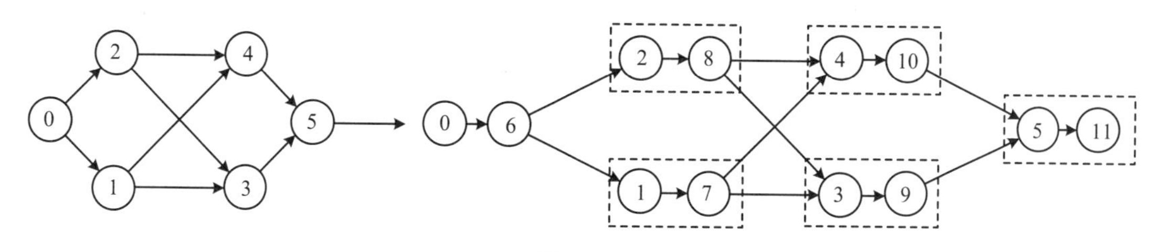

图　5-27

无源无汇有容量下界网络的可行流：这个问题比较特殊，不仅无源无汇，而且每条弧除了有容量上界 c 之外，还有一个容量下界 b。既然无源无汇，所有结点都应满足“入流=出流”这个流量平衡条件。由于下界的存在，仅仅是求出满足这些流量平衡条件的可行流就已经有难度了[①]。

分析：建立附加源 s 和汇 t，然后对弧进行改造。首先添加弧 $t\to s$ 并设容量为无穷大，然后把每条下界为 b 的弧拆成 3 条下界为 0 的边，如图 5-28（a）所示。再将所有附加边合并：对于每个点 i，附加一条边 $s\to i$（容量为所有指向 i 的边的上界之和）以及边 $i\to t$，容量为所有 i 出发的边的上界之和，如图 5-28（b）所示。

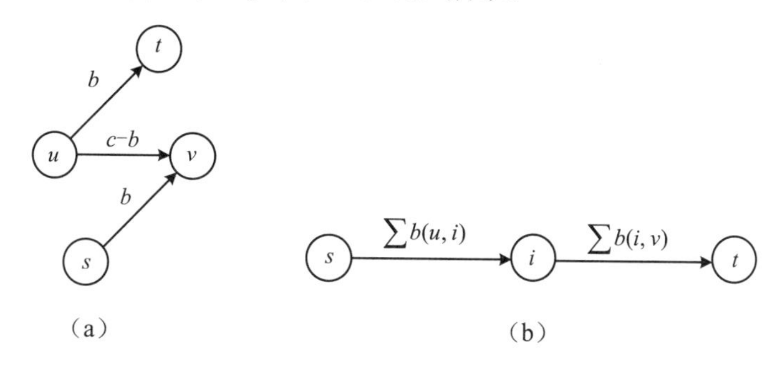

（a）　　　　（b）

图　5-28

最后，求改造后的网络的 $s\to t$ 最大流即可。当且仅当所有附加弧满载时，原网络有可行流（想一想，为什么）。

有容量下界网络的 $s\to t$ 最大/最小流：容量同时有上下界，且源点 s 和汇点 t 各有一个，求 s 到 t 的最大流和最小流[②]。

分析：先用上题的解法求出可行流，然后用传统的 $s\to t$ 增广路算法即可得到最大流。把 t 看成源点、s 看成汇点后求出的 $t\to s$ 最大流就是 $s\to t$ 最小流。注意，原先每条弧 $u\to v$ 的反向弧容量为 0，而在有容量下界的情形中，反向弧的容量应该等于容量下界。

费用与流量平方成正比的最小流：容量 c 均为整数，并且每条弧还有一个费用系数 a，表示该弧流量为 x 时费用为 ax^2，如何求最小费用最大流？

分析：用拆边法。如图 5-29 所示，一个费用系数为 a，容量为 5 的边被拆成 5 条容量为 1，费用各异的弧。

① 相比之下，原始最大流问题中的容量下界全等于 0，因此零流就是可行流。

② 如果没有下界，最小流就是零流，没什么好求的。

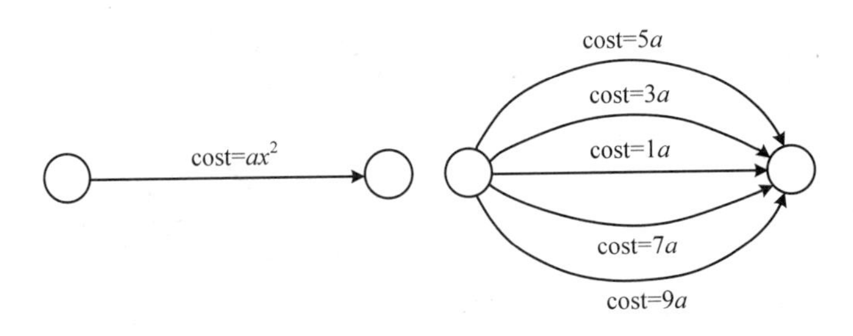

图 5-29

因为求的是最小费用流，如果这条弧的流量为 1，走的肯定是 cost=1 的那条弧；如果流量为 2，肯定走的 cost=1 和 cost=3 那两条；如果流量为 3，走的肯定是 cost=1,3,5 那 3 条……不难验证，不管流量是 1～5 的哪一个，图 5-29 中的左右两个图都是等价的。这样，问题就转化为普通的最小费用最大流问题。

需要注意的是，因为有重边，普通的邻接矩阵无法满足要求。要么采用前面给出的程序，要么采用把邻接矩阵加一维，表示某两点间的第几条弧。

流量不固定的 $s \to t$ 最小费用流：如果网络中的费用有正有负，如何求 $s \to t$ 最小费用流？注意，这里的流量并不固定。

分析：如果费用都是正的，最小费用流显然是零流。但由于负费用的存在，最短增广路的权值可能是负的，这样增广后会得到更小的费用。然而，随着增广的进行，增广路权值逐渐增大，最后变成正数，此时应停止增广。换句话说，最小费用随着流量增大先减小，后增大，成下凸函数。前面说过，下凸函数求最小值一般使用三分法，但这里可不用这么麻烦，只需在最短增广路费用为正时停止增广即可，三分反而比较慢（想一想，为什么）。需要注意的是，如果一开始不仅有负费用弧，还有负费用圈，必须先用消圈法消去负圈，否则最短增广路算法的前提不成立。当然，如果网络是无环的，则无此问题。

下面通过一些例子说明一些建模技巧。

二分图带权最大独立集：给出一个二分图，每个结点上有一个正权值。要求选出一些点，使得这些点之间没有边相连，且权值和最大。

分析：在二分图的基础上添加源点 s 和汇点 t，然后从 s 向所有 X 集合中的点连一条边，所有 Y 集合中的点向 t 连一条边，流量均为该点的权值。X 结点与 Y 结点之间的边的容量均为无穷大。这样，对于该图中的任意一个割，将割中的边对应的结点删掉就是一个符合要求的解，权和为所有权和减去割的容量。因此，只需要求出最小割，就能求出最大权和。

公平分配问题[①]：把 m 个任务分配给 n 个处理器，其中每个任务有两个候选处理器，可任选一个分配。要求所有处理器中，任务数最多的那个处理器所分配的任务数尽量少，不同任务的候选处理器集$\{p_1,p_2\}$保证不同。

分析：本题有一个比较明显的二分图模型，即 X 结点是任务，Y 结点是处理器。二分答案 x，然后构图，首先从源点 s 出发向所有的任务结点引一条边，容量等于 1，然后从每个任务结点出发引两条边，分别到达它所能分配到的两个处理器结点，容量为 1，最后从每个

① 本题可以提交，题目名为 Fair Share (LA 3231, ACM/ICPC Asia – Seoul 2004)。

处理器结点出发引一条边到汇点 t，容量为 x，表示选择该处理器的任务数不能超过 x。这样，网络中的每个单位流量都是从 s 流到一个任务结点，再到处理器结点，最后到汇点 t。只有当网络的总流量等于 m 时才意味着所有任务都选择了一个处理器。这样，我们通过 $O(\log m)$ 次最大流便算出了答案。

区间 k 覆盖问题： 数轴上有一些带权值的左闭右开区间，选出权和尽量大的一些区间，使得任意一个数最多被 k 个区间覆盖。

分析：本题可以用最小费用流解决，构图方法是将所有数字离散化，然后把每个数作为一个结点，然后对于权值为 w 的区间$[u,v)$，加边 $u\to v$，容量为 1，费用为$-w$。再对所有相邻的点加边 $i\to i+1$，容量为 k，费用为 0。最后，求最左点到最右点的最小费用最大流即可，其中每个流量对应一组互不相交的区间。如果数值范围太大，可以先进行离散化。

最大权闭合子图： 给定带权图 G（权值可正可负），求一个权和最大的点集，使得起点在该点集中的任意弧的终点也在该点集中。如图 5-30（a）所示，$S=\{3, 4, 5\}$是一个闭合图，3→4→5 都在 S 中，$S=\{1, 4, 5\}$不是，因为 $1\in S$，但 $2\notin S$。

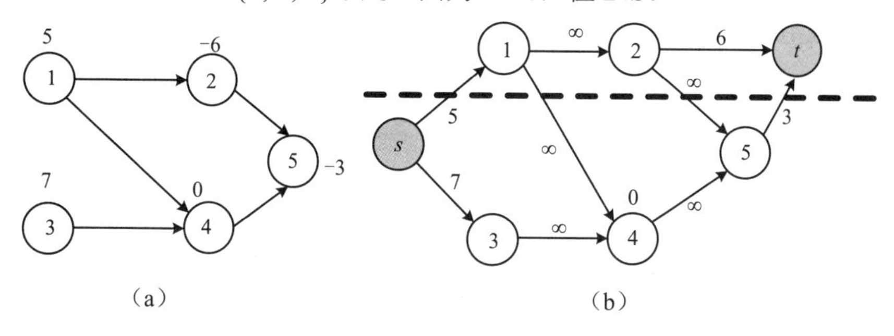

图　5-30

分析：新增附加源 s 和附加汇 t，从 s 向所有正权点引一条边，容量为权值；从所有负权点汇点引一条边，容量为权值的相反数，对于原图中的边 $u\to v$，容量为∞。则图中的所有的最小割一定都只有 $s\to u$ 或 $u\to t$ 这样的边。任意可行 s-t 割的 S-$\{s\}$对应了一个满足条件的方案（想一想，为什么）。记选择的正权点权值之和为 A，负权点权值和为$-B$，未选择点的权值之和的分别为 $C, -D$，而 $A-B+C-D$ 是固定的，而最小割对应的 $C-D$ 最小。

最大密度子图： 给出一个无向图 $G=\{E,V\}$，找一个点集$S\subset V$，使得$\left|\{(u,v)\mid u,v\in S\}\right|/|S|$ (子图密度)最大。

分析：如果两个端点都选了，就必然要选边，这就是一种推导。如果把每个点和每条边都看成新图中的结点，是否可以把问题转化为最大闭合子图呢？请读者继续思考。

5.6.4　例题选讲

例题 30　网络扩容（Frequency Hopping, UVa 11248）

给定一个有向网络，每条边均有一个容量。问是否存在一个从点 1 到点 N，流量为 C 的流。如果不存在，是否可以恰好修改一条弧的容量，使得存在这样的流？

【输入格式】

输入包含多组数据。每组数据：第一行为 3 个整数 N, E, C（$1 \leqslant N \leqslant 100$，$E \leqslant 10\ 000$，$C \leqslant 2\ 000\ 000\ 000$），即网络的点数、边数和需要的流量；以下 E 行，每行为 3 个整数 u, v, cap，即点 u 到点 v 的容量为 cap（$1 \leqslant u,v \leqslant N$，$1 \leqslant \text{cap} \leqslant 5000$）。输入结束标志为 $N=E=C=0$。

【输出格式】

对于每组数据，如果流量已经存在，输出 possible；如果流量不存在，但可以通过修改恰好一条弧的容量得到，则输出"possible option:"和这些弧的列表（按照起点从小到大排序，起点相同时按照终点从小到大排序）；如果流量不存在且不可以通过修改恰好一条弧的容量得到，输出"not possible"。

【分析】

先求一次最大流，如果流量至少为 C，则直接输出 possible，否则需要修改的弧一定是最小割里的弧。依次把这些弧的容量增加到 C，然后再求最大流，看最大流量是否至少为 C 即可。

很可惜，这样写出来的程序会超时，还需要加两个重要优化。第一个优化是求完最大流后把流量留着，以后每次在它的基础上增广；第二个优化是每次没必要求出最大流，增广到流量至少为 C 时就停下来。

例题 31　运送超级计算机（Bring Them There, NEERC 2003, LA 2957）

宇宙中有 n 个星球，你的任务是用最短的时间把 k 个超级计算机从星球 S 运送到星球 T。每个超级计算机需要一整艘飞船来运输。行星之间有 m 条双向隧道，每条隧道需要一天时间来通过，且不能有两艘飞船同时使用同一条隧道。隧道不会连接两个相同的行星，且每一对行星之间最多只有一条隧道。

【输入格式】

输入包含多组数据。每组数据：第一行包含 5 个正整数 n, m, k, S, T（$2 \leqslant n \leqslant 50$，$1 \leqslant m \leqslant 200$，$1 \leqslant k \leqslant 50$，$1 \leqslant S,T \leqslant N$，$S \neq T$）；以下 m 行，每行包含两个不同的整数 u 和 v，表示行星 u 和 v 之间有一条隧道。注意，隧道是双向的，但每一天只有一艘飞船能穿过一条隧道。另外，两艘飞船不能同时沿着相反的方向穿过同一个隧道。

【输出格式】

输出第一行为最少需要的天数 L。以下 L 行，每行描述一条的行动。每行第一个整数为 C_i，即当天移动的飞船数。接下来有 C_i 对整数(A, B)，表示有一艘飞船从行星 A 出发到达行星 B。输入保证有解。

【分析】

首先假定答案是 D，如何判断是否可以成功地运送所有 k 台超级计算机呢？构图如下。把原图中的每个点 u 拆成 T+1 个，分别为 $u_0, u_1, \cdots, u_T$，其中 u_0 是初始状态的结点 u，而 u_i 表示经过 i 天之后的结点 u。对于原图中的相邻结点 a 和 b，在新图中添加一条从 a_i 到 b_{i+1} 的边，容量为 1，再添加一条 b_i 到 a_{i+1} 的边，容量也为 1。对于原图中的每个结点 u，添加边 $u_i \rightarrow u_{i+1}$，容量为无穷大，表示飞船总是可以原地不动。在这个图中求最大流，判断流量是否至少为 k 即可。

不难想到二分答案，然后用上面的方法判定，但其实有更好的方法。可逐步增大天数 D，但每次不要重新求最大流，而是直接新加一层结点，在上次求出的最大流基础上继续增广，直到流量达到 k。

最后还有一个细节需要注意。如果在某时刻 $a_i \rightarrow b_{i+1}$ 和 $b_i \rightarrow a_{i+1}$ 同时有流量，是不符合题意的。这个问题并不难解决，只需相互抵消，仅留一个方向的流量即可。

例题 32　足球联赛（The K-league, 大田 2002, LA 2531）

有 n 支球队进行比赛，每支球队需要打的场数相同。每场比赛恰好一支球队胜，另一支败。给出每支球队目前胜的场数和败的场数，以及每两个球队还剩下的比赛场数，确定所有可能得冠军的球队（获胜场数最多的球队得冠军，可以并列）。

【输入格式】

输入第一行为数据组数 T。每组数据：第一行为球队数 n（$1 \leqslant n \leqslant 25$）；第二行为 $2n$ 个非负整数 $w_1, d_1, w_2, d_2, \cdots, w_n, d_n$（$1 \leqslant w_i, d_i \leqslant 100$），其中 w_i 为球队 i 已经取胜的场数和输掉的场数；第三行包含 n^2 个不超过 100 的非负整数 $a_{1,1}, a_{1,2}, \cdots, a_{1,n}, a_{2,1}, \cdots, a_{n,n}$，其中 $a_{i,j}$ 表示球队 i 和球队 j 之间还需要打的场数。输入保证 $a_{i,j}=a_{j,i}$，且 $a_{i,i}=0$。

【输出格式】

对于每组数据，输出一行，按照从小到大顺序给出所有可能获得冠军的球队编号。

【分析】

依次判断每支球队 i 是否可能成为冠军。首先，让 i 在所有剩下的比赛中获胜，计算出 i 获胜的总场数 total，然后判断其他队伍是否可以相互制约，使得每支队伍的获胜场数均不超过 total。如何判断呢？注意到任意两支队伍 u 和 v 之间的比赛只有 u 胜或者 v 胜两种可能性，可以把每场比赛看成一个“任务”，每支队伍看成“处理器”，则会得到一个和“公平分配问题”几乎一样的模型。

具体来说，对每两支球队(u,v)构造一个 X 结点，从 S 引一条弧过来，容量为这两支球队还需要比赛的场数。对每支球队 u 构造一个 Y 结点，引一条弧到 T，容量为 total−win(u)，其中 win(u)表示球队 u 已经获胜的场数。最后，每个结点(u,v)到 u 和 v 各连一条弧，容量为无穷大（想一想，为什么）。这样，当且仅当当前图的最大流使从 S 出发的所有弧满载时，当前判断的球队可以得冠军。

例题 33　收集者的难题（Collector's Problem, UVa 10779）

Bob 和他的朋友从糖果包装里收集贴纸。这些朋友每人手里都有一些（可能有重复的）贴纸，并且只跟别人交换他所没有的贴纸。贴纸总是一对一交换。

Bob 比这些朋友更聪明，因为他意识到只跟别人交换自己没有的贴纸并不总是最优的。在某些情况下，换来一张重复贴纸更划算。

假设 Bob 的朋友只和 Bob 交换（他们之间不交换），并且这些朋友只会出让手里的重复贴纸来交换他们没有的不同贴纸。你的任务是帮助 Bob 算出他最终可以得到的不同贴纸的最大数量。

【输入格式】

输入第一行为数据组数 T（$T \leqslant 20$）。每组数据：第一行包含两个整数 n 和 m（$2 \leqslant n \leqslant 10$，

$5 \leqslant m \leqslant 25$），$n$ 表示总人数（包括 Bob），m 是贴纸的种数；接下来 n 行，每行描述了一个人收藏的贴纸，其中第一行描述的是 Bob，第 i 行的开头是一个整数 k_i（$k_i \leqslant 50$），表示第 i 个人有多少张贴纸，接下来有 k_i 个 $1 \sim m$ 的整数，表示这些贴纸的种类。

【输出格式】

对于每组数据，输出 Bob 最终能得到多少种贴纸。

【样例输入】

```
2
2 5
6 1 1 1 1 1 1
3 1 2 2
3 5
4 1 2 1 1
3 2 2 2
5 1 3 4 4 3
```

【样例输出】

```
Case #1: 1
Case #2: 3
```

【样例解释】

在第一组数据中，不可能发生任何交换，所以 Bob 只能得到 1 号贴纸。在第二组数据中，Bob 可以出让一个 1 号贴纸并且跟第 2 个人换回一个 2 号贴纸，然后用这个贴纸跟第 3 个人换回一个 3 号或者 4 号贴纸。最终他拥有的贴纸种类集合是{1,2,3}或者{1,2,4}。

【分析】

我们用 $n-1$ 个点表示每个除 Bob 之外的人，再用 m 个点表示每个贴纸，同时添加一个源 s 和汇 t。从 s 向每个贴纸连边，容量为 Bob 拥有该贴纸的数量。如果 Bob 以外的某个人 i 拥有至少两个贴纸 j，就从 i 向贴纸 j 连边，容量为 i 所拥有的贴纸 j 的数量减 1（因为 i 自己要留一个）；反之，如果 i 没有贴纸 j，从贴纸 j 向 i 连边，容量为 1，表示 i 最多接受 1 个贴纸 j。最后从每个贴纸向 t 连边，容量为 1。不难证明，这张图上最大流的流量就是 Bob 所能拥有的贴纸个数。样例 2 对应的网络，如图 5-30 所示。

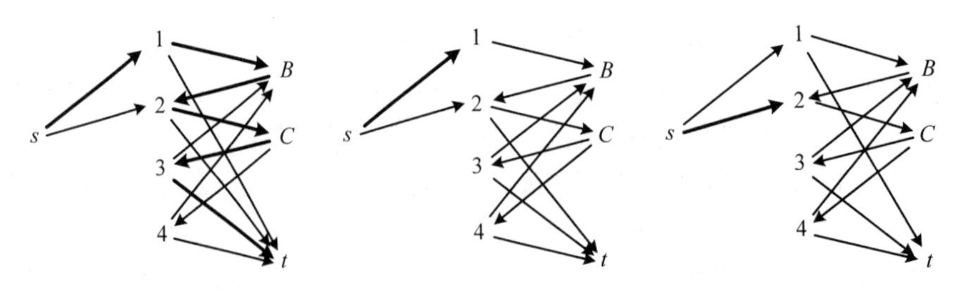

图 5-30

图 5-30 还描述了 3 个单位流量的走向。首先是一个贴纸 1，先给 B，换得 2，然后给 C，换得 3。第二个单位流量和第三个单位流量没有做任何交换，只是把本来就拥有的贴纸 1 和贴纸 2 留到了最后。

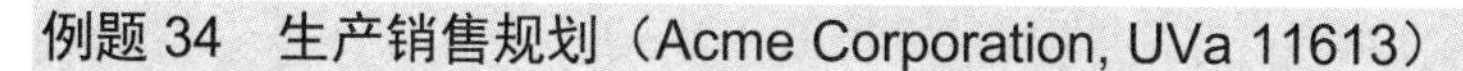

例题 34　生产销售规划（Acme Corporation, UVa 11613）

Acme 公司生产一种 X 元素。给出该元素在未来 M 个月中每个月的单位售价、最大产量、生产成本、最大销售量以及最大存储时间（过期报废，不过可以存储任意多的量）。你的任务是计算出该公司能够赚到的最大利润。

【输入格式】

输入的第一行为数据组数 T（$T \leqslant 100$）。每组数据：第一行为两个整数 M 和 I（$M \leqslant 100$，$0 \leqslant I \leqslant 10^6$），表示要考虑的月数，以及每个单位的 X 元素存放一个月的代价；接下来 M 行，每行描述了一个月的参数，其中第 i 行包含 5 个整数 m_i, n_i, p_i, s_i, E_i（$0 \leqslant m_i,n_i,p_i,s_i \leqslant 10^6$，$0 \leqslant E_i \leqslant M$），$m_i$ 是第 i 月的单元生产成本，n_i 是最大产量，p_i 是销售单价，s_i 是当月最大销售量，E_i 是这个月生产的 X 元素能够储存的最大时间，比如说对于第 1 个月，$E_1=3$，这个月生产的元素就只能在第 1～4 个月销售，到了第 5 个月就不能销售了。

【输出格式】

对于每组数据，输出前 M 个月能够取得的最大利润。注意，只能考虑前 M 个月的销售。如果有任何元素的储存超过这个期限，无论销售不销售都得忽略。

【样例输入】

```
1
2 2
2 10 3 20 2
10 100 7 5 2
```

【样例输出】

```
Case 1: 20
```

【分析】

每个月建立两个点 i 和 i'，再建立源点 s 和汇点 t。源点 s 向每个点 i 连一条边，流量表示第 i 个月的产量；每个点 i'到汇点连一条边，表示第 i 个月的销量。每个点 i 向点 i', $(i+1)'$, $(i+2)'$,…连一条边，表示存储 0, 1, 2,…个月以后销售掉。各条弧的容量和费用比较直观，不再赘述。

读者可能会问，为什么要用两个点表示一个月呢？一个点不行吗？如果只有一个点的话，流量可能无法表示一个合法的方案。比如，本来我们希望每个月的产品最多存放一个月，即连边 $i \to i+1$，但实际上可以通过 $i \to i+1 \to i+2 \to \cdots$ 的方式连续存储，违反了题意。

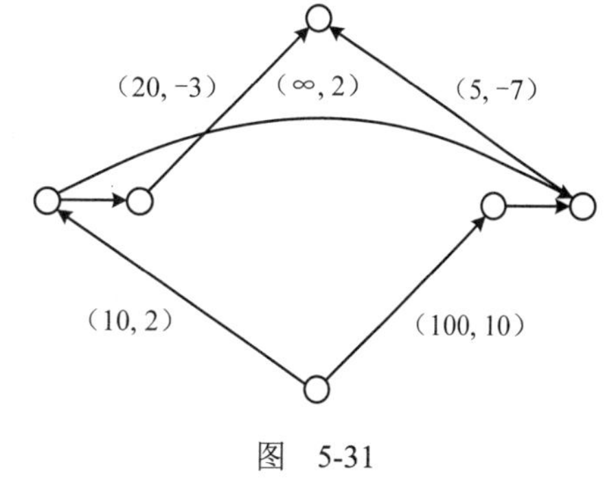

图　5-31

样例对应的网络如图 5-31 所示。图中(cap,cost)表示一条容量为 cap、单位费用为 cost 的弧。

前面说过，求不固定流量的最小费用流可以直接做，当 $s \to t$ 增广路长度大于 0 时停止增广。样例前两次增广如图 5-32 所示。

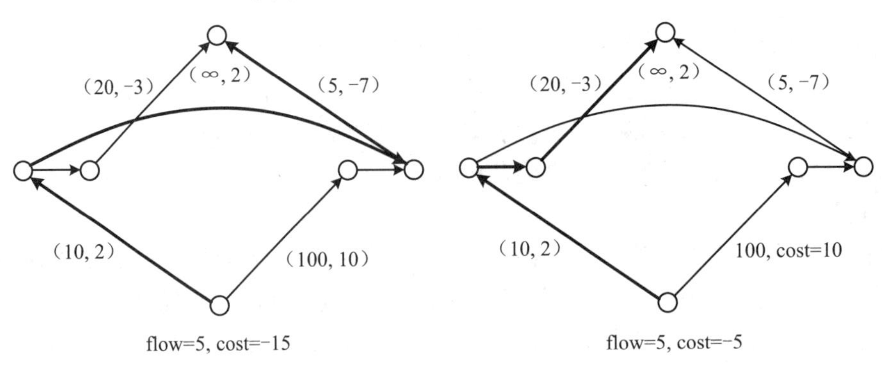

图 5-32

再增广的话，就必须走 cost=10 的那条弧了，$s \to t$ 最短路长度大于 0，停止增广。注意，必须用 Bellman-ford 求最短路，因为有初始负费用。

5.7 小结与习题

5.7.1 基础知识和算法

如表 5-1 所示，是本章给出的一些比较基础的例题，可作为知识回顾。在线题单：https://dwz.cn/VltGgBof。

表 5-1

类　别	题　号	题目名称（英文）	备　注
例题 1	UVa 11624	Fire	迷宫问题；多源 BFS
例题 2	UVa 10047	The Monocycle	迷宫问题；复合状态
例题 3	UVa 10054	The Necklace	欧拉回路
例题 4	LA 4255	Guess	拓扑排序

5.7.2 DFS 及其应用

DFS 可以用来计算连通分量、双连通分量、求割顶和桥、进行二分图判定、求 SCC 及 SCC 图，还可以求解 2-SAT。如表 5-2 所示，列出了本章给出的相关例题，这些例题覆盖了 DFS 的常见应用。在线题单：https://dwz.cn/Q0z3sWvp。

表 5-2

类　别	题　号	题目名称（英文）	备　注
例题 5	LA 3523	Knights of the Round Table	双连通分量；二分图判定
例题 6	LA 5135	Mining Your Own Business	双连通分量；割顶
例题 7	LA 4287	Proving Equivalences	SCC；SCC 图
例题 8	UVa 11324	The Largest Clique	SCC 图上的动态规划
例题 9	LA 3211	Now or Later	2-SAT；二分法
例题 10	LA 3713	Astronauts	2-SAT

下面是习题，其中有些题目偏难，初学者不必强求。在线题单：https://dwz.cn/xOy4S2gO。

爪分解（Claw Decomposition, UVa 11396）

给出一个 n 个结点（$n\leqslant300$）的简单无向图，每个点的度数均为 3。你的任务是判断能否把它分解成若干个爪（即 $K_{1,3}$，如图 5-33 所示）。在你的分解方案中，每条边必须恰好属于一个爪，但同一个结点可以出现在多个爪里。

细胞（Cells, ACM/ICPC 杭州 2005, UVa 1357）

给出一棵 N（$1\leqslant N\leqslant300\ 000$）个结点的树，树上结点是按照层次遍历的顺序从 0 开始编号（见图 5-34）。已知每个结点的子结点个数。给出 M（$1\leqslant M\leqslant10^6$）个查询，每个查询给出两个点 a 和 b，询问 a 是否是 b 的祖先。

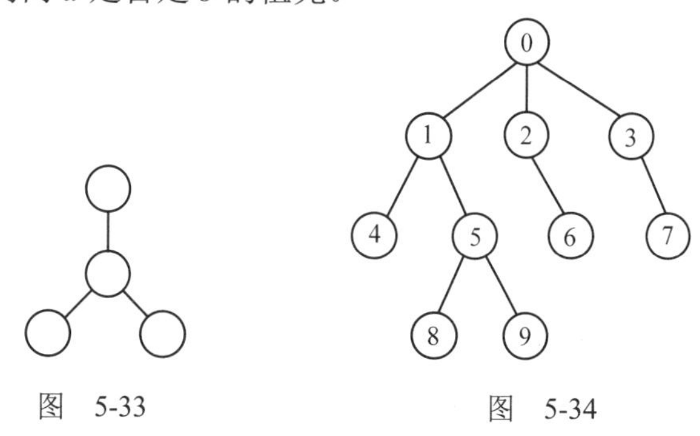

图　5-33　　　　图　5-34

鸽子和炸弹（Doves and Bombs, UVa 10765）

给定一个 n 个结点的连通无向图，一个点的“鸽子值”定义为将它从图中删去后连通块的个数。求每个结点的“鸽子值”。

婚宴（Wedding, UVa 11294）

有 n（$n\leqslant30$）对夫妻参加一个婚宴。所有人都坐在一个长长的餐桌左侧或者右侧，新郎和新娘面对面坐在桌子的两侧。由于新娘的头饰很复杂，她无法看到和她坐在餐桌同一侧的其他人，但能看到餐桌另一侧的所有人。任意一对夫妻不能坐在桌子的同侧，另外还有 m 对人吵过架，而新娘不希望同时看到两个吵过架的人。你的任务是安排每个人坐在餐桌的左侧或右侧，使得上述条件全部满足。

投票（The Minister's Major Mess, World Finals 2009, LA 4452）

n 个人对 m 个方案投票，每个人最多只能对其中的 4 个方案投票（其他相当于弃权票），每一票要么支持要么反对。问是否存在一个最终决定（对每个方案要么采用要么否定），使得每个投票人都有超过一半的建议被采纳。在所有可能的最终决定中，哪些方案的态度是确定的？

无向仙人掌（Cactus, NEERC 2005, LA 3514）

仙人掌被定义为每个点最多在一个简单回路上的连通无向图。所谓简单回路，是指结点不重复经过的环，如图 5-35 所示。

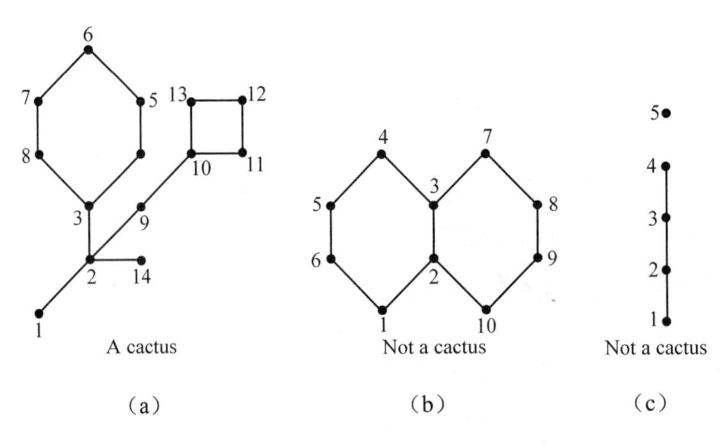

图 5-35

给出一个有 n（$n \leqslant 20\,000$）个结点、m（$m \leqslant 1000$）条边的无向图，你的任务是计算一个无向图的“仙人掌度”，即它有多少生成子图（包括自身）也是仙人掌。如果原图不是仙人掌，输出 0。比如，图 5-35（a）的仙人掌度为 35，图 5-35（b）为 0（因为边 2-3 在两个简单回路上），图 5-35（c）为 0（因为不连通）。

道路修建（RevolC FaeLoN, UVa 10972）

给定一个无向图，要求把所有无向边改成有向边，并且添加最少的有向边，使得新的有向图强连通。

有绳电话（String Phone，大田 2010, LA 4849）

平面网格上有 n（$n \leqslant 3000$）个单元格，各代表一个重要的建筑物。为了保证建筑物的安全，警署给每个建筑物派了一名警察，并配发了一些有绳电话以供联络。顾名思义，有绳电话是指长度固定的电话，电话两端的距离必须保持不变。在本题中，坐标(x_1,y_1)和(x_2,y_2)之间的距离为$|x_1-x_2|+|y_1-y_2|$。以无向加权图的形式给出哪些警察之间会使用有绳电话，以及每根绳子的长度。如图 5-36（a）所示，这个图保证是连通的。

现在已经确定每名警察所巡逻的建筑物，你的任务是确定每名警察应守在建筑物 4 个顶点中的哪一个，才能保证所有有绳电话都能正常使用，如图 5-36（b）所示。

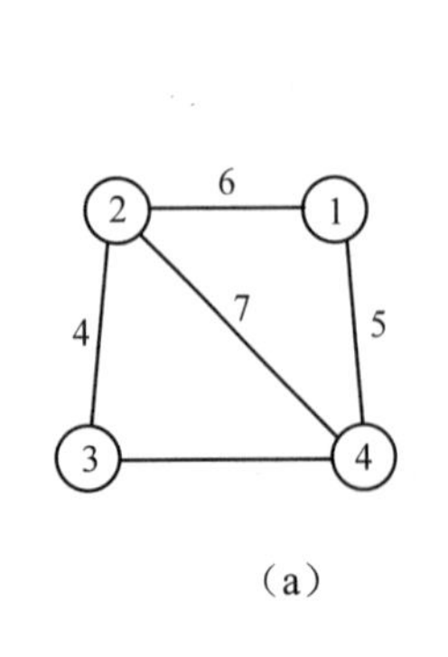

（a）

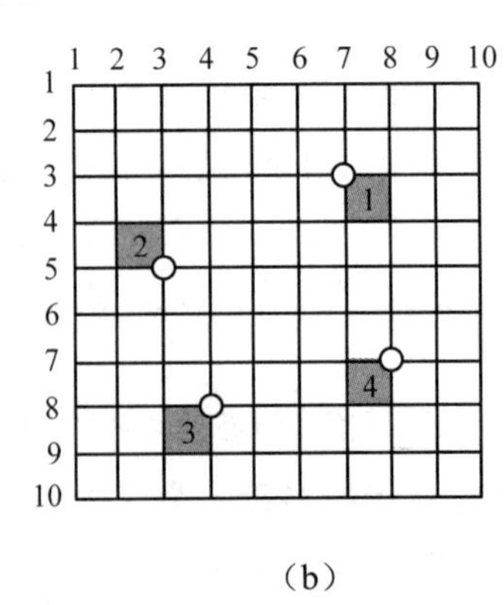

（b）

图 5-36

 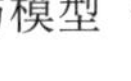

有歧义的编码（General Sultan, UVa 11604）

给一个包含 n（$n \leqslant 100$）个符号的二进制编码方式，是否存在一个二进制序列，存在至少两种解码方法。比如{a=01, b=001, c=01001}是有歧义的，因为 01001 可以解码为 $a+b$ 或者 c。每个编码由不超过 20 个 0 或 1 组成。

实时交通查询系统（Traffic Real Time Query System, ACM/ICPC 杭州 2010，LA 4839）

给出 N（$0<N \leqslant 10^4$）个点、M（$0<M \leqslant 10^5$）条边的无向图，给出 Q（$0<Q \leqslant 10^4$）个查询，每个查询包含两个点 a 和 b，询问从 a 到 b 路径上有多少点是无论选择什么样的路线都必须经过的。

回文 DNA 序列（Palindromic DNA, ACM/ICPC SWERC 2010, Codeforces Gym 101564E）

DNA 序列是由 A,G,T,C 4 种核苷碱基构成。这 4 种核苷碱基可以认为是环形顺序，A 之后 G，G 之后 T，T 之后 C，C 之后还是 A。给出一个 DNA 序列 S，以及 S 子序列的集合 $P_1,\cdots,P_t$。其中，P 的形式为$\{i_1,i_2,\ \cdots,\ i_k\}$，对应一个 S 的子序列 $S_{i1}S_{i2},\ \cdots,\ S_{ik}$。计算能否通过对 S 的一系列操作，将所有的 P 对应的子序列都变成回文。但是每一个核苷碱基的操作只能是以下三者之一。

- 保持不变。
- 按照核苷碱基顺序变成下一个字符，比如 C→A。
- 按照核苷碱基顺序变成上一个字符，比如 T→G。

另外，不能同时改变 S 中相邻的两个位置。考虑 DNA 序列 AGTAT，考虑 $P_1=\{1, 4\}$，$P_2=\{0, 1\}$ 以及 $P_3=\{0, 2, 4\}$，可以把 S 变成 S'=GGTAG。这样 P_1,P_2,P_3 对应的子序列就变成 GG，GG，GTG，都是回文。

如果 S=CATGC，需要将{0,3}和{3,4}对应的子序列变成回文，这里就需要 0,3,4 三个位置都变成 T，但是位置 3 和 4 相邻，无法转换。

单向交通（One-way traffic, ACM/ICPC CEPC 2002，Codeforces Gym 100231C）

给出 n（$2 \leqslant n \leqslant 2000$）个点、$m$ 条边的有向图，对于任意两点 a，b，a 到 b 以及 b 到 a 都是连通的。可能同时存在(a,b)以及(b,a)两条边，对于每一对这样的边，尽量删除其中一条，但是不能改变已有的连通性。

游戏（NOI 2017，牛客 NC 20802）

小 L 计划进行 n（$n \leqslant 50\ 000$）场飙车游戏，每场游戏使用一张地图，并选择一辆车在该地图上完成游戏。小 L 的赛车有 3 辆，分别用大写字母 A，B，C 表示。地图一共有 4 种，分别用小写字母 x，a，b，c 表示。其中，赛车 A 不适合在地图 a 上使用，赛车 B 不适合在地图 b 上使用，赛车 C 不适合在地图 c 上使用，而地图 x 则适合所有赛车参加。适合所有赛车参加的地图并不多见，最多只会有 d（$d \leqslant 8$）张。n 场游戏的地图可以用一个小写字母组成的字符串描述。例如，S=xaabxcbc 表示小 L 计划进行 8 场游戏，其中第 1 场和第 5 场的地图类型是 x，适合所有赛车；第 2 场和第 3 场的地图是 a，不适合赛车 A；第 4 场和第 7 场的地图是 b，不适合赛车 B；第 6 场和第 8 场的地图是 c，不适合赛车 C。

小 L 对游戏有一些特殊的要求，这些要求可以用 m（$m \leqslant 10^6$）个四元组 (i, h_i, j, h_j) 来描述，表示若在第 i 场使用型号为 h_i 的车子，则第 j 场游戏要使用型号为 h_j 的车子。你能帮小 L 选择每场游戏使用的赛车吗？如果有多种方案，输出任意一种方案。如果无解，输出“-1”。

电视游戏（TV Show Game, ACM/ICPC 大田 2018, Codeforces Gym 101987K）

有这么一款电视游戏，舞台上有编号为 1～k 的 k（$3<k\leqslant 5000$）盏灯，都是红灯或者蓝灯，一开始都是灭的。开灯前无法分辨颜色，n（$1\leqslant n\leqslant 10\,000$）个玩家每个都随机挑选三盏灯，并且猜它们的颜色，在纸上写上猜测结果，并且交给主持人。当所有灯打开时，猜对两个或两个以上的玩家获得大奖。主持人希望猜测结果提交后调整灯的颜色，尽量使每个玩家都获奖。计算是否可以调整所有灯的颜色，使所有参与者都获奖。

单向传送带（One-Way Conveyors, ACM/ICPC 横滨 2019, Aizu 1408）

给出 n（$n\leqslant 10^5$）个加工站和 m（$m\leqslant 10^5$）个传送带组成一个无向图。计算能否给图定向来满足所有 k（$k\leqslant 10^5$）个传输要求，其中第 i 个从结点 $u[i]$可达 $v[i]$。

二进制编码（Binary Code, ACM/ICPC NEERC 2016, CodeForces Gym 101190B）

定义一种二进制编码，它是一种 01 字符串集合。如果其中没有任意一个串是其他串的前缀，则称其为前缀编码。

给出包含 N（$1\leqslant N\leqslant 5\times 10^5$）个 01 串的二进制编码，但是某些位是 '?'，表示这一位是未知的。能否将每个 '?' 变成 0 或者 1，使得这个二进制编码变成一个前缀编码。

5.7.3 最短路及其应用

最短路问题看上去简单，其实有很多可以挖掘的东西。如表 5-3 所示，列出了本章给出的例题，这些例题覆盖了很多与最短路相关的算法和技巧，堪称经典。在线题单：https://dwz.cn/m3xikcnX。

表 5-3

类　别	题　号	题目名称（英文）	备　注
例题 11	UVa 11374	Airport Express	用 Dijkstra 预处理；枚举
例题 12	UVa 10917	Walk Through the Forest	Dijkstra；动态规划
例题 13	LA 4080	Warfare and Logistics	最短路树
例题 14	UVa 10537	The Toll! Revisited	Dijkstra 算法的变形
例题 15	UVa 11090	Going in Cycle	01 分数规划；负圈判定
例题 16	UVa 11478	Halum	差分约束系统
例题 17	LA 4128	Steam Roller	状态图设计；Dijkstra
例题 18	LA 3561	Low Cost Air Travel	状态图设计；Dijkstra
例题 19	LA 3661	Animal Run	平面图的最小割；对偶图

下面是习题。和前面一样，部分题目颇有难度，初学者不必强求。在线题单：https://dwz.cn/gmupIWeI。

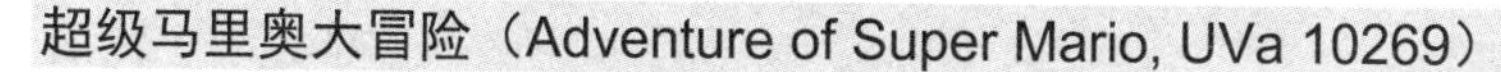

超级马里奥大冒险（Adventure of Super Mario, UVa 10269）

再次成功营救出桃子公主之后，马里奥需要从 Bowser 魔王的城堡返回他的家。马里奥世界里一共有 A 个村庄和 B 个城堡（$1 \leqslant A,B \leqslant 50$），其中村庄编号为 $1 \sim A$，城堡编号为 $A+1 \sim A+B$。马里奥住在村庄 1，而 Bowser 住在城堡 $A+B$。

马里奥能以 1 千米/小时的速度沿着村庄和城堡之间的双向道路行走，也可以用魔法鞋加速。魔法鞋可以让马里奥瞬间移动不超过 L（$L \leqslant 50$）千米，但由于城堡中有很多陷阱，稍不留神就会中圈套，因此马里奥从不使用魔法鞋穿过城堡。另外，使用魔法鞋的起点和终点都只能是城堡或者村庄，且最多只能使用 K（$K \leqslant 10$）次魔法鞋。

你的任务是计算马里奥回家的最短时间。输入需保证马里奥一定能回家。

加满油（Full Tank? UVa 11367）

n（$n \leqslant 1000$）个城市之间有 m（$m \leqslant 10\,000$）条道路。给出起点 s 和终点 t，以及汽车的油箱容量 c，求从 s 到 t 的最便宜路径。假定初始时油箱是空的，第 i 个城市的油价为 p_i。需要回答 q（$q \leqslant 100$）组询问。

飞到弗雷德里顿（Flying to Fredericton, UVa 11280）

给出 n（$2 \leqslant n \leqslant 100$）个城市之间的 m（$0 \leqslant m \leqslant 1000$）条航线以及对应的机票价格，要求回答一些询问，每个询问是给出最大停留次数 s，求从 Calgary（起点城市）到 Fredericton（终点城市），中途停留次数不超过 s 的最便宜的行程。对于每条航线，保证该航线起点到 Calgary 的距离小于航线终点到 Calgary 的距离。

程序分析（Tomato Automata, SEERC 2005, LA 3310）

有 n 行程序，每行程序为一个命令，共有 5 种命令。

- ❑ Ifgo x：任意选择跳至第 x 行或下一行。
- ❑ Jump x：跳至第 x 行。
- ❑ Pass：跳到下一行。
- ❑ Loop s, x：从第 s 行到当前行，循环 x 次。
- ❑ Die：终止程序的运行。

要求循环只能严格嵌套，不能从循环外直接跳至某个循环内部，也不能从循环内部直接跳出循环外部。当前在第一行，问最多可以运行多少行的程序。如果程序可以死循环，输出 infinity。其中，$x \leqslant 100\,000$。

掷骰子比赛（Dice contest, ACM/ICPC CEPC 2002, LA 2925）

给出一个骰子，位于一个左右无限宽、上下只有 4 行的无限大的棋盘上，坐标(x,y)表示第 x 列第 y 行。一开始，骰子位于位置(x_1,y_1)处，并且每一面贴了一些数字，朝上的面是一点，面向玩家的面是两点。要移动骰子，每次可上下或者左右滚动一个格子，滚动后贴在顶面上的数字就是此次滚动的费用。计算将骰子移动到(x_2,y_2)处所需总费用的最小值。

5.7.4　最小生成树

相比之下，最小生成树的题目大都比较传统，有规律可循。如表 5-4 所示，列出了本章给出的相关例题，这些例题已经覆盖了大多数算法和技巧。在线题单：https://dwz.cn/

7K5HPNsW。

表 5-6

类　别	题　号	题目名称（英文）	备　注
例题 20	LA 5713	Qin Shi Huang's National Road System	枚举；最小生成树；预处理计算每两点间的最长边
例题 21	UVa 11354	Bond	最小生成树；动态 LCA
例题 22	UVa 11865	Stream My Contest	最小有向生成树

下面是习题。和例题一样，这些题目相对传统，但也需要小心。在线题单：https://dwz.cn/FDzY6i33。

ACM 竞赛和停电（ACM Contest and Blackout, UVa 10600）

为了举办 ACM 竞赛，市长决定给 n（$3 \leqslant n \leqslant 100$）所学校提供可靠的电力供应。当且仅当一个学校直接连到电站，或者连到另一个有可靠供应的学校时，才有可靠供应。现在给出在不同学校之间布线的成本，找出最便宜的两种连线方案。一个方案的成本等于所有学校之间连线的成本的总和。

广播消息（Teen Girl Squad, UVa 11183）

你有一个好消息，要告诉 $n-1$（$n \leqslant 1000$）个好朋友，不过你们不在同一个地方，因此只能靠打电话。给出 m（$0 \leqslant m \leqslant 40\,000$）个三元组$(u, v, w)$，表示 u 打电话给 v 要花 w 分钱（注意，这不代表 v 可以给 u 打电话），你的任务是用最少的总费用把这个好消息通知到所有人。除了给出的三元组外，其他的通话方式都是不允许的。

沙漠探险（Traval in Desert, UVa 10816）

你想在沙漠中探险，由于沙漠非常热，你希望尽可能地降低旅途中的最高温度。沙漠中有一些绿洲，可以用来休息，而绿洲之间的道路则是温度不低的沙漠。你的任务是选择一条从起点到终点（起点和终点均为绿洲）的路线，使得途经道路的最高温度尽量低。如果有多个路线满足此条件，则选择长度最短的那一条。

北极通信网络（Arctic Network, UVa 10369）

北极某区域共有 P 座村庄，每座村庄均有自己的平面坐标。现决定在村庄之间建立通信网络，其中通信工具可以是无线电收发机，也可以是卫星设备。你的任务是让任意两座村庄之间都可以直接或间接地通信。

卫星设备一共有 S 台，拥有卫星设备的两座村庄无论相距多远都可以直接通信；其他每个村庄都可以配备一台无线电收发机，但必须具有相同的参数 d。只有欧几里得距离不超过 d 的村庄才能用无线电收发机直接通信。由于 d 值越大的无线电收发机越贵，你需要合理分配这 S 台卫星设备，才能让其他村庄的无线电收发机的 d 值最小。

旅游路线（Tour Belt, 大田 2010, LA 4848）

给出一个有 n 个结点、m 条边的加权无向图 G（$2 \leqslant n \leqslant 5\,000$，$1 \leqslant m \leqslant n(n-1)/2$），满足如下条件的结点集 B（$2 \leqslant |B| \leqslant n$）称为候选子图：$B$ 内的结点在 G 中连通，且 B 的任何一

条内弧的权值严格大于任何一条边界弧的权值。这里，内弧指两个端点都在 B 中的弧，边界弧指恰好有一个端点在 B 中的弧。你的任务是求出所有候选子图的结点数之和。

如图 5-37 所示，图 5-37（a）有 3 个候选子图{1,2}，{3,4}和{1,2,3,4}，结点数之和为 8。图 5-37（b）有 6 个候选子图，分别为{1,2}，{3,4}，{5,6}，{7,8}，{3,4,5,6}和{1,2,3,4,5,6,7,8}，结点数之和为 20。注意，{1,2,7,8}不是候选子图，因为这些结点在 G 中不连通（{1,2}和{7,8}之间没有边相连）。

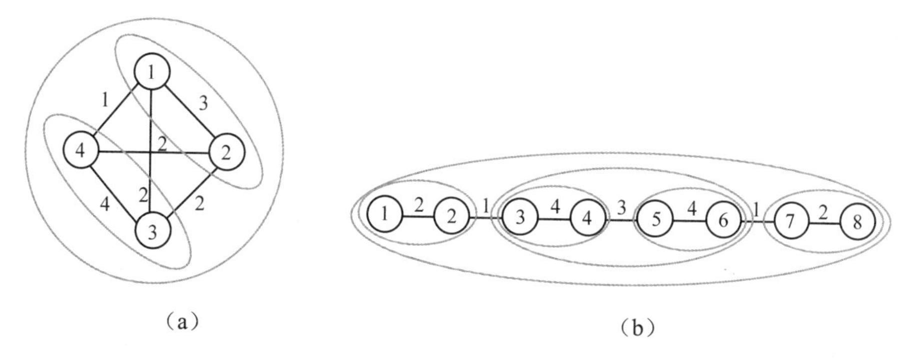

（a）　　　（b）

图　5-37

征服者成吉思汗（Genghis Khan the Conqueror, ACM/ICPC 福州 2011，LA 5834）

给出 N（$1 \leqslant N \leqslant 3000$）个点、$M$ 条边的带权无向连通图，然后给出 Q 个会同等概率发生的事件，每个事件会把一条边(X,Y)的权值增大到 C，计算发生任意一个事件之后最小生成树权值之和的期望值。

5.7.5　二分图匹配

涉及二分图匹配的经典问题有不少，很能启发思维。如表 5-5 所示，列出了本章给出的相关例题，这些例题包括了二分图最大基数匹配、最佳匹配、稳定婚姻问题、二分图的最小覆盖和最大独立集、DAG 的最小路径覆盖等问题。在线题单：https://dwz.cn/XcltPYt8。

表　5-5

类　别	题　号	题目名称（英文）	备　注
例题 23	LA 4043	Ants	二分图最佳匹配（或分治法）
例题 24	UVa 11383	Golden Tiger Claw	KM 算法的副产物
例题 25	LA 2238	Fixed Partition Memory Management	图论建模；二分图最佳匹配
例题 26	LA 3989	Ladies' Choice	稳定婚姻问题
例题 27	UVa 11419	SAM I AM	二分图最小覆盖
例题 28	LA 3415	Guardian of Decency	二分图最大独立集
例题 29	LA 3126	Taxi Cab Scheme	DAG 的最小路径覆盖

下面是习题，其中个别题目有难度。在线题单：https://dwz.cn/adHIpQtU。

车（Rooks, UVa 10615）

给出一个 $N \times N$（$N \leqslant 100$）的棋盘，上面放了一些车。现在要用尽量少的颜色对这些车进行着色，使得同一行或同一列的任意两个车的颜色都不同。

猫和狗（Cat vs. Dog, NWERC 2008, LA 4288）

一群猫和一群狗参加选美，观众要么是猫的爱好者，要么是狗的爱好者。猫的爱好者会特别喜欢某只猫（每个人喜欢的猫不同）但特别讨厌某只狗；狗的爱好者会特别喜欢某只狗但特别讨厌某只猫。现有猫的爱好者 s 人，狗的爱好者 t 人，猫 m 只，狗 n 只。组委会要淘汰一些猫和狗，剩下的都能进下一轮。问怎样安排，才能使尽可能多的人的两个愿望都满足（即喜欢的晋级，讨厌的淘汰）。

长城游戏（The Great Wall Game, World Finals 2005, LA 3276）

在一个 $n \times n$ 的棋盘上有 n 个棋子，通过移动棋子使棋子的排布满足以下情况之一：呈横行排列；呈纵行排列；呈对角线排列（有两条）。棋子移动一个单元格的费用为1，总费用为所有棋子的移动费用之和。求最小费用。

国王的要求（King's Quest, NEERC 2003, LA 2966）

从前有一个国王，他有 n（$n \leqslant 2000$）个儿子。皇宫里还有 n 个美丽的女孩，并且国王知道每一个王子喜欢的女孩都是谁。

国王找到巫师，告诉巫师每个王子所喜欢的女孩们，并且要求巫师找到一种方案，使每个王子都娶到一个自己喜欢的女孩。当然，一个女孩只能嫁给一个王子。

巫师提交了一种方案，国王看了之后说："我挺喜欢你的方案，但我不是十分满意。我还想知道每一个王子能娶的所有女孩，当然他娶了某个女孩之后，剩下的其他王子还是可以找到自己喜欢的人作自己的伴侣。"

输入 n 个王子各自喜欢的女孩的列表，以及巫师提交的方案（即每个王子的新娘），你的任务是计算出每个王子有可能娶到的女孩的列表。

鲜花摆放（Flowers Placement, ACM/ICPC 上海 2009, LA 4748）

给出一个大小为 N（$1 \leqslant N \leqslant 200$）列、$M$（$0 \leqslant M \leqslant N$）行的网格，每个格子中都有一个 1～$N$ 的整数，并且每一列每一行上的所有整数都不同。现在需要在不违反这个性质的前提下增加一行整数。计算按照字典序第 K（$1 \leqslant K \leqslant 200$）小的一行整数。无解则输出-1。

5.7.6 网络流

网络流是本章中建模技巧最多、最复杂的算法。如表 5-6 所示，列出了本章给出的相关例题。在线题单：https://dwz.cn/JD6sK0Hq。

表 5-6

类　别	题　号	题目名称（英文）	备　注
例题 30	UVa 11248	Frequency Hopping	最大流
例题 31	LA 2957	Bring Them There	最大流；图论建模
例题 32	LA 2531	The K-league	最大流；图论建模
例题 33	UVa 10779	Collector's Problem	最大流；图论建模
例题 34	UVa 11613	Acme Corporation	拆点；最小费用流

下面给出部分习题。在线题单：https://dwz.cn/U3oDQHkn。

最短往返路（Dijkstra, Dijkstra, UVa 10806）

给出一个带有 n（n≤100）个结点的带权无向图，找到从起点 S 到终点 T 的最短往返路径，不能重复走过同一条边。输入图中不含重边。

号码簿分组（Jamie's Contact Group,上海 2004, LA 3268）

有 n（n≤1 000）个人和 m（m≤500）个组。一个人可能属于很多组。现在请你从某些组中去掉几个人，使得每个人只属于一个组，并使得人数最多的组中人员数目为最小值。

峨眉山猴子（Monkeys in the Emei Mountain, UVa 11167）

雪雪是一只猴子。它在每天的 2:00—9:00 非常渴，所以在此期间它必须喝掉 2 个单位的水。它可以多次喝水，只要它喝水的总量是 2。它从来不多喝，在 1 小时内它只能喝 1 个单位的水。所以，它喝水的时间段可能是 2:00—4:00，或者 3:00—5:00，或者 7:00—9:00。甚至喝两次，第一次 2:00—3:00，第二次 8:00—9:00。但是它不能在 1:00—3:00 喝水，因为在 1:00 时它不渴，也不能在 8:00—10:00 喝水，因为 9:00 必须结束。

一共有 n（n≤100）只这样的猴子。我们用一个(v,a,b)（0≤v,a,b≤50 000，$a<b$，$v≤b-a$）来描述一个在时间 a～b 口渴，并且必须在这个期间喝够 v 个单位水的猴子。所有猴子喝水的速度都是 1 小时喝 1 个单位的水。

现在的问题是只有一个地方可以让 m 只猴子同时喝水，需要做出一个能满足所有猴子的喝水需要的安排。多解时任意输出一组即可。

航程规划（Objective:Berlin, SWERC 2004, LA 3645）

有 n 个城市和 m 条航线。给出每条航线的出发地、目的地、座位数、起飞时间和到达时间（用 HHMM 方式表示），再给出城市 A 和 B，以及最晚到达 B 的时间（用 HHMM 方式表示），求一天之内最多能有多少人从 A 飞到 B（可以通过其他城市中转）。假设上下飞机的时间忽略不计）。

滑雪场地检查（Inspection, NEERC 2009, LA 4597）

你带领一支团队检查一所新建的滑雪场地。滑雪场地可以用一个有向无环图表示，其中图的结点代表滑坡之间的交叉点，边代表滑坡，方向总是从高到低（否则就没有办法借助重力滑雪了）。

你的团队必须检查每一个滑坡。由于电梯还没有正式启用，你必须用直升机完成任务。每次使用直升机可以在滑雪场地的某个交叉点放置一人，让他顺着滑坡往下滑，沿途检查他所滑过的所有滑坡。每个滑坡可以被检查多次，但必须至少被检查一次。你现在要计算至少用几次直升机才能完成所有滑坡的检查工作。

企鹅的游行（March of the Penguins, NWERC 2007, LA 3972）

网格上有 n（n≤100）片荷叶，初始时第 i 片荷叶上有 n_i 只企鹅（0≤n_i≤10）。由于承受力有限，第 i 片荷叶最多只能承受 m_i（1≤m_i≤200）只企鹅从上面跳走。一只企鹅每次最多跳 D（$D≤10^5$）单位距离。要求所有企鹅在同一片荷叶上集合。问哪些荷叶可以成为这个汇合地点。

寡头的竞争（Duopoly，杭州 2005, LA 3487）

T 公司和 *M* 公司想向政府申请一些资源的使用权。每一项申请包含一个资源列表和该公司愿意支付的金额。如果该申请得到批准，该公司将得到列表中所有资源的使用权。政府只能完整地批准或拒绝一个申请，不能只批准申请中的部分资源，也不能将一个资源的使用权同时批给两个公司。同一个公司的两项申请中保证不包含相同的资源。你的任务是帮助政府决定应当批准哪些申请，使得政府收益最大化，即被批准的那些申请的金额之和最大。

每个公司申请数目 n 不超过 3000，每项申请愿意支付的金额为不超过 1000 的正整数，每项申请涉及的资源数为 1～32 的整数。

粉刷道路（Paint the Roads, Dhaka 2006, LA 2197）

某国有 n 个城市，用 m 条单向道路相连。你的任务是粉刷其中一些道路，使得被粉刷的道路组成一些没有公共边的回路，且每个城市恰好在其中的 k 条回路上。被粉刷的所有道路的总长度应尽量小。

音乐厅调度（Concert Hall Schedule, Aizu 2003, LA 2796）

一个著名的音乐厅因为财务状况恶化，快要破产。你临危受命，试图通过管理手段来拯救它。方法之一就是优化演出安排，自行决定接受或拒绝哪些乐团的演出申请，使得音乐厅的收益最大化。该音乐厅有两个完全相同的房间，各乐团在申请演出的时候并不会指定房间，你只需要随便分配一个即可。每个演出都会持续若干天，每个房间每天只能举行一场演出。申请数目 n 为不超过 1000 的正整数，每个申请用 3 个整数 i, j, w 描述，表示从第 i 天演到第 j 天，愿意支付 w 元。

货物运输（Transportation，哈尔滨 2010, LA 5095）

某国有 n（$n\leqslant 100$）座城市，由 m（$m\leqslant 5000$）条单向道路相连。你希望从城市 1 运送 k（$0\leqslant k\leqslant 100$）单位货物到城市 n，但这些道路并不安全，有很多强盗，所以你决定雇佣保镖来保护你。

每条道路都有一个危险系数 a_i（$0<a_i\leqslant 100$），如果你带着 x 个单位的货物通过，需要给保镖 a_ix^2 元钱才能保证你的安全（这是合理的，因为带在身边的货物越多，越不安全）。另外，每条路还有一个容量限制 C_i（$C_i\leqslant 5$），表示最多只能带 C_i 个单位的货物通过。

注意，货物不能拆开，因此在通过每条路时，身上的货物数量必须是整数。

芯片难题（Chips Challenge, World Finals 2011, LA 5131）

在一个 $N\times N$（$N\leqslant 40$）网格里放部件。其中一些格子已经放了部件（用 *C* 表示），还要放一些（用 *W* 表示），使得第 x 行的总部件个数（*C* 和 *W* 之后）等于第 x 列。有些格子不能放（用/表示）。为了保证散热，任意行/列的部件（包括 *C* 和 *W*）不能超过总部件数的 A/B。

最大获利（NOI 2006，牛客 NC 17460）

CS&T 通信公司得到了 N（$N\leqslant 5000$）个可以作为通信信号中转站的地址。不同的地址，建造通信中转站的费用也不同，建立第 i 个中转站的成本为 P_i（$1\leqslant i\leqslant N$）。另外，公司调查得出了所有期望中的用户群，一共 M（$N\leqslant 50\,000$）个。第 i 个用户群的信息概括为 A_i, B_i 和 C_i：这些用户会使用中转站 A_i 和 B_i 进行通信，可以获益 C_i（$1\leqslant \mathrm{i}\leqslant M, 1\leqslant A_i, B_i\leqslant N$）。

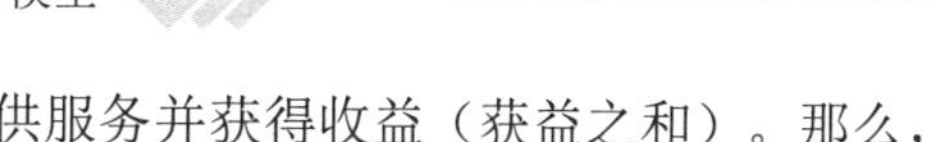

可以有选择地建立一些中转站，为一些用户提供服务并获得收益（获益之和）。那么，如何选择，最终建立的中转站净获利最大？其中，净获利=获益之和−投入成本之和。

用直线画画（Draw in Straight Lines, ACM/ICPC 横滨 2019, Aizu 1410）

要求画一个 $n\times m$（$1\leqslant n,m\leqslant 40$）的黑白图像。每次可以画一条宽度为 1 的线或者单个像素点。每个点最多被涂两次，已经涂了一次白色的话不能涂黑，但黑色可以涂白。一开始，每个像素都是白的。画长度为 L 的线的费用是 $a\times L+b$，画点的费用为 c。$c\leqslant a+b$，且 $0\leqslant a,b,c\leqslant 40$。求画出目标图像的最小总费用。

让猫愉快（Delight for a Cat, ACM/ICPC NEERC 2016, CodeForces Gym 101190D）

有只猫在接下来的 N 个小时内要安排计划。某小时内，猫要么睡觉，要么进食，第 i 个小时内睡觉和进食分别能获得的愉快值为 s_i 和 e_i（$0\leqslant s_i,e_i\leqslant 10^9$）。同时，$N$ 个小时的 $N-k+1$（$1\leqslant k\leqslant N\leqslant 1000$）个连续 k 小时的时间段内，每个都至少有 m_s 小时在吃饭，m_e 小时在睡觉。计算猫在接下来的 N 个小时内所能获得的最大愉快值。

午餐时间（Lunch Time, ACM/ICPC 南京 2013, LA 6637）

给定一个有 N（$2\leqslant N\leqslant 2500$）个顶点（顶点从 0 到 $N-1$）、M（$0\leqslant M\leqslant 5000$）条有向边的图，每条边长度相等。有 K（$0\leqslant K\leqslant 10^9$）名学生从顶点 0 步行到 $N-1$，都想尽快到达餐厅。但第 i 条边最多只能容纳 C_i（$0\leqslant C_i\leqslant 20$）个学生，学生的速度为每单位时间走一条边。合理安排学生，使得最后一个学生能尽快到达食堂。输出最短时间，或无解。

第 6 章　更多算法专题

我们在前 5 章中已经学到了很多经典算法和数据结构，但限于篇幅，还有很多专题尚未讨论。本章将选取算法竞赛中一些相对常用的专题进行分析讲解，对前 5 章的内容是一个重要的补充。

6.1　轮廓线动态规划

本节介绍一类特殊的问题，需要用一种称为“轮廓线动态规划”的方法进行求解。这类问题的共同特点是：在一个比较“窄”（行数少或者列数少）的棋盘上进行复杂操作。如果采用传统方法（以整行、整列为状态）进行动态规划，将无法进行状态转移，因此只能把参差不齐的“轮廓线”（每道题目都不一样，详见例题）也作为状态的一部分。尽管轮廓线的形态复杂，但由于棋盘比较窄，状态总数仍然可以控制在可以接受的范围内。

本节的基础模型是在“递推关系”部分中学到的多段图路径问题，因此在这里以计数问题为例稍费笔墨把它回顾一下。如图 6-1 所示，从左到右有 n 列结点，每列称为一个“阶段”，每个阶段的结点只会往下一个阶段的结点连有向边（每个结点出发可以连多条边），求从阶段 1 到阶段 n 每个结点的路径条数（起点可以任意，只要是从阶段 1 开始即可）。

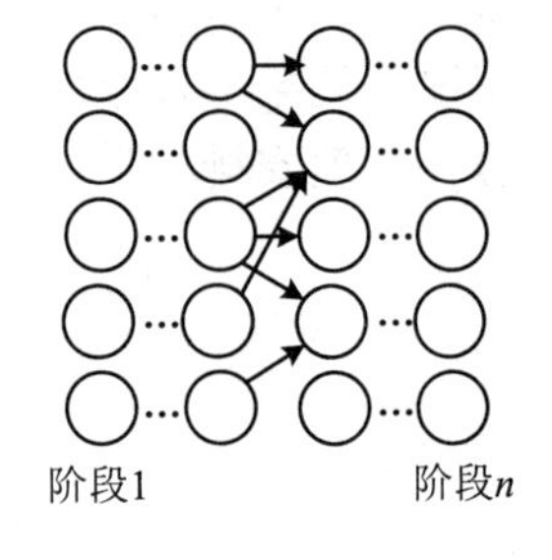

图　6-1

设 $d[i][j]$为从阶段 1 到结点(i,j)的路径条数，则可以写出伪代码（已用滚动数组）。具体如下。

```
cur = 0;
所有 d[0][j]初始化为 1
从小到大枚举每个要计算的阶段 {
  cur ^= 1;
  所有 d[cur][j]初始化为 0 //只能在这里做，因为现在 d[cur]存着以前某阶段的值
  for 上个阶段的每个结点 j
    for j 的每个后继结点 k
      d[cur][k] += d[1-cur][j]
}
```

这里的 cur 就是“正在计算”的阶段，最后 d[cur]为阶段 n 各结点的值。不难发现，这些阶段的名字和编号并不重要，只需要从小到大枚举这些阶段即可。

本节各例题都可以看成多段图的问题，其中例题 1 和例题 3 是计数问题，例题 2 是优化问题（需要修改上述伪代码中的初始化代码和更新代码）。

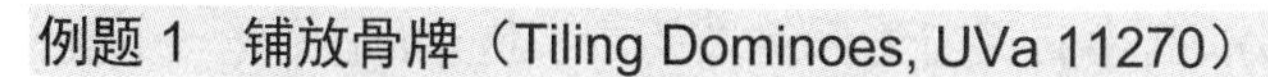

例题 1　铺放骨牌（Tiling Dominoes, UVa 11270）

用 1×2 骨牌覆盖 $m \times n$ 棋盘，有多少种方法？如图 6-2 所示为一种铺放方法。

【输入格式】

输入包含多组数据。每组数据占一行，包含两个正整数 m 和 n（$mn \leqslant 100$）。输入结束标志为文件结束符（EOF）。

【输出格式】

对于每组数据，输出总数。

【分析】

本题也许是最为经典的轮廓线动态规划问题了，读者在继续阅读之前可先尝试以整行、整列为状态（比如，用 $d(i)$表示前 i 行的铺法总数）设计动态规划算法，以获得“轮廓线需要纳入状态表示中”这一关键点的直观感受。

题目规定 $mn \leqslant 100$，因此 m 和 n 至少有一个数不超过 10。为了简单起见，我们规定 $m \leqslant n$（当 $m>n$ 的时候，交换 m 和 n 即可，结果不变），因此 $m \leqslant 10$ 符合前面说的“窄棋盘”的条件。

对于本题来说，我们按照从上到下、从左到右的顺序把棋盘划分成若干个阶段，每个阶段有 2^m 个结点，其中每个结点用一个 m 位二进制整数表示。比特 1 表示已覆盖，0 表示没有覆盖，如图 6-3 所示。

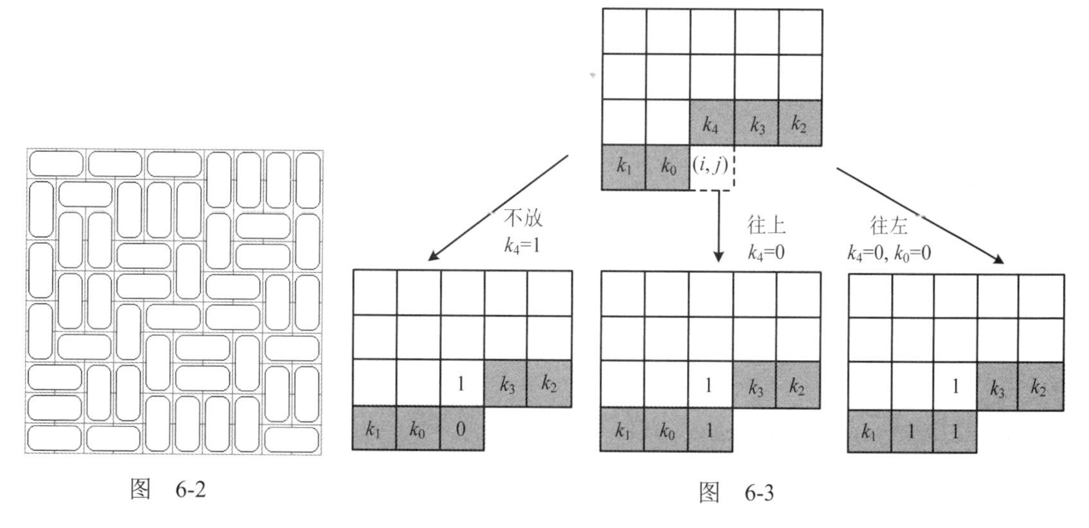

图　6-2　　　　图　6-3

阶段决策是“以当前格子为右下角，要不要放骨牌以及放哪种骨牌”。答案有 3 种：不放骨牌、放竖的骨牌、放横的骨牌。

- ❑ 情况一：不放骨牌。如果 $k_4=0$，并不能转移到任何合法状态，因为棋盘不可能铺满。只有当 $k_4=1$ 的时候，转移到二进制为 $k_3k_2k_1k_0 0$ 的状态。
- ❑ 情况二：往上放骨牌。只有当 $k_4=0$ 并且 i 不是最上面一行的时候，这个骨牌才放得下。转移到 $k_3k_2k_1k_0 1$ 的状态。
- ❑ 情况三：往左放骨牌。当 $k_0=0$ 且 j 不是最左列的时候才能放下，而且只有当 $k_4=1$ 的时候才能转移到合法的状态。新状态为 $k_3k_2k_1 11$。

不难发现，时间复杂度为$O(2^m \times nm)$，其中 *m* 是行数和列数的较小值，*n* 是另外一个值。

下面考虑程序实现。我们把各行编号为 0~*n*，各列编号为 0~*m*，然后初始状态 $d[0][2^m-1]=1$，其他 $d[0][j]$无所谓（想一想，为什么），最终答案为 $d[cur][2^m-1]$。

状态转移用位运算写起来比较方便。设旧状态为 *k*，什么都不放的话，新状态为 *k* 左移一位的结果，即 *k*<<1。为了清晰起见，这里用 LEFT(*k*)表示。转移的必要条件是 LEFT(*k*)的第 *m* 位为 1，即 *k* 的第 *m*−1 位为 1。为了清晰起见，我们用 TEST(*k*,*b*)表示 *k* 的第 *b* 位是否为 1，用 CLEAR(*k*, *b*)表示 *k* 把第 *b* 位清 0 后的数。这样，我们可以写出对应程序，代码如下。

```
void update(int a, int b) {
  if(TEST(m,b)) d[cur][ CLEAR(m,b)] += d[1-cur][a];
}
```

对于不放骨牌的情况，代码如下。

```
update(k, LEFT(k));
```

对于往上放骨牌的情况：需要判断 *k* 的第 *m*−1 位是否为 1，转移时先左移，然后打开第 0 位和第 *m* 位。代码如下。

```
if(i && TEST(k,m-1)) update(k, LEFT(k) + BIT(m) + BIT(0));
```

对于往左放骨牌的情况：需要判断 *k* 的第 0 位是否为 1，转移时先左移，然后打开第 0 位和第 1 位。代码如下。

```
if(j && TEST(k,0)) update(k, LEFT(k) + BIT(1) + BIT(0));
```

如果对位运算很熟悉，可以直接把上述代码写成位运算的形式，代码如下。

```
#include<cstdio>
#include<cstring>
#include<algorithm>
using namespace std;
int n, m, cur;

const int maxn = 15;
long long d[2][1<<maxn];

void update(int a, int b) {
  if(b&(1<<m)) d[cur][b^(1<<m)] += d[1-cur][a];
}

int main() {
  while(scanf("%d%d", &n, &m) == 2) {
    if(n < m) swap(n, m);
    memset(d, 0, sizeof(d));
    cur = 0;
    d[0][(1<<m)-1] = 1;
    for(int i = 0; i < n; i++)
      for(int j = 0; j < m; j++) {             //枚举当前要计算的阶段
```

```
        cur ^= 1;
        memset(d[cur], 0, sizeof(d[cur]));
        for(int k = 0; k < (1<<m); k++) {     //枚举上个阶段的状态
          update(k, k<<1);
          if(i && !(k&(1<<m-1))) update(k, (k<<1)^(1<<m)^1);
          if(j && !(k&1)) update(k, (k<<1)^3);
        }
      }
    printf("%lld\n", d[cur][(1<<m)-1]);
  }
  return 0;
}
```

例题 2　连线（Manhattan Wiring, Japan 2006, LA 3620）

$n×m$ 网格里有空格和障碍，还有两个 2 和两个 3。要求把这两个 2 和两个 3 各用一条折线连起来，使得总长度尽量小（线必须穿过格子的中心，每个单位正方形的边长为 1）。

限制条件如下：障碍格里不能有线，而每个空格里最多只能有一条线。由此可知，两条折线不能相交，每条折线不能自交。

如图 6-4 所示，折线总长度为 18（别忘了两个 2 和两个 3 所在的 4 个格子中各有一条长度为 0.5 的线）。

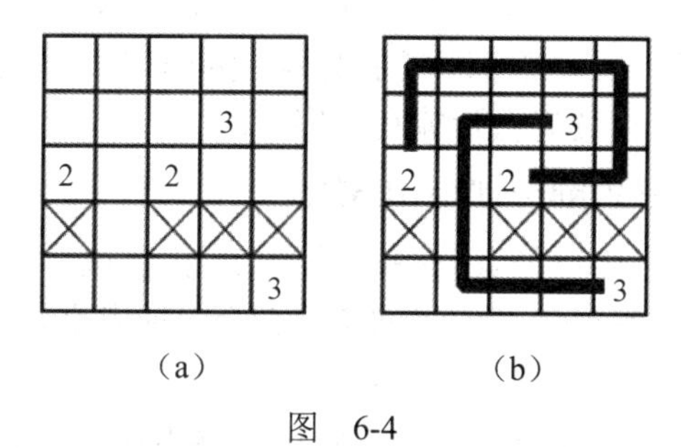

图　6-4

【输入格式】

输入包含多组数据。每组数据：第一行为正整数 n 和 m（$1≤n,m≤9$）；以下 n 行，每行为 m 个整数，描述该网格，0 表示空格，1 表示障碍，2 表示写有“2”的格子，3 表示写有“3”的格子。

【输出格式】

对于每组数据，输出两条折线的最小总长度。如果无解，输出 0。

【分析】

本题看似属于图论问题，却很难用我们学过的图论工具去解决。比如，若先用最短路线连接两个数字 2，也许会迫使两个数字 3 用一条特别长的路线连接（答案错）；若枚举两个数字 2 之间的所有路径，再分别求两个数字 3 的最短路，虽然正确性得到了保证，但运行时间可能会很长（超时）。

我们可沿用“例题 1　铺放骨牌”的思路，把本题看成是一个多阶段的决策问题，其中“决策”是指“搭积木”。一共有 11 种积木，如图 6-5 所示。

图 6-5

拼的规则很简单：两块积木在接触的地方或者都有线，或者都没线。如图 6-6 所示，左边两个是非法的，而右边两个是合法的。

这样，每个状态仍用当前格子和“轮廓线”来表示。如何表示轮廓线呢？我们可以用“每个位置是否有线”来描述一条轮廓线，但为了避免把“2 线”（连接两个 2 的线）和“3 线”（连接两个 3 的线）搞混，我们还需要给线加一个标记。这样，轮廓线上的每个位置有 3 种可能：0（无线）、1（2 线）、2（3 线），如图 6-7 所示。

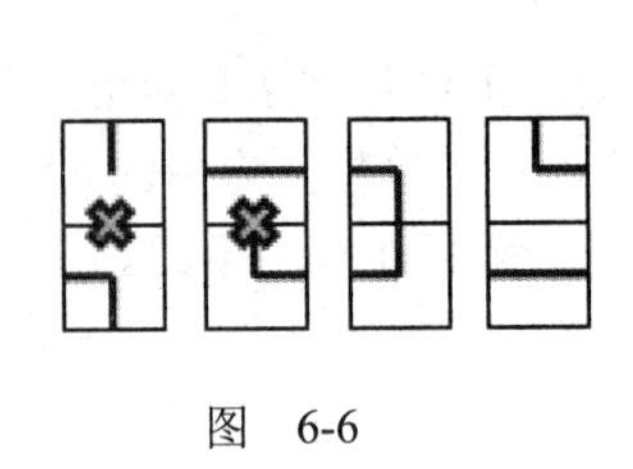

图 6-6

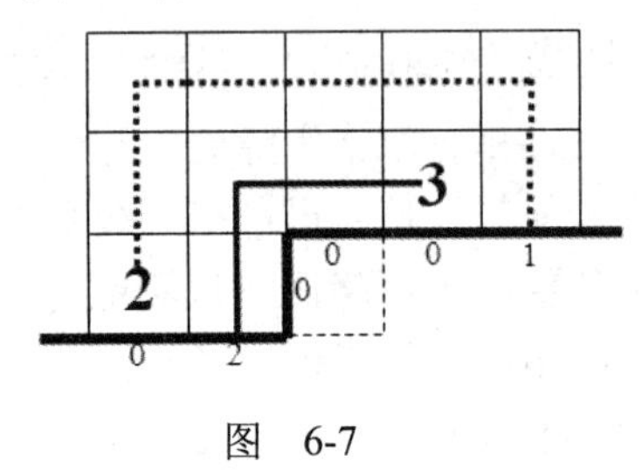

图 6-7

这样，我们可以很自然地用三进制来表示轮廓线状态[①]，因此状态总数是 $O(nm3^{n+1})$。每个状态最多有 11 种转移，因此总时间复杂度为 $O(nm3^{n+1})$。算法看上去并不难理解，但状态转移却有些复杂，强烈建议读者自行编写程序。

例题 3　黑和白（Black and White, UVa 10572）

在一个 m 行 n 列的网格中已经有一些格子涂上了黑色或者白色。你的任务是把其他格子也涂上黑色或者白色，使得任意 2×2 子网格不会全黑或者全白，且所有黑格四连通[②]，所有白格也四连通。

比如，在如图 6-8 所示的 4 幅图中，第一幅中黑格不连通，第三幅中存在 2×2 的全黑子网格，其余两幅图合法。

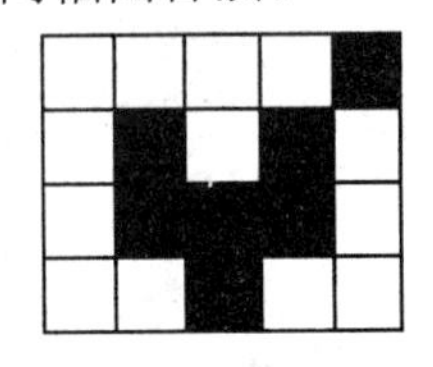
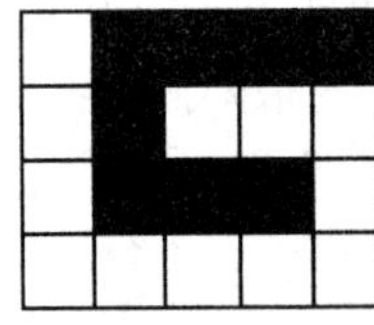
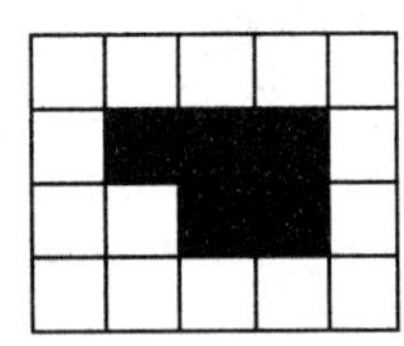
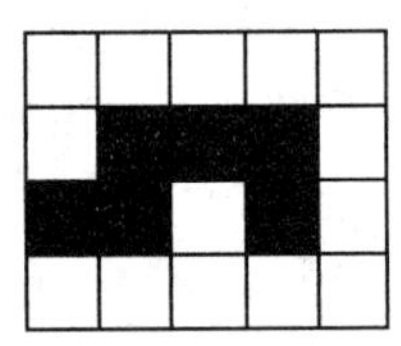

图 6-8

输出方案总数和其中一组方案。

【输入格式】

输入的第一行为数据组数 T（$T \leqslant 100$）。每组数据：第一行为两个整数 m 和 n（$2 \leqslant n, m \leqslant 8$）；以下 m 行，每行包含 n 个字符，即网格本身，其中“#”表示黑格，“*o*”表示白

① 为了方便和高效，实际上一般采用四进制，即用两个比特表示 0，1，2 这 3 种情况。

② 即通过上、下、左、右 4 个方向连通。

格，“.”表示尚未涂色的格子。

【输出格式】

对于每组数据，第一行输出方案总数，接下来是任意一组方案（如果有的话）。

【分析】

本题和“例题 1　铺放骨牌”和“例题 2　连线”有些相似，也可用基于轮廓线的动态规划算法解决，但问题在于：“连通”应如何表示呢？我们可以给每个连通分量编号，像图 6-9（a）那样。

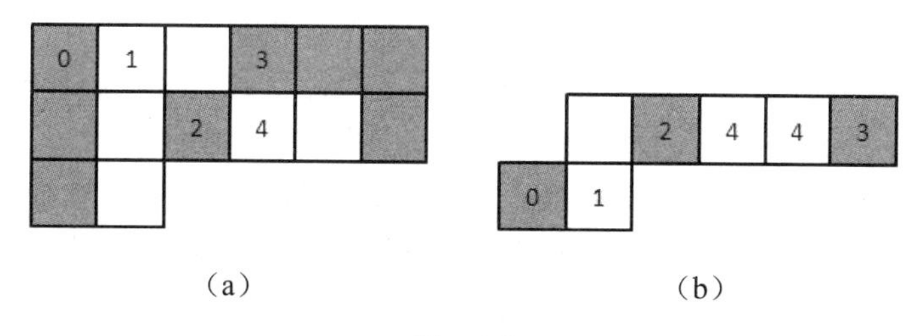

（a）　　　　（b）

图　6-9

目前一共有 5 个连通分量，编号为 0～4，则轮廓线上各个格子的连通分量如图 6-9（b）所示[①]。注意到连通分量的编号方式不唯一，为了避免重复，我们采用最小表示法，即所有等价的表示法中字典序最小的一个。

记录了轮廓线上各个格子的颜色和连通分量编号后，就可以开始设计状态转移方程了。本题的状态转移比较复杂，总的来说就是尝试两种决策（涂黑、涂白），判断转移的时候是否合法。具体规则如下。

- 第一步：如果涂色方案和输入冲突，不合法。
- 第二步：如果涂色方案导致了 2×2 同色子网格，不合法。这也解释了轮廓线上为什么待涂色格子的左边一列要有两个格子——如果只存在一个格子的话，无法进行这个判断。
- 第三步：涂色方案通过了初步测试，把原状态 S 复制成新状态 T，然后把 T 中新格子的连通分量编号设为 S 的最大连通分量编号加 1（代表这是一个新的连通分量）。如果新格子的颜色和它上方格子的颜色相同，则改成那个格子的颜色。设这一步结束后，T 中新格子的连通分量编号为 c。
- 第四步：尝试合并连通分量。如果新格子和它左边格子的颜色也相同，则把 T 中所有编号为 c 的连通分量都改成 c'，其中 c' 是新格子左边格子在 T 中的连通分量编号。
- 第五步：注意到新格子上方的那个格子很快就要退出轮廓线了，我们需要确保它所在的连通分量不能消失（否则就无法和目前尚未出现的格子连通了）。但这里有一个特殊情况：如果剩下的格子全部涂上另外一种颜色，则这个连通分量消失了也没关系。请读者思考如何区分这两种情况（提示：可以考虑修改状态表示）这里需要特别指出的是，第五步判断最为关键，也最容易出错。

强烈建议读者自行编写程序，因为这既是一个不错的思维练习，也是一个不错的编程

① 注意，待涂色格子左上方的格子并没有标连通分量编号。事实上，我们没有记录它的连通分量编号，而只记录了它的颜色。

练习。此外，本题还可以用一种称为“广义括号法”的方法表示连通性信息，往往比最小表示法效率更高，但代码相对容易写错，有兴趣的读者可以自行查找相关资料。

6.2 嵌套和分块数据结构

在第 3 章中，我们学到了不少实用的数据结构，如优先队列、并查集、Fenwick 树、线段树、Treap 和伸展树。特别是后三者，灵活的信息维护机制使得它们可以高效解决很多问题。与这些经典数据结构不同的是，本节介绍的是两种“非主流”的数据结构设计方法：嵌套和分块。它们通常不出现在教科书中，但思想精巧，实用性高。

数据结构的嵌套： 嵌套的思想是把一个数据结构的基本单元进一步细化，用所谓的“子数据结构”来表示，比如所谓的“线段树套 Treap”，就是用 Treap 来表示线段树中的结点，即线段树中每个结点保存着一棵 Treap[①]，而不是一个仅仅写着几个附加信息的圆圈。作为一种特殊情况，“二维线段树”是指一棵线段树的每个结点都保存着一棵线段树[②]。听起来很玄乎？下面来看一道需要二维线段树的例题。

例题 4　人口普查（Census, UVa 11297）

你的任务是维护一个 n 行 m 列的数字矩阵，要求支持以下两种操作。

- q x1 y1 x2 y2：查询所有满足 $x_1 \leqslant x \leqslant x_2, y_1 \leqslant y \leqslant y_2$ 的格子(x,y)的最大值和最小值。
- c x y v：把格子(x,y)的值修改成 v。

【输入格式】

输入仅包含一组数据。第一行为两个整数 n 和 m（$1 \leqslant n,m \leqslant 500$）；以下 n 行，每行 m 个整数，即矩阵中的元素；下一行为整数 Q（$Q \leqslant 40\,000$），即查询的个数；以下 Q 行，每行一个查询。

【输出格式】

对于每个 q 查询，依次输出最大值和最小值。

【分析】

本题是动态 RMQ 的二维情况，因此可以用类比的方式构造二维线段树。具体来说，先对 x 坐标构造一棵线段树（简称 x 树），其中每个结点是一棵 y 方向的线段树（简称 y 树），然后用 Max[xo][yo]和 Min[xo][yo]分别表示编号为 xo 的这棵 y 树中编号为 yo 的子树所代表的所有元素的最大值和最小值。

查询过程（query2D 函数）相对简单，包括以下两种情况。

- 查询 x 树叶结点时直接查询该结点对应的 y 树（调用 query1D 函数）。
- 查询 x 树非叶结点时分别查询两棵子树（递归调用 query2D 函数）。

因为涉及 $O(\log n)$个 x 结点，其中每个结点对应的 y 树涉及不超过 $O(\log n)$个结点，因此时间复杂度为 $O(\log^2 n)$。

① 当然，在代码上，只是保存着这棵 Treap 的根结点指针。

② 由于在第 3 章中我们用数组实现了线段树，这里很自然的采用了二维数组实现二维线段树。

修改过程（modify2D 函数）稍微复杂一点，包括以下两种情况。

- 修改 x 树叶结点时直接修改该结点对应的 y 树（调用 modify1D 函数）。
- 修改 x 树的非叶结点分为两个步骤，第一步是递归修改 x 树上的子树，第二步是修改此结点对应的 y 树（调用 modify1D 函数）[①]。

一共有 $O(\log n)$棵 y 树需要修改，而每棵 y 树最多需要 $O(\log n)$个结点，一共要修改 $O(\log^2 n)$个结点。修改单个结点只需 $O(1)$时间，因此总时间复杂度为 $O(\log^2 n)$。

上述叙述过于抽象，因此强烈建议读者认真阅读本书给出的程序。代码如下。

```
#include<algorithm>
using namespace std;

const int INF = 1<<30;
const int maxn = 2000 + 10;
struct IntervalTree2D {
  int Max[maxn][maxn], Min[maxn][maxn], n, m;
  int xo, xleaf, x1, y1, x2, y2, x, y, v, vmax, vmin;
  //参数、查询结果和中间变量

  void query1D(int o, int L, int R) { //在编号为 xo 的 y 树中查询
    if(y1 <= L && R <= y2) {
      vmax = max(Max[xo][o], vmax); vmin = min(Min[xo][o], vmin);
    } else {
      int M = L + (R-L)/2;
      if(y1 <= M) query1D(o*2, L, M);
      if(M < y2) query1D(o*2+1, M+1, R);
    }
  }

  void query2D(int o, int L, int R) { //在主线段树中查询
    //查询 x 树叶结点时直接查询该结点对应的 y 树
    if(x1 <= L && R <= x2) { xo = o; query1D(1, 1, m); }
    else { //查询 x 树非叶结点时分别查询两棵子树
      int M = L + (R-L)/2;
      if(x1 <= M) query2D(o*2, L, M);
      if(M < x2) query2D(o*2+1, M+1, R);
    }
  }

  void modify1D(int o, int L, int R) { //修改编号为 xo 的 y 树
    if(L == R) {
      //修改 x 树叶结点时直接修改该结点对应的 y 树
      if(xleaf) { Max[xo][o] = Min[xo][o] = v; return; }
      //xo 是主线段树的叶结点
      Max[xo][o] = max(Max[xo*2][o], Max[xo*2+1][o]);
      Min[xo][o] = min(Min[xo*2][o], Min[xo*2+1][o]);
```

① 这个先后顺序很重要，因为修改此结点的 y 树时需要用到“下一层” y 树。

```
    } else {                              //修改x树的非叶结点分为两个步骤
      int M = L + (R-L)/2;
      if(y <= M) modify1D(o*2, L, M);     //第一步是递归修改x树上的子树
      else modify1D(o*2+1, M+1, R);
      //第二步是修改此结点对应的y树
      Max[xo][o] = max(Max[xo][o*2], Max[xo][o*2+1]);
      Min[xo][o] = min(Min[xo][o*2], Min[xo][o*2+1]);
    }
  }

  void modify2D(int o, int L, int R) { //修改主线段树
    if(L == R) { xo = o; xleaf = 1; modify1D(1, 1, m); }
    //修改主线段树的叶子对应的y树
    else {
      int M = L + (R-L)/2;
      if(x <= M) modify2D(o*2, L, M);
      else modify2D(o*2+1, M+1, R);
      xo = o; xleaf = 0; modify1D(1, 1, m); //修改主线段树的非叶结点对应的y树
    }
  }

  void query() { vmax = -INF; vmin = INF; query2D(1, 1, n); }
  void modify() { modify2D(1, 1, n); }
};

IntervalTree2D t;

#include<cstdio>
int main() {
  int n, m, Q, x1, y1, x2, y2, x, y, v;
  char op[10];
  scanf("%d%d", &n, &m);
  t.n = n; t.m = m;
  for(int i = 1; i <= n; i++)
    for(int j = 1; j <= m; j++) {
      scanf("%d", &t.v);
      t.x = i; t.y = j;                                  //设置修改参数
      t.modify();
    }
  scanf("%d", &Q);
  while(Q--) {
    scanf("%s", op);
    if(op[0] == 'q') {
      scanf("%d%d%d%d", &t.x1, &t.y1, &t.x2, &t.y2);    //设置查询参数
      t.query();
      printf("%d %d\n", t.vmax, t.vmin);
    } else {
      scanf("%d%d%d", &t.x, &t.y, &t.v);                 //设置修改参数
      t.modify();
```

```
    }
  }
  return 0;
}
```

为了让代码和第 3 章中的线段树在外观上尽量保持一致，我们用到了很多临时成员变量。比如，查询参数 x_1, y_1, x_2, y_2 可以被 query1D 和 query2D 所公用，*xo* 用来给 query1D 和 modify1D 提供“当前主线段树结点编号”，而 isleaf 表明正在修改的 *y* 树是不是主线段树的叶子（这会影响到结点修改方式）。

上述代码的速度已经足够快，但还有优化的余地：编写一个 build 函数，递归构造出初始线段树，而不是像上面的代码那样连续执行 *nm* 次 modify 操作。有了上述代码作为参考，相信读者可以独立完成这个 build 函数，这里不再赘述。

例题 5　“动态”逆序对（“Dynamic” Inversion, UVa 11990）

给出一个 1~*n* 的排列 *A*，要求按照某种顺序删除一些数（其他数顺序不变），输出每次删除之前逆序对的数目。所谓逆序对的数目，就是满足 $i<j$ 且 $A[i]>A[j]$的有序对(i,j)的数目。

【输入格式】

输入包含多组数据。每组数据：第一行为两个整数 *n* 和 *m*（$1 \leqslant n \leqslant 2\times10^5$，$1 \leqslant m \leqslant 10^5$）；接下来的 *n* 行表示初始排列；接下来的 *m* 行按顺序给出删除的整数，每个整数保证不会删除两次。输入结束标志为文件结束符（EOF）。输入文件大小不超过 5MB。

【输出格式】

对于每次删除，输出删除之前的逆序对的数目。

【分析】

首先用 $O(n\log n)$时间求出初始排列的逆序对的数目①，则每次需要求出被删除的那个数左边有多少个数比它大，右边有多少个数比它小。根据对称性，我们只考虑如何求出“左边有多少个数比它大”即可。

令 larger(p,v)表示 $A_p>v$ 是否成立（1 表示成立，0 表示不成立），则“前 *k* 个数有多少个比 *v* 大”等于 larger$(1,v)$+larger$(2,v)$+larger$(3,v)+\cdots+$larger(k,v)。

注意，这是一个前缀查询②，因此可以用 Fenwick 树维护。回忆第 3 章中对 Fenwick 树中 *C* 数组的定义

$$C_i=A_{i-\mathrm{lowbit}(i)+1}+A_{i-\mathrm{lowbit}(i)+2}+\cdots+A_i$$

对应到本题中，C_i 的值实际上等于“$A_{i-\mathrm{lowbit}(i)+1}, \cdots, A_i$ 中有多少个元素比 *v* 大”。考虑到本题还有删除操作，可以用第 3 章介绍过的名次树来实现这些 C_i。这样，我们得到了一个“Fenwick 树套名次树”的特殊数据结构，在 $O(\log^2 n)$时间内解决了本题。

具体来说，对于每个 *i*，我们用 $A_{i-\mathrm{lowbit}(i)+1},\cdots, A_i$ 这些数构造第 *i* 棵名次树，支持两个操作：删除元素和统计树里有多少个元素小于某个 *k*。当删除第 *i* 个位置的数 *v* 时，按照 Fenwick 树算法计算 $Q(i-1)+\cdots+Q(i-\mathrm{lowbit}(i-1))+\cdots$这里的 $Q(i)$就是查找第 *i* 棵 BST 中大于 *v* 的个数。

---

① 可以用分治法，也可以用 Fenwick 树。

② 如果觉得不够直观，可以令 X_i=larger(i,v)，则上式变为 $X_1+X_2+\cdots+X_k$。

这里的名次树并不需要用 Treap 或者伸展树实现，因为它只有删除没有插入和修改。如果给每个结点添加一个“是否已删除”的标记，就可以在不改变树结构的情况下支持删除操作。换句话说，只要在预处理时把每棵名次树都建成完全平衡的二叉树，则两个操作的时间复杂度总是对数级别的。

另外，题目中的 Dynamic 加了引号，暗示着本题并不一定要写动态的在线算法。事实上，借助于分治法和 Fenwick 树，本题可以用更短的代码在更短的运行时间内得到解决，读者不妨一试。

数据结构的分块：这是另一种常见的数据结构设计思路，多用于线性结构的分块。分块的细节很多且并不唯一，具体请看下面的例题。

例题 6　数组变换（Array Transformation, UVa 12003）

输入一个数组 $A[1, \cdots, n]$和 m 条指令，你的任务是对数组进行变换，输出最终结果。每条指令形如(L, R, v, p)，表示先统计出 $A[L], A[L+1], \cdots, A[R]$中严格小于 v 的元素个数 k，然后把 $A[p]$修改成 $u_k/(R-L+1)$。这里的除法为整数除法（即忽略小数部分）。

【输入格式】

输入仅一组数据。第一行为 3 个整数 n, m, u（$1 \leqslant n \leqslant 300\ 000$，$1 \leqslant m \leqslant 50\ 000$，$1 \leqslant u \leqslant 10^9$）；以下 n 行为数组 $A[i]$（$1 \leqslant A[i] \leqslant u$）；再以下 m 行每行为 4 个整数 L, R, v, p（$1 \leqslant L \leqslant R \leqslant n$，$1 \leqslant v \leqslant u$，$1 \leqslant p \leqslant n$）。

【输出格式】

输出 n 行，每行为一个整数，即变换后的最终数组。

【分析】

设 $A[L], A[L+1], \cdots, A[R]$中严格小于 v 的元素个数为 count(L,R,v)，我们可以把它转化为前缀和的减法：count(L,R,v) = prefix_count(R,v)−prefix_count$(L-1,v)$，其中 prefix_count(n,v)表示前 n 个数中严格小于 v 的元素个数。这样，我们可以沿用上题的思路，用嵌套数据结构来解决问题，只是要把删除操作改成修改操作。这样一来，静态 BST 必须换成动态 BST，算法的时间效率降低了，编程复杂度却提高了。

有没有编程简单、速度又快的方法呢？有，那就是分块法。预设一个整数值 SIZE，然后每 SIZE 个元素分成一块，分别排好序，则查询(L,R,v,p)的执行可以分成两步。

- 第一步：先找出 L 和 R 所在块，逐一比较出有多少个元素比 v 小，然后对于中间的那些块直接用二分查找，相加后得到 k。
- 第二步：在 p 所在块中找到修改前的 $A[p]$，改成 $u_k/(R-L+1)$，然后不断交换相邻元素，直到该块重新排好序。

如果 SIZE 太大，第二步会比较慢；如果 SIZE 太小，第一步会比较慢（因为块变多了）。根据前面的经验，SIZE 设为 n 的算术平方根附近的值会比较快，也可以实验得出比较好的 SIZE 值。代码如下。

```
#include<cstdio>
#include<algorithm>
using namespace std;
```

```
const int maxn = 300000 + 10;
const int SIZE = 4096;

int n, m, u, A[maxn], block[maxn/SIZE+1][SIZE];

void init() {
  scanf("%d%d%d", &n, &m, &u);
  int b = 0, j = 0;
  for(int i = 0; i < n; i++) {
    scanf("%d", &A[i]);
    block[b][j] = A[i];
    if(++j == SIZE) { b++; j = 0; }
  }
  for(int i = 0; i < b; i++) sort(block[i], block[i]+SIZE);
  if(j) sort(block[b], block[b]+j);
}

int query(int L, int R, int v) {
  int lb = L/SIZE, rb = R/SIZE;                          //L和R所在块编号
  int k = 0;
  if(lb == rb) {
    for(int i = L; i <= R; i++) if(A[i] < v) k++;
  } else {
    for(int i = L; i < (lb+1)*SIZE; i++) if(A[i] < v) k++; //第一块
    for(int i = rb*SIZE; i <= R; i++) if(A[i] < v) k++;    //最后一块
    for(int b = lb+1; b < rb; b++)                          //中间的完整块
      k += lower_bound(block[b], block[b]+SIZE, v) - block[b];
  }
  return k;
}

void change(int p, int x) {
  if(A[p] == x) return;
  int old = A[p], pos = 0, *B = &block[p/SIZE][0]; //B就是p所在的块
  A[p] = x;

  while(B[pos] < old) pos++; B[pos] = x;           //找到x在块中的位置
  if(x > old)                                      //x太大，往后交换
    while(pos < SIZE-1 && B[pos] > B[pos+1]) { swap(B[pos+1], B[pos]); pos++; }
  else                                             //往前交换
    while(pos > 0 && B[pos] < B[pos-1]) { swap(B[pos-1], B[pos]); pos--; }
}

int main() {
  init();
  while(m--) {
    int L, R, v, p;
    scanf("%d%d%d%d", &L, &R, &v, &p); L--; R--; p--;
    int k = query(L, R, v);
```

```
    change(p, (long long)u * k / (R-L+1));
  }
  for(int i = 0; i < n; i++) printf("%d\n", A[i]);
  return 0;
}
```

例题 7　王室联邦（SCO I2005，牛客 NC 208301）

国王想把他的国家划分成若干个省，每个省都由王室联邦的一个成员来管理。国家有编号为 1, …, N（$1 \leqslant N \leqslant 1000$）的 N 个城市。一些城市之间有道路相连，任意两个不同的城市之间有且仅有一条直接或间接的道路。为了防止管理太过分散，每个省至少要有 B（$1 \leqslant B \leqslant N$）个城市，为了能有效地管理，每个省最多只有 $3B$ 个城市。

每个省必须有一个省会，这个省会可以位于省内，也可以在该省外。但是该省的任意一个城市到达省会所经过的道路上的城市（除了最后一个城市，即该省的省会）都必须属于该省。一个城市可以作为多个省的省会。输入 N-1 条边，每条边指定两个数作为连接的两个城市的编号。

【分析】

显然题目是要求将一棵树上的所有结点分成独立的块，每一块大小≥B，并且每个块找一个省会城市。

这里提出一种可行的做法，即 DFS 递归处理子树：对于子树 u，会先访问其子结点，若此时子树中积累的点数量超过了 B，就立即将他们存到一个新块里，块中心为 u，显然块的大小不会超过 $2B$。不断这样做直到递归处理完子树。最后可能会剩余一些点（数量<B），将它们和 u 一起返回。这样组块方向就是从下往上。注意一定是 u 的子树中积累的点，因为在访问 u 之前栈中可能会有不属于 u 子树的点。

DFS 执行完之后，还会剩余一些点，数量不超过 B，但是一定与最后一个块联通，合并到最后一个块中。这样，最后一个块的大小不会超过 $3B$，满足题目中块大小的限制。

代码如下。

```
typedef long long LL;
const int NN = 1000 + 4;
vector<int> G[NN];
int N, B, BCnt, BId[NN], Cap[NN];  // 块的个数，每个点所属块编号，每个块的中心
stack<int> S;

void dfs(int u, int fa) {
  size_t sz = S.size();
  for (auto v : G[u]) {
    if (v == fa) continue;
    dfs(v, u);
    if (S.size() >= sz + B) {        // 新增点可以分块
      Cap[++BCnt] = u;       // 新增块中心点为 u
      while (S.size() > sz) BId[S.top()] = BCnt, S.pop();
    }
  }
```

```
  S.push(u);
  if (u == 1)                    // root 特殊处理，未分块的点都放入以 root 为中心的块
    while (!S.empty()) BId[S.top()] = BCnt, S.pop();
}

int main() {
  ios::sync_with_stdio(false), cin.tie(nullptr);
  cin >> N >> B;
  BCnt = 0;
  int u, v;
  for (int i = 1; i < N; i++) {
    cin >> u >> v;
    G[u].push_back(v), G[v].push_back(u);
  }
  dfs(1, -1);
  cout << BCnt << endl;
  for (int i = 1; i <= N; i++)
    cout << BId[i] << (i == N ? "\n" : " ");
  for (int i = 1; i <= BCnt; i++)
    cout << Cap[i] << (i == BCnt ? "\n" : " ");
  return 0;
}
```

对于样例数据，上述算法的分块结果如图 6-10 所示[①]。

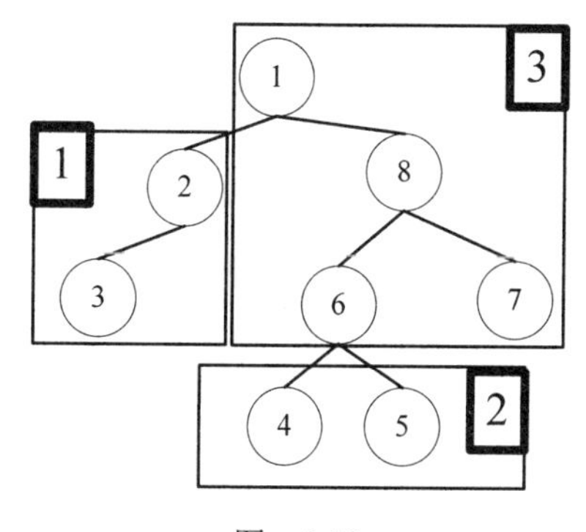

图　6-10

分块法非常实用，事实上，很多用伸展树或者树套树才能解决的问题都可以用分块法解决。比如，第 3 章中的“例题 31　排列变换”和“例题 32　魔法珠宝”，以及本章的“例题 5　‘动态’逆序对”，有兴趣的读者不妨一试。当然，尽管可以解决上述问题，但分块法并不一定是最理想的解决方案，关键还是要具体问题具体分析。

例题 8　糖果公园 (WC 2013，牛客 NC 200517)

有一座糖果公园，里面有 N（$N \leqslant 10^5$）个糖果发放点，形成一颗 N 个结点的树，每个结点 i 提供一种编号为 C_i 的糖果，共有 M 种糖果，每种糖果 i 都有一个美味指数 V_i。一个游客如果重复品尝同一种糖果，会感觉腻味，所获得的愉悦指数也会降低，总的来说，一

① 由于样例太长，限于本书篇幅，前文未加入样例，请读者参考原题。

个游客第 i 次在发放点 i 品尝糖果 j 的话，愉悦指数 H 增加 V_jW_i，一个游客走过树上一条道路所获得的愉悦指数 H 就是这些乘积的总和。当然公园管理方可能会修改某个发放点上的糖果种类。

给出 Q 个操作，每个操作包含 3 个整数 Type x, y：Type 为 0，则 $1 \leqslant x \leqslant n$，$1 \leqslant y \leqslant m$，表示将发放点 x 的糖果类型改为 y。Type 为 1，则 $1 \leqslant x, y \leqslant n$，表示计算并输出出发点 x，终点 y 的路线上的愉悦指数。

【分析】

可以使用“例题 7　王室联邦”中的方法将树分成大小为 $N^{2/3}$ 的块。之后使用带修改莫队的方法，维护当前结果区间[X,Y]，也就是 X-Y 路径上不包含 LCA(X,Y)的所有点上的糖果出现次数以及愉悦指数和。并且对所有的查询依次按照 x 所在块编号、y 所在块编号、查询时间进行排序。之后依次处理每个查询 q，首先将 X 移动到 q.x，然后将 Y 移动到 q.y，标记处理移动路径上的所有结点即可。代码如下。

```
#include <bits/stdc++.h>
using namespace std;
typedef long long LL;
const int NN = 100010, LN = 20;
struct Edge {int v, next;} ES[NN * 2];
int Next[NN], EC = 0;
void add_edge(int x, int y) {
  ES[++EC] = {y, Next[x]};
  Next[x] = EC;
}
stack<int> Stk;
int Dep[NN], fa[NN][LN],                                    // LCA
    BlkId[NN], BLOCK, BlkCnt = 0,                           // Block
    C[NN], CNT[NN], VIS[NN], MC = 0, QC = 0, CBak[NN]; // 莫队
LL V[NN], W[NN], CurAns = 0, Ans[NN];
void dfs(int x) {                                     // 预处理 LCA 以及树的分块
  Dep[x] = Dep[fa[x][0]] + 1;
  for (int i = 1; (1 << i) <= Dep[x]; i++)
    fa[x][i] = fa[fa[x][i - 1]][i - 1];
  size_t now = Stk.size();
  for (int i = Next[x]; i; i = ES[i].next) {
    int v = ES[i].v;
    if (v == fa[x][0]) continue;
    fa[v][0] = x;
    dfs(v);
    if (Stk.size() - now > BLOCK) {                         // 树分块
      BlkCnt++;
      while (Stk.size() > now) BlkId[Stk.top()] = BlkCnt, Stk.pop();
    }
  }
  Stk.push(x);
  if (x == 1) {
    BlkCnt++;
```

```
    while (!Stk.empty()) BlkId[Stk.top()] = BlkCnt, Stk.pop();
  }
}

int LCA(int x, int y) {                          // 倍增 LCA
  if (Dep[x] < Dep[y]) swap(x, y);
  for (int i = LN; i >= 0; i--)
    if ((1 << i) <= Dep[x] - Dep[y]) x = fa[x][i];
  if (x == y) return x;
  for (int i = LN; i >= 0; i--)
    if (Dep[x] >= (1 << i) && fa[x][i] != fa[y][i])
      x = fa[x][i], y = fa[y][i];
  return fa[x][0];
}

struct Modify {int pos, color, old_color;} MS[NN];
struct Query {
  int x, y, time, id;
  bool operator<(const Query &b) const {
    if (BlkId[x] != BlkId[b.x]) return BlkId[x] < BlkId[b.x];
    if (BlkId[y] != BlkId[b.y]) return BlkId[y] < BlkId[b.y];
    return time < b.time;
  }
} QS[NN];

inline void add_pos(int u) { CurAns += W[++CNT[C[u]]] * V[C[u]]; } // 莫队
inline void del_pos(int u) { CurAns -= W[CNT[C[u]]--] * V[C[u]]; }
inline void modify(int u, int c) {               // 改变 u 的颜色
  if (VIS[u]) del_pos(u), C[u] = c, add_pos(u);
  else C[u] = c;
}
inline void invert(int u) {                      // 切换 u 的选中状态
  if (VIS[u]) VIS[u] = 0, del_pos(u);
  else VIS[u] = 1, add_pos(u);
}
inline void mark(int u, int l) {                 // mark [u->l), l 是 u 的祖先
  for (int x = u; x != l; x = fa[x][0]) invert(x);
}

int main() {
  int N, M, Q;
  scanf("%d%d%d", &N, &M, &Q);
  BLOCK = (int)(pow(N, 2.0 / 3) / 2);
  for (int i = 1; i <= M; i++) scanf("%lld", &V[i]);
  for (int i = 1; i <= N; i++) scanf("%lld", &W[i]);
  for (int i = 1, u, v; i < N; i++)
    scanf("%d%d", &u, &v), add_edge(u, v), add_edge(v, u);
  for (int i = 1; i <= N; i++) scanf("%d", &C[i]), CBak[i] = C[i];
```

```
  dfs(1);
  for (int i = 1, op; i <= Q; i++) {
    scanf("%d", &op);
    if (op == 0) {
      Modify& m = MS[++MC];
      scanf("%d%d", &m.pos, &m.color), m.old_color = C[m.pos], C[m.pos] =
      m.color;
    }
    else {
      Query& q = QS[++QC];
      scanf("%d%d", &q.x, &q.y), q.time = MC, q.id = QC;
      if (BlkId[q.x] > BlkId[q.y]) swap(q.x, q.y); // y的移动就会少一半
    }
  }
  sort(QS + 1, QS + 1 + QC);
  for (int i = 1; i <= N; i++) C[i] = CBak[i];

  int X = 1, Y = 1; QS[0].time = 0; // [X,Y]：包含当前结果的区间
  for (int i = 1; i <= QC; i++) { // 维护X,Y路径上不包含 lca(X,Y) 的点的贡献和
    const Query& q = QS[i];
    int l = LCA(q.x, X), l2 = LCA(q.y, Y), last = QS[i - 1].time;
    mark(X, l), mark(q.x, l), mark(Y, l2), mark(q.y, l2); // X→q.x, Y→q.y
    X = q.x, Y = q.y, l = LCA(X, Y);
    invert(l);
    for (int t = last + 1; t <= q.time; t++) modify(MS[t].pos, MS[t].color);
    for (int t = last; t > q.time; t--) modify(MS[t].pos, MS[t].old_color);
    Ans[q.id] = CurAns;
    invert(l);
  }
  for (int i = 1; i <= QC; i++) printf("%lld\n", Ans[i]);
}
```

6.3 暴力法专题

6.3.1 路径寻找问题

在《算法竞赛入门经典（第2版）》中，我们曾经介绍过“8数码”问题。还有很多这样的问题，它们的共同特点是：把一个初始状态一步一步转变为终止状态，要求步数最小，或者费用最小（可以定义每次状态转移的费用）。在人工智能中，称这样的问题为路径寻找问题（Path-Finding Problems），属于单智能体搜索（single-agent search）的范畴[①]。

聪明的读者一定注意到了，状态是这类问题的关键词。还想到了什么？没错，它也是动态规划的关键词，我们甚至还在最短路问题中也不止一次提到过它。

这并不是偶然。状态及其错综复杂的关系构成了一个有向图。如果它是一个DAG（有

① 而后面即将介绍的对抗搜索就不属于单智能体搜索，因为有两个游戏者。

向无环图），可以使用动态规划，否则只能使用图论中的最短路算法，如 Dijkstra 算法。但有一点需要注意，状态图有隐式和显式之分。很多题目有类似这样的输入格式：“输入第一行为整数 n 和 m，代表结点数和边数，其中结点编号为 1～n…”这就是典型的显式图，因为所有结点和边在一开始就给出了。还有很多问题却不是这样，比如下面的例题 9，在这样一个智力游戏中，只有初始状态是事先已知的，还有哪些状态可以到达？要试一试才能知道。

一般而言，适合路径寻找问题的算法有 4 个：广度优先搜索（BFS）、迭代加深搜索（IDDFS）、A*搜索和 IDA*搜索①，其中前两个是盲目搜索算法，后两个是启发式搜索算法。限于篇幅，这里只介绍一个问题，不过它足够经典，请读者认真阅读。如果对 BFS、结点查找表和 h 函数的作用还不太清楚，请阅读《算法竞赛入门经典（第 2 版）》并参考相关资料。

例题 9　冰人（Iceman，西安 2006，LA 3789）②

在寒冰王国的一个房间里有一个冰人，你的任务是让他到达一个给定的目的地。这个房间是一个 $n \times m$ 网格，各行从上到下编号为 1～m，各列从左到右编号为 1～n。每格要么为空，要么是冰，要么是石头。石头始终不变，而冰可以由魔法创造或者销毁。空格用“.”表示，石头用“X”表示，而冰有 4 种，我们稍后介绍。房间的第一行、最后一行、第一列和最后一列都是石头。冰人的初始位置总是一个空格，用“@”表示。它的目的地也是一个空格，它的正下方总是一块石头，用“#”表示。虽然冰人看上去比较大，但他总是恰好占据一个空格，如图 6-11 所示。

图　6-11

冰人有 4 种移动方式：左移（L），右移（R），左魔法（<），右魔法（>）。假设冰人位于格子(r,c)，则左魔法（<）作用于他的左下方，即$(r+1,c-1)$格子。如果该格子是石头，则魔法无效；如果格子是空格，则变为冰；如果格子是冰，则变为空格。有 4 种类型的冰：双端自由的冰（O），左端自由的冰（[），右端自由的冰（]）和无自由端的冰（=），其中“自由”的意思是不与该方向的相邻冰或者石头粘在一起。当魔法把空格变成冰以后，如果它的左边（右边）相邻格是冰或者石头，那么这块新创造出来的冰会和左边（右边）的相邻冰或者石头粘在一起。“粘”的作用是相互的，因此同一行的多块冰或者石头可以粘成一个整体。上述连接只能通过魔法，而不能通过推移（见后）创建，且只有水平连接，没有垂直连接。我们把连接在一起且最左、最右端都不是石头的整体的冰称为冰棒（特别地，双端自由冰是长度为 1 的冰棒）。当冰棒中每个格子的正下方均为空时该冰棒将整体下落。但如果一块冰直接或者间接地与一块石头粘在一起，它是不会下落的（石头不会动）。当魔法作用在冰上并销毁它时，它左右的连接（如果有的话）都将随之被销毁。右魔法“>”与左魔法对称，它作用在$(r+1,c+1)$格子上。

左移（L）比较复杂。仍然假设冰人在(r,c)，如果$(r,c-1)$为空，则冰人移动到此方格。如果此时他脚下的方格$(r+1,c-1)$为空，则冰人垂直下落，直到脚下是冰或者石头为止，且下

① 虽然听上去很高级，IDA*其实就是加了 h 函数的迭代加深搜索（IDDFS）。很多人用过 IDA*却并不知道那就是 IDA*。

② 改编自 FC 游戏《所罗门之匙 II》，这是一个非常优秀的智力游戏，推荐给读者。

落过程中不能进行操作。如果$(r,c-1)$是石头，则他会试着往上爬。如果$(r-1,c-1)$和$(r-1,c)$均为空，则他将到达$(r-1,c-1)$，否则留在(r,c)。如果$(r,c-1)$是冰，则当且仅当$(r,c-2)$也为空时，该自由冰被推向左方，并将一直向左运动，直到被冰或石头挡住，或者正下方为空（此时冰块按照前面叙述的规则下落，且落地后不再继续往左移动）。注意，冰块被推走后，它上方的自由冰棒将会落下。每次操作后，冰人总是等所有冰块都不再移动后才能继续操作。如果$(r,c-1)$是冰但不能被推走，则把它当作石头一样处理（可以尝试着爬上去）。

编程，用最少步数把冰人移动到目标格中。

【输入格式】

输入包含多组数据。每组数据：第一行为两个整数 n 和 m（$1\leqslant n, m\leqslant 10$）；以下 n 行，每行包含 m 个字符，即游戏地图，每个字符都是'. ', 'X', '@', 'O', ' [', '] ', '='之一。输入结束标志为 n=0。

【输出格式】

对于每组数据，输出步数最小的解。输入保证最优解不超过 15 步，且最优解唯一。

【分析】

本题就是一道路径寻找问题：从输入的初始状态到“冰人在目标格中”的任意一个状态。由于状态非常直观，我们不妨沿用输入格式，把每行字符串按照从上到下的顺序拼接成一个长度为 $n\times m$ 的字符串。

由于已知解的长度上限，下面的代码直接把启发信息（h 函数）用到了 BFS 中进行最优性剪枝。代码如下（如果阅读代码有困难，请参考《算法竞赛入门经典（第 2 版）》中的算法框架。注意，查找表的作用包含在了 sol 中）。

```
#include<cstdio>
#include<string>
#include<map>
#include<queue>
using namespace std;

int n, m, target;            //行数、列数和目标格编号（网格从上到下编号为 0~nm-1）
map<string, string> sol;     //sol[s]表示从初始状态到状态 s 的最短操作序列
queue<string> q;             //BFS 用的状态队列

int main(){
  int caseno = 0;
  init();                    //初始化常量数组，见后
  while(scanf("%d%d", &n, &m) == 2 && n){
    char map[20][20];
    for(int i = 0; i < n; i++) scanf("%s", map[i]);
    string s = "";
    for(int i = 0; i < n; i++)
      for(int j = 0; j < m; j++){
        if(map[i][j] == '#'){ target = i*m + j; map[i][j] = '.'; }
        s += map[i][j];
      }
    q.push(s);
```

```
    sol.clear();
    sol[s] = "";
    printf("Case %d: ", ++caseno);
    while(!q.empty()){
      string s = q.front();
      q.pop();
      if(expand(s, '<')) break; if(expand(s, '>')) break;
      if(expand(s, 'L')) break; if(expand(s, 'R')) break;
    }
    while(!q.empty()) q.pop();
  }
}
```

不难发现，程序的核心在于上面的 expand 函数，它负责计算对某个状态进行某个特定操作后生成的子状态。代码如下。

```
//扩展出状态 s 进行操作 cmd 之后的新状态。如果找到原问题的解，返回 true
bool expand(string s, char cmd){
  string seq = sol[s] + cmd;                          //新状态的操作序列
  int x = s.find('@');                                //找到冰人的位置
  s[x] = '.';
  if(cmd == '<' || cmd == '>'){                       //魔法
    s[x] = '@';
    int p = (cmd == '<' ? x+m-1 : x+m+1);
    //魔法作用的格子编号。根据题意 p 左右都有格子
    if(s[p] == 'X') return false;                     //不能对障碍物施魔法
    else if(s[p] == '.'){                             //对空格施法，变成冰
      s[p] = 'O';
      if(icy[s[p-1]]) s[p-1] = link_r[s[p-1]];   //如果 p 左边是冰块，则向右连接
      if(s[p-1] != '.') s[p] = link_l[s[p]];     //如果 p 左边有东西，则 p 向左连接
      if(icy[s[p+1]]) s[p+1] = link_l[s[p+1]];   //如果 p 右边是冰块，则向左连接
      if(s[p+1] != '.') s[p] = link_r[s[p]];     //如果 p 右边有东西，则 p 向右连接
    }else{                                            //对冰施法，变空格
      s[p] = '.';
      if(icy[s[p-1]]) s[p-1] = clear_r[s[p-1]]; //如果 p 左边是冰，拆除向右连接
      if(icy[s[p+1]]) s[p+1] = clear_l[s[p+1]]; //如果 p 右边是冰，拆除向左连接
    }
  }else{                                              //移动
    int p = (cmd == 'L' ? x-1 : x+1);                 //移动目标
    if(s[p] == '.') s[p] = '@';                       //直接走过去
    else{
      if(s[p] == 'O'){                                //遇到独立冰块，试着把它推走
        int k;
        if(cmd == 'L' && s[p-1] == '.'){              //往左推
          for(k = p-1; k > 0; k--) if(s[k-1] != '.' || s[k+m] == '.') break;
          s[p] = '.'; s[k] = 'O'; s[x] = '@';
        }
        if(cmd == 'R' && s[p+1] == '.'){              //往右推
```

```
          for(k = p+1; k < n*m; k++) if(s[k+1] != '.' || s[k+m] == '.') break;
          s[p] = '.'; s[k] = 'O'; s[x] = '@';
        }
      }
      if(s[p] != '.'){                        //遇到障碍，或者独立冰没有被推走，往上爬
        if(s[p-m] == '.' && s[x-m] == '.') s[p-m] = '@'; else s[x] = '@';
      }
    }
  }
  s = fall(s);                                //悬空冰块和冰人往下落
  if(h(s) + seq.length() > 15) return false;         //最优性剪枝
  if(s.find('@') == target){ printf("%s\n", seq.c_str()); return true; }
  //找到解
  if(!sol.count(s)){ sol[s] = seq; q.push(s); }      //保存当前状态的解
  return false;                                      //未找到解
}
```

上述代码中用到了一个重要函数 fall，它的作用是让状态中悬空的冰块和冰人落地。代码如下。

```
string fall(string s){
  int k, r, p;
  for(int i = n-1; i >=0; i--)
    for(int j = 0; j < m; j++){
      char ch = s[i*m+j];
      if(ch == 'O' || ch == '@'){                        //独立冰块或冰人
        for(k = i+1; k < n; k++) if(s[k*m+j] != '.') break;
        s[i*m+j] = '.'; s[(k-1)*m+j] = ch;
      }else if(ch == '['){                               //“冰棍”的左端
        for(r = j+1; r < m; r++) if(s[i*m+r] == 'X' || s[i*m+r] == ']') break;
        //找到右端
        if(s[i*m+r] == ']'){                             //一根冰棍，可以下落
          for(k = i+1; k < n; k++){
          //依次检查第 i+1, …, n-1 行是否有东西可以支撑此冰棍
            bool found = false;
            for(p = j; p <= r; p++) if(s[k*m+p] != '.'){ found = true; break; }
            //找到支撑物
            if(found) break;
          }
          for(p = j; p <= r; p++) s[i*m+p] = '.';
          for(p = j+1; p < r; p++) s[(k-1)*m+p] = '=';
          s[(k-1)*m+j] = '['; s[(k-1)*m+r] = ']';
        } //冰棍下落完毕
        j = r;
```

```
      }
    }
  return s;
}
```

expand 函数中还有一个重要的函数 h，计算状态的“启发函数”。具体来说，任意状态 s 至少还需要 $h(s)$次操作才能到达目标位置[①]。代码如下。

```
int h(string s){
  int a, b, x = s.find('@');
  a = x%m - target%m; if(a < 0) a = -a;      //横向距离为 a，则至少要移动 a 次
  if(x/m > target/m) b = x/m - target/m;     //目标位置比较高，一次最多往上走一格
  else b = (x/m < target/m ? 1 : 0);         //目标位置比较低
  return a > b ? a : b;
}
```

上述代码中还有几个数组没有交代：icy[*c*]表示字符 *c* 是冰，即'O', ' [', '] '和'='4 种；link_l[*c*]和 link_r[*c*]分别表示字符 *c* 往左、右连接后的新字符，如 link['O']=']'；clear_l[*c*]和 clear_r[*c*]分别表示字符 *c* 拆除左、右连接后的新字符，如 clear_r[' ['] ='O'。这些数组都是常量，在 init()函数中初始化，这里不再赘述。

6.3.2　对抗搜索

博弈是人工智能研究的起源和动力之一。我们曾在组合游戏部分中介绍过对“必胜状态”和“必败状态”的概念，并且得出结论：当且仅当后继状态中至少有一个必败状态时，本状态是必胜状态。遗憾的是，这个方法有两个缺陷。首先，根据上述定义，必须穷举从初始状态开始能到达的所有状态才能判断出初始状态是必胜还是必败。如果状态数过多（比如国际象棋或者围棋），计算出整棵“解答树”几乎是不可能的。其次，即使能算出结果，也只能得到胜负关系，无法区分出“大胜”和“险胜”，也无法区分出“惨败”和“惜败”。

本节的内容正是上述概念和算法的推广，它的适用范围更广，包括各种完全信息、无概率因素、轮流操作的双人零和（即双方利益完全对立）博弈。二人麻将不在本节的讨论范围内，因为它不是完全信息的（不能看到对方的牌）；石头剪刀布也不在本节的讨论范围内，因为不是轮流操作，而是同时操作；大富翁也不在本节的讨论范围内，因为有概率因素（需要扔骰子）。

既然双方完全对立，我们可以把自己喜欢的那一方称为 MAX 游戏者，另一方称为 MIN 游戏者，然后画出一棵所谓的博弈树，如图 6-12 所示。

---

① 换句话说，$h(s)$是 s 到终态距离的乐观估计。这是 A*算法和 IDA*算法对 h 函数的要求，称为可接纳性。这里介绍的算法既不是 A*，也不是 IDA*，而是借用了 IDA*的思想，把迭代加深换成了广度优先搜索。即使从来没有接触过 IDA*，也不难理解。

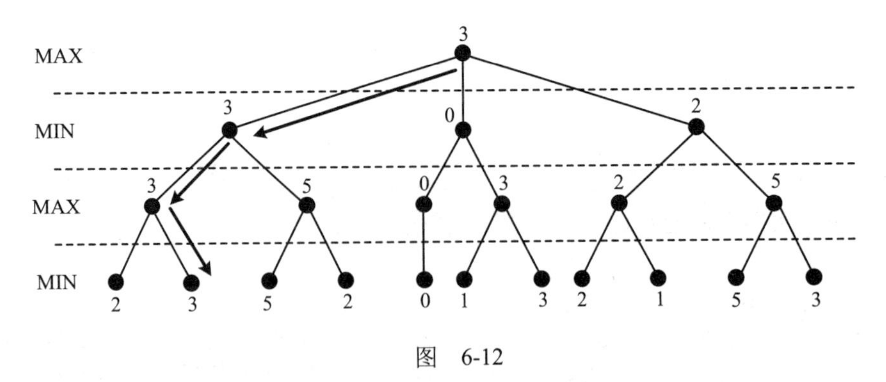

图 6-12

这棵树是如何得来的呢？首先，画出整棵树，即不断扩展所有非终局状态，使得树上的所有叶子对应所有可能的终局。接下来，给每个终局打个分。分数越高，表示对 MAX 游戏者越有利。由于二者利益完全对立，分数越高对 MIN 游戏者越不利。

接下来，我们自底向上一层一层递推每个非终局的分数。MAX 结点的分数等于它所有子局面分数的最大值（因为 MAX 游戏者会选择一个最有利于自己的操作），MIN 结点的分数等于它所有子局面分数的最小值（因为 MIN 游戏者会选择一个最不利于对手的操作）。

最后一步是找出最优策略并自顶向下走。不难发现，沿途经过的所有局面的分数都相同。

在实际系统中，由于完整的博弈树往往很大，我们无法先扩展出整棵树，一般当树的高度达到预设的最大深度后采取主观估价的方式给结点打分，而不是继续扩展。这样做虽然无法保证找到全局最优策略，但至少已经是“多考虑了好几步”之后得出的策略。

上述过程就是著名的极大极小搜索算法（minimax search）。为了发挥它的最大威力，我们还需要请出它的最佳拍档——alpha-beta 剪枝。它的基本思想是这样的：每个 MAX 结点设置一个目前已知的下界 alpha，每个 MIN 结点设置一个目前已知的上界 beta。当计算一个 MIN 结点时，如果它的 beta 值小于等于其父结点（一定是 MAX 结点）的 alpha 值，则可以立即停止此结点的计算（alpha 剪枝）；当计算一个 MAX 结点的时候，如果它的 alpha 值大于等于其父结点（一定是 MIN 结点）的 beta 值，也可以立即停止此结点的计算（beta 剪枝），如图 6-13 所示。

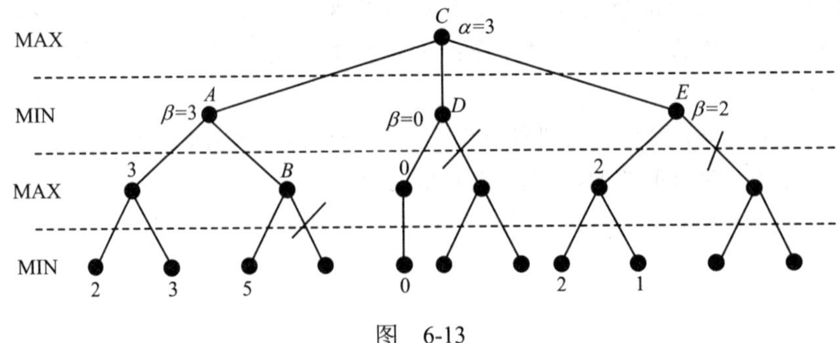

图 6-13

在图 6-13 中，子结点的扩展从左到右进行[①]，因此当刚遍历完 *B* 的第一棵子树时，*B* 的 alpha 值等于 5，而 *A* 的 beta 值等于 3，因此 *B* 的第二棵子树被 beta 剪枝。当计算完 *D* 的第一棵子树时，*D* 的 beta 值为 0，而 *C* 的 alpha 值为 3，因此 *D* 的第二棵子树被 alpha 剪枝。同理，*E* 的第二棵子树叶会被 alpha 剪枝。

这里给出使用了 alpha-beta 剪枝的 minimax 搜索框架，读者可以领会其思想，根据情况修改，使代码为己所用。原代码如下。

```
int alphabeta(State& s, int player, int alpha, int beta) {
  if(s.isFinal()) return s.score;   //终态

  vector<State> children;
  s.expand(player, children);       //扩展子结点

  int n = children.size();
  for(int i = 0; i < n; i++) {
    int v = alphabeta(children[i], player^1, alpha, beta);
    if(!player) alpha = max(alpha, v); else beta = min(beta, v);
    if(beta <= alpha) break;        //alpha-beta 剪枝
  }
  return !player ? alpha : beta;
}
```

上述代码中，MAX 游戏者编号为 0，MIN 游戏者编号为 1。初始调用为 alphabeta(initial, player, -INF, +INF)，其中 player 是第一个游戏者。

例题 10　纸牌房屋（House of Cards, World Finals 2009, UVa 1085）

有一副牌，共有红黑两种花色，其中每种花色有 *M* 张牌。把这 2*M* 张牌按照某种顺序排好，取出前 8 张牌拼成如图 6-14 所示的“房子”状（有 4 个峰和 3 个谷），剩下的牌正面朝上排列好放在桌面上，这样两个游戏者都能知道接下来的每轮各是什么牌。

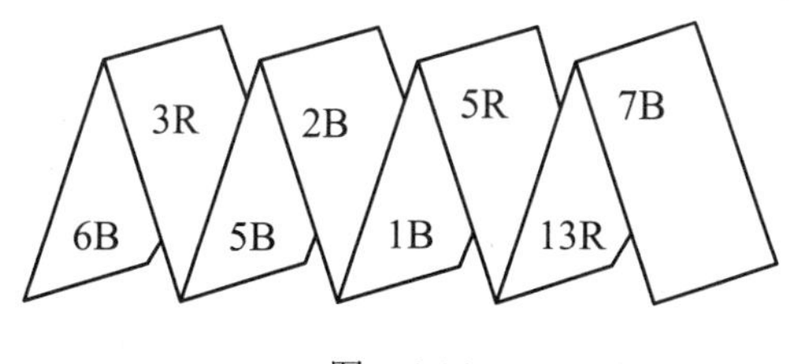

图　6-14

Axel 和 Birgit 两人进行游戏，其中 Axel 拥有红色，Birgit 拥有黑色。左数第一张牌的颜色对应的游戏者为先手。Birgit 为先手，因为第一张牌 6B 是黑色的。

游戏者轮流操作。每次操作都取出剩下的左数第一张牌，然后进行以下 3 种操作之一。

- 拿在手里（成为“拿着的牌”）。
- 在两个相邻峰之间搭一张牌（使用拿着的牌或者新取的牌），作为一层楼面。剩

[①] 这个顺序很重要。为了进一步加快 alpha-beta 剪枝的效率，我们还可以采用所谓的“结点排序”（node ordering）策略，优先考虑更利于剪枝的结点。

下的一张（如果有的话）拿在手里。

- 将两张牌搭在一张楼面牌上，形成一个新的峰（其中一张牌一定是拿着的牌）。

注意，不是所有情况下这 3 种操作都是可行的。游戏规定手里最多只能拿一张牌，因此第一种操作可行的前提是手里没有牌。

每当组成一个新的三角形（加楼面牌时会形成一个向下的三角形，加峰的时候会形成一个向上的三角形）时，计分如下：首先数一数组成三角形的 3 张牌中哪种花色较多，然后给该游戏者加分，分值为这 3 张牌的点数之和。

在上面的例子中，如果 Birgit 在中间的谷上放一张（11R）作为楼面牌，其将得到 14 分；如果其把这张牌放在左边的谷上，Axel 将得到 19 分；如果放到右边的谷上，Axel 将得到 29 分。

当桌面上没有正面朝上的游戏牌时游戏结束。如果一个游戏者手里拿着牌，那么还将对其得分进行最后的调整：如果此牌的花色和自己拥有的颜色相同则加分，否则减分，加减的分值均为该牌的点数。

假定两位游戏者都足够聪明，你的任务是计算某个游戏者最多可以比对手高多少分。

【输入格式】

输入包含多组数据。每组数据：第一行为一个游戏者的名字；第二行是整数 M（$5\leqslant M\leqslant 13$）；第三行按顺序给出 $2M$ 张牌，其中每种花色和点数的组合恰好出现一次。红色牌用 1R, 2R, …, MR 表示，黑色牌用 1B, 2B, …, MB 表示。输入结束标志为字符串 END。

【输出格式】

对于每组数据，输出给定游戏者的分数与对手相差的最大值。如果两人平手，输出“Axel and Birgit tie”。

【分析】

本题是标准的对抗搜索问题。前面已经给出了框架，因此只需设计状态即可。不难发现，最多能放下 26 张牌（见图 6-15），因此题目中 $M\leqslant 13$ 这个条件是合理的。

在任意时刻，被“压在底下”的牌都不会影响后面的游戏，因此不应纳入到状态表示中。比如，如图 6-16 所示，只有 7 张牌是有用的。为了避免不必要的元素移动，我们用两张相等的牌表示一张楼面牌，这样任意时刻都有 8 张牌是有用的。

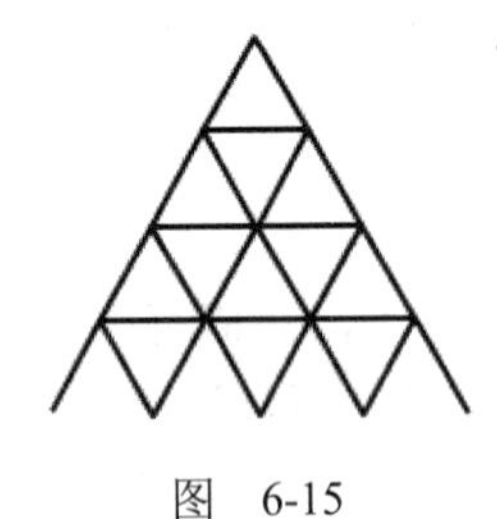

图 6-15

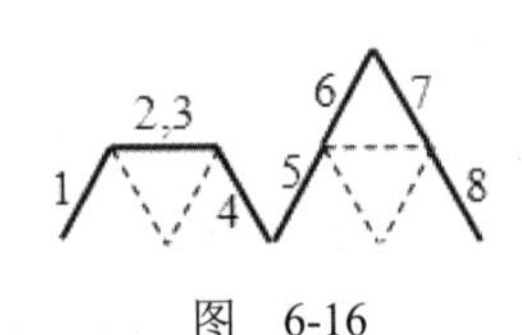

图 6-16

我们用 card[i]和 type[i]表示第 i 张牌的数值（正数表示红色，负数表示黑色）和类型（UP、FLOOR 或者 DOWN），hold[p]表示游戏者 p 手里的牌（p=0 表示 Axel，p=1 表示 Birgit，hold[p]=0 表示手里没牌），pos 表示下一张需要拿的牌的编号，score 是当前得分。这里给出状态定义程序。代码如下。

```
const int UP = 0;
const int FLOOR = 1;
const int DOWN = 2;

struct State {
  int card[8], type[8];       //两张相同的 FLOOR 牌代表一张真实的 FLOOR 牌
  int hold[2];
  int pos;
  int score;                  //MAX 游戏者（即 Axel）的得分

  State() {
    for(int i = 0; i < 8; i++) {
      card[i] = deck[i];      //deck[i]是牌堆的第 i 张牌
      type[i] = i % 2 == 0 ? UP : DOWN;
    }
    hold[0] = hold[1] = score = 0;
    pos = 8;
  }

  //注意：isFinal() 函数改变了这个状态（删除手中的牌，更新得分）
  //在 isXXX 这样的判断函数中修改对象并不是一个好的编码习惯，这里只是为了方便
  bool isFinal() {
    if(pos == 2*n) {          //无牌可拿
      score += hold[0] + hold[1];
      hold[0] = hold[1] = 0;
      return true;
    }
    return false;
  };
```

状态扩展比较麻烦。为简单起见，我们先编写一个“复制结点”的过程，它只是简单地复制数据，并且给 pos 加 1，其他修改留在状态扩展中编写。代码如下。

```
State child() const {
  State s;
  memcpy(&s, this, sizeof(s));
  s.pos = pos + 1;
  return s;
}
```

请读者再次阅读题目，然后一口气看完下面的状态扩展程序。代码如下。

```
void expand(int player, vector<State>& ret) const {
  int cur = deck[pos];

  //决策 1：拿在手里
  if(hold[player] == 0) {
    State s = child();
    s.hold[player] = cur;
    ret.push_back(s);
```

```
    }

    //决策 2：摆楼面牌
    for(int i = 0; i < 7; i++) if(type[i] == DOWN && type[i+1] == UP) {
      //use cur
      State s = child();
      s.score += getScore(card[i], card[i+1], cur);
      s.type[i] = s.type[i+1] = FLOOR;
      s.card[i] = s.card[i+1] = cur;
      ret.push_back(s);

      if(hold[player] != 0) {
        //use held card
        State s = child();
        s.score += getScore(card[i], card[i+1], hold[player]);
        s.type[i] = s.type[i+1] = FLOOR;
        s.card[i] = s.card[i+1] = hold[player];
        s.hold[player] = cur;
        ret.push_back(s);
      }
    }

    //决策 3：新的山峰
    if(hold[player] != 0)
      for(int i = 0; i < 7; i++) if(type[i] == FLOOR && type[i+1] == FLOOR
      && card[i] == card[i+1]) {
        State s = child();
        s.score += getScore(card[i], hold[player], cur);
        s.type[i] = UP; s.type[i+1] = DOWN;
        s.card[i] = cur; s.card[i+1] = hold[player]; s.hold[player] = 0;
        ret.push_back(s);

        swap(s.card[i], s.card[i+1]);
        ret.push_back(s);
      }
  }
};
```

虽然这里给出了完整代码，但仍建议大家独立实现本题。上面的 alpha-beta 代码框架虽然方便（只需编写状态定义和扩展函数），但时间和空间上会有一些不必要的开销（需要先显式生成并保存一系列的子状态）。有趣的是，有些语言可以在保持代码整洁的前提下用惰性序列来避免这些开销，有兴趣的读者可以阅读相关资料。

6.3.3 精确覆盖问题和 DLX 算法

看到这个标题，读者也许会奇怪：精确覆盖问题和 DLX 算法有什么特别之处？为什么要花一小节的篇幅单独介绍？答案是为了解决数独问题。后面我们即将看到，数独是精确覆盖问题的一个特例。事实上，精确覆盖问题的 DLX 算法是目前已知的求解数独（特别是 16×16 的版本）问题最有效的方法之一。如果你对用计算机求解数独感兴趣，请仔细阅读本节。

精确覆盖问题(Exact Cover Problem)：有一些由整数 1~n 组成的集合 $S_1, S_2, S_3, \cdots, S_r$，要求选择若干个集合 S_i，使得 1～n 中的每个整数恰好在一个集合中出现。比如，n=7, S_1 = {1, 4, 7}, S_2 = {1, 4}, S_3 = {4, 5, 7}, S_4 = {3, 5, 6}, S_5 = {2, 3, 6, 7}, S_6 = {2, 7}，则一个精确覆盖为 S_2, S_4, S_6，因为{1, 4}, {3, 5, 6}, {2, 7}无重复、无遗漏地包含了 1～7 中的所有整数。

我们可以用一个 r 行 n 列的 01 矩阵来表示一个精确覆盖问题，其中第 i 行第 j 个元素表示 S_i 是否包含元素 j（1 表示包含，0 表示不包含）。对于 n=7, S_1 = {1, 4, 7}, S_2 = {1, 4}, S_3 = {4, 5, 7}, S_4 = {3, 5, 6}, S_5 = {2, 3, 6, 7}, S_6 = {2, 7}，可以表示为一个 6 行 7 列的矩阵，如表 6-1 所示。

表　6-1

	1	2	3	4	5	6	7
S_1	1	0	0	1	0	0	1
S_2	1	0	0	1	0	0	0
S_3	0	0	0	1	1	0	1
S_4	0	0	1	0	1	1	0
S_5	0	1	1	0	0	1	1
S_6	0	1	0	0	0	0	1

算法 X（Algorithm X）：和普通的回溯法一样，我们可以编写一个递归过程求解精确覆盖问题。每次选择一个没有被覆盖的元素，然后选一个包含它的集合进行覆盖。对应到矩阵中，如果我们删除所有已经选择的行和已被覆盖的列，则这个递归过程可以描述为：每次选择一个没有被删除的列，然后枚举该列为 1 的所有行，尝试删除该行，递归搜索后恢复该行。删除行时，除了需标记"此行已删除"之外，同时还需要把该行中值为 1 的列删除，恢复时也同样。

舞蹈链（Dancing Links）：删除列并不是一个简单的操作，因为还需要把覆盖它的行也一并删除掉（因为每列只能被一行所覆盖）。为了提高效率，我们需要一种能高效支持上述操作的数据结构，它就是 Knuth 的舞蹈链（Dancing Links）。使用了舞蹈链的算法 X 通常称为 DLX 算法。

舞蹈链是一个 4 个方向的循环链表结构，每个普通结点对应矩阵中的一个 1，另外还有 n+1 个虚拟结点，其中每列最上方有一个虚拟结点，而所有虚拟结点的最前面有一个头结点 h①，如图 6-17 所示。每个结点记录 5 个指针：L，R，U，D，C。这 5 个指针的具体含义如下。

- L 和 R：表示该结点所在行的左边相邻结点和右边相邻结点（由于是循环链表，每一行最左边结点的 L 指针指向这一行的最后一个结点；最右边结点的 R 指针指向这一行的第一个结点）。

① 这只是为了文字叙述方便。整个舞蹈链的头结点在代码中并没有保存在特别的变量中，因为它总是结点 0。

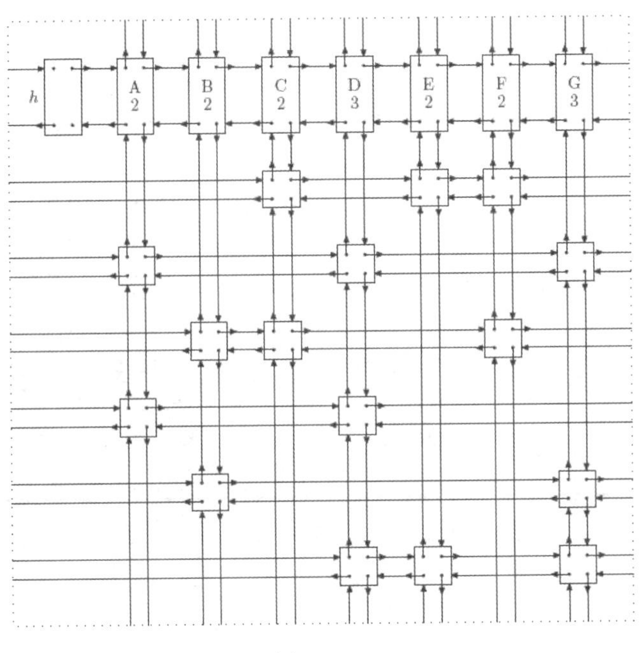

图 6-17

- U和D：表示该结点所在列的上边相邻结点和下方相邻结点（每一列的最上面虚拟结点的U指针指向这一列的最下方结点，最下方结点的D指针指向最上方的结点）。
- C：指向该结点所在列的虚拟结点①。

另外，每一列还维护一个 S 值，表示这一列中的普通结点个数（不包括虚拟结点），这样每次可以找一个S值最小的未删除列，进一步加快求解速度。

有了舞蹈链之后，可以高效地实现删除列和恢复列的过程。虽然代码很简单，原理却不太容易叙述清楚，这里略去②。代码如下（请读者在阅读代码时注意恢复时遍历链表的顺序和删除时相反）。

```
//行编号从 1 开始，列编号为 1~n，结点 0 是表头结点；结点 1~n 是各列顶部的虚拟结点
struct DLX {
  int n, sz;                                          //列数，结点总数
  int S[maxn];                                        //各列结点数

  int row[maxnode], col[maxnode];                     //各结点行列编号
  int L[maxnode], R[maxnode], U[maxnode], D[maxnode]; //十字链表

  int ansd, ans[maxr];                                //解

  void init(int n) {                                  //n 是列数
    this->n = n;

    //虚拟结点
```

① 这只是为了文字叙述方便，在代码中并不需要体现。第 i 列的虚拟结点就是结点 i。

② 所幸网上已有很多相关资料，有兴趣的读者可以自行查阅。

```
  for(int i = 0 ; i <= n; i++) {
    U[i] = i; D[i] = i; L[i] = i-1, R[i] = i+1;
  }
  R[n] = 0; L[0] = n;

  sz = n + 1;
  memset(S, 0, sizeof(S));
}

void addRow(int r, vector<int> columns) {
  int first = sz;
  for(int i = 0; i < columns.size(); i++) {
    int c = columns[i];
    L[sz] = sz - 1; R[sz] = sz + 1; D[sz] = c; U[sz] = U[c];
    D[U[c]] = sz; U[c] = sz;
    row[sz] = r; col[sz] = c;
    S[c]++; sz++;
  }
  R[sz - 1] = first; L[first] = sz - 1;
}

//顺着链表 A，遍历除 s 外的其他元素
#define FOR(i,A,s) for(int i = A[s]; i != s; i = A[i])

void remove(int c) {
  L[R[c]] = L[c];
  R[L[c]] = R[c];
  FOR(i,D,c)
    FOR(j,R,i) { U[D[j]] = U[j]; D[U[j]] = D[j]; --S[col[j]]; }
}

void restore(int c) {
  FOR(i,U,c)
    FOR(j,L,i) { ++S[col[j]]; U[D[j]] = j; D[U[j]] = j; }
  L[R[c]] = c;
  R[L[c]] = c;
}

//d 为递归深度
bool dfs(int d) {
  if (R[0] == 0) {                    //找到解
    ansd = d;                         //记录解的长度
    return true;
  }

  //找 S 最小的列 c
  int c = R[0];                       //第一个未删除的列
  FOR(i,R,0) if(S[i] < S[c]) c = i;
```

```
    remove(c);                              //删除第 c 列
    FOR(i,D,c) {                            //用结点 i 所在行覆盖第 c 列
      ans[d] = row[i];
      FOR(j,R,i) remove(col[j]);            //删除结点 i 所在行能覆盖的所有其他列
      if(dfs(d+1)) return true;
      FOR(j,L,i) restore(col[j]);           //恢复结点 i 所在行能覆盖的所有其他列
    }
    restore(c);                             //恢复第 c 列

    return false;
  }

  bool solve(vector<int>& v) {
    v.clear();
    if(!dfs(0)) return false;
    for(int i = 0; i < ansd; i++) v.push_back(ans[i]);
    return true;
  }
};
```

例题 11　数独（Sudoku, SEERC 2006, LA 2659）

求解 16 行 16 列数独问题的一组解：给定一个 16×16 的字母方阵，要求将所有的空格子填上 A～P 中的一个字符，并满足以下条件。

- 每行 A～P 恰好各出现一次。
- 每列 A～P 恰好各出现一次。
- 粗线分隔出的每个 4×4 子方阵（一共有 4×4 个）中，A～P 恰好各出现一次。

该数独问题及其解如图 6-18 所示。

		A					C						O		I
	J			A		B		P		C	G	F		H	
		D			F		I		E					P	
	G		E	L		H					M		J		
				E					C			G			
	I			K		G	A		B				E		J
D		G	P			J		F					A		
	E				C		B			D	P			O	
E			F		M			D			L		K		A
	C									O		I		L	
H		P		C			F		A			B			
			G		O	D				J					H
K				J					H		A		P		L
		B			P			E			K			A	
	H			B			K			F	I		C		
		F				C			D			H		N	

F	P	A	H	M	J	E	C	N	L	B	D	K	O	G	I
O	J	M	I	A	N	B	D	P	K	C	G	F	L	H	E
L	N	D	K	G	F	O	I	J	E	A	H	M	B	P	C
B	G	C	E	L	K	H	P	O	F	I	M	A	J	D	N
M	F	H	B	E	L	P	O	A	C	K	J	G	N	I	D
C	I	L	N	K	D	G	A	H	B	M	O	P	E	F	J
D	O	G	P	I	H	J	M	F	N	L	E	C	A	K	B
J	E	K	A	F	C	N	B	G	I	D	P	L	H	O	M
E	B	O	F	P	M	I	J	D	G	H	L	N	K	C	A
N	C	J	D	H	B	A	E	K	M	O	F	I	G	L	P
H	M	P	L	C	G	K	F	I	A	E	N	B	D	J	O
A	K	I	G	N	O	D	L	B	P	J	C	E	F	M	H
K	D	E	M	J	I	F	N	C	H	G	A	O	P	B	L
G	L	B	C	D	P	M	H	E	O	N	K	J	I	A	F
P	H	N	O	B	A	L	K	M	J	F	I	D	C	E	G
I	A	F	J	O	E	C	G	L	D	P	B	H	M	N	K

图　6-18

【输入格式】

输入包含多组数据。每组数据包含 16 行，每行包含 16 个字符。空格用连字符“-”表示。相邻两组数据之间有一个空行。输入结束标志为文件结束符（EOF）。

【输出格式】

对于每组数据，输出填好的字母方阵。相邻两组数据之间输出一个空行。

【分析】

为了套用 DLX 算法框架，首先需要搞清楚行、列的含义，以及“1”在哪些格子中。

- 行代表着决策（因为要“选”一些行）。每个决策可以用一个三元组(r, c, v)表示，意思是将(r, c)这个格子填上字母 v，因此一共有 16×16×16=4096 行。
- 列代表着任务（因为要让每列恰好有一个 1）。一共有以下 4 种需要达成的任务。因此一共有 16×16×4=1024 列。
  - Slot(a,b)表示第 a 和第 b 列的格子要有字母。
  - Row(a, b)表示第 a 行要有字母 b。
  - Col(a, b)表示第 a 列要有字母 b。
  - Sub(a, b)表示第 a 个子方阵要有字母 b。

（3）“1”代表着一个决策达成了一个任务。上面已经将决策写成了三元组(i,j,k)的形式，不难发现它达成了 4 个任务：Slot (i,j)，Row(i,k)，Col (i,k)和 Sub(P_{ij},k)，其中 P_{ij} 表示第 i 行第 j 列所在的子方阵编号。不难算出，一共有 4096×4=16 384 个结点（即矩阵中的“1”）。

这样，本题成功地转化为一个 4096 行、1024 列、“1”的个数为 16 384 的精确覆盖问题。这里仅给出核心程序，代码如下。

```
DLX solver;

const int SLOT = 0;
const int ROW = 1;
const int COL = 2;
const int SUB = 3;

//行/列的统一编解码函数，从 1 开始编号
int encode(int a, int b, int c) {
  return a*256+b*16+c+1;
}

void decode(int code, int& a, int& b, int& c) {
  code--;
  c = code%16; code /= 16;
  b = code%16; code /= 16;
  a = code;
}

char puzzle[16][20];

bool read() {
  for(int i = 0; i < 16; i++)
    if(scanf("%s", puzzle[i]) != 1) return false;
  return true;
}
```

```
int main() {
  int kase = 0;
  while(read()) {
    if(++kase != 1) printf("\n");
    solver.init(1024);
    for(int r = 0; r < 16; r++)
      for(int c = 0; c < 16; c++)
        for(int v = 0; v < 16; v++)
          if(puzzle[r][c] == '-' || puzzle[r][c] == 'A'+v) {
            vector<int> columns;
            columns.push_back(encode(SLOT, r, c));
            columns.push_back(encode(ROW, r, v));
            columns.push_back(encode(COL, c, v));
            columns.push_back(encode(SUB, (r/4)*4+c/4, v));
            solver.addRow(encode(r, c, v), columns);
          }

    vector<int> ans;
    solver.solve(ans);

    for(int i = 0; i < ans.size(); i++) {
      int r, c, v;
      decode(ans[i], r, c, v);
      puzzle[r][c] = 'A'+v;
    }
    for(int i = 0; i < 16; i++)
      printf("%s\n", puzzle[i]);
  }
  return 0;
}
```

需要特别说明的是，舞蹈链并不是只能用来求解精确覆盖问题。如果每列可以被覆盖多次，或者有些列可以不覆盖，只需对算法稍做修改即可。比如，经典的 n 皇后问题就可以转化成这样的问题。虽然 n 皇后问题可以用构造法求解，但一旦稍做变形，构造法就会失效，但舞蹈链仍然适用。

6.4 几何专题

6.4.1 仿射变换与矩阵

仿射变换（Affine Transformation）是一类很常见的变换，平移、缩放、旋转都属于此类。它的精确定义和性质在很多资料中都能找到，这里不再赘述。

在算法竞赛中，选手除了需要熟悉各种仿射变换对应的代码之外，还应懂得它们所对应的矩阵。

还记得矩阵乘法吗？借助于矩阵记号，可以把二维逆时针旋转公式写成如下矩阵形式。

$$\begin{bmatrix} x' \\ y' \end{bmatrix} = \begin{bmatrix} \cos\alpha & -\sin\alpha \\ \sin\alpha & \cos\alpha \end{bmatrix} \begin{bmatrix} x \\ y \end{bmatrix}$$

不难发现，缩放也可以这么写，但平移却不行（想一想，为什么）。怎么办呢？我们需要把二维的点改写成三维$(x,y,1)^T$。这样一来，平移、旋转和缩放都可以写成矩阵的形式。对点 P 进行变换，就等价于给 P 左乘一个 3×3 的变换矩阵[①]。

这个看似奇怪的$(x,y,1)^T$称为点(x, y)的齐次坐标（Homogeneous Coordinate），它是计算机图形学和射影几何中的重要概念。齐次坐标不仅让“平移”变换拥有了矩阵表示法，而且很好地区分了向量和点——向量的第三维是 0 而不是 1，符合前面说过的“向量+向量=向量，向量+点=向量，点+点无定义”的性质。

例题 12　仿射变换（Affine Mess, World Finals 2011，LA 5129）

平面上有一幅画，其中有 3 个特殊点，坐标分别为(x_1,y_1)，(x_2,y_2)，(x_3,y_3)。

首先，我们对画进行旋转变换。旋转时，先在中心为(0,0)、边长为 20 的正方形边界上指定一个点(x,y)，然后把 x 轴正半轴旋转到穿过(x,y)。旋转后，所有顶点都会被捕捉到最近的整点（如果小数部分恰好为 0.5，捕捉到离 0 较远的坐标点）。

接下来是放大和平移（顺序未知）。放大的中心总是(0,0)，放大比例为非 0 整数（可以是负数，x 方向和 y 方向的放大比例不一定相同）；x 和 y 的平移量均为整数。

现在只知道画上的 3 个特殊点在变换后的坐标为(x_4,y_4)，(x_5,y_5)，(x_6,y_6)，但不知道哪个点对应哪个点。可以确定变换方式吗？如果有多种可能的变换，它们是等价的吗？

【输入格式】

输入包含多组数据。每组数据包含 6 对整数 x_i 和 y_i（$-500 \leqslant x_i,y_i \leqslant 500$），前 3 对在第一行，后 3 对在第二行。前 3 对表示 3 个特殊点的初始坐标（保证两两不同），后 3 对表示这 3 个特殊点的最终坐标（保证两两不同）。注意，3 个特殊点的最终坐标可以按照任意顺序给出。输入结束标志为 6 对 0。

【输出格式】

对于每组数据，如果有一种或多种可能的变换方式，且这些方式全部等价，输出“equivalent solutions”；如果有多解，且不等价，输出“inconsistent solutions”；如果无解，输出“no solution”。

【分析】

本题看上去很麻烦，但其实只需要暴力枚举：先枚举输入和输出的 3!=6 种对应关系，然后枚举 80 种旋转方式（中心在原点，边长为 20 的正方形的边界上有 80 个整点），最后计算平移和放大方式即可。注意到先平移再放大可以转化为先放大再平移，所以只需判断先放大再平移。不难发现，x 和 y 方向是独立的。假设旋转后的点的 x 坐标为 x_1，平移和放大之后的点在 x_2，放大比例为 s，平移位移为 d，则可以列出方程：$sx_1+d=x_2$。同理，y 方向也可以列出这样一个方程。3 个点一共有 6 个方程。这样，每当对应关系和旋转方式确定下来之后，都有一个方程组，只需求解这些方程组并综合它们的解就能得出最终结论。

① 注意，P 是列向量（即 3×1 矩阵），这样的矩阵乘法是合法的。

例题 13　组合变换（Composite Transformations, UVa 12303）

空间中有 n 个点和 m 个平面，你的任务是按顺序向它们施加 t 个变换，输出每个点的最终位置和每个平面的最终方程。一共有 3 种变换，如表 6-2 所示。

表 6-2

变　换	说　明
TRANSLATE a b c	把点(x,y,z)变成$(x+a,y+b,z+c)$
ROTATE a b c theta	把每个点旋转 theta 度。旋转轴是向量(a,b,c)，并且穿过原点。当旋转轴指向你时，旋转看上去是逆时针的
SCALE a b c	把点(x,y,z)变成(ax,by,cz)

【输入格式】

输入只有一组数据。第一行是 3 个整数 n, m, t（$1 \leqslant n, m \leqslant 50\,000$，$1 \leqslant t \leqslant 1000$）；以下 n 行，每行包含一个点的坐标；以下 m 行，每行 4 个整数 a, b, c, d，描述一个平面 $ax+by+cz+d=0$（a, b, c 不全为 0）；再以下 t 行，描述各个操作，操作中的参数 a, b, c, d 是绝对值不超过 10 的实数，最多保留小数点后两位，参数 theta 是 0～359 的整数。

【输出格式】

对于每个点，输出一行，即变换后的坐标。对于每个平面，输出一行，即变换后平面方程的参数 a, b, c, d。输出应保证 $a^2+b^2+c^2=1$，但如果有多种表示方法，任意一种均可。输出应保留两位小数。本题允许一定的浮点误差。

【分析】

最容易想到的方法是逐点变换（对于平面，只需取不共线的 3 个点分别变换即可），但是时间复杂度高达 $O((n+m)t)$，实在是太慢了。

前面提到过，二维仿射变换可以写成矩阵形式。不难想到，三维仿射变换也可以写成矩阵形式，只是齐次坐标将变成四维，因此变换矩阵也将是 4×4 的。矩阵乘法满足结合律，因此可以把所有变换矩阵事先乘起来，变成所谓的“组合变换矩阵”，然后用它左乘所有点，时间复杂度为 $O(n+m+t)$。

需要特别注意的是，有的读者可能会用第 4 章中介绍的点法式来表示平面，然后用组合变换矩阵分别左乘点和法向量。遗憾的是，这样做是错误的，罪魁祸首在于“缩放”操作。要用点法式也可以，但法向量不应该左乘组合变换矩阵本身，而应该左乘它的逆转置矩阵（inverse transpose）。当然，最简单的做法仍是采用三点式。

关于齐次坐标和变换矩阵的详细内容以及本题中 3 个变换所对应的矩阵，请读者自行查阅相关资料。

6.4.2　离散化和扫描法

离散化和扫描法是计算几何中的常用算法设计方法。这里通过几道例题向读者展示两者的基本思路和常用技巧。

离散化：当几何图形复杂起来的时候，即使最常见的面积、周长、体积这些东西也会变得难以计算。一个经典的例子就是求解“圆的并的面积”。平面上有 n 个大大小小的圆，其中一些圆相互遮挡，求这些圆所覆盖的总面积。其中，被多个圆覆盖到的面积只能算一次（因此答案可能小于所有圆的面积之和）。看上去似乎没什么难的，但如果用现有的几何知识编程求解，会发现这道题目并不简单。

本节将通过例题来详细地讨论有离散化的问题的处理方法，首先我们来看一道简单点儿的题目，这样有助于理解离散化的思想。

例题 14　山的轮廓线（The Sky is the Limit, World Finals 2008，LA 4127）

输入 n 座山的信息，计算它们的轮廓线长度（即从天空往下看，可以看到的线段的总长度）。如图 6-19 所示，虚线是不可见的，山和山之间的空白地带不算在轮廓线内。每座山都是一个等腰三角形。

【输入格式】

输入包含多组数据。每组数据：第一行为一个整数 n（$1 \leqslant n \leqslant 100$），即山的个数；以下 n 行，每行 3 个整数 X, H, B（$H>0$，$B>0$），即山峰的横坐标、高度和山底宽度。输入结束标志为 $n=0$。

【输出格式】

对于每组数据，输出轮廓线的长度，四舍五入到整数。

【分析】

如果山很多，形成的轮廓线可能会非常复杂。既然从整体上考虑比较麻烦，我们不妨考虑局部，把山分成一个一个的竖直长条，统计每个长条内的轮廓线长度，再累加起来，如图 6-20 所示。

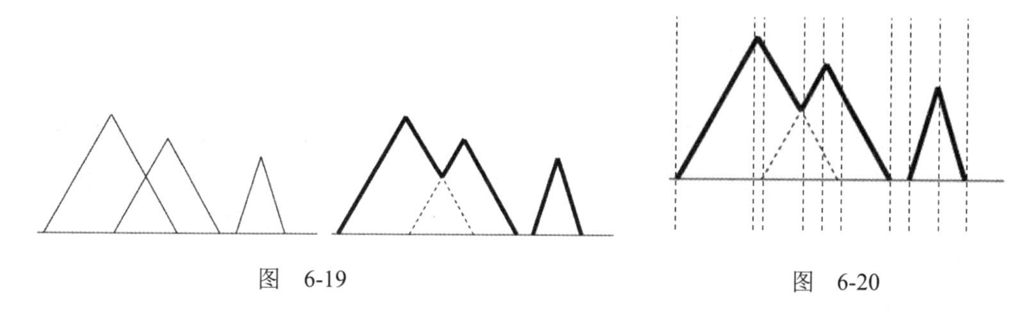

图　6-19　　　　图　6-20

一共有哪些虚线呢？不难发现，山顶和两个山底各需要一条虚线；两条线段的交点处也需要有一条线段。换句话说，我们可以先把所有端点的 x 坐标放到一个数组里，再对线段两两求交，把交点的 x 坐标也放在这个数组里，最后排序、去重，得到所有虚线的 x 坐标。代码如下。

```
int c = 0;                              //虚线计数器
for(int i = 0; i < n; i++) {
  double X, H, B;
  scanf("%lf%lf%lf", &X, &H, &B);
  //L[i][0]和L[i][1]分别是第 i 座山的左右两条线段
  L[i][0][0] = Point(X-B*0.5, 0);        //左山底（左线段的左端点）
  L[i][0][1] = L[i][1][0] = Point(X, H);
```

```
    //山顶（左线段的右端点，也是右线段的左端点）
    L[i][1][1] = Point(X+B*0.5, 0);          //右山底（右线段的左端点）
    x[c++] = X-B*0.5;
    x[c++] = X;
    x[c++] = X+B*0.5;
  }
  for(int i = 0; i < n; i++) for(int a = 0; a < 2; a++)
    for(int j = i+1; j < n; j++) for(int b = 0; b < 2; b++) {
      Point P1 = L[i][a][0], P2 = L[i][a][1], P3 = L[j][b][0], P4 = L[j][b][1];
      if(SegmentProperIntersection(P1, P2, P3, P4)) //如果线段相交
        x[c++] = GetLineIntersection(P1, P2-P1, P3, P4-P3).x;//交点加入数组
    }

  //排序、去重
  sort(x, x+c);
  c = unique(x, x+c) - x;
```

现在，我们依次考虑每个竖直长条。不难发现，每个竖直长条内部不会有线段相交的情况（否则该交点处还会有虚线），因此我们可以计算出每条线段在竖直长条中点处的 y 坐标，其中最高的（即 y 坐标最大的）线段是可见的。把这条线段在竖直长条中的长度累加进答案即可。完整代码留给读者编写。

例题 15　核电厂（Nuclear Plants，LA 3532）

某国的领土是一个长 n 公里，宽 m 公里的矩形，边平行于坐标轴，左上角的坐标为(0,0)，右下角的坐标为(n,m)。该国领土上有一些核电厂。核电厂有大小之分，小核电厂周围 0.58 公里内都不能种植大麦，大核电厂周围 1.31 公里内都不能种植大麦。你的任务是计算出可以种植大麦的土地的总面积。

【输入格式】

输入包含多组数据。每组数据：第一行为 4 个整数 n, m, k_s 和 k_l（$1\leqslant n,m\leqslant 10\,000$，$k_s$, $k_l\leqslant 100$），其中 k_s 为小核电厂的数目，k_l 为大核电厂的数目；接下来 k_s 行，每行为一个小核电厂的坐标(x, y)（$0\leqslant x\leqslant n$，$0\leqslant y\leqslant m$）；再接下来 k_l 行，描述大核电厂。输入结束标志为 $n=m=k_s=k_l=0$。

【输出格式】

对于每组数据，输出可以种植大麦的国土面积，保留两位小数。输出允许有 0.01 的绝对误差。

【分析】

以每个小核电厂为圆心各画一个半径为 0.58 的圆，再以每个大核电厂为圆心各画一个半径为 1.31 的圆，则答案就是总国土面积减去这些圆的并的面积。因此，我们只需集中精力讨论圆的并的面积这个经典问题。

根据上题的经验，我们可以首先求出所有圆的两两交点，加上每个圆的左右边界，把每个圆离散化成若干个竖直条，如图 6-21 所示。

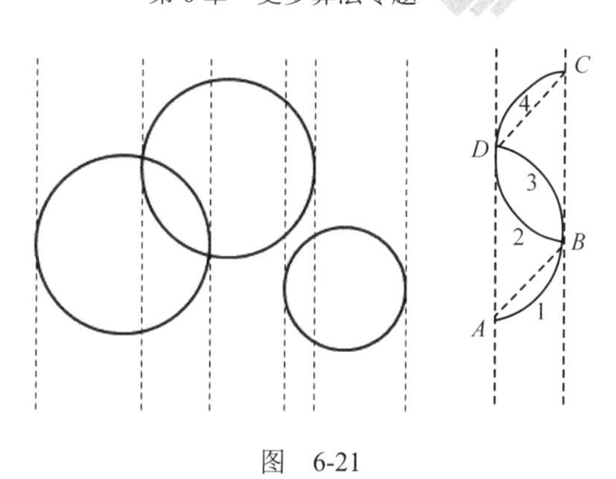

图　6-21

为了计算每个竖直条内的面积并，我们需要把竖直条内的圆弧按照 y 坐标从小到大编号为 1, 2, 3, …（见图 6-21）。每个圆弧要么是一个圆的下边界（如圆弧 1,2），要么是一个圆的上边界（如圆弧 3,4），因此我们可以用第 1 章学过的扫描法，从下到上处理这些圆弧。

- 首先设"当前圆计数器"cnt 为 0。
- 每次遇到下圆弧时 cnt 加 1。如果此时 cnt 变成了 1，则记录该圆弧为"起始圆弧"。
- 每次遇到上圆弧时 cnt 减 1。如果此时 cnt 变成了 0，说明"起始圆弧"和正在处理的圆弧构成了一个连通区域。只需计算该区域的面积，然后累加到答案中即可。

如何计算这个连通区域的面积呢？不难发现，该区域由上下两个弓形和中间的一个梯形 *ABCD* 组成，分别计算面积即可。

还有一种相对容易编写、效率也更快的方法。对于每个圆，求出没有被其他圆覆盖的圆弧区域，按照逆时针顺序连接这些弧对应的弦，这样，整个图形就变成了若干多边形和若干弓形，分别求和后加起来即可，如图 6-22 所示。

注意，多边形面积应按照有向面积计算。比如，在图 6-23 中，"洞"上的边呈顺时针排列，它的面积应当从大多边形面积中减去。

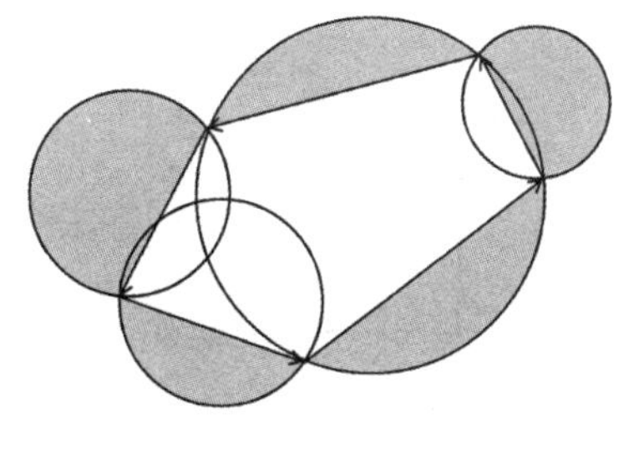

图　6-22

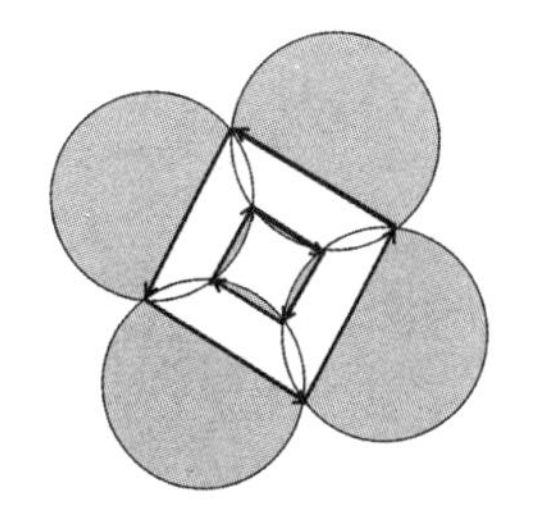

图　6-23

对于每个圆，需要用 $O(n)$时间计算出被其他圆覆盖的角度区间，然后用 $O(n\log n)$时间合并起来，多边形最多一共有 $O(n^2)$条边，最多一共有 $O(n^2)$个弓形，因此总时间复杂度为 $O(n^2\log n)$。

例题 16　可见的屋顶（Raising the Roof, World Finals 2007，LA 3809）

给定一些三角形的屋顶，你的任务是计算出暴露在阳光下的部分（即从天空向地面俯视时能看到的部分）的总面积。注意，被遮挡的部分不应该被算到总面积中。*xy* 平面是地面，z 轴竖直向上。

【输入格式】

输入包含多组数据。每组数据：第一行为顶点总数 V 和三角形总数 T（$1 \leqslant V \leqslant 300$，$1 \leqslant T \leqslant 1000$）；以下 V 行，每行 3 个整数 x，y，z，即各个顶点的坐标；再以下 T 行，每行 3 个整数，即 3 个顶点的编号（各顶点按照输入顺序编号为 1~V）。所有坐标均为不超过 100 的正整数。输入没有退化的三角形。任意两个输入三角形的内部没有公共点（边界可以接触，但不会部分重合或者相交）。输入结束标志为 n=0。

【输出格式】

对于每组数据，输出可见部分的总面积，保留两位小数。

【分析】

注意，本题要求的是可见部分的原始面积而不是投影面积，所以只能分别求出每个三角形的面积，然后累加起来。可以证明，某个平面图形在另一平面上的投影的面积比上这个图形本身的面积恰好是这两个平面夹角的余弦值，因此只需求出每个三角形从上往下看的投影面积，就能反推出其原始面积。

不难想到这样一种算法，对于每个三角形，删除其被其他三角形挡住的部分，再计算面积，如图 6-24 所示。

注意，不仅可能会被分成多块，还可能会有“洞”。虽然理论上可以计算出来，但不够简单直观。

另一种算法在概念上比较简单，是解决本题的推荐算法。该算法的核心思路是：把投影图按照 x 坐标离散化，即把投影分成多个“竖直条”，然后在每个竖直条内单独求解，如图 6-25 所示。

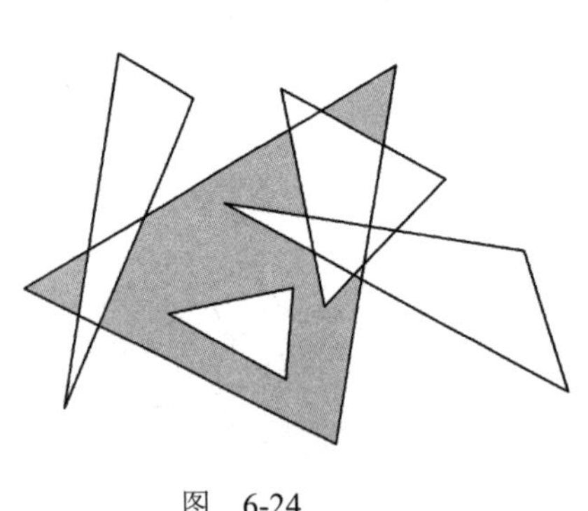

图 6-24

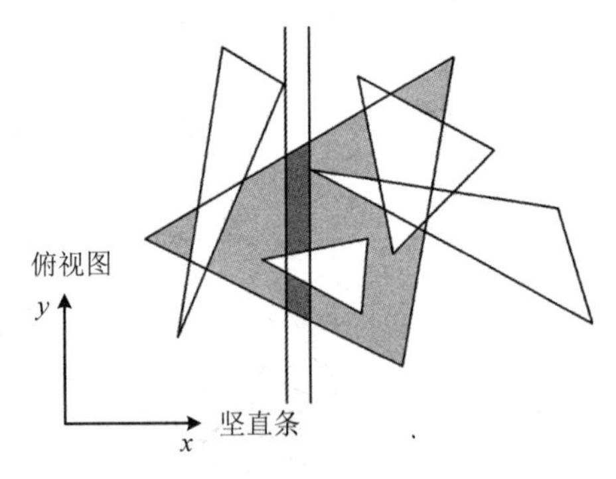

图 6-25

注意，在投影图中，每个竖直条由多个不重叠的梯形组成（三角形看成退化的梯形），每个梯形的面积取决于对应三角形在左右两条竖直线上的长度。这样，我们的任务就转化为求出每个三角形被每条竖直线截得的可见线段的总长度。

对于一条竖直线（实际上是竖直平面，只不过在投影图上看着是竖直线），首先求出每个三角形被该线截得的线段，则问题转化为统计每条线段的可见部分的长度。这一步可以用第 1 章介绍过的扫描法，从上到下处理各个端点事件：当遇到上端点时，新线段进入集合（注意，此线段不一定可见，有可能被其他线段挡住了）；当遇到下端点时，新线段退出集合（注意，当一条可见线段进入集合之前，应先累加“当前可见线段”的长度）；当一条可见线段退出集合时，应累加即将退出的线段的可见长度。由于需要插入、删除和取最小值（z 坐标最小的才可见），可以用一个优先队列实现。如图 6-26 所示，为这个扫描过程，注意它画在了 yz 平面，因此“最上方”的线段是可见的。

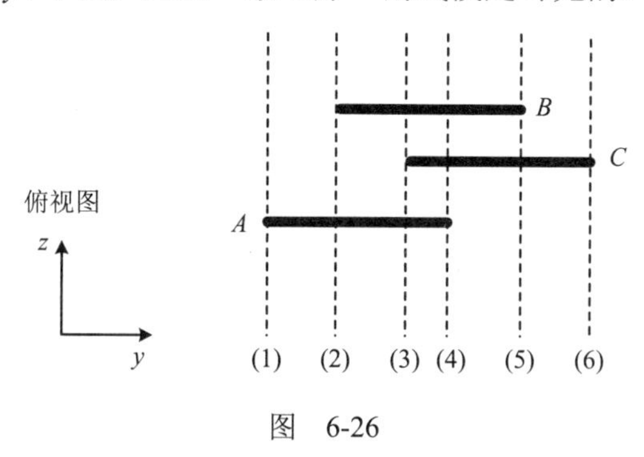

图　6-26

按照时间顺序，6 个事件依次如下。

- A 进入集合，并且是可见线段。
- 新的可见线段 B 进入集合，由于挡住了前可见的线段 A，给 A 累加可见长度。
- C 进入集合，但并不可见（被 B 挡住了）。
- A 离开集合，由于此前 A 并不是可见线段，此事件没有任何影响。
- B 离开集合，由于此前 B 是可见线段，给 B 累加可见长度，可见线段变为 C。
- C 离开集合，由于此前 C 是可见线段，给 C 累加可见长度。

到这里，本题已经基本解决，但有一个小问题需要读者注意，即我们并没有很好地处理平行于 y 轴的线段和竖直平面。后者可以直接扔掉（因为投影面积为 0），但前者可能会导致错误。如图 6-27 所示，可见长度从中间的 L=1 突变到 L=0，等价于一个和左边对称的三角形。解决方法是稍微旋转一下三角形，使得图 6-27（a）中间的竖直线分裂成两条，如图 6-27（b）所示。虽然中间的窄条也是错的，但是因为它实在太窄了，误差可以忽略不计。

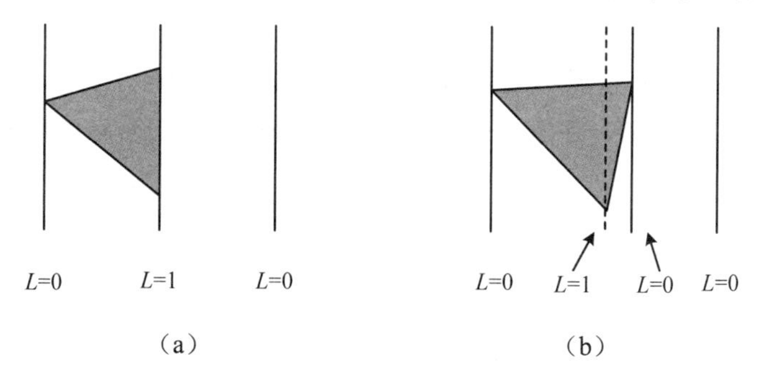

图　6-27

求交点、离散化的时间为 $O(n^2\log n)$，每条竖直线的扫描过程需要 $O(n\log n)$，因此总时间复杂度为 $O(n^3\log n)$。

扫描法：扫描法也是一种很常用的几何算法设计方法。事实上，在第 1 章中，我们已经介绍过扫描法，在本章的例题 15 和例题 16 中，我们也用到了扫描法。离散化的主要思想是把复杂的几何图形划分成若干个相对简单的部分，分而治之。由于离散化通常要求事先输入或者计算出一些变量的取值（比如所有交点），我们说它是一个静态的过程；而扫描法则完全不同，不仅需要在处理事件时动态维护信息，还有可能动态生成新事件，而这些动态生成的事件很难或无法事先预知。下面的例题 17 就是一个绝好的例子。

例题 17 画家（Painter, World Finals 2008，LA 4125）

画家 Peer 在一个矩形的画布上画了一些三角形，画完之后，他开始涂色。最外层的画布涂最浅的颜色，然后次外层的用次浅的颜色，以此类推。如图 6-28 所示，一共有 4 个层次的三角形，加上画布本身一共需要 5 种颜色。你的任务是帮助 Peer 在涂色之前判断出需要几种颜色。如果三角形出现相交（即其中一个三角形的某条边和另一个三角形的某条边有公共点），则涂色无法进行。

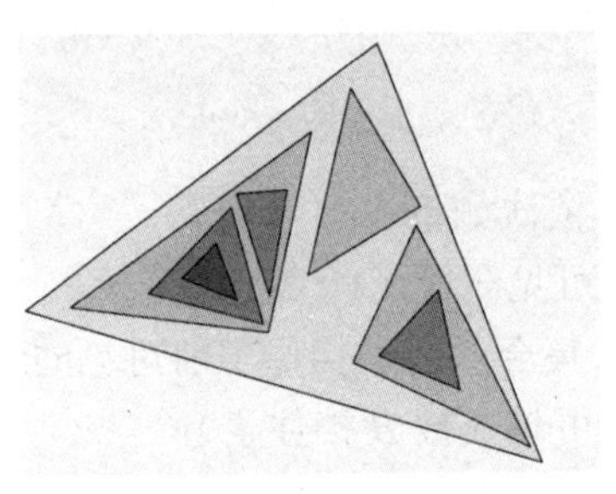

图 6-28

【输入格式】

输入包含多组数据。每组数据：第一行为非负整数 n（$n\leqslant 100\,000$），即三角形的个数；以下 n 行，每行 6 个整数 x_1,y_1,x_2,y_2,x_3,y_3（$-100\,000<x_i,y_i<100\,000$），即三角形 3 个顶点的坐标，这 3 个顶点保证不共线。输入结束标志为 $n=-1$。

【输出格式】

对于每组数据，依次输出需要的颜色数。如果无法涂色，输出 ERROR。

【分析】

n 的规模太大，即使只是判断三角形是否两两相交也会超时，更别说计算最大深度了。这时，我们再次使用扫描法，并借助第 3 章中介绍的排序二叉树维护扫描线，可把时间复杂度降为 $O(n\log n)$。

考虑一条竖直扫描线从左向右移动，每次碰到一个顶点就停下来。如图 6-29 所示，在任意时刻扫描线上都会有若干条直线。

如果每条线段都记录它上方近邻区域的深度，那么每次插入一个三角形的第一个顶点 p_1（最左边顶点）时，p_1p_2 和 p_1p_3 都会插入扫描线上，计算出它们的深度，并更新最大深度。注意，插入线段 p_2p_3 的时候无须更新任何深度（想一想，为什么）。

上面的操作需要对一条插入的线段寻找“上一条”和“下一条”线段，还要保存深度。考虑到线段的数目可能很大，用 BST 最为方便。BST 是基于比较的，因此需要定义线段的“小于”运算符。代码如下。

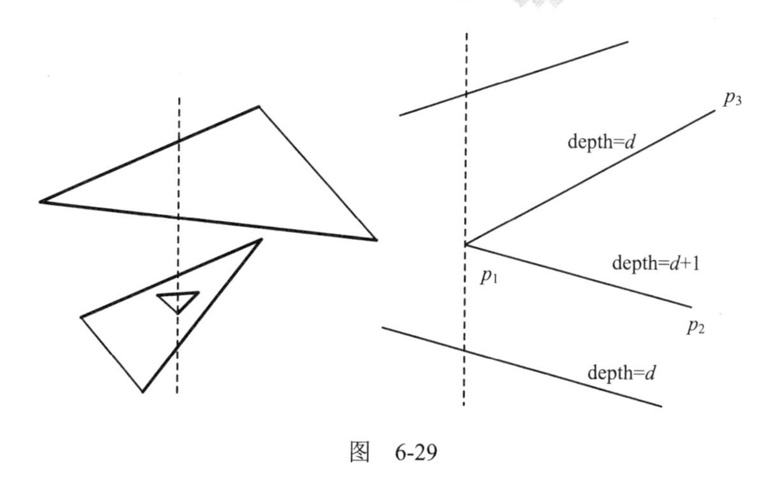

图　6-29

```
struct Segment {
    Point p1, p2;
    int f;                //所属三角形编号
    Segment(Point p1, Point p2, int f):p1(p1),p2(p2),f(f){}
    double y() const {  //xnow 是扫描线当前位置
        return p1.y+(p2.y-p1.y)*(xnow+eps-p1.x)/(p2.x+eps-p1.x);
    }
    bool operator<(const Segment& x) const {
        return y()<x.y();
    }
};
```

注意，比较运算使用的是扫描线和线段交点的 y 坐标。为了处理竖直线段，这里让 p2.x 增加了 eps；为了避免不同的线段具有相同的 y 值，扫描线的 x 坐标也增加了 eps（相当于往右移动了一点点）。

有经验的读者可能会说，这个比较函数是动态的，对于不同扫描线，算出的 y 值不同，这样也可以吗？答案是可以。尽管扫描线的 x 坐标改变了，但所有线段的相对位置并没有改变（除非线段有相交，这个马上会提到）。那是否可以用线段插入时的 y 坐标进行比较呢？不可以。如图 6-30 所示，A 在 C 的下面，但线段 AB 在 CD 的上面。

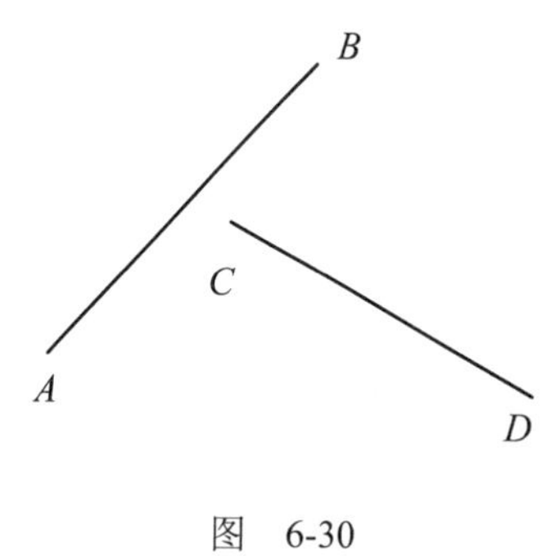

图　6-30

到目前为止，可以涂色的情况已经处理完毕了。线段相交的情况也不难处理：插入线段时判断它和上下相邻线段是否相交（注意，同一个三角形的线段不算相交，这就是 Segment 结构体中 f 的作用）；删除线段时判断它的上下相邻线段是否相交。

为了使代码更清晰，我们把事件封装成一个结构体。代码如下。

```
struct Event {
    int x,w,no; //x: 事件的 x 坐标; w: 事件类型; no: 三角形编号
    bool operator<(const Event& e) const { //按照 x 从小到大排序，先插入再删除
        return x<e.x || x==e.x && w<e.w;
```

```
    }
    Event(int x=0,int w=0,int no=0):x(x),w(w),no(no){}
    void process() const {
        xnow=x; //更新扫描线位置，间接影响 Segment 的比较
        switch(w)   {
            case 1: scanline.Insert(no); break;     //处理 p1
            case 2: scanline.Change(no); break;     //处理 p2
            case 3: scanline.Erase(no); break;      //处理 p3
        }
    }
} ev[330000];
int evsize;
```

分析到这一步，主算法就不难编写了，先读入三角形，生成事件（每个三角形生成 3 个事件），然后对事件进行排序（同一个位置先插入后删除），最后按顺序依次处理每个事件。代码如下。

```
int main() {
    int kase = 1;
    while(scanf("%d",&n) == 1 && n >= 0) {
        evsize = 0; error = false; mdep = 1;
        scanline.init();                    //初始化扫描线
        for(int i = 1; i <= n;++i) {        //读入三角形，生成事件
            tri[i].read();                  //读入并排序，使得 p1<p2<p3
            ev[++evsize] = Event(tri[i].p1.x,1,i);
            ev[++evsize] = Event(tri[i].p2.x,2,i);
            ev[++evsize] = Event(tri[i].p3.x,3,i);
        }
        sort(ev+1, ev+evsize+1);            //按照先后顺序给事件排序
        for(int i=1; i<=evsize && !error; ++i) ev[i].process();
        //依次处理各个事件
        if(!error) printf("Case %d: %d shades\n", kase++, mdep);
        else printf("Case %d: ERROR\n", kase++);
    }
    return 0;
}
```

最后就是我们的重头戏——Scanline 类。该类保存的数据有扫描线位置、被扫描线穿过的所有线段以及对应的深度（这些线段按照 y 坐标保存在一棵 BST 树里，以支持前驱后继操作）。与之配合的是每个三角形的信息：3 个顶点的坐标以及 3 条边在扫描线中的位置（以便删除）。

这里的 BST 可以用 STL 中的 multimap 实现，因为我们只需要插入（insert）、删除（erase），以及求给定结点的前驱（--）、后继（++），并不需要维护其他信息。唯一需要注意的是，++和--会改变迭代器，所以在使用之前应进行备份。当然，也可以用前面介绍过的 Treap 实现这个 BST，代码留给读者编写。

下面重申几个细节。

- 可以在初始化的时候添加两条长长的线段，即画布的上边界和下边界，避免出现"上

一条线段/下一条线段不存在”的情况。

- 扫描线穿过三角形的最左边顶点 p_1 时，插入线段 p_{12} 和 p_{13}，并根据二者的位置关系（哪个在上，哪个在下）设置两条线段的深度。
- 扫描线穿过三角形的中间顶点 p_2 时，插入线段 p_{23}，深度为 p_{12} 的深度，然后删除线段 p_{12}。
- 扫描线穿过三角形的最右边顶点 p_3 时，删除 p_{13} 和 p_{23} 即可。
- 在扫描线中插入或删除线段时，判断线段是否相交。

事件处理的时间为 $O(n\log n)$，扫描线上最多有 $O(n)$条线段，因此每个事件排序的时间为 $O(\log n)$，总时间复杂度为 $O(n\log n)$。实际运算效率也很高。

6.4.3　运动规划

运动规划（motion planning）是来自机器人领域的一个相当有意思的主题。一般来说，涉及运动规划的题目综合考查了图论和几何的知识，代码复杂，容易出错。下面仅以两个典型例题介绍其中的常见思路。

例题 18　拯救公主（Save the Princess, UVa 11921）

平面上有 n 个圆形障碍物，求从(x_S,y_S)到(x_T,y_T)至少要走多长距离。起点和终点保证不同，且不在障碍物的内部或者边界上。障碍物不会相交，但可能会相切，且接触点不能通过。

【输入格式】

输入的第一行为数据组数 T（$T\leqslant 50$）。每组数据：第一行为 4 个整数 x_S, y_S, x_T, y_T；第二行是整数 n（$0\leqslant n\leqslant 50$），即障碍物的个数；以下 n 行，每行包含 3 个整数 x, y, r，即障碍物的圆形坐标和半径。

【输出格式】

对于每组数据，输出最短路径的长度。

【分析】

本题可以算作一种“最短路问题”，但和我们在第 5 章中讨论的内容有明显差异，即点和边是什么似乎并不明显，而且从起点到终点的路径有无穷多条。

怎么办？首先，需要将“无穷多”的可能性降为有限多个，方法是排除一些明显不可能最短的路线。

如图 6-31 所示，路线 $S\to A\to B\to C\to D\to E\to T$ 有很多可以改进的地方。

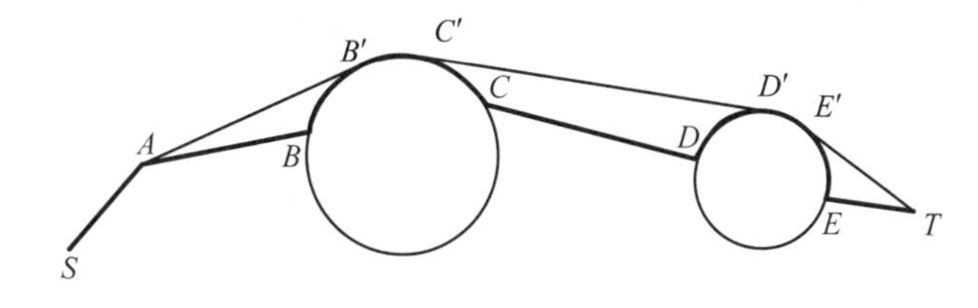

图　6-31

- A 处的拐弯完全没有必要，改成 S 直接沿直线走到 B 更好。

- ❑ $S \to B \to C$ 这条路可以改成先走到 S 和圆的切点 B'，再走到 C。
- ❑ 从 C 到 D 可以改成走两个圆的公切线 $C'D'$。
- ❑ 从 E 走到 T 可以改成从切点 E'走到 T。

最后，路线改成了 $S \to B' \to C' \to D' \to E' \to T$。虽然这条路线也不一定是最短路线，但一定比刚才那条路要好。

请读者仔细研究上面的推理。它实际上是一个构图过程：首先求出 S 和 T 到所有圆的切线，然后求出每两个圆的公切线，则最短路的“拐点”一定是 S，T 和这些切点，而连接拐点之间的路径一定是这些切线或者圆弧（沿着圆周走）。这样，我们实际上得到了一张加权图，用 Dijkstra 算法求最短路即可。

需要注意的是，这些“边”不能穿过障碍物。换句话说，在求出切线之后要先看看它是否和其他圆相交或相切[①]，仅当没有这种情况出现时才把切线和切点加到图中。另外，对于同一个圆上的切点，只有相邻两点需要连边（权值等于劣弧长度），而不需要两两连边。切点和边最多 $O(n^2)$个，每次判断切线是否和障碍物相交需要 $O(n)$时间，因此构图总时间为 $O(n^3)$。注意到 Dijkstra 本身只需 $O(n^2)$时间，因此可以用动态构图的方法加速。但对于本题的规模来说，事先构图的方法已经足够快，而且更易写易调，是首选方案。

例题 19　拿行李（Collecting Luggage, World Finals 2007，LA 2397）

飞机到达机场之后，需要在行李提取处拿行李。行李会在一个多边形传送带上匀速运动，你的初始位置在多边形外部，并且当行李一出现就立刻开始匀速行走（速度严格大于行李运动的速度），直到拿到行李。求出拿到行李的最短时间。

如图 6-32 所示，行李以 $ABCDEFABCDEF\cdots$的顺序沿着多边形的边界匀速移动，你从 P 点出发沿着图中的方向移动，最后在 M 点拿到行李。注意，你从 P 出发的时间正是行李出现在 A 点的时间。

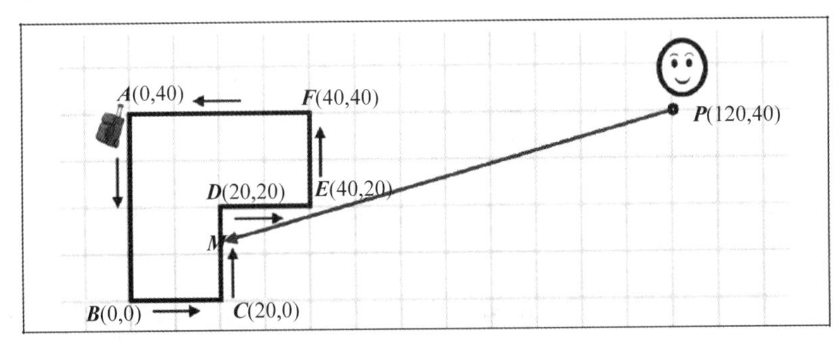

图　6-32

【输入格式】

输入包含多组数据。每组数据：第一行为多边形的顶点数 N（$3 \leqslant N \leqslant 100$）；以下 N 行，每行两个整数 x_i 和 y_i，按照逆时针顺序给出多边形的各顶点坐标；下一行有两个整数 P_x 和 P_y，即人的起始点坐标；最后一行有两个正整数 v_L 和 v_P（$0<v_L<v_P<10\ 000$），即行李的速度和人

① 为什么相切也不行？因为如果相切的话，路径可以拆分成两段。

的速度。坐标的绝对值均不超过 10 000，单位为米；速度的单位为米/分钟。输入保证人的起点在多边形外，行李从输入的第一个顶点出发，按照逆时针顺序移动。输入结束标志为 N=0。

【输出格式】

对于每组数据，输出拿到行李的最短时间，四舍五入到最接近的秒数。

【分析】

和例题 18 一样，本题也是一个最短路问题，但目标点随时间在变，似乎很难处理。是否可以“化动为静”呢？答案是肯定的。

题目中有一个需要注意的条件：人的速度严格大于行李的速度。这样一来，如果人可以在 t 时间拿到行李，对于 $t'>t$ 时刻，一定也能拿到行李：先在 t 时刻拿到行李，然后跟着行李慢慢走，等待 t'时刻到来。尽管这样的移动方式不是题目规定的“匀速移动”，但不难把它变成匀速的，根据移动总距离和时间即可算出等价的匀速移动速度。

这样，我们只需二分答案，计算行李的位置，然后求起点到行李位置的最短路，判断时间是否来得及。二分的初始上下界不难设定[①]，但最短路部分却需要注意。看上去，我们“只需”以起点、终点（行李的位置）和多边形的各个顶点为顶点，“不被挡住的线段”为边，构图后调用 Dijkstra 算法，但这个“不被挡住的线段”充满了陷阱。

什么样的线段不被挡住呢？如果和多边形的边规范相交，显然会被挡住，因此，关键就在于非规范相交的情形。如图 6-33 所示，同样是非规范相交，图 6-33（a）的线段 AB 被挡住了，图 6-33（b）的线段 AB 却没有被挡住。一个解决方法是把图 6-33（b）的线段 AB 也看成是被挡住了。由于 AP 和 PB 都没有被挡住，我们仍然不会遗漏 $A \to P \to B$ 这条路[②]。

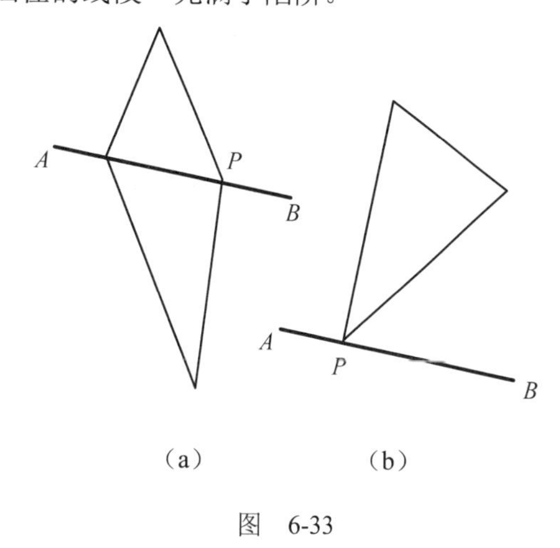

图　6-33

综上所述，如果一条线段 AB 除了 A 点和 B 点外还有一个点在多边形上，那么 AB 就算成是被挡住的。反过来呢？如果 AB 上只有 A 和 B 两个点在多边形上，它是不是一定不会被挡住呢？未必。还需要排除“AB 完全位于多边形内部”的情况，方法是测试 AB 的中点是否位于多边形内。

6.5　数 学 专 题

我们在第 2 章中已经学到了很多和算法密切相关的数学知识和问题，但正所谓“书到用时方恨少”，对于算法来说，数学知识永远不嫌多。本节补充了一些在算法竞赛中不那么常见，但很有代表性的数学专题。特别是线性规划，可以说是运筹学领域的核心。

① 比如，下界为 0，上界为走到最近顶点后再走半个周长所需的总时间。

② 这和例题 16 中“禁止切线和其他圆相切”的道理是一样的。

6.5.1 小专题集锦

例题 20 绿色的世界（A Greener World，UVa 11017）

有一个网格，每个格点都有一颗梨树。整个网格错切了 theta 度，于是每个格子都变成了一个菱形。现在在每个菱形的中间种一颗桃树，如图 6-34 所示。

给定一个格点多边形，求它的面积和内部的桃树棵数（种在多边形边界上的树不统计在内）。

【输入格式】

输入包含最多 15 组数据。每组数据：第一行为 3 个整数 d、theta 和 N（$1\leqslant d<10\,000$，44<theta<136），其中 N 是多边形的顶点数；以下 N 行，每行包含两个整数 x 和 y，即多边形的顶点（$0\leqslant x, y\leqslant 100\,000$），顶点按照顺时针或逆时针顺序排列。输入结束标志为 d=theta=N=0。

【输出格式】

对于每组数据，输出桃树的棵数和多边形面积（四舍五入到最接近的整数）。

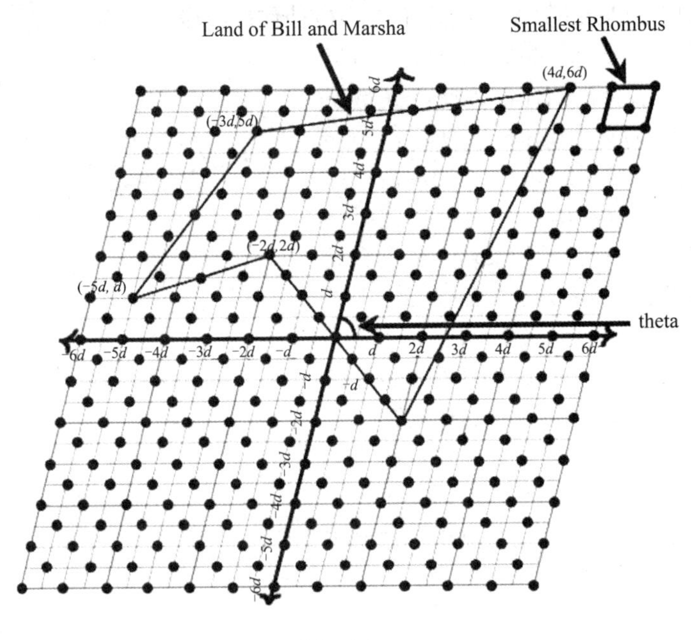

图 6-34

【分析】

本题的研究对象是格点。关于格点，最著名的定理莫过于 Pick 定理：给定一个顶点均为整点（即坐标为整数的点）的简单多边形，其面积 A 和内部格点数目 I 与边上格点数目 B 的关系是：$A=I+B/2-1$。这个定理有很多精彩的证明，有兴趣的读者可以自行搜索相关资料，这里不再赘述。这里的重点是如何应用定理。

首先不难发现，“错切变换”并不会改变桃树的棵数，而只会影响到多边形的面积（这很容易计算出来）。因此，此题等价于：给定一个顶点坐标均为整点的多边形，求它内部

的 x 坐标和 y 坐标的小数部分均为 0.5 的点。这个问题留给读者思考①。

例题 21 有趣的杨辉三角（Interesting Yang Hui Triangle，上海 2006，LA 3700）

给出素数 P 和正整数 N，求杨辉三角形的第 N 行中能整除 P 的数有几个，$P \leqslant 1\,000$，$N \leqslant 10^9$。

【分析】

根据杨辉三角的定义，第 n 行第 m 个数等于 C_n^m，因此本题等价于统计 $C_n^0, C_n^1, \cdots, C_n^{n-1}, C_n^n$ 中有多少个数能被素数 P 整除。

关于组合数取模，有个很有趣的 Lucas 定理，公式如下。

$$\binom{m}{n} \equiv \prod_{i=1}^{k} \binom{m_i}{n_i} \quad (\text{mod}\, P)$$

其中，m_i 和 n_i 分别是 m 和 n 的 p 进制表示法中的各个数字。根据 Lucas 定理，不难得到以下推论：C_n^m 是 P 的倍数当且仅当存在一个 $n_i>m_i$。根据乘法原理，只需把 n 写成 P 进制形式，则所有 n_i+1 的乘积就是答案。

例题 22 信息解密（Decrypt Messages，上海 2009，LA 4746）

假设从 2000 年 1 月 1 日 00:00:00 到现在经过了 x 秒，计算 $x^q \bmod p$，设答案为 a。这里 p 严格大于 x。已知 p, q, a，求现在时刻的所有可能值。

提示：如果一个年份是 4 的倍数但不是 100 的倍数，或者这个年份是 400 的倍数，这个年份是闰年。闰年的二月有 29 天，其他年（平年）的二月只有 28 天。在本题中，如果年份除以 10 的余数为 5 或者 8，则这一年的最后还会有一个“闰秒”。比如，2005 年 12 月 31 日 23:59:59 的下一秒是 2005 年 12 月 31 日 23:59:60，再下一秒才是 2006 年 1 月 1 日 00:00:00。

【输入格式】

输入的第一行为数据组数 T。每组数据只有一行，包含 3 个整数 p, q, a（$2<p\leqslant 1\,000\,000\,007$，$1<q\leqslant 10$，$0\leqslant a<p$，$p$ 保证为素数）。

【输出格式】

对于每组数据，输出所有可能的时间，按照时间顺序排列。如果无解，输出“Transmission error”。

【分析】

除开日历部分，本题其实是要解一个高次模方程 $x^q \equiv a (\text{mod}\, p)$。为了学习它的解法，我们首先介绍原根（为了简单起见，只考虑素数的情况）。

原根：对于素数 p，如果存在一个正整数 $1<a<p$，使得 $a^1, a^2, a^3, \cdots, a^{p-1}$ 模 p 的值取遍 $1, 2, \cdots, p-1$ 的所有整数，称 a 是 p 的一个原根（primitive root）。不难发现，$a^1, a^2, a^3, \cdots, a^{p-1}$ 模 p 的值肯定和 $1, 2, \cdots, p-1$ 一一对应（不重复，也不遗漏）。由欧拉定理可知，$a^{p-1} \equiv 1 (\text{mod}\, p)$，因此，$a^p \equiv a^1 (\text{mod}\, p)$，$a^{p+1} \equiv a^2 (\text{mod}\, p)$，$a^{p+2} \equiv a^3 (\text{mod}\, p)$, …换句话说，如果 $a^i \equiv a^j (\text{mod}\, p)$，则 $i \equiv j (\text{mod}\, p-1)$。这里有两个例子。

① 没有思路？仔细再看看这张图吧。如果还是无法参透其中的奥秘，把头稍稍转一下试试。

- 3 是 7 的原根，因为 3→2→6→4→5→1[①]，然后开始循环：1→3→2→6…
- 2 不是 7 的原根，因为 2→4→1→2→4…，过早地循环了。

注意到 $a^{p-1}\equiv1(\mathrm{mod}\ p)$，这个生成序列一定会包含 1，且在此之前不会有循环——要是在出现 1 之前就循环了，就永远不会出现 1 了，与欧拉定理矛盾。同样的道理，因为 $a^p\equiv a(\mathrm{mod}\ p)$，前 $p-1$ 个数实际上形成了一个大循环节。如果不是原根，在此之前一定还会有小循环节（比如，在模 7 下，2 的小循环节是 2→4→1），且小循环节的长度一定是大循环节长度 $p-1$ 的约数。

原根的求法：最后让我们考虑一下如何找到原根。方法很简单：由于原根很多（可以证明有 phi(p-1)个），所以可以逐一判断，或者不停地随机猜，然后判断。不管怎样，问题的核心在于判断一个数是不是原根。判断方法实际上已经讲过了：枚举小循环节长度 b（它一定是 $p-1$ 的真因子），判断是否有 $m^b\equiv1(\mathrm{mod}\ p)$（如果是，则表示 m 不是原根）。虽然这个方法在理论上并不优秀，但在算法竞赛中已经够用。

模方程 $x^q\equiv a(\mathrm{mod}\ p)$：如果找到了 p 的一个原根 m，只需设 $x=m^y$, $a=m^z$，则方程变为 $m^{qy}\equiv m^z(\mathrm{mod}\ p)$。根据上面的结论，$qy\equiv z(\mathrm{mod}\ p-1)$。$q$ 是已知量，而 z 可以用前面介绍过的 Shank 算法得到（看出来了吗？z 是以 m 为底的 a 的离散对数，且解唯一），因此只需解这个模线性方程就可以得到 y（注意，这一步可能多解），最后进行一次模取幂运算，得到 x。当然，本题还需要得到当前时间和格式化输出，但这不是本节的重点，故略去。

最后说一句，并不是只有素数才有原根，而且高次方程也不是只有当模有原根的时候才能解。但是，相关讨论已经超出本书范围，有兴趣的读者可以自行参考相关资料。

6.5.2 线性规划

线性规划是运筹学中研究较早、发展较快、应用广泛、方法较成熟的一个重要分支。它的重要性和各种应用很容易在各种资料中找到，这里不再赘述。但为了方便读者更快地入门，这里仍会给出一些必要的基础知识介绍。

线性规划问题：给定 n 个实数变量和一些线性约束[②]，确定这 n 个变量的值，使得某个线性函数最大化或者最小化。比如下面的式子

$$\begin{aligned}&\text{Maximize}\quad z=x_1+2x_2-x_3\\&2x_1+x_2+x_3\leqslant14\\&4x_2+2x_2+3x_3\leqslant28\\&2x_1+5x_2+5x_3\leqslant30\\&x_1,x_2,x_3\geqslant0\end{aligned}$$

同一个问题往往有多种表述方式（比如约束 $x_1-x_2\geqslant0$ 也可以写成 $x_2\leqslant x_1$）。为了方便，一般在求解前先把线性规划改成标准形式，它满足：目标函数是最大化的；所有线性约束都是“左边小于等于某个常数”的形式；所有变量都是非负的。如上面的式子即为标准形式。

---

① 这里的箭头是指后一个数可以看成是前一个数生成的（它等于前一个数乘以 3 再模 7）。

② 所谓线性约束，就是这些变量的线性组合大于等于、小于等于或者等于某个常数。注意约束左右两边总是可以取等号。

对于不是标准形式的问题，如何化成标准形式呢？如果目标函数是最小化的，目标函数取个相反数即可，约束 $A \geqslant B$ 写成 $B \leqslant A$，约束 $A=B$ 拆成两个约束 $A \leqslant B$ 和 $B \leqslant A$（如果右边有变量，移项到左边），而对于没有非负约束的变量 x_i，拆成两个变量 $x_i=(x_i'-x_i'')$。

图论中很多问题都可以转化为线性规划问题，如最短路问题、最大流问题、最小费用流问题等。当然，上述问题均已有了自己的成熟解决方案，无须再使用复杂的线性规划，但对于另外一些问题，如多商品流问题，则直接建立线性规划模型更合适。

线性规划的解法有很多，最经典的算法是单纯形法①。该算法思路直观但细节烦琐，这里不再赘述，读者很容易在网上找到较好的讲解和代码实现。

例题 23　食物分配（Happiness!，UVa 10498）

有 n 种食物和 m 个人，你的任务是买一些食物，使得每个人都不会吃撑，且在此前提下尽量多花钱。对于每个人 i 来说，每种食物 j 都有一个系数 a_{ij}，表示每单位这种食物为这个人带来的愉快值。每个人 i 还有一个最大愉快值 b_i，表示当食物为他带来的总愉快值超过 b_i 时，此人将会吃撑。

【输入格式】

输入包含多组数据。每组数据：第一行为两个整数 n 和 m（$3 \leqslant n,m \leqslant 20$），即食物的种数和人数；第二行包含 n 个实数，表示每种食物的单价；以下 m 行，每行包含 $n+1$ 个实数，前 n 个实数分别为系数 $a_{i1}, a_{i2}, \cdots, a_{in}$，最后一个整数为 b_i。输入结束标志为文件结束符（EOF）。

【输出格式】

对于每组数据，输出花的钱数的最大值，向上取整。

【分析】

本题是非常明显的线性规划问题，甚至已经写成了标准形式。所有 $x_i=0$ 就是初始可行解，所以连初始化的过程都不用了。初学的读者可以拿此题作为线性规划的入门题目。

6.6　浅谈代码设计与静态查错

6.6.1　简单的 Bash

虽说算法竞赛的重点是算法设计，但编程能力仍然是一项重要的考查方面。因此，参赛者除了要对编程语言非常熟悉（包括语法和库函数）之外，对于复杂程序的设计、编码和调试能力也是有一定要求的。你没有听错，这里使用“设计”一词，为的是表明宏观思维的重要性。强烈建议读者了解更多关于 OOP（面向对象编程）、FP（函数式编程）等编程范式（programming paradigm）的内容。另外必须强调的是，学会用设计师而非打字员的思维方式看待程序，是算法走向工程的关键一步。

① 具体来说，算法竞赛中一般采用两阶段法的单纯形法。

例题 24 简单的 Bash（3KP-Bash Project, UVa 10966）

你的任务是为一个假想的 3KP 操作系统编写一个简单的 Bash 模拟器。由于操作系统本身还没有写完，你暂时需要在模拟器的内存中虚拟出一个文件系统，而不是和真实的文件系统交互。下面介绍 3KP 操作系统中的文件系统。①

文件（file）是数据存储的最小单位。文件名由英文字母（大小写敏感）、数字和点（.）组成，但不能包含两个连续的点。用户创建的文件名不能是单个的点字符（它代表当前目录）。文件名长度不能超过 255，文件大小不能超过 2^{63}。一个文件可能具有 directory 属性和 hidden 属性。

目录（directory）是一个大小为 0、具有 directory 属性的文件，里面可以保存任意数量的目录和文件。空文件系统只有一个文件，叫作“根目录”。在任意时刻，有一个称为“当前目录”的目录。Bash 启动时，当前目录就是根目录。

指令中引用文件的时候，可以使用绝对路径或者相对路径。绝对路径以字符“/”开头，如“/home/acm/uva”；相对路径不以字符“/”开头，当前目录和根目录分别用“.”和“..”表示，如当前目录为/home/acm/uva，那么“../../../home/..”就是根目录。

你的 Bash 模拟器需要支持 8 个命令，具体如表 6-3 所示。

表 6-3

用　法	描　述
cd path	改变当前目录。path 可以是相对路径，也可以是绝对路径。如果目录不存在或名称不合法，输出 path not found
touch filename [-size] [-h]	修改文件。filename 的最后一部分应该是合法的文件名，否则输出 bad usage（见后）。文件名之前的部分应当是文件系统中存在的目录，否则输出 path not found。在正常情况下，同名文件（如果有的话）应当先被删除，然后新建文件。文件的大小由-size 参数给出（默认为 0），参数-h 表示创建隐藏文件。如果存在一个同名的目录，输出 a directory with the same name exists。用户不会指定多个-size 参数
mkdir path [-h]	创建目录。path 的最后一部分应该是合法的文件名，否则输出 bad usage（见后）。文件名之前的部分应当是文件系统中存在的目录，否则输出 path not found。参数-h 表示创建隐藏目录。如果存在一个同名目录或文件，输出 file or directory with the same name exists
find filename [-r] [-h]	查找目录或文件。filename 的最后一部分应该是合法的文件名（否则按找不到处理），表示查找的目录或者文件的名称，这之前的部分应当是文件系统中存在的目录，否则输出 path not found。-r 参数表示当前目录下的所有子目录也要查找。默认情况下，find 命令在显示结果时会忽略掉隐藏文件（但会在隐藏目录中进行查找），如果加了-h 参数，则会连隐藏文件一起显示。如果没有一个需要输出的文件，输出 file not found。否则对于找到的每个文件，输出单独的一行，依次包含带绝对路径的文件名、文件大小以及 hidden（如果有隐藏属性）、dir（如果是目录）。这些文件应当按照带绝对路径的文件名的字典序从小到大输出

① 为了加强严密性，题目文字根据官方数据进行了增删。

续表

用　　法	描　　述
ls [path] [-h] [-r] [-s] [-S] [-f] [-d]	没有参数的情况下，ls 命令列出当前目录的所有非隐藏文件（格式同 find）。如果当前目录没有文件（或者只有隐藏文件且没有指定-h 开关），输出“[empty]”。如果 path 是文件系统中存在的目录，则列出该目录（而非当前目录）中的文件。如果指定了 path 参数但 path 不是一个合法的路径，则输出 path not found。-h 表示要列出隐藏文件（默认不显示），-r 表示递归列出所有子目录的文件，-s 表示按照文件大小的非降序排列（文件大小相同的情况仍按照带绝对路径的文件名的字典序排列），-S 表示按照文件大小的非升序排列，-d 表示只列出目录，-f 表示只列出非目录。用户不会同时指定-s 和-S，也不会同时指定-d 和-f
Pwd	输出当前目录的绝对路径
exit	退出 Bash
grep "string"	本题中，grep 只能通过管道的形式调用，即 command1 | grep"string"，表示先执行 command1，然后在命令输出结果中搜索字符串 string，按照原顺序输出所有包含这个字符串的行。比如，若前一个命令的输出是 path not found，则 grep"ot fou"就应该也输出 path not found。用户输入的 string 参数要保证在一对引号内，且内部不含引号，也没有转义符

命令行包含一条或多条命令，用管道符号“|”隔开（管道符号的前后不一定有空格）。第一条命令必须是除了 grep 之外的上述命令之一，而剩下的命令必须是 grep。如果违反上述规定，应输出 bad usage，并且不执行任何命令。

输入保证满足以下条件：每个命令的必选参数（如果有的话）都是第一个参数，可选参数在必选参数之后，但可能以任意顺序出现。命令和参数、参数和参数之间用一个或多个空格隔开。用户不会忽略必选参数，不会使用非法参数，也不会在除了 grep 之外的其他命令中使用引号。如果第一条命令是 touch 或者 mkdir，并且命令返回“bad usage”，则不执行后面的命令。

【输入格式】

输入包含多组数据，每组数据对应一次独立的 BASH 会话。数据的每行为一行命令（长度不超过 2 048 个字符）。命令的参数之间可以有任意数量的空白字符。每次会话的最后一条命令保证为 exit。输入结束标志为文件结束符（EOF）。假定每次会话开始时，文件系统为空，当前目录为根目录。

【输出格式】

依次输出每行命令的输出（如果有的话）。

【样例输入】

```
pwd
cd acm
mkdir ./acm
ls ./acm
cd acm
pwd
touch acm -h -1000
```

```
cd ..
cd /
grep
ls -r -s
ls -r -h
find acm -h -r | grep "1000"
exit
```

【样例输出】

```
/
path not found
[empty]
/acm
bad usage
/acm 0 dir
/acm 0 dir
/acm/acm 1000 hidden
/acm/acm 1000 hidden
```

【分析】

这是一个典型的模拟题目。题目本身没有太多的算法可言，但由于需求较多，细节复杂，需要合理设计和规划代码，才能在较短的时间内完成一份高质量的代码。

从逻辑上说，整个文件系统是一棵有根树，我们不妨用“儿子列表”的方法来表示它。首先给每个结点分配一个编号开始编写程序。代码如下。

```
struct File {
  int parent;              //父目录的结点编号
  string name;             //文件名
  string fullpath;         //带完整路径的文件名，用来做比较
  LL size;                 //文件大小。这里的 LL 是 64 位无符号整数
  bool dir;                //是否是目录
  bool hidden;             //是否隐藏
  vector<int> subdir;      //子目录列表
  File(int parent=0, string name="", LL size=0, bool dir=true, bool
hidden=false)
   :parent(parent),name(name),size(size),dir(dir),hidden(hidden) {}
   //构造函数
};

vector<File> fs;           //文件系统 File System，简称 fs
int curDir;                //当前目录的结点号
```

这叫作核心数据结构设计。其实，我们事先并不知道 File 结构体应该包含哪些内容，所以上面的代码是逐渐完善的，或者说，是用迭代的方式开发的。

有了核心数据结构之后，通常开始进行主流程设计。不难发现，本题的核心就是“执行命令”，所以可以设计 runCommandLine 函数作为核心函数。代码如下（由于管道的存在，该函数的一个重要作用是分离出各个命令，从左到右依次执行，并且负责把前一个命令的

输出送入后一个命令的输入，代码中的 VS 是一个自定义类型，代表 vector<string>）。

```
//执行命令行，返回整条命令行的执行结果
//注意不是所有的“|”字符都是管道符，因为作为 grep 参数的字符串内部也可以有这个字符
string runCommandLine(string cmd) {
  int n = cmd.length();
  int start = 0, inq = 0;    //start 是当前命令的开始位置，inq 是“在引号内”标志
  VS commands;               //命令列表
  for(int i = 0; i <= n; i++)
    if(i == n || (cmd[i] == '|' && !inq))   //如果出现不在引号内的"|"字符，
                                             //则得到新的命令
{ commands.push_back(cmd.substr(start, i-start)); start = i+1; }
    else if(cmd[i] == '"') inq = !inq;
  if(!commands.size()) return "";            //空命令行，返回空

  //执行第一条命令
  string lastoutput = runCommand(split(commands[0]));
  //split 的作用是从空格处分割串
  string line, s, ret;

  //通过管道执行剩下的 grep 命令
  for(int i = 1; i < commands.size(); i++) {
    stringstream ss(commands[i]);
    if(!(ss >> s) || s != "grep") return ERROR_BAD_USAGE;
    //命令不存在或者不是 grep
    getline(ss, s);
    s = trim(s);                          //获得 grep 的参数，并删除多余空格①
    s = s.substr(1, s.length()-2); //取得引号中的内容

    stringstream input(lastoutput);
    ret = "";                             //grep 的输出结果
    while(getline(input, line)) {
     if(line.find(s) != string::npos) ret += line + "\n";
     //如果包含查找串，则添加到命令输出
    }
    lastoutput = ret;
  }
 return lastoutput;
}
```

在编写上述函数时，用到了一个尚未实现的函数，称为 runCommand。虽然还没有编写这个函数，但其实我们已经想好了用它干什么——执行单个命令（即不用管道的命令）。这种先使用后定义函数的方法称为“自顶向下，逐步求精”。由于它符合人的一般思维习惯，因此受到了包括笔者在内的不少人的喜爱。

runCommand 函数的实现方法不止一种。由于命令比较少，这里直接把所有命令放到同一个函数中实现，但如果命令过多，可以采用一些工程性更强的方法（如写一个 Command

① trim 函数的作用是删除字符串开头和结尾的空白字符，请读者自行实现。

的基类，然后派生出很多子类）。

```
//执行非grep命令，返回输出结果
string runCommand(const VS& cmd) {
  VS params(cmd.begin()+1, cmd.end()), args; //取命令参数
  bool sw[256];
  LL v = 0;
  memset(sw, 0, sizeof(sw));
  if(!parseArgs(params, args, sw, v)) return ERROR_BAD_USAGE; //解析参数

  int node;
  string filename;
  if(cmd[0] == "cd") { //为了鲁棒性，可以判断一下args[0]是否存在，但本题不需要
    if((node = getDirNode(args[0])) == -1) return ERROR_DIR_NOT_FOUND;
    curDir = node;
    return "";
  } else if(cmd[0] == "touch") {
    //处理touch命令
  }
  if(cmd[0] == "mkdir") {
    //处理mkdir命令
  }
  if(cmd[0] == "find") {
    //处理find命令
  }
  if(cmd[0] == "ls") {
    //处理ls命令
  }
  if(cmd[0] == "pwd") {
    return fs[curDir].fullpath + "\n";
  }
  if(cmd[0] == "exit") {
    newSession();
    return "";
  }
  return ERROR_BAD_USAGE;
}
```

这段代码继续贯彻了“自顶向下，逐步求精”的方针，而且更加彻底：连函数体都没写完，而是在需要写相关代码或插入相关函数调用的地方使用了对应的注释。根据情况，这些注释可能会被几行代码代替，也可能被一个函数调用代替——如果那个指令太复杂，不适合写在runCommand函数内的话。

不管是处理什么命令，首先都得解析命令参数。代码如下。

```
//解析参数，开关放在 sw 数组里，-size 参数放到变量 v 里，其他参数放到 args 表里
bool parseArgs(VS params, VS& args, bool* sw, LL &v) {
  LL v2;
  for(int i = 0; i < params.size(); i++)
    if(params[i][0] == '-') {
      if(isalpha(params[i][1])) sw[params[i][1]] = 1;
      else if(get_int(params[i].substr(1), v2)) v = v2;
      //get_int 把字符串转化为 LL
      else return false;                    //非法参数。为了鲁棒性考虑，本题不要求
    }
    else args.push_back(params[i]);      //普通参数（不以减号开头）
  return true;
}
```

上面给出了 3 个相对容易的命令（cd，pwd 和 exit）的实现，它们用到了两个重要的函数 getDirNode()和 newSession()。其中，启动新的会话比较容易。代码如下。

```
void newSession() {
  fs.clear();
  fs.push_back(File());//在默认情况下，新建的 File 都是目录（见构造函数），文件名为空
  fs[0].fullpath = "/";
  curDir = 0;
}
```

获得路径对应的结点也不难，代码如下。

```
//在结点 node 中查找叫 name 的文件，返回结点编号。如果没找到，返回-1
int findFileInDirectory(int node, string name) {
    VI& subdir = fs[node].subdir;  //用引用，简化代码
    for(int i = 0; i < subdir.size(); i++)
        if(fs[subdir[i]].name == name) return subdir[i];
    return -1;
}

//返回 path 对应的结点编号。可以是相对路径，也可以是绝对路径。如果不存在，返回-1
int getDirNode(string path) {
    if(!path.length()) return curDir;
    int node = curDir;                //默认是相对路径
    if(path[0] == '/') node = 0;      //如果以“/”开头，就是绝对路径
    VS dirs = split(path, '/');       //以“/”为分割符把路径分成多个部分
    for(int i = 0; i < dirs.size(); i++) {
        if(dirs[i] == ".") continue;
        else if(dirs[i] == "..") {
            if(!node) return -1;                    //父目录不存在
            node = fs[node].parent;
        } else {
            int x = findFileInDirectory(node, dirs[i]);
            if(x == -1 || !fs[x].dir) return -1;    //目录找不到
            node = x;
```

```
        }
    }
    return node;
}
```

下面是其他命令的实现。touch 和 mkdir 非常接近，下面给出 touch 的实现，请读者自行实现 mkdir 命令。代码如下。

```
if((node = splitFileName(args[0], filename)) == -1) return ERROR_DIR_
NOT_FOUND;
if(!isValidFileName(filename)) return ERROR_BAD_USAGE;

int x = findFileInDirectory(node, filename);
if(x != -1 && fs[x].dir) return ERROR_DIR_FOUND;
if(x == -1) createFileInDirectory(node, filename, v, false, sw['h']);
else { fs[x].size = v; fs[x].hidden = sw['h']; }
return "";
```

接下来的代码涉及 3 个函数。首先是 splitFileName()函数（用于分离文件名和路径）和 isValidFileName()函数（用于检查文件名是否合法）。代码如下。

```
//检查文件名是否合法
int isValidFileName(string name) {
  if(name.length() == 0 || name.length() > 255) return 0; //空或者过长
  if(name == "." || name.find("..") != string::npos) return 0;
  for(int i = 0; i < name.length(); i++)
    if(!isdigit(name[i]) && !isalpha(name[i]) && name[i] != '.') return 0;
  return 1;
}

//把 fullpath 分成目录部分和文件名部分（存入 filename)，函数返回目录部分的结点编号
int splitFileName(string fullpath, string& filename) {
  int n = fullpath.length();
  int x = n;
  for(int i = fullpath.length()-1; i >= 0; i--) {
    if(fullpath[i] == '/') {                //找最后一个“/”符
      filename = fullpath.substr(i+1);      //文件名部分
       string dir = fullpath.substr(0, i);  //目录字符串
       if(dir == "") return 0;    //请读者想一想，这里为什么要做特殊处理
      return getDirNode(dir);     //把目录字符串转化为结点编号
    }
  }
  filename = fullpath;//没有“/”符号，说明整个 fullpath 就是文件名，目录是当前目录
  return curDir;
}
```

另一个是创建文件的函数，它也并不复杂。代码如下。

```
//创建者应保证 node 对应的文件是目录
int createFileInDirectory(int node, string name, LL size, bool dir, bool
hidden) {
```

```
  fs.push_back(File(node, name, size, dir, hidden));      //创建新 File
  int x = fs.size()-1;
  fs[x].fullpath = joinPath(getAbsolutePath(node), name); //计算 fullpath
  fs[node].subdir.push_back(x); //添加到父结点 node 的儿子列表中
  return x;
}
```

最后是 find 和 ls 命令的实现。二者也很接近，这里给出 find 的实现，请读者自行实现 ls。代码如下。

```
if((node = splitFileName(args[0], filename)) == -1) return ERROR_DIR_
NOT_FOUND;

VI out;
findFileEx(out, node, filename, sw['r'], sw['h']); //查找文件
if(out.size() == 0) return ERROR_FILE_NOT_FOUND;
sort(out.begin(), out.end(), comp);              //按照 fullpath 的字典序排列
return formatFiles(out);                         //格式化输出
```

最重要的就是递归查找函数 findFileEx，代码如下。

```
//按 filename 查找文件，把结点编号添加到 out 中。当 filename 为空时，表示查找所有文件
//f=true 时，表示结果中应包含普通文件；d=true 时，表示结果中应包含目录
void findFileEx(VI& out, int node, string filename, bool recur, bool hidden,
bool f=true, bool d=true) {
  VI& subdir = fs[node].subdir;
  for(int i = 0; i < subdir.size(); i++) {
    int x = subdir[i];
    if(fs[x].dir && recur) findFileEx(out, x, filename, recur, hidden, f, d);
    //递归查找子目录
    if(fs[x].hidden && !hidden) continue;       // 默认时忽略隐藏文件
    if(filename == "" || fs[x].name == filename) {
    //当 filename 为空时，表示查找所有文件
      if((fs[x].dir && d) || (!fs[x].dir && f)) out.push_back(x);
      //根据 f/d 标志判断
    }
  }
}
```

comp 函数是 find 命令的输出排序依据，代码如下。

```
bool comp(const int& x, const int& y) {
  return fs[x].fullpath < fs[y].fullpath;
}
```

最后是格式化输出函数，代码如下。

```
string formatFiles(const VI& out) {
  stringstream ss;
  for(int i = 0; i < out.size(); i++) {
    ss << fs[out[i]].fullpath << " " << fs[out[i]].size;
    if(fs[out[i]].hidden) ss << " " << "hidden";
```

```
    if(fs[out[i]].dir) ss << " " << "dir";
    ss << "\n";
  }
  return ss.str();
}
```

6.6.2 《仙剑奇侠传四》之最后的战役

对于查错来说，跟踪调试并不是万能的，输出中间结果也不是总能奏效。静态查错[1]这一常被人忽略的“原始方法”是上述两种工具的有效补充。这里举一个例子，希望读者通过它锻炼自己的“眼力”。

例题 25　最后的战役（Final Combat，武汉 2009，LA 4488）

本题是 2007 年度最佳 RPG 游戏之一——《仙剑奇侠传四》中最后一战的简化版。你的任务和原作一样，是用 4 个主人公打败玄霄和夙瑶，阻止琼华派飞升。

游戏的主角有 4 个：云天河（YTH）、韩菱纱（HLS）、柳梦璃（LML）和慕容紫英（MRZY）。战斗开始前，你需要恰好选 3 人上场，并且按照某种顺序排列。令排序后的 3 个主角分别为 H_1，H_2 和 H_3。和游戏中一样，这一战只需打败夙瑶即可。尽管在游戏中，玄霄也是可以打败的，但在本题中，请假设玄霄拥有不死之身。

如图 6-35 所示，是一张战斗截图，其中 H_1 是 YTH，H_2 是 HLS，H_3 是 LML。战斗采用半回合制，即战斗双方的每个人都有一个头像在“进度条”上从左到右移动，只有当头像移到最右端时，对应的角色才能行动。如果有多个头像同时到达最右端，则行动的优先级从高到低依次为 YTH，HLS，LML，MRZY，XX，SY。当有角色在行动时，所有头像停止移动。行动完毕后，该角色的头像重新开始从进度条左端点向右移动。没有角色行动时，所有头像同时向右移动（但速度不一定相同，见下）。

图　6-35

[1] 即用肉眼观察代码，找到 bug。

在本题中，每个角色有 4 个基本属性：精、气、神、速。

- 精：生命力。当精的数值小于等于 0 时，该角色死亡。每个角色都有一个精上限，用 maxjing 表示。
- 气：用来进行特殊技攻击。当气不够时，某些特殊技无法使用。每个角色的气上限总是 100。
- 神：用来催动仙术。当神不够时，某些仙术将无法使用。每个角色都有一个神上限，用 maxshen 表示。
- 速：决定该角色头像在进度条上的移动速度。速总是 1~4 的整数。若一个角色的速等于 x，则它的头像恰好需要 $5-x$ 个单位时间从进度条的最左端移到最右端。一个角色的速用 su 来表示（在本题中，每个角色的速都是不变的）。

为简单起见，本题假设玄霄和夙瑶采用如下的简单攻击策略：

- 在他/她的第 $4n$+1 次（n=0,1,2,⋯）行动时，对 H_1 进行武器攻击。
- 在他/她的第 $4n$+2 次（n=0,1,2,⋯）行动时，对 H_2 进行武器攻击。
- 在他/她的第 $4n$+3 次（n=0,1,2,⋯）行动时，对 H_3 进行武器攻击。
- 在他/她的第 $4n$+4 次（n=0,1,2,⋯）行动时，对 H_1，H_2，H_3 全体进行特殊技攻击。

每个主角都用 4 个属性来描述玄霄和夙瑶对自己的伤害：d1x 和 d2x 表示玄霄的武器攻击和特殊技攻击对自己的伤害，而 d1s 和 d2s 表示夙瑶的武器攻击和特殊技攻击对自己的伤害。

作为一个剧情派玩家，你不想过多的斟酌战斗策略，因此在一名主角需要行动时，你只会考虑以下 4 种可能。

- 用武器攻击玄霄或夙瑶（只能选其中一人，不能同时攻击两人）。注意，夙瑶已经使用了九幽狰寒剑护体（见图 6-35），因此，如果对她进行武器攻击，攻击者将被反弹致伤，因反弹所受的伤害值等于夙瑶遭受的伤害值，用 wad 表示。用武器攻击玄霄（如果你乐意的话），则不会被反弹。
- 用仙术“雨润”回复自己的精（为了避免把事情搞复杂，你决定不使用其他回复类仙术，也不帮其他主角回复精）。使用一次雨润，将消耗 yurun_shen 个单位的神，增加 yurun_jing 个单位的精（如果增加后超过了 maxjing，精将变回 maxjing）。
- 用道具“鼠儿果”回复自己的神（为了避免把事情搞复杂，你决定不使用其他回复类道具，也不帮其他主角回复神。另外，假设你的鼠儿果有无穷多）。每次只能使用一个鼠儿果，将增加 shuerguo_shen 个单位的神（如果增加后超过了 maxshen，神将变回 maxshen）。
- 进行特殊技攻击。每名主角恰好会一种特殊技，同时攻击夙瑶和玄霄。注意，有些特殊技也是物理攻击（这些特殊技用 ssp=1 表示，其他特殊技满足 ssp=0），因此也会被夙瑶反弹致伤，因反弹所受的伤害值等于夙瑶遭受的伤害值，用 ssd 表示。特殊技需要的气用 ssq 表示。

你可能已经注意到，仙术和道具都无法回复气。事实上，只有两种方法可以攒气：使用武器攻击或者被武器攻击打中。使用特殊技攻击、被特殊技打中或被反弹致伤时，气不会增加。每次进行武器攻击时，气将增加 q_1（不管是否被反弹）；每次被武器攻击打中时，气将增加 q_2。如果增加后气超过 100，将变回 100。

你是一个完美主义者，因此你不希望战斗中途有任何一位主角死亡，哪怕是暂时的（在原作中，可以使用仙术或道具让死去的主角复活）。特别是在打败夙瑶时，不能让主角与她同归于尽（如主角在武器攻击后被反弹致死）。你的任务是精密计划每个角色的每次行动，使得在上述前提之下，用尽可能短的时间（只计算头像移动时间，不算行动时间）打败夙瑶，赢得这场最后的战役。

【输入格式】

输入包括不超过 100 组数据。每组数据：第一行为 6 个正整数，分别是 SY_jing（夙瑶的初始精），XX_su（玄霄的速），SY_su（夙瑶的速），yurun_jing，yurun_shen，shuerguo_shen；接下来的 4 行分别是描述云天河、韩菱纱、柳梦璃和慕容紫英的属性，其中每行包含 16 个非负整数，分别是 maxjing, maxshen, su, d_{1x}, d_{2x}, d_{2s}, wad, ssd, ssq, ssp, q_1, q_2, jing, qi, shen。最后 3 个整数表示战斗开始时的精、气、神值（$1 \leqslant jing \leqslant maxjing$，$0 \leqslant qi \leqslant 100$，$0 \leqslant shen \leqslant maxshen$），其他属性的含义已在题目中描述过。所有待输入参数的取值范围如表 6-4 所示。输入结束标志为 6 个 0。

表 6-4

参　数	最 小 值	最 大 值
SY_jing	1	100 000
yurun_jing, maxjing, d1x, d2x, d1s, d2s	1	8000
yurun_shen, shuerguo_shen, maxshen	1	800
XX_su, SY_su, su	1	4
wad, ssd	1	100 000
ssp	0	1
q_1, q_2, ssq	1	100

【输出格式】

对于每组数据，输出最短时间和所有可能的角色顺序。每种角色顺序用 3 个字母来表示，其中每个字母代表一个角色（Y 代表云天河，H 代表韩菱纱，L 代表柳梦璃，M 代表慕容紫英）。比如，若 H_1 是韩菱纱，H_2 是柳梦璃，H_3 是云天河，则角色顺序用 HLY 表示。所有可能的角色顺序应按照字典序排列。如果无法在 12 个回合内取胜，输出-1。一组数据输完之后，打印一个空行。

【样例输入】

```
1000 1 1 200 15 75
1000 100 1 2000 2000 2000 2000 300 800 20 0 5 5 900 10 100
1000 100 1 2000 2000 2000 2000 120 300 10 0 5 5 100 80 100
1000 100 1 2000 2000 2000 2000 100 400 30 1 5 5 450 40 100
1000 100 1 2000 2000 2000 2000 250 700 10 1 5 5 600 50 100
3000 4 1 800 15 75
2000 100 3 2 2 2 2 1 1 1 0 2 1 1000 100 100
2000 100 4 2 2 2 2 1 1000 25 0 2 1 1 1 100
2000 100 1 2 2 2 2 1 1000 1 1 1 1 300 100 0
2000 100 3 2 2 2 2 1 1000 30 0 5 1 1 6 100
```

```
26399 3 2 3182 543 800
4462 353 2 4300 4875 6856 5527 31497 5633 61 0 68 63 4355 0 351
5444 300 3 7682 1037 597 4214 6744 6861 68 0 65 12 2136 32 143
5875 705 2 2097 118 2366 978 14276 24850 48 0 55 70 3562 40 277
6413 33 1 6305 1898 340 5238 13989 25287 25 1 72 34 3176 4 30
0 0 0 0 0 0
```

【样例输出】

```
Case 1: 4 HLY HYL LHY LYH YHL YLH

Case 2: 12 HML

Case 3: -1
```

【样例解释】

在第一个样例中，所有人的速都是 1，因此最好情况就是在时刻 4，每个己方角色攻击一次后立刻结束战斗。这是可以做到的，让我们慢慢分析。

云天河的特殊技很强（伤害值为 900），但气不够（20<100），因此第一回合无法使用。韩菱纱也不能使用特殊技攻击，因为她会立即被反弹致死。柳梦璃的武器攻击很弱，但可以用特殊技——虽然会被反弹（她的特殊技是物理攻击），但不会致死，因为 400<450。慕容紫英的特殊技也是物理攻击，而且攻击力强，同样会被反弹致死，因此不能使用（700>600）。

总结一下，我们可以用的有云天河的武器攻击（伤害值 300）、韩菱纱的武器攻击（伤害值 300）、柳梦璃的武器攻击（伤害值 100）和特殊技攻击（伤害值 400）以及慕容紫英的武器攻击（伤害值 250）。不难发现，只有使用云天河、韩菱纱和柳梦璃，才能在第一轮进攻后立即结束战斗，其排列顺序随意。注意，夙瑶被打败后战斗立即结束，因此不用担心玄霄和夙瑶那些可怕的攻击。

在第二个样例中，云天河特别弱，因此可以直接排除。另外，该样例无法避免玄霄的第一次攻击，而这次强大的攻击能直接打败除柳梦璃之外的所有人，因此似乎柳梦璃是 H_1 的不二人选。但这样的推理忽略了一点，那就是韩菱纱会在玄霄之前行动，因此可以通过用雨润回复精来免于一死。慕容紫英就没有这样幸运了，因为他的速度太慢，需要在玄霄之后才能行动。

所有的武器攻击都很弱，因此最好的策略是先攒气，然后使用攻击力较强的特殊技。柳梦璃的速度特别慢，但是她的气在一开始就是足够的，因此只需要先恢复神，再恢复精，最后进行特殊技攻击（为什么这样复杂？因为她的特殊技是物理攻击）。注意，战斗结束之前夙瑶只能攻击 H_1 和 H_2，因此 H_3 少一次攒气的机会。事实上，韩菱纱和慕容紫英都不能是 H_3，否则将无法攒够气。

总结一下，韩菱纱可以是 H_1 或者 H_2，柳梦璃没有限制，慕容紫英只能是 H_1，因此唯一的可能排列是 HML。

在第三个样例中，韩菱纱的特殊技（伤害值 6861）和柳梦璃的特殊技（伤害值 24 850）联合起来可以打败夙瑶。柳梦璃需要先恢复精，但她的初始神不够，如果我们把她的初始神改成 543（足够使用一次雨润），则答案将变成 6 LYH LYM。

【分析】

不管主算法是什么，我们总是可以写出算法框架。代码如下。

```
#include<iostream>
#include<vector>
#include<string>
using namespace std;

const int MAXTIME = 12;

int SY_jing, XX_su, SY_su, yurun_jing, yurun_shen, shuerguo_shen;
int maxjing[4], maxshen[4], su[4];
int d1x[4], d2x[4], d1s[4], d2s[4];
int wad[4], ssd[4], ssq[4], ssp[4], q1[4], q2[4];
int jing[4], qi[4], shen[4];
int XXT, SYT;
vector<string> ans;

int main() {
  int caseno = 0;
    while(cin >> SY_jing && SY_jing) {
    cin >> XX_su >> SY_su >> yurun_jing >> yurun_shen >> shuerguo_shen;
    for(int i = 0; i < 4; i++)
      cin >> maxjing[i] >> maxshen[i] >> su[i] >> d1x[i] >> d2x[i] >> d1s[i] >>
      d2s[i] >> wad[i] >> ssd[i] >> ssq[i] >> ssp[i] >> q1[i] >> q2[i] >>
      jing[i] >> qi[i] >> shen[i];
    XXT = 5 - XX_su; SYT = 5 - SY_su;
    cout << "Case " << ++caseno << ": ";
    for(int i = 1; i <= MAXTIME; i++) if(solve(i)) {
      cout << i;
      for(int j = 0; j < ans.size(); j++) cout << " " << ans[j];
      break;
    }
    if(ans.size() == 0) cout << -1;
    cout << endl << endl;
  }
  return 0;
}
```

问题的关键就在于这个 solve 函数，即给定最大时间，判断是否能打败夙瑶。由于每个人是独立的，因此我们可以依次计算所有人在不同位置（H_1，H_2，H_3）时最多可以给夙瑶多大的伤害，然后枚举所有排列方式，判断各个位置上的人对夙瑶的伤害值加起来是否能把她打败。计算单人对夙瑶的伤害时，以当前时间、精气神量作为状态进行记忆化搜索即可。

这里给出 solve 函数的一种实现程序。代码如下（注意，从现在开始，这里给出的代码都是可能有 bug 的，请读者擦亮眼睛）。

```
int d[4][4];
```

```
int MaxT, Hero, Pos, HeroT;
const string name[] = {"Y", "H", "L", "M"};
int solve(int maxt) {
  for(int h = 0; h < 4; h++)                                //对所有人
    for(int p = 0; p < 3; p++) {                            //对所有位置
      MaxT = maxt; Hero = h; Pos = p; HeroT = 5 - su[h];//DFS 要使用的全局变量
      d[h][p] = dfs(1, jing[h], qi[h], shen[h]);            //记忆化搜索
    }
  ans.clear();
  for(int h1 = 0; h1 < 4; h1++)
    for(int h2 = 0; h2 < 4; h2++) if(h2 != h1)
      for(int h3 = 0; h3 < 4; h3++) if(h3 != h1 && h2 != h1)  //枚举各种排列方式
        if(d[h1][1] + d[h2][2] + d[h3][3] > SY_jing)          //可以打倒夙瑶
          ans.push_back(name[h1] + name[h2] + name[h3]);
  sort(ans.begin(), ans.end());                               //给答案排序
  return ans.size();
}
```

dfs 过程代码如下。

```
#include<map>
const int INF = 100000000;
map<int,int> hash[MAXTIME];
int dfs(int t, int j, int q, int s) {
  if(j < 0) return -INF;     //自己没精了，属于"不可达到状态"，因此返回-INF
  if(t > MaxT) return 0;     //达到了回合数，无法继续给夙瑶任何伤害
  j = min(j, maxjing[Hero]); q = min(q, 100); s = min(s, maxshen[Hero]);
  //根据上限修正
  int h = j*110000 + q*1000 + s;
  if(hash[t].count(h)) return hash[t][h];   //如果记忆化查表中有，直接返回结果
  int dj = 0, dq = 0;                       //精的增量和气的增量
  if(t % XXT == 0) {
    if((t / XXT) % 4 == Pos) { dj -= d1x[Hero]; dq += q1[Hero]; }
    //玄霄攻击自己（单体）
    if((t / XXT) % 4 == 0) dj -= d2x[Hero]; //玄霄攻击全体
  }
  if(t % SYT == 0) {
    if((t / SYT) % 4 == Pos) { dj -= d1s[Hero]; dq += q2[Hero]; }
    //夙瑶攻击自己（单体）
    if((t / SYT) % 4 == 0) dj -= d2s[Hero]; //夙瑶攻击全体
  }
  hash[t][h] = -INF;
  int& ans = hash[t][h];                    //给记忆化表项做一个引用，方便修改
  if(t == MaxT) {                           //最后一个回合
    ans = 0;
    if (t % HeroT != 0) return 0;           //不该自己行动，返回 0
    //该自己行动。因为是最后一个回合，一定选择攻击
```

```
    if(j+dj >= wad[Hero]) ans = max(ans, wad[Hero]);//攻击方式1：用武器攻击夙瑶
    if(q+dq >= ssq[Hero]) { //攻击方式2：用特殊技攻击夙瑶
      int dj2 = (ssp[Hero] == 1 ? -ssd[Hero] : 0);  //因反弹所受的伤害值
      if(j+dj+dj2 > 0) ans = max(ans, ssd[Hero]);
    }
  } else {
    if (t % HeroT != 0) return ans = dfs(t+1, j+dj, q+dq, s);
                                                        //不该自己行动，递归
    ans = max(ans, dfs(t+1, j+dj, q+dq+q1[Hero], s));  //方案一：物理攻击玄霄
    ans = max(ans, dfs(t+1, j+dj-wad[Hero], q+dq+q1[Hero], s));
                                                        //方案二：物理攻击夙瑶
    if(s >= yurun_shen && j < maxjing[Hero]) ans = max(ans, dfs(t+1,
    j+dj+yurun_jing, q+dq, s-yurun_shen));              //方案三：用雨润加精
    if(s < maxshen[Hero]) ans = max(ans, dfs(t+1, j+dj, q+dq, s+shuerguo_
    shen));                                             //方案四：用鼠儿果加神
    if(q+dq >= ssq[Hero]) {                      //方案五：特殊技攻击对方全体
      int dj2 = (ssp[Hero] == 1 ? ssd[Hero] : 0);       //因反弹所受伤害
      ans = max(ans, dfs(t+1, j+dj+dj2, q+dq-ssq[Hero], s) + ssd[Hero]);
    }
  }
  return ans;
}
```

上述代码看上去很有道理，却隐含着12个错误。这些错误有的比较明显（比如，“<=”写成了“<”，q_2写成了q_1，或者忘记了累加伤害值）；有的虽然难以用肉眼发现，却容易调试出来（比如，记忆化表格没有初始化、位置编号不统一）；还有的只在很特殊的情况下才会表现出来，测试样例或简单数据的时候根本无法发现。

强烈建议读者尝试用肉眼，借助仔细和严密思考来找到这些错误，这样做对编程能力的提升是巨大的。这并不是一个不可能完成的任务——事实上，笔者在2010年的NOI全国冬令营中曾经用这段代码现场考验了在场的营员①，借助于集体的力量，所有错误都被找到了。

6.7 小结与习题

至此，本书的算法部分已经全部讨论完毕。虽然内容看上去很多很杂，但如果你保持浓厚的兴趣，勤加练习，相信你一定能够掌握这些算法的精髓。

6.7.1 轮廓线上的动态规划

如表6-5所示，列出了本章给出的与轮廓线上的动态规划相关的例题，这3道例题都十分经典，请读者仔细体会。在线题单：https://dwz.cn/DfVO3j35。

① 在投影仪中显示出带语法高亮的代码，只能在编辑器中修改代码和翻页，不能编译运行。

表　6-4

类　别	题　号	题目名称（英文）	备　注
例题 1	UVa 11270	Tiling Dominoes	覆盖模型
例题 2	LA 3620	Manhattan Wiring	路径拼接模型
例题 3	UVa 10572	Black and White	连通块的最小表示法

下面是习题。部分题目相当麻烦，但对思维和编程能力的锻炼和提升作用也是巨大的。在线题单：https://dwz.cn/FpygumIo。

ACM 谜题（ACM Puzzles, Dhaka 2007, LA 4058）

输入 n（$1 \leqslant n \leqslant 2000$），用图 6-36 中的 22 种图形铺满一个 3 行 n 列的网格，有多少种方法？输出答案除以 10^{12} 的余数。

网格覆盖（Ignore the Blocks, UVa 11741）

在一个 $R \times C$ 的网格中有 n 个黑格，其余均为白格。要求用 1×2 的骨牌覆盖所有白格（每个白格恰好被一块骨牌覆盖，且所有黑格均没有被覆盖），计算有多少种方案，并输出方案总数除以 10 000 007 后的余数。其中，$1 \leqslant R \leqslant 4$，$1 \leqslant C \leqslant 10^8$，$0 \leqslant N \leqslant 100$。

网格里的树（Tree in a Grid, UVa 11443）

有一个 r 行 c 列的点阵（$1 \leqslant r \leqslant 200, 1 \leqslant c \leqslant 8$），行从上到下编号为 $0 \sim r-1$，列从左到右编号为 $0 \sim c-1$。第 i 行 j 列的点记为(i, j)，它的上、左、下、右相邻点的坐标分别为$(i-1, j)$，$(i, j-1)$，$(i+1, j)$和$(i, j+1)$。(i, j)和这 4 个点（如果存在的话）之间可以连一条边。

目前，这个点阵中有一些边已经连好，你的任务是继续连边，使得点阵中的所有点连通，但不构成环，然后统计方案总数除以 md 的余数（$1 \leqslant md \leqslant 1\ 000\ 000$）。

神奇的七（Magical Seven, UVa 11276）

给出一个 $7 \times n$（$1 \leqslant n < 2^{64}$）的网格，每个格子看成一个点，有公共边的格子连一条弧，可以得到一个无向图 G。设 A 为 G 的完美匹配个数，B 为 G 的哈密顿圈的个数，C 为满足以下条件的 G 的生成子图的个数：该生成子图的每个连通分量均为一个圈。你的任务是计算 $A+B+C$。

修筑水道（Channel, ACM/ICPC WF 2010, LA 4789）

有一个 r（$2 \leqslant r \leqslant 20$）行 c（$2 \leqslant c \leqslant 9$）列的农田，有些格子是土地（用“.”表示），有些格子是石块（用“#”表示）。你的任务是修筑一条从左上角流到右下角的水道。水道应该尽量长，这样才能灌溉到尽量多的土地。

水道不能穿过任何一个石块，而且为了保证水总是沿着水道流，水道不能和自己接触，哪怕只接触一个角也不行（水可能会从这个角流过去）。如图 6-37 所示，是两个接触到自身（因此非法）的水道。你的任务是输出最长的水道。输入保证最长的水道是唯一的。

修建长城（Construct the Great Wall, ACM/ICPC 成都 2011, LA 5762）

给定一个 H 行 W 列（$1 \leqslant H, W \leqslant 8$）的网格，用一个边沿着网格线的简单多边形围住所有的○，但不能围住任何一个×。要求长度最短。如图 6-38（a）所示，是合法解；如图 6-38（b）

所示，是非法解（简单多边形的非相邻边不能有公共点）。

凛冬将至（Winter's Coming, ACM/ICPC 长沙 2013, LA 6616）

给出一个 $N \times W$（$1 \leqslant N \leqslant 20$, $1 \leqslant M \leqslant 10$）的网格，如图 6-39 所示。每个格子包含一个字符，数字字符表示在网格上造墙的时间成本，“W”表示狼的城市，“L”表示兰尼斯特的城市，“#”表示禁止造墙。要造一道墙以分隔狼与兰尼斯特，墙不能多次穿过同一个网格，并且只能是南北或东西方向，计算造墙的最低时间成本。

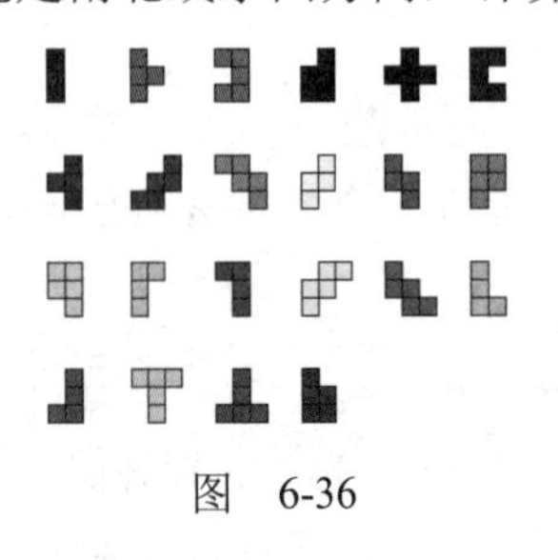

图 6-36

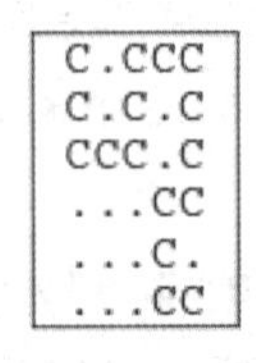

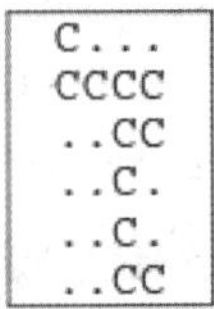

图 6-37

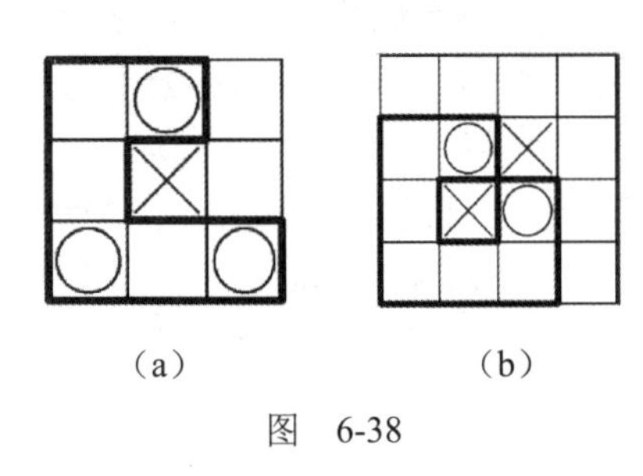

（a）　　（b）

图 6-38

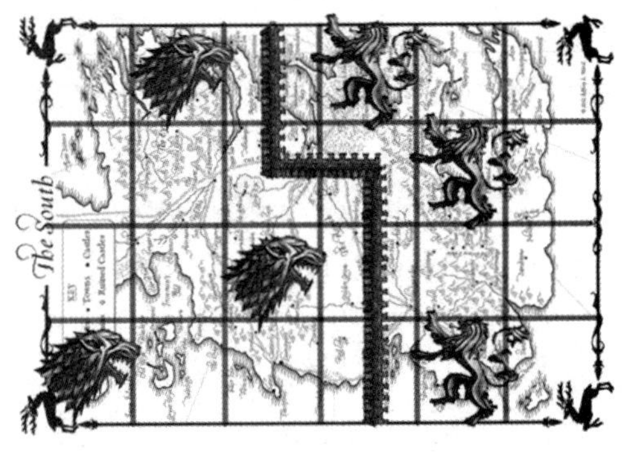

图 6-39

6.7.2 数据结构综合应用

如表 6-6 所示，列出了本章给出的与数据结构综合应用相关的例题，这些例题涉及两个重要思想——嵌套和分块。在线题单：https://dwz.cn/XOkoM23D。

表 6-6

类别	题号	题目名称	备注
例题 4	UVa 11297	Census	二维线段树
例题 5	UVa 11990	“Dynamic” Inversion	Fenwick 树套静态 BST（或分治法+ Fenwick 树）
例题 6	UVa 12003	Array Transformation	分块表
例题 7	牛客 NC 208301	王室联邦	树上分块
例题 8	牛客 NC 200517	糖果公园	树上带修改莫队

下面是习题。个别题目涉及例题部分没有涉及的数据结构，也有的题目虽然可以只用第 3 章介绍的数据结构解决，却也同时需要更好的综合能力。在线题单：https://dwz.cn/

EH4xLVc8。

交通堵塞（Traffic Jam，长春 2007, LA 4082）

有一个两行 C（$1 \leqslant C \leqslant 100\,000$）列的城市网格。每个城市用$(r,c)$表示，即第 r 行的第 c 列。一共有 $3C-2$ 条道路，用两端的城市坐标$(r_1,c_1)-(r_2,c_2)$表示。

要求支持 3 种操作：打开某条边；关闭某条边；检查某两个点是否连通（即只通过打开的边相互可达）。初始时所有边关闭。给出 Q（$Q \leqslant 10^5$）个操作。对于每个查询，如果连通，输出 Y，否则输出 N。

永远的和谐（Harmony Forever, LA 3699）

设计一个数据结构，维护一个集合 S（初始为空），支持如下两种指令。

- B X：把整数 X 加入集合 S（保证不会重复加入）。
- A Y：输出除以 Y 余数最小的数。如果有多个，输出最后加入的。

其中，$1 \leqslant X,Y \leqslant 500\,000$。对于每条 A 指令，输出结果。如果集合为空，输出-1。

动态区间不同值（Dyanmic len(set(*a*[*L*:*R*])), UVa 12345）

在 Python 语言中，我们可以用 len(set($a[L:R]$))来统计元素 $a[L]$, $a[L+1]$, …, $a[R-1]$中不同值的个数。下面是交互式命令行下几条 Python 语句的执行情况，帮助你理解它的工作原理（注意列表下标从 0 开始）。

```
>>> a=[1,2,1,3,2,1,4]
>>> print a[1:6]
[2, 1, 3, 2, 1]
>>> print set(a[1:6])
set([1, 2, 3])
>>> print len(set(a[1:6]))
3
>>> a[3]=2
>>> print len(set(a[1:6]))
2
>>> print len(set(a[3:5]))
1
```

你的任务是高效模拟这个过程。

给出两个整数 n 和 m（$1 \leqslant n,m \leqslant 50\,000$），第二行为列表 a 的各个元素值。每个元素都是 $1 \sim 10^6$ 的整数。以下 m 行的格式有两种情况：M x y（$1 \leqslant y \leqslant 10^6$）表示执行赋值 $a[x]=y$；Q x y 表示输出 len(set($a[x:y]$))的值。输入保证不会出现访问越界的情况。对于每条 Q 指令，输出结果。

探照灯（Searchlights，杭州 2010, LA 4841）

在一个 n 行 m 列（$n \leqslant 100$，$m \leqslant 10\,000$）的网格中有一些探照灯，每个探照灯有一个最大等级 k（代表这个探照灯可以开到等级 $k, k-1, k-2, \cdots, 1$）。如果把一个探照灯开到等级 L，它可以照亮上、下、左、右各 L 个格子（$L=1$ 表示它只能照亮它自己所在的格子）。如图 6-40 所示，是一个开到等级为 3 的探照灯。

你的任务是选择一些探照灯，把它们开到一个相同的等级，使得所有格子被监控。为了节约能量，这个相同的等级应尽量小。一个格子被监控的条件是：要么这个格子本身有一个开着的探照灯，要么这个格子同时被水平方向和垂直方向的探照灯照亮。

魔法师的帽子（Hanging Hats, CERC 2010, LA 4980）

魔法师有 n（$1 \leqslant n \leqslant 100\,000$）顶帽子需要依次悬挂在墙上。每顶帽子在挂好后都会变成一个底在地面上的等腰三角形。帽子分为窄帽子和宽帽子两种。窄帽子底面宽度等于帽尖（即悬挂点）的高度，而宽帽子的底面宽度等于帽尖高度的两倍。如果一顶帽子的帽尖包含在另一顶帽子里（内部或者边界上），它就是不可见的，反之就是可见的。你的任务是计算出悬挂每顶帽子后，可见帽子的数量。注意，如果悬挂点和已有帽子的帽尖重合，或者位于某个已有帽子的内部或者边界上，那么这顶帽子是挂不上的。

如图 6-41 所示，帽尖上的数字代表挂的顺序（1 是最先挂的，7 是最后挂的），帽子 2 和 6 是窄帽子，其他是宽帽子。帽子 3 和 4 挂不上，而帽子 7 挂上之后，帽子 1，2 和 7 是可见的。

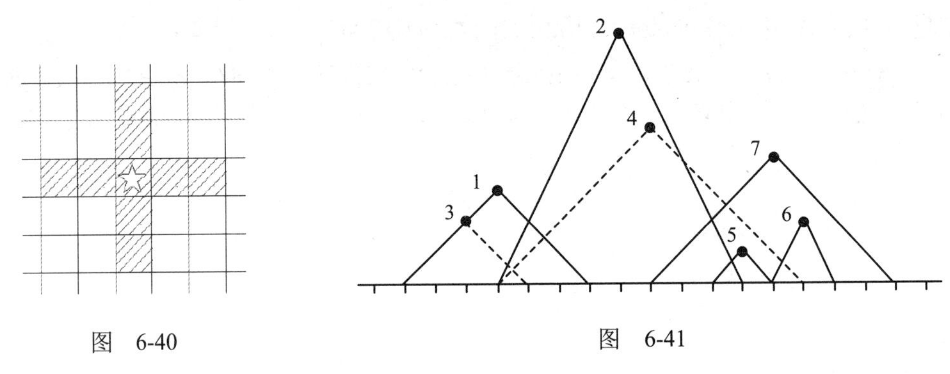

图 6-40　　　　图 6-41

对于每顶帽子给出两个整数 x_i，y_i（x_i 是悬挂点的横坐标，y_i 是高度）和一个字母 W 或者 N。对于每顶帽子，输出悬挂后可见帽子的个数。如果挂不上这顶帽子，输出 FAIL。

切蛋糕（Cutting Cakes, UVa 11607）

平面上有 n（$n \leqslant 1500$）个点，其中没有 3 点共线。另外有 m（$m \leqslant 700\,000$）条直线，你的任务是对于每条直线，输出 3 个数 p, q, r，其中 p 和 q 为该直线两侧的点数（$p \leqslant q$），r 是直线穿过的点数。

层次包围盒（Bounding Volume Hierarchy, UVa 12312）

层次包围盒（Bounding Volume Hierarchy, BVH）是由几何体组织成的树状结构。在树结构的最底层，每个几何体自身的包围盒构成了树的叶结点，然后把这些叶结点分组，每组算出一个包围盒，并用一个父结点来表示。重复这个过程，直到构造出根结点。它是所有几何体的包围盒。如图 6-42 所示，是一个二维 BVH 的例子，其中每个包围盒都是边平行于坐标轴的矩形。

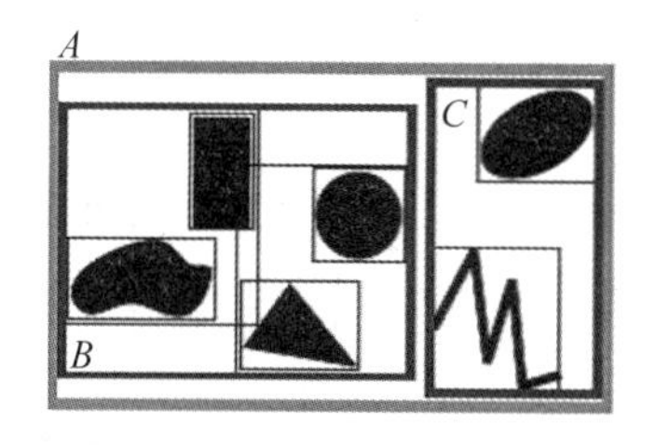

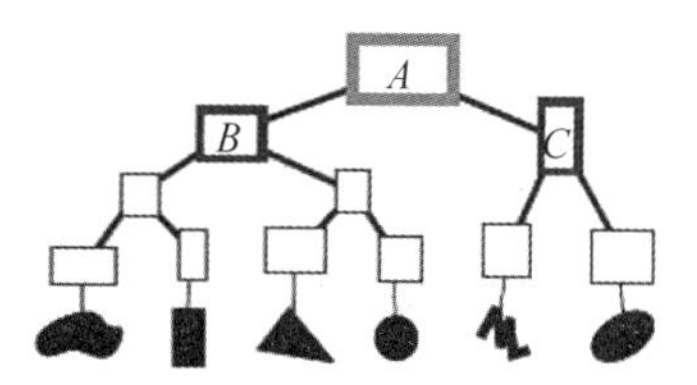

图　6-42

BVH 可以用来给光线跟踪算法加速。在本题中，你的任务是实现一个三维 BVH，来回答“射线-三角形相交”（Ray-Triangle Intersection）询问，即对于每条给出的射线 r，找出和 r 相交的三角形。如果有多个三角形和 r 相交，只需找出最靠近起点的交点。整个几何场景不会变化，因此这棵 BVH 是静态的。

如果你并没有构造 BVH 的经验，这里有一个简单方法：首先计算每个物体的边平行于坐标轴的包围盒（Axis-Aligned Bounding Box, AABB），然后按照“最宽维度”给所有物体排序（比如，若所有物体的 x 坐标范围是-10～10，y 坐标范围是-20～5，z 坐标范围是 20～50，则应按照 z 坐标排序，因为 z 维度的宽度（30）比 x（20）和 y（25）都大。排序结束后，把排序后的前一半物体和后一半物体分别递归建树，作为整个 BVH 的左子树和右子树。注意，两棵子树的 AABB 可能会有重叠部分，因此在查询时有可能需要访问两棵子树。当物体数目足够小时，我们不再递归建树，而直接把这些物体的 AABB 作为整个 BVH 的叶结点。

以上只是构造 BVH 的一种方法。另一种方法是直接求出坐标范围的中点，得到一个划分平面（比如，在上面的例子中，划分平面是 z=35），然后利用常数时间确定每个物体应该在左子树还是右子树。这个方法节省了排序的开销，但同一个物体可能会同时出现在左右两棵子树中（如果划分平面穿过这个物体的话）。

当然，还有其他构造方法，你也可以自创新方法，只要你的程序正确并且足够快，就可以通过本题。

一共有 p（3≤p≤40 000）个顶点和 t（1≤t≤80 000）个三角形，询问有 q（1≤q≤10 000）个。输入保证每条射线的起点严格位于任何三角形的外部。这些三角形总是构成真实世界中的模型，比如著名的 Stanford Bunny，因此不用担心退化情况。

修建魔法灯塔（Let the lights guide us，福州 2010, LA 5106）

你需要在一个 n 行 m 列（2≤n≤100，1≤m≤5000）的网格中修建一些魔法灯塔。每行应当恰好选择一个格子来修建灯塔，并且对于任意两行 i 和 i+1 来说，假定这两行的灯塔分别位于第 j 列和第 k 列，则这两个灯塔的水平距离$|j-k|$不能超过两个灯塔所在格子的魔法值之和。在每个格子修建灯塔的费用可能会不一样，你的任务是让修建所有灯塔的总费用最小。输出最小总费用。

树上 GCD（UOJ 33①）

有一棵 n 个结点的有根树 T。结点编号为 1, …, n（2≤n≤2×10^5），其中根结点为 1。

① http://uoj.ac/contest/4/problem/33

树上每条边的长度为 1。我们用 $d(x,y)$表示 x,y 在树上的距离，LCA(x,y)表示 x,y 的最近公共祖先。

对于两个结点 u,v（$u\neq v$），令 a=LCA(u,v)，定义 $f(u,v)=\gcd(d(u,a),d(v,a))$。特别地，$\gcd(0,x)=\gcd(x,0)=x$（$x\neq 0$）。对于所有 $i\in\{1,2,\cdots,n-1\}$，求出有多少对 (u,v)（$u<v$），满足 $f(u,v)=i f(u,v)=i$。

阳光照到树上（Sunlight on a Tree, ACM-ICPC Asia Phuket 2015, LA 7309）

给出二维平面上的一棵树，树包含 N 个结点（$N\leqslant 10^5$），每个结点给出其坐标 x,y（$|x|,|y|\leqslant 10^5$），结点编号是 1 到 N。给出 Q 个查询，每个查询给出 4 个数字 u, v, x, y，其中 u, v 表示结点编号，(x,y)是假如阳光沿着向量(x,y)的方向照进来。如图 6-43 表示，$(x,y)=(2,1)$，有无数束平行的阳光沿着向量(2,1)的方向照进来。

如果结点离阳光更近，则更温暖，输出 u 到 v 路径上最温暖的结点编号。

考虑图 6-44 中的树以及下面两个查询。

- u=14, v=4, x=1, y=0: u=14 到 v=4 的唯一路径是：[14, 11, 1, 3, 4].(x, y) = (1, 0)，意味着阳光从左到右照射。这时 3,11 更接近光源，所以输出 3 和 11。
- u=13, v=9, x =1, y=−1: u=13 到 v=9 的唯一路径是：[13, 11, 1, 6, 9]. (x, y) = (1, −1)，意味着阳光从左上角射到右下角。这时应输出 1, 6 ,11。

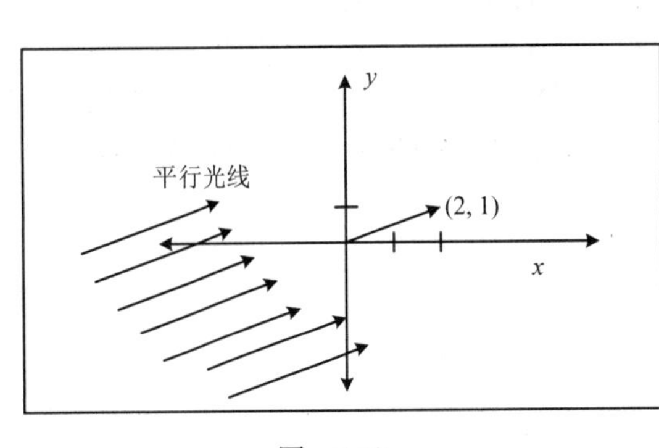

图 6-43

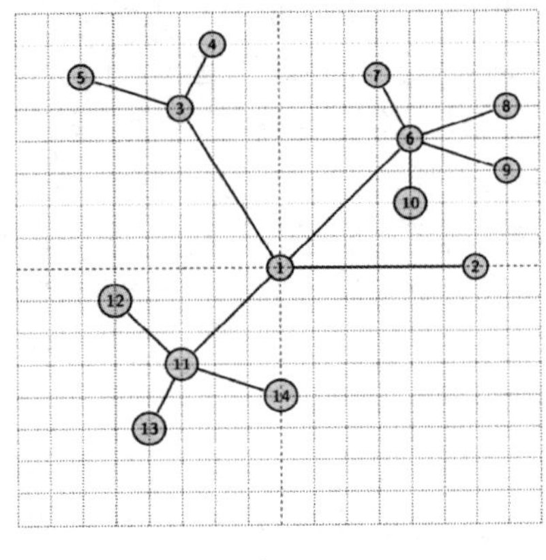

图 6-44

树上查询 6（Query on a tree VI, CodeChef QTREE6）

给定一个 N（$N\leqslant 10^5$）个结点的树，每个结点有标号（1～N）和颜色（黑和白）。根结点的标号是 1。初始时，所有的结点都是白色，给定 M（$M\leqslant 10^5$）个操作，每个操作可能如下。

- 0u：询问 u 所在的连通块中有多少结点。如果连接这两点的路径上的点的颜色都相同（包括这两点），则这两个结点被认为是连通的。
- 1u：将 u 反色（即白变黑，黑变白）。

对于每个 0 操作，输出对应的答案。

奶牛禁闭（Cow Confinement, ACM/ICPC CERC 2015, Codeforces Gym101480C）

一个 10^6 行 10^6 列的网格状草地，有 N 个格子里有牛、M（$0\leqslant M\leqslant 200\ 000$）个格子中

有蒲公英。还有 f（$0\leqslant f\leqslant 200\,000$）个矩形围栏，围栏都位于格子边上，不会相交，但可能有公共点，如图 6-45 所示。牛只能向下或向右走，可以穿过有牛或蒲公英的格子，但不能穿过围栏和地图边界，求每头牛从当前位置出发可能路过的花的数量。注意，围栏不会相交。

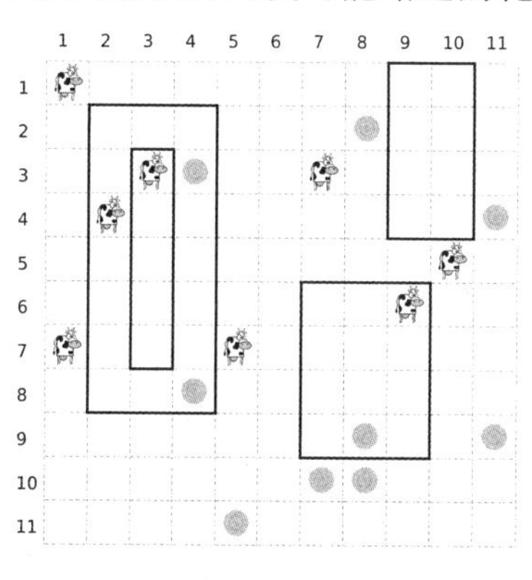

图　6-45

冰山订单（Iceberg Orders, ACM/ICPC NEERC 2015, LA 7474）

你正在为 Metagonia 股票交易所工作。最近，Metagonia 的交易员听说过在伦敦证券交易所交易的 Iceberg 订单，并要求你的雇主也添加此类功能。一个股票交易所是接收订单并产生交易的场所。

一个 Iceberg 订单是由整数 ID，T，P，V，TV 组成的五元组。每个订单都有一个标识符 ID（在所有订单中都是唯一的）、类型 T（买= 1，卖= 2）、价格 P、剩余总额体积 V 和倒出体积 TV。对于每个订单，交易所还会跟踪其当前交易量 CV 和优先级 PR。除此之外，还有一个全局交易优先级计数器 GP。一本订单簿上记录了一系列的交易记录。

用 4 个整数（买入 ID，卖出 ID，P，V）来描述交易所产生的交易。每次交易都会生成一个买入 ID 和一个卖出 ID——它们都有各自匹配的买入或卖出订单。P 是交易价格，V 为交易量。

交易所收到订单后，会将其与订单簿上当前的订单进行匹配。匹配方式如下：假设有一个订单 a 接到了一个卖出的订单 T_a。在订单簿上，我们寻找订单 b，使得 T_b =买入且 $P_b\geqslant P_a$。我们选择价格最高的订单 b，如果有多个，则选择相对价格最低的那一个。如果 V_b=0，则将订单 b 从订单簿中删除。如果 CV_b=0（V_b>0），则我们将现有订单 b 的交易量设为 $CV_b=\min\{V_b,TV_b\}$。设置 $PR_b=GP$，之后增加 GP。我们继续进行以下操作，选择 b 并进行交易。直到 $V_a = 0$ 或订单簿上没有满足该条件的订单 b 为止。在另一种情况中，我们将订单 a 添加到 $CV_a=\min\{V_a,TV_a\}$和 $PR_a=GP$ 的订单簿中，然后增加 GP。当匹配订单 a 的过程完成时，在同一对订单 a 和 b 之间进行了几笔交易（并且可能有很多!），它们全部合并为一个交易，交易量等于单个交易的总和。

如果买入=T_a，我们正在寻找卖出=T_b 且 $P_b\leqslant P_a$ 的订单 b，并选择价格最小且优先级最低的订单 b。其余的匹配过程如上所述，其中的交易有买入 $ID_t=ID_a$，卖出 $ID_t=ID_b$，$P_t= P_b$ 和 $V_t= \min\{V_a, CV_b\}$。

最初，订单簿为空。你会逐一收到来自交易所的订单。你需要输出生成的交易以及在

所有交易完成后输出订单簿的状态

最佳盥洗室满意度指数（WSI Extreme, ACM/ICPC 曼谷 2016, LA 7827）

我们以公寓的盥洗室满意度指数（WSI）来描述一个公寓有没有足够的盥洗室供客人使用。其中，每个客人的 WSI 是他等待该盥洗室的时长加上使用的时长，公寓的 WSI 为客人 WSI 之和的最小值。

例如，一个有 2 间盥洗室的公寓，有 A、B、C 三人入住，他们使用盥洗室的时长分别为：A 要 3 分钟，B 要 5 分钟，C 要 8 分钟。则安排方式如下。

- 方式一：盥洗室 1（先 A 后 B），盥洗室 2（C），此时 WSI = (3 + (3 + 5)) + 8 = 19。
- 方式二：盥洗室 1（先 B 后 C），盥洗室 2（A），此时 WSI = (5 + (5 + 8)) + 3 = 21。

可能还有其他的安排方式，但方式一是最佳的，所以公寓的 WSI 为 19。

已知客人的总人数 G（$G \leqslant 50\,000$）、盥洗室的间数 W（$W \leqslant 50\,000$）和每位客人使用盥洗室的时长，请你合理安排每间盥洗室的使用顺序，求得公寓的 WSI。然后给出 Q 个更新，每次修改某个客人的使用时长，重新计算这间公寓的 WSI。

熊猫先生的花园（Pandaria, ACM-ICPC China-Final 2016, Codeforces Gym 101194G）

给出 N（$1 \leqslant N \leqslant 10^5$）个花园，每个花园里有不同颜色的花，颜色用一个 1～N 的整数表示。花园之间有 M（$1 \leqslant M \leqslant 2 \times 10^5$）条路径，每条路径给出距离。然后，给出 Q（$1 \leqslant Q \leqslant 2 \times 10^5$）个查询，每个查询包含整数 x 和 w（$1 \leqslant w \leqslant 10^6$），询问从 x 出发，行走距离不能超过 w，并且收集经过花园里面的所有花，计算哪种颜色的花能收集得最多，如果问题有多解则输出最小的颜色值。

彩色的树（Colorful Tree, ACM/ICPC 上海 2015, LA 6635）

给出一棵 N 个结点的树，其中 1 是根结点。每个结点都有个点权。给出 M 个操作，操作分两种类型。

- 0 u c：将子树 u 中的所有点权改成 c（$1 \leqslant c \leqslant N$）。
- 1 u：询问子树 u 总共有多少种不同的权值。

对于每个查询操作，输出对应结果。其中，$1 \leqslant N,M \leqslant 10^5$。

兔子王国（Rabbit Kingdom, ACM/ICPC 杭州 2013, LA7402）

给出长度为 N 的正整数数组 A，以及 M 个询问，每次询问给出两个整数 L,R（$1 \leqslant L \leqslant R \leqslant N$）。计算 A 的连续子区间[L,R]中有多少个数字是和子区间中其他数字都互素的。

注意，题目中 $1 \leqslant A_i,N,M \leqslant 2 \times 10^5$。

无限围棋（Infinite Go, ACM/ICPC 杭州 2013, LA 6459）

围棋是起源于中国的著名棋类游戏，有两名玩家，其基本游戏规则如下。

（1）一名玩家使用白棋，另一名使用黑棋。

（2）两名玩家轮流将棋子放到棋盘的点上，使用黑棋的玩家先进行放置。

（3）同一颜色且垂直或水平相邻的棋子形成一个整体。

（4）与一个整体相邻的空位（未放置棋子的交点）称为这个的“气”。一旦这个整体失去了所有“气”，它将被“击败”并从棋盘上移除。

（5）当一个玩家放置一个棋子使得他自己的某一个整体失去所有“气”时，这个整体将立即被“击败”并从棋盘上移除。除非这个动作将“击败”一个或多个敌人的整体，这种情况下，敌人的整体将被“击败”并移除，而自己的整体则不会被移除。

现在我们要处理另一个与围棋非常相似的问题。我们称之为“无限围棋”。唯一的区别在于，棋盘不再是 19×19，而是无限大，行从上到下编号依次为 1,2,3,⋯，列从左到右依次为 1,2,3,⋯。注意，棋盘既没有 0 行也没有 0 列。这意味着，尽管棋盘是无限的，它依然有上边界和左边界。

给出双方玩家的 N（$1\leqslant N\leqslant 10\,000$）个动作，第 i 个动作中棋子被放在(X,Y) ($1\leqslant X, Y\leqslant 2\times10^9$）处，计算最后棋盘上双方的棋子数。

甜甜圈无人机（Donut Drone, ACM/ICPC CERC 2017, Codeforces Gym 101620D）

有一个 $r\times c$（$3\leqslant r,c\leqslant 2000$）的网格，如图 6-46 所示，每个格子中有一个整数。现在从第一列的指定一格出发，每步都选择右侧一列相邻 3 个格子（右上、右、右下）中整数最大的格子移过去。第一列与第 c 列是相邻的，第一行与第 r 行也是相邻的。现在有两种操作。

- move k：移动 k 步，输出移动后的坐标。
- change a b e：修改 a 行 b 列的数字为 e。

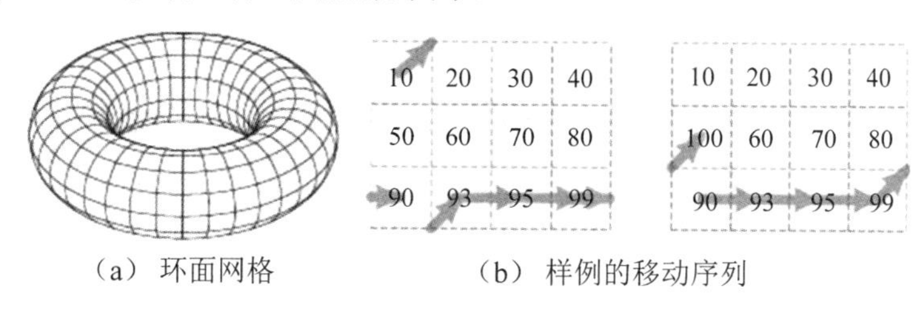

（a） 环面网格　　　　（b） 样例的移动序列

图 6-46

6.7.3 暴力法

在第 1 章中已经介绍过一些用暴力法求解的题目，本章主要补充路径寻找问题和极大极小过程。如表 6-7 所示，列出了本章给出的相关例题。3 道例题都非常经典，请读者仔细体会。在线题单：https://dwz.cn/5lHATQyy。

表 6-7

类　别	题　号	题目名称（英文）	备　注
例题 9	LA 3789	Iceman	以游戏为背景的路径寻找问题
例题 10	LA 1085	House of Cards	极大极小过程；Alpha-beta 剪枝
例题 11	LA 2659	Sudoku	数独；算法 X；舞蹈链

下面是习题。这些题目虽然在算法框架上大同小异，但在实现细节上千差万别，因此全部值得一做。在线题单：https://dwz.cn/geXIwzZ2。

滚球游戏（Marble Game, World Finals 2007, LA 3807）

滚球游戏由一个 $n\times n$（$2\leqslant n\leqslant 4$）网格棋盘和 m 个小球组成。棋盘上恰好有 m 个单元格里有洞。球和洞均编号为 1~m。滚球游戏的目标为把每个球滚到编号相同的洞中。单元格的 4 条边上可能会有墙，可以阻挡球的滚动（见后）。

每次可以把棋盘朝着上、下、左、右 4 个方向之一微微抬起，然后所有球同时朝另一个方向滚动，直到碰到墙、洞或者另一个球。球在滚动的过程不能跳起（因而无法越过墙、其他球或者洞），也不能离开棋盘（整个棋盘的四周都有墙）。每个单元格恰好能容纳一个球。当球落入洞之后，洞将被填平，使得今后可以有其他球经过。入洞的球将无法出洞。

如图 6-47 所示，是一个滚球游戏及其解法。你的任务是解决任意一个 $n×n$ 棋盘上的滚球游戏，找出移动次数最小的解，输出其长度。

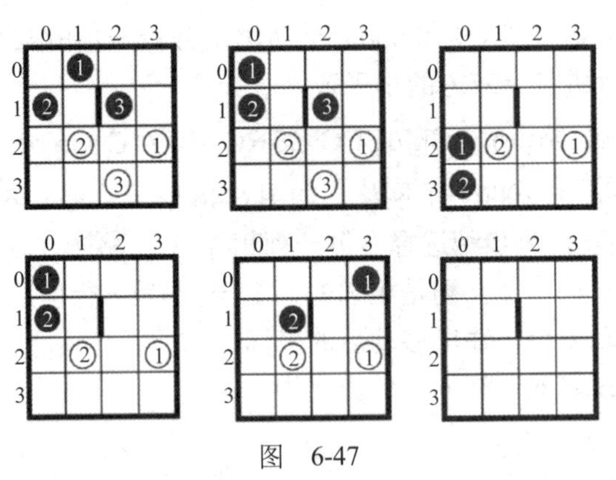

图　6-47

近乎完美的洗牌（cNteSahruPfefrlefe, World Finals 2005, LA 3272）

你有一副普通的扑克牌，叠成一摞放在桌子上。52 张牌从顶部到底部编号为 0~51。理想情况下，如果把这些牌均分成上下两部分以后交叉洗牌，结果将是（仍为从顶部到底部排列）：26, 0, 27, 1, 28, 2, 29, 3, 30, 4, 31, 5, 32, 6, …, 51, 25。

你按照这样的方法洗了若干次牌（洗牌次数未知，但保证为 1～10）。虽然你已经非常小心了，但人无完人，你仍有可能在洗牌后意外地交换两张相邻的牌（假定每次洗牌最多只在一个地方犯错），比如洗成：26, 0, 27, 1, 2, 28, 29, 3, 30, 4, 31, 5, 32, 6, …, 51, 25。

给定洗牌后的结果，问最少犯了多少个错？如果有多组解，输出字典序最小的。

迷你象棋（The Pawn Chess, UVa 10838）

考虑如下的迷你版象棋：4×4 的棋盘上有一些黑兵和白兵。黑兵的目标是向下走到第四行，白兵的目标是向上走到第一行。如果一方无棋可走，则立刻输掉。

双方轮流走，白方先走。每次只能移动自己的一个兵，要么直着往前走一格（这个格子必须为空），要么斜着向前走一格，吃掉对方的棋子（不能吃掉己方的棋子，也不能斜着走到空格）。黑兵的“向前”指的是向下；白兵的“向前”指的是向上。

假设双方均采用最优策略，即如果能赢，则应该赢得尽量快；如果必须输，则应该输得尽量慢。

每组输入恰好包含 4 行 4 列，其中 *p* 为黑兵，*P* 为白兵，'.'为空格。输入保证双方都至少有一种走法。

扩展数独（Sudoku Extension, Harin 2009, LA 4763）

你的任务是解决一个扩展的 3×3×3 数独问题，有些格子只能填奇数（用小写字母 o 表示），有些格子只能填偶数（用小写字母 e 表示），还有一些格子用除了 o 和 e 之外的小写字母表示。用相同字母表示的格子必须填上相同的数字。

999游戏（Game of 999, UVa 12418）

注意，本题选材自NDS经典悬疑类密室逃脱游戏《9小时9人9扇门》。本题不含任何剧透，只包含一些基本游戏规则的描述。这些规则和原游戏中的有所出入，请玩过游戏的读者仔细阅读题目。

迷宫中有 n（$n \leqslant 10$）个房间和 m（$m \leqslant 10$）个连接它们的走廊。一些走廊的中部有一扇门，门上有一个1～9的数字。走廊都是单向的，因此这些门也只能从一边打开。编号为1～9的9个人一开始在房间1中，目标是从房间 n 中的出口逃脱。游戏规则如下。

- 每扇门只能开一次。一旦有人通过，门将永远锁住。
- 每扇门只能由3~5个人打开，而且这些人编号之和的数字根必须等于门上的数字。所谓数字根，即反复把各个数字加起来，直至得到一个一位数为止。例如，3，5，6，8可以打开4号门，因为3+5+6+8=22，它的数字根为2+2=4。打开门的所有人都必须通过它，并且其他人都不能通过这扇门。

你的任务是编写一个自动求解器，使得尽量多的人能够逃脱，在此前提下输出所有可能的逃脱组合。注意，每个房间可以多次进入（包括房间 n），但一旦逃出迷宫，就不能再回到迷宫了。可以有多条走廊连接同一对房间，但不会有走廊的起点和终点是同一个房间。

数字逻辑（Digital Logic, UVa 11211）

给你一些2输入1输出的逻辑门，你的任务是设计一个4输入4输出的数字电路。

每一个逻辑门由3个0-1整数Y00, Y01和Y11描述。代表输入分别为0，1，2个1时的输出。注意所有的逻辑门都是对称的，所以当有一个输入被设置为1时，不管是哪一个输入门，输出的结果都相同。任何一个逻辑门的输入端都是另外一个逻辑门的输出端或者4个源输入端之一。由于当任何一个输入被悬挂时输出结果将不可预料，所以务必保证一个逻辑门的输出将不会再次变为其的输入，不管是直接的还是间接的（换句话说，逻辑电路将不包含环路），如图6-48所示。

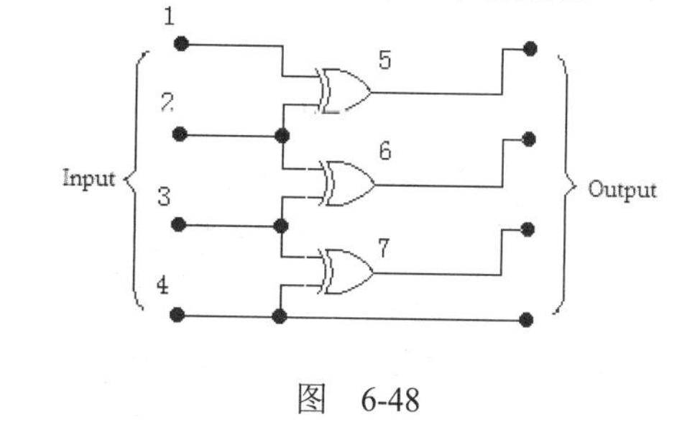

图 6-48

为了让设计更加简单，你需要使用尽可能少的逻辑门。题目保证所有输入数据都可以用最多6个逻辑门实现。

输入数据最多有30组。每组数据：第一行是一个整数 n（$n<6$），代表逻辑门的种类；接下来 n 行，每行包括4个整数mi, Y00, Y01, Y11，分别表示该类型逻辑门的数目，以及输入端分别有0，1，2个1时的输出。逻辑门的总数量最多只有10（所有种类逻辑门的数量之和最多为10）；接下来一行包括16个整数Y0000, Y0001, Y0010, …, Y1111，代表所有可能输入组合的输出情况。Ypqrs'的二进制形式是代表当输入端分别是 p，q，r，s 时输出端 a，b，c，d 端的取值。最后一组数据以一行单个0结尾。

对于每组数据输出数据的组数和一个整数 p，代表可以达到要求的最少逻辑门数量。接下来 p 行 s, k, a 和 b，s 是端口的序号（4个输入端口的编号是1～4，逻辑门的编号是5～

p+4），k 是该逻辑门的种类（种类的编号按照输入顺序依次编号为 1～n），a 和 b 分别是该逻辑门的输入端口编号。注意，必须满足 $a<s$ 和 $b<s$。最后一行包含 4 个整数，为 4 个输出端口的编号（应该在 1～p+4）。每组数据之间输出一个空行。

Flipull 游戏（Flipull, UVa 11213）

你是一滴橙色的液体，位于屏幕右方的梯子上。你可以向左方发射方块，消除同色方块，然后将碰到的第一个非同色方块变成发射的方块。你的目标是剩下不超过 b 个方块（如果最终有多于 b 个方块而无法继续操作时，你将输掉游戏）。

总共有 4 种方块，分别为蓝色的三角（▲），粉红色的圆圈（●），绿色的方块（■）和十字叉（×）。发射之后，方块将持续往左飞行，直到遇到第一个不同的方块或者撞到墙壁（或者其他障碍物）。在第一种情况下，发射的方块将把原有的方块弹回你手里；在第二种情况下，发射的方块将改变方向，向下飞行。如果向下飞行时落入底部，它将重返回你的手里。注意发射的方块必须至少消除一个同色方块。由于重力作用，当一个方块下方的方块消失时它会自然下落。除了上述 4 种方块之外，还有一种魔法方块（只可能在游戏开始时位于你的手中），发射后直接变成它所碰到的第一个方块，因此也称为万能方块，如图 6-49（a）所示。

初始的游戏局面为 4×4、5×5 或者 6×6 大小，从底部到顶部行号依次编为 r_1～r_6，从左到右列号依次被编为 c_1~c_6。梯子上面总共有 12 格，从底部到顶部依次被编为 1～12。在图 6-49（a）中，由于墙壁能够反射方块，在 12 个位置发射方块实际是沿 r_1，r_2，r_3，r_4，c_1，c_1，c_1，c_1，c_2，c_3，c_4，X 移动（X 代表在 12 位置发射不会触碰到任何方块，因此是非法步骤）。图 6-49（b）有些许不同，管道也能反射方块，因此在 12 个位置发射事实上是沿 r_1，r_2，X，r_4，X，c_1，c_1，c_1，c_1，c_2，c_3，X 移动。注意不可能沿着 r_3 和 c_4 移动。

如图 6-50 所示，是图 6-49（a）的求解过程（正好剩余 3 个方块），在 8，9，10，11 这 4 个位置各发射一个方块，然后在 10 号位置发射，然后是 2 号位置，最后是 1 号位置。

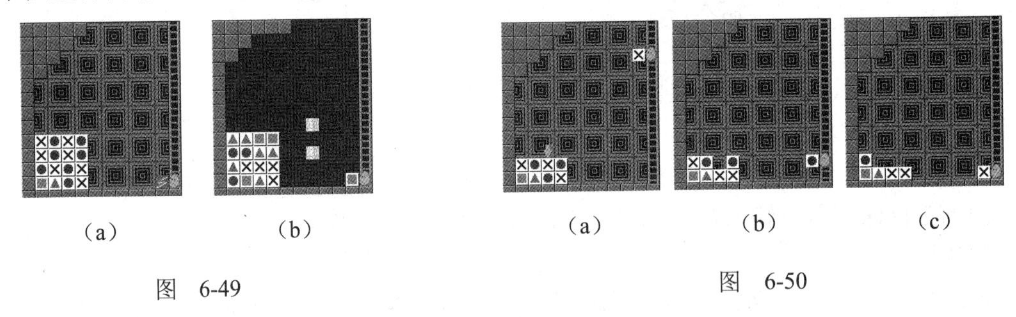

（a）（b）

图 6-49

（a）（b）（c）

图 6-50

你的任务是写一个程序，用最少的发射次数完成游戏。

一个烦人的问题（A Vexing Problem, World Finals 2001, LA 2240）

Vexed 游戏是 James McCombe 发明的一种类似俄罗斯方块的游戏。在游戏中，一面木头墙上放置了一些标有字母的白色石块。

如果某个石块的左边（或者右边）是空的，那么该石块可以向左（或者向右）移动一步，木头墙永远不能移动，悬空的石块会自动掉下。每个石块都有一个标记，两个或更多具有相同标记的石块相碰时会形成石块群，石块群会自动消失。如果同时形成了多个石块群，那么它们会一起同时消失。石块群消失后，悬空的石块同样会自动掉下，掉下后石块群同样会消失……如此循环，直到石块不再变化为止。游戏的目标就是让所有的石块消失。

如图 6-51（a）到（h）所示，就是一个从初始状态到石块全部消失的游戏过程：首先上面的“Y”石块左移，这样两个“Y”石块形成石块群自动消失；然后上面的“X”石块右移，右移后掉下，这样两个“X”石块也形成石块群自动消失。

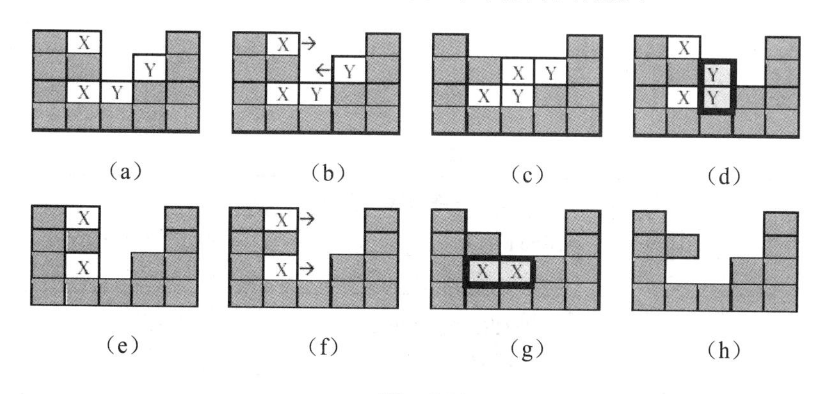

图　6-51

如图 6-52 所示，是另一个游戏过程：首先最左边的“Z”右移（图 6-52（a）），形成“X”“Z”石块群（图 6-52（b））；石块群消失后，又形成“Y”“Z”“X”石块群；石块群消失后，最后形成“X”石块群，“X”石块群消失后游戏结束。

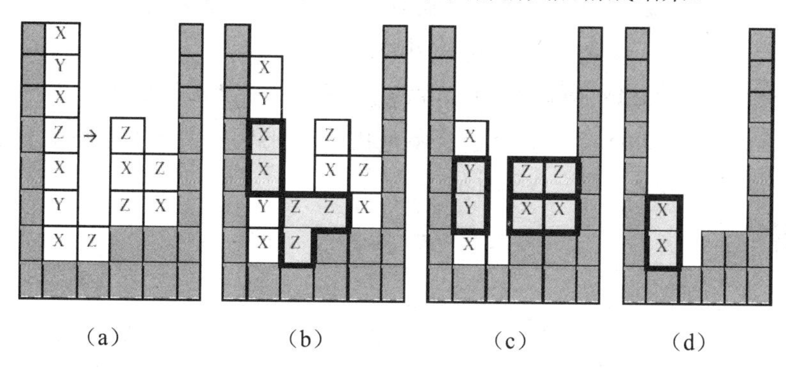

图　6-52

写一个程序，任意给出一个游戏，给出步数最少的解。行数 NR 和列数 NC 满足 $4 \leqslant NR, NC \leqslant 9$，第一列、最后一列和最后一行保证为墙，输入保证存在一个不超过 11 步的解。

堵路（Block the Roads, ACM/ICPC 上海 2014, LA 7141）

给出一个 $m \times n$（$1 \leqslant n,m \leqslant 5$）的网格，有些是空的，有些里面有障碍物。某个格子中有只蚂蚁，且某个格子中有食物。蚂蚁的目标是走到食物那里。

每一步，蚂蚁可以移动到相邻的格子里，相邻指的是有公共边。因为它可以看到整个棋盘，它会选择位于当前格子到食物格子最短路上的格子。如果有多个选择，则依次优先考虑东、南、西、北 4 个方向的邻居。

现在你可以在任意时刻在任何空格子中放上障碍物，但是不能让蚂蚁到食物不连通，也不允许在食物格子以及蚂蚁当前的格子中放障碍物。希望尽量拖延蚂蚁到达食物的速度，计算蚂蚁到达食物步数的最大值。

6.7.4 几何专题

第 4 章中没有介绍的几何内容有很多，本章只选取了其中最经典的几个进行了讲解。如表 6-8 所示，列出了本章给出的相关例题，请读者仔细体会。在线题单：https://dwz.cn/57Qdesij。

表 6-8

类别	题号	题目名称（英文）	备注
例题 12	LA 5129	Affine Mess	二维仿射变换；枚举
例题 13	UVa 12303	Composite Transformations	三维仿射变换；平面的变换
例题 14	LA 4127	The Sky is the Limit	直线型的离散化
例题 15	LA 3532	Nuclear Plants	圆的离散化
例题 16	LA 3809	Raising the Roof	投影；离散化
例题 17	LA 4125	Painter	扫描法；用 BST 维护扫描线
例题 18	UVa 11921	Save the Princess	运动规划；圆形障碍
例题 19	LA 2397	Collecting Luggage	运动规划；二分法

下面是习题。这些题目在算法上并没有什么特别之处，但程序实现有很多细节需要注意，是不错的编程练习。在线题单：https://dwz.cn/Z7uKrrXX。

给程序员的一封信（A Letter to Programmers，北京 2011, LA 5719）

空间里有 n（$n\leqslant 1000$）个点，你的任务是执行一段程序，输出程序运行结束后所有点的坐标。一共有 5 条指令，如表 6-9 所示。

表 6-9

指令	说明
translate tx ty tz	所有点(x,y,z)移动到$(x+tx,y+ty,z+tz)$
scale a b c	所有点(x,y,z)移动到(ax,by,cz)
rotate a b c d	所有点旋转。旋转轴是$(0,0,0)$-(a,b,c)，旋转角度是 d 度。如果你站在(a,b,c)并且面朝$(0,0,0)$，旋转呈逆时针
repeat k	和 end 配对，二者之间的指令重复执行 k 次。k 为 32 位带符号整数
end	和 repeat 指令配对或者作为程序终止

程序不超过 100 行，除了 n 和 k 之外所有参数的绝对值均不超过 1000。

佳佳的机器人（Jiajia's Robot，武汉 2009, LA 4492）

佳佳有一个双目机器人。机器人的两只眼睛各能发出一条射线，且两条射线的夹角总是直角。为了帮助机器人进行自定位，佳佳放了两段形如线段的特殊材料，分别为 MA 和 MB。当且仅当两条射线中一条和 MA 相交，一条和 MB 相交时，机器人可以自定位。
如图 6-53 所示，是一个例子，其中 MA 和 MB 为两条黑色线段，灰色区域是可以自定位的区域。给定 MA 和 MB（保证不会退化成点），你的任务是计算可以自定位的区域的面积。

十一月的雨（Roof, CERC 2003 LA 2947）

有 n（$n \leqslant 40\,000$）个屋顶，每个屋顶用一条线段表示。屋顶不会是水平或者竖直的，且屋顶之间没有公共点。

现在天上开始竖直落下雨滴，单位时间单位长度的降雨量是 1。屋顶接受到的雨都会从较低的那个端点往下落（或者落到地面，或者落到别的屋顶）。输入屋顶的数据，求出单位时间内从每个屋顶边沿往下落的雨量，如图 6-54 所示。输入保证任意画一条竖线最多与 100 个屋顶相交。

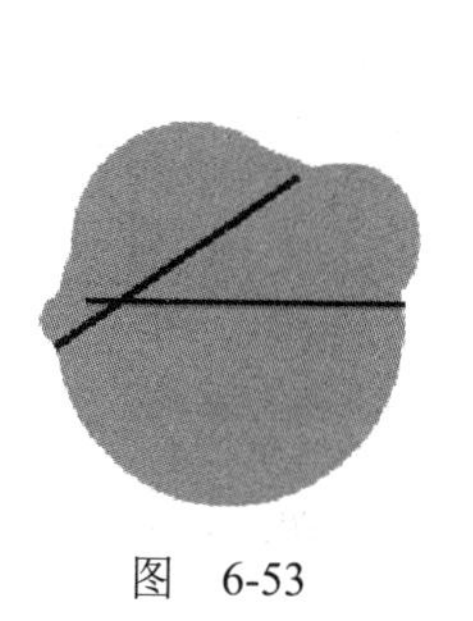

图　6-53

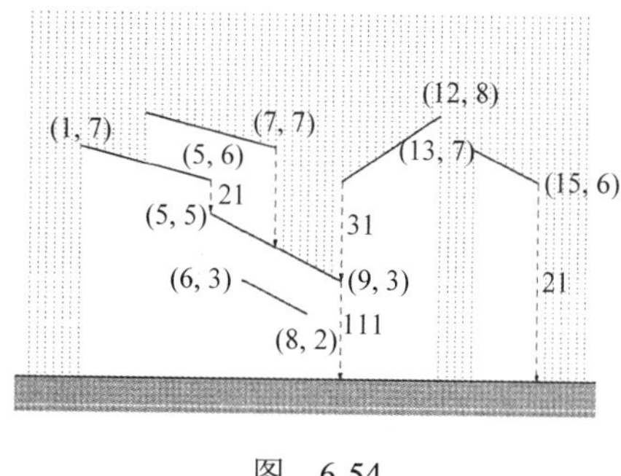

图　6-54

过河（River Crossing, UVa 10514）

有一条很宽的河，中间有 n（$0 \leqslant n \leqslant 11$）个小岛。给出两条河岸线（均为最多有 100 个顶点的折线）和小岛（均为简单多边形）的信息，求一条过河的路径，使得淌水部分的总长度最短。假定只能从图 6-55 中看得见的地方过河。

上学（Go to Class, 成都 2007, LA 4019）

给出一个校园，校园中有很多纵横道路，横的平行于 x 轴，竖的平行于 y 轴。横向道路有 n 条，纵向道路有 m 条（$1 \leqslant n,m \leqslant 25$）。道路是有宽度的，并且大小不一。道路之间是草坪。现给出所有道路以及宿舍和教室的坐标，求宿舍到教室且不经过草坪的最短距离（见图 6-56）。

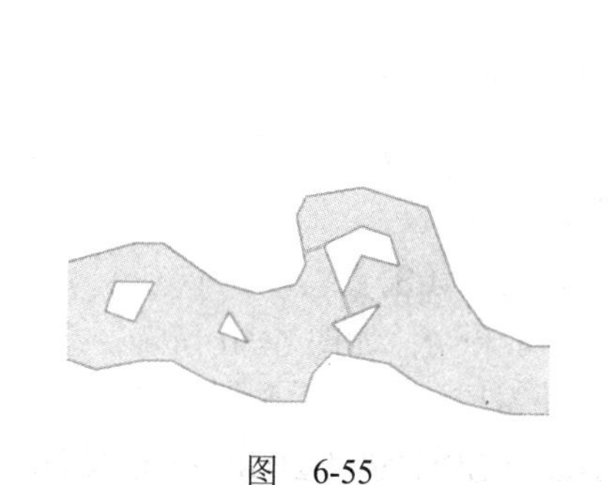

图　6-55

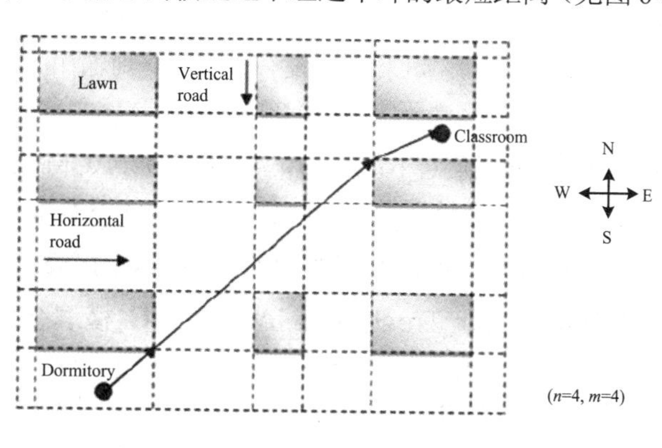

图　6-56

杆子处转弯（Cornering at Poles, ACM/ICPC 东京 2014, LA 6839）

机器人大赛中，某平面上有一个圆盘形机器人。N 个杆子（$1 \leqslant N \leqslant 8$）立在地面上，机器人可以在所有方向上移动，但必须避开杆子。机器人可以绕杆子转动以及和杆子接触。

计算机器人到达指定目标位置的最短路径。路径的长度由机器人中心的移动距离定义，如图 6-57 所示。连接杆子的灰线表示其之间的距离短于机器人的直径，机器人无法通过它们。

水牛路障（Buffalo Barricades, ACM/ICPC CERC 2017, Codeforces Gym 101620B）

在二维平面的第一象限中有n（$1\leqslant n\leqslant 30\,000$）头牛，分布在不同的网格内。有$m$个人依次执行以下操作：选一个整点（$x,y$），向$x$轴和$y$轴的负方向建起围栏，一直延伸，直到碰到其他围栏或者到达x轴、y轴，如图6-58所示。对这m个操作，输出每次新围栏中围住的牛的个数。

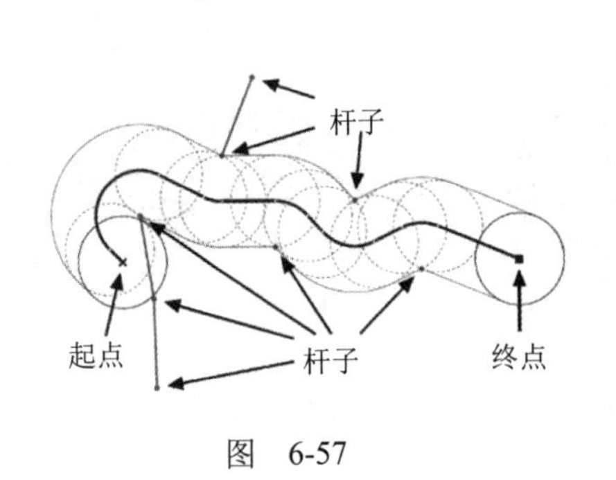

图 6-57

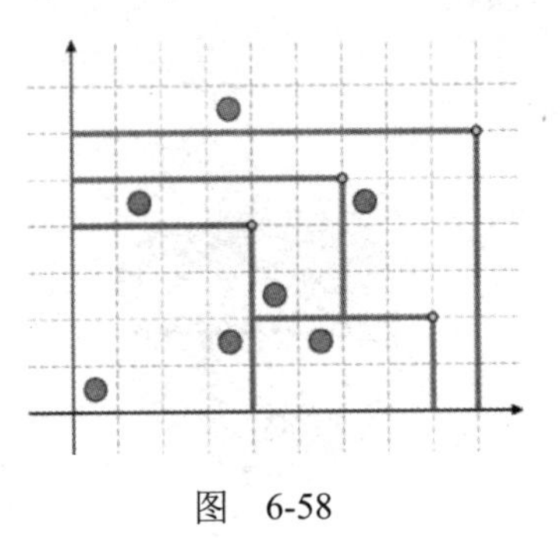

图 6-58

山顶凌霄阁（Peak Tower, ACM/ICPC 香港 2016, LA 7683）

对 $W\times H$（$0<W,H\leqslant 300$）大小的视野拍照，长度单位为米（m）。左下角坐标是(0,0)。会有 N（$0\leqslant N\leqslant 50$）个矩形，每个矩形给出大小(w,h)，t=0 时刻它的左下角坐标(s_x,s_y)。如图 6-59 所示，水平速度 v_x m/s：$v_x>0$，则朝右运动；$v_x<0$，则朝左运动。垂直速度 v_y m/s：$v_y>0$，则朝上运动；$v_y<0$，则朝下运动，其中，$0<w,h\leqslant 100$, $-300\leqslant s_x,s_y,v_x,v_y\leqslant 300$。

计算 E（$0<E\leqslant 100$）秒以内，哪个时刻整个视野中被这些矩形挡到的面积最小。

击毁小行星（Asteroids, ACM/ICPC World Finals 2015, Codeforces Gym 101239B）

平面上有两个运动中的凸多边形，给出这两个多边形在 0 时刻各个顶点的位置以及速度向量，计算两者相交面积最早达到最大值的时间。如果从来不相交但是可能互相接触，输出接触的最早时间。如果永远没有公共点，则输出 never。每个多边形的顶点数不超过 10，并且顶点坐标绝对值都不大于 10 000。

阿波罗尼奥斯的问题（Problem of Apollonius, ACM/ICPC 杭州 2013, LA 6457）

在平面上给定两个相离的圆与一个两个圆之外的点。构造一个新圆，使得它与给定的两个圆外切，且给定点在新圆的边上。输出解的个数和所有解。

双胞胎树兄弟（Twin Trees Bros, ACM/ICPC 横滨 2019, Aizu 1403）

给出三维空间中两棵都有 n（$3\leqslant n\leqslant 200$）个结点的树 A 和 B，如图 6-60 所示。求有多少种 3D 变换（平移、三轴等比例拉伸、旋转的组合），使得树 A 可以变换到树 B。

用圆盘覆盖凸多边形（Cover the Polygon with Your Disk, ACM/ICPC 筑波 2016, Aizu 1376）

输入一个凸 n 边形（$n\leqslant 10$）和一个圆，可以移动圆心来覆盖多边形，计算能够覆盖的最大面积。

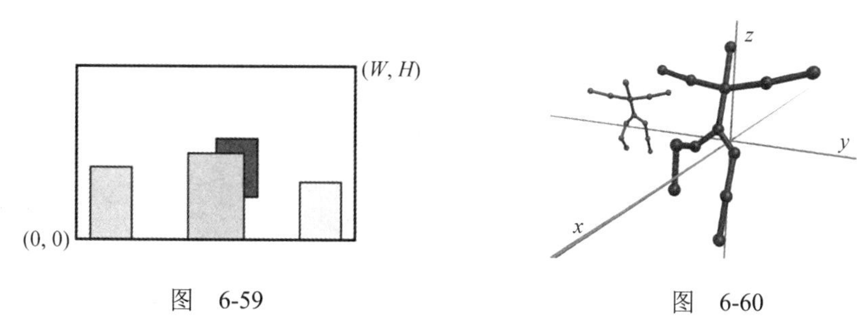

图　6-59　　　　图　6-60

立方型殖民地（Cubic Colonies, ACM/ICPC 东京 2012, LA 6191）

公元 3456 年，人类在外太空建设殖民地。一般都是 3×3×3 的立方体形状，但有些小号的可能会缺失一些小块，如图 6-61 所示。

给出一些这样的缺失了一些小块的形状及其表面上的两个点 A 和 B，计算从 A 沿着立方体表面走到 B 的最短距离。

四面体上汇合（Rendezvous on a Tetrahedron, ACM/ICPC 筑波 2017, Aizu 1384）

如图 6-62 所示，两个爬虫在正四面体上爬，初始位置都是顶点 A，给出两者的目标的边以及爬行方向和这个边的夹角。遇到边时，翻过边继续爬，翻越前后和边的夹角不变。问两只爬虫都停下来后，是否还在同一平面上。

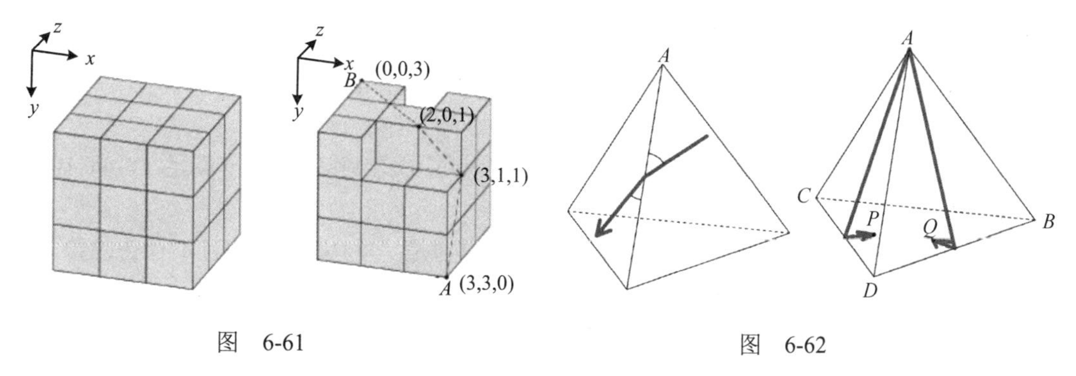

图　6-61　　　　图　6-62

平滑的花园（Smoothed Gardens, ACM/ ICPC Greater NY 2016, LA 7792）

计算如图 6-63 中曲线所围图形的面积。

曲线绘制方法如下：在三角形的每个角上放一根木桩，绳子分别绕过 3 个木桩，然后使用第 4 根木桩拉紧绳子，画出曲线（较细的线是绳的各个位置）。绳子越长，所得的曲线越平滑。

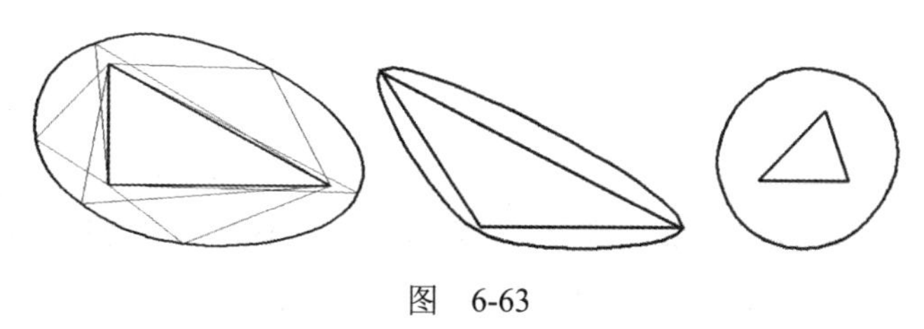

图　6-63

给出三角形的顶点面积以及绳子的长度 L，计算按照上述方法画出的曲线区域的面积。

罐和管道（Tanks and Pipes, ACM/ICPC Greater NY 2018 D）

Frobozz 魔术罐和管道公司需要将管道连接到储罐上。储罐和管道的位置关系有如下几种情况：管道轴线和（圆柱）罐轴线垂直相交（图 6-64（a））；管道轴线和罐轴线非垂直相交（图 6-64（b））；管道轴线偏离罐轴线，但是垂直（图 6-64（c））；既不垂直也不相交（图 6-64（d））。如图 6-64 所示。

给定如图 6-65 所示的管道和罐的尺寸、偏移距离和管道角度，求出管道与圆柱形罐壁相交的长度。

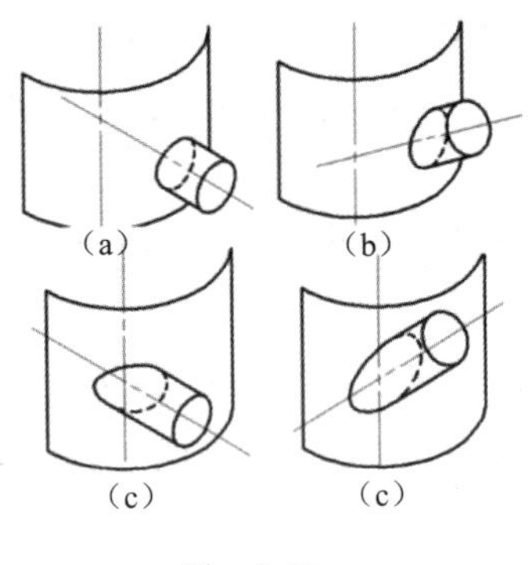

图 6-64

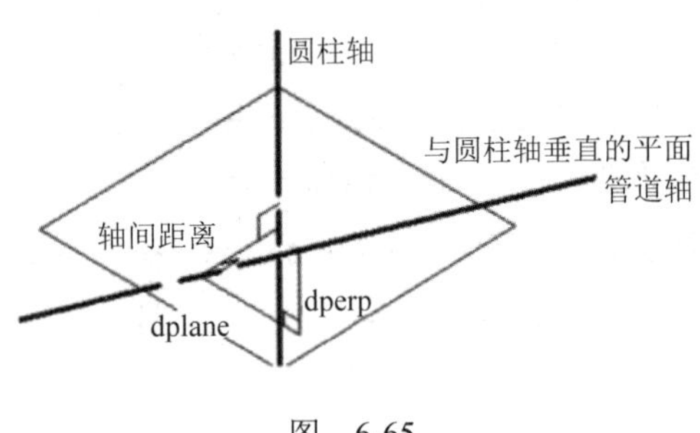

图 6-65

三维网格切割（Mesh Cutter, ACM/ICPC, Asia Bangkok 2014, UVa 12867）

给出一个三维空间的实体多面体网格。这里的多面体网格满足如下条件。

- 不会有重复的顶点、边、面。
- 每一面都是平面凸多边形，通常是三角形或四边形，其定点数 v 满足 $3 \leqslant v \leqslant 10$。
- 网格是无边界的可定向流形。
- 这些面包围着空间的非空连接部分（我们说它是“实体”），并且不存在隐藏的面（即任何面都从外部可见）。
- 每条边刚好和两个面相邻，所以你从一个面走过一条边时，就不会走到这条边的背面。
- 入射到顶点的面形成封闭的扇形，如图 6-66 所示。注意，如果面孔形成一个开放的扇形，边界边缘违反第 7 个条件。

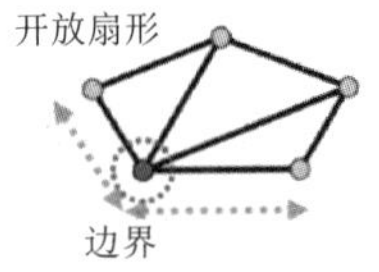

图 6-66

- 不会像著名的莫比乌斯环。
- 一个面上的两个相邻边可以共线（但不重叠）。
- 两个相邻的面（即具有一个公共边）可以共面（但不重叠）。
- 每个面中的顶点顺序是顺时针或逆时针。这意味着表面的法线要么指向实体内部，要么远离实体。

给出其顶点树 n（$4 \leqslant n \leqslant 1000$）和 f（$4 \leqslant f \leqslant 1000$）个面的多边形顶点坐标，计算被平面切掉部分之后，剩余部分的体积、表面积以及切割部分的形状，如图 6-67 所示。

图　6-67

6.7.5　数学专题

本章介绍的 Pick 定理、Lucas 定理、原根、生成函数、FFT、线性规划等在算法竞赛中均不算常见，但都属于很重要的数学工具。如表 6-10 所示，列出了本章给出的相关例题，这些例题非常经典。在线题单：https://dwz.cn/fj5VUUF5。

表　6-10

类　别	题　号	题目名称（英文）	备　注
例题 20	UVa 11017	A Greener World	Pick 定理
例题 21	LA 3700	Interesting Yang Hui Triangle	Lucas 定理
例题 22	LA 4746	Decrypt Messages	高次模方程；原根
例题 23	UVa 10498	Happiness	线性规划

下面给出部分习题。这些题目在程序实现上大都没有太多技巧可言，但在题目分析上有一些技巧。建议读者认真分析所有题目，但只选择有兴趣的题目进行程序实现。在线题单：https://dwz.cn/ itER17Fj。

提花织物电路板（Jacquard Circuits, World Finals 2007, LA 2395）

古怪的雕刻艺术家 Mondrian 发明了一种称为“提花织物电路板”的艺术品。该艺术品由一系列形状相同、大小不同的多边形电路板构成，层与层之间用细线连接，如图 6-68 所示。

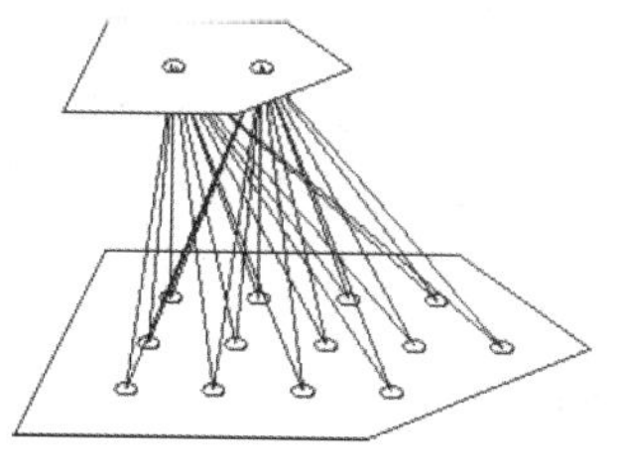

图　6-68

为了方便起见，我们借助于网格来制造这个艺术品。首先需要给定一个称为模板的格点多边形（即各个顶点都是整点的多边形）P，代表电路板的形状。接下来寻找一个形状和 P 相同、面积最小的格点多边形作为艺术品的第一层电路板，然后找一个形状相同、面积第二小的格点多边形作为第二层，依次类推，共 M（$1 \leqslant M \leqslant 1\,000\,000$）层。

每个多边形内部的格点（边界上的不算）都会打一个洞，你的任务是求出所有 M 个多边形的洞的总数。P 由 N（$3 \leqslant N \leqslant 1000$）个输入点顺次连接而成。

昂贵的饮品（Expensive Drink，北京 2007, LA 4027）

调皮的小妹妹把水、牛奶、红酒混在了一起，还加了点儿糖，打算给你喝。为了不让自己看上去太不讲理，她说如果你能猜到调制这种“混合饮料”花了多少钱，就可以“逃过一劫”（别告诉我你想喝它）。

调制饮料的费用等于所有原料的费用。具体来说，如果一种饮料分别用了 a_1, a_2, a_3, a_4 个单位的水、牛奶、红酒和糖，并且它们的单位价格分别为 c_1,c_2,c_3,c_4，则调制饮料的花费

为 $a_1c_1+a_2c_2+a_3c_3+a_4c_4$。

你并不清楚这 4 样东西的市场价格是多少，但是根据常识，$0 \leqslant c_1 \leqslant c_2 \leqslant c_3$。为了帮助你解决这个难题，小妹妹向你提供了这种饮料中液体的用量（即 a_1,a_2,a_3）和另外 n（$n \leqslant 100$）种混合饮料的液体用量（即 a_1,a_2,a_3）和花费。尽管所有饮料中糖的用量都是未知的，但她向你保证，在上述任何一种混合饮料中，糖的花费 a_4c_4 一定在区间$[L,R]$中。

凭借平日的了解，你断定她一定采用最贵的原料，因此你的任务是计算眼下这杯饮料的调制费用的最大值。如果她提供的信息有误，输出“Inconsistent data”；如果费用可以任意大，输出“Too expensive!”。

路上的时间（Road Times, ACM/ICPC World Finals 2016, Codeforces Gym 101242I）

给出普吉岛上的 n（$1 \leqslant n \leqslant 30$）个城市以及 n 条连接某两个城市的单向道路及其长度。每条道路都有固定的限速，一般是 30 km/h～60 km/h。假设在这些道路上行驶会按照限速匀速行驶，并且从某个城市到另外城市会选择最短路线行驶。

接下来给出 r（$1 \leqslant r \leqslant 100$）个以前的行程信息，每一个行程给出起点 s、终点 d 和用时 t（分钟）。最后给出 q（$1 \leqslant q \leqslant 100$）个查询，每个查询也给出起点 s 和终点 t，计算从 s 到 t 用时在什么范围内。本题中可以假设所有的 $r+q$ 个行程中，s 到 t 的最短路都是唯一的。

巧克力棒（Pocky, ACM/ICPC 青岛 2016, LA 7736）

给出一个巧克力棒，涂色部分长度为 L。只要剩余无色部分长度大于 d，我们就重复以下过程：随机任选一点，把无色部分分为两部分，吃掉左边的部分。如果它的长度不超过 d，就停止。计算上述过程能进行次数的期望值。

坎儿井（Qanat, ACM/ICPC World Finals 2015, Codeforces Gym 101239H）

干旱缺水地区会修建坎儿井来进行灌溉。可以把坎儿井抽象成如图 6-69 所示的三角形，地下水从$(w,0)$处通过一个水平的水渠引到位于$(0,0)$的出口处。并且$(w,0)$（$1 \leqslant w \leqslant 10\ 000$）处有一个竖井挖到地面$(w,h)$处。挖掘竖井和水渠过程中的废料，需要从水渠上方垂直向上挖 n（$1 \leqslant n \leqslant 1000$）个通道来运送到地面或者出口处。

计算使得这些废料的运送总距离最短的 n 个通道的位置。

猫和老鼠（Tom and Jerry, ACM/ICPC Phuket 2015, LA 7308）

老鼠 Jerry 沿着一个半径为 R 米的正圆跑，速度为固定的 Vm/s。一开始猫 Tom 坐在圆心，它想尽快抓到 Jerry，但是不太聪明。所以它永远是朝着 Jerry 当前的方向跑，所以跑出如图 6-70 所示的曲线，在任意时刻 Tom 都是在 Jerry 当前位置和圆心所在的直线上，并且 Tom 的速度和 Jerry 相同，计算 Tom 需要多少秒才能追上 Jerry，其中 $0< R,V \leqslant 10\ 000$。

走私物品（Contraband，ACM/ICPC Greater NY 2013, LA 6473）

给出二维平面的三个点$(0,0)$，$(3.715, 1.765)$ 和 $(2.894, -2.115)$。从第 i 个点出发有一条射线。这条射线是正北方向顺时针旋转 a_i 度（$0 \leqslant a_i<360$）后得到的。每个点也有一个参数 $0 \leqslant CL_i \leqslant 1$。对于任意一个点 p，给出一个指标等于 $\sum_{i}^{2}(CL_i+0.2)\cdot D(i)^2$，其中 $D(i)$ 表示 p

到第 i 点的射线的最短距离。找出一个令上述指标值最小的点。

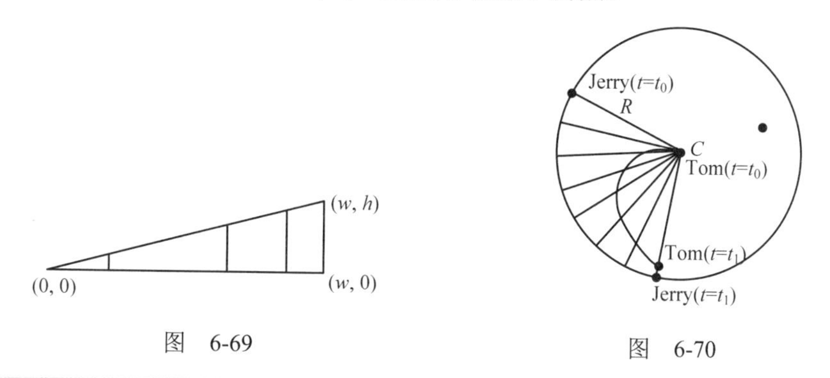

图　6-69　　　　图　6-70

冒险博彩（Risky Lottery, ACM/ICPC SWERC 2016, Codeforces Gym 101174J）

N（$3 \leqslant N \leqslant 7$）个人进行一个游戏。给定 M（$1 \leqslant M \leqslant N+1$），每人写下一个不大于 M 的正整数，写下唯一出现且最小的数的人获胜。可以证明所有人的最优策略是按照一定概率写下 1~M 的某个数，此时所有人的获奖概率相同。输出这些比例。比如，$N=M=3$ 时，输出 0.46410，0.26795，0.26795。

6.7.6　代码组织与调试

本章只讲了两道相关题目，如表 6-11 所示。其中，一道代码较长，但是比较好调试，因此重点在于如何写出这个程序；另一个代码不长，却极容易出错，因此重点在于细心查错。这两道题目的通过人数都很少，但对编程、调试能力的锻炼也是很大的。在线题单：https://dwz.cn/hEW4iT58。

表　6-15

类　别	题　号	题目名称（英文）	备　注
例题 24	UVa 10966	3KP-Bsah Project	文件系统模拟；字符串处理
例题 25	LA 4488	Final Combat	记忆化搜索；各种细节处理

下面给出部分习题。这些题目都有一定的实用性，但要么代码较长，要么容易出错。要想锻炼自己的编程基本功，这些题目是再合适不过的了。在线题单：https://dwz.cn/JeOn8ocr。

链接加载器（A Linking Loader, World Finals 2003, LA 2727）

目标模块（object module）是编译器处理源码后的产物。链接加载器（linking loader）也称链接器（linker），用来把分别编译好的目标模块合并到一起。它的主要任务有两个：其一是对代码和数据进行重定位（因为编译器并不知道这些模块将被放在内存中的哪个位置），其二是解析模块之间的符号引用。比如，主程序可能会引用一个称为 sqrt 的平方根函数，而此函数可能定义在其他模块中，因此链接器必须给每个模块的数据和代码分配内存地址，然后把 sqrt 函数的地址写到主函数代码中的合适位置（可能会有多个）。

一个目标模块按顺序包含 0 个或多个外部符号定义（external symbol definition），0 个或多个外部符号引用（external symbol reference），0 个或多个字节的代码和数据（它们可能会包含对外部符号的引用），最后是模块结束标志。在本题中，一个目标模块用一个文本序列来描述，其中每一行的第一个字符为一个大写字母，表示该行的类型。在一行中，相邻数据项之间由一个或多个空白字符隔开，最后一个数据项后可能会有多余的空白字符。一共有 4 种可能的行。

- 格式为"D symbol offset"的行是一个外部符号定义，表示 symbol 的地址比当前模块的首地址大 offset。这里的 symbol 由不超过 8 个大写字母组成，而 offset 是一个不超过 4 位的十六进制整数（只用大小字母表示）。比如，在一个首地址为 100_{16} 的模块中，"D START 5C"会让 START 的地址为 $15C_{16}$。此类型的行在单组数据中至多出现 100 次。
- 格式为"E symbol"的行是一个外部符号引用，表示本模块可能会引用 symbol 这个符号（而这个符号很可能在其他模块中定义）。比如，行"E START"表示本模块可以使用 START 这个符号。在每个模块中，所有的"E"行按照出现顺序从 0 开始编号。这个编号将被 C 行使用。
- 格式为"C n $byte_1$ $byte_2$ … $byte_n$"的行是需要填充到内存中的 n 个字节（模块代码或数据），其中 n 是一或两位十六进制整数，且不超过 10_{16}。每个 byte 要么是一个一或两位的十六进制整数，要么是一个美元符号$。美元符号的下一个字节（保证在同一行中）代表一个外部符号引用，该字节的数值等于'E'行的下标。如果这个外部符号有定义，把它的地址复制到$和它的下一个字节中，其中地址的高字节复制到$所对应的字节中。如果符号无定义，用 0000_{16} 覆盖那两个字节。比如，若第一个 E 行中的符号有定义，地址为 $15C_{16}$，则行"C 4 25 $ 0 37"的作用是把这 4 个地址放到内存中 25_{16}, 01_{16}, $5C_{16}$, 37_{16}。
- 单独一行 Z 表示模块结束。

假定 4 位十六进制地址总是足够的，各行一定按照 D, E, C, Z 的顺序出现，并且不会包含格式错误。在本题中，每个模块中的 C 行应按出现顺序填充到内存中（D 和 E 行只是模块描述，并不对应于实际的内存数据），不同模块按照输入顺序依次填充到内存中。填充时应按照地址从低到高的顺序进行，第一个模块的首地址总是 100_{16}。

输入包含多组数据。每组数据包含一个或多个模块定义，最后一行是$（作为单组数据的结束标志）。输入结束标志也是一行$。

对于每组数据，参考样例格式进行输出[①]。首先是测试数据编号和模块校验码（计算方法见后），然后是所有定义或引用的外部符号列表，按照符号名排序。对于没有定义的符号，在表里用 4 个问号表示，但在 C 行引用的时候作为 0 处理。如果一个符号定义多次，在地址后打印一个大写字母 M，并且以第一次出现的定义为准。

校验码计算方式如下：首先设为 0，然后按照地址从低到高顺序依次处理各个字节，每次先把校验码循环左移一位，加上当前内存值，然后忽略进位保留低 16 位。

相邻两组数据的输出之间应有一个空行。

① 样例请参考原题。

支杆和弹簧（Struts and Springs, World Finals 2009, LA 4453）

本题的任务是模拟屏幕上窗口的缩放和移动操作。每个窗口占据屏幕上的一个矩形区域，并且可以包含其他窗口，形成一个层次结构。当顶层窗口缩放时，它们的直接包含窗口可能会改变位置和大小（根据支杆和弹簧的参数），而这些改动可能会进一步影响到这些窗口所直接包含的窗口。

概念上讲，支杆是一根长度固定的小棍，可以放在同一个窗口的两个水平边界之间或者两个垂直边界之间，也可以放在一个窗口的某边界与它父窗口的对应边之间。当一个支杆连接两条边时，这两条边之间的距离将保持不变。但是，如果把支杆换成弹簧，这两条边之间的距离就可以改变。

每个非顶层窗口都有 6 根支杆或者弹簧，分别位于：两条水平边界之间，两条垂直边界之间，已知上、下、左、右边界和父窗口的对应边界之间。3 条垂直支杆和弹簧的长度之和等于父窗口的高度；3 条水平支杆和弹簧的长度之和等于父窗口的宽度。当父窗口的宽度改变时，所有水平弹簧按照相同比例缩放，使得水平方向的支杆与弹簧的长度之和仍然等于父窗口的宽度。父窗口高度改变时类似。如果 3 根水平（垂直）的部件都是支杆，其中最右边（上边）的支杆将被替换成弹簧。

给定每个窗口的初始位置和大小（保证恰好有一个顶层窗口包含其他所有窗口）以及所有的支杆和弹簧，你的任务是处理顶层窗口的缩放请求，计算出所有窗口的新大小和位置。

输入包含多组数据。每组数据的第一行为 4 个整数 nwin, nresize, owidth, oheight，其中 nwin 是非顶层窗口的个数，nresize 是缩放请求的个数，owidth 和 oheight 是顶层窗口的宽度和高度。接下来的 nwin 行，每行包含 10 个非负整数，描述一个非顶层窗口。其中前两个整数表示初始时刻该窗口左上角相对于到父窗口左上角的偏移量。输入保证处理每个缩放请求之后，所有的支杆和弹簧的长度均为正整数，且不同窗口的边界没有公共点。缩放请求不会让一个窗口跑到一个原本和它相分离的窗口内部。输入最多有 100 个窗口和 100 个缩放请求，且顶层窗口的宽度和高度不会超过 1 000 000。输入结束标志为 4 个 0。

对于每组数据中的每个缩放请求，输出 nwin 行，即每个非顶层窗口的位置(x, y)和大小（宽度、高度）。各个窗口应该按照在输入文件中的顺序排列。

折纸袋（Pockets, World Finals 2006, LA 3568）

有一张正方形的纸，经过反复折叠后变成一个小正方形。你的任务是统计其中的 pocket 的个数。所谓 pocket，指的是从折叠后的小正方形的边界处可以看到的开口（位于两张纸的中间），如图 6-71 所示。

正式折纸之前，先在纸上折出 N 条等间距的水平线和 N 条等间距的垂直线，把纸片分为 $N \times N$ 个等大的小正方形，折痕按照图 6-72（a）所示进行编号。每次操作由一条折痕的编号和折叠的方向来确定。图 6-72（b）中的折叠操作用 2U 表示，图 6-72（c）中的折叠操作用 1L 表示。这里，U 和 L 分别表示向上和向左（折叠方向均是朝向观看者的）。最后，纸会被折叠成小正方形的大小。注意，经过折叠后，两条不同的折痕可能会重合（如图 6-72（b）中的 1,3），此时选择其中的任意一条折痕都将表示相同的折叠操作。

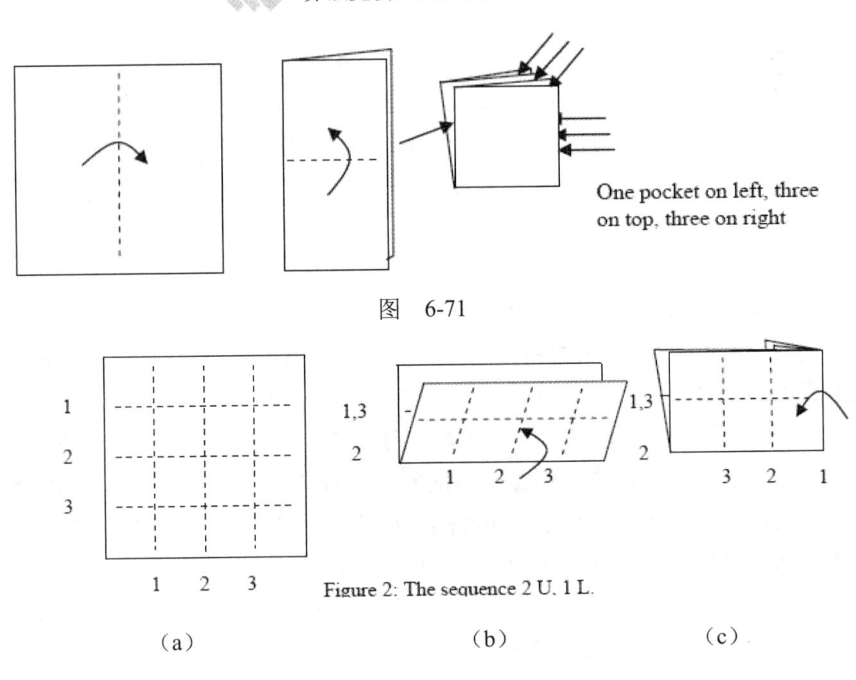

图 6-71

（a） （b） （c）

图 6-72

给出 N 和 K（$N,K \leqslant 64$），分别表示水平和垂直方向的折痕个数以及折叠操作的次数。接下来会描述 K 个折叠的操作，每个操作由一个折痕的编号和折叠的方向来确定（如题目描述中的 2U 和 1L），中间会有至少一个空格的分隔。输出对应的 pocket 的总数。具体格式参见样例输出①。

初等数学（Elementary math, IPSC 2011-E）

给出一个实数，所有的数字长度不超过 16。按照如下规则来计算其平方根，并且输出整个的中间过程②。

- 将小数点前后的所有数位分成数对。小数点后如果有奇数位，最后一位补零。小数点前如果有奇数位，则第一对只包含一位。例如，12345.678 可分成"1", "23", "45", "67" 以及"80"。开方算法就是在这些数对上迭代，每次迭代考虑一对数字，并且在结果中附加一位。
- 第一次迭代估计第一对数字的平方根，也就是找到一个满足 $x^2 \leqslant$"第一对数字"的最大整数 x，这个 x 就是结果的第一位数字。然后就从第一对数字中减去 x^2。
- 剩下的每次迭代计算过程如下：扔掉上次减法结果后的下一对数字，记所得结果为 t。然后需要估计结果的下一位。首先找个地方写下"y_×_ ="，其中 y 是目前所得结果的 2 倍。然后把"_"替换成某个尽量大的数字 i 并且所得结果不大于 t。然后 i 就是结果的下一位。找到 i 之后，从 t 中减去"$yi \times i$"，这一次迭代完成。

① 样例请参考原题。
② 具体格式及样例请参考原题。

JS 压缩（JS Minification, ACM/ICPC NEERC 2018, Codeforces 1089J）

ICPC 用 Jedi Script（JS）编程语言编写所有代码。 JS 不会被编译，但是会以其源代码形式交付执行。源代码包含注释、多余的空格（包括尾部和前导空格）以及其他一些非必要的功能。这些特性增大了源代码的大小，但对代码的语义没有贡献，所以需要对源文件在保留其语义的情况下压缩源程序。这些 JS 源程序仅适用于整数算法，而且不使用浮点数和字符串。

每个 JS 源程序均包含数行代码。每行代码含零个或多个可以用空格分隔的标记。在每一行代码中，以'#'（ASCII 码 35）开头的行，包括哈希字符本身，都被视为注释，直到行尾都会被忽略。

通过重复跳过空格并从当前解析位置开始查找可能的最长标记，将每一行从左到右解析为标记序列。通过这种操作，从而将源代码转换为标记序列。下面列出了所有可能的标记。

- ❑ 保留标记是在压缩过程中应保留的各种运算符、分隔符、文字、保留字或库函数的名称。这种标记是固定的非空格 ASCII 字符串，不包含'#'。 所有保留的标记都作为压缩过程的输入。
- ❑ 数字标记由一个 0～9 的数字序列组成。
- ❑ 单词标记由以下字符组成：小写字母、大写字母、数字、下画线 '_' 和 '$' 。但不能以数字开头。

在压缩过程中，使用以下算法重命名文字：

- ❑ 取一个仅由小写字母组成的单词列表，这些单词首先按其长度排序，然后按字典顺序排列："a"，"b"，…，"z"，"aa"，"ab"，…。不包括保留标记，因为它们不被视为单词。这就是目标单词列表。
- ❑ 将在输入标记序列中遇到的第一个单词重命名为目标单词列表中的第一个单词，并将该单词在输入标记序列中所有其他出现的实例也重命名。将输入标记序列中遇到的第二个新单词重命名为目标单词列表中的第二个单词，以此类推。

使用这些 JS 解析规则，将给定的源转换为尽可能短的行（包含空格），并且压缩后的代码能解析为相同的标记序列。

ICPC 排名（ICPC Ranking, ACM/ICPC 成都 2014, LA 6543）

简单地说，ICPC 竞赛中每个提交有 3 种结果。

- ❑ Error：这个队没有解决问题，但不会得到任何罚时。
- ❑ No：代码不对。这个团队没有解决问题，进行罚时。
- ❑ Yes：AC，团队解决了问题。

为了让比赛更刺激，我们设置了一个全局时间点，叫作冻结时间。如果一个团队在冻结时间之前没有解决其中一个问题，并且在冻结时间之后提交了至少一个关于这个问题的提交，那么这个团队的这个问题就叫作冻结。对于不同的团队，冻结的问题是不同的。对于冻结的问题，计分板只会显示团队提交了多少份报告，但不会显示报告的结果。

排名是由以下因素决定的，注意我们只考虑非冻结问题。队伍排序时依次考虑以下因素。

（1）解决更多问题的团队更靠前。

（2）罚时较少的团队更靠前。只有解决了问题才会有惩罚时间。每解决一个问题会给 $T+20x$ 的惩罚时间。T 是第一个 Yes 的时间，x 是第一个 Yes 之前的 No 的数量。

（3）团队所解决的最后一个问题，时间更早的排名更靠前。如果打平，比较他们的第二个最后的问题，然后比较他们的第三个最后的问题，等等。

（4）队名的字典序更大的更靠前。

比赛结束时，计分板将被解冻。首先，选择排名最靠后的包含有冻结问题的团队。然后，选择这个团队的一个冻结问题。如果团队有多个冻结问题，按字母顺序选择他们的第一个冻结问题。然后，显示问题的结果，重新计算排名，改变分数板，让这个团队的问题不冻结。重复这个步骤，直到没有团队出现冻结问题。然后，我们得到最后的分数板。

请帮助教练打印初始分板，模拟最终分板和解冻问题的流程。

附录　Java、C#和 Python 语言简介

很多人思想中存在一个误区，认为编程语言之间大同小异，熟悉之后用哪个都一样。诚然，很多语言的代码确实“长得像”（比如 C++和 Java 有很多相似语法），但它们之间也存在很多本质上的差异，直接影响到程序编写方式和调试、测试等流程，甚至还决定了项目和团队的管理方式。

本附录通过介绍 Java、C#和 Python 的一些关键细节，向读者展示 C++中不存在或者不常用（往往是因为不好用）的部分。

1. Java

Java 绝非一门语言那么简单——请把它理解成一个强大的平台[①]。下面将要介绍的内容，有些是 Java 这门语言的特性，而有些是这个平台的特性。换句话说，如果你使用其他 JVM 语言[②]，同样可以享受到这些特性。

多数算法竞赛都支持 Java 语言。对于选手来说，在竞赛中使用 Java 而非 C++语言的主要动力有以下几点。

（1）出错时会抛出异常，对调试大有帮助。相比之下，调试 C++程序要麻烦得多。如果写入了非法内存（比如数组下标越界、使用无效指针），很多时候程序并不会立即崩溃，而是覆盖了某些“无辜”的变量，从而造成各种莫名其妙的问题。

（2）拥有更加强大的库。在 C++标准库中[③]，字符串处理函数相当有限，连最常见的 split、trim 等功能都没有，更谈不上正规表达式[④]和大整数。事实上，很多平时采用 C++参赛的选手学习 Java 的主要目的是使用大整数（BigInteger）。

（3）面向对象编程（OOP）。如果你是通过算法竞赛接触的 C++，很可能你并不熟悉 OOP，因为 C++程序可以是纯过程式的。Java 强制使用 OOP，即使只写一个主函数 main，也必须写在一个公共类（public class）中。对 OOP 的深入讨论已经超出了本书范围，即使在这个附录中笔者也不打算讨论。但有一点希望读者注意：不要为了 OOP 而 OOP，也不要为了用设计模式（design patterns）而用设计模式[⑤]。

（4）引用数据类型。对于熟悉 C++的选手来说，学习 Java 最需要注意的也许是数据类型。Java 的数据类型分两种：基本数据类型（primitive type）和引用数据类型（reference type），前者是指那些大小固定的类型，比如 int, long, double, char, boolean 等[⑥]；后者是指大小不定

---

① 事实上，作为一门语言，很多人已经认为 Java 有些跟不上时代了，但很少有人会否认 Java 这个平台的成功。

② 即可以运行在 JVM（Java 虚拟机）上的语言，比如 clojure 和 Scala。

③ 特指 C 标准库和 STL，不包括 boost 等第三方库，即使它的应用已经相当广泛。

④ 也译作“正则表达式”，英文是 regular expression。

⑤ 很多人认为学习 OOP 的必要环节之一是学习设计模式。

⑥ 注意 Java 的 long 类型是 64 位整数。另外，Java 没有 C/C++中的无符号整数。

长的类型，具体来说就是类、接口和数组。如果变量 a 是一个对象或者数组，那么 a 里实际保存的只是一个引用[①]。Java 的这个特性可以减少栈溢出的可能。如果在 C++中声明一个 int a[1 000 000]的局部变量，需要 1 000 000*sizeof(int)个字节的栈空间（很可能会引起栈溢出），但在 Java 中声明一个同样大小的 int 数组，只在栈中存放了一个引用，而数组中的那些元素占用的是堆内存。

为了加深理解，考虑下面的代码[②]。

```
char[] greet = { 'h','e','l','l','o' };
char[] cuss = greet;
cuss[4] = '!';
System.out.println(greet);
```

由于 cuss = greet 仅仅复制了数组的引用，当修改 cuss[4]的时候，greet[4]也会改变，因为二者实际上引用了相同的字符。

（5）另一个例子是函数调用。在 C++中，函数的参数可以是值（默认情况），也可以是引用（用&符号修饰），但在 Java 里，参数只能是值。注意，引用类型的“值”并不是对象或者数组的内容，而是它们的“地址”。换句话说，如果参数是引用类型的，那么函数体可以拿到该变量的“地址”，从而修改这个变量的内容。

（6）垃圾回收机制。手工创建一个对象需要使用 new 运算符，但和 C++不一样的是，Java 并没有 delete 运算符，也就是说，你无法手工删除一个对象。这样一来，不用的内存岂不是浪费了？并非如此。Java 有一套垃圾回收（gabage collection，gc）机制，会自动判断哪些内存不再被使用，然后释放这些内存，以便今后使用。垃圾回收的原理已经超过了本附录的范围，有兴趣的读者可以自行阅读相关资料。

（7）字符串。在字符串上栽跟头的新手并不在少数。在 Java 中，String 只是一个普通的类，属于引用类型，因此判断两个字符串 a 和 b 是否相等不能用 a==b，而应该是 a.equals(b)，因为 a==b 判断的是二者是否引用的同一个“地址”。类似地，a=b 只是把 b 这个字符串的引用赋值给了 a。如果要做一份真正的新拷贝，应该用 a=b.clone()。类似地，创建数组的全新拷贝也可以用 clone()函数[③]。

Java 的字符串是不可变（immutable）的，有时候会给字符串处理带来诸多不便。常用的处理方法是用 toCharArray()把它转化为字符数组后处理，最后转回字符串（String 类有一个构造函数的参数就是字符数组）。如果是要不断地给一个字符串后面添加内容，则应该用 StringBuffer 类。

（8）输入输出效率问题。最常用的 Scanner 类通常比 scanf 系列慢 5~10 倍，应尽量避免；下面的代码[④]包装了速度较快的 BufferedReader 和 StringTokenizer（比 split 函数略快），推荐选手在比赛中使用。

```
class Reader {
   static BufferedReader reader;
```

① 这是一个类似于“地址”的东西，但因为 Java 程序运行在虚拟机中，这个“地址”并不直接对应于机器的物理内存。
② 选自《Java in a Nutshell》第 2.10 小节：http://docstore.mik.ua/orelly/java-ent/jnut/ch02_10.htm。
③ 注意 clone()是浅拷贝，因此对多维数组的拷贝也许会出乎你的意料。强烈建议读者学习浅拷贝的相关内容。
④ 摘自 http://www.cpe.ku.ac.th/~jim/java-io.html。

```
        static StringTokenizer tokenizer;

        static void init(InputStream input) {
            reader = new BufferedReader(new InputStreamReader(input));
            tokenizer = new StringTokenizer("");
        }

        static String next() throws IOException {
            while (!tokenizer.hasMoreTokens()) {
                tokenizer = new StringTokenizer(reader.readLine() );
            }
            return tokenizer.nextToken();
        }

        static int nextInt() throws IOException { return Integer.parseInt
(next()); }
        static double nextDouble() throws IOException { return Double.parseDouble
(next()); }
    }
```

这样就可以用下面的代码读取数据了。

```
Reader.init( System.in );
double x = Reader.nextDouble();
int n = Reader.nextInt();
```

（9）数据结构。最后，请认真学习 Java 集合框架（Java Collection Framework，JCF）。这是一些类似于 STL 容器的东西，其中 ArrayList 相当于 vector，TreeSet 相当于 set 等。需要注意的是，Java 泛型和 C++模板是两个完全不同的东西，建议读者弄清楚它们的区别，这里不再赘述。

2. C#

C#是微软.NET 框架中的主力语言①，从 3.0 开始加入了很多有用的特性，在语言方面已经相当成熟；更棒的是，随着开源框架 Mono 的逐渐成熟和稳定，C#已经成为一门跨平台的语言，具备了更大的灵活性。C#的程序看上去和 Java 有些相似，这里为什么还要单独讲述呢？除了方便那些对 Windows 程序开发有着浓厚兴趣的选手向工程师过渡之外，最主要的原因是 C#有着良好的 FP（Functional Programming，函数式编程）支持。那到底什么是 FP？为什么它这么重要呢？

冯·诺依曼机器的基本计算模型中，通过一条条的机器指令逐步把输入数据加工成最终的计算结果，在计算过程中有大量内存单元被反复修改；而 FP 的基本思想是把所有的状态看成一个全集，程序的基本组成部分就是这些状态之间的映射，也就是函数，通过函数

① 如果你的 Windows 安装了.NET 框架，实际上你已经有了 C#编译器，在 Windows 安装目录下的 Microsoft.NET\Framework 子目录，程序名叫 csc.exe。

之间的复合运算把输入数据映射到最终的结果。顺便说一句，世界上最早的两种编程语言是 Fortran 和 LISP，其中 LISP 就属于 FP 类型的语言。

为什么 FP 如此重要？在现实的工程中，数据的输入/输出需要从标准 IO 层次进行操作的情况比较少，大部分的算法是以类接口的形式对外提供。相对比赛代码，工程代码对质量的要求更高。最重要的一点是，在一般比赛算法程序中大量使用的全局变量、全局数组等，在现实的工程中一般是不出现的，一方面是因为代码的可维护性的要求，另一方面则是现实中普遍存在的高并发环境。现在许多服务型程序的运行环境一般都有少则 2 路，多则 24 路的 CPU，所以程序设计必须能够考虑到充分利用硬件的优势，在这种场合下，大量使用全局数据是非常不明智的选择。

Haskell 等纯粹的 FP 语言因为对于大多数的程序员来说太过“惊世骇俗”，而一直应用在比较小众的领域①。在主流静态语言中最早引入 FP 的良好支持并且得到广泛应用的当属 C# 3.0，C#在 2.0 以及之前的版本中仍然是以传统的面向对象语言的面目出现，跟 Java 大同小异，在 3.0 版本中则加入了对 FP 的基本支持，主要是加入了对 λ（lambda ['læmdə]）表达式的支持，而 λ 表达式则是 FP 语言的基石。

举个例子，如果有两个长度为 *n* 的整型数组 *x* 和 *y*，要计算二者的内积，不难写出下面的 C++代码。

```
int c = 0;
for(int i = 0; i < n; i++)
  c += a[i]*b[i];
```

我们来详细分析这段代码的特征。

- 它的所有语句通过某种规则来操作一个不明显的变量 *c*。
- 这段代码基本上没有体现出从简单元素构造复杂元素的思想。
- 这段代码的阅读者必须在脑中执行一遍才能充分理解。
- 算法是通过重复每次一个字的赋值或者就地修改来实现。
- 它通过 *a*,*b* 两个命名来指定参数，如果需要复用，需封装在一个更复杂的过程定义中。而这样做会带来更复杂的问题（比如函数参数按值传递还是按引用传递）。

下面我们给出一个使用 FP 的思维方式写出的版本②。

```
var c = Enumerable.Zip(a, b, (x,y) => x*y).Sum();
```

我们来详细解释一下这段代码。

- Zip 是一个函数，输入参数是两个序列和一个函数（元素的合并规则），返回按照规则产生的新序列。Zip 函数在 FP 中属于高阶函数，即把函数作为输入参数或者把函数作为结果返回的函数。
- (x,y) => x * y 是一个匿名函数（也就是 λ 算子），返回两个输入参数的积。这个匿名函数传递给 Zip，作为两个序列的合并规则。

---

① Haskell 是学术界的产物，虽然有很多“大牛”活跃在 Haskell 社区，但对于普通程序员来说仍然有些晦涩难懂。尽管如此，很多“流行编程语言”都或多或少地借鉴了 Haskell 中的元素，如果读者想要入门的话，推荐《Real World Haskell》一书。

② 需用 C# 4.0 编译，因为 Zip 是 C# 4.0 的新特性。

- Sum 把序列映射到该序列中所有元素之和上。

这段代码有如下的特点。

- 仅需要输入参数作为变量，未使用任何需要修改的状态作为中间变量。
- 它是从更小的元素（基础类库提供的函数）复合组装起来的。
- 它的含义更为清晰，在已经了解 C#中基础构建元素（基础类库提供的函数）的前提下，与前面的版本相比，更加接近思维模式的直观表达。事实上，在其他更为纯粹的 FP 语言中，上面的代码会更加简洁、优美[①]。
- 它的基本概念是函数以及函数的组合，而非变量、状态修改以及循环等更容易导致代码潜在问题的概念。

是不是迫不及待地想试试了？没问题，只要安装了.NET Framework 4.0（注意：不需要安装任何版本的 Visual Studio，包括 Express 版），就已经拥有了 C#编译器，位于%SystemRoot%\Microsoft.NET\Framework\<framework-version>[②]。如果你并没有安装它，或者你使用的是非 Windows 系统，请安装跨平台的 Mono[③]。

除了 FP 之外，C#的不少特性和 Java 语言很类似，比如 OOP、引用数据类型、异常处理、垃圾回收等，但也有一些显著差别。比如，int, double 等 Java 中的基本数据类型在 C#中也拥有“方法”——1.2.ToString()+3.ToString()返回字符串“1.23”[④]。另外，还可以用 ref 修饰符让函数采用引用传递而非值传递。C# 4.0 甚至还支持命名参数。

值得一提的是，从 C#3.0 开始，C#就支持类型推断了。比如，你可以写 var s = new System.Text.StringBuilder()，而不用明确地指明 s 的类型。编译器可以通过赋值语句的右边推断出 s 的类型。

注意，千万不要把类型推断和动态类型搞混了。在采用动态类型的语言（如 B.3 节中介绍的 Python）时，变量没有类型，只有值才有类型。换句话说，同一个变量可以先保存 int，再换成 double，接下来保存一个对象等。但类型推断不同；虽然上面的 s 在声明时没有指定类型，但编译器已经为它推断出了类型，并且这个类型是不可以更改的（不信可以接下来写一个 s = 1 试试，肯定会报错）。

最后，建议大家熟悉集合框架（System.Collections），理由不用多说了吧。

3. Python

作为算法竞赛的选手来说，如果不会 Python 就太可惜了。即使不打算用它编写任何大规模的程序，快速开发实用小程序的能力往往也能让你做事效率大幅度提高。

多数算法竞赛和 OJ（包括 UVa 和 LA）都不支持 Python，但主流的 Linux 操作系统都预装了 Python。考虑到多数竞赛的比赛环境都是 Linux，选手完全可以用 Python 编写各种

① 比如 Haskell 可以写成 sum (zipWith (*) a b)。
② %SystemRoot%是指你的 Windows 安装目录。
③ 如果还想要一个轻量级的 IDE，MonoDevelop 是个不错的选择。
④ 但它们仍然是值类型，而不是引用类型。

小巧的实用工具来辅助自己。

如何学习 Python？很简单，直接写程序。只要写出的程序符合自己的需要，就不用深究其中的道理——除非你很好奇。这是一门实践性很强的语言，很多时候都可以“望文生义”。更棒的是，有一个称为 REPL（交互命令行）东西可以帮助你即学即用——每敲一行代码就能马上看到执行结果，无须编译[①]。

在算法竞赛中，用 Python 编写数据生成器是再合适不过的了。下面的代码生成一个长度在 5～10，恰好包含一个大写字母，其他字符为小写字母的串。

```
>>> from random import *
>>> from string import *
>>> L = randint(4, 9)
>>> s = ''.join([choice(lowercase) for i in range(L)])
>>> p = randint(0, len(s))
>>> s[:p] + choice(uppercase) + s[p:]
'bdsqVgke'
```

原理是这样的：首先随机选择一个 4～9（包括 4 和 9）的整数 L 作为大写字母的个数，然后随机生成一个长度为 L 的大写字符串。这是如何做到的？首先，我们随机生成一个长度为 L 的列表[②]（list），其中每个元素都是一个大写字母，如下所示。

```
>>> [choice(lowercase) for i in range(5)]
['f', 'r', 'k', 'r', 'd']
```

这个语法叫作列表解析（list comprehension），是一种构造列表的简单方法。range(5)生成列表[0,1,2,3,4]。这条语句用通俗一点儿说就是“对于列表[0,1,2,3,4]中的每个数 i，调用一次 choice(lowercase)，把结果拼成一个列表”。接下来用 join 函数把列表里的字符串连接起来。S.join(L)的作用是把字符串列表 L 中的各个字符串拼接起来，用字符串 S 分隔。[③]

最后随机出小写字符出现的位置 p，然后插入大写字母串中。$s[a:b]$代表列表或者字符串的第 a 个元素到第 b-1 个元素。a 和 b 都可以省略，a 默认为 0，b 默认为列表长度。换句话说，$L_2 = L[:]$的作用是创建一个和 L 一样的数组。由于 Python 的所有值都是引用类型的，因此 $L_2 = L$ 只是把 L 中保存的引用复制到了 L_2。

```
>>> a,b=1,2
>>> a=[1,3,7]
>>> b=[1,3,7]
>>> c,d=a,a[:]
>>> id(a),id(b),id(c),id(d)
(12598008, 12517288, 12598008, 12517208)
```

其中 id(a)返回的是变量 a 保存的引用。建议读者不要在代码中使用这个函数，仅用它来更好地理解 Python。刚才的实验还证实了多重赋值的合法性，因此可以简单地用 a,b=b,a 来交换两个变量 a 和 b。

---

① 专业人士一般用 ipython 代替这个自带的命令行，但初学阶段不必如此。
② 类似于 C++的数组，但长度可变，而且每个元素的类型不必相同。
③ 在上面的代码中，S 是由两个单引号组成的空串，而不是单个双引号。

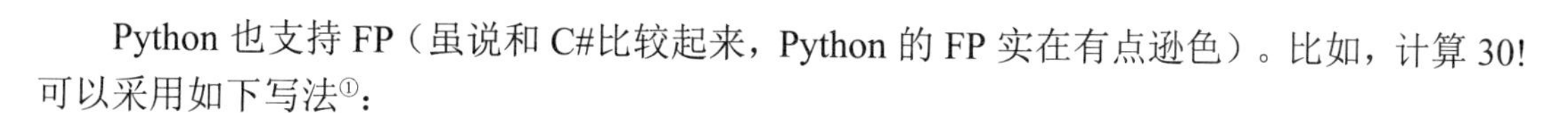

Python 也支持 FP（虽说和 C#比较起来，Python 的 FP 实在有点逊色）。比如，计算 30! 可以采用如下写法①：

```
>>> reduce(lambda x,y: x*y, range(1,31))
265252859812191058636308480000000L
```

类似的东西还有很多。总之，当你熟练掌握 Python 之后，能大大缩短编写数据生成器、对拍器、“猜想验证器”等小程序的时间，平时还能用它编写各种实用程序。事实上，Python 是笔者最常用的编程语言之一，在工作中曾用 Python 做过桌面 GUI 程序、网站、数据处理程序、分布式任务调度器以及各类程序的插件（如 Blender）。

Python 也有很多不足，但随着 pyinstaller、SWIG、pypy 和 execnet 等优秀项目的出现和发展，很多问题都得到了解决或者弱化。尽管还有一些不尽如人意的地方②，但它的简单实用是毋庸置疑的。

① 这是 Python 2.x 的写法。Python 3.x 需要先 from functools import *。

② 最突出的问题是 Python 3.x 和 2.x 并不兼容。

主要参考书目

[1] Thomas H. Cormen, Charles E.Leiserson, Ronald L. Rivest, Clifford Stein.Introduction to Algorithms, Third Edition, The MIT Press, 2001.

[2] Jon Kleinberg, Éva Tardos. Algorithm Design. Addison Wesley, 2005.

[3] Sanjoy Dasgupta. Christos Papadimitriou, Umesh Vazirani.Algorithms. McGraw Hill Higher Education, 2006.

[4] Ronald L. Graham, Donald E.Knuth, Oren Patashnik.Concrete Mathematics. Addison-Wesley Professional, 1994.

[5] Joseph O'Rourke. Computational Geometry in C, second edition, Cambridge University Press, 1998.

[6] Mark de Berg,Otfried Cheong, Marc van Kreveld,Mark Overmars, Computational Geometry: Algorithms and Applications, 3rd Edition, Springer-Verlag Berlin and Heidelberg GmbH & Co. K, 2008.

[7] G. Polya. How to Solve It: A New Aspect of Mathematical Method. Princeton University Press2nd Edition,1971.

[8] Philip Schneider, David H. Eberly. Geometric Tools for Computer Graphics. Morgan Kaufmann, 2002.

[9] 周培德．计算几何——算法分析与设计．北京：清华大学出版社，2000.

[10] 中国计算机学会（执行主编王宏）．全国信息学奥林匹克年鉴．河南：中原出版传媒集团，2006—2010.

[11] 中国计算机学会．IOI 国家集训队资料，2002—2010.

[12] 张明尧，张凡. 具体数学：计算机科学基础（第 2 版）．北京：人民邮电出版社，2013.